MATERIAIS DE CONSTRUÇÃO

O GEN | Grupo Editorial Nacional – maior plataforma editorial brasileira no segmento científico, técnico e profissional – publica conteúdos nas áreas de ciências exatas, humanas, jurídicas, da saúde e sociais aplicadas, além de prover serviços direcionados à educação continuada e à preparação para concursos.

As editoras que integram o GEN, das mais respeitadas no mercado editorial, construíram catálogos inigualáveis, com obras decisivas para a formação acadêmica e o aperfeiçoamento de várias gerações de profissionais e estudantes, tendo se tornado sinônimo de qualidade e seriedade.

A missão do GEN e dos núcleos de conteúdo que o compõem é prover a melhor informação científica e distribuí-la de maneira flexível e conveniente, a preços justos, gerando benefícios e servindo a autores, docentes, livreiros, funcionários, colaboradores e acionistas.

Nosso comportamento ético incondicional e nossa responsabilidade social e ambiental são reforçados pela natureza educacional de nossa atividade e dão sustentabilidade ao crescimento contínuo e à rentabilidade do grupo.

L. A. FALCÃO BAUER

MATERIAIS DE CONSTRUÇÃO

JOÃO FERNANDO DIAS

COORDENADOR

SÉTIMA EDIÇÃO

- Os autores deste livro e a editora empenharam seus melhores esforços para assegurar que as informações e os procedimentos apresentados no texto estejam em acordo com os padrões aceitos à época da publicação, *e todos os dados foram atualizados pelos autores até a data de fechamento do livro*. Entretanto, tendo em conta a evolução das ciências, as atualizações legislativas, as mudanças regulamentares governamentais e o constante fluxo de novas informações sobre os temas que constam do livro, recomendamos enfaticamente que os leitores consultem sempre outras fontes fidedignas, de modo a se certificarem de que as informações contidas no texto estão corretas e de que não houve alterações nas recomendações ou na legislação regulamentadora.

- Data do fechamento do livro: 20/02/2025

- Os autores e a editora se empenharam para citar adequadamente e dar o devido crédito a todos os detentores de direitos autorais de qualquer material utilizado neste livro, dispondo-se a possíveis acertos posteriores caso, inadvertida e involuntariamente, a identificação de algum deles tenha sido omitida.

- **Atendimento ao cliente: (11) 5080-0751 | faleconosco@grupogen.com.br**

- Direitos exclusivos para a língua portuguesa
  Copyright © 2025 by
  LTC | Livros Técnicos e Científicos Editora Ltda.
  Uma editora integrante do GEN | Grupo Editorial Nacional
  Travessa do Ouvidor, 11
  Rio de Janeiro – RJ – 20040-040
  www.grupogen.com.br

- Reservados todos os direitos. É proibida a duplicação ou reprodução deste volume, no todo ou em parte, em quaisquer formas ou por quaisquer meios (eletrônico, mecânico, gravação, fotocópia, distribuição pela Internet ou outros), sem permissão, por escrito, da LTC | Livros Técnicos e Científicos Editora Ltda.

- Capa: Leonidas Leite

- Imagem: ©istockphoto/eugenesergeev

- Editoração eletrônica: IO Design

- Ficha catalográfica

CIP-BRASIL. CATALOGAÇÃO NA PUBLICAÇÃO
SINDICATO NACIONAL DOS EDITORES DE LIVROS, RJ

B34m
7. ed.

Bauer, L. A. Falcão
    Materiais de construção / L. A. Falcão Bauer ; coordenação João Fernando Dias. - 7. ed. - Rio de Janeiro : LTC, 2025.

    Inclui bibliografia e índice
    ISBN 978-85-216-3905-3

    1. Engenharia civil. 2. Construção civil. 3. Materiais de construção. I. Dias, João Fernando. II. Título.

24-95071   CDD: 691
                                  CDU: 691

Meri Gleice Rodrigues de Souza - Bibliotecária - CRB-7/6439

Tão importante quanto pesquisar e apostar em novas tecnologias,
visando à melhoria contínua nas obras, é investir em educação,
na formação e qualificação dos trabalhadores da construção civil,
do contrário, todo o investimento em tecnologia será em vão.

Engenheiro Luiz Alfredo Falcão Bauer (1991)

O maior bem de capital é o conhecimento, acumulado
pelos estudos e práticas profissionais.
Quando escrito, publicado, difundido e utilizado
com ética torna-se herança universal.

João Fernando Dias

APRESENTAÇÃO

O livro *Materiais de Construção* foi atualizado, ampliado e agora conta com capítulos novos e alguns disponibilizados por meio de QR Code.

Dedicado aos colegas engenheiros e arquitetos, estudantes e a todos que, de alguma maneira, se interessam em conhecer os fundamentos, as características, as propriedades, o comportamento dos materiais e componentes da Construção Civil e a normatização correspondente.

Quero agradecer ao professor João Fernando Dias pelo excelente trabalho e esmero na coordenação da atualização do conteúdo, bem como parabenizar os 47 colegas, profissionais qualificados, que atualizaram 31 capítulos e incluíram mais cinco nesta 7ª edição, disponibilizada em volume único.

Em um país com poucos recursos, é importante a conscientização sobre os custos decorrentes de correções e desperdícios, desde concepção, projeto, especificações técnicas, materiais, execução, uso e manutenção.

O setor da Construção Civil é uma das principais alavancas de saída de crises e para o desenvolvimento do país. Portanto, se dermos a justa valorização aos projetos, considerando sustentabilidade, desempenho e durabilidade, bem como a utilização de materiais e componentes adequados e em conformidade com as normas técnicas, além do emprego de boas práticas nos processos construtivos de edificações, contribuiremos para o avanço do desenvolvimento nacional.

Roberto José Falcão Bauer
Professor de Materiais de Construção e Patologia e
Terapia do Concreto Armado da Universidade de Taubaté (Unitau)

APRESENTAÇÃO – IPT

Nosso reconhecimento pela feliz iniciativa histórica do professor Falcão Bauer!

Registramos os nossos cumprimentos pelo lançamento da 7ª edição do livro "Materiais de Construção".

Este livro representa, na sua origem, um assertivo empreendimento do Comitê de Professores de Materiais de Construção – Copmat, que confiou ao engenheiro Luiz Alfredo Falcão Bauer a coordenação da sua 1ª edição, em 1979.

As seis edições precedentes, com múltiplas reimpressões, testemunham a sua ampla aceitação e importância como material didático para os professores e uma bibliografia de referência para a formação e o exercício profissional de engenheiros, arquitetos e áreas afins.

Em sua 7ª edição, esta obra traz um conjunto de capítulos de materiais de construção e temas correlatos selecionados criteriosamente, que constitui um acervo de valor, com dados e informações atualizadas disponíveis para a sociedade, em especial para a formação das novas gerações de profissionais da construção civil em nosso país.

O Instituto de Pesquisas Tecnológicas – IPT é uma instituição centenária de ciência e tecnologia e vinculada ao Governo do Estado de São Paulo, que nasceu em 1899 do *Gabinete de Resistência de Materiais* criado por um grupo de professores da Escola Politécnica de São Paulo, objetivando-se atender principalmente às crescentes demandas de testes de materiais de construção para a determinação de suas propriedades físicas. Entrevemos que a iniciativa do professor Falcão Bauer se insere neste contexto maior, de ações pioneiras, como foi a criação do IPT para a sociedade brasileira, e se somam em prol do desenvolvimento e do bem-estar da sociedade.

Dr. Valdecir Angelo Quarcioni
Pesquisador do *Laboratório de Materiais para Produtos de Construção/LMPC* –
Unidade de Negócios *Habitação e Edificações* do IPT
e professor do Curso de *Mestrado Profissional em Habitação* do IPT

PREFÁCIO À 7ª EDIÇÃO

A 1ª edição do livro *Materiais de Construção*, em 1979, sob a coordenação do engenheiro Luiz Alfredo Falcão Bauer (ex-presidente do Comitê de Professores de Materiais de Construção – Copmat), resultou da determinação do Copmat, no sentido de elaborar um livro-texto que servisse de guia para os professores e de orientação para os estudantes de escolas técnicas, de Engenharia e Arquitetura. Os trabalhos foram iniciados durante a presidência do professor Hernani Sávio Sobral, da Universidade Federal da Bahia (UFBA), grande incentivador da obra, que reuniu grandes nomes da engenharia e da academia.

À época, a obra supriu a carência de títulos nacionais sobre materiais de construção, vindo ao encontro dos anseios de professores, estudantes e profissionais da área, com grande aceitação e contribuindo, desde então, para o ensino e a prática profissional.

A 1ª edição foi reimpressa em 1980, 1982 e 1984; a 2ª edição, publicada em 1985; a 3ª edição, em 1987 (com reimpressão em 1989); a 4ª edição, em 1992 (com reimpressão em 1994); a 5ª edição, em 1994 (com reimpressões em 1995 e 1997) e a 5ª edição revisada, em 2000 (com reimpressões em 2001, 2003, 2005, 2007, 2008, 2009, 2010, 2011, 2012 (duas), 2013 (duas), 2014, 2015, 2016, 2017); a 6ª edição, com 31 capítulos, em 2019; e agora a 7ª edição, com 36 capítulos, em 2025.

Esse histórico bem-sucedido reafirma a grande aceitação desta obra pioneira, que tanto contribui para o ensino, a formação e o exercício profissional dos nossos engenheiros, arquitetos e profissionais de áreas afins, dada a linguagem acessível, com abordagem técnica e prática que facilita o entendimento e a aplicação dos conhecimentos.

A essência do livro permanece e o inegável avanço científico e tecnológico, bem como o surgimento de novos materiais e técnicas, além da atualização na normatização brasileira, impulsionaram os esforços para a publicação da 7ª edição, que assume o formato de origem em volume único, introduzindo também o avanço com alguns capítulos disponibilizados via QR Code.

Foi mantida a linha editorial original da obra, atualizado o conteúdo dos capítulos ao estado da arte, e atualizadas também a abordagem das normas e as referências bibliográficas.

Foram incluídos cinco novos capítulos, complementando a abrangência e a cobertura com temas da atualidade, de modo a oferecer ampla possibilidade de utilização como livro-texto nos cursos de Arquitetura, Engenharia Civil, Engenharia de Produção Civil, Agronomia e cursos tecnológicos que tenham na matriz curricular as disciplinas de Materiais de Construção Civil.

Nesta 7ª edição, o livro foi ampliado e conta com cinco capítulos novos: 16 – Argamassas na Construção Civil; 26 – Inspeção de Fachadas; 33 – Reciclagem de Resíduos de Construção e Demolição (RCD); 34 – Materiais Inovadores na Construção; e 35 – Concreto Leve.

Para esta importante e prazerosa tarefa, formamos um grupo com 47 profissionais de diversas instituições brasileiras, cuja formação sólida, reconhecida experiência e conhecimento no assunto foram imprescindíveis para a atualização, a ampliação e a preservação da memória da grande obra de Luiz Alfredo Falcão Bauer.

Aos leitores, oferecemos um conteúdo de qualidade para embasar estudos, aulas e consultas nos abrangentes temas da área do conhecimento.

Agradeço ao GEN – Grupo Editorial Nacional –, Editora LTC e ao engenheiro Roberto José Falcão Bauer pela honra de me conceder a coordenação dos trabalhos de tão importante obra e pelo apoio recebido para a relevante tarefa.

Ao grupo de autores/atualizadores, que cerraram fileiras para a atualização dos capítulos, pela motivação demonstrada, pelo empenho na realização dos trabalhos e pela confiança em mim creditada, deixo o meu especial agradecimento.

Agradeço à minha família, pelo apoio e compreensão por compartilhar do tempo de convívio em prol da realização dos trabalhos.

A Deus, por me conceder serenidade, perseverança e sabedoria para levar os trabalhos a bom termo e concluir esta importante tarefa, que resultou na publicação da 7ª edição desta grandiosa obra.

João Fernando Dias
Professor Titular
Universidade Federal de Uberlândia (UFU)

AGRADECIMENTOS

A LTC – Livros Técnicos e Científicos não poderia deixar de agradecer nominalmente a todos os autores – engenheiros, arquitetos e professores conceituados – que tornaram, desde a primeira edição, em 1979, esta obra referência no setor da Construção Civil. A publicação deste livro-texto resultou da determinação do Comitê de Professores de Materiais de Construção – Copmat, na pessoa de seu presidente, à época professor Hernani Sávio Sobral, pela necessidade de um livro-texto que servisse de guia para os professores e de orientação para os estudantes de escolas técnicas e de Engenharia.

Adamastor Agnaldo Uriartt
Alexandre Serpa Albuquerque
Claudio Michael Wolle
Dirceu Franco de Almeida
Enio José Verçosa
Fabiola Rago Beltrame
Gilberto Della Nina
Hélio Martins de Oliveira
Hernani Sávio Sobral
João Fernando Dias
Jorge Michirefe
José Marecos
Luiz Alfredo Falcão Bauer
Lucy I. Olivan Birindelli
Luiz Antonio de O. B. de Araújo
Luiz Ferreira e Silva
Maria Aparecida Azevedo Noronha
Moema Ribas Silva
Newton Soler Saintive
Rafael Bruni
Roberto José Falcão Bauer

SOBRE OS ATUALIZADORES DESTA 7ª EDIÇÃO

Aluizio Caldas e Silva Graduado em Engenharia Civil pela Universidade de Pernambuco (UPE, 1998), mestre em Engenharia de Construção Civil pela Escola Politécnica da Universidade de São Paulo (PCC/Poli-USP, 2002), doutor em Engenharia de Materiais pela Universidade Federal da Paraíba (PPCEM/UFPB, 2014). Engenheiro Civil do Departamento de Engenharia de Geração Eólica da Eletrobras Chesf desde 2005. Professor D-302 da Universidade Federal Rural de Pernambuco (UFRPE).

Antonio Alberto Nepomuceno Natural de Catiara/MG, é professor aposentado do Departamento de Engenharia Civil e Ambiental da Universidade de Brasília (UnB), onde atuou de 1985 a 2013. Engenheiro Civil pela Universidade Federal de Goiás (UFG, 1971) e doutor pela Universidade Politécnica de Madrid (UPM, 1992). Foi chefe do Departamento de Engenharia Civil e Ambiental (1994-1997) e diretor da Faculdade de Tecnologia da UnB (1999-2001). Atuou na área de materiais de construção e patologia, manutenção e recuperação de estruturas de concreto armado. Desenvolveu pesquisas sobre concreto com adições, areia artificial, materiais de recuperação, durabilidade das estruturas de concreto armado em ambientes com carbonatação e cloretos, e corrosão. Trabalhou em diversas pesquisas sobre os edifícios que compõem o Patrimônio Cultural da Humanidade do Distrito Federal. Como resultado de sua atuação nessas áreas, orientou várias teses de doutorado e dissertações de mestrado, projetos de iniciação científica e muitos projetos de conclusão de curso, além da publicação de diversos trabalhos científicos em periódicos e congressos nacionais e internacionais. Atuou, em conjunto com outros professores da UnB, no projeto de recuperação da estrutura da Rodoviária Central de Brasília em 1995. Elaborou especificações de materiais dos novos blocos de concreto de Atos Bulcão do Teatro Nacional de Brasília, visando maior durabilidade, e realizou perícia técnica para o Ministério Público na Rodoviária Central de Brasília. Presta consultoria em recuperação de concreto aparente e já realizou vários projetos nessa área para edificações em Brasília. Uma dessas edificações recebeu o Selo CAU/DF, em 2020. É coautor no livro *Metodologia GDE – Para estimativa dos graus de danos em estruturas de concreto* (UnB, 2023). Participou também, como coautor, da 6ª edição desta obra.

Sobre os Atualizadores desta 7ª Edição

Antonio Carlos Vieira Coelho Graduado e Mestre em Engenharia Química pela Universidade de São Paulo (USP, 1981 e 1986, respectivamente), Doutor em Sciences Naturelles Appliquées pela Université Catholique de Louvain, Bélgica (1991), e Livre Docente pela Escola Politécnica da Universidade de São Paulo (Poli-USP, 2008). Atualmente é Professor Associado (MS5-3) do Departamento de Engenharia Metalúrgica e de Materiais desta instituição. Experiência em Ciência e Engenharia de Materiais (com ênfase em Ciência e Tecnologia de Argilas), atuando principalmente nos seguintes temas: desenvolvimento de argilas brasileiras (caulins, esmectitas, vermiculitas, paligorsquitas) e estrangeiras (esmectitas, sepiolitas) para diversas aplicações industriais; produção e caracterização de materiais nanoestruturados à base de argilominerais; síntese, desenvolvimento e caracterização de matérias-primas não metálicas (em especial silicatos naturais, hidróxidos e óxidos de alumínio); desenvolvimento de materiais para a Construção Civil; desenvolvimento de aplicações para resíduos minerais e industriais.

Antonio de Paulo Peruzzi Graduado em Engenharia Civil pela Universidade Federal de São Carlos (UFSCar, 1997), mestre e doutor em Arquitetura, Urbanismo e Tecnologia pela Universidade de São Paulo (USP, 2002 e 2007). Atua como docente e pesquisador na Faculdade de Engenharia Civil da Universidade Federal de Uberlândia (UFU) desde 2010 nas áreas de materiais e tecnologia de construção e de racionalização e industrialização da construção. Participou também, como coautor, da 6ª edição desta obra.

Antônio Neves de Carvalho Júnior Graduado em Engenharia Civil pela Universidade Federal de Minas Gerais (UFMG, 1988), mestre em Engenharia Metalúrgica e de Minas pela UFMG (1993) e doutor em Engenharia Metalúrgica e de Minas pela UFMG (2005). Atualmente, é professor associado IV da EE.UFMG, coordenador do Curso de Especialização em Construção Civil do DEMC/EE.UFMG (desde dez./2014), coordenador do Laboratório de Materiais Metálicos e de Concreto e Argamassas do DEMC/EE.UFMG (desde jul./2017) e membro do Conselho Diretor da Fundação Christiano Ottoni (desde abr./2016). Professor credenciado do Curso de Mestrado em Construção Civil/EE.UFMG e colaborador do PPGIT (Programa de Pós-graduação em Inovação Tecnológica/UFMG). Membro do corpo editorial da revista *Construindo* (ISSN 2318-6127 *on-line*). Foi chefe do Departamento de Engenharia de Materiais e Construção por seis mandatos (1998 a 2008 e 2012 a 2014), coordenador do Programa de Pós-graduação em Construção Civil do DEMC/EE.UFMG por dois mandatos (2008 a 2012) e diretor de Obras da UFMG (ago./2014 a abr./2016). Experiência na área de Engenharia de Materiais, com ênfase em argamassas e revestimentos. Orientações concluídas: 29 de mestrado, duas coorientações de doutorado e nove coorientações de mestrado. Participou também, como coautor, da 6ª edição desta obra.

Antonio Rodolfo Jr. Graduado em Engenharia de Materiais pela UFSCar (1994), mestre em Engenharia Civil pela Escola Politécnica da Universidade de São Paulo (Poli-USP, 2005), MBA em Gestão Empresarial pela Escola Brasileira de Administração Pública e de Empresas da Fundação Getulio Vargas (FGV EBAPE, 2005) e doutor em Engenharia Química pela Universidade Estadual de Campinas (Unicamp, 2010). Atualmente, é responsável por Engenharia de Aplicação e Desenvolvimento de Mercado – PVC/Cloro Soda da Braskem S/A e diretor do Instituto Brasileiro do PVC. Participou também, como coautor, da 6ª edição desta obra.

Armando Lopes Moreno Junior Graduado em Engenharia Civil pela Unicamp (1986), mestre em Engenharia de Estruturas pela Escola de Engenharia de São Carlos (EESC-USP, 1992), doutor em Engenharia de Estruturas e Fundações pela Poli-USP (1996). Livre-docente em Estruturas de Concreto Armado pela Faculdade de Engenharia Civil, Arquitetura e Urbanismo da Unicamp, estágio de pós-doutorado em Estruturas em Situação de Incêndio na Michigan State University (2011). É professor associado, em Regime de Dedicação Integral à Docência e à Pesquisa (RDIDP), da Faculdade de Engenharia Civil, Arquitetura e Urbanismo da Unicamp. Possui cerca de 150 orientações e supervisões concluídas e mais de 220 trabalhos publicados entre periódicos, anais de eventos científicos e jornais ou revistas. É assessor científico da Fundação de Amparo à Pesquisa do Estado de São Paulo (FAPESP), assessor científico da Coordenação de Aperfeiçoamento de Pessoal de Nível Superior, assessor científico do Conselho Nacional de Desenvolvimento Científico e Tecnológico, editor de seção (Engenharia Civil) da REM (*Revista Escola de Minas*), revisor do *ACI Structural Journal*, do *Journal of Structural Fire Engineering*, da *Materials Research*, do *Ibracon Structures and Materials Journal*, da revista *Ambiente Construído* da Associação Nacional de Tecnologia do Ambiente Construído (ANTAC), da *Revista da Estrutura de Aço*, da revista *Physicae* do IFGW da Unicamp e da revista *Projeções* da Universidade São Francisco. Experiência na área de Engenharia Civil, com ênfase em estruturas de concreto, atuando, principalmente, nos seguintes temas: avaliação em laboratório de estruturas e materiais para estruturas, recuperação e/ou reforço de estruturas, segurança das estruturas em situação de incêndio e avaliação de novas tecnologias construtivas para moradias de interesse social. Em 2007, foi agraciado com o "Prêmio de Reconhecimento Acadêmico Zeferino Vaz" na Unicamp. Participou também, como coautor, da 6ª edição desta obra.

Arquimedes Diógenes Ciloni Doutor em Engenharia de Estruturas pela EESC-USP (1993) e professor titular da UFU. Foi pró-reitor de Pós-graduação e Pesquisa (UFU, 1994 a 1996), diretor do Centro de Ciências Exatas e Tecnologia (Cetec/UFU, 1997 a 2000), reitor da UFU (2000 a 2008), presidente da Andifes, presidente da Rede Unitrabalho e subsecretário de Coordenação das Unidades de Pesquisa do Ministério de Ciência, Tecnologia e Inovação (SCUP/MCTI, 2011 a 2014). Participou também, como coautor, da 6ª edição desta obra.

Bruno Luís Damineli Graduado em Arquitetura e Urbanismo pela Faculdade de Arquitetura e Urbanismo da Universidade de São Paulo (FAU-USP, 2002). Mestrado em Engenharia Civil pela Poli-USP, 2007, área de sustentabilidade de materiais de Construção Civil, foco em caracterização e utilização de resíduos da Construção Civil. Professor doutor no Instituto de Arquitetura e Urbanismo da Universidade de São Paulo (IAU-USP). Coordenador do grupo de pesquisa ArqTema (IAU-USP). Coordenador do Laboratório de Construção Civil (LCC-IAU-USP). Doutorado em Engenharia Civil pela Poli-USP (2013) com sanduíche no Royal Institute of Technology (KTH), Suécia, área de sustentabilidade de materiais de Construção Civil, foco na diminuição do consumo de cimento em misturas de concreto sem diminuição do desempenho. A tese ganhou o Prêmio Tese Destaque USP 2015 – área Engenharias e obteve 1º lugar em concurso internacional de dosagem de concreto eficiente com baixo consumo de cimento (Starkast Betong – Estocolmo, Suécia, 2012). Pós-doutorado pela Poli-USP (2017). Participou também, como coautor, da 6ª edição desta obra.

Carlos Eduardo Marmorato Gomes Professor livre-docente da Unicamp na área de Materiais de Construção, possui graduação em Engenharia Civil pela USP (1995), graduação em Administração de Empresas pela Associação de Escolas Reunidas (ASSER, 1993), mestrado em Arquitetura e Urbanismo pela USP (1999), doutorado em Ciência e Engenharia de Materiais pelo Instituto de Física de São Carlos (IFSC, 2005), pós-doutorado-I em Materiais de Construção pela Faculdade de Zootecnia e Engenharia de Alimentos (FZEA/USP), pós-doutorado-II em Sistema Construtivo *Light Steel Frame* (LSF) pelo IAU/USP. Experiência na área de Engenharia Civil, com ênfase em materiais e componentes de construção e LSF. Atua, principalmente, nos seguintes temas: compósitos, fibrocimento, geotêxteis, argamassas especiais, polímeros, pozolanas e concretos especiais. Fundador e presidente (2023) da Associação Brasileira do Concreto Reforçado com Fibras e Produtos Afins (Abifibra).

Eduvaldo Paulo Sichieri Graduado em Engenharia de Materiais pela UFSCar (1979), mestre em Ciência e Engenharia dos Materiais pela mesma instituição e doutor em Engenharia Metalúrgica pela EESC-USP. Desenvolveu sua livre-docência a partir de suas pesquisas sobre o desenvolvimento de vidros eletrocrômicos para a arquitetura e sobre a transmissão seletiva da radiação solar através de superfícies transparentes (vidros, policarbonatos e acrílicos utilizados na arquitetura), visando o menor consumo de energia do edifício e o conforto térmico do usuário. Atualmente, é professor titular da USP. É orientador no Programa de Pós-Graduação em Arquitetura e Urbanismo do IAU-USP, com ênfase em Tecnologia de Arquitetura e Urbanismo, atuando principalmente nos seguintes temas: pesquisa, desenvolvimento, desempenho, durabilidade e reciclagem de materiais de construção (aços, polímeros, revestimentos cerâmicos, rochas ornamentais, concretos e argamassas especiais, vidros); tecnologia das construções; sustentabilidade em arquitetura e urbanismo e reciclagem de resíduos industriais; conforto ambiental e proteção solar. Participou também, como coautor, da 6ª edição desta obra.

Ercio Thomaz Graduado em Engenharia Civil pela Universidade Presbiteriana Mackenzie (1973), mestre e doutor em Engenharia Civil pela USP (1986 e 1999), pesquisador do Instituto de Pesquisas Tecnológicas (IPT) entre 1986 e 2018. Professor das disciplinas Patologias das Edificações, Patologias das Estruturas de Concreto, Alvenarias, Qualidade na Construção e Técnicas de Construção Civil. Experiência nas áreas de materiais e sistemas construtivos, estruturas de concreto armado, alvenarias, revestimentos, fachadas e desempenho de edifícios. Articulista da revista *Notícias da Construção* – Sinduscon/SP (2010 a 2013). Membro do Conselho Editorial da revista *Concreto & Construções*, publicação do Instituto Brasileiro do Concreto (Ibracon) (desde janeiro 2016). Primeiro coordenador da Comissão de Estudos ABNT da norma NBR 15575 – Desempenho de Edificações (2004 a 2007). Autor dos livros *Trincas em Edifícios: Causas, Prevenção e Recuperação* (Editora Pini), *Tecnologia, Gerenciamento e Qualidade na Construção* (Editora Pini), coautoria dos livros *Manual Técnico de Alvenaria* (ABCI), *Concreto: Ensino, pesquisa e realizações* (Ibracon), *Defects in Masonry Walls – Guidance on Cracking: Identification, Prevention and Repair* (Publicação CIB 403), consultor em sistemas construtivos, estruturas de concreto, alvenarias, fachadas, desempenho, patologias e recuperação de obras. Participou também, como coautor, da 6ª edição desta obra.

Fabiola Rago Beltrame Graduada em Engenharia Civil pela Faculdade de Engenharia da Fundação Armando Alvares Penteado (FAAP, 1993), mestre sem Engenharia Civil, na área de concentração de Engenharia de Construção Civil e Urbana, pela Poli-USP (1999). Doutoranda do Programa de Pós-Graduação em Engenharia de Materiais e Nanotecnologia da Universidade Presbiteriana Mackenzie (desde 2023). Atualmente, é professora e pesquisadora da Escola de Engenharia da Universidade Presbiteriana Mackenzie, no curso de Engenharia Civil, ministrando as disciplinas de materiais e construção I e II, patologia e estruturas moduladas e pré-fabricadas e diretora do Instituto Beltrame da Qualidade, Pesquisa e Certificação (IBELQ), organismo certificador de sistemas e de produtos para construção civil, acreditado pela Coordenação Geral de Acreditação do Inmetro (CGCRE). Participante com vários artigos e trabalhos em Simpósios e Congressos nacionais e internacionais e na elaboração ou revisão de normas técnicas da ABNT, nas comissões do CB-02 – Construção civil, CB-22 – Impermeabilização, CB-35 – Alumínio, CB-37 – Vidro, CEE-232 – Telhas de PVC e Coordenadora das CEs do CB-248 – Esquadrias e guarda-corpos. Atuou por mais de 10 anos como gerente dos laboratórios de materiais de construção e componentes da L.A. Falcão Bauer, onde pode aprender muito sobre grande parte dos materiais abordados neste livro e de quando datam os estudos realizados para publicação do capítulo de coautoria deste livro.

Fernanda Giannotti da Silva Ferreira Possui graduação em Engenharia Civil pela Universidade Estadual Paulista Júlio de Mesquita Filho (Unesp, 2000), doutorado em Ciência e Engenharia de Materiais pela EESC-USP (2006) e pós-doutorado pelo Departamento de Engenharia de Construção Civil da Poli-USP (2008). Experiência na área de Engenharia Civil, com ênfase em materiais de construção e construção civil, atuando, principalmente, nos seguintes temas: concretos especiais, durabilidade, íons cloreto, carbonatação, corrosão de armaduras e técnicas eletroquímicas. Trabalhou na área de avaliações e monitoramento de estruturas de concreto armado, como pesquisadora do Laboratório de Materiais de Construção Civil do IPT e, atualmente, é professora do Departamento de Engenharia Civil e do programa de Pós-graduação em Engenharia Civil (PPGECiv) da UFSCar.

Fernando Menezes de Almeida Filho Graduado em Engenharia Civil pela Universidade Federal do Ceará (UFC, 1998), especialização em Engenharia de Estruturas pela Universidade de Fortaleza (Unifor, 2000), mestre em Engenharia de Estruturas pela USP (2002), doutor em Engenharia de Estruturas pela USP (2006) e pós-doutorado em Engenharia de Estruturas pela mesma instituição (2010). Foi engenheiro do laboratório NETPre – Núcleo de Estudos e Tecnologia em Pré-moldados de Concreto na UFSCar, no período de 2009 a 2011, realizando diversas atividades de ensaios, projetos de pesquisa e extensão. É professor do curso de Engenharia Civil da UFSCar, com ênfase em estruturas de concreto. Foi chefe do departamento no período de 2021 a 2023. Orientou diversas pesquisas de TCC, iniciação científica, mestrado e doutorado, principalmente, nos seguintes temas: estruturas em concreto armado e protendido, análise experimental, projeto de edificações, aderência aço-concreto, estruturas de pontes, estrutura de edifícios altos e simulações numéricas. Participou também, como coautor, da 6ª edição desta obra.

Francisco Antonio Romero Gesualdo Graduado em Engenharia Civil pela EESC-USP, mestre (1981) e doutor (1987) em Engenharia de Estruturas pela EESC-USP. Pós-doutorado na University of Illinois at Urbana-Champaign (out./1992 a dez./1993) e na University of Toronto (mar./2000 a fev./2001). Foi professor no Departamento de Engenharia Civil na Unesp-Ilha Solteira de 1981 a 1985. Ingressou como docente na Faculdade de Engenharia Civil da UFU em 1985, onde, em 1992, tornou-se professor titular. Foi diretor da Faculdade de Engenharia Civil da UFU de maio/2001 a abr./2005. Aposentado pela UFU em fev./2019, continuou como professor voluntário na mesma instituição até dez./2021. De fev. a ago./2012, foi professor na Universidade de Uberaba (Uniube), na unidade de Uberlândia. Sempre atuou nas áreas de análise estrutural, métodos numéricos computacionais, estruturas de madeira, fôrmas e escoramentos, perfis tubulares metálicos e otimização. Participou também, como coautor, da 6ª edição desta obra.

Gabriela Pitolli Lyra Pós-doutoranda pela USP, com foco em valorização de *Sargassum* em materiais de construção e avaliação de ciclo de vida. Doutora em Engenharia e Ciência dos Materiais pela Universidade de São Paulo (USP), com foco nas áreas de construções e engenharia agroindustrial, e em Ingeniería de la Construcción pela Universitat Politècnica de València (UPV). Mestre em Engenharia e Ciência dos Materiais pelo trabalho: Agregados leves de cerâmica vermelha com incorporação de cinza do bagaço de cana-de-açúcar sinterizados em forno de micro-ondas. Graduou-se em Engenharia de Biossistemas, atuou em atividades de extensão, nas quais pesquisou sobre cerâmica vermelha com adição de cinza da indústria sucroalcooleira, sinterizada de formas convencional e não convencional.

Gibson Rocha Meira Graduado em Engenharia Civil pela Universidade Federal da Paraíba (UFPB, 1989). Mestre em Engenharia de Produção pela mesma instituição (1995). Doutor em Engenharia Civil pela Universidade Federal de Santa Catarina (UFSC, 2004), com sanduíche no Instituto de Ciências de Construcción Eduardo Torroja da Espanha (2001-2003). Atualmente, é professor titular do Instituto Federal da Paraíba (IFPB) e professor efetivo do Programa de Pós-graduação em Engenharia Civil da UFPB. Participa de grupos de trabalho, onde atualmente é membro do Comitê Técnico RILEM OCM – *On-site Corrosion Condition Assessment, Monitoring and Prediction*, iniciado em 2022. Também tem participado de projetos de pesquisa em rede, de caráter nacional e internacional, com destaque para o INCT – Tecnologias ecoeficientes avançadas em produtos cimentícios. Tem colaboração, no campo da pesquisa científica, com o Instituto de Ciencias de la Construccion Eduardo Torroja (Espanha), Universidade do Minho (Portugal), Pontifícia Universidad Católica de Santiago (Chile), Universidad Tecnológica Nacional de Córdoba (Argentina), Instituto Tecnológico de Estudios Superiores de Monterrey (México) e diversas universidades no Brasil.

É diretor regional do Ibracon na Paraíba, membro da Comissão de Estudos de Durabilidade do Concreto da Associação Brasileira de Normas Técnicas (ABNT) e editor associado da *Revista de la Construcción* (Chile). Atualmente, dedica-se aos seguintes temas: durabilidade de estruturas de concreto armado, corrosão de armaduras em estruturas de concreto, métodos de proteção e recuperação de estruturas atacadas pela corrosão de armaduras e aplicação e avaliação do desempenho de materiais ecoeficientes em produtos cimentícios.

Idário Domingues Fernandes Técnico em edificações e engenheiro civil com 39 anos de experiência em produção e controle de qualidade de concreto com especialização em produtos vibroprensados e artefatos de cimento em geral. Já proferiu mais de 250 cursos e palestras no Brasil e no Mercosul sobre cimento, concreto e afins. Publicou diversos artigos técnicos sobre artefatos de cimento em revistas do gênero. É autor do livro *Blocos e pavers, Produção e Controle de Qualidade*, atualmente na 9ª edição, e do livro *Telhas de concreto – Produção e Controle*. Consultor em tecnologia de concreto e sistemas construtivos à base de cimento, com especialidade em blocos, pisos intertravados e outros produtos vibroprensados. Proprietário da DoutorBloco Consultoria em Concreto, www.doutorbloco.com.br.

João Adriano Rossignolo Professor do Departamento de Engenharia de Biossistemas da FZEA-USP. Fez estágio pós-doutoral na Universitat Politécnica de Valencia (Espanha), 2017/2018. Livre-docente em Arquitetura, Urbanismo e Tecnologia (EESC-USP, 2009), doutor em Ciência e Engenharia de Materiais (EESC/IFSC/IQSC-USP, 2003, com sanduíche no Laboratório Nacional de Engenharia Civil (LNEC-Lisboa), mestre em Arquitetura e Urbanismo (EESC-USP, 1999) e Engenheiro Civil (EESC-USP, 1993). Autor do livro *Concreto leve estrutural: produção, propriedades microestrutura e aplicações* (Pini, 2009). Atua como revisor de diversos periódicos internacionais, como *Cement and Concrete Research, Construction Building Materials, Computers and Concrete e ACI Materials Journal*. Está credenciado como orientador de mestrado e doutorado do Programa de Pós-graduação em Engenharia e Ciência de Materiais (FZEA-USP). Líder do Grupo de pesquisa CNPq – I-Mat (Inovação em Materiais Sustentáveis) e membro do Núcleo de Apoio à Pesquisa BioSMat – Materiais para Biossistemas da USP desde 2012. Atua na área de Construção Civil, com ênfase em concretos especiais, concreto leve, microestrutura do concreto, uso de subprodutos agroindustriais na Construção Civil, economia circular e Avaliação do Ciclo de Vida (ACV) na construção. Participou também, como coautor, da 6ª edição desta obra.

João Fernando Dias Doutorado em Engenharia Civil pela USP (2004), mestrado em Arquitetura e Urbanismo pela EESC-USP (1986), graduação em Engenharia Civil pela UFU (1977). Atualmente, é professor titular aposentado da Faculdade de Engenharia Civil da UFU. Foi professor dos cursos de graduação e pós-graduação em Engenharia Civil da UFU, Coordenador da Câmara de Pesquisa e Pós-graduação em Engenharia Civil da FECIV-UFU, consultor *ad hoc* de revistas especializadas, dezenas de orientações de graduação e pós-graduação concluídas, artigos publicados em periódicos e palestras em eventos técnico-científicos, bancas de conclusão de cursos, comissões julgadoras de concursos, representante da UFU no Conselho de Desenvolvimento Ambiental de Uberlândia (Codema). Exerceu as funções de chefe do departamento de Engenharia Civil da UFU, coordenador do Laboratório de Materiais de Construção Civil e membro dos conselhos e colegiados da instituição. Engenheiro Civil da CEAGRO – Consultoria e Planejamento em Agronegócios e Engenharia. Título de Cidadão Honorário de Uberlândia (Decreto Legislativo no 1073/2007). Experiência na área de Engenharia Civil, atuando como consultor e perito, principalmente, nos seguintes temas: materiais e componentes da construção, revestimentos e fachadas, patologia das construções, conformidade, reciclagem de resíduos, qualidade e sustentabilidade na Construção Civil, avaliação de imóveis, patologias construtivas e perícias de Engenharia Civil. Coordenador e coautor da 5ª, 6ª e 7ª edições deste clássico *Materiais de Construção*.

Juliana de Carvalho Doutora em Arquitetura pela USP (FAU/USP, 2019), Mestre em Engenharia Civil pela Poli-USP (2002), formada em Tecnologia da Construção Civil pela Unicamp (1998). Atualmente, é consultora técnica de laboratórios e empresas de componentes de Construção Civil industrializados e avaliadora/especialista da CGCRE/Inmetro para Organismos de Avaliação da Conformidade de Certificações de Produtos. 25 anos de experiência em empresas nacionais e multinacionais de laboratórios, inspeções e certificações, a maioria em cargos de liderança, gerenciando mais de 30 laboratórios de diferentes localizações e escopos. Especialista em gestão de inovações com implementações de novos testes, metodologias e laboratórios de alta complexidade. Experiência internacional em intercâmbios técnicos com laboratórios de diversos países. Participação ativa como conselheira da Associação Brasileira de Avaliação da Conformidade (Abrac – 2015, 2019, 2020, 2021 e 2022). Participou também, como coautora, da 6ª edição desta obra.

Kai Loh Graduada em Química pela USP (1972), mestra e doutora em Engenharia Civil de Construção Civil pela Poli-USP (1992 e 1998, respectivamente). Atualmente, é pesquisadora convidada do Departamento de Engenharia de Construção Civil da Poli-USP. Foi química pesquisadora da Divisão de Engenharia Civil do IPT, durante 23 anos, e foi coordenadora da Comissão de Tintas para Construção Civil (CE-02:115.29) durante 15 anos. Atua na área de Materiais e Componentes de Construção Civil e Construção Sustentável, e tem como temas: desempenho, durabilidade, patologia, sustentabilidade e meio ambiente. Especialista na área de tintas para construção civil, tintas à base de cal e cimento, estudos de coberturas frias (*cool roofs*), hidrofugantes, revestimentos frios e autolimpantes (fotocatálise), pigmentos frios, materiais nanoparticulados. Também atua em estudos com aditivos para argamassa e concretos, selantes e desmoldantes. Participou também, como coautora, da 6ª edição desta obra.

Leila Aparecida de Castro Motta Graduada em Engenharia Civil pela UFU (1994), mestre em Engenharia de Estruturas pela EESC-USP (1997) e doutora pela Poli-USP (2006). Atualmente, é professora titular da UFU nos cursos de graduação em Engenharia Civil, Arquitetura e Urbanismo, Engenharia Ambiental e no Programa de Pós-graduação em Engenharia Civil. Experiência na área de Construção Civil, com ênfase em materiais e componentes de construção, atuando, principalmente, no estudo de compósitos cimentícios e poliméricos e utilização de resíduos para a produção de componentes e materiais de construção novos e/ou modificados. Participou também, como coautora, da 6ª edição desta obra.

Leonardo Fagundes Rosemback Miranda Graduado em Engenharia Civil pela Universidade Federal de Juiz de Fora (UFJF, 1997), mestre (2000) e doutor (2005) em Engenharia Civil pela USP. Experiência na área de Materiais e Componentes de Construção, atuando, principalmente, nos seguintes temas: reciclagem de resíduos de construção em usinas e canteiros, argamassas, concretos, pavimentos. Foi professor da Universidade Federal de Pernambuco (UFPE) no período de set./2006 e fev./2010. Atualmente, é professor associado da Universidade Federal do Paraná (UFPR). Participou também, como coautor, da 6ª edição desta obra.

Liedi Légi Bariani Bernucci Engenheira Civil, mestre em Engenharia Geotécnica, doutora e livre-docente em Engenharia de Transportes, professora titular da Poli-USP. Foi a primeira mulher a ocupar a Chefia do Departamento de Engenharia de Transportes, onde ficou por 7 anos, a primeira mulher a ser eleita vice-diretora e a primeira mulher a ser eleita diretora da Poli-USP após 124 anos de sua fundação (2018-2021). Atualmente, é diretora-presidente do IPT do Estado de São Paulo. Atua na área de Infraestrutura de Transportes: vias urbanas, rodovias, aeroportos e ferrovias. É diretora no Brasil da Cátedra Fundação Abertis e diretora da Cátedra Under Rail da Vale. É membro do Conselho Superior da FAPESP (2018-2024), membro do Conselho de Administração do IPT, membro da Academia Nacional de Engenharia, membro do Conselho Deliberativo do Sebrae São Paulo, membro do Conselho Superior de Inovação e Competitividade da Federação das Indústrias do Estado de São Paulo (Fiesp) e membro do Conselho de Administração da Associação

Nacional de Pesquisa e Desenvolvimento das Empresas Inovadoras (Anpei). Participou também, como coautora, da 6ª edição desta obra.

Márcio Albuquerque Buson Graduado em Arquitetura e Urbanismo pela UnB (1985-1990), mestre em Tecnologia da Arquitetura e Urbanismo pela UnB (1996-1998), doutor em Tecnologia da Construção pela UnB com estágio de doutorado na Universidade de Aveiro, Portugal (2006-2009). Pós-doutorado na Faculdade de Engenharia da Universidade do Porto (2025-2016), em Tecnologia da Construção com Terra. Pós-doutorado na Faculdade de Engenharia da Universidade do Porto (2023), em Impressão 3D com Terra. Professor da área de Construção do Departamento de Tecnologia em Arquitetura e Urbanismo da FAU/UnB. Desenvolve pesquisas e trabalhos com a arquitetura de terra, sistemas construtivos sustentáveis, reciclagem de resíduos sólidos e impressão 3D com argamassa de terra. Atua, principalmente, nos seguintes temas: construção, arquitetura, sustentabilidade e projeto arquitetônico.

Marcos Storte Engenheiro civil pela Escola de Engenharia Civil de Volta Redonda (1978) e Mestre em engenharia (*stricto sensu*) em Construção Civil e Urbana, pela Poli-USP (1991). Mais de 45 anos de experiência, abrangendo projetos, contratos, planejamento e execução de obras na Construção Civil e, desde 1983, mais de 60 trabalhos apresentados em congressos nacionais e internacionais e ativo participante dos comitês de estudo da ABNT, entre eles: CB 2 – Construção Civil; CB 22 – Impermeabilização e CB 90 – Qualificação de pessoas na Construção Civil. Professor titular da disciplina Patologia nas Construções da Faculdade de Engenharia Civil da Universidade Santa Cecília em Santos – SP (Unisanta), desde 2021. Autor dos livros *Látex Estireno Butadieno – Aplicação em Concretos de Cimento e Polímeros* (Palanca, 1991), do *e-book Impermeabilização na Construção Civil* (2019) e coautor do capítulo *Impermeabilização*, nesta 7ª edição de *Materiais de Construção – L.A. Falcão Bauer*. Participou também, como coautor, da 6ª edição desta obra.

Maryangela Geimba de Lima Graduada em Engenharia Civil pela Universidade Federal de Santa Maria (UFSM, 1986) e em Matemática com Licenciatura Plena e Habilitação em Física pela Faculdade de Filosofia, Ciências e Letras Imaculada Conceição (FIC, 1984), master em XV Curso de Estudios Mayores de la Construcción pelo Instituto Eduardo Torroja (CEMCO, 2001), mestre em Engenharia Civil pela Universidade Federal do Rio Grande do Sul (UFRGS, 1990) e doutora em Engenharia Civil pela USP (1996). Realizou pós-doutorado no Instituto Eduardo Torroja, Madri, Espanha, no período de 2001 a 2002, em colaboração com a Dra. Carmen Andrade. Atualmente, é professora associada do Instituto Tecnológico de Aeronáutica (ITA), onde atua como Pró-reitora de Pesquisa e Relacionamento Institucional, desde maio de 2018. No ITA, já foi coordenadora PIBIC, coordenadora do Programa de Pós-graduação em Engenharia de Infraestrutura Aeronáutica, chefe da Divisão de Cooperação, chefe da Divisão de Extensão e chefe da Divisão de Projetos de Pesquisa, Desenvolvimento e Inovação. Experiência na área de Engenharia Civil, com ênfase em materiais e componentes de construção, atuando, principalmente, nos seguintes temas: durabilidade, concreto, corrosão, degradação, sustentabilidade e desempenho, notadamente na ação de fatores ambientais na degradação das construções e estruturas. Coordenou o Grupo de Trabalho sobre Durabilidade das Construções (GTDur) da ANTAC de 1993 a 2012 e a CE.18.600.03 – Durabilidade do Concreto, do CB-18, ABNT. Participou também, como coautora, da 6ª edição desta obra.

Matheus Leoni Martins Nascimento Engenheiro Civil pela Universidade Católica de Brasília (UCB) com período parcial cursado na Universidade Católica Portuguesa (UCP – Lisboa/ Portugal), mestre em Estruturas e Construção Civil pela UnB e MBA em Gestão de Projetos (IESB). Autor do livro *Patologia das Construções* (Ekoa, 2020) e de diversos trabalhos técnicos na mesma área. Presta consultoria em patologia das construções como diretor técnico da ML Engenharia Diagnóstica e é professor em cursos próprios e de pós-graduação em Patologia das Construções. Delegado da Associação Brasileira de Patologia das Construções (Alconpat-Brasil) no Distrito Federal e associado às instituições Ibape, Ibracon, IBI Brasil e Alconpat. Termografista nível I certificado pelo Infrared Training Center (ITC). Atua, principalmente, nas áreas de desempenho, durabilidade e vida útil de revestimentos de fachada, durabilidade do concreto, comportamento higrotérmico de materiais e sistemas e processos construtivos. Vencedor do prêmio internacional promovido pela Alconpat, em que apresentou o trabalho Método para inspeção de fachadas com revestimentos aderidos. Recebeu Moção de Louvor da Câmara Legislativa do Distrito Federal por sua valiosa contribuição à Engenharia nos anos 2022 e 2023.

Mauricio Marques Resende Graduado em Engenharia Civil pela UFMG (2001), mestre em Engenharia Civil pela Poli-USP (2004). Atualmente, é professor dos cursos de graduação e pós-graduação em Engenharia Civil na Universidade São Judas Tadeu (USJT), pesquisador do IPT e diretor técnico da Maxime Engenharia. Mais de 15 anos de experiência em pesquisa e desenvolvimento de ensaios em materiais de construção civil, argamassa, revestimentos e avaliação de sistemas construtivos. Atuou por 8 anos como gerente técnico do laboratório de materiais de construção e concreto na L.A. Falcão Bauer, 3 anos como gerente de desenvolvimento na Cecrisa e 3 anos como gerente técnico no laboratório de sistemas construtivos do Centro Cerâmico do Brasil (CCB). Participou também, como coautor, da 6ª edição desta obra.

Mercia Maria Semensato Bottura de Barros Graduação em Engenharia Civil pela UFSCar (1985), mestrado (1991) e doutorado (1996), ambos em Engenharia de Construção Civil e Urbana, pela Poli-USP. Professora doutora do Departamento de Engenharia de Construção Civil desta instituição desde 1988 até agosto de 2019, passando à Professora Sênior a partir de setembro de 2019 (em andamento). Experiência na área de Engenharia de Construção Civil, participando do Grupo de Ensino e Pesquisa em Tecnologia e Gestão da Produção de Edifícios. Os trabalhos realizados são focados nas linhas inovação e racionalização nos processos construtivos e gestão da produção na Construção Civil. Atua também na área de reabilitação de edifícios, com foco em tecnologias e custos. É pesquisadora da Fundação para o Desenvolvimento Tecnológico da Engenharia (FDTE). É assessora *ad hoc* da FAPESP e da Financiadora de Estudos e Projetos (Finep).

Osny Pellegrino Ferreira Engenheiro Civil pela Fundação Municipal de Ensino de Piracicaba/SP (FUMEP, 1975), mestre em Arquitetura e Urbanismo pela EESC-USP (1985), doutorado em Engenharia Civil pela Poli-USP (1992). Professor do IAU-USP (1984-2011), nos cursos de graduação e pós-graduação em Engenharia Civil e Arquitetura e Urbanismo. Exerce atividades no desenvolvimento de materiais compósitos a partir de matrizes poliméricas e cimentícias, concretos especiais, fibrocimentos, avaliação de sistemas e componentes construtivos, projeto de reforços estruturais no âmbito de fundações e de infraestrutura.

Paulo Sérgio da Silva Graduado em Engenharia Civil pela UFPR (1987). Técnico de Edificações pelo Centro Federal de Educação Tecnológica do Paraná (Cefet, 1982). Projetista de Produção de Revestimentos de Fachadas, Pisos e Piscinas (desde 2007). Consultor em produção, qualidade, inovações, laudos avançados e patologias das placas cerâmicas há 37 anos (1987). CEO da Planville Engenharia (1989). Professor de pósgraduação pela UNIP-Inbec (2017-2021) na cadeira de Engenharia Diagnóstica: Patologias de Revestimentos Cerâmicos e Rochas Naturais, e nos cursos de Engenharia Condominial: Fachadas com Revestimentos Cerâmicos: Inspeção, Diagnóstico e Manutenção e Tecnologia de Projetos de Fachadas: Revestimentos Cerâmicos para Fachadas: Características Técnicas e Aplicabilidade. Palestrante por diversas instituições e *in company* para construtoras, arquitetos e consumidores finais desde 1991. Consultor internacional em Seleção de Porcelanatos para Outsourcing (China, Índia, 2013-2015). Autor do livro *Engenharia Marginal* (Estúdio Invertido, 2022). Autor do *Manual RocaStone* (2018). Autor do *Manual de Assentamento Castelatto* (2007). Coautor no *Manual de Engenharia Diagnóstica* (Leud, 2021), do luso-brasileiro *Manual de Manutenção em Edificações* (Leud, 2022) e deste

Materiais de Construção – L.A. Falcão Bauer (LTC, 2025). Coautor do *e-book Novos patologistas: um legado de paixão pela boa engenharia* (2020). Coprodutor do *podcast* Autores da Engenharia (Spotify-Youtube, 2020-2022). Coprodutor dos cursos *podcast* Revisitando as Normas (Boa Engenharia – Homart, 2020). Produtor do Canal Engenharia Marginal (YouTube, 2022). Autor do Blog Planville2u (2017).

Renata Monte Possui graduação em Construção de Edifícios pela Faculdade de Tecnologia de São Paulo (Fatec-SP, 1998), graduação em Engenharia Civil pela Universidade de Mogi das Cruzes (UMC), mestrado em Engenharia Civil (USP, 2003) e doutorado em Ciências pela USP (2015). É professora doutora do Departamento de Engenharia de Construção Civil da Poli-USP desde 2023 e professora dos programas de pós-graduação em Engenharia Civil e mestrado profissional em Inovação na Construção Civil desde 2018. Membro da equipe de pesquisadores da Unidade EMBRAPII Poli-USP Materiais para Construção Ecoeficiente. É membro do comitê técnico *Assessment of Additively Manufactured Concrete Materials and Structures* (TC ADC) da RILEM. Experiência na área de Engenharia de Construção Civil, com pesquisas, principalmente, nos seguintes temas: compósitos cimentícios com fibras, argamassas para assentamento e revestimento, comportamento mecânico de materiais e componentes, concreto projetado e comportamento mecânico de materiais para impressão 3D.

Renato Freua Sahade Graduado em Engenharia Civil pela Universidade Paulista (UNIP, 1993), pós-graduação em materiais de construção pela Poli-USP (1996), mestre em Tecnologia de Construção de Edifícios pelo IPT de São Paulo (2005), doutorando em Engenharia de Materiais e Nanotecnologia pela Universidade Presbiteriana Mackenzie (UPM, 2022 a 2025). Consultor há 30 anos em Patologias das Estruturas de Concreto e Revestimentos. Professor de pós-graduação *lato sensu* pela UPM desde 2017, nas cadeiras de Vedações, Estruturas de Concreto e Fundações, no curso de Excelências Construtivas e Anomalias. Palestrante por diversas instituições e *in company* para construtoras desde 2015. Autor de artigos técnicos junto às revistas *Téchne*, da Editora Pini, e *AECWeb* desde 2010. Coautor do *Manual de Selantes para Fachadas*, elaborado pelo Consórcio Habitare/Caixa (2009); do *Manual de Engenharia Diagnóstica* (Leud, 2021), do *Manual de Manutenção em Edificações* (Leud, 2022) e deste *Materiais de Construção* – L.A. Falcão Bauer (LTC, 2025). Coautor do *e-book Novos patologistas: um legado de paixão pela boa engenharia* (2020). Membro do Comitê de Avaliadores das revistas *Ambiente Construído* (AEC) da ANTAC desde 2021 e *Materials Research* (Scielo) desde 2022. Membro das Comissões de Norma CE-002:109.010 da ABNT/CB-002 – Comissão de Estudo de Placas Cerâmicas: Procedimento e Execução (desde 2017) e CE 018:400.004 da ABNT/CB-018 – Comissão de Estudos de Argamassas de Assentamento e Revestimento (desde 2021).

Ricardo Cruvinel Dornelas Graduado em Engenharia Civil pela UFU, mestre pela mesma instituição e doutor em Gestão da Produção na Construção Civil pela Politécnica Construção Civil da Poli-USP. Com carreira desenvolvida nas empresas Networker Telecom, Boviel Kyowa e Grupo Algar, também participou na construção de obras de aeroportos (Aeroporto de Guarulhos), metrôs (Estação Paulista da Linha 4 Amarela) e rodovias (Rodoanel Mário Covas, trecho sul). Foi professor pela UFU, Uniube e FAAP, ministrando disciplinas de graduação (Materiais de Construção Civil I e II; Técnicas de Construção Civil I e II; Planejamento e Controle de Obras e Tópicos Especiais de Engenharia: Rodovias, Aeroportos e Metrôs). Pesquisador na área de gestão dos recursos físicos (materiais, mão de obra e equipamentos) em obras de construção, como Gestão do Consumo de Materiais nos Canteiros de Obras (trabalho financiado pela Finep e pelo Sinduscon-SP); Aprimoramento do SINAPI (Caixa Econômica Federal); Aprimoramento de Composições Orçamentárias para a Construção Aeroportuária (Caixa/Infraero). Propôs uma nova abordagem para o prognóstico da produtividade na execução de obras de construção pesada e um método de gestão da construção de conjuntos habitacionais. Experiência como consultor em planejamento estratégico de empresas construtoras e como gestor de projetos e obras da construção civil. Foi o coordenador do Curso de Engenharia Civil (2012 a 2013) da UFG (Catalão) e, atualmente, é o professor responsável da área de Construção Civil dessa unidade. Participou também, como coautor, da 6ª edição desta obra.

Roberto José Falcão Bauer Graduado em Engenharia Civil pela Universidade de Taubaté (Unitau, 1975). Especialização em Patologia de Materiais, Estruturas e Habitabilidade pelo Instituto Eduardo Torroja de la Construcción y del Cemento, em Madri, Espanha (1979). Atualmente, é professor de Materiais para Construção, na Unitau. Experiência na área de Engenharia Civil, com ênfase em controle tecnológico e da qualidade de edificações, materiais e componentes da Construção Civil. Sócio do Grupo Falcão Bauer. Conselheiro consultivo do Sindicato da Indústria da Construção Civil do Estado de São Paulo (SindusCon/SP). Professor do curso de Tecnologia do Concreto e Aço para Mestre de Obras, ministrado pelo Laboratório L.A. Falcão Bauer, em convênio com o Senai/SP, desde 1987. Membro do Conselho Deliberativo do Serviço Social da Construção Civil do Estado de São Paulo (Seconci/SP). Membro do Conselho Deliberativo de Gestões Delegadas do Seconci/SP. Sócio fundador e membro do Conselho Fiscal da Associação Nacional de Pisos e Revestimentos (Anapre), desde 2004. Sócio da Associação Brasileira da Construção Industrializada de Concreto (ABCIC) – Categoria Profissional Técnico. Filiado ao Conselho Brasileiro da Construção Sustentável (CBCS). Agraciado com o Prêmio Luiz Alfredo Falcão Bauer – Ibracon. Premiado com a Medalha de Ouro, concedida pelo Instituto de Engenharia de São Paulo (2011), referente à análise de temas relacionados com o exercício da profissão com Remo Cimino (Engenharia Compartilhada). Participou também, como coautor, da 6ª edição desta obra.

Rodrigo Pires Leandro Graduado em Engenharia Civil pela Universidade do Sul de Santa Catarina (Unisul, 2002). Em 2005, obteve o título de mestre em Engenharia de Transportes pela USP e, em 2016, doutor em Engenharia de Transportes pela mesma instituição. Atualmente, é professor, diretor substituto, coordenador do laboratório de pavimentação e membro do conselho da Faculdade de Engenharia Civil na UFU. Com uma trajetória profissional que abrange duas décadas, dedica-se à área de Engenharia de Transportes, com enfoque especial em Infraestrutura de Transportes, envolvendo atividades como projeto, construção e avaliação. Participou também, como coautor, da 6ª edição desta obra.

Rosa Maria Sposto Graduada em Engenharia Civil pela EESC-USP, mestre e doutora pela USP (Arquitetura – Estruturas Ambientais Urbanas). Professora permanente do quadro do Departamento de Engenharia Civil e Ambiental da UnB, categoria professor associado-4, de 1994 a 2017, tendo ocupado o cargo de coordenação da Graduação de 2001 a 2003; e o de coordenadora da Pós-Graduação do Programa de Estruturas e Construção Civil nos anos 2007 e 2008. Atua em pesquisas na área de Tecnologia e Gestão para a Qualidade e Sustentabilidade no Processo de Produção de Edificações. Publicou cerca de 120 trabalhos referentes a artigos em periódicos, trabalhos completos em congressos e capítulos de livros. Já orientou 23 dissertações de mestrado e nove teses de doutorado. No momento, orienta três teses de doutorado e três dissertações de mestrado. No período de 2004 a 2007 foi também coordenadora de dois projetos: Gestão e Tecnologia para a Sustentabilidade e Qualidade de Componentes e Alvenaria Cerâmicos (FINEP-Fundo verde-amarelo) e Melhoria dos Blocos Cerâmicos Fornecidos para o DF (Sinduscon-DF). Participou também, como coautora, da 6ª edição desta obra.

Samuel Marcio Toffoli Graduado em Engenharia Química pela Poli-USP (1986), mestre em Engenharia Química pela USP (1991) e doutorado (Ph.D) em Ceramic Science and Engineering (1996), na Rutgers University (New Jersey, EUA). Realizou curso de extensão em Tecnologia do Vidro no Government Industrial Research Institute, em Osaka, Japão (1989). Atualmente, é professor doutor do Departamento de Engenharia Metalúrgica e de Materiais da Poli-USP. Foi Presidente da Associação Brasileira de Cerâmica de 2012 a

2016, e hoje ocupa uma de suas diretorias. Atua na área de Engenharia de Materiais, com ênfase nos seguintes temas: Vidros Industriais, Cerâmica Tradicional, Argilas, Resíduos Industriais Inorgânicos, Borrachas e Cargas Inorgânicas para Polímeros. Participou também, como coautor, da 6ª edição desta obra.

Sérgio Cirelli Angulo Graduado em Engenharia Civil pela Universidade Estadual de Londrina (UEL, 1999), mestre em Engenharia de Construção Civil e Urbana pela Poli-USP (2000), doutor em Engenharia de Construção Civil e Urbana pela Poli-USP (2005), pós-doutorado em Engenharia de Minas pela Poli-USP (2006), pós-doutorado pela Bauhaus Universität Weimar (2007) e pesquisador visitante na University of Illinois at Urbana-Champaign (2017) e na Princeton University (2023). Foi docente do Departamento de Engenharia Civil, Arquitetura e Urbanismo da UEL (2001) e da Unicamp (2009-2010). Atuou como pesquisador do IPT do Estado de São Paulo (2008-2012). Atualmente, é docente da Poli-USP em regime de dedicação exclusiva. Especializado em gestão de resíduos da construção, tecnologia de reciclagem e desenvolvimento de materiais de construção. Participou também, como coautor, da 6ª edição desta obra.

Shingiro Tokudome Graduado em Engenharia Civil pela UFPR, pós-graduado em Tecnologia do Concreto pela Building Research International de Tsukuba (BRI), Japão, mestre pela Unicamp e MBA pela Business School São Paulo (BSP). Atua como especialista em Aditivos para Concreto desde 2003 na MC Bauchemie Brasil e Coordenador da Câmara de Fabricantes de Aditivos para Concreto no Instituto Brasileiro de Impermeabilização (IBI). Participou também, como coautor, da 6ª edição desta obra.

Silvia Regina Soares da Silva Vieira Geóloga, com mestrado e doutorado pelo Instituto de Geociências da USP. Desde 2013 ocupa o cargo de Gerente de Pesquisa e Desenvolvimento na Votorantim Cimentos. Trabalhou por mais de 11 anos como Consultora Líder no Holcim Group Support Ltda., Suíça, e foi assessora técnica da Associação Brasileira de Cimento Portland (ABCP). Foi representante suíça na área de "mercado e produtos" da CEMBUREAU – a Associação Europeia de Cimento – e participou como especialista na elaboração de normas técnicas na ISO e no European Committee for Standardization (CEN). Representante da Votorantim Cimentos na Global Cement and Concrete Association (GCCA) e Innovandi.

Turibio José da Silva Graduado em Engenharia Civil pela UFU (1980) e doutor em Ingeniería de la Construcción pela Universidad Politécnica de Cataluña, Espanha (1998). Foi chefe de departamento, coordenador de curso, presidente do Núcleo Docente Estruturante (NDE) do curso de Engenharia Civil, coordenador da Câmara de Extensão e diretor da Faculdade de Engenharia Civil da UFU, membro do Conselho de Extensão, do Conselho Diretor e do Conselho Universitário da UFU, membro da Comissão Consultiva de Engenharia do Sistema ARCU-SUL (Sistema de Acreditação Regional de Cursos de Graduação do Mercosul e Estados Associados) da Comissão Nacional de Avaliação da Educação Superior (CONAES/MEC) e representante da UFU/MEC no Projeto Tuning América Latina na área de Engenharia Civil, professor titular da Faculdade de Engenharia Civil da UFU, professor permanente do Programa de Pós-graduação em Engenharia Civil da FECIV/UFU. Atualmente, é professor aposentado. É sócio administrador e responsável técnico da empresa TJS-ACE Assessoria, Consultoria e Engenharia Ltda. – ME. Experiência na área de Engenharia Civil, com ênfase em estruturas de concreto e materiais/concreto, atuando, principalmente, nos seguintes temas: estruturas de concreto, inspeção, recuperação e reforço de estruturas, vida útil, confiabilidade estrutural e concretos especiais. Atua, também, em avaliação de projeto estrutural de concreto armado, segundo a ABNT NBR 6118:2014. Participou também, como coautor, da 6ª edição desta obra.

Sobre os Atualizadores desta 7ª Edição **xxix**

Valdecir Angelo Quarcioni Graduado em Química Industrial pelas Faculdades Oswaldo Cruz (FOC, 1988), mestre (1998) e doutor (2008) pela Poli-USP. Pesquisador II sênior do IPT do Estado de São Paulo, sendo responsável pelo Laboratório de Química de Materiais (1995-2005) e chefe do Laboratório de Materiais de Construção Civil (2006-2018), que abrange as áreas de Concreto, Revestimentos, Petrologia e Tecnologia de Rochas, Química de Materiais e Setor de Produção de Areia Normal Brasileira. Experiência na área de química de materiais de construção com ênfase em hidratação de cimento Portland, ligantes (cimento, cal e gesso), materiais cimentícios suplementares (MCS), argamassa, concreto, durabilidade e reciclagem de materiais em Construção Civil. Coordenador da CE 018:100.003 – Comissão de Estudos de Ensaios Químicos e Físico-Químicos, do Comitê Brasileiro de Cimento, Concreto e Agregados da Associação Brasileira de Normas Técnicas, ABNT/CB-18 (desde 2010). Membro do Grupo de Trabalho de Argamassas da ANTAC. Consultor *ad hoc* da Capes e FAPESP e revisor de periódicos especializados. Professor do curso de Mestrado Profissional do IPT. Orientações concluídas: 15 orientações de mestrado, uma coorientação de doutorado e uma coorientação de pós-doutorado. Participou também, como coautor, da 6ª edição desta obra.

Vladimir Antonio Paulon Graduado em Engenharia Civil pela UFRGS (1963), mestre em Engenharia Civil pela USP (1982) e doutor em Engenharia Civil por esta mesma universidade (USP, 1991). Livre-docente e professor titular pela Unicamp (2001). Pós-doutorado na Universidade da Califórnia em Berkeley (2006-2007). Foi professor titular na Faculdade de Engenharia Civil, Arquitetura e Urbanismo da Unicamp. Executou serviços para, entre outras, Promon Engenharia, CNEC, Jaakko Poyry, Hochtief do Brasil, Constran, Andrade Gutierrez, CBPO, Copel, Engepas, Grupo Falcão Bauer. Entre as obras mais importantes em que atuou, destacam-se: Hidrelétricas de Itaipu, Água Vermelha, Três Irmãos, Xingó, Colbún (Chile), Capanda (Angola), barragem de Dhamouni (Argélia), Salto Osório, Segredo, Paranoá, Usina Nuclear de Angra dos Reis, Metrô de São Paulo, Metrô de Caracas, Metrô do Rio de Janeiro, Metrô de Bagdá e Sifão do Rio Eufrates (Iraque), Projeto Caique, no qual foi supervisor das 14 fábricas de argamassa armada e na montagem de 450 unidades. Possui 85 trabalhos publicados no tema da Tecnologia do Concreto e foi o revisor da versão brasileira dos livros *Concreto: Microestrutura, Propriedades e Materiais* (de Mehta- Monteiro, 2014) e *Concreto de Cimento Portland* (de Eladio Petrucci, 1982). Escreveu capítulos de quatro livros sobre concreto e materiais de construção. Foi distinguido com os prêmios Eladio Petrucci e Ari Torres e como sócio honorário do Ibracon. Participou também, como coautor, da 6ª edição desta obra.

SUMÁRIO

1 INTRODUÇÃO AO ESTUDO DOS MATERIAIS DE CONSTRUÇÃO, 1

1.1 Importância e História dos Materiais de Construção, 2
- 1.1.1 Importância da Disciplina "Materiais de Construção", 2
- 1.1.2 Evolução Histórica dos Materiais de Construção, 2

1.2 Sustentabilidade na Construção Civil, 3
- 1.2.1 Materiais de Construção e Sustentabilidade, 6

1.3 Noções Básicas para Estudo dos Materiais, 8
- 1.3.1 Requisitos para Aplicação dos Materiais, 8
- 1.3.2 Constituição da Matéria, 8
- 1.3.3 Organização Atômica, 9
- 1.3.4 Definição e Classificação dos Materiais, 10

1.4 Especificações e Ensaios dos Materiais, 11
- 1.4.1 Elementos Escritos de um Projeto de Engenharia, 11
- 1.4.2 Como Especificar Materiais, 12
- 1.4.3 Ensaios dos Materiais, 12

1.5 Normalização, 12
- 1.5.1 Finalidades da Normalização, 12
- 1.5.2 Entidades Normalizadoras, 13
- 1.5.3 Vigência de uma Norma, 13
- 1.5.4 Tipos de Normas, 13
- 1.5.5 Encaminhamento de uma Norma, 14
- 1.5.6 Avaliação de Conformidade, 14

1.6 Propriedades Gerais dos Materiais, 15
- 1.6.1 Principais Propriedades dos Corpos, 15
- 1.6.2 Propriedades dos Materiais, 15

2 CAL E GESSO PARA CONSTRUÇÃO CIVIL, 21

2.1 Introdução, 22
2.2 Cal – Um Ligante para a Construção Civil, 22
    2.2.1 Natureza e Obtenção da Cal, 22
    2.2.2 Etapa de Consolidação da Cal, 25
    2.2.3 Propriedades da Cal Hidratada para a Construção Civil, 26
    2.2.4 Massa Unitária e Massa Específica da Cal, 30
    2.2.5 Requisitos da Normalização Técnica da Cal, 30
    2.2.6 Mercado da Cal, 30
    2.2.7 Influência da Cal nas Propriedades das Argamassas, 32
    2.2.8 Cal Hidráulica – Um Produto para Fins Específicos, 32
    2.2.9 Programas para Qualificação da Cal, 34
    2.2.10 Orientações Gerais para Aquisição e Uso da Cal, 34
2.3 Gesso – Um Ligante para a Construção Civil, 36
    2.3.1 Gesso – Natureza e Obtenção, 36
    2.3.2 Fosfogesso – Um Insumo Alternativo, 38
    2.3.3 Composição Química, 39
    2.3.4 Etapa de Consolidação do Gesso, 40
    2.3.5 Propriedades do Gesso para a Construção Civil, 41
    2.3.6 Requisitos da Normalização Técnica de Gesso, 41
    2.3.7 Mercado do Gesso, 42
    2.3.8 Painéis de Gesso Acartonado – Um Produto Versátil, 42
    2.3.9 Outros Produtos em Gesso, 44
    2.3.10 Gesso – Um Material Reciclável, 45
    2.3.11 Programa Setorial da Qualidade – Um Benefício para o Consumidor, 45
    2.3.12 Aquisição e Uso do Gesso – Orientações Gerais em Prol da Qualidade, 46

3 CIMENTO PORTLAND, 50

3.1 Definição, 51
3.2 Constituintes, 51
3.3 Propriedades Físicas, 51
    3.3.1 Massa Específica, 52
    3.3.2 Exsudação, 53
    3.3.3 Finura, 53
    3.3.4 Pasta de Consistência Normal, 54
    3.3.5 Tempo de Pega, 54
    3.3.6 Resistência, 56
3.4 Propriedades Químicas, 57
    3.4.1 Estabilidade, 58
    3.4.2 Calor de Hidratação, 58
    3.4.3 Resistência aos Agentes Agressivos, 58
    3.4.4 Reação Álcali-Agregado, 59
3.5 Classificação, 59
3.6 Fabricação, 59
3.7 Transporte, 62
3.8 Armazenamento, 64
3.9 Cimentos Pozolânicos, 65
3.10 Cimentos Aluminosos, 65
3.11 Índices e Módulos, 65

4 AGREGADOS, 67

4.1 Contextualização, 68
4.2 Produção, Tipos de Agregados e Usos, 69
4.3 Manuseio e Amostragem, 74
4.4 Caracterização, 76
    4.4.1 Distribuição Granulométrica, 78
    4.4.2 Forma, 80
    4.4.3 Porosidade Intergranular (Volume de Vazios), 81
    4.4.4 Área Superficial, 83
    4.4.5 Umidade e Inchamento, 84
    4.4.6 Porosidade Intragranular (Absorção de Água), 84
    4.4.7 Massa Específica, 86
4.5 Efeito dos Agregados nos Materiais Cimentícios, 89
4.6 Considerações Finais, 91

5 ADITIVOS E ADIÇÕES, 96

5.1 Introdução, 97
5.2 Definição e Normas Técnicas, 97
5.3 Classificação, 97
5.4 Redutores de Água/Plastificantes (P), 98
    5.4.1 Efeitos dos Aditivos "P" sobre o Concreto, 99
5.5 Superplastificantes (SP I), 99
    5.5.1 Efeitos dos Aditivos "SP I" sobre o Concreto, 100
5.6 Superplastificantes (SP II), 100
    5.6.1 Efeitos dos Aditivos "SP II" sobre o Concreto, 101
5.7 Compatibilidade entre Aditivos "P", "SP I" e "SP II", 101
5.8 Fatores que Afetam o Desempenho dos Aditivos "P", "SP I" e "SP II", 102
5.9 Desempenho Esperado dos Aditivos, 102
5.10 Retardador de Pega (R), 102
    5.10.1 Efeito dos Aditivos Retardadores (R), 103
    5.10.2 Efeitos sobre o Desenvolvimento do Calor de Hidratação, 103
5.11 Incorporador de Ar (IA), 105
    5.11.1 Influência do Aditivo Incorporador de Ar sobre o Concreto Fresco, 108
    5.11.2 Influência do Aditivo Incorporador de Ar sobre o Concreto Endurecido, 110
    5.11.3 Fatores que Influenciam na Ação do Aditivo Incorporador de Ar, 110
5.12 Aceleradores, 117
    5.12.1 Ação e Efeitos dos Aceleradores, 117
5.13 Aditivos Especiais, 118
    5.13.1 Aditivos Modificadores de Viscosidade, 118
    5.13.2 Aditivos Redutores de Permeabilidade Capilar, 118
    5.13.3 Aditivo Redutor à Absorção Capilar, 119
    5.13.4 Aditivos Aceleradores para Concreto Projetado, 119
    5.13.5 Aditivos Controladores de Hidratação, 119
    5.13.6 Aditivos Expansores, 119
    5.13.7 Aditivos Estabilizadores de Volume, 120
    5.13.8 Aditivos para Argamassa, 120
    5.13.9 Redutores de Porosidade e de Permeabilidade, 121
5.14 Adições Minerais, 121
    5.14.1 Materiais Pozolânicos, 121
    5.14.2 Material Cimentante, 122

xxxiv Sumário

5.14.3 Material Fíler, 122
5.14.4 Condições Gerais, 122
5.15 Recomendações para Melhor Desempenho dos Aditivos e Adições, 123

6 DOSAGEM DO CONCRETO, 125

6.1 Desenvolvimento de Pesquisas sobre o Concreto, 126
6.1.1 Pesquisas de Préaudeau e Alexandre, 126
6.1.2 Pesquisas de Feret, 126
6.1.3 Pesquisas de Fuller, 127
6.1.4 Pesquisas de Abrams, 127
6.1.5 Pesquisas de Bolomey, 128
6.1.6 Pesquisas de Leclerc du Sablon, 128
6.1.7 Pesquisas de Lyse, 129
6.1.8 Pesquisas de Vallette, 129
6.2 Critérios Práticos de Dosagem, 129
6.2.1 Resistência de Dosagem, 130
6.2.2 Água de Molhagem dos Agregados, 131
6.2.3 Método de Dosagem do SNCF, 133
6.2.4 Dosagem Preconizada por Vallette, 135
6.2.5 Método de Dosagem do ACI, 136
6.2.6 Método de Dosagem do Prof. Ary Torres, 141
6.2.7 Método de Dosagem da ABCP, 146
6.2.8 Método de Dosagem IBRACON, 151
6.2.9 Exemplos de Dosagem pelos Métodos Apresentados, 154
6.2.10 Métodos de Dosagem para Concretos Especiais, 158
6.3 Considerações Finais, 167

7 CONCRETO NO ESTADO FRESCO, 171

7.1 Introdução, 172
7.2 Preparo do Concreto, 173
7.2.1 Concreto Preparado em Obra, 173
7.2.2 Concreto Dosado em Central, 174
7.3 Trabalhabilidade dos Concretos, 176
7.3.1 Conceituação e Importância, 176
7.3.2 Fatores que Afetam a Trabalhabilidade, 177
7.4 Estudo da Consistência, 178
7.4.1 Compacidade e Mobilidade, 178
7.4.2 Reologia do Concreto Fresco, 179
7.4.3 Fatores que Afetam a Consistência, 180
7.4.4 Ação Conjunta dos Fatores que Influem na Consistência, 181
7.4.5 Métodos para Avaliação da Consistência, 181
7.5 Transporte, 183
7.6 Lançamento, 185
7.6.1 Tempo de Lançamento, 186
7.6.2 Temperatura e Umidade Relativa do Ar, 187
7.6.3 Velocidade do Vento, 187
7.6.4 Plano de Concretagem, 187
7.6.5 Juntas de Concretagem, 188
7.6.6 Concreto Submerso, 190
7.6.7 Concretos Autoadensáveis, 190
7.6.8 Revibração do Concreto, 190
7.6.9 Recomendações para o Lançamento do Concreto, 190

7.7 Adensamento, 192
    7.7.1 Adensamento Manual, 193
    7.7.2 Adensamento Mecânico, 193
    7.7.3 Recomendações para o Adensamento do Concreto, 194
7.8 Processo de Cura do Concreto, 195
    7.8.1 Introdução, 195
    7.8.2 Fatores a Serem Levados em Conta na Escolha do Tipo de Cura, 196
    7.8.3 Tipos de Cura, 197
    7.8.4 Duração do Processo de Cura, 197

8 CONTROLE TECNOLÓGICO DO CONCRETO, 200

8.1 Introdução, 201
8.2 Desenvolvimento Tecnológico, 201
8.3 Premissas para a Qualidade do Concreto, 201
8.4 Abrangência, 201
8.5 Materiais Disponíveis e suas Características, 202
    8.5.1 Controle Tecnológico de Materiais Componentes do Concreto – Procedimento, 202
8.6 Plano de Concretagem, 204
    8.6.1 Mistura do Concreto, 204
    8.6.2 Transporte, 204
    8.6.3 Lançamento, 204
    8.6.4 Adensamento, 204
    8.6.5 Cura, 204
8.7 Preparo, Transporte e Recebimento do Concreto Segundo a ABNT NBR 12655:2022, 205
    8.7.1 Etapas de Execução do Concreto, 205
    8.7.2 Estudo de Dosagem do Concreto, 205
    8.7.3 Ensaio de Controle de Aceitação, 206
    8.7.4 Aceitação e Rejeição dos Lotes, 208
    8.7.5 Sistema de Fôrmas, 209
    8.7.6 Armadura, 210
    8.7.7 Cura, 210
    8.7.8 Desforma, 211

9 PROPRIEDADES DO CONCRETO ENDURECIDO, 214

9.1 Generalidades, 215
9.2 Propriedades Físicas, 216
    9.2.1 Massa Específica, 216
    9.2.2 Compacidade, 217
    9.2.3 Permeabilidade, 217
    9.2.4 Propriedades Térmicas, 219
    9.2.5 Retração e Expansão, 223
9.3 Propriedades Mecânicas, 224
    9.3.1 Resistência à Compressão, 224
    9.3.2 Resistência à Tração Simples, 226
    9.3.3 Comportamento Elástico, 227
9.4 Durabilidade, 230
    9.4.1 Exigências quanto à Durabilidade, 231
    9.4.2 Vida Útil, 231
    9.4.3 Atuação dos Agentes na Deterioração do Concreto, 231
9.5 Propriedades Frente a Condições Específicas, 233

10 MICROESTRUTURA DO CONCRETO, 239
- 10.1 Introdução, 240
- 10.2 Micro e Macroestrutura do Concreto, 240
  - 10.2.1 Fase Agregado, 241
  - 10.2.2 Fase Pasta de Cimento Hidratada, 243
  - 10.2.3 Fase Interface Pasta-Agregado (Zona de Transição), 248
- 10.3 Aplicações das Técnicas de Microscopia, 248
  - 10.3.1 Generalidades, 248
  - 10.3.2 Aplicações da Microscopia, 249
  - 10.3.3 Deteriorações do Concreto, 249

11 ENSAIOS NÃO DESTRUTIVOS DO CONCRETO, 252
- 11.1 Introdução, 253
- 11.2 Métodos de Ensaio, 253
  - 11.2.1 Método da Medição da Dureza Superficial, 253
  - 11.2.2 Métodos de Propagação de Ondas de Tensão, 255
  - 11.2.3 Método de Penetração de Pinos, 266
  - 11.2.4 Métodos de Inspeção por Imagens, 268
  - 11.2.5 Método Eletromagnético, 269
  - 11.2.6 Método do Comportamento de Peças Estruturais por Meio da Medição das Deformações, 269

12 ENSAIOS ACELERADOS PARA PREVISÃO DA RESISTÊNCIA DO CONCRETO, 272
- 12.1 Introdução, 273
- 12.2 Evolução Histórica, 273
- 12.3 Experiência Brasileira, 273
- 12.4 Método Adotado, 279
  - 12.4.1 Escolha do Método, 279
  - 12.4.2 Descrição do Método Adotado, 279
  - 12.4.3 Considerações sobre o Procedimento Adotado, 280
- 12.5 Aplicação Típica, 281
- 12.6 Limitações, 286
- 12.7 Considerações Finais, 286
- ANEXO A Equipamentos de Laboratório, 286
- ANEXO B Equipamentos para o Canteiro de Obra, 287

13 CONCRETO EM SITUAÇÃO DE INCÊNDIO, 289
- 13.1 Introdução, 290
- 13.2 Resistência Mecânica do Concreto sob Temperaturas Elevadas, 290
- 13.3 Lascamento do Concreto, 293
- 13.4 Mudança de Cor no Concreto, 294
- 13.5 Reforço/Recuperação de Estruturas de Concreto após Incêndio, 295
- 13.6 Estruturas de Concreto Reforçadas com Fibra de Carbono em Situação de Incêndio, 297
- 13.7 Considerações Finais, 298

14 MECANISMOS DE DEGRADAÇÃO DO CONCRETO, 299
- 14.1 Introdução, 300
- 14.2 Ação do Meio Ambiente sobre as Estruturas de Concreto, 300
  - 14.2.1 Dimensões do Clima nos Estudos de Durabilidade, 300

14.2.2 Caracterização dos Diferentes Ambientes em Contato com as Estruturas de Concreto, 302

14.2.3 Considerações sobre Alguns Ambientes Específicos, 304

14.2.4 Determinação do Grau de Agressividade do Meio onde se Inserem as Estruturas, 306

14.3 Degradação do Concreto em Meio Líquido, 308

14.3.1 Noção Geral, 308

14.3.2 Fenômenos Baseados na Dissolução e Lixiviação da Pasta, 308

14.3.3 Fenômenos Associados à Expansão do Concreto, 310

14.3.4 Ação dos Cloretos, 311

14.4 Determinação do Grau de Agressividade do Meio com Presença de Água em Contato com as Estruturas, 311

14.4.1 Amostragem do Concreto de Estruturas Degradadas, 313

14.5 Degradação do Concreto devido à Ação de Gases, 314

14.5.1 Ação dos Gases em Tubulações de Esgoto, 314

14.5.2 Ação do CO_2 (Carbonatação do Concreto), 314

14.6 Considerações Finais, 314

15 TERAPIA DAS ESTRUTURAS DE CONCRETO, 317

15.1 Introdução, 318

15.2 Referências Históricas, 319

15.3 Deterioração ou Degradação das Estruturas de Concreto, 320

15.3.1 Grupo I – Erros de Projeto Estrutural, 320

15.3.2 Grupo II – Emprego de Materiais Inadequados, 320

15.3.3 Grupo III – Erros de Execução, 320

15.3.4 Grupo IV – Agressividade do Meio Ambiente, 321

15.4 Corrosão das Armaduras, 321

15.4.1 Principais Causas de Despassivação das Armaduras, 322

15.5 Tratamento de Estruturas com Corrosão de Armaduras, 323

15.5.1 Métodos Tradicionais de Recuperação de Estruturas, 324

15.5.2 Realcalinização do Concreto, 325

15.5.3 Extração Eletroquímica de Cloretos, 325

15.5.4 Proteção Catódica, 325

15.5.5 Uso de Inibidores de Corrosão, 325

15.5.6 Comentários sobre as Técnicas Apresentadas, 326

15.6 Tratamento de Fissuras, 326

15.7 Proteção de Estruturas em Meios de Elevada Agressividade, 326

15.7.1 Proteção de Estruturas em Ambientes Industriais, 326

15.7.2 Proteção de Estruturas em Ambiente Urbano, 327

15.7.3 Proteção de Estruturas em Ambiente Marinho, 327

15.8 Modelagem de Vida Útil de Estruturas de Concreto, 327

16 ARGAMASSAS NA CONSTRUÇÃO CIVIL, 330

16.1 Introdução, 331

16.2 Definição, 331

16.3 Classificação, 331

16.3.1 Quanto à Função, 331

16.3.2 Quanto ao Aglomerante, 333

16.3.3 Quanto à Consistência ou Fluidez, 333

16.3.4 Quanto à Forma de Produção ou Fornecimento, 333

16.4 Constituintes das Argamassas, 333

16.4.1 Cimento Portland, 333
16.4.2 Cal Aérea, 334
16.4.3 Gesso, 334
16.4.4 Agregados, 334
16.4.5 Aditivos, 335
16.4.6 Fibras, 336

16.5 Características, Propriedades e Ensaios das Argamassas, 336
16.5.1 Estado Fresco, 336
16.5.2 Estado Endurecido, 339

16.6 Composição, Dosagem e Consumo de Materiais por m³, 342
16.6.1 Composição e Dosagem das Argamassas, 342
16.6.2 Consumo de Materiais por m³ de Argamassa Produzida em Canteiro, 344

17 ARTEFATOS DE CIMENTO PORTLAND, 349

17.1 Introdução, 350
17.2 Matéria-Prima para a Fabricação de Artefatos de Cimento, 350
17.3 Blocos Vazados de Concreto para Alvenaria, 350
17.3.1 Normas Técnicas Relacionadas, 351
17.3.2 Características Gerais dos Blocos Vazados de Concreto para Alvenarias, 351
17.3.3 Famílias de Blocos, 353
17.3.4 Classificação dos Blocos, 354
17.3.5 Valor Estimado da Resistência Característica à Compressão ($f_{bk,est}$), 356
17.3.6 Controle de Qualidade, 356

17.4 Peças de Concreto para Pavimentação, 357
17.4.1 Formatos de Peças, 357
17.4.2 Materiais Empregados na Fabricação das Peças de Concreto para Pavimentação, 358
17.4.3 Normas Técnicas Relacionadas, 358
17.4.4 Processos de Fabricação, 359

17.5 Telhas de Concreto, 359
17.5.1 Características Gerais das Telhas de Concreto, 360
17.5.2 Materiais Empregados na Fabricação das Telhas de Concreto, 361
17.5.3 Normas Técnicas Relacionadas com Telhas de Concreto, 362
17.5.4 Controle de Qualidade, 362

17.6 Tubos de Concreto, 362
17.6.1 Características Gerais, 362
17.6.2 Modelos/Tipos, 363
17.6.3 Materiais, 363
17.6.4 Especificação, 363
17.6.5 Controle de Qualidade, 363

17.7 Bloco de Concreto Celular Autoclavado, 363
17.7.1 Características Gerais, 364
17.7.2 Normas Brasileiras, 364

17.8 Ladrilho Hidráulico, 365
17.8.1 Características Gerais, 366
17.8.2 Pavimento com Ladrilho Hidráulico, 366

17.9 Placas Planas de Concreto para Piso, 367
17.9.1 Características Gerais, 367

17.10 Placas Cimentícias, 368
17.10.1 Características Gerais, 368
17.10.2 Controle de Qualidade, 369

17.11 Postes Pré-Moldados de Concreto, Mourões de Concreto Armado, Meio-Fio Pré-Moldado e Granitina, 369

    17.11.1 Postes Pré-Moldados de Concreto, 369

    17.11.2 Mourões de Concreto, 371

    17.11.3 Meio-Fio Pré-Moldado de Concreto, 371

    17.11.4 Granilite, 372

18 MATERIAIS CERÂMICOS, 374

18.1 Introdução, 375

    18.1.1 Breve Histórico e Panorama do Setor, 375

18.2 Definição de Cerâmica, 375

18.3 Argilas na Fabricação de Cerâmicas, 376

    18.3.1 Argilominerais, 376

    18.3.2 Tipos de Depósitos de Argila, 376

    18.3.3 Tipos de Argila, 376

    18.3.4 Composição das Argilas, 377

    18.3.5 Propriedades das Argilas, 377

18.4 Propriedades das Cerâmicas, 378

    18.4.1 Fatores de Desagregação das Cerâmicas, 382

18.5 Fabricação de Produtos Cerâmicos, 382

    18.5.1 Extração da Matéria-Prima, 383

    18.5.2 Preparo da Matéria-Prima, 383

    18.5.3 Moldagem do Produto, 384

    18.5.4 Secagem do Produto, 385

    18.5.5 Queima do Produto, 386

18.6 Classificação dos Materiais de Cerâmica para a Construção Civil, 391

    18.6.1 Materiais de Argila Secos ao Sol, 391

18.7 Produtos Cerâmicos para a Construção Civil, 392

    18.7.1 Qualidade dos Produtos Cerâmicos, 392

18.8 Componentes Cerâmicos, 394

    18.8.1 Termos e Definições para Tijolos e Blocos, 394

    18.8.2 Formatos Típicos de Tijolos e Blocos, 395

    18.8.3 Tijolo, 395

    18.8.4 Bloco, 397

    18.8.5 Requisitos das Normas Brasileiras – Tijolos e Blocos, 398

    18.8.6 Telhas, 406

    18.8.7 Outros Produtos de Cerâmica Vermelha, 415

18.9 Placas Cerâmicas para Revestimento, 417

    18.9.1 Fabricação, 417

    18.9.2 Porcelanato, 417

    18.9.3 Pastilhas, 419

    18.9.4 Revestimento Cerâmico, 419

    18.9.5 Placas Cerâmicas – Partes Constituintes, 420

    18.9.6 Placas Cerâmicas – Terminologia, 420

    18.9.7 Placas Cerâmicas – Características e Classificação, 421

    18.9.8 Placas de Louça – Azulejos, 429

    18.9.9 Amostragem e Critérios para Aceitação, 430

    18.9.10 Limpeza, 430

    18.9.11 Instruções Gerais para Revestimentos com Placas Cerâmicas, 431

xl Sumário

19 SOLO-CIMENTO, 433

19.1 Introdução, 434

19.2 Solo-Cimento, 436

19.3 Principais Ensaios Realizados no Solo-Cimento, 437

    19.3.1 Ensaios Expeditos, 437

    19.3.2 Ensaios de Compactação, 438

    19.3.3 Moldagem e Cura de Corpos de Prova Cilíndricos, 438

    19.3.4 Durabilidade por Molhagem e Secagem, 438

19.4 Tijolos e Blocos de Solo-Cimento para Alvenaria, 439

    19.4.1 Principais Diferenças entre Tijolo e Bloco Maciço e Vazado de Solo-Cimento, 439

    19.4.2 Tipos de Tijolo e de Bloco de Solo-Cimento e seus Materiais Constituintes, 439

    19.4.3 Requisitos Referentes às Dimensões de Tijolo e de Bloco de Solo-Cimento, 440

    19.4.4 Requisitos Referentes à Resistência à Compressão e à Absorção de Água de Tijolo e Bloco de Solo-Cimento, 441

    19.4.5 Fabricação de Tijolo e de Bloco de Solo-Cimento com Utilização de Prensa Manual ou Hidráulica, 441

19.5 Considerações Finais, 443

20 VIDROS, 445

20.1 Introdução, 446

20.2 Produção do Vidro Plano, 447

    20.2.1 Processos Mais Antigos, 447

    20.2.2 Vidro *Float*, 448

20.3 Vidro na Arquitetura, 449

20.4 Vidros Coloridos, Termorrefletores e Insulados, 450

    20.4.1 Vidros Coloridos e Termorrefletores, 450

    20.4.2 Vidros Duplos ou Insulados, 451

    20.4.3 Tensões Térmicas em Uso, 453

20.5 Vidros Impressos, 454

    20.5.1 Processo de Fabricação e Características, 454

    20.5.2 Tipos, 454

    20.5.3 Aplicações, 455

20.6 Vidros de Segurança, 456

    20.6.1 Vidro Temperado, 456

    20.6.2 Laminado, 464

    20.6.3 Aramado, 466

20.7 Normas Brasileiras, 467

20.8 Corrosão em Vidros, 467

    20.8.1 Reações de Corrosão por Água, 467

    20.8.2 Condições para Corrosão, 470

20.9 Armazenamento, 470

20.10 Espelhos, 471

    20.10.1 História e Processo de Fabricação, 471

    20.10.2 Tipos de Aplicações, 472

20.11 Tijolo de Vidro, 472

    20.11.1 História e Processo de Fabricação, 472

    20.11.2 Tipos e Aplicações, 472

    20.11.3 Recomendações, 473

20.12 Fibra de Vidro, 473

    20.12.1 História e Processo de Fabricação, 473

    20.12.2 Propriedades e Aplicações, 475

    20.12.3 Recomendações, 475

20.13 Aplicações Especiais, 475

    20.13.1 Vidro Eletrocromático, 475

    20.13.2 Vidro para Controle Solar, 477

    20.13.3 Vidro para Células Solares, 477

    20.13.4 Vidro Autolimpante, 478

21 ALVENARIA ESTRUTURAL, 479

21.1 Introdução, 480

21.2 Componentes da Alvenaria Estrutural, 480

    21.2.1 Blocos, 480

    21.2.2 Argamassa, 482

    21.2.3 Graute, 483

21.3 Elemento de Alvenaria – Prisma, 483

21.4 Projeto Estrutural, 484

21.5 Execução e Controle de Obras em Alvenaria Estrutural, 485

    21.5.1 Caracterização Prévia, 486

    21.5.2 Controle durante a Construção, 486

    21.5.3 Produção da Alvenaria, 488

21.6 Manifestações Patológicas, 488

    21.6.1 Fissuras, 488

    21.6.2 Eflorescências, 491

22 METAIS, 494

22.1 Obtenção, 495

    22.1.1 Conceito de Metal, 495

    22.1.2 Ligas, 496

    22.1.3 Minério, 497

    22.1.4 Mineração, 497

    22.1.5 Metalurgia, 498

    22.1.6 Sinopse de Obtenção dos Metais, 498

    22.1.7 Principais Minérios e Ocorrências dos Metais Não Siderúrgicos, 498

22.2 Constituição, 499

    22.2.1 Cristalização, 499

    22.2.2 Exame Cristalográfico, 499

    22.2.3 Formação dos Grãos, 500

    22.2.4 Filme Intercristalino, 501

22.3 Ligas, 501

    22.3.1 Diagramas de Equilíbrio, 501

    22.3.2 Obtenção das Ligas, 503

22.4 Propriedades Importantes e Ensaios, 503

    22.4.1 Aparência, 503

    22.4.2 Massa Específica, 503

    22.4.3 Dilatação e Condutibilidade Térmica, 503

    22.4.4 Condutibilidade Elétrica, 504

    22.4.5 Resistência à Tração, 504

    22.4.6 Ensaio de Tração, 505

    22.4.7 Resistência ao Choque, 506

xlii Sumário

22.4.8 Dureza, 506
22.4.9 Fadiga, 507
22.4.10 Ensaio de Dobramento, 508
22.4.11 Duração, 508
22.4.12 Corrosão (Oxidação), 508
22.4.13 Corrosão Química, 508
22.4.14 Corrosão Eletroquímica, 509
22.4.15 Proteção contra a Corrosão, 510
22.5 Estudo Particular do Alumínio, 511
22.5.1 Laminados e Extrudados, 511
22.5.2 Ligas, 512
22.5.3 Acabamento das Superfícies, 512
22.5.4 Acabamentos Mecânicos, 512
22.5.5 Limpeza, 512
22.5.6 Tratamentos Químicos de Proteção, 512
22.5.7 Polimento Químico, 513
22.5.8 Anodização, 513
22.5.9 Pintura, 513
22.5.10 Eletrodeposição, 513
22.5.11 Emprego do Alumínio, 513
22.6 Estudo Particular do Chumbo e do Estanho, 514
22.6.1 Chumbo, 514
22.6.2 Estanho, 514
22.6.3 Solda de Encanador, 515
22.7 Estudo Particular do Cobre e do Zinco, 515
22.7.1 Cobre, 515
22.7.2 Bronze, 516
22.7.3 Zinco, 516
22.7.4 Latão, 517
22.8 Ferragens, 517
22.8.1 Ferragens para Esquadrias, 517
22.8.2 Algumas Considerações de Ordem Geral, 521
22.8.3 Metais Sanitários, 521
22.9 Algumas Normas da ABNT, 522

23 TINTAS E SISTEMAS DE PINTURA, 524

23.1 Introdução, 525
23.1.1 Definições Empregadas, Abordagem do Tema e Estrutura do Capítulo, 525
23.1.2 Aplicações e Importância de seu Emprego na Construção Civil, 525
23.2 Composição da Tinta, 525
23.2.1 Constituintes Básicos das Tintas, 525
23.2.2 Resinas, 526
23.2.3 Pigmentos e Cargas, 527
23.2.4 Solventes, 527
23.2.5 Aditivos, 528
23.3 Mecanismos de Formação de Filme, 528
23.3.1 Tintas Látex Acrílica e Vinílica, 528
23.3.2 Óleos e Resinas Alquídicas, 528
23.3.3 Resina Epóxi e Bicomponentes, 530
23.4 Proporcionamento dos Componentes da Tinta, 530
23.5 Processo de Fabricação da Tinta, 531
23.5.1 Embalagem das Tintas e Massas, 532

23.6 Sistemas de Pintura, 534

23.6.1 Classificação dos Sistemas de Pintura, 534

23.6.2 Cálculo de Quantitativos para um Serviço de Pintura, 537

23.7 Especificação do Sistema de Pintura, 538

23.7.1 Características do Meio Ambiente, 538

23.7.2 Características do Substrato, 538

23.8 Condições Gerais para Execução de Pinturas, 540

23.8.1 Substratos Minerais Porosos, 540

23.8.2 Substratos de Madeira, 541

23.8.3 Substratos Metálicos Ferrosos e Não Ferrosos, 541

23.8.4 Condições Ambientais para Execução da Pintura, 541

23.8.5 Ferramentas e Acessórios para Execução de Sistemas de Pintura, 542

23.9 Desempenho dos Sistemas de Pintura, 542

23.9.1 Conceitos Gerais sobre a Metodologia de Avaliação de Desempenho, 542

23.9.2 Requisitos e Critérios de Desempenho de Sistema de Pintura, 542

23.9.3 Durabilidade, 543

23.9.4 Problemas na Pintura, 544

23.9.5 Problemas de Condensação de Umidade em Fachadas de Edifícios, 545

23.10 Impacto Ambiental das Tintas, 547

23.10.1 Compostos Orgânicos Voláteis, 548

23.10.2 Pigmentos à Base de Metais Pesados, 548

23.10.3 Biocidas, 548

23.11 Normatização e Programa de Qualidade de Tintas Imobiliárias, 549

23.12 Considerações Finais, 549

24 POLÍMEROS, 553

24.1 Introdução, 554

24.2 Breve Histórico, 554

24.3 Conceitos Básicos sobre Características dos Polímeros, 555

24.4 Principais Polímeros, 558

24.5 Principais Propriedades dos Materiais Poliméricos, 558

24.6 Pesquisa e Desenvolvimento, 561

24.7 Principais Polímeros Utilizados na Construção Civil, 561

24.7.1 Plásticos de Uso Geral, 561

24.7.2 Plásticos de Engenharia, 565

24.7.3 Outros Polímeros Diversos, 566

24.8 Reciclagem dos Materiais Plásticos, 568

25 MANIFESTAÇÕES PATOLÓGICAS EM REVESTIMENTOS DE ARGAMASSA INORGÂNICA E CERÂMICOS – RECOMENDAÇÕES PARA PROJETOS/EXECUÇÃO/MANUTENÇÃO, 570

25.1 Introdução, 571

25.2 Falhas em Revestimentos, 571

25.2.1 Descolamentos, 571

25.2.2 Fissuras, 581

25.2.3 Vesículas, 586

25.2.4 Manchas, 586

25.2.5 Eflorescências, 586

25.2.6 Falhas Relacionadas com a Umidade, 589

25.2.7 Manchas de Fachadas por Contaminação Atmosférica, 591

25.2.8 Contaminação Ambiental por Substâncias Agressivas, 592

xliv Sumário

25.3 Recomendações nas Fases de Projeto, Execução e Manutenção dos Revestimentos, 594
    25.3.1 Recomendações na Fase de Projeto, 594
    25.3.2 Recomendações na Fase de Execução, 600
    25.3.3 Recomendações na Fase de Manutenção, 602

26 INSPEÇÃO DE FACHADAS, 606

26.1 Introdução, 607
    26.1.1 Importância do Tema, 608
    26.1.2 Objetivo, 610

26.2 Conceitos e Definições, 611
    26.2.1 Desempenho, Durabilidade e Vida Útil das Fachadas, 611
    26.2.2 Agentes de Degradação das Fachadas, 613
    26.2.3 Principais Manifestações e suas Identificações na Inspeção de Fachadas, 614

26.3 Inspeção Predial de Fachadas, 623
    26.3.1 Metodologia de Inspeção, 624
    26.3.2 Ensaios Não Destrutivos, 626
    26.3.3 Ensaios Destrutivos (Janelas de Inspeção e Resistência de Aderência), 630

26.4 Importância da Manutenção na Vida Útil das Fachadas, 632
    26.4.1 Tipos de Manutenções para as Fachadas, 634
    26.4.2 Novo Patamar para a Durabilidade e Sustentabilidade das Fachadas: Manutenção Preditiva, 636

26.5 Conclusão, 636
    26.5.1 Sugestões de Temas para Trabalhos Futuros, 637

27 MATERIAIS E MISTURAS ASFÁLTICAS PARA PAVIMENTAÇÃO, 640

27.1 Ligantes Asfálticos, 641
    27.1.1 Processos de Produção, 641
    27.1.2 Tipos, Caracterização e Especificações de Ligantes Asfálticos, 642

27.2 Agregados para Misturas Asfálticas, 649
    27.2.1 Classificação dos Agregados, 650
    27.2.2 Propriedades Físicas dos Agregados de Interesse à Pavimentação, 651
    27.2.3 Densidade Relativa dos Agregados, 653

27.3 Camadas dos Pavimentos sob o Contexto Estrutural e Funcional, 654

27.4 Revestimentos Asfálticos, 655
    27.4.1 Misturas Usinadas a Quente, 655
    27.4.2 Misturas Asfálticas a Frio, 659
    27.4.3 Misturas Asfálticas Mornas, 659
    27.4.4 Tratamentos Superficiais, 660

27.5 Métodos de Dosagem de Misturas Asfálticas a Quente, 661

27.6 Usinagem e Execução de Misturas Asfálticas, 662

27.7 Ensaios Mecânicos em Misturas Asfálticas, 663
    27.7.1 Ensaio de Módulo de Resiliência em Misturas Asfálticas, 663
    27.7.2 Ensaio de Fadiga em Misturas Asfálticas, 663
    27.7.3 Ensaio Uniaxial de Carga Repetida para Determinação da Resistência à Deformação Permanente de Misturas Asfálticas, 664
    27.7.4 Ensaio de Resistência à Tração por Compressão Diametral em Misturas Asfálticas, 665
    27.7.5 Ensaio de Módulo de Resiliência de Solos, 666
    27.7.6 Ensaio de Deformação Permanente de Solos, 668

28 MADEIRA COMO MATERIAL DE CONSTRUÇÃO, 673

28.1 Características das Madeiras como Material de Construção, 674

28.2 Origem e Produção das Madeiras, 675

    28.2.1 Classificação das Árvores, 675

    28.2.2 Fisiologia e Crescimento das Árvores, 676

    28.2.3 Estrutura Fibrosa do Lenho, 678

    28.2.4 Composição Química das Madeiras, 679

    28.2.5 Identificação Botânica das Espécies Lenhosas, 680

    28.2.6 Produção das Madeiras, 682

28.3 Propriedades Físicas e Mecânicas das Madeiras, 684

    28.3.1 Fatores de Alteração das Propriedades Físicas e Mecânicas, 684

    28.3.2 Propriedades Físicas das Madeiras, 684

    28.3.3 Propriedades Mecânicas da Madeira, 691

28.4 Imperfeições Resultantes da Anatomia das Madeiras, 696

    28.4.1 Principais Defeitos das Madeiras, 696

    28.4.2 Defeitos de Crescimento, 697

    28.4.3 Defeitos de Secagem, 698

    28.4.4 Defeitos por Ataques Biológicos, 698

28.5 Secagem e Preservação, 698

    28.5.1 Secagem das Madeiras, 698

    28.5.2 Preservação das Madeiras, 700

28.6 Normas Técnicas para o Dimensionamento de Peças de Madeira, 705

    28.6.1 Contextualização, 705

    28.6.2 Coeficientes de Segurança e Valores de Cálculo, 706

    28.6.3 Ensaios Normalizados para Determinação das Propriedades Características do Material, 707

28.7 Madeira Transformada – Engenheirada, 709

    28.7.1 As Várias Possibilidades de Uso da Madeira, 709

    28.7.2 Colas e Aglomerantes de Madeira, 710

    28.7.3 Madeira Lamelada Colada (MLC), 711

    28.7.4 Madeira Lamelada Colada Cruzada (CLT), 712

    28.7.5 Madeira Laminada Compensada ou Contraplacados de Madeira, 713

    28.7.6 Madeira Aglomerada, 713

    28.7.7 Madeira Reconstituída, 714

    28.7.8 Chapas de OSB, 714

    28.7.9 MDF e HDF, 714

29 PATOLOGIAS EM PISOS INDUSTRIAIS DE CONCRETO REVESTIDOS POR ARGAMASSA DE ALTA RESISTÊNCIA OU POR REVESTIMENTO DE ALTO DESEMPENHO, 716

29.1 Introdução, 717

29.2 Pisos de Alta Resistência, 717

29.3 Revestimento de Alto Desempenho (RAD), 719

29.4 Principais Patologias em Pisos de Argamassa de Alta Resistência, 723

    29.4.1 Fissuras, 725

    29.4.2 Placas Trincadas, 725

    29.4.3 Desnível entre Placas (Degrau nas Juntas), 726

    29.4.4 Deficiência na Selagem das Juntas, 726

    29.4.5 Bombeamento, 726

    29.4.6 Placas Bailarinas, 726

    29.4.7 Esborcinamento de Juntas, 726

xlvi Sumário

29.4.8 Esmagamento, 726
29.4.9 Desgaste, 726
29.4.10 Desagregação, 726
29.4.11 Descolamento, 727
29.4.12 Empenamento da Placa, 727
29.4.13 Manchas, 727
29.5 Principais Patologias em Revestimentos de Alto Desempenho (RAD), 728
29.5.1 Fissuras, 729
29.5.2 Placas Trincadas, 730
29.5.3 Desnível entre Placas (Degrau nas Juntas), 730
29.5.4 Desgaste, 730
29.5.5 Desagregação, 730
29.5.6 Empolamento e Descolamento, 730
29.5.7 Ataque Químico, 730
29.6 Diagnóstico das Patologias em Pisos, 730

30 SISTEMAS DE QUALIDADE E DESEMPENHO DAS EDIFICAÇÕES, 733

30.1 Sistemas da Qualidade, 734
30.1.1 Papel da Normalização Técnica na Busca da Qualidade, 734
30.1.2 Sistemas da Qualidade e Qualidade Total, 734
30.1.3 Sistemas da Qualidade na Construção Civil Brasileira, 737
30.1.4 Custos dos Sistemas da Qualidade e Ferramentas de Análise, 739
30.1.5 Implantação de Sistema da Qualidade em Empresa Construtora, 741
30.2 Desempenho das Edificações, 745
30.2.1 Conceituação de Desempenho – Evolução da Normalização no Brasil, 745
30.2.2 Definições, 746
30.2.3 Abrangência e Organização da ABNT NBR 15575, 747
30.2.4 Implantação de Habitações e de Conjuntos Habitacionais, 747
30.2.5 Saúde, Higiene e Qualidade do Ar, 748
30.2.6 Adequação Ambiental, 748
30.2.7 Funcionalidade e Acessibilidade, 749
30.2.8 Desempenho Estrutural, 749
30.2.9 Segurança Contra Incêndio, 750
30.2.10 Segurança no Uso e Operação, 752
30.2.11 Conforto Tátil e Antropodinâmico, 752
30.2.12 Desempenho Térmico, 753
30.2.13 Desempenho Lumínico, 757
30.2.14 Desempenho Acústico, 757
30.2.15 Estanqueidade à Água, 758
30.2.16 Durabilidade, 760

31 IMPERMEABILIZAÇÃO, 765

31.1 Introdução, 766
31.2 Conceitos e Definições Relacionados com a Impermeabilização, 766
31.2.1 Projeto de Impermeabilização, 767
31.2.2 Guia Prático e Ilustrado de Projeto de Impermeabilização, 767
31.3 Tipos de Impermeabilização, 768
31.3.1 Cimentícios, 768
31.3.2 Asfálticos, 770
31.3.3 Poliméricos, 772
31.4 Manual de Segurança em Serviços de Impermeabilização, 775

32 PRODUTOS SIDERÚRGICOS, 778

32.1 Definição e Importância, 779

32.2 Obtenção, 779

    32.2.1 Minérios, 779

    32.2.2 Produtores, 779

    32.2.3 Mineração do Ferro, 779

    32.2.4 Alto-Forno, 779

    32.2.5 Marcha da Operação, 781

    32.2.6 Ferro-Gusa, 781

    32.2.7 Aços e Ferro Doce, 782

    32.2.8 Obtenção do Aço, 782

    32.2.9 Moldagem, 783

    32.2.10 Fundição, 785

    32.2.11 Forjamento, 785

32.3 Constituição, 786

    32.3.1 Classificação dos Produtos Siderúrgicos, 786

    32.3.2 Elementos Constituintes das Ligas de Ferro-Carbono, 786

    32.3.3 Cristais, 786

    32.3.4 Tratamento Térmico dos Metais, 788

    32.3.5 Tratamento Termoquímico dos Aços, 790

    32.3.6 Tratamento a Frio (Encruamento), 790

    32.3.7 Ligas de Ferro, 790

32.4 Propriedades, 791

    32.4.1 Considerações Gerais sobre as Propriedades, 791

    32.4.2 Descrição Geral, 791

    32.4.3 Ferro Fundido Branco, 791

    32.4.4 Ferro Fundido Cinzento, 791

    32.4.5 Aço Comum, 791

    32.4.6 Ferro Doce, 792

    32.4.7 Resistência à Tração, 792

    32.4.8 Resistência à Compressão, 792

    32.4.9 Resistência ao Desgaste, 792

    32.4.10 Resistência ao Impacto (Flexão Dinâmica), 792

    32.4.11 Corrosão, 793

    32.4.12 Fadiga, 793

32.5 Produtos Siderúrgicos, 793

    32.5.1 Aços-Carbono Estruturais, 794

    32.5.2 Aços de Alta Resistência e Baixa Liga (ARBL), 794

    32.5.3 Aços Inoxidáveis, 794

    32.5.4 Folha de Flandres, 795

    32.5.5 Chapas Galvanizadas, 795

    32.5.6 Chapas Lisas Pretas, 795

    32.5.7 Perfis, 795

    32.5.8 Trilhos e Acessórios, 796

    32.5.9 Fios e Barras Redondos para Concreto Armado, 799

    32.5.10 Aços para Armaduras de Protensão, 800

    32.5.11 Arames e Telas, 802

    32.5.12 Pregos, 802

    32.5.13 Parafusos, 803

    32.5.14 Rebites, 803

xlviii Sumário

          32.5.15 Tela *Deployé*, 803
          32.5.16 Tubos de Aço para Encanamentos e seus Acessórios, 804
          32.5.17 Eletrodutos, 804
          32.5.18 Andaimes Metálicos, 804
          32.5.19 Porta-Paletes Seletivos, 805
          32.5.20 *Steel Frame*, 805
    32.6   Algumas Normas Relativas aos Produtos Siderúrgicos, 806

33 RECICLAGEM DE RESÍDUOS DE CONSTRUÇÃO E DEMOLIÇÃO (RCD), 809*

    33.1   Contextualização, e-2
    33.2   Reciclagem de RCD Classe A, e-7
          33.2.1 Alimentador Vibratório, e-7
          33.2.2 Equipamentos de Transporte, e-8
          33.2.3 Separadores Magnéticos, e-8
          33.2.4 Britadores, e-9
          33.2.5 Peneiras Vibratórias, e-10
          33.2.6 Outros Equipamentos, e-11
    33.3   Especificações de Agregados Reciclados, e-12
    33.4   Aplicações de Agregados Reciclados, e-12
          33.4.1 Na Pavimentação, e-12
          33.4.2 Em Argamassas, e-14
          33.4.3 Em Concretos, e-15
          33.4.4 Em Obras Geotécnicas (Terra Armada e Geossintéticos), e-17
    33.5   Conclusões, e-17

34 MATERIAIS INOVADORES NA CONSTRUÇÃO, 810*

    34.1   Introdução, e-21
          34.1.1 Objetivo, e-21
    34.2   Materiais Frios e Responsivos, e-22
    34.3   Materiais de Mudança de Fase, e-26
    34.4   Isolantes de Alta Eficiência, e-27
    34.5   Materiais Autolimpantes, e-30
    34.6   Materiais com Gradação Funcional e a Otimização Topológica, e-32
    34.7   Conclusões, e-35

35 CONCRETO LEVE, 811*

    35.1   Introdução, e-40
    35.2   Breve Histórico, e-40
    35.3   Agregados Leves: Comerciais e Inovadores, e-41
    35.4   Dosagem, e-45
    35.5   Produção dos Concretos Leves Estruturais, e-45
    35.6   Propriedades dos Concretos Leves Estruturais, e-46
          35.6.1 Trabalhabilidade, e-46
          35.6.2 Resistência à Compressão e Massa Específica, e-46
          35.6.3 Resistência à Tração, e-47
          35.6.4 Módulo de Deformação, e-47
          35.6.5 Durabilidade, e-48
          35.6.6 Retração por Secagem e Fluência, e-49
          35.6.7 Propriedades Térmicas e Resistência ao Fogo, e-49

---

* Capítulos disponíveis por meio de QR Code.

35.7 Zona de Transição entre o Agregado Leve e a Matriz de Cimento, e-50

35.8 Destaques de Aplicações do Concreto Leve, e-50

    35.8.1 Aplicações pelo Mundo, e-50

    35.8.2 Estruturas Flutuantes, e-53

    35.8.3 Aplicações no Brasil, e-54

35.9 Normas e Especificações, e-56

36 CONCEPÇÃO E DURABILIDADE DAS PONTES DE CONCRETO PROTENDIDO, 812*

36.1 Objetivo, e-62

36.2 Introdução, e-62

    36.2.1 Revisão Bibliográfica, e-62

    36.2.2 Sobre a Atualização de Algumas das Principais Normas, e-64

36.3 Durabilidade das Pontes Existentes, e-65

    36.3.1 Pontes em Alvenaria, e-66

    36.3.2 Pontes Metálicas, e-66

    36.3.3 Pontes em Concreto Armado, e-66

    36.3.4 Pontes em Concreto Protendido, e-68

    36.3.5 Posição Atual do Problema, e-68

36.4 Concepção e Durabilidade das Pontes de Concreto Protendido, e-71

    36.4.1 Durabilidade do Concreto Protendido à Luz de Novos Materiais, e-72

    36.4.2 Disposições Construtivas que Contribuem para a Durabilidade das Pontes de Concreto Protendido, e-74

    36.4.3 Disposições Construtivas que Permitam e Facilitem as Ações de Inspeção, Manutenção e Conservação, e-80

    36.4.4 Concepção e Implantação de um Esquema de Observação Topográfica da Obra de Longo Prazo, e-82

    36.4.5 Inspeção de Obras de Arte por Radares de Superfície, e-82

36.5 Sistema de Gestão de Obras de Arte, e-82

    36.5.1 Introdução. A importância de um Sistema de Gestão das Obras de Arte Especiais, e-82

    36.5.2 Bases para um Sistema Informatizado de Gestão de Pontes, e-83

    36.5.3 Propostas de Soluções de Tráfego Alternativo, e-84

    36.5.4 Conclusões, e-84

ÍNDICE ALFABÉTICO, 813

---

* Capítulos disponíveis por meio de QR Code.

MATERIAL SUPLEMENTAR

Este livro conta com os seguintes materiais suplementares:

- Capítulo 33: Reciclagem de resíduos de construção e demolição (RCD)
- Capítulo 34: Materiais inovadores na construção
- Capítulo 35: Concreto leve
- Capítulo 36: Concepção e durabilidade das pontes de concreto protendido

O acesso ao material suplementar é gratuito. Os capítulos estão disponíveis nos QR Codes em suas respectivas páginas de abertura.

O acesso ao material suplementar online fica disponível até seis meses após a edição do livro ser retirada do mercado.

Caso haja alguma mudança no sistema ou dificuldade de acesso, entre em contato conosco (gendigital@grupogen.com.br).

1

INTRODUÇÃO AO ESTUDO DOS MATERIAIS DE CONSTRUÇÃO

Prof. Arq. Enio José Verçosa •
Prof. Dr. João Fernando Dias •
Prof.ª Dra. Leila Aparecida de Castro Motta

1.1 Importância e História dos Materiais de Construção, 2
1.2 Sustentabilidade na Construção Civil, 3
1.3 Noções Básicas para Estudo dos Materiais, 8
1.4 Especificações e Ensaios dos Materiais, 11
1.5 Normalização, 12
1.6 Propriedades Gerais dos Materiais, 15

1.1 IMPORTÂNCIA E HISTÓRIA DOS MATERIAIS DE CONSTRUÇÃO

1.1.1 Importância da Disciplina "Materiais de Construção"

Embora, à primeira vista, pareça desnecessário falar ao futuro engenheiro sobre a importância da disciplina Materiais de Construção, o que se observa é que o estudante dela se descuida, a fim de dedicar mais tempo às cadeiras mais difíceis ou que exijam maior raciocínio. A razão disso é que se trata de um assunto bastante descritivo, de fácil compreensão e que requer mais memorização.

Compreende-se que as matérias de cunho dedutivo sejam importantíssimas, e que a elas o estudante de engenharia dedique atenção. Todos, porém, devem ter em mente que aquelas deduções serão empregadas em materiais, cujas propriedades, limitações, vantagens e utilização deverão ser perfeitamente conhecidas. Não adianta saber apenas calcular uma viga; é preciso saber não só dosar o concreto de modo a obter a resistência prevista, mas também controlar sua preparação durante toda a obra. Quando se procede ao cálculo da viga, a resistência dos materiais, a mecânica, a estática e as disciplinas correlatas fornecem as fórmulas que permitem conhecer as tensões internas e as forças externas que ela suportará. Mas é o conhecimento dos materiais de construção que possibilitará ao projetista escolher aquele que poderá resistir a essas tensões.

Da qualidade dos materiais empregados dependerá a solidez, a durabilidade, o custo e o acabamento da obra. Uma parede pode ser feita com diferentes materiais, mas a cada um corresponderão diferentes qualidades e diferentes aparências. Cabe ao engenheiro ou arquiteto escolher o que melhor atenda às condições exigidas, e que tenha, ao mesmo tempo, aparência agradável e durabilidade suficiente. Por essa razão, o projetista deve conhecer os materiais que tem a seu dispor. Tal conhecimento deve ser predominantemente experimental, tecnológico. As qualidades dos materiais podem ser estabelecidas pela observação continuada, pela experiência adquirida ou por ensaios em laboratórios especializados. Como não seria prático que cada novo engenheiro fosse adquirindo aos poucos essa experiência, é preciso que esses conhecimentos sejam difundidos por meio do ensino. Essa é a finalidade da disciplina Materiais de Construção.

Às vezes, ouvem-se críticas à falta de maior cunho prático ao ensino nas escolas. Pois bem, esta é uma cadeira de aplicação diária na vida profissional. Seu conhecimento profundo pode representar, muitas vezes, a resposta a problemas aparentemente insolúveis, ou uma grande economia na construção.

1.1.2 Evolução Histórica dos Materiais de Construção

Os materiais de construção são tão importantes que a História, nos seus primórdios, foi dividida conforme a predominância do emprego de um ou outro material. É o caso, por exemplo, da Idade da Pedra ou da Idade do Bronze.

Nas civilizações primitivas, o homem empregava os materiais assim como os encontrava *in natura*; não os trabalhava. Não demorou muito, porém, para que começasse a aprender a modelá-los e adaptá-los às suas necessidades. A partir daí a evolução se deu a passos lentos. Até a época dos Grandes Descobrimentos, a técnica se resumia em modelar os poucos materiais encontrados, tendo quase sempre o mesmo emprego. Na construção predominavam a pedra, a madeira e o barro. Os metais eram empregados em menor escala e, ainda menos, os couros e as fibras vegetais.

Aos poucos foram aumentando as exigências do homem e, consequentemente, os padrões requeridos. Ele passou a demandar materiais de maior resistência, maior durabilidade e melhor aparência do que aqueles até então empregados. Assim, por exemplo, é o caso do concreto armado. Durante muito tempo, para grandes vãos e cargas, só se usou a pedra. Tornava-se necessário um material de confecção e moldagem mais fáceis, que fosse trabalhável, como o barro, e resistente, como a pedra. Surgiu daí o concreto. Posteriormente, com a difusão do uso desse material, procurou-se, naturalmente, aperfeiçoá-lo para que pudesse vencer grandes vãos e, então, apareceu o concreto armado, que, por sua vez, incentivou a pesquisa dos aços e, com o tempo, levou ao concreto protendido.

Vê-se, pois, que se forma um ciclo: melhores materiais possibilitam melhores resultados e melhores técnicas, e estas, por sua vez, demandam materiais ainda melhores.

Atualmente, a tecnologia avança com rapidez e o engenheiro precisa estar atualizado para poder aproveitar as técnicas mais avançadas, utilizando materiais de melhor padrão e menor custo. Os materiais, atualmente, podem ser simples ou compostos; podem ser obtidos diretamente da natureza ou elaborados industrialmente. Sua evolução é tão rápida que o profissional que não deseja ficar desatualizado deve permanecer sempre atento aos novos conhecimentos e invenções, de modo que é necessário que o estudo desta matéria seja uma constante em toda a sua vida profissional.

Estar atualizado no estudo de materiais inclui hoje, mais do que nunca, saber também como produzi-los, aplicá-los, reutilizá-los ou reciclá-los quando possível e descartá-los adequadamente ao final dos processos ou da vida útil, de maneira sustentável, como abordado a seguir.

1.2 SUSTENTABILIDADE NA CONSTRUÇÃO CIVIL

As preocupações com a sustentabilidade têm crescido no mundo todo, e movimentos para conscientização com relação à gravidade dos problemas ambientais, como aquecimento global, esgotamento de recursos naturais (como a água, por exemplo) têm mobilizado governos, instituições e agentes representativos da sociedade.

Desde a publicação, nos Estados Unidos, em setembro de 1962, do livro *Silent Spring* de Rachel Carson, editado em língua portuguesa sob o título Primavera Silenciosa, o tema sustentabilidade e desenvolvimento sustentável tem mobilizado os governos em nível mundial, denunciando os malefícios dos agrotóxicos à saúde humana e à vida selvagem. Nesse contexto, a partir de 1972, o governo americano baniu o inseticida diclorodifeniltricloretano (DDT), em razão de sua ação indiscriminada, que atinge tanto as pragas quanto a fauna e a flora da área afetada.

A partir de então, foram dezenas de acontecimentos significativos no âmbito do desenvolvimento sustentável no mundo, e esse tema tem espaço nas administrações públicas e privadas, nas escolas e nos lares.

Encontra-se em diversas fontes a linha do tempo sobre o tema, por exemplo, as relacionadas com o evento Rio+20.

A seguir, apresenta-se o histórico dos acontecimentos com alguns dos eventos emblemáticos.

Em 1992, no Rio de Janeiro, a Organização das Nações Unidas (ONU) realizou a Conferência sobre o Meio Ambiente e o Desenvolvimento (CNUMAD), mais conhecida como Rio 92 e também como "Cúpula da Terra" por ter mediado acordos entre os chefes de estado presentes. Cento e setenta e nove países participantes acordaram e assinaram a Agenda 21 Global, um programa de ação que constitui a mais abrangente tentativa já realizada de promover, em escala planetária, um novo padrão de desenvolvimento, denominado "desenvolvimento sustentável". O termo "Agenda 21" foi usado no sentido de intenções, desejo de mudança para esse novo modelo de desenvolvimento para o século XXI. A Agenda 21 pode ser definida como um instrumento de planejamento para a construção de sociedades sustentáveis, em diferentes bases geográficas, que concilia métodos de proteção ambiental, justiça social e eficiência econômica.

Em dezembro de 1997, foi realizada a 3ª Conferência das Partes da Convenção do Clima, em Quioto, no Japão, quando se adotou o Protocolo de Quioto, que entrou em vigor em fevereiro de 2005. Vinculado à Convenção do Clima, Quioto definiu metas obrigatórias de redução nas emissões de gases-estufa em 5 %, em média, entre 2008 e 2012, em comparação aos níveis de 1990, para 37 países industrializados e a União Europeia, que fazem parte do Anexo 1 da Convenção (nações desenvolvidas e do Leste Europeu), ficando de fora os Estados Unidos, que não ratificaram o protocolo.

Após a Agenda 21 Global, surgiu a Agenda 21 Brasileira, composta de dois documentos distintos: Agenda 21 Brasileira – Ações Prioritárias, que estabeleceu os caminhos preferenciais da construção da sustentabilidade brasileira, e Agenda 21 Brasileira – Resultado da Consulta Nacional.

A Agenda 21 Brasileira é um processo e instrumento de planejamento participativo para o desenvolvimento sustentável que tem como eixo central a sustentabilidade, compatibilizando a conservação ambiental, a justiça social e o crescimento econômico. O documento foi resultado de uma vasta consulta à população brasileira, sendo construído a partir das diretrizes da Agenda 21 Global. É um instrumento fundamental para a construção da democracia participativa e da cidadania ativa no país e um guia eficiente para processos de união da sociedade, compreensão dos conceitos de cidadania e de sua aplicação, e um dos grandes instrumentos de formação de políticas públicas no Brasil.

Em junho de 2012, foi realizada no Rio de Janeiro a Conferência das Nações Unidas sobre Desenvolvimento Sustentável (CNUDS), conhecida como Rio+20, considerado o maior evento já realizado pelas Nações Unidas, com o objetivo de discutir a renovação do compromisso político com o desenvolvimento sustentável. Nessa conferência, chefes de estado de 190 nações levaram em consideração os três pilares do desenvolvimento sustentável (social, ambiental e econômico) e propuseram mudanças no modo como estão sendo usados os recursos naturais do planeta, além dos aspectos relacionados com questões sociais, como a falta de moradia e erradicação da pobreza, como um dos objetivos do milênio.

A proposta inicial foi catalisar um processo de elaboração de Objetivos Globais de Desenvolvimento Sustentável (ODS), a serem concluídos até 2015, sob a coordenação da Secretaria Geral das Nações Unidas, refletindo seus três pilares de modo integrado e equilibrado, além de universal, mas com margem para diferenciação entre países. Como indicativo de ação, os Objetivos Globais de Desenvolvimento Sustentável incluiriam os padrões de produção e consumo sustentáveis, assim como áreas prioritárias como oceanos; segurança alimentar e agricultura sustentável; energia sustentável para todos; acesso e eficiência de água; cidades sustentáveis; trabalhos verdes, empregos decentes e inclusão social; e redução de riscos e resistência a desastres.

A organização não governamental (ONG) Global Footprint Network, que usa o conceito de "pegada ecológica" – uma medição objetiva do impacto do consumo humano sobre os recursos naturais –, divulgou um estudo (sobre o tema: Terra já esgotou "cota anual" de recursos naturais) mostrando que, se a humanidade consumisse apenas o que a natureza tem capacidade de regenerar no planeta no intervalo de um ano, os recursos disponíveis no planeta Terra já teriam se esgotado em 20 de agosto de 2013. A data-limite, chamada pela organização anualmente de Dia da Sobrecarga, chegou em 2013 dois dias mais cedo do que em 2012, ou seja, o esgotamento dos recursos do planeta vem chegando mais cedo a cada ano. Segundo Roland Gramling, representante da ONG WWF na Alemanha, permanecendo essa tendência, em 2050 os seres humanos necessitarão do equivalente a três planetas Terra para suportar um consumo tão alto. E reforça Michael Becker, superintendente de Conservação do WWF-Brasil, que o consumo consciente de alguns produtos poderia reduzir os impactos no meio ambiente.

Para o WWF, que faz o cálculo da pegada ecológica no Brasil, a saída mais rápida seria investir em energias renováveis, não só em países desenvolvidos. O cálculo da pegada ecológica está sendo feito de maneira segmentada no Brasil e traz informações importantes que ajudam no planejamento da gestão ambiental das cidades com o direcionamento das políticas públicas, com a meta de reduzir esses impactos, sendo que o consumo consciente de alguns produtos poderia reduzir os impactos no meio ambiente.

Em 2015, 193 países-membros da ONU adotaram a Agenda 2030 para o Desenvolvimento Sustentável, constituída por 17 objetivos e 169 metas a serem atingidos até 2030, o que compôs a Agenda 2030.

Em setembro de 2019, lideranças mundiais, durante a Cúpula ODS (Objetivos de Desenvolvimento Sustentável), definiram o lançamento da "Década da Ação", um movimento iniciado em 2020 para acelerar o cumprimento dos ODS globalmente até 2030, seguindo a premissa "não deixar ninguém para trás".

A Década da Ação se traduz no desafio da ONU, para acelerar o cumprimento das metas propostas às nações de todo o mundo: dez anos para mudar o mundo ou torná-lo mais sustentável.

Os 17 Objetivos de Desenvolvimento Sustentável (ODS) definidos são:

1. Erradicar a pobreza em todas as suas formas, em todos os lugares.
2. Erradicar a fome, alcançar a segurança alimentar, melhorar a nutrição e promover a agricultura sustentável.
3. Garantir o acesso à saúde de qualidade e promover o bem-estar para todos, em todas as idades.
4. Garantir o acesso à educação inclusiva, de qualidade e equitativa, e promover oportunidades de aprendizagem ao longo da vida para todos.
5. Alcançar a igualdade de gênero e empoderar todas as mulheres e raparigas.
6. Garantir a disponibilidade e a gestão sustentável da água potável e do saneamento para todos.
7. Garantir o acesso a fontes de energia fiáveis, sustentáveis e modernas para todos.
8. Promover o crescimento econômico inclusivo e sustentável, o emprego pleno e produtivo e o trabalho digno para todos.
9. Construir infraestruturas resilientes, promover a industrialização inclusiva e sustentável e fomentar a inovação.
10. Reduzir as desigualdades no interior de países e entre países.
11. Tornar as cidades e as comunidades mais inclusivas, seguras, resilientes e sustentáveis.
12. Garantir padrões de consumo e de produção sustentáveis.
13. Adotar medidas urgentes para combater as alterações climáticas e os seus impactos.
14. Conservar e usar de forma sustentável os oceanos, os mares e os recursos marinhos para o desenvolvimento sustentável.
15. Proteger, restaurar e promover o uso sustentável dos ecossistemas terrestres, gerir de forma

sustentável as florestas, combater a desertificação, travar e reverter a degradação dos solos e travar a perda de biodiversidade.

16. Promover sociedades pacíficas e inclusivas para o desenvolvimento sustentável, proporcionar o acesso à justiça para todos e construir instituições eficazes, responsáveis e inclusivas a todos os níveis.
17. Reforçar os meios de implementação e revitalizar a parceria global para o desenvolvimento sustentável.

Torgal e Jalali (2011) ponderam sobre o possível paradoxo diante da pretensão de se ter desenvolvimento sustentável para toda a população mundial conjugado com o panorama da "pegada ecológica", que representa a superfície do planeta Terra necessária para gerar recursos e absorver os resíduos gerados em função da biocapacidade disponível na região. Constatam, inclusive, a evidente existência de padrões muito distintos, de consumo e de geração de resíduos, entre, por exemplo, a América do Norte (com a maior pegada) e a África (a menor pegada), mas alertam para o fato de que, no curto ou médio prazo, as regiões com mais baixa pegada ecológica também poderão apresentar o esgotamento de sua biocapacidade, dependendo do padrão adotado.

Agopyan e John (2011) apresentam dados e chamam a atenção para a intensidade do consumo dos materiais de construção para a formação do ambiente construído, o que demanda de quatro a sete toneladas de materiais por habitante por ano. No Brasil, um terço dos recursos naturais vai para a produção de materiais que usam cimento Portland combinado com o uso da água e agregados. Em 2009, a produção de 52 milhões de toneladas de cimento, com 340 milhões de toneladas de agregados e 36 milhões de toneladas de água, resultou no consumo de recursos da ordem de duas toneladas por habitante. Mas o concreto é apenas uma parcela dos materiais utilizados e é provável que sejam utilizadas cerca de 100 milhões de toneladas anuais de cerâmica vermelha.

Segundo Paulo José Melaragno Monteiro, professor de Engenharia Civil e Ambiental da University of California, em Berkeley, nos Estados Unidos, a demanda por concreto no mundo chega a 33 bilhões de toneladas por ano, produção responsável por até 8 % da emissão de CO_2 para a atmosfera e pelo gasto de 2,7 bilhões de toneladas de água. Esse autor, apregoando a necessidade de serem desenvolvidas alternativas sustentáveis, cita que o futuro das edificações está na nanotecnologia, e que para alterar e melhorar a tecnologia existente é preciso avançar na compreensão da nanoestrutura dos

produtos e das reações de deterioração complexas, conhecimento este que pode ser usado para produzir estruturas mais duráveis de concreto armado.

> *"Quando se fala em sustentabilidade, pressupõe-se a ideia de desenvolvimento que garanta as necessidades da geração atual, mas sem esgotamento dos recursos naturais para as gerações futuras."*
> [adaptada de: Comissão Mundial sobre Meio Ambiente e Desenvolvimento das Nações Unidas, citada por Agopyan; John (2011)].

A preocupação com os recursos naturais (que são finitos) e com a qualidade do meio ambiente (que tem limitações para sua regeneração) tem movimentado governos, meio político, ambientalistas, cientistas e academia em busca de melhor entendimento e de soluções mais sustentáveis para as atividades humanas, de produção e de consumo.

Prova dessa preocupação é a evolução do número de artigos científicos em revistas internacionais contendo as palavras "desenvolvimento sustentável" no título, no resumo ou nas palavras-chave, um aumento da ordem de 4000 publicações no ano 2000 para 28.000 em 2010, citam Torgal e Jalali (2011).

Reconhecidamente, o setor da construção civil tem papel fundamental para a realização dos objetivos globais do desenvolvimento sustentável. O Conselho Internacional da Construção (CIB) aponta a indústria da construção como o setor de atividades humanas que mais consome recursos naturais e utiliza energia de forma intensiva, gerando consideráveis impactos ambientais. Além dos impactos relacionados com o consumo de matéria e energia, há também aqueles associados à geração de resíduos sólidos, líquidos e gasosos. Estima-se que mais de 50 % dos resíduos sólidos gerados pelo conjunto das atividades humanas sejam provenientes das atividades relacionadas com a construção. Esses aspectos ambientais, somados à qualidade de vida que o ambiente construído proporciona, sintetizam as relações entre construção e meio ambiente.

A construção civil é uma cadeia de produção (o *construbusiness*) que utiliza intensivamente recursos naturais, como matérias-primas (naturais e artificiais, renováveis e não renováveis), água, energéticos, mão de obra, gerando resíduos e poluição, com grandes impactos em toda a natureza, no meio ambiente natural e urbano.

Estima-se que a construção civil consome de 40 a 75 % dos recursos naturais do planeta, excetuando-se água e energia, o que permite vislumbrar a importância de tornar sustentável a escolha dos materiais de construção.

Agopyan e John (2011) apontam que um dos desafios do futuro é desmaterializar a construção, reduzir a quantidade de resíduos e os impactos ambientais. Eles defendem que o tripé ambiente-economia-sociedade deve ser considerado de uma maneira integrada para se atingir um desenvolvimento sustentável, para a economia evoluir, atendendo às expectativas da sociedade e mantendo o ambiente sadio no presente e para as gerações futuras, o que exigirá grande esforço para a inovação.

Em 2010, o Governo Federal aprovou a Lei nº 12.305/2010, que instituiu o SINIR +, um sistema de coleta, integração, sistematização e disponibilização de dados de operacionalização e implantação dos planos de gerenciamento de resíduos sólidos. O Sistema é um dos principais instrumentos de avaliação e reformulação das ações de implementação da Política Nacional de Resíduos Sólidos (PNRS).

Em 13 de abril de 2022, o Governo Federal lançou o Sistema Nacional de Informações sobre a Gestão de Resíduos Sólidos (SINIR +), o Certificado de Crédito de Reciclagem CCR – Recicla + (Decreto nº 11.044/2022) e o Plano Nacional de Resíduos Sólidos (Decreto nº 11.043/2022).

A nova versão do SINIR + passa a contar com uma plataforma por meio da qual é possível navegar por todo o território nacional (mapa 3D), conhecer a gestão dos resíduos, como as unidades de triagem, reciclagem, tratamento e disposição final, além dos consórcios públicos e todo o fluxo do lixo.

O Plano Nacional de Resíduos Sólidos (Planares) define metas, diretrizes, projetos, programas e ações voltadas à consecução dos objetivos da Política Nacional de Resíduos Sólidos para os próximos 20 anos e tem como objetivo organizar a forma como os setores público e privado devem tratar os resíduos.

A política será coordenada pelo Ministério do Meio Ambiente e Mudança do Clima e a responsabilidade pela logística reversa de alguns produtos deve ser dos fabricantes, importadores, comerciantes e distribuidores, especificando ainda que embalagens devem ser fabricadas com materiais que propiciem a reutilização ou a reciclagem.

1.2.1 Materiais de Construção e Sustentabilidade

Os materiais de construção são originados de matérias-primas naturais e artificiais. A extração de matéria-prima natural acarreta grandes transformações no meio ambiente e bioma local, além de emissões de gases e particulados poluentes para a atmosfera.

Os problemas ambientais associados com os materiais de construção são os impactos ambientais provocados pela sua extração, antes de se considerar o esgotamento das matérias-primas da natureza, segundo Meadows *et al.* (2004), citados por Torgal e Jalali (2011). Esses autores apresentam casos de impactos ambientais graves, como o baixo aproveitamento (0,15 % em massa) do material extraído da natureza, vasta deposição de resíduos com riscos ambientais à preservação da biodiversidade, poluição de fontes de água potável, acidentes com rompimento de aterros de contenção de lamas, dentre outros.

A construção civil é considerada grande geradora de resíduos, produzindo, em geral, 500 kg/hab. por ano, segundo Pinto (1999).

Dentro dessa temática atua o Conselho Brasileiro de Construção Sustentável (CBCS), uma Organização da Sociedade Civil de Interesse Público (OSCIP), de âmbito nacional, criada em agosto de 2007 como resultado da articulação entre lideranças empresariais, pesquisadores, consultores, profissionais atuantes e formadores de opinião. É uma entidade de representação neutra, com quadro social composto por pessoas físicas e jurídicas, que agrega membros da academia, fabricantes, construtoras, projetistas, representantes de governo, associações e entidades de diferentes segmentos da construção civil de todo o Brasil. O objetivo do CBCS é contribuir para a geração e difusão de conhecimento e de boas práticas de sustentabilidade na construção civil (disponível em: https://www.cbcs.org.br/sobre/. Acesso em: 19 set. 2024).

Como diretrizes de ação em busca do desenvolvimento sustentável, o CBCS defende o significado de maximizar e otimizar o uso dos recursos naturais por meio de racionalidade e eficiência, o que implica fazer mais com menos. Reforça que trabalhar a sustentabilidade no setor da construção civil significa também desenvolver produtos adequados aos usos a que serão submetidos; que proporcionem ao ser humano um ambiente saudável, confortável, seguro, confiável e durável e que, portanto, atendam às necessidades e anseios da sociedade com relação à qualidade de vida. Durante sua utilização, os produtos devem proporcionar facilidade de manutenção e economia de gastos. A vida de um produto deve ser prolongada e, no término de sua utilidade, a possibilidade de reúso dos materiais e componentes e sua correta destinação devem estar previstas.

O posicionamento do CBCS, a partir do Comitê Temático de Materiais, apresenta importantes considerações e recomendações no boletim "Materiais, componentes e a construção sustentável", de agosto de 2009, como as que seguem.

Dentro de sua filosofia, o CBCS ressalta que, para a seleção de fornecedores de materiais com base na sustentabilidade, não existe construção sustentável sem fornecedores que trabalhem formalmente, investindo em ecoeficiência e sendo socialmente responsáveis. Chama a atenção para o desrespeito às normas, leis e regulamentos, que favorece a competitividade desleal; a validade do CNPJ e a licença ambiental. No caso da madeira nativa ou tropical, a atenção deve ser redobrada.

Com o objetivo de motivar o uso sustentável dos materiais de construção civil, visando à redução de seus impactos no meio ambiente mediante o incentivo à compra de produtos de empresas que cumpram com suas obrigações fiscais e legais e ao estudo do melhor produto a ser utilizado em cada projeto, o CBCS apresenta um roteiro com os seguintes critérios para a seleção de materiais e fornecedores:

a) Relatório de sustentabilidade

É uma boa forma de verificar o alcance do compromisso da empresa com o desenvolvimento sustentável, por meio de certificações de terceira parte relacionadas com a gestão ambiental e de saúde e segurança operacional.

b) Qualidade e desempenho do produto

Produtos de baixa qualidade apresentam altas taxas de defeitos precoces, exigindo substituição e gerando impactos com os resíduos gerados.

Sob esse prisma atua o Programa Brasileiro da Qualidade e Produtividade do Habitat (PBQP-H), um instrumento do governo federal para o cumprimento dos compromissos firmados pelo Brasil quando da assinatura da Carta de Istambul (Conferência do Habitat II/1996). A sua meta é organizar o setor da construção civil em torno de duas questões principais: a melhoria da qualidade do *habitat* e a modernização produtiva.

No âmbito do PBQP-H, foram criados os Programas Setoriais da Qualidade, por meio dos quais as entidades setoriais de fabricantes de produtos para a construção civil desenvolvem ações que visam ao desenvolvimento tecnológico do setor e ao combate à produção em não conformidade com as normas técnicas pertinentes, observadas as diretrizes do PBQP-H. Essas ações visam gerar um ambiente de isonomia competitiva na conformidade técnica, possibilitando a formação de ambiente para a evolução tecnológica, aumento dos padrões de produtividade e redução de custos.

c) Qualidade ecoeficiente

Um material pode ser considerado ecoeficiente em uma localidade e em outra não; para ser ecoeficiente devem ser considerados os aspectos relacionados com a durabilidade, distância de transportes, adequação ao clima, entre outros, atendendo a um conjunto de requisitos e critérios de desempenho preestabelecidos para a utilização desejada.

A ecoeficiência do processo produtivo também deve ser considerada, pois diferentes fábricas do mesmo produto apresentam consumos diferentes de matérias-primas, consumo de energia, emissão de poluição e geração de resíduos.

Nesse sentido, atua o Selo Ecológico Falcão Bauer, como um importante mecanismo para a promoção da melhoria do desempenho ambiental de produtos e serviços por meio da certificação voluntária, destinada a demonstrar o desempenho ambiental de produtos e serviços a partir da avaliação do diferencial ecológico apresentado e/ou determinado pelo solicitante da certificação.

d) Ciclo de vida

Para selecionar o produto mais ecoeficiente deve-se considerar todo o ciclo de vida, desde a produção das matérias-primas, fabricação, montagem, transporte, uso, limpeza e manutenção, até o destino final ao término de sua vida útil. A melhor ferramenta para selecionar produtos com base em critérios de ecoeficiência é baseada na série de normas ISO 14000.

e) Durabilidade e vida útil

A durabilidade, influenciada pela interação entre o material e o microambiente propiciado pelo clima e pelos detalhes de projeto, impacta tanto a eficiência econômica quanto a ecoeficiência do produto. O material durável pode apresentar vida útil prolongada, que representa o período no qual o seu desempenho é adequado. Ressalta-se que um material produzido com baixo impacto ambiental pode não ser ecoeficiente caso sua vida útil seja pequena, exigindo reparos e manutenções recorrentes.

Sob esse aspecto, ressalta-se o papel contemporâneo que a norma de desempenho ABNT NBR 15575 (com validade a partir de 19/07/2013 e algumas partes atualizadas em 2021) – Edificações Habitacionais – Desempenho traz para o segmento da construção civil, à medida que traduz as exigências dos usuários em requisitos e critérios, sendo considerada complementar às normas prescritivas. A abordagem dessa norma explora conceitos que muitas vezes não são considerados em normas prescritivas específicas, como, por exemplo, a durabilidade dos sistemas, a manutenibilidade da edificação e o conforto tátil e antropodinâmico dos usuários. No Capítulo 30 – Sistemas de Qualidade e Desempenho das Edificações, o leitor encontrará ampla abordagem sobre a NBR 15575.

f) Redução do consumo de materiais

A redução do consumo de materiais ao longo da vida útil do empreendimento é uma importante ação para a ecoeficiência. Materiais adequados para certas finalidades, materiais que consomem menos recursos na sua produção, que apresentam desempenho superior, que geram menos resíduos na aplicação são parâmetros importantes de análise.

g) Resíduos como matérias-primas

O uso de resíduos como fonte de matérias-primas pode contribuir para a mitigação dos impactos na natureza e minimizar o consumo de matérias-primas naturais e também de energéticos. Algumas cadeias produtivas já incorporam resíduos, por exemplo, a indústria de cimento. Mas é necessário analisar os impactos ao longo de todo o ciclo de vida do material.

h) Qualidade de vida dos trabalhadores

Sustentabilidade exige melhoria da qualidade de vida, saúde e segurança de usuários e trabalhadores, particularmente quanto ao uso de materiais tóxicos e de alto risco à saúde.

Com os aspectos aqui apresentados ressaltou-se a importância da seleção dos materiais de construção civil como fator de sustentabilidade, ficando evidente a complexidade das variáveis envolvidas e mostrando que é necessário levar-se em consideração a combinação de critérios ambientais, sociais e econômicos.

1.3 NOÇÕES BÁSICAS PARA ESTUDO DOS MATERIAIS

1.3.1 Requisitos para Aplicação dos Materiais

Para se construir e alcançar os objetivos de projeto é preciso conhecer as ações externas que atuarão sobre a construção como cargas, vento, clima etc., as internas que se originarão (tensões) e, também, as propriedades físicas, químicas e mecânicas dos materiais adequadas a cada caso. Esse conhecimento se baseia quase exclusivamente na experimentação.

A tecnologia experimental se utiliza dos conhecimentos da física e da química, ou da reunião dessas duas – a físico-química. Recorre-se também a muitos outros ramos das ciências naturais, como botânica, geologia, mineralogia, cristalografia etc. Com o auxílio de todas essas ciências podem ser conhecidas as propriedades e qualidades dos materiais usados na construção civil. Esse estudo não se baseia, portanto, em uma única ciência, mas na escolha, em cada caso, de um grupo adequado dos conhecimentos humanos.

A ciência dos materiais consiste na aplicação do conhecimento das ciências básicas ao estudo dos materiais, relacionando suas propriedades e uso com sua composição química, microestrutura e processamento. Para o entendimento e, às vezes, até para a previsão das propriedades e aplicação adequada dos materiais, é importante o conhecimento de sua composição, de sua microestrutura com informação da quantidade, tamanho, morfologia, relação de orientação e distribuição das fases, assim como da natureza, quantidade e distribuição dos defeitos, além, é claro, de considerar o meio a que o material será exposto. Aplicar esse conhecimento para a determinação das propriedades macroscópicas e das aplicações dos materiais é a transformação dos conhecimentos fundamentais em tecnologia, ou seja, é o que faz a engenharia (Padilha, 1997).

1.3.2 Constituição da Matéria

Os materiais são constituídos por átomos, que, por sua vez, são formados por um núcleo (composto de prótons e nêutrons) e por elétrons que o circundam e têm carga negativa. O próton possui carga igual à do elétron, mas de sinal contrário. As características dos átomos, assim como a maneira como eles se unem para formar os materiais, influenciam as propriedades desses materiais.

Como exemplo pode-se citar a massa atômica, massa total do átomo de determinado elemento, que exerce relativamente pequena influência nas propriedades dos materiais, exceção feita à massa específica e ao calor específico. O número atômico, número de elétrons que circundam o núcleo de um átomo neutro, que é igual ao número de prótons do núcleo, tem importância mais significativa para as propriedades dos materiais. Mais especificamente, são os elétrons mais externos que determinam as propriedades químicas, mecânicas, condutibilidade térmica e características ópticas dos materiais, sendo que algumas propriedades dos materiais podem ser relacionadas com o tipo de ligação química (covalente, iônica, metálica).

A densidade é definida pelo raio atômico, pela massa atômica e pelo número de átomos vizinhos mais próximos (número de coordenação). Esse número de coordenação controla o arranjo relativo dos átomos (grau de empacotamento), quanto maior o número de vizinhos, maior o grau de empacotamento, portanto, maior será a densidade do material.

Os pontos de fusão e ebulição, assim como a resistência mecânica, são função da energia do átomo no ponto de equilíbrio, ou seja, possuem maior energia de ligação e apresentam propriedades mecânicas mais elevadas. Quando um material é solicitado, a força de atração entre os átomos resiste e controla a deformação do material. Nas estruturas moleculares, por exemplo, a força intramolecular (entre os átomos) é muito maior do que as forças intermoleculares (entre as moléculas), sendo que essas moléculas, eletricamente neutras, estão unidas por ligações secundárias. As moléculas mantêm-se intactas nas formas líquidas e gasosas, portanto, na fusão de materiais moleculares, as ligações quebradas são aquelas entre moléculas (secundárias), mais fracas do que as ligações primárias (metálica, covalente e iônica).

Nesse contexto, materiais moleculares geralmente apresentam temperatura de fusão mais baixa do que os materiais metálicos, por exemplo. Como ilustração dessa comparação, pode-se citar a temperatura de fusão do PVC (policloreto de vinil) em 212 °C, enquanto as ligas de aço fundem-se a temperaturas na faixa de 1371 a 1540 °C.

Portanto, todos esses aspectos são importantes e devem ser considerados no estudo dos materiais.

1.3.3 Organização Atômica

Os átomos que constituem a matéria podem estar organizados de maneiras distintas, o que diferencia a microestrutura dos materiais e, portanto, as suas propriedades. Materiais com mesma composição química, mas com distinção na organização atômica, apresentam propriedades muito diferentes. Como exemplo, podem-se citar o carvão, o grafite e o diamante, constituídos por átomos de carbono, mas com estruturas completamente distintas, implicando propriedades também diversas. As estruturas podem ser classificadas da seguinte maneira:

1.3.3.1 Estruturas cristalinas (arranjo organizado e repetitivo de átomos)

Os materiais sólidos podem ser classificados de acordo com a regularidade com que átomos, íons ou moléculas arranjam-se entre si. Um material cristalino é aquele no qual átomos, íons ou moléculas estão situados em uma disposição repetitiva ou periódica ao longo de grandes distâncias atômicas; isto é, existe uma ordenação de grande alcance tal que, na solidificação, os átomos se posicionarão entre si em um modo tridimensional repetitivo, em que cada átomo está ligado aos seus átomos vizinhos mais próximos. Todos os metais, muitos materiais cerâmicos e certos polímeros formam estruturas cristalinas sob condições normais de solidificação.

Algumas das propriedades dos sólidos cristalinos dependem da estrutura cristalina do material, a maneira na qual átomos, íons ou moléculas são espacialmente arranjados. Existe um grande número de estruturas cristalinas diferentes, todas elas tendo uma ordenação atômica de longo alcance; estas variam desde estruturas relativamente simples para metais até estruturas excessivamente complexas, como exibidas por alguns materiais cerâmicos ou poliméricos.

Quando se descrevem estruturas cristalinas, pensa-se em átomos (ou íons) como esferas sólidas de diâmetros bem definidos. Isso é denominado modelo atômico de esfera rígida, no qual as esferas representando os átomos vizinhos mais próximos tocam-se entre si. Exemplos de arranjos atômicos encontrados em alguns materiais metálicos e cerâmicos cristalinos são mostrados na Figura 1.1. No caso particular das Figuras 1.1(a) e (b), todos os átomos são idênticos, e na Figura 1.1(c), são dois íons Na$^+$ e Cl$^-$. Algumas vezes, o termo rede é usado no contexto de estruturas cristalinas; nesse sentido, "rede" significa um arranjo tridimensional de pontos que coincidem com as posições dos átomos (ou centros de esferas).

Na estrutura cristalina, os átomos têm arranjos regulares e coordenados, sendo que cada um tem o

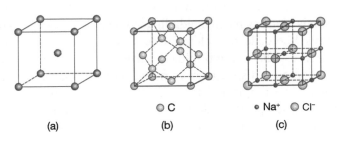

FIGURA 1.1 Estruturas cristalinas: (a) ligações metálicas (materiais metálicos como ferro, cromo etc.); (b) ligações covalentes (materiais cerâmicos como diamante); (c) ligações iônicas (materiais cerâmicos como cloreto de sódio).

mesmo número de átomos vizinhos, o que define a regularidade da estrutura, constituindo os cristais.

1.3.3.2 Estruturas amorfas

Aqueles materiais que não se cristalizam, nos quais não existe ordenação atômica de longo alcance, são chamados materiais não cristalinos ou amorfos. Os gases, líquidos, alguns polímeros, alguns materiais cerâmicos e vidros constituem os materiais de estrutura amorfa. Os gases e os líquidos não possuem estrutura interna, sendo que cada átomo ou molécula age independentemente. Os vidros podem ser considerados líquidos super-resfriados, já que apresentam estrutura semelhante aos líquidos, porém no estado sólido.

Os materiais cristalinos apresentam maior estabilidade do que os materiais amorfos, ou seja, são menos reativos, por terem seus átomos em um arranjo organizado, periódico, ao longo de grandes distâncias atômicas. Para aqueles que não se cristalizam, isto é, apresentam estrutura amorfa ou vítrea, esta ordem atômica de longo alcance está ausente, ou seja, esses materiais são carentes de um arranjo atômico regular e simétrico ao longo de distâncias interatômicas relativamente grandes, fazendo com que eles sejam mais reativos, na tentativa de adquirirem estruturas mais organizadas e, portanto, com menor energia.

1.3.4 Definição e Classificação dos Materiais

Materiais de construção são todos os corpos, objetos ou substâncias utilizadas na construção civil. Os materiais de construção civil têm inúmeras classificações, porém, tradicionalmente, uma das mais importantes para o engenheiro é a que divide os materiais sólidos em metais, polímeros e cerâmicos, com base na composição química e na estrutura atômica.

1.3.4.1 Metais

Os metais são materiais compostos por elementos cujos átomos possuem elétrons de valência não ligados a um único átomo, mas apresentam certa liberdade para se movimentar por todo o material, formando uma nuvem eletrônica que mantém unidos os núcleos e demais elétrons na chamada ligação metálica. Essa relativa liberdade dos elétrons de valência confere aos metais alta condutibilidade térmica e elétrica. Seus átomos se dispõem em estruturas cristalinas, nas quais esses arranjos podem ser destruídos pelo aquecimento à temperatura de fusão e, em alguns casos, por deformações resultantes da aplicação de cargas

externas. A ligação metálica apresenta ampla faixa de energias de ligação, conferindo aos metais variações nas temperaturas de fusão e propriedades mecânicas. Como exemplos extremos podem ser citados o mercúrio, com energia de ligação igual 68 kJ/mol e ponto de fusão −39 °C, enquanto o tungstênio apresenta 850 kJ/mol e ponto de fusão igual a 3410 °C.

Os metais podem ter um ou mais tipos de átomos em sua estrutura. Os que possuem somente um tipo de átomo têm suas propriedades definidas por este elemento e são chamados metais monofásicos. Entretanto, a maioria dos materiais metálicos utilizados na construção civil é composta por ligas metálicas, que consistem na mistura de aspecto metálico de um ou mais metais entre si ou com outros elementos. As ligas metálicas têm constituição cristalina e seu comportamento se assemelha ao do metal. Exemplos: ligas de cobre, ligas de zinco, ligas de alumínio, aço (ligas de ferro) etc.

1.3.4.2 Polímeros ou orgânicos

São materiais não metálicos constituídos de grandes moléculas, podendo ser naturais ou artificiais. Os polímeros são materiais orgânicos formados por macromoléculas que podem conter milhares de átomos. A unidade básica da estrutura que se repete é chamada mero, em que a união de grande número de meros, dita polimerização, forma os polímeros. Os átomos que formam as moléculas apresentam ligações covalentes entre si, nas quais um ou mais elétrons são compartilhados, gerando uma força de atração entre os dois átomos que participam da ligação. A ligação covalente resulta da interação de átomos que apresentam suas órbitas de valência quase completas de elétrons. Nessas condições, seus elétrons de valência passam a orbitar indiferentemente nos átomos envolvidos. A ligação covalente apresenta caráter direcional, ou seja, ela geralmente resulta em determinado ângulo de ligação, o que pode dificultar, às vezes, a cristalinidade dos materiais poliméricos. Assim, alguns polímeros são parcialmente cristalinos (o que acontece quando a cadeia polimérica é muito regular) e outros não cristalizam, adquirindo a estrutura amorfa.

Em uma ligação covalente ideal, os pares de elétrons são igualmente compartilhados. No entanto, somente em ligações entre átomos iguais tem-se esse tipo de ligação. Na maioria das ligações covalentes ocorre uma transferência parcial de carga, em que o átomo mais eletronegativo fica levemente negativo e o outro levemente positivo. Esse compartilhamento desigual resulta em uma ligação *polar*. Esta polaridade nas moléculas é responsável pela ligação entre elas, surgindo forças de atração entre os polos de sinais opostos, originando as ligações secundárias. As ligações secundárias são designadas ligações de Van der Waals, sendo mais fracas do que as ligações químicas (metálica, covalente e iônica). As ligações secundárias são responsáveis por manter unidas as moléculas dos polímeros.

Como exemplo de material orgânico natural pode ser citada a madeira, que tem uma estrutura interna heterogênea e complexa, a qual afeta suas propriedades. A principal espécie de molécula é chamada de celulose e forma estruturas de grau semimicroscópico. Possui descontinuidades, porosidade, partes amorfas e celulose cristalina. Outros exemplos de materiais orgânicos são policloreto de vinil (PVC), polipropileno (PP), polietileno (PE), produtos betuminosos, borracha etc.

1.3.4.3 Cerâmicos

Materiais constituídos de elementos metálicos e não metálicos, são, por isso, bastante complexos. Os elementos metálicos perdem seus elétrons de valência, tornando-se íons positivos, e os não metálicos aceitam ou dividem esses elétrons para se tornarem íons negativos. Portanto, os materiais cerâmicos apresentam predominantemente ligações iônicas, embora as ligações secundárias estejam também presentes nos materiais mais complexos e heterogêneos, assim como as ligações parcialmente covalentes. A predominância do tipo de ligação existente depende da diferença de eletronegatividade dos elementos envolvidos na ligação.

Os materiais cerâmicos não sofrem corrosão sob a ação de elementos atmosféricos, como os metais. São também mais duros, isolantes térmicos e condutores elétricos somente em certas condições de umidade e sob altas temperaturas, porém em menor escala que os metais. Não são materiais dúcteis, ao contrário, são frágeis, com boa resistência à compressão, mas geralmente resistem pouco à tração.

Fazem parte dessa classe os seguintes materiais: vidro, rochas, concreto, cerâmica, porcelana, refratários etc.

1.3.4.4 Materiais compostos ou compósitos

Existem ainda os materiais compostos, ou compósitos, que são aqueles projetados de modo a conjugar características desejáveis de dois ou mais materiais para obter propriedades superiores a qualquer um deles isoladamente. Os materiais compostos apresentam a fase contínua chamada matriz e a fase dispersa, chamada reforço, constituída por partículas ou fibras.

A matriz e o reforço podem ser poliméricos, metálicos ou cerâmicos.

A madeira é um material composto, ou compósito natural, em que a matriz e o reforço são poliméricos. O concreto de cimento Portland também é um exemplo de material composto, em que tanto a matriz, pasta de cimento, como o reforço, agregado, são materiais de natureza cerâmica. Podem-se citar ainda os compósitos de matriz polimérica reforçados com fibras de vidro ou fibras de carbono.

1.4 ESPECIFICAÇÕES E ENSAIOS DOS MATERIAIS

1.4.1 Elementos Escritos de um Projeto de Engenharia

Um projeto de engenharia não consiste apenas em plantas, desenhos e cálculos. Inclui também uma parte de redação, sob a forma de memorial descritivo e de especificação técnica.

O memorial descritivo é a simples descrição e indicação dos materiais a serem empregados e dos locais da construção. É dirigido a elementos que não têm formação técnica, com a finalidade de fazê-los compreender o projeto e sua aparência quando for concluído. Já as especificações técnicas indicam minuciosamente as propriedades mínimas que os materiais devem apresentar e a técnica que será empregada na construção. Destinam-se ao construtor e visam assegurar que a obra seja realizada com os cuidados apontados no projeto. Especificações e memoriais descritivos costumam ser divididos em duas partes: especificações para os materiais e especificações para a execução.

É na cadeira Materiais de Construção que se aprendem as qualidades, os defeitos e as possibilidades de cada material. Uma vez conhecidas, cabe ao projetista escolher aqueles que mais correspondem às necessidades do projeto, estabelecendo, simultaneamente, os padrões mínimos de qualidade.

Os critérios básicos para a seleção e a utilização desses materiais são:

a) *critério de ordem técnica*: devem-se conhecer as propriedades do material a ser utilizado para se obter o resultado desejado;
b) *critério de ordem econômica*: leva-se em conta o preço em função da qualidade e da quantidade;
c) *critério de ordem estética*: considera-se o acabamento e a conservação da estética, como colorido, textura e forma do material.

1.4.2 Como Especificar Materiais

Ao especificar os materiais, é necessário que se use da maior exatidão possível, definindo todos os elementos que possam variar de procedência. Deve-se procurar sempre citar os dados técnicos do material desejado, mesmo que pareçam evidentes ao projetista, já que podem não o ser para o construtor. A omissão pode dar origem a escolhas e aplicações inadequadas. Convém não somente nomear o material, mas informar também a classificação, o tipo, a dimensão desejada e, eventualmente, a marca. É recomendável que não se despreze nenhum material; a experiência demonstra que o projetista geralmente esquece dos materiais de menor custo ou volume, e justamente em relação a eles surgem as maiores dúvidas de interpretação. Ainda é sempre conveniente rever os catálogos dos materiais que estão sendo especificados, para estar atualizado quanto a pormenores de diferenciação.

Para especificar materiais e também quando da execução do projeto é imprescindível conhecer as propriedades físicas, químicas e mecânicas daqueles materiais a serem utilizados, pois delas dependerão a capacidade de esse material resistir aos esforços que lhe serão impostos e ao meio a que estará exposto. Enfim, seu desempenho adequado depende do conhecimento e da aferição de suas propriedades. E para a aferição das propriedades dos materiais são realizados os ensaios.

1.4.3 Ensaios dos Materiais

O conhecimento das propriedades dos materiais baseia-se quase exclusivamente na experimentação.

Vale-se então da tecnologia experimental, que se utiliza dos conhecimentos da física e da química, sem esquecer também outros ramos das ciências naturais. Os ensaios podem ser realizados direta ou indiretamente:

a) *ensaio direto:* quando se observa o comportamento do material aplicado;

b) *ensaio indireto:* quando o ensaio é realizado em laboratório.

Os ensaios podem ser classificados como:

a) *ensaios de controle de produção:* realizados nas indústrias para assegurarem a fabricação dos materiais dentro das especificações exigidas;

b) *ensaios de recebimento:* verificam se o produto tem as qualidades necessárias ao fim a que se destina;

c) *ensaios de identificação:* servem para reconhecer se o produto apresentado é o que se tem em vista.

Os ensaios de controle e de recebimento são indispensáveis para verificar a qualidade dos materiais antes de serem disponibilizados no mercado ou aplicados na construção. Como ressaltado anteriormente, da qualidade dos materiais depende a solidez e durabilidade da edificação, e não há como garantir a qualidade do material sem aferir isto experimentalmente. Se a indústria é comprometida com a qualidade dos produtos e materiais por ela fabricados, certamente os ensaios de controle farão parte do seu processo de produção. Da mesma forma, se os engenheiros são comprometidos com a qualidade do que constroem, os ensaios de recebimento também farão parte do planejamento, rotina de compras e recebimento de materiais e produtos a serem aplicados na construção.

Ressalta-se que os ensaios de recebimento, além de garantirem a qualidade dos materiais e produtos, possibilitam maior economia ao construtor, pois a aplicação de produtos de melhor qualidade reduz perdas, melhora rendimento e aumenta produtividade. Por fim, a prática de ensaios de recebimento por parte do consumidor exige da indústria a conformidade dos seus materiais, melhorando a qualidade dos produtos disponíveis no mercado e contribuindo para a sustentabilidade das construções.

1.5 NORMALIZAÇÃO

1.5.1 Finalidades da Normalização

Elaboram-se normas com o objetivo de regulamentar a qualidade, a classificação, a produção e o emprego dos diversos materiais e produtos.

Algum tempo atrás, a reputação do fabricante era suficiente para se ter uma ideia da qualidade do material. Esse processo, embora generalizado, tornava-se bastante regional e, o pior, com o tempo originava monopólios, em prejuízo de novas marcas, que precisavam lutar muito até conseguirem o reconhecimento de suas qualidades. Conquanto fossem, às vezes, melhores que as tradicionais, esbarravam na desconfiança natural e na opinião já enraizada. A normalização contribuiu para eliminar muitos desentendimentos no recebimento das mercadorias, regulamentando as qualidades e até mesmo a forma de medição.

Em cada país existem organismos cuja função é estabelecer normas que padronizem as especificações de materiais e produtos. Essas especificações vêm, em geral, atender às exigências dos consumidores ou produtores, seja no processo de fabricação, seja no acabamento, forma e dimensões, na composição química e nas propriedades físicas, nos ensaios de inspeção, no recebimento ou no emprego dos produtos.

A normalização, embora rudimentar, já era empregada por alguns povos antigos. Os tijolos dos persas eram de dimensões normalizadas, assim como a seção dos aquedutos romanos e as pedras de construção dos egípcios. Os navios venezianos, por exemplo, eram construídos com peças normalizadas intercambiáveis.

1.5.2 Entidades Normalizadoras

No Brasil, a normalização técnica cabe à Associação Brasileira de Normas Técnicas (ABNT), entidade privada e sem fins lucrativos, fundada em 28 de setembro de 1940. A ABNT é responsável pela elaboração das Normas Brasileiras (ABNT NBR), sua difusão e implementação. Desde 1950, atua também na avaliação da conformidade e dispõe de programas para certificação de produtos, sistemas e rotulagem ambiental.

Exemplos de órgãos responsáveis pela normalização técnica em outros países são: Instituto Americano de Normalização Nacional (ANSI), Associação Alemã de Normas Técnicas (DIN), Instituto Britânico de Normalização (BSI), Instituto Argentino de Normalização (Iram), Comitê Japonês de Normalização Industrial (JISC) e Associação Francesa de Normalização (Afnor).

Existem ainda entidades internacionais de normalização, resultantes da cooperação e de acordos entre diferentes nações com interesses comuns, por exemplo, a Comissão Pan-americana de Normas Técnicas (Copant), a Associação Mercosul de Normalização (AMN), com atuação regional, e as normas internacionais elaboradas por organizações como International Organization for Standardization (Organização Internacional de Normalização – ISO) e International Electrotechnical Commission (Comissão Eletrotécnica Internacional – IEC). A ABNT é a representante oficial no Brasil das entidades internacionais ISO e IEC, e das entidades de normalização regional Copant e AMN.

1.5.3 Vigência de uma Norma

Convém assinalar que as normas não são estáticas, como pode parecer à primeira vista. Elas são aperfeiçoadas e alteradas com o tempo, acompanhando a evolução da indústria e da técnica. O desenvolvimento da normalização pode até ser considerado a medida do desenvolvimento industrial de uma sociedade.

1.5.4 Tipos de Normas

Existem diferentes tipos de normas, como as que estabelecem diretrizes para dimensionamento de estruturas e componentes, métodos de execução de obras e serviços, assim como as condições mínimas de segurança. Existem ainda normas que especificam as propriedades mínimas para os materiais e produtos, além dos métodos a serem seguidos para os ensaios e determinações dessas propriedades, assim como os procedimentos para formação de amostras. Há normas ainda que estabelecem dimensões padrões para os produtos, nomenclatura técnica, convenções de desenho e outras que classificam produtos e materiais.

Toda norma da ABNT é caracterizada pela sigla ABNT NBR, seguida do seu número de ordem e do ano em que foi publicada. As normas desenvolvidas pela Associação Mercosul de Normalização (AMN) recebem a sigla NM, seguida do número da norma e ano de publicação. Essas normas podem ser automaticamente adotadas como normas brasileiras recebendo a sigla ABNT NBR NM, número e ano de publicação. Ainda no caso de adoção de normas internacionais como norma brasileira, a caracterização da norma inclui a sigla do organismo de origem, por exemplo, ABNT NBR ISO.

A observância às Normas Técnicas não é obrigatória, entretanto, elas são frequentemente mencionadas em contratos, leis, decretos, portarias etc. Para a aquisição de produtos e contratação de serviços em licitações e contratos da Administração Pública, o atendimento às normas técnicas brasileiras é exigido (Lei nº 8666, de 21 de junho de 1993). Também no Código de Defesa do Consumidor brasileiro há a obrigatoriedade de que as normas sejam seguidas.

Existem outros documentos de caráter obrigatório, como as Normas Regulamentadoras (NR), que são regulamentos técnicos aprovados por órgãos governamentais em que se estabelecem as características de produtos ou processos e métodos de produção com eles relacionados, incluindo as disposições administrativas aplicáveis e cuja observância é obrigatória. Como exemplo pode-se citar a Norma Regulamentadora nº 18 do Ministério do Trabalho e Previdência (NR-18), que estabelece diretrizes de ordem administrativa, de planejamento e de organização, que objetivam a implementação de medidas de controle e sistemas preventivos de segurança nos processos, nas condições e no meio ambiente de trabalho na indústria da construção.

14 Capítulo 1

1.5.5 Encaminhamento de uma Norma

A partir da demanda de normalização por interessados, sejam eles consumidores ou produtores, pessoa, empresa, entidade ou organismo regulamentador, envolvidos com o assunto a ser normalizado, inicia-se o processo de elaboração do documento técnico ABNT. Esta entidade analisa, então, a pertinência e viabilidade da demanda e, após consenso da necessidade de normalização, o assunto é levado ao Comitê Técnico responsável pelo assunto.

Os Comitês Técnicos são órgãos técnicos da estrutura da ABNT de coordenação, planejamento e execução das atividades de normalização técnica relacionadas com seu âmbito de atuação. Os Comitês Técnicos compreendem Comitês Brasileiros (ABNT/CB), Organismos de Normalização Setorial (ABNT/ONS) e Comissões de Estudo Especial (ABNT/CEE). Os Comitês Técnicos e Organismos de Normalização Setorial são compostos por Comissões de Estudo (CE), constituídas por especialistas representantes de partes interessadas, que têm por finalidade a elaboração e revisão dos Documentos Técnicos ABNT. A Comissão de Estudo Especial (ABNT/CEE) é formada quando o assunto de seu escopo não está contemplado no âmbito de atuação de outro Comitê Brasileiro ou Organismo de Normalização Setorial já existente. As Comissões de Estudo devem ser compostas por representantes de todas as partes interessadas, como produtores, comerciantes, consumidores, órgãos técnicos profissionais e entidades oficiais que tratem da matéria.

Assim, na elaboração de um Documento Técnico ABNT o assunto é discutido amplamente pelas Comissões de Estudo, com a participação aberta a qualquer interessado, independentemente de ser ou não associado à ABNT, até atingir consenso, gerando então um Projeto de Norma. O Projeto de Norma é editorado e recebe a sigla ABNT NBR e seu respectivo número. Em seguida, o Projeto de Norma é submetido à Consulta Nacional, com ampla divulgação, dando assim oportunidade a todas as partes interessadas para analisar o documento e fazer sugestões. A Consulta Nacional é realizada pela internet, podendo ser acessada no seguinte endereço eletrônico: https://www.abntonline.com.br/consultanacional/ (acesso em: 19 set. 2024). A relação dos Projetos de Norma em Consulta Nacional é publicada também no Diário Oficial da União.

Terminada a consulta nacional, a Comissão de Estudo autora do Projeto de Norma reúne-se com a participação dos interessados que se manifestaram durante a consulta, para deliberação, por consenso, se o Projeto de Norma deve ser aprovado como norma brasileira.

Existem dois comitês brasileiros com âmbito de atuação específico no setor da construção civil:

- ABNT/CB-02 – Comitê Brasileiro da Construção Civil: atua na normalização no campo da construção civil, no que concerne a edificações, compreendendo terminologia; projeto de estruturas; organização de informações de projeto e construção; requisitos geométricos gerais para construção e elementos construtivos como limites e tolerâncias; regras gerais para outros requisitos de desempenho de construção e sistemas construtivos; projeto de ambiente interno de novos edifícios e modernização de existentes, visando à sustentabilidade; projeto e execução de obras e serviços da construção, visando à segurança de trabalhadores; gerenciamento, custos da construção e manutenção de edificações.
- ABNT/CB-18 – Comitê Brasileiro de Cimento, Concreto e Agregados: atua na normalização no que concerne à terminologia, classificação, requisitos, procedimentos, métodos de ensaio e generalidades no campo de compósitos à base de cimento como pasta, argamassa, graute, concreto e outros; seus materiais constituintes, como cimento, agregados, aditivos, adições, água e outros; assim como produtos de cimento, como blocos, telhas, painéis, lajes, tubos e outros.

Existem outros comitês que atuam em assuntos relativos à engenharia civil, como: ABNT/CB-003 – Comitê Brasileiro de Eletricidade, ABNT/CB-016 – Comitê Brasileiro de Transportes e Tráfego, ABNT/CB-022 – Comitê Brasileiro de Impermeabilização, ABNT/CB-024 – Comitê Brasileiro de Segurança Contra Incêndio, ABNT/CB-025 – Comitê Brasileiro da Qualidade, ABNT/CB-031 – Comitê Brasileiro de Madeira, ABNT/CB-038 – Comitê Brasileiro de Gestão Ambiental, ABNT/CB-040 – Comitê Brasileiro de Acessibilidade, ABNT/CB-043 – Comitê Brasileiro de Corrosão, ABNT/CB-164 – Comitê Brasileiro de Tintas, ABNT/CB-177 – Comitê Brasileiro de Saneamento Básico, ABNT/CB-178 – Comitê Brasileiro de Componentes de Sistemas Hidráulicos Prediais, ABNT/CB-189 – Comitê Brasileiro de Placas Cerâmicas para Revestimento etc.

1.5.6 Avaliação de Conformidade

As entidades normalizadoras concedem certificados e marcas de conformidade, ou seja, reconhecem publicamente os materiais, serviços ou produtos que estão de acordo com suas especificações, desde que solicitado. Ressalta-se que a avaliação da conformidade não garante totalmente a qualidade de toda a produção, pois esta avaliação é feita por amostragem, considerando os custos do processo de avaliação da conformidade.

O processo de avaliação de conformidade compreende selecionar normas e regulamentos, coletar amostras e realizar ensaios, realizar inspeções, realizar auditorias na empresa, avaliar e acompanhar o produto no mercado. A conformidade pode ser declarada por um documento emitido, por uma marca de conformidade ou por um banco de dados informatizados. No documento emitido é registrado o produto avaliado, a norma a que ele atende e a data de emissão e validade do documento. A marca de conformidade é o símbolo a ser fixado no produto ou embalagem que atesta a conformidade deste com as normas pertinentes. O banco de dados disponibiliza e divulga relações de produtos e serviços em conformidade com determinados requisitos avaliados.

1.6 PROPRIEDADES GERAIS DOS MATERIAIS

Antes de se iniciar o estudo dos materiais específicos, convém recordar algumas noções sobre as propriedades gerais dos corpos. São conceitos que devem ser fixados perfeitamente para melhor compreensão das exposições que se seguirão. Dá-se o nome de propriedades de um corpo às qualidades exteriores que o caracterizam e distinguem. Um dado material é conhecido e identificado por suas propriedades e por seu desempenho perante agentes exteriores. As definições das propriedades dadas a seguir são clássicas. A física moderna modificou alguns desses conceitos, mas, para este estudo, essas conceituações são suficientes.

As propriedades variam de material para material. Em alguns casos, chegam a ser nulas. Para o construtor, é básico o conhecimento das propriedades de cada material, para poder deduzir o seu desempenho na prática e aplicá-lo de forma eficaz.

1.6.1 Principais Propriedades dos Corpos

São propriedades gerais dos corpos:

- *Extensão*: é a propriedade que possuem os corpos de ocupar um lugar no espaço.

- *Impenetrabilidade*: é a propriedade que indica não ser possível que dois corpos ocupem o mesmo lugar no espaço.
- *Inércia*: é a propriedade que impede os corpos de modificarem, por si mesmos, seu estado inicial de repouso ou movimento.
- *Atração*: é a propriedade de a matéria atrair a matéria, de acordo com a lei de atração das massas.
- *Porosidade*: é a propriedade que tem a matéria de não ser contínua, havendo espaço entre as massas.
- *Divisibilidade*: é a propriedade que os corpos têm de se dividirem em fragmentos cada vez menores.
- *Indestrutibilidade*: é a propriedade que a matéria tem de ser indestrutível, podendo, sim, ser transformada.

1.6.2 Propriedades dos Materiais

As seguintes propriedades são as de maior importância para o estudo dos materiais. Ressalte-se que as propriedades específicas de cada material variam de acordo com a sua natureza e serão tratadas nos capítulos apropriados.

1.6.2.1 Massa específica, peso específico e densidade

Quando se toma uma balança de pratos e mede-se, por exemplo, um quilo de determinado material, em um dado local, e depois leva-se tudo e mede-se novamente em outro local ou altitude, a balança continua marcando um quilo. Na realidade, a balança simplesmente acusou o equilíbrio existente entre as massas colocadas nos dois pratos. Já quando se mede essa mesma quantidade de material com um dinamômetro ou balança de molas, em locais ou altitudes diferentes, o dinamômetro vai acusar resultados diferentes. Nesse caso, ele mede uma força chamada peso, que é resultante da ação da gravidade sobre a massa do material, e a gravidade não é igual em toda parte.

Massa é a quantidade de matéria e é constante para o mesmo corpo, esteja onde estiver. Peso é a força com que a massa é atraída para o centro da Terra; varia de local para local. Em um mesmo local, os pesos são proporcionais às massas, porque a gravidade é a mesma. Quando se expressa a massa ou o peso por unidade de volume, têm-se a massa específica (por exemplo, em kg/m^3) e o peso específico (por exemplo, em N/m^3).

Chama-se peso específico a relação $\gamma = P/V$, entre o peso de um corpo e seu volume. Consequentemente, não é constante.

Chama-se massa específica de um corpo a relação $\rho = m/V$, entre sua massa e seu volume. É constante para o mesmo corpo.

Chama-se densidade de um corpo a relação entre a sua massa e a massa de mesmo volume de água destilada a 4 °C, no vácuo. É uma relação entre massas e, como tal, é expressa por um número abstrato.

Esses três conceitos – massa específica, peso específico e densidade – são facilmente confundidos.

Sabendo que massa específica é a quantidade de massa por unidade de volume e que a massa de um corpo é constante, há algumas considerações a serem feitas para o volume. O volume considerado na determinação da massa específica pode ser aparente, ou seja, incluindo os vazios, mas também pode ser volume somente de sólidos, descontando os vazios. O volume aparente ainda é influenciado pelo grau de compactação e também pela umidade do material.

1.6.2.2 Massa específica real

É a massa da unidade de volume dos sólidos do material sem contar os vazios, isto é, somente o volume de sólidos. Para materiais granulares, massa específica real dos grãos é aquela que inclui os vazios impermeáveis e exclui os vazios permeáveis e os vazios entre os grãos (na literatura, pode-se encontrar a denominação de massa específica simplesmente referindo-se à massa específica real).

$$\rho = \frac{m}{V_{\text{sólidos}}} \quad (1.1)$$

A unidade da massa específica é a unidade de massa pela unidade de volume. Essa propriedade é usada para dosagem de misturas e para calcular a compacidade e a porosidade do material.

A determinação do volume de sólidos dos materiais nem sempre é simples. Nos materiais granulares, existem basicamente dois métodos normalizados.

Um dos métodos usa sempre ou um recipiente graduado ou com volume conhecido com precisão. Uma massa conhecida do material para o qual se deseja determinar o volume dos grãos é inserida no recipiente contendo um volume inicial de líquido inerte. Nesse caso, a variação do volume do líquido representará o volume dos grãos do material inserido. Ou, ainda, ao ser adicionada a massa conhecida do material granular no recipiente, completando o volume determinado do frasco com o líquido inerte, determina-se, nesse caso, o volume dos grãos do material apenas com medidas de massas do recipiente vazio, recipiente com o material e recipiente com o material mais o líquido.

No entanto, nem sempre é possível usar recipientes com precisão de medida de volume (escala precisa) e capacidade suficiente, especialmente para materiais de maiores dimensões. Algumas normas de ensaio utilizam conceitos da hidrostática para a determinação do volume de sólidos de materiais. Esse método é usado para determinar o volume dos grãos dos agregados graúdos, como ilustrado a seguir.

Ao mergulhar um corpo de massa m em um fluido, surge uma força nesse corpo de direção vertical e sentido contrário ao peso, denominada empuxo (E). Se esse corpo for preso por um fio a uma balança, surgirá neste fio a força T. No corpo ainda atua a força peso (P), como ilustrado na Figura 1.2.

Considerando que este corpo esteja em equilíbrio, pode-se escrever que:

$$T + E = P \quad (1.2)$$

Se o fluido for a água e a massa registrada pela balança for m_a, a força T pode ser escrita como:

$$T = m_a \cdot g \quad (1.3)$$

em que g é a aceleração da gravidade e m_a é a massa do corpo imerso em água.

Sabendo que a intensidade da força empuxo é igual ao peso do fluido deslocado, pode-se escrever que:

$$E = \rho_a \cdot V \cdot g \quad (1.4)$$

em que ρ_a é a massa específica da água e V, o volume de água deslocado pelo corpo, ou seja, é o volume do corpo.

Logo, a equação de equilíbrio (1.2) pode ser escrita como:

$$m_a \cdot g + \rho_a \cdot V \cdot g = m \cdot g \quad (1.5)$$

em que m é a massa do corpo.

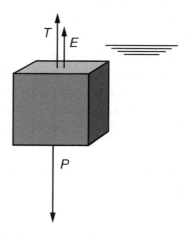

FIGURA 1.2 Esquema de forças que atuam em um corpo imerso em um fluido.

Simplificando, chega-se à Equação (1.6):

$$V = (m - m_a) / \rho_a \qquad (1.6)$$

Portanto, é possível determinar o volume de qualquer material ao submergi-lo em um fluido, conhecendo-se a massa do material antes da imersão, a massa do material imerso no fluido e a massa específica do fluido.

1.6.2.3 Massa unitária ou massa específica aparente

É a massa da unidade de volume do material sólido considerando os vazios, isto é, o volume aparente. No caso dos materiais granulares, é a massa das partículas sólidas que ocupam uma unidade de volume aparente, que inclui o volume dos sólidos (com seus vazios permeáveis e impermeáveis) e também os vazios entre os sólidos. É chamada também de massa específica aparente e deve ser menor do que a massa específica real ρ, uma vez que o volume aparente ($V_{aparente}$) é maior do que o volume de sólidos ($V_{sólidos}$).

$$\delta = \frac{m}{V_{aparente}} \qquad (1.7)$$

sendo $V_{aparente} = V_{sólidos} + V_{vazios}$.

O volume aparente é medido geralmente pelas dimensões externas do corpo ou pelo volume do recipiente preenchido. A unidade de massa unitária também é massa/volume, sendo usada para calcular a compacidade e a porosidade do material.

1.6.2.4 Compacidade

É a relação entre o volume de sólidos (sem vazios) e o volume total (aparente), dado em porcentagem.

$$C = \frac{V_{sólidos}}{V_{aparente}} \times 100\,\% \qquad (1.8)$$

A compacidade pode ser expressa pelas massas específicas aparente e real como:

$$C = \frac{\delta}{\rho} \times 100\,\% \qquad (1.9)$$

1.6.2.5 Porosidade

É a relação do volume de vazios para o volume total $\times$ 100 %.

$$p = \frac{V_{aparente} - V_{sólidos}}{V_{aparente}} \times 100\,\%$$

$$\text{ou} \quad p = 1 - \frac{\delta}{\rho} \times 100\,\% \qquad (1.10)$$

A compacidade e a porosidade influenciam várias outras propriedades dos materiais, como: resistência mecânica, absorção da água, permeabilidade, condutibilidade térmica, resistência ao congelamento, aos ácidos etc.

1.6.2.6 Absorção

É a propriedade dos materiais de absorver e reter um fluido, especialmente a água. Sua determinação é feita dividindo-se o valor da diferença das massas (ou seja, massa de uma amostra do material saturado menos a massa da amostra seca) pela massa da amostra seca, expressando-se em porcentagem da massa do material seco.

$$A = \frac{massa_{sat} - massa_{seca}}{massa_{seca}} \times 100\,\% \qquad (1.11)$$

1.6.2.7 Permeabilidade

É a propriedade que tem o material de permitir a passagem de gases ou líquidos, em particular a água.

1.6.2.8 Resistência ao congelamento

É a capacidade do material não se deteriorar sob a ação do congelamento e degelo sucessivos.

1.6.2.9 Resistência ao fogo

É a propriedade segundo a qual o material não é destruído pelo fogo. Podem ser classificados como:

a) *incombustíveis:* aqueles que não se inflamam sob a ação do fogo ou de altas temperaturas, podendo ou não se deformar;
b) *fracamente combustíveis:* os que dificilmente se inflamam, mas se consomem e calcinam sob a ação do fogo ou de alta temperatura;
c) *combustíveis:* materiais que se inflamam e consomem sob a ação do fogo ou de altas temperaturas.

1.6.2.10 Resistência ao calor

É a capacidade de o material resistir à ação prolongada de altas temperaturas, sem se fundirem ou se decomporem. Há materiais que, além de suportarem altas temperaturas, resistem também a mudanças bruscas de temperatura e se classificam em:

18 Capítulo 1

a) *materiais refratários:* resistem a temperaturas acima de 1580 °C;

b) *materiais dificilmente fundidos:* resistem a temperaturas de 1300 a 1580 °C;

c) *materiais facilmente fundidos:* resistem a temperaturas abaixo de 1300 °C.

1.6.2.11 Corrosão

Consiste na perda de parte do material como resultado de reações deste com substâncias do meio. Os mecanismos de corrosão podem ocorrer de formas distintas conforme a natureza do material: metálica, cerâmica (incluso o concreto) ou polimérica.

Nos metais, pode ocorrer pela dissolução do material por uma reação eletroquímica, ou por formação de óxidos, a temperaturas usuais e também em elevadas temperaturas. Nos materiais cerâmicos, dá-se a corrosão em ambientes com temperatura elevada ou em ambientes muito agressivos – atmosferas ácidas ou básicas. Nos materiais orgânicos (polímeros), a chamada degradação ocorre em contato com solventes e agentes que provocam alteração molecular (radiação UV, por exemplo).

1.6.2.12 Resistência mecânica

É a propriedade segundo a qual o material resiste à ação das solicitações mecânicas, considerada a propriedade mais importante do material para a construção civil.

1.6.2.13 Dureza

É a resistência dos materiais a uma deformação permanente provocada por indentação ou abrasão na sua superfície.

1.6.2.14 Tenacidade

É a resistência que o material oferece ao rompimento por choque ou percussão. É a quantidade de energia necessária para deformar o material até rompê-lo. Materiais com grande tenacidade absorvem muita energia de deformação antes de se romper e têm boa resistência a impactos.

1.6.2.15 Resiliência

É a capacidade de o material absorver energia quando ele é deformado elasticamente. Trata-se de uma propriedade muito importante que permite que o material se deforme e se recupere, acomodando microdeslocamentos dentro dos seus limites.

1.6.2.16 Maleabilidade ou plasticidade

É a capacidade que os corpos têm de serem moldados, de se adelgaçarem até formarem lâminas sem, no entanto, se romperem. O material sofre uma mudança de forma sob a ação de forças externas e a conserva, mesmo após a retirada do carregamento, sem o aparecimento de fissuras.

Deformação plástica é a deformação que ocorre após o regime elástico (deformação elástica) do material. A deformação é permanente e não recuperável mesmo após a liberação da carga aplicada. Em uma perspectiva atômica, a deformação plástica corresponde à quebra de ligações com os átomos vizinhos originais e, em seguida, formação de novas ligações com novos átomos vizinhos, uma vez que um grande número de átomos ou moléculas se move em relação uns aos outros. Com a remoção da tensão, eles não retornam às suas posições originais. O mecanismo dessa deformação é diferente para materiais cristalinos e amorfos. No caso de sólidos cristalinos, a deformação ocorre mediante um processo chamado de escorregamento entre planos, que envolve o movimento de discordâncias. Já em sólidos não cristalinos, ocorre mediante um mecanismo de escoamento viscoso (Callister, 2007).

1.6.2.17 Ductibilidade

É a capacidade de um material ser submetido a uma deformação plástica apreciável antes de sofrer uma fratura. Os materiais extremamente dúcteis podem ser reduzidos a fios sem se romperem. Observe que a argila úmida, por exemplo, tem boa plasticidade e pequena ductibilidade.

1.6.2.18 Fragilidade

É o inverso da plasticidade, ou seja, é a propriedade segundo a qual o material se rompe sem ter sofrido deformações permanentes. Os materiais frágeis se caracterizam pela grande diferença das cargas de ruptura à tração e compressão e, também, não resistem bem ao choque. A umidade, a temperatura, a velocidade de aumento da carga etc. influem na plasticidade ou fragilidade do material, por exemplo, argila é frágil quando seca e plástica quando úmida.

1.6.2.19 Durabilidade

É a capacidade que os materiais apresentam de permanecerem inalterados com o tempo, ou seja, manter suas propriedades ao longo do tempo. Em outras palavras, é a capacidade de os materiais não se deteriorarem.

1.6.2.20 Resistência à abrasão

É a propriedade de o material resistir ao uso contínuo, sem perda de massa, volume e qualidade.

1.6.2.21 Elasticidade

É a tendência que os corpos apresentam de retornar à forma primitiva após a retirada de um esforço. A tensão limite acima da qual o material não retorna à sua forma inicial chama-se limite de elasticidade.

A deformação elástica pode ser linear, quando no processo de deformação a tensão e a deformação são proporcionais, em que um gráfico da tensão × deformação resulta em uma relação linear e a inclinação (coeficiente angular) deste segmento linear corresponde ao módulo de elasticidade E. Esse módulo pode ser considerado uma rigidez, ou uma resistência do material à deformação elástica, e quanto maior for este módulo, mais rígido será o material ou menor será a deformação elástica que resultará da aplicação de uma dada tensão.

A deformação elástica também pode ser não linear, assim não é possível determinar o módulo de elasticidade conforme descrito para a deformação elástica linear. Para esse comportamento não linear, utiliza-se normalmente um módulo tangencial (inclinação da curva tensão-deformação em um nível de tensão específico) ou um módulo secante (inclinação de uma secante tirada desde a origem até algum ponto específico sobre a curva tensão-deformação).

Em uma escala atômica, a deformação elástica macroscópica é manifestada como pequenas alterações no espaçamento interatômico e na extensão de ligações interatômicas (Callister, 2007). A distância de equilíbrio entre os átomos é alterada sem, contudo, acontecer a ruptura da ligação, ou seja, cessado o esforço, a distância de equilíbrio é retomada.

1.6.2.22 Condutividade térmica

É a capacidade de o material conduzir maior ou menor quantidade de calor por unidade de tempo e depende da densidade do material. Em geral, os materiais metálicos são os que apresentam maior condutividade térmica, em razão, principalmente, da liberdade dos elétrons na ligação metálica. Nos materiais cerâmicos, o aumento do volume de poros resulta em uma redução da condutividade térmica, por isso, muitos materiais cerâmicos usados como isolantes térmicos são porosos. Por fim, os materiais poliméricos apresentam baixa condutividade térmica e, como nos materiais cerâmicos, o aumento da porosidade também reduz a condutividade desses materiais.

1.6.2.23 Propriedades acústicas dos materiais

A acústica é um ramo da física associado ao estudo da propagação e do comportamento do som. Este é um fenômeno ondulatório que se propaga a partir de diferentes meios. Na construção civil, o interesse pela acústica envolve o estudo dos materiais construtivos que promovam conforto acústico, vedação de ondas sonoras, diminuição do tempo de reverberação, entre outros. Em geral, um bom condicionamento acústico de determinado recinto é obtido pela capacidade de absorção sonora dos materiais que o compõem. Essa capacidade é proporcional à perda de carga na superfície e na espessura do material, dependendo também de outras propriedades físicas do material. Quando o objetivo é o isolamento acústico, devem-se utilizar materiais densos, pois quanto maior é a massa da superfície, menor é a possibilidade de vibração entre as moléculas.

Assim, materiais isolantes impedem a passagem de ruído de um ambiente para outro. Como exemplo, citam-se tijolo maciço, pedra lisa, gesso, madeira e vidro com espessura mínima de 6 mm. Um colchão de ar é uma solução isolante, com paredes duplas e um espaço vazio entre elas (quanto mais espaço, maior a capacidade isolante).

Materiais refletores podem ser isolantes e aumentam a reverberação interna do som, como revestimentos cerâmicos, massa corrida, madeira, papel de parede (em geral, materiais lisos).

Materiais absorventes absorvem o som, evitando ou corrigindo as reflexões, visando à otimização do som em um ambiente, diminuindo a potência sonora. Os materiais porosos, como lã ou fibra de vidro revestido, manta de poliuretano, forrações com cortiça, carpetes grossos e cortinas pesadas, são exemplos de materiais absorventes.

Por fim, materiais difusores refletem o som de forma difusa, sem ressonâncias. Em geral, são materiais refletores sobre superfícies irregulares (pedras ou lambris de madeira).

1.6.2.24 Blindagem radiológica

Raios X e raios gama têm alto poder de penetração, mas podem ser absorvidos adequadamente por uma massa apropriada de qualquer material. A maioria dos materiais atenua essas ondas eletromagnéticas de alta energia e frequência, em que a eficiência de atenuação é aproximadamente proporcional à massa do material no caminho da radiação. Portanto, os materiais mais pesados são os mais indicados para blindagem contra radiação. O chumbo em manta (lençol ou laminado) é frequentemente utilizado para isolamento radiológico.

O concreto de cimento Portland é comumente utilizado para blindagem radiológica em usinas nucleares, unidades médicas e clínicas de exames de imagem, unidade de pesquisa atômica e instalações de teste. Quando o espaço é limitado, a redução na espessura do elemento construtivo é compensada pelo uso de concreto pesado. Mais informações sobre a densidade do concreto podem ser obtidas nos Capítulos 9 e 35.

BIBLIOGRAFIA

AGOPYAN, V.; JOHN, V. M.; GOLDEMBERG, J. (Coord.). *O desafio da sustentabilidade na construção civil*. São Paulo: Blucher, 2011. (Série Sustentabilidade.)

CALLISTER JR., W. D. *Materials science and engineering:* an introduction. 7. ed. New York: John Wiley & Sons, 2007.

HENDRICKS, C. F.; NIJKERK, A. A.; VAN KOPPEN, A. E. *O ciclo da construção*. Brasília: Editora da Universidade de Brasília, 2007.

PADILHA, A. F. *Materiais de engenharia:* microestrutura e propriedades. São Paulo: Hemus, 1997.

PINTO, T. P. *Metodologia para a gestão diferenciada de resíduos sólidos da construção urbana*. Tese (Doutorado) – Departamento de Engenharia de Construção Civil e Urbana, Escola Politécnica da Universidade de São Paulo, São Paulo, 1999.

TORGAL, F. P.; JALALI, S. *A sustentabilidade dos materiais de construção*. Vila Verde: TecMinho, 2011.

2

CAL E GESSO PARA CONSTRUÇÃO CIVIL

Prof. Dr. Valdecir Angelo Quarcioni

2.1 Introdução, 22
2.2 Cal – Um Ligante para a Construção Civil, 22
2.3 Gesso – Um Ligante para a Construção Civil, 36

2.1 INTRODUÇÃO

Por muitos séculos, a humanidade empregou cal ou gesso para ligar fragmentos de rochas, ou pedra britada e areia, e viabilizar todo tipo de construção civil e uma infinidade de obras que a engenhosidade humana foi capaz de criar, desde antigas civilizações.

O emprego da cal remonta à Antiguidade. A queima do calcário foi uma prática adotada pelos antigos gregos e pela civilização romana para obtenção de um ligante. Na pavimentação da célebre Via Ápia, em Roma, foi utilizada uma mistura de cal e pozolana, que permitiu se obter uma base de pavimentação em que alguns trechos resistem até os dias de hoje, comprovando a durabilidade milenar do material com mais de 2000 anos de uso.

O gesso foi utilizado em importantes monumentos do Antigo Egito, como as pirâmides de Quéops. Esses dois tipos de ligantes permanecem usuais no mundo, sendo empregados como importantes materiais de construção civil.

Em 1824, deu-se a descoberta do cimento Portland, quando o construtor inglês Joseph Aspdin, calcinando calcário e argila, obteve um tipo de ligante que, em contato com a água, desenvolvia resistência mecânica notoriamente superior à que se obtinha com a cal e o gesso. Com as características peculiares desse novo produto abriu-se um amplo leque de possibilidades e de aplicações para a arquitetura, e tornaram-se possíveis obras impensadas no mundo até então, como pilares para elevadas solicitações de cargas, pontes com extensos vãos, barragens e edificações de múltiplos pavimentos.

O marco do início da indústria brasileira de cimento se deu com a implantação, em 1924, pela Companhia Brasileira de Cimento Portland, de uma fábrica na região de Perus, em São Paulo, pois até então se empregava somente o cimento importado. A produção nacional foi crescendo gradativamente com a implantação de novas fábricas e a participação de produtos importados oscilou durante as décadas seguintes até, praticamente, desaparecer nas últimas décadas do século XX (ABCP).[1]

Após a Segunda Guerra Mundial, verificou-se crescente aceleração no desenvolvimento tecnológico impulsionado pela reconstrução da Europa, visto que a execução das obras demandava velocidades recordes para atender a infraestrutura das grandes cidades, especialmente nos países mais desenvolvidos. Esse cenário rapidamente se expandiu em todo o Ocidente, relegando para um segundo plano o uso da cal e do gesso com relação ao cimento Portland, verificando-se progressiva perda de boas práticas da construção. Constata-se que nas obras das últimas décadas com produção sempre mais otimizada, por vezes, incorre-se também em riscos de redução do nível de qualidade dessas obras que compromete questões fundamentais, como a seleção adequada dos materiais e a sua execução.

Atualmente, a cal também é empregada na construção de estradas, como elemento de estabilização de solos de baixa capacidade de suporte e como aditivo em misturas asfálticas, assegurando maior longevidade ao capeamento das rodovias, porém esta aplicação não será abordada neste texto.

Quanto ao gesso de construção, é empregado basicamente para a fundição de painéis para forros e divisórias, tipo gesso acartonado; como ligante em argamassas de revestimentos de alvenarias, sendo comum o seu uso em argamassas de cal e gesso; e ainda na produção de blocos.

Este capítulo apresenta ao leitor os conceitos básicos que envolvem estes dois ligantes com foco nos aspectos práticos de aplicação desses materiais para favorecer a atuação do profissional da construção civil, do ponto de vista técnico e sustentável.

2.2 CAL – UM LIGANTE PARA A CONSTRUÇÃO CIVIL

2.2.1 Natureza e Obtenção da Cal

A cal é produzida a partir da calcinação de rochas carbonáticas, calcário ou dolomito, a elevadas temperaturas, entre 900 e 1100 °C. Para tanto, atualmente são empregados fornos de vários tipos, desde os mais simples, como forno de alvenaria usado nas olarias para produção de tijolos, ou fornos verticais, os mais usuais no Brasil, ou ainda fornos rotativos, mais complexos, que exigem maiores investimentos e muito utilizados pela indústria de cimento no Brasil. O detalhamento da produção da cal e os aspectos técnico-históricos de sua aplicação na engenharia civil podem ser consultados em Guimarães (1985; 2002) e Cincotto (1985).

Nas últimas décadas, verifica-se que o mercado nacional da construção civil tem optado pelo uso da cal hidratada comercial, no lugar da cal virgem, dispondo-se, assim, de um produto mais otimizado para o uso do varejo e das grandes obras. Isso porque a cal virgem é um produto cáustico, de elevada reatividade química e liberação de calor ao reagir com a água, por

---

[1] Disponível em: https://abcp.org.br/cimento/historia/. Acesso em: 19 ago. 2024.

isso, exigindo cuidados especiais no seu manuseio e na etapa de hidratação ou "apagamento" na obra.

A hidratação prévia da cal virgem para uso em argamassa é uma etapa lenta e geralmente demanda dias para se obter a cal hidratada de qualidade no canteiro de obra, basicamente para completar a sua hidratação antes da aplicação. Esta é uma prática restrita, usual na Região Sul do Brasil. Assim, neste capítulo será dada ênfase à cal hidratada.

O fluxograma característico de um processo de fabricação da cal é apresentado na Figura 2.1.

A produção de cal no Brasil é realizada, predominantemente, em fornos verticais e em fornos rotativos, respondendo, respectivamente, por 60 e 40 % da produção, com um consumo de óleo combustível estimado em 90 e 132 kg/t, respectivamente. A média ponderada destes dados é 107 kg óleo/t e equivalente a 1026 mil kcal/t. O consumo aproximado de energia elétrica é 15 kWh/t de cal virgem, menos de 2 % do consumo total de energia (0,104 tep/t). A emissão de CO_2 vinculada à indústria da cal é estimada em 1131 kg CO_2/t de cal virgem, sendo 770 kg CO_2/t pela decomposição do calcário (1,75 t calcário/t cal virgem) e 361 kg CO_2/t pelo uso de combustível (Anuário Estatístico, 2012).

Segundo dados da Associação Brasileira dos Produtores de Cal (ABPC),[2] a indústria da cal nacional tem a seguinte matriz energética: lenha = 41 %; CVP (coque verde de petróleo) = 43 %; gases, natural e industrial = 12 %; e outros combustíveis (óleo e moinha de carvão) = 4 %, sendo verificada uma pequena redução de 5 % na utilização da lenha, com relação ao ano anterior (Anuário Estatístico, 2020). A Figura 2.2 ilustra algumas etapas vinculadas ao processo de fabricação da cal.

Independentemente do tipo de forno empregado na calcinação, ocorrem as seguintes reações químicas na formação da cal virgem.

A rocha denominada calcário, essencialmente constituída por calcita ($CaCO_3$), dá origem à cal virgem cálcica (CaO):

$$CaCO_3 \rightarrow CaO + CO_2 \quad (2.1)$$

A rocha denominada dolomito, essencialmente constituída por dolomita [$MgCa(CO_3)_2$], dá origem à cal virgem dolomítica (MgO + CaO):

$$MgCa(CO_3)_2 \rightarrow MgO + CaO + 2CO_2 \quad (2.2)$$

---

[2] O Anuário Estatístico de 2020 registra que a principal fonte de informações obtidas do Setor da Cal é a ABPC, que foi descontinuada a partir de 2015.

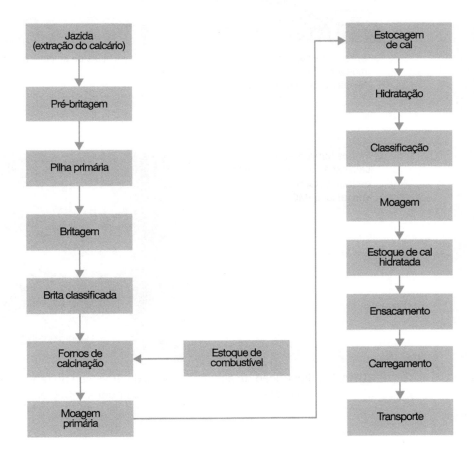

FIGURA 2.1 Fluxograma básico de um processo de fabricação da cal.

(a) Mineração em jazida de calcário. Fábrica de Vespasiano (MG).

(b) Brita de calcário, pronta para moagem. Fábrica de Itaú de Minas ou de Vespasiano (MG).

(c) Fornos verticais de calcinação tipo MAERZ, em Itaú de Minas (MG).

(d) Fornos horizontais de calcinação da antiga fábrica da Itaú/Votorantim, em Vespasiano (MG).

FIGURA 2.2 Ilustração de algumas etapas do processo de fabricação da cal. Fotos: Fernando Gomes, cedidas pela ABPC. (*continua*)

(e) Usina de hidratação da Votorantim Cimentos, em Itaú de Minas (MG).

(f) Cal hidratada – produto industrial branco e finamente pulverizado, comercializado a granel ou ensacado.

FIGURA 2.2 (*continuação*) Ilustração de algumas etapas do processo de fabricação da cal. Fotos: Fernando Gomes, cedidas pela ABPC.

Um dos principais usos da cal virgem é a produção de cal hidratada. A cal virgem é um produto bastante higroscópico, isto é, tem elevada afinidade com a água, cuja reação química se dá com forte liberação de calor.

A formação da cal hidratada ocorre pela reação da cal virgem com a água, portanto, por hidratação da cal virgem.

A cal virgem cálcica (CaO) dá origem à cal hidratada cálcica, constituída essencialmente por hidróxido de cálcio [$Ca(OH)_2$]:

$$CaO + H_2O \rightarrow Ca(OH)_2 \quad (2.3)$$

A cal virgem dolomítica (MgO + CaO) dá origem à cal hidratada dolomítica, constituída essencialmente por hidróxido de magnésio [$Mg(OH)_2$] e hidróxido de cálcio [$Ca(OH)_2$]:

$$MgO + CaO + 2H_2O \rightarrow Mg(OH)_2 + Ca(OH)_2 \quad (2.4)$$

A cal hidratada, Equações (2.3) e (2.4), é empregada na construção civil em argamassas de assentamento, argamassas de revestimentos, argamassas de rejunte, estabilização de sub-bases para pavimentação, produção de blocos sílico-calcário, tijolos solo-cal, pintura a cal e painéis tipo *drywall* (Agopyan, 1985).

2.2.2 Etapa de Consolidação da Cal

A consolidação[3] da pasta de cal hidratada promove o desenvolvimento de sua resistência mecânica. Mesmo se a hidratação ou apagamento da cal virgem gerar certo enrijecimento do produto, o endurecimento propriamente dito da pasta de cal ocorre por meio de reação com o dióxido de carbono (CO_2) do ar, fenômeno denominado carbonatação e representado pela Equação (2.5), e pela evaporação da água.

$$Ca(OH)_2 + CO_2 \rightarrow CaCO_3 + H_2O \quad (2.5)$$

O fenômeno da carbonatação é delicado e varia de acordo com a taxa de evaporação da água em presença do CO_2. São determinantes a estrutura de poros e a espessura da camada da argamassa.

---

[3] O fenômeno de consolidação da pasta de cal ocorre entre o início e o fim da pega, quando o sistema enrijece progressivamente, inicialmente em função da evaporação do excedente da água de mistura e, sequencialmente, com a carbonatação da cal.

Na argamassa de cal, a cal hidratada está presente durante a pega tanto como partículas sólidas como em solução saturada. O dióxido de carbono (CO_2) do ar reage direta e exclusivamente com a solução saturada de hidróxido de cálcio [$Ca(OH)_2$], atuando gradualmente a partir da superfície mais externa exposta ao ar em direção às camadas internas do material, formando uma camada superficial cristalina fina de carbonato de cálcio ($CaCO_3$). A retração decorrente da evaporação da água de mistura leva à formação de microfissuras, que favorecem o acesso do CO_2 do ar, reiniciando o ciclo. Com o avançar da evaporação da água, aumenta o grau de carbonatação da cal e, assim, progride o endurecimento da argamassa até as camadas mais internas (Borrelli, 1999).

A Figura 2.3 ilustra o ciclo das cales cálcica e dolomítica, que envolve fundamentalmente os fenômenos químicos e sequenciais que ocorrem com descarbonatação térmica das rochas carbonáticas, seguindo a hidratação da cal virgem e a carbonatação da cal hidratada, como tipicamente se dá nas argamassas.

2.2.3 Propriedades da Cal Hidratada para a Construção Civil

O emprego da cal é extremamente variável, envolvendo algumas dezenas de atividades produtivas, principalmente no âmbito das indústrias química e siderúrgica, agricultura, mineração e na construção civil.

No Brasil, temos duas normas técnicas que especificam cal para a construção civil, a ABNT NBR 6453:2003a para a cal virgem e a ABNT NBR 7175:2003b para a cal hidratada, focando sua aplicação em argamassas, que é o uso mais comum.

As características das cales obtidas industrialmente estão vinculadas a alguns fatores determinantes, como a seleção da matéria-prima com pureza adequada, condições ótimas de calcinação da matéria-prima e adequação do produto à finura desejada (Cincotto, 1985).

2.2.3.1 Composição da cal

A pureza do material é definida pela sua composição química e deve ser tal que tanto a cal virgem como a cal hidratada tenham um mínimo de 88 % de óxidos de cálcio e magnésio na base de material isento de constituintes voláteis, ou óxidos totais na base não volátil (OT_{BNV}). Uma vez atendido esse requisito, a reatividade da cal virgem é o segundo requisito essencial, que determina o grau de hidratação possível de ser atingido em condições contínuas de processo (Cincotto, 1985).

O teor de CO_2 presente na cal deve ser baixo, se a calcinação da matéria-prima foi adequada. Outro aspecto a ser destacado é o teor de óxidos não hidratados da cal hidratada, que deve ser reduzido caso a hidratação da cal virgem de origem tenha sido bem processada. Caso contrário, a hidratação de óxidos de cálcio e magnésio, ainda presentes, ocorrerá na parede após a sua aplicação, com decorrentes fenômenos patológicos de expansão, fissuração e desagregação do revestimento de argamassa. A Figura 2.4 ilustra a execução de ensaios em cal para determinações do teor de CaO

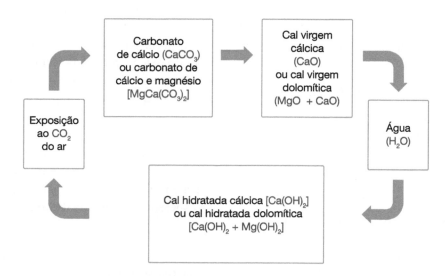

FIGURA 2.3 Ciclo das cales cálcica e dolomítica.

por gravimetria e de CO_2 por gasometria, a partir da descarbonatação térmica da amostra.

2.2.3.2 Finura da cal

A cal é um material pulverulento muito fino, em razão da natureza de suas partículas de alguns micrômetros, o que confere plasticidade das pastas e a trabalhabilidade e retenção de água das argamassas (Agopyan, 1985). A ABNT NBR 9289:2000 indica a execução do peneiramento a úmido nas duas peneiras de 0,600 mm e de 0,075 mm (Fig. 2.5). O material retido na peneira de 0,600 mm é um indicador de presença de calcário residual no material e mais difícil de moer, enquanto a fração retida em 0,075 mm é indício de hidratação incompleta do material e impurezas minerais presentes. A curva granulométrica, que pode ser determinada por difração de *laser*, permite traçar o perfil granulométrico do material que, associada à sua área específica (obtida pelo método BET),[4] possibilita inferir sobre o potencial ligante do material, uma vez que a finura por peneiramento é insuficiente para esse fim.

A cal é um material muito fino e, na sua dispersão em água, ocorre aglomeração das partículas. Quarcioni (2008) verificou, por meio de ensaios reológicos em pasta de cimento com adição de cal CH I ou com cal CH III, que a presença da cal tornou o sistema mais aglomerado e promoveu aumento de sua viscosidade, pois a cal induz a maior coesão

---

[4] A área específica da cal é determinada por adsorção física de nitrogênio e calculada a partir do modelo matemático BET, que indica a área superficial acessível ou detectável pelo nitrogênio para um material sólido pulverizado, por unidade de massa desse material. O termo "BET" reporta às iniciais dos sobrenomes dos idealizadores do modelo: Brunauer, Emmet e Teller (Quarcioni, 2008).

(a) Ensaio para a determinação do teor de CaO por via úmida.

(b) Ensaio para a determinação do teor de CO_2 por gasometria.

FIGURA 2.4 Execução de ensaios químicos em cal no IPT.

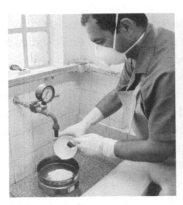
(a) Ensaio de finura – etapa inicial.

(b) Ensaio de finura – resíduo de cal retido em peneira.

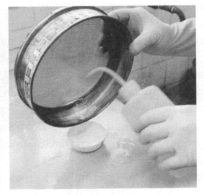
(c) Ensaio de finura – coleta do resíduo para secagem e pesagem.

FIGURA 2.5 Ensaio de finura em cal no IPT. Fotos: Rafael F. C. dos Santos, 2007.

inicial das partículas, mantendo-se durante a evolução da consolidação, diferentemente da pasta simples de cimento. Esse comportamento do sistema pasta é um fator determinante a ser considerado com relação à aplicação de argamassas cimentícias, embora também seja relevante o perfil granulométrico do agregado miúdo, presente neste material.

2.2.3.3 Estabilidade da cal

Trata-se de avaliar em ensaio de laboratório (ABNT NBR 9205:2001) a ocorrência ou não de cavidades ou protuberâncias em corpo de prova moldado com pasta com a consistência normal (ABNT NBR 14399:1999), após a cura em condições aceleradas, para inferir sobre a estabilidade da cal. A variação volumétrica é indesejável e ocorre por deficiência do produto na hidratação da cal, o que deverá ocorrer após sua aplicação como efeito dos óxidos não hidratados no material, que, ao se hidratarem na parede, causam fenômenos patológicos, como trincas e fissuras, ou, ainda, desplacamento do revestimento de argamassa.

É importante levar em consideração a composição da cal para sua utilização para argamassa. A partir da análise química é dado conhecer, por exemplo, o teor de óxidos não hidratados presentes na cal e, assim, pode-se evitar o emprego de cal de má qualidade, prevenindo ocorrências de expansão volumétrica, esboroamento e desplacamento dos revestimentos de argamassa.

2.2.3.4 Plasticidade da cal

A plasticidade está relacionada diretamente com o tamanho e a forma das partículas de cal hidratada, sendo as cales dolomíticas e magnesianas, em geral, mais plásticas que as cales cálcicas em função de suas partículas mais alongadas e menores (Agopyan, 1985).

Essa propriedade tem reflexo direto na aplicação da cal. As cales mais plásticas são mais trabalháveis, portanto, sua aplicação é mais fácil, produz melhor acabamento e eficiência no assentamento dos elementos de alvenaria. A plasticidade propicia a economia na obra, uma vez que favorece o uso de maior proporção ou incorporação de areia nas argamassas.

O método de ensaio normalizado para medir a plasticidade (ABNT NBR 9206:2016) emprega o plasticímetro de Emley (Fig. 2.6) para medir o efeito provocado na pasta de cal de consistência normal, quando se preenche o molde fixado na mesa giratória do equipamento que, ao contato com um disco

superior do equipamento, exerce um atrito rotacional entre as duas superfícies. Obtém-se, assim, um resultado em uma escala graduada de 0 a 100, que é arbitrário ou sem fundamentação científica.

Prospecta-se que a técnica de *squeeze-flow* (Cardoso; Pileggi; John, 2005), a médio prazo, deverá ser adotada pela normalização nacional como alternativa para avaliação da plasticidade da cal, pois com o plasticímetro de Emley obtém-se apenas um dado pontual de caracterização e há carência de parâmetros reológicos mais consistentes que permitam a correlação com a aplicação em obra, especialmente para o mercado atual, com crescente mecanização na aplicação das argamassas de revestimento.

A determinação da capacidade de incorporação de areia, como preconizada pela ABNT NBR 9207:2000, também está sendo discutida na ABNT, uma vez que o método *squeeze-flow* permite estimar o teor máximo de areia que pode ser incorporado a uma dada quantidade de cal, sem prejuízo de seu desempenho no estado fresco. Considera-se que o *squeeze-flow* representa um aprimoramento potencial na qualificação da cal no estado fresco em previsão de sua aplicação em argamassas.

2.2.3.5 Retenção de água da cal

As partículas de cal possuem dimensões muito pequenas com área superficial bastante elevada, o que permite a retenção de água entre suas moléculas por adsorção superficial. A capacidade de reter água é benéfica para as argamassas, uma vez que permite a liberação da água de amassamento para o substrato de forma gradativa e contínua, o que contribui para a sua adesividade ao mesmo, além de favorecer a hidratação do cimento, ao manter a umidade da argamassa durante as primeiras horas de aplicação e minimizar a evaporação rápida do excedente da água de amassamento (Agopyan, 1985).

O método de ensaio para avaliar a retenção de água (ABNT NBR 9290:1996) é aplicado em uma argamassa de cal e areia, medindo-se a variação de sua consistência antes e após ser submetida a uma dada sucção no aparelho de retenção de água, que é essencialmente um funil de Büchner. A ABNT está avaliando a viabilidade técnica de um método alternativo para a retenção de água, empregando-se pasta de cal no lugar da argamassa (ABNT NBR 9290:1996).

As cales com elevada retenção de água são recomendadas para aplicação em substratos que apresentam

Cal e Gesso para Construção Civil 29

(a) Preparação da pasta de cal para ensaios de consistência e de plasticidade.

(b) Determinação do teor de água da pasta de consistência normal – pasta no molde tronco cônico.

(c) Determinação do teor de água da pasta de consistência normal – leitura no aparelho de Vicat modificado.

(d) Ensaio de plasticidade – preenchimento do molde tronco cônico com pasta de cal.

(e) Ensaio de plasticidade – ajuste inicial da amostra no plasticímetro de Emley.

(f) Ensaio de plasticidade – leitura da escala no plasticímetro de Emley.

FIGURA 2.6 Ilustração de ensaio de plasticidade em cal no IPT. Fotos: Rafael F. C. dos Santos, 2007.

elevada absorção de água, como os sílico-calcários, tijolos cerâmicos e tijolos solo-cal (Agopyan, 1985). Nas argamassas mistas em que se substitui a cal hidratada por filito, deixa-se de usufruir o benefício dessa propriedade, devendo-se então recorrer à incorporação de aditivos retentores de água.

Por outro lado, é importante estocar a cal hidratada em ambiente seco e arejado para evitar a adsorção de vapor de água atmosférica, o que favorece a sua carbonatação. Esse fenômeno promove a petrificação progressiva do material estocado e consequente redução de sua capacidade ligante.

2.2.4 Massa Unitária e Massa Específica da Cal

A massa unitária ou densidade de massa aparente não é uma exigência física normalizada para a cal hidratada, mas é importante para calcular o proporcionamento, em massa, dos constituintes de uma argamassa, partindo-se dos valores de massa unitária do cimento, da cal hidratada e da areia. A massa unitária é um parâmetro que pode servir de alerta ao consumidor quanto à presença de materiais substituintes da cal, em geral, mais densos que a cal. Para a determinação da massa unitária da cal, emprega-se um aparato de laboratório que compreende basicamente um funil apropriado posicionado em um tripé e um recipiente com volume conhecido (Fig. 2.7).

A cal é um material com área específica cerca de 10 vezes superior à dos cimentos, em razão da etapa industrial de hidratação na qual ocorre desagregação das partículas de óxidos de cálcio e de magnésio, com abundante liberação de calor e aumento significativo de volume do material. Em função de sua elevada área específica, a cal é responsável pelo benefício da retenção de água na argamassa.

Por sua vez, a massa específica da cal é menor que a massa específica do cimento Portland. Quarcioni (2008) determinou os seguintes valores de massa específica para exemplares desses materiais obtidos no mercado sudeste nacional: cimento CP II E: 3,02 g/cm^3; cal hidratada cálcica CH I: 2,25 g/cm^3; cal hidratada dolomítica CH III: 2,49 g/cm^3. A partir desses valores e da composição de determinadas pastas de cimento e cal, o autor calculou a concentração de sólidos dessas pastas e discutiu os tempos de pega em função do espaçamento volumétrico.

2.2.5 Requisitos da Normalização Técnica da Cal

A cal virgem utilizada na construção civil, para ser comercializada no país, deve atender a alguns requisitos específicos químicos e físicos estabelecidos na ABNT NBR 6453:2003a e apresentados na Tabela 2.1.

Os métodos de ensaios normalizados pela ABNT para a verificação das exigências químicas e física da cal virgem são: amostragem e preparação das amostras (ABNT NBR NM 159:2000); análise química (ABNT NBR 6473:2003); e granulometria (ABNT NBR 16448:2016).

Por sua vez, a cal hidratada para argamassas, para ser comercializada no país, também deve atender a alguns requisitos específicos químicos e físicos estabelecidos na ABNT NBR 7175:2003b e apresentados na Tabela 2.2.

Os métodos de ensaios normalizados pela ABNT para a verificação das exigências químicas e físicas da cal hidratada são: retirada e preparação de amostra (ABNT NBR 6471:1998); análise química (ABNT NBR 6473:2003); finura (ABNT NBR 9289:2000); água da pasta de consistência normal (ABNT NBR 14399:1999); retenção de água (ABNT NBR 9290:1996); incorporação de areia (ABNT NBR 9207:2000); estabilidade (ABNT NBR 9205:2001); e plasticidade (ABNT NBR 9206:2016).

A partir dos resultados da análise química são calculados os teores de óxidos totais na base não volátil ($CaO_{total} + MgO_{total}$); água combinada; e óxidos de cálcio e magnésio ($CaO + MgO$) não hidratados. Esses parâmetros (Tabs. 2.1 e 2.2) são limites indicativos relevantes e vinculados ao desempenho desses materiais.

2.2.6 Mercado da Cal

Segundo o Anuário Estatístico (2021), o mercado brasileiro de cal contabilizou em 2020 uma produção de 8,1 milhões de toneladas do produto, que representa apenas 2 % da produção mundial e a 5ª posição no cenário internacional, cuja produção de cal atingiu 420 milhões de toneladas. O consumo aparente da cal no Brasil basicamente equivale à produção interna, dado que a exportação e a importação da cal são pequenas, estimando-se um consumo *per capita* da ordem de 40 kg/hab. De acordo com o referido documento, que apresenta os dados de cal e gesso, os consumos

FIGURA 2.7 Aparato de ensaio de massa unitária em cal por meio de funil apropriado e um recipiente com volume conhecido no IPT. Foto: Rafael F. C. dos Santos, 2014.

TABELA 2.1 Exigências químicas e físicas para cal virgem, de acordo com a ABNT NBR 6473:2003

Exigências	Parâmetros		Limites especificados na NBR 6453		
			CV-E (%)	CV-C (%)	CV-P (%)
Químicas	Anidrido carbônico (CO_2)	Na fábrica	≤ 6,0	≤ 12,0	≤ 6,0
		No depósito ou obra	≤ 8,0	≤ 15,0	≤ 15,0
	Óxidos totais na base não volátil ($CaO_{total} + MgO_{total}$)		≥ 90,0	≥ 88,0	≥ 88,0
	Água combinada	Na fábrica	≤ 3,0	≤ 3,5	≤ 3,0
		No depósito ou obra	≤ 3,6	≤ 4,0	≤ 3,6
Físicas	Finura (% retida acumulada)	Peneira 1,00 mm	≤ 2,0	≤ 5,0	≥ 85,0
		Peneira 0,30 mm	≤ 15,0	≤ 30,0	–

CV-E: cal virgem especial; CV-C: cal virgem comum; CV-P: cal virgem em pedra.

TABELA 2.2 Exigências químicas e físicas para cal hidratada, de acordo com a ABNT NBR 7175:2003b

Exigências	Parâmetros		Limites especificados na NBR 7175 por tipo de cal		
			CH-I (%)	CH-II (%)	CH-III (%)
Químicas	Água combinada	Na fábrica	≤ 5	≤ 5	≤ 7
		No depósito ou obra	≤ 7	≤ 7	≤ 15
	Óxidos de cálcio e magnésio ($CaO + MgO$) não hidratados		≤ 10	≤ 15	≤ 15
	Óxidos totais na base não volátil ($CaO_{total} + MgO_{total}$)		≥ 90	≥ 88	≥ 88
Físicas	Finura (% retida acumulada)	Peneira # 0,6 mm	≤ 0,5	≤ 0,5	≤ 0,5
		Peneira # 0,075 mm	≤ 10	≤ 15	≤ 15
	Retenção de água		≥ 75	≥ 75	≥ 70
	Incorporação de areia		≥ 3,0	≥ 2,5	≥ 2,2
	Estabilidade		Ausência de cavidades ou protuberâncias		
	Plasticidade		≥ 110	≥ 110	≥ 110

per capita apresentados são indicadores que refletem as condições de vida da população do país.

Informações mais detalhadas referentes ao parque industrial da cal no país constam do Anuário Estatístico de 2012, ou seja, 40 % da produção são consumidos pelos segmentos industriais da siderurgia e 30 % da construção civil. As participações da cal virgem e hidratada no total da produção foram de 75 e 25 %, respectivamente. As regiões Sudeste e Sul do país responderam por 74 % dessa produção.

Em Minas Gerais, localizam-se as principais indústrias de cal do país, com produção anual acima de 5 milhões de toneladas. O arranjo produtivo local (APL) de cal e calcário do Paraná registra uma capacidade instalada anual de dois milhões de toneladas de cal. Considera-se que o processo produtivo da cal demanda de 1,7 a 1,8 t de rocha carbonática (calcário ou dolomito) para a fabricação de uma tonelada de cal virgem, e com uma tonelada de cal virgem obtém-se em torno de 1,3 t de cal hidratada.

As principais áreas produtoras de cal estão localizadas nas regiões Sudeste e Sul do país por razões de proximidade com os centros consumidores, mas a cal é produzida praticamente em todas as regiões brasileiras. A indústria brasileira de cal é composta, majoritariamente, por capital nacional, sendo que o total da produção nacional atende praticamente a toda a demanda do mercado interno (Anuário Estatístico, 2020).

2.2.7 Influência da Cal nas Propriedades das Argamassas

Os romanos consagraram o uso da cal em argamassas, sobretudo com a adição de pozolanas naturais, mas seu uso principal na construção civil é como ligante em argamassas mistas de cimento, cal e areia. A seguir estão resumidas as principais influências da presença da cal na argamassa, a partir de dados de Sabbatini (1985) e Cincotto *et al.* (2017):

- confere plasticidade;
- permite maior capacidade de incorporação de areia;
- maior retenção de água;
- confere certo grau de isolação térmica em função da maior refletibilidade;
- capacidade razoável de contribuição para resistência mecânica à compressão e à tração;
- favorece as condições de resistência ao surgimento de fissuras e trincas;
- maior resistência à penetração de água;
- atua como agente asséptico em razão da manutenção da alcalinidade do meio;
- compatível com os diversos tipos de pintura de acabamento;
- permite acabamento agradável de textura fina, ao se empregar a areia fina;
- proporciona economia na obra, uma vez que a cal normalmente é um material mais barato que o cimento Portland.

Quarcioni e Cincotto (2005) caracterizaram algumas argamassas simples e mistas convencionais preparadas em laboratório com cal CH-I e cal CH-III, com 90 dias de cura, sendo a CH-I de natureza cálcica (CC) e a CH-III de natureza dolomítica (CD). A Figura 2.8 apresenta os dados obtidos para alguns parâmetros estudados.

Os módulos evidenciam maior rigidez das argamassas 1:1:6 com relação às argamassas 1:2:9, o que está coerente com as resistências à compressão e à tração, que são superiores nas argamassas 1:1:6 (Fig. 2.8). De fato, as argamassas 1:1:6 são empregadas tradicionalmente em revestimentos externos e as argamassas 1:2:9 em revestimentos internos.

É igualmente significativa a diferença entre os valores das propriedades medidas para a argamassa simples de cimento Portland (1:3 C) e as demais argamassas (Fig. 2.8). A presença da cal permite maior deformabilidade do revestimento ao absorver a movimentação causada pelas variações higrotérmicas e acomodação da estrutura, evitando-se, assim, o surgimento de fissuras.

Mais informações sobre argamassas podem ser encontradas nos Capítulos 16, 25 e 26 deste livro.

2.2.8 Cal Hidráulica – Um Produto para Fins Específicos

A cal hidráulica é um produto industrial pulverizado e seco, obtido pela calcinação de calcário com teores adequados de sílica (SiO_2) e de alumina (Al_2O_3), à temperatura acima de 900 °C.

Por se tratar de um produto obtido por transformação de outro produto, sua origem pode ser classificada como artificial, porém se a cal hidráulica

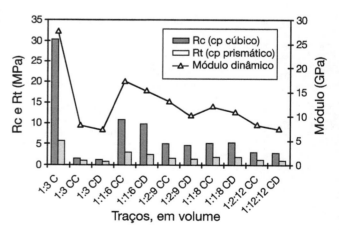

FIGURA 2.8 Resistências à compressão, tração e módulo de elasticidade dinâmico de argamassas produzidas com cimento (C), cal hidratada cálcica CH-I (CC) e cal hidratada dolomítica CH-III (CD). Fonte: Quarcioni e Cincotto (2005).

for produzida a partir de calcário contendo argilominerais naturais (por exemplo, atapulgita ou paligorsquita, caulinita e montmorilonita) em teores variados, são comumente conhecidas como cales hidráulicas naturais. Já se sabia no século XVI que, a partir de calcário contendo impurezas, obtido em certas jazidas, poderia se produzir cal virgem que endurecia rapidamente quando misturada com a água. Porém, foi em 1756 que John Smeaton, ao estudar misturas de cal e aditivos, obteve um novo tipo de cal, empregando um calcário contendo aproximadamente 11 % de impurezas argilosas. Em 1796, James Parker obteve uma cal hidráulica, patenteada então como "cimento romano", a partir da queima ou calcinação de calcário com um teor elevado de impureza argilosa à temperatura de até 1100 °C. No entanto, somente em 1818, Vicat efetivamente demonstrou a possibilidade de se produzir cal hidráulica artificialmente, por meio da queima de calcário com adição de argila, com o propósito de melhorar o desempenho hidráulico do produto final (Borrelli, 1999).

A produção da cal hidráulica é resultado de complexos processos térmicos e químicos com formação direta, no próprio forno, de silicatos e aluminatos de cálcio, como demonstrado a seguir em três etapas simplificadas, que ocorrem a 500, 750 e 1000 °C.

A decomposição térmica dos materiais argilosos inicia-se quando a mistura de calcário e argila é aquecida gradualmente até aproximadamente 500 °C. Assim, tem-se:

$$Argila \longrightarrow Sílica + Alumina + H_2O$$

$$T = 500\ °C \quad SiO_2 + Al_2O_3$$

O calcário começa a se decompor a cerca de 750 °C:

$$Calcário \longrightarrow Cal\ virgem + CO_2$$

$$T = 750\ °C$$

A aproximadamente 1000 °C, tem-se a formação dos compostos hidráulicos:

$$Cal\ virgem + Sílica \rightarrow Silicatos\ dicálcicos$$

$$Cal\ virgem + Alumina \rightarrow Aluminatos\ de\ cálcio$$

A argila pode estar presente como impurezas no calcário em diversas proporções, o que caracteriza então o calcário argiloso ou marga. Esse tipo de calcário, ao ser calcinado entre 1000 e 1100 °C, dá origem à cal hidráulica, essencialmente constituída por CaO, silicatos dicálcicos e aluminatos de cálcio.

A pega da cal hidráulica, neste caso, deve-se à hidratação tanto do silicato dicálcico como do aluminato de cálcio, com formação de uma rede de cristais fibrosos de silicato de cálcio hidratado (C-S-H) e aluminato de cálcio hidratado (C-A-H), principais responsáveis pelo endurecimento e desenvolvimento de resistência mecânica, sem excluir a contribuição da carbonatação do hidróxido de cálcio formado com a hidratação do CaO, que é abundante na cal hidráulica (Borrelli, 1999).

Com base nas pesquisas desenvolvidas por Vicat, em 1837, que obteve variação do nível de pega e de resistência de cal hidráulica, são usualmente definidas como: cal fracamente hidráulica, quando obtida a partir de calcário com menos de 12 % de argila; cal moderadamente hidráulica, obtida a partir de calcário contendo de 12 a 18 % de argila; cal eminentemente hidráulica, obtida a partir de calcário contendo entre 18 e 25 % de argila (Borrelli, 1999).

O índice de hidraulicidade (i) preconizado por Vicat é obtido em função dos teores percentuais de sílica, alumina, óxido de ferro, cal e magnésia presentes no material, segundo a Equação (2.6).

$$i = (SiO_2 + Al_2O_3 + Fe_2O_3) / (CaO + MgO) \quad (2.6)$$

Boynton (1980) indica uma equação modificada, Equação (2.7), para a classificação da hidraulicidade (i), sendo: fracamente hidráulica – 0,30 a 0,50; medianamente hidráulica – 0,50 a 0,70; e fortemente hidráulica – 0,70 a 1,10 (Cincotto *et al.*, 2017).

$$i = [2{,}8\ (\%SiO_2) + 1{,}1\ (\%Al_2O_3) + 0{,}7\ (\%Fe_2O_3)] / \%CaO + 1{,}4\ (\%MgO) \quad (2.7)$$

O material poderá ser produzido a partir de um calcário originalmente argiloso, que normalmente seria refutado pela indústria da cal convencional por ser impuro, ou ser obtido pela calcinação de calcário devidamente proporcionado com material argiloso. Do ponto de vista de sustentabilidade, prevê-se um ganho com a otimização de recursos naturais, sem prejuízo na durabilidade das construções. Em contraponto, trata-se de um material que exige um controle especial na qualificação das matérias-primas e do processo de produção para garantia da homogeneidade e da qualidade do produto comercializado.

Esse tipo de cal deve ser empregado para fins específicos, por exemplo, em ornatos, pois desenvolve resistência mecânica superior à da cal aérea, em face do efeito sinérgico da hidratação dos compostos de silicatos e aluminatos e da carbonatação da cal. A argamassa produzida com este material apresenta módulo de elasticidade mais elevado com relação à argamassa simples de cal e inferior ao da argamassa simples de cimento Portland. São aspectos característicos que devem ser considerados no projeto de revestimento da fachada, na aplicação e na manutenção da edificação.

2.2.9 Programas para Qualificação da Cal

O Instituto Nacional de Metrologia, Qualidade e Tecnologia (Inmetro) implementou o Programa Brasileiro de Avaliação da Conformidade (PBAC), por meio da Portaria nº 361, de 06/09/2011, em que se emprega um mecanismo de Certificação de Produtos. Com a publicação da Portaria nº 262, de 05/06/2014, do Inmetro, que estabeleceu os Requisitos de Avaliação da Conformidade (RAC) para Cal Hidratada para Argamassa – Anexo F, os profissionais da construção civil já dispõem dessa ferramenta importante a favor da qualidade da cal hidratada comercializada no país.

O Programa Setorial da Qualidade (PSQ) da cal hidratada, implantado em 1995 e finalizado em 2014, foi um marco para aprimorar o setor industrial brasileiro de cal e melhorar a qualidade da cal comercializada no país. Em quase duas décadas de Programa, mais de 7000 amostras de cal de todo o território nacional foram ensaiadas no Instituto de Pesquisas Tecnológicas (IPT), cujo Laboratório de Materiais de Construção Civil atuou como laboratório institucional do Programa. Ultimamente, o PSQ da cal produzia relatórios trimestrais retratando dados de auditorias em mais de 80 % do mercado brasileiro de cal hidratada para o preparo de argamassas, relativas às amostras coletadas nas fábricas ou adquiridas no varejo. O PSQ registrado sob o nº 05.03, no âmbito do PBQP-H, foi coordenado pela Secretaria Nacional de Habitação do então Ministério das Cidades, tendo a Tesis Engenharia atuado como entidade gestora técnica.

O Programa Brasileiro da Qualidade e Produtividade do Habitat (PBQP-H) está vinculado ao Ministério do Desenvolvimento Regional do Governo Federal e fomenta a qualidade e a produtividade de habitação de interesse social (HIS) por meio do Sistema de Qualificação de Empresas de Materiais, Componentes e Sistemas Construtivos (SiMaC), que engloba atualmente 21 Programas Setoriais da Qualidade (PSQs). A cal não está inserida no SiMaC, o que representa uma lacuna de dados regulares disponíveis sobre a qualificação desse produto comercializado no país para a cadeia da indústria de construção civil, com prejuízo para o consumidor final. Nesse contexto, com a descontinuação da Associação Brasileira dos Produtores de Cal (ABCP) a partir de 2015, interrompeu-se o Programa Selo ABPC de Responsabilidade Socioambiental, iniciado em 2009 como propulsor da manutenção de elevados padrões de qualidade e de responsabilidade socioambiental do setor e ganho principal para os consumidores na cadeia da construção civil.

Em 2002, no Paraná, onde se concentra o maior número de fábricas de cal virgem do país, surgiu o Programa de Qualidade da Cal com o objetivo de controlar a qualidade da cal virgem. O Programa atua por meio da certificação das empresas produtoras de derivados de calcário, mediante auditorias de seus processos com foco na garantia da qualidade dos produtos fabricados. Com sua ampliação em janeiro de 2008, recebeu a nova denominação de Programa de Gestão de Qualidade e conta com a participação de produtores regionais de cal virgem e cal hidratada. A Associação dos Produtores de Derivados do Calcário (APDC) é a gestora do Programa e divulga relatórios trimestrais, qualificando, assim, os produtos e a gestão da própria empresa como um todo. Essa iniciativa, apesar de não estar inserida no PBQP-H, é mais uma ação setorial importante em prol da qualidade da cal nacional, e os dados podem ser acessados no *site* da APDC.[5]

2.2.10 Orientações Gerais para Aquisição e Uso da Cal

A cal é um produto perecível, que pode absorver umidade do ambiente e recarbonatar ao contato com o CO_2 atmosférico, com decorrente prejuízo no desempenho como ligante em argamassas e nas tintas a cal. A seguir, são indicadas ao usuário da cal algumas recomendações a título de orientação, visando desfrutar do seu potencial:

- observar se a embalagem contém claramente o nome do fabricante e a norma técnica de especificação que pautou os parâmetros de fabricação da cal e o prazo de validade do produto;
- atentar para as más condições de armazenamento até chegar ao consumidor final, quando ocorre endurecimento do produto, que, originalmente, é um pó branco e fino;
- considerar especialmente se a cal atende os parâmetros químicos especificados, pois *óxidos totais na base não volátil* (CaO_{total} + MgO_{total}) baixos indicam menor capacidade ligante do material, ou seja, presença elevada de material inerte, em geral constituído por areia, solo ou filito; teor de *água combinada* elevada indica que a cal virgem absorveu umidade por deficiência na estocagem; e teor de *óxidos de cálcio de magnésio* (CaO + MgO) *não hidratados* elevado na cal hidratada significa que o material não foi hidratado suficientemente na produção e deverá acarretar fenômenos patológicos de expansão e fissuramento do revestimento

---

[5] Disponível em: https://appcal.com.br/. Acesso em: 20 Ago. 2024.

por hidratação retardada destes óxidos, após a aplicação da argamassa na parede. Estes parâmetros devem atender os limites especificados (Tab. 2.2), pois influenciam diretamente no desempenho destes materiais;
- ponderar que a cal CH-I possui um rendimento superior no canteiro de obras com relação ao da cal CH-III, embora os três tipos de cal produzidos no país – CH-I, CH-II e CH-III – sejam adequados e normatizados para uso em argamassas;
- executar um revestimento de argamassa com cal atendendo as boas práticas do bem construir é fundamental para evitar fenômenos patológicos. Considerar que a aplicação do produto requer mão de obra qualificada, caso contrário, comprometem-se os benefícios potenciais da cal (Fig. 2.9);
- atentar para o uso de produtos substituintes de cal em argamassas, cujo desempenho é distinto da cal, especialmente no estado endurecido. Considerar que a cal confere algumas propriedades à argamassa no estado fresco, especialmente plasticidade e retenção de água, e, principalmente, que se trata de um material ligante que contribui no desenvolvimento da resistência mecânica, da impermeabilidade e da durabilidade do revestimento de argamassa (Fig. 2.10). Os substituintes de cal conferem plasticidade às argamassas, mas não contribuem no desenvolvimento da resistência mecânica no estado endurecido porque não agem como ligantes;
- considerar, na opção por uma cal de mercado, que o menor preço pode significar um material com

(a) Preparação da argamassa.

(b) Sarrafeamento para regularização da superfície.

FIGURA 2.9 Preparação e sarrafeamento da argamassa favorecidos pela plasticidade. Fotos: Fernando Gomes, cedidas pela ABPC.

(a) A presença da cal na argamassa favorece, especialmente, o desempenho do revestimento no estado endurecido.

(b) O bom desempenho da argamassa com cal requer mão de obra qualificada e atenção às boas práticas do bem construir.

FIGURA 2.10 Revestimento de argamassa aparente (a) e assentamento de blocos cerâmicos (b). Fotos: Fernando Gomes, cedidas pela ABPC.

baixíssimo teor de ligante e elevadíssimo teor de inertes, sinal de comprometimento da durabilidade e da vida útil do revestimento de argamassa, no médio e longo prazos;
- documentar as várias etapas de aplicação da cal na obra e acompanhar o pós-obra para o controle do desempenho do sistema construtivo, considerando a função e o benefício do produto, e o direito do consumidor previsto pela legislação;
- otimizar a execução das argamassas com cal, considerando-se que: requer aquisição de cal hidratada de qualidade, adequada definição da proporção ligante: agregado, espessura máxima recomendada da ordem de 20 mm para favorecer a carbonatação da cal hidratada no revestimento e fazer uso de areia lavada;
- considerar que um bom desempenho do revestimento de argamassas com cal requer diferentes períodos de cura (aproximados): 15 dias para argamassas de chapisco, 12 dias para argamassas de emboço e 30 dias para o reboco. Ao se empregar pintura à base de cal, não é necessário aguardar os 30 dias para a cura do reboco, recomendados para pinturas à base de resinas sintéticas vinílicas e acrílicas;
- consultar informações disponíveis em programas de qualificação da cal e na literatura especializada como orientação ao adquirir o produto no mercado. Utilizar corretamente a cal de qualidade comprovada (Fig. 2.10) é determinante para assegurar a longevidade dos revestimentos de argamassas com cal, a exemplo das fachadas da Estação da Luz e do Edifício Martinelli, que são obras de vulto na capital paulista e marcos da engenharia nacional (Fig. 2.11).

2.3 GESSO – UM LIGANTE PARA A CONSTRUÇÃO CIVIL

2.3.1 Gesso – Natureza e Obtenção

Trata-se de um ligante empregado pelo homem há milhares de anos, desde as civilizações mais antigas, como a egípcia e a grega. A tradição de sua aplicação está vinculada à facilidade de seu processo produtivo e à abundância da gipsita ou gipso, matéria-prima mineral encontrada em diversos países. A tecnologia de produção requer um moderado consumo de energia, o que simplifica os aparatos industriais de produção (Fig. 2.12).

Para John e Cincotto (2017), não se pode considerar que o uso do gesso tenha tradição em nosso país. Embora a sua aplicação tenha crescido, é o ligante menos utilizado quando comparado com o cimento Portland e a cal. Porém, esse material apresenta características e propriedades que favorecem

(a) Fachada da Estação da Luz, construída entre 1895 e 1901.

(b) Fachada do Edifício Martinelli, construído entre 1924 e 1929.

FIGURA 2.11 Edificações históricas na cidade de São Paulo (SP) que denotam a durabilidade de revestimentos de argamassa com cal. Fotos: Fernando Gomes, cedidas pela ABPC.

(a) Jazida de gipsita.

(b) Moagem da gipsita ao lado da planta de calcinação.

FIGURA 2.12 Atividades de mineração e processamento industrial da gipsita para produção de gesso. Fotos: Sayonara Pinheiro.

o seu emprego. Assim, o enrijecimento progressivo e rápido do gesso, que se deve basicamente à hidratação do sulfato de cálcio e, secundariamente, à evaporação do excedente da água de mistura, favorece a confecção de componentes de gesso sem que sejam necessários tratamentos térmicos ou aditivos para acelerar o endurecimento.

Esse mesmo comportamento é determinante na produção de placas de gesso acartonado, um mercado em expansão no Brasil desde a sua introdução em 1995, embora, há anos, dominante nos mercados americano e europeu de divisórias internas de baixo custo (Oliveira Junior, 2005).

O gesso de construção é obtido pela calcinação da gipsita natural em temperatura da ordem de 140 °C, empregando-se fornos, caldeiras ou estufas. Trata-se do processo de desidratação parcial da gipsita, que perde uma e meia molécula de água, transformando-se em um hemidrato, produto conhecido comercialmente como gesso e denominado bassanita quanto à classificação mineralógica. A homogeneidade na calcinação é um fator determinante na uniformidade das propriedades do gesso.

Outro aspecto relevante na qualidade do gesso produzido é o tipo de forno utilizado. Considerando a evolução tecnológica dos fornos empregados no Brasil, primeiramente encontramos o forno panela, seguido dos fornos marmita rotativo vertical e marmita horizontal e, por fim, os fornos rotativos, de maior porte e maior capacidade de produção. O forno panela ainda é o mais empregado no país, embora não disponha de controle adequado de temperatura. No Polo Gesseiro do Araripe, em Pernambuco, há fábricas que empregam forno rotativo marmita horizontal, que já dispõe de controle apropriado da temperatura de queima da gipsita. Em Urbano (2013), o leitor poderá encontrar mais informações técnicas referentes à infraestrutura industrial para a produção do gesso.

A reação química de formação do gesso ocorre em duas etapas e por ação do calor. Portanto, são reações químicas de decomposição endotérmicas. Na primeira etapa, ocorre a liberação de 1,5 molécula de água entre 130 e 180 °C, Equação (2.8), dando origem ao sulfato de cálcio hemidratado ($CaSO_4 \cdot 0,5H_2O$), denominado gesso de construção ou simplesmente hemidrato, ou gesso rápido ou, ainda, como é conhecido historicamente, gesso de Paris.

$$CaSO_4 \cdot 2H_2O \rightarrow CaSO_4 \cdot 0,5H_2O + 1,5H_2O \quad (2.8)$$

Na segunda etapa, elevando-se o aquecimento até 200 °C, ocorre a liberação da meia molécula de água remanescente, que é fortemente combinada, dando origem ao sulfato de cálcio anidro ($CaSO_4$), ou anidrita solúvel, ou, ainda, anidrita III, Equação (2.9). Esse produto é higroscópico e facilmente absorve a umidade do ar, regenerando o hemidrato ($CaSO_4 \cdot 0,5H_2O$).

$$CaSO_4 \cdot 0,5H_2O \rightarrow CaSO_4 + 0,5H_2O \quad (2.9)$$

O aumento progressivo no aquecimento promove a redução gradual da reatividade da anidrita. A 600 °C, ocorre a formação da anidrita insolúvel ou anidrita II, assim chamada, pois reage muito lentamente com a água, ou seja, é praticamente inerte ou não reativa.

Quando calcinada entre 1000 e 1200 °C, ocorre a dissolução parcial da anidrita ($CaSO_4$) com formação de SO_3 e CaO, Equação (2.10).

$$CaSO_4 \rightarrow SO_3 + CaO \quad (2.10)$$

A anidrita remanescente é conhecida como gesso lento ou gesso hidráulico, em que a cal (CaO) presente, em baixos teores ou subordinados, age como acelerador de pega, em um processo de endurecimento lento que se estende entre 10 e 12 horas. Esse gesso é fabricado na Alemanha, principalmente para aplicação em piso, pois a sua resistência é significativamente superior ao gesso de Paris.

No Polo Gesseiro do Araripe, em Pernambuco, são produzidas algumas variedades de hemidrato que se diferenciam, basicamente, pelas condições de calcinação, natureza ou tipo de gipsita natural, sendo, em casos específicos, empregados aditivos químicos que atuam como modificadores de propriedades. Assim, são obtidos o gesso beta e o gesso alfa, sendo o gesso beta, obtido por calcinação em via seca, utilizado pelas indústrias da construção civil, cerâmica e de modelagem, ao passo que o gesso alfa, por ser obtido com a calcinação por via úmida (em autoclave, sob elevada pressão de vapor de água), é um produto mais homogêneo, no qual a pasta apresenta melhor desempenho mecânico e menor consistência, sendo, por isso, adequado para aplicações em bandagens de alta resistência, matriz para a indústria cerâmica, indústria de modelagem, ortopedia e odontologia (Luz *et al*., 2002).

Para a confecção de pré-moldados de gesso emprega-se o gesso beta, que abrange as placas para a execução de forros suspensos e blocos para divisórias destinados à construção civil ou para confecção de elementos decorativos, como estatuetas e imagens (Fig. 2.13).

O gesso de revestimento é empregado por aplicação manual em paredes e tetos, normalmente em substituição a rebocos e/ou massas para acabamento.

A partir desses dois tipos de gesso são produzidos alguns produtos comerciais de gesso para fins específicos, como: gesso cola; gesso de revestimento projetado; gesso com pega retardada; gesso contrapiso autonivelante; gesso cerâmico e gesso giz, em que se empregam aditivos químicos e adições minerais (Luz *et al*., 2002).

Outra aplicação do gesso é na indústria de cimento nacional, que emprega a gipsita natural em adição ao clínquer na produção de cimento Portland, porém seu uso é mais restrito à Região Nordeste em função do elevado custo do frete para as Regiões Sul e Sudeste. Nestas últimas, emprega-se, sobretudo, o fosfogesso ou gesso químico.

2.3.2 Fosfogesso – Um Insumo Alternativo

O fosfogesso é um subproduto gerado pela indústria de fertilizantes durante a produção do ácido fosfórico pela reação química do fosfato de cálcio [$Ca_3(PO_4)_2$] – presente na rocha fosfática –, com o ácido sulfúrico (H_2SO_4). O fosfogesso é constituído, basicamente, por sulfato de cálcio di-hidratado ($CaSO_4 \cdot 2H_2O$), assim denominado em função de fósforo residual presente em sua composição.

Os principais processos de produção do ácido fosfórico a partir do ataque da rocha fosfática com ácido sulfúrico concentrado são apresentados e discutidos por Canut (2006) e Ferrari (2012), não sendo objeto de abordagem deste capítulo.

O fosfogesso, embora seja um passivo ambiental muito expressivo para a indústria de fertilizantes, apresenta propriedades químicas e físico-mecânicas similares às do gesso natural. Dessa forma, esse material residual é empregado pela construção civil na região Sudeste, com vantagem econômica com relação ao gesso natural do Nordeste, em virtude de sua abundância nesta região.

(a) Pátio de secagem de blocos de gesso.

(b) Pátio de secagem de blocos e de placas de gesso para forro.

FIGURA 2.13 Pré-moldados de gesso. Fotos: Sayonara Pinheiro.

Em função de as propriedades do fosfogesso serem semelhantes às do gesso natural, poderá ser empregado igualmente na fabricação de placas para forro, painéis, divisórias, blocos pré-moldados, pisos e revestimentos. De acordo com dados obtidos por Canut (2006), a adequação do tempo de fim de pega de pastas de fosfogesso pode ser obtida por meio da substituição de pequenos percentuais do fosfogesso por gesso de pega rápida. Em diversos países, como o Japão, em razão da escassez da gipsita natural, o fosfogesso é comumente utilizado como material de construção.

A indústria de cimento tem grande potencial para aumentar a utilização do fosfogesso em substituição à gipsita no seu estado natural que é adicionada ao clínquer, em geral, na proporção de 3 a 5 %, em massa. A produção nacional de cimento em 2020 totalizou 60,6 milhões de toneladas, o que representa um acréscimo da ordem de 11 % com relação ao período de 2019, refletindo a retomada do mercado da construção civil após a recente crise econômica no país de 2015 a 2018 com retração significativa no consumo de cimento, associada a um cenário de redução dos investimentos governamentais em obras de infraestrutura e em programas de financiamento de habitação (Anuário Estatístico, 2021). A construção civil representa um enorme mercado potencial para a indústria de cimento e, em decorrência, para o consumo do fosfogesso.

O Brasil ainda não dispõe de normalização técnica que especifique o uso de fosfogesso, o que favorece o acúmulo de grandes volumes do material em depósitos a céu aberto, próximos aos locais de geração, que demandam áreas cada vez maiores para o armazenamento (Ferrari, 2012). Esse cenário é desafiador e requer estudos de reciclagem em busca de novas aplicações na construção civil, além de contribuir para ampliar o conhecimento e a fundamentação técnico-científica em aplicações já conhecidas na agricultura, na indústria de cimento e na construção civil.

2.3.3 Composição Química

A Tabela 2.3, a título de ilustração, apresenta a composição de uma gipsita natural, de um gesso de construção (obtido a partir de gipsita natural) e de um fosfogesso, que é um gesso químico. Esses materiais são compostos, essencialmente, por sulfato de cálcio, conforme os teores preponderantes de anidrido sulfúrico e de óxido de cálcio. A água livre indica a umidade presente no material e a água combinada significa a água de constituição do sulfato de cálcio, seja como hemidrato ($CaSO_4 \cdot 0,5H_2O$), seja como di-hidrato ($CaSO_4 \cdot 2H_2O$) (Cincotto *et al.*, 1988).

A partir dos dados obtidos na análise química (Tab. 2.3) foram calculadas, por estequiometria, as respectivas composições mineralógicas prováveis destes materiais, apresentadas na Tabela 2.4.

TABELA 2.3 Resultados da análise química de gipsita natural, do gesso de construção e do fosfogesso

Determinações	Composição por material (%)		
	Gipsita natural	Gesso de construção*	Fosfogesso
Água livre (H_2O)	0,30	–	12,0
Água combinada (H_2O)	15,5	6,62	19,0
Anidrido sulfúrico (SO_3)	40,2	53,1	43,9
Óxido de cálcio (CaO)	34,4	38,4	34,6
Anidrido carbônico (CO_2)	–	0,74	0,65
Resíduo insolúvel + anidrido silícico (RI + SiO_2)	7,73	0,80	0,46
Óxidos de ferro e de alumínio ($Fe_2O_3 + Al_2O_3$)	2,10	0,12	1,12
Óxido de magnésio (MgO)	0,43	0,30	0,47
Total (sem água livre)	100,4	100,1	99,5

*Fonte: John e Cincotto (2017).

TABELA 2.4 Composição mineralógica da gipsita natural, do gesso de construção e do fosfogesso

Determinações	Composição por material (%)		
	Gipsita natural	Gesso de construção*	Fosfogesso
Hemidrato (CaSO$_4$· 0,5H$_2$O)	-	92,58	-
Anidrita (CaSO$_4$)	9,84	-	2,92
Gipsita (CaSO$_4$· 2H$_2$O)	74,1	4,10	90,8
Impurezas	9,83	0,92	1,58
Carbonato de cálcio (CaCO$_3$)	-	0,94	-
Carbonato de magnésio (MgCO$_3$)	-	0,63	-
Óxido de cálcio em excesso (CaO)	3,96	0,94	3,00
Óxido de magnésio em excesso (MgO)	0,43	-	0,47
Total	98,2	99,87	100,3

*Fonte: John e Cincotto (2017).

2.3.4 Etapa de Consolidação do Gesso

A consolidação com enrijecimento da pasta de gesso se deve, essencialmente, à reação química de hidratação do gesso de construção [Eq. (2.11)], na qual o material hemidrato é transformado em di-hidrato, conforme Hincapié e Cincotto (1997) e, secundariamente, pela evaporação do excedente da água de mistura. Por meio de ensaio de determinação de calor de hidratação, pode-se detalhar o fenômeno da hidratação do gesso, com a indicação de início e fim da pega, conforme apresentado por John e Cincotto (2017).

$$CaSO_4 \cdot 0,5H_2O + 1,5H_2O \rightarrow CaSO_4 \cdot 2H_2O + calor \quad (2.11)$$

Canut (2006) comparou a morfologia do gesso e do fosfogesso por meio de microscopia eletrônica de varredura (MEV) e verificou semelhanças nas microestruturas do gesso natural e de fosfogesso, que são compostas indistintamente por cristais em formas de bastões e agulhas intercruzadas, originados durante a hidratação da bassanita (CaSO$_4$·0,5H$_2$O), e responsáveis pela coesão da pasta.

A presença de defeitos na microestrutura condiciona a resistência mecânica dos materiais. São exemplos os vazios ocasionados pela insuficiência da energia de compactação na moldagem do gesso e a porosidade produzida pela evaporação do excedente da água de mistura que não é consumida pela reação de hidratação da bassanita (CaSO$_4$·0,5H$_2$O). A microestrutura típica do gesso após sua hidratação é caracterizada por cristais de di-hidrato (CaSO$_4$·2H$_2$O) imbricados, cujos pontos de contato formam ligações secundárias entre si (Fig. 2.14), e são responsáveis pela resistência mecânica do produto, mesmo se coexistem defeitos (os poros) entre esses cristais. De qualquer forma, após o enrijecimento, a formação final da pasta de gesso são bastões ou agulhas intercruzadas (John; Cincotto, 2017).

FIGURA 2.14 Microestrutura da pasta de gesso com relação água/gesso 0,7, com elevada porosidade entre os aglomerados de cristais imbricados de di-hidrato. Imagem de MEV obtida com elétrons secundários, alto vácuo. Fonte: John e Cincotto (2017) *apud* D'Agostino (2007).

2.3.5 Propriedades do Gesso para a Construção Civil

O desempenho satisfatório do gesso utilizado como ligante na fabricação de pré-moldados ou aplicado como revestimento vincula-se diretamente a algumas propriedades específicas: elevada plasticidade da pasta; pega e endurecimento rápidos; elevada finura (equivalente ao cimento); pouca ocorrência de retração na secagem; e estabilidade volumétrica.

A capacidade do gesso de absorver e liberar umidade ao ambiente confere aos revestimentos em gesso elevada capacidade de equilíbrio higroscópico, além de funcionarem como inibidores iniciais de propagação de chamas, por liberar moléculas de água quando em contato com o fogo.

Por outro lado, a solubilidade considerável dos produtos em gesso (aproximadamente 1,8 g/L) favorece a redução da resistência mecânica dos revestimentos em gesso em função da propensão de absorção de umidade do meio ambiente, o que resulta em fenômenos de lixiviação dos constituintes com a percolação progressiva de água.

A microestrutura do gesso endurecido está diretamente vinculada às propriedades físicas e mecânicas do gesso (Pinheiro, 2011). A pasta de gesso é caracterizada por uma microestrutura porosa em razão da evaporação da água de mistura que não é consumida na hidratação, pois o excedente de água é elevado para se obter a trabalhabilidade adequada para sua aplicação.

A natureza mineralógica da pasta endurecida de gesso, constituída essencialmente de gipsita, e sua microestrutura porosa são elementos que favorecem, respectivamente, a resistência ao fogo e a capacidade de isolação térmica dos revestimentos em gesso.

No entanto, as condições de umidade do meio ambiente durante o endurecimento podem reduzir sua resistência mecânica em até 50 % (John; Cincotto, 2017).

Outro elemento relevante que modifica a morfologia e a textura dos cristais de gipsita é o uso de aditivos e adições minerais nas pastas em gesso, como aditivos retardadores de pega e adição de gipsita, respectivamente. Essa prática confere mudanças na forma e no tipo de entrelaçamento dos cristais, na porosidade capilar e na resistência do material (Singh; Middendorf, 2007 *apud* Pinheiro, 2011).

Em face do seu pH praticamente neutro, o gesso provoca corrosão de metais ferrosos, dando origem a manchas de ferrugem a partir dos pontos de contato metal-gesso, especialmente em ambientes com umidade elevada. O usuário deve estar atento na aplicação do revestimento em gesso e optar preventivamente por componentes ferrosos galvanizados.

2.3.6 Requisitos da Normalização Técnica de Gesso

O gesso para construção civil é empregado na obtenção ou fundição de elementos e/ou componentes e em revestimentos. São normalizados quatro tipos produzidos, diferenciados em função de sua aplicação específica, isto é, gesso fino para revestimento, gesso grosso para revestimento, gesso fino para fundição e gesso grosso para fundição.

Para ser comercializado no país, o gesso de construção civil deve atender a alguns requisitos específicos químicos, físicos e mecânicos estabelecidos na ABNT NBR 13207:2017[6] e apresentados na Tabela 2.5.

Os métodos de ensaios vigentes para determinação de requisitos definidos pela ABNT NBR 13207:2017 são ABNT NBR 12128:2019, para determinação de propriedades físicas da pasta de gesso, e ABNT NBR 13207-3:2023, para determinação das propriedades mecânicas.

Os métodos para determinação de água livre, água de cristalização e teores de óxido de cálcio e de anidrido sulfúrico constam na ABNT NBR 12130:2017, que foi cancelada em 03 de maio de 2023, de acordo com o mesmo *site* da ABNT. De qualquer forma, o meio técnico poderá recorrer à normalização internacional consagrada para caracterização química de gesso e da gipsita, uma vez que a análise química fornece dados sobre a natureza e a pureza da matéria-prima e do próprio gesso para construção civil. Há múltiplos fatores que podem estar vinculados ao desempenho de um gesso comercial, como a natureza química e mineralógica, a reatividade, características físicas e mecânicas e condições de aplicação e uso. Assim, é útil realizar um conjunto adequado de ensaios de laboratório para controlar a qualidade do produto na linha de produção ou para comprovar uma hipótese diagnóstica levantada diante de uma anomalia em uma dada obra.

---

[6] Ao término da revisão do Capítulo 2 constatou-se que a Comissão Especial de Estudos – ABNT/CEE 205 está em fase final de revisão da ABNT NBR 13207/2017, com deliberações ainda parciais de reestruturação dos requisitos e respectivos limites de especificação. Oportunamente, as informações atualizadas poderão ser consultadas em https://www.abntcatalogo.com.br/. Acesso em: 20 Ago. 2024.

TABELA 2.5 Requisitos químicos, físicos e mecânicos para o gesso para construção civil, de acordo com a ABNT NBR 13207:2017

Requisitos	Parâmetros determinados		Limites especificados pela NBR 13207
Químicos	Água livre		Máximo 1,3 %
	Água de cristalização		4,2 a 6,2 %
	Óxido de cálcio (CaO)		Mínimo 38,0 %
	Anidrido sulfúrico (SO_3)		Mínimo 53,0 %
Físicos e mecânicos	Massa unitária		$\geq 600,0$ g/m^3
	Dureza		$\geq 20,0$ N/mm^2
	Aderência		$\geq 0,2$ MPa
Físico (tempo de pega)	Início de pega	Gesso de fundição	≤ 10 min
	Fim de pega		≤ 20 min
	Início de pega	Gesso para revestimento (sem aditivos)	≥ 10 min
	Fim de pega		≥ 35 min
	Início de pega	Gesso para revestimento (com aditivos)	≥ 4 min
	Fim de pega		≥ 50 min
Físico (granulometria via seca)	Granulometria mínima (peneira abertura 0,29 mm)	Gesso de fundição	$\geq 90\%$ passante
	Granulometria mínima (peneira abertura 0,21 mm)	Gesso para revestimento	$\geq 90\%$ passante

2.3.7 Mercado do Gesso

A gipsita natural ou gipso é a matéria-prima principal do gesso de construção, sendo encontrada em vasta região no sertão de Pernambuco, onde está localizado o Polo Gesseiro do Araripe, responsável pela produção aproximada de 95 % do gesso nacional. Da gipsita produzida em 1999, tem-se que 48 % foram destinados à indústria cimenteira para adição ao clínquer no seu estado natural na proporção de 3 a 5 % e 52 %, ao segmento de calcinação. Desse total, 61 % foram destinados para a fundição, principalmente placas de gesso acartonado, 35 % para revestimentos, 3 % para moldes cerâmicos e 1 % para demais aplicações (Luz *et al.*, 2002).

De acordo com o Anuário Estatístico de 2021, a produção de gesso em 2020 foi 3,2 milhões de toneladas, representando apenas 2 % da produção mundial e colocando o Brasil na 13ª posição dentre os produtores.

Informações do Anuário Estatístico de 2020 indicam que o Polo Gesseiro do Araripe, em Pernambuco, responsável por mais de 90 % da produção de gipsita do país, está organizado em forma de Arranjo Produtivo Local (APL), que reúne em um só *cluster* cerca de

800 empresas, das quais 140 são indústrias de calcinação, 49 são mineradoras e cerca de 600 são empresas fabricantes de produtos pré-moldados de gesso, sob governança e gestão do Sindusgesso. Os demais estados produtores de gipsita são Maranhão, Ceará e Tocantins.

O suprimento de gesso para o mercado tem seu maior comprometimento atrelado, entre outros, às restrições ambientais pelo consumo de lenha nativa como principal fonte de energia e ao elevado custo logístico. O Polo Gesseiro deve ser beneficiado com a implantação da Ferrovia Transnordestina, obra relevante de infraestrutura ainda em execução, com a perspectiva de facilitar o escoamento da produção com custos mais reduzidos, uma vez que faz a ligação das regiões produtoras aos portos de Suape, em Pernambuco e Pecém no Ceará (Anuário Estatístico, 2020).

2.3.8 Painéis de Gesso Acartonado – Um Produto Versátil

Esse sistema atende ao segmento de paredes internas de vedação e fachadas e se insere em um contexto mais amplo e crescente de inovação tecnológica e de industrialização da construção de edifícios, que está se instaurando mais decisivamente no país desde os anos 2000.

A partir de 1995 surgiu no Brasil o *drywall* – sistema de forros e paredes com chapas de gesso acartonado –, que substitui paredes e forros de alvenaria, embora a tecnologia básica conte com mais de um século de existência. Os painéis de gesso acartonado são produzidos no país por quatro grupos multinacionais, cujas fábricas estão localizadas no Nordeste e no Sudeste (Anuário Estatístico, 2020).

Segundo a Associação Brasileira de Drywall, em 2013, o país apresentou um aumento no consumo de placas de gesso acartonado, o que representa um crescimento de 39 % com relação ao ano anterior, registrando um consumo *per capita* de 0,25 m²/hab (Anuário Estatístico, 2020).

O termo *drywall* traduz a característica de um sistema de "construção a seco", ou seja, praticamente não depende de demanda de água no canteiro, diferentemente das paredes em alvenaria, com revestimento convencional de argamassa.

A produção atual de chapas de gesso acartonado envolve processos industriais bastante automatizados, sendo empregados tanto a gipsita natural como o fosfogesso, além de aditivos e o papel-cartão adequado. As etapas básicas de produção são: calcinação da gipsita, dosagem da pasta de gesso, conformação das chapas em processo contínuo de aplicação da pasta sobre o cartão, secagem das chapas em estufa, recorte de bordas e colagem das chapas aos pares e estocagem (Fig. 2.15). No produto final, a resistência à compressão se deve, basicamente, ao gesso e à resistência à tração ao papel-cartão (Oliveira Junior, 2005).

O sistema de gesso acartonado é constituído, basicamente, por uma estrutura leve em perfis de chapas zincadas compostas por guias e montantes, sobre os quais são fixadas chapas de gesso acartonado. O sistema pode receber a inserção de materiais absorventes acústicos e resistentes ao fogo, em função de sua aplicação (Fig. 2.16). Usualmente, são

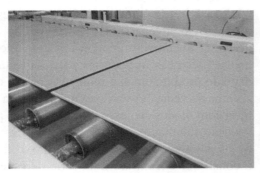
(a) Guilhotina empregada no processo industrial.

(b) Estocagem das placas recém-fabricadas.

FIGURA 2.15 Fabricação das chapas de gesso acartonado. Fotos: cedidas pela Placo – Grupo Saint-Gobain.

(a) Sistema de gesso acartonado.

(b) Sistema de gesso acartonado empregado como divisória.

FIGURA 2.16 Sistema de gesso acartonado. Fotos: cedidas pela Placo – Grupo Saint-Gobain.

empregadas uma ou mais camadas de chapas, cuja superfície recebe acabamento final, como pintura, papel de parede, revestimentos cerâmicos e plásticos (Mitidieri Filho, 1997).

De acordo com Oliveira Junior (2005), a experiência do emprego de gesso acartonado no mercado nacional está caracterizada pela carência de normas técnicas para alguns componentes do sistema e para o sistema como um todo. É comum verificar muitos construtores e instaladores executarem paredes com diferentes procedimentos, até inadequados, envolvendo a montagem ou a interface com instalações hidráulicas, sendo causa potencial de patologias nas edificações e de desempenho aquém do desejado ou projetado.

Constata-se também um esforço de entidades e de produtores na elaboração de normas técnicas e difusão de informações técnicas para os usuários. O IPT foi pioneiro na elaboração de quatro referências técnicas do sistema *drywall*, que apresentam dados de avalição de desempenho desses sistemas construtivos inovadores e diretrizes para sua aplicação e uso. Em agosto de 2007, com a criação do Sistema Nacional de Avaliação Técnica de Produtos Inovadores – Sinat,[7] no âmbito do PBQP-H, a Referência Técnica IPT deu lugar ao Documento de Avaliação Técnica (DATec), que detém escopo geral semelhante, mas redimensionado e ampliado no âmbito de um programa governamental federal. Na estrutura do Sinat, uma instituição técnica avaliadora (ITA) atua na proposição de diretrizes, realização da avaliação técnica e elaboração do DATec. Dentre as atuais nove instituições técnicas, temos o Instituto Falcão Bauer da Qualidade (IFBQ), o Instituto de Tecnologia de Pernambuco (ITEP) e o Instituto de Pesquisas Tecnológicas do Estado de São Paulo (IPT).

O mercado nacional dispõe de um conjunto abrangente de normas técnicas de chapas de gesso acartonado, como a ABNT NBR 14715-1:2021, que define tipos, características geométricas e especifica os valores limites para as características físicas e mecânicas, e a ABNT NBR 14715-2:2021, que estabelece os métodos para determinação das características físicas especificadas das chapas de gesso acartonado quando empregadas na execução de paredes, forros e revestimentos internos. O conjunto de normas técnicas vigentes no país pode ser consultado no *site* da ABNT.[8]

Uma questão atual e relevante no país é o desempenho das paredes de gesso acartonado. Esse sistema tem sido objeto de estudos de desenvolvimento tecnológico e de ações em prol da normatização técnica, e está sendo tratado com avanços significativos com relação ao desempenho quanto à isolação acústica, contra o fogo, esforços mecânicos e peças suspensas.

2.3.9 Outros Produtos em Gesso

O consumo de gesso no Brasil tem um enorme potencial para crescer, especialmente em função da abundância e da qualidade da matéria-prima. É notório que o uso de alguns produtos é determinado por fatores como: proximidade da unidade fabril ao suprimento das matérias-primas, uma vez que o custo do transporte é determinante na composição do preço ao consumidor; tradição local das diferentes regiões do país; qualidade dos produtos ofertados; disponibilidade de informações; facilidade na aplicação; e a divulgação para o mercado.

Nesse cenário, foi aprovada, em dezembro de 2012, a Diretriz Sinat nº 008 – Vedações verticais internas em alvenaria não estrutural de blocos de gesso. O documento contém um conjunto de informações técnicas necessárias para fomentar a qualidade do produto em si e requisitos para o decorrente sistema de vedações verticais em alvenaria não estrutural com blocos de gesso, utilizado como paredes de vedação internas para edificações térreas e de múltiplos pavimentos. Nesse documento, o fabricante e o construtor encontram uma série de especificações técnicas para os tipos de bloco de gesso previstos para as paredes não estruturais internas, isto é, blocos de gesso maciços ou vazados intertravados e unidos entre si com cola de gesso ao longo de todas as arestas. Com base nesta diretriz, concede-se então os DATec aos fabricantes.

Com publicações recentes de normas técnicas para bloco de gesso, o mercado nacional dispõe de parâmetros normalizados que envolvem requisitos (ABNT NBR 16494:2017) e métodos de ensaios de caracterização (ABNT NBR 16495:2016), além de parâmetros de execução, inspeção e controle de alvenaria em bloco de gesso para vedação vertical (ABNT NBR 16494-3:2023).

A industrialização da construção civil, que cresce especialmente nos grandes centros urbanos, requer processos construtivos racionalizados e sustentáveis, ambiental e economicamente. Encontra-se disponível a normatização nacional que traz a parametrização para pasta de gesso destinada a revestimento interno de paredes e tetos, como a norma

---

[7] Disponível em: http://pbqp-h.cidades.gov.br/projetos_sinat.php. Acesso em: 20 Ago. 2024.

[8] Disponível em: https://www.abntcatalogo.com.br/. Acesso em: 20 Ago. 2024.

ABNT NBR 13867:1997, que aborda o material, sua aplicação e o acabamento. Da mesma forma, as placas lisas de gesso para forro apresentam crescente emprego no mercado nacional em virtude da viabilidade para a indústria de construção que busca eficiência, minimização de custos e redução no desperdício na obra. A norma ABNT NBR 12775:2018 estabelece os métodos de ensaio para qualificação desse produto.

Outra aplicação de gesso são as argamassas de gesso, um mercado em expansão e ainda regionalizado, que, em nível internacional, dispõe de normalização consolidada para aplicação direta em alvenarias e que, por vezes, recebem acabamento de argamassa de gesso e cal ou acabamento superficial em pasta de gesso (John; Antunes, 2002). O gesso confere um acabamento fino, homogêneo e liso bastante interessante e apreciado na arquitetura para obras especiais e decorativas.

2.3.10 Gesso – Um Material Reciclável

Um aspecto importante é a viabilidade de reciclagem dos resíduos de gesso gerados na construção civil, conforme a Resolução Conama nº 431/2011, que alterou o artigo 3º da Resolução Conama nº 307/2002, estabelecendo nova classificação para o gesso, ou seja, os resíduos de gesso passam a ser classificados como Classe B, isto é, materiais recicláveis para outras destinações.

De acordo com Póvoas *et al.* (2010), o gesso está sendo utilizado em larga escala como revestimento interno de paredes por ser um material barato e de alto desempenho, mas há uma grande geração de resíduo, o que constitui um problema econômico e ambiental, além de ser grande o desconhecimento de seu comportamento. De acordo com Nita *et al.* (2004), o desperdício maior ocorre na sua aplicação, em função de seu endurecimento muito rápido, estimando-se que o desperdício atinja cerca de 45 % do gesso empregado nesta atividade.

Em levantamento realizado na região de Campinas (SP), observou-se uma variação muito grande nas perdas de gesso quando empregado em revestimento. Os operários das empresas gesseiras tinham perdas que variavam entre 16 e 47 %. Um mesmo operário chegou a apresentar perdas entre 27 e 47 %, quantidades significativas para a mesma operação e indicativo de falta de treinamento e controle de produção; para um segundo operário, as perdas oscilaram entre 16 e 20 %. Embora as perdas fossem elevadas, mantinha-se constante o método de trabalho (Camarini; Pimentel; de Sá, 2011).

As diversas atividades da cadeia produtiva do gesso destinado à construção civil geram resíduos suscetíveis de reciclagem, mas a sua reciclagem ainda é muito baixa, predominando tanto o desperdício na aplicação quanto a geração de resíduos de gesso resultantes da demolição de obras.

Pinheiro (2011) desenvolveu pesquisas de reciclagem de gesso por meio da adoção de um processo simples de reciclagem, composto das etapas de moagem e calcinação do resíduo de gesso de fundição, empregando até cinco ciclos consecutivos de reciclagem. O ciclo é composto por hidratação, moagem e calcinação. Em todos os ciclos foi verificada a viabilidade da reciclagem do resíduo de gesso no estado fresco e, no produto endurecido, pela obtenção de constância ou aumento da dureza superficial, resistência à compressão axial e resistência à tração na flexão. Constatou-se também a necessidade de estudos mais específicos para avançar no conhecimento sobre as propriedades do material reciclado de modo a viabilizar o desempenho necessário para novas aplicações em componentes para a construção civil.

2.3.11 Programa Setorial da Qualidade – Um Benefício para o Consumidor

O setor industrial de gesso dispõe do Programa Setorial da Qualidade dos Componentes para Sistemas Construtivos em Chapas de Gesso para *Drywall*, implementado pela Associação Drywall e mantenedora setorial nacional, com o objetivo de avaliar sistematicamente a conformidade dos componentes envolvidos em um sistema em *drywall*. No Programa, é avaliado o conjunto de componentes do sistema, ou seja, chapa de gesso, montante, guia, canaleta C, suporte nivelador, tirante, fita de papel e massa para tratamento de juntas e parafusos. A Tesis Engenharia é a entidade gestora. Esse Programa visa consolidar no país uma estrutura técnica administrativa que permita a produção e comercialização de todos os componentes, para sistemas em *drywall* com chapas de gesso, com características controladas garantindo, dessa forma, o desempenho satisfatório e a segurança estrutural do sistema instalado, segundo especificações técnicas.

Informações sobre o funcionamento do Programa, bem como os resultados obtidos, estão disponíveis no *site* do Ministério do Desenvolvimento Regional. As informações técnicas são atualizadas periodicamente para contribuir com o consumidor na decisão sobre os materiais a serem adquiridos para a obra, com qualidade comprovada.

2.3.12 Aquisição e Uso do Gesso – Orientações Gerais em Prol da Qualidade

O consumidor atento a algumas orientações básicas poderá desfrutar do potencial do material e, assim, minimizar incompatibilidades com sua aplicação e seu uso, aumentando a durabilidade das obras. Seguem algumas recomendações, a título de orientação ao consumidor:

- o produto ensacado deve ser protegido de umidade, pois o gesso de construção hidrata-se com facilidade, regenerando o di-hidrato, que age como acelerador de pega, ou seja, na aplicação o seu endurecimento será mais rápido, o que dificulta a aplicação e aumenta o desperdício;
- atentar que o gesso de construção não é um ligante que promove elevada resistência mecânica após seu endurecimento, portanto, não é destinado para fins estruturais, como o cimento Portland;
- o controle expedito da qualidade do hemidrato pode ser feito pelo tempo de pega ou pelo teor de água combinada remanescente da gipsita original, se ainda presente no material;
- considerar que o gesso de construção desenvolve resistência mecânica ao contato com o ar, portanto, deve-se ter atenção na eficácia da exposição ao ar. Pode-se considerar que a área de exposição ao ar do artefato de gesso é proporcional ao tempo necessário para o seu endurecimento e consolidação;
- não se deve pulverizar gesso sobre revestimentos de argamassas à base de cimento Portland para "puxar" mais rápido e facilitar o requadramento de portas e janelas. Nesse caso, ocorre formação de etringita (trissulfoaluminato de cálcio), composto químico resultante da reação química do gesso com o cimento e que causará expansão, fissuração e consequente deslocamento da argamassa de revestimento, ainda nos primeiros anos da obra. Por isso, é importante o treinamento da equipe de obra, que deve ser esclarecida que gesso e cimento são ligantes incompatíveis para uso conjunto, diferentemente da cal e cimento, que são ligantes compatíveis entre si;
- em forro de placas moldadas de gesso, manter a total dessolidarização das paredes e a introdução de juntas. Em gesso acartonado, fixar a estrutura de madeira ou metal e manter junta elástica entre as placas, uma vez que as placas finas de gesso são permeáveis ao vapor de água e possuem baixa inércia térmica, causando elevada movimentação higrotérmica de paredes e de forros de gesso que, em geral, é superior à da estrutura do edifício;
- atenção especial deve ser dada ao se definir o ambiente em que um artefato de gesso será utilizado, porque o gesso não é adequado para ambientes muito úmidos ou sujeitos ao contato direto com a água, devendo-se restringir a aplicação de placas moldadas de gesso a ambientes internos ou externos, mas protegidos da ação direta da chuva. Para estes ambientes, há no mercado placas resistentes à umidade (RU), que são destinadas especialmente ao uso em áreas molhadas. Esses artefatos possuem aditivos químicos especiais em sua composição que os tornam mais resistentes aos vapores de água e aos fungos que se desenvolvem em função da presença de umidade;
- o emprego de placas RU em áreas constantemente molhadas, como boxe de chuveiro, exige adequada impermeabilização na base da parede. A depender das condições do local a serem aplicadas, recomenda-se também o emprego de mantas asfálticas, junta elástica na junção da placa RU com o piso na parte inferior e acabamento com pintura cristalizante. Convém sempre atentar às recomendações do fabricante e às normas técnicas de impermeabilização;
- o gesso é um material com elevado potencial de reciclagem, mas exige cuidados especiais do gestor da obra para seu adequado processamento. É importante separar corretamente no canteiro de obra os resíduos de gesso dos resíduos cimentícios de concreto e argamassa, e encaminhar distintamente para aterro ou, preferencialmente, destinar a uma unidade de reciclagem. Somos todos corresponsáveis por otimizar o uso dos materiais e uma sugestiva linha de atuação para orientar a cadeia do gesso, desde a produção até o consumo em seus diversos aspectos; trata-se de implementar a prática dos consagrados 3Rs – Reduzir, Reutilizar e Reciclar o lixo produzido –, de forma a se preservar o nosso planeta, perseguindo a meta de um desenvolvimento econômico e social sustentável e salvaguardar os recursos para as futuras gerações.

BIBLIOGRAFIA COMPLEMENTAR

São indicadas, a seguir, algumas alternativas específicas para o leitor aprofundar a abordagem técnica e científica sobre cal e gesso para a construção civil.

ANAIS DOS SIMPÓSIOS BRASILEIROS DE TECNOLOGIA DAS ARGAMASSAS (SBTA). Disponível em: http://www.gtargamassas.org.br/eventos. Acesso em: 28 jun. 2024.

CINCOTTO, M. A.; QUARCIONI, V. A.; JOHN, V. M. Cal na construção civil. *In*: ISAIA, G. C. (Ed.). *Materiais de construção civil e princípios de ciência e engenharia de materiais*. 3. ed. São Paulo: Ibracon, 2017. v. 1, cap. 22, p. 693-727.

GUIMARÃES, J. E. P. *A cal*: fundamentos e aplicações na engenharia civil. 2. ed., rev. atual. e ampl. São Paulo: Pini, 2002. 341p.

JOHN, V. M.; CINCOTTO, M. A. Gesso de construção civil. *In*: ISAIA, G. C. (Ed.). *Materiais de construção civil e princípios de ciência e engenharia de materiais*. 3. ed. São Paulo: Ibracon, 2017. v. 1, cap. 23. p. 728-760.

PERES, L.; BENACHOUR, M.; SANTOS, V. A. *O gesso*: produção, utilização na construção civil. Recife: Bagaço, 2001.

PORTAL DA CAPES. Disponível em: http://www.periodicos.capes.gov.br/. Acesso em: 28 jun. 2024.

BIBLIOGRAFIA

AGOPYAN, V. A cal na engenharia civil. *In*: Reunião aberta da indústria da cal – Uso da cal na engenharia civil, 5, 1985, São Paulo. *Anais...* São Paulo: USP, 1985. p. 27-36.

ASSOCIAÇÃO BRASILEIRA DE NORMAS TÉCNICAS. *NBR 6453:* Cal virgem para construção civil – Requisitos. Rio de Janeiro: ABNT, 2003a.

ASSOCIAÇÃO BRASILEIRA DE NORMAS TÉCNICAS. *NBR 6471:* Cal virgem e cal hidratada – Retirada e preparação de amostra – Procedimento. Rio de Janeiro: ABNT, 1998.

ASSOCIAÇÃO BRASILEIRA DE NORMAS TÉCNICAS. *NBR 6473:* Cal virgem e cal hidratada – Análise química. Rio de Janeiro: ABNT, 2003. 31 p.

ASSOCIAÇÃO BRASILEIRA DE NORMAS TÉCNICAS. *NBR 7175:* Cal hidratada para argamassas – Requisitos. Rio de Janeiro: ABNT, 2003b.

ASSOCIAÇÃO BRASILEIRA DE NORMAS TÉCNICAS. *NBR 9205:* Cal hidratada para argamassas – Determinação da estabilidade. Rio de Janeiro: ABNT, 2001.

ASSOCIAÇÃO BRASILEIRA DE NORMAS TÉCNICAS. *NBR 9206:* Cal hidratada para argamassas – Determinação da plasticidade. Rio de Janeiro, ABNT: 2016.

ASSOCIAÇÃO BRASILEIRA DE NORMAS TÉCNICAS. *NBR 9207:* Cal hidratada para argamassas – Determinação da capacidade de incorporação de areia no plastômetro de Voss. Rio de Janeiro: ABNT, 2000.

ASSOCIAÇÃO BRASILEIRA DE NORMAS TÉCNICAS. *NBR 9289:* Cal hidratada para argamassas – Determinação da finura. Rio de Janeiro: ABNT, 2000.

ASSOCIAÇÃO BRASILEIRA DE NORMAS TÉCNICAS. *NBR 9290:* Cal hidratada para argamassas – Determinação de retenção de água – Método de ensaio. Rio de Janeiro: ABNT, 1996.

ASSOCIAÇÃO BRASILEIRA DE NORMAS TÉCNICAS. *NBR 12128:* Gesso para construção civil – Determinação das propriedades físicas da pasta de gesso. Rio de Janeiro: ABNT, 2019.

ASSOCIAÇÃO BRASILEIRA DE NORMAS TÉCNICAS. *NBR 12130:* Gesso para construção – Determinação da água livre e de cristalização e teores de óxido de cálcio e anidrido sulfúrico – Rio de Janeiro: ABNT, 2017.

ASSOCIAÇÃO BRASILEIRA DE NORMAS TÉCNICAS. *NBR 12775:* Placas lisas de gesso para forro – Determinação das dimensões e propriedades físicas autoportante – Método de ensaio. Rio de Janeiro: ABNT, 2018.

ASSOCIAÇÃO BRASILEIRA DE NORMAS TÉCNICAS. *NBR 13207:* Gesso para construção civil – Requisitos. Rio de Janeiro: ABNT, 2017.

ASSOCIAÇÃO BRASILEIRA DE NORMAS TÉCNICAS. *NBR 13207-3:* Gesso para construção civil – Parte 3: Determinação das propriedades mecânicas. Rio de Janeiro: ABNT, 2023.

ASSOCIAÇÃO BRASILEIRA DE NORMAS TÉCNICAS. *NBR 13867:* Revestimento interno de paredes e tetos com pastas de gesso – Materiais, preparo, aplicação e acabamento. Rio de Janeiro: ABNT, 1997.

ASSOCIAÇÃO BRASILEIRA DE NORMAS TÉCNICAS. *NBR 14399:* Cal hidratada para argamassas – Determinação da água da pasta de consistência normal. Rio de Janeiro: ABNT, 1999.

ASSOCIAÇÃO BRASILEIRA DE NORMAS TÉCNICAS. *NBR 14715-1:* Chapas de gesso para drywall – Parte 1: Requisitos. Rio de Janeiro: ABNT, 2021.

ASSOCIAÇÃO BRASILEIRA DE NORMAS TÉCNICAS. *NBR 14715-2:* Chapas de gesso para drywall – Parte 2: Métodos de ensaio. Rio de Janeiro: ABNT, 2021.

ASSOCIAÇÃO BRASILEIRA DE NORMAS TÉCNICAS. *NBR 16448:* Cal virgem e fluorita para aciaria – Determinação da granulometria. Rio de Janeiro: ABNT, 2016.

ASSOCIAÇÃO BRASILEIRA DE NORMAS TÉCNICAS. *NBR 16494:* Bloco de gesso para vedação vertical – Requisitos. Rio de Janeiro: ABNT, 2017.

ASSOCIAÇÃO BRASILEIRA DE NORMAS TÉCNICAS. *NBR 16495:* Bloco de gesso para vedação vertical – Método de ensaio. Rio de Janeiro: ABNT, 2016.

ASSOCIAÇÃO BRASILEIRA DE NORMAS TÉCNICAS. *NBR 16494-3:* Bloco de gesso para vedação vertical – Parte 3: Execução, inspeção e controle. Rio de Janeiro: ABNT, 2023.

ASSOCIAÇÃO BRASILEIRA DE NORMAS TÉCNICAS. *NBR NM 159:* Cal para aciaria – Amostragem e preparação de amostras. Rio de Janeiro: ABNT, 2000.

BORRELLI, E. Binders. *In*: *ARC Laboratory Handbook*, v. 4. Rome: ICCROM, 1999. p. 60-71.

BOYNTON, R. S. *Chemistry and technology of lime and limestone*. 2. ed. New York: Wiley, 1980.

BRASIL. MINISTÉRIO DE MINAS E ENERGIA. *Anuário estatístico 2012 – Setor transformação de não metálicos*. 2012. Brasília, DF. Disponível em: http://antigo.mme.gov.br/documents/36108/405154/Anuario_Setor_Transformacao_Nao_Metalicos_2012_base_2011.pdf/658744c3-4f60-7da7-d54d-d2b01b87236e. Acesso em: 28 jun. 2024.

BRASIL. MINISTÉRIO DE MINAS E ENERGIA. *Anuário estatístico 2020 – Setor transformação de não metálicos*. 2019. Brasília, DF. Disponível em: https://www.gov.br/mme/pt-br/assuntos/secretarias/geologia-mineracao-e-transformacao-mineral/publicacoes-1/anuario-estatistico-do-setor-metalurgico-e-do-setor-de-transformacao-de-nao-metalicos/anuario-estatistico-do-setor-de-transformacao-de-nao-metalicos-2020-a-no-base-2019.pdf/view. Acesso em: 28 jun. 2024.

BRASIL. MINISTÉRIO DE MINAS E ENERGIA. *Anuário estatístico 2021 – Setor transformação de não metálicos*. 2020. Brasília, DF. Disponível em: https://www.gov.br/mme/pt-br/assuntos/secretarias/geologia-mineracao-e-transformacao-mineral/publicacoes-1/anuario-estatistico-do-setor-metalurgico-e-do-setor-de-transformacao-de-nao-metalicos/anuario-estatitico-2021-setor-de-transformacao-de-nao-metalicos-ano-base-2020.pdf/view. Acesso em: 28 jun. 2024.

CAMARINI, G.; PIMENTEL, L. L.; DE SÁ, N. H. R. Assessment of the material loss in walls renderings with β-Hemihydrate Paste. *Applied Mechanics and Materials*, v. 71-78, p. 1242-1245, July 2011.

CANUT, M. C. M. *Estudo da viabilidade do uso do resíduo fosfogesso como material de construção*. 154 p. Dissertação (Mestrado) – Programa de Pós-graduação em Construção Civil, UFMG, 2006. Disponível em: http://hdl.handle.net/1843/ISMS-6X6R77. Acesso em: 28 jun. 2024.

CARDOSO, F. A.; PILEGGI, R. G.; JOHN, V. M. Caracterização reológica de argamassas pelo método de *squeeze-flow*. *In*: Simpósio Brasileiro de Tecnologia de Argamassas, 6, 2005. Florianópolis. *Anais...* Florianópolis: UFSC/Antac, 2005. p. 121-143.

CINCOTTO, M. A. Conceitos básicos sobre tecnologia da cal. *In*: Reunião aberta da indústria da cal: uso da cal na engenharia civil, 5, 1985, São Paulo. *Anais...* São Paulo: USP, 1985. p. 15-26.

CINCOTTO, M. A.; AGOPYAN, V.; FLORINDO, M. C. O gesso como material de construção – Composição química, tecnologia de edificações. *In: Tecnologia das Edificações*. São Paulo: Pini, 1988. p. 53-56.

CINCOTTO, M. A.; AGOPYAN, V.; FLORINDO, M. C. O gesso como material de construção – composição química (1ª parte). INSTITUTO DE PESQUISAS TECNOLÓGICAS (IPT). *Tecnologia das Edificações*. São Paulo, 1985a. p. 23-26.

CINCOTTO, M. A.; AGOPYAN, V.; FLORINDO, M. C. O gesso como material de construção – propriedades físicas e químicas (2ª parte). INSTITUTO DE PESQUISAS TECNOLÓGICAS (IPT). *Tecnologia das Edificações*. São Paulo, 1985b. p. 17-20.

CINCOTTO, M. A.; QUARCIONI, V. A.; JOHN, V. M. Cal na construção civil. *In*: ISAIA, G. C. (Ed.). *Materiais de construção civil e princípios de ciência e engenharia de materiais*. 3. ed. São Paulo: Ibracon, 2017. v. 1. cap. 22. p. 693-727.

FERRARI, F. O. S. *Utilização de fosfogesso, resíduos da produção de cal e areia da extração de ouro para produção de materiais de construção*. 84f. Dissertação (Mestrado) – Universidade Federal do Paraná, Curitiba, 2012. Disponível em: https://acervodigital.ufpr.br/handle/1884/31750. Acesso em: 28 jun. 2024.

GUIMARÃES, J. E. P. *A cal*: fundamentos e aplicações na engenharia civil. São Paulo: Pini, 1998.

GUIMARÃES, J. E. P. Dimensões do uso da cal. *In*: Reunião aberta da indústria da cal – Uso da cal na engenharia civil, 5, 1985, São Paulo. *Anais...* São Paulo: USP, 1985. p. 1-14.

HINCAPIÉ, A. M.; CINCOTTO, M. A. Efeito de retardadores de pega no mecanismo de hidratação e na microestrutura do gesso de construção. *Ambiente Construído*, São Paulo, v. 1, 1997, p. 7-17.

JOHN, V. M.; ANTUNES, R. P. N. Argamassas de gesso. *Ambiente Construído*, Porto Alegre, v. 2, n. 1, jan.-mar. 2002, p. 29-38.

JOHN, V. M.; CINCOTTO, M. A. Gesso de construção civil. *In*: ISAIA, G. C. (Ed.). *Materiais de construção civil e princípios de ciência e engenharia de materiais*. 3. ed. São Paulo: Ibracon, 2017. v. 1, cap. 23, p. 728-760.

LUZ, A. B. *et al*. *Gesso* – Mineração São Jorge. Rio de Janeiro: CETEM/MCT, 2002.

MITIDIERI FILHO, C. V. Paredes em chapas de gesso acartonado. *Revista Téchne*, n. 30, p. 65-70, 1997.

NITA, C. *et al*. Estudo da reciclagem do gesso de construção. *In*: CONFERÊNCIA LATINO-AMERICANA DE CONSTRUÇÃO SUSTENTÁVEL, 1; Encontro Nacional de Tecnologia do Ambiente Construído, 10, 2004, São Paulo. *Anais...* São Paulo: Antac, 2004.

OLIVEIRA JUNIOR, B. C. de. *Sistematização da execução de paredes de gesso acartonado*. 288p. Dissertação (Mestrado em Habitação: Planejamento e Tecnologia) – Instituto de Pesquisas Tecnológicas (IPT). São Paulo, 2005.

PINHEIRO, S. M. M. *Gesso reciclado*: Avaliação de propriedades para uso em componentes. 352p. Tese (Doutorado) – Departamento de Arquitetura e Construção, Universidade Estadual de Campinas, Campinas, 2011.

PÓVOAS, Y. V. *et al*. Reaproveitamento do resíduo de gesso na execução de revestimento interno de vedação vertical. *Ambiente Construído*, São Paulo, v. 10, 2010, p. 1-19.

QUARCIONI, V. A. *Influência da cal hidratada nas idades iniciais da hidratação do cimento Portland*: estudo em pasta. 188p. Tese (Doutorado em Engenharia de Construção Civil e Urbana) – Universidade de São Paulo, São Paulo, 2008. Disponível em: http://www.teses.usp.br/teses/disponiveis/3/3146/tde-15092008-153909/pt-br.php. Acesso em: 28 jun. 2024.

QUARCIONI, V. A.; CINCOTTO, M. A. Influência da cal em propriedades mecânicas de argamassas. *In*: SIMPÓSIO BRASILEIRO DE TECNOLOGIA DAS ARGAMASSAS, 6, 2005, Florianópolis. *Anais*... Florianópolis: UFSC/Antac, 2005. p. 233-250.

SABBATINI, F. H. O uso da cal em argamassas de assentamento. *In*: Reunião aberta da indústria da cal – Uso da cal na engenharia civil, 5, 1985, São Paulo. *Anais*... São Paulo: USP, 1985, p. 37-46.

URBANO, J. J. *Estudo numérico do processo de calcinação da gipsita em fornos rotativos com aquecimento indireto a óleo*. 120p. Tese (Doutorado) – Programa de Pós-Graduação em Engenharia Mecânica, UFPE, Recife, 2013. Disponível em: https://repositorio.ufpe.br/handle/123456789/13255. Acesso em: 28 jun. 2024.

3

CIMENTO PORTLAND

Eng.º Hélio Martins de Oliveira •
Prof. Dr. Leonardo Fagundes Rosemback Miranda •
Dra. Silvia Regina Soares da Silva Vieira

3.1 Definição, 51
3.2 Constituintes, 51
3.3 Propriedades Físicas, 51
3.4 Propriedades Químicas, 57
3.5 Classificação, 59
3.6 Fabricação, 59
3.7 Transporte, 62
3.8 Armazenamento, 65
3.9 Cimentos Pozolânicos, 65
3.10 Cimentos Aluminosos, 65
3.11 Índices e Módulos, 65

3.1 DEFINIÇÃO

Cimento Portland é um aglomerante hidráulico artificial, obtido pela moagem de clínquer Portland e a adição de uma ou mais formas de sulfato de cálcio, segundo a ABNT NBR 16697:2018.[1]

O clínquer Portland é composto, em sua maior parte, por silicatos e aluminatos de cálcio hidráulicos, obtidos por queima, até a fusão parcial, de uma mistura homogênea e convenientemente proporcionada, constituída basicamente de calcário e argila.

3.2 CONSTITUINTES

Os constituintes fundamentais do cimento Portland são a cal (CaO), a sílica (SiO_2), a alumina (Al_2O_3), o óxido de ferro (Fe_2O_3), certa proporção de magnésia (MgO) e uma pequena porcentagem de sulfato de cálcio, que é adicionado após a calcinação e durante a moagem do clínquer para retardar o tempo de pega do produto. Ainda como constituintes menores, podem estar presentes óxido de sódio (Na_2O), óxido de potássio (K_2O), óxido de titânio (TiO_2) e outras substâncias de menor importância. Os óxidos de potássio e sódio constituem os álcalis do cimento.

Cal, sílica, alumina e óxido de ferro são os componentes essenciais do cimento Portland e constituem, geralmente, 95 a 96 % do total de óxidos. A magnésia está presente, em geral, na proporção de 2 a 3 %, geralmente limitada pelas especificações a um máximo de 5 %. No Brasil, esse limite é um pouco superior (6,5 %) e só se aplica a cimentos tipo CP I, CP I-S e CP V ARI. Os óxidos menores comparecem em proporção inferior a 1 %, excepcionalmente 2 %.

A mistura de matérias-primas que contenha, em proporções convenientes, os constituintes anteriormente relacionados, finamente pulverizada e homogeneizada, é submetida à queima, até a temperatura em torno de 1450 °C, resultando no clínquer Portland. Nesse processo, ocorrem combinações químicas, principalmente no estado sólido, que conduzem à formação dos seguintes compostos:

- silicato tricálcico ($3CaO \cdot SiO_2 = C_3S$);
- silicato bicálcico ($2CaO \cdot SiO_2 = C_2S$);
- aluminato tricálcico ($3CaO \cdot Al_2O_3 = C_3A$);
- ferro aluminato tetracálcico ($4CaO \cdot Al_2O_3 \cdot Fe_2O_3 = C_4AF$).

---

[1] Nota: a NBR 16697:2018 unificou e substituiu as oito normas: NBR 5732, NBR 5733, NBR 5735, NBR 5736, NBR 5737, NBR 11578, NBR 12989 e NBR 13116.

A quantificação dos teores dos constituintes do clínquer pode ser obtida por análise de difração de raios X ou calculada pelo método de Bogue.

1. $\%C_3S = 4{,}071 \times \%CaO - 7{,}600 \times \%SiO_2 - 6{,}718 \times \%Al_2O_3 - 1{,}430 \times \%Fe_2O_3 - 2{,}850 \times \%SO_3$;

2. $\%C_2S = 2{,}867 \times \%SiO_2 - 0{,}754 \times C_3S$;

3. $\%C_3A = 2{,}650 \times \%Al_2O_3 - 1{,}692 \times \%Fe_2O_3$;

4. $\%C_4AF = 3{,}043 \times \%Fe_2O_3$.

Na Figura 3.1, encontra-se um nomograma apropriado para o cálculo da composição potencial do cimento Portland pelo método de Bogue.

É sabido que os resultados obtidos pelo método de Bogue podem apresentar desvios com relação à composição real do clínquer, mas ele tem sido usado como um instrumento de controle da mistura de matérias-primas no processo de fabricação do cimento e recomendado pela maior parte das normas e especificações.

É importante conhecer as proporções dos compostos constituintes do cimento, já que eles influenciam as propriedades finais do cimento e do concreto.

O silicato tricálcico (C_3S), também chamado alita, é o maior responsável pela resistência em todas as idades, especialmente até o fim do primeiro mês de cura.

O silicato bicálcico (C_2S), ou belita, é responsável pelos ganhos de resistência em idades mais avançadas.

O aluminato tricálcico (C_3A) também contribui para a resistência, especialmente no primeiro dia.

O ferro aluminato de cálcio (C_4AF) não contribui significativamente para a resistência, mas é responsável pela cor cinza do cimento, sendo ausente em cimentos brancos.

O aluminato de cálcio (C_3A) é o principal responsável pelo calor de hidratação, especialmente nas idades iniciais, sendo seguido pelo silicato tricálcico. Os dois outros componentes pouco contribuem para a liberação de calor.

A reação do aluminato de cálcio com água leva à pega instantânea do cimento, que é controlada pela adição de proporção adequada de sulfato de cálcio.

3.3 PROPRIEDADES FÍSICAS

As propriedades físicas do cimento Portland são consideradas sob três aspectos distintos: propriedades do produto em sua condição natural, em pó, da mistura de cimento e água e proporções adequadas de pasta e, finalmente, da mistura da pasta com agregado

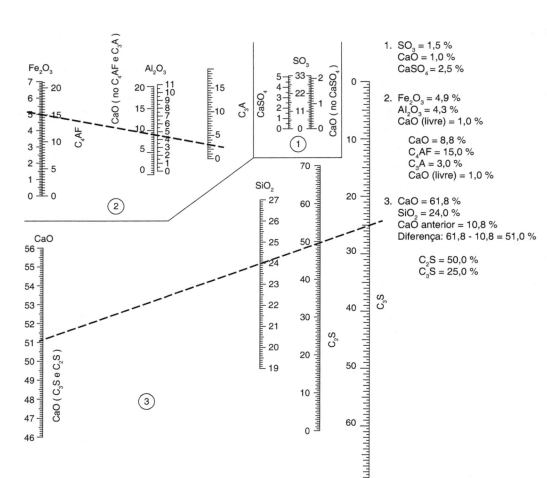

FIGURA 3.1 Nomograma para o método de Bogue.

normalizado (argamassa com areia normal, conforme a ABNT NBR 7214:2015).

As propriedades da pasta e argamassa são relacionadas com o comportamento desse produto quando utilizado, ou seja, as suas propriedades potenciais para a elaboração de concretos e argamassas. Essas propriedades são medidas de acordo com métodos e especificações padronizados, tanto para o controle de aceitação do produto quanto para a avaliação de suas qualidades na aplicação.

3.3.1 Massa Específica

A massa específica é usada nos cálculos de consumo do produto nas misturas, geralmente feitas com base nos volumes específicos dos constituintes. A massa específica do cimento Portland é usualmente considerada como 3,15 g/cm³, podendo variar entre 2,90 e 3,20 g/cm³.

Sendo a massa específica a quantidade de massa contida na unidade de volume, é preciso que se façam duas medições: primeiro, a determinação da massa de cimento por intermédio de uma balança; a seguir, a determinação do volume absoluto relacionado com essa massa, ou seja, o volume ocupado pelos seus grãos, excluindo os vazios entre eles e pequenas bolhas de ar, vesículas etc. existentes em cada uma das partículas.

A determinação da massa específica dos cimentos é regida pela norma ABNT NM 23:2001. Nessa determinação, utiliza-se o frasco de Le Chatelier, no qual o volume de um corpo é determinado por meio do deslocamento de um líquido (xilol, querosene ou nafta, livres de água). O volume de líquido deslocado, lido diretamente na escala do frasco, é o próprio volume do corpo imerso.

Durante a determinação da massa específica dos cimentos, devem ser evitados erros na execução dos ensaios, que podem ser causados por fatores como:

a) falha ou falta de aferição do frasco de Le Chatelier, da escala graduada ou de perpendicularidade entre o eixo da haste graduada e a base da ampola, o que dificulta a leitura por ficar o menisco do líquido inclinado em relação à graduação;

b) falha no controle da temperatura do líquido, no banho termorregulador;

c) falha na preparação da amostra, que deve ser previamente peneirada para a remoção de substâncias estranhas;

d) falha na determinação da massa, por uso de balança com baixa precisão ou não aferida, por erro de taragem ou por perda de massa durante o ensaio;

e) falha na eliminação do ar aprisionado durante a introdução do cimento no frasco;

f) presença de sujeira no frasco;

g) erro de paralaxe nas leituras dos volumes iniciais e finais. Para evitá-lo é necessário que o operador posicione sua linha de visão em um plano perfeitamente perpendicular ao eixo do colo do frasco. Também é importante convencionar que a leitura seja realizada sempre na parte inferior do menisco formado pelo líquido, pois é ponto importante para determinação correta do volume deslocado.

3.3.2 Exsudação

A exsudação é um fenômeno de segregação que ocorre nas pastas de cimento. Os grãos de cimento, sendo mais pesados que a água que os envolve, são forçados, por gravidade, a uma sedimentação, quando possível. Como resultado dessa movimentação dos grãos para baixo há um afloramento do excesso de água, expulso das porções inferiores, e uma heterogeneidade indesejável. Esse fenômeno ocorre, evidentemente, antes do início da pega. A água que se acumula superficialmente é chamada *água de exsudação*. A exsudação é uma forma de segregação que prejudica a uniformidade, a resistência e a durabilidade dos concretos. A finura do cimento influi na redução da exsudação, em virtude da diminuição dos espaços intergranulares, que aumenta a resistência ao percurso ascendente da água, e da maior reatividade do cimento, que fará com que mais água seja consumida e fixada pelas reações de hidratação.

3.3.3 Finura

A finura do cimento é a propriedade relacionada com o tamanho dos seus grãos. O aumento da finura do cimento tende a elevar a resistência, particularmente nas idades iniciais, diminui a exsudação e outros tipos de segregação e aumenta a impermeabilidade e a coesão dos concretos.

A finura do cimento é determinada durante o processo de fabricação para controle de qualidade, como também nos ensaios de recepção do produto.

A determinação da finura do cimento é feita, em geral, de duas maneiras distintas: pelo tamanho máximo do grão, por meio da determinação da massa do material retido na peneira com abertura de malha 75 μm e, alternativamente, pelo valor da área específica (soma das áreas superficiais dos grãos contidos em um grama de cimento).

A determinação da finura do cimento pela determinação da porcentagem de cimento retida na peneira de abertura de malha 75 μm é importante, pois, em termos práticos, partículas de cimento maiores que 75 μm não contribuem significativamente para a resistência aos 28 dias de idade.

A norma ABNT NBR 16697:2018 prescreve limite de retenção na peneira nº 200 (de malha de 75 μm de abertura) para os cimentos Portland vendidos no Brasil.

O procedimento para a determinação do percentual de cimento retido na peneira 75 μm é regido pela ABNT NBR 11579:2013 e pode ser realizado manualmente ou com o uso de um peneirador aerodinâmico. As principais causas de erros neste ensaio são:

a) falta de aferição das telas ou telas com defeitos (furos, rasgos, estufadas);

b) preparação incorreta do cimento;

c) erro na determinação da massa durante a pesagem;

d) perda de massa durante o ensaio.

A superfície específica do cimento, determinada pelo método de Blaine, era um requisito normativo, que foi abolido pela nova norma ABNT NBR 16697, aprovada em 2018. A área específica dos cimentos brasileiros varia normalmente entre 300 e 450 m²/kg.

A determinação da finura pela área específica Blaine é regida pela ABNT NBR NM 76:1998. Nesse processo, mede-se o tempo de percolação de determinado volume de ar a partir dos vazios intergranulares de uma amostra de cimento de características definidas; segundo a NM 76, esse método pode não fornecer resultados significativos para cimentos contendo materiais ultrafinos. Na Figura 3.2, está esquematizado o aparelho de permeabilidade Blaine.

Esse aparelho é composto de uma célula cilíndrica, de metal inoxidável, no fundo da qual repousa um pequeno disco perfurado, que suporta um pequeno disco de papel-filtro. O cimento é introduzido nessa pequena cuba e comprimido por um pistão apropriado. Essa célula é fixada sobre um tubo em U, com cerca de um centímetro de diâmetro, dotado de quatro marcas A, B, C e D. Na parte

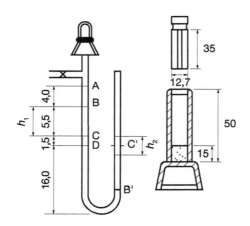

FIGURA 3.2 Aparelho de permeabilidade Blaine.

superior do traço marcado, existe uma derivação dotada de registro e ligada a um aspirador manual de borracha, do tipo seringa. O tubo é cheio até a marca D com um líquido de densidade conhecida, geralmente um álcool. Colocada a amostra, o ar existente é aspirado pela seringa até que o líquido suba até a marca A. O registro é fechado e inicia-se a observação da queda da coluna, que corresponde a uma percolação de ar por meio da amostra contida na cuba superior. Mede-se o tempo correspondente à descida da coluna de D até P. A superfície específica da amostra é, então, determinada pela aplicação da fórmula de Keyes.

A superfície específica determinada por esse ou outros processos conduz a valores de significado relativo, do ponto de vista de previsão para o comportamento do cimento examinado. Isso porque, nesses processos, a distribuição do tamanho dos grãos não é perfeitamente considerada. Cimentos de procedências diferentes, com os mesmos valores de superfície específica, podem mostrar comportamento diverso, tanto quanto à resistência como quanto à exsudação. É preciso destacar também que os diferentes processos de determinação da superfície específica resultam em números diferentes para o mesmo tipo de material ensaiado.

3.3.4 Pasta de Consistência Normal

A viscosidade de uma pasta é função de diversos parâmetros, como a quantidade de água, finura do material, composição mineralógica, tipos e teores de adições etc. A pasta de cimento, com índice de consistência normal, constitui uma mistura padronizada de cimento e água que apresenta propriedade reológica constante, sendo utilizada para a verificação dos tempos de pega. Busca-se, então, com o uso de pasta de consistência normal, igualar a viscosidade das pastas testadas e, dessa forma, permitir que os resultados sejam comparáveis.

Essa consistência normal é verificada no aparelho de Vicat, utilizando-se a chamada sonda de Tetmajer, um corpo cilíndrico, metálico, liso, de 10 mm de diâmetro e terminado em seção reta. A sonda é posta a penetrar verticalmente em pasta fresca por ação de um peso total (incluindo a sonda) de 300 g. Na Figura 3.3 está representado o aparelho de Vicat.

No ensaio de consistência da pasta, a sonda penetra e estaciona a certa distância do fundo do aparelho. Essa distância, medida em milímetros, é denominada índice de consistência. A pasta, preparada para ensaios de tempo de pega, deve ter uma consistência normal de 6 mm, isto é, a sonda de Tetmajer deve estacionar à distância de 6±1 mm do fundo da amostra.

A determinação da água de consistência normal é feita por tentativas. Entretanto, o trabalho pode ser simplificado, considerando que a penetração da sonda varia quase linearmente com a quantidade de água de amassamento, permitindo, assim, o cálculo da quantidade de água que forneça a consistência normal. De qualquer forma, esse valor necessita ser confirmado experimentalmente.

3.3.5 Tempo de Pega

A partir do instante em que a água entra em contato com o cimento ocorrem reações químicas, cuja consequência é um gradativo enrijecimento ou aumento de viscosidade da pasta, que levam à pega do cimento.

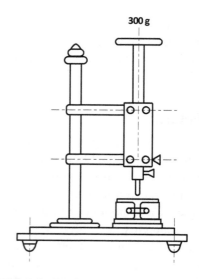

FIGURA 3.3 Esquema do aparelho de Vicat.

A pega é definida como o momento em que a pasta adquire certa consistência que a torna imprópria a um trabalho. Essa conceituação se estende, evidentemente, tanto à argamassa quanto aos concretos.

No processo de hidratação, os grãos de cimento que, inicialmente, se encontram em suspensão vão se aglutinando paulatinamente, conduzindo à construção de um esqueleto sólido, finalmente responsável pela estabilidade da estrutura geral. A partir de certo tempo após a mistura, quando o processo de pega alcança determinado estágio, a pasta não é mais trabalhável e não admite operação de remistura. Tal período constitui o prazo disponível para as operações de manuseio das argamassas e concretos, após o qual esses materiais devem permanecer em repouso, em sua posição definitiva, para permitir o desenvolvimento do endurecimento.

A caracterização da pega dos cimentos é determinada em dois tempos distintos – o tempo de início e o tempo de fim de pega. O início de pega caracteriza o início do aumento brusco da viscosidade e, em geral, não ocorre antes de uma hora após a adição de água. O tempo de fim de pega caracteriza-se pela passagem da pasta do estado plástico para o estado sólido.

O procedimento de determinação dos tempos de pega é definido pela ABNT NBR NM 65:2003. Os ensaios são realizados com pasta de consistência normal e com o aparelho de Vicat. Nesse aparelho, mede-se a resistência à penetração de uma agulha (agulha de Vicat) na pasta de cimento.

Essa amostra de consistência normal é ensaiada no aparelho de Vicat à penetração de uma agulha de corpo cilíndrico circular, com 1 mm² de área de seção e terminando em seção reta. A amostra é ensaiada periodicamente à penetração pela agulha de Vicat, sendo considerado o início da pega o momento em que a agulha de Vicat, descendo sobre a pasta de consistência normal, estacionar a 1 mm da placa de vidro. Deve-se descer a agulha, sem choque e sem velocidade inicial até estacionar (condição que pode ser alcançada sustentando-a levemente com os dedos). A leitura é realizada 30 s após o início da penetração da agulha na pasta. O tempo de início de pega é o intervalo decorrido entre o momento em que a água é misturada ao cimento e o instante em que se constatou o início da pega. Após o início de pega, recomendam-se fazer leituras a intervalos regulares de 10 min. A primeira entre três leituras sucessivas e iguais, superiores a 38,0 mm, indica o fim de pega.

Na obra procede-se, quando necessário – por exemplo, para eliminar a suspensão de um cimento geralmente em processo muito lento de pega – a um ensaio grosseiro, que consiste na moldagem de uma série de pequenas bolas com pastas de consistência semelhante à normal de laboratório, submetendo-as a posteriores esmagamentos com os dedos. Quando o esmagamento deixa de ser plástico, tem-se, aproximadamente, o início da pega, e quando as bolas se esfarinham por ação de esforço muito maior, tem-se o fim da pega.

Esse ensaio é relevante para o controle de qualidade do cimento, por exemplo, para verificar se as adições de gesso estão nos teores preestabelecidos, uma vez que é este que controla o fenômeno de pega no cimento.

A ocorrência da pega do cimento deve ser regulada tendo em vista os tipos de aplicação do material, devendo ocorrer, normalmente, em períodos superiores a uma hora após o início da mistura. Esse prazo permite o manuseio do material, mistura, transporte, lançamento e adensamento. Há casos, entretanto, em que o tempo de pega deve ser diminuído ou aumentado. Nas aplicações em que se deseja uma pega rápida, como nas obturações de vazamentos, são empregados aditivos, conhecidos como *aceleradores* de pega. Esses aditivos são, por exemplo, cloreto de cálcio e silicato de sódio, e serão tratados mais adiante.

Contrariamente, em outros processos tecnológicos, há necessidade de um tempo de pega mais longo, por exemplo, nas operações de injeção de pastas e argamassas e nos lançamentos de concretos sob água, quando então se empregam aditivos denominados *retardadores*. Entre estes, citam-se os açúcares ordinários, a celulose e outros produtos orgânicos. Em alguns cimentos, ocorre, mesmo que raramente, o fenômeno da falsa pega, que tem as características da pega ordinária, mas o período é mais curto. Trata-se de uma anomalia, geralmente atribuída ao comportamento do gesso adicionado ao cimento no processo de manufatura, que pode ser corrigida por destruição do incipiente esqueleto sólido e formação mediante ação enérgica de mistura ou remistura.

Têm sido tentados outros procedimentos para a medida de outras características físicas da mistura que conduzissem a uma melhor caracterização de fenômenos da pega. A medida da evolução do valor do atrito interno da pasta de cimento mostra claramente pontos de estreita correlação com os ensaios de penetração de agulha, confirmando, pelo crescimento rápido desse valor no intervalo entre o tempo de início e o de fim de pega, a ocorrência de uma aglomeração de marcantes características mecânicas no interior da massa durante essa fase do processo de hidratação.

Medições realizadas sobre os valores de velocidade de propagação do som durante o início de hidratação das pastas têm mostrado pontos característicos coincidentes com os tempos de início e fim de pega definidos por penetração de agulha. O mesmo ocorre no exame dos valores de resistência elétrica a correntes de alta frequência, em que as curvas também mostram pontos característicos coincidentes com os tempos de início e fim de pega. Não há dúvida de que, embora artificialmente definido o fenômeno, ele corresponde a uma realidade física caracterizada por pontos importantes no desenvolvimento do processo de endurecimento de aglomerante nos seus primeiros tempos de vida. Na Figura 3.4 é representada a evolução dos valores das velocidades de propagação do som e da resistividade elétrica.

3.3.6 Resistência

A resistência mecânica dos cimentos, no Brasil, é determinada pela ruptura à compressão de corpos de prova moldados com argamassa de cimento e areia normal, com procedimento descrito pormenorizadamente no método da norma ABNT NBR 7215:2019. A forma do corpo de prova, suas dimensões, o traço da argamassa, sua consistência e o tipo de areia empregado são definidos nas especificações correspondentes e constituem características que variam de um país para outro.

Quase todos os países adotam cubos de arestas de 5 a 7 cm, predominando essa última dimensão. No Brasil, empregam-se corpos de prova cilíndricos de 50 mm de diâmetro e 100 mm de altura moldados com argamassa composta de uma parte de cimento, três de areia normatizada, em massa, e com relação água/cimento de 0,48.

Anteriormente, a determinação da consistência da argamassa fazia parte do procedimento para a determinação da resistência à compressão, mas, hoje, na norma ABNT NBR 7215:2019, já está fixada a relação água/cimento de 0,48. A consistência da argamassa é determinada pelo ensaio de abatimento da argamassa normal sobre mesa cadente. Molda-se com a argamassa um corpo de prova em formato de tronco de cone, com diâmetros das bases inferior e superior de 125 e 80 mm, respectivamente, e altura de 65 mm, sobre uma plataforma lisa de um mecanismo capaz de promover quedas de 14 mm de altura. No ensaio são executadas 30 quedas em 30 s (ilustração da mesa de consistência na Fig. 3.5).

A base inferior do cone moldado espalha-se e a medida do diâmetro final é definida como o índice de consistência da argamassa. Diz-se que a consistência é normal quando esse diâmetro alcança 165 mm.

A argamassa é constituída pela mistura de cimento e areia normal nas proporções de 1:3 em massa, para materiais secos. A quantidade de água a ser adicionada será determinada para se obter a consistência normal anteriormente definida. O ensaio requer, portanto, algumas tentativas.

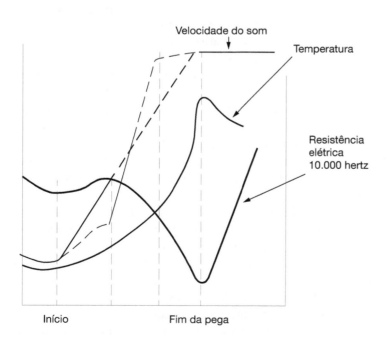

FIGURA 3.4 Velocidade do som, temperatura, resistência elétrica e pega.

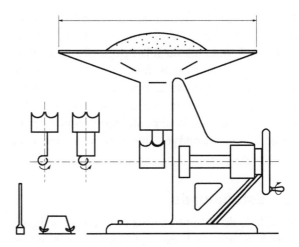

FIGURA 3.5 Mesa cadente para ensaio de consistência.

A areia utilizada nesse ensaio é dita areia normal, definida pela ABNT NBR 7214:2015 como areia natural, proveniente do rio Tietê, em São Paulo, lavada e peneirada com a composição granulométrica indicada na Tabela 3.1.

Os corpos de prova assim executados são conservados em câmara úmida por 24 horas e, a seguir, imersos em água até a data do rompimento. Antes do ensaio, as faces inferior e superior dos corpos de prova devem ser capeadas com mistura de enxofre e quartzo em pó. Essa camada, que não deve ter mais que 2 mm de espessura, serve para distribuir uniformemente a carga de compressão a ser aplicada.

3.4 PROPRIEDADES QUÍMICAS

As propriedades químicas do cimento Portland estão diretamente ligadas ao processo de hidratação. O processo é complexo e envolve uma série de reações de dissolução dos constituintes do cimento e formação de novos compostos hidratados.

Inicialmente, o silicato tricálcico (C_3S) se hidrolisa, isto é, separa-se em silicato bicálcico (C_2S) e hidróxido de cal. Este último precipita como cristal da solução supersaturada de cal. Em seguida, o silicato bicálcico resultante da hidrólise combina-se com a água no processo de hidratação, adquirindo duas moléculas de água e depositando-se, a temperaturas ordinárias, no estado de gel. Os dois últimos constituintes principais do cimento, o aluminato tricálcico e o ferro aluminato de cálcio, se hidratam, resultando, do primeiro, cristais de variado conteúdo de água e, do segundo, uma fase amorfa gelatinosa.

Esse processo é realmente rápido no clínquer simplesmente pulverizado. O aluminato tricálcico presente é, de um modo geral, considerado o responsável pelo início imediato do processo de endurecimento. O produto, nessas condições, é de pega rápida. Como se sabe, o cimento, nessas condições, é material inútil para o construtor, impossibilitando qualquer manuseio pela rapidez da pega. Também é conhecido que a correção se efetua pela adição de sulfato de cálcio ao clínquer antes da operação de moagem final. As investigações demonstraram que a ação do sulfato de cálcio no retardamento do tempo de pega se prende ao fato de ser muito baixa a solubilidade dos aluminatos anidros em soluções supersaturadas em sulfatos. O processo prossegue em marcha relativamente lenta pela absorção do sulfato, mediante a produção de sulfoaluminato de cálcio e outros compostos, que, precipitados, abrem caminho para a solubilização dos aluminatos mais responsáveis pelo início da pega, já então em época conveniente.

TABELA 3.1 Frações granulométricas da areia normal brasileira

Material retido entre as peneiras (mm)	Porcentagem em massa (%)
2,4-1,2	25
1,2-0,6	25
0,6-0,3	25
0,3-0,15	25

O fenômeno de falsa pega ainda não é claramente compreendido. Admite-se, em geral, que as causas mais frequentes da falsa pega são a desidratação do gesso em formas instáveis de sulfato de cálcio, ocorridas durante a operação de moagem, quando a temperatura se eleva acima de 130 °C. Nessas circunstâncias, o cimento produzido contém sulfato de cálcio hidratável, que seria o responsável pela falsa pega.

3.4.1 Estabilidade

A estabilidade do cimento é uma característica ligada à ocorrência eventual de indesejáveis expansões volumétricas posteriores ao endurecimento do concreto e resulta da hidratação de cal e magnésia livre nele presentes. Quando o cimento contém apreciáveis proporções de cal livre (CaO), esse óxido, ao se hidratar posteriormente ao endurecimento, aumenta de volume, causando tensões internas que conduzem à microfissuração, e pode terminar na desagregação mais ou menos completa do material. Fenômeno similar ocorre quando há presença significativa de óxido de magnésio, motivo pelo qual as especificações limitam a proporção da presença desses constituintes no cimento.

Determina-se a estabilidade do cimento por ensaios de expansão em autoclave, nos quais a pasta de cimento é submetida a um processo acelerado de endurecimento em temperatura elevada, de modo a promover eventuais expansões resultantes da hidratação da cal e da magnésia livre. A expansão decorrente da hidratação da cal livre também é medida pelo ensaio de Le Chatelier, descrito em detalhes pela ABNT NBR 7215:2019.

3.4.2 Calor de Hidratação

Durante o processo de endurecimento do cimento, considerável quantidade de calor é liberada pelas reações de hidratação. Esse aumento de temperatura, e consequente variação de volume, pode conduzir ao aparecimento de fissuras de contração ao fim do resfriamento, especialmente em concreto massa. O desenvolvimento de calor varia com a composição do cimento, sobretudo no que concerne às proporções de silicato e aluminato tricálcicos.

O valor do calor de hidratação do cimento Portland ordinário varia entre 85 e 100 cal/g, reduzindo-se a 60 a 80 cal/g nos cimentos de baixo calor de hidratação.

Os valores do calor de hidratação dos constituintes do cimento são os seguintes: C_3S: 120 cal/g; C_2S: 62 cal/g; C_3A: 207 cal/g; C_4AF: 100 cal/g; magnésia: 203 cal/g; e cal: 279 cal/g.

O método mais comum para a determinação do calor de hidratação do cimento é o calor de dissolução. Amostras secas de cimento em pó e de cimento parcialmente hidratado e subsequentemente pulverizado são dissolvidas em mistura de ácidos nítrico e clorídrico em uma garrafa térmica. A elevação de temperatura devidamente corrigida pela eliminação dos fatores estranhos ao fenômeno determina as medidas do calor de dissolução das amostras. Por diferença, o calor de hidratação do cimento é calculado.

O interesse do conhecimento do valor do calor de hidratação do cimento reside na possibilidade do estudo da evolução térmica durante o endurecimento do concreto em obras volumosas. Basicamente, trata-se de multiplicar o calor de hidratação do cimento pelo peso do cimento contido no metro cúbico de concreto e, então, dividir o resultado pelo calor específico do concreto. Evidentemente, esse cálculo aproximado não se desenvolve com essa simplicidade esquemática, devendo ser considerados vários outros fatores que intervêm na evolução do fenômeno, como a velocidade de reação, o coeficiente de condutibilidade térmica do concreto, a variação do calor específico do concreto com a temperatura etc. Este assunto será desenvolvido no capítulo referente ao endurecimento do concreto.

3.4.3 Resistência aos Agentes Agressivos

Concretos em contato com a água e com o solo podem sofrer ataques agressivos. As águas, como os solos, podem conter substâncias químicas suscetíveis a reações com certos constituintes do cimento presentes nos concretos. Nesses últimos, o cimento constitui o elemento mais suscetível ao eventual ataque. Os silicatos de cálcio hidratados, os aluminatos de cálcio hidratados e a cal hidratada, presentes no cimento, são os elementos submetidos a ataque químico.

As águas puras atacam o cimento hidratado por dissolução da cal existente. Essa dissolução alcança cerca de 1,3 grama por litro nas temperaturas correntes. Águas puras renovadas acabam lavando toda a cal existente no cimento hidratado, após o que começam, com menor intensidade, a dissolver os próprios silicatos e aluminatos.

As águas ácidas – por exemplo, a água de chuva, com certa proporção de gás carbônico dissolvido – agem sobre a cal do cimento hidratado segundo processo que varia em função da concentração do anidrido carbônico. Se a concentração é baixa, o sal formado é o carbonato de cálcio, pouco solúvel, que obstrui os poros, constituindo proteção a ataques posteriores. Se a concentração é relativamente alta, o carbonato formado é dissolvido como bicarbonato, prosseguindo o ataque até a completa exaustão da cal presente. Os sais de cálcio são atacados em seguida.

As águas podem ser igualmente agressivas quando contêm outros ácidos, como acontece com os resíduos industriais e águas provenientes de charcos contendo ácidos orgânicos. Tanto em um caso como no outro, há exaustão da cal, e um ataque posterior dos sais constituintes do cimento hidratado deixa no concreto um esqueleto sem coesão e inteiramente prejudicado nas suas características mecânicas e outras. Para estimar a resistência química de um cimento à água pura e ácida, é útil conhecer seu índice de Vicat, isto é, a relação sílica mais alumina dividida por cal. Se for inferior a um, tem-se o cimento rico em cal, como o Portland puro, portanto, um cimento facilmente atacável. Se, ao contrário, o índice for superior a um, cimento aluminoso, cimento com escória de alto-forno, cimento pozolânico, trata-se de material pobre em cal e capaz de resistir à agressividade da água dissolvente.

A água sulfatada ataca o cimento hidratado por reação do sulfato com aluminato, produzindo um sulfoaluminato com grande aumento de volume. Essa expansão interna é responsável pela fissuração, que, por sua vez, facilita o ataque, conduzindo o processo à completa deterioração do material. Águas paradas, contendo mais de meio grama de sulfato de cálcio/litro, e águas correntes com mais de 0,3 g podem, em geral, ser consideradas perigosas.

A água do mar contém inúmeros sais em solução, entre os quais o sulfato de cálcio, o sulfato de magnésio e o cloreto de sódio. A presença deste último concorre para aumentar a solubilidade da cal. O pequeno conteúdo de ácido carbônico contribui ligeiramente como medida de proteção, pela formação de carbonato insolúvel. Já os sulfatos, principalmente o de cálcio, agem da maneira já descrita, resultando no final em ataque progressivo dos cimentos ricos em cal pelas águas do mar.

3.4.4 Reação Álcali-Agregado

Identifica-se como reação álcali-agregado a formação de produtos gelatinosos acompanhada de grande expansão de volume pela combinação dos álcalis do cimento com a sílica ativa, eventualmente presente nos agregados. Tal assunto será examinado no Capítulo 4 – Agregados.

3.5 CLASSIFICAÇÃO

No Brasil, são produzidos vários tipos de cimento normalizados. Na Tabela 3.2 estão relacionados os principais tipos de cimentos brasileiros. Na Tabela 3.3 são apresentadas as características mais relevantes dos cimentos normatizados brasileiros.

Na Tabela 3.4 consta um resumo da influência do tipo de cimento nas propriedades de pastas, argamassas e concretos.

3.6 FABRICAÇÃO

O cimento Portland é atualmente produzido em instalações industriais de grande porte. Trata-se de um produto de preço relativamente baixo, que não comporta fretes a grandes distâncias. As matérias-primas utilizadas na fabricação do cimento Portland são, em essência, misturas de materiais calcários e argilosos em proporções adequadas que resultem em composições químicas apropriadas para a produção do clínquer.

A fabricação do cimento Portland envolve a:

1) extração da matéria-prima;
2) britagem;
3) moagem e mistura;
4) queima;
5) moagem do clínquer junto com o sulfato de cálcio e eventuais adições;
6) expedição.

A extração da matéria-prima se faz pela mineração de pedreiras, por escavação ou por dragagens, quando é o caso. A técnica de exploração de pedreiras será desenvolvida mais adiante, quando se tratar da produção de agregados.

A matéria-prima, quando rochosa, é submetida à britagem, com o propósito de reduzir o material à condição de grãos de tamanho conveniente, operação também comum no processo de exploração de pedreiras para a produção de agregados.

60 Capítulo 3

TABELA 3.2 Limites de composição do cimento Portland (porcentagem de massa)

Designação normalizada		Sigla	Classe de resistência	Sufixo	Clínquer + sulfatos de cálcio	Escória granulada de alto-forno	Material pozolânico	Material carbonático
Cimento Portland comum		CP I	25, 32 ou 40	RS ou BC	95-100	0-5		
		CP I-S			90-94	0	0	6-10
Cimento Portland composto com escória granulada de alto-forno		CP II-E			51-94	6-34	0	0-15
Cimento Portland composto com material pozolânico		CP II-Z			71-94	0	6-14	0-15
Cimento Portland composto com material carbonático		CP II-F			75-89	0	0	11-25
Cimento Portland de alto-forno		CP III			25-65	35-75	0	0-10
Cimento Portland pozolânico		CP IV			45-85	0	15-50	0-10
Cimento Portland de alta resistência inicial		CP V[a]	ARI		90-100	0	0	0-10
Cimento Portland branco	Estrutural	CPB	25, 32 ou 40		75-100	–	–	0-25
	Não estrutural		–		50-74	–	–	26-50

[a]No caso de cimento Portland de alta resistência inicial resistente a sulfatos (CP-V-ARI RS), podem ser adicionadas escórias granuladas de alto-forno ou materiais pozolânicos.

Os materiais argilosos e calcários são proporcionados e conduzidos aos moinhos e silos, nos quais se reduzem a grãos de pequeno tamanho em mistura homogênea.

Utilizam-se, para esse fim, moinhos, usualmente de bolas, associados em série e conjugados a separadores ou ciclones.

Essa mistura é conduzida por via pneumática para os silos de homogeneização, nos quais a composição básica da mistura é quimicamente controlada e, eventualmente, realizadas as correções.

A mistura homogênea é armazenada em silos apropriados, onde aguarda o momento de ser conduzida ao forno para a queima.

O forno, como utilizado atualmente, é constituído por um longo tubo de chapa de aço, revestido internamente de alvenaria refratária, girando lentamente em torno de seu eixo, levemente inclinado, tendo na extremidade mais baixa um maçarico em que se processa a queima de combustível e recebendo pela sua boca superior o material cru, ou seja, a mistura de calcário e argila.

A queima da mistura crua se dá em temperatura da ordem de 1450 °C, necessária para as transformações químicas que conduzem à formação dos compostos reativos do clínquer. De modo a manter essa reatividade, o clínquer precisa ser rapidamente resfriado. A queima do clínquer demora cerca de três horas e meia a quatro horas.

O clínquer resfriado é conduzido a depósitos apropriados, onde aguarda o processamento da moagem.

A operação de moagem do clínquer é realizada em moinhos de bola ou verticais. Sendo o clínquer um material extremamente duro, a moagem é uma operação dispendiosa, em que se consomem quantidades significativas de energia elétrica.

O clínquer entra no moinho já misturado com a parcela de sulfato de cálcio utilizado para controle do tempo de pega do cimento. Para facilitar a operação de moagem, é comum o uso de aditivos de moagem.

Após a moagem, o cimento propriamente dito é direcionado para os silos de estocagem.

TABELA 3.3 Características especificadas pela ABNT para cimentos brasileiros

Propriedades \ Tipos	CP comum			CP de alta resistência inicial	CP composto			CP de alto-forno			CP pozolânico	
	25	32	40		25	32	40	25	32	40	25	32
MgO máx. (%)	6,5	6,5	6,5	6,5	6,5	6,5	6,5	—	—	—	6,5	6,5
SO_3 máx. (%)	4,0	4,0	4,0	3,5 se %C3A ≤8, senão 4,5	4,0	4,0	4,0	4,0	4,0	4,0	4,0	4,0
CO_2 máx. (%)	1,0	1,0	1,0	3,0	5,0	5,0	5,0	3,0	3,0	3,0	3,0	3,0
Resíduo insolúvel (RI) máx. (%)	1,0	1,0	1,0	1,0	CPII-E e CPII-F: 2,5; CPII-Z: 16,0			1,5	1,5	1,5	—	—
Perda ao fogo máx. (%)	2,0	2,0	2,0	4,5	6,5	6,5	6,5	4,5	4,5	4,5	4,5	4,5
Finura — Resíduo na peneira 0,075 máx. (%)	12,0	12,0	10,0	6,0	12,0	12,0	10,0	8,0	8,0	8,0	8,0	8,0
Finura — m^2/kg	≥240	≥260	≥280	300	≥240	≥260	≥280	—	—	—	—	—
Tempo mínimo de início de pega, Vicat (h)	1	1	1	1	1	1	1	1	1	1	1	1
Expansibilidade a quente máx. (mm)	5	5	5	5	5	5	5	5	5	5	5	5
Resist. à compressão mín. (MPa) — 01 dia	—	—	—	14	—	—	—	—	—	—	—	—
Resist. à compressão mín. (MPa) — 03 dias	8	10	15	24	8	10	15	8	10	12	8	10
Resist. à compressão mín. (MPa) — 07 dias	15	20	25	34	15	20	25	15	20	23	15	20
Resist. à compressão mín. (MPa) — 28 dias	25	32	40	—	25	32	40	25	32	40	25	32
Norma Brasileira	ABNT NBR 5732:1991			ABNT NBR 5733:1991	ABNT NBR 11578:1991			ABNT NBR 5735:1991			ABNT NBR 5736: 1991	

TABELA 3.4 Influência do tipo de cimento nas propriedades de pastas, argamassas e concretos

Influência	Comum e composto	Alto-forno	Pozolânico	Alta resistência inicial	Resistente aos sulfatos	Branco estrutural
Resistência à compressão	Padrão	Menor nos primeiros dias e maior no final da cura	Menor nos primeiros dias e maior no final da cura	Muito maior nos primeiros dias	Padrão	Padrão
Calor gerado na reação do cimento com a água	Padrão	Menor	Menor	Maior	Padrão	Maior
Impermeabilidade	Padrão	Maior	Maior	Padrão	Padrão	Padrão
Resistência aos agentes agressivos (água do mar e esgotos)	Padrão	Maior	Maior	Menor	Maior	Menor
Durabilidade	Padrão	Maior	Maior	Padrão	Maior	Padrão

O produto acabado é, então, ensacado automaticamente em sacos de papel apropriado ou simplesmente encaminhado a granel para os veículos de transporte.

A indústria de cimento é de grande porte e, entre as indústrias químicas, não encontra nem de longe algum paralelo. O material movimentado se mede por milhares de toneladas por dia e o tamanho das peças de equipamento se mede pela potência dos motores utilizados, milhares de hp. Na Figura 3.6 está esquematizada a fabricação do cimento.

3.7 TRANSPORTE

A maior parte do cimento consumido em obras é ensacada e transportada por via ferroviária ou rodoviária. Tal operação envolve perda por sacos rasgados, que alcança até 2 %. Sendo o cimento um material de grande densidade e de baixo preço, o custo de frete é significativo. Resulta daí a necessidade de processar o transporte com utilização plena dos veículos, operando-se com partidas que ocupem a carga total de um vagão ou de um caminhão, conforme o caso. O transporte de parcelas menores que a capacidade do veículo onera desnecessariamente o custo do produto.

Como o preço do saco de papel contribui de maneira apreciável na formação do custo do cimento, procede-se, sempre que possível, ao seu transporte a granel (ilustração na Fig. 3.7). Há diversos sistemas apropriados para o transporte de cimento a granel, realizado sempre em reservatórios metálicos estanques, quer sobre gôndola ferroviária, quer sobre chassis de caminhões. Diferenciam-se, porém, os processos de carga e descarga do material, utilizando-se sistema pneumático, de escorregamento e parafuso sem fim.

No sistema pneumático, o cimento é arrastado dentro de um tubo por forte corrente de ar. A sucção é processada no fundo do reservatório ou silo por dispositivo de arraste, constituído por uma simples trompa de ar, conforme se observa na Figura 3.8.

A alimentação da trompa de sucção se dá por gravidade, deslocando-se o cimento para a parte inferior do reservatório. Essa movimentação do material é facilitada por um processo curioso de fluidificação, obtida pela introdução de ar a baixa pressão nos vazios entre os grãos de cimento. O ar é introduzido por janelas porosas localizadas em posição apropriada, conforme se vê na Figura 3.8.

Quando se força a passagem de ar por percolação do volume de um material granuloso como o cimento, observa-se uma queda imediata no ângulo de atrito interno do material. No caso do cimento, o material em repouso tem um ângulo de atrito interno de cerca de 45°, oferecendo, então, urna resistência apreciável à sua movimentação. Com a introdução de ar nas condições descritas, esse ângulo baixa a um valor inferior a 5°, quando, então, o material se comporta quase como um líquido. Esse fenômeno, comum a todos os materiais pulverulentos, é muito usado na movimentação do cimento e se explica pela

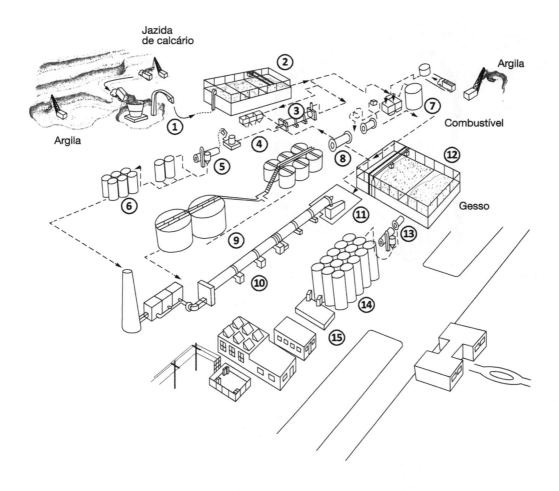

VIA SECA
1. Britagem
2. Estocagem de matéria-prima
3. Secagem da argila
4. Mistura e proporcionamento
5. Moedura
6. Silos do cru

VIA ÚMIDA
7. Estocagem de lama
8. Moedura
9. Silos do cru

AMBOS OS SISTEMAS
10. Queima no forno
11. Resfriamento do clínquer
12. Estocagem do clínquer
13. Moedura
14. Silos de cimento
15. Expedição

FIGURA 3.6 Esquema da fabricação de cimento.

lubrificação conferida pelas bolhas de ar forçado nos vazios intergranulares.

O material succionado na trompa é arrastado dentro do tubo de maneira muito cômoda, pois o caminho não é limitado por elevações e curvas. O processo se aplica convenientemente bem na movimentação do material dentro das fábricas, cobrindo percursos que alcançam mais de 300 metros e vencendo diferenças de altura da ordem de 30 a 40 metros. Usado na descarga de caminhões e vagões de transporte de cimento a granel, proporciona uma operação muito rápida. Um caminhão com 9 t pode ser descarregado em nove minutos.

No processo de escorregamento, a descarga do veículo se faz por gravidade ao longo de uma calha interna, que corre pelo fundo do reservatório, nesse caso um longo tanque, semelhante aos tanques de transporte de combustível (Fig. 3.8). Essas calhas,

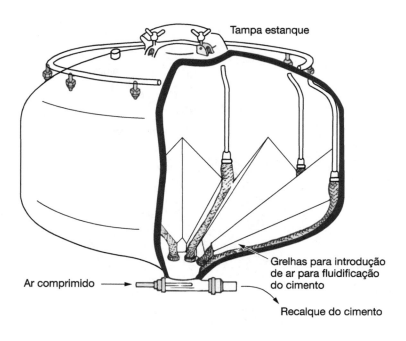

FIGURA 3.7 Vaso para o transporte de cimento a granel.

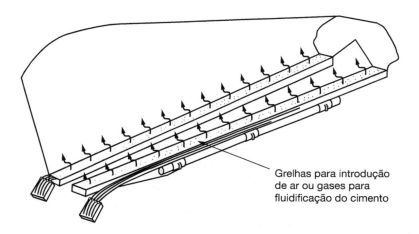

FIGURA 3.8 Tanque para o transporte de cimento a granel com descarga por escorregamento.

embora de pequena inclinação, são constituídas de um material poroso, geralmente um tecido, por meio do qual o ar é forçado. Em virtude da fluidificação conferida ao cimento, ele escorrega com facilidade pelas calhas, esvaziando-se o reservatório em pouco tempo. Nesse processo, ocorre uma descarga de duas toneladas por minuto.

No sistema de parafuso sem fim, mais antigo, a descarga do veículo é levada a efeito pela ação de uma hélice longa, alojada na calha inferior que constitui o tubo do reservatório. A capacidade de descarga é menor e alcança cerca de 0,7 t/minuto.

Esses sistemas de transporte a granel são econômicos e se impõem no caso de grande consumo. No Brasil, esse gênero de transporte está sendo desenvolvido atualmente como consequência da fabricação local desse tipo de equipamento.

A quantidade mínima de consumo de cimento que permite a instalação de uma frota para o transporte a granel é da ordem de 200 t por mês, ou seja, 10.000 sacos de cimento por mês. O problema econômico é resolvido mediante uma análise dos custos de investimento e operação do equipamento de transporte em face da economia resultante da eliminação dos sacos de papel.

3.8 ARMAZENAMENTO

O cimento exige algum cuidado no seu armazenamento no canteiro de serviço. É necessário evitar qualquer risco de hidratação. Os sacos de papel não garantem a impermeabilização necessária, razão pela qual não se deve armazenar cimento por muito tempo. Os barracões para armazenamento de cimento devem ser bem cobertos e bem fechados lateralmente, e o assoalho instalado bem acima do nível do solo.

Para armazenagem por curto espaço de tempo, podem-se cobrir as pilhas de sacos de cimento com lona, sendo elas colocadas sobre estrados de madeira convenientemente elevados do solo. Não se recomenda o armazenamento de cimento por mais de três meses.

Quando se inicia a hidratação, o que se reconhece pela existência de nódulos que não se desmancham com a pressão dos dedos, o cimento pode perder parte de sua reatividade. Pode ser usado, após peneiramento, somente em serviços secundários, como argamassas, pavimentos secundários etc.

3.9 CIMENTOS POZOLÂNICOS

Pozolanas são substâncias siliciosas e aluminosas que, embora não tendo qualidades aglomerantes próprias, reagem com a cal hidratada na presença de água, nas temperaturas ordinárias, resultando na formação de compostos cimentícios. Esses materiais podem ocorrer naturalmente ou ser produzidos em instalações industriais adequadas, sendo os primeiros encontrados como cinzas vulcânicas e os segundos como cinzas volantes e algumas escórias e argilas calcinadas.

É possível que os antigos tenham descoberto seu uso por acidente, na operação de calcinação de calcários nas regiões vulcânicas, pela observação da melhoria introduzida no comportamento das argamassas que continham essa impureza. Depósitos de pozolanas naturais encontram-se próximos da cidade de Pozzuoli, perto do Vesúvio, na Itália. Estão, hoje, os restos de obras romanas, aquedutos em concretos pozolânicos, a testemunhar a excelente durabilidade do material feito com esse constituinte.

O uso conveniente das pozolanas nos concretos de cimento Portland melhora muitas das qualidades desse material: diminui o calor de hidratação, aumenta a impermeabilidade, assim como a resistência aos ataques por águas sulfatadas, águas puras e águas do mar, diminui os riscos de reação álcali-agregado, a eflorescência por percolação de água e, finalmente, os custos.

De modo geral, cerca de 20 a 40 % do cimento utilizado nos concretos podem ser substituídos por pozolana, sem diminuição da resistência mecânica final e com diversas melhorias nas qualidades do produto.

3.10 CIMENTOS ALUMINOSOS

O cimento aluminoso resulta da calcinação de uma mistura de bauxita e calcário. Esse cimento foi inventado em 1913, na França, como resultado da busca de um cimento mais resistente aos ataques químicos.

Verificou-se que ele atingia resistências espetaculares em pouco tempo, 31,5 MPa em 2 dias, 35,5 em 7 dias, 40 em 28 dias. É um cimento de pega lenta, iniciando-se duas horas após a mistura. É um cimento refratário de primeira qualidade, podendo resistir a temperaturas superiores a 1200 °C e, em misturas com agregados convenientemente escolhidos, até acima de 1400 °C.

O cimento aluminoso é empregado principalmente como cimento refratário. Não se fabrica esse produto no Brasil.

3.11 ÍNDICES E MÓDULOS

Na literatura consagrada ao estudo dos aglomerados hidráulicos, e particularmente dos cimentos, é frequente o encontro de limites estabelecidos para as proporções dos diferentes constituintes, no propósito de relacionar tais valores com as características do produto. Entre elas, encontra-se o índice de hidraulicidade de Vicat, que é a relação entre as somas das porcentagens de materiais argilosos e a porcentagem de cal:

$$I = \frac{\%SiO_2 + \%Al_2O_2}{\%CaO} \qquad (3.1)$$

Vicat afirmava que as propriedades hidráulicas dos aglomerantes estavam relacionadas com o valor desses índices, figurando o cimento artificial de pega lenta com um índice compreendido entre 0,5 e 0,65.

Le Chatelier estabeleceu para proporção máxima do óxido de cálcio nos constituintes do cimento a seguinte relação:

$$\%CaO \text{ máx.} = 2,8 \%, \ SiO_2 + 1,64 \%, \ Al_2O_3 \quad (3.2)$$

Com isso, pretendia limitar a presença de cal livre no produto acabado, elemento responsável pela expansão indesejável nos concretos.

O módulo hidráulico de Michaelis é uma relação semelhante ao índice de hidraulicidade de Vicat:

$$M = \frac{\%CaO}{\%SiO_2 + \%Al_2O_2 + \%Fe_2O_2} \qquad (3.3)$$

TABELA 3.5 Aglomerantes e inverso do módulo de Michaelis

Nome			Matéria-prima	$\dfrac{SiO_2 + Al_2O_3 + Fe_2O_3}{CaO}$
Cal aérea			Calcário pouco argiloso	0,1
Cal hidráulica			Calcário argiloso	0,10-0,50
Cimento	Natural	Pega lenta		0,50-0,65
Cimento	Natural	Pega rápida		0,60-0,80
Cimento	Artificial	Pega lenta	Mistura calcário-argila	0,45-0,50
Cimento	Artificial	Pega rápida		0,60-0,80

O objetivo desse módulo é também semelhante ao índice de Vicat, isto é, limitar a proporção dos constituintes de acordo com as qualidades finais do aglomerante.

Muitas outras relações, índices, módulos etc. encontram-se, como já foi mencionado, na literatura especializada, representando sempre esforços de simplificação do problema geral de dosagem dos constituintes na fabricação dos cimentos. Na Tabela 3.5 estão relacionados alguns aglomerantes com o inverso do módulo de Michaelis.

BIBLIOGRAFIA

ANNALES DE L'INSTITUT TECHNIQUE DU BÁTIMENT ET DES TRAVAUX PUBLICS. Paris, France, 1995.

ASSOCIAÇÃO BRASILEIRA DE CIMENTO PORTLAND. *MT-3*: Manual de ensaios físicos de cimento. São Paulo: ABCP, 2000.

ASSOCIAÇÃO BRASILEIRA DE NORMAS TÉCNICAS. *NBR 5753:* Cimento Portland – Ensaio de pozolanicidade para cimento Portland pozolânico. Rio de Janeiro: ABNT, 2016.

ASSOCIAÇÃO BRASILEIRA DE NORMAS TÉCNICAS. *NBR 7214:* Areia normal para ensaio de cimento – Especificação. Rio de Janeiro: ABNT, 2015.

ASSOCIAÇÃO BRASILEIRA DE NORMAS TÉCNICAS. *NBR 7215:* Cimento Portland – Determinação da resistência à compressão. Rio de Janeiro: ABNT, 2019.

ASSOCIAÇÃO BRASILEIRA DE NORMAS TÉCNICAS. *NBR 11172:* Aglomerantes de origem mineral – Terminologia. Rio de Janeiro: ABNT, 1990.

ASSOCIAÇÃO BRASILEIRA DE NORMAS TÉCNICAS. *NBR 16697*: Cimento Portland – Requisitos. Rio de Janeiro: ABNT, 2018.

ASSOCIAÇÃO BRASILEIRA DE NORMAS TÉCNICAS. *NM 23:* Cimento Portland e outros materiais em pó – Determinação da massa específica. Rio de Janeiro: ABNT, 2001.

ASSOCIAÇÃO BRASILEIRA DE NORMAS TÉCNICAS. *NM 76:* Cimento Portland – Determinação da finura pelo método de permeabilidade ao ar (Método de Blaine). Rio de Janeiro: ABNT, 1998.

ASSOCIAÇÃO BRASILEIRA DE NORMAS TÉCNICAS. *NBR NM 65:* Cimento Portland – Determinação do tempo de pega. Rio de Janeiro: ABNT, 2003.

BAUER, E. E. *Plain concrete*. New York: McGraw-Hill, 1956.

BLANKS, R. F.; KENNEDY, H. L. *The technology of cement and concrete*. New York: John Wiley & Sons, 1955.

CALLEJA, C. J. *Conglomerantes hidráulicos*: fisicoquímica y tecnología. Monografia n. 214. Madrid: IETCC, 1961.

CALLEJA, C. J. *Ciclo de palestras*. São Paulo: FDTE/EP USP/IPT, 1979.

DUDA, W. H. *Manual tecnológico del cemento*. ETA, 1977.

INSTITUTO BRASILEIRO DO CONCRETO. *Concreto*: ciência e tecnologia. São Paulo: Ibracon, 2011.

LABLAU, O. *Prontuário del cemento*. Badalona, Espanha: Editores Técnicos Associados, 1970.

MEHTA, P. K.; MONTEIRO, P. J. M. *Concreto*: microestrutura, propriedades e materiais. São Paulo: Pini, 2006.

PETRUCCI, E. G. R. *Concreto de cimento Portland*. São Paulo: Globo, 1978.

VENUAT, M. *Ciments et bétons*. Presses Universitaires de France, 1973.

VENUAT, M.; PAPADAKIS, M. *Control y ensayos de cementos, morteros y hormigones*. Bilbao, Espanha: Urmo, 1964.

4

AGREGADOS

Prof. Dr. Sérgio Cirelli Angulo

4.1 Contextualização, 68
4.2 Produção, Tipos de Agregados e Usos, 69
4.3 Manuseio e Amostragem, 74
4.4 Caracterização, 76
4.5 Efeito dos Agregados nos Materiais Cimentícios, 89
4.6 Considerações Finais, 91

4.1 CONTEXTUALIZAÇÃO

Agregados são matérias-primas minerais de grande importância para a sociedade. São materiais granulares, com faixas de tamanho estabelecidas (agregados graúdos, de 4,75 a 75 mm; agregados miúdos, de 0,075 a 4,75 mm, ABNT NBR 9935:2024), utilizados na pavimentação, em lastros de ferrovias, obras geotécnicas, concretos, argamassas e em construções em geral.

Como os principais mercados consumidores no Brasil estão próximos a jazidas de rochas ígneas (granitos e basaltos), essas matérias-primas são as mais empregadas para a obtenção dos agregados graúdos (dimensão maior que 4,8 mm). Rochas metamórficas, como calcários, são também utilizadas, dependendo da região, assim como rochas sedimentares, como arenitos, que possuem mercados específicos. Com relação aos agregados miúdos, a areia de quartzo é a mais utilizada, obtida por dragagem de leitos de rio; em regiões metropolitanas, em razão da elevada demanda, são também extraídas areias de cavas secas (desmonte de barrancos).

Existem também outros tipos de agregados utilizados para fins específicos, como agregados leves, obtidos industrialmente por calcinação de argilas em temperatura de aproximadamente 1200 °C, para reduzir o peso de certas peças de concreto armado, ou pesados, usados como barreira de radiação em hospitais.

O consumo de agregados *per capita* tem relação com o PIB *per capita* da população. Nações mais ricas consomem mais agregados. Em 2012, alguns países europeus e os Estados Unidos chegaram a consumir de 6 a 10 t/hab. por ano (La Serna; Resende, 2012; Krausmann *et al.*, 2018). No Brasil, o consumo nos estados mais industrializados ou grandes regiões metropolitanas chegou a cerca de 4 t/hab. por ano, próximo à média global de extração de agregados (Miatto *et al.*, 2017). É certamente o material mais consumido pelo setor de construção e representa grande parte do estoque de materiais nos edifícios e infraestrutura das cidades (Hashimoto *et al.*, 2007; Tanikawa; Hashimoto, 2009). Em cada metro quadrado de habitação popular, estima-se um consumo de 1,36 tonelada de agregados; ou a cada quilômetro de estrada pavimentada, há 9800 toneladas de agregados (Ibram, 2011). Em 2021, a demanda por agregado no Brasil chegou a 660 milhões de toneladas (Fig. 4.1). Agregados miúdos (< 4,8 mm) representaram cerca de 385 milhões (58 % do total), enquanto os agregados graúdos (> 4,8 mm), outros 275 milhões aproximadamente (42 % restantes).

Uma característica do mercado de agregados é o custo de transporte, chegando a ser superior ao custo de produção. Por isso, os agregados são obtidos a partir de rochas ou minerais abundantes (quartzo, feldspato) disponíveis na crosta terrestre (Sbrigui, 2011). Do ponto de vista global, os agregados são considerados, nos livros clássicos de materiais de construção, como um bem praticamente inesgotável, apesar de sua natureza não renovável. Porém, em diversas localidades do mundo, o esgotamento de jazidas de agregados é observado

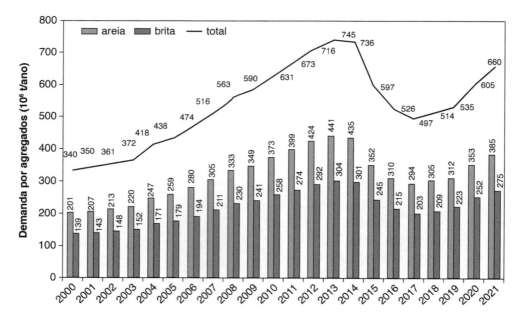

FIGURA 4.1 Demanda por agregados no Brasil. Fonte: dados extraídos da Associação Nacional de Entidades de Produtores de Agregados para Construção (Anepac).

localmente. Van der Meulen *et al.* (2005) apontaram o esgotamento do estoque de britas e a necessidade de importação desses materiais na Holanda. Navios de britas são, hoje, importados da Noruega para abastecer esse país. Em razão da escassez de agregados naturais, é também um dos países líderes no consumo de agregados reciclados obtidos pela reciclagem dos resíduos de construção e demolição (RCD), reaproveitando mais de 90 % de todo o volume desse resíduo. Na região de Paris, na França, o esgotamento de agregados em escala regional foi apontado por Habert *et al.* (2010). Países como Holanda, Bélgica, Suíça, Dinamarca e França importam mais agregados do que exportam (Tab. 4.1). Hoje, agregados reciclados são utilizados por motivos ambientais e econômicos em locais onde há escassez de agregados naturais; particularmente, no Brasil, o uso chega a quase 20 % da massa de todo RCD gerado no país (Angulo *et al.*, 2022).

Mesmo em um país de larga extensão, como o Brasil, há carência de certos tipos de agregados em determinadas regiões (La Serna; Resende, 2012). Em estados como o Amazonas e o Acre, não há afloramentos rochosos, o que torna escassa a presença de agregados britados. Isso implica custos elevados (Angulo *et al.*, 2022) e pode mais do que dobrar as emissões de CO_2 relacionadas com a produção do concreto (Pacheco *et al.*, 2022). Em Goiânia e nas regiões metropolitanas da região Sudeste, como a de São Paulo (RMSP), Rio de Janeiro e Porto Alegre, existe carência de areia de rio. Internacionalmente, aceita-se que as pedreiras possam se distanciar até 50 km do mercado consumidor, situação semelhante à encontrada na RMSP [Fig. 4.2(a)]. As minerações de areia que atendem a RMSP chegam a se distanciar cerca de 150 km entre o local de produção e o centro geométrico dela [Fig. 4.2(b)]. Cerca de 140.000 toneladas diárias de agregados são transportadas na RMSP, o que equivale a aproximadamente 22.000 caminhões por dia (ANEPAC, 2010).

Agregados são bens de consumo de baixo valor econômico, que sofrem bastante influência do custo do frete, consequência do aumento da distância de transporte envolvida entre o fabricante e o consumidor. Assim, agregados britados são mais caros nas regiões Norte e Nordeste (acima de R$ 70/m³, preço no ano-base de 2012), enquanto a areia extraída do leito de rio é mais cara nas regiões Sul e Sudeste (acima de R$ 50/m³) (La Serna; Resende, 2012).

No Brasil, há cerca de 2343 empresas de agregados com uma diferença marcante. O setor de brita possui menor quantidade de empresas de pequeno porte (IBRAM, 2011) e é mais verticalizado (La Serna; Resende, 2012). Já no setor de areia ocorre o oposto, isto é, há grande quantidade de empresas de pequeno porte atuando nesse mercado. Há muitas pedreiras que, hoje, pertencem a grupos cimenteiros, que também controlam concreteiras e fábricas de argamassa. Atualmente, a maior parte dos agregados, seja areia, seja brita, é consumida em materiais cimentícios (La Serna; Resende, 2012).

Para a seleção de fornecedores, pode-se utilizar a "Ferramenta dos 6 Passos" do Conselho Nacional de Construção Sustentável (CBCS).[1] Combater o consumo de areia produzida informalmente é muito importante, porque essas empresas não contribuem com impostos, não recuperam áreas degradadas e (sub)empregam a mão de obra.

4.2 PRODUÇÃO, TIPOS DE AGREGADOS E USOS

No Brasil, 85 % dos agregados britados são provenientes de granitos, 10 % de rocha calcária e 5 % de basaltos. Agregados calcários são produzidos nos estados de MG, GO, BA e RJ, e os basaltos são mais comuns na região Sul (PR e RS).

As britas são produzidas em quatro etapas, conforme mostra a Figura 4.3.

[1] Disponível em: http://www.cbcs.org.br/website/. Acesso em: 12 set. 2024.

TABELA 4.1 Relação entre importação e exportação de agregados em alguns países europeus

Países	Importação de agregados (10^6 t/ano)	Exportação de agregados (10^6 t/ano)
Holanda	45	15
Bélgica	20	12
Suíça	6	0,5
Dinamarca	4	1
França	10	9

Fonte: Bleischwitz e Bahn-Walkowiak (2006).

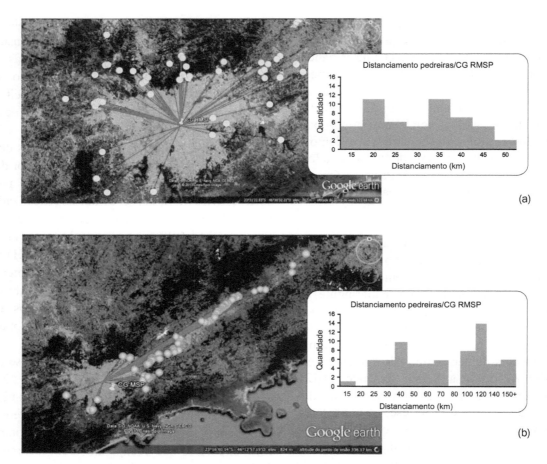

FIGURA 4.2 Localização das principais (a) pedreiras e (b) areeiros na RMSP.
Fonte: extraída de Falcão et al. (2013).

Pedreiras não demandam uso intensivo de áreas. Na Europa, as pedreiras usam menos que 0,5 % da área disponível desse continente (Bleischwitz; Bahn-Walkowiak, 2006). A extração se inicia com a decapagem, que remove o estéril (solo e rocha alterada), não utilizado para a produção dos agregados britados. Há poucas informações sobre o volume de estéril produzido nas pedreiras. Em pedreiras de pequeno porte (cerca de 6000 t/mês), esse volume pode chegar a 24 % do total produzido (GEOMAC, 2012). Essa quantidade de resíduo (*hidden flow*), apesar de extremamente importante, geralmente não é incluída nos inventários de impactos ambientais e estudos de avaliação do ciclo de vida (ACV) de produtos da construção (Bleischwitz; Bahn-Walkowiak, 2006).

As bancadas de rochas (granito ou calcário) são desmontadas, por meio de diversos furos feitos com perfuratriz, nos quais são colocados explosivos. Os blocos de rocha, quando ainda em grandes dimensões, são reduzidos com rompedores hidráulicos acoplados em escavadeiras. O material fragmentado é alimentado em caminhões fora de estrada (de grande porte), que seguem alimentando o processo de britagem e peneiramento. A britagem é realizada em três a quatro estágios, empregando diferentes tipos de britadores. Britadores primários são geralmente de grande dimensão e capacidade produtiva; por isso, são do tipo giratório ou de mandíbulas (Chaves, 2002). Britadores secundários são geralmente de impacto, porque conseguem reduzir de cinco a oito vezes a dimensão do material na alimentação, melhor condição que a anterior.

O gasto energético estimado em uma pedreira que produz cerca de 653 t/h de brita é de 9880 MJ/h (Tab. 4.2). Cerca da metade é originada no processo de britagem, que demanda maior uso de energia.

Valor similar foi encontrado em Jullien et al. (2012). Uma pedreira chega a gastar 15 MJ/t agregado. Valores similares (6 a 30 MJ/t agregado) são encontrados em dissertações, artigos ou declaração ambiental internacional de agregados (Souza, 2012; Jullien et al., 2012; Holcim, 2014). Resultados de emissão de CO_2 por tonelada de agregado produzido costumam ser baixos, inferiores a 5 kg de CO_2/t de agregado, para distâncias de transporte inferiores a

1) Decapeamento: remove a cobertura de vegetação, de solo e rocha alterada (estéril) presente no afloramento rochoso.

2) Desmonte e carregamento: perfuração dos maciços rochosos, desmonte das bancadas com explosivos e pré-fragmentação (rompedores hidráulicos acoplados a escavadeiras).

3) Transporte interno: transporte do produto da mina (*ron-of-mine*).

4) Britagem e peneiramento: sequência de britadores (três estágios) e peneiradores (dois), de forma a se obter os tipos de agregados britados (rachão, brita, brita graduada e areia).

FIGURA 4.3 Processamento das britas.

50 km, ou 30 kg/t de agregado, para distâncias de transporte acima de 150 km (Pacheco *et al.*, 2022). Dados recentes associados à emissão de CO_2 na fabricação dos agregados podem ser obtidos na plataforma Sidac.

A pedreira produz material particulado próximo à região de operação dos britadores, peneiradores e pontos de descarga, sendo necessário, portanto, o uso de abatedores de poeira. O consumo de água nas pedreiras europeias pode chegar a um metro cúbico por tonelada de agregado (Holcim, 2014).

Diversos tipos de agregados britados são produzidos (Tab. 4.3). Os agregados britados de maior dimensão (100-50 mm) – o rachão – são muito usados em filtros de drenagem, gabiões e muros de contenção. Agregados para lastros ferroviários têm dimensão entre 50 e 19 mm. Agregados com dimensão inferior a 31 mm (contendo ou não mistura com solo) são usados na pavimentação. Em materiais cimentícios, são usadas britas com dimensão entre 31,5 e 4,75 mm, assim como areias provenientes da britagem (< 4,8 mm). Pedrisco (mistura de brita e areia) e areia são geralmente produzidos com britador de impacto de eixo vertical (VSI), que permite obter agregados miúdos (areia de britagem) com formato mais esférico (Bengtsson; Evertsson, 2006), usados, em grande parte, como materiais cimentícios.

O uso dos agregados britados para confecção de concretos e argamassas corresponde a 50 % do total produzido, enquanto o uso dos agregados em pavimentação e geotécnica corresponde a 40 % do total.

No Brasil, a extração de areia[2] é feita predominantemente em cava submersa (em leito de rios), com exceção da Região Metropolitana de São Paulo, na qual predomina a extração via cava seca em regiões de várzeas (La Serna; Resende, 2012). A intensa extração de areia no Vale do Paraíba e no Rio Tietê tem sido controlada pelos órgãos ambientais.

---

[2] http://anepac.org.br/wp/agregados/areia/. Acesso em: 12 set. 2024.

72 Capítulo 4

TABELA 4.2 Estimativa do gasto energético com equipamentos de desmonte, processo e transporte em uma pedreira da RMSP

Equipamentos de desmonte	Combustível (litros/h)	Densidade (kg/litro)	Poder calorífico (MJ/kg)	Energia (MJ/h)
1 perfuratriz (compressor)	35,12	0,825	43,3	1255
Equipamentos de processo	**Potência (kW)**	**Eficiência**	**Energia (kWh) (*)**	**Energia (MJ/h)**
1 alimentador vibratório	3	0,8	4	12
1 britador de mandíbula (abertura 160 mm)	200	0,9	222	722
1 peneirador (tela 32 mm)	45	0,9	50	163
2 britadores cônicos (aberturas 39 e 21 mm)	2 × 315	0,9	700	2275
1 peneirador (telas 22, 12 e 5 mm)	45	0,9	50	163
1 britador de eixo vertical (VSI)	220	0,9	244	794
20 transportadores de correia	6 × 20	0,85	141	459
Equipamentos de transporte	**Combustível (litros/h)**	**Densidade (kg/litro)**	**Poder calorífico (MJ/kg)**	**Energia (MJ/h)**
1 escavadeira	40	0,825	43,3	1429
3 pás-carregadeira	54	0,825	43,3	1929
Caminhões (12 m³)	19	0,825	43,3	679

(*) Potência × eficiência × 1 hora.

TABELA 4.3 Principais tipos de agregados produzidos por britagem e usos na construção civil

Origem	Agregados britados	Dimensão (mm)	Usos
Rochas ígneas (granitos, basaltos)	Rachão	100-75 / 75-50	Gabiões, muros de contenção / Filtros de drenagem
Rochas metamórficas (calcário)	Brita graduada	< 31,5 / < 31,5	Sub-bases de pavimentos / Bases de pavimentos
	Brita	50-19	Lastro ferroviário e reforço de subleito
		31,5-19,0 / 25,0-9,0 / 12,5-4,75	Concretos / Misturas asfálticas / Lastros
	Areia	< 4,75	Concretos, argamassas, assentamento de tubos e blocos intertravados

As extrações de areia geram danos em áreas de preservação permanentes, próximas às cidades, assim como assoreamento do rio perto de locais de captação de água (CONAMA, 2006; Bueno, 2010; La Serna; Resende, 2012).

A extração em leito de rio (Fig. 4.4) usa uma bomba para sucção da areia do fundo do rio. Essa polpa é transportada até a margem do rio, onde segue em dutos, por bombeamento, até uma peneira, na qual são realizados o desaguamento e a separação entre o cascalho e a areia. O material sedimentar contém alguma presença de argila, que geralmente fica concentrada na água acumulada perto do local de processo, retornando ao rio.

A extração em cava seca extrai a areia de terrenos sedimentares perto do rio, mas precisa de jatos de água com alta pressão para desagregar os barrancos de areia e obter maior quantidade desse material. Como esse processo contém mais argila misturada com a areia, são necessárias operações de processo capazes de lavar e desagregar a argila, de modo a evitar a existência de partículas friáveis com a areia de quartzo. A classificação de tamanho da areia pode ser feita em classificadores horizontais,

Cava submersa (leito de rio)

1) Dragagem: usada para a sucção da areia do leito do rio (cava submersa).

2) Desaguamento e classificação: a polpa de areia é bombeada até a peneira, ocorrendo desaguamento e separação do cascalho (> 4,8 mm). Ciclones separam a areia em outras faixas granulométricas (grossa, média, fina).

Cava seca

1) Desmonte hidráulico: desagregação com água de maciços contendo rochas sedimentares e planícies fluviais.

2) Desaguamento e classificação: a polpa de areia é bombeada até uma peneira, ocorrendo desaguamento e separação do cascalho. Ciclones separam a areia em outras faixas granulométricas.

FIGURA 4.4 Beneficiamento das areias. Fonte: fotos cedidas pela Mineração de Areia Vale do Rio Grande e pela Mineração Saara Extração e Comércio de Minérios.

classificadores espirais ou ciclones, dependendo das faixas granulométricas de areia que se pretende comercializar. Em outros países, já se percebe a importância da produção de areias com faixas granulométricas mais estreitas (Chaves; Whitaker, 2009), permitindo um conjunto granular com menor índice de vazios e economia de pasta de cimento para uso em materiais cimentícios, estratégia fundamental para se reduzir os custos econômicos e os impactos ambientais desses materiais.

O gasto energético estimado em um areeiro que produz cerca de 90 t/h de areia é de 2665 MJ/h (Tab. 4.4), algo em torno de 30 MJ/t (três vezes superior ao de uma pedreira) ou por tipo de areia (10 MJ/t). Estima-se que 70 % desse gasto sejam originados no bombeamento, etapa em que o uso de combustível fóssil e de energia é mais intensivo. Resultados de emissão de CO_2 por tonelada de areia costumam também ser baixos, < 5 kg CO_2/t de agregado (Souza, 2012), mas superiores aos dos agregados britados.

O transporte dos agregados entre 50 e 150 km nas cidades chega a aumentar em quase três vezes a emissão de CO_2 dos agregados (Souza, 2012), mas vale recordar que, mesmo assim, as emissões dos agregados são muitas vezes inferiores às do cimento (~ 600 kg CO_2/t). Isso explica por que o consumo de cimento é o principal parâmetro para a pegada de carbono do concreto. Por outro lado, emissões de SOx em função da queima dos combustíveis fósseis nas grandes cidades são eventos localizados e causam danos bem mais sérios à saúde humana (Gonçalves; Martins, 2008), em uma escala

74 Capítulo 4

TABELA 4.4 Estimativa do gasto energético com bombeamento e peneiramento em um areeiro (cava submersa) da RMSP

Equipamentos de processo	Combustível (litro/h)	Densidade (kg/litro)	Poder calorífico (MJ/kg)	Energia (MJ/h)
1 draga	25	0,825	43,3	893,1
1 bomba de sucção de água	10	0,825	43,3	357,2
2 bombas de fluxo	20	0,825	43,3	714,5
1 escavadeira	19,20	0,825	43,3	685,9
1 carregadeira	15,00	0,825	43,3	535,8
Equipamentos de processo	**Potência (kW)**	**Eficiência**	**Energia (kWh)**	**Energia (MJ/h)**
1 peneirador	5	0,9	4,5	14,7

de impacto ambiental muitas vezes superior à contribuição desse material para a mudança climática.

Hoje, sabe-se também que a extração de areia de rio pode superar a capacidade de reposição natural do rio (Jordan *et al.*, 2019; Marques *et al.*, 2012; Padmalal; Maya, 2014), tornando-se uma atividade insustentável (UNEP, 2019). A extração excessiva de areia de rio pode causar danos ambientais sérios aos rios, que envolvem aumento de turbidez, alteração da demanda bioquímica de oxigênio, salinização da água-doce e perda de biodiversidade.

Praticamente toda a areia produzida também se destina à produção de argamassas e concretos. Como a produção de areia e brita é praticamente igual, pode-se admitir que 2/3 da produção são destinados a materiais cimentícios e 1/3 para a pavimentação. O mercado de revenda de brita ensacada em lojas de materiais de construção (consumidor formiga) é pequeno (10 %), mas quando se trata de areia ensacada, o percentual é bem maior.

4.3 MANUSEIO E AMOSTRAGEM

Os agregados, por serem materiais particulados, podem segregar durante o manuseio (estoque, transporte, descarga, uso) (Tang; Puri, 2004). A segregação é um fenômeno que ocorre, com mais frequência, quando os agregados possuem dimensões acima de 0,1 mm, pois, nessa dimensão, inexistem forças de coesão capazes de manter unidas as partículas de diferentes tamanhos. A mesma ocorre durante carga, transporte e descarga dos agregados. Durante a descarga por transportadores de correia ou pás carregadeiras, ocorre o deslocamento em maiores distâncias das partículas maiores (Ottino; Khakhar, 2000; Brock; May; Renegar, 2011; Nohl; Domnick, 2000). O material estocado se torna heterogêneo

[Fig. 4.5(a)], apresentando distribuição granulométrica diferente em função da posição que o material é coletado.

A descarga do material no interior dos silos de armazenagem também pode gerar segregação (Brock; May; Renegar, 2011). Silos geralmente precisam ser carregados, de maneira centralizada e com fluxo totalmente vertical, contendo mais de um ponto de descarga. A abertura de silos na alimentação (parte superior) deve ser grande o suficiente para permitir a descarga de grande quantidade de material, mas geralmente se reduz concentricamente, evitando-se a existência de regiões que não se movimentam e ficam estagnadas (Engblom *et al.*, 2012) [Fig. 4.5(b)]. Mudanças na geometria dos silos de modo a minimizar a segregação podem ser encontradas em Tang e Puri (2004).

Durante o transporte, a segregação também ocorre, pois os finos (< 0,1 mm) possuem coesão e se mantêm aglomerados, impedindo que as partículas maiores afundem. Nesse caso, ocorre uma concentração de partículas maiores na superfície — efeito conhecido como *Brazilian nut effect* (Fig. 4.6) (Kudrolli, 2004; Nohl; Domnick, 2000).

Como a manipulação dos agregados (estoque, transporte e uso) pode resultar em agregados com características variáveis, é fundamental adotar práticas industriais que minimizem esses problemas (Brock; May; Renegar, 2011; Nohl; Domnick, 2000):

- retirada do material em várias localidades da pilha, gerando um efeito de mistura;
- formação de pilhas de homogeneização constituídas de diversas camadas (Fig. 4.7), usando transportador telescópico com correia e tomada de seções homogêneas desse material, com uso de escavadeiras. Os custos associados com equipamentos e horas de operadores podem ser elevados.

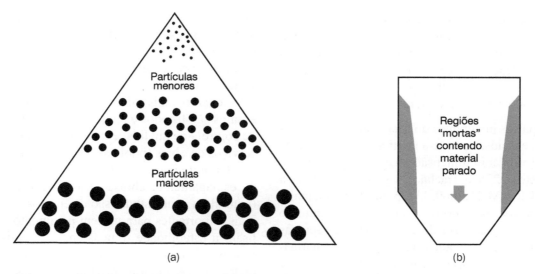

FIGURA 4.5 (a) Segregação dos materiais nas pilhas de estocagem. Fonte: adaptada de Nohl e Domnick (2000); (b) regiões estagnadas durante a descarga do silo. Fonte: Engblom *et al.* (2012).

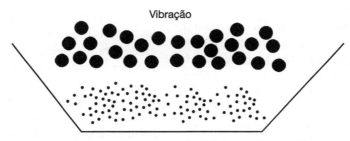

FIGURA 4.6 Segregação causada durante a movimentação do caminhão ou uso de transportadores de correia.

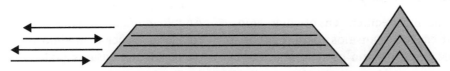

FIGURA 4.7 Pilha de homogeneização alongada (método Chevron).

Além disso, a produção de agregados deve ser dividida em lotes, em que se "presume" que, em cada lote, o material foi produzido sob condições uniformes. A "qualidade" do lote precisa ser atestada por uma série de ensaios de caracterização, os quais devem ser realizados em amostras que representem todo o lote de produção. A representatividade de uma amostra deve ser garantida da seguinte forma (Petersen *et al.*, 2005):

- coletar uma quantidade mínima de material (em kg), capaz de garantir a representatividade. Quanto mais heterogêneo e maior a dimensão do material, maior será a quantidade de massa para coletar uma amostra representativa (Angulo *et al.*, 2010);
- não coletar as amostras em pilhas de grandes dimensões, pois pode comprometer a confiabilidade estatística. A amostra precisa ser obtida, considerando-se três dimensões representativas (comprimento, largura e altura). O ideal seria coletar a amostra em transportadores de correia, pois a coleta da amostra praticamente não é influenciada pela largura nem pela altura, apenas pelo comprimento;

- nunca coletar a amostra de uma única vez, pois a confiabilidade estatística está vinculada a uma série de "eventos" de coleta. Assim, assegura-se a aleatoriedade, não dependendo do tempo ou local de coleta, e a amostra não fica "tendenciosa", garantindo representatividade.

Nos países integrantes do Mercosul, para a realização dos ensaios, deve-se amostrar uma quantidade de 40 kg (brita com dimensão abaixo de 19 mm, uso em concreto) a 225 kg (rachão), segundo estabelece a ABNT NBR NM 26:2009. Um ponto fundamental é reduzir a massa das amostras, também se garantindo a representatividade. Há diversos tipos de técnicas ou equipamentos utilizados para realizar o quarteamento (Fig. 4.8), procedimento que procura reduzir a amostra de particulados garantindo a representatividade. O quarteamento manual consiste em: (1) pré-misturar o material, procurando homogeneizá-lo, (2) achatar a pilha mudando o seu formato cônico para tronco cônico, (3) dividir a pilha em quatro partes e (4) tomar as partes opostas da pilha, obtendo-se uma amostra com metade da massa inicial e, assim, sucessivamente. É usado em locais em que não se dispõe de laboratórios de controle. O quarteador de rifles (do tipo Jones) é o mais empregado em laboratórios de controle de qualidade. Embora seja um equipamento mais caro, gera menos erros de amostragem (Petersen, 2004). O amostrador rotativo é o mais preciso deles. Os dois primeiros procedimentos são recomendados pela ABNT NBR NM 27:2001.

4.4 CARACTERIZAÇÃO

Há cerca de 30 normas técnicas envolvendo amostragem, classificação e ensaios para avaliar o desempenho dos agregados em uso (Sbrigui, 2011).

Os ensaios são geralmente realizados para finalidades distintas, quais sejam: selecionar fontes de agregados para uso; formular misturas; e qualificar o material, a partir de critérios mínimos de qualidade. Como eles variam em função das aplicações, cabe ao engenheiro selecionar o mais adequado. Em alguns casos, os ensaios são listados e controlados em procedimentos de controle de qualidade e fichas de especificação de serviços de obras (públicas ou privadas).

Granulometria, índice de forma, resistência ao esmagamento, abrasão Los Angeles e ciclagem (natural ou água/estufa) são os ensaios de agregados mais importantes para uso em pavimentos, pois analisam a estabilidade dimensional e a resistência ao desgaste do material (desempenho em uso). Granulometria, massa unitária, inchamento, massa específica, absorção de água e reação álcali-sílica são ensaios de agregados destinados a argamassas e concretos, pois analisam a estabilidade química, porosidade e área superficial (que afeta a demanda de água dos materiais cimentícios).

Apesar da grande quantidade de ensaios existentes, alguns requisitos diretos de desempenho e essenciais para as aplicações não são avaliados, como o comportamento mecânico (resistência, deformalidade, módulo elástico) dos agregados. Esse tipo de avaliação chega a ser realizado em testemunhos das rochas-matrizes (Tab. 4.5) (Sbrigui, 2011), mas tem aplicabilidade restrita, porque a resistência dos particulados muda em função de suas dimensões (Tavares; King, 1998; Unland; Szczelina, 2004; Cavarretta; Sullivan, 2012). Esforços recentes têm sido feitos para desenvolver um método capaz de determinar o módulo elástico dos agregados (Silva *et al.*, 2019; Angulo *et al.*, 2020) (Fig. 4.9), um parâmetro crucial para estabelecer o módulo de deformação do concreto. Alguns ensaios podem estar correlacionados

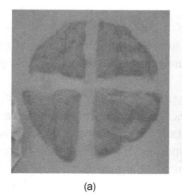

(a)　　　　　　　　　(b)　　　　　　　　　(c)

FIGURA 4.8 Tipos de quarteadores utilizados para a redução de amostras: (a) quarteamento manual; (b) quarteador por rifles (do tipo Jones); e (c) amostrador rotativo.

TABELA 4.5 Características físico-mecânicas das rochas utilizadas na produção de agregados britados

Tipo de rocha	Resistência à compressão do testemunho (MPa)			Módulo elástico (GPa)	Absorção de água 24 h (%)	Massa específica (kg/dm³)
	Média	Máxima	Mínima			
Granito	150	240	100	40-70	0,1-0,8	2,6-2,7
Basalto	220	280	180	60-100	0,1-0,6	2,75-2,95
Gnaisse	150	240	100	40-70	0,2-0,8	2,55-2,70
Calcário	120	200	90	30-50	0,2-4,5	2,60-2,80
Quartzito	260	400	130	50-100	0,1-0,8	2,55-2,70
Arenito	70	150	50	20-40	1,2-8,5	2,20-2,40

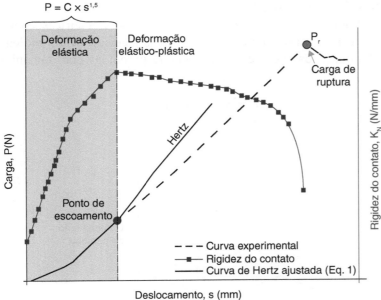

FIGURA 4.9 Método para determinar o módulo elástico do agregado (Silva et al., 2019; Angulo et al., 2020).

entre si, por exemplo, a distribuição granulométrica, forma, índice de vazios e área superficial, e outros podem ser dispensáveis.

Uma boa descrição dos ensaios utilizados para se caracterizar os agregados para uso em pavimentação pode ser encontrada em Bernucci et al. (2010) e não serão objeto de discussão neste capítulo. Serão abordados aqui apenas os principais ensaios utilizados para se caracterizar os agregados para uso em materiais cimentícios. As características mínimas requeridas para uma areia ser utilizada com essa finalidade podem ser controladas pela ABNT NBR 7211:2022.

4.4.1 Distribuição Granulométrica

A distribuição granulométrica dos agregados é obtida geralmente pelo ensaio de peneiramento (ABNT NM 248:2003). O ensaio de peneiramento consiste em agrupar um conjunto de peneiras com telas de diferentes aberturas. As peneiras devem ser ordenadas, a partir de um recipiente de fundo, da menor para a maior malha de abertura (#) [Fig. 4.10(a)]. A amostra dos agregados é alimentada no conjunto de peneiras. O peneirador contém um motor mecânico, responsável pela vibração do conjunto de peneiras apoiado sobre ele.

Uma curiosidade é que o ensaio não determina exatamente o tamanho do agregado, porque, para isso, seria necessário informar as três dimensões (comprimento, largura e espessura). O ensaio de peneiramento classifica apenas a largura do agregado [Fig. 4.10(b)] (Mora *et al.*, 1998; Kwan *et al.*, 1999). A largura obtida na análise de imagem é utilizada para correlacionar o ensaio de peneiramento com o realizado por análise de imagem (Hawlitschek *et al.*, 2013). Em qualquer dos métodos empregados, essa largura não é um valor preciso, e sim um intervalo, porque o agregado passará por uma tela de abertura de peneira (–19 mm) e será retido em outra (+9 mm). Nesse caso, a largura do agregado seria –19 +9 mm.

Quanto mais estreito esse intervalo, mais precisa será a determinação da largura do agregado.

Após a britagem, os agregados se caracterizam por apresentar uma distribuição normal de tamanho de partículas. Por isso, os resultados de massa retida após o ensaio de peneiramento (Tab. 4.6) são convertidos em uma distribuição normal de valores de massa, cujo total corresponde a 100 %. Graficamente, a distribuição granulométrica é representada na forma discreta ou acumulada (Fig. 4.11).

As distribuições granulométricas podem ser de um único tamanho (uniformes ou monodispersas) ou de tamanhos variados (contínuas ou polidispersas), afetando o empacotamento do conjunto granular dentro de determinado volume e, consequentemente, o seu volume de vazios (Larrard, 1999; Oliveira *et al.*, 2000; PCA, 2003). Distribuições granulométricas uniformes (Fig. 4.12) resultarão em um volume maior de vazios, se comparado às distribuições granulométricas contínuas (Fig. 4.12) (Larrard, 1999; Oliveira *et al.*, 2000).

Especificações para uso de agregados em concreto (ou em pavimentação) adotam geralmente curvas granulométricas contínuas. O motivo principal é a redução do volume de vazios, conferindo maior resistência a cargas ou reduzindo o consumo dos ligantes (cimento ou asfalto), geralmente mais caros que os agregados.

Por outro lado, curvas granulométricas contínuas podem não ser as mais fáceis de serem moldadas com concreto, porque partículas com tamanho

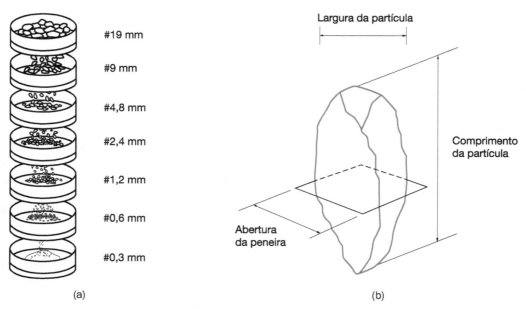

FIGURA 4.10 (a) Sequência de peneiras no ensaio de peneiramento; (b) dimensão da partícula que fica retida na tela da peneira. Fonte: adaptada de Kwan *et al.* (1999).

TABELA 4.6 Resultados do ensaio de peneiramento

Abertura da malha (mm)	Massa retida (g)	Massa retida (% g/g)	Massa retida acumulada (% g/g)	Massa passante acumulada (% g/g)
9,5	0,0	0,0	0,0	(100 − 0,0) = 100,0
6,3	6,7	[(6,7/470,9) × 100] = 1,4	1,4	(100 − 1,4) = 98,6
4,8	6,5	[(6,5/470,9) × 100] = 1,4	(1,4 + 1,4) = 2,8	(100 − 2,8) = 97,2
2,4	35,8	[(35,8/470,9) × 100] = 7,6	(2,8 + 7,6) = 10,4	(100 − 10,4) = 89,6
1,2	98,7	[(98,7/470,9) × 100] = 21,0	(10,4 + 21,0) = 31,4	(100 − 31,4) = 68,6
0,6	133,7	[(133,7/470,9) × 100] = 28,4	(31,4 + 28,4) = 59,8	(100 − 59,8) = 40,2
0,3	144,8	[(144,8/470,9) × 100] = 30,7	(59,8 + 30,7) = 90,5	(100 − 90,5) = 9,5
0,15	32,5	[(32,5/470,9) × 100] = 6,9	(90,5 + 6,9) = 97,4	(100 − 97,4) = 2,6
−0,15	12,2	[(12,2/470,9) × 100] = 2,6	(97,4 + 2,6) = 100,0	(100 − 100,0) = 0,0
Soma	470,9	[(470,9/470,9) × 100] = 100,0	−	−

Observação: o módulo de finura de um agregado é calculado pela soma das massas retidas acumuladas na série de peneiras normal (todas apresentadas na tabela, com exceção da # 6,3 mm), dividida por 100.

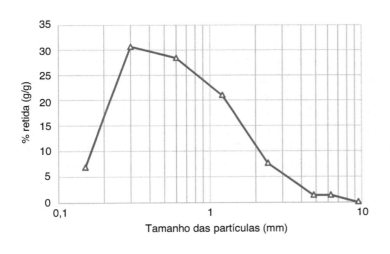

(a)

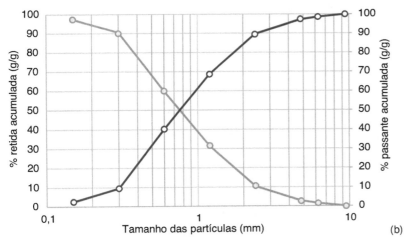

(b)

FIGURA 4.11 Distribuição granulométrica (a) discreta e (b) acumulada dos agregados.

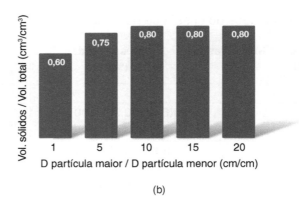

FIGURA 4.12 (a) Distribuição granulométrica e o volume de vazios. Fonte: adaptada de PCA (2003); (b) influência do tamanho das partículas na densidade relativa de empacotamento. Fonte: adaptada de Oliveira (2000).

imediatamente inferior àquelas maiores atrapalham a movimentação das partículas (Oliveira *et al.*, 2000). Para que as partículas de tamanho inferior consigam se compactar ou se movimentar mais facilmente, deve existir uma razão de 10 entre elas [Fig. 4.12(b)]. Assim, granulometrias descontínuas, com ausência de determinados tamanhos de partículas, facilitam a mobilidade do conjunto, implicando outros benefícios (por exemplo, redução de consumo de cimento, menor energia de compactação em materiais cimentícios) (Oliveira *et al.*, 2000; Damineli, 2013).

Normas brasileiras ou estrangeiras costumam recomendar faixas granulométricas nas quais o uso se torna tecnicamente adequado e economicamente atrativo. São exemplificadas as faixas granulométricas das areias utilizadas na confecção de concretos (Fig. 4.13). Na execução de peças estruturais de concreto armado, é fundamental limitar a dimensão máxima do agregado (Mehta; Monteiro, 2006), de modo que não obstrua a passagem livre do concreto entre as armaduras, evitando a formação de defeitos de concretagem. O pedido de concreto à central dosadora de concreto deve ser feito estabelecendo-se a dimensão máxima do agregado.

4.4.2 Forma

A forma de uma partícula é expressa com base nas três dimensões perpendiculares de um paralelepípedo, determinada por um paquímetro, que inclui todos os limites de uma partícula (Fig. 4.14) (Erdogan; Fowler, 2005). Para uso no concreto, realiza-se uma análise mais simplificada, utilizando apenas um parâmetro conhecido como índice de forma. O índice de forma consiste na análise da razão entre comprimento e espessura (a/c) de 200 partículas (ABNT NBR 7809:2008). São métodos com aplicabilidade limitada (disponíveis apenas para fração

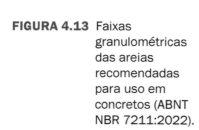

FIGURA 4.13 Faixas granulométricas das areias recomendadas para uso em concretos (ABNT NBR 7211:2022).

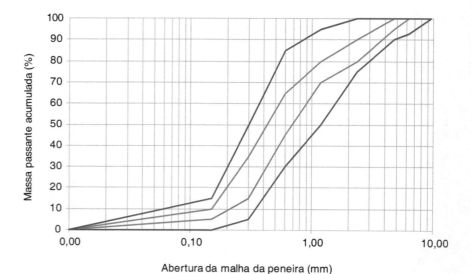

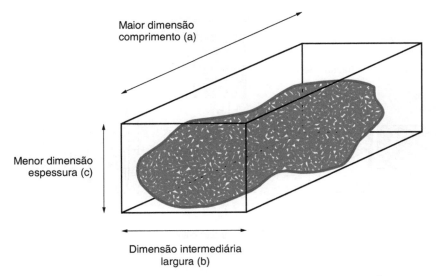

FIGURA 4.14 Classificação da forma da partícula segundo suas dimensões.
Fonte: adaptada de Erdogan e Fowler (2005).

graúda > 4,8 mm), demorados e diversos, especialmente enquanto não existir um consenso mundial sobre os critérios e métodos mais adequados para medir a forma (ACI, 2007).

Recentemente, o uso de técnicas com base na análise de imagem das partículas tem ganhado aceitação, especialmente aquelas que realizam a aquisição de imagens (50-280 imagens/segundo) por um fluxo dinâmico de partículas [Fig. 4.15(a)] (Hawlitschek et al., 2013). Isso permite, em curto espaço de tempo, medir milhares de partículas, inclusive a fração miúda e fina dos agregados (de 4,8 mm a 1 μm), melhorando a análise estatística dos parâmetros relacionados com a forma.

Existem diversos parâmetros de forma e diferentes fórmulas para calcular o mesmo parâmetro de forma (Allen, 1997; Russ, 2011; Loz et al., 2021). Esfericidade e aspecto (largura/comprimento) – expressos pelas Equações (4.1) e (4.2), e disponíveis nos equipamentos comerciais de análise de imagem por fluxo dinâmico de partículas (Camsizer da Retsch e QicPic da empresa Sympatec) – são considerados os mais importantes à medida que conseguem mostrar quão arredondadas ou alongadas são as partículas [Fig. 4.15(b)]. No entanto, como essa tecnologia ainda não consegue representar tridimensionalmente as partículas, não é possível determinar a espessura das partículas nem a lamelaridade.

$$\text{Esfericidade} = \left(\frac{4\pi A}{p^2}\right) \quad (4.1)$$

$$\text{Aspecto} = \left(\frac{b}{a}\right) = \frac{x_{\text{mín}}}{Fe_{\text{máx}}} \quad (4.2)$$

A forma das partículas afeta o empacotamento dos agregados (Oliveira et al., 2000; Mendes, 2008). Para partículas de dimensões similares (monodispersas), quanto maior a esfericidade (arrendondamento) das partículas, maior será o empacotamento do conjunto granular [Fig. 4.16(a)]. Partículas lamelares ou alongadas prejudicam o empacotamento do conjunto granular, criando vazios e tornando os concretos menos econômicos, em razão do maior volume de pasta de cimento necessário para preencher os vazios deixados pelos agregados.

Para partículas com formato semelhante, quanto menor a dimensão das partículas, maior será o índice de vazios resultante no conjunto granular [Fig. 4.16(b)] (Tristão, 2005). Isso porque quanto menor a partícula, maior será a área superficial dela, ocorrendo maior incidência de contatos e afastamento entre as partículas. A variabilidade dos parâmetros de forma ainda é pouco investigada em função da dificuldade de se obter grande número de determinações e garantir representatividade estatística.

4.4.3 Porosidade Intergranular (Volume de Vazios)

O ensaio de massa unitária (realizado manualmente) (NM 45:2006) ou o ensaio de *tap density* (realizado com compactação mecânica) (Webb, 2001), nas Figuras 4.17(a) e (b), respectivamente, são os mais

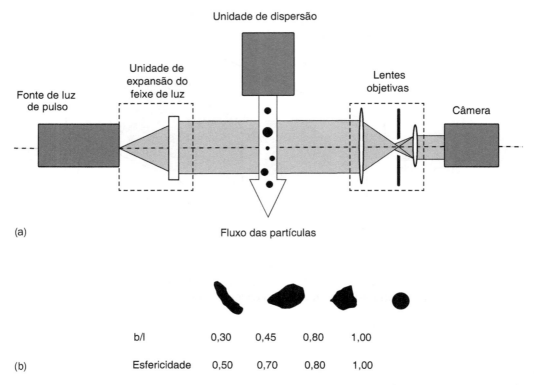

FIGURA 4.15 (a) Aquisição de imagens por fluxo dinâmico de partículas. Fonte: adaptada de Witt; Kohler; List (2004); (b) uso dos parâmetros esfericidade e aspecto para caracterizar a forma 2D das partículas. Fonte: adaptada de Hawlitschek *et al.* (2013).

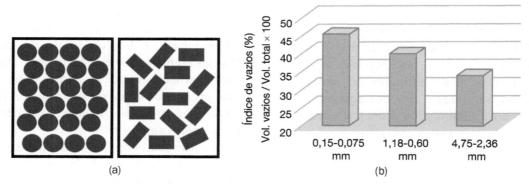

FIGURA 4.16 (a) Forma das partículas e o índice de vazios. Fonte: adaptada de Oliveira *et al.* (2000); (b) redução do índice de vazios com partículas esféricas de mesmo tamanho. Fonte: adaptada de Tristão (2005).

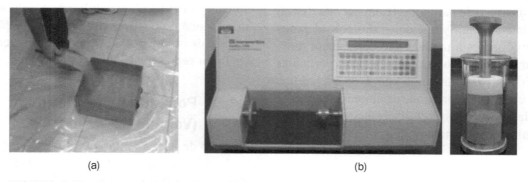

FIGURA 4.17 (a) Ensaio de massa unitária determinado manualmente; (b) ensaio de *tap density*, utilizando equipamento mecânico que padroniza o número de golpes que garantem a compactação do material.

utilizados para se caracterizar o empacotamento dos agregados. A massa unitária MU é expressa pela massa de agregados M necessária para preencher totalmente o volume V de um recipiente-padrão, a partir da seguinte expressão: MU (kg/m^3) = M (kg) / V (m^3). Quanto maior a massa unitária, menor o volume de vazios intergranulares. Para se determinar o volume de vazios, é preciso se conhecer o volume de sólidos. O volume de sólidos só é determinado quando se realiza o ensaio de massa específica ($V_{\text{sólidos}} = M/ME$), comentado a seguir. A porosidade intergranular[3] (volume de vazios) pode ser calculada, em porcentagem, pela relação entre o volume de sólidos e o volume do recipiente: V_v (%) = $[(V_{\text{recipiente}} - V_{\text{sólidos}})/V_{\text{recipiente}}] \cdot V_{\text{recipiente}} = M/MU$. Assim, o volume de vazios fica expresso pela seguinte expressão: V_v (%) = $[(1 - MU/ME)]$.

Esse tipo de ensaio é utilizado em estudos de dosagem em que se procura determinar o volume mínimo de ligantes que deve ser utilizado com os agregados nas formulações de misturas cimentícias. Misturas entre britas de diferentes tamanhos ou entre britas e areias são estudadas em dosagens de concreto, selecionando-se aquelas com maiores massas unitárias ou menores índices de vazios. A seleção de agregados com formato esférico e regular tem também grande impacto na redução do volume de pasta necessário para conferir fluidez constante aos materiais cimentícios (Tristão, 2005).

Embora os agregados pouco contribuam para as emissões de CO_2 dos materiais cimentícios (argamassas e concretos), estudos recentes mostram que a distribuição granulométrica descontínua deles também é fundamental para se produzir materiais cimentícios com baixa pegada de carbono (Damineli *et al.*, 2013). O empacotamento dos agregados é fundamental para se reduzir o volume de pasta necessário à fluidez do concreto. Fíleres, inertes como os agregados, são também essenciais para empacotar a pasta de cimento, desde que controlada sua área superficial. Baixo consumo de água implica baixo consumo de cimento para uma dada resistência.

4.4.4 Área Superficial

A área superficial é geralmente determinada por adsorção de camadas de gás nitrogênio na superfície

da amostra (Webb; Orr, 1997). O cálculo é realizado pelo método BET. Agregados são materiais que não possuem área superficial tão elevada quanto finos, apresentando problemas operacionais para se realizar as medições em razão da pouca representatividade de massa e dos limites de detecção do equipamento. Para viabilizar a determinação, demanda-se uso de porta-amostras maiores (> 50 g) e medição com outros tipos de gases (criptônio, água). A área superficial pode ser estimada por granulometria a *laser* ou por análise de imagem dinâmica, admitindo-se as partículas como esferas perfeitas com diâmetros equivalentes às áreas destas, ou elipsoide (Loz *et al.*, 2021). Esse primeiro procedimento é simplificado para estimar a área (erros acima de 20 %); porque geralmente se desprezam as mudanças de forma dos agregados e a existência de poros intragranulares. A área dos poros dos agregados é computada no cálculo da área superficial específica pela técnica de adsortometria de gás ou pela técnica de porosimetria por intrusão de mercúrio.

A área superficial é geralmente expressa em metro quadrado por grama de material. A área superficial dos agregados aumenta exponencialmente com a redução do tamanho das partículas (Tab. 4.7). Uma redução de 10 vezes no tamanho resultou em um aumento de área de 25 vezes.

Há poucos dados disponíveis sobre a determinação da área superficial de agregados, embora seja extremamente relevante para se compreender suas influências no estado fresco dos materiais cimentícios (Oliveira *et al.*, 2000; Romano *et al.*, 2011). A área superficial volumétrica dos agregados (m^2/dm^3), produto da área superficial (m^2/kg) pela massa específica aparente (kg/dm^3), representa a quantidade de área de superfície de agregados que deve ser encoberta pela pasta de cimento, para um dado volume de agregado (Loz, 2020). Tentativas recentes

TABELA 4.7 Influência do tipo de areia (natural ou britada) e da granulometria na área superficial (m^2/kg) dela, estimada pela granulometria a *laser*

Fração granulométrica (em mm)	Área superficial da areia de rio (m^2/kg)
4,75-2,36	1,1840
2,36-1,18	1,9227
1,18-0,600	4,4241
0,600-0,300	7,4518
0,300-0,150	17,4786
0,150-0,075	44,6583

Fonte: extraída de Tristão (2005).

---

[3] Na área de solos e geotécnica, utiliza-se uma definição conhecida como índice de vazios $[I_v = V_{\text{poros}}/V_{\text{sólidos}}]$. Esse conceito não é análogo ao de volume de vazios ou porosidade intergranular $[V_v = V_{\text{poros}}/(V_{\text{poros}} + V_{\text{sólidos}})]$.

de estabelecer esse tipo de medida foram realizadas usando técnica de escaneamento 3D de partículas, ou técnica com base em interferometria de luz (Loz, 2020). O volume de pasta de cimento deve ser suficiente para preencher o volume de vazios intergranulares resultantes do empacotamento e molhar toda a superfície do agregado, garantindo uma distância mínima de separação de partículas (MPT e IPS), capaz de conferir condições reológicas adequadas aos materiais cimentícios (Rebmann, 2016).

Na ausência de uma caracterização completa e detalhada dos agregados, em função da grande influência da área superficial dos finos (materiais inferiores a 75 μm, que possuem distribuição de tamanho de partículas semelhantes ao cimento), são encontradas correlações empíricas para cada tipo de agregado, relacionando-se consumo de água no concreto (ou na argamassa) e teor de materiais finos presentes nos agregados (Weidmann, 2008), que podem ser úteis para estudos de dosagem desses materiais cimentícios.

4.4.5 Umidade e Inchamento

A umidade, quando presente na superfície dos agregados, acarreta o afastamento dos grãos, alterando o seu volume aparente. A água na superfície dos grãos se interconecta em função da tensão superficial, gerando maior afastamento entre as partículas (Fig. 4.18). Isso ocasiona o aumento de volume úmido. O inchamento é a relação obtida entre o volume úmido e o volume seco. Quanto maior o contato entre as partículas e maior a quantidade de partículas, maior será o inchamento. Assim, o inchamento será significativo apenas para a fração areia, e maior em uma areia fina (~1,5 vez) se comparado ao de uma areia grossa (~1,20 vez). Existe um teor crítico de umidade[4] no qual o volume úmido fica praticamente constante, até voltar a cair, quando o volume de água é tal que preenche todos os vazios intergranulares presentes nos agregados.

Esse ensaio tem utilidade em situações nas quais as quantidades de areia utilizadas nos materiais cimentícios são dosadas em volume (por exemplo, argamassas, fábricas de blocos de concreto pequenas) e esses materiais estão estocados ao céu aberto. Usar areia úmida no lugar da seca em uma dosagem em volume pode ocasionar uma redução de metade da massa dessa areia prevista. Além de não disponibilizar os materiais no volume previsto, os materiais cimentícios irão retrair mais, fluidificar mais e ser menos resistentes. O excesso de água certamente irá aumentar a relação água/cimento, causando um aumento da porosidade e redução da resistência do material. Em uma fábrica de concreto seco, em que os teores de água das misturas não ultrapassam 6 % dos materiais secos, pode levar à perda dos lotes de produção (em razão de falhas na moldagem).

4.4.6 Porosidade Intragranular (Absorção de Água)

Agregados, até mesmo os mais densos, possuem alguma porosidade. Com a escassez de fontes de agregados naturais, é comum a incorporação de agregados reciclados, principalmente aqueles obtidos pela reciclagem de resíduos de construção e demolição. Esses agregados, inclusive de outros tipos, são mais porosos que os naturais. Assim, torna-se fundamental, em qualquer processo de controle de qualidade dos agregados, o controle de sua porosidade. Cada partícula do agregado tem uma porosidade, devendo um conjunto de partículas apresentar uma distribuição de valores. Embora relevante, a caracterização utilizada para os agregados é simplificada e acaba geralmente se determinando a porosidade média, válida para um conjunto de partículas, obtido a partir de uma massa mínima definida em norma.

Embora a porosidade possa ser determinada pela técnica de porosimetria por intrusão de mercúrio, geralmente é determinada, de forma indireta, pela absorção de água (ensaio de simples realização). A absorção de água representa a massa de água

FIGURA 4.18 Inchamento da areia com diferentes teores de umidade.

---

[4] U (%) = [(Massa úmida − Massa seca) / Massa seca].

absorvida nos poros do agregado, durante 24 horas, sob pressão atmosférica,[5] na condição saturado com superfície seca (SSS) (Fig. 4.19). A absorção de água é expressa pela seguinte fórmula: AA (%) = [(Massa SSS – Massa seca)/Massa seca] × 100.

Nos agregados graúdos, essa condição é determinada por secagem com pano [Fig. 4.20(a)], ao passo que nos agregados miúdos, essa condição é determinada pelo ângulo de repouso das partículas. Quando se atinge a condição SSS, o agregado moldado pelo cone se desagrega [Fig. 4.20(b)].

Há diversos outros métodos em pesquisa para se determinar a condição SSS dos agregados de forma menos subjetiva (essa depende essencialmente das impressões do operador), sem desagregação excessiva dos agregados (por causa do manuseio durante a realização do ensaio) (Dias, 2004; Kandhal; Mallick; Huner, 2000; Miller *et al.*, 2014) ou de forma mais rápida (Damineli, 2007; Mills-Beale *et al.*, 2009). Para os problemas de subjetividade e desagregação das amostras, são utilizados métodos centrífugos ou com base no controle de umidade do ambiente de secagem com a amostra. Os métodos rápidos são o uso de vácuo, para acelerar o processo de saturação dos poros com água, ou acelerar o processo de secagem com micro-ondas. Essas técnicas são importantes e mais utilizadas para os agregados porosos, como os agregados leves e os reciclados (de resíduos de construção e demolição).

Os agregados porosos, em virtude do fenômeno de absorção de água, interferem nas características reológicas dos materiais cimentícios (Poon *et al.*, 2004). Em alguns casos, é interessante determinar a cinética de absorção de água (absorção de água no tempo) (Fig. 4.21), definindo-se um teor de água a

---

[5] Se a pressão fosse maior, certamente o valor de absorção de água seria maior. Medidas usando pressão negativa de vácuo de agregados imersos em água ou longos períodos indicam que este valor chega a dobrar (Schouenborg *et al.*, 2004).

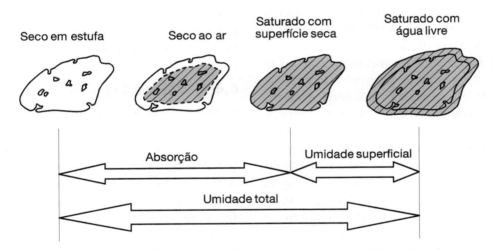

FIGURA 4.19 Absorção de água e definição do agregado na condição saturado com superfície seca. Fonte: adaptada de Neville e Brooks (2013).

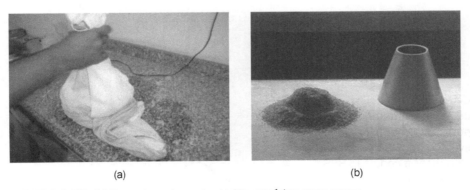

FIGURA 4.20 (a) Secagem dos agregados graúdos com pano;
(b) desmoronamento dos agregados miúdos para determinação na condição saturado com superfície seca.

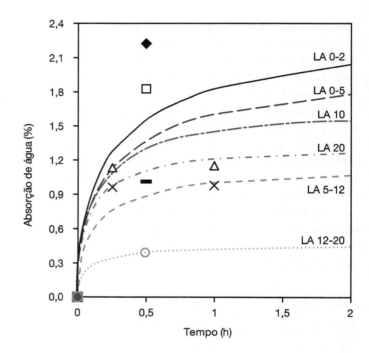

FIGURA 4.21 Cinética de absorção de água (absorção de água no tempo). Fonte: adaptada de Klein *et al.* (2014).

ser utilizado na pré-saturação do agregado, antes da mistura com os demais materiais cimentícios, equivalente ao tempo envolvido nessa operação (Carrijo, 2005; Klein *et al.*, 2014).

Vale comentar também o método com base na secagem de corpos sólidos porosos (Dias, 2004; Damineli, 2007). Nesse método, monitora-se a perda de água no tempo dentro de um recipiente de agregados com água superficial em excesso (Fig. 4.22). Uma vez que se atinge o equilíbrio térmico desse conjunto, a taxa de secagem se torna praticamente constante, sofrendo queda, quando então a água que se evapora passa a ser a água presente no poro (sujeito à força capilar), e não mais a água livre. O ponto definido pela mudança desses dois regimes define a absorção de água. Não se manipula diretamente o material e esse ponto pode passar a ser definido por um critério matemático. Pode ser acelerado com saturação com vácuo e secagem por micro-ondas.

4.4.7 Massa Específica

A massa específica é a determinação da densidade em materiais particulados. A relação entre massa e volume de partículas depende essencialmente de qual definição de volume se está empregando (Webb, 2001). O volume das partículas pode ou não incluir os poros intragranulares. Quando se inclui os poros, determina-se o volume aparente (ou volume envelope) das partículas (Fig. 4.23). Quando se exclui

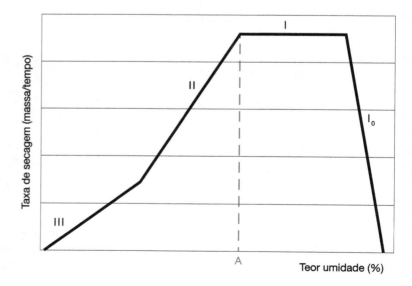

FIGURA 4.22 Cinética de secagem de água em materiais porosos. A mudança do evento I para o II permite identificar a condição SSS e determinar a absorção de água. Fonte: adaptada de Dias (2004) e Damineli (2007).

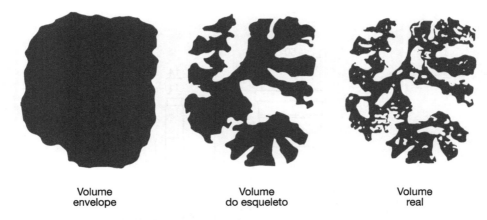

FIGURA 4.23 Volume de partículas considerado nas determinações de massa específica dos agregados. Fonte: adaptada de Webb (2001).

esse volume, determina-se o volume real (excluindo-se os poros acessíveis a água pela superfície das partículas). O volume real das partículas pode ainda ser diferenciado de acordo com as definições, se incluídos os poros abertos (acessíveis à água) ou fechados (inacessíveis à água) das partículas. O volume real (esqueleto) é aquele que, em conjunto com o volume de sólidos, inclui os poros fechados (inacessíveis ao meio de saturação). Para se diferenciar o volume esqueleto do volume real efetivo, deve-se moer o material até destruir toda a porosidade fechada existente. Nesse caso, o volume real (efetivo) será apenas aquele constituído por material efetivamente sólido.

Para se determinar a massa específica dos agregados, são utilizados dois métodos clássicos: picnômetro e balança hidrostática. O ensaio do picnômetro é usado para as areias, enquanto a balança hidrostática é empregada para as britas. As britas, em razão de suas grandes dimensões, possuem grandes vazios intergranulares entre as partículas, permitindo mais facilmente a saída de bolhas de ar. O mesmo não acontece com as areias, que requerem a realização de um ensaio com menor quantidade de massa e de maneira mais cuidadosa, demandando, inclusive, o uso de bomba de vácuo, para a remoção de bolhas de ar que ficam apreendidas no material.

O picnômetro é um recipiente que possui volume aferido. No ensaio, inicialmente determina-se a massa de sólidos e do picnômetro cheio de água (NM 52:2003). Em seguida, são adicionados no picnômetro os agregados não porosos e o volume de água necessário para completar o volume. Pesa-se o conjunto. O volume de sólidos é igual a $[(M_{amostra} + M_{pic} + M_{cheio\ de\ água}) - (M_{amostra} + M_{pic} - M_{água\ faltante})]$ / densidade da água (1 kg/dm³). A massa específica real (kg/dm³) é igual a $M_{sólidos} / V_{sólidos}$.

Para se determinar o volume aparente, faz-se necessário realizar primeiramente o ensaio de absorção de água. O volume de poros intragranulares é determinado pela M água absorvida no agregado/densidade da água (1 kg/dm³). Os agregados porosos devem ser, em seguida, adicionados no picnômetro na condição SSS, para evitar alterações no volume de água previsto no ensaio realizado com o picnômetro. Determina-se o $V_{sólidos}$, conforme comentado antes. O volume aparente é calculado pela soma do $V_{poros} + V_{sólidos}$. A massa específica aparente (kg/dm³) é igual a $M_{sólidos}/V_{aparente}$.

Na balança hidrostática (NM 53:2003]), o $V_{sólidos}$ das partículas é determinado pela lei de empuxo (Fig. 4.24), sendo equivalente a [(massa seca – massa submersa)/densidade da água] (Damineli, 2007). Para se determinar o volume aparente, deve-se também realizar primeiro o ensaio de absorção de água, encontrando-se na condição SSS. O $V_{aparente}$ ($V_{sólidos} + V_{poros}$) é igual a [(massa SSS – massa submersa) / densidade da água (1 kg/dm³)].

Alguns equipamentos instrumentais comercialmente disponíveis podem reduzir o tempo de caracterização dessas propriedades, por eliminar essa necessidade de pré-saturar os agregados em água. O primeiro deles é a picnometria de gás hélio, que determina o volume de sólidos por inserção de gás hélio, em vez da água, em uma célula de dimensão padronizada (Webb; Orr, 1997). A determinação consiste em encher uma célula de referência, com uma pressão de referência, e, em seguida, alimentar este gás em outra célula que contém o sólido, determinando-se a pressão que permanece nesta célula de referência. A partir da relação entre as pressões e o volume de referência da célula, determina-se o volume de sólidos ($P_1 \times V_1 = P_2 \times V_2$), em condição controlada de temperatura.

88 Capítulo 4

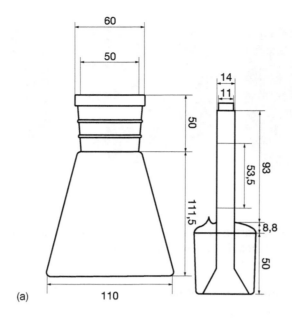

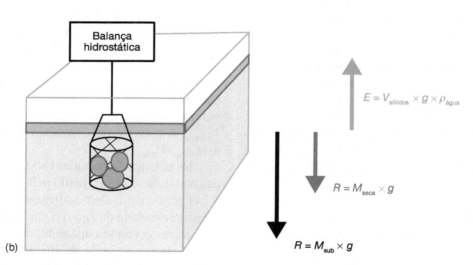

FIGURA 4.24 (a) Picnômetro utilizado na determinação da massa específica da areia; (b) balança hidrostática para a determinação da massa específica da brita.

O segundo equipamento é o picnômetro GeoPyc®, da empresa Micromeritics, que determina o volume aparente (envelope), por meio de um pó ultrafino (Dry-Flo®), no lugar da água (Webb, 2001). Este método é adequado para grãos acima de 2 mm. O tempo necessário para determinação dos volumes por estes métodos é inferior a 30 minutos (com agregados já secos), tempo certamente inferior ao de outros métodos já comentados. No picnômetro de pó (GeoPyc®), realiza-se um processo de compactação controlado (Fig. 4.25), com um material fino (Dry-Flo®). Determina-se uma distância do pistão até a superfície do pó. Em seguida, a massa das partículas é determinada e elas são adicionadas no cilindro, determinando-se novamente a distância do pistão até a superfície do pó. A diferença de distância (h) permite o cálculo do volume aparente, composto pelos poros e sólidos presentes nas partículas ($V_a = \pi r^2 h$).

A combinação desses dois métodos instrumentais permite caracterizar as massas específicas nas condições aparente (MEA) e real (MER) em, no máximo, 2 horas de trabalho (Angulo *et al.*, 2012), considerando-se que a eliminação de uma umidade residual do material pode ser realizada em aproximadamente 1 hora. A relação entre duas propriedades estima a porosidade intragranular [Eq. (4.3)], com maior precisão, em função do uso do gás hélio sob pressão.

$$\text{Porosidade (\%)} = \left(\frac{V_{\text{poros}}}{V_{\text{poros}} + V_{\text{sólidos}}} \right) \times 100 \quad \text{(I)}$$

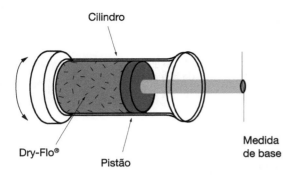

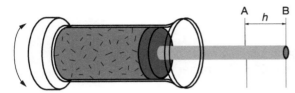

FIGURA 4.25 Princípio de medida de massa específica pelo picnômetro GeoPyc®.

$$\text{Porosidade (\%)} = \left(\frac{\frac{M_{seca}}{MEA} - \frac{M_{seca}}{MER}}{\frac{M_{seca}}{MEA}} \right) \times 100 \quad \text{(II)}$$

$$\text{Porosidade (\%)} = \left(\frac{\frac{1}{MEA} - \frac{1}{MER}}{\frac{1}{MEA}} \right) \times 100 \quad \text{(III)}$$

$$\text{Porosidade (\%)} = \left(1 - \frac{MEA}{MER}\right) \times 100 \quad (4.3)$$

4.5 EFEITO DOS AGREGADOS NOS MATERIAIS CIMENTÍCIOS

Além de influenciarem nas propriedades dos materiais cimentícios no estado fresco (aumento da demanda de água no concreto em virtude da porosidade inter(intra)granular e área superficial) dos agregados, estes também influenciam nas propriedades dos materiais cimentícios no estado endurecido. O agregado natural (pouco poroso), por ser mais rígido que a pasta de cimento, é fundamental para reduzir a retração, aumentar o módulo de elástico (Fig. 4.26) e reduzir a fluência dos materiais cimentícios (Neville; Brooks, 2013). Quanto maior o volume de agregados natural nos materiais cimentícios, menor será a retração, maior o módulo de deformação e menor a fluência dos materiais cimentícios (Neville; Brooks, 2013; Alexander; Mindess, 2005). A seleção do tipo de agregado natural é fundamental para se definir essas características. Concretos de elevada resistência requerem também agregados selecionados, de resistência elevada, pois podem limitar a resistência do material (Larrard, 1999) (Fig. 4.27). A resistência do concreto depende da resistência da matriz. Essa resistência está vinculada, essencialmente, ao volume e à resistência de pasta de cimento usado no preenchimento dos vazios deixados pelos agregados. A resistência da pasta de cimento não é igual à da matriz, porque os agregados geram efeito de confinamento no compósito, sob compressão. Quando a resistência do concreto atinge a resistência do agregado, a resistência dessa fase passa a limitar a resistência do concreto.

Por outro lado, os agregados porosos (leves, reciclados) reduzem a resistência mecânica e o módulo elástico dos materiais cimentícios, assim como aumentam a retração, quando usados em substituição aos agregados naturais (não porosos).

Com relação à durabilidade, os agregados podem conter fases amorfas constituídas por silício e alumínio, que se solubilizam lentamente e reagem com os álcalis do cimento, formando produtos expansivos que ocasionam fissuração em peças de concreto (Mehta; Monteiro, 2006) (Fig. 4.28). Existe um conjunto de normas brasileiras dedicadas ao assunto, sendo possível testar o potencial expansivo do agregado com o tipo de cimento específico, inclusive formas de mitigar com adição de pozolanas e finos.

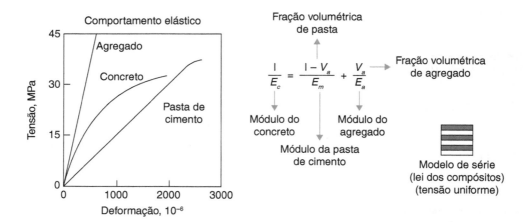

FIGURA 4.26 Influência do módulo e volume do agregado no módulo do concreto. Fonte: adaptada de Mehta e Monteiro (2006); Alexander (2005).

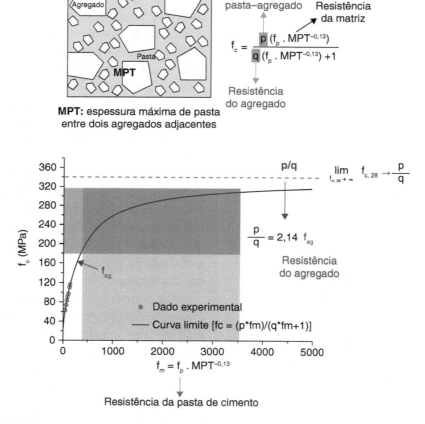

FIGURA 4.27 Efeito da pasta de cimento e dos agregados na resistência à compressão do concreto, segundo o modelo de Larrard. Fonte: adaptada de Larrard (1999); Silva (2022).

Os ensaios têm caráter preventivo, evitando o problema; ou seja, deve-se realizar ensaio petrográfico ou esses relacionados com o desempenho (expansão de argamassas e concretos) antes da aplicação definitiva do material na obra, como geralmente ocorre em grandes obras de barragem.

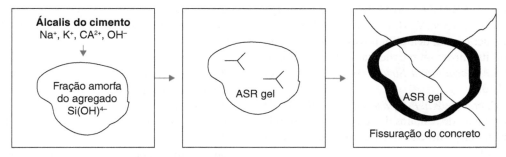

FIGURA 4.28 Mecanismo da expansão e fissuração da reação dos álcalis do cimento com a fração amorfa (contendo silício e alumínio) dos agregados. Fonte: adaptada de Figueira *et al.* (2019).

4.6 CONSIDERAÇÕES FINAIS

Os agregados são os materiais mais utilizados na construção e correspondem a quase todo o estoque de material presente nas edificações e obras de infraestrutura. O consumo *per capita* desse material é muito elevado em países em desenvolvimento ou desenvolvidos (> 4 t/hab. por ano) e, por isso, acarreta o esgotamento regionalizado de jazidas em grandes cidades ou regiões com condições geológicas não favoráveis. Mais da metade da produção dos agregados é destinada ao uso como materiais cimentícios (argamassas e concretos). A sua extração gera resíduos (estéreos) pouco perceptíveis nas cidades. Não se trata de material que requer uso intensivo de energia ou de geração de CO_2 na sua produção, mas não só expõe trabalhadores a materiais particulados, sendo obrigatório o uso de equipamentos de proteção individual (EPIs), bem como pode causar danos ambientais irreversíveis em leitos de rios. Seu transporte, embora se dê por grandes distâncias, não contribui significativamente na geração de CO_2, mas sim para problemas ambientais localizados relativos às emissões de SO_x (qualidade do ar urbano) e chuvas ácidas em centros urbanos.

O uso desse material requer sua divisão em lotes de produção e, consequentemente, as formas de manipulação geram heterogeneidade de suas características, devendo-se adotar procedimentos adequados de estoque, manipulação e amostragem do material. Há cerca de 30 normas técnicas envolvendo amostragem, classificação e ensaios para avaliar o desempenho dos agregados em uso, as quais variam em função das aplicações. Cabe ao engenheiro selecionar os ensaios ou controlar esse material por fichas de especificação e controle de qualidade de serviços de obras. O uso dos agregados em materiais cimentícios requer, principalmente, a caracterização das seguintes características: distribuição granulométrica, forma, porosidade (inter e intragranular), área superficial específica e massa específica. Essas características são utilizadas para se dosar materiais cimentícios com índice de vazios reduzidos e com mobilidade facilitada (baixo consumo de água), compatíveis com os requisitos esperados de desempenho mecânico, deformabilidade reduzida no concreto. A seleção dessas características é fundamental para se produzir materiais cimentícios ecoeficientes, de menor custo, melhor desempenho ambiental e, em decorrência, com baixa pegada de carbono. O módulo elástico do agregado é fundamental para definir o módulo de deformação do concreto estrutural e deve ser mais bem controlado, assim como a resistência do agregado limita a resistência do concreto. Com relação ao aspecto de durabilidade, os agregados à base de silicatos não devem conter fração amorfa, porque podem desenvolver reação com os álcalis do cimento. Ensaios podem medir a expansão potencial do concreto, e as possíveis formas de mitigá-lo com pozolanas, finos, de modo a tornar viável o uso do material.

BIBLIOGRAFIA

ALLEN, T. *Particle Size Measurement – Volume 1*: Powder sampling and. [s.l.] Springer, 1997.

ALEXANDER, M. G.; MINDESS, S. *Aggregates in concrete*. London; New York: Taylor & Francis, 2005.

ALMEIDA, S. L. M.; LUZ, A. B. *Manual de agregados para a construção civil*. Rio de Janeiro: Centro de Tecnologia Mineral, Ministério de Ciência e Tecnologia (MCT), 2009.

AMERICAN CONCRETE INSTITUTE. Aggregates for concrete. *ACI Education Bulletin E1-07*, 2007, Michigan.

ANGULO, S. C.; SILVA, R. B.; OLIVEIRA, V. L.; ULSEN, C. Caracterização das propriedades físicas dos agregados graúdos de RCD reciclados por picnometria de pó e de gás. *In*: CONGRESSO BRASILEIRO DO CONCRETO, 54., 2012, Maceió. *Anais*... Maceió: Ibracon, 2012.

ANGULO, S. C.; CARRIJO, P. M.; FIGUEIREDO, A. D.; CHAVES, A. P.; JOHN, V. M. On the classification of mixed construction and demolition waste aggregate by porosity and its impact on the mechanical performance of concrete. *Materials and Structures*, v. 43, n. 4, p. 519-528, 2010.

ANGULO, S. C. *et al.* (eds.). *Pesquisa setorial ABRECON 2020*: a reciclagem de resíduos de construção e demolição no Brasil. [s.l.] Universidade de São Paulo. Escola Politécnica, 2022.

ANGULO, S. C. *et al.* Probability distributions of mechanical properties of natural aggregates using a simple method. *Construction and Building Materials*, v. 233, p. 117269, fev. 2020.

ASSOCIAÇÃO BRASILEIRA DAS ENTIDADES DE PRODUTORES DE AGREGADOS PARA CONSTRUÇÃO. *Areia & Brita*, n. 52, Anepac, 2010. Disponível em: https://anepac.org.br/revistas/edicao-52-2010-nov-dez/. Acesso em: 2 set. 2024.

ASSOCIAÇÃO BRASILEIRA DE NORMAS TÉCNICAS. *NBR 7211*: Agregados para concreto – Especificação. Rio de Janeiro: ABNT, 2022.

ASSOCIAÇÃO BRASILEIRA DE NORMAS TÉCNICAS. *NBR 7809*: Agregado graúdo – Determinação do índice de forma pelo método do paquímetro. Rio de Janeiro: ABNT, 2008.

ASSOCIAÇÃO BRASILEIRA DE NORMAS TÉCNICAS. *NBR 9935*: Agregados – Terminologia. Rio de Janeiro: ABNT, 2024.

ASSOCIAÇÃO BRASILEIRA DE NORMAS TÉCNICAS. *NBR 15116*: Agregados de resíduos sólidos da construção civil: utilização em pavimentação e preparo de concreto sem função estrutural – Requisitos. Rio de Janeiro: ABNT, 2004.

BENGTSSON, M.; EVERTSSON, C. M. Measuring characteristics of aggregate material from vertical shaft impact crushers. *Minerals Engineering*, v. 19, p. 1479-1486, 2006.

BERNUCCI, L. B.; MOTTA, L. M. G.; CERATTI, J. A. P.; SOARES, J. B. Agregados. *In*: *Pavimentação asfáltica*: formação básica para engenheiros. 3. ed. Rio de Janeiro: Petrobras/Proasfalto, 2010, p. 114-154.

BLEISCHWITZ, R.; BAHN-WALKOWIAK, B. European aggregates industry: a case for sectoral strategies. *In*: *Berlin Conference on the Human Dimensions of Global Environmental Change*, Berlin, 2006.

BROCK, J. D.; MAY, J. D.; RENEGAR, G. *Segregation*: causes and cures. Tennessee: Astec Industries, 2011.

BUENO, R. I. S. *Aproveitamento da areia gerada em obra de desassoreamento*: caso Rio Paraibuna/SP. 2010. 110 p. Dissertação (Mestrado) – Escola Politécnica da Universidade de São Paulo, São Paulo, 2010.

CAMARINI, G. *Materiais de construção*: apresentações. São Paulo: Universidade Estadual de Campinas, 2011.

CARRIJO, P. M. *Análise da influência da massa específica de agregados graúdos provenientes de resíduos de construção e demolição no desempenho mecânico do concreto.*

2005. 129 p. Dissertação (Mestrado) – Escola Politécnica da Universidade de São Paulo, São Paulo, 2005.

CASTRO, A. L. *Aplicação de conceitos reológicos na tecnologia dos concretos de alto desempenho*. 2007. 334 p. Tese (Doutorado) – Interunidades, Universidade de São Paulo, São Paulo, 2007.

CAVARRETTA, I.; SULLIVAN, O. The mechanics of rigid irregular particles subject to uniaxial compression. *Géotechnique*, v. 62, n. 8, 2012, p. 681-692. Disponível em: http://dx.doi.org/10.1680/geot.10.P.102. Acesso em: 05 fev. 2025.

CHAVES, A. P. *Teoria e prática do tratamento de minérios*. 2. ed. São Paulo: Signus, v. 1, 2002.

CHAVES, A. P.; WHITAKER, W. Operações de beneficiamento de areia. *In*: *Manual de agregados para a construção civil*. Rio de Janeiro: Centro de Tecnologia Mineral, Ministério de Ciência e Tecnologia (MCT), 2009.

CONSELHO NACIONAL DO MEIO AMBIENTE (CONAMA). Resolução nº 369: Dispõe sobre os casos excepcionais, de utilidade pública, interesse social ou baixo impacto ambiental, que possibilitam a intervenção ou supressão de vegetação em Área de Preservação Permanente – APP. 2006. Disponível em: http://www.mma.gov.br. Acesso em: 12 set. 2024.

CUCHIERATO, G. *Caracterização tecnológica de resíduos da mineração de agregados da Região Metropolitana de São Paulo (RMSP), visando seu aproveitamento econômico*. 2000. 201 p. Dissertação (Mestrado) – Instituto de Geociências, Universidade de São Paulo, São Paulo, 2000.

DAMINELI, B. L. *Conceitos para formulação de concretos com baixo consumo de ligantes: controle reológico, empacotamento e dispersão de partículas*. 2013. 265 p. Tese (Doutorado) – Escola Politécnica da Universidade de São Paulo, São Paulo, 2013.

DAMINELI, B. L. *Estudo de métodos para caracterização de propriedades físicas de agregados graúdos de resíduo de construção e demolição reciclados*. 2007. Dissertação (Mestrado) – Escola Politécnica da Universidade de São Paulo, São Paulo, 2007.

DAMINELI, B. L.; PILEGGI, R. G.; JOHN, V. M. Lower binder intensity eco-efficient concretes. *In*: *Eco-efficient concrete*. Woodhead Publishing in Civil and Structural Engineering. Pacheco-Torgal, Jalali, Labrincha, John (Ed.), 2013. p. 26-41, 2007.

DIAS, J. F. *Avaliação de resíduos da fabricação de telhas cerâmicas para seu emprego em camadas de pavimento de baixo custo*. 2004. 268 p. Tese (Doutorado) – Escola Politécnica da Universidade de São Paulo, São Paulo, 2004.

ENGBLOM, N.; SAXÉN, H.; ZEVENHOVEN, R.; NYLANDER, H.; ENSTAD, G. G. Segregation of construction materials in silos. Part 1: Experimental findings on different scales. *Particulate Science and Technology*, v. 30, p. 145-160, 2012.

ERDOGAN, S. T.; FOWLER, D. W. Determination of aggregate shape properties using x-ray tomographic methods and the effect of shape on concrete rheology. *Research Report ICAR 106-1*. International Center for Aggregates, The University of Texas at Austin, 2005.

FALCÃO, C. M. B. B.; SOUZA, D. M. O. M.; FERREIRA, J. Z.; MATAR, M. R.; SOUZA, R. R. 188p. 2013. *Análise da qualidade do investimento e emissões de CO_2 associadas à produção de agregados reciclados na Região Metropolitana de São Paulo (RMSP)*. Trabalho de conclusão de curso (Graduação em Engenharia Civil) – Escola Politécnica da Universidade de São Paulo, São Paulo, 2013.

FIGUEIRA, R. B. *et al*. Alkali-silica reaction in concrete: Mechanisms, mitigation and test methods. *Construction and Building Materials*, v. 222, p. 903-931, out. 2019.

FRAZÃO, E. B. Panorama da produção e aproveitamento de agregados para construção. *In: Programa de capacitação de gestores de empresas mineradoras de agregados para a construção civil*. Ministério de Minas e Energia, 2006.

GEOMAC. *Estudo Ambiental lavra de granito com beneficiamento e canteiro industrial*. 2012. 128 p. Disponível em: http://licenciamento.ibama.gov.br. Acesso em: 12 set. 2024.

GONÇALVES, J. M. F.; MARTINS, G. Consumo de energia e emissão de gases do efeito estufa no transporte de cargas no Brasil. *Brasil Engenharia*, p. 70-76, ago. 2008.

HABERT, G.; BOUZIDI, Y.; CHEN, C.; JULLIEN, A. Development of a depletion indicator for natural resources used in concrete. *Resources, Conservation and Recycling*, v. 54, p. 364-376, 2010.

HASHIMOTO, S.; TANIKAWA, H.; MORIGUCHI, Y. Where will large amounts of materials accumulated within the economy go? A material flow analysis of construction minerals for Japan. *Waste Management*, v. 27, p. 1725-1738, 2007.

HAWLITSCHEK, G. *et al*. Análise de imagens por fluxo dinâmico de partículas. *Brasil Mineral*, São Paulo, v. 1, n. 329, p. 82-85, maio 2013.

HOLCIM. *Environment Product Declaration of Aggregates*. Romênia, 2014. Disponível em: http://www.holcim.ro/. Acesso em: 12 set. 2024.

INSTITUTO BRASILEIRO DE MINERAÇÃO (IBRAM). *Informações e análises da economia mineral brasileira*. 6. ed. Brasília: Ibram, 2011. Disponível em: http://www.ibram.org.br. Acesso em: 12 set. 2024.

JORDAN, C. *et al*. Sand mining in the Mekong Delta revisited - current scales of local sediment deficits. *Scientific Reports*, v. 9, n. 1, p. 17823, dez. 2019.

JULLIEN, A.; PROUST, C.; MARTAUD, T.; RAYSSAC, E.; ROPERT, C. Variability in the environmental impacts of aggregate production. *Resources, Conservation and Recycling*, n. 62, p. 1-13, 2012.

KANDHAL, P.; MALLICK, R.; HUNER, M. Measuring Bulk-Specific Gravity of Fine Aggregates: development of New Test Method Transp. *Journal of Transportation Research Board*, v. 1721, p. 81-90, jan. 2000.

KLEIN, N. S.; AGUADO, A.; TORALLES-CARBONARI, B.; REAL, L. V. Prediction of the water absorption by aggregates over time: modelling through the use of value function and experimental validation. *Construction and Building Materials*, p. 213-220, 2014.

KRAUSMANN, F. *et al*. From resource extraction to outflows of wastes and emissions: The socioeconomic metabolism of the global economy, 1900-2015. *Global Environmental Change*, v. 52, p. 131-140, set. 2018.

KUDROLLI, A. Size separation in vibrated granular matter. *Rep. Prog. Phys*. v. 67, n. 209–247, 2004.

KWAN, A. K. H. *et al*. Particle shape analysis of coarse aggregate using Digital Image Processing. *Cement and Concrete Research*, v. 29, p. 1403-10, 1999.

LA SERNA, H. A.; REZENDE, M. M. *Agregados para a construção civil*. Brasília: Departamento Nacional de Produção Mineral (DNPM), 2012. Disponível em: http://www.anepac.org.br. Acesso em: 12 set. 2024.

LARRARD, F. de. *Concrete mixture proportioning: a scientific approach*. London: E & FN Spon, 1999.

LIST, J.; KÖHLER, U.; WITT, W. Innovations in Dynamic Image Analysis: down to 1 μm. *In*: WORLD Congress on Particle Technology (WCPT6). *Proceedings*. Nuremberg, Germany: SPE, 2010.

LOZ, P. H. F. Avaliação multiescala da rugosidade de agregados graúdos naturais. 2020. Dissertação (Mestrado em Engenharia de Construção Civil e Urbana) – Universidade de São Paulo, São Paulo, 2020.

LOZ, P. H. F. *et al*. Use of a 3D Structured-Light Scanner to Determine Volume, Surface Area, and Shape of Aggregates. *Journal of Materials in Civil Engineering*, v. 33, n. 9, p. 04021240, set. 2021.

MARQUES, E. D. *et al*. Influence of acid sand pit lakes in surrounding groundwater chemistry, Sepetiba sedimentary basin, Rio de Janeiro, Brazil. *Journal of Geochemical Exploration*, v. 112, p. 306-321, jan. 2012.

MEHTA, P. K.; MONTEIRO, P. J. M. *Concrete*: microstructure, properties and materials. 3. ed. New York: McGraw-Hill, 2006.

MENDES, T. M. *Influência do coeficiente de atrito entre os agregados e da viscosidade da matriz no comportamento reológico de suspensões concentradas heterogêneas*. 2008. 103 p. Dissertação (Mestrado) – Escola Politécnica da Universidade de São Paulo, São Paulo, 2008.

MIATTO, A. *et al*. Global patterns and trends for non-metallic minerals used for construction: global non-metallic minerals account. *Journal of Industrial Ecology*, v. 21, n. 4, p. 924-937, ago. 2017.

MILLER, A. E.; BARRETT, T. J.; ZANDER, A. R.; WEISS, W. J. Using a centrifuge to determine moisture properties of lightweight fine aggregate for use in internal curing. *Advances in Civil Engineering Materials*, v. 3, n. 1, 2014.

MILLS-BEALE, J.; YOU, Z.; WILLIAMS, R. C.; DAI, Q. Determining the specific gravities of coarse aggregates utilizing vacuum saturation approach.

Construct and Building Materials, v. 23, n. 3, p. 1316-1322, mar. 2009.

MORA, C. F.; KWAN, A. K. H.; CHAN, H. C. Particle size distribution analysis of coarse aggregate using digital image processing. *Cement and Concrete Research*, v. 28, n. 6, p. 921-932, 1998.

NEVILLE, A.; BROOKS, J. J. *Tecnologia do concreto*. 2. ed. São Paulo: Bookman, 2013.

NOHL, J.; DOMNICK, B. *Stockpile segregation*. Technical Paper T-551. Morris, Minnesota: Superior Industries, 2000.

NORMA MERCOSUL (NM). *NM 26*: Agregados – Amostragem. Rio de Janeiro, 2009.

NORMA MERCOSUL (NM). *NM 27:* Agregados – Redução da amostra de campo para ensaios de laboratório. Rio de Janeiro, 2001.

NORMA MERCOSUL (NM). *NM 45*: Agregados – Determinação da massa unitária e do volume de vazios. Rio de Janeiro, 2006.

NORMA MERCOSUL (NM). *NM 52*: Agregado miúdo – Determinação da massa específica e massa específica aparente. Rio de Janeiro, 2003.

NORMA MERCOSUL (NM). *NM 53*: Agregado graúdo – Determinação de massa específica, massa específica aparente e absorção de água. Rio de Janeiro, 2003.

NORMA MERCOSUL (NM). *NM 248*: Agregados – Determinação da composição granulométrica. Rio de Janeiro, 2003.

OLIVEIRA, I. R.; STUDART, A. R.; PILEGGI, R. G.; PANDOLFELLI, V. C. *Dispersão e empacotamento de partículas: princípios e aplicações em processamento cerâmico*. São Paulo: Fazendo Arte Editorial, 2000.

OTTINO, J. M.; KHAKHAR, D. V. Mixing and Segregation of Granular Materials. *Annual Review of Fluids Mechanical*, n. 32, p. 55-91, 2000.

PACHECO, A. A. L. *et al*. Transportation impact on CO2 emissions of concrete: a case study in Rio Branco/Brazil. *Revista Ibracon de Estruturas e Materiais*, v. 15, n. 6, p. e15609, 2022.

PADMALAL, D.; MAYA, K. *Sand Mining*. Dordrecht: Springer Netherlands, 2014.

PETERSEN, L.; DAHL, C. K.; ESBENSEN, K. H. Representative mass reduction in sampling—a critical survey of techniques and hardware. *Chemometrics and Intelligent Laboratory Systems*, v. 74, n. 95–114, 2004.

PETERSEN, L. *et al*. Representative sampling for reliable data analysis: Theory of Sampling. *Chemometrics and Intelligent Laboratory Systems*, n. 77, p. 261-277, 2005.

POON, C. S. *et al*. Influence of moisture states of natural and recycled aggregates on the slump and compressive strength of concrete. *Cement and Concrete Research*, n. 34, p. 31-36, 2004.

PORTLAND CEMENT ASSOCIATION (PCA). Aggregates for concrete. *In*: *Design and control of concrete mixes*. 14. ed. Illinois: PCA, 2003. p. 79-103.

REBMANN, M. S.; HAWLITSCHEK, G.; CARMO, R.; CARDOSO, F. A.; PILEGGI, R. G. Efeito da forma dos agregados graúdos sobre o comportamento no estado fresco de concreto autoadensável com baixo consumo de cimento. *In*: CONGRESSO BRASILEIRO DO CONCRETO, 54., 2012, Maceió. *Anais...* Maceió, AL: Ibracon, 2012.

REBMANN, M. S. *Robustez de concretos com baixo consumo de cimento Portland: desvios no proporcionamento e variabilidade granulométrica e morfológica dos agregados*. 2016. Tese (Doutorado em Engenharia de Construção Civil e Urbana) – Escola Politécnica da Universidade de São Paulo, São Paulo, 2016.

ROMANO, R. C.; CARDOSO, F. A.; PILEGGI, R. G. Propriedades do concreto no estado fresco. *Concreto*: Ciência e Tecnologia, v. 1, São Paulo: Instituto Brasileiro do Concreto, 2011.

RUSS, J. C. *The image processing handbook*. 6. ed. United States: CRC Press, 2011.

SBRIGUI, C. Agregados naturais, britados e artificiais para concreto. *In*: *Concreto*: Ciência e Tecnologia, v. 1, São Paulo: Instituto Brasileiro do Concreto, 2011.

SCHOUENBORG, B.; AURSTAD, J.; PETURSSON, P. Test methods adapted to alternative aggregates. *In*: *Proceedings of International RILEM Conference on the Use of Recycled Materials in Buildings and Structures*, Barcelona, 2004, p. 1154.

SISTEMA DE INFORMAÇÃO DO DESEMPENHO AMBIENTAL DA CONSTRUÇÃO (SIDAC). Disponível em: https://sidac.org.br/. Acesso em: 12 set. 2024.

SILVA, N. V. *et al*. Improved method to measure the strength and elastic modulus of single aggregate particles. *Materials and Structures*, v. 52, n. 4, p. 77, ago. 2019.

SILVA, N. V. *Propriedades mecânicas das fases e seus efeitos no comportamento mecânico do concreto*. 2022. 197 p. Tese (Doutorado) – Escola Politécnica da Universidade de São Paulo, São Paulo, 2022.

SOUZA, A. *Avaliação do ciclo de vida da areia em mineradora de pequeno porte na região de São José do Rio Preto/SP*. 2012. 121 p. Dissertação (Mestrado) – Universidade Federal de São Carlos, São Paulo, 2012.

SOUZA, M. P. R. *Avaliação das emissões de CO_2 antrópico associadas ao processo de produção do concreto, durante a construção de um edifício comercial, na Região Metropolitana de São Paulo (RMSP)*. 2012. 127 p. Dissertação (Mestrado) – Instituto de Pesquisas Tecnológicas, São Paulo, 2012.

TANG, P.; PURI, V. M. Methods for minimizing segregation: a review. *Particulate Science and Technology*, n. 22, p. 321-327, 2004.

TANIKAWA, H.; HASHIMOTO, S. Urban stock over time: spatial material stock analysis using 4d-GIS. *Building Research & Information*, v. 37, n. 5-6, p. 483-502, 2009.

TAVARES, L. M.; KING, R. P. Single-particle fracture under impact loading. *International Journal of Mineral Processing*, v. 54, p. 1-28, 1998.

TRISTÃO, F. A. *Influência dos parâmetros texturais das areias nas propriedades das argamassas mistas de revestimento.* 2005. 234 p. Tese (Doutorado) – Universidade Federal de Santa Catarina, Santa Catarina, 2005.

UNITED NATIONS ENVIRONMENT PROGRAMME (UNEP). *Sand and sustainability: finding new solutions for environmental governance of global sand resources.* 2019. [S.L: S.N.]. Disponível em: https://unepgrid.ch/en/activity/sand. Acesso em: 12 set. 2024.

UNLAND, G.; SZCZELINA, P. Coarse crushing of brittle rocks by compression. *International Journal of Mineral Processing*, v. 74S, p. S209-S217, 2004.

VAN DER MEULEN, M. J.; GESSEL, S. F.; VELDKAMP, J. G. Aggregate resources in the Netherlands. *Netherlands Journal of Geosciences*, n. 84, v. 4, p. 379-387, 2005.

WEBB, P. A.; ORR, C. *Analytical methods in fine particle technology.* Micromeritics Instrument Corp. Norcross, 1997.

WEBB, P. A. *Volume and density determinations for particle technologists.* Micromeritics Instrument Corp. Norcross, 2001.

WEIDMANN, D. F. *Contribuição ao estudo da influência da forma e da composição granulométrica de agregados miúdos de britagem nas propriedades do concreto de cimento Portland.* 2008. 295 p. Dissertação (Mestrado em Engenharia Civil) – Universidade Federal de Santa Catarina, Santa Catarina, 2008.

WITT, W.; KOHLER, U.; LIST, J. Direct imaging of very fast particles opens the application of the powerful (dry) dispersion for size and shape characterization. PARTEC 2004. *Anais... In*: PARTEC. Nürnberg: 2004.

5

ADITIVOS E ADIÇÕES

Prof. Eng.º Luiz Alfredo Falcão Bauer •
Prof.ª Eng.ª Maria Aparecida de Azevedo Noronha •
Prof. Eng.º Roberto José Falcão Bauer •
M.Sc. Eng.º Shingiro Tokudome

5.1 Introdução, 97
5.2 Definição e Normas Técnicas, 97
5.3 Classificação, 97
5.4 Redutores de Água/Plastificantes (P), 98
5.5 Superplastificantes (SP I), 99
5.6 Superplastificantes (SP II), 100
5.7 Compatibilidade entre Aditivos "P", "SP I" e "SP II", 101
5.8 Fatores que Afetam o Desempenho dos Aditivos "P", "SP I" e "SP II", 102
5.9 Desempenho Esperado dos Aditivos, 102
5.10 Retardador de Pega (R), 102
5.11 Incorporador de Ar (IA), 105
5.12 Aceleradores, 117
5.13 Aditivos Especiais, 118
5.14 Adições Minerais, 121
5.15 Recomendações para Melhor Desempenho dos Aditivos e Adições, 123

5.1 INTRODUÇÃO

Este capítulo tem por objeto registrar, sumariamente, a ação e os efeitos dos vários aditivos e adições para concretos ou argamassas, atualmente disponíveis no mercado nacional, ou de emprego viável em futuro próximo.

É apenas mais uma pequena contribuição, no sentido de auxiliar os engenheiros construtores na seleção e emprego de aditivos, bem como de alertar sobre a necessidade de ampliar as normas brasileiras de métodos padronizados de ensaio, para determinação e aferição das ações dos aditivos e de seus efeitos desejáveis ou inconvenientes.

Como na pesquisa de produtos farmacêuticos, em que se tem buscado encontrar remédios capazes de prevenir e/ou curar males específicos, também na pesquisa de aditivos tem-se procurado elementos que, por suas características, introduzam qualidades ou diminuam defeitos nos concretos e argamassas.

Tanto na busca de remédios, quanto no estudo dos aditivos, poder-se-ia sonhar com um produto capaz de introduzir todas as qualidades, bem como de evitar todos os defeitos, foi este, efetivamente, o sonho dos alquimistas que buscaram, durante séculos, os elixires de longevidade e as panaceias para todos os males.

Porém, como os produtos farmacêuticos, também os aditivos, até certo ponto, podem, ao causar a cura de certos defeitos ou ao introduzir certas qualidades, acarretar o aparecimento de outras deficiências.

Convém finalmente lembrar, dentro da mesma linha de analogia, que tanto na medicina quanto na tecnologia é bem mais fácil introduzir qualidades em organismo ou em produto "são" do que curar ou corrigir doenças ou defeitos.

Os aditivos em concreto podem ser considerados o quarto componente em virtude do largo campo de aplicação, representando, de maneira geral, até cerca de 5 % da massa de ligantes no concreto. O uso de aditivos em misturas cimentícias permite uma gama variada de aplicações, desde em concretos secos a autoadensáveis, argamassas para impermeabilização, dentre outras, com reflexos nas propriedades no estado fresco e no endurecido.

Neste capítulo, apresentam-se as principais definições, classificação, tipos de aditivos para concreto e argamassa, efeitos dos aditivos e alguns resultados de experimentos realizados com aditivos.

5.2 DEFINIÇÃO E NORMAS TÉCNICAS

Pode-se definir como *aditivo* todo produto não indispensável à composição e finalidade do concreto, que, colocado na betoneira, imediatamente antes ou durante a mistura do concreto, em quantidade geralmente pequena e bem homogeneizado, faz aparecerem ou reforça certas características.

A ABNT NBR 11768 – Partes 1, 2 e 3:2019, Aditivos químicos para concreto de cimento Portland – define aditivos como "produtos que, adicionados em pequenas quantidades a concretos de cimento Portland, modificam algumas de suas propriedades, no sentido de melhor adequá-las a determinadas condições".

5.3 CLASSIFICAÇÃO

A classificação dos aditivos pode ser baseada na ação ou nos efeitos.

O critério baseado na ação é mais científico e distingue apenas as ações puramente química, física ou físico-química.

Entende-se por ação química aquela que modifica a solubilidade dos compostos do cimento.

Assim, por exemplo, alguns produtos aceleram a dissolução de cal ou do alumínio ou da sílica, acelerando o processo, enquanto outros formam como que uma proteção às fases anidras, retardando a hidratação.

Desta forma, os aditivos de ação química modificam, em um ou em outro sentido, a cinética do processo de hidratação.

Por ação física entende-se aquela que, por forças de absorção de Van der Waals de natureza tensoativa, modifica a tensão superficial da fase líquida e, ainda, a tensão interfacial entre esta e as fases sólida ou gasosa. Em outras palavras, pode-se dizer que os tensoativos fazem com que as moléculas de água nas interfaces "água-ar" e "água-sólido" tenham menor coesão. Assim, aumentam a capacidade de molhabilidade (umectação) da água, bem como seu poder de penetração.

As moléculas dos tensoativos têm um radical hidrófobo e apolar e outro radical hidrófilo e polar.

Por ação físico-química, entende-se aquela que por efeito físico modifica a tensão superficial e interfacial água – "água × ar" e "água × sólido" –, e, por efeito químico, modifica a cinética do processo de hidratação.

O critério de classificação baseado nos efeitos, não obstante ser de menor precisão científica, será o abordado neste capítulo, tendo em vista uma das finalidades propostas que consiste em contribuir para a seleção e correto emprego dos aditivos, por parte dos engenheiros civis ligados diretamente à construção.

Propõem-se os agrupamentos seguintes para classificação e estudo das características principais ou predominantes dos aditivos, tendo como base as finalidades procuradas pela sua aplicação.

Os aditivos, segundo a ABNT NBR 11768-1:2019, se classificam em:

- aditivo redutor de água/plastificante (P);
- aditivo retardador de pega (R);
- aditivo de alta redução de água/superplastificante tipo I (SP);
- aditivo de alta redução de água/superplastificante tipo II (SP);
- aditivo incorporador de ar (IA);
- aditivo acelerador de pega (AP).

Além dos aditivos classificados por esta norma, existem outros chamados de aditivos especiais, utilizados em casos específicos:

- aditivos modificadores de viscosidade;
- aditivos redutores de permeabilidade capilar;
- aditivos retentores de água;
- aditivos aceleradores para concreto projetado;
- aditivo redutor de reação álcali-agregado;
- aditivos controladores de hidratação;
- aditivos expansores;
- aditivos para argamassa.

5.4 REDUTORES DE ÁGUA/PLASTIFICANTES (P)

São de materiais orgânicos ou combinados orgânicos e inorgânicos que agem diretamente sobre o cimento e a água de amassamento. As primeiras publicações referentes à utilização de aditivo plastificante em pequenas quantidades de materiais orgânicos para o aumento da consistência em concretos à base de lignossulfonato (LSF) e naftalenos (NSF) estão datados em meados dos anos 1930, seguidos de outras pesquisas com melamina (MSF) e poliacrilato nos anos 1980, e desde meados dos anos 1990 surgiu a tecnologia do éter-policarboxilato (PCE), que vem sendo aprimorado ainda nos dias de hoje. Entretanto, os aditivos plastificantes à base de lignossulfonatos (LSF) e naftalenos (NSF) ainda são os mais utilizados. A estrutura unitária que representa o lignossulfonato e o naftaleno está mostrada nas Figuras 5.1 e 5.2.

- Lignossulfonato: extraído da madeira, resulta do processo de sulfonatação da lignina (licor negro).
- Naftaleno: extraído do petróleo, resulta do polímero de formaldeído – naftaleno sulfonado (NSF).

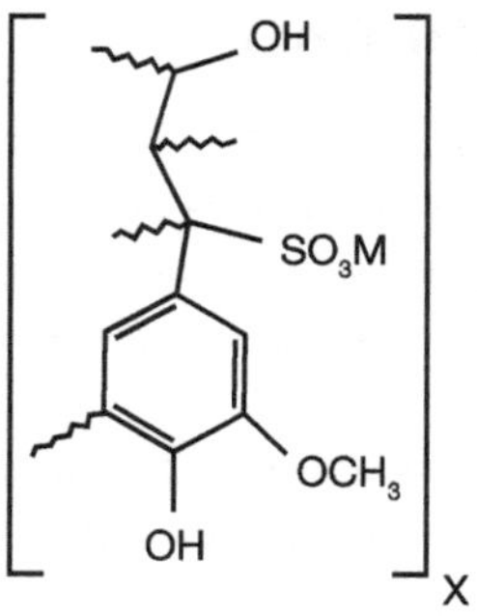

FIGURA 5.1 Estrutura unitária do lignossulfonato.

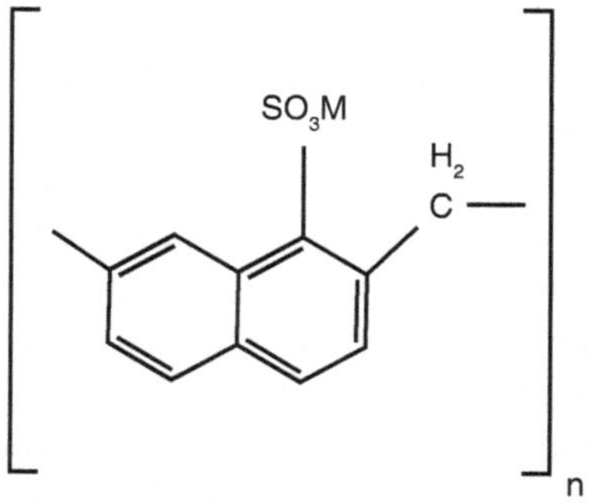

FIGURA 5.2 Estrutura unitária do naftaleno.

A atuação do lignossulfonato e do naftaleno é particularmente detectada no sistema sólido-líquido ou líquido-líquido, cujo fenômeno decorre da facilidade com que os seus íons migram para as interfaces das duas bases e também pelo mecanismo físico de adsorção, capaz de alterar a tensão superficial da água. Mesmo em pequenas quantidades, pode molhar superfícies, remover partículas, penetrar em materiais porosos, dispersar partículas sólidas em razão da propriedade tensoativa. O lignossulfonato e o naftaleno são também utilizados como agentes dispersantes em sistema sólido-líquido, no qual partículas sólidas de reduzidas dimensões necessitam de dispersão em meio aquoso, prevenindo a formação de grumos de partículas insolúveis finamente divididas em suspensão. A partir do momento em que as moléculas dos plastificantes são adsorvidas na superfície das partículas sólidas dispersas no meio aquoso, cargas negativas são conferidas a essas partículas, que, por se encontrarem negativamente carregadas, passam a se repelir mutuamente, evitando a formação de aglomerados de partículas. Também pode provocar a formação de uma película fina (filme) que vai atuar como uma barreira física, impedindo o contato direto das partículas entre si e entre as partículas e o meio aquoso ao redor. O poder de repulsão do naftaleno é maior que do lignossulfonado, o que explica a maior capacidade de dispersão e redução de água. Essa atividade é basicamente de natureza eletrostática, conforme ilustrado na Figura 5.3.

O aditivo redutor/plastificante (P) é adicionado durante o processo de mistura do concreto fresco para aumentar a plasticidade do concreto mantendo a relação água/cimento, ou reduzir a quantidade de água para a obtenção de um concreto com a consistência e/ou relação água/cimento especificada. Recomendado para concretos usinados em centrais dosadoras e misturadoras, pode ser composto com outros aditivos (superplastificantes, retardadores de pega, incorporadores de ar e aceleradores) em um único produto e é chamado comercialmente de aditivo multifuncional.

5.4.1 Efeitos dos Aditivos "P" sobre o Concreto

Os efeitos e propriedades dos aditivos variam sensivelmente em decorrência de sua natureza, da composição do cimento, da água de amassamento, dos agregados e adições minerais.

No estado fresco

- Redução do consumo de água para uma mesma plasticidade (5,0 a 9,0 %);
- aumento da plasticidade para um mesmo consumo de água;
- controle do tempo de pega do concreto;
- melhor condição de trabalhabilidade, vibração e bombeamento;
- maior coesão e menor segregação;
- redução na temperatura do "concreto massa" durante o período de hidratação, graças à diminuição do consumo de cimento;
- menor exsudação se comparada à do concreto sem aditivo;
- diminuição da retração plástica;
- retardo de pega em dosagens altas.

No estado endurecido

- Melhor hidratação do cimento;
- maior resistência mecânica;
- menor índice de fissuras de retração;
- redução da retração por secagem;
- diminuição da porosidade.

5.5 SUPERPLASTIFICANTES (SP I)

O aditivo superplastificante (SP I) à base de polímeros de formaldeído-naftaleno sulfonado (NSF) tem como característica a capacidade de maior dispersão que o lignossulfonato, ou seja, a capacidade de redução maior de água, e de proporcionar maior consistência e trabalhabilidade, conforme ilustrado na Figura 5.4. Entretanto, apesar deste alto desempenho

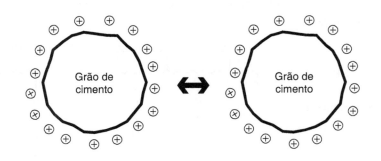

FIGURA 5.3 Sistema eletrostático da ação do aditivo tipo P.

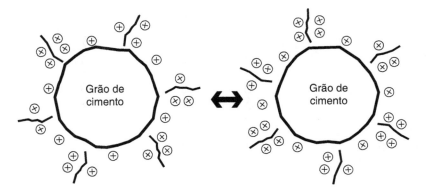

FIGURA 5.4 Sistema eletrostático da ação do aditivo tipo SP I.

na dispersão aumentando a fluidez, o tempo de manutenção da consistência é curto, em média de 30 minutos, podendo reduzir conforme o aumento da temperatura do concreto.

Normalmente, em concretos usinados, o superplastificante (SP I) é adicionado em campo no momento da aplicação, sobrepondo-se ao redutor/plastificante (P) já colocado na central de concreto. Na indústria de pré-moldado, o superplastificante (SP I) é utilizado diretamente durante o processo de mistura com todos os materiais.

5.5.1 Efeitos dos Aditivos "SP I" sobre o Concreto

Os efeitos e propriedades do aditivo superplastificante (SP I) variam conforme a natureza dos materiais constituintes do concreto, mas é importante salientar que este aditivo apresenta melhor efeito de dispersão para concretos com abatimento inicial (antes de colocar o superplastificante) superior a 50 mm.

No estado fresco

- Melhora a dispersão e distribuição dos aglomerantes (cimento + adição mineral);
- grande redução do consumo de água para abatimentos superior a 120 mm (redução de até 15 %);
- aumento significativo da consistência para um mesmo consumo de água (50 mm para 180 mm);
- rápida perda de abatimento (curta manutenção);
- quebra da coesão do sistema, facilitando a segregação;
- redução do consumo de cimento e calor de hidratação em "concreto massa";
- curto período de exsudação;
- melhora a trabalhabilidade, vibração e bombeamento;
- aumenta a produtividade no bombeamento e lançamento;
- diminui a retração plástica.

No estado endurecido

- Melhora hidratação do cimento;
- pouca interferência na resistência inicial;
- maior resistência mecânica inicial e final;
- menor índice de fissuras de retração;
- redução da retração por secagem;
- diminuição da porosidade.

Aditivo recomendado para utilização no ponto de descarga na obra com estruturas de armação densa, ou em fábricas de pré-moldados.

5.6 SUPERPLASTIFICANTES (SP II)

O aditivo superplastificante representa a última geração em aditivos para concreto, também chamado de hiperplastificante, em virtude de sua grande capacidade de reduzir o consumo de água; comparativamente ao tipo P, pode ser superior a três vezes. Em função da possibilidade de fabricar em diferentes formatos de polímeros, é visto como um grande desafio na indústria de químicos para construção considerando o grande universo de tipos de cimento encontrados no mundo. O processo de polimerização permite construir polímeros com cadeias longas ou curtas, aumentando as possibilidades de melhorar o desempenho dos aditivos superplastificantes em redução de água, maior manutenção de consistência e trabalhabilidade do que os aditivos à base de naftalenos. Além destas propriedades, também possibilita o aumento da resistência mecânica nas primeiras idades e nas finais.

O aditivo superplastificante (SP II) à base de éter-policarboxilato (PCE) é obtido por processo de polimerização de ácido acrílico ou substituição por moléculas imidisadas, tais como sucinimido ou acetato de vinilo, estireno ou ácido sulfanílico, para modificar as propriedades de dispersão. Depois, esse polímero é copolimerizado com etoxilato, geralmente um polietileno ou glicol polipropileno, ou ainda um copolímero dos dois. O comprimento da cadeia do etoxilato e o número de reações em uma cadeia de policarboxilato regem as propriedades do superplastificante éter-policarboxilato (PCE). A estrutura unitária que representa o PCE está representada na Figura 5.5.

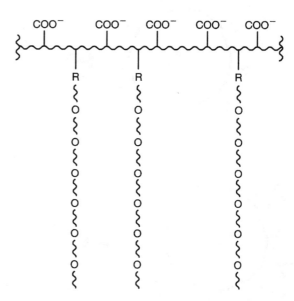

FIGURA 5.5 Estrutura básica dos éteres policarboxilatos.

Os aditivos superplastificantes à base de éter policarboxilato apresentam mecanismos de atuação no concreto um pouco diferenciados dos aditivos superplastificantes à base de melamina e naftaleno. Os policarboxilatos também adsorvem em cimento hidratado pelos grupos de carboxilato, mas menos intensamente do que os grupos sulfonados nos superplastificantes anteriores. Contudo, as cadeias laterais de etoxilato são hidrófilas e formam uma resistente camada de solvatação ao redor da molécula, tanto na solução como quando adsorvidas na superfície de cimento, constituindo uma camada esférica ao redor do cimento, eficaz em sua capacidade de evitar a refloculação das partículas, menos afetadas pelo processo contínuo da hidratação do cimento, que, em outros superplastificantes, provoca a neutralização do efeito dispersante. Na Figura 5.6, representa-se um modelo da estrutura ativa da relação entre o PCE e o cimento.

5.6.1 Efeitos dos Aditivos "SP II" sobre o Concreto

Os efeitos do aditivo à base de éter policarboxilato (PCE) sobre o concreto são mais intensos que no caso dos redutores/plastificantes (P) e superplastificantes (SP I) em razão de sua grande capacidade de dispersão. São mais sensíveis à natureza e variação a dos materiais constituintes (cimento, areia, brita, água e adição).

No estado fresco

- Alta redução do consumo de água (> 30 %);
- aumento significativo da consistência de abatimento;
- possibilita a produção de concreto autoadensável (CAA);
- maior produtividade no bombeamento e lançamento;
- manutenção da consistência, varia de acordo com a compatibilidade entre polímero e cimento;
- coesão varia de acordo com o polímero utilizado;
- redução do consumo de cimento e calor de hidratação;
- menor exsudação, podendo chegar a ser praticamente zero;
- diminuição da retração plástica.

No estado endurecido

- Melhora a hidratação do cimento;
- alta resistência mecânica inicial e final;
- possibilita a produção de concreto de elevado desempenho;
- menor índice de fissuras de retração;
- redução da retração por secagem;
- diminuição da porosidade;
- aumento da durabilidade.

5.7 COMPATIBILIDADE ENTRE ADITIVOS "P", "SP I" E "SP II"

Normalmente, os aditivos são compatíveis entre plastificantes, retardadores, superplastificantes, incorporadores de ar e aditivos especiais. No caso do incorporador de ar, em alguns casos podem apresentar baixo desempenho quando combinados com os redutores/plastificantes (P) ou superplastificantes I e II, pois estes levam antiespumantes na composição da formulação para evitar o ar incorporado indesejável em concretos convencionais. Portanto, sempre é recomendável a consulta e/ou utilização de produtos do mesmo fornecedor por questões de responsabilidade em caso de o concreto apresentar anomalia.

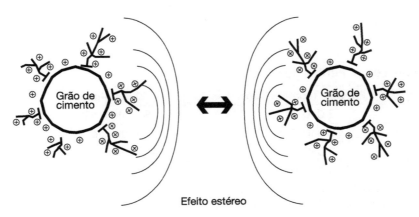

FIGURA 5.6 Modelo da estrutura ativa da relação entre o éter policarboxilato e o cimento.

102 Capítulo 5

A combinação entre aditivos à base de naftalenos formaldeídos (NSF) e éter-policarboxilatos (PCE) tem apresentado incompatibilidade; neste caso, não é recomendável a combinação dessas duas bases.

Em todas as situações, testes de compatibilidade deverão ser realizados em laboratório de concreto.

5.8 FATORES QUE AFETAM O DESEMPENHO DOS ADITIVOS "P", "SP I" E "SP II"

A temperatura elevada do concreto e do ambiente pode causar uma reação muito rápida a ponto de prejudicar todo o efeito benéfico de sua aplicação, e a temperatura muito baixa retarda a reação, podendo retardar a pega e impossibilitar a desforma e/ou o acabamento no prazo esperado.

A qualidade da água de amassamento pode gerar ar incorporado ou retardo de pega no concreto e, também, prejudicar as resistências mecânicas.

Presença de alta quantidade de material pulverulento nos agregados, principalmente argilosos, pode inibir o desempenho dos aditivos.

Aditivos de moagem utilizados na produção dos cimentos podem alterar o desempenho dos aditivos, na capacidade de redução de água, tempo de manutenção da consistência e incorporação de ar.

A origem (natural ou artificial) e a granulometria do agregado miúdo podem incorporar ar além do desejável, tornar o concreto mais áspero, segregável ou extremamente coeso.

5.9 DESEMPENHO ESPERADO DOS ADITIVOS

No Quadro 5.1, apresentam-se a faixa de dosagem típica dos aditivos, a redução da relação a/c esperada e o aumento de resistência mecânica na compressão axial.

5.10 RETARDADOR DE PEGA (R)

Os agentes retardadores agem sobre o cimento, regulando a formação do gel. Seu efeito principal consiste em retardar a pega do cimento, conservando a massa em estado plástico, durante um maior período de tempo. O componente quimicamente ativo dos retardadores detém a formação do gel, em proporção direta da quantidade empregada. O recolhimento da partícula de gel, ainda relativamente pequena, retém em dado instante menos água, permitindo que a quantidade de água não absorvida melhore as condições de trabalhabilidade.

Para que se possa compreender a ação do retardador, convém, antes, lembrar o que se passa com o cimento durante sua hidratação.

Os principais componentes do cimento são os relacionados no Quadro 5.2.

QUADRO 5.1 Resumo da redução da relação a/c esperada e aumento na resistência mecânica

Tipo de aditivo	Faixa de utilização	Redução de a/c	Resistência à compressão axial (MPa)
Padrão (s/ aditivo)	—	0,50	100 %
Tipo P	0,5 ~ 1,0 %	0,45	120 %
Tipo SP I	0,6 ~ 2,0 %	0,43	130 %
Tipo SP II	0,3 ~2,0 %	0,36	160 %

QUADRO 5.2 Principais componentes do cimento

Abreviação	Fórmula (composição)	Denominação	Proporção
C_3S	$3\,CaO \cdot SiO_2$	Silicato tricálcico	55-60
C_2S	$2\,CaO \cdot SiO_2$	Silicato dicálcico	15-10
C_3A	$3\,CaO \cdot SiO_2$	Aluminato tricálcico	10-12
$C_2\,(AF)$	$2\,CaO \cdot Al_2O_3Fe_2O_3$	Aluminato ferritotricálcico	8-7
Outros	Ca(A, F), gesso magnésio, CaO, silicato de cálcio, aluminato de cálcio etc.		12
$C = CaO$	$S = SiO_2$	$A = Al_2O$	$F = Fe_2O_3$

São as seguintes as propriedades dos componentes do cimento.

Os componentes C_3S e C_2S são os de maior importância para as características mecânicas do concreto. Na reação com a água, os componentes ricos em CaO reagem fortemente com desenvolvimento do calor.

1. $C_3S + H_2O$ – Gel de tobermorite + Hidróxido de cálcio + 120 cal/g.
2. $C_2S + H_2O$ – Gel de tobermorite – Hidróxido de cálcio + 60 cal/g.

Os componentes restantes pouco representam para o desenvolvimento da resistência, mas formam produtos de hidratação que desprendem forte calor.

3. $C_3A + H_2O$ + Gesso – Parte de cimento hidratado + 320 cal/g.
4. $C_2 (AF) + H_2O + Ca(OH)_2$ – Parte de cimento hidratado + 100 cal/g.
5. $MgO + H_2O + Mg(OH)_2$ + 200 cal/g.
6. $CaO + H_2O + Ca(OH)_2$ + 275 cal/g.

Os componentes C_3S e C_2S, que perfazem aproximadamente 75 % do peso do cimento Portland, formam o gel de tobermorite, o mais importante componente aglomerante.

Para a completa hidratação do cimento Portland são necessários aproximadamente 25 % de seu peso em água, que é ligada quimicamente na formação do gel.

As propriedades tecnológicas dos componentes são as seguintes:

- C_3A: pega rápida, forte desenvolvimento de calor de hidratação (duas vezes maior que o C_3S), pouco desenvolvimento de resistência, baixa resistência ao ataque de sulfatos, forte retração;
- C_3S: alta resistência inicial, forte desprendimento de calor de hidratação, aproximadamente 80° em 10 dias;
- C_2S: lento e constante desenvolvimento de resistência e baixo desenvolvimento de calor (80° em 100 dias);
- $C_2(AF)$: lento desenvolvimento de resistência, pouca resistência mecânica, boa resistência ao ataque dos sulfatos.

Pelo cenário apresentado, nota-se que variações na composição do cimento levam a variações no início da pega e no desenvolvimento das propriedades mecânicas da pasta de cimento.

Outros fatores externos também podem influir no tempo de pega, tais como: temperatura; finura e consumo do cimento; e quantidade de água de mistura.

5.10.1 Efeito dos Aditivos Retardadores (R)

A ação dos retardadores é basicamente uma ação química. Entendem-se como ação química ações na fase líquida que modificam o pH desta e/ou a solubilidade dos compostos anidros ou hidratados do cimento. Ocasionalmente, podem causar o recobrimento ou proteção das fases anidras (retardadores).

A ação do retardador de pega sobre os silicatos e aluminatos pode ocorrer de duas maneiras:

Sobre os silicatos

- Dificultando a dissolução da cal a partir do enriquecimento da água de mistura pela adição de cal gorda;
- colmatando a superfície dos grãos de silicato por meio de uma película pouco permeável.

Sobre os aluminatos

- Adicionando cal à água de mistura;
- retardando a dissolução dos aluminatos por meio dos ânions ácidos fortes CL e SO_4 (cloretos e sulfatos).

Convém notar que os mesmos elementos podem, em pequenas doses, funcionar como retardadores e, em doses elevadas, como aceleradores. É o que ocorre com os cloretos. A natureza do cimento também influencia a ação do aditivo. O gesso retarda a pega do cimento Portland comum e acelera a do cimento de escória.

Os principais retardadores são os lignossulfonatos, os ácidos hidrocarboxílicos e os hidratos de carbono.

Os efeitos dos produtos de base sobre o concreto foram resumidos nos Quadros 5.3 e 5.4. Os aditivos empregados são açúcares de ácido fosfórico.

5.10.2 Efeitos sobre o Desenvolvimento do Calor de Hidratação

Os retardadores modificam bastante a curva de calor de hidratação, conforme ilustrado na Figura 5.7.

- 1 dia: o calor de hidratação é tanto menor quanto maior for o prolongamento de tempo de pega;
- 7 dias: o calor desprendido das amostras preparadas com aditivo foi maior que o da argamassa-padrão.

Quando se emprega ácido fosfórico, verifica-se um aumento de temperatura inicial (primeiros minutos), maior do que no caso da argamassa-padrão, o

QUADRO 5.3 Efeitos dos retardadores sobre o tempo de pega

Efeito sobre o tempo de pega		
Argamassa 1:3		
a/c 0,50		
Produto e dosagem	Tempo de pega (h e min)	
	Início	Pega
Argamassa-padrão —	3:10	7:00
Sacarose 0,5	5:30	13:00
1,0	10:00	16:00
Glucose 1,0	9:00	15:00
2,0	14:00	22:30
Ácido fosfórico 0,5	4:45	12:00
1,0	6:00	14:00
2,0	8:00	20:00

QUADRO 5.4 Efeito dos retardadores sobre as resistências mecânicas

Resistências mecânicas (MPa)										
Idade	Dias	1		2		7		28		90	
Aditivo	Dosagem	T.F.	C	T.F.	C	T.F.	C	T.F.	C	T.F.	C
Argamassa-padrão	0	3,6	12,0	4,9	22,0	7,7	38,5	8,8	46,2	9,0	55,0
Sacarose	0,5 %	3,0	10,2	5,1	22,0	8,0	48,0	8,3	61,0	8,4	64,0
	1,0 %	0,4	13,0	2,9	12,0	7,7	44,0	8,1	55,0	9,6	61,5
Glucose	1,0 %	2,0	7,2	5,0	24,2	6,8	37,5	7,6	54,5	8,1	60,0
	2,0 %	0,1	10,0	2,6	8,5	5,6	28,5	7,5	46,5	8,1	52,5
Ácido fosfórico	0,5 %	1,8	7,2	4,3	18,5	7,8	49,0	8,5	62,0	8,3	72,5
	1,0 %	0,5	2,2	3,4	15,0	7,7	46,0	8,7	66,0	8,8	75,5
	2,0 %	0,2	1,2	3,3	12,5	7,0	45,0	7,6	61,5	8,2	71,0

T.F. = Tração na flexão.
C = Compressão axial em cilindros.

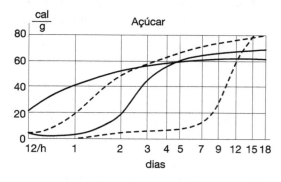
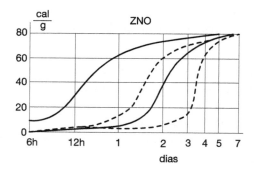

FIGURA 5.7 Curva de calor de hidratação.

que indica que, de início, o retardador funciona como acelerador, no que diz respeito à aceleração de alguns constituintes do cimento.

Os aditivos retardadores acarretam:

- prolongamento do período de pega;
- redução sensível no consumo de água;
- maior possibilidade de logística de entrega do concreto usinado;
- concretagem em temperaturas altas;
- controle do calor de hidratação "concreto massa".

Os aditivos retardadores retardam a formação do gel, bem como o seu crescimento e sua hidratação. Assim, a geração de calor se torna menos intensa e mais lenta, o que permite, por sua vez, que uma boa parte do calor se desprenda da massa do concreto antes que este endureça.

Como consequência da redução da relação água/cimento e da melhor distribuição do gel, o concreto resulta mais denso. O volume de vazios, alvéolos e capilares é menor ao fim do endurecimento. Desta forma, as modificações de volume se reduzem ao mínimo.

A proporção do aditivo retardador a ser utilizado no concreto deverá ser previamente determinada em testes de laboratório com os materiais a serem utilizados no concreto, recomendando-se também simular na temperatura de campo para obtenção de dados confiáveis.

5.11 INCORPORADOR DE AR (IA)

O concreto contém sempre, em sua massa, grande ou considerável quantidade de ar nele introduzido durante o período de mistura. O ar naturalmente se mistura à água, e as bolhas assim formadas, por serem instáveis, agrupam-se formando outras de maiores dimensões que escapam durante o lançamento.

Essas bolhas "aninham-se", por vezes, sob os agregados graúdos, principalmente quando estes apresentam formas lamelares, acarretando o rompimento da aderência pasta-agregado e o enfraquecimento do concreto.

As bolhas de ar assim formadas, durante ou pela mistura, podem atingir dimensões de até 10 mm de diâmetro.

Ocorrem ainda vazios no concreto, decorrentes da evaporação da água empregada no preparo do mesmo, com a finalidade de a ele fornecer condições de trabalhabilidade (água não utilizada para a reação química do cimento).

Experiências demonstram que estes capilares apresentam diâmetros tanto maiores quanto maior for a relação água/cimento.

Para relação $a/c < 0,44$, o diâmetro dos capilares varia de 20 a 200 A, e para concretos com relação $a/c > 0,44$, os capilares variam de 200 a 5000 A.

A consistência do concreto varia de "terra úmida" até consistência plástica. Verifica-se pela Tabela 5.1 que o quociente do volume de água pelo volume de concreto varia de 8 a 15, e o quociente do volume de capilares pelo volume de pasta solidificada de 1,92 a 0,31.

A partir destes dados, bastante simples, deduz-se com facilidade a razão da baixa resistência do concreto preparado com alta relação a/c.

Na Tabela 5.2, ilustra-se a redução do volume de capilares em face do volume da pasta solidificada quando, por meio de um plastificante, se consegue reduzir o volume de água empregada.

O ar que é incorporado, no entanto, por força do aditivo, tem características diferentes do introduzido no concreto quando de seu preparo, ou pela evaporação da água. O ar assim introduzido no concreto tem forma de pequenas bolhas de dimensões entre 10 e 1000 mícrons (um mícron equivale a um milionésimo do milímetro), sendo que a maior parte se encontra compreendida entre 25 e 250 mícrons. As distâncias entre as bolhas variam de 100 a 200 mícrons e têm diâmetros diferentes e elásticos.

O incorporador de ar é um tensoativo que age diminuindo a tensão superficial da água. Estes aditivos pertencem ou ao grupo dos "dífilos" com grupos polares hidrófilos ou acrófobos, ou ao grupo dos apolares acrófilos (ou hidrófobos).

Em função de sua menor densidade, a bolha tenderá a subir. Ao chegar junto à superfície, estabilizará sem se romper, conforme a Figura 5.8.

Para que a bolha pudesse ser rompida, deveria aumentar até que, vencendo a tensão superficial, fosse produzida uma descontinuidade na interface ar/líquido. Por outro lado, se nesta interface houver um aditivo absorvido, pelo aumento da bolha, haverá uma diminuição de sua concentração naquela área. Com a diminuição da concentração do aditivo, haverá novo aumento da tensão superficial. Assim, ocorre a estabilização do sistema, pois o aumento da tensão se opõe à ruptura de bolha.

Vimos o que ocorre pela ação do tensoativo sobre as bolhas de ar. Vamos ver a seguir a ação do tensoativo sobre as partículas de cimento ou de agregado muito fino.

TABELA 5.1

(1) Água de amassamento l/m³	(2) Cimento em l/m³ considerada densidade igual a 3,1	(3) Cimento em kg/m³	(4) a/c	(5) Água de reação – considerada igual a 0,20 l/kg em l/m³	(6) = (2) + (5) Volume total sólido = cimento + água l	(7) = (1) – (5) Água livre originando a rede capilar l/m³	(8) = $\frac{(7)}{(6)}$ Relação entre volumes dos capilares e aglomerante solidificado
180	48,4	150	1,20	30	78,4	150	1,92
180	64,5	200	0,90	40	104,5	140	1,34
180	80,6	250	0,72	50	130,6	130	0,99
180	96,8	300	0,60	60	156,8	120	0,77
180	112,9	350	0,51	70	182,9	110	0,60
180	129,0	400	0,45	80	209,0	100	0,48
180	145,0	450	0,40	90	235,0	90	0,38
180	161,1	500	0,36	100	261,1	80	0,31

Fonte: Alfons Ammann, *Concreto com ar incorporado*.

TABELA 5.2

Cimento kg/m³	(9) = 0,90 (1) – (5)	(10) = 0,85 (1) – (5)	(11) = (9) ÷ (6) (12) = (10) ÷ (6)		(13)	(14)
	Água livre formando a rede capilar		Relação entre os volumes dos capilares e da pasta solidificada quando a redução da água for igual a		Redução do volume dos capilares em % quando a redução da água for igual a	
	Com redução 10 % da água de amassamento l	Com redução 15 % da água de amassamento l	10 %	15 %	10 %	15 %
150	132	123	1,68	1,57	12,0	18,0
200	122	113	1,17	1,08	12,8	19,3
250	112,6	103	0,86	0,79	13,8	20,8
300	102	93	0,65	0,59	15,0	22,5
350	92	83	0,50	0,45	16,4	24,5
400	82	73	0,39	0,35	18,0	27,0
450	72	63	0,31	0,27	20,0	30,0
500	62	53	0,24	0,20	22,5	33,8

Fonte: Alfons Ammann, *Concreto com ar incorporado.*

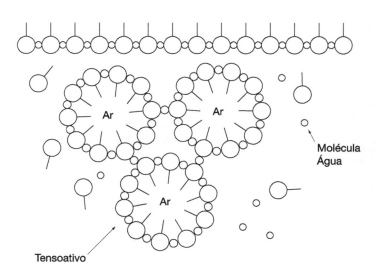

FIGURA 5.8 Tendência de o ar incorporado subir para o topo em função da menor densidade.

O aditivo forma uma camada monomolecular com seu radical polar (aeróforo), sobre as partículas soltas. Este posicionamento das moléculas acarreta a flotação ou agrupamento das partículas pela solubilidade dos restos apolares. As Figuras 5.9 e 5.10 ilustram o modo de ação do tensoativo sobre as partículas sólidas, bem como sobre as partículas sólidas e bolhas concomitantemente.

Por outro lado, o aditivo unido por sua extremidade polar às partículas fixa sobre a sua superfície bolhas estabilizadas por meio de seus radicais apolares hidrófobos.

Assim, uma partícula sólida, recoberta por certo aditivo, entrando em contato com uma bolha de ar recoberta pelo mesmo aditivo, ou por outro de igual natureza, forma grupo mais estável.

Assim, uma espuma do sistema trifásico: sólido-aditivo 1 / ar-aditivo 1 ou 2 é mais estável que a espuma do sistema trifásico: ar-aditivo 1 ou 2, conforme apresentado na Figura 5.10.

5.11.1 Influência do Aditivo Incorporador de Ar sobre o Concreto Fresco

A influência do incorporador de ar sobre o concreto recém-misturado pode ser resumidamente explicada como a seguir:

Age como um fluido, substituindo uma parte da água. A experiência mostra que, ao aumentarmos porcentagem igual a X de ar em um concreto, o aumento da fluidez resultante é comparável ao acréscimo de X/2 % de água de mistura.

Por exemplo, no caso de termos consumo de 200 litros de água por metro cúbico de concreto e viermos

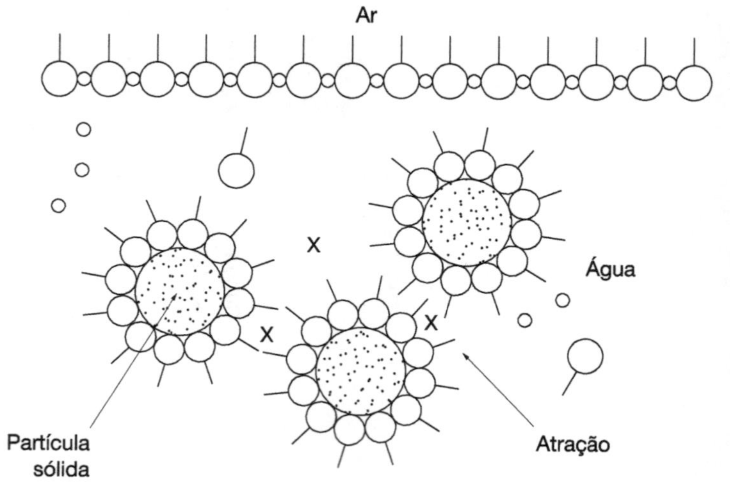

FIGURA 5.9 Ação do incorporador de ar sobre as partículas sólidas.

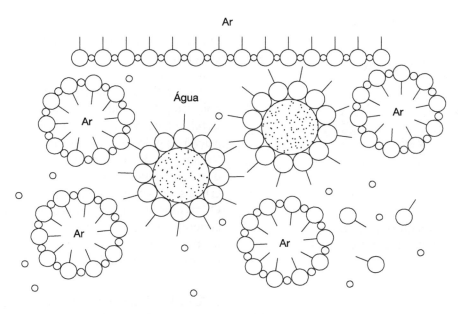

FIGURA 5.10 Sistema trifásico: ar-aditivo 1 ou 2.

a incorporar 5 % de ar (ou 50 litros/m³), teremos uma redução de 50/2 = 25 litros no volume de água a ser adicionado para obtenção da mesma fluidez. A redução, no entanto, é influenciada pela dosagem e pela quantidade de ar efetivamente incorporado. Na Figura 5.11, ilustra-se essa redução.

As bolhas substituem uma parte da areia fina (1 ou 2 mm), com vantagens, tais como:

- melhor coeficiente de forma;
- são elásticas;
- podem se movimentar sem atrito;
- diminuem a porcentagem de vazios acidentais e irregulares.

Consequentemente, o ar incorporado:

- melhora a reologia do concreto fresco;
- facilita o "lançamento" e, sobretudo, quando os agregados são angulosos, as bolhas agem como um lubrificante;
- aumenta a coesão e diminui a exsudação; nas Figuras 5.12 e 5.13, ilustra-se o efeito do ar incorporado sobre os grãos de areia no sentido de melhorar a coesão da argamassa;

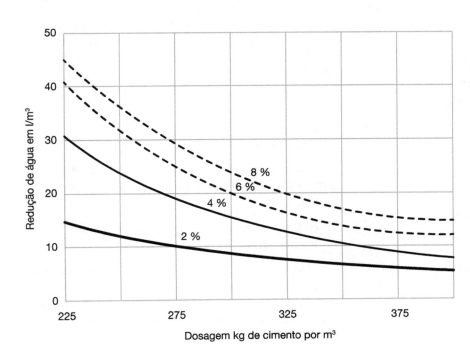

FIGURA 5.11 Influência do ar incorporado na redução de água.

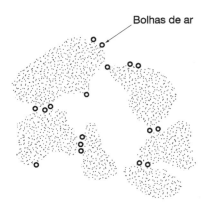

FIGURA 5.12 Ação do ar incorporado como lubrificante entre os grãos.

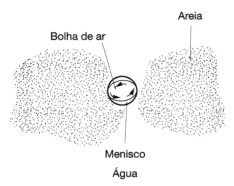

FIGURA 5.13 Influência do incorporador de ar no aumento de coesão.

- sustém os grãos inertes, impedindo sua sedimentação;
- obtura as passagens por onde a água poderia infiltrar-se, rompendo a aderência entre pasta e agregado graúdo.

5.11.2 Influência do Aditivo Incorporador de Ar sobre o Concreto Endurecido

Sabe-se que as resistências do concreto variam em função da relação:

$$\frac{\text{Cimento}}{\text{água + vazios}}$$

No trabalho realizado por Cerilh (Bauer, 1979), esta fórmula foi verificada com até 25 % de ar incorporado. Na Figura 5.14, ilustra-se a variação das resistências à tração e compressão, em função da quantidade de ar incorporado (mantida a mesma relação a/c).

A redução de resistência é ainda uma decorrência da dosagem.

Na Figura 5.15, ilustram-se reduções de resistência para dosagens preparadas com consumo de cimento de 440, 335 e 220 kg/m^3 (mantida a mesma relação a/c).

As bolhas de ar melhoram a estanqueidade do concreto, "cortando" os capilares, e aumentam a durabilidade do concreto, tornando-o mais resistente à ação do gelo e degelo, bem como à ação de elementos agressivos que, penetrando no concreto por meio dos canalículos, reagem com o cimento formando cristais de volume maior que o da solução inicial. Os cristais assim formados criam tensões internas no concreto, que podem acarretar a sua ruptura. O mecanismo desta "defesa" criada pelas bolhas de ar está ilustrado na Figura 5.16.

5.11.3 Fatores que Influenciam na Ação do Aditivo Incorporador de Ar

A porcentagem de ar incorporado, bem como as características das bolhas, dependem da dosagem e natureza do aditivo e intervêm sobre:

- o volume de ar incorporado;
- a dimensão e distribuição das bolhas;
- a estabilidade e a resistência das membranas.

A quantidade de ar incorporado pode não ser proporcional à quantidade do aditivo empregado. Na Figura 5.17, relaciona-se a quantidade de um aditivo com a porcentagem de ar efetivamente incorporado.

A quantidade de ar incorporado tem influência sobre a granulometria das bolhas.

Na Figura 5.18, ilustra-se a granulometria das bolhas em função da quantidade de ar incorporado.

O cimento influi no teor de ar incorporado de acordo com sua:

- natureza;
- finura;
- dosagem;
- aditivo utilizado para moagem.

Assim, é necessário maior quantidade de aditivo para obter o mesmo teor de ar incorporado quando o cimento:

- contiver menos sulfatos e álcalis solúveis;
- for mais fino.

No Quadro 5.5, indica-se a quantidade necessária de aditivo à *base de resina Vinsol*, para a obtenção de 6 % de ar incorporado em argamassa 1:3, cimento com finura de 2600 cm^2/g (Blaine) a 5060 cm^2/g (Blaine).

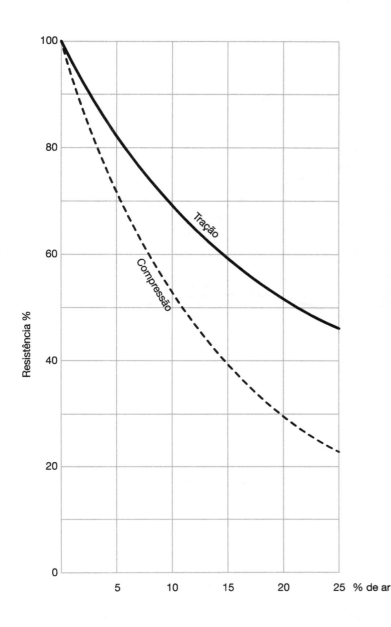

FIGURA 5.14 Variação das resistências com a porcentagem de ar (mantida a quantidade de água).

QUADRO 5.5 Proporção de incorporador × finura Blaine

Finura	2600	3590	5060
% de aditivo	100	120	175

QUADRO 5.6 Influência da adição de cinza volante na incorporação de ar

% cinza	finura	% de aditivo
0		100
20	2900	135
20	8000	220
40	2900	200
40	8000	370

A substituição parcial do cimento Portland por cinza volante acarreta um aumento da proporção do aditivo tensoativo, necessário para incorporar certa porcentagem de ar, conforme mostra o Quadro 5.6.

O consumo de cimento por metro cúbico influi na quantidade de ar incorporado. Na Figura 5.19, ilustram-se as diferentes porcentagens de ar incorporado em função do Ø máximo dos agregados e do consumo de cimento.

A relação água/cimento tem influência não somente sobre o teor de ar incorporado, mas também sobre a distribuição das bolhas. Na Figura 5.20, ilustra-se o fato. Verifica-se que, quanto mais elevada for a relação a/c, maior se torna o diâmetro da bolha.

A influência do incorporador de ar é tanto maior quanto mais seca for a mistura (aumento de abastecimento).

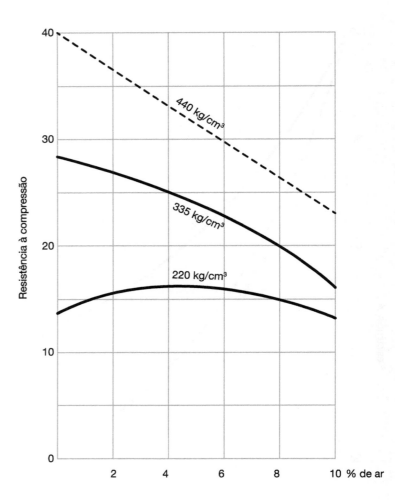

FIGURA 5.15 Influência da porcentagem de ar incorporado sobre a resistência (abatimento médio de 90 mm).

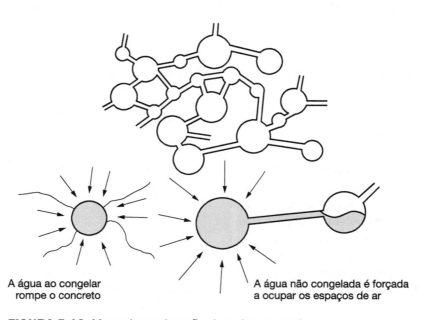

FIGURA 5.16 Mecanismo da ação do ar incorporado no processo de gelo e degelo.

Aditivos e Adições **113**

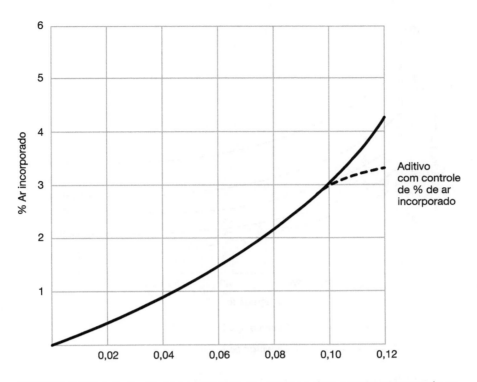

FIGURA 5.17 Influência da quantidade de aditivo sobre a porcentagem de ar.

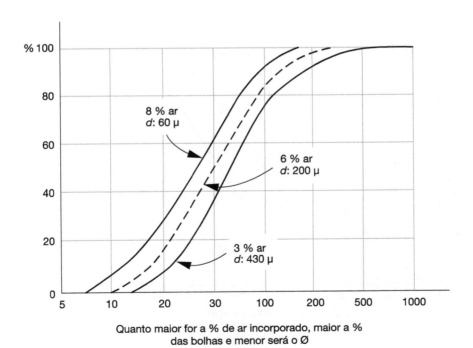

FIGURA 5.18 Influência da porcentagem de ar incorporado sobre a granulometria das bolhas.

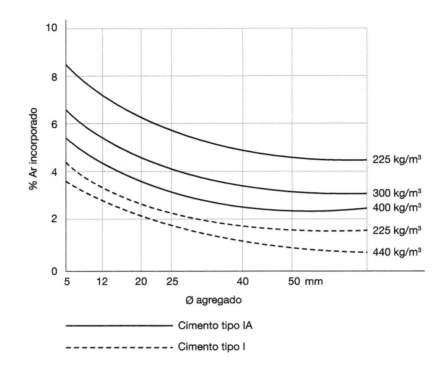

FIGURA 5.19 Influência do consumo de cimento na incorporação de ar.

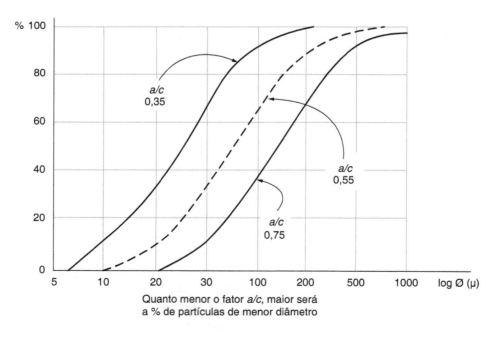

FIGURA 5.20 Influência da relação *a/c* sobre a granulometria das bolhas.

A utilização de outros aditivos e adições minerais em conjunto pode modificar o teor de ar incorporado que seria obtido pelo uso do aditivo específico.

A temperatura tem influência na quantidade de ar incorporado. Scripture (Bauer, 1979) obteve os valores apresentados no Quadro 5.7.

A regularidade das areias, origem e a sua forma têm uma grande influência sobre o conteúdo de ar incorporado. Geralmente, os grãos entre 0,2 e 0,8 mm são os que incorporam maior quantidade de ar.

Venuat (1972), trabalhando com argamassas, verificou a variação da porcentagem de ar incorporado com a modificação da quantidade de areia de grãos de 0,5 mm em litros por metro cúbico. Na Figura 5.21, ilustra-se o fato.

No processo de mistura do concreto, podem interferir no teor de ar incorporado itens como: modo; energia; tempo de mistura; tipo de betoneira; e volume de concreto preparado.

Há um teor máximo de ar incorporado para um dado tempo de mistura. Além deste tempo, o teor pode diminuir. A granulometria das bolhas deve modificar-se durante o tempo de mistura. As bolhas maiores tendem a desaparecer.

O resultado final do ar incorporado no concreto pode ser influenciado no lançamento pelo tempo, pela energia de compactação e pelo comprimento da tubulação de bombeamento.

Quanto maior for o tempo decorrido entre preparo do concreto e o lançamento, tanto menor será o teor de ar incorporado pela dissolução do ar na água. Esta tendência aumenta com a diminuição do Ø das bolhas. Assim, a curva granulométrica das bolhas varia com o tempo até o fim do endurecimento.

QUADRO 5.7 Influência da temperatura na incorporação do ar

Temperatura (°C)	Sem aditivo	Resina Vinsol	Aditivo à base de tetrano lâmina	Lignossulfonato
5	1,2	6,4	5,7	4,3
21	1,6	6,0	5,2	4,0
33	1,2	4,7	4,4	3,3
50	1,8	4,5	4,4	4,3

Consumo de cimento .... 280 kg
Slump .... 10 cm
Concreto .... 0,25 mm

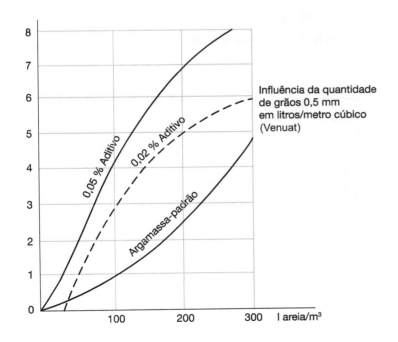

FIGURA 5.21 Influência da quantidade de grãos de areia 0,5 mm na incorporação de ar.

As perdas mais importantes por compactação são:

- alta energia de compactação para um pequeno volume;
- tempo de vibração;
- plasticidade (trabalhabilidade) do concreto, conforme a Figura 5.22.

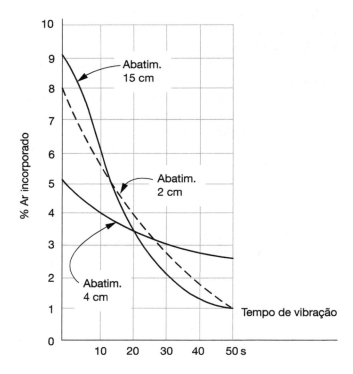

FIGURA 5.22 Influência do tempo de vibração × abatimento no ar incorporado.

Transcrevem-se a seguir alguns resultados obtidos em ensaios realizados no laboratório L. A. Falcão Bauer, com aditivo incorporador de ar, conforme os Quadros 5.8 a 5.12.

Constata-se, inicialmente, que ocorreu redução das resistências à tração e compressão no caso da dosagem I, com menor consumo de cimento e maior porcentagem de ar incorporado. No caso da dosagem II, com maior consumo de cimento e menor porcentagem de ar incorporado, a redução das resistências manteve-se em níveis consideravelmente menores. Verificou-se até um aumento (casual) de resistência no caso do ensaio à compressão em cilindros executados de acordo com as normas da ABNT.

Observação: os ensaios foram procedidos com oito barras à expansão e oito barras à retração para cada condição de ensaio.

Dos resultados obtidos, conclui-se haver uma melhoria sensível das características do concreto preparado com incorporador de ar.

QUADRO 5.8 Dosagens (I) e (II) unitárias

Concreto	Dosagem (I)	Dosagem (II)
Cimento	1	1
Areia	2,70	1,33
Pedra I	1,00	2,66
Pedra II	2,95	
a/c	0,60	0,40
Aditivo 1	0,02	0,02
Aditivo 2	0,02	0,02

QUADRO 5.9 Característica dos materiais utilizados

Cimento Portland 250 com resistência em ensaio normal:			
3 dias .... 15,3 MPa			
7 dias .... 21,0 MPa			
28 dias .... 28,0 MPa			
Tempo de pega (agulha de Vicat):		Início	3h30min
		Fim	8h50min
AREIA	m.f.	2,45	
	absoluto	2,67	
	aparente	1,14	
BRITA 1	m.f.	6,86	
	absoluto	2,66	
	aparente	1,39	
BRITA 2	m.f.	7,66	
	absoluto	2,66	
	aparente	1,38	

QUADRO 5.10 Resultados de ensaio de abatimento e incorporação de ar

Dosagem-padrão I	3,50 cm
Dosagem IA com Aditivo	11,00 cm
Dosagem-padrão II	3,90 cm
Dosagem IIA com Aditivo X	8,00 cm
Porcentagem de ar incorporado	
Dosagem-padrão	1,6 %
	1,8 %
	1,9 %
Dosagem IA	6,2 %
	5,4 %
	5,0 %
Dosagem-padrão II	1,9 %
	2,0 %
	1,8 %
Dosagem-padrão IIA	3,7 %
	3,0 %
	3,3 %

5.12 ACELERADORES

Denomina-se acelerador o material que, adicionado ao concreto, diminui o tempo de início de pega e desenvolve mais rapidamente as resistências iniciais.

5.12.1 Ação e Efeitos dos Aceleradores

Neste grupo estão os aceleradores que se combinam quimicamente com o cimento durante a hidratação e os estabilizadores que, somente pela sua presença, facilitam e apressam a hidratação (catalisadores) ou endurecimento.

Os produtos químicos que aceleram a pega do cimento são: cloreto de cálcio, cloreto de sódio, carbonatos, silicatos, fluossilicatos e hidróxidos, e entre os catalisadores, a trietanolamina composta com outras

QUADRO 5.12 Resultado do ensaio de variação de comprimento (ASTM C 157)

Dosagem	Variação de comprimento aos 14 dias em 0,0001"	
	Retração	**Expansão**
Padrão I	28,50	19,00
Com aditivo (IA)	17,00	15,50

substâncias. Há ainda o processo denominado "inseminação" do cimento novo com cimento Portland já hidratado e finalmente moído. Este cimento acelera a cristalização do gel do cimento novo, não funcionando como um componente do concreto, mas como um aditivo cujas partículas constituem, durante a pega, elementos catalisadores.

O efeito deste procedimento é mais sensível quando o concreto pode ser revibrado durante o período de pega e antes do início do endurecimento. São também melhores os resultados quando o pó do cimento hidratado é adicionado na fábrica de cimento, onde há possibilidade de melhor controle.

Os aceleradores são empregados com a finalidade de modificar as propriedades do concreto no que diz respeito à redução do tempo de pega inicial e final. Este efeito, por sua vez, varia com a quantidade de aditivo empregado e com a temperatura ambiente e do concreto.

O efeito do aumento da resistência à compressão nas primeiras idades pode reduzir as resistências finais.

A resistência aos ataques químicos de sulfatos é diminuída.

Aumenta a reação provocada pelos álcalis dos agregados.

O aditivo à base de cloreto de cálcio não deve ser usado em estruturas de concreto armado e protendido, à medida que favorece a corrosão de formas metálicas incorporadas à estrutura (como as camisas perdidas) e de barras de aço estrutural, principalmente quando o recobrimento de concreto é insuficiente.

QUADRO 5.11 Resultado de ensaios de tração na flexão e de compressão axial em corpos de prova cilíndricos, conforme ABNT NBR 12142 e ABNT NBR 5739

Dosagem	Padrão I	Padrão IA	Padrão II	Padrão IIA
a/c	0,60	0,60	0,40	0,40
Aditivo	—	Incorp.	—	Incorp.
Fctmk – MPa	4,0	3,2	4,9	4,8
Fcj (cúbico) – MPa	21,7	13,7	32,1	30,4
Fcj (cilíndrico) – MPa	18,0	14,6	25,7	26,4

O cloreto de cálcio acelera o desprendimento do calor de hidratação, não tendo, no entanto, efeito sobre a quantidade total de calor desprendido.

O catalisador mais comum é a trietanolamina. É menos eficaz que o cloreto de cálcio como acelerador, porém oferece a vantagem de não provocar nenhuma corrosão no aço, e pode ser empregado em concretos armados e protendidos. Os aumentos de resistência verificados nas primeiras idades se mantêm durante períodos mais elevados que no caso do cloreto de cálcio. Seu efeito é influenciado pela composição do cimento empregado. É mais eficaz quando usado com cimento de alto teor de C_3A.

5.13 ADITIVOS ESPECIAIS

5.13.1 Aditivos Modificadores de Viscosidade

São aditivos desenvolvidos para modificar a reologia do concreto no estado fresco, atuando especificamente na modificação da viscosidade da água do traço de concreto.

As ações esperadas são:

- modifica a viscosidade do concreto, proporcionando maior coesão;
- evita a segregação;
- diminui o atrito do concreto com a tubulação de bombeamento;
- permite bombear com tubulações longas;
- recomendado para produzir concreto autoadensável (CAA);
- recomendado para produzir concreto submerso.

5.13.2 Aditivos Redutores de Permeabilidade Capilar

O concreto, ao endurecer, forma, em sua massa, uma série de poros e condutos capilares que se mantêm cheios de água durante o tempo em que o mesmo está sob regime de cura úmida. Com a secagem, no entanto, os poros ficam vazios, sofrendo uma diminuição de volume que, por sua vez, acarreta a diminuição do volume total da peça de concreto. Tal fenômeno é denominado "retração". Os capilares assim formados constituem elementos de porosidade e permeabilidade de concreto.

A pasta de cimento apresenta porosidade em decorrência única e exclusivamente da relação água/cimento. Na Figura 5.23, indica-se a correlação entre a permeabilidade e a relação a/c, verificando-se um

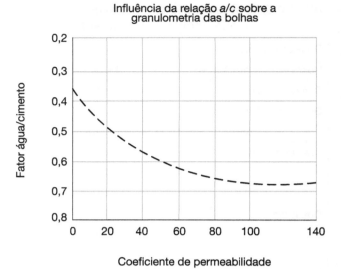

FIGURA 5.23 Correlação entre permeabilidade e relação a/c.

aumento acentuado da permeabilidade para relações a/c superiores a 0,50.

A permeabilidade do concreto é acentuadamente maior que a da pasta, pois, além dos poros antes mencionados, ocorrem capilares, causados pela retração e falhas entre a pasta e os agregados decorrentes de eventual falta de aderência.

A maneira mais segura de evitar a permeabilidade e porosidade do concreto é empregar baixa relação água/cimento, executar perfeita cura, estudar dosagem com boa granulometria de agregados e proceder a lançamento e vibração bem cuidados.

Na eventualidade de poder ser mantido o concreto permanentemente sob proteção de água e de terem sido observadas as recomendações anteriores, nenhuma permeabilidade será observada.

Quando, no entanto, o concreto, após uma perfeita cura, ficar exposto ao ar, poderá apresentar certa permeabilidade nos capilares formados pela evaporação da água. Verifica-se, assim, a possibilidade da passagem da água pelo concreto, por meio dos capilares ou fissuras causadas pela retração.

No primeiro caso, a água, mesmo que não esteja sob pressão, é forçada a atravessar o concreto de um lado para outro por capilares, o que pode ser denominado "absorção". No segundo caso, a água, sob pressão, é forçada a passar pelas fissuras ou pelos capilares. A esta característica do concreto é dado o nome de "permeabilidade".

Denomina-se "aditivo impermeabilizante" o produto ou substância química que afeta as propriedades do concreto endurecido. Os aditivos impermeabilizantes são substâncias capazes de tornar o concreto praticamente impermeável, desde que este tenha sido preparado, lançado e curado convenientemente.

Os aditivos "impermeabilizantes" podem ser divididos em:

5.13.3 Aditivo Redutor à Absorção Capilar

São substâncias dentro dos grupos de estearatos, oleatos e alguns derivados do petróleo. Os mais empregados são os estearatos, uma vez que os oleatos formam espuma, e os derivados de petróleo podem causar desintegração do concreto.

Os estearatos, quando em contato com a cal liberada durante a hidratação do cimento, formam estearatos de cálcio, que, por sua vez, aderem às paredes dos poros e pequenos capilares, onde formam uma película delgadíssima ao secar. Tornam, assim, o concreto repelente à água ou criam uma capilaridade negativa, conforme a Figura 5.24.

Os estearatos ainda fixam a cal ao formarem estearatos de cálcio, evitando a sua perda por exsudação ou pela absorção de água e secagem que possa ocorrer posteriormente durante a vida do concreto. Este efeito naturalmente não ocorre quando se emprega o próprio estearato de cálcio.

5.13.4 Aditivos Aceleradores para Concreto Projetado

Os aditivos aceleradores de pega para concreto projetado têm a função de proporcionar ao concreto uma aceleração no início de pega, diferentemente da ação dos aceleradores de pega para concretos convencionais, que têm a propriedade de, no momento de contato do concreto com o produto, iniciar a reação imediata, fixando o concreto na parede projetada. Não são adicionados ao concreto durante o processo de mistura, e entram em contato com o concreto somente no bico de projeção. Podem ser alcalinos ou não alcalinos (*alcalis free* – AF).

Os aditivos alcalinos são mais efetivos que os não alcalinos, mas o seu uso vem diminuindo cada vez mais em razão da dificuldade operacional, como a irritação na pele do operador do robô projetor.

Os aditivos aceleradores de concreto projetado não alcalinos (AF) são os mais utilizados, normalmente na proporção de 6,0 a 8,0 % da massa do cimento.

Estes aditivos permitem a construção de túneis e taludes, revestindo com o concreto imediatamente após a escavação, e possibilitam a continuidade da escavação com segurança.

5.13.5 Aditivos Controladores de Hidratação

São aditivos desenvolvidos para controlar a hidratação do cimento, permitindo o aproveitamento do concreto ou do lastro residual em caminhões de concreto. Seu efeito é de um retardador de alta capacidade, podendo inibir a hidratação do cimento por até 72 horas. Para a utilização no reaproveitamento de concreto, é muito importante o conhecimento dos materiais utilizados, tempo decorrido após a confecção, temperatura do concreto e a finalidade do uso do concreto recuperado.

5.13.6 Aditivos Expansores

Os aditivos que produzem expansão de concreto durante o período de hidratação combinam com o cimento, gerando gás, ou aumentando seu volume. Em função dos efeitos que estes aditivos podem produzir, só devem ser empregados após cuidadosos estudos.

A expansão mais comum vem dos aditivos geradores de gás à base de alumínio em pó. Outros agentes geradores de gás são o hipoclorito de cálcio e o peróxido de hidrogênio. O pó de alumínio reage com a cal liberada durante a hidratação do cimento, gerando hidrogênio em forma de pequenas bolhas. Os aditivos preparados com base no pó de alumínio são geralmente compostos com dispersantes retardadores ou com pozolanas. Esta composição tem por finalidade facilitar a

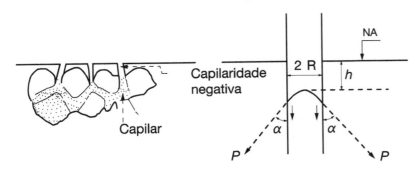

FIGURA 5.24 Mecanismo da capilaridade negativa.

homogeneização da mistura do alumínio na massa do concreto e melhorar as condições de impermeabilidade.

São empregados os pós de alumínio com bastante proveito nos reparos de estruturas, bem como com a finalidade de melhorar a aderência do aço. Tendo em vista ser a expansão causada pela geração de bolhas de hidrogênio, é necessário, para a obtenção de bons resultados finais, que o concreto seja restringido a um volume determinado. A Figura 5.25 ilustra o comportamento do concreto comum e do concreto ao qual foi adicionado alumínio (ou outro gerador de gás), no que diz respeito à expansão.

A cura deve ainda ser mantida com os mesmos cuidados recomendados para o concreto comum, pois a secagem do concreto preparado com gerador de gás causa também retração.

Uma temperatura elevada pode provocar uma reação muito rápida a ponto de eliminar todo o efeito benéfico de sua aplicação, enquanto uma temperatura muito baixa retarda a reação, podendo o concreto endurecer antes da geração do gás. O tempo da reação é aproximadamente de 30 minutos à temperatura ambiente de 30 °C e na temperatura de 20 °C obtém-se expansão 100 % maior do que a 5 °C.

5.13.7 Aditivos Estabilizadores de Volume

São produtos que reagem com o cimento durante sua hidratação, provocando um aumento de seu volume, compensando a retração.

A ação expansiva do aditivo deve ser controlada de modo que somente ocorra quando o concreto já tiver resistência para suportar as tensões internas geradas pela expansão. A expansão criada por este processo é mais discreta que a causada pelos geradores de gás, e pode ser calculada de modo a compensar o efeito da retração. Os mais empregados agentes estabilizadores de volume são:

- limalha de ferro de fundição finamente dividida e tratada com elementos químicos que aceleram sua oxidação;
- compostos sulfoaluminosos.

A *limalha de ferro* age pela oxidação das partículas e seu consequente aumento de volume. A oxidação dar-se-á basicamente durante a cura, perdendo maior parte de seu efeito após o endurecimento do concreto. Após esta etapa, a oxidação ainda prossegue, porém, mais lentamente, pelos ciclos de absorção capilar e posterior secagem do concreto. Este processo é geralmente empregado no reparo de pequenos defeitos e no chumbamento de peças e máquinas. Com frequência, a limalha é empregada apenas com pasta de cimento e argamassa, podendo, no entanto, ser usada com britas de até ~ 1/2". A proporção usual de emprego da limalha de ferro é da ordem de 80 % do peso do cimento.

Os compostos sulfoaluminosos mais empregados são:

- cimento fabricado à base de bauxita, gesso e cal, misturado com cimento Portland, logo antes de preparo do concreto. Esta adição é empregada na proporção de 10 a 25 % (usado na França);
- cimento aluminoso misturado com gesso calcinado. Seu efeito é controlado a partir do tempo de cura e da temperatura (usado na antiga União Soviética);
- sulfoaluminato anidro (empregado nos Estados Unidos);
- óxido de magnésio ou magnésio no estado natural com impurezas de ferro.

5.13.8 Aditivos para Argamassa

Os aditivos para argamassa podem ser para argamassa seca industrializada ou para argamassa estabilizada produzida em centrais dosadoras e entregue na obra pronta para utilização como concreto usinado.

As argamassas secas industrializadas são preparadas com aditivos retentores de água, compensadores de retração e dispersantes, que permitem, durante o processo de endurecimento, a perfeita hidratação dos aglomerantes e evitam as fissuras.

FIGURA 5.25 Mecanismo da ação do expansor.

Na produção de argamassas estabilizadas são utilizados, em proporções adequadas, aditivos específicos de incorporação de ar e retardadores, que possibilitam manter o ar incorporado e a consistência da massa constante por 24, 48 ou 72 horas.

5.13.9 Redutores de Porosidade e de Permeabilidade

Podem ser empregados como redutores de porosidade pós muito finos, como a sílica ativa, pozolana e/ou caulinita calcinada. Essas adições minerais aumentam de volume ao se hidratarem, fechando e diminuindo a porosidade. Por esse processo obstruem a passagem de água pelos poros ou fissuras.

Todos os redutores de água reduzem ainda a permeabilidade.

Os incorporadores de ar reduzem também o fluxo de água pelo concreto a partir da formação de bolsas de ar, conforme a Figura 5.26.

O efeito das bolhas de ar na interrupção da passagem da água pelo concreto pode ser observado no teste indicativo da Figura 5.27, que representa em detalhe o que se passa nos capilares do concreto.

5.14 ADIÇÕES MINERAIS

São minerais insolúveis finamente moídos ou finos de origem, resultado de um processo industrial e/ou de material natural processado, que, quando adicionado na mistura do concreto em proporção adequada, traz melhoria no estado fresco proporcionando maior coesão, e no estado endurecido aumentando a resistência mecânica, química e durabilidade. Esses benefícios estão relacionados com a eficiência da adição mineral, que depende, principalmente, do processo de obtenção, da composição química, mineralogia, do grau de amorficidade, da gralunometria, da quantidade utilizada e das condições de cura.

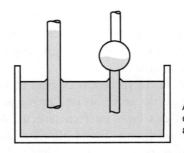

FIGURA 5.27 Mecanismo nos capilares do concreto com ar incorporado.

A ABNT NBR 11172:1990 – Aglomerantes de origem mineral – Terminologia utiliza o termo "adição" para designar produto de origem mineral adicionado aos cimentos, argamassas e concretos, com a finalidade de alterar suas características, e a norma americana ASTM C 125 define aditivo/adição (em inglês, apenas *admixture* ou *chemical and mineral admixture*, respectivamente) como qualquer material – que não seja água, agregados, cimentos hidráulicos ou fibras – usado como ingrediente do concreto ou argamassa e adicionado à massa imediatamente antes ou durante a mistura.

De acordo com a sua ação físico-química, as adições minerais podem ser classificadas em três grupos: pozolânico, material cimentante e fíler.

5.14.1 Materiais Pozolânicos

São todos os materiais inorgânicos silicosos ou silicaluminosos, tanto naturais quanto artificiais, que possuem pouca ou nenhuma atividade cimentícia, mas, quando finamente moídos e misturados com o hidróxido de cálcio ou materiais que podem liberar hidróxido de cálcio (clínquer de cimento Portland), endurecem na presença de água e temperatura ambiente. A ABNT NBR 12653:2015 – Materiais pozolânicos – Requisitos classifica as pozolanas

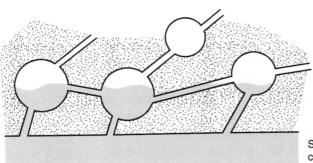

FIGURA 5.26 Mecanismo de redução do fluxo de água.

quanto a sua origem em natural e artificial. As adições que se enquadram neste grupo são: sílica ativa, cinza volante, cinza vulcânica, caulinita calcinada e cinza de casca de arroz.

Sílica ativa é obtida da filtragem do gás residual no filtro de manga, do processo de fabricação do silício metálico ou das ligas de ferrossilício. A produção dessas ligas se dá em fornos elétricos de fusão, tipo arco voltaico, onde ocorre a redução do quartzo a silício pelo carbono a temperaturas da ordem de 2000 °C. As características da sílica ativa, como cor, distribuição granulométrica e composição química, dependem do tipo de liga produzida, tipo de forno, composição química e dosagem das matérias-primas, cuja cor varia de cinza-claro a cinza-escuro. Como o SiO_2 é incolor, a cor da sílica ativa é determinada pelo teor de carbono e de óxido de ferro presentes. Do ponto de vista físico, as partículas de sílica ativa são esféricas, extremamente pequenas, com diâmetro médio entre 0,1 e 0,2 μm, sendo 50 a 100 vezes menores que as do cimento. A sua massa específica real é geralmente 2,2 g/cm³, mais baixa do que a do cimento, que é de aproximadamente 3,1 g/cm³. A massa unitária na forma natural é da ordem de 250 a 300 kg/m³. Do ponto de vista químico, a sílica ativa é composta principalmente de SiO_2, com pequenas quantidades de alumina, ferro, cálcio, álcalis, carbono, entre outros compostos.

Cinza volante é uma pozolana artificial originada do resíduo finamente dividido ou granulado que resulta da combustão do carvão mineral de usinas termelétricas.

Cinza vulcânica é uma pozolana natural, de origem vulcânica, geralmente de caráter petrográfico ácido (65 % de SiO_2) ou de origem sedimentar.

Caulinita calcinada é uma pozolana artificial obtida da calcinação de argilas cauliníticas entre 600 e 900 °C. Constituída basicamente de 51 % de sílica e 41 % de alumina na fase amorfa (vítrea), formando silicato de alumínio, que, ao se posicionar entre as partículas de cimento preenchendo os vazios (ação de fíler), proporciona alta reatividade com o hidróxido de cálcio presente no concreto.

Cinza de casca de arroz é uma pozolana artificial decorrente do processo de queima e beneficiamento da casca de arroz, tendo um grande potencial para uso no concreto. Pesquisas realizadas mostram que o desempenho das cinzas da casca de arroz é comparável ao da sílica ativa.

5.14.2 Material Cimentante

Não necessitam do hidróxido de cálcio para formar produto cimentante. No entanto, sua auto-hidratação é normalmente lenta, e a quantidade de produtos formados é insuficiente para a aplicação do material para fins estruturais. A adição que se enquadra neste grupo é a escória granulada.

Escória granulada é um produto obtido pela fusão e arrefecimento da escória de ferro (um subproduto da produção do ferro e do aço) em um alto-forno em água ou vapor, para produzir um produto vítreo granulado que é, então, seco e moído em um pó fino. A composição química das escórias de alto-forno produzidas varia dentro de limites relativamente estreitos. Os elementos que participam são os óxidos de: cálcio (Ca), silício (Si), alumínio (Al) e magnésio (Mg). Tem-se ainda, em quantidades menores, FeO, MnO, TiO_2 e enxofre. É importante ressaltar que essa composição vai depender das matérias-primas e do tipo de gusa fabricado. A composição química é de extrema importância e vai determinar as características físico-químicas das escórias de alto-forno.

5.14.3 Material Fíler

É uma adição mineral finamente moída inerte, ou seja, sua ação se resume ao efeito físico de empacotamento granulométrico e como pontos de nucleação para a hidratação dos grãos de cimento. As adições que se enquadram neste grupo podem ser originadas da rocha calcária, granítica e basáltica.

Concretos com adição podem exigir, no estado fresco, um consumo maior de água, mudança na reologia, diminuição da segregação e exsudação. Modifica o desempenho do aditivo plastificante, superplastificante, incorporador de ar e a manutenção da trabalhabilidade. Já no estado endurecido, a adição melhora as características do concreto, diminuindo a porosidade, a permeabilidade, o calor de hidratação e a eflorescência.

5.14.4 Condições Gerais

As adições minerais quando utilizadas em concreto agregam propriedades no estado fresco e endurecido, conforme se segue:

No estado fresco

- Demandam maior consumo de água;
- mudam a reologia com maior coesão;
- evitam a segregação em concretos fluidos;
- diminuem a exsudação;
- melhoram a bombeabilidade em concretos ásperos;
- diminuem o tempo de manutenção da consistência.

No estado endurecido

- Diminuem o potencial de reação álcali-agregado;
- diminuem a porosidade e a permeabilidade;
- aumentam a durabilidade;
- aumentam a resistência em ambientes agressivos;
- aumentam a resistência à abrasão mecânica e hidráulica;
- proporcionam alta resistência mecânica para concretos de alto desempenho.

5.15 RECOMENDAÇÕES PARA MELHOR DESEMPENHO DOS ADITIVOS E ADIÇÕES

Para o melhor aproveitamento da tecnologia em aditivos e adições disponíveis, é muito importante o conhecimento dos efeitos reais, seja na utilização ou na mistura de aditivos, seja nas adições no concreto a ser preparado e empregado nas condições específicas de cada obra.

Apresentam-se a seguir as recomendações para a obtenção do melhor comportamento dos aditivos e adições minerais.

- Analisar a compatibilidade entre os materiais (cimento, areia, brita, adição, água e outros aditivos).
- Considerar a temperatura ambiente de aplicação no processo de definição da especificação dos materiais a serem utilizados.
- Utilizar agregado miúdo e graúdo em estado úmido e de lotes homogêneos.
- Cuidar em manter a temperatura do concreto menor que 32 °C após a mistura dos materiais.
- Consumo de aglomerante menor possível, desde que dentro das recomendações ou do projeto.
- Ajustar a proporção do aditivo em relação ao consumo de cimento (grau de saturação).
- Estudar a logística quanto ao tempo de transporte-concreto usinado.
- Não colocar os aditivos diretamente sobre o cimento e agregados quentes.
- Analisar previamente o comprimento da tubulação de bombeamento.

É fundamental também exigir a idoneidade do fornecedor do aditivo e/ou adição mineral, bem como dos laboratórios que, por meio de seus certificados, atestam as suas características. Uma severa recomendação quanto à qualificação do pessoal que diretamente emprega o aditivo seria de interesse, não somente da obra, como dos próprios fabricantes, que ficariam, desta maneira, resguardados das consequências do mau emprego de seus produtos.

E, finalmente, para a decisão dos materiais deverá ser feita a comparação do custo final do concreto com as características especificadas, obtido por intermédio do emprego dos aditivos e adições minerais.

BIBLIOGRAFIA

AÏTCIN, P. C. *Concreto de alto desempenho*. São Paulo: Pini, 2000.

AMERICAN CONCRETE INSTITUTE. *Admixtures for concrete*. Detroit: ACI, 1967.

AMERICAN SOCIETY FOR TESTING AND MATERIALS. *C 78:* Standard test method for flexural strength of concrete (Using simple beam with third-point loading). ASTM, 2002.

AMERICAN SOCIETY FOR TESTING AND MATERIALS. *C 125:* Standard terminology relating to concrete and concrete aggregates. ASTM, 2007.

AMERICAN SOCIETY FOR TESTING AND MATERIALS. *C 157:* Standard test method for length change of hardened hydraulic-cement mortar and concrete. ASTM, 2008.

ASSOCIAÇÃO BRASILEIRA DE NORMAS TÉCNICAS. *NBR 10908:* Aditivos para argamassa e concreto – Ensaios de caracterização. Rio de Janeiro: ABNT, 2008.

ASSOCIAÇÃO BRASILEIRA DE NORMAS TÉCNICAS. *NBR 11172:* Aglomerantes de origem mineral. Rio de Janeiro: ABNT, 1990.

ASSOCIAÇÃO BRASILEIRA DE NORMAS TÉCNICAS. *NBR 11768:* Aditivos químicos para concreto de cimento Portland – Requisitos. Rio de Janeiro: ABNT, 2011.

ASSOCIAÇÃO BRASILEIRA DE NORMAS TÉCNICAS. *NBR 12653:* Materiais pozolânicos – Requisitos. Rio de Janeiro: ABNT, 2015.

BASILIO, F. de A. *Concretagem de barragens*. São Paulo: ABCP, 1968.

BAUER, L. A. F. Aditivos para concreto. *In*: BAUER, L. A. F. *Materiais de construção*. Rio de Janeiro: LTC, 1979. p. 95, Cap. 6.

BAUMGART, O. *Aditivos para concretos, argamassas e caldas de cimento*. 2. ed. São Paulo: Otto Baumgart, 1977.

CALLEJA CARRETE, J. *Aditivos para el hormigón*. Buenos Aires: ICPA, 1971.

CALLEJA CARRETE, J. *El panorama de los aditivos*. Madri: IET, s.d.

CALLEJA CARRETE, J. *Estado actual de los estudios sobre aditivos para hormigón*. Madrid: IET, 1969.

CALLEJA CARRETE, J. *Normalización de los aditivos para hormigón*. Madrid: IET, s.d.

CARBONELL, C. A. *Admisturas para mejorar el hormigón*. SLP, 1967.

COLLEPARDI, M. *Tecnologia de aditivos*. São Paulo: IPT, 1983.

COLLEPARDI, M.; CORRADI M.; BOLDINI, G.; PAURI M. *Influence of sulfonated, naphtalene on the fluidity of cement pastes.* 1980.

GAY, M. Admixture for HPC. *In*: INTERNATIONAL CONFERENCE ON DURABILITY OF HPC AND FINAL WORKSHOP OF CONLIFE, 2004, p. 53-62.

GIOVAMBATTISTA, A. *Estudio y experiencias relativas al empleo de retardadores en la preparación de hormigones de cemento Portland.* Buenos Aires: ICPA, 1966.

GOETZ, W. H. The mode of action of concrete admixtures. *In*: PROCEEDINGS OF THE SYMPOSIUM OF THE CONCRETE ADMIXTURES ASSOCIATION, London, 1969.

HATTORY, K.; YAMAKAWA, C. *Cement dispersing agent.* Tokio: KAO Soapco, 1973.

INSTITUTO BRASILEIRO DE IMPERMEABILIZAÇÃO. *Manual de utilização de aditivos para concreto dosado em central.* São Paulo: IBI, 2012.

MALHOTRA, V. M. *Maturity concept and the estimation of concrete strenght.* Ottawa: Department of Mines and Technical Surveys, 1971.

MALHOTRA, V. M. *Super plasticizers:* their effect or fresch and hardened concrete. Ottawa: ACI Concrete International, v. 3, n. 5, p. 66-81, May 1981.

MEHTA, P. K.; MONTEIRO, P. J. M. *Concreto:* microestrutura, propriedades e materiais. 3. ed. São Paulo: Ibracon, 2008.

NEYMETLECER, A. *Aditivos para concreto.* México: IMCYC, 1965.

PETRUCCI, E. Aditivos impermeabilizantes de concreto. *In*: COLÓQUIO IBRACON DE PERMEABILIDADE DO CONCRETO À ÁGUA, São Paulo, 1971.

RIXOM, R.; MAILVAGANAM, N. *Chemical admixtures for concrete.* 3. ed. London: E & FN Spon, 1999.

THEMAG. Análise dos efeitos da reação de hidratação do concreto-massa da barragem de Ilha Solteira. *In*: 8º SIMPÓSIO NACIONAL DE GRANDES BARRAGENS, São Paulo, 1972.

TOKUDOME, S. *Contribuição para o desenvolvimento do concreto autoadensável.* 2006. Dissertação (Mestrado em Engenharia Civil) – Universidade Estadual de Campinas, São Paulo, 2006.

VENUAT, M. *Aditivos y tratamientos de morteros y hormigones.* Barcelona: ETA, 1972.

6

DOSAGEM DO CONCRETO

**Prof. Eng.º Luiz Alfredo Falcão Bauer •
Prof.ª Eng.ª Maria Aparecida de Azevedo Noronha •
Prof. Dr. Turibio José da Silva •
Prof.ª Dra. Leila Aparecida de Castro Motta**

6.1 Desenvolvimento de Pesquisas sobre o Concreto, 126
6.2 Critérios Práticos de Dosagem, 129
6.3 Considerações Finais, 167

6.1 DESENVOLVIMENTO DE PESQUISAS SOBRE O CONCRETO

A história do concreto pode ser dividida em, pelo menos, quatro períodos. O primeiro, que se iniciou na antiguidade e cujas descobertas estavam relacionadas com os ligantes hidráulicos. O segundo, quando ocorreram as primeiras mesclas de calcário e argila até a obtenção do cimento. O terceiro período foi marcado pelo entendimento da relação entre os constituintes básicos do concreto: cimento com a água, agregado graúdo e miúdo. O último período, que perdura até a atualidade, foi a participação da indústria química na composição do concreto por meio das adições e dos aditivos.

Dentro da concepção mais próxima da atual, a evolução do concreto teve início no século XIX, com Vicat descobrindo o cimento artificial. A partir daí, seguiu-se uma série de pesquisas para entender o processo de endurecimento do cimento e a composição do concreto.

Apesar da grande importância do concreto, ainda não há um consenso sobre um método de dosagem que poderia embasar a elaboração de uma norma brasileira. Assim, ao longo do tempo, surgiram vários métodos de dosagem propostos por pesquisadores e que são utilizados pelos profissionais. A norma brasileira mais diretamente ligada ao tema, a ABNT NBR 12655:2022, fixa as condições exigíveis para o preparo, controle e recebimento do concreto.

De modo geral, os métodos apresentam algumas semelhanças, fruto dos trabalhos desenvolvidos no passado e que forneceram conhecimentos consistentes. Assim, ao apresentar a evolução do concreto, é possível recordar certos princípios básicos de dosagem do concreto. Alguns dos pesquisadores merecem destaque em razão da contribuição fornecida pelos resultados de suas pesquisas para a evolução dos métodos de dosagem. É importante salientar que os resultados e as conclusões obtidas devem ser observados à luz do conhecimento da época, não cabendo, portanto, uma comparação com a atualidade.

6.1.1 Pesquisas de Préaudeau e Alexandre

Um método de dosagem, que pode ser considerado intuitivo, foi proposto por Préaudeau (1881). O pesquisador estudou as características dos agregados e, especialmente, a questão dos vazios, tendo observado que estes variavam enormemente de areia para areia (26 a 42 % do volume aparente) e um pouco menos no caso dos seixos rolados (32 a 42 %) e das britas

(45 a 50 %). Propôs que um concreto compacto deveria ter um volume de pasta 5 % superior ao volume de vazios do agregado miúdo, obtendo-se, assim, a argamassa. O volume de argamassa no concreto deveria ser 10 % superior ao volume de vazios dos agregados graúdos.

Paul Alexandre (1888) iniciou em 1887 uma série de pesquisas e, em 1890, publicou os resultados sobre resistência de argamassas, porosidade, permeabilidade e decomposição pela água do mar (Alexandre, 1890). Estudou a quantidade de água necessária para a mistura e salientou acerca da grande quantidade de água necessária para molhar os grãos finos.

Considerou que a água necessária para molhar e hidratar o cimento era da ordem de 0,25 da massa do cimento, mas ressalvando que isso dependia da finura do cimento. Pesquisou também a influência da temperatura sobre a pega do cimento.

Posteriormente, propôs a Equação (6.1), que traduz a quantidade de água de molhagem de 1 m³ de areia com grãos de 0,3 a 5 mm.

$$a = \frac{65}{d} + 30 \qquad (6.1)$$

em que a é a quantidade de água da mistura (litros) e d é o diâmetro máximo do agregado.

Foram as seguintes as conclusões dessas pesquisas:

- há aumento de resistência da argamassa em decorrência do aumento do consumo de cimento e/ou do aumento da dimensão do agregado. A natureza do material não tem influência sobre a resistência;
- o frio causa paralisação do processo de pega, processo esse que pode ser retomado, sem interferência na resistência da argamassa, quando o concreto é novamente aquecido;
- há aceleração do processo de pega quando o concreto é aquecido à temperatura de até 80 °C.

Como pôde ser observado, os estudos de Paul Alexandre evidenciaram a influência da composição granulométrica dos agregados sobre a qualidade dos concretos.

6.1.2 Pesquisas de Feret

Feret (1892) estudou detalhadamente a compacidade das areias (volume absoluto dividido pelo volume aparente ou unitário) e das argamassas (volume absoluto do cimento e da areia dividido pelo volume aparente da argamassa). Para tanto, o pesquisador utilizou parte dos estudos de Alexandre (1890).

Estudou, ainda, a influência da umidade das areias, a quantidade de água necessária à hidratação do cimento, as resistências de argamassas de várias naturezas e determinou a correlação entre a resistência da argamassa e a quantidade de água de mistura.

Os estudos sobre a porosidade e a permeabilidade realizados por Feret (1892) confirmaram as conclusões obtidas nas pesquisas de Alexandre (1890), entre elas a da proporcionalidade entre água de mistura e porosidade e o fato de a maior porosidade ser obtida em argamassas feitas com areia fina.

Foi verificado que, independentemente da dosagem de cimento, a natureza e a dimensão da areia e a proporção da água de amassadura, a resistência está correlacionada com o fator da Equação (6.2).

$$\frac{C}{1-(c+s)} \qquad (6.2)$$

sendo C o consumo de cimento para volume unitário de argamassa em volume real, c é o volume absoluto de cimento igual a $1/\gamma_c$ e s é o volume absoluto de areia igual a $1/\gamma_s$, com

γ_c = massa específica do cimento;
γ_s = massa específica da areia.

Os estudos realizados por Feret (1892) foram fundamentais para o conhecimento da dosagem de argamassas e concretos. Suas principais conclusões foram:

- a água de mistura é proporcional à água de molhagem dos agregados e do cimento;
- a resistência depende unicamente da relação da Equação (6.2);
- há uma supremacia na qualidade das misturas descontínuas: graúdos + finos (sem grãos médios) e graúdos/finos = 2 (cimento incluído nos finos).

6.1.3 Pesquisas de Fuller

Fuller e Thompson (1907), com base em experimentos com dosagens de concreto com várias proporções de agregados, propuseram uma curva elíptica e, depois, parabólica para a composição granulométrica. Eles definiram a granulometria contínua pela Equação (6.3):

$$P = \sqrt{\frac{d}{D}} \qquad (6.3)$$

em que d é o diâmetro do agregado miúdo; D, o diâmetro do agregado graúdo; e P é a porcentagem de grãos que passam pela peneira de diâmetro d.

As quantidades foram determinadas praticamente pelas relações d/D em progressão geométrica na razão de 1/2.

6.1.4 Pesquisas de Abrams

Abrams (1918), com base em experimentos realizados em cooperação com vários laboratórios e resultados de 50.000 ensaios, obteve várias conclusões, sendo uma delas que "com dados materiais e condições de ensaios, a quantidade de água usada na mistura determina a resistência à compressão do concreto". O pesquisador propôs uma modificação na fórmula apresentada por Fuller e por Feret, fornecendo a Equação (6.4), para a determinação da resistência à compressão em função da água e do cimento:

$$R = \frac{A}{B^x} \qquad (6.4)$$

sendo x o volume de água dividido pelo volume do cimento e A e B constantes que dependem do cimento, da idade, das condições de cura etc. Vale ressaltar que, quanto maior for a idade e melhor for a qualidade do cimento, menor será o valor de B.

Na Figura 6.1, ilustra-se o comportamento da Equação (6.4), que gera a chamada curva de Abrams.

O pesquisador também definiu como uma característica o termo módulo de finura dos agregados e sua forma de determinação, e o utilizou para comparar os concretos. Assim, Abrams concluiu que concretos preparados com o mesmo módulo de finura apresentam a mesma resistência.

Com base no módulo de finura, propôs a Equação (6.5), que o relaciona com o tamanho do agregado:

$$m = 7{,}94 + 3{,}32 \log d \qquad (6.5)$$

em que m é o módulo de finura e d é o diâmetro do agregado (em polegadas).

Outra grande contribuição de Abrams, adotada atualmente, foi a definição do conceito de consistência mediante a medida do abatimento pelo tronco de cone de 30 cm de altura, por 10 e 20 cm como diâmetros do topo e da base, respectivamente. A proposta inicial foi o cilindro de 30 cm de altura e 15 cm de diâmetro.

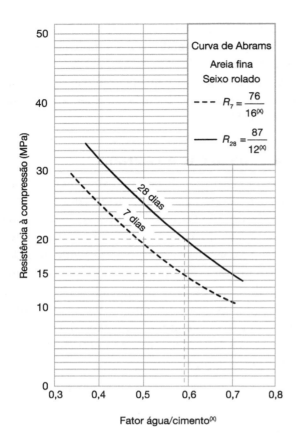

FIGURA 6.1 Curva de Abrams.

6.1.5 Pesquisas de Bolomey

Bolomey (1925) baseou seu trabalho no de Fuller e Thompson (1907), um método geral, e propôs uma variação na equação de modo a obter uma granulometria contínua, conforme a Equação (6.6), mediante a introdução de uma constante A, que leva em conta o cimento e os finos menores que 0,5 mm e depende da natureza dos materiais e da plasticidade requerida.

$$p = A + (100 - A)\sqrt{\frac{d}{D}} \quad (6.6)$$

em que p é a porcentagem de grãos que passam pela peneira de abertura d; d é o diâmetro do agregado miúdo; e D é o diâmetro do agregado graúdo.

Na Equação (6.6), o valor de A, de acordo com os materiais então utilizados, podia variar de 10 a 14.

Para a resistência, Bolomey (1925) propôs Equação (6.7), que relaciona a resistência com água e cimento.

$$R = k\left(\frac{C}{a} - 0,50\right) \quad (6.7)$$

em que C é o volume absoluto do cimento; a é a água de mistura em massa; e k é a variável (entre 0,9 e 1,1) característica do material.

Com base nos resultados de vários ensaios de argamassas e concretos, o pesquisador definiu a Equação (6.8), para a obtenção da água de amassamento:

$$a = \frac{kP}{\sqrt{Dd}} \quad (6.8)$$

com P como a massa dos agregados; D e d, os diâmetros dos agregados (mm); e k igual a 0,09 para a consistência ordinária.

As propriedades do módulo de finura são então transferidas para a água de mistura. Os concretos estudados com a mesma quantidade de água apresentaram a mesma resistência. Assim, Bolomey encontrou um meio para determinar a correlação brita/areia, equivalente à composição definida pela Equação (6.6), bem como a água de molhagem dos dois agregados calculada pela Equação (6.8).

Bolomey prosseguiu com as pesquisas abordando, além da resistência à compressão, outras propriedades do concreto endurecido, como módulo de elasticidade, retração, deformações elastoplásticas, ação química, física e mecânica, ação do gelo, concreto protendido e controle de qualidade do concreto.

6.1.6 Pesquisas de Leclerc du Sablon

O engenheiro Leclerc du Sablon (1927), também da École Nationale des Ponts et Chaussées, continuou os estudos de Feret.

As principais conclusões obtidas por Leclerc du Sablon (1927) foram:

- a compacidade do concreto não resulta diretamente da compacidade do agregado. Com um agregado graúdo com compacidade de 0,66, pode-se obter um concreto com compacidade de 0,77, enquanto com outro agregado graúdo com compacidade de 0,53, pode-se obter um concreto com compacidade de 0,83;
- a relação entre a menor dimensão máxima característica do agregado graúdo e a maior dimensão máxima característica do miúdo deve ser igual a 2,5;
- a relação agregado graúdo/agregado miúdo é de pouca importância;
- a maior compacidade é obtida com proporção de argamassa igual a 1,35 vez com relação aos vazios do agregado graúdo.

6.1.7 Pesquisas de Lyse

No período de 1931-1932, Lyse (1932) realizou duas séries de testes para análise da resistência e consistência do concreto. Os resultados relativos à consistência demonstraram que, para os concretos dosados com um dado tipo e granulometria de agregados e cimento, mantida a quantidade de água por metro cúbico de concreto, as consistências obtidas são próximas, independentemente da proporção dos materiais da mistura.

Os resultados relacionados com a resistência corroboraram aqueles obtidos anteriormente, que indicavam relação entre a resistência e a relação água/cimento.

6.1.8 Pesquisas de Vallette

Em vários países, as pesquisas referentes aos concretos prosseguiram partindo das propostas com melhores resultados. O concreto era preparado manualmente em proporções de argamassa: agregado graúdo 3:4, 2:3, 1:2, ou por meio de betoneira em proporções da ordem de 1:2 e 1:1,6. Os concretos que requeriam maior rigor técnico eram preparados de acordo com as composições de Bolomey, consideradas as mais compactas, ou aquelas resultantes da determinação da mais densa mistura agregado graúdo/areia.

Vallette (1949) empregou concretos preparados com proporções da ordem de 1:3 (areia, seixo rolado). Os resultados foram excelentes, tendo sido obtidas resistências mais elevadas, mesmo nos casos em que o fator (relação) a/c (água/cimento) era maior.

O pesquisador estudou a resistência do concreto em função da relação $K = g/s$ (volume absoluto do agregado graúdo/volume absoluto do agregado miúdo) de modo a comprovar a justeza das teorias com base na granulometria contínua. Procurou também determinar as relações mais favoráveis para misturas preparadas com agregados graúdo e miúdos correntes ($g/s = K$).

Enquanto Vallette (1949) desenvolvia seus estudos, outros pesquisadores apresentaram propostas com variações na maneira de compor a granulometria. Segundo Coutinho (1973), Faury apresentou um trabalho que propunha uma nova granulometria, variante das anteriormente propostas.

Durante as pesquisas, observou-se a influência da forma, conhecida como *efeito de parede*, que, segundo Coutinho (1973), já estava sendo estudado por Caquot e havia sido publicado em 1937. Esse mecanismo leva em conta a influência das dimensões do molde e da armadura, no arranjo dos agregados.

Os estudos indicaram que as malhas da armadura impõem a dimensão máxima D dos agregados de 1/3 a 2/3 da distância entre as barras. A forma impõe a condição de que D seja igual a $0,8 \times \gamma$ a $1,0 \times \gamma$, em que γ pode ser obtido pela Equação (6.9).

$$\gamma = \frac{V}{S} \qquad (6.9)$$

com V igual ao volume da forma e S à somatória das superfícies da forma e das armaduras.

6.2 CRITÉRIOS PRÁTICOS DE DOSAGEM

Com base nos resultados obtidos por pesquisadores, que desde o século XIX estudavam o comportamento do concreto e de seus constituintes, novos métodos de dosagens experimentais foram desenvolvidos. Existem, no entanto, regras fundamentais que devem ser observadas em todos os casos. O tecnologista de concreto, ao se propor a estudar uma dosagem, deve necessariamente conhecer o projeto, os materiais, os equipamentos e a mão de obra disponíveis.

Uma vez tendo tomado conhecimento da obra, do projeto etc., o engenheiro deve, pelo método que mais bem se adaptar às circunstâncias e ao seu modo particular de trabalho, determinar as curvas características de comportamento dos concretos preparados com os materiais disponíveis. Devem ser estudadas pelo menos as relações "resistência *versus* relação água/cimento" e "relação água/material seco *versus* consistência".

Uma vez conhecidos os parâmetros resistência e consistência para os materiais disponíveis, como cimento, agregados graúdo e miúdo, poderá ser calculada uma nova dosagem, como apresentado nos itens posteriores. Em geral, os critérios de dosagem que parecem ser de aplicação conveniente levam em conta as características básicas no estado fresco e no estado endurecido do concreto, como:

- trabalhabilidade;
- resistência;
- durabilidade;
- deformabilidade.

A trabalhabilidade, característica do concreto no estado fresco, deve ser estudada experimentalmente, pois envolve a fluidez e a coesão, daí a necessidade de se conhecer as condições de execução. Atualmente, com a utilização quase generalizada dos aditivos plastificantes e superplastificantes, o estudo da trabalhabilidade passou a ser uma otimização da dosagem, visando obter a melhor trabalhabilidade para o concreto, considerando determinada relação água/cimento, e utilizando-se o aditivo para atingir a trabalhabilidade requerida. Em geral, utiliza-se o método de ensaio proposto por Abrams para a consistência por meio do abatimento do tronco de cone. No Brasil, a consistência de concretos normais pode ser verificada com o emprego das normas ABNT NBR 16886:2020 e ABNT NBR 16889:2020. No Capítulo 7 – Concreto no Estado Fresco, a trabalhabilidade e demais propriedades são tratadas com mais detalhes.

A resistência à compressão do concreto ainda é a característica mais utilizada como referência para a dosagem e para o controle da uniformidade do concreto. Essa característica encontra-se bem regulamentada pelas normas brasileiras ABNT NBR 5738:2015, ABNT NBR 5739:2018, ABNT NBR 12655:2022, ABNT NBR 6118:2023, ABNT NBR 14931:2023 e ABNT NBR 8953:2015. A estreita relação que a resistência mantém com a durabilidade reforça a sua importância como característica de controle do concreto. O estudo mais detalhado sobre esta característica mecânica do concreto é apresentado no Capítulo 9 – Propriedades do Concreto Endurecido.

A durabilidade é uma característica que passou a ser notada e requerida quando foram divulgados os resultados dos ensaios em concretos que haviam sido submetidos a determinados ambientes e notou-se que havia uma queda no desempenho do concreto que também afetava as armaduras. Diante dessa constatação, a durabilidade passou a ser de grande importância na dosagem do concreto. A norma ABNT NBR 6118 contém as primeiras exigências relativas à durabilidade já na publicação de 2003, a versão de ABNT NBR 6118:2023 atualmente em vigor, junto à ABNT NBR 12655:2022 e ABNT NBR 14931:2023, definem condições de projeto que visam dotar as estruturas da durabilidade necessária. A durabilidade e a resistência advêm da obtenção de um concreto tão denso quanto possível, ou seja, com a menor porcentagem de vazios possível. Nesse sentido, é de grande importância o conhecimento sobre a porosidade e os mecanismos de transporte no concreto. O assunto está abordado com mais detalhes nos capítulos que tratam das propriedades do concreto e da durabilidade.

A retração hidráulica tem sido, ao longo dos anos, uma preocupação para os profissionais do setor, portanto, a dosagem deve buscar mitigar esse efeito. Outro aspecto relacionado com a deformabilidade, que vem ganhando mais importância em função do aumento da resistência à compressão do concreto, é o módulo de elasticidade. Como é conhecido, o módulo de elasticidade não aumenta na mesma proporção da resistência, daí o seu controle ser cada vez mais necessário. As normas ABNT NBR 8224:2012, ABNT NBR 8522-1:2021 e ABNT NBR NM 131:1997 fornecem os procedimentos para medir as deformações do concreto. Nos capítulos posteriores, este assunto será abordado com maior ênfase.

6.2.1 Resistência de Dosagem

O estudo de dosagem compreende, além da resistência, os procedimentos necessários à obtenção do traço do concreto para atendimento aos requisitos especificados pelo projeto estrutural e pelas condições da obra. O resultado do estudo de dosagem é a obtenção do traço ou composição do concreto. O traço é a expressão das proporções, em massa ou volume, dos vários constituintes do concreto, geralmente tomando-se como base a unidade de cimento e indicando o consumo de cimento para um metro cúbico de concreto. O traço pode ser expresso em massa ou em volume.

Um exemplo de traço comum em massa é:

$$1:2,2:3,2:0,55 \ C = 350 \ \text{kg/m}^3$$

em que 1 refere-se a 1 kg de cimento, seguido de 2,2 kg de agregado miúdo (A_m), 3,2 kg de agregado graúdo (A_g), 0,55 kg de água e 350 kg/m³ de consumo de cimento. A quantidade de água, pelo fato de o cimento ter valor unitário, torna-se a relação água/cimento (a/c). Genericamente, o traço básico é: $1 : A_m : A_g : a/c \ C = xx \ \text{kg/m}^3$.

A ABNT NBR 8953:2015 classifica as resistências do concreto de C20 a C100, considerando como concretos de resistência normal até a classe C50 e de alta resistência as classes a partir de C50.

O ponto de partida para a definição da resistência de dosagem é a resistência característica à compressão especificada no projeto. A forma de determinação dessa resistência sofreu várias alterações ao longo dos anos, sendo atualmente determinada pela Equação (6.10), da norma ABNT NBR 12655:2022, que leva em consideração a resistência média de dosagem e a dispersão na produção do concreto por meio do desvio-padrão.

$$f_{cmj} = f_{ckj} + 1,65 \times S_d \qquad (6.10)$$

em que f_{cmj} é a resistência média do concreto à compressão, prevista para a idade de j dias (MPa); f_{ckj} é a resistência característica do concreto à compressão, aos j dias (MPa); e S_d é o desvio-padrão da resistência à compressão (MPa).

O desvio-padrão da resistência para concretos elaborados com os mesmos materiais, equipamentos e condições deve ser fixado com, no mínimo, 20 resultados consecutivos obtidos no intervalo de 30 dias, em período imediatamente anterior, e não pode ser inferior a 2 MPa.

De acordo com a ABNT NBR 12655:2022, quando não for possível determinar o desvio-padrão, deve-se adotar para o cálculo da resistência de dosagem o valor do desvio-padrão relacionado com as condições de preparo A, B e C específicas da obra, ou seja, ao controle de execução, como se segue:

- Condição A, S_d = 4,0 MPa: cimento e agregados medidos em massa, água de amassamento em massa ou volume com dosador e com correção em função da umidade dos agregados (aplicável a todas as classes de resistência).
- Condição B, S_d = 5,5 MPa: cimento medido em massa, água de amassamento em volume com dispositivo dosador e os agregados em massa combinada com volume (pode ser aplicada às classes C10 a C20). Por massa combinada com volume, entende-se que o cimento seja sempre medido em massa e que o canteiro deva dispor de meios que permitam a confiável e prática conversão de massa para volume de agregados, levando em conta a umidade da areia.
- Condição C, S_d = 7,0 MPa: cimento medido em massa, agregados medidos em volume, água de amassamento em volume, e sua quantidade é corrigida em função da estimativa da umidade dos agregados e da determinação da consistência do concreto (aplicável apenas a C10 e C15), conforme disposto na ABNT NBR 16889:2020.

A construção evoluiu e os requerimentos para o concreto foram mudando, o que contribuiu para o surgimento de outros tipos de concreto como os mais fluidos, chamados autoadensáveis, os de resistências mais altas, os mais leves etc. Aliado a isso, novos materiais foram sendo incorporados ao concreto, como é o caso das adições minerais e dos aditivos. Apesar dessas evoluções, os procedimentos para a dosagem ainda são referentes ao concreto convencional, conforme indicado no Quadro 6.1.

6.2.2 Água de Molhagem dos Agregados

A água de molhagem dos agregados é um dos pontos básicos e comum a todos os métodos de dosagem experimental, daí a sua determinação ser abordada inicialmente.

Bolomey estabeleceu, segundo a Equação (6.11), a quantidade de água necessária para molhar certa quantidade de agregado:

$$A = \frac{kP}{\sqrt[3]{d_1 d_2}} \qquad (6.11)$$

QUADRO 6.1 Informações necessárias para a dosagem do concreto

Projeto e especificações relativos a	Caracterização dos materiais disponíveis			Equipamentos disponíveis para preparo, transporte, lançamento etc.
	Cimento	Agregados	Água e aditivos	
Dimensões das formas	Amostragem	Amostragem	Qualidade	
Densidade da armadura	Massa específica	Massa específica e absorção	Químicos	
Resistência aos esforços	Área específica e índice de finura	Massa unitária em estado solto		Capacidade
Condições de exposição	Pasta de consistência normal	Inchamento dos agregados miúdos		Características
Acabamentos especiais	Tempo de pega	Granulometria		Condições de uso
Outros aspectos	Expansibilidade	Massa unitária em estado compactado seco		Quantidade
	Resistência à compressão	Teor de argila em torrões e materiais pulverulentos		
		Abrasão Los Angeles		
		Impurezas orgânicas		
		Índice de forma		
		Potencial de reatividade		

132 Capítulo 6

em que A é a água necessária para a molhagem; d_1 e d_2 são duas aberturas sequentes das peneiras ($d_1 > d_2$); e k varia com o coeficiente de forma, tipo de rocha, consistência etc. (igual a 0,09 para consistência ordinária).

Na realidade, qualquer que seja a rocha, o que importa é o volume absoluto, determinado pela Equação (6.12):

$$V = \frac{P}{\gamma_{abs}} \qquad (6.12)$$

A partir da Equação (6.12), realizando-se as operações $k \cdot P = k \cdot V \cdot \gamma_{abs}$ e considerando-se $k \cdot \gamma_{abs} = k_1$, resulta que $k \cdot P = k_1 \cdot V$. Os valores de k da fórmula de Bolomey variam segundo a consistência desejada do concreto. Bolomey propôs $k \cong 0,09$ a $0,13$.

Na Tabela 6.1 estão relacionados os valores de k em função da consistência e do tipo de agregado.

Com o emprego da Equação (6.10), foram obtidas as quantidades para a água de molhagem, indicadas na Tabela 6.2, para vários valores de k, considerando-se sempre a massa P igual a um quilo.

A água de molhagem é determinada pela superfície dos agregados. Assim, a forma do agregado, bem como sua textura e capacidade de absorção, influenciam diretamente a quantidade de água de molhagem e, consequentemente, a trabalhabilidade do concreto. Para considerar a forma dos agregados, a Associação Francesa de Normatização (AFNOR) definiu o coeficiente de forma segundo a Equação (6.13), considerando uma amostra com 250 g:

$$C_m = \frac{V}{\sum \frac{\pi d^2}{6}} \qquad (6.13)$$

com V igual ao volume real da amostra observada.

A AFNOR fixou ainda os limites apresentados na Tabela 6.3 para utilização das britas no que diz respeito ao seu coeficiente de forma C_m.

TABELA 6.1 Valores de k para a água de molhagem dos agregados, segundo Bolomey

Consistência do concreto	Pedregulho	Pedra britada
"Farofa"	0,080	0,095
Pastosa	0,090-0,095	0,100-0,110
Fluida	0,100-0,110	0,120-0,130

TABELA 6.2 Valores de A para a água de molhagem dos agregados, segundo Bolomey

Abertura (mm) Série Tyler d_1 a d_2	$\sqrt[3]{d_1 d_2}$	Valores de A (kg)						
		$k = 0,080$	$k = 0,090$	$k = 0,095$	$k = 0,100$	$k = 0,110$	$k = 0,120$	$k = 0,130$
7650	15,605	0,0051	0,0058	0,0061	0,0064	0,0070	0,0077	0,0083
5038	12,387	0,0065	0,0073	0,0077	0,0081	0,0089	0,0097	0,0105
3825	9,831	0,0081	0,0092	0,0097	0,0102	0,0112	0,0122	0,0132
2519	7,803	0,0102	0,0115	0,0122	0,0128	0,0141	0,0154	0,0167
199,5	5,655	0,0142	0,0159	0,0168	0,0177	0,0194	0,0212	0,0230
9,54,8	3,574	0,0224	0,0252	0,0266	0,0280	0,0308	0,0336	0,0364
4,82,4	2,258	0,0354	0,0398	0,0421	0,0443	0,0487	0,0531	0,0576
2,41,2	1,422	0,0564	0,0633	0,0668	0,0703	0,0774	0,0844	0,0914
1,20,6	0,896	0,0893	0,1004	0,1060	0,1116	0,1228	0,1339	0,1451
0,60,3	0,564	0,1418	0,1596	0,1684	0,1773	0,1950	0,2128	0,2305
0,3-0 (cimento)	0	—	0,230	0,230	0,230	0,230	—	—

TABELA 6.3 Valores de C_m das britas (AFNOR)

Tipo de concreto	Valores de C_m	
	φ máx, brita = 25 mm	φ máx > 25 mm
Alta resistência, baixa permeabilidade	0,20	0,15
Pouco ou não armado	0,15	0,12

Outra abordagem sobre a forma foi apresentada por Priszkulnik (1977) com base no estudo de Th Zingg, que considera quatro classes de esfericidade a partir das dimensões das partículas: comprimento, largura e espessura.

No gráfico da Figura 6.2, ilustra-se esta classificação.

A avaliação da água de molhagem em função da superfície específica do agregado, principalmente quando se leva em conta sua textura e capacidade de absorção, seria, sem dúvida alguma, mais exata. No entanto, a complexidade do processo impede sua aplicação prática e imediata.

Um meio intermediário de avaliar a quantidade de água de molhagem seria mediante o volume absoluto dos materiais sólidos, segundo expõe Vallette, quando afirma que: "A água de molhagem, bem como a granulometria global, podem também ser representadas em função do volume absoluto dos agregados e do cimento".

Esta representação tem a vantagem de retratar as dosagens independentemente da massa específica do material e de sua natureza.

No gráfico correspondente à granulometria, registra-se nas ordenadas o volume absoluto referente a cada parcela (v), sendo que as referidas parcelas são anotadas na abscissa em escala logarítmica (inclusive, o cimento).

A água de molhagem necessária pode ser definida por meio do gráfico da Figura 6.3.

A partir do ponto médio do segmento da curva representativa do volume absoluto de agregado compreendido por cada parcela (0,15 a 0,3; 0,3 a 0,6; 0,6 a 1,2), traça-se uma paralela ao eixo das abscissas até encontrar a ordenada do gráfico representativo da água de molhagem, referente ao volume de água necessária para a molhagem de um metro cúbico da respectiva parcela do agregado.

6.2.3 Método de Dosagem do SNCF

O Serviço Nacional de Estradas de Ferro da França (SNCF) desenvolveu um método experimental com base em: a) obtenção de uma argamassa adequada (cheia, com um mínimo de cimento) e b) anexação do agregado graúdo saturado a esta argamassa, de modo a obter uma mistura cheia e com trabalhabilidade adequada às condições do canteiro e com quantidade mínima de argamassa.

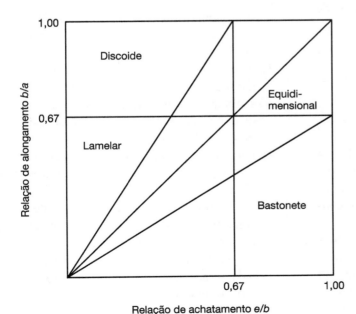

FIGURA 6.2 Classes de esfericidade, segundo Th Zingg (*apud* Priszkulnik, 1977).

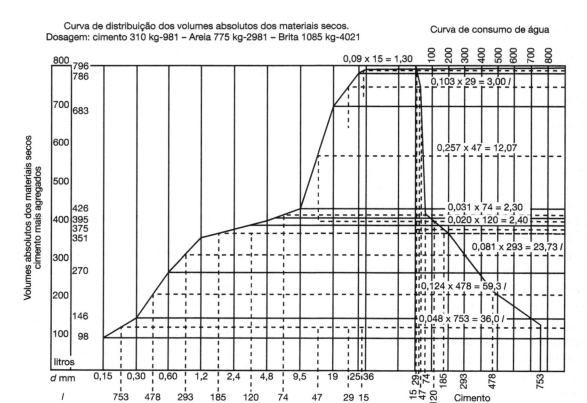

FIGURA 6.3 Determinação da quantidade de água de molhagem requerida.

A determinação da dosagem experimental, de acordo com o método do SNCF, pode ser resumida como a seguir:

1) Determinam-se as características da areia seca, em função de seu volume unitário (aparente), em que v é o volume absoluto e a é a água de molhagem:

Volume absoluto da areia molhada

$$b = v + a \qquad (6.14)$$

Vazio da areia úmida

$$1 - (v + a) = V_m \qquad (6.15)$$

2) Obtém-se, em seguida, uma argamassa cheia a partir do preenchimento dos vazios, por meio de pasta de cimento. O valor desses vazios deve ser acrescido de ±10 %, de modo a garantir conveniente recobrimento da areia.

A massa do cimento C que deve ser considerada na formação de uma pasta preparada com 0,230 kg de água para hidratação de um quilo de cimento, em que $\gamma_c = 3,05$ kg/dm³, será de $0,56C$, conforme a Equação (6.16):

$$0,23 \text{ kg água} + \frac{1,0 \text{ kg}}{3,05} = 0,56 \qquad (6.16)$$

que é o volume de pasta correspondente a um quilo de cimento.

Para um volume $1,10 \times V_m$ (1,10 corresponde aos 10 % de excesso de pasta já citado), tem-se $0,56C = 1,10 \times V_m$. Logo, $C = (1,10/0,56) \times V_m$.

3) Anexa-se a essa argamassa o máximo de agregado graúdo, saturado e molhado, g, de modo a obter um concreto adequado às condições de execução. Obtém-se, assim, uma dosagem $g_1 + S_1 + C_1 +$ água A_1.

4) Para uma dosagem em que o consumo deve ser $C_2 > C_1$, substitui-se uma parte da areia S_1 por cimento.

Retira-se, assim, certa quantidade de areia correspondente ao volume de cimento, que deve ser acrescido de $0,56(C_2 - C_1)$.

O volume absoluto da areia a ser retirada será, então $(v + a) S' = 0,56(C_2 - C_1)$, e o volume absoluto de areia molhada a ser retirada:

$$S' = 0,56\frac{(C_2 - C_1)}{v + a} \qquad (6.17)$$

Portanto, a areia restante será $S_1 - S' = S_2$. A água anexada será igual a $0,23(C_2 - C_1)$ e a água retirada igual a $a \times S'$, em que a é a água de molhagem.

5) Logo, o traço final será:

$$g_1 + S_2 + C_2 + A_2$$

$$A_2 = A_1 + 0,23(C_2 - C_1) - a\,S'$$

6) Na eventualidade de se desejar um concreto com $C_3 < C_1$, deve-se retirar certa quantidade de cimento (em volume) e substituir esse volume por areia. Assim, por exemplo:

- volume de cimento a ser retirado $0,56(C_3 - C_1)$;
- volume de areia molhada a ser acrescentada, S, é igual a $(v + a) \times S'' = 0,56(C_3 - C_1)$.

Valor absoluto de areia molhada a ser acrescentada:

$$S'' = 0,56\frac{(C_2 - C_1)}{v + a} \qquad (6.18)$$

em que a é a água de molhagem do volume v absoluto da areia.

A areia final será $S_3 = S_1 + S''$ e o traço final:

$$g_1 + S_3 + C_3 + A_3$$

$$A_3 = A_1 - 0,23(C_3 - C_1) + a\,S''$$

Em suma: traço básico $(g_1 + S_1 + C_1 + 1)$.

O Quadro 6.2 apresenta uma síntese para os ajustes no traço básico.

Observação: para a obtenção do volume absoluto da areia molhada $(v + a = b)$, pode-se partir da argamassa (com menor consumo possível de cimento);

$S_1 + C_1$: em que o volume absoluto da areia molhada é igual ao volume absoluto da argamassa m menos o volume absoluto do cimento $(v + a) \times S_1 = m - 0,56\,C$.

O critério adotado leva à determinação de dosagens com um consumo mínimo de areia.

A variação de consistência do concreto assim preparado pode ser facilmente obtida pela adição de pequena quantidade de água. Por outro lado, qualquer engano na dosagem de água pode acarretar a desagregação do concreto recém-misturado.

6.2.4 Dosagem Preconizada por Vallette

No método proposto por Vallette procura-se a obtenção de uma granulometria ótima que garanta a redução de vazios. Experimentalmente, Vallette verificou que os vazios de um esqueleto primário D_1/d_1 são quase que completamente cheios por um segundo grupo de grãos D_2/d_2, tal que:

$$D_2 \le \frac{d_1}{5} \qquad (6.19)$$

Com grãos secundários D_2/d_2 de maior dimensão, a compacidade diminui, já que esses grãos causam o afastamento dos de dimensões D_1/d_1. Nesse caso, a maior compacidade é obtida por um volume de grãos D_2/d_2, maior do que o volume de vazios do esqueleto primário D_1/d_1. O preenchimento dos vazios vai assim ocorrendo sucessivamente até que, ao final, os vazios restantes sejam preenchidos com a pasta [volume vazio $= 0,56C$, conforme a Equação (6.16)].

Caso se deseje um concreto com consumo $C_1 < C$, diminui-se o volume de cimento e substitui-se este volume por areia. Na eventualidade de se querer um concreto com consumo $C_2 > C$, acrescenta-se $0,56 (C_2 - C)$ e diminui-se o volume correspondente de areia. A Tabela 6.4 indica as granulometrias básicas.

QUADRO 6.2 Ajustes no traço básico, conforme o método do SNCF

Materiais	Modificação	
	$C_2 > C_1$	$C_3 < C_1$
Volume de cimento	acrescido $0,56 \times (C_2 - C_1)$	reduzido $0,56 \times (C_3 - C_1)$
Volume de areia	reduzida $(v + a) \times S'$	acrescida $(v + a) \times S''$
Volume de água	$0,23 \times (C_2 - C_1)$ reduzida $a \times S'$	$0,23 \times (C_3 - C_1)$ acrescida $a \times S''$
Traço final	$g_1 + S_2 + C_2 + A_2$	$g_1 + S_3 + C_3 + A_3$

136 Capítulo 6

TABELA 6.4 Granulometrias básicas, segundo Vallette (mm)

Categoria	50	38	25	19	9,5	4,8	2,4
Primário	50/25	38/19	25/19	19/9,5	9,5/4,8	4,8/2,4	2,4/1,2
Secundário	4,8/2,4	2,4/1,2	2,4/1,2	1,2/0,6	0,6/0,30	0,6/0,3	0,30/0,15
Terciário	0,60/0,30	0,30/0,15	0,3/0,15	0,15 <	—	—	—
Primário	75/38	D_1/d_1					
Secundário	9,5/4,8	D_2/d_2					
Terciário	0,60/0,30	D_3/d_3					

A determinação das composições ideais para os concretos é realizada conforme os seguintes procedimentos:

a) Concreto terciário

- Determina-se com o agregado 3 a menor quantidade de pasta suficiente para encher os vazios $g_3 + C_3$, formando a argamassa A_3.
- A essa argamassa são anexados grãos g_2; logo, a composição será $g_2 + g_3 + C_3$, formando a argamassa A_2.
- Finalmente, junta-se o agregado graúdo g_1, resultando em $g_1 + A_2$.

b) Concreto binário

- Determina-se esta dosagem diretamente preparando-se a argamassa A_2 com o agregado g_2 e pasta de cimento suficiente para preencher seus vazios.
- A quantidade de pasta deve ser um pouco maior do que o volume de vazios do agregado úmido ($\pm 10\% \cong 1,10$).
- A esta argamassa incorporam-se os grãos g_1 até que os vazios sejam preenchidos com características convenientes para a obra.

$$g_2 + \text{pasta} = g_2 + 0,56\,C \times (\text{vazios de } g_2 \times 1,10 = A_1)$$
$$(\text{argamassa } A_1)$$

c) Concreto com consumo de cimento C preestabelecido

Pode-se determinar as dosagens com consumo C de cimento e com mínimo consumo de areia a partir do cálculo de substituição de pasta por agregado (volume absoluto molhado). A trabalhabilidade não é afetada.

Para $C > C_2$, retira-se do concreto binário um volume g_2' de grãos secundários, sendo o volume real dado pela Equação (6.20):

$$V_{\text{real}} = g_2' \times \frac{\gamma_{\text{ap}}g_2}{\gamma_{\text{abs}}g_2} \qquad (6.20)$$

em que V_{real} é o volume de grãos secundários; $\gamma_{\text{ap}}g$ é a massa específica aparente do agregado; e $\gamma_{\text{abs}}g$ é a massa específica absoluta.

Chamando-se de "a_2" a quantidade de água que molha g_2, tem-se o volume real molhado igual a:

$$g_2' \times \frac{\gamma_{\text{ap}}g_2'}{\gamma_{\text{abs}}g_2'} + a_2' = g_2' \times b_2 = 0,56(C - C_2) \quad (6.21)$$

$$g_2' = \frac{\gamma_{\text{ap}}g_2}{\gamma_{\text{abs}}g_2} \times 0,56(C - C_2) \qquad (6.22)$$

Assim, a composição binária que era $g_1 + g_2 + C_2 + \Delta_2$ passa a ser $g_1 + (g_2 - g_2') + C + A$.

Para $C_3 < C$, retira-se do concreto um volume de cimento e de água igual a:

$$\frac{C - C_3}{\gamma_{\text{ab}}\text{cimento}} + 0,24(C - C) \qquad (6.23)$$

Acrescenta-se igual volume absoluto de areia g_3', tal que:

$$g_3' \times \frac{\gamma_{\text{ap}}g_3}{\gamma_{\text{abs}}g_3} + a_3' = \frac{C - C_3}{\gamma_{\text{abs}}\text{cimento}} +$$

$$0,24(C - C_3) = 0,56(C - C_3) \qquad (6.24)$$

Daí, a composição do concreto ternário, que era $g_1 + g_2 + g_3 + C_3 + A$, torna-se igual a $g_1 + g_2 + (g_3 - g_3') + C + A$.

No caso de se desejar passar de consumo C_2 para C, quando $C < C_2$, pode-se partir do concreto binário C_2 e anexar agregados ternários g_3, correspondente ao cimento retirado.

$$b_3 \times g_3 = 0,56(C_2 - C) \qquad (6.25)$$

A composição binária $g_1 + g_2 + C_2 - A_2$ se torna $g_1 + g_2 + g_3 + C + A$.

6.2.5 Método de Dosagem do ACI

O método do American Concrete Institute (ACI) baseia-se em uma série de observações referentes ao projeto, ao tipo de execução e às características dos materiais disponíveis.

No desenvolvimento do estudo de dosagem do ACI foram utilizados valores obtidos experimentalmente durante os estudos das comissões do próprio Instituto encarregadas do desenvolvimento e revisão do método.

É sempre aconselhável o emprego de valores obtidos com materiais locais, como: correlação entre resistência e relação água/cimento e ainda entre água de molhagem e consistência.

Nas Tabelas 6.5 a 6.7 estão registrados os valores básicos indicados pelo ACI que podem servir de base quando não se dispõe de informações sobre os materiais locais.

Na Figura 6.4 estão ilustradas as etapas do método.

Na Tabela 6.5 são apresentadas algumas indicações para a definição do abatimento do tronco de cone em função do tipo de construção. Na Tabela 6.6, as indicações são para a dimensão máxima dos agregados em função do elemento estrutural e de sua dimensão. Na Tabela 6.7, estão apresentados os indicadores para a trabalhabilidade em função das

TABELA 6.5 Abatimentos recomendados para os vários tipos de construção

Tipos de construção	Abatimento (cm)	
	Máximo	Mínimo
Sapatas e fundações em concreto armado	12,5	5,0
Sapatas em concreto simples, caixões e infraestrutura	10,0	2,5
Lajes, vigas e cortinas armadas	15,0	7,5
Pilares de edifícios	7,5	5,0
Concreto massa	7,5	2,5

TABELA 6.6 Dimensão máxima do agregado indicada em função do elemento estrutural

Dimensão mínima da seção (cm)	Dimensão máxima do agregado (mm)			
	Cortinas, vigas e colunas	Cortinas não armadas	Lajes com alta densidade de armadura	Lajes com pouca armadura ou sem armadura
6-12,5	12,5-19	19	19-25	19-38
12,5-27,5	19-38	38	38	38-75
30,0-72,5	38-76	75	38-75	75
75 ou mais	38-76	150	38-75	75-150

TABELA 6.7 Trabalhabilidade em função das condições de lançamento

Emprego da estrutura e condições de lançamento	Grau de trabalhabilidade	Fator de compactação			Abatimento aproximado medido no cone de Abrams (cm)
		Equipamentos de pequena potência		Equipamentos pesados	
		agregado 0,5 mm	agregado 19 mm	agregado 0,39 mm	
Vibração intensa da mesa vibratória, possivelmente com pressão superior	Extremamente baixa	0,65	0,86	–	–
Vibração intensa de seções simples (únicas), compactação de pavimentos de estradas	Muito baixas	0,15	0,18	0,90	0-1
Vibrações de seções simplesmente armadas, pistas ou lajes adensadas por meio de vibradores manuais, concreto massa compactado por vibração	Baixa	0,83	0,85	0,81	0,6-5

condições de lançamento. O consumo de água pode ser adotado com base nas Tabelas 6.8 e 6.9.

Observação: as quantidades de água constantes das tabelas são indicativas para o traço experimental e correspondem ao consumo máximo para agregados com bom coeficiente de forma e com granulometria enquadrada nos limites especificados por norma (ASTM). Na eventualidade de ser necessário o emprego de mais água, a quantidade de cimento deve ser ajustada no sentido de que seja mantida a relação a/c, exceto quando os testes de laboratório indicarem providência diferente. Na eventualidade de ser necessário o emprego de menos água do que o estipulado, a quantidade de água não deve ser diminuída, a menos que haja indicação contrária com base em testes de laboratório.

O incorporador de ar deve ser empregado em qualquer condição que envolva exposição medianamente grave no sentido de melhorar a trabalhabilidade, como, por exemplo, em presença de solo ou água subterrânea com concentração de sulfatos maior que 0,2 %. Na Tabela 6.10, quando for empregado cimento

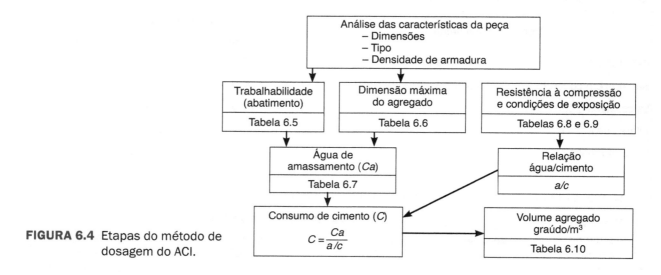

FIGURA 6.4 Etapas do método de dosagem do ACI.

TABELA 6.8 Consumo de água em função do abatimento e da dimensão máxima do agregado

Abatimento (cm)	Água para agregado com dimensões indicadas (litro/m³)							
	9,5	12,5	19	25	38	25	75	150
2,5-5	208	198	183	178	163	153	143	124
7,5-10	227	218	203	193	178	168	158	138
15-17,5	242	227	213	203	188	178	168	148
Quantidade de ar contido na massa (%)	3,0	2,5	2,0	1,5	1,0	0,5	0,3	0,2

TABELA 6.9 Concreto preparado com aditivo incorporador de ar

Abatimento (cm)	Água para agregado com dimensões indicadas (litro/m³)							
	9,5	12,5	19	25	38	25	75	150
2,5-5	183	178	163	153	141	143	124	109
7,5-10	203	193	178	168	158	148	138	120
15-17,5	213	203	188	178	168	158	148	128
Porcentagem total de ar incorporado recomendado	8	7	6	5	4,5	4	3,5	3

TABELA 6.10 Valores máximos da relação a/c para uma adequada durabilidade sob várias condições de exposição, conforme Committee-ACI 613

Tipo e condição de exposição	Clima severo ou moderado, variação de temperatura, chuvas					Clima brando chuvoso ou semiárido				
	Seção esbelta		Seção média		Seção robusta	Seção esbelta		Seção média		Seção robusta
	armado	simpl.	armado	simpl.		armado	simpl.	armado	simpl.	
a. Estruturas na linha d'água em obras hidráulicas ou estruturas em que ocorrem saturação completa e intermitente, mas que não se encontram permanentemente submersas.										
– na água do mar.........	0,44	0,49	0,49	0,53	0,53	0,44	0,49	0,49	0,53	0,53
– na água-doce..........	0,49	0,53	0,53	0,53	0,53	0,49	0,53	0,53	0,58	0,58
b. Estruturas distantes da água, mas sujeitas à molhagem frequente.										
– na água do mar.........	0,49	0,53	0,53	0,53	0,53	0,49	0,58	0,58	0,62	0,62
– na água-doce..........	0,53	0,58	0,58	0,58	0,58	0,53	0,62	0,62	0,67	0,67
c. Condições correntes de exposição e partes de obras de arte não enquadradas nos grupos anteriores.	0,53	0,58	0,58	0,62	0,62	0,53	0,62	0,62	0,67	0,67

140 Capítulo 6

resistente a sulfatos, a relação *a/c* máxima pode ser aumentada de 0,045.

As resistências médias constantes da Tabela 6.11 referem-se a concretos com porcentagem de ar incorporado e/ou contido na massa do concreto indicada na Tabela 6.9. Para o mesmo fator *a/c*, a resistência diminui com o aumento da quantidade de ar contido na massa do concreto. Para porcentagens maiores do que as indicadas na Tabela 6.9, a resistência diminuirá proporcionalmente.

As resistências indicadas na Tabela 6.11 referem-se a ensaios procedidos aos 28 dias em corpos de prova de 15 cm de diâmetro por 30 cm de altura, moldados e curados conforme a ASTM C-31.

O consumo de agregado graúdo seco, em quilograma por metro cúbico de concreto, é igual ao valor obtido a partir da Tabela 6.12, multiplicado pela massa unitária. Os volumes de agregado baseiam-se nas condições especificadas na ASTM C-29. Esses volumes foram determinados por método empírico no sentido de garantir a produção de concreto trabalhável, dentro das condições usuais de utilização. Para concretos menos trabalháveis, como os utilizados na execução de pistas, os volumes podem ser acrescidos em 10 %.

O consumo de agregado miúdo é obtido pela diferença entre um metro cúbico e a somatória dos volumes reais de cimento, água, agregado graúdo, ar incorporado e vazios.

A título de ilustração, são apresentadas, nas Figuras 6.5 a 6.7, as curvas "locais", que correlacionam "resistência" e "relação água/cimento", para um conjunto de agregados do estado de São Paulo e cimentos CP 32 e CPIII 32, realizados no primeiro semestre de 1985.

TABELA 6.11 Resistência à compressão em função da relação *a/c*

Relação a/c	Resistência provável aos 28 dias (kgf/cm²)	
	Concreto comum	Concreto preparado com incorporador de ar
0,35	420	335
0,44	350	280
0,53	280	224
0,62	224	180
0,71	175	140
0,80	140	112

TABELA 6.12 Volume compactado de agregado graúdo por m³ de concreto

Dimensão máxima do agregado (mm)	Volume do agregado graúdo compactado seco por m³ de concreto para diferentes módulos de finura da areia			
	2,40	2,60	2,80	3,00
9,5	460	440	420	400
12,5	550	530	510	490
19	650	630	610	590
25	700	680	660	640
38	760	740	720	700
25	790	770	750	730
75	840	820	800	780
150	900	880	860	840

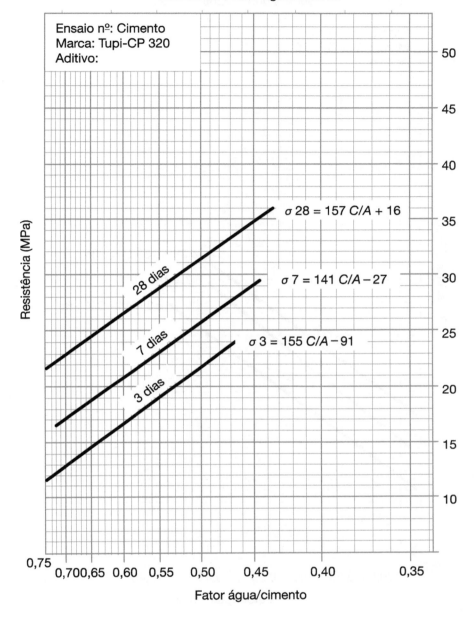

FIGURA 6.5 Curvas da resistência à compressão × relação água/cimento.

Em sua última versão, a ACI PRC-211.1-22: *Selecting Proportions for Normal-Density and High Density-Concrete – Guide*, para concretos normais, já foram introduzidos aditivos ou as adições minerais na dosagem. A base dos procedimentos é o volume absoluto ocupado pelos constituintes da mistura. O documento fornece exemplos de aplicação do método, incluindo ajustes com base nos resultados do primeiro lote de ensaio. Os apêndices abrangem testes laboratoriais e proporção de concretos de alta densidade.

6.2.6 Método de Dosagem do Prof. Ary Torres

De acordo com a definição do Prof. Ary Torres, "a dosagem racional do concreto consiste na aplicação de um conjunto de regras práticas, tendo em vista a obtenção, em condições econômicas e com materiais disponíveis, de um produto de qualidade satisfatória a uma certa e determinada aplicação" (Torres, 1927; Torres; Rosman, 1956).

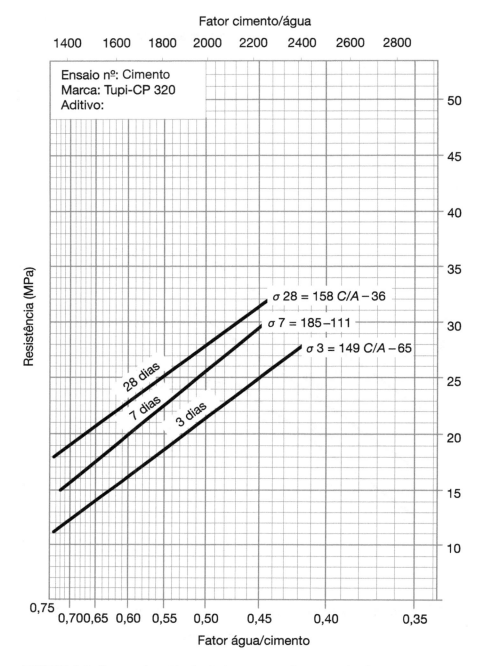

FIGURA 6.6 Curvas da resistência à compressão × relação água/cimento.

A dosagem preconizada leva em conta duas etapas:

- escolher a relação água/cimento que, para um dado cimento e determinadas condições de cura e idade, possa produzir pasta que satisfaça as exigências requeridas para a estrutura no que se refere à resistência mecânica (ou a outras propriedades que interessem); o valor assim fixado não deve, porém, exceder o limite recomendado pela prática, tendo em vista o mínimo de qualidade compatível com as condições de exposição da obra;

- procurar quantidade e composição granulométrica de agregados que, com a água e o cimento na relação escolhida, possam formar uma mistura conveniente (consistência e dimensão máxima do agregado) para o emprego considerado e de acordo com o método de adensamento a ser adotado, ou seja, uma mistura trabalhável.

Os passos a serem seguidos neste método de dosagem são:

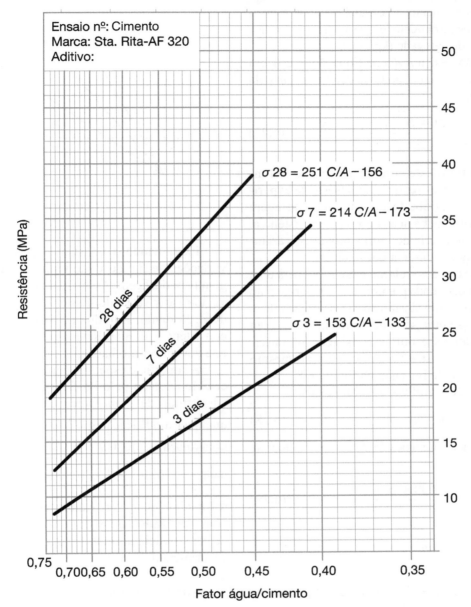

FIGURA 6.7 Curvas da resistência à compressão × relação água/cimento.

1) Determinação da resistência de dosagem.
2) Fixação da relação a/c que, provavelmente, irá satisfazer as condições de resistência.
3) Determinação da maior dimensão do agregado.
4) Avaliação da trabalhabilidade necessária em termos de consistência.
5) Determinação da relação agregado/cimento (m).
6) Determinação da parcela p (pedra) em m.

Tendo em vista já se ter tratado dos aspectos relacionados com os passos 1 a 4, quando se abordou outros métodos de dosagem, passa-se a examinar a fixação da relação agregado/cimento (m). Pode-se considerar que o volume unitário do concreto proposto pode seguir a Equação (6.26).

$$\frac{c}{\gamma_c} + \frac{c \cdot m}{\gamma_m} + x \cdot C - \beta + v = 1000 \quad (6.26)$$

em que C é a massa do cimento (kg); $x = a/c$; m é a relação agregado/cimento em massa; β trata-se do volume de água absorvida pelo agregado (litros); v corresponde ao volume de vazios que permanece na massa do concreto após o adensamento; γ_c é igual à massa específica real dos grãos de cimento; e γ_m é a massa específica média dos grãos de agregado (kg/dm³).

Substituindo-se C por A/x na Equação (6.26), em que A é o volume de água, pode-se determinar m pela Equação (6.27):

$$m = \gamma_m \left(\frac{1000 + \beta - v}{A} - 1 \right) x - \frac{\gamma_m}{\gamma_c} \quad (6.27)$$

Com o objetivo de determinar a forma dessa função, o Prof. Ary Torres realizou uma série de experimentações. Uma vez obtidos, por meio de dosagem experimental, valores básicos de x, m e consistência, procedeu-se a uma série de outras misturas, variando-se x e m e mantendo-se a consistência.

Verificou-se que a correlação entre m e x para uma mesma consistência é dada por uma reta com origem no eixo de m, em um ponto situado abaixo da origem de o.

Realizando-se uma série de outras misturas com os mesmos materiais e outras consistências, observou-se que todas as retas tinham origem no mesmo ponto, conforme pode ser visto na Figura 6.8.

Analisando-se o gráfico, conclui-se que:

$$m = kx - m_o \quad (6.28)$$

Com base nas Equações (6.27) e (6.28), tem-se então:

$$k = \gamma_m \frac{1000 + \beta - v}{A} - 1 \quad (6.29)$$

$$m_o = \frac{\gamma_m}{\gamma_c}$$

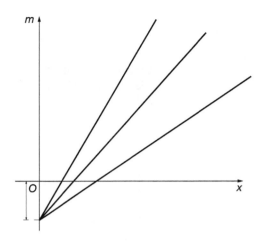

FIGURA 6.8 Correlação entre m e x.

Examinando a constante k, observa-se que as variações de β e de v são muito pequenas, de dosagem para dosagem. Assim, para agregados de mesmo γ_m, tem-se k variando quase totalmente com o valor de A. Portanto, A traduz as condições peculiares de consistência e superfície específica dos agregados que devem ser molhados.

A superfície específica dos agregados, dentro do critério adotado pelo Prof. Ary Torres, foi traduzida em termos de granulometria do agregado. Assim, qualquer modificação que afete o valor de A causará uma rotação na reta $m = kx - \frac{\gamma_m}{\gamma_c}$ em torno da coordenada $\left(x = 0;\ m = \frac{\gamma_m}{\gamma_c} \right)$. Tomando por média os valores médios de k, verificados em ensaios procedidos com agregados de várias dimensões máximas e de consistência normal, foi organizada a Tabela 6.13 experimental.

TABELA 6.13 Valores aproximados de m para a primeira mistura experimental

Relação a/c ou x	Dimensão máxima do agregado graúdo (mm)					
	9,5	19	25	38	50	75
0,40	3	3	3	4	4	5
0,45	3	4	4	4	5	5
0,50	4	4	5	5	5	6
0,55	4	5	5	6	6	7
0,60	4	5	6	6	7	8
0,65	5	6	6	7	7	8
0,70	5	6	7	7	8	9
0,75	6	7	7	8	9	10
0,80	6	7	8	9	9	10
0,85	7	8	8	9	10	—
0,90	7	8	9	10	—	—

Para determinação de *m*, o Prof. Luiz Alfredo Falcão Bauer organizou o gráfico da Figura 6.9, que leva em conta a consistência adequada a diferentes condições de adensamento, para concretos feitos com pedra cantareira e areia de Jacareí, em São Paulo (ver granulometria).

Uma vez fixado o valor de *m* que servirá para cálculo da dosagem experimental, passam-se a avaliar os valores de $\frac{p}{\gamma_g}$ em *m*.

Na determinação da parcela de *p* em *m*, é preciso levar em conta que o proporcionamento dos agregados deve garantir a maior redução possível do índice de vazios, a menor superfície de molhagem, boa coesão do concreto etc., aspectos estes ligados com as características geométricas das partículas dos agregados.

Tendo em vista as dificuldades a serem enfrentadas, caso se propusesse estudar a dosagem considerando todos esses aspectos, foi adotado como elemento básico na apreciação do agregado graúdo a sua massa unitária, ou massa específica aparente do agregado compactado e seco γ_g. O valor da massa unitária compactada indica a capacidade de o material se deixar adensar em maior ou menor grau (o que depende da granulometria e da textura dos grãos).

Chamando-se de *V* o volume aparente ocupado pelo agregado graúdo na unidade de concreto, γ_g a massa unitária do agregado graúdo compactado e de *p* a parcela desse agregado graúdo em *m*, tem-se que, na unidade de volume de concreto, o total de agregado graúdo será igual a $C \times p$. Assim, pode-se escrever que:

$$C \times p = V \times \gamma_g \quad (6.30)$$

e, então, pode-se extrair:

$$p = \frac{V \times \gamma_g}{C} \quad (6.31)$$

Por outro lado, a unidade volume de concreto é constituída pelos seguintes volumes parciais, conforme a Equação (6.26) definida anteriormente:

$$\frac{C}{\gamma_g} + \frac{C \times m}{\gamma_m} + A - B + v = 1000$$

Tirando-se o valor de *C* da Equação (6.26), tem-se:

$$C = \frac{1000 - A + \beta - v}{\frac{1}{\gamma_c} + \frac{m}{\gamma_m}} \quad (6.32)$$

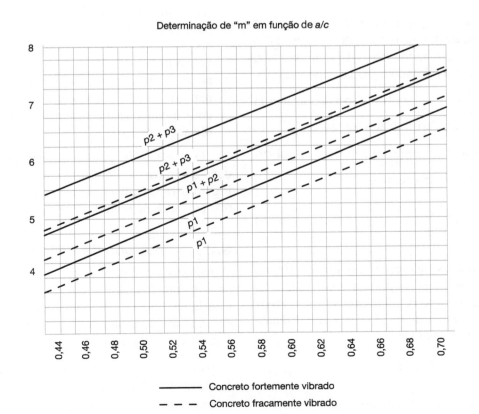

FIGURA 6.9 Determinação de *m* em função de *a/c*.

146 Capítulo 6

Substituindo-se o valor de C na Equação (6.31) de p, obtém-se:

$$p = \frac{\gamma_g \times V\left(\dfrac{1}{\gamma_c} + \dfrac{m}{\gamma_m}\right)}{1000 - A + \beta - v} \qquad (6.33)$$

$$= \frac{\gamma_g}{\gamma_m} \times \frac{V}{1000 - A + \beta - v}\left(m + \frac{\gamma_m}{\gamma_c}\right)$$

Experimentalmente, trabalhando com 10 agregados graúdos de diferentes granulometrias, o Prof. Ary Torres determinou que, em concretos de mesma consistência, o volume V varia com o valor de m, sendo satisfatória a seguinte equação:

$$V = k\,(1/m + 1) \qquad (6.34)$$

com k sendo um coeficiente que depende das características dos agregados e da consistência da mistura, variando de 500 a 800.

Substituindo-se na Equação (6.33) o valor de V, conforme a Equação (6.34), tem-se a Equação (6.35):

$$p = \frac{\gamma_g}{\gamma_m} \times \frac{k}{1000 - A + \beta - v}\left(\frac{1}{m} + 1\right)\left(m + \frac{\gamma_m}{\gamma_c}\right)$$

$$(6.35)$$

Considerando-se que a quantidade de água A depende diretamente da consistência do concreto e das características dos agregados, e que β e v, por sua vez, dependem das características dos agregados, pode-se afirmar que $\dfrac{k}{1000 + \beta - A - v}$ também depende somente da consistência e das características dos agregados.

Chamando-se $Q = \dfrac{k}{1000 + \beta - A - v}$ e substituindo na Equação (6.35), tem-se:

$$p = \frac{\gamma_g}{\gamma_c} \times Q\left(\frac{1}{m} + 1\right) \times \left(m + \frac{\gamma_m}{\gamma_c}\right) \qquad (6.36)$$

Supondo para os valores usuais médios de γ_m, γ_c e m variando de 4 a 6, na parte dos parênteses da Equação (6.36), o termo resultará em valores próximos a $(m + 2)$, e a Equação (6.36) ficará simplificada conforme mostrado a seguir:

$$p = \frac{\gamma_g}{\gamma_m} \times Q(m + 2) \qquad (6.37)$$

Na Equação (6.37), verifica-se que, para concretos de mesma consistência preparados com os mesmos materiais, porém com valores de m diferentes, tem-se a seguinte correlação:

$$\frac{p_2}{p_1} = \frac{\dfrac{\gamma_g}{\gamma_m} \times Q(m_2 + 2)}{\dfrac{\gamma_g}{\gamma_m} \times Q(m_1 + 2)} \quad \text{ou} \quad P_2 = \frac{m_2 + 2}{m_1 + 2} \times p_1$$

$$(6.38)$$

A Equação (6.38) permite determinar o valor de p_2 de uma dosagem que tenha m_2 kg de agregados por quilo de cimento, sempre que já seja conhecida outra dosagem preparada com os mesmos materiais e com m_1 kg de agregado por quilo de cimento.

No sentido de permitir uma fácil determinação de p, o Prof. Ary Torres elaborou a Tabela 6.14, que leva em conta os valores de m, a granulometria do agregado miúdo, a dimensão máxima do agregado graúdo e γ_m (de 2,60 a 2,70). Esta tabela fornece valores de $\dfrac{p}{\gamma_g}$, e daí, conhecido o γ_g (massa unitária de agregado graúdo), determina-se o valor p.

Observações:

- a tabela refere-se ao caso mais frequente de a massa específica média dos grãos do agregado total estar compreendida entre 2,6 e 2,7 kg/dm³; para valores de γ_m fora desses limites, os valores de p/γ_g nela indicados devem ser multiplicados pela relação $y_m/2,65$;
- no caso de o agregado graúdo ser pedregulho natural, de grãos irregulares, os valores de p/γ_g correspondentes à pedra britada devem ser multiplicados por 1,03.

O Eng.° L. A. Falcão Bauer, para maior facilidade de aplicação do critério, elaborou o gráfico da Figura 6.10, que leva em conta os mesmos parâmetros adotados no método original.

6.2.7 Método de Dosagem da ABCP

O método de dosagem da Associação Brasileira de Cimento Portland (ABCP) foi apresentado por Rodrigues (1984), sendo uma adaptação do método da ACI para as condições brasileiras. Ele tem como prescrições o seguinte:

- para utilização de agregados britados e areia de rio (ABNT NBR 7211:2009);
- trabalhabilidade adequada para moldagem *in loco* (consistência semiplástica à fluida);

TABELA 6.14 Valores aproximados de $\dfrac{p}{\gamma_g}$ (parcela de agregado graúdo/massa unitária) para a mistura inicial (pedra britada)

m	Areia	D = 9,5 mm Concreto		D = 19 mm Concreto		D = 25 mm Concreto		D = 38 mm Concreto		D = 50 mm Concreto		D = 76 mm Concreto	
		manual	vibrado	manual	vibrado	manual	vibrado	manual	vibrado	manual	vibrado	manual	vibrado
3	grossa	0,88	0,96	1,23	—	—	—	—	—	—	—	—	—
	média	0,92	0,90	1,30	—	—	—	—	—	—	—	—	—
	fina	0,96	1,03	1,35	—	—	—	—	—	—	—	—	—
4	grossa	1,06	1,13	1,49	1,60	1,59	1,70	1,69	—	—	—	—	—
	média	1,10	1,18	1,55	1,66	1,65	1,77	1,76	—	—	—	—	—
	fina	1,14	1,22	1,61	1,72	1,71	1,81	1,82	—	—	—	—	—
5	grossa	1,23	1,32	1,73	1,86	1,84	1,99	1,97	2,11	2,02	2,17	2,13	—
	média	1,28	1,37	1,81	1,94	1,92	2,06	2,05	2,20	2,10	2,26	2,21	—
	fina	1,33	1,43	1,8S	2,01	2,00	2,15	2,12	2,29	2,19	·2,35	2,30	—
6	grossa	1,44	1,51	1,98	2,13	2,11	2,27	2,25	2,42	2,31	2,40	2,43	2,62
	média	1,47	1,57	2,06	2,22	2,20	2,36	2,34	2,51	2,40	2,58	2,53	2,72
	fina	1,52	1,64	2,14	2,31	2,29	2,46	2,43	2,62	2,50	2,69	2,63	2,83
7	grossa	1,58	1,70	2,23	2,40	2,38	2,55	2,53	2,73	2,60	2,80	2,74	2,95
	média	1,65	1,77	2,32	2,50	2,47	2,66	2,64	2,83	l,71	2,91	2,85	3,07
	fina	1,72	1,84	2,51	2,60	2,57	2,77	2,74	2,95	2,81	3,03	2,97	3,19
8	grossa	—	1,89	2,49	2,68	2,65	2,84	2,82	3,04	2,90	3,12	3,05	3,28
	média	—	1,99	2,58	2,78	2,75	2,96	2,93	3,16	3,01	3,24	3,17	3,41
	fina	—	2,05	2,69	2,89	2,87	3,08	3,06	3,28	3,13	3,37	3,30	3,54
9	grossa	—	—	—	2,94	2,92	3,14	3,11	3,34	3,19	3,43	3,36	3,61
	média	—	—	—	3,06	3,04	3,26	3,23	3,48	3,32	3,57	3,49	3,75
	fina	—	—	—	3,18	3,16	3,39	3,36	3,62	3,45	3,71	3,63	3,91
10	grossa	—	—	—	—	—	3,42	3,40	3,6:·	3,49	3,74	3,67	3,94
	média	—	—	—	—	—	3,56	3,53	3,80	3,62	3,90	3,82	4,10
	fina	—	—	—	—	—	3,71	3,68	3,95	3,77	4,06	3,97	4,27

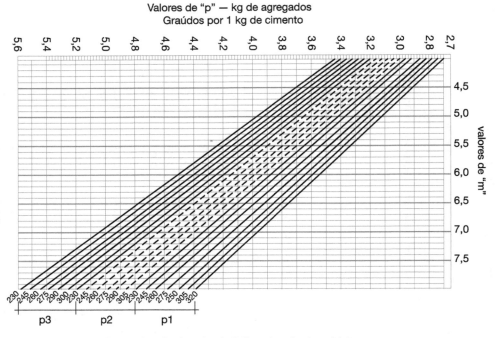

FIGURA 6.10 Determinação do valor de p em função do módulo de finura da areia e da dimensão máxima do agregado graúdo.

- para concretos com resistência aos 28 dias de 12 a 35 MPa;
- não se aplica a concreto com agregados leves.

O método tem como premissas que a relação água/cimento define a resistência à compressão e que existe uma fração máxima de agregados graúdos, adequada para a dimensão máxima característica do agregado graúdo e granulometria da areia (MF). Para a aplicação do método, é necessário o conhecimento prévio das características tanto do projeto (f_{ck}, $D_{máx}$, consistência) quanto dos materiais, quais sejam:

- massa específica do cimento;
- resistência à compressão do cimento aos 28 dias de idade;
- massa específica dos agregados graúdos e miúdos;
- massa unitária compactada seca dos agregados graúdos;
- dimensão máxima característica dos agregados graúdos;
- módulo de finura dos agregados miúdos.

A sequência de procedimentos para a aplicação do método da ABCP é a seguinte:

1) Ajuste da dimensão máxima característica do agregado graúdo ($D_{máx}$) em função do projeto estrutural e dos limites definidos na norma ABNT NBR 6118:2023, que leva em conta a menor distância entre as formas, a altura das lajes e o espaçamento entre as armaduras. Existe também a limitação do diâmetro da tubulação em concreto bombeado.

2) Dada a resistência característica do concreto f_{ck} pelo projeto estrutural, determina-se a resistência média de dosagem aos j dias (f_{cj}), conforme a Equação (6.10) já descrita em 6.2.1.

$$f_{cj} = f_{ckj} + 1{,}65 \times S_d$$

3) Definição da relação água/cimento (a/c)

A definição da relação a/c deve levar em conta os critérios de durabilidade expressos nas normas ABNT NBR 6118 (Tab. 6.1) e ABNT NBR 12655 (Tabs. 6.2, 6.3 e 6.4). Para atender à resistência de projeto, calcula-se o valor da resistência de dosagem f_{cj} e, com a resistência do cimento, obtém-se o valor de a/c (ver gráfico da Fig. 6.11).

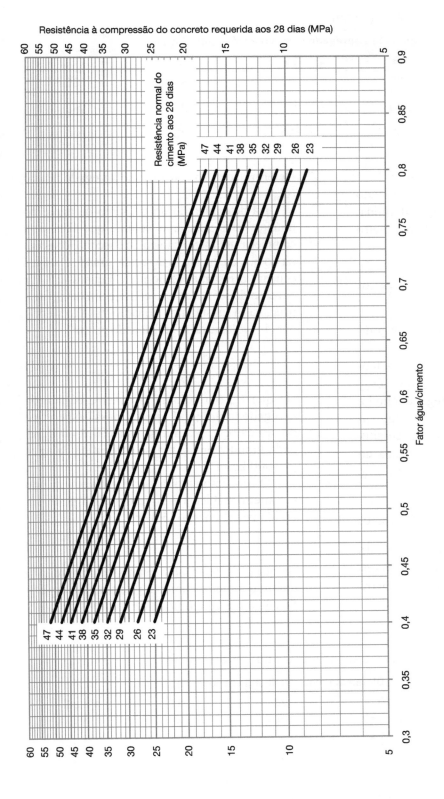

FIGURA 6.11 Gráficos para determinação da relação (fator) água/cimento em função das resistências do concreto e do cimento aos 28 dias. Fonte: ABCP-SP/ET-67.

4) Determinação aproximada do consumo de água do concreto (C_a)

O consumo de água por metro cúbico de concreto pode ser estimado em função da dimensão característica máxima do agregado ($D_{máx}$) e da consistência requerida, conforme valores da Tabela 6.15.

Quando o agregado for seixo rolado, pode-se reduzir o consumo de água de 5 a 15 % e, para areia muito fina, pode-se aumentar em 10 %.

TABELA 6.15 Consumo aproximado de água C_a (litro/m³)

Abatimento (mm)	Água para agregado com dimensões (litro/m³)				
	9,5	**19**	**25**	**32**	**38**
40-60	220	195	190	185	180
60-80	225	200	195	190	185
80-100	230	205	200	195	190

5) Determinação do consumo de cimento (C)

Com o consumo de água especificado (C_a) e a relação água/cimento (a/c) definida, determina-se o consumo de cimento por metro cúbico pela Equação (6.39):

$$C = \frac{C_a}{a/c} \qquad (6.39)$$

6) Determinação do consumo de agregados graúdos (C_g)

A premissa do método é buscar o teor ótimo de agregado graúdo em função da $D_{máx}$ e do módulo de finura do agregado miúdo. Para a determinação do consumo de agregados graúdos com a Equação (6.40), necessita-se conhecer a massa unitária compactada do agregado graúdo (M_c), determinada conforme a ABNT NBR 16972:2021.

$$C_g = V_c \times M_c \qquad (6.40)$$

em que M_c é a massa unitária compactada do agregado graúdo, obtida em ensaio de laboratório, e V_c, o volume compactado por metro cúbico de concreto, obtido na Tabela 6.16.

7) Determinação do consumo de agregado miúdo (C_m)

Na determinação do consumo de agregado miúdo, basta calcular o volume que falta para completar um metro cúbico de concreto, considerando que o cimento, o agregado graúdo e a água ocupam o restante, conforme a Equação (6.41). No caso de ser necessário considerar o ar aprisionado, basta substituir na Equação (6.41) o valor 1 por (1 – volume de ar aprisionado por m³).

$$V_m = 1 - \left(\frac{C}{\gamma_c} + \frac{C_g}{\gamma_g} + \frac{C_a}{\gamma_a} \right) \qquad (6.41)$$

em que V_m é o volume por metro cúbico de agregado miúdo; γ_c é igual à massa específica do cimento; γ_g é a massa específica do agregado graúdo; e γ_a, a massa específica da água (= 1000 kg/m³).

O consumo em massa de agregado miúdo por metro cúbico de concreto (C_m) pode ser obtido pela Equação (6.42):

$$C_m = V_m \times \gamma_m \qquad (6.42)$$

em que C_m é o consumo em massa de agregado miúdo por metro cúbico e γ_m é a massa específica do agregado miúdo.

TABELA 6.16 Volume compactado seco (V_c) de agregado graúdo por m³ de concreto

Módulo de finura	Dimensão máxima do agregado (mm)				
	9,5	**19**	**25**	**32**	**38**
1,8	0,645	0,770	0,795	0,820	0,845
2,0	0,625	0,750	0,775	0,800	0,825
2,2	0,605	0,730	0,755	0,780	0,805
2,4	0,585	0,710	0,735	0,760	0,785
2,6	0,565	0,690	0,715	0,740	0,765
2,8	0,545	0,670	0,695	0,720	0,745
3,0	0,525	0,650	0,675	0,700	0,725
3,2	0,505	0,630	0,655	0,680	0,705
3,4	0,485	0,610	0,635	0,660	0,685
3,6	0,465	0,590	0,615	0,640	0,665

8) Apresentação do traço de concreto

O traço em massa será obtido dividindo-se os consumos de materiais pelo consumo de cimento, conforme a equação que se segue.

$$1 : \frac{C_m}{C} : \frac{C_g}{C} : \frac{C_a}{C} \rightarrow 1 : A_m : A_g : a/c \quad (6.43)$$

Para transformar o traço em volume referente a um quilo de cimento, basta dividir os agregados por seus respectivos valores de massa unitária [Eq. (6.44)]:

$$1 : \frac{A_m}{\rho_m} : \frac{A_g}{\rho_g} : a/c \quad (6.44)$$

em que ρ_m é a massa unitária do agregado miúdo e ρ_g, a massa unitária do agregado graúdo.

6.2.8 Método de Dosagem IBRACON

O método de dosagem do Instituto Brasileiro do Concreto (IBRACON) é um dos mais recentes e foi proposto de maneira mais clara e objetiva por Helene e Terzian (1992). O método teve como precursora a proposta de E. Petrucci de 1985 (Petrucci, 1985) do Instituto Tecnológico do Estado do Rio Grande do Sul (Iters) e, ao longo do tempo, recebeu contribuições de vários pesquisadores do Instituto de Pesquisas Tecnológicas (IPT) e da Escola Politécnica da Universidade de São Paulo (Poli-USP). O método pode ser classificado como teórico-experimental, pois depende da parte experimental preliminar para definir a mistura adequada dos agregados, seguida da parte experimental principal e, finalmente, uma parte de cálculo com base em leis de comportamento dos concretos.

Como o método utiliza a lei de Abrams, a relação a/c constitui o parâmetro mais importante para o concreto estrutural. Considerando que são mantidos os materiais e a relação a/c, a resistência e a durabilidade do concreto passam a ser únicas, sempre que for mantido o abatimento de tronco de cone da mistura.

Por ser essencialmente experimental, a aplicação do método dispensa a caracterização prévia dos materiais, mas alguns aspectos da durabilidade tornam obrigatório o conhecimento de algumas características e incompatibilidades na combinação dos materiais, como a reação álcali-agregado.

De acordo com Tutikian e Helene (2011), o método IBRACON é bastante amplo e apresenta os seguintes limites de aplicação:

- resistência à compressão: 5 MPa $\leq f_c \leq$ 150 MPa;
- relação a/c: $0,15 \leq a/c \leq 1,50$;
- abatimento: 0 mm $\leq$ abatimento $\leq$ autoadensável;

- dimensão máxima do agregado: 4,8 mm $\leq D_{máx}$ $\leq$ 100 mm;
- teor de argamassa seca: 30 % < α < 90 %;
- relação água/materiais secos: 5 % < H < 12 %;
- módulo de finura do agregado: qualquer;
- distribuição granulométrica dos agregados: qualquer;
- massa específica do concreto: > 1500 kg/m³.

A parte experimental preliminar consiste em obter a mistura adequada dos agregados em função do teor de argamassa seca α dado pela Equação (6.45).

$$\alpha = \frac{1 + A_m}{1 + m} \quad (6.45)$$

em que α corresponde ao teor de argamassa seca na mistura seca, devendo ser constante para determinada família, de modo a assegurar a mesma coesão do concreto fresco (kg/kg); A_m é a relação agregado miúdo seco/cimento em massa (kg/kg); A_g é a relação agregado graúdo seco/cimento em massa (kg/kg); e $m = A_m + A_g$ é a relação agregados secos/cimento em massa (kg/kg).

O procedimento experimental para obtenção de α consiste em utilizar um traço de 1:5 (cimento:agregados) e, para uma relação fixa de a/c, variar a proporção de A_m e A_g medindo o abatimento de tronco de cone para cada combinação. Ao fim, traçar o gráfico e verificar qual valor de α produziu o maior abatimento, sendo este o valor ideal para aqueles materiais.

Na parte experimental principal, o objetivo é encontrar resultados que permitam a obtenção de relações entre as propriedades do concreto e a sua composição, possibilitando com isso a elaboração de um diagrama de dosagem. No procedimento experimental, são elaborados três traços de concreto 1:m; 1:$(m - \delta)$ e 1:$(m + \delta)$, em que $\delta = 1$ (podem-se utilizar outros valores de 1 a 2) e $m = 5$. Com o valor de α, define-se 1:A_m:A_g (cimento:agregado miúdo:agregado graúdo). Realiza-se a mistura com a introdução gradual de água até que se encontre o abatimento do tronco de cone, ou seja, a/c será obtido ao fim da mistura. O procedimento é realizado para os três traços, sendo que, para cada um deles, moldam-se os corpos de prova necessários para a obtenção dos valores da propriedade de interesse (por exemplo, resistência à compressão, à flexão, módulo de elasticidade, carbonatação, resistência ao ataque ácido, a sulfatos etc.).

Com os resultados experimentais e as leis de comportamento do concreto [Eqs. (6.46) a (6.48)], elabora-se um diagrama de dosagem.

152 Capítulo 6

As leis de comportamento do concreto são escolhidas entre algumas desenvolvidas pelos pesquisadores. Para o método, são empregados os modelos que governam a interação das principais variáveis:

a) Lei de Abrams (1918)

Para os mesmos materiais empregados, a resistência f_c do concreto depende somente da relação água/cimento (a/c), conforme a curva dada pela Equação (6.46), alterada a relação água/cimento, inicialmente em volume (x), para massa (a/c).

$$f_{cj} = \frac{k_1}{k_2^{a/c}} \qquad (6.46)$$

b) Lei de Lyse (1932)

"Fixados o cimento e agregados, a consistência do concreto fresco depende preponderantemente da quantidade de água por metro cúbico de concreto" e pode simplificadamente ser expressa pela Equação (6.47).

$$m = k_3 + k_4 \times a/c \qquad (6.47)$$

c) Lei de Priszkulnik e Kirilos (1974)

"O consumo de cimento por metro cúbico de concreto varia na proporção inversa da relação, em massa seca, de agregados/cimento (m)."

$$C = \frac{1000}{k_5 + k_6 \times m} \qquad (6.48)$$

em que f_{cj} é a resistência à compressão do concreto para a idade de j dias (MPa); a/c é a relação água/cimento em massa (kg/kg); $m = A_m + A_g$ é a relação agregados/cimento em massa seca (kg/kg); A_m é a relação agregado miúdo seco/cimento em massa (kg/kg); A_g equivale à relação agregado graúdo seco/cimento em massa (kg/kg); e C é o consumo de cimento (kg/m³ de concreto); k_1, k_2, k_3, k_4, k_5 e k_6 são constantes particulares de cada conjunto de mesmos materiais, as quais dependem exclusivamente do processo, ou seja, dos materiais utilizados (cimento, agregados, adições, aditivos e fibras); da consistência do concreto fresco (abatimento); dos equipamentos (betoneira); da mão de obra e das operações de ensaio (moldagem, cura, capeamento, ensaio).

Conforme pode-se deduzir, serão obtidos para a idade desejada três valores gerando três equações do tipo da Equação (6.46), três do tipo da Equação (6.47) e outras três do tipo da Equação (6.48). Dessa maneira, podem-se determinar por regressão as constantes k_1, k_2, k_3, k_4, k_5 e k_6 que correlacionam as variáveis segundo as leis de comportamento descritas.

Para elucidar a aplicação do método do IBRACON, apresenta-se a seguir um exemplo com $m_1 = 3,5$; $m_2 = 5$; $m_3 = 6,5$; abatimento de tronco de cone de 80 ± 10 mm.

1) Para os materiais disponíveis, determina-se o α, de acordo com o descrito para a parte experimental preliminar. No caso deste exemplo, o α foi 0,50. Assim, o Concreto 1 será $1:1,34:2,16:(a/c)_1$; o Concreto 2 será $1:2,12:2,88:(a/c)_2$; e o Concreto 3 será $1:2,9:3,6:(a/c)_3$.
2) Mistura-se a quantidade de materiais necessários para o volume requerido com o volume de água inicial inferior, acrescentando-se água até encontrar a consistência requerida. No exemplo, foram obtidos: $(a/c)_1 = 0,38$; $(a/c)_2 = 0,53$; $(a/c)_3 = 0,66$ e o consumo de cimento $C_1 = 490$ kg/m³; $C_2 = 362$ kg/m³; $C_3 = 288$ kg/m³.
3) Moldam-se os corpos de prova e promove-se a cura necessária.
4) Na idade de interesse, são realizados os ensaios. No exemplo, será ilustrada somente a resistência à compressão aos 28 dias. Os resultados foram $f_{c1} = 48$ MPa; $f_{c2} = 34$ MPa; $f_{c3} = 24$ MPa.
5) Traçado do diagrama de dosagem

- Lei de Abrams (1918):

$$\text{Concreto 1: } 48 = \frac{k_1}{k_2^{0,38}};$$

$$\text{Concreto 2: } 34 = \frac{k_1}{k_2^{0,53}};$$

$$\text{Concreto 3: } 24 = \frac{k_1}{k_2^{0,66}}.$$

Efetua-se a operação $\log (48) = \log (k_1) - 0,38 \times \log (k_2)$, e $\log (k_1)$ será chamado de A e $\log (k_2)$ será B. Tem-se a equação na forma $y = a + bx$, em que y é $\log (f_{cj}) = \log (48) = 1,6812$ e x é $-a/c = -0,38$. Repetindo para as outras duas equações, têm-se:

Concreto 1: $1,6812 = A - 0,38 \times B$

Concreto 2: $1,5315 = A - 0,53 \times B$

Concreto 3: $1,3802 = A - 0,66 \times B$

Resolvendo, por exemplo, pelo método dos mínimos quadrados, obtém-se $A = 2,0926$ e $B = 1,0732$. Retornando às variáveis originais, $k_1 = 123,76$ e $k_2 = 11,83$. Portanto, a equação de Abrams para a resistência à compressão dos concretos será:

$$f_{c28} = \frac{123,76}{11,83^{a/c}}$$

- Lei de Lyse (1932):

    Concreto 1: $3,5 = k_3 + k_4 \times 0,38$
    Concreto 2: $5 = k_3 + k_4 \times 0,53$
    Concreto 3: $6,5 = k_3 + k_4 \times 0,66$

    Resolvendo pelo método dos mínimos quadrados, obtém-se $k_3 = -0,5976$ e $k_4 = 10,6961$. Portanto, a equação de Lyse para a consistência dos concretos será:

    $$m = -0,5976 + 10,6961 \times a/c$$

- Lei de Priszkulnik e Kirilos (1974):

    Concreto 1: $490 = \dfrac{1000}{k_5 + k_6 \times 3,5}$

    Concreto 2: $362 = \dfrac{1000}{k_5 + k_6 \times 5}$

    Concreto 3: $288 = \dfrac{1000}{k_5 + k_6 \times 6,5}$

    Resolvendo pelo método dos mínimos quadrados, obtém-se $k_5 = 0,3728$ e $k_6 = 0,4771$. Portanto, a equação de Priszkulnik e Kirilos para a consumo de cimento será:

    $$C = \dfrac{1000}{0,3728 + 0,4771 \times m}.$$

O diagrama de dosagem pode ser representado conforme a Figura 6.12.

Tomando-se então o diagrama de dosagem obtido (Fig. 6.12), pode-se, por exemplo, aplicá-lo para dosar um concreto para atingir a resistência de 40 MPa aos 28 dias. Lembrando que o concreto dosado deverá ter o mesmo α (teor de argamassa seca na mistura seca), os mesmos materiais e demais condições da família

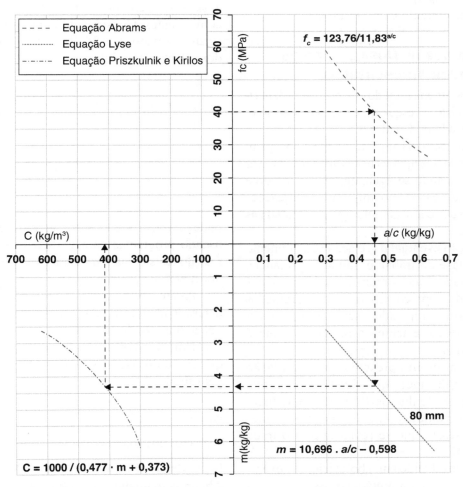

FIGURA 6.12 Diagrama de dosagem para o concreto (resistência à compressão aos 28 dias).

154 Capítulo 6

de concreto do diagrama. Assim, nesse caso, o abatimento será de 80 mm.

Para f_c = 40 MPa, busca-se, no primeiro quadrante do diagrama, a relação a/c correspondente, conforme indicado na Figura 6.12; encontra-se então a/c = 0,46. Para a/c = 0,46 no segundo quadrante, tem-se m = 4,3, que, por sua vez, corresponde ao consumo de cimento C = 411 kg/m³, determinado no terceiro quadrante.

Portanto, para o concreto com f_c = 40 MPa têm-se:

a/c = 0,46
m = 4,3

Como α foi de 0,50, da Equação (6.45) calcula-se: A_m = 1,65.

Portanto: $A_g = m - A_m = 4,3 - 1,65 = 2,65$.

Assim, o traço final do concreto em massa seca fica:
1 : 1,65 : 2,65 : 0,46 (cimento: agregado miúdo: agregado graúdo: água)

Consumo de cimento C = 411 kg/m³.

6.2.9 Exemplos de Dosagem pelos Métodos Apresentados

Foram abordados alguns métodos de dosagens experimentais. Como visto, o esquema é sempre o mesmo, conforme sintetizado no Quadro 6.1.

Uma vez determinada analiticamente a dosagem, ela deve ser testada. Os ajustes necessários devem ser procedidos adicionando-se água, agregados miúdo e graúdo, conforme o caso. Anotam-se as modificações feitas no sentido de se ajustar a dosagem calculada às condições ideais.

A modificação eventual da relação água/cimento não tem, nesta fase do trabalho, muita importância, já que os resultados que vierem a ser obtidos nos ensaios, realizados em corpos de prova moldados com concreto assim preparados, servirão para traçar a curva final que correlaciona a resistência com a relação água/cimento.

O exemplo a seguir apresenta uma simulação de ajustagem de dosagem que ilustra o processo. Admite-se que se tenha partido de uma dosagem obtida por qualquer um dos métodos anteriormente expostos e que se tenha obtido o traço 1:2:3 a/c = 0,48.

Esse traço é produzido em laboratório, por exemplo, com 10 kg de cimento. Então, têm-se:

Cimento	10 kg
Areia (seca)	20 kg
Brita	30 kg
Água	4,8 kg

Ao se misturar os materiais, constata-se a necessidade de serem adicionados 500 g de areia e 200 g de água. As quantidades finais passam então a ser:

Cimento	10 kg
Areia (seca)	20,5 kg
Brita	30 kg
Água	5 kg ou 5 litros

Ou seja, o Traço 1 será: 1:2,05:3,00 a/c = 0,50.

De maneira semelhante, determinam-se outros dois traços, por exemplo:

Traço 2 = 1:2,80:2,36 a/c = 0,60

Traço 3 = 1:2,30:3,57 a/c = 0,55

Com concretos preparados segundo os Traços 1, 2 e 3, moldam-se os corpos de prova para serem ensaiados à compressão (se for o caso), em datas convenientes. Considerando que os corpos de prova sejam ensaiados aos 28 dias e que os resultados obtidos sejam os seguintes:

Traço	a/c	Resistência média (MPa)
1	0,50	30,0
2	0,60	22,0
3	0,55	25,0

pode-se traçar a curva da Figura 6.13 (em papel ou usando programas para gráficos), representativa da relação resistência × a/c para as condições peculiares dos materiais utilizados.

Assim, para qualquer resistência, poderá ser determinada a relação a/c mais adequada e compatível com as condições reais.

Uma vez fixada a relação a/c, a partir de qualquer método experimental, será calculada a dosagem final.

6.2.9.1 Dados gerais

Aspectos do projeto impõem os seguintes parâmetros:

Resistência média aos 28 dias: 24 MPa

Abatimento medido no cone de Abrams: 60 ± 10 mm

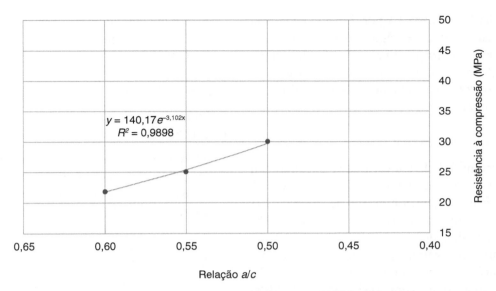

FIGURA 6.13 Correlação entre a resistência e a relação água/cimento para um conjunto de materiais.

Dimensão máxima de agregado: 25 mm
Materiais disponíveis:

Cimento: CP 32

Areia: MF = 2,56

Massa específica: $\gamma = 2,61$ kg/dm^3

Massa unitária: $\rho = 1,51$ kg/dm^3

Brita 1: $\varnothing_{máx} - 19$ mm (77 % retidos na peneira 9,5).

Massa específica: $\gamma = 2,63$ kg/dm^3

Massa unitária: $\rho = 1,42$ kg/dm^3

6.2.9.2 Método do SNCF

1) Determinação das características da areia

Volume aparente: $\dfrac{1}{1,51} = 0,66$

Volume absoluto: $\dfrac{1}{2,61} = 0,38$

Água de molhagem

A partir da fórmula de Bolomey, verifica-se que o consumo de molhagem é da ordem de 0,07 litro por quilo de areia. Assim, para molhar 1 kg de areia, que corresponde a 0,66 litro (volume aparente) e 0,38 litro (volume absoluto), necessita-se, segundo a fórmula de Bolomey, de 0,07 litro e, para molhar um litro de areia (aparente), ou seja, 0,576 litro (absoluto), utiliza-se $0,07 \times \dfrac{0,576}{0,380} = 0,106$ litro de água.

A partir desses dados, verifica-se que, para 1 litro de areia, têm-se os seguintes volumes absolutos: 0,576 litro de grãos; 0,106 litro de água; e 1 litro de areia. Daí, o volume de vazio será igual a $1 - (0,576 + 0,106) = 0,318$ litro.

Este volume de vazios deve ser preenchido com pasta.

2) Com 1 kg de cimento e 0,23 litro de água, produz-se 0,56 litro de pasta [conforme a Eq. (6.16)]. Como convém que o volume da pasta supere em aproximadamente 10 % o volume de vazios, no sentido de garantir um bom recobrimento, pode-se dizer que $0,56C = 1,10 \times 0,318$, logo $C = 0,623$ kg.

3) Água de molhagem e de hidratação

Água de molhagem da areia: 0,106

Água de hidratação: $0,25 \times 0,623 = 0,155$

Total = 0,261

4) Traço da argamassa

Materiais	Traço em massa	Traço em massa para 1 kg de cimento
Cimento	0,623	1
Areia	1,510	1,51/0,623 = 2,420
Água	0,249	0,249/0,623 = 0,399

Com essa argamassa, prepara-se um traço experimental e verifica-se a consistência realizando a correção no traço. Por exemplo: supondo que, para a obtenção de um concreto com boa coesão e consistência especificada, deve-se juntar 3,60

156 Capítulo 6

kg de brita 1 para cada 1 kg de cimento e também acrescentar 0,250 litro de água além da prevista.

Assim, o traço final é 1:2,42:3,6:0,65 (cimento, areia, brita 1, a/c), com consumo C igual a 307 kg (considerando o volume de ar aprisionado igual a 2 %).

6.2.9.3 Método do ACI

1) A partir da Tabela 6.8 verifica-se que, para um metro cúbico de concreto abatimento 6 ± 1 cm e brita com ϕ 19 mm, são necessários 203 litros de água por metro cúbico, e têm-se ~2 % de ar aprisionado.

2) A partir do gráfico que correlaciona R com a relação a/c, para cimento CP 32 (CP 320), verifica-se que, para resistência 24 MPa, obtém-se a relação $a/c = 0,70$. Também é possível empregar-se a Tabela 6.5, devidamente adaptada às condições dos cimentos locais.

   Então, o consumo de cimento pode ser assim deduzido: $a/c = 0,70$ e água = 203 litros/m³; logo, $C = 290$ kg/m³.

3) A partir da Tabela 6.12, verifica-se que, para areia com MF 2,56, brita $\phi_{máx}$ 19 mm, o volume compactado de agregado graúdo por metro cúbico será da ordem de 630 litros, ou seja, nesse caso 630 L $\times$ 1,42 = 894 kg. Assim, o valor de A_g para cada 1 kg de cimento será 894/290 = 3,08.

4) Para calcular a massa da areia A_m considerando a fórmula de consumo de cimento por metro cúbico de concreto:

$$C = \text{kg de cimento por m}^3$$

$$C = \frac{1000}{\dfrac{c}{\gamma_c} + \dfrac{a}{\gamma_a} + \dfrac{b}{\gamma_p} + \dfrac{a}{C} + v}$$

$$C = \frac{1000}{0,32 + \dfrac{a}{2,61} + \dfrac{3,08}{2,63} + 0,70 + 0,02}$$

$$C = 290 \frac{\text{kg}}{\text{m}^3} \qquad 290 = \frac{1000}{2,21 + \dfrac{a}{2,61}}$$

sendo $A_m = 3,23$.

5) Partindo desse critério, tem-se a dosagem 1:3,23:3,08:0,70 (cimento:areia:pedra:a/c).

6) Produzido o traço na betoneira, constatou-se a necessidade de se acrescentar 0,03 litro de água, no sentido de se obter a consistência igual a 6 cm em medida no cone de Abrams. Assim, o traço final passa a ser: 1:3,23:3,08:0,73, com $C = 287$ kg/m³.

6.2.9.4 Método do Prof. Ary Torres

Conforme visto na descrição deste método, os passos para a obtenção do traço do concreto são os seguintes:

1) A partir da curva determinada para o cimento CP 32, determina-se a relação a/c conveniente para uma resistência média $f_{c28} = 24$ MPa.

2) A partir da Tabela 6.13, determina-se o valor de $m = 6$, para $a/c = 0,70$ e dimensão máxima de agregado graúdo igual a 19 mm.

3) A partir da Tabela 6.14, determina-se o valor de p/γ_g para $m = 6$ e para agregado graúdo com dimensão máxima igual a 19 mm e para concretos preparados com areia média. O valor de p/γ_g assim obtido é igual a 2,22.
Portanto:

$$p = 2,22 \times \gamma_g$$

ou

$$p = 1,42 \times 2,22 = 3,15$$

4) Conhecidos os valores de m e de p, determina-se o valor de a (areia):

$$a = m - p$$

$$a = 6 - 3,15 = 2,85$$

5) Assim, o traço experimental será 1:2,85:3,15:0,70 (cimento, areia, brita, a/c), com $C = 300$ kg/m³.

6) Preparado o traço em laboratório, verifica-se a necessidade de se realizar modificação.

6.2.9.5 Método de Vallette

Segundo o método de Vallette, serão empregados os seguintes materiais:

Cimento: CPIII 32 (a/c necessária = 0,23)
Agregado graúdo: parcelas 38/19 mm

$\gamma_{absoluto}$: 2,65

$\gamma_{aparente}$: 1,53 (adensado)

índice de vazios = 41 %

Areia S_1: parcela 2,4/1,2

$\gamma_{aparente}$: 1,34

$\gamma_{absoluto}$: 2,63

índice de vazios: 49

1) Determinam-se os vazios da areia molhada. Em 1000 litros de S_1 (ou 1340 kg de S_1), tem-se o volume absoluto igual a $\dfrac{1340}{2,63} = 509$ L/m³ de areia.

A esse volume de areia adiciona-se a água de molhagem, determinada pela equação de Feret:

$$a = \frac{0,10 \times 1340}{\sqrt[2]{d_1 d_2}} = 94 \text{ L.}$$

O volume de vazios será igual a 1000 − (509 + 94) = 397 L.

2) Os vazios acrescidos de 10 % no sentido de ser garantido bom recobrimento devem ser preenchidos com pasta de cimento.

Considerando que $1,10 \times V_m = 0,56C$, deduz-se que $397 \times 1,10 = 0,56C$. Logo, $C = 780$ kg.

3) Assim, a argamassa m_1 será composta por 780 kg de cimento, 1340 kg de areia e (94 + 0,23 × 780 = 273) litros de água, gerando um traço de $1:1,72:a/c = 0,35$.

4) Em seguida, deve-se preencher os vazios da brita com argamassa m_1, ou seja, sendo o γ aparente da brita igual a 1530 kg/m³, tem-se que o volume absoluto é igual a $\dfrac{1530}{2,65} = 577$ L.

A água de molhagem de 1000 litros de brita será, segundo Feret, da ordem de $1530 \times 0,0177 = 27$ L.

Portanto, os vazios da brita serão de 1000 − (577 + 27) = 396 L. Os vazios devem ser preenchidos com argamassa m_1.

Por outro lado, o volume absoluto de argamassa m_1 produzida por 1 kg de cimento é igual a $\dfrac{1}{\gamma_c} + \dfrac{a}{\gamma_a} + a/c = 0,31 + \dfrac{1,72}{2,63} + 0,35 = 1,31$ L.

Assim, para preencher os 396 litros de vazios de brita, deverão ser empregados:

$$\frac{396}{1,31} = 302 \text{ kg de cimento}$$

$$\frac{396}{1,31} \times 1,72 = 520 \text{ kg de areia}$$

$$\frac{396}{1,31} \times 0,35 = 106 \text{L de água}$$

5) O consumo de materiais por metro cúbico será 302:520:1530:106, o que resulta em um traço $1:1,72:5,07:0,35$ e $C = 302$ kg/m³.

6) Considerando que, quando preparada em laboratório, a dosagem teve que ser corrigida e passou para 326:773:1154:63, o traço será $1:2,37:3,54:0,50$ e $C = 326$ kg/m³.

6.2.9.6 Método da ABCP

f_{ck}: 18 MPa

Condição A: cimento CPII E32

$D_{máx}$: 32 mm

γ: 3020 kg/m³

Abatimento (a): 60 ± 10 mm

Resistência aos 28 dias: 32 MPa

Propriedades do agregado graúdo

Massa específica da brita 1: $\gamma = 2780$ kg/m³

Massa unitária da brita 1: $\delta = 1490$ kg/m³

Massa unitária compactada da brita 1: $M_C = 1520$ kg/m³

Granulometria: $D_{máx} = 25$ mm

Propriedades da areia

Massa específica: $\gamma = 2610$ kg/m³

Massa unitária: $\delta = 1440$ kg/m³

MF: 2,98

1) Determinar f_{cj}, conforme a Equação (6.20): $f_{cj} = 18 + 1,65 \times 4 = 24,6$ MPa.

2) Conforme a Tabela 6.15, o consumo de água será de 195 litros/m³.

3) No ábaco da Figura 6.11, obtém-se para a resistência determinada de 24,6 MPa e resistência do cimento aos 28 dias de 32 MPa a relação água/cimento de 0,53.

4) O consumo de cimento C será 195/0,53 = 368 kg/m³.

5) Na Tabela 6.16, com $D_{máx} = 25$ mm e MF = 3,00 (2,98), o volume de agregado graúdo compactado necessário será de 0,675, o que resulta na massa de 0,675 × 1520 = 1026 kg/m³.

6) O volume de areia será obtido com o emprego da Equação (6.46): $V_m = 1 - (368/3020 + 1026/2780 + 0,195) = 0,314$.

Logo, o consumo de areia em massa será 0,314 × 2610 = 820 kg/m³.

O consumo de materiais por metro cúbico será 368:820:1026:195, o que resulta em um traço $1:2,23:2,79:0,53$ e $C = 368$ kg/m³.

6.2.9.7 Comparação entre as dosagens determinadas por vários métodos

Na Tabela 6.17 são resumidos os resultados obtidos. O método do IBRACON não é referido por ser um método experimental que permite a obtenção de vários traços para materiais definidos.

158 Capítulo 6

TABELA 6.17 Traços obtidos por alguns métodos apresentados

Método	a/c Final	m Final	% $\dfrac{a}{m+1}$	Consumo	Consumo aproximado a/c = 0,65
SNCF	0,65	6,02	9,25	307	307
ACI	0,73	6,31	9,98	287	294
Ary Torres	0,70	6,00	10	300	308
Vallette	0,50	5,91	7,23	326	—
ABCP	0,53	5,02	8,81	368	—

Da análise da Tabela 6.17, verifica-se que, para a mesma relação *a/c* das dosagens, segundo os métodos do ACI e do Prof. Ary Torres, os consumos são, respectivamente, –13 e +1 kg de cimento, do que a dosagem preparada conforme o método do SNCF.

As dosagens calculadas conforme o método de Vallette e o da ABCP (Rodrigues, 1984) não podem ser comparadas diretamente com as demais, visto que tomaram por base materiais totalmente diferentes.

6.2.10 Métodos de Dosagem para Concretos Especiais

A evolução dos métodos construtivos na indústria de construção civil tem levado a cadeia produtiva a se adaptar e dar uma resposta à demanda, seja com o desenvolvimento de novos materiais, seja adaptando os existentes. O concreto seguiu a mesma tendência e, além do concreto normal ou convencional e os anteriormente existentes concretos pesados, leves, porosos, massa (Bauer, 1978), com fibras e outros abordados por Repette (2011), como o concreto translúcido, atualmente os que se tornaram importantes são o concreto de alta resistência, concreto colorido, concreto autoadensável e concreto de ultra-alto desempenho (UHPC).

Inicialmente, e ainda hoje, o concreto de alta resistência (CAR) era sinônimo de concreto de alto desempenho (CAD), pois a resistência era a característica mais importante para o desempenho do concreto. Um concreto de alto desempenho é aquele que tem um desempenho superior para a característica para o qual foi produzido. Assim, um concreto para drenagem pode apresentar um alto desempenho, mas não ter alta resistência, como um concreto leve, por exemplo, cujas resistências não são elevadas. Conforme a ACI (2013), o CAD é um concreto que reúne combinação especial de requisitos de desempenho e uniformidade que nem sempre podem ser encontrados usando constituintes convencionais, mistura, lançamento e práticas de cura normais. Se a resistência à compressão é a propriedade-alvo, o CAR é um CAD em resistência à compressão, ou seja, conforme a ACI (2013), é um concreto que tem resistência característica em projeto maior ou igual a 55 MPa.

Já o concreto de ultra-alto desempenho (UHPC) deve apresentar simultaneamente as propriedades de CAD, concreto reforçado com fibras (CRF) e concreto autoadensável (CAA). O UHPC desenvolve elevadas propriedades mecânicas e durabilidade, com resistência à compressão acima de 150 MPa, resistência à tração de até 15 MPa e elevada tenacidade quando reforçado com altos volumes de fibras. A dosagem do UHPC envolve o uso de partículas finas, baixa relação água/cimento, alta densidade de empacotamento e elevado teor de aglomerante, o que garante uma microestrutura densa, aumentando significativamente a impermeabilidade e reduzindo a entrada de agentes agressivos.

O concreto leve é tratado no Capítulo 35, especialmente o concreto com agregados leves, por ser o que, em geral, apresenta aplicação estrutural, motivo pelo qual também é conhecido como concreto leve estrutural.

6.2.10.1 Concretos de alta resistência

O concreto de alta resistência (CAR) já é empregado em quase todos os países e, segundo Canovas e Gutierrez (1992), a primeira reunião internacional para divulgar e discutir o CAR foi em 1987, em Stavanger, na Noruega, a despeito de vários edifícios nos Estados Unidos e Canadá, no período de 1972 (Midcontinental Plaza, 62 MPa) a 1990 (OneWackep Place, 80 MPa), já o terem utilizado. Apesar do relato, durante muitos anos os métodos de dosagem se limitavam a concretos de até 40 MPa, e esse valor era considerado CAR nos anos 1970. No Brasil, na construção do Museu de Arte de São Paulo, em 1969, foi especificado o concreto com um f_{ck} de 45 MPa.

Atualmente, os concretos são definidos conforme a classe de resistência, segundo a norma ABNT NBR 8953:2015, a qual classifica os concretos em três grupos: os grupos I e II para concretos estruturais e o grupo III para concretos não estruturais, com resistência característica à compressão (f_{ck}) aos 28 dias de idade abaixo de 15 MPa. Os concretos do grupo I são para f_{ck} de 20 a 50 MPa.

Os concretos do grupo II são considerados de alta resistência, com f_{ck} de 55 a 100 MPa. A ABNT NBR 6118:2023 alterou essa faixa de classificação para 50 a 90 MPa. No meio técnico, o CAR pode ser de até 120 MPa e já existe o termo "concreto de ultra-alta resistência" para resistências acima de 150 MPa. O FIB Model Code 2010 (FIB, 2010) classifica como concretos com resistência normal aqueles abaixo de 50 MPa e com alta resistência acima desse valor.

O CAR se tornou possível com o advento dos novos aditivos descritos no Capítulo 5, os superplastificantes como os policarboxilatos (Hartmann, 2002), e das adições minerais (Dal Molin, 2005), principalmente a sílica ativa referenciada na ABNT NBR 13956:2012 em suas quatro partes ou o metacaulim tratado na norma ABNT NBR 15894:2010 em suas três partes.

A sílica ativa é um subproduto da produção de silício e ferro-silício. A composição é quase totalmente de SiO_2 amorfa, com partículas esféricas muito pequenas em que 50 % têm diâmetro menor que 150 nm, uma superfície específica (BET) entre 15 e 30 m^2/g e massa específica em torno de 2200 kg/m^3.

O metacaulim é um material pulverulento pozolânico produzido a partir do caulim, mineral especial existente em algumas regiões do Brasil, ou das argilas cauliníticas. O material é moído e calcinado a temperaturas médias entre 600 e 900 °C, gerando em sua maior parte a metacaulinita – o silicato de alumínio hidratado ($Al_2Si_2O_7$), que é um composto amorfo com a forma das partículas lamelares e elevada finura. Desde a década de 1980, países como França e Estados Unidos têm vasta experiência com o uso do metacaulim em obras e indústrias de produtos à base de cimento, como o concreto pré-moldado, argamassa e graute.

Para a dosagem do CAR, existem vários métodos, alguns são citados em De Larrard (1999) e em Mehta e Monteiro (2008), como o da ACI Committee 363 (ACI, 1993) e Mehta e Aïtcin. Outros métodos são o do IBRACON (Seção 6.2.8), de Toralles-Carbonari (1996), de Gomes (2002) descrito em 6.2.10.3 e de O'Reilly (1998).

Em ACI PRC-211.4-08: *Guide for Selecting Proportions for High-Strength Concrete Using Portland Cement & Other Cementitious Material* (2008) são apresentados métodos gerais de dosagem para concreto de alta resistência e otimização dessas proporções de mistura com base em lotes experimentais. Os métodos são limitados ao concreto de alta resistência contendo cimento Portland, cinzas volantes, sílica ativa ou metacaulim e produzidos usando materiais e técnicas convencionais de produção. Segundo o documento, foram utilizadas recomendações e tabelas com base na prática atual e nas informações fornecidas por empreiteiros, fornecedores de concreto e engenheiros envolvidos em projetos que lidam com concreto de alta resistência.

Os princípios básicos que diferenciam o concreto convencional do CAR, de acordo com Tutikian *et al.* (2011), são:

- diminuição da relação água/aglomerante e da quantidade de água total, mediante o uso de superplastificantes;
- otimização da granulometria dos agregados para aumentar o esqueleto inerte e obter maior compacidade por meio de agregados graúdos com menor dimensão e menor composição granulométrica dos finos;
- uso de adições minerais (sílica ativa ou metacaulim, cinza volante etc.) que provocam o refinamento dos poros e dos grãos.

A relação água/cimento como responsável pela resistência foi provada por vários pesquisadores, entre eles Abrams (1918) e Powers (1966), porém a sua redução prejudica a trabalhabilidade, gerando a necessidade de superplastificantes. O cimento deve ter a maior área específica possível, para permitir a hidratação mais rápida. O uso de adições minerais é importante para o refinamento dos poros e para o consumo do $Ca(OH)_2$, que é suscetível ao ataque de agentes agressivos.

No método de Mehta e Aïtcin (Mehta; Monteiro, 2008) constam os intervalos e as relações entre os materiais e várias misturas utilizadas nos Estados Unidos. A dimensão máxima característica do agregado deve ser menor que no concreto convencional. As adições minerais podem ser combinadas e o total da substituição do cimento pode chegar a 25 %. Na Tabela 6.18, apresenta-se um indicativo para o traço de CAR.

Um exemplo nacional e que figura como referência é o concreto desenvolvido pelo Prof. Paulo R. L. Helene, da Poli-USP, para o edifício e-Tower, em São Paulo, cuja dosagem foi definida pelo método do IBRACON e se encontra na Tabela 6.19. O concreto colorido foi produzido na obra e atingiu f_{cj} de 125 MPa.

160 Capítulo 6

TABELA 6.18 Proposta para a elaboração do traço inicial de CAR

Material	Tipo	Proporção
Cimento	Área específica alta	400 a 650 kg por m^3
Agregado	Boa resistência e dimensão máxima característica ≤ 12,5 mm	Cimento/agregado em volume 35:65
Agregado miúdo	Médio ou fino	Miúdo/graúdo em volume 2:3
Adições minerais	Sílica ativa, metacaulim, cinza volante, escória de alto-forno	8 a 25 % em substituição ao cimento
Relação a/c	Considerar a água do aditivo	0,20-0,30
Aditivos	Superplastificante de 3ª geração	0,8 a 1,2 %
	Estabilizador de hidratação	Ver necessidade
Água	Gelo ou resfriada	Entre 130 e 165 litros/m^3

TABELA 6.19 Composição do concreto do edifício e-Tower

Material	Tipo	Proporção por m^3
Cimento	CPV – ARI	623 kg
Brita 1	Basalto	1027 kg
Areia	Quartzo rosa (MF:2,04)	550 kg
Sílica ativa	–	15 %
Relação a/c	–	0,19
Pigmento	Óxido de ferro	4 %
Aditivos	SP de 3ª geração	1 %
	Estabilizador de hidratação	0,5 %
Água	Gelo	75 kg/m^3 + 65 litros de água

6.2.10.2 Concretos coloridos

Os concretos coloridos, assim como outros tipos de concretos com adições, são aqueles cuja adição pode ser considerada uma parte fina dos agregados, mas que contêm uma grande concentração de pigmentos que confere a coloração requerida ao produto. O concreto branco (Klein *et al.*, 2001) tem características diferentes e, portanto, requer um tratamento diferenciado.

O concreto colorido, segundo Helene e Galante (1999), deve ser produzido com uma seleção adequada das matérias-primas, um estudo do traço e uma produção cuidadosa. Os pigmentos são os principais atores do processo e devem ser resistentes à alcalinidade do cimento, à exposição dos raios solares e às intempéries. Segundo os autores, somente os pigmentos inorgânicos à base de óxido satisfazem os requisitos.

Para garantir o sucesso da produção do concreto colorido, Helene e Galante (1999) sugerem que sejam atendidas as seguintes regras básicas:

- utilizar pigmentos inorgânicos à base de óxido resistentes à alcalinidade do cimento e às intempéries;
- não mudar o tipo e o fabricante do cimento durante a obra;
- procurar agregado que favoreça a cor desejada, pois a cor natural do agregado deve ser considerada em função de desgastes;
- o concreto deve ter um elevado teor de argamassa (5 % maior que os normais);
- a dosagem dos materiais deve ser criteriosa (erro ≤ 5 %);
- a mistura deve ser realizada inicialmente entre o pigmento e os agregados secos, posteriormente com o cimento e, por último, com a água, recomendando-se o uso de misturadores forçados com agitadores de alta rotação;
- a compactação deve ser realizada de modo a impedir a formação de uma camada superior porosa e de muita pasta;
- na cura, além dos cuidados previstos na ABNT NBR 14931:2023, não se pode admitir a formação de condensação de água na superfície;
- o armazenamento das peças deve ser realizado adequadamente para impedir a exposição diferenciada das regiões.

No caso de se utilizar caminhão-betoneira, a adição de pigmentos à mistura pode ocorrer logo após a dosagem dos outros materiais.

A dosagem do concreto colorido pode ser realizada por qualquer método adequado, pois os percentuais de adição são da ordem de 6 % em relação à massa de cimento e não alteram substancialmente a proporção. A relação água/cimento deve ser considerada em função das necessidades do projeto e durabilidade, mas deve-se ter em mente que quanto maior a relação *a/c*, mais claro será o concreto.

Para se obter a coloração desejada, os pesquisadores Helene e Galante (1999) citam alguns pigmentos mais comuns e as colorações produzidas, conforme o Quadro 6.3.

A tonalidade do concreto dependerá, além dos materiais, da quantidade do pigmento. Helene e Galante (1999) indicam os percentuais do Quadro 6.4 como referenciais.

A proporção final dos materiais deverá ser obtida experimentalmente, pois as cores dos materiais influenciam no resultado, por exemplo, o uso de cimentos CPIII produzem superfícies mais claras, ao passo que as adições de cinzas volantes as tornam mais escuras. Para o concreto branco, faz-se necessário o uso do cimento branco.

6.2.10.3 Concretos autoadensáveis

O estudo sobre a trabalhabilidade do concreto sempre foi marcante para todos os pesquisadores. Observa-se que os métodos de dosagem aqui apresentados têm uma parte relacionada com a trabalhabilidade quando realiza a escolha dos agregados. Powers (1968) e Murdock e Brook (1979) concentraram parte de suas pesquisas nas propriedades do concreto fresco.

O concreto autoadensável (CAA) foi desenvolvido no Japão entre 1986 e 1988, com o objetivo de proporcionar obras mais duráveis e com qualidade em função da queda na qualificação da mão de obra. O CAA, como o próprio nome já define e conforme consta na norma ABNT NBR 15823:2017, é um "concreto capaz de fluir, autoadensar pelo seu peso próprio, preencher a forma e passar por embutidos (armaduras, dutos e insertos), enquanto mantém sua homogeneidade (ausência de segregação) nas etapas de mistura, transporte, lançamento e acabamento".

Os parâmetros reológicos que caracterizam um CAA são a alta deformabilidade e moderada coesão e viscosidade.

A EFNARC (2002) considera que a trabalhabilidade do CAA deve ser maior do que a maior classe de consistência existente nas normas para concreto convencional, podendo ser caracterizada pelas seguintes propriedades:

- capacidade de preenchimento;
- capacidade de passagem;
- resistência de segregação.

Um concreto só pode ser classificado como CAA se forem satisfeitos os requisitos para todas as três características.

Na dosagem, a EFNARC (2002) indica que é mais útil considerar as proporções relativas dos materiais principais em volume, em vez de massa. Sugere como uma aproximação as proporções e quantidades a fim de obter um CAA (finos = partículas menores que 0,125 mm):

- relação água/finos por volume: de 0,80 a 1,10;
- conteúdo total de finos: 160 a 240 litros (400-600) kg/m^3;
- conteúdo de agregados graúdos: normalmente 28 a 35 % em volume da mistura;
- relação água/cimento deve ser selecionada com base em requisitos de resistência e durabilidade. Em geral, o consumo de água não excede 200 litros/m^3;
- conteúdo de areia compensa o volume dos outros constituintes.

Se necessário, podem ser utilizados os modificadores de viscosidade para compensar as variações da granulometria da areia e do teor de umidade dos agregados.

QUADRO 6.3 Pigmentos mais comuns à base de óxido e coloração produzida

Cor do concreto	Pigmento	Composição química
Vermelho	Óxido de ferro vermelho	α-Fe$_2$O$_3$
Amarelo	Óxido de ferro amarelo	α-FeOOH
Preto	Óxido de ferro preto	Fe$_3$O$_4$
Marrom	Óxido de ferro marrom	Mistura de α-Fe$_2$O$_3$, α-FeOOH e/ou Fe$_3$O$_4$
Verde	Óxido de cromo	Cr$_2$O$_3$
Azul	Óxido de cobalto	Co(Al,Cr)$_2$O$_4$

QUADRO 6.4 Percentuais de pigmento com relação à massa de cimento

Tonalidades	Percentuais de pigmento (%)
Concretos de cores pálidas, tom pastel em cimento branco	1 a 2
Tons médios	3 a 5
Tons escuros	6 a 8

162 Capítulo 6

Os ensaios de laboratório, que são em número de 10 relacionados pela EFNARC (2002), devem ser usados para verificar as propriedades da dosagem inicial e, se necessário, proceder aos ajustes para obtenção da dosagem final, a qual deve ser testada em escala real na usina de concreto ou no local. Se o desempenho não se mostrar satisfatório, podem ser adotados os seguintes procedimentos:

- usar adições ou diferentes tipos de filer (se disponível);
- modificar as proporções de areia ou o agregado graúdo;
- usar aditivos modificadores de viscosidade, se já não estiver incluído na mistura;
- ajustar a dosagem de superplastificante e/ou do aditivo modificador de viscosidade;
- usar tipos alternativos de superplastificante (e/ou aditivo modificador de viscosidade), mais compatível com os materiais locais;
- ajustar a dosagem para modificar a quantidade de água e, consequentemente, a relação água/finos.

A norma ABNT NBR 15823:2017, composta de seis partes, estabelece os requisitos para classificação, controle e recebimento do concreto autoadensável no estado fresco, bem como define e estabelece limites para as classes de autoadensibilidade e prescreve os ensaios para verificação das propriedades do concreto autoadensável (CAA), os quais também estão relacionados em EFNARC (2002).

Para a determinação das características reológicas do concreto autoadensável, a norma indica os métodos de ensaio de espalhamento e do tempo de escoamento com o cone de Abrams, pelo anel J, a caixa L, o funil V e a coluna de segregação. Para a determinação da fluidez do concreto autoadensável, em fluxo livre, sob a ação de seu próprio peso, emprega-se o cone de Abrams, no qual se determina o espalhamento e o tempo de escoamento. A habilidade passante do concreto autoadensável, em fluxo livre, é verificada pelo ensaio com o anel J e a determinação da habilidade passante em fluxo confinado verifica-se usando a caixa L. Já a determinação da viscosidade do concreto autoadensável é feita pela medida do tempo de escoamento de uma massa de concreto pelo funil V. Por último, a determinação da resistência à segregação é realizada pela diferença das massas de agregado graúdo existentes no topo e na base da coluna de segregação. A aparelhagem para a execução dos ensaios, assim como a interpretação dos resultados, são apresentadas nas partes da norma.

A norma ABNT NBR 15823:2017 classifica o CAA segundo os valores apresentados na Tabela 6.20.

Quanto aos métodos de dosagem, existem várias propostas nacionais (Gomes, 2002; Tutikian, 2004; e outros) e internacionais. Serão abordados os métodos de Okamura e Ozawa (1995) e Gomes (2002) por serem os primeiros.

a) *Método de Okamura e Ozawa (1995)*

O método de dosagem proposto por Okamura e Ozawa em 1995 (Okamura; Ouchi, 2003) foi fundamentado em seus estudos iniciados em 1988 e teve a contribuição de vários pesquisadores japoneses. Inicialmente, foi definido como *High Performance Concrete* e, ao fim, como *Self-Compacting High Performance Concrete*. Nesse método, eles propõem:

TABELA 6.20 Classificação e utilização do CAA

Classes de espalhamento do CAA em função de sua aplicação			
Classe de espalhamento	Espalhamento (mm)	Aplicação	Exemplo
SF 1	550-650	Estruturas não armadas ou com baixa taxa de armadura e embutidos, cuja concretagem é realizada a partir do ponto mais alto, com deslocamento livre. Estruturas que requerem uma curta distância de espalhamento horizontal do concreto autoadensável.	Lajes, estacas e certas fundações profundas
SF 2	660-750	Adequada para a maioria das aplicações correntes.	Paredes, vigas, pilares e outras
SF 3	760-850	Estruturas com alta densidade de armadura e/ou de forma arquitetônica complexa, com o uso de concreto com agregado graúdo de pequenas dimensões (menor que 12,5 mm).	Pilares-parede, paredes-diafragma e pilares

(continua)

Dosagem do Concreto **163**

TABELA 6.20 Classificação e utilização do CAA (*continuação*)

Classes de viscosidade plástica aparente do CAA em função de sua aplicação				
Classe de viscosidade plástica aparente	t = 500 s	Funil V s	Aplicação	Exemplo
VS 1/VF 1	≤ 2	≤ 8	Adequado para elementos estruturais com alta densidade de armadura e embutidos, mas requer controle da exsudação e da segregação. Concretagens realizadas a partir do ponto mais alto com deslocamento livre.	Paredes-diafragma, pilares-parede, indústria de pré-moldados e concreto aparente
VS 2/VF 2	> 2	9 a 25	Adequado para a maioria das aplicações correntes. Apresenta efeito tixotrópico que acarreta menor pressão sobre as formas e melhor resistência à segregação. Efeitos negativos podem ser obtidos com relação à superfície de acabamento (ar aprisionado), no preenchimento de cantos e suscetibilidade a interrupções ou demora entre sucessivas camadas.	Vigas, lajes e outras

Classes de habilidade passante do CAA em função de sua aplicação					
Classe de habilidade passante	Anel J (mm)	Caixa L (H2/H1)	Caixa U (H2 - H1)	Aplicação	Exemplo
PL 1/PJ 2	25 a 50 mm, com 16 barras de aço	≥ 0,80, com duas barras de aço	Não aplicável	Adequada para elementos estruturais com espaçamentos de armadura de 80 a 100 mm.	Lajes, painéis, elementos de fundação
PL 2/PJ 1	0 a 25 mm, com 16 barras de aço	≥ 0,80, com três barras de aço	Até 30 mm	Adequada para a maioria das aplicações correntes. Elementos estruturais com espaçamentos de armadura de 60 a 80 mm.	Vigas, pilares, tirantes, indústria de pré-fabricados

Classes de resistência à segregação do CAA em função de sua aplicação				
Classe de resistência à segregação[(*)]	Coluna de segregação (%)	Distância a ser percorrida (m)	Espaçamento entre armaduras (mm)	Exemplo
SR 1	≤ 20	< 5	> 80	Lajes de pequena espessura e estruturas convencionais de pouca complexidade.
SR 2	≤ 15	> 5	> 80	Elementos de fundações profundas, pilares, paredes e elementos estruturais complexos, elementos pré-fabricados.
		< 5	< 80	

(*) Quando a distância a ser percorrida pelo concreto for maior que 5 m e o espaçamento entre barras inferior a 80 mm, deve ser especificado um valor de SR menor que 10 %.
Se a resistência ou a qualidade da superfície for particularmente crítica, SR 2 ou um valor limite mais rigoroso pode ser especificado.

164 Capítulo 6

- fixar a quantidade de agregado graúdo em 50 % do volume total de sólidos da mistura;
- fixar a quantidade de agregado miúdo em 40 % do volume da argamassa;
- relação água/finos é dada em volume e assume valores entre 0,9 e 1,0, dependendo das características dos finos;
- a dosagem de superplastificante é obtida por tentativas até alcançar as propriedades do concreto fresco pretendidas.

A relação água/cimento é definida em função da resistência e durabilidade. Para ajustar a dosagem, é proposto atuar na quantidade de superplastificante e na relação água/finos. A grande diferença entre o concreto convencional e o CAA está na diminuição dos agregados graúdos e na utilização de finos (cinza volante, sílica ativa, metacaulim, fíler etc.).

Para verificar se a dosagem resultou em concreto autoadensável, Okamura e Ozawa sugerem a aplicação dos ensaios caixa U, funil V e espalhamento.

b) Método de Gomes (2002)

O método proposto por Gomes (2002) considera que o concreto é constituído de duas fases: pasta e agregados. Com base em estudos de vários pesquisadores sobre essas duas fases, o pesquisador faz uma composição com o melhor de cada proposta de modo a obter um CAA de alta resistência, o qual denominou *High-Strength Self-Compacting Concrete*. No método, a pasta e o esqueleto granular dos agregados são otimizados separadamente e, por fim, misturados para obter viscosidade e fluidez adequadas. As duas fases são definidas para garantir as propriedades do concreto endurecido.

O método é composto de três passos:

1) otimização da relação superplastificantes/cimento mediante determinação do ponto de saturação e finos/cimento para obter pastas com alta fluidez e boa coesão;
2) determinação do esqueleto granular – relação areia/brita, segundo um critério de máxima densidade em seco e sem compactação, para obter uma mínima quantidade de vazios entre os dois materiais;
3) determinação do volume de pasta ótimo para satisfazer as condições de autoadensamento requeridas para o concreto mediante experimentos com concretos com diferentes quantidades de pasta, suficientes para preencher os vazios do esqueleto granular e proporcionar autoadensamento ao concreto.

Com base em algumas propostas de pesquisadores, Gomes *et al.* (2008) consolidaram diferentes misturas encontradas que podem servir de base para o início de um estudo de dosagem de CAA e ressaltam o seguinte:

- alto volume de pasta, principalmente nas de alta resistência;
- alto conteúdo de finos (cimento + adições minerais), sendo os mais comuns: cinzas volantes, escória de alto-forno e fíler de calcário e de quartzo, e nas de alta resistência o uso também de sílica ativa e metacaulim;
- baixa relação água/finos;
- menor volume e dimensão máxima do agregado graúdo;
- uso de superplastificantes em todas as misturas.

No Quadro 6.5 estão apresentadas dosagens de CAA propostas por Gomes *et al.* (2008).

6.2.10.4 Concretos de ultra-alto desempenho

O concreto de ultra-alto desempenho (UHPC) é um material de elevada tecnologia no que concerne a composição, produção, desempenho no estado fresco e endurecido. O UHPC apresenta elevada resistência à compressão (acima de 150 MPa, segundo grande parte da literatura), alta ductilidade e excelente durabilidade. Aplicações inovadoras na América do Norte, Europa, Oceania e Ásia provaram as vantagens do avanço da tecnologia com relação aos custos, à manutenção e à vida útil do concreto de ultra-alto desempenho (Schmidt; Fehling, 2005; Shi *et al.*, 2015). Vários estudos têm sido desenvolvidos em todo o mundo, aumentando o número de aplicações.

Nesse contexto, surgem também várias proposições de dosagem para a produção de concreto de ultra-alto desempenho e, muito importante, com tecnologia que não inviabilize a aplicação do material. Seja qual for o método, os princípios básicos da dosagem de UHPC são: redução da porosidade, melhoria da microestrutura, aumento da homogeneidade e aumento da tenacidade (Shi *et al.*, 2015). Portanto, o UHPC combina as propriedades do concreto de alto-desempenho (CAD), do concreto autoadensável (CAA) e do concreto reforçado com fibras (CRF). Para a obtenção de todas essas propriedades simultaneamente, as matérias-primas, a técnica de preparação e os regimes de cura têm influência significativa.

O uso de materiais cimentícios suplementares, como cinzas volantes, escórias, sílica ativa, metacaulim e outros, em substituição ao cimento

QUADRO 6.5 Proporções indicativas para misturas de CAA

Proporções	CAA (*)	CAA (**)
Volume de pasta (%/m³)	35-42	38-45
Total de finos (kg/m³) (< 125 µm)	400-650	600-750
Cimento (kg/m³)	200-400	400-550
Massa de água (kg/m³)	150-180	170-185
Rel. água/finos (massa)	0,25-0,40	0,25-0,29
Rel. água/(finos + agregado miúdo) (massa)	0,12-0,14	0,11-0,14
Volume de agregado graúdo (%)	28-35	26-31
Rel. agregado graúdo/concreto (massa) (%)	32-40	29-35
Massa de agregado graúdo (kg/m³)	750-950	650-850
Rel. agregado graúdo/agregados (volume)	0,44-0,64	0,47-0,50
Tamanho do agregado graúdo (mm)	10-20	12
Rel. agregado miúdo/argamassa (volume) (%)	40-50	39-45
Massa de agregado miúdo (kg/m³)	700-900	700-800

(*) CAA de resistência à compressão normal.
(**) CAA de alta resistência à compressão.
Fonte: Gomes et al. (2008).

Portland, reduz consideravelmente o custo dos materiais e contribui para o desempenho. Essas adições minerais, muitas vezes usadas como nanopartículas, contribuem ainda para a redução da porosidade, promovendo elevado empacotamento granular junto ao material inerte. Os agregados graúdos geralmente não são usados, isto é, como agregados são usados sempre materiais finos, com dimensão até aproximadamente 1000 µm (Shi et al., 2015; Yu et al., 2014).

A Figura 6.14 ilustra as granulometrias dos materiais usados por Yu et al. (2014) para produzir concretos de ultra-alto desempenho.

A maioria dos métodos de dosagem de UHPC inicia-se buscando empacotamento granular dos materiais constituintes, com base no chamado modelo modificado de Andreasen e Andersen, proposto por Funk e Dinger (1994), conforme a Equação (6.49). Com base na Equação (6.49), estabelece-se uma

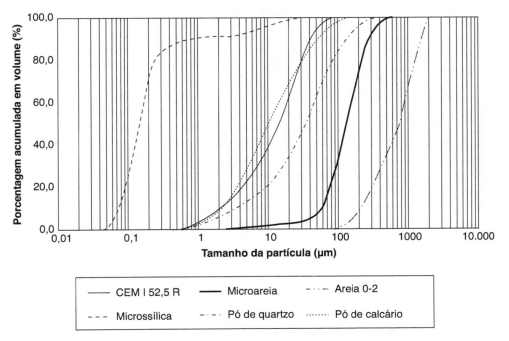

FIGURA 6.14 Exemplo de distribuição granulométrica de materiais usados para a produção de UHPC (Yu et al., 2014).

curva-alvo que deve ser reproduzida pela mistura dos constituintes a serem usados para produção da mistura. Portanto, o objetivo é definir as proporções dos materiais que resultarão na curva mais ajustada à curva-alvo. A Figura 6.15 ilustra uma curva teórica de empacotamento utilizando o modelo proposto por Funk e Dinger (1994).

$$P(D) = \frac{D^q - D_{mín}^q}{D_{máx}^q - D_{mín}^q} \qquad (6.49)$$

em que:

$P(D)$ = percentual acumulado do diâmetro avaliado;
D = diâmetro a ser avaliado;
$D_{máx}$ = diâmetro da maior partícula;
$D_{mín}$ = diâmetro da menor partícula;
q = coeficiente de distribuição.

Valores do coeficiente de distribuição mais elevados ($q > 0,5$) são usados em misturas com partículas mais grossas, enquanto valores mais baixos ($q < 0,25$), em misturas de concreto ricas em partículas finas. Considerando que grande quantidade de partículas finas é utilizada para produzir o UHPC, o valor de q é fixado geralmente em torno de 0,23 (Yu *et al.*, 2014). A curva de empacotamento da Figura 6.15 foi traçada considerando partículas com dimensões entre 10 e 1100 μm e $q = 0,23$.

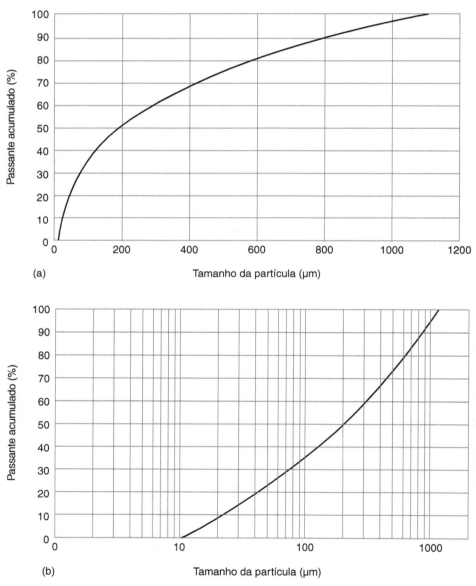

FIGURA 6.15 Curva teórica de empacotamento segundo o modelo modificado de Andreasen e Andersen, proposto por Funk e Dinger (1994): (a) escala normal; (b) escala logarítmica.

Para definir as proporções de cada material na mistura buscando ajustar a curva da mistura à curva-alvo, usam-se métodos de otimização, por exemplo, algoritmo com base no Método dos Mínimos Quadrados, como apresentado na Equação (6.50). Quando o desvio entre a curva-alvo e a curva da mistura, expresso pela soma dos quadrados dos resíduos (RSS) em tamanhos de partículas definidas, é minimizado, a composição do concreto é tida como ótima, ou seja, com o melhor empacotamento (mínimo de vazios).

$$\text{RSS} = \sum\nolimits_{i=1}^{n} (P_{\text{mistura}}(D_i) - P_{\text{alvo}}(D_i))^2 \qquad (6.50)$$

em que:

$P_{\text{mistura}}(D_i)$ = percentual acumulado da mistura para o diâmetro i;

$P_{\text{alvo}}(D_i)$ = percentual acumulado da curva teórica de empacotamento para o diâmetro i calculado conforme a Equação (6.49);

RSS = resíduo a ser minimizado.

Ainda com o objetivo de reduzir porosidade, o UHPC é produzido com baixo consumo de água, e para garantir a elevada fluidez, são utilizados aditivos superplastificantes de alta *performance*. Para promover ductibilidade e resistência ao impacto, são usadas fibras adequadas como reforço. As fibras de aço e carbono são comumente usadas em matrizes UHPC em vista do seu alto módulo de elasticidade e elevada resistência à tração (Shi *et al.*, 2015). Portanto, os próximos passos seriam ajustar a dosagem de água e aditivos para alcançar a fluidez determinada e o teor de fibras para atingir a máxima tenacidade e resistência, sem prejudicar a trabalhabilidade.

Embora tenha sido pesquisado há mais de 30 anos e esteja em desenvolvimento há mais de 20 anos, o UHPC é um material relativamente novo e, antes de sua ampla adoção e aplicação, as normas de projeto devem ser estabelecidas e estruturadas para tirar proveito das propriedades únicas desse material. Também os métodos de ensaios existentes precisam caracterizar completamente o material e seu desempenho. Os órgãos de normalização de vários países já iniciaram essa documentação tão necessária, como o Instituto Americano do Concreto (ACI, EUA), a Sociedade Americana de Ensaios e Materiais (ASTM, EUA), o Instituto Suíço de Engenheiros e Arquitetos (SIA), a Associação Francesa de Engenheiros Civis (AFGC), a Sociedade Japonesa de Engenheiros Civis (JSCE), a Associação Canadense de Normas (CSA) e outros, mas ainda há muito o que avançar. Como exemplos, citam-se: a ASTM C1856/1856M – 17 *Standard Practice for Fabricating and Testing Specimens of Ultra-High Performance Concrete* e as normas da AFGC: NF P 18-710: *Design of concrete structures: specific rules for Ultra-High Performance Fibre-Reinforced Concrete* (*UHPFRC*) e NF P 18-470: *UHPFRC: specification, performance, production and conformity.*

6.3 CONSIDERAÇÕES FINAIS

Ao longo deste capítulo, podem-se notar a evolução dos métodos de dosagem do concreto e o grande número de pesquisadores que dedicaram e ainda dedicam suas vidas em busca de um concreto que atenda aos anseios da comunidade, inicialmente de resistência e trabalhabilidade, e, hoje, também de durabilidade, mas, o mais importante – de sustentabilidade. A vida útil adequada é um critério obrigatório nos estudos de dosagens. Muitos pesquisadores brasileiros contribuíram para o avanço da tecnologia do concreto, cabendo citar Lobo Carneiro (1937), que é uma referência internacional. Para uma coletânea de informações sobre os pesquisadores internacionais, ver Neville (1997).

Um ponto importante diz respeito ao reaproveitamento nas dosagens de resíduos da construção civil (RCD), como produtos cerâmicos, concretos de demolição, rejeitos etc., de resíduos da indústria, como escória de siderúrgicas etc., da agroindústria, como cinza de bagaço de cana-de-açúcar, de casca de arroz etc., ou de outros produtos, como copos plásticos, EPS, pneus etc. O reaproveitamento de resíduos já é tema de muitos estudos e, assim como os resíduos de escória de alto-forno, cinzas volantes e sílica ativa, que anteriormente eram vistos com cautela e hoje aportam características importantes para o concreto, os novos resíduos também poderão se tornar constituintes de valor.

Cabe salientar o grande avanço protagonizado pela indústria química com o desenvolvimento dos aditivos que permitiram, além de outras características, a diminuição da relação água/cimento, que governa a maioria das características do concreto. O avanço também se deve a organizações que têm promovido fóruns de discussão e transferência de tecnologia, dentre elas o IBRACON, com seu Congresso Brasileiro do Concreto (CBC), que já promoveu a 60ª edição.

Os limites de resistência do concreto estão a cada dia mais altos. A Federal Highway Administration (FHWA, 2013) divulgou um documento que trata de concreto de ultra-alto desempenho (UHPC), em que as resistências chegam a 300 MPa. No estudo, os materiais para essa classe de concretos

168 Capítulo 6

são definidos como materiais de compósitos cimentícios reforçados com fibra descontínua, que apresentam resistência à compressão acima de 150 MPa, resistência à tração de pré e pós-fissura acima de 5 MPa e maior durabilidade em razão de uma estrutura de poros descontínuos.

Finalmente, pode-se constatar que, desde o início, os princípios básicos nos estudos de dosagem são os mesmos:

- definição de um esqueleto granular adequado;
- definição da relação água/aglomerante;
- definição da quantidade de pasta.

BIBLIOGRAFIA

ABRAMS, D. A. *Design of concrete mixtures*. Chicago: Structural Materials Research Laboratory. Bulletin 1, Lewis Institute, 1918.

ALEXANDRE, P. Expériences concernant l'influence du dosage de l'eau sur la résistance des mortiers de ciment. *Annales Ponts et Chaussées*, 6. Serie, XV, n. 9, p. 375-381, 1888.

ALEXANDRE, P. Recherches expérimentales sur les mortiers hydrauliques. *Annales Ponts et Chaussées,* 6. Serie, XX, n. 35, p. 277-428, 1890.

AMERICAN CONCRETE INSTITUTE. *211.1-22*: Selecting Proportions for Normal-Density and High Density-Concrete – Guide. ACI, 2022. p. 38.

AMERICAN CONCRETE INSTITUTE. Committee 211: Recommended practice for selecting proportions for normal and heavy weight concrete (ACI 211, 1-77). *J. Amer. Concr. Inst.*, 66, n. 8, p. 612-29 (1969); 70, n. 4, p. 253-5 (1973); 71, n. 11, p. 577, (1974); 74, n. 2, p. 59-60 (1977).

AMERICAN CONCRETE INSTITUTE. Committee 301: Specifications for structural concrete for buildings. (ACI 301-72, revised 1975). *J. Amer. Concr. Inst.*, 68, n. 6, p. 413-50 (1971); 72, n. 7 p. 361-2 (1975).

AMERICAN CONCRETE INSTITUTE. Committee 363: State-of-the-art report on high strength concrete. *ACI Manual of Construction Practice* (ACI 3363, revised 1992), p. 55, 1993.

AMERICAN CONCRETE INSTITUTE. CT13. *Concrete terminology*. Farmington Hills: ACI, 2013.

AMERICAN CONCRETE INSTITUTE. *PRC-211.4-08*: Guide for selecting proportions for high-strength concrete using portland cmt & other cementitious material. ACI, 2008.

AMERICAN CONCRETE INSTITUTE. Recommended practice for evaluation of strength tests results of concrete. Detroit: *ACI Journal*, May 1976, p. 265-277.

ASSOCIAÇÃO BRASILEIRA DE NORMAS TÉCNICAS. *NBR 5738:* Concreto. Procedimento para moldagem e cura de corpos de prova. Rio de Janeiro: ABNT, 2015.

ASSOCIAÇÃO BRASILEIRA DE NORMAS TÉCNICAS. *NBR 5739*: Concreto. Ensaios de compressão de corpos de prova cilíndricos. Rio de Janeiro: ABNT, 2018.

ASSOCIAÇÃO BRASILEIRA DE NORMAS TÉCNICAS. *NBR 6118:* Projeto de estruturas de concreto. Procedimento. Rio de Janeiro: ABNT, 2023.

ASSOCIAÇÃO BRASILEIRA DE NORMAS TÉCNICAS. *NBR 7211:* Agregado para concreto. Especificação. Rio de Janeiro: ABNT, 2009.

ASSOCIAÇÃO BRASILEIRA DE NORMAS TÉCNICAS. *NBR 8224*: Concreto endurecido - Determinação da fluência – Método de ensaio. Rio de Janeiro: ABNT, 2012.

ASSOCIAÇÃO BRASILEIRA DE NORMAS TÉCNICAS. *NBR 8522-1*: Concreto endurecido – Determinação dos módulos de elasticidade e de deformação-Parte 1: Módulos estáticos à compressão. Rio de Janeiro: ABNT, 2021.

ASSOCIAÇÃO BRASILEIRA DE NORMAS TÉCNICAS. *NBR 8953:* Concreto para fins estruturais. Classificação pela massa específica, por grupos de resistência e consistência. Rio de Janeiro: ABNT, 2015.

ASSOCIAÇÃO BRASILEIRA DE NORMAS TÉCNICAS. *NBR 12655:* Concreto de cimento Portland. Preparo, controle e recebimento. Procedimento. Rio de Janeiro: ABNT, 2022.

ASSOCIAÇÃO BRASILEIRA DE NORMAS TÉCNICAS. *NBR 13956:* Sílica ativa para uso com cimento Portland em concreto, argamassa e pasta. Partes 1 a 4. Rio de Janeiro: ABNT, 2012.

ASSOCIAÇÃO BRASILEIRA DE NORMAS TÉCNICAS. *NBR 14931*: Execução de estruturas de concreto armado, protendido e com fibras – Requisitos. Rio de Janeiro: ABNT, 2023.

ASSOCIAÇÃO BRASILEIRA DE NORMAS TÉCNICAS. *NBR 15823:* Concreto autoadensável. Partes 1 a 6. Rio de Janeiro: ABNT, 2017.

ASSOCIAÇÃO BRASILEIRA DE NORMAS TÉCNICAS. *NBR 15894:* Metacaulim para uso com cimento Portland em concreto, argamassa e pasta. Partes 1 a 3. Rio de Janeiro: ABNT, 2010.

ASSOCIAÇÃO BRASILEIRA DE NORMAS TÉCNICAS. *NBR 16886:* Concreto. Amostragem de concreto fresco. Rio de Janeiro: ABNT, 2020.

ASSOCIAÇÃO BRASILEIRA DE NORMAS TÉCNICAS. *NBR 16889:* Concreto. Determinação da consistência pelo abatimento do tronco de cone. Rio de Janeiro: ABNT, 2020.

ASSOCIAÇÃO BRASILEIRA DE NORMAS TÉCNICAS. *NBR 16972:* Agregados – Determinação da massa unitária e do índice de vazios. Rio de Janeiro: ABNT, 2021.

ASSOCIAÇÃO BRASILEIRA DE NORMAS TÉCNICAS. *NM 131:* Concreto endurecido – Determinação da retração hidráulica ou higrométrica do concreto. Rio de Janeiro: ABNT, 1997.

BAUER, L. A. F. *Dosagens de concreto massa*. Caracas, Venezuela: AVCP. Curso Internacional de Diseño de Mezclas de Concreto, 1978.

BOLOMEY, J. Détermination de la résistance à la compression des mortiers et bétons. *Bulletin Technique de la Suisse Romande*, v. 51, n. 11, p. 126-133, 1925.

BOLOMEY, J. Détermination de la résistance à la compression des mortiers et bétons. *Bulletin Technique de la Suisse Romande*, v. 51, n. 14, p. 169-172, 1925.

BOLOMEY, J. Détermination de la résistance à la compression des mortiers et bétons. *Bulletin Technique de la Suisse Romande*, v. 51, n. 17, p. 209-213, 1925.

CANOVAS, M. F.; GUTIERREZ, P. A. Composición y dosificación de los hormigones de alta resistencia. *Cemento Hormigón*, n. 709, ago. 1992. Barcelona, España.

COUTINHO, A. S. *Fabrico e propriedades do betão*. V. 1. Lisboa: LNEC, 1973.

DAL MOLIN, D. C. C. Adições minerais para concreto estrutural. *In*: ISAIA, G. C. (Ed.). *Concreto: ensino, pesquisa e realizações*. V. 1. São Paulo: IBC, 2005, p. 345-380.

DE LARRARD, F. *Concrete mixtures proportioning*: a scientific approach. London: E & FN Spon, 1999.

EUROPEAN FEDERATION OF NATIONAL ASSOCIATIONS REPRESENTING FOR CONCRETE. *Specification guidelines for self-compacting concrete*. Farnham, UK: EFNARC, 2002.

FEDERAL HIGHWAY ADMINISTRATION. *Ultra-high performance concrete*: A state-of-the-art report for the bridge community. FHWA, 2013.

FEDERATION INTERNATIONALE DU BETON. *FIB Bulletin 55: Model Code 2010*, first complete draft, v. 1, FIB, 2010.

FERET, R. Essais de divers sables pour mortiers. *Annales Ponts et Chaussées*, 7. Serie, XII, n. 41, p. 174-197, 1896.

FERET, R. Sur la compacité des mortiers hydrauliques. *Annales Ponts et Chaussées*, 7. Serie, IV, n. 21, p. 5-161, 1892.

FULLER, W. B.; THOMPSON, S. E. The Laws of Proportioning Concrete. *ASCE*, v. 59, p. 67-143, 1907.

FUNK, J. E.; DINGER, D. R. *Predictive Process Control of Crowded Particulate Suspensions, Applied to Ceramic Manufacturing*. Kluwer Academic Publishers, Boston, the United States, 1994.

GOMES, P. C. C. *Optimization and characterization of high-strength self-compacting concrete*. 2002. Tese (Doutorado em Engenharia Civil) – Universitat Politècnica de Catalunya, Barcelona, 2002.

GOMES, P. C. C.; LISBOA, E. M.; CAVALCANTE, D. J. H.; BARROS, A. R.; BARROS, P. G. S.; LIMA, F. B.; BARBOZA, A. S. R. *Concreto Auto-adensável*: obtenção, propriedades e aplicações. *In*: IV SIMPÓSIO INTERNACIONAL DE CONCRETOS ESPECIAIS. Fortaleza. IV SINCO, 2008.

HARTMANN, C. T. *Avaliação de aditivos superplastificantes base policarboxilatos destinados a concretos de cimento Portland*. 2002. Dissertação (Mestrado em Engenharia Civil) – Escola Politécnica da Universidade de São Paulo, São Paulo, 2002.

HELENE, P.; GALANTE, R. Concreto colorido. *In*: CONGRESSO BRASILEIRO DE CIMENTO, 5., 1999, São Paulo, SP. *Anais...* São Paulo: CBC, 1999.

HELENE, P.; TERZIAN, P. R. *Manual de dosagem e controle do concreto*. São Paulo: Pini, 1992.

KLEIN, D. L.; GASTAL, F. P. S. L.; CAMPAGNOLO, J. L.; SILVA FILHO, L. C. P. *Análise de materiais e definição de traço para utilização na confecção de concreto branco para o Museu Iberê Camargo*. Porto Alegre: UFRGS, 2001.

LECLERC DU SABLON, J. Le béton rationnel. Méthodes pratiques pour la réalisation de mortiers et de bétons offrant les qualités désirées au prix de revient minimum. *Annales Ponts et Chaussées*, v. 97, tomo I, fac. I, n. 8, p. 149-212, 1927.

LOBO CARNEIRO, F. L. *Dosagem dos concretos plásticos*. Rio de Janeiro: INT, 1937.

LYSE, I. Tests on consistency and strength of concrete having constant water content. *Proc. ASTM*, v. 32, 1932, p. 629. Disponível em: http://preserve.lehigh.edu/engr-civil-environmental-fritz-lab-reports/2. Acesso em: 12 abr. 2024.

MEHTA, K. P.; MONTEIRO, P. J. M. *Concreto*: microestrutura, propriedades e materiais. São Paulo: IBRACON, 2008.

MURDOCK, L. J.; BROOK, K. M. *Concrete materials and practice*. 5. ed. London: Edward Arnold Publishers, 1979.

NEVILLE, A. M. *Propriedades do concreto*. Tradução Salvador E. Giammusso. 2. ed. São Paulo: Pini, 1997.

OKAMURA, H.; OZAWA, K. Mix design for self-compacting concrete. *Concrete library of JSCE*, v. 25, p. 107-120, 1995.

OKAMURA, H.; OUCHI, M. Self-compacting concrete. *Journal of Advanced Concrete Technology*, v. 1, p. 5-15. Japan Concrete Institute, 2003.

O'REILLY, V. *Método de dosagem de concreto de elevado desempenho*. São Paulo: Pini, 1998.

PETRUCCI, E. G. R. Dosagem de concretos de cimento: prática corrente no Rio Grande do Sul, Brasil. *In*: Reunion del Glarilem, 1985, Santiago, Chile. *Anais...* Práticas correntes de dosagem de concreto nos países latino-americanos, s.n.t.

POWERS, T. C. *Properties of fresh concrete*. New York: Wiley, 1968.

POWERS, T. C. *The Nature of Concrete*. Significance of tests and properties of concrete and concrete making materials. STP n. 169-A. ASTM, p. 61-72, 1966.

PRÉAUDEAU, A. de. Note sur quelques expériences relatives au dosage des mortiers et des bétons. *Annales Ponts et Chaussées*, 6. Serie, II, n. 66, p. 393-428, 1881.

PRISZKULNIK, S. Aspectos reológicos do concreto fresco e sua dosagem: métodos ACI e do ITERS. *In*: Colóquio sobre Dosagem do Concreto, 1977, São Paulo, SP. *Anais...* São Paulo: IBRACON, 1977.

PRISZKULNIK, S.; KIRILOS, J. P. Considerações sobre a resistência à compressão de concretos preparados com cimentos Portland comum tipos CP-250, CP-320 e CP-400, e a sua durabilidade. In: Encontro Nacional da Construção, 2, 8-13 dez. 1974, Rio de Janeiro, RJ. *Anais...* Rio de Janeiro: ENC, 1974.

REPETTE, W. L. Concreto para fins especiais e de última geração. *In*: ISAIA, G. C. (Ed.). *Concreto:* ciência e tecnologia, v. II, capítulo 49, p. 1807-1842. São Paulo: IBRACON, 2011.

RODRIGUES, P. P. F. *Parâmetros de dosagem do concreto*. São Paulo: ABCP, 1984.

SABLON, L. Le béton rationnel: méthodes pratiques pour la réalization des mortiers et des bétons offrant les qualitésdesirées aux prix de revient minimum. *Annales des Ponts e Chaussées*, v. 97, n. 1, 1927.

SCHMIDT, M.; FEHLING, E. *Ultra-High performance concrete*: research, development and application in Europe. The ACI Special Publication 228, p. 51-78, 2005.

SHI, C.; WU, Z.; XIAO, J.; WANG, D.; HUANG, Z.; FANG, Z. A review on ultra-high performance concrete: Part I. Raw materials and mixture design. *Construction and Building Materials*, v. 101, p. 741-751, 2015.

TORALLES-CARBONARI, B. *Estudio paramétrico de variables y componentes relativos a la dosificación y producción de hormigones de altas prestaciones*. 1996. Tese (Doutorado) – Universitat Politècnica de Catalunya, Espanha, Barcelona, 1996.

TORRES, A. F. *Introdução ao estudo de dosagem dos concretos*. São Paulo: ABCP, Separata da Engenharia n. 1, v. 1, 1927.

TORRES, A. F.; ROSMAN, C. E. *Método para dosagem racional do concreto*. São Paulo: ABCP, 1956.

TUTIKIAN, B. F. *Método para dosagem de concretos autoadensáveis*. 2004. Dissertação (Mestrado em Engenharia Civil) – Universidade Federal do Rio Grande do Sul, UFRGS, Porto Alegre, 2004.

TUTIKIAN, B. F.; HELENE, P. Dosagem dos concretos de cimento Portland. *In*: ISAIA, G. C. (Ed.). *Concreto:* Ciência e tecnologia, v. I, capítulo 12, p. 415-451, São Paulo: IBRACON, 2011.

TUTIKIAN, B. F.; ISAIA, G. C.; HELENE, P. Concreto de alto e ultra-alto desempenho. *In*: ISAIA, G. C. (Ed.). *Concreto:* Ciência e tecnologia, v. II, capítulo 36, p. 1283-1325. São Paulo: IBRACON, 2011.

VALLETTE, R. Composition des bétons mise au point de la question. *Annales Ponts et Chaussées*, n. 97, p. 1-19, 1949.

VALLETTE, R. *Manuel de composition des bétons:* Méthode experimentale Vallette. Paris: Eyrolles, 1964, p. 29.

YU, R.; SPIESZ, P.; BROUWERS, H. J. H. Mix design and properties assessment of Ultra-High Performance Fibre Reinforced Concrete (UHPFRC). *Cement and Concrete Research*, v. 56, p. 29-39, 2014.

7

CONCRETO NO ESTADO FRESCO

Prof. Dr. Antonio de Paulo Peruzzi •
Prof. Dr. Carlos Eduardo Marmorato Gomes •
Prof.ª Dra. Fernanda Giannotti da Silva Ferreira •
Prof. Dr. Fernando Menezes de Almeida Filho

7.1 Introdução, 172
7.2 Preparo do Concreto, 173
7.3 Trabalhabilidade dos Concretos, 176
7.4 Estudo da Consistência, 178
7.5 Transporte, 183
7.6 Lançamento, 185
7.7 Adensamento, 192
7.8 Processo de Cura do Concreto, 195

7.1 INTRODUÇÃO

Muito se ouve que o concreto é um dos materiais mais usados no planeta, podendo ser comparado ao consumo da água. Porém, cabe uma pergunta: "o que o concreto tem como qualidades para ser um material tão usado?". A resposta está em suas diversas qualidades técnicas, como sua boa resistência à água e sua durabilidade. Mas o concreto também tem outras vantagens, como facilidade para executá-lo e custo baixo do material.

O fato de o concreto poder ser preparado e transportado na forma fluida e, posteriormente, ser lançado em uma fôrma onde vai se tornar sólido, propiciando infinitas formas, representa uma importante vantagem perante outros tipos de materiais usados em estruturas, como o aço e a madeira (Fig. 7.1). O aço é um bom exemplo, pois, para ser usado em estruturas, é produzido em indústrias de grande porte, sob grande controle tecnológico, porém seus produtos são de grande dimensão, representando desafios logísticos com relação ao transporte até o local em que será usado. A madeira, por sua vez, além de ter a dificuldade do controle tecnológico que garanta uniformidade produtiva, também tem as limitações relacionadas com as peças de dimensões maiores e as dificuldades de transporte até o local de uso.

De forma geral, o concreto pode ser definido como um material obtido da mistura homogênea de materiais agregados, ligados por um meio aglomerante e, muitas vezes, quando se pergunta "o que é o concreto?", a resposta imediata é que se trata de um material composto de cimento, areia e pedra. Ou seja, a resposta normalmente está relacionada com os principais produtos que o compõem, e não ao "o que ele é".

Por definição, o concreto é considerado um material compósito (mistura de materiais com a função de agregado e outros com função aglomerante), cujo comportamento se assemelha muito ao dos materiais cerâmicos (boa resistência à compressão e baixo desempenho aos esforços de tração, ruptura frágil, baixa condutividade térmica e elétrica etc.). A partir desse ponto de vista, ele pode ser considerado uma "pedra artificial".

O cimento Portland (inclusive aquele que recebe adições) é o aglomerante mais usado, embora alguns concretos possam ter a incorporação de outros materiais com características aglomerantes, como a sílica ativa, cinzas volantes etc., e sua maior ou menor proporção pode exercer grande influência na resistência e durabilidade do concreto.

Uma maior proporção de aglomerante com relação aos agregados (concreto mais rico em cimento)

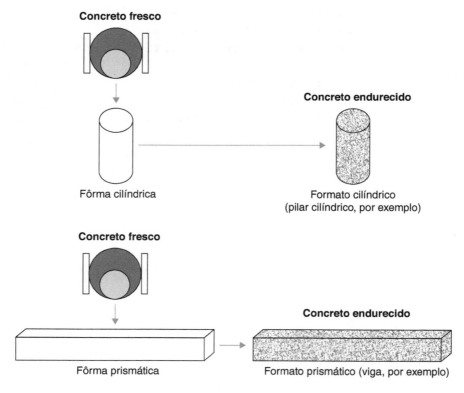

FIGURA 7.1 O concreto e sua versatilidade quanto à forma.

ou uma menor relação **água/cimento** podem resultar em concretos mais suscetíveis à retração nas primeiras idades, porém, mais resistentes e duráveis nas idades mais avançadas. Ou, ainda, a quantidade de ar incorporado ao concreto na ocasião da mistura pode representar propriedades diferentes, seja no estado fresco como no endurecido, dependendo do tamanho e da quantidade de bolhas de ar.

Os materiais mais usados como agregados são a pedra e a areia, ambos usados tal como obtidos na natureza ou após sofrerem um processo de fragmentação como a britagem. As areias e as pedras, nas suas variadas granulometrias, têm a função de baratear o custo do concreto, mas também exercem funções muito importantes na qualidade do concreto, no estado fresco e endurecido. No **estado fresco**, uma maior distribuição dos grãos e uma presença maior de grãos finos podem favorecer um melhor acabamento e facilitar o transporte por meio de bomba e, no **estado endurecido**, os agregados são os maiores responsáveis pela massa unitária, módulo de elasticidade e pela estabilidade dimensional do concreto.

A água tem a importante função de hidratar o cimento Portland (dando início à formação dos íons que constituirão os produtos da hidratação), além de possibilitar maior ou menor consistência ao concreto no estado fresco, adequando-o à trabalhabilidade desejada. Ressalte-se que os concretos atuais – além da água, aglomerantes e agregados – têm em sua composição outros materiais, como os aditivos redutores de água, aceleradores e retardadores de pega etc., pigmentos, fibras (poliméricas, vidro, aço etc.), sílica ativa, cinzas volantes, metacaulim, entre outros.

No **estado fresco**, o concreto deve ter uma consistência tal que possibilite ser transportado adequadamente (desde onde foi misturado até onde será lançado), ser adensado (vibração) e moldado, além de receber um acabamento para se obter a textura (rugosa ou lisa) desejada pelo projeto. Tudo isso deve ocorrer antes que se dê a pega do cimento e seguir para outra etapa muito importante no processo, que é a cura.

Uma característica marcante no concreto no **estado fresco** é que a pasta de cimento, na forma de solução aquosa, é caracterizada por ter grande quantidade de espaços cheios de ar (sejam dentro da pasta ou entre a pasta e os grãos de agregados) que atuam na "lubrificação" das partículas sólidas (grãos de cimento e agregados), possibilitando uma maior liberdade de movimento. Uma maior quantidade de água e ar resulta em maior fluidez, enquanto uma menor quantidade deles diminui a fluidez do concreto. Por outro lado, uma maior quantidade de água

ou de bolhas de ar pode representar uma menor resistência e durabilidade do concreto quando no **estado endurecido**.

Resumindo, as qualidades que se espera do concreto no **estado endurecido** dependem em grande parte das propriedades desejáveis para o concreto no **estado fresco**, como a obtenção de mistura de fácil transporte, lançamento e adensamento, sem segregação, e que, depois do endurecimento, se apresente homogênea, com o mínimo de vazios. As informações sobre as propriedades do concreto no estado endurecido estão no Capítulo 9.

7.2 PREPARO DO CONCRETO

Preparar ou misturar um concreto diz respeito à operação de fabricação, que visa garantir uma mistura adequada e homogênea de seus constituintes (agregados, aglomerantes, aditivos e água) e que as propriedades desejadas, nos estados fresco e endurecido, sejam alcançadas com êxito.

O equipamento destinado ao preparo do concreto em obra é a **betoneira**. O termo "betoneira" vem da palavra "béton" que significa **concreto** em francês, ou seja, a "betoneira" é o equipamento que faz o *béton*.

Trata-se de uma máquina constituída de um tambor ou cuba, fixa ou móvel em torno de um eixo que pode ser vertical, horizontal ou inclinado e, embora as betoneiras possam ser classificadas em betoneiras **de queda livre** ou **de gravidade** e betoneiras de **mistura forçada**, de forma geral, apenas as betoneiras de queda livre são usadas nas obras e nos caminhões (Fig. 7.2).

7.2.1 Concreto Preparado em Obra

Segundo a norma ABNT NBR 12655:2022, a operação da betoneira na obra (betoneira estacionária) deve atender às especificações do fabricante quanto à capacidade de carga, velocidade e tempo de mistura. Neville e Brooks (2013) afirmam que tempo de mistura superior a dois minutos não traz melhorias às propriedades dos concretos, ao passo que o tempo de mistura prolongado pode possibilitar a evaporação da água e a diminuição da trabalhabilidade. Ressalte-se que, dependendo do tipo de aditivo usado no concreto ou o seu teor, esse tempo pode ser consideravelmente maior. É importante lembrar que, uma vez colocada a água à mistura – ou seja, essa água entra em contato com o cimento –, o "tempo em aberto" dos concretos passa a ser contado e esse fato deve ser levado em conta na ocasião da escolha do tempo de mistura.

FIGURA 7.2 Modelo de movimento de betoneira de gravidade.

Importante destacar que não se aconselha preparar o concreto em obra por meio de mistura manual, pois sua qualidade pode ser duvidosa. O uso de betoneira de pequenos volumes é bastante acessível até em serviços de pequena monta, uma vez que é comum a sua locação por valores bastante acessíveis.

Quanto à ordem de colocação dos materiais na betoneira convencional na ocasião do preparo do concreto, não há regras gerais, e sempre devem ser levados em consideração os tipos de materiais componentes desse concreto. Por exemplo, se o concreto a ser preparado prevê a adição de incorporador de ar em sua composição, deve ser levado em conta que a formação das bolhas neste tipo de aditivo se dá principalmente pela ação da areia, e um maior tempo de mistura representa uma maior quantidade de bolhas a ser formada. Ainda, se ao concreto forem incorporadas fibras de aço, sua adição deve ser o mais tardio possível, pois o processo de mistura em betoneira convencional faz com que essas fibras se aglomerem em grandes bolas semelhantes a ouriços (o que é indesejável, pois representa um tipo de segregação). Mas, se em vez de fibras de aço forem adicionadas macrofibras poliméricas, pode ser necessário que elas sejam adicionadas à betoneira junto com os componentes secos (cimento e agregados), para se valer do atrito entre eles de modo que os filamentos originalmente ligados entre si se dispersem para, mais tarde, serem colocados a água e os aditivos líquidos na betoneira.

Em concretos convencionais, de forma geral, os parâmetros a seguir podem auxiliar na escolha da ordem:

1) Não colocar o cimento em primeiro lugar, pois, se a betoneira estiver seca, parte dele será perdida, e se estiver úmida, parte do cimento ficará aderido à parede interna da betoneira.
2) Introduzir parte da água inicialmente e, depois, o agregado graúdo vai fazer com que betoneira fique limpa, pois esses dois materiais vão retirar a argamassa componente do concreto, que geralmente fica retida nas palhetas internas e nas paredes da betoneira, na betonada anterior. Em seguida, pode ser colocado o cimento, pois já com a água e a pedra haverá tanto uma boa distribuição de água para cada partícula de cimento como uma moagem dos seus grumos ou torrões pela ação de arraste do agregado graúdo na água contra o cimento. Colocar o agregado miúdo por último, com o restante da água.
3) Caso seja necessário acrescentar aditivos redutores de água, retardadores de pega ou incorporadores de ar, recomenda-se consultar o manual técnico desses produtos, pois cada um deles poderá ter sua eficiência comprometida se não for colocado na betoneira na ocasião adequada. Informações mais detalhadas sobre os aditivos estão no Capítulo 5 – Aditivos e Adições.

7.2.2 Concreto Dosado em Central

Concreto dosado em central, comumente chamado "concreto usinado", é aquele produzido em central instalada em canteiro de obras ou indústria específica, e/ou misturado em caminhões-betoneira (comumente com capacidade de 8 a 12 m^3) e entregue no local onde será lançado.

O fato de ele ser dosado em central faz com que o concreto tenha muitas vantagens com relação àqueles preparados em obra, pois os grandes volumes de material produzido possibilitam um maior controle, que resulta em melhor qualidade, tanto dos materiais componentes quanto do concreto, menores preços na obtenção da matéria-prima em função da grande quantidade de material negociado, e a possibilidade de variar a resistência, a consistência, o teor de argamassa, o módulo de elasticidade etc. com facilidade.

Todos esses aspectos contribuem para que o uso desse concreto seja uma alternativa economicamente viável (o preço do m^3 é muito próximo daquele obtido quando produzido em obra) e com consideráveis ganhos quanto à possibilidade de concretagem em grandes volumes, transporte por meio de bombas (concreto bombeável), representando economia de mão de obra, tempo, aluguel de equipamentos e espaço no canteiro de obras. As determinações e condições de preparo do concreto em central são tratadas na ABNT NBR 7212:2021.

Uma usina de concreto ou central de dosagem é constituída de depósito de agregados (normalmente baias), silos de cimento e tanques com aditivos. Esses materiais são levados à betoneira de cada caminhão por meio de esteiras de carregamento, muitas vezes ligadas às balanças acionadas por computadores, embora em muitos casos a pesagem do material possa ser feita manualmente, em usinas mais rudimentares (Fig. 7.3). Em uma usina automatizada, os diversos traços – variando em resistência, consistência, teor e tipos de agregados – são previamente estudados e as informações obtidas alimentam o *software* que controla a balança dosadora.

Com frequência, a distância entre a usina de preparo do concreto e o local onde ele será lançado é grande, daí ser comum na composição dos concretos – além do cimento, agregados e aditivos redutores de água – o uso de aditivos retardadores de pega, que possibilitam maior "tempo em aberto" do concreto. Esse maior tempo é necessário, pois, durante o deslocamento até a obra, devem ser consideradas as dificuldades no trânsito e a baixa velocidade que o caminhão-betoneira desenvolve em função do peso elevado da carga, além da necessidade de realização de ensaios de recebimento e moldagem de corpos de prova, lançamento, espalhamento, adensamento e acabamento da peça concretada. Por outro lado, a adição do aditivo retardador deve ser feita com parcimônia para evitar tempos muito elevados para o "endurecimento" do concreto.

O concreto usinado pode ser pré-misturado na central e, então, transportado pelo caminhão-betoneira, mas é muito comum os materiais serem dosados e lançados diretamente na betoneira do caminhão para daí serem misturados. Nesse caso, a betoneira é girada a uma grande rotação para possibilitar a boa homogeneização dos componentes, porém mantendo uma rotação baixa durante o trajeto de transporte até o local do lançamento. Habitualmente, as empresas fornecedoras de concreto usinado optam por ajustar a consistência do concreto àquela requerida pelo cliente minutos antes do lançamento, deixando parte da água especificada para ser colocada nessa ocasião, aplicando-se uma rotação em alta velocidade da betoneira.

Na ocasião da encomenda do concreto pelo cliente, devem ser informados: a resistência à compressão requerida pelo projeto (f_{ck}); o teor de argamassa (que varia de acordo com o tipo de transporte, se bombeado ou não); o tipo de acabamento da peça a ser concretada (concreto aparente ou não, por exemplo); e a dimensão máxima do agregado (de acordo com a geometria da peça a ser concretada, a taxa de armadura e o espaçamento disponível entre as barras). Requisitos especiais desejados, por exemplo, a necessidade de adição de fibra ou pigmentos, devem ser informados nessa ocasião.

A partir dessas informações, o concreto é preparado e a bica do caminhão-betoneira recebe um lacre numerado (seu número deve constar na nota fiscal), que garante que o concreto preparado na usina não sofreu alterações em sua composição até chegar ao cliente.

Na ocasião do recebimento do caminhão-betoneira na obra, o engenheiro responsável deve testemunhar a retirada do lacre, conferir se o número deste lacre está de acordo com o constante na nota fiscal e conferir se os dados do concreto constantes nessa nota fiscal estão de acordo com o concreto encomendado.

Na sequência, vem a realização do ensaio de consistência no aparelho tronco de cone e a moldagem dos corpos de prova – conforme a ABNT NBR 16889:2020. O ensaio de consistência é o primeiro parâmetro a ser analisado para o recebimento ou rejeição do concreto recebido na obra. Os corpos de prova serão submetidos aos ensaios de determinação da resistência e utilizados no controle de qualidade do concreto pela empresa fornecedora. A empresa contratante (obra) deve moldar os seus próprios corpos

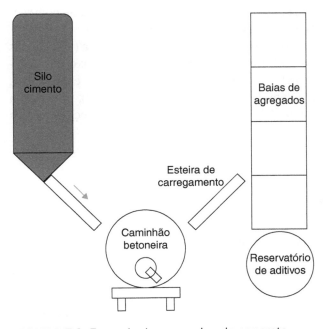

FIGURA 7.3 Exemplo de uma usina de concreto.

de prova para o controle da qualidade do concreto utilizado, obtendo, assim, informações de resistência do concreto nas diversas idades (3, 7, 14, 21 dias, por exemplo), as quais serão valiosas para nortear as decisões relacionadas com a desforma de estruturas, bem como ter o controle efetivo da resistência obtida em cada concretagem nas condições ambientais e de cura análogas às peças concretadas.

Outro aspecto a ser ressaltado é que as empresas fornecedoras de concreto usinado entregam frações de concreto derivadas de 0,5 m^3 e, possivelmente, caso haja alguma sobra de concreto no caminhão-betoneira, cabe à empresa fornecedora do concreto usinado providenciar o correto descarte do material remanescente, bem como a lavagem da betoneira do caminhão. A ABNT NBR 7212:2021 traz recomendações relacionadas com o uso de resíduos de lavagem dos equipamentos de transporte e mistura, ou o reúso do concreto fresco retornado à usina.

7.3 TRABALHABILIDADE DOS CONCRETOS

7.3.1 Conceituação e Importância

Quando os concretos apresentam características (consistência e dimensão máxima do agregado) adequadas ao tipo da obra a que se destinam (dimensões das peças, espaçamento, taxa e distribuição das barras das armaduras) e aos métodos de transporte, lançamento, adensamento e acabamento, que vão ser adotados, diz-se que são trabalháveis.

O termo "trabalhabilidade" aplicado ao concreto traduz propriedades intrínsecas da mistura fresca associadas à mobilidade da massa, que, por sua vez, está relacionada com a fluidez da mistura e a coesão, a resistência à exsudação e a segregação dos materiais constituintes (Mehta; Monteiro, 2014).

Porém, a trabalhabilidade não é apenas característica inerente ao próprio concreto, como a consistência; não pode ser considerada uma propriedade intrínseca, pois envolve também as considerações relativas à natureza da obra e aos métodos de execução adotados. Assim, um concreto pode ser adequado para peças de grandes dimensões e pouco armadas, mas não ser apropriado para peças delgadas e muito armadas. Além disso, um concreto que permita perfeito adensamento com vibração (sem segregação dos materiais constituintes) pode apresentar falhas de concretagem com adensamento manual. Um concreto pode, portanto, ser trabalhável na execução de uma viga, por exemplo, e não o ser quando aplicado em um pavimento de concreto.

Considerando-se determinada obra (tamanhos das peças e espaçamento das armaduras), com dimensão máxima do agregado adequada e admitindo-se o correto processo de execução, a trabalhabilidade dependerá da consistência e coesão do concreto. Em um dado caso da aplicação será possível, entretanto, utilizar-se uma série de misturas, todas trabalháveis, mas de consistências variando dentro de certos limites: concretos secos, plásticos e fluidos, que apresentem homogeneidade e resistência à exsudação e segregação dos materiais. A natureza da obra e o processo de execução indicarão a classe de consistência mais conveniente.

A trabalhabilidade do concreto é fundamental para se alcançar uma compactação que assegure a máxima densidade possível (mínima quantidade de vazios no estado endurecido) e, consequentemente, resistência mecânica e durabilidade esperadas.

A necessidade da compactação pode ser evidenciada pelo estudo da relação entre o grau de compactação e a resistência mecânica resultante.

Representando-se a massa específica (no eixo das abscissas) e a resistência relativa (no eixo das ordenadas), a partir de dados resultantes de experiências de Glanville, Collins e Matthews (1949), obtém-se a Figura 7.4. Nela, observa-se que a presença de vazios

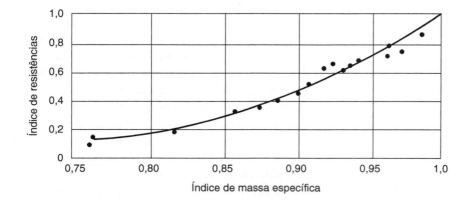

FIGURA 7.4 Relação entre os índices de resistência e de massa específica.

(menor massa específica) no concreto reduz consideravelmente sua resistência. Por exemplo, 5 % de vazios podem reduzi-la em cerca de 30 %, e apenas 2 % representam queda superior a 10 %.

A etapa de adensamento do concreto é fundamental para retirar o ar aprisionado durante a mistura, transporte e lançamento do material e garantir maior compactação do concreto. Os vazios do concreto endurecido resultam desse ar e da água não combinada, que é removida durante o processo de endurecimento do material. Esses vazios são chamados de "poros".

Quanto maior for a quantidade de água da mistura, maior será a porosidade e menor a resistência mecânica do concreto. Além da quantidade e do tamanho dos poros, se esses poros estiverem conectados entre si, maior será a permeabilidade (facilidade com que um fluido sob pressão pode fluir através de um sólido) e menor a durabilidade do concreto diante de agentes agressivos. Informações sobre mecanismos de degradação do concreto estão no Capítulo 14.

7.3.2 Fatores que Afetam a Trabalhabilidade

7.3.2.1 Consistência

A consistência é o fator mais importante com influência na trabalhabilidade. Todos os concretos requerem uma consistência e coesão adequadas a cada situação. A consistência das misturas é afetada pelo consumo de água, de cimento, quantidade e características dos agregados, presença de aditivos químicos e adições minerais, entre outros, que serão detalhados no decorrer do capítulo.

Grande número de pesquisas foi realizado no sentido de encontrar um método para medir a consistência de um concreto fresco; vários métodos e equipamentos foram desenvolvidos, como se verá mais adiante. Esses métodos, no entanto, não medem diretamente as propriedades reológicas fundamentais do concreto fresco.

7.3.2.2 Tipos de mistura, transporte, lançamento e adensamento do concreto

Cada processo de mistura, transporte, lançamento e adensamento exige que a trabalhabilidade do concreto fique dentro de determinados limites, para que não haja segregação e possa ser realizado um conveniente adensamento do material. Uma mistura manual ou mecanizada, um transporte em carrinho de mão ou bomba, um lançamento com pás ou calhas, um adensamento manual, mecânico (vibração ou centrifugação) ou autoadensável exigem trabalhabilidades diferentes. Os concretos devem ser coesos para que possam ser transportados adequadamente até a sua posição final sem apresentar segregação e exsudação.

O uso do concreto bombeado exige misturas com características especiais. De modo geral, essas misturas não podem ser nem muito secas nem conter excessiva quantidade de água, assumindo a consistência um valor crítico. Quando o concreto apresenta uma consistência seca, pode-se ter grande resistência durante o transporte do material pela tubulação em função do atrito. Quando as misturas são muito plásticas ou fluidas, pode ocorrer a segregação dos materiais, necessitando de maior quantidade de materiais finos na mistura. Quando a consistência é adequada, o atrito desenvolve-se apenas nas paredes dos tubos, por meio de uma camada muito fina de argamassa, que acaba funcionando como lubrificante.

Assim, nas misturas de concreto fresco para bombeamento, faz-se necessária a presença de um suficiente teor de materiais mais finos que a areia, incluindo-se o cimento e adições minerais, que agem como coadjuvantes na lubrificação das paredes dos tubos, impactando diretamente a consistência da mistura.

7.3.2.3 Dimensões da peça e espaçamento das armaduras

Esses fatores influenciam indiretamente, pois a dimensão máxima característica do agregado a ser utilizado é função desses parâmetros. A ABNT NBR 6118:2014 preconiza que "a dimensão máxima característica do agregado graúdo utilizado no concreto não pode superar a 20 % da espessura nominal do cobrimento, ou seja: $D_{máx} \leq 1,2\ C_{nom}$". Com isso, os requisitos mínimos relacionados com a durabilidade, exigidos no projeto da estrutura de concreto armado (variando em função da classe de agressividade ambiental), exercem importante influência no dimensionamento das peças e na dimensão máxima característica do agregado. Também na limitação do espaçamento mínimo da armadura, a NBR 6118:2014 utiliza a dimensão máxima característica do agregado graúdo como um dos parâmetros determinantes.

7.3.2.4 Perda de abatimento

É definida como a perda de fluidez do concreto fresco com o passar do tempo e ocorre quando a água livre de uma mistura é consumida pelas reações de hidratação do cimento, pela absorção

178 Capítulo 7

na superfície dos produtos de hidratação e por evaporação. A perda de abatimento é um fenômeno normal que ocorre em todos os concretos uma vez que é resultado do enrijecimento gradual do material (Mehta; Monteiro, 2014). Neville e Brooks (2013) destacam que a perda de abatimento não deve ser confundida com a pega do concreto. Com o início da pega, o concreto não pode mais ser manipulado.

Mehta e Monteiro (2014) destacam, ainda, que a perda de abatimento é insignificante nos primeiros 30 minutos após o contato da água com o cimento, em função de o volume de produtos de hidratação ser pequeno, e que perdas significantes nos primeiros 60 minutos podem dificultar o transporte, lançamento, adensamento e acabamento da mistura. Tipo e quantidade de cimento, utilização de aditivos químicos e a temperatura do concreto podem interferir na perda de abatimento.

A ABNT NBR 10342:2012 estabelece o método de ensaio para determinação da perda de abatimento do concreto fresco ao longo do tempo. O ensaio consiste na determinação do abatimento após a homogeneização completa dos materiais constituintes e, depois da primeira leitura do abatimento, devem ser efetuadas medições a cada 15 min, registrando-se a temperatura ambiente e a umidade relativa do ar no instante de cada determinação. O ensaio é considerado encerrado quando o concreto apresentar abatimento de (20 ± 10) mm, ou a critério da obra. A descrição de como o ensaio do abatimento do tronco de cone deve ser realizado é apresentada na Seção 7.4.5.2.

7.4 ESTUDO DA CONSISTÊNCIA

7.4.1 Compacidade e Mobilidade

A "consistência" foi definida pelo American Concrete Institute (ACI) como a propriedade do concreto ou argamassa no estado fresco que determina a facilidade e homogeneidade com as quais o material pode ser misturado, lançado, adensado e acabado (Iwasaki, 1993 *apud* Ferraris,1999). A American Society for Testing and Materials (ASTM) define como "propriedade que determina o esforço necessário para manipular uma quantidade de concreto fresco com uma perda mínima de homogeneidade" (Mehta; Monteiro, 2014).

A consistência de um concreto fresco está inserida em um conceito mais amplo que é a trabalhabilidade, uma vez que esta última depende de fatores intrínsecos e extrínsecos ao material. A consistência é o principal fator intrínseco ao concreto e, segundo Ritchie (1962), está vinculada fundamentalmente a duas propriedades – a **compacidade** e a **mobilidade**.

A **compacidade** seria o que Glanville, Collins e Mattheus (1949) denominaram *workability*, definida como a propriedade do concreto fresco que determina a quantidade de trabalho interno necessária à completa compactação. A massa específica de uma amostra do concreto, comparado com o obtido teoricamente, a partir das massas específicas dos materiais constituintes, poderá caracterizar essa propriedade.

A **mobilidade**, por sua vez, pode ser definida como a propriedade inversamente proporcional à resistência interna à deformação, e depende de três características do concreto fresco: ângulo de atrito interno, coesão e viscosidade. Muitos pesquisadores têm determinado essas características do concreto, na tentativa de explicar o comportamento do concreto fresco durante seu transporte, lançamento, adensamento e acabamento.

Ao se discutir a trabalhabilidade de um concreto em termos gerais, está implícita a necessidade de que a mistura seja estável e não segregue facilmente, ou seja, que apresente coesão.

A **segregação** é entendida como a separação dos constituintes da mistura, impedindo a obtenção de um concreto com características uniformes. É na diferença dos tamanhos dos grãos do agregado e na massa específica dos constituintes que se encontram as causas primárias da segregação, mas seu aparecimento pode ser controlado pela escolha conveniente da granulometria dos materiais e pelo cuidado em todas as operações que culminam com o adensamento.

Existem duas maneiras de segregação: na primeira, os grãos maiores do agregado tendem a separar-se dos demais, quer quando se depositam no fundo das fôrmas, quer quando se deslocam mais rapidamente, no caso de concretos transportados em calhas. Na segunda maneira, comum nas misturas fluídas, manifesta-se a nítida separação da pasta. Quando são utilizados alguns tipos de granulometria em concretos pobres e secos, a primeira maneira de segregação pode ocorrer. A adição de água poderá melhorar a coesão, mas, quando a mistura possui elevada quantidade de água, ocorre a segunda maneira de segregação (Neville, 2016).

A **segregação** pode ocorrer também como resultado de vibração excessiva, ocasionando, assim, falhas de concretagem. Um concreto segregado poderá ser um concreto menos resistente e sem uniformidade, com consequências diretas na durabilidade do material.

A **exsudação** é uma forma particular de segregação, em que a água da mistura tende a elevar-se à superfície do concreto recém-lançado. Esse fenômeno é provocado pela impossibilidade de os constituintes sólidos fixarem toda a água da mistura e depende, de maneira significativa, das propriedades do cimento.

Como resultado da exsudação, no topo de cada camada de concreto haverá o surgimento de água e, se essa água for impedida de evaporar, pela camada que lhe é superposta, poderá resultar em uma camada de concreto poroso, fraco e de baixa durabilidade. Mehta e Monteiro (2014) destacam que parte da água de exsudação pode, ainda, ficar retida sob partículas de agregado graúdo e barras horizontais da armadura, diminuindo a resistência nessas regiões.

A exsudação pode causar também o enfraquecimento da aderência pasta-agregado e o aumento da porosidade do material nesses locais.

7.4.2 Reologia do Concreto Fresco

Por definição, "reologia" é a ciência que estuda o fluxo e a deformação dos materiais quando submetidos a determinada tensão ou solicitação mecânica externa, sendo usualmente empregada na análise do comportamento de fluidos homogêneos.

O concreto pode ser entendido como uma concentração de partículas sólidas em suspensão (agregados) em um líquido (pasta de cimento). Assim, seu comportamento no estado fresco deve ser estudado a partir dos conceitos da reologia, uma vez que se aproxima de um fluido plástico ou *binghamiano* (Ferraris, 1999), que significa, sobretudo, que possui uma tensão de escoamento.

Para caracterização do material, dois parâmetros definem o seu comportamento: a viscosidade plástica (μ) e a tensão de escoamento (τ_0). A primeira é a constante de proporcionalidade que relaciona a taxa de cisalhamento (γ) com a tensão de cisalhamento (τ) aplicada, enquanto a segunda indica a tensão mínima para início do escoamento. A equação que relaciona a tensão de cisalhamento com a taxa de cisalhamento para um fluido *binghamiano* é:

$$\tau = \tau_0 + \mu * \gamma,$$

sendo:

τ = tensão de cisalhamento;

τ_0 = tensão de escoamento;

μ = viscosidade;

γ = taxa de cisalhamento.

Na Figura 7.5(a), é possível visualizar uma mesma tensão de escoamento e diferentes viscosidades e, na Figura 7.5(b), mesma viscosidade e diferentes tensões de escoamento.

Segundo Castro, Libório e Pandolfelli (2011), a reologia do concreto fresco tem sido estudada por meio de métodos de ensaio simples e práticos, como o ensaio de abatimento de tronco de cone, até com o uso de equipamentos mais sofisticados que determinam as curvas de cisalhamento do material, como os reômetros. Dessa maneira, é possível determinar a relação entre a tensão de cisalhamento e a taxa de cisalhamento sob condições definidas fisicamente. Como o concreto fresco é um material heterogêneo, uma aproximação mais precisa do seu comportamento reológico é dada pela análise direta das forças (torque) que resultam do cisalhamento (velocidade de rotação) do concreto.

Alto valor de tensão de escoamento, ou seja, maior resistência ao escoamento e menor abatimento, dificulta a moldagem e precisa ser superado para que o material possa fluir. Sua ação também se manifesta na redução da ascensão do ar, tornando difícil o adensamento. Valores mais altos de viscosidade impedem a queda das partículas grossas, reduzindo o risco de segregação e exsudação.

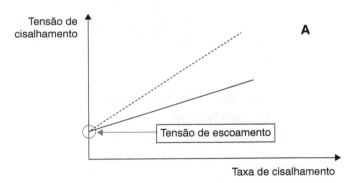

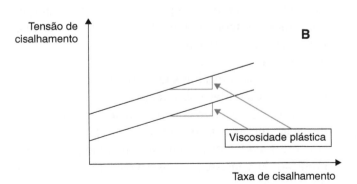

FIGURA 7.5 Comportamento reológico do fluido *binghamiano*.

Castro, Libório e Pandolfelli (2011) complementam, ainda, que a tensão de escoamento está relacionada com a consistência do concreto, enquanto a viscosidade plástica é associada à aplicação, bombeamento, acabamento e segregação do material e diferencia um concreto facilmente trabalhável de um que apresenta um comportamento "pegajoso", difícil de ser bombeado e com vazios na superfície do elemento estrutural quando a fôrma é retirada. Ainda não estão bem definidas as origens da tensão de cisalhamento. Sabe-se, no entanto, que forças de origem elétrica e outras secundárias, como as de Van der Waals, atuam entre as partículas. Dessa forma, a superfície específica dessas partículas e suas respectivas distâncias são fundamentais para a caracterização da tensão de cisalhamento. Consequentemente, o teor de água, a natureza, a dimensão e o empacotamento das partículas, a presença de aditivos químicos e a vibração são fatores influentes nesse parâmetro.

Apesar das vantagens associadas à reometria, as dimensões elevadas dos reômetros de concretos ainda não permitem a portabilidade necessária para serem empregados em controle tecnológico de concretos em obra, sendo, portanto, indicados no desenvolvimento de concretos em laboratórios e centrais dosadoras de concreto. No entanto, versões simplificadas do equipamento vêm sendo utilizadas na execução de ensaios padronizados de controle em obra (Romano; Cardoso; Pileggi, 2011).

7.4.3 Fatores que Afetam a Consistência

7.4.3.1 Teor de água/mistura seca

O principal fator que influi na consistência é, sem dúvida, o teor água/mistura seca, expresso em porcentagem da massa de água com relação à massa da mistura de cimento e agregados. Vale mencionar que é por meio do teor água/mistura seca que se verifica a influência, de maneira indireta, da relação água/cimento na consistência.

Vários pesquisadores têm procurado relacionar, em termos quantitativos, o teor de água/mistura seca com a consistência do concreto fresco. É importante destacar que as relações obtidas se restringem aos concretos avaliados pelo mesmo método para determinação da consistência, os quais serão apresentados adiante.

Informações sobre a dosagem do concreto podem ser obtidas no Capítulo 6.

7.4.3.2 Granulometria e forma do grão do agregado

Se o teor de água/mistura seca for mantido constante e a granulometria dos materiais for alterada, ou seja, a relação agregado miúdo/agregado graúdo, será observada uma mudança na consistência do concreto. Se houver uma redução na superfície específica do agregado, o concreto tornar-se-á mais plástico; caso contrário, menos plástico.

A granulometria e o teor de água/mistura seca ou, indiretamente, a relação água/cimento, devem ser considerados em conjunto, quando se procura uma consistência adequada para o concreto. Determinada granulometria pode proporcionar uma consistência adequada ao concreto para um teor de água/mistura seca e a relação água/cimento correspondente, o que pode não ser verificado quando varia um desses últimos fatores.

De modo geral, os agregados graúdo e miúdo devem ter distribuição granulométrica adequada (granulometria contínua), sendo aconselhável que não haja predominância de determinada fração sobre outras.

Granulometrias descontínuas, em que uma ou mais de uma das frações intermediárias tenham sido eliminadas, devem ser avaliadas de acordo com as condições de aplicação, antes de serem adotadas.

Os limites da distribuição granulométrica dos agregados são apresentados na ABNT NBR 7211:2022 e, para o agregado miúdo, a norma especifica que materiais com distribuição granulométrica diferente das zonas estabelecidas (utilizável e ótima) podem ser utilizados, desde que estudos prévios de dosagem comprovem sua aplicabilidade.

Quanto à forma do grão, os arredondados possibilitam mais plasticidade para o mesmo teor de água/mistura seca do que os angulares, lamelares ou aciculares. Estes últimos determinam grande porcentagem de vazios no concreto.

7.4.3.3 Aditivos químicos e adições minerais

Há grande variedade de aditivos disponíveis que afetam a consistência do concreto. Os aditivos considerados redutores de água ou dispersantes (plastificantes e superplastificantes), quando incorporados em teores adequados, mantendo-se a quantidade de água da mistura, aumentam a consistência de concretos e argamassas. Atuam diretamente nos grãos de cimento, impedindo a aproximação das partículas. Os aditivos incorporadores de ar aumentam o volume da pasta e melhoram a fluidez dos concretos, tornando o material mais leve e coeso. Informações sobre os aditivos e adições estão disponíveis no Capítulo 5.

A consistência dos concretos também pode ser alterada pela presença de adições minerais, em função da área superficial das partículas. Adições com maior área superficial, maior finura, como a sílica ativa, exigem maior quantidade de água para manter a trabalhabilidade da mistura. Além da possível diminuição da consistência, há aumento da resistência à segregação e exsudação do material, obtendo-se misturas mais coesas.

7.4.3.4 Tempo e temperatura

As misturas de concreto recém-preparadas perdem trabalhabilidade e enrijecem com o tempo. Esse enrijecimento não deve ser confundido com a pega do cimento, como destacado anteriormente, pois resulta da absorção de parte da água pelo agregado, da evaporação de parte da água para o ambiente, sobretudo se o concreto estiver exposto ao Sol e ao vento, e, ainda, do consumo da água pelas reações químicas de hidratação iniciais.

A verificação da consistência deve ser avaliada logo após a mistura dos materiais constituintes do concreto, assim que se obtém uma massa homogênea. Porém, deve-se verificar também a perda de consistência ao longo do tempo, de maneira a garantir a correta execução da estrutura de concreto (transporte, lançamento, adensamento e acabamento do material). A adição de água ao concreto, quando há o enrijecimento prematuro do concreto, pode resultar na diminuição da qualidade do material (perda de resistência e diminuição da durabilidade). Nesses casos, a incorporação de aditivos retardadores de pega deve ser avaliada.

A consistência de uma mistura também é afetada pela temperatura do concreto, quer seja em função da alta temperatura ambiente durante a concretagem, da elevação da temperatura pelo calor de hidratação excessivo ou, ainda, pelo armazenamento dos materiais constituintes em locais de temperatura elevada. Quanto maior é a temperatura, menor é a consistência, maior é a perda de abatimento com o tempo e maior é a quantidade de água necessária à mistura, para uma mesma consistência.

7.4.4 Ação Conjunta dos Fatores que Influem na Consistência

Na prática da dosagem dos concretos, a previsão da influência dos diversos componentes da mistura na consistência merece cuidado, porque, dos três fatores – teor de água/mistura seca, relação água/cimento e relação agregado/cimento –, só dois são independentes. Por exemplo, se a relação **agregado/cimento** for reduzida (traço rico), mas se mantiver a relação água/cimento constante, o teor de **água/mistura seca** aumentará e, consequentemente, o concreto se tornará mais fluido. Se, por outro lado, o teor de água/mistura seca for mantido constante, quando a relação **agregado/cimento** for reduzida (traço rico), a relação água/cimento decrescerá, mas a plasticidade do concreto não será sensivelmente afetada.

Vale salientar, também, que é de grande importância na dosagem dos concretos a chamada Lei de Lyse: "fixados o cimento e agregados, a consistência do concreto fresco depende preponderantemente da quantidade de água por m³ de concreto", em que o teor de água/mistura seca pode ser considerado, para um agregado de mesmo tipo e mesma granulometria e para uma mesma consistência do concreto, independentemente da relação **agregado/cimento**, ou seja, do traço unitário.

Informações sobre a dosagem do concreto estão disponíveis no Capítulo 6.

7.4.5 Métodos para Avaliação da Consistência

7.4.5.1 Classificação dos ensaios

De modo geral, os métodos de medição da consistência podem ser classificados em:

- **ensaios de abatimento**, sendo a consistência determinada pelo abatimento do tronco de cone;
- **ensaios de penetração**, sendo a consistência obtida pela penetração da bola de Kelly no concreto fresco;
- **ensaios de escorregamento**, com indicação da consistência por meio do espalhamento do tronco de cone do material sujeito a golpes (aplicados a uma mesa metálica em que o material se encontra);
- **ensaios de compactação**, em que o fator de compactação é medido pela relação entre o peso específico do material atualmente observado e o peso específico do mesmo material completamente compactado;
- **ensaios de remoldagem**: (1) ensaio de Powers, em que se verifica o esforço requerido para a remoldagem do material, de tronco de cone para um cilindro, por meio de golpes; e (2) ensaio VeBe, em que a remoldagem, de tronco de cone para um cilindro ocorre por meio de vibração.

Outros ensaios incluem a combinação de vários desses métodos, como o de Lesage, que reúne o escoamento e a remoldagem.

Destacam-se, ainda, os ensaios realizados em concretos autoadensáveis, em que a fluidez do material é avaliada pelo espalhamento do material, além de outros ensaios para avaliar as características do material no estado fresco: viscosidade plástica aparente t500, índice de estabilidade visual, habilidade passante pelo anel J e pela caixa U (sendo o segundo facultativo), viscosidade plástica aparente pelo funil V e resistência à segregação pela coluna de segregação e pelo método da peneira (sendo o segundo facultativo), de acordo com a ABNT NBR 15823-1:2017.

7.4.5.2 Ensaio de abatimento do tronco de cone

Inicialmente, a placa de base (chapa metálica) é colocada sobre uma superfície rígida, plana, horizontal e livre de vibrações. Sobre a placa, o molde na forma de tronco de cone de 20 cm de diâmetro na base, 10 cm no topo e 30 cm de altura (Fig. 7.6) é posicionado. Após o umedecimento do molde e da placa, o concreto fresco é moldado em três camadas iguais, adensadas, cada uma com 25 golpes, utilizando uma barra de 16 ± 0,2 mm de diâmetro e comprimento de 600 a 800 mm, de acordo com a ABNT NBR 16889:2020. Em seguida, o molde é retirado verticalmente (em um tempo de 4 s a 6 s), deixando o concreto sem suporte lateral. Sob a força da gravidade, a massa abate mais ou menos simetricamente, aumentando seu diâmetro médio, enquanto sua altura diminui. O abatimento ou *slump* corresponde à diferença entre a altura do molde (30 cm) e a altura da amostra de concreto após remoção do molde (Fig. 7.7).

Pode acontecer que haja certo abatimento com cisalhamento da parte superior, ou ainda um colapso total. Caso ocorra um desmoronamento ou deslizamento da massa de concreto ao realizar o desmolde e esse desmoronamento impeça a medição do abatimento, o ensaio deve ser desconsiderado e uma nova amostra de concreto deve ser coletada para a realização de um novo ensaio. Caso ocorra desmoronamento ou deslizamento em duas determinações consecutivas, o concreto não é necessariamente plástico e coeso para a aplicação do ensaio de abatimento.

Apesar das limitações, o ensaio de abatimento é de grande utilidade para controlar um mesmo concreto de consistência (*slump*) conhecida. Uma variação de seu valor alerta o operador no sentido de corrigir a situação. Essa aplicação do ensaio de abatimento, bem como sua simplicidade, é responsável por seu largo emprego no controle tecnológico do concreto.

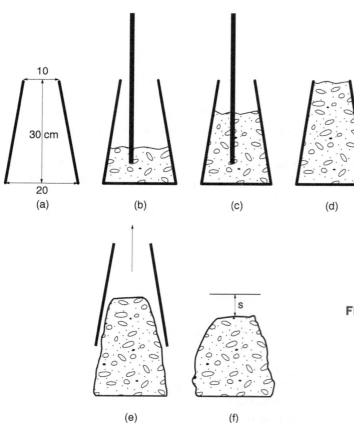

FIGURA 7.6 Ensaio de abatimento (*slump test*).
(a) Molde de tronco cônico;
(b) adensamento da 1ª camada;
(c) adensamento da 2ª camada;
(d) molde completamente preenchido; (e) retirada do molde na vertical; (f) leitura do abatimento.

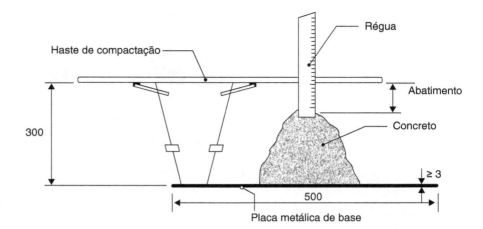

FIGURA 7.7 Detalhe da medida do abatimento.

7.4.5.3 Ensaio de espalhamento do tronco de Abrams

O equipamento utilizado para avaliar o espalhamento do concreto autoadensável é o mesmo do abatimento do tronco de cone, devendo ser empregada, para apoio do molde, uma chapa metálica quadrada de, no mínimo, 900 mm de lado. Antes da realização do ensaio, deve-se limpar e umedecer internamente o molde e certificar-se de que a placa-base esteja sobre uma superfície nivelada. O preenchimento do molde deve ser realizado sem adensamento e de forma contínua e uniforme, sendo o concreto despejado a uma altura de, no máximo, 125 mm acima do topo do molde, de acordo com a ABNT NBR 15823-2:2017. A desmoldagem é realizada, levantando-se cuidadosamente o molde pelas alças, na direção vertical, com velocidade constante e uniforme, em tempo não superior a 3 ± 1 s. O espalhamento do concreto é obtido pela média aritmética de duas medidas perpendiculares do diâmetro, em milímetros (mm). Na Figura 7.8 é ilustrada a realização do ensaio.

Assim, de acordo com a ABNT NBR 8953:2015, os concretos são classificados por sua consistência no estado fresco: classes de S10 a S220 (abatimentos de 10 mm a valores acima de 220 mm, respectivamente), a partir do ensaio de abatimento do tronco de cone; e classes de SF1 a SF3 (de 550 mm a 850 mm, respectivamente), a partir do ensaio de espalhamento do tronco de Abrams.

7.5 TRANSPORTE

Entende-se por transporte do concreto os meios necessários para levar o concreto do local onde ele é preparado até onde ele será lançado. Quando se trata do concreto usinado e entregue às obras por meio de caminhão-betoneira, as especificidades do transporte da usina até a obra foram abordadas na Seção 7.2.2, então, aqui será abordado apenas o transporte dentro da obra.

O transporte do concreto dentro da obra pode ser classificado como "com decomposição" ou "sem decomposição" de movimentos e como "horizontal", "vertical" ou "inclinado".

O transporte "com decomposição" de movimentos é aquele que usa diferentes tipos de "veículos" combinados para realizar uma concretagem. É o caso do concreto transportado horizontalmente por carrinhos de mão (carriolas) ou jericas (ou jiricas, gericas, giricas), depois verticalmente por elevador de obra e, por último, na horizontal até onde é lançado (Fig. 7.9).

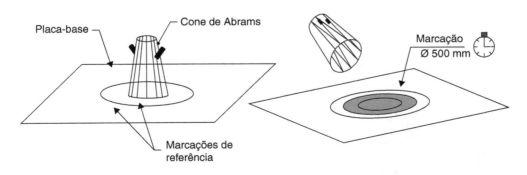

FIGURA 7.8 Ensaio de espalhamento do tronco de Abrams.

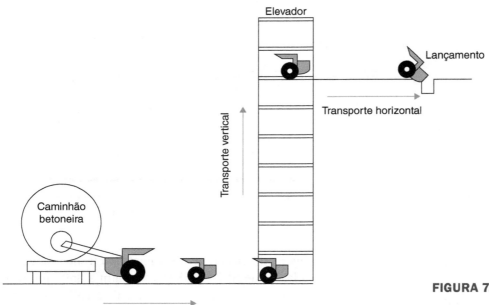

FIGURA 7.9 Exemplo de transporte com decomposição de movimentos.

Na construção civil, o custo dos materiais construtivos é muito relevante na composição do custo final, mas o valor da mão de obra também tem forte impacto no valor global e, muitas vezes, é preponderante na tomada de decisão. Daí, o uso cada vez mais difundido no Brasil do concreto bombeável no lugar da concretagem feita usando carrinhos de mão, jericas e elevadores de obra. Dessa forma, o uso do insumo "horas/força humana" é reduzido, economizando custos de mão de obra, agilizando o serviço e resultando em melhor qualidade. O concreto bombeado é um bom exemplo de transporte "sem decomposição" de movimentos. O concreto é transportado por tubulações, por meio da pressão da bomba, até o local onde será lançado (Fig. 7.10).

No caso de concretagens em grandes alturas, cuja potência de uma única bomba não seja o suficiente para transportar o concreto até o ponto onde deve ser lançado, pode-se optar pelo uso de mais de uma bomba em série (Fig. 7.11). Ressalte-se que, com o avanço tecnológico desenvolvido pelos fabricantes de bombas, maiores potências podem ser obtidas com um mesmo equipamento, diminuindo o número de bombas necessárias.

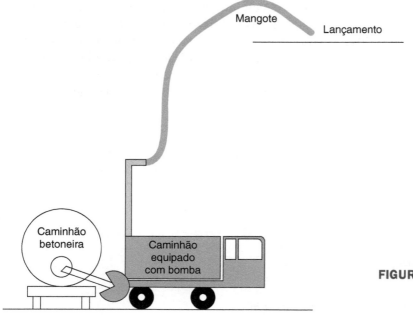

FIGURA 7.10 Exemplo de transporte sem decomposição de movimentos com uso de "caminhão-lança".

Concreto no Estado Fresco **185**

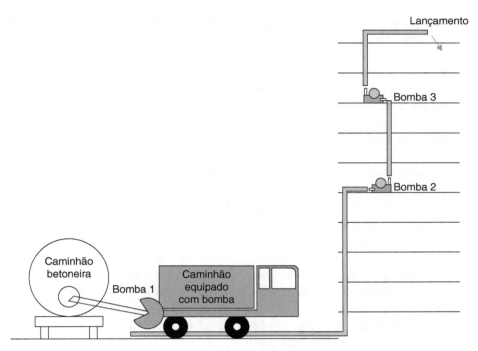

FIGURA 7.11 Exemplo de sistema de bombas em série para concretagem em grandes alturas.

Em qualquer um dos tipos de transporte adotados, deve ser garantida a homogeneidade do material, ou seja, evitada a segregação do concreto. No caso do transporte por carrinhos de mão, pelo fato de eles serem apoiados em uma única roda, no seu transporte (principalmente, horizontal) devem ser evitadas trepidações e solavancos. Daí o transporte por meio de jericas representar uma melhor condição, comparado aos carrinhos de mão, em vista de serem apoiadas em um eixo que distribui a carga em duas rodas de maior diâmetro. No caso dos concretos bombeados, a possibilidade de segregação reside mais na ocasião do lançamento.

Por último, cita-se o "transporte inclinado", realizado por meio de calhas ou até mesmo pela própria bica do caminhão-betoneira (e suas extensões), que representa uma forma bastante econômica de transporte do concreto, quando na obra há condições técnicas e espaciais para isso. Ressalte-se sempre que deve ser garantido que não ocorra a possibilidade de segregação do concreto transportado.

7.6 LANÇAMENTO

O lançamento do concreto, ou a colocação do concreto nas fôrmas, está intrinsecamente relacionado com o adensamento do material, sendo que essa interdependência interfere diretamente na qualidade, nas propriedades mecânicas e na durabilidade do concreto.

Para efeitos práticos, o lançamento consiste no posicionamento do concreto nas fôrmas, logo após o transporte e antes do adensamento, devendo ocorrer o mais próximo possível de sua posição definitiva. Além disso, o concreto deve ser lançado em camadas horizontais de espessura o mais uniforme possível, em que cada camada deve ser adensada antes de ser lançada a próxima camada. Esse caminho pode assumir diversas maneiras, sendo os principais parâmetros de escolha mostrados na Figura 7.12.

Existe uma diferença clara na consistência do concreto a ser utilizado em função da geometria do elemento estrutural, por exemplo: a concretagem de uma escada não utiliza o mesmo concreto

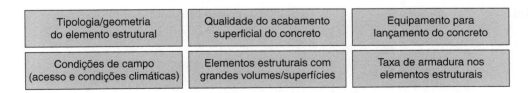

FIGURA 7.12 Principais parâmetros para definição do plano de concretagem.

empregado para uma laje, o concreto de uma viga não será o mesmo de uma estaca, entre outros. O mesmo vale para a situação de concreto aparente e concreto a ser revestido. O acesso ao local da concretagem, as condições de campo e a disponibilidade de equipamentos são de grande importância, pois impactam diretamente o volume de concreto lançado, procedimentos de adensamento e cura. Ou seja, para cada situação, existe um procedimento, um tipo de concreto e um equipamento específico, o que torna necessária a elaboração de um plano de concretagem.

A etapa de lançamento depende diretamente de propriedades como consistência e trabalhabilidade e do transporte, em função dos requerimentos de cada construção, portanto lançamento é chave determinante para a escolha das propriedades mencionadas. O lançamento inclui três operações fundamentais mostradas resumidamente na Figura 7.13.

A **preparação da superfície** está relacionada com geometria, travamento e fechamento das fôrmas, posicionamento das armaduras, preparação da superfície no caso de junta fria de concretagem etc.

Já a **colocação do material** transportado no local de aplicação tem a ver com o lançamento do concreto ao longo dos elementos estruturais e não em um único ponto, deslocamento das armaduras, dutos de protensão, ancoragens e fôrmas, de modo a não gerar danos nas fôrmas por causa do lançamento por queda livre ou acúmulo de material, principalmente.

Por fim, e não menos importante, a maneira como deve ficar depositado para o seu adensamento, ou seja, a maneira como as fôrmas devem ser preenchidas varia em função do tipo de adensamento planejado. Por exemplo, dependendo do comprimento da agulha de vibração e da altura de concretagem, a mesma será em camadas, sendo estas de espessura inferior ao comprimento da agulha de adensamento.

De acordo com a ABNT NBR 14931:2004, o lançamento do concreto deve assegurar, em conjunto com o seu adensamento, que todas as armaduras existentes e os componentes embutidos em sua estrutura sejam envolvidos pelo concreto, garantindo o cobrimento das armaduras e acabamento das superfícies. Além disso, o lançamento deve ser feito de modo a eliminar ou reduzir a segregação entre os seus componentes.

7.6.1 Tempo de Lançamento

Recomenda-se que o concreto seja lançado logo após o amassamento (mistura), não sendo permitido que no intervalo entre o fim da mistura do concreto e o seu de lançamento a pega do concreto seja iniciada, ou seja, é necessário que a velocidade de lançamento do concreto seja rápida o suficiente para que, ao se lançar a próxima camada de concreto, a camada abaixo esteja ainda no estado fresco de modo a reduzir o possível surgimento de "juntas frias" etc. Caso seja necessário que o intervalo de lançamento do concreto seja superior ao seu tempo convencional de pega, deverá ser utilizado um aditivo retardador, em conformidade com o estudo de dosagem.

Para que os tempos de mistura e de lançamento sejam respeitados com maior segurança, recomenda-se que o concreto seja lançado o mais próximo possível de sua posição definitiva (fôrmas, por exemplo).

É importante que a homogeneidade do concreto seja verificada durante a etapa de lançamento para que se evite a sua segregação. A homogeneidade é uma característica importante, pois garante a uniformidade das propriedades mecânicas do concreto ao longo dos elementos estruturais, ou seja, não haverá variação significativa na resistência à compressão do concreto por toda a extensão de um elemento estrutural, por exemplo.

Segundo a ABNT NBR 7212:2021, o tempo para operações de lançamento e de adensamento do concreto deve:

- começar em até 30 minutos após a chegada do caminhão-betoneira;
- terminar em até 60 minutos, contado a partir da adição da água na mistura, para o caso de veículo não dotado de equipamento de agitação;
- terminar em até 150 minutos, contado a partir da adição da água na mistura, para o caso de veículo dotado de equipamento de agitação.

Quando o concreto é feito em obra, os mesmos critérios de qualidade de lançamento e adensamento têm que ser atendidos, para que sejam garantidas as suas propriedades físicas e mecânicas de acordo com o projeto estrutural.

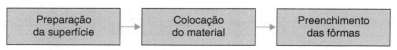

FIGURA 7.13 Operações fundamentais para lançamento do concreto.

7.6.2 Temperatura e Umidade Relativa do Ar

Segundo a ABNT NBR 7212:2021 e a ABNT NBR 14931:2004, a temperatura ambiente na ocasião da concretagem deve estar no intervalo entre 5 e 30 °C. Caso a temperatura esteja fora desses limites, cuidados especiais devem ser tomados em comum acordo com a equipe responsável pela tecnologia do concreto, pois pode ocorrer fissuração de origem térmica no concreto, o que compromete a capacidade resistente e durabilidade do material.

No caso da umidade relativa do ar, caso seja alcançado valor menor ou igual a 50 %, devem ser adotadas as medidas cabíveis para reduzir a perda de água para o ambiente, o que acarreta perda de consistência e trabalhabilidade, e no caso de altas temperaturas (≥ 35 °C) em conjunto, deve-se contar com um plano de ação para reduzir a temperatura interna do concreto.

A concretagem deve ser suspensa se houver previsão do tempo para temperaturas ambientes abaixo de 0 °C e superiores a 40 °C nas 48 horas seguintes.

Para essas condições aqui descritas, deve-se atender, obrigatoriamente, às diretrizes prescritas na Norma Reguladora 18 (NR-18) do Ministério do Trabalho e Emprego (2020) – Condições e meio ambiente de trabalho na indústria da construção, envolvendo a segurança das atividades de concretagem.

7.6.3 Velocidade do Vento

A presença de vento na ocasião da concretagem pode causar a secagem da superfície de concreto e, consequentemente, ocasionar o aumento da fissuração do concreto. Segundo a ABNT NBR 14931:2004, salvo disposições em contrário, em comum acordo pelo projeto e execução da obra, a concretagem deve ser suspensa para ventos acima de 60 m/s. Independentemente da velocidade do vento, deve-se planejar a concretagem tendo em vista a combinação da previsão da temperatura ambiente, umidade relativa do ar e velocidade do vento.

7.6.4 Plano de Concretagem

O plano de concretagem consiste no planejamento para o lançamento do concreto, de modo a prever possíveis interrupções nos trabalhos de concretagem, levando em consideração as equipes e os equipamentos envolvidos no processo, bem como a disponibilidade de materiais (concreto) e condições climáticas. Esse plano deve ser precedido por um estudo conjunto entre a equipe de engenharia estrutural autora do projeto (preferencialmente), a equipe de engenharia de construção e a equipe de engenharia de tecnologia do concreto.

A ABNT NBR 14931:2004 estabelece que deve ser elaborado um plano prévio de concretagem para cada elemento estrutural, de modo a assegurar o fornecimento da quantidade adequada de concreto para o preenchimento das fôrmas.

Esse estudo conjunto compreende o plano de concretagem, prazos e planos de retirada das fôrmas, colocação de armações adicionais nos locais onde ocorreu a interrupção do lançamento do concreto na estrutura. Ele, ainda, tem a função de possibilitar a rastreabilidade do concreto lançado na obra, de modo a determinar, caso um lote não tenha atingido a resistência à compressão especificada, a região onde deve ser feita a avaliação, ou a prova de carga (em alguns casos), para aferir sua capacidade resistente ou a extensão do local com possibilidade de danos, ou manifestações patológicas, em potencial (Fig. 7.14).

Conforme mostrado na Figura 7.14, o mapa do plano de concretagem auxilia na identificação da região, caso haja alguma variação na resistência à compressão característica do concreto (f_{ck}) dos lotes dos corpos de prova ou alguma manifestação patológica, gerando a rastreabilidade do concreto. Ainda, como mostrado nesta figura, pode ocorrer atraso no lançamento do concreto, o que gera a necessidade de uma junta de concretagem.

No exemplo da Figura 7.14, ocorreu uma diferença entre o que foi planejado (Plano de concretagem) e o que foi efetivamente medido no local (Medição do Plano de Concretagem), e essa diferença poderia ser atribuída às perdas de material durante o processo de lançamento, ou alguma alteração das fôrmas e armaduras antes ou durante a concretagem. Quando faltar material, deve-se fazer a mistura de concreto no local (é necessário manter o controle tecnológico da mesma maneira que o concreto usinado recebido na obra) ou adquirir um volume complementar de concreto usinado. No caso de concreto excedente, ele pode ser lançado em outro local da obra, previamente escolhido para recebê-lo, evitando-se, assim, o descarte e o desperdício de concreto.

Há dois condicionantes especiais no estabelecimento do plano de concretagem: um de ordem estética e arquitetônica e outro de ordem estrutural.

Com relação às questões estética ou arquitetônica, cabe ao arquiteto autor do projeto participar da determinação dos planos, a fim de alcançar o objetivo visado. Isso é de especial importância quando o concreto é aparente, pois um acabamento sem a presença das juntas de concretagem torna-se imprescindível.

Plano de concretagem de um pavimento genérico de uma edificação

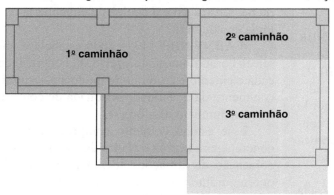

Medição do plano de concretagem de um pavimento genérico de uma edificação

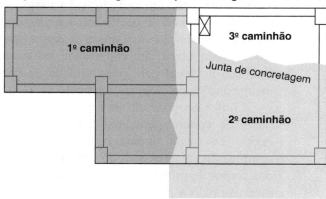

FIGURA 7.14 Exemplo genérico de plano de concretagem.

No que se refere à estrutura ou à resistência aos esforços solicitantes dos elementos estruturais, salienta-se que a junta de concretagem nunca deve ser feita onde as tensões normais ou tangenciais sejam elevadas e onde não haja armadura suficiente para absorvê-las, ou seja, não pode haver juntas de concretagem no meio do vão ou na proximidade dos apoios.

7.6.5 Juntas de Concretagem

O termo junta de concretagem está relacionado com a situação em que houve a interrupção do fornecimento do concreto, ou a limitação de deformações no elemento estrutural em função das tensões provenientes de variações nas dimensões do concreto, na concretagem de grandes peças. Uma situação típica de obra é que as condições de campo podem atrasar os procedimentos de concretagem e, por isso, produzir as juntas de concretagem. Essas juntas podem causar a não transferência de tensões conforme preconizado no projeto, reduzindo sensivelmente a sua capacidade resistente.

Durante o lançamento do concreto, pode ocorrer a formação de uma junta de concretagem, que se origina a partir da interrupção do lançamento do concreto e seu posterior "endurecimento", sendo necessário preparar essa superfície para receber o concreto novo a ser lançado. Segundo a ABNT NBR 14931:2004, deve ser feita uma rigorosa remoção de possíveis detritos que porventura possam impedir a correta adesão do concreto novo com o concreto endurecido.

No caso de concretagem de grandes peças e a necessidade de uma interrupção programada, além do cuidado com a preparação da superfície do concreto endurecido para receber o concreto novo, pode ser prevista uma armadura de ligação para garantir a adequada transferência de esforços.

As regras gerais para a preparação de uma típica junta de concretagem são a retirada da calda ou nata de cimento da superfície. Essa retirada pode ser feita de 4 a 12 horas após a concretagem, com jato de ar ou água, até uma profundidade de 5 mm ou até o aparecimento do agregado graúdo (que deverá ficar limpo). Essa limpeza deverá ser repetida 24 horas antes da retomada da concretagem para retirada do pó e dos resíduos existentes. Essas duas primeiras operações poderão ser substituídas por uma única, a ser feita 24 horas antes da retomada, se se dispuser de equipamento ar-água de grande capacidade de corte, hoje disponível nas grandes obras hidráulicas.

Durante as 24 horas que precedem a retomada de concretagem, a superfície deve ser saturada de água, para que o novo concreto não tenha sua água de mistura (necessária à hidratação do concreto) retirada pela absorção do concreto velho.

Caso seja prevista a limitação de deformações no elemento estrutural em função de sua variação volumétrica (em virtude da retração ou dilatação do concreto), deve-se levar em conta que essa variação provoca o surgimento de esforços que podem conduzir à formação de fissuras e dano ao elemento estrutural. Por isso, recomenda-se que essa posição, além de ser definida em projeto, seja localizada em regiões com menor concentração de esforços. Caso ela não esteja prevista em projeto, deve haver aprovação obrigatória pelo responsável técnico da obra.

Alguns procedimentos são citados para melhor entender como trabalhar com as juntas de concretagem:

1) Quando se pretende realizar a concretagem da estrutura de um edifício, é recomendado preencher primeiramente os pilares até o fundo das vigas; em seguida, colocar a armadura das lajes e vigas, para então prosseguir a concretagem. O objetivo de tal prática é facilitar o enchimento dos pilares, já que a armadura das vigas, em geral, atrapalha o seu perfeito preenchimento. Cabe destacar a importância de aplicar um produto desmoldante na superfície das fôrmas antes do posicionamento das armaduras.

2) Para as vigas, convém chegar com o enchimento de concreto à metade ou 1/3 do vão. A junta vertical apresenta vantagens pela facilidade de compactação, pois é possível fazer uma fôrma de sarrafos verticais que permitem a passagem das barras da armadura e não do concreto, evitando a formação da nata de cimento na superfície inclinada.

3) Para as lajes armadas em uma só direção, deve-se adotar o enchimento até 1/3 do vão, podendo-se, também, chegar até o meio do vão. Já nas lajes armadas em duas direções, convém concretar apenas o terço médio de cada vão.

4) Ao se concretarem vigas e lajes, nunca se deve lançar o concreto até o fundo da laje e posteriormente a laje total, visto que, em geral, a seção resistente da viga é a sua altura e, geralmente, esta funciona com parte da laje formando a seção T da viga.

5) Em situações de elementos estruturais de grandes dimensões, em que haverá a presença de juntas de concretagem de proporção semelhante às do elemento estrutural, cabe prever armaduras adicionais (armaduras construtivas) a fim de garantir a transferência de tensões entre as superfícies de concreto velho e concreto novo.

Como exemplo, podem-se destacar dois casos especiais: no primeiro, a concretagem de uma viga de grande vão, cerca de 26 m em edifício para esporte, com altura de cerca de 3 m e largura de 1 m. Como a laje inferior não tinha capacidade para suportar o peso do concreto, foi concretado, primeiramente, o fundo da viga, cerca de 1 m de altura, sendo colocado o concreto com a fôrma de dentes de serra e ainda pontas de barras de aço para garantir uma boa ligação com os 2 m superiores. Após ser atingida a resistência necessária, foram concretados os 2 m restantes.

O segundo caso é o de uma laje nervurada de 40 × 20 m, com nervuras de 45°, altura de 1,50 m e largura de 0,25 m. Como as tensões eram grandes em qualquer ponto da laje e o volume total muito grande, foi estudado, com o engenheiro estrutural, um sistema de reforço de ferragem, constituído de um "pente" colocado em cada parada de concretagem, com seção de armadura tal que o concreto não contribuísse para absorção de qualquer esforço constante na seção. Sua colocação, conforme se vê na Figura 7.15, é bastante simples e econômica.

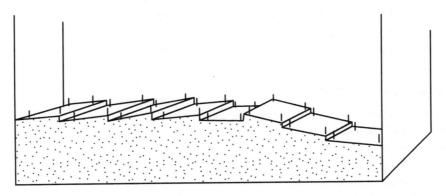

FIGURA 7.15 Exemplo de concretagem para o segundo caso do estudo.

Informações sobre patologia e terapia das estruturas de concreto podem ser obtidas no Capítulo 29.

7.6.6 Concreto Submerso

Consiste na situação em que o concreto é lançado em um local com presença de água, ou seja, é um problema comum, principalmente em fundação de obras marítimas ou fluviais. Além disso, a depender da altura do lençol freático na região da construção, pode-se ter a mesma dificuldade de concretagem com a presença de água.

O concreto deve ter uma dosagem específica, com consistência e fluidez próprias para o seu lançamento, sendo que o procedimento mais comum é o de utilizar uma fôrma e posicionar uma tremonha, ou uma tubulação, de modo a levar o concreto até a parte inferior e, por meio do seu lançamento, preencher a fôrma expulsando a água até o seu transbordamento na parte superior, que está fora da região com água. No caso de haver armaduras, devem ser utilizadas armaduras específicas de modo a impedir sua oxidação antes do lançamento do concreto e a perda de aderência entre os dois materiais.

7.6.7 Concretos Autoadensáveis

O concreto autoadensável, como o próprio nome diz, consiste em um concreto no qual é dispensada a etapa de adensamento, por conta de sua coesão e fluidez. O lançamento desse concreto é similar ao do concreto convencional (aquele que necessita ser vibrado), entretanto, algumas particularidades são necessárias com relação à velocidade de lançamento, abertura da boca de lançamento em caçambas, estanqueidade das fôrmas e reforço no cimbramento.

Em função de sua fluidez e capacidade de autonivelamento, são necessários ensaios de campo preliminares para a verificação de suas propriedades no estado fresco e garantir que a sua capacidade de autoadensabilidade seja respeitada.

7.6.8 Revibração do Concreto

A revibração do concreto consiste em uma etapa em que se faz necessário realizar a união ou "ligação" das diversas camadas de concreto lançadas, obviamente antes da pega do concreto. A ABNT NBR 14931:2004 não traz informações ou comentários sobre o procedimento.

7.6.9 Recomendações para o Lançamento do Concreto

Como recomendações para o lançamento do concreto, deve-se, obrigatoriamente, seguir as prescrições normativas presentes na ABNT NBR 14931:2004 e em normas complementares e/ou afins. A literatura técnica fornece procedimentos adequados para o lançamento, porém, deve-se verificar a concordância normativa. É importante salientar que, em situações extremas, as condições mostradas na Figura 7.14 podem necessitar de adaptações nas quais a segurança e o controle de qualidade sejam levados em consideração.

Além disso, para determinados tipos de elementos estruturais, nos quais a diferença entre eles reside na sua taxa de armadura, esbeltez, formato das fôrmas, velocidade de lançamento (por conta de intempéries, condições de contrato etc.), deve-se empregar, segundo a NBR 14931:2004, um concreto com consistência e teor de argamassa compatíveis com a situação, além de levar em conta o uso de meios adequados para lançar o concreto minimizando, por exemplo, a sua segregação. Esses cuidados visam evitar o deslocamento de armaduras, ancoragens, bainhas de protensão e as fôrmas, por conta de velocidade na ocasião do lançamento, abatimento do concreto, altura de queda e particularidades de cada obra, sendo necessário um planejamento de concretagem específico.

Dentre as recomendações, pode-se destacar que:

1) O concreto deve ser lançado em camadas uniformes, ou seja, no caso de elemento com grandes dimensões, é necessário fazer o preenchimento das fôrmas em camadas uniformes de espessura menor que a dimensão da agulha do vibrador de maneira que o ar aprisionado possa ser removido e o adensamento garanta o envolvimento das barras de aço pelo concreto e forneça uma superfície bem acabada (Fig. 7.16). Não é recomendado, durante o lançamento do concreto, formar montes de concreto e, a partir dessa posição, distribuí-lo nas fôrmas.

2) De modo a garantir a qualidade e a resistência do elemento estrutural, as velocidades de lançamento e de adensamento devem ser iguais.

3) Recomenda-se que, na concretagem de elementos de grandes dimensões, sejam planejados mais equipamentos de lançamento de modo que durante a concretagem não haja a formação de película na superfície do concreto recém-adensado, visto que essa película pode provocar uma junta "fria" entre o concreto adensado e o concreto a ser lançado, reduzindo a capacidade resistente estrutural do elemento.

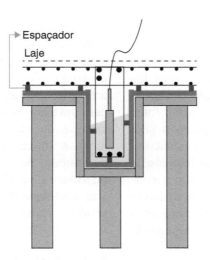
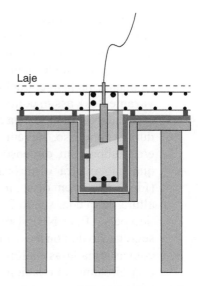

FIGURA 7.16 Concretagem em camadas.

Dessa forma, a camada a ser lançada deve ser feita com a camada inferior ainda no estado plástico. Exemplos de elementos nos quais esses cuidados devem ser tomados são pilares, paredes, vigas-parede, pilares-parede, sapatas e blocos de concreto.

4) Antes da concretagem do elemento estrutural, independentemente de sua geometria ou da taxa de armadura, deve ser feita a verificação da passagem do concreto pela fôrma e pelas barras de aço. Em regiões com alta taxa de armadura, é fundamental, além de garantir a passagem do concreto, garantir a passagem dos equipamentos de adensamento. Assim, pode ser necessária a mudança da posição das barras de aço em uma viga, por exemplo, criando mais camadas de armadura para garantir a passagem do equipamento de adensamento, modificação essa que deve ser aprovada pela equipe responsável pelo projeto estrutural (Fig. 7.17).

5) Para elementos de grandes dimensões, devem ser planejadas janelas de inspeção para visualização do serviço de lançamento e de adensamento do concreto.

6) A velocidade de lançamento do concreto depende de sua consistência, dos equipamentos utilizados e da janela de concretagem disponível (condições climáticas e de campo). Como essa velocidade deve ser compatível com o fluxo de produção do concreto – seja no canteiro de obras ou pela chegada de concreto usinado – é importante que no plano de concretagem seja previsto o local para possíveis juntas "frias", cuja superfície deve ser preparada para receber o concreto novo a ser lançado.

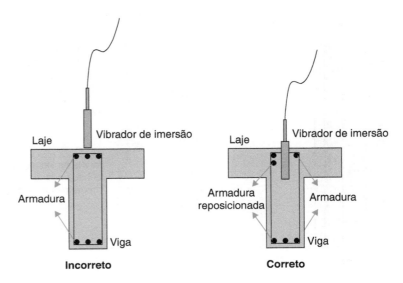

FIGURA 7.17 Situação de rearranjo da armadura em função da operação de adensamento.

7) É proibido promover impactos entre concreto lançado e as fôrmas e as armaduras posicionadas. Isso é imprescindível, uma vez que esse impacto pode danificar as fôrmas (ocasionando, inclusive, quebra do escoramento e vazamentos), assim como causar a retirada dos espaçadores e a mudança de posição das armaduras. Para isso, devem ser utilizados funis e/ou tubos com dimensões compatíveis para que não ocorra o enrocamento do concreto (Fig. 7.18). Além disso, independentemente da altura de queda, sendo 2 m o máximo permitido pela ABNT NBR 14931:2004, pode haver segregação do concreto, por conta de impactos com as armaduras e a fôrma, e essa segregação está diretamente relacionada com a consistência do concreto.

Assim, para peças estreitas e altas, o concreto deverá ser lançado por janelas abertas na parte lateral, ou por meio de funis ou trombas. Quando a altura da queda for superior a 2 m, medidas especiais deverão ser tomadas para evitar a segregação. Entre elas, destacam-se: a abertura de janelas nas fôrmas, que permitem diminuir a altura de lançamento e facilitam o adensamento; a colocação de trombas de chapa ou de lona no interior da fôrma; o emprego de concreto mais plástico e rico em cimento no início da concretagem, até se obter, no fim, concreto menos plástico e menos rico, porém sempre da mesma resistência; a colocação de 5 a 10 cm de espessura de argamassa de cimento, feita com o mesmo traço do concreto que vai ser utilizado, porém sem o agregado graúdo. Dessa maneira, o agregado graúdo que vai chegar primeiro à superfície encontrará uma camada de argamassa, que o absorverá, evitando a formação do conhecido defeito denominado "nichos de concretagem", constituído de agregado com pouca ou nenhuma argamassa para ligá-lo, formando o concreto; e, por fim, as fôrmas devem ser estanques de modo a impedir a passagem de argamassa ou nata de cimento pelas juntas. Isso pode comprometer a qualidade de acabamento da superfície e prejudicar a durabilidade do elemento estrutural, sendo necessário um reparo após a retirada das fôrmas.

7.7 ADENSAMENTO

A etapa de adensamento do concreto é de grande relevância, pois ela tem influência direta nas propriedades mecânicas, físicas e na durabilidade da estrutura. O adensamento consiste no processo dinâmico, na ocasião da moldagem do concreto, que visa eliminar as bolhas de ar incorporadas na ocasião do preparo, transporte e lançamento ar existentes dentro do elemento estrutural (Mehta; Monteiro, 2014).

Para se obter um concreto adensado com o mínimo de vazios, após a colocação do concreto nas fôrmas, há necessidade de compactá-lo por meio de processos mecânicos, que provocam a saída do ar, facilitam

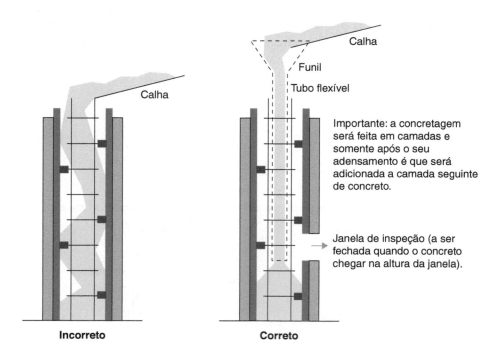

FIGURA 7.18 Situações de lançamento e cuidados com a concretagem de elementos com grande altura.

o arranjo interno dos agregados, melhoram o contato do concreto com as fôrmas e as armaduras. A Tabela 7.1 mostra a influência de porcentagem de vazios e a resistência à compressão teórica do concreto.

Segundo a ABNT NBR 14931:2004, o adensamento do concreto deve ser feito durante e após o seu lançamento, podendo ser vibrado ou apiloado com equipamento adequado à consistência do concreto utilizado. Nessa etapa, o concreto deve preencher completamente as fôrmas tomando-se cuidado para que não surjam ninhos de concretagem ou segregação do concreto. Além disso, é vedada a vibração da armadura, a fim de evitar a formação de vazios na sua superfície, reduzindo, consequentemente, sua aderência com o concreto.

Alguns dos fatores determinantes para a escolha do tipo de adensamento mecânico são a consistência do concreto, geometria do elemento estrutural, as fôrmas, a taxa de armadura, a velocidade de lançamento (por conta de intempéries, condições de contrato, custo da mão de obra etc.), entre outros.

Há de se considerar o uso de concretos autoadensáveis, que dispensam o uso de adensamento e podem ser utilizados em qualquer tipo de elemento estrutural, desde que não apresente planos inclinados (escadas e rampas, por exemplo) por conta da fluidez do material.

Com relação ao adensamento mecânico, os tipos de vibradores (compactadores de percussão) podem ser classificados em vibradores internos, vibradores externos e mesas vibratórias.

7.7.1 Adensamento Manual

O adensamento manual é executado em concreto plástico, com abatimento medido entre 5 e 12 cm. A espessura máxima a ser compactada é de 20 cm, e essa compactação só deve cessar quando aparece na superfície do concreto uma camada lisa de cimento e elementos finos do concreto.

Embora a NBR 14931 (ABNT, 2004) estabeleça que, para o adensamento manual de concreto, a altura das camadas não pode ser superior a 20 cm, este adensamento manual não possui recomendações normativas claras com relação aos procedimentos, tais como equipamentos e número de golpes. Entretanto, não é um procedimento proibido, porém a sua utilização não garante o correto adensamento do concreto, no qual pode haver um mau adensamento que pode provocar a perda de propriedades mecânicas, formação de nichos de concretagem ou a segregação do concreto.

7.7.2 Adensamento Mecânico

O adensamento mecânico é o método principal e, portanto, a primeira escolha para o adensamento do concreto. A vibração faz com que as partículas do concreto fiquem sujeitas à movimentação oscilatória como as partículas de um líquido ou de um gás. Pode-se mesmo definir, para esse concreto, um coeficiente de viscosidade.

Há, portanto, duas forças na massa de concreto: primeira, da vibração, que depende do equipamento utilizado, frequência e amplitude; segunda, da viscosidade, que depende dos componentes do concreto, forma dos grãos, dosagem, relação água/cimento, aditivos. Quando há equilíbrio entre as forças, o concreto atinge o máximo de capacidade e a vibração deve ser paralisada.

A frequência do vibrador é, portanto, de máxima importância, pois é mais econômico movimentar as partículas menores do que as maiores; além disso, fazendo-se descer a argamassa, obtém-se um adensamento sem perda de homogeneidade, o que não acontece se o agregado graúdo descer em um concreto de dosagem forte em finos, já que ocorre separação do concreto em camadas, de acordo com a dimensão dos grãos.

Conforme o modo de aplicação, podem-se classificar os vibradores em:

- internos ou de imersão, como as agulhas;
- externos, como réguas de superfície e mesas vibratórias;
- de fôrma, para pré-moldados e vigas protendidas.

7.7.2.1 Vibradores internos

O vibrador interno ou de imersão, também chamado de vibrador de agulha, é o tipo mais comum de procedimento utilizado para o adensamento de elementos estruturais tipo linear (vigas e pilares), de superfície (lajes, placas, paredes, rampas, escadas etc.) e de volume (sapatas, blocos etc.).

TABELA 7.1 Relação porcentagem de vazios e resistência teórica (à compressão)

Vazios	0 %	5 %	10 %	20 %
Resistência	100 %	90 %	70 %	50 %

194 Capítulo 7

É composto por uma unidade motriz, mangote flexível e uma agulha cilíndrica, com diâmetro variando de 19 a 175 mm, com a operação sendo realizada por dois operários. A agulha é composta de uma massa excêntrica que se movimenta ao redor de um eixo, sendo, portanto, de natureza senoidal, que provoca a vibração. A frequência de vibração oscila entre 70 e 200 Hz, possuindo uma aceleração superior a 4 g (Neville, 2016). Cabe destacar que à medida que se aumenta o diâmetro da agulha, diminui-se a frequência e aumenta-se a amplitude de giro da massa excêntrica dentro da agulha.

Ao adquirir ou utilizar vibradores, convém verificar se a amplitude, a frequência, o diâmetro da agulha e o raio de ação estão de acordo com certas regras de bom funcionamento, que devem ser observadas.

Para se determinar o raio de ação, primeiro introduz-se verticalmente, na massa de concreto, uma série de barras de 2 cm de diâmetro e 1 m de comprimento, a distâncias variáveis do vibrador. Após um minuto de vibração, todas as barras que atingirem a profundidade de vibração de 40 cm estarão dentro do chamado raio de ação. Por fim, obtido o raio de ação, pode-se efetuar um adensamento econômico e eficiente, colocando a agulha em posições distantes de uma vez e meia o raio de ação.

7.7.2.2 Vibradores externos

O vibrador externo ou de fôrma, em alguns locais chamados "carrapatos" são firmemente fixados nas fôrmas, sendo usualmente utilizados em elementos nos quais não há possibilidade de acesso do vibrador de imersão (elementos muito esbeltos ou com alta taxa de armadura etc.). O procedimento consiste no lançamento do concreto em camadas e a vibração da fôrma promove o adensamento, sendo que a fôrma deve ser suficientemente resistente e estanque, evitar a sua deformação ou vazamento de material.

Esse tipo de vibrador pode danificar as fôrmas com o tempo e, por isso, aumentar o custo operacional do sistema e, para otimizar sua utilização, é necessário o uso de sistema de fôrmas metálicas que suportam a sua vibração mantendo sua geometria e reutilização, por isso, esse tipo de vibrador é usualmente utilizado na indústria da construção pré-fabricada de concreto.

7.7.3 Recomendações para o Adensamento do Concreto

Da mesma forma que as recomendações para lançamento do concreto, deve-se, obrigatoriamente, seguir as prescrições normativas presentes na ABNT NBR 14931:2004 e em normas complementares e/ou afins. A literatura técnica fornece procedimentos adequados para o adensamento com o uso de equipamentos específicos dependendo do caso, porém, deve-se verificar a concordância normativa.

De um ponto de vista mais amplo, como a etapa de adensamento é realizada concomitantemente com a etapa de lançamento do concreto, é importante o planejamento do caminho das equipes no local da concretagem de modo a não permitir a interrupção das atividades.

A escolha do sistema de adensamento depende claramente da consistência do concreto, equipamentos disponíveis, taxa de armadura e geometria do elemento estrutural, sendo o mais utilizado a vibração por imersão.

As regras gerais que devem ser observadas durante um adensamento típico são:

- aplicar o vibrador em distâncias iguais a uma vez e meia o raio de ação da agulha, que depende do seu diâmetro;
- a agulha deve ser movimentada de forma fácil e sem trancos, com velocidade de 5 cm/s a 8 cm/s, durante o adensamento, ou seja, deve ser inserida

TABELA 7.2 Relações para raio de ação para uma vibração mais eficiente e econômica

Raio de ação (cm)	Diâmetro da agulha (mm)	Frequência (períodos por min)	Amplitude ótima (mm)
10	25-35	24.000-18.000	0,1
25	35-50	18.000-15.000	0,1-0,3
40	50-75	15.000-12.000	0,3-0,5
50	75-125	12.000-9000	0,5-0,7
85	125-150	9000-6000	0,7-1,0
	150	6000	1,2-1,3

no concreto lançado de forma cuidadosa para não atingir as armaduras ou a fôrma. Deve ser retirada também cuidadosamente de modo que a cavidade formada pelo vibrador se feche naturalmente (caso contrário, o concreto não possui a trabalhabilidade mínima necessária) e não haja o aprisionamento de ar dentro da fôrma;
- não deslocar a agulha do vibrador de imersão horizontalmente;
- a espessura da camada deverá ser aproximadamente igual a 3/4 do comprimento da agulha; se não se puder atender a essa exigência, não deverá ser utilizado o vibrador de imersão;
- o vibrador de imersão deve ser inserido em toda a altura da camada de concreto fresco lançado e penetrar 10 cm na camada inferior de concreto lançado, de modo a garantir a monoliticidade das camadas (Fig. 7.19), em que não existirão planos frágeis entre as duas camadas, fissuras de assentamento plástico e efeitos de exsudação. De acordo com a ABNT NBR 14931:2004, a altura máxima das camadas de concreto não pode ser superior a 50 cm;
- não introduzir a agulha até menos de 10 a 15 cm da fôrma, para não deformá-la e evitar a formação de bolhas e de calda de cimento ao longo dos moldes;
- não vibrar além do necessário, tempo este em que desapareçam as bolhas de ar superficiais e a umidade na superfície é uniforme (não esquecer que excesso de vibração é, provavelmente, pior do que a falta de vibração). O método-padrão para se determinar a retirada da agulha é a qualidade da superfície do concreto vibrado, sendo esse classificado como liso ou nivelado; por último, exercer a vibração durante intervalos de tempo de 5 a 30 s, conforme a consistência do concreto.

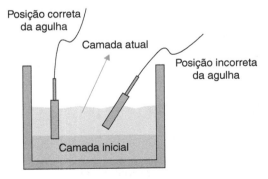

FIGURA 7.19 Forma de utilização do vibrador de imersão.

7.8 PROCESSO DE CURA DO CONCRETO

7.8.1 Introdução

Uma vez que o concreto esteja moldado na fôrma e tenha recebido o seu acabamento final (segundo o projetado), tem início o processo que visa garantir que todos os cuidados feitos na ocasião da dosagem, preparo, transporte, lançamento e adensamento do concreto, ainda no estado fresco, signifiquem uma boa qualidade do concreto quando no estado endurecido. Esse processo é chamado de "cura do concreto".

A norma brasileira ABNT NBR 14931:2004 preconiza que "enquanto não atingir endurecimento satisfatório, o concreto deve ser curado e protegido contra agentes prejudiciais para: evitar a perda de água pela superfície exposta; assegurar uma superfície com resistência adequada; assegurar a formação de uma capa superficial durável".

Mehta e Monteiro (2014) definem a cura como procedimentos destinados a promover a hidratação do cimento, consistindo no **controle do tempo, temperatura** e **condições de umidade**, consideradas imediatamente depois do lançamento de uma mistura de concreto em uma **fôrma**. Afirmam, ainda, que os dois objetivos da cura são "**impedir a perda precoce de umidade** e **controlar a temperatura do concreto** durante um período suficiente para que ele alcance um nível de resistência desejado".

É importante ter claro que o **ganho de resistência** de qualquer pasta de cimento hidratada está associado com a **liberação de calor** e com uma **contração do volume** do sólido e vice-versa. É o que Aitcin (2000) chama de "triângulo das Bermudas": Resistência – Calor – Contração Volumétrica.

Como visto, as medidas relacionadas com a cura do concreto devem ir além da simples preocupação em evitar a evaporação da água do concreto necessária para reagir com o cimento na ocasião da sua hidratação. Segundo Aitcin (2000), ela "é realizada por duas razões: para **hidratar tanto quanto possível o cimento** presente na mistura e, o que às vezes é esquecido, para **minimizar a retração**".

A retração, normalmente medida, corresponde a uma combinação de diversas retrações elementares: a **retração plástica** (na superfície do concreto fresco em função da secagem); a **retração autógena** (ocorre durante a hidratação do cimento); a **retração hidráulica** (perda de água em virtude da evaporação da água interna) e **retração térmica** (quando a temperatura interna do concreto diminui) (Aitcin, 2000).

Tanto a perda prematura da água que compõe o concreto quanto o não fornecimento de água necessária para controlar a variação volumétrica do concreto (e a retração), quando necessária, podem resultar em perda de resistência mecânica e impactar negativamente a durabilidade da peça concretada.

7.8.2 Fatores a Serem Levados em Conta na Escolha do Tipo de Cura

A priori, deve-se levar em conta que, se nenhuma medida relacionada com o processo de cura do concreto for tomada, a reação de hidratação do cimento ocorrerá, porém, esse concreto, quando endurecido, terá menor resistência mecânica e uma menor durabilidade que se um adequado processo de cura tivesse sido usado. Aitcin (2000) afirma que existem dois meios seguros para diminuir a durabilidade de uma estrutura de concreto armado: primeiro, com o uso de um concreto de baixa resistência e com alta relação *a/c*, e segundo, com a eliminação da cura do concreto, qualquer que seja a sua relação *a/c*, de tal forma que esse concreto retrai tanto quanto possível e desenvolve tantas fissuras quanto possível.

Por outro lado, pode ser feita a seguinte pergunta: que tipo de cura usar? A resposta deve considerar fatores importantes na ocasião da tomada de decisão quanto ao tipo e a duração do processo de cura do concreto a ser adotado. Esses fatores estão diretamente relacionados:

- Ao **tipo de cimento usado**. Quanto maior for a quantidade de clínquer que o cimento tiver, ou ainda, quanto mais finamente ele for moído (um bom exemplo é o cimento CP V ARI), mais exotérmica será a reação de hidratação e maiores cuidados devem ser tomados na cura.
- À **relação água/cimento (*a/c*)**. Para relações *a/c* elevadas (acima de 0,5), a quantidade de água da mistura é suficiente para a continuidade da hidratação (Neville, 2016), ou seja, evitar a perda de água pode ser suficiente. Por outro lado, em concretos com baixa relação *a/c*, a autossecagem se desenvolverá rapidamente dentro do concreto e mais alta será a retração autógena (Aitcin, 2000), sendo mais comum nos concretos de alto desempenho (CAD). Para Neville (2016), nesse caso, é aconselhável promover a hidratação pelo ingresso de água no concreto.
- À **relação aglomerante/agregado**. Quanto maior é a quantidade de cimento Portland com relação à quantidade de agregado (misturas mais ricas), maiores devem ser os cuidados com o processo de cura. Primeiro, porque a retração total do concreto é reduzida pela incorporação de mais agregado graúdo na mistura para um igual volume de pasta (Aitcin, 2000) e pelo fato de os agregados graúdos exercerem o papel de "amortecedores térmicos", recebendo parte do calor gerado na hidratação do cimento, reduzindo a elevação da temperatura interna do concreto. Ou seja, concretos com uma maior proporção de agregados miúdos necessitam de maiores cuidados na cura.
- À **geometria da peça** a ser concretada. Uma peça cuja fôrma tenha dimensões de 2 m × 2 m × 2,5 m necessita do mesmo volume de concreto que uma fôrma com dimensões 7,1 m × 7,1 m e 20 cm de espessura, ambas com 10 m^3 (Fig. 7.20). Porém, supondo que ambas sejam concretadas com concretos de mesmas características, sob o ponto de vista do tipo de cura a ser adotado, elas são muito

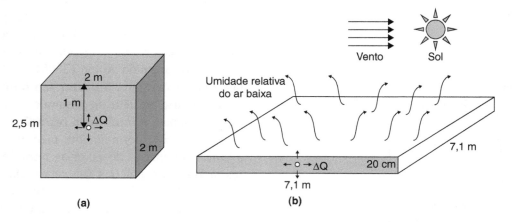

FIGURA 7.20 (a) Exemplo de peça com geometria com 3 dimensões proporcionais; (b) exemplo de peça com 2 dimensões proporcionais e uma terceira dimensão muito menor.

diferentes. Na primeira peça, os efeitos da reação exotérmica de hidratação do cimento e da variação volumétrica, dependendo dos outros fatores, poderão ser mais intensos que na segunda peça, que tem menor espessura. Por outro lado, embora a segunda peça tenha uma menor espessura, ou seja, maior facilidade para liberar a quantidade de calor emitida na hidratação do cimento, ela tem também uma área exposta maior sujeita à evaporação da água, seja pela ação do Sol, do vento ou da baixa umidade relativa do ar.

7.8.3 Tipos de Cura

Para auxiliar no entendimento dos tipos de cura que podem ser usados, ou ainda, qual escolher em cada situação, podem-se classificar os processos em dois grupos: (a) processos que impedem a saída da água; (b) processos que fornecem água.

a) Processos de cura que impedem a saída da água

A primeira alternativa é conservar o concreto dentro das fôrmas o maior tempo possível. Esse método é viável, principalmente, em vigas, pilares e blocos de fundação cuja área exposta ao Sol e ao ar são pequenas. Nesse caso, quanto mais impermeável o material usado como fôrma (as de madeira plastificada, poliméricas ou metálicas, são mais favoráveis), maior a eficiência. Claro que essa alternativa é viável quando a velocidade de desforma não é grande, possibilitando a manutenção do concreto confinado por mais tempo sem prejudicar o ritmo da obra.

A segunda possiblidade é recobrir a superfície com materiais impermeáveis, como os plásticos. Assim, a superfície concretada fica protegida da incidência direta do Sol, do vento e da baixa umidade relativa do ar. Nessa alternativa não há o controle da variação da temperatura, nem interna (em face da reação do concreto) nem externa (incidência do Sol). Neville (2016) sugere o uso de lâminas de cor escura em regiões de clima frio e de cor branca nas de clima quente pela vantagem da reflexão da luz solar. Esse método tem boa eficiência quando se deseja impedir a saída de água do concreto, pois a condição de umidade fica relativamente garantida na face inferior do material impermeável. Outros tipos bastante habituais de recobrimento são por meio de areia, terra, sacos de cimento, tábuas etc., e eles têm uma relativa eficiência quanto à proteção com relação à incidência direta do Sol e do vento, porém, não impedem a evaporação da água.

A terceira forma de cura por cobrimento é o uso do cobrimento da superfície exposta do concreto com uma película impermeável, aplicada por meio de rolos ou por aspersão. São inúmeros produtos que podem ser usados para esse propósito, indo desde a pintura com tintas, resinas ou produtos asfálticos, ou à base de parafinas. Porém, elas têm a desvantagem de serem permanentes ou, se removíveis (como à base de parafina), podem prejudicar a aderência com as outras possíveis camadas que possam ser executadas (argamassa de contra piso, revestimentos etc.).

b) Processos de cura que fornecem água

A primeira alternativa (e a mais efetiva) é a imersão da peça concretada em água. Seria ideal que toda peça concretada, após o fim da pega, fosse imersa em um tanque de água, porém, essa alternativa não é prática na maioria das concretagens. Ela é mais viável na indústria de pré-moldados e pré-fabricados. Uma maneira de fornecer água à superfície concretada, que simula a imersão, *é manter* uma lâmina de água represada sobre a peça por meio de represamento.

A segunda alternativa é o cobrimento das superfícies do concreto com materiais que tenham característica absorvente, como serragem, areia, sacos de algodão etc., que são molhadas periodicamente. Assim, o concreto fica livre da incidência direta do Sol e do vento (como no caso dos materiais impermeáveis, como os plásticos), mas é feito o fornecimento de água para saturação, o que ajuda, de certa maneira, a controlar a retração do concreto.

A irrigação ou a aspersão de água constituem a terceira alternativa, embora representem um processo oneroso tendo em vista a grande demanda de água, no caso de ser contínua. Por outro lado, a irrigação intermitente, aquela cuja superfície do concreto é molhada algumas vezes ao dia, necessita de um rigoroso planejamento no que diz respeito aos horários de irrigação, à vazão da água fornecida e a sua duração. A alternativa da adoção da irrigação intermitente em concretos com baixa relação a/c, que sejam feitos com CPV ARI ou tenham elevado consumo de cimento deve ser analisada criteriosamente.

7.8.4 Duração do Processo de Cura

É consenso que o processo de cura deve ser iniciado o mais cedo e encerrado o mais tarde possível, tal a sua importância para a qualidade do concreto quando no estado endurecido – o período de 7 dias é o mais adequado.

Em dias cujas condições climáticas são de calor elevado, umidade relativa do ar baixa e há predominância de ventos, os cuidados com o processo de cura do concreto devem ser redobrados. Assim, dias nublados cuja umidade relativa do ar é superior a 60 %, com temperatura mediana, em torno de 20 °C, sem a predominância de ventos, são mais favoráveis que dias secos, quentes e com vento.

Com relação ao tipo de cimento, a decisão deve ser tomada conforme a velocidade de hidratação do cimento ou de sistemas compostos com cimentos e adições. A Figura 7.21 ilustra de forma simplificada o regime de liberação de calor (exotermia) do cimento Portland comum durante a sua hidratação. Por meio dela, fica claro que as primeiras horas são as mais críticas, e a liberação mais intensa de calor ameniza após os primeiros dias.

Os cimentos com adições (CP II) têm um comportamento próximo ao da Figura 7.21 e aqueles que têm uma maior quantidade de adições (CP III e CP IV, por exemplo) têm esse pico de temperatura mais tênue, não representando uma liberação de calor muito intensa. Nesses casos, uma cura com prazo mínimo de 7 dias pode ser suficiente. Por outro lado, os cimentos cuja composição tenha uma maior quantidade de clínquer e uma menor presença de adições têm uma maior liberação de calor nas primeiras idades em função da hidratação, por isso exigem bastante cuidado quanto à liberação de calor. Esse é o caso do cimento CP V ARI, que tem grande quantidade de clínquer (com predominância do C_3S e C_3A em sua composição) e elevada velocidade de reação, representando grande liberação de energia (aumento da temperatura) em um intervalo pequeno de tempo, requerendo cuidados redobrados com sua cura já nas primeiras horas e nos primeiros dias.

Mas, quando começar a fornecer água para a cura na peça do concreto sem que a água fornecida interfira na relação a/c da mistura, ou não danifique o acabamento da superfície do concreto? De forma geral, quando o concreto perder sua consistência (normalmente, entre o início e o fim de pega) é uma boa ocasião para iniciar o fornecimento de água (caso se opte por esse tipo de cura).

A temperatura da água usada para cura deve ser a mesma quando em ambiente e não deve ser muito mais baixa que a do concreto para evitar o choque térmico ou grandes gradientes de temperatura (Neville, 2016).

Temperaturas superiores a esses valores podem resultar em um aceleramento do processo de hidratação do cimento – conhecido como cura térmica. Se necessário usar o processo de cura térmica, seja ela por meio água no estado líquido ou a vapor, à pressão atmosférica ou em autoclave, recomenda-se o suporte técnico de consultor especializado, uma vez que os produtos da hidratação do cimento submetido à cura térmica podem apresentar diferenças com relação aos obtidos habitualmente quando em cura convencional (formação da etringita secundária, por exemplo).

Quando as condições de concretagem ou a composição do concreto representarem a possibilidade de grande liberação de calor e variação volumétrica, elas podem ser enfrentadas por meio de recursos técnicos especiais que possibilitem o equilíbrio da temperatura do concreto a partir de resfriamento (seja na concretagem ou na cura). Nesse tipo de concretagem, recomenda-se o suporte tecnológico de especialistas.

Por fim, cabe ressaltar que, em concretagens em climas frios, o processo de cura deve prever medidas de proteção contra o congelamento da água e o tempo de cura deve ser aumentado.

FIGURA 7.21 Representação esquemática da liberação do calor durante a hidratação do cimento Portland comum. Fonte: baseada em Jawed; Skalny; Yung (1983).

BIBLIOGRAFIA

AITCIN, P. C. *Concreto de alto desempenho*. São Paulo: Pini, 2000.

ASSOCIAÇÃO BRASILEIRA DE NORMAS TÉCNICAS. *NBR 6118:* Projeto de estruturas de concreto – Procedimento. Rio de Janeiro: ABNT, 2014.

ASSOCIAÇÃO BRASILEIRA DE NORMAS TÉCNICAS. *NBR 7211*: Agregados para concreto — Requisitos. Rio de Janeiro: ABNT, 2022.

ASSOCIAÇÃO BRASILEIRA DE NORMAS TÉCNICAS. *NBR 7212:* Concreto dosado em central – Preparo, fornecimento e controle. Rio de Janeiro: ABNT, 2021.

ASSOCIAÇÃO BRASILEIRA DE NORMAS TÉCNICAS. *NBR 8953:* Concreto para fins estruturais – Classificação pela massa específica, por grupos de resistência e consistência. Rio de Janeiro: ABNT, 2015.

ASSOCIAÇÃO BRASILEIRA DE NORMAS TÉCNICAS. *NBR 10342:* Concreto – Perda de abatimento – Método de ensaio. Rio de Janeiro: ABNT, 2012.

ASSOCIAÇÃO BRASILEIRA DE NORMAS TÉCNICAS. *NBR 12655:* Concreto de cimento Portland – Preparo, controle, recebimento e aceitação – Procedimento. Rio de Janeiro: ABNT, 2022.

ASSOCIAÇÃO BRASILEIRA DE NORMAS TÉCNICAS. *NBR 14931:* Execução de estruturas de concreto – Procedimento. Rio de Janeiro: ABNT, 2004.

ASSOCIAÇÃO BRASILEIRA DE NORMAS TÉCNICAS. *NBR 15823-1:* Concreto autoadensável – Parte 1: Classificação, controle e recebimento no estado fresco. Rio de Janeiro: ABNT, 2017a.

ASSOCIAÇÃO BRASILEIRA DE NORMAS TÉCNICAS. *NBR 15823-2:* Concreto autoadensável – Parte 2: Determinação do espalhamento, do tempo de escoamento e do índice de estabilidade visual – Método do cone de Abrams. Rio de Janeiro: ABNT, 2017b.

ASSOCIAÇÃO BRASILEIRA DE NORMAS TÉCNICAS. *NBR 16889:* Concreto – Determinação da consistência pelo abatimento do tronco de cone. Rio de Janeiro: ABNT, 2020.

CASTRO, A. L.; LIBÓRIO, J. B. L.; PANDOLFELLI, V. C. Reologia de concretos de alto desempenho aplicados na construção civil – Revisão. *Cerâmica*, v. 57, p. 63-75, 2011.

FERRARIS, C. F. Measurement of rheological properties of high performance concrete: state of the art report, *Journal of Research of the National Institute of Standards and Technology*, v. 104, n. 5, p. 461-478, 1999.

GLANVILLE, W. H.; COLLINS, A. R.; MATTHEWS, D. *The grading of aggregates and workability of concrete.* London: Road Research Tech, Paper n. 5, 1949.

JAWED, I.; SKALNY, J.; YOUNG, J. F. Hydratation of Portland cement. *In: Structure and Performance of Cements.* P. Barbes (ed.). London: P. Applied Science Publishers, 1983.

MEHTA, P. K.; MONTEIRO, P. J. M. *Concreto*: microestrutura, propriedades e materiais. 3. ed. São Paulo: Ibracon, 2014.

NEVILLE, A. M. *Propriedades do concreto*. 5. ed. Porto Alegre: Bookman, 2016.

NEVILLE, A. M.; BROOKS, J. J. *Tecnologia do concreto.* 2. ed. Porto Alegre: Bookman, 2013.

RITCHIE, A. G. B. The triaxial testing of fresh concrete. *Magazine of Concrete Research*, v. 14, n. 40, p. 37-42, Mar. 1962.

ROMANO, R. C. O.; CARDOSO, F. A.; PILEGGI, R. G. Propriedades do concreto no estado fresco. *In*: ISAIA, G. C. (Ed.). *Concreto*: Ciência e Tecnologia. São Paulo: Ibracon, 2011.

8

CONTROLE TECNOLÓGICO DO CONCRETO

Prof. Eng.º Luiz Alfredo Falcão Bauer •
Prof. Eng.º Roberto José Falcão Bauer •
Dra. M.Sc. Juliana de Carvalho

8.1 Introdução, 201
8.2 Desenvolvimento Tecnológico, 201
8.3 Premissas para a Qualidade do Concreto, 201
8.4 Abrangência, 201
8.5 Materiais Disponíveis e suas Características, 202
8.6 Plano de Concretagem, 204
8.7 Preparo, Transporte e Recebimento do Concreto Segundo a ABNT NBR 12655:2022, 205

8.1 INTRODUÇÃO

O controle tecnológico do concreto é um conjunto de atividades que visa facilitar e atender rigorosamente as premissas de projetos, especificações e normas técnicas, produzindo um bom produto, o cumprimento dos prazos previstos e a redução do espaço útil durante a execução das estruturas, bem como aperfeiçoar o uso de fôrmas, cimbramentos e economizar no consumo de cimento.

Essas atividades devem constituir um programa de controle tecnológico do concreto que, normalmente, possui um grande número de variáveis que podem influenciar suas características, as quais envolvem desde a rigorosa seleção de materiais baseada em ensaios para seu recebimento e de competente estudo de dosagens até as características do produto final "concreto armado".

O interesse do setor de construção civil por controle tecnológico tem crescido ao longo dos anos, segundo *A Construção em São Paulo* (1969). Em 1965, apenas 20 % das construções em concreto tinham controle tecnológico na cidade de São Paulo e, quatro anos depois, em 1969, esse percentual aumentou para 50 %, porém, esse percentual era menor no interior do estado, reservando-se somente para as obras de infraestrutura.

Isso ocorria porque havia em São Paulo apenas cinco laboratórios especializados em controle tecnológico do concreto (três particulares, os do IPT e da Universidade Mackenzie) e, assim, o mercado restringia-se à capital do estado.

Na época, grande parte dos serviços dos laboratórios se restringia a recuperar estruturas que apresentavam patologias ameaçando a sua estabilidade estrutural.

Ao longo dos anos, os profissionais da área de construção civil começaram a visualizar a necessidade de investimentos na área, pois, dessa forma, poderiam agir de modo a evitar as patologias.

No entanto, atualmente, esse percentual de uso no que concerne a controle tecnológico de concreto em obras ainda não é ideal.

Ressalta-se ainda que, hoje, praticamente todas as obras de infraestrutura do Brasil possuem controle tecnológico, no entanto, nem sempre os dados obtidos com os relatórios de ensaios são utilizados corretamente.

8.2 DESENVOLVIMENTO TECNOLÓGICO

Nas últimas décadas, ocorreram avanços tecnológicos promovidos pelo setor da construção civil visando promover maior confiabilidade, durabilidade, economia, versatilidade, desempenho, adaptabilidade e estética aos produtos da cadeia produtiva.

Isso envolveu a melhoria nos materiais, manejo, combinações e controle de sua qualidade, bem como nos métodos construtivos, especificações, projetos, redução e reciclagem de resíduos, além da ampliação dos campos de aplicação do concreto.

Como exemplo desse investimento, pode-se citar o concreto de alto desempenho, que somente foi possível a partir do desenvolvimento tecnológico na produção de cimento Portland e de novas gerações de aditivos e adições ao concreto.

O comportamento das estruturas de concreto armado e protendido e sua deterioração em decorrência de agentes agressivos foi mais bem estudado, bem como a definição de critérios de avaliação do grau de agressividade do ambiente.

O estabelecimento de parâmetros, por meio de métodos de ensaios, para concretos e estruturas de concreto armado e protendido, tendo em vista sua durabilidade e resistência mecânica, permitiu obter estimativa de sua vida útil, quando expostos a determinados ambientes agressivos.

8.3 PREMISSAS PARA A QUALIDADE DO CONCRETO

A qualidade potencial do concreto depende, conforme Helene (1998), preponderantemente da relação água/cimento e do grau de hidratação, assim como de suas propriedades mecânicas, como módulo de elasticidade, resistência à compressão, à tração, fluência, relaxação, abrasão, durabilidade e outras.

A qualidade efetiva do concreto da obra, ou seja, na estrutura, é assegurada pelos procedimentos de dosagem, preparo, transporte, lançamento, adensamento, desforma e cura.

Controlar a qualidade, portanto, não significa comprovar *a posteriori*, mas, sim, definir, para cada fase do processo (planejamento, projeto, especificações, suprimentos, mão de obra, equipamentos, execução, controle, serviços, uso e manutenção), determinadas ações para assegurar o cumprimento dos requisitos preestabelecidos.

8.4 ABRANGÊNCIA

Este capítulo de controle tecnológico se aplica a estruturas de concreto armado, protendido, pré-moldado,

202 Capítulo 8

pré-fabricado e projetado; não sendo aplicável a obras de pavimento rígido (pavimentação), barragens (concreto massa), concretos aerados, espumosos (concreto leve), concretos autoadensáveis e concretos sujeitos à ação de meios agressivos, desde que complementados com exigências específicas.

8.5 MATERIAIS DISPONÍVEIS E SUAS CARACTERÍSTICAS

O texto que se segue foi elaborado com base nas normas ABNT NBR (Norma Brasileira Registrada), ASTM (Norma Americana), NM (Norma Mercosul) e da CETESB (Companhia Ambiental do Estado de São Paulo), para execução de ensaios e controle tecnológico do concreto. Se necessário, recomenda-se consultar projetos, especificações técnicas e demais documentos específicos do empreendimento em questão.

8.5.1 Controle Tecnológico de Materiais Componentes do Concreto – Procedimento

O controle tecnológico dos materiais deve ser baseado nas normas pertinentes, como a ABNT NBR 12655: 2022, a qual especifica que, para sua realização, deve-se documentar a qualidade do material que será empregado na obra, mediante ações (procedimentos, critérios de seleção/avaliação de fornecedores etc.), e realizar ensaios/laudos, que comprovem que os materiais constituintes do concreto atendem aos requisitos exigidos nas respectivas normas técnicas e especificações técnicas do empreendimento em questão. A NBR 12655:2022 é aplicável a concreto de cimento Portland para estruturas moldadas na obra, estruturas pré-moldadas e componentes estruturais pré-fabricados para edificações e estruturas de engenharia.

Nesta norma, estão estabelecidos dois planos de ensaios, que serão apresentados a seguir.

8.5.1.1 Ensaios de qualificação de materiais

São ensaios que ocorrem antes da compra dos materiais constituintes do concreto para que possa ser garantida a qualidade do produto final, ou seja, antes de ser iniciado o fornecimento dos materiais constituintes do concreto (cimento, agregados, adição, aditivo, água) fazem-se ensaios para comprovar suas características. Como exemplo, podem-se verificar as características de durabilidade e natureza mineralógica (no caso de agregados).

Esses ensaios devem ser realizados sempre que se desejar ter um conhecimento mais profundo sobre algum material e a documentação resultante de ensaios e análise para qualificação deve ser armazenada adequadamente com a documentação da obra.

8.5.1.2 Ensaios de recebimento

Após a qualificação ou apresentação de documentação devidamente avaliada e aprovada, quando do recebimento do material deverão ser coletadas amostras dos lotes ou partidas, para realização dos ensaios de recebimento, mínimos necessários para sua aprovação.

Cimento Portland

- ABNT NBR 16697:2018: Cimento Portland – Requisitos.

Adições

- ABNT NBR 5752:2014: Materiais pozolânicos – Determinação do índice de desempenho com cimento Portland aos 28 dias.
- ABNT NBR 12653:2015: Materiais pozolânicos – Especificação.
- ABNT NBR 13956:2012: Sílica ativa para uso em cimento Portland em concreto, argamassa e pasta.

Aditivos

- ABNT NBR 11768-1:2019: Aditivos químicos para concreto de cimento Portland – Parte 1: Requisitos.
- ABNT NBR 11768-2:2019: Aditivos químicos para concreto de cimento Portland – Parte 2: Ensaios de desempenho.
- ABNT NBR 11768-3:2019: Aditivos químicos para concreto de cimento Portland – Parte 3: Ensaios de caracterização.

Água

- Série das normas ABNT NBR 15900:2009: Água para amassamento do concreto.

Agregados

- ABNT NBR 7211:2022: Agregados para concreto – Especificação.
- NM 248:2003: Composição granulométrica.
- ABNT NBR 7218:2010: Teor de argila em torrões e materiais friáveis.
- ABNT NBR 16973:2021: Agregados – Determinação do material fino que passa pela peneira de 75 µm por lavagem.

- NM 49:2001: Agregado miúdo – Determinação de impurezas orgânicas.
- ABNT NBR 9917:2009: Agregados para concreto – Determinação de sais, cloretos e sulfatos solúveis.
- ASTM C1260:2021: *Standard Test Method for Potential Alkali Reactivity of Aggregates (Mortar-Bar Method)*.
- Série ABNT NBR 15577-1:2018: Agregados – Reatividade álcali-agregado.

Concreto dosado em central

- ABNT NBR 7212:2021: Concreto dosado em central – Preparo, fornecimento e controle.

Preparo, controle e recebimento do concreto

- ABNT NBR 16886:2020: Concreto – Amostragem de concreto fresco.
- ABNT NBR 16889:2020: Concreto – Determinação da consistência pelo abatimento do tronco de cone.
- ABNT NBR 16887:2020: Concreto – Determinação do teor de ar em concreto fresco – Método pressométrico.
- ABNT NBR 15558:2008: Concreto – Determinação da exsudação.
- ABNT NBR 5738:2016: Concreto – Procedimento para moldagem e cura de corpos de prova.
- ABNT NBR 5739:2018: Concreto – Ensaio de compressão de corpos de prova cilíndricos.
- ABNT NBR 12655:2022: Concreto de cimento Portland – Preparo, controle, recebimento e aceitação – Procedimento.

Concreto endurecido – ensaios especiais e de durabilidade

- ABNT NBR 7680:2015: Extração, preparo, ensaio e análise de testemunhos de estruturas de concreto – Procedimento.
- ABNT NBR 8522:2021 (Série): Concreto endurecido – Determinação dos módulos de elasticidade e de deformação.
- ABNT NBR 9778:2009: Argamassa e concreto endurecidos – Determinação da absorção de água, índice de vazios e massa específica.
- ABNT NBR 9779:2012: Argamassa e concreto – Determinação da absorção de água por capilaridade.
- ABNT NBR 10787:2011: Concreto endurecido – Determinação da penetração de água sob pressão.

Estruturas de concreto

- ABNT NBR 6122:2022: Projeto e execução de fundações.
- ABNT NBR 6118:2023: Projeto de estruturas de concreto – Procedimento.
- ABNT NBR 9062:2017: Projeto e execução de estruturas de concreto pré-moldado – Procedimento.
- ABNT NBR 14931:2004: Execução de estruturas de concreto – Procedimento.

Comentários
Aditivos

- ABNT NBR 11768:2019 (Série) – Aditivos químicos para concreto de cimento Portland.

Trata-se de ensaios visando controlar a uniformidade dos lotes de aditivos a serem utilizados nas dosagens de concreto. São controlados o pH, o teor de sólidos, a massa específica e o teor de cloretos. São ensaios recomendados para qualificar aditivos, por meio de ensaios comparativos.

Água

- ABNT NBR 15900:2009 (Série): Água para amassamento do concreto.

É recomendado executar quando a procedência ou características possam vir a causar danos ao concreto.

São determinados o teor de resíduos sólidos, o pH, o teor de ferro, sulfatos solúveis e cloretos solúveis. Também são avaliados o tempo de pega e a resistência à compressão do cimento. Os ensaios são realizados com uma água de referência (padrão) e com a água que se pretende utilizar.

Agregados

- ABNT NBR 7212:2021 – Concreto dosado em central – Preparo, fornecimento e controle.

Estabelece os parâmetros de controle tecnológico que os agregados devem atender.

A análise petrográfica permite avaliar a presença ou não de constituintes do agregado suscetíveis aos álcalis do cimento e seu potencial; em geral, é o primeiro ensaio para investigação do fenômeno da RAA (reação álcalis-agregado).

O ensaio de sais solúveis, cloretos e sulfatos em agregado miúdo é recomendado, principalmente em regiões litorâneas.

Concreto dosado em central

Os procedimentos e exigências da ABNT NBR 7212:2021 permitem avaliar a qualidade da produção

204 Capítulo 8

do concreto, tempo de transporte e para lançamento do concreto fresco, como proceder para corrigir o abatimento antes do lançamento, bem como as responsabilidades entre as partes.

8.6 PLANO DE CONCRETAGEM

O plano de concretagem é a elaboração do planejamento formal para execução da concretagem, englobando todas as suas fases, em função do projeto, métodos executivos, equipamentos disponíveis, mão de obra e materiais empregados, podendo envolver os projetistas (arquitetônico e/ou estrutural), construtores e tecnologistas de concreto.

Esse planejamento deve considerar a mistura do concreto, transporte (interno e externo da obra), lançamento, adensamento e cura.

8.6.1 Mistura do Concreto

A mistura do concreto é uma etapa muito importante da concretagem, pois dela dependem as características do concreto.

Nessa etapa, deve ser estabelecida a dosagem dos materiais que serão utilizados no concreto, bem como sua qualidade.

A dosagem apresenta a quantidade de materiais que serão utilizados no concreto, e isso pode ser em volume ou em massa.

Além da dosagem, é importante definir os equipamentos que serão utilizados na mistura, bem como os controles que serão realizados.

O concreto também pode ser comprado em usinas de concreto e este serviço de dosagem será realizado por ela ou especificado pelo cliente.

Quando o concreto é comprado em usina, é importante que, na requisição do serviço, sejam especificadas as características do concreto, considerando o seu desempenho e resistência mecânica.

8.6.2 Transporte

No plano de concretagem deve ser considerado o transporte do concreto, tanto interno quanto externo à obra, e a equipe da obra para esse transporte deve ser coerente com as escolhas dessa etapa.

Para a definição do transporte externo, devem ser estabelecidos:

- volume de concreto, considerando todas as peças que serão concretadas;
- capacidade dos equipamentos disponíveis no mercado para o transporte externo;

- condições de trajeto até a obra;
- possibilidades de acesso ao canteiro de obra;
- local para descarga (deve ser sem declividade) e, caso necessário mais de um caminhão betoneira, local para espera dos caminhões.

A forma de transporte do concreto interno ao canteiro de obra pode ser mecânica ou manual e, para sua definição, devem ser considerados:

- volume do concreto;
- altura e distância do lançamento;
- velocidade pretendida no lançamento;
- características do concreto, como plasticidade.

8.6.3 Lançamento

Deve ser planejada qual a forma de lançamento do concreto que será utilizada, considerando equipe adequada à escolha realizada.

Antes do lançamento, deve-se realizar a verificação das fôrmas (travamento e limpeza) e das armaduras (verificação da armadura × projeto e espaçamentos).

O lançamento poderá ser manual, utilizando-se, por exemplo, carriolas e mecânica, como bombas.

A escolha do tipo de lançamento deverá considerar:

- velocidade necessária para o lançamento em decorrência do tipo de concreto, aditivo utilizado, plasticidade do concreto e calor de hidratação;
- volume do concreto;
- altura e distância do lançamento;
- quantidade de pessoas disponíveis para auxiliar nesse processo;
- equipamentos e dispositivos disponíveis.

8.6.4 Adensamento

No plano de concretagem, devem ser considerados:

- os equipamentos disponíveis para realização do adensamento, como vibrador;
- cuidados necessários ao concreto para evitar segregação;
- características das fôrmas;
- complexidade das armaduras;
- acabamento desejado ao concreto.

8.6.5 Cura

O método de cura deve ser considerado no plano de concretagem, pois deverá ser avaliada a programação dos materiais que serão utilizados, bem como a equipe necessária para tanto.

8.7 PREPARO, TRANSPORTE E RECEBIMENTO DO CONCRETO SEGUNDO A ABNT NBR 12655:2022

A ABNT NBR 12655:2022 determina as exigências mínimas para executar o preparo e recebimento do concreto destinado às estruturas de concreto armado, protendido e pré-moldado.

8.7.1 Etapas de Execução do Concreto

8.7.1.1 Dosagem do concreto

O início da execução do concreto envolve a caracterização dos materiais componentes do concreto.

Após a obtenção das características dos materiais que farão parte do concreto a partir dos resultados de ensaios, será possível realizar seu estudo de dosagem e fazer os ajustes e comprovação da dosagem prática.

Tendo a dosagem do concreto, ele poderá ser misturado pelo executante da obra ou por empresa de serviço de concretagem, conforme a ABNT NBR 7212:2021.

8.7.1.2 Aceitação do concreto fresco

A aceitação do concreto é dependente de ensaios realizados no concreto fresco e deve ser efetuada no início da descarga da betoneira mediante a verificação da conformidade das características especificadas em projeto e na nota fiscal de entrega do concreto usinado.

Caso haja alguma divergência dos resultados com o especificado, o concreto não deve ser recebido e/ou utilizado.

8.7.1.3 Aceitação definitiva do concreto

A aceitação definitiva do concreto consiste na verificação dos resultados de ensaios com os requisitos especificados para o concreto endurecido.

Caso haja divergência entre os resultados com o especificado, esse desvio deve ser discutido com o engenheiro projetista, construtora, usina de concreto e laboratório.

8.7.1.4 Recebimento do concreto

Consiste na verificação do cumprimento da norma ABNT NBR 12655:2022, por meio da análise (ensaios) e aprovação da documentação correspondente, no que diz respeito às etapas de execução do concreto e sua aceitação.

8.7.1.5 Responsabilidade pela composição e propriedades do concreto

Cabe ao proprietário da obra, ou responsável por ele designado, garantir o cumprimento da ABNT NBR 12655:2022 e manter documentação que comprove a qualidade (registros) da composição e propriedades do concreto.

Profissional Responsável pelo Projeto Estrutural

Responsabilidades

- Especificar e registrar a resistência característica (f_{ck}), em todos os desenhos e memórias (documentação técnica);
- especificar, quando necessário, as resistências (f_{ck}) para as etapas construtivas, como desforma, retirada do cimbramento, aplicação de protensão, manuseio de pré-moldados etc.;
- especificar outros parâmetros correspondentes à durabilidade da estrutura e outras especificações especiais, como:
  - consumo mínimo de cimento;
  - relação água/cimento;
  - módulo de deformação; e
  - idades etc.

Profissional Responsável pela Execução da Obra

Responsabilidades

- Escolha da modalidade e preparo do concreto;
- etapas da execução do concreto quando é preparado pelo executante;
- escolha do tipo de concreto a ser aplicado (abatimento, diâmetro máximo do agregado etc.);
- atendimento a todos os requisitos de projeto, inclusive pela escolha do cimento;
- aceitação do concreto;
- cuidados requeridos pelo processo construtivo e pela retirada do escoramento, entre outros.

Responsável pelo Recebimento do Concreto

Cabe ao proprietário da obra ou responsável técnico designado por ele. Recomenda-se, contudo, a contratação de consultor especializado ou empresa de controle tecnológico de confiança.

8.7.2 Estudo de Dosagem do Concreto

Para classe de resistência C15 ou superior, a composição a ser utilizada na obra deve ser definida, em dosagem racional ou experimental, com a devida antecedência a execução das concretagens.

Para classe de resistência C10, o consumo mínimo para traço definido empiricamente é de 300 kg/m³ (seis sacos de 50 kg).

8.7.2.1 Cálculo de resistência da dosagem

É dado pela equação:

$$f_{cj} = f_{ck} + 1,65 \times s_d$$

em que:

f_{cj} = resistência média do concreto à compressão, prevista para a idade de "j" dias, em MPa;
f_{ck} = resistência característica à compressão, em MPa;
s_d = desvio-padrão da dosagem, em MPa.

Condições de preparo do concreto

O cálculo de resistência da dosagem depende da condição de preparo do concreto:

- **Condição A** (para concretos de classe C10 até C80). O cimento e os agregados são medidos em massa, a água de amassamento é medida em massa ou volume com dispositivo dosador e corrigida em função da umidade dos agregados.
- **Condição B**
  - (para concretos de classe C10 até C25). O cimento é medido em massa, a água é medida em volume mediante dispositivo dosador e os agregados medidos em massa combinada com volume (padiolas);
  - (para concretos de classe C10 até C20). O cimento é medido em massa, a água de amassamento é medida em volume com dispositivo dosador e os agregados medidos em volume, a umidade da areia é determinada pelo menos três vezes durante o serviço do mesmo turno e seu volume é corrigido pela curva de inchamento.
- **Condição C** (aplicáveis apenas a concretos de classe C10 e C15). O cimento é medido em massa, os agregados em volume, a água de amassamento é medida em volume estimando a umidade da areia pela determinação do abatimento do concreto.

Desvio-padrão (s_d) para cada condição de preparo

- Condição A = 4,0 MPa;
- Condição B = 5,5 MPa;
- Condição C = 7,0 MPa.

Nota: em nenhuma condição, mesmo para concreto com desvio-padrão conhecido, o valor do desvio-padrão (s_d) adotado pode ser menor que 2,0 MPa. Para condição de preparo C, quando o desvio-padrão não é conhecido, para concreto de classe-padrão não conhecida e, para concreto de classe C15, o consumo mínimo de cimento é de 350 kg/m³.

8.7.3 Ensaio de Controle de Aceitação

8.7.3.1 Ensaio de consistência – Abatimento – ABNT NBR 16889:2020

Recomenda-se que seja realizado o ensaio de consistência (abatimento) para os concretos preparados em obra:

- na primeira massada do dia;
- sempre que houver alteração na umidade da areia;
- intervalo entre concretagens superiores a 2 horas;
- na troca de operadores no preparo do concreto;
- quando forem moldados corpos de prova.

Deve ser realizado o ensaio de consistência (abatimento) em todas as betoneiras para concretos fornecidos por empresas prestadoras de serviços de concretagens

8.7.3.2 Ensaio de resistência à compressão – ABNT NBR 5739:2018

Os ensaios de resistência à compressão de concretos são realizados em corpos de prova cilíndricos moldados durante as concretagens, e os resultados obtidos nesses ensaios devem servir para a aceitação ou rejeição dos lotes.

Formação de lotes (ABNT NBR 12655:2022)

A formação de lotes deve ser de corpos de prova de concreto com as mesmas características, materiais e central de produção, ou seja,

- uma única usina por obra; e
- mesmo f_{ck}, abatimento e mesma granulometria dos agregados.

A formação do lote deve ser feita conforme divisão dos elementos estruturais (pilares, lajes e vigas, fundações, paredes etc.) atendendo aos seguintes limites (Tab. 8.1):

- De cada lote deve ser retirada uma amostra, com número de exemplares de acordo com o tipo de controle por amostragem parcial ou por amostragem total.

TABELA 8.1 Limite para formação de lote, de acordo com a ABNT NBR 12655:2022

Limites	Solicitação principal do elemento estrutural	
	Compressão ou compressão com flexão	**Flexão simples**
Volume de concreto	50 m³	100 m³
Número de andares	1	1
Tempo de concretagem	3 dias (*)	3 dias (*)

(*) Compreendido no prazo total máximo de 7 dias, que inclui eventuais interrupções para tratamento de juntas.

- Cada exemplar é composto por dois corpos de prova moldados no mesmo ato, conforme ABNT NBR 5738:2016, com concreto da mesma amassada, para cada idade de rompimento. Toma-se como resistência do exemplar o maior dos dois valores obtidos.

Tipos de controle da resistência do concreto

Para cada um dos dois tipos de controle, é prevista uma fórmula de cálculo do valor estimado da resistência característica à compressão ($f_{ck,est}$) dos lotes de concreto.

- **Controle da resistência por amostragem total**

São moldados corpos de prova de todas as betoneiras de concreto e o cálculo do valor estimado da resistência característica é dado por:

a) para $n \leq 20$

$$f_{ck,est} = f_1$$

em que:

n = número de exemplares moldados durante a concretagem;

f_1 = menor valor da resistência à compressão da série de exemplares do mesmo lote, ensaiado na mesma idade;

$f_{ck,est}$ = valor estimado da resistência característica à compressão.

b) para $n \geq 20$

$$f_{ck,est} = f_i$$

em que:

$i = 0,05\, n$; quando o valor de i for fracionado, adota-se o número interno imediatamente superior.

- **Controle da resistência por amostragem parcial**

Neste tipo de controle, não há necessidade de moldar corpos de prova de todas as betoneiras, entretanto, as amostras devem ter, no mínimo, seis exemplares para concreto de classes até C50 e de 12 exemplares para concretos de classe superiores a C50:

a) para lote com número de exemplares entre $6 \leq n < 20$, o valor estimado da resistência característica à compressão ($f_{ck,est}$) é dado por:

$$f_{ck,est} = 2 \times f_1 + f_2 + \ldots + f_{m-1}$$

em que:

$m = n/2$; se for ímpar, despreza-se o valor mais alto de n;

$f_1, f_2, \ldots f_m$ = valores das resistências dos exemplares em ordem crescente.

Não se deve tomar para $f_{ck,est}$ valor menor que $\psi_6 \times f_1$.

b) para lote com número de exemplares $n \geq 20$

$$f_{ck,est} = f_{cm} - 1,65 \times s_d$$

em que:

f_{cm} = resistência média dos exemplares do lote, em MPa;

s_d = desvio-padrão do lote para $n - 1$ resultados, em MPa.

- **Valores de ψ_6: Tabela 8.2**

TABELA 8.2 Número de exemplares, de acordo com a condição de preparo (ABNT NBR 12655:2022)

Condição de preparo	Número de exemplares (*n*)										
	2	**3**	**4**	**5**	**6**	**7**	**8**	**10**	**12**	**14**	**> 16**
A	0,82	0,86	0,89	0,91	0,92	0,94	0,95	0,97	0,99	1,00	1,02
B ou C	0,75	0,80	0,84	0,87	0,89	0,91	0,93	0,96	0,98	1,00	1,02

- **Casos excepcionais**

A estrutura pode ser dividida em lotes de, no máximo, 10 m³ e a amostra pode ser composta com números de exemplares entre 2 e 5. Esse caso é recomendável para pequenas concretagens, com volume inferior a 10 m³.

8.7.4 Aceitação e Rejeição dos Lotes

Aceitação automática
Ocorre quando → $f_{ck,\,est} > f_{ck}$, em que f_{ck} é a resistência característica do concreto à compressão.

Aceitação não automática
Ocorre quando → $f_{ck,\,est} < f_{ck}$.

Neste caso, a análise deve seguir os critérios estabelecidos pela ABNT NBR 6118:2023, sendo especificados os seguintes procedimentos básicos:

- revisão do projeto estrutural adotando para f_{ck} de projeto o resultado obtido no ensaio do lote;
- extração de testemunhos da estrutura, conforme ABNT NBR 7680:2015, para calcular a resistência do lote de concreto da estrutura, conforme a ABNT NBR 12655:2022;
- prova de carga, desde que seja assegurada a não ruptura frágil da estrutura em exame.

8.7.4.1 Divergências entre f_{ck} estimado e f_{ck} real

Caso seja constatada a continuidade da existência de divergência entre f_{ck} estimado e f_{ck} obtido nos ensaios de resistência à compressão para a estrutura, ou parte dela, cabe adotar as seguintes alternativas:

- determinar as restrições de uso da estrutura;
- reforçar a estrutura;
- demolir a estrutura.

8.7.4.2 Por que calcular o valor estimado da resistência característica à compressão do concreto?

- Para obter o valor potencial, único e característico de resistência à compressão de um certo volume de concreto, de modo a comparar este valor com o valor do f_{ck} especificado em projeto.
- Como os valores dos resultados dos ensaios são dispersos, variáveis de uma obra a outra, conforme o rigor de produção do concreto, a média dos resultados não é suficiente para definir e qualificar uma produção de concreto e, portanto, faz-se necessário considerar a dispersão de resultados pelo cálculo do desvio-padrão.

- O cálculo do f_{ck} estimado ($f_{ck,est}$) elimina o inconveniente de ter que trabalhar com dois parâmetros.

8.7.4.3 O que é a resistência característica do concreto?

- A distribuição normal, ou de Gauss, é um modelo matemático que representa de maneira satisfatória a distribuição das resistências à compressão do concreto (fenômeno físico e real).
- O valor de resistência à compressão que apresenta uma probabilidade de 5 % de não ser alcançada é denominado resistência característica do concreto à compressão (f_{ck}), parâmetro adotado no projeto estrutural.

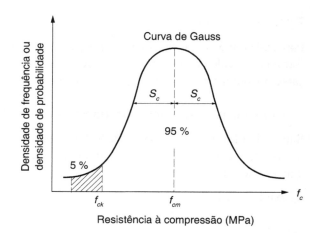

FIGURA 8.1 Modelo de curva de Gauss (em forma de sino) com a distribuição normal de determinado conjunto de dados.

8.7.4.4 Outras considerações

O controle estatístico é uma importante ferramenta para avaliar a qualidade do concreto fornecido. Ele permite avaliar a qualidade da produção a partir do cálculo do desvio-padrão. É utilizado para fazer o aceite do lote de concreto quando não há aceitação automática dos lotes. O calculista utiliza o $f_{ck,est}$ para verificar o cálculo estrutural que facilita a análise dos resultados de ensaios. Um único valor potencial caracteriza a resistência do lote inteiro.

8.7.4.5 Parâmetros de durabilidade do concreto

No mínimo, devem atender às especificações e recomendações da norma ABNT NBR 6118:2023, que define as classes de agressividade ambiental, a qualidade do concreto (relação água/cimento) e o cobrimento nominal das armaduras, e da ABNT NBR 7211:2022, que trata dos limites máximos para expansão decorrente da reação álcali-agregado e teores de cloretos e sulfatos presentes nos agregados para concreto.

8.7.5 Sistema de Fôrmas

O sistema de fôrmas compreende: as fôrmas, escoramento e cimbramento, e os andaimes, incluindo seus apoios, bem como as uniões entre os diversos elementos, e deve ser projetado e constituído atendendo as prescrições das normas ABNT NBR 7190:1997 – Projeto de estrutura de madeira e ABNT NBR 8800:2008 – Projeto de estruturas de aço e de estruturas mistas de aço e concreto de edifício.

No plano de obra devem ser especificados os requisitos para manuseio, ajuste, contraflecha intencional, desforma (fôrmas e escoramento) e remoção.

8.7.5.1 Verificação

Constam dos subitens relacionados a seguir as principais verificações a serem procedidas no sistema de fôrmas.

a) Antes da concretagem:
- dimensões;
- posição (nivelamento e prumo);
- contraflecha intencional (projeto);
- aperto de braçadeiras e tirantes;
- vedação;
- juntas de dilatação estrutural;
- limpeza – janelas, uso de ímã;
- fôrmas molhadas ou uso de desmoldante;
- componentes embutidos com relação a posicionamento e condições (conduítes, tubulações, caixas de distribuição, chumbadores, outros);
- fôrmas perdidas;
- travamento das fôrmas;
- posições e condições do escoramento;
- cunhas e calços;
- eventuais emendas em escoras;
- possibilidade da ocorrência de recalque no apoio do escoramento;
- contraventamento, caso necessário.

b) Durante a concretagem:
- estanqueidade das fôrmas;
- eventuais deformações;
- travamento do escoramento;
- atenção especial em balanços quanto a deformações.

8.7.5.2 Tolerâncias dimensionais

ABNT NBR 14931:2004 – Execução de estruturas de concreto – Procedimento

A execução das estruturas de concreto deve ser realizada de maneira que as dimensões, a forma e a posição dos elementos estruturais obedeçam, precisamente, às indicações de projeto precisamente.

As tolerâncias a serem respeitadas são as constantes na ABNT NBR 14931:2004 caso o plano de obras, em virtude de circunstâncias especiais, não as exija mais rigorosas.

TABELA 8.3 Tolerâncias dimensionais para as seções transversais de elementos estruturais lineares e para a espessura de elementos estruturais de superfície (ABNT NBR 14931:2004)

Dimensão (a) cm	Tolerância (t) mm
$a \leq 60$	±5
$60 < a \leq 120$	±7
$120 < a \leq 250$	±10
$a > 250$	±0,4 % da dimensão

TABELA 8.4 Tolerâncias dimensionais para o comprimento de elementos estruturais lineares (ABNT NBR 14931:2004)

Dimensão (l) m	Tolerância (t) mm
$l \leq 3$	±5
$3 < l \leq 5$	±10
$5 < l \leq 15$	±15
$l > 15$	±20

Nota: para elementos lineares justapostos, considerar a dimensão total.

Desaprumo e desalinhamento de elementos estruturais lineares

- Tolerância individual

A tolerância individual de desaprumo e desalinhamento de elementos estruturais lineares deve ser menor ou igual a $l/500$ ou 5 mm, adotando-se o maior valor.

- Tolerância acumulativa ou total da edificação
Deve seguir a equação:

$$t_{tot} \leq 8\sqrt{H_{tot}}$$

210 Capítulo 8

em que:

t_{tot} = tolerância cumulativa, em mm;
H_{tot} = altura da edificação.

Nivelamento das fôrmas

- Antes da concretagem

$$5 \text{ mm} \leq t \leq \frac{l}{1000} \leq 10 \text{ mm}$$

em que:

t = tolerância do nivelamento da fôrma, em mm;
l = maior dimensão do pavimento, em m.

Nivelamento do pavimento

- Após a concretagem

Ainda escorado e exclusivamente em função do peso próprio, com relação às cotas de projeto:

$$5 \text{ mm} \leq t \leq \frac{l}{1000} \leq 40 \text{ mm}$$

em que:

t = tolerância do nivelamento do pavimento, em mm;
l = maior dimensão do pavimento, em m.

8.7.6 Armadura

A montagem, o posicionamento e o cobrimento especificados para as armaduras passivas devem ser verificados e as barras de aço devem estar previamente limpas.

8.7.6.1 Cobrimento

De acordo com a ABNT NBR 6118:2023, o cobrimento das armaduras deve atender dois critérios: classe de agressividade ambiental e cobrimento nominal.

8.7.6.2 Verificações

- Conferência da armadura;
- bitolas, comprimento, espaçamento, posição, espaçadores;
- cobrimento;
- pastilhas;
- limpeza;
- condições do assoalho;
- concreto aparente ou revestido;
- embutidos (chumbadores, prumadas, outros);
- posicionamento da ferragem, principalmente negativo.

8.7.6.3 Tolerâncias dimensionais para armadura ABNT NBR 14931:2004

TABELA 8.5 Tolerâncias dimensionais para o posicionamento da armadura na seção transversal – ABNT NBR 14931:2004

Dimensão (s) cm		Tolerância [1], [3] (t) mm
Tipo de elemento estrutural	**Posição da verificação**	
Elementos de superfície	Horizontal	5
	Vertical	20 [2]
Elementos lineares	Horizontal	10
	Vertical	10

[1] Em regiões especiais (como: apoio, ligações, interseções de elementos estruturais, transpasse de armadura de pilares e outras), estas tolerâncias não se aplicam, devendo ser objeto de entendimento entre o responsável pela execução da obra e o projetista estrutural.
[2] Tolerância relativa ao alinhamento da armadura.
[3] O cobrimento das barras e a distância mínima entre elas não podem ser inferiores aos estabelecidos na ABNT NBR 6118:2023.

8.7.7 Cura

A cura do concreto é uma etapa importante da concretagem, pois evita a evaporação prematura da água que será utilizada na hidratação do concreto e, assim, fissuras nele. Após o início do endurecimento, o concreto continua a ganhar resistência, mas para que isso ocorra de forma satisfatória, devem-se tomar alguns cuidados:

- inicie a cura tão logo a superfície concretada tenha resistência à ação da água (algumas horas) por, no mínimo, 7 dias;
- mantenha o concreto saturado até que os espaços ocupados pela água sejam então ocupados pelos produtos da hidratação do cimento;
- deixe o concreto nas fôrmas, mantendo-as molhadas;
- mantenha um procedimento contínuo de cura.

    Os principais processos são:

- molhagem das fôrmas (pequenas superfícies);
- aspersão;
- recobrimento (areia, serragem, terra, sacos de aniagem etc., mantidos úmidos);
- impermeabilização superficial (conhecida como membranas de cura);
- submersão;
- cura a vapor.

Ressalta-se que quanto mais perfeita for a cura do concreto, tanto melhores serão suas características finais.

Os agentes deletérios mais comuns ao concreto nas primeiras horas após a aplicação do concreto são:

- mudanças bruscas de temperatura;
- secagem;
- chuva forte;
- água torrencial;
- congelamento;
- agentes químicos;
- choques, vibrações que possam produzir fissuras, prejudicar as reações de hidratação do cimento e a aderência à armadura.

Enquanto o concreto não atingir endurecimento satisfatório, ele deverá ser curado e protegido visando evitar a perda de água pela superfície exposta, assegurando uma superfície com resistência adequada e a formação de uma capa superficial durável.

Definido o método de cura, deverá ser elaborado o procedimento para a sua execução, contemplando materiais, equipamentos e pessoal.

O período de cura, preconizado pela ABNT NBR 14931:2004 para elementos estruturais de superfície é o correspondente até que eles atinjam, pelo menos, a resistência característica à compressão (f_{ck}) e não inferior a 15 MPa.

No caso de desforma prematura do elemento estrutural, deverá ser prevista cura adicional.

8.7.8 Desforma

O responsável pelo projeto estrutural deve, de acordo com a ABNT NBR 14931:2004, informar ao responsável pela execução da obra os valores mínimos de resistência mecânica e o módulo de deformação que devem ser atendidos concomitantemente para desforma e retirada do escoramento, bem como o plano de sequência de retirada do escoramento.

As fôrmas e os escoramentos devem ser removidos de acordo com o plano de desforma previamente estabelecido e de maneira a não comprometer a segurança e o desempenho em serviço da estrutura.

Escoramentos e fôrmas não devem ser removidos até que o concreto tenha adquirido resistência suficiente para:

- suportar a carga imposta ao elemento estrutural neste estágio;
- evitar deformações que excedam as tolerâncias especificadas;
- resistir a danos na superfície durante a remoção.

BIBLIOGRAFIA

A CONSTRUÇÃO EM SÃO PAULO. Artigo técnico. Para a economia e segurança da concretagem o controle tecnológico oferece a resposta. *Construção*, 1139, p. 16-21, 1969.

AMERICAN SOCIETY FOR TESTING AND MATERIALS. *C586*: Standard Test Method for Potential Alkali Reactivity of Carbonate Rocks as Concrete Aggregates (Rock-Cylinder Method). ASTM, 2011.

AMERICAN SOCIETY FOR TESTING AND MATERIALS. *C1260*: Standard Test Method for Potential Alkali Reactivity of Aggregates (Mortar-Bar Method – Avaliação da Reatividade Potencial Álcali-Agregado). ASTM, 2021.

ASSOCIAÇÃO BRASILEIRA DE NORMAS TÉCNICAS. *NBR 12654*: Controle tecnológico de materiais componentes do concreto. Rio de Janeiro: ABNT, 2015.

ASSOCIAÇÃO BRASILEIRA DE NORMAS TÉCNICAS. *NBR 5732*: Cimento Portland comum – Especificação. Rio de Janeiro: ABNT 1991.

ASSOCIAÇÃO BRASILEIRA DE NORMAS TÉCNICAS. *NBR 5733*: Cimento Portland de alta resistência inicial – Especificação. Rio de Janeiro: ABNT, 1991.

ASSOCIAÇÃO BRASILEIRA DE NORMAS TÉCNICAS. *NBR 5735*: Cimento Portland de alto-forno – Especificação. Rio de Janeiro: ABNT, 1991.

ASSOCIAÇÃO BRASILEIRA DE NORMAS TÉCNICAS. *NBR 5736*: Cimento Portland pozolânico – Especificação. Rio de Janeiro: ABNT, 1999.

ASSOCIAÇÃO BRASILEIRA DE NORMAS TÉCNICAS. *NBR 5737*: Cimento Portland resistente a sulfatos – Especificação. Rio de Janeiro: ABNT, 1992.

ASSOCIAÇÃO BRASILEIRA DE NORMAS TÉCNICAS. *NBR 11578*: Cimento Portland Composto – Especificação. Rio de Janeiro: ABNT, 1997.

ASSOCIAÇÃO BRASILEIRA DE NORMAS TÉCNICAS. *NBR 12989*: Cimento Portland Branco – Especificação. Rio de Janeiro: ABNT, 1993.

ASSOCIAÇÃO BRASILEIRA DE NORMAS TÉCNICAS. *NBR 13116*: Cimento Portland baixo calor de hidratação – Especificação. Rio de Janeiro: ABNT, 1994.

ASSOCIAÇÃO BRASILEIRA DE NORMAS TÉCNICAS. *NBR 5752*: Materiais pozolânicos – Determinação da atividade pozolânica com cimento Portland índice de atividade pozolânica com cimento. Rio de Janeiro: ABNT, 2014.

ASSOCIAÇÃO BRASILEIRA DE NORMAS TÉCNICAS. *NBR 12653*: Materiais pozolânicos – Requisitos. Rio de Janeiro: ABNT, 2015.

ASSOCIAÇÃO BRASILEIRA DE NORMAS TÉCNICAS. *NBR 13956-1*: Sílica ativa para uso em cimento Portland em concreto, argamassa e pasta. Parte 1: Requisitos. Rio de Janeiro: ABNT, 2012.

ASSOCIAÇÃO BRASILEIRA DE NORMAS TÉCNICAS. *NBR 13956-2*: Sílica Ativa para uso em cimento Portland em concreto, argamassa e pasta. Parte 2: Ensaios Químicos. Rio de Janeiro: ABNT, 2012.

ASSOCIAÇÃO BRASILEIRA DE NORMAS TÉCNI-CAS. *NBR 13956-3:* Sílica Ativa para uso em cimento Portland em concreto, argamassa e pasta. Parte 3: Determinação do índice de desempenho com cimento Portland aos 7 dias. Rio de Janeiro: ABNT, 2012.

ASSOCIAÇÃO BRASILEIRA DE NORMAS TÉCNI-CAS. *NBR 13956-4:* Sílica ativa para uso em cimento Portland em concreto, argamassa e pasta. Parte 4: Determinação da finura por meio da peneira 45 μm. Rio de Janeiro: ABNT, 2012.

ASSOCIAÇÃO BRASILEIRA DE NORMAS TÉCNI-CAS. *NBR 10908:* Aditivos para argamassa e concreto – Ensaios de caracterização. Rio de Janeiro: ABNT, 2008.

ASSOCIAÇÃO BRASILEIRA DE NORMAS TÉCNICAS. *NBR 11768:* Aditivos químicos para concreto de cimento Portland – Requisitos. Rio de Janeiro: ABNT, 2009.

ASSOCIAÇÃO BRASILEIRA DE NORMAS TÉCNI-CAS. *NBR 7190:* Projetos de Estruturas de Madeira. Rio de Janeiro: ABNT, 1997.

ASSOCIAÇÃO BRASILEIRA DE NORMAS TÉC-NICAS. *NBR 8800:* Projeto de estruturas de aço e de estruturas mistas de aço e concreto de edifício. Rio de Janeiro: ABNT, 2008.

ASSOCIAÇÃO BRASILEIRA DE NORMAS TÉCNI-CAS. *NBR 15900-1:* Água para amassamento do concreto , Parte 1: Requisitos. Rio de Janeiro: ABNT, 2009.

ASSOCIAÇÃO BRASILEIRA DE NORMAS TÉCNI-CAS. *NBR 15900-10:* Água para amassamento do concreto, Parte 10: Análise química – Determinação de nitrato solúvel em água. Rio de Janeiro: ABNT, 2009.

ASSOCIAÇÃO BRASILEIRA DE NORMAS TÉCNI-CAS. *NBR 15900-11:* Água para amassamento do concreto Parte 11: Análise química – Determinação de açúcar solúvel em água. Rio de Janeiro: ABNT, 2009.

ASSOCIAÇÃO BRASILEIRA DE NORMAS TÉCNI-CAS. *NBR 15900-2:* Água para amassamento do concreto Parte 2: Coleta de amostras de ensaios. Rio de Janeiro: ABNT, 2009.

ASSOCIAÇÃO BRASILEIRA DE NORMAS TÉCNICAS. *NBR 15900-3:* Água para amassamento do concreto Parte 3: Avaliação preliminar. Rio de Janeiro: ABNT, 2009.

ASSOCIAÇÃO BRASILEIRA DE NORMAS TÉCNI-CAS. *NBR 15900-4:* Água para amassamento do concreto Parte 4: Análise química – Determinação de zinco solúvel em água. Rio de Janeiro: ABNT, 2009.

ASSOCIAÇÃO BRASILEIRA DE NORMAS TÉC-NICAS. *NBR 15900-5:* Água para amassamento do concreto Parte 5: Análise química – Determinação de chumbo solúvel em água. Rio de Janeiro: ABNT, 2009.

ASSOCIAÇÃO BRASILEIRA DE NORMAS TÉC-NICAS. *NBR 15900-6:* Água para amassamento do concreto Parte 6: Análise química – Determinação de cloreto solúvel em água. Rio de Janeiro: ABNT, 2009.

ASSOCIAÇÃO BRASILEIRA DE NORMAS TÉC-NICAS. *NBR 15900-7:* Água para amassamento do concreto Parte 7: Análise química – Determinação de sulfato solúvel em água. Rio de Janeiro: ABNT, 2009.

ASSOCIAÇÃO BRASILEIRA DE NORMAS TÉC-NICAS. *NBR 15900-8:* Água para amassamento do concreto Parte 8: Análise química – Determinação de fosfato solúvel em água. Rio de Janeiro: ABNT, 2009.

ASSOCIAÇÃO BRASILEIRA DE NORMAS TÉC-NICAS. *NBR 15900-9:* Água para amassamento do concreto Parte 9: Análise química – Determinação de álcalis solúveis em água. Rio de Janeiro: ABNT, 2009.

ASSOCIAÇÃO BRASILEIRA DE NORMAS TÉCNI-CAS. *NBR 7211:* Agregados para concreto – Especificação. Rio de Janeiro: ABNT, 2022.

ASSOCIAÇÃO BRASILEIRA DE NORMAS TÉCNI-CAS. *NBR NM 248:* Composição granulométrica. Rio de Janeiro: ABNT, 2003.

ASSOCIAÇÃO BRASILEIRA DE NORMAS TÉCNI-CAS. *NBR 7218:* Teor de argila em torrões e materiais friáveis. Rio de Janeiro: ABNT, 2010.

ASSOCIAÇÃO BRASILEIRA DE NORMAS TÉC-NICAS. *NBR NM 46:* Material pulverulento. Rio de Janeiro: ABNT, 2003.

ASSOCIAÇÃO BRASILEIRA DE NORMAS TÉC-NICAS. *NBR NM 49:* Impurezas orgânicas. Rio de Janeiro: ABNT, 2001.

ASSOCIAÇÃO BRASILEIRA DE NORMAS TÉCNI-CAS. *NBR 9917:* Análise química, determinação de sais cloretos, sulfatos e sais solúveis. Rio de Janeiro: ABNT, 2009.

ASSOCIAÇÃO BRASILEIRA DE NORMAS TÉCNI-CAS. *NBR 15577-1:* Agregados – Reatividade álcali-agregado Parte 1: Guia para avaliação da reatividade potencial e medidas preventivas para uso de agregados em concreto. Rio de Janeiro: ABNT, 2018.

ASSOCIAÇÃO BRASILEIRA DE NORMAS TÉCNI-CAS. *NBR 15577-2:* Agregados – Reatividade álcali-agregado Parte 2: Coleta, preparação e periodicidade de ensaios de amostras de agregados para concreto. Rio de Janeiro: ABNT, 2008.

ASSOCIAÇÃO BRASILEIRA DE NORMAS TÉCNI-CAS. *NBR 15577-3:* Agregados – Reatividade álcali-agregado Parte 3: Análise petrográfica para verificação da potencialidade reativa de agregados em presença de álcalis do concreto. Rio de Janeiro: ABNT, 2008.

ASSOCIAÇÃO BRASILEIRA DE NORMAS TÉCNI-CAS. *NBR 15577-4:* Agregados – Reatividade álcali-agregado Parte 4: Determinação da expansão em barras de argamassa pelo método acelerado. Rio de Janeiro: ABNT, 2009.

ASSOCIAÇÃO BRASILEIRA DE NORMAS TÉCNI-CAS. *NBR 15577-5:* Agregados – Reatividade álcalis-agregado Parte 5: Determinação da mitigação da expansão em barras de argamassa pelo método acelerado. Rio de Janeiro: ABNT, 2008.

ASSOCIAÇÃO BRASILEIRA DE NORMAS TÉCNI-CAS. *NBR 15577-6:* Agregados – Reatividade álcali-agregado Parte 6: Determinação da expansão em prismas de concreto. Rio de Janeiro: ABNT, 2008.

ASSOCIAÇÃO BRASILEIRA DE NORMAS TÉCNI-CAS. *NBR 7212:* Execução de concreto dosado em central – Procedimento. Rio de Janeiro: ABNT, 2021.

ASSOCIAÇÃO BRASILEIRA DE NORMAS TÉCNI-CAS. *NBR NM 33:* Concreto – Amostragem de concreto fresco. Rio de Janeiro: ABNT, 1998.

ASSOCIAÇÃO BRASILEIRA DE NORMAS TÉCNI-CAS. *NBR NM 67:* Concreto – Determinação da consistência pelo abatimento do tronco de cone. Rio de Janeiro: ABNT, 1998.

ASSOCIAÇÃO BRASILEIRA DE NORMAS TÉCNI-CAS. *NBR NM 47:* Determinação do teor de ar incorporado em concreto fresco – Método pressométrico. Rio de Janeiro: ABNT, 2002.

ASSOCIAÇÃO BRASILEIRA DE NORMAS TÉCNI-CAS. *NBR 15558:* Concreto – Determinação da exsudação. Rio de Janeiro: ABNT, 2008.

ASSOCIAÇÃO BRASILEIRA DE NORMAS TÉCNI-CAS. *NBR 5738:* Concreto – Procedimento para moldagem e cura de corpos de prova. Rio de Janeiro: ABNT, 2016.

ASSOCIAÇÃO BRASILEIRA DE NORMAS TÉCNI-CAS. *NBR 5739:* Concreto – Ensaios de compressão de corpos-de-prova cilíndricos. Rio de Janeiro: ABNT, 2018.

ASSOCIAÇÃO BRASILEIRA DE NORMAS TÉCNI-CAS. *NBR 12655:* Concreto de cimento Portland – Preparo, controle e recebimento – Procedimento. Rio de Janeiro: ABNT, 2022.

ASSOCIAÇÃO BRASILEIRA DE NORMAS TÉCNI-CAS. *NBR 7680:* Concreto – Extração, preparo e ensaio de testemunhos de concreto. Rio de Janeiro: ABNT, 2015.

ASSOCIAÇÃO BRASILEIRA DE NORMAS TÉCNI-CAS. *NBR 8522:* Concreto – Determinação do módulo estático de elasticidade à compressão. Rio de Janeiro: ABNT, 2021.

ASSOCIAÇÃO BRASILEIRA DE NORMAS TÉCNI-CAS. *NBR 9778:* Argamassa e concreto endurecidos – Determinação da absorção de água, índice de vazios e massa específica. Rio de Janeiro: ABNT, 2012, 2009.

ASSOCIAÇÃO BRASILEIRA DE NORMAS TÉCNI-CAS. *NBR 9779:* Argamassa e concreto endurecidos – Determinação da absorção de água por capilaridade. Rio de Janeiro: ABNT, 2012.

ASSOCIAÇÃO BRASILEIRA DE NORMAS TÉCNI-CAS. *NBR 10787:* Concreto endurecido – Determinação da penetração de água sob pressão. Rio de Janeiro: ABNT, 2011.

ASSOCIAÇÃO BRASILEIRA DE NORMAS TÉCNI-CAS. *NBR 6122:* Projeto e Execução de Fundações. Rio de Janeiro: ABNT, 2022.

ASSOCIAÇÃO BRASILEIRA DE NORMAS TÉCNI-CAS. *NBR 6118:* Projeto de estruturas de concreto – Procedimento. Rio de Janeiro: ABNT, 2023.

ASSOCIAÇÃO BRASILEIRA DE NORMAS TÉCNI-CAS. *NBR 9062:* Projeto e Execução de Estruturas de concreto Pré-moldado – Procedimento. Rio de Janeiro: ABNT, 2017.

ASSOCIAÇÃO BRASILEIRA DE NORMAS TÉCNI-CAS. *NBR 14931:* Execução de Estruturas de Concreto – Procedimento. Rio de Janeiro: ABNT, 2004.

ASSOCIAÇÃO BRASILEIRA DE NORMAS TÉCNI-CAS. *NBR 16697*: Cimento Portland – Requisitos. Rio de Janeiro: ABNT, 2018.

ASSOCIAÇÃO BRASILEIRA DE NORMAS TÉCNI-CAS. *NBR 16886*: Concreto – Amostragem de concreto fresco. Rio de Janeiro: ABNT, 2020.

ASSOCIAÇÃO BRASILEIRA DE NORMAS TÉCNI-CAS. *NBR 16887*: Concreto – Determinação do teor de ar em concreto fresco – Método pressométrico. Rio de Janeiro: ABNT, 2020.

ASSOCIAÇÃO BRASILEIRA DE NORMAS TÉCNI-CAS. *NBR 16889*: Concreto – Determinação da consistência pelo abatimento do tronco de cone. Rio de Janeiro: ABNT, 2020.

ASSOCIAÇÃO BRASILEIRA DE NORMAS TÉCNI-CAS. *NBR 16973*: Agregados – Determinação do material fino que passa pela peneira de 75 μm por lavagem. Rio de Janeiro: ABNT, 2021.

COMPANHIA DE TECNOLOGIA DE SANEAMENTO AMBIENTAL. *CETESB 1007:* Determinação do grau de agressividade de meio aquoso ao concreto: procedimento. São Paulo: CETESB, 1988.

HELENE, P. R. L. Introdução a prevenção da corrosão das armaduras no projeto das estruturas de concreto – Avanços e recuos. *Simpósio sobre Durabilidade do Concreto.* São Paulo: Ibracon, mar. 1998.

INSTITUTO DE PESQUISAS TECNOLÓGICAS DO ESTADO DE SÃO PAULO. Reconstituição de traço de concreto e argamassas. *Boletim n. 25.* São Paulo: IPT, set. 1940.

ZAMARION, J. F. D. A NB-1: visão nacional da durabilidade do concreto. *Simpósio sobre Durabilidade do Concreto.* São Paulo: Ibracon, mar. 1998.

9

PROPRIEDADES DO CONCRETO ENDURECIDO

Eng.º Hélio Martins de Oliveira •
Prof. Dr. Bruno Luís Damineli •
Prof. Dr. João Adriano Rossignolo •
Prof. Dr. Osny Pellegrino Ferreira

9.1 Generalidades, 215
9.2 Propriedades Físicas, 216
9.3 Propriedades Mecânicas, 224
9.4 Durabilidade, 230
9.5 Propriedades Frente a Condições Específicas, 233

9.1 GENERALIDADES

O concreto de cimento Portland é um material em contínua evolução, considerado como um sólido formado a partir de alterações físico-químicas que ocorrem nas reações envolvendo esse ligante e demais constituintes, como os agregados, os aditivos, as adições e a água. A partir de seu estado endurecido, esse sólido se apresenta com grande capacidade de resistir aos esforços mecânicos e às demais ações que interferem no seu desempenho como material de construção e na sua durabilidade ou capacidade de resistir aos agentes agressivos que possam afetar a sua vida útil.

Diferentes tipos de cimento podem ser empregados na produção de concretos, conforme foi tratado no Capítulo 3. Pode haver também a introdução de variados aditivos e adições, inseridos em sua preparação ainda no estado fresco na forma de produtos à base de polímeros e partículas com dimensões da ordem de nanômetros, os quais são capazes de incrementar as propriedades para as diferentes utilizações que sejam requeridas pela obra ou serviço.

Materiais orgânicos ou inorgânicos podem também ser introduzidos na matriz cimentícia através de seus poros após o endurecimento do concreto, alterando as propriedades físicas no estado endurecido, como sua resistência mecânica e durabilidade sob ação de substâncias agressivas presentes no meio em que esse material encontra-se inserido. Neste capítulo, esses materiais serão desconsiderados, dando-se ênfase apenas ao concreto convencional originado a partir de uma matriz cimentícia na qual se utilizam prioritariamente os cimentos Portland como ligante.

O concreto é considerado um produto fabricado pelo próprio engenheiro, às vezes no canteiro de obras, às vezes em usinas (centrais), devendo apresentar características e propriedades compatíveis com o fim a que se destina e em atendimento às exigências técnicas e econômicas demandadas pela obra que se realiza. Constitui-se, portanto, em um material sensível às modificações das condições ambientais, físicas, químicas, mecânicas, com reações geralmente lentas registradas de certo modo nas suas características e propriedades ao longo do tempo, as quais devem ser consideradas em termos relativos, segundo a qualidade exigida para um fim determinado de construção.

Exemplificando, a durabilidade de um concreto pode ser perfeitamente aceitável quando a estrutura se encontra devidamente protegida da ação dos elementos presentes no ambiente em que se situa e, por outro lado, inteiramente inadequada se exposta diretamente à ação de agentes agressivos. A impermeabilidade é característica essencial dos concretos utilizados em estruturas hidráulicas, não sendo elemento essencial da qualidade dos concretos empregados nas estruturas de edifícios, quando as exigências fundamentais são deslocadas para as características mecânicas de resistência e rigidez.

O conhecimento das propriedades, de suas possibilidades e limitações e dos fatores que as condicionam constitui-se no instrumento que vai permitir ao engenheiro escolher o concreto ideal frente às solicitações impostas, cabendo a esse profissional eleger os materiais que irão compor o concreto e realizar sua dosagem adequada para atingir desempenho satisfatório. Porém, os processos que conduzem ao alcance do máximo de perfeição nas características que compõem a qualidade desejada podem resultar em preço elevado. Assim, cabe ao engenheiro promover a compatibilização das características e propriedades do concreto em função das exigências requeridas pela construção, atendendo, assim, às condições de vida em serviço da estrutura, com materiais de qualidade, custo compatível, e com desempenho adequado para suportar todas as ações impostas pela estrutura na qual foi integrado. Em outras palavras, a qualidade do concreto deve ser subordinada à economia geral do projeto, atendendo não somente aos aspectos do custo inicial, mas também ao desempenho da estrutura durante toda a sua vida útil.

Aqui estão elencadas as características principais do concreto de cimento Portland no estado endurecido, ficando evidentes suas variadas habilidades quanto ao monolitismo, à facilidade de construção e conservação, ao aspecto estético e funcional e propriedades como permeabilidade, durabilidade, resistência mecânica, propriedades elásticas sob cargas de curta duração e comportamento térmico sob altas temperaturas.

Conforme verificado nos capítulos anteriores, quando comparado com outros materiais estruturais como o aço, por exemplo, o concreto apresenta particularidades, pois exige um significativo contingente de mão de obra para sua produção no canteiro e meios adequados de transporte e lançamento, com elementos apresentando grandes seções, maior tempo para entrar em serviço (cura e endurecimento), alterações volumétricas devidas à retração hidráulica e outros fatores.

Os concretos podem ser classificados segundo a sua utilização na construção e pela associação ou não de outros materiais na matriz cimentícia, os quais promovem alteração em suas propriedades físicas, químicas e mecânicas, e também nas

216 Capítulo 9

condições de produção, transporte e lançamento do concreto em obra.

Neste capítulo, será dada ênfase ao concreto contendo como ligante o cimento Portland e agregados naturais utilizados nas obras correntes. Os demais tipos de concreto, listados a seguir, devem ser objeto de abordagem específica:

- concreto massa;
- concreto para isolamento de radiação;
- concreto contendo polímeros;
- concreto reforçado com fibras;
- concreto autoadensável;
- concreto com alta densidade;
- concreto sem finos;
- concreto ciclópico;
- concreto de pós-reativos;
- concreto refratário;
- concreto leve (tratado no Capítulo 35).

As características e as propriedades do concreto endurecido, apresentadas na Tabela 9.1, serão especificamente tratadas com vista aos concretos ordinários de cimento Portland e agregados correntes.

TABELA 9.1 Características e propriedades do concreto endurecido

Propriedades físicas
Massa específica
Compacidade
Permeabilidade
Propriedades térmicas
Retração e expansividade
Propriedades mecânicas
Compressão
Tração direta
Comportamento elástico
– Módulo de deformação
– Fluência
Durabilidade
Ação da temperatura
Ataque por ácidos
Ataque por águas puras
Ataque por sais orgânicos
Ataque por sulfatos
Água do mar
Reação álcalis-agregado
Propriedades frente ações específicas

Quando for o caso, serão explicitamente identificados os concretos não usuais, fabricados com outros ligantes, adições minerais, aditivos, fibras e agregados (graúdo e miúdo).

9.2 PROPRIEDADES FÍSICAS

9.2.1 Massa Específica

A massa específica do concreto é a razão da massa da unidade considerada pelo volume preenchido por ela, incluindo os vazios em seu interior, e seu valor para concretos corriqueiros varia de 2,0 a 2,8 t/m³, segundo a NBR 9778. São aqueles concretos constituídos a partir do uso de agregados naturais, com determinados processos de adensamento na sua fabricação, também com influência menor do meio ambiente em que são mantidos em razão da variação da proporção de água contida nos seus poros.

Para o caso de concretos constituídos a partir de agregados não convencionais, os valores médios conhecidos são os seguintes:

- **Concreto leve:** massa específica seca inferior a 2000 kg/m³ de acordo com a NBR 9778:2005 (veja mais informações no Capítulo 35).
- **Concreto pesado ou denso:** massa específica seca superior a 2800 kg/m³ de acordo com a NBR 9778:2005.

O valor da massa específica do concreto depende diretamente do tipo de agregado utilizado, seja ele artificial ou natural. No concreto com aplicação estrutural, pode-se ter valores de 1,8 t/m³ quando utilizado agregado leve ou bem mais altos quando se utiliza a barita, por exemplo, chegando a valores de 3,7 t/m³.

A distinção do concreto com relação ao aço, outro material usado em larga escala na construção, advém da sua baixa relação resistência/peso, constituindo um problema econômico em obras de destaque, como edifícios de elevada altura ou pontes de grandes vãos, por exemplo. Entretanto, o desenvolvimento tecnológico nas últimas décadas tem possibilitado ao concreto grandes avanços, permitindo que continue a ser empregado em construções de grande vulto.

Para melhorar a relação resistência/peso, podem-se considerar duas possibilidades: (1) diminuir a massa específica do concreto; ou (2) aumentar o desempenho com relação à resistência.

A primeira alternativa vem sendo aplicada por meio da utilização de agregados leves estruturais em substituição aos naturais, permitindo a obtenção de concretos dotados de massa específica com cerca de 1,6 t/m^3 e resistência à compressão de 25 a 40 MPa, ou até superior. Mais informações podem ser encontradas no Capítulo 35 – Concreto Leve.

A massa específica dos concretos aerados, obtidos a partir da incorporação de agentes espumantes na mistura fresca, pode atingir valores bem inferiores, por volta de 0,3 t/m^3, e somente se aplicam no caso de componentes e elementos sem função estrutural, condição igualmente válida para concretos cujos agregados naturais são substituídos por pérolas de poliestireno expandido (isopor), podendo este último ser utilizado apenas como enchimento em razão de sua baixa resistência à compressão.

Com a utilização de agregados leves artificiais, como a argila expandida, por exemplo, podem-se obter valores elevados de resistência à compressão e sua massa específica pode situar-se abaixo de 2,0 t/m^3. Nesse caso, há que se considerar como fator importante no concreto leve estrutural a forma das suas partículas ou grãos, pois estas características exercem influência no grau de acomodação quando em contato com a pasta de cimento, podendo ocorrer segregação por ocasião do adensamento da mistura fresca com vibração, por conta de menor massa específica do agregado leve.

Em outra condição, em razão de exigências impostas pelo tipo de construção, a massa específica de determinados concretos pode apresentar valores elevados, como no caso de concretos pesados utilizados para isolamento de radiações em instalações de reatores nucleares. Nesse caso, os concretos são executados com agregados graúdos pesados como a barita, por exemplo, e sua massa específica pode variar de 3,5 a 5,5 t/m^3.

Pode-se considerar que uma densidade elevada do concreto remete a que o mesmo se apresente com maiores resistências mecânicas e boa durabilidade; entretanto, essas características dependerão da compacidade final, bem como do menor índice de vazios obtido. A maior massa específica se obtém por meio de uma compactação eficiente do concreto no seu estado fresco, precedido de uma adequada dosagem que possibilite a máxima compacidade possível da mescla composta pelo cimento e agregados, assegurando-se também que este concreto, após seu lançamento, receba os devidos cuidados durante a fase de cura, quando, então, serão desenvolvidos os compostos hidratados na matriz cimentícia e suas ligações com os agregados, minorando a porosidade no estado endurecido.

O bom resultado quando se analisa a relação resistência/massa específica do concreto está intimamente ligado à correta dosagem de seus constituintes, ao teor de água utilizado na mistura fresca e à quantidade de ar incorporado acidental ou intencionalmente, fatores que vão interferir nos vazios formados. Em resumo, um concreto pode apresentar alta massa específica pelo uso de agregados de alta densidade, mas mesmo assim apresentar baixa resistência mecânica se houver porosidade excessiva na pasta, devendo ser, portanto, objeto de dosagem e confecção minuciosos para atingir resistência compatível com a densidade dos agregados utilizados.

A norma NBR 9833 define o procedimento para obtenção da massa específica do concreto no estado fresco e a NBR 9778:2005 estabelece o método para determinação da sua massa específica e índice de vazios no estado endurecido, sendo estas operações realizáveis obrigatoriamente em laboratório com instrumentos de pesagem aferidos e normalizados.

9.2.2 Compacidade

A compacidade pode ser definida como a relação entre o volume da parte sólida e o volume aparente do concreto. Seu valor será tanto mais elevado quanto menor seja o volume de poros ou vazios presentes no seu interior, ou seja, a sua porosidade, que pode ser considerada uma das propriedades importantes de um concreto endurecido, pois define o grau de "empacotamento" que se pode obter com os agregados constituintes da mistura e a pasta de cimento que os envolve, e corresponde à melhor acomodação possível de ser obtida entre os constituintes do concreto.

O traço do concreto deve ser estudado de tal forma que apresente a menor quantidade de vazios possível, seja sob o efeito de vibração para seu adensamento, seja para uma condição em que se dispensa tal procedimento, como é o caso do concreto autoadensável, o qual vem sendo largamente utilizado dadas as facilidades que propicia na execução de uma obra.

9.2.3 Permeabilidade

A permeabilidade de um concreto é a facilidade que apresenta à passagem de um fluído por seu interior, seja um gás ou líquido, atuando com ou sem pressão, contendo ou não substâncias em solução ou suspensão. Seu valor depende da porosidade apresentada pela pasta de cimento hidratada, dos tipos de agregados utilizados, da falta de compactação adequada e da exsudação provocada pela percolação da água contida em excesso no concreto fresco, quando se promove seu adensamento.

Os diferentes materiais que compõem o concreto o tornam poroso, pois não é possível preencher

218 Capítulo 9

a totalidade dos vazios dos agregados envoltos pela pasta de cimento. A justificativa para a existência desses vazios depende de condições presentes na produção do concreto, como:

- normalmente é utilizada uma quantidade de água superior à necessária para a hidratação do cimento, buscando a fluidez adequada para aplicação; com a evaporação após o endurecimento, promove a formação de vazios com dimensões de 10^{-2} a 10 μm;
- durante a hidratação dos diferentes compostos do cimento, os volumes absolutos de cimento e água são reduzidos após sua reação, gerando vazios com dimensões abaixo de 1 nm (nanômetro);
- ocorre a incorporação de ar durante a mistura dos constituintes, com dimensões superiores a 10 μm, ficando aprisionado em seu interior após o endurecimento do concreto.

A permeabilidade do concreto vai depender da interconexão dos vazios formados. Por meio desses capilares podem penetrar os vários agentes agressivos que afetarão a durabilidade do concreto. A norma NBR 10786:2013 estabelece o método de ensaio para determinação da permeabilidade à água para o concreto endurecido, todavia, apresenta resultados pouco reprodutíveis; consiste essencialmente em fazer agir sob pressão, na superfície do corpo de prova, um caudal líquido que é recolhido após determinado tempo, após atravessar o espécime ensaiado.

O coeficiente de permeabilidade é obtido conforme fórmula a seguir:

$$K = Q \cdot L / A \cdot H$$

em que:

K = coeficiente de permeabilidade (cm/s);
Q = vazão de entrada (cm^3/s);
L = altura do corpo de prova (cm);
A = área da seção transversal do corpo de prova (CP) (cm^2);
H = altura da coluna d'água correspondente à pressão utilizada (cm).

A determinação da permeabilidade sob pressão é obtida em aparelhos de construção simples, nos quais se força a passagem de água sob pressão constante por um corpo de prova cilíndrico com furo central. A vazão de água percolada é proporcional à área do corpo de prova em contato com o líquido, a um coeficiente de permeabilidade determinado no ensaio e inversamente proporcional à espessura. Se o fenômeno obedecesse à lei de Darcy, esse coeficiente seria constante, o que realmente não ocorre, já que ele cresce mais rapidamente do que a pressão.

Aparelho similar se presta à medição da permeabilidade em relação aos gases.

A permeabilidade do concreto à água e a outros líquidos se exprime pela quantidade de água que atravessa uma superfície unitária, em uma espessura unitária durante a unidade de tempo, e sob pressão unitária ($litro/m^2 \cdot h$).

A importância do conhecimento do grau de permeabilidade do concreto não deriva somente de sua utilização na construção de obras hidráulicas, mas também dos casos em que a durabilidade do material pode ser ameaçada pela ação de agentes agressivos, sendo tanto menor esta ameaça quanto menor for a permeabilidade do material.

A caracterização dos concretos segundo a sua permeabilidade se mostrou assunto de difícil desenvolvimento, por estarem sujeitos a grande número de parâmetros e alguns serem de difícil qualificação e identificação física. O aumento da permeabilidade favorece a ocorrência do inchamento do concreto quando há pressão exercida sobre a água. Também pode ocorrer que, com o passar do tempo, por dissolução dos sais solúveis e do hidróxido de cálcio em particular, estes são transportados no sentido da corrente, podendo virem a se cristalizar por queda de pressão e eventual evaporação da água, colmatando os poros e microfissuras, e fazendo diminuir a permeabilidade à água deste concreto.

A determinação do coeficiente de permeabilidade, no caso da utilização de um espécime cilíndrico, resulta no resultado em cm/hora e é feita a partir da fórmula:

$K = (Q / 2\pi H h) \cdot \log_e (R/r)$, sendo:
h = altura do corpo de prova (cm);
R = raio do corpo de prova (cm);
r = raio do furo central (cm);
H = pressão em centímetros de coluna de água;
Q = volume por hora (cm^3/hora).

Para concretos contendo cimento de 200 a 300 kg/m^3 e submetidos a 2,5 MPa de pressão, por exemplo, a permeabilidade à água obtida utilizando um corpo de prova cilíndrico com 15 cm de diâmetro, altura 30 cm e furo central de diâmetro 2,0 cm situa-se em torno de $2,0 \times 10^{-8}$ cm/hora. Em concretos com conteúdo de cimento próximo de 400 kg/m^3 e relação água/cimento abaixo de 0,45, esse coeficiente pode sofrer significativas reduções em função da diminuição da porosidade da pasta de cimento.

Em geral, para os concretos usuais, todo fator que tende a melhorar a resistência do concreto à compressão tem um efeito benéfico sobre a redução da permeabilidade.

Entre outros fatores, vale salientar que a permeabilidade diminui com a redução da relação água/cimento, com a proporção dos finos presentes na mistura, inclusive cimento, com os cuidados na cura, com o eventual emprego de aditivos, adições minerais e camadas superficiais de proteção.

Aditivos e adições utilizados nos concretos também podem influenciar a permeabilidade, pois afetam a formação dos compostos hidratados do cimento pela redução do volume de água normalmente requerido, caso dos aditivos plastificantes ou de adições que possibilitam a maior formação dos silicatos de cálcio hidratados, mais compactos que o hidróxido de cálcio (cal livre) presente na matriz cimentícia.

O efeito dos aditivos já foi objeto de discussão no Capítulo 5 e, embora alguns desses produtos sejam eficazes, particularmente nas misturas mais pobres, a maioria deles produz efeito insatisfatório caso não ocorra um rígido controle das condições de preparação do concreto. Para obras de menor responsabilidade, o uso de uma quantidade suplementar de cimento mostra-se mais efetivo do que a utilização de aditivos impermeabilizantes, e a um custo inferior. A tendência atual do mercado consiste em disponibilizar aos consumidores produtos cada vez mais especializados ao fim a que se destina esse concreto, principalmente quando se trata de ambientes com elevada agressividade química, caso comum em obras hidráulicas como Estações de Tratamento de Esgotos e Águas Industriais (ETEs).

Alguns aditivos, como já visto, são suspensões de pós muito finos ou de emulsões que aumentam a compacidade pela formação eventual de produtos combinados com os constituintes do cimento, como são as adições minerais, pozolanas ou *fillers* que apresentam reatividade com os compostos hidratados do cimento. Outros aditivos formam, em presença da água, géis dotados de rigidez que promovem, em maior ou menor grau, a obstrução dos poros, diminuindo a absorção de líquidos e gases provenientes do exterior.

O aumento de compacidade é acompanhado de uma diminuição de permeabilidade, constituindo a tendência para a obtenção de concretos mais duráveis e com melhor desempenho.

9.2.4 Propriedades Térmicas

O comportamento do concreto quando varia a temperatura é semelhante ao dos demais sólidos que, em geral, expandem no aquecimento e contraem quando diminui a temperatura, sendo essa deformação dependente de suas propriedades como condutividade e difusividade térmica por conta do desenvolvimento de gradientes de temperatura.

Como exemplo, tem-se a fissuração às primeiras idades em elementos de concreto, decorrente das deformações térmicas que ocorrem quando o concreto novo ainda apresenta resistência deficiente, e que deve ser considerada quando se trata de elementos esbeltos e com grande área exposta ao ambiente, especialmente em se tratando de pré-moldados. O comportamento do concreto sob ação das variações de temperatura também influencia no dimensionamento de juntas de dilatação e contração térmica em grandes estruturas, como elementos de pontes e outras aplicações especiais, por exemplo, as bases de fornos e caldeiras nas instalações industriais e ainda na consideração da ação do fogo em situação de incêndio.

a) Condutividade

A condutividade térmica de um material é a característica com a qual se avalia a sua capacidade quanto à condução do calor através do seu interior, e é definida como a relação entre o fluxo de calor e o gradiente de temperatura a que foi submetido, sendo medida em joules por segundo por metro quadrado de um corpo no qual a diferença de temperatura seja de 1 ºC por metro de espessura.

A condutividade térmica nos sólidos se processa segundo a equação de Fourier:

$$Q = kA \frac{dt}{dx} T$$

em que Q é a quantidade de calor conduzido; k é o coeficiente de condutividade térmica; A corresponde à área; dt/dx é o gradiente de temperatura; e T é o tempo.

A norma NBR 12820:2012 estabelece o método de ensaio para a determinação da condutividade térmica do concreto.

Os concretos usuais conduzem melhor o calor do que os concretos de baixa densidade e as alvenarias. Alguns valores são apresentados na Tabela 9.2. Nessa tabela, são registrados valores dos coeficientes de transmissão de calor (difusividade) pelas paredes de diferentes tipos de concretos e de diferentes espessuras. Convém lembrar que, nesse caso, o valor do coeficiente de transmissão é dado pela equação:

$$U = \frac{1}{1/i + 1/e + X/k}$$

sendo U o coeficiente de transmissão de calor pelas paredes; i é o coeficiente de transmissão superficial interno (valor médio: 0,2 kcal/m $\cdot$ h $\cdot$ ºC); e é o

220 Capítulo 9

coeficiente superficial externo (valor médio: 0,7 kcal/m · h · °C): X é a espessura da parede (m); e k é a condutibilidade térmica (kcal/m · °C).

A variação da temperatura no interior de uma massa, quando submetida a uma fonte de calor, ocorre segundo uma velocidade que representa a difusividade. A NBR 12818:2012 estabelece o método de ensaio para determinação da difusividade térmica do concreto saturado em água e seu valor representa uma facilidade exercida pelo concreto quando submetido às variações de temperatura.

A obtenção da difusividade consiste em se determinar, a partir de uma condição de equilíbrio entre as temperaturas externa e interna, o diferencial de temperatura em relação ao tempo do elemento em cuja superfície se promove o incremento da temperatura.

A difusividade pode ser representada por meio dos valores do coeficiente de transmissão de calor pelas paredes de concreto com diferentes espessuras, e nesse caso o seu valor é dado pela última equação apresentada.

Verifica-se, pelos valores apresentados da Tabela 9.2, que o concreto normal é melhor condutor de calor do que os concretos leves. É usual relacionar o coeficiente de condutibilidade térmica dos concretos às suas respectivas densidades. Esses valores podem ser encontrados em manuais técnicos. Os concretos de baixa densidade são excelentes materiais para isolamento térmico.

A condutividade do concreto comum, além de variar em função do tipo de agregado utilizado, também sofre influência pela sua condição de umidade, principalmente quando se encontra saturado, podendo, nesse caso, apresentar alterações da ordem de 200 % em comparação com sua condição seca.

A condutividade e a difusividade variam juntas e esta última, influenciada pelo teor de umidade com o qual se encontra o concreto endurecido, sofre influência do teor de água utilizado na mistura (relação água-cimento), do grau de hidratação do cimento e do ambiente no qual encontra-se exposto esse concreto.

O concreto normal é melhor condutor de calor do que os concretos leves, e sendo assim é usual relacionar o coeficiente de condutividade térmica dos concretos a seus respectivos valores de massa específica, os quais, por sua vez, dependem da composição mineralógica dos agregados naturais utilizados.

b) Calor específico

O calor específico é definido como a quantidade de calor necessário para aumentar a temperatura de uma unidade de massa de um material em um grau centígrado. Nos concretos comuns, varia com a temperatura e com o teor de água entre limites relativamente estreitos, de 0,20 a 0,25 kcal/kg °C. Esse valor é utilizado no cálculo da evolução térmica do concreto em grandes massas durante a cura, e representa sua capacidade térmica. Ele é pouco influenciado pela natureza mineralógica do agregado, mas afetado diretamente pelo teor de umidade do concreto, e seu valor aumenta com o acréscimo de temperatura e com a diminuição da massa específica do concreto.

TABELA 9.2 Valores de coeficiente térmico médio de diferentes tipos de concreto

Material	Coeficiente de condutibilidade (W/m · K)	Coeficiente de transmissão de calor (W/m² · K)	
		Parede (0,10 m)	Parede (0,15 m)
Concreto comum (2400 kg/m³)	1,75	4,40	—
Concreto leve com argila expandida (2000 kg/m³)	1,39	3,66	—
Concreto leve com argila expandida (1800 kg/m³)	1,06	3,29	—
Concreto leve com argila expandida (1600 kg/m³)	0,94	3,25	—
Alvenaria de tijolos maciços	—	3,70	—
Alvenaria de tijolos maciços revestidos com argamassa	—	—	3,13
Alvenaria blocos cerâmicos 8 furos	—	2,99	—
Alvenaria blocos cerâmicos 8 furos revestidos com argamassa	—	—	2,24
Alvenaria de blocos de concreto revestidos com argamassa	—	—	2,78

O calor específico é determinado por métodos elementares da física, conforme a seguinte equação:

$$c = Q/(m \cdot \Delta\theta) \text{ ou } c = C/m$$

(Normalmente, esta fórmula é apresentada como $Q = m \cdot c \cdot \Delta\theta$)

Sendo:

c: calor específico (cal/g°C ou J/kg · K);
Q: quantidade de calor (cal ou J);
M: massa (g ou kg);
$\Delta\theta$: variação de temperatura (°C ou K);
C: capacidade térmica (cal/°C ou J/K).

c) Dilatação térmica

O coeficiente de dilatação térmica do concreto é definido como a variação na unidade de comprimento por grau de temperatura, e a norma NBR 12815:2012 estabelece o método para a sua determinação.

Esse coeficiente é uma grandeza que varia em função das proporções da mistura e depende do tipo de cimento utilizado, da natureza petrográfica dos agregados, do grau de umidade e das dimensões da seção transversal da peça analisada.

Os dois constituintes principais do concreto, a pasta de cimento e o agregado, apresentam coeficientes de dilatação térmica diferentes, resultando para o concreto um valor intermediário.

De acordo com os resultados de ensaios, os concretos com alto consumo de cimento têm coeficientes de dilatação térmica maiores que os de menor consumo. Admite-se que o coeficiente de dilatação nos concretos varie de $7,4 \times 10^{-6}$ °C^{-1} a $13,1 \times 10^{-6}$ °C^{-1}.

A NBR 6118:2014 estabelece que, para efeito de análise estrutural, o coeficiente de dilatação térmica pode ser admitido como igual a 10^{-5}/°C.

A cura ao ar conduz a valores maiores do que a cura em água e a experiência tem revelado que a dilatação térmica, em razão da velocidade relativamente lenta de propagação das temperaturas no interior do concreto, depende das dimensões da seção transversal do elemento ensaiado.

Cabe, finalmente, uma crítica aos valores determinados experimentalmente para o coeficiente de dilatação do concreto: simultaneamente com a deformação térmica ocorre a perda de água resultante da elevação de temperatura, a qual, por sua vez, causa uma retração volumétrica, a deduzir do coeficiente real.

As dilatações térmicas obrigam a realização de juntas de dilatação nas estruturas monolíticas de concreto simples ou armado. De acordo com a NBR 6118:2014, "as juntas de dilatação devem ser previstas pelo menos a cada 15 m. No caso de ser necessário afastamento maior, devem ser considerados no cálculo os efeitos da retração térmica do concreto (como consequência do calor de hidratação), da retração hidráulica e das variações de temperatura".

d) Resistência a temperaturas elevadas

O comportamento do concreto na situação de incêndio é considerado em profundidade no Capítulo 13. Neste capítulo, são analisadas as suas propriedades quando submetido a temperaturas razoavelmente elevadas, porém mais ou menos estáveis, como no caso de chaminés, cubas de uso industrial e bases de caldeiras, casos em que a elevação da temperatura é gradual; ou pode também ser submetida a temperaturas elevadas, rapidamente alcançadas e ainda sujeitas a grandes variações, inclusive choques térmicos de resfriamento. No primeiro caso, a estrutura já destinada a operar em temperaturas elevadas comporta-se de maneira aceitável, exigindo-se alguns cuidados apropriados no projeto. No segundo caso, a estrutura é submetida acidentalmente a severas condições agressivas, resistindo bem ou mal, conforme suas características próprias e a gravidade da ocorrência. Para se analisar esse comportamento, em ambos os casos, faz-se necessário examinar inicialmente o comportamento dos diversos constituintes do concreto em face das variações de temperatura, o que se faz a seguir.

a) Água

A água contida no concreto se apresenta em três condições diferentes:

- água ligada quimicamente, que participou na hidratação dos constituintes anidros do cimento;
- água ligada fisicamente, adsorvida, água zeolítica e água de cristalização;
- água no estado livre, que ocupa parcialmente os poros por capilaridade e porosidade.

Quando a temperatura excede 100 °C, ocorre a evaporação da água livre e de uma parte da água ligada fisicamente. Nessa altura, as resistências mecânicas pouco se alteram. Essa desidratação conduz, entretanto, a uma diminuição de volume, uma retração, que se traduz no aumento do risco de ocorrência de microfissuras.

Se a temperatura se mantiver abaixo de 300 °C, a composição química dos diferentes constituintes do concreto não é alterada. A perda de água fica limitada às parcelas fisicamente ligadas, sendo a água de constituição da portlandita (hidróxido de cálcio) só eliminada em temperaturas superiores a

400 °C. Ocorre, entretanto, uma queda apreciável nas resistências à compressão e à tração de um concreto convencional com o aumento das temperaturas em relação ao mesmo concreto à temperatura ambiente. Em temperaturas acima de 300 °C, a queda na resistência mecânica é bastante acentuada, chegando, por exemplo, a representar somente 20 % da resistência à tração e 50 % da resistência à compressão a 500 °C com relação aos valores em temperatura ambiente.

b) Cimento

Nos casos em que se empregam cimento Portland comum e agregados usuais, o concreto conserva suas qualidades mecânicas, embora já reduzidas, até uma temperatura entre 250 e 300 °C; em temperaturas mais elevadas, aconselha-se a utilização de cimento cuja hidratação não produza muita portlandita (hidróxido de cálcio), como no caso dos cimentos aluminoso ou pozolânico.

Estando a portlandita ainda não combinada após o processo de hidratação do cimento, ela poderá ser transformada em óxido de cálcio na temperatura de 400 °C e, após o contato com a água, poderá ser novamente hidratada, expandindo-se no interior do concreto, causando fissuração interna.

O teor de magnésio tem também sua importância, pois pode desenvolver fenômenos de inchamento em caso de desidratação e reidratação sucessivas.

Na temperatura de 900 °C, a matriz cimentícia se encontra em risco de destruição, mas os efeitos são menos graves e ocorrem mais lentamente do que a tendência dos agregados a se dilatarem e provocarem o aparecimento de fissuras.

c) Agregados

A natureza petrográfica do agregado e sua porosidade exercem influência no comportamento do concreto exposto a alta temperatura. Sua composição mineralógica determina a dilatação térmica diferencial entre o agregado e a pasta de cimento que o envolve, acarretando prejuízos à resistência na zona de transição entre ambos.

Os diferentes constituintes do concreto apresentam coeficientes de dilatação desiguais, resultando em fraca resistência às elevações de temperaturas quando os agregados têm coeficientes mais elevados. Quando a temperatura é elevada lentamente e não ultrapassa 300 °C, os agregados silicosos contendo quartzo, como granito e arenito, são adequados porque a transformação do quartzo da forma α para β somente ocorre a cerca de 570 °C, com uma expansão súbita da ordem de 0,85 % acarretando fissuração na zona de transição pasta-agregado. No caso dos agregados de composição calcária, bem mais resistentes, a cerca de 900 °C podem se decompor, liberando CO_2, CaO e MgO, podendo também provocar fissuras no concreto.

Na Figura 9.1, apresenta-se a influência do tipo de agregado utilizado no concreto na sua resistência à compressão, variando-se a temperatura.

d) Desempenho do concreto submetido ao fogo

O concreto apresenta boas características no que se refere a resistência ao fogo, pois, ainda que exposto a temperaturas elevadas por razoável período, permanece apresentando desempenho satisfatório comparativamente ao aço, por exemplo, mantendo sua

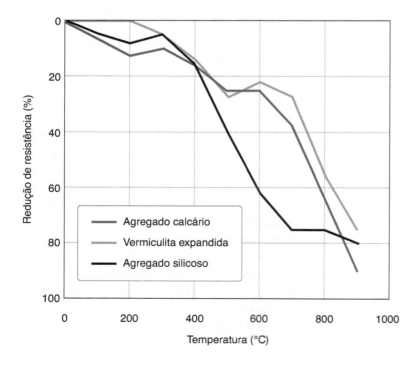

FIGURA 9.1 Redução da resistência em função do tipo de agregado. Fonte: adaptada de Neville (1997).

capacidade de suporte de cargas, resistência à penetração das chamas por não expelir gases tóxicos e resistência à transferência de calor, condição de grande importância quando utilizado como proteção ao aço.

O que se exige do concreto estrutural é que sua capacidade resistente seja preservada sob ação de exposição ao fogo durante um tempo estabelecido, além de se evitar o colapso da estrutura sem que seja possível a tomada de medidas protetivas aos usuários de um edifício, por exemplo.

O combate a incêndio a partir da aplicação de água equivale a um resfriamento brusco, acarretando um choque térmico com grande redução de resistência do concreto por conta dos elevados gradientes térmicos gerados, que favorecem a fissuração por contração a partir da superfície do elemento exposto.

Grande atenção deve ser dada por parte dos profissionais a estruturas industriais sujeitas à ação de elevadas temperaturas, como base de caldeiras e fornos que trabalham continuamente por longos períodos. Nesse caso, além da opção pelo uso de agregados naturais de origem calcária ou mesmo leves artificiais, devem-se evitar agregados silicosos.

Deve-se ter em consideração, de forma adicional, que o avanço dos ensaios de termogravimetria em materiais cimentícios demonstrara que os compostos resistentes das pastas de concretos (CSH) iniciam sua degradação ao atingirem temperaturas da ordem de 200 °C, quando já há água combinada sendo eliminada pelo calor; o hidróxido de cálcio (ou portlandita), composto também importante dentro da estrutura, é desagregado em temperaturas entre 400 e 550 °C; por fim, o carbonato de cálcio perde sua estabilidade química quando o fogo atinge 850 a 900 °C. Por isso, mesmo que existam tabelas de tempo de resistência do concreto ao fogo e de diminuição de resistência com o aumento da temperatura, considera-se que uma estrutura de concreto estará seriamente abalada já em incêndios de baixas temperaturas. Essas tabelas são mais úteis para indicar tempos aproximados para evacuação do edifício. Por isso, a reutilização de estruturas de concreto que sofreram incêndio deve ser minuciosamente avaliada e projetada por especialistas, para evitar riscos à integridade física de futuros ocupantes.

O comportamento do concreto na situação de incêndio é considerado em profundidade no Capítulo 13.

9.2.5 Retração e Expansão

A variação dimensional de um elemento de concreto que ocorre a partir do início de pega do cimento até o seu endurecimento, quando adquire sua condição de equilíbrio com o ambiente, mesmo sob ausência de qualquer esforço aplicado, pode resultar em uma retração ou uma expansão do seu volume inicial.

A retração consiste na diminuição de dimensões provocada pela secagem do concreto durante a fase de hidratação do cimento, quando então adquire resistência aos esforços atuantes no elemento, e a expansão consiste no aumento de dimensões deste quando em meio úmido ou submerso. Essas duas variações de volume são expressas por meio de uma deformação em determinada direção, relativamente à dimensão inicial.

Essas variações de volume ocorrem durante o endurecimento do concreto, mesmo sob temperatura constante, sendo decorrentes da consolidação entre os seus constituintes promovida pelas ligações entre pasta e agregados e da saída de água por evaporação através da superfície em contato com a atmosfera.

Na fase de endurecimento do concreto, o produto da reação de hidratação dos diferentes compostos do cimento pode resultar em um volume inferior ao de cada constituinte na sua forma anidra. A água adsorvida junto às lamelas das fibras cristalinas dos silicatos de cálcio hidratados interfere na distância entre elas e a retração decorre do teor de água à forma zeolítica que a pasta possa conter, dando origem à retração autógena, decorrente da contínua hidratação da matriz cimentícia, mesmo sem a ocorrência de trocas de umidade com o ambiente exterior.

Outra alteração de volume no concreto endurecido resulta do movimento da água contida nos poros abertos à superfície, a qual pode sair por evaporação ou penetrar em seu interior através dos capilares interconectados, responsáveis pela permeabilidade do concreto.

Também a carbonatação dos compostos hidratados do cimento, provocada pela combinação do dióxido de carbono presente na atmosfera, pode originar sólidos na forma de carbonatos, com volume inferior à soma daqueles ocupados inicialmente pelos hidróxidos, constituindo a chamada retração por carbonatação.

Esses fenômenos que levam à ocorrência de retração no concreto durante sua secagem e a retração de caráter autógeno podem ser considerados os mais importantes e são responsáveis pelo aparecimento de fissuras no concreto endurecido, decorrentes das tensões de tração geradas pela contração da matriz cimentícia em relação ao "esqueleto" constituído

224 Capítulo 9

pelos agregados ou da própria disposição das armaduras existentes.

Essas fissuras constituem-se em caminhos preferenciais por onde agentes atmosféricos, especialmente o gás carbônico, penetram e se combinam com os compostos hidratados do cimento, levando à despassivação das armaduras de aço no interior do concreto, promovendo a corrosão em presença de umidade ou de outros íons agressivos.

Pode-se considerar que a retração do concreto seja afetada por variados fatores, como: dimensão dos elementos moldados; teor de água adicionado ao concreto fresco; teor de cimento adotado no traço; natureza e granulometria dos agregados utilizados; tempo de cura úmida e umidade do ambiente; composição do cimento; presença de aditivos e adições, entre outros.

9.3 PROPRIEDADES MECÂNICAS

As resistências que se determinam no concreto se assemelham às dos demais materiais de construção, como tensões de ruptura provocadas por estados simples, duplos ou triplos de tensões normais e as resistências a corte, choque, fadiga, desgaste e aderência. Algumas são normalmente determinadas enquanto outras são obtidas em casos especiais ou para estudos básicos das propriedades do material, por exemplo, sua tensão sob carga constante (fluência) e a resistência ao cisalhamento. Aqui, será dedicada maior atenção ao estudo das tensões de ruptura à compressão uniaxial e tração simples, por resultarem em dados bastante significativos ao estudo da constituição do concreto, suas características e propriedades desejáveis.

As características e propriedades dos constituintes do concreto já foram avaliadas nos capítulos anteriores, como a do tipo de cimento utilizado, a composição do clínquer, suas adições, finura e tipos de aditivos, embora outros inúmeros fatores influenciem nos resultados de resistência mecânica e desempenho do concreto.

As determinações por meio de ensaios são influenciadas pela maneira como estes são realizados e em particular pela forma e dimensões dos espécimes, aparelhagem, natureza das superfícies que recebem a ação das cargas, condições de moldagem e cura do espécime, velocidade de aplicação da carga e mesmo teor de umidade do corpo de prova na hora do ensaio.

As dimensões do espécime ensaiado exercem significativa influência sobre o valor da tensão de ruptura obtida, que depende da máquina utilizada no ensaio por conta da deformabilidade do prato e da velocidade de incremento da tensão aplicada. As faces do corpo de prova devem ser apoiadas sobre placas deformáveis no contato com o prato da máquina de ensaio para evitar o acúmulo pontual de tensão. A dispersão dos resultados obtidos diminui à medida em que se aumentam as dimensões do espécime ensaiado.

9.3.1 Resistência à Compressão

A resistência característica de projeto (f_{ck}) é o valor que se adota no projeto para a resistência à compressão como base dos cálculos para o dimensionamento da estrutura, com uma confiabilidade acima de 95 %.

O controle estatístico do concreto por amostragem parcial é definido conforme a NBR 12655:2022, em que são retirados exemplares de algumas betonadas de concreto. As amostras devem ser de no mínimo seis exemplares para os concretos com resistência até 50 MPa, e 12 exemplares para os concretos com resistência acima de 50 MPa, conforme define a NBR 8953:2015:

a) Para os lotes com número de exemplares igual ou maior que 6 e menor que 20, o valor estimado da resistência característica à compressão (f_{ckest}) na idade determinada é de:

$$f_{ckest} = 2\left[(f_1 + f_2 + ... + f_{m-1})/\, m - 1\right] - f_m$$

em que:

m = n/2; f_1, f_2, ...f_m = valores da resistência à compressão dos exemplares em ordem crescente, desprezando-se o valor mais alto de n, se for ímpar.

Não se deve tomar para f_{ckest} valor inferior ao do espécime ensaiado multiplicado por um coeficiente de minoração que varia conforme o número de corpos de prova considerados na tabela constante na norma.

b) Para lotes com mais de 20 espécimes:

$$f_{ckest} = f_{cm} - 1{,}65\, S_d$$

em que:

f_{cm} é a resistência média dos exemplares, em MPa.

S_d é o desvio-padrão da amostra com n espécimes, calculado com um grau de liberdade a menos no denominador. A determinação das características do concreto endurecido é realizada com base em corpos de prova moldados e curados ao longo do tempo e em determinadas condições de umidade e temperatura.

No Brasil, os corpos de prova têm formato cilíndrico e prismático e suas dimensões são fixadas na norma NBR 5739:2018.

A moldagem dos corpos de prova nas formas é feita manualmente, sendo compactados em camadas sobrepostas, por meio de golpes por soquete padronizado e de modo a não ultrapassar a espessura da camada sob moldagem ou, ainda, por vibrador de imersão de diâmetro adequado ou mesa vibratória. Após preenchimento total do molde, promovem-se o acabamento da superfície superior e a proteção para que não haja perda da água de amassamento do concreto por evaporação superficial com uso de lâmina plástica em local protegido de agentes atmosféricos (chuva, ventos, insolação).

Os corpos de prova no período mínimo de 16 horas e máximo de 72 horas são desmoldados e levados ao laboratório para cura final em câmara úmida. O tempo definido para a ruptura dos corpos de prova pode ser fixado de 24 horas, 3, 7, 14, 28 dias ou mais, caso haja necessidade, para verificação de resistência a maiores idades. A Tabela 9.3 apresenta comparação aproximada da resistência à compressão entre as diferentes idades.

As variáveis que intervêm na resistência à compressão do concreto são influenciadas pelos parâmetros seguintes:

- características e propriedades dos materiais utilizados;
- valor da relação água/cimento;
- dimensão máxima dos agregados;
- método e duração da cura (cura úmida, cura com película superficial, cura submersa ou cura a vapor);
- influência da idade do ensaio e estado em que foram mantidos os corpos de prova.

A norma NBR 8953:2015 se aplica a concretos leves, normais ou pesados, utilizados em elementos de concreto simples, armado ou protendido, preparados a partir de mistura de cimento Portland como ligante, agregados, água e, eventualmente, aditivos ou adições, todavia não se aplica a concreto-massa, concreto projetado e concreto sem finos.

Os concretos para fins estruturais são classificados pela NBR 8953:2015 em classes de resistência variando de 20 até 50 MPa (Grupo I) e de 55 MPa até 100 (Grupo II), conforme a resistência característica à compressão (f_{ck}), determinada a partir do ensaio de corpos de prova moldados de acordo com a NBR 5738:2015 e rompidos conforme a NBR 5739:2018.

Os valores apresentados na NBR 8953:2015 não estabelecem os concretos com classe de resistência inferior a C20, porque estes não são estruturais e, caso sejam utilizados, devem ter seu desempenho atendido conforme NBR 6118:2014 e NBR 12655:2022.

Cita-se ainda o concreto de Ultra Alto Desempenho (UHPC), com resistência à compressão acima de 150 MPa, um material relativamente novo, de elevada tecnologia em relação à composição, produção, desempenho no estado fresco e endurecido, alta ductilidade e excelente durabilidade, que tem sido objeto de estudos mundo afora.

Considerando que o concreto é constituído por diferentes materiais e com variadas resistências, densidades e dimensões, é natural supor que, quanto maior for o volume do espécime ensaiado a uma dada tensão, maior será a probabilidade de o mesmo volume conter elementos com baixa resistência, acarretando que a resistência de um espécime diminui à medida que aumenta sua dimensão (Fig. 9.2). A utilização de espécimes com menores dimensões tem vantagem por maior praticidade, contudo apresenta o inconveniente de provocar maior dispersão de valores e, assim, requerer maior número de corpos de prova para representatividade do concreto ensaiado.

A extração de corpos de prova de elementos estruturais deve levar em conta as dimensões dos espécimes em função das capacidades dos equipamentos utilizados.

Outra condição a ser evidenciada refere-se à dimensão transversal do corpo de prova, pois a tensão de ruptura à compressão depende da altura do prisma que está sujeito a esta força.

No caso do concreto, a influência da altura do espécime (h) com relação ao seu diâmetro (d) está representada na Tabela 9.4, possibilitando a correção da tensão de ruptura à compressão em função da altura do cilindro.

TABELA 9.3 Coeficiente de redução da resistência à compressão em função da idade do concreto

	Idade do concreto (dias)				
	3	7	28	90	360
$f_{ck} \leq 50$ MPa	0,40	0,65	1,00	1,20	1,35
$f_{ck} > 50$ MPa	0,55	0,75	1,00	1,15	1,20

Observação: o endurecimento do concreto vai depender das características/composição do cimento utilizado no concreto.

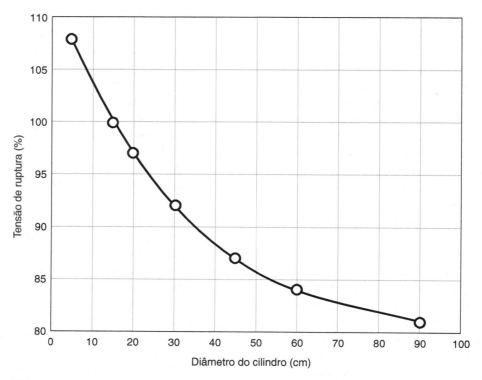

FIGURA 9.2 Relação da tensão de ruptura à compressão de cilindros [relação altura/diâmetro (h/d) = 2].

TABELA 9.4 Coeficientes para correção da tensão de ruptura à compressão em função da relação entre altura e diâmetro do espécime

Relação h/d	Fator de correção	
	ASTM C42-68	BS 1881:1952
2,00	1,00	1,00
1,75	0,99	0,97
1,50	0,97	0,95
1,25	0,94	0,92
1,00	0,91	0,89

A aplicação desses coeficientes para a obtenção dos valores da tensão à compressão é muito útil no caso de ensaios realizados em corpos de prova retirados de elementos estruturais de uma construção existente, como lajes, vigas, pilares blocos e outros, com dimensões variáveis e que dificilmente se ajustam a uma relação h/d = 2.

9.3.2 Resistência à Tração Simples

A aplicação de uma força de tração pura, exercida sobre o corpo de prova, é dificultada em razão das tensões secundárias decorrentes da excentricidade introduzida pelos dispositivos de aplicação das forças por ocasião do ensaio.

A determinação da resistência à tração do concreto também oferece subsídios ao entendimento sobre o comportamento do concreto armado mesmo quando os procedimentos de cálculo não levam em conta as contribuições do concreto, e sua importância diz respeito à fissuração, a qual decorre de uma ruptura por tração na região mais solicitada do elemento sob carga e que vai comprometer a continuidade da estrutura e dar margem à sua deterioração, facilitada pela entrada de agentes agressivos ao interior que irão iniciar a despassivação e a corrosão das armaduras metálicas.

A tensão de tração do concreto é afetada pelas características do agregado utilizado. Os provenientes de rochas calcárias, pela composição mineralógica e afinidade com o aglomerante, apresentam valores 20 % superiores ao obtido com uso de outros agregados como seixos (pedregulhos) ou escória; no caso de concreto produzido com agregados graníticos, esse valor pode chegar a ser 25 % superior. Tal efeito decorre da influência do calcário no desenvolvimento das ligações epitáxicas com o cimento, a partir das reações de hidratação e formação dos silicatos de cálcio hidratados da zona de transição entre a pasta de cimento e o agregado. Condições semelhantes para a melhoria dessas ligações na zona de transição entre a pasta e o agregado também ocorrem quando se utiliza no concreto fresco a adição da sílica ativa e metacaulim, vindo a contribuir indiretamente na melhoria da resistência à tração do concreto.

Métodos para determinação da resistência à tração do concreto

Podem ser adotados três diferentes métodos para a obtenção da resistência à tração do concreto, sendo o primeiro deles não normalizado no Brasil, e que adota procedimentos que permitem encontrar a resistência direta à tração, em que o corpo de prova possui uma área central menor do que nas bordas fazendo que, sob a força axial aplicada nas extremidades, a ruptura ocorra nesta região central.

O segundo método consiste em se determinar a resistência à tração por meio da flexão de corpo de prova prismático, conforme a NBR 12142:2010, sendo que a máquina de ensaio deve possuir um dispositivo de flexão adequado para que a força seja aplicada centrada e perpendicularmente às faces superior e inferior do espécime. Esse ensaio exige um controle adequado do ponto de aplicação das forças no terço médio da face superior do espécime, o qual deve apresentar as superfícies externas perfeitamente planas para o contato adequado do corpo de prova com os dispositivos (cutelos) que transmitem as cargas e os roletes de apoio posicionados nas extremidades.

O terceiro método, adotado em todo o mundo e conhecido como *brazilian test*, foi desenvolvido pelo pesquisador brasileiro Fernando Lobo Carneiro e apresenta grande facilidade de execução, pois os espécimes submetidos ao ensaio podem apresentar as mesmas características e dimensões dos utilizados no ensaio de compressão axial.

A aparelhagem para esse teste está definida pela NBR 5739:2018 e pela NBR 7215:2019, sendo que a moldagem dos corpos de prova é determinada pela NBR 5738:2015. Outra condição possível é que os espécimes podem ser extraídos da própria estrutura por meio de brocas diamantadas e ensaiados no próprio local da obra através de máquina portátil usada no ensaio à compressão.

Segundo a NBR 7222:2011, o ensaio consiste basicamente em colocar um corpo de prova na posição horizontal apoiada por duas chapas de madeira sobre o prato da máquina de compressão, conforme se verifica na Figura 9.3. Deve-se aplicar a carga sem choques e de forma contínua, com crescimento constante da tensão de tração, a uma velocidade de 0,05 MPa/s até a ruptura do corpo de prova.

A resistência à tração por compressão diametral é obtida através da equação a seguir:

$$f_{ct} = 2F / \pi \cdot L \cdot d$$

em que:

f_{ct} = resistência à tração indireta (MPa);
F = força aplicada (N);
L = comprimento do corpo de prova (mm);
d = diâmetro do corpo de prova (mm).

O resultado de tração nesse ensaio não é direto, pois o cilindro solicitado à compressão diametral não se encontra em estado uniaxial, já que o diâmetro do corpo de prova não está submetido apenas a tensões de tração.

Conforme referido anteriormente, a determinação da resistência à tração do concreto pode ser obtida através dos diferentes métodos citados, podendo-se correlacionar os resultados segundo a Tabela 9.5.

9.3.3 Comportamento Elástico

O comportamento do concreto quando submetido a tensão é influenciado pelas características de seus constituintes principais: a pasta de cimento e os agregados. O resultado apresentado pelo concreto quando submetido à compressão uniaxial corresponde a uma

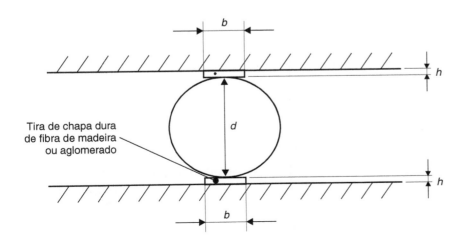

FIGURA 9.3 Ensaio brasileiro de tração. Fonte: NBR 7222:2011.

TABELA 9.5 Relação entre resultados de ensaios à tração

Natureza do ensaio	Coeficientes para conversão do ensaio compressão diametral de cilindros 15 × 30 em outros ensaios	Coeficiente correlação
	Valor médio	Limites de variação
Compressão diametral de cilindros 15 × 30 cm	1,00	-
Flexão simples de prismas com 15 × 15 cm² com 2 cargas nos terços médios (45 cm entre apoios)	1,50	1,35 a 1,65
Flexão com carga concentrada no centro do vão do prisma 15 × 15 cm²	1,70	1,55 a 1,85
Tração pura	0,86	0,65 a 1,32

condição intermediária, conforme consta na Figura 9.4, na qual é representada a variação da tensão aplicada e a correspondente deformação do agregado e da pasta de cimento, considerados separadamente.

O comportamento da pasta e do agregado pode ser considerado linear, enquanto o do concreto sofre variação significativa quando se impõe velocidade constante do carregamento. Isso se deve à evolução da microfissuração interna do concreto, e que se processa paulatinamente à medida que a tensão aumenta, desenvolvendo-se na zona de transição entre a pasta de cimento e o agregado.

A ruptura nas ligações entre a pasta de cimento e o agregado passa a ser notada quando atinge 30 % do valor da carga última de ruptura e, à medida que sofre o incremento do carregamento, há uma progressão da fissuração até que ocorra a falência final do concreto.

Todos os fatores que intervêm sobre a melhoria das ligações entre a matriz de cimento hidratada e os agregados são responsáveis pelos ganhos de desempenho e resistência do concreto no seu estado endurecido. A quantidade e a medida da abertura das fissuras originadas na zona de transição entre pasta de cimento e agregado dependem, entre outros fatores, das características de exsudação apresentadas anteriormente na fase inicial de endurecimento do concreto, do desenvolvimento das ligações em nível cristalino na zona de transição entre pasta e agregado

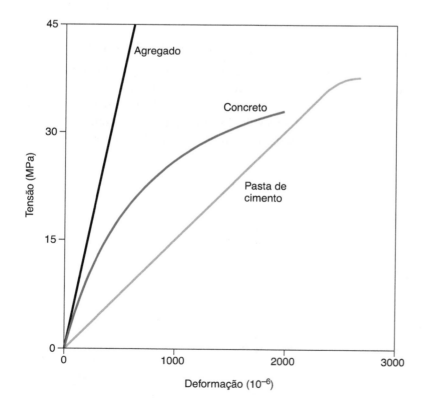

FIGURA 9.4 Comportamento típico tensão–deformação da pasta, agregado e concreto.

que levam ao ganho de resistência, e da efetividade da cura desse concreto até que atinja as propriedades desejadas ao estado endurecido.

Ultrapassando-se os 30 % da última carga do concreto sob tensão, começam a aumentar a quantidade, a extensão e as medidas das aberturas das microfissuras na zona de transição, fazendo com que a proporcionalidade entre tensão e deformação deixe de ocorrer e a curva comece a se desviar sensivelmente de uma linha reta. Até os 50 % da tensão, ocorre uma condição estável no desenvolvimento da microfissuração, e ultrapassado esse estágio inicia-se a formação de fissuras na própria matriz cimentícia, evoluindo de modo que, a partir de 75 % da carga, a proliferação e a propagação da fissuração levarão ao desenvolvimento de deformações muito grandes, indicando que o sistema caminha ao colapso por conta da rápida propagação de fissuras tanto na matriz cimentícia como na sua zona de transição com os agregados.

Fica compreensível que a preocupação por parte do responsável pela produção de um concreto deve recair na qualidade e efetividade das ligações entre a matriz cimentícia e os agregados que o integram, pois o resultado quanto à sua resistência às tensões e à sua durabilidade nas condições em serviço estarão intimamente relacionadas com essas propriedades no nível da sua microestrutura.

9.3.3.1 Módulo de deformação

Considerando que a curva tensão × deformação não é linear para o concreto, são estabelecidas diferentes formas de representação de seu valor conforme a norma NBR 8522:2021:

- módulo tangente (E_{ci}), ou módulo de elasticidade ou módulo de deformação tangente à origem ou inicial, que é considerado equivalente ao módulo de deformação secante ou cordal entre 0,5 MPa e 30 % f_c, para o carregamento estabelecido nesse método de ensaio;
- módulo secante (E_{cs}) obtido, cujo valor numérico é o coeficiente angular da reta secante ao diagrama tensão-deformação específica, passando pelos seus pontos A e B correspondentes respectivamente, à tensão de 0,5 MPa e à tensão considerada no ensaio.

Os espécimes a serem ensaiados, submetidos à compressão axial, devem ser cilíndricos, com 150 mm de diâmetro e 300 mm de altura. O módulo de elasticidade, E_{ci} em gigapascais é dado por: $E_{ci} = \sigma / \varepsilon \cdot 10^{-3} = (\sigma_b - \sigma_a) / (\varepsilon_b - \varepsilon_a) \cdot 10^{-3}$

em que:

σ_b = tensão maior (0,3 f_c);
σ_a = tensão básica (0,5 MPa);
ε_b = deformação específica média dos espécimes ensaiados sob a tensão maior;
ε_a = deformação específica média dos espécimes ensaiados sob a tensão básica.

O módulo de deformação do concreto varia em função dos valores obtidos pela pasta de cimento e pelo agregado, pelas ligações entre ambos e ainda pela sua interação granulométrica, mais poros e vazios, que afetam a rigidez e a deformabilidade do material, podendo ser considerado um compósito de duas fases sólidas com tensões de ruptura e constantes elásticas diferentes.

Coeficiente de Poisson

A relação entre a deformação lateral e a deformação axial de um concreto submetido à carga uniaxial, dentro do intervalo elástico obtido por meio do ensaio realizado para obtenção de seu módulo de deformação, é denominada coeficiente de Poisson, e seus valores para o concreto comum variam entre 0,15 e 0,20, não havendo constatação de que sofram influência das características como sua relação água/cimento, período de cura, granulometria do agregado ou outras variáveis relativas à dosagem.

9.3.3.2 Fluência

A fluência (*creep*) de um material é o aumento da sua deformação, sob condições de tensão constante.

A ocorrência da fluência no concreto é causada por fenômenos complexos envolvendo movimento da água presente nos seus poros interiores e seu comportamento não linear quando a relação tensão × deformação ultrapassa os 30 a 40 % da tensão última estabelecida para esse concreto.

A fluência do concreto é a deformação lenta que aparece nos elementos estruturais carregados com o decorrer do tempo e com a manutenção do carregamento, podendo ser decomposta em duas parcelas, segundo a resposta elástica do elemento: deformação elástica retardada e fluência propriamente dita.

A deformação elástica retardada é aquela que desaparece com a retirada do carregamento, porém não imediatamente, como ocorre com a deformação elástica, e sim depois de algum tempo após o descarregamento do elemento. Essa resposta elástica retardada se deve ao comportamento do agregado quando submetido ao aumento da tensão transferida pela pasta de cimento, a partir do andamento da microfissuração que se desenvolve na zona de transição pasta-agregado.

A fluência propriamente dita consiste na deformação que não desaparece mesmo após a retirada do carregamento, independentemente do tempo decorrido.

A deformação lenta é determinada pela diferença entre a deformação total sob carga constante, subtraída da deformação imediata e da deformação do elemento não carregado, e decorrente da retração por secagem e formação dos compostos hidratados do cimento.

Os movimentos de umidade na pasta de cimento endurecida exercem significativa influência controlando as deformações de retração por secagem e de fluência do concreto, e as inter-relações com os vários constituintes do concreto são bastante complexas. No caso dos agregados, sua natureza petrográfica, granulometria, dimensão máxima, forma e textura das partículas, módulo de deformação, conteúdo de cimento no traço, favorecimento no adensamento do concreto no estado fresco etc. são fatores que influenciam na fluência e sua retração.

O tipo de cimento utilizado, para um dado agregado e determinada dosagem, exerce influência na resistência do concreto e no momento da aplicação da carga a fluência será afetada. Concretos com cimento Portland pozolânico e com escória de altoforno apresentam fluência mais elevada nas primeiras idades que no caso de cimento sem adições.

Essas adições de escória e pozolanas tendem a aumentar o volume de poros na faixa de 3 a 20 nm, tendo efeitos desfavoráveis quanto à retração e fluência nas primeiras idades; com a formação dos silicatos de cálcio hidratados a maiores idades, essas deficiências são desconsideradas.

A fluência também sofre efeitos da temperatura à qual o concreto é exposto, principalmente quando submetido à cura térmica, na condição de um elemento ainda não submetido a carregamento. Essa situação é típica em indústrias de pré-moldados em que o processo de cura a vapor é empregado, sob temperaturas variando de 50 a 60 ºC, propiciando maior ganho de resistência e menor deformação por fluência quando colocado nas condições em serviço.

No caso de elementos de concreto armado como pilares, o aumento da deformação do concreto com o tempo provoca uma contínua redistribuição das tensões entre o aço e o concreto por conta da deformação deste último com o tempo, que transfere parte das tensões a que estava sujeito para o aço, até que se estabeleça uma condição final de equilíbrio, quando a deformação lenta tende a atingir seu valor máximo.

9.4 DURABILIDADE

A durabilidade dos elementos construtivos do concreto simples, armado e protendido, está condicionada ao ataque de agentes agressivos a que estejam sujeitos durante a sua vida em serviço. É um conceito que deve ser entendido em termos relativos, por meio do conhecimento quanto ao comportamento desse material, sujeito à deterioração em maior ou menor grau em face de determinadas situações. Estas podem conduzir ao desenvolvimento progressivo, normalmente lento, de patologias que, em um processo contínuo, podem levar a uma desagregação completa.

Esses processos destrutivos podem, desde que as medidas necessárias sejam tomadas a tempo, ser interrompidos sanando-se as causas da degradação progressiva e restaurando-se total ou parcialmente suas condições iniciais quanto a resistência e desempenho. Resulta, então, ser de grande importância o conhecimento do comportamento desse material quando sujeito à ação de agentes deletérios.

As causas e os fatores responsáveis por tais processos agem por diferentes mecanismos sob a ação de agentes agressivos, podendo estes exercer uma ação física, como no caso de dissolução, ou uma ação química decorrente de reação com os compostos hidratados na matriz cimentícia, gerando substâncias expansivas ou, finalmente, exercer uma ação mecânica como a erosão.

Considerando o caso do concreto armado, a sinergia entre o aço e o concreto deve ocorrer tal qual uma simbiose entre dois organismos vivos, que interagem e se complementam mutuamente. Para que ocorra tal condição, uma das principais defesas do concreto é sua compacidade, propriedade que vai possibilitar a proteção requerida pelo aço em seu interior.

Para manter o concreto mais resistente quanto aos ataques externos provocados por agentes agressivos, e que podem comprometer sua integridade e durabilidade, a condição principal consiste em minorar ao máximo os vazios formados durante o processo de endurecimento, envolvendo todas as atividades antecessoras de sua produção, iniciando com a escolha adequada de seus constituintes e sua proporção correta, dos tipos de adições e aditivos utilizados e das operações desenvolvidas durante o lançamento e adensamento da mistura fresca. Adicionalmente, com relação ao concreto armado, o teor de reserva alcalina também é importante, já que esta mantém o pH alto e a armadura passiva (e, portanto, sem apresentar corrosão) por maior período.

Durante a fase inicial de endurecimento é que resultam as fissuras originadas pela retração por secagem e formação de capilares por conta da evaporação da água de amassamento e que não foi combinada com os compostos hidratados do cimento.

Após endurecido, o concreto vai estar sujeito a formação de fissuras decorrentes dos efeitos mecânicos exercidos pelas ações externas que agem sobre a estrutura na qual se encontra integrado.

Pode-se, assim, considerar que todos os vazios e fissuras formados a partir da mistura fresca até a condição de trabalho, após endurecido, constituem vulnerabilidades do concreto, pois permitem a penetração de agentes agressivos em seu interior, que vão comprometer sua durabilidade e afetar a vida útil do ente ao qual se encontra integrado.

A norma NBR 6118:2014 apresenta os níveis de agressividade ambiental que devem ser considerados em função do risco de deterioração da estrutura de concreto exposto aos diferentes agentes atuantes.

Para evitar a instalação de patologias nas construções em concreto, é necessário satisfazer às exigências de durabilidade a partir da definição do projeto, devendo ser observados critérios adequados à obra que ora se realiza, como:

- prever drenagem eficiente de elementos sujeitos à exposição à água;
- evitar formas arquitetônicas e estruturais inadequadas;
- garantir concreto de qualidade apropriada, particularmente nas regiões superficiais dos elementos estruturais;
- garantir cobrimentos de concreto apropriados para proteção às armaduras;
- detalhar adequadamente as armaduras;
- controlar a fissuração das peças;
- prever espessuras de sacrifício ou revestimentos protetores em regiões sob condições de exposição ambiental muito agressiva; e
- definir um plano de inspeção e manutenção preventiva.

Mais detalhes a respeito da durabilidade dos concretos são apresentados no Capítulo 4 – Agregados, Capítulo 13 – Concreto em situação de incêncio e Capítulo 14 – Mecanismos de degradação do concreto.

9.4.1 Exigências quanto à Durabilidade

As estruturas de concreto devem ser projetadas e construídas de modo que, sob as condições ambientais previstas na época do projeto, e quando utilizadas conforme preconizado em projeto, conservem sua segurança, estabilidade e aptidão em serviço durante um período mínimo de 50 anos, sem exigir medidas visando sua recuperação, exceto aquelas necessárias para sua manutenção.

Isso fica evidente se considerado que os diferentes materiais utilizados em determinada estrutura de concreto apresentam um tempo de vida útil determinado, em função dos agentes ambientais a que se acha submetida. Por exemplo, os materiais utilizados na impermeabilização de estruturas hidráulicas apresentam resistência limitada à ação de produtos com pH baixo e também a radiação ultravioleta, exigindo manutenções em menores intervalos de tempo.

9.4.2 Vida Útil

Por vida útil de projeto entende-se o período durante o qual se mantêm as características das estruturas de concreto, sem exigir medidas extras de manutenção e reparo; é após esse período que começa a efetiva deterioração da estrutura, com o aparecimento de sinais visíveis como os produtos de corrosão da armadura, desagregação do concreto, fissuras, desplacamentos etc. O conceito de vida útil aplica-se à estrutura como um todo ou às suas partes. Dessa forma, determinadas partes das estruturas podem merecer consideração especial com valor de vida útil diferente do todo e em função do nível de agressividade à qual estão expostas.

9.4.3 Atuação dos Agentes na Deterioração do Concreto

Na consideração da durabilidade, devem ser levados em conta os mecanismos mais importantes de envelhecimento e deterioração da estrutura de concreto, relacionados a seguir:

a) Lixiviação por ação de águas puras, como água destilada, água de chuva, de lençol freático ou profundo, em regiões silicosas que praticamente não contém sais dissolvidos, e por isso têm a tendência a dissolver a cal liberada pela hidratação dos silicatos de cálcio do cimento, tornando o concreto poroso e diminuindo sua resistência. Ao chegar à superfície, essa cal liberada é carbonatada sob a ação do CO_2 atmosférico, originando as eflorescências superficiais esbranquiçadas. O processo, entretanto, pode ainda evoluir desfavoravelmente quando encontrada uma alta proporção de CO_2. Nesse caso, a dissolução prossegue com a formação de bicarbonato, sendo este solúvel. O ataque ao concreto por ação de águas puras, por exemplo, provenientes de fontes graníticas ou de neve, é fato constatado, registrando-se a destruição de aquedutos em prazos excepcionalmente curtos. A corrosão por efeito de excesso de CO_2 no lençol freático tem sido registrada em fundações. Muitas estruturas de concreto mostram a existência desse processo pela presença de depósitos superficiais de coloração branca. Como esse fenômeno está diretamente ligado à circulação das águas pela massa do concreto, torna-se evidente a sua dependência do grau de permeabilidade.

b) Expansão por ação de águas e solos que contenham ou estejam contaminados com sulfatos, dando origem a reações expansivas e deletérias com a pasta de cimento hidratado. O ataque do concreto por água sulfatada é assunto amplamente discutido desde o início da utilização moderna dos cimentos Portland. As águas que contêm sulfato de sódio, magnésio, cálcio e amônio agem sobre o concreto por dois mecanismos.

Uma ação mecânica de microfissuração proveniente da cristalização dos sais presentes em consequência da evaporação de água, quando as estruturas são sujeitas à molhagem e posterior secagem de forma intermitente, provoca uma destruição progressiva do concreto pela expansão dos poros em decorrência da cristalização.

No segundo caso, os sulfatos reagem quimicamente com a cal hidratada e o aluminato de cálcio, formando sulfato de cálcio e sulfoaluminato de cálcio, respectivamente. Esses produtos são formados com certa expansão causadora da fissuração e consequente destruição do material. Os sulfatos são os elementos mais agressivos ao concreto e a gravidade desse problema é função do tempo decorrido e da concentração salina presente nas águas agressivas. Os cimentos de baixa proporção de aluminatos são recomendados nas obras sujeitas à ação das águas sulfatadas.

c) Expansão por ação das reações entre os álcalis do cimento e sílica de agregados (reação álcali-agregado), que pode ter efeito desagregante e provocar a formação de fissuras com aberturas variando de 0,1 a 10 mm, em casos extremos. A profundidade dessas fissuras pode variar de 25 a 50 mm, prejudicando tanto a aparência como também a vulnerabilidade quanto à penetração de agentes agressivos em seu interior. Também há comprometimento da resistência à compressão do concreto na direção da tensão aplicada. A diferenciação entre as fissuras geradas por esta reação e as causadas pela ação de sulfatos ou pelo congelamento e degelo fica dificultada. Uma alternativa neste caso consiste em verificar se a fissura originada pela reação dos álcalis passa através das faces das partículas dos agregados e da pasta de cimento que as envolve superficialmente. A limitação do teor de álcalis do cimento pode impedir a ocorrência dessa reação caso o ligante seja a causa principal. O teor mínimo de álcalis a partir do qual pode ocorrer a reação expansiva é de 0,6 % do equivalente em óxido de sódio (Na_2O), e seu valor representa o limite em relação aos cimentos de baixo teor de álcalis. Esse percentual é calculado a partir do valor do teor de óxido de sódio mais 0,658 vez o teor de óxido de potássio (K_2O) presentes no clínquer. Nessas condições, é aconselhável limitar o teor total de álcalis no concreto a um máximo de 3,0 kg na quantidade equivalente em óxido de sódio por metro cúbico de concreto contendo agregado reativo ao álcalis.

d) Ação água do mar, exercida pelo movimento das ondas e ciclos de molhagem e secagem que provocam expansão e contração do concreto. As obras marítimas de concreto estão sujeitas a uma contínua ação dos sais presentes nas águas salgadas. O mecanismo de ação da água do mar sobre o concreto é semelhante ao já descrito para as águas sulfatadas, embora muito mais complexo, comportando o processo uma série de estágios intermediários. Os cimentos podem ser classificados em ordem de resistência decrescente à ação agressiva da água do mar, da seguinte maneira: cimentos sulfatados, cimentos aluminosos, cimentos pozolânicos, cimentos metalúrgicos e cimentos Portland. Também aqui valem as recomendações referentes à compacidade e à dosagem direcionadas a se atingir baixa permeabilidade. As prescrições usuais de trabalho em obra marítima são naturalmente exigentes, impondo a utilização de cimentos adequados e cuidadosa elaboração do concreto.

e) Ação do gás carbônico exercida pela difusão desse gás no interior do concreto provocando a redução do pH na matriz cimentícia. Esse mecanismo é menos nocivo ao concreto do que ao aço em seu interior e provoca a despassivação da armadura, ocorrendo de maneira significativa em ambientes de umidade relativa abaixo de 98 % e acima de 65 %, ou em ambientes sujeitos a ciclos de molhagem e secagem, possibilitando a instalação da corrosão.

f) Ação do íon cloro (cloreto) por penetração do cloreto por meio de processos de difusão, de impregnação ou de absorção capilar de águas contendo teores de cloreto, que ao penetrarem no interior dos poros do concreto acarretam a despassivação do aço e dão início à corrosão.

9.5 PROPRIEDADES FRENTE A CONDIÇÕES ESPECÍFICAS

O meio ambiente exerce várias ações que devem ser consideradas no dimensionamento das construções de concreto, exigindo que esse material apresente desempenho compatível com as necessidades impostas pelas atividades desenvolvidas nessas construções, sejam elas caracterizáveis como uma indústria, um edifício, uma obra de arte, uma usina nuclear ou uma hidrelétrica.

A qualidade do concreto passa a ter influência marcante na sua durabilidade e, desse modo, a garantia de desempenho é estabelecida por meio da definição de alguns parâmetros desejáveis para o concreto, como o teor máximo de água estabelecido pela relação *a/c*, os valores das classes de resistência definidas na NBR 8953:2015 para cada condição de agressividade, e a espessura dos cobrimentos mínimos desejáveis às armaduras em cada tipo de ambiente. Além desses parâmetros, outros deverão ser considerados dependendo do tipo de construção e das atividades que nela se desenvolvam, estando elencados a seguir.

a) Resistência à abrasão

A resistência à abrasão é uma característica importante nas superfícies sujeitas à movimentação de cargas. A destruição da estrutura do material se processa quer por rompimento dos grãos do agregado, quer pelo seu arrancamento. A utilização de agregados de maior dureza e tamanho de grão melhora o desempenho quanto ao desgaste. O teor adequado de pasta de cimento Portland, além da presença de adições minerais, pode favorecer a união dos grãos dos agregados à matriz cimentícia. Por outro lado, o acabamento superficial realizado de forma a diminuir o caráter áspero também contribui para a diminuição dos desgastes. Essa melhoria de acabamento superficial em concretos de boa qualidade é mais apropriadamente alcançada por polimento no concreto no estado endurecido do que por alisamento a colher do concreto no estado fresco.

A resistência à abrasão do concreto tem grande importância quando esse material é aplicado em pisos sujeitos ao trânsito elevado de pessoas ou máquinas, pavimentos de rodovias, estruturas hidráulicas como tanques de tratamento de efluentes com sólidos em suspensão, tubulações de escoamento de águas residuárias, vertedouros etc. Em geral, a resistência à abrasão do concreto cresce com a sua resistência à compressão, e por conta dessa condição existem recomendações técnicas para que um concreto sujeito ao desgaste por abrasão deva apresentar uma resistência à compressão não inferior a 35 MPa, sendo que em alguns casos esse valor deve superar 41 MPa.

Há diferentes ensaios para medir a resistência ao desgaste por abrasão, que consistem em submeter o espécime ao contato direto com o material abrasivo, avaliando posteriormente a perda de massa ou a diminuição de sua espessura, após decorrido o ensaio. A NBR 16974:2022 especifica o método para o ensaio de abrasão em agregados, denominado "Los Angeles" e que consiste em avaliar o desgaste sofrido pelo agregado, quando colocado na máquina juntamente com uma carga abrasiva, submetido a determinado número de revoluções dessa máquina a velocidade de 30 a 33 rpm.

Pode-se utilizar um moinho de bolas revestido com os espécimes do concreto a ser analisado. Outra alternativa é a aplicação de jato de areia incidido sobre o corpo de prova, verificando-se posteriormente a profundidade da cavidade produzida pelo jato e a perda de massa ocorrida.

Existe também a possibilidade de utilização de abrasímetros, equipamentos utilizados para a análise de revestimentos cerâmicos, dotados de um disco giratório sobre o qual é lançado o material abrasivo como areia, promovendo o desgaste superficial das placas de concreto em contato com o disco.

b) Vibração

O concreto, como todos os outros materiais, está sujeito ao fenômeno da fadiga, sofrendo diminuição de sua resistência mecânica sob esforços provenientes de vibrações. Cabe, nesse caso, que seja feita a avaliação do elemento estrutural quanto às faixas de frequências a que estará exposto quando colocado em serviço. Os efeitos das ações por esforços dinâmicos sobre as estruturas de concreto acarretam diferentes comportamentos e devem ser analisados caso a caso. As características físicas e mecânicas do concreto, especialmente seu módulo de deformação, devem ser adequadas para responder às solicitações dinâmicas impostas.

c) Temperatura

As ações das variações de temperatura sobre os elementos estruturais de concreto se fazem sentir em

234 Capítulo 9

nosso clima, no Brasil, apenas com o aparecimento de trincas térmicas.

Nos climas temperados, a ação das baixas temperaturas resulta em desagregação do concreto por expansão resultante do congelamento da água presente nos poros do material. Os ciclos de gelo e degelo repetidos propiciam a expansão de volume da água dentro dos vazios do concreto, provocando microfissuração e posterior prosseguimento do processo, quando podem ocorrer desplacamentos e, por fim, a completa destruição do material por desagregação.

d) Agentes químicos

Têm-se construído tanques e reservatórios de concreto para armazenamento de várias espécies de líquidos, alguns dos quais prejudicam a durabilidade do material. Também os pisos de concreto em instalações industriais têm sido deteriorados pela ação de líquidos e outros materiais. Esse assunto é examinado com maior profundidade no capítulo referente às patologias e terapêuticas do concreto, quando serão recomendados tratamentos superficiais convenientes a cada caso.

No estudo da ação dos agentes químicos, cabe algum desenvolvimento dos processos de corrosão da armadura. A antiga crença na estabilidade das armaduras contidas no interior do concreto – justificada pela observação do comportamento da estrutura de concreto armado utilizada em regime de baixos índices de solicitações, com taxas de trabalho relativamente baixas e superdimensionamento das peças – está sendo cada vez mais questionada em razão do progresso verificado na utilização de concretos com elevação crescente das tensões de trabalho e consequente diminuição nas seções das peças. Isso diminui consideravelmente o peso dos elementos e o seu preço; em contrapartida, alguns inconvenientes vão aparecendo, em particular o aumento da fissuração e da corrosão das armaduras. A pré-fabricação, que leva a extremos a redução nas seções, tem causado, por imprudência ou ignorância, acidentes que forçam os investigadores a pesquisar mecanismos de comportamento do material diante de novas condições de uso.

Atualmente, não se põe em dúvida a importância da questão do ataque da armadura, assunto da maior relevância em grande parte dos estudos de obras de concreto armado. A corrosão dos metais é constituída por reações de natureza complexa, químicas ou eletroquímicas, que ocorrem na interface metal-meio ambiente. É um processo de destruição do metal a partir de sua superfície. As reações se resumem, geralmente, a uma perda de elétrons do metal, conhecidas comumente pelo nome de oxidação. Normalmente, diferencia-se o fenômeno em oxidação química e oxidação eletroquímica.

A corrosão química ocorre por ação direta do elemento oxidante, por exemplo, o oxigênio do ar combinando diretamente com o ferro da armadura. A corrosão direta se faz geralmente pelos gases e líquidos que não são eletrólitos.

A corrosão eletroquímica pressupõe a existência de uma corrente elétrica entre uma parte e outra do metal. Essa corrente elétrica pode ser de origem galvânica, desenvolvida no volume da peça de concreto armado, ou resultar da ação das correntes dispersas eventualmente existentes no solo.

Do ponto de vista prático, é importante caracterizar a corrosão qualitativamente para determinar a origem do ataque. De modo geral, a corrosão uniforme, que se estende por toda a superfície metálica das armaduras, indica a presença de oxidação química. E a corrosão localizada em plaquetas, em pontos ou mesmo a intercristalina, como também seletiva, isto é, afetando mais certos trechos da armadura do que outros, caracteriza a corrosão de origem eletroquímica.

Na oxidação química, ocorre uma reação de formação de um óxido ou hidróxido metálico. Esses produtos constituem uma película que poderá ou não proteger o metal de posterior ataque, segundo seja permeável ou não. Os óxidos de ferro são relativamente permeáveis, permitindo o prosseguimento da oxidação da armadura.

No mecanismo da corrosão eletroquímica, ocorre a formação de pilhas galvânicas em escala finita ou, muito diminuta, as micropilhas. Nesses elementos galvânicos, o ânodo e o cátodo podem estar na mesma barra da armadura, tudo dependendo de fatores diversos, quais sejam: heterogeneidade do metal, diferença de tensões, orientação granular, pH do concreto, aeração diferenciada no concreto, resultante, por sua vez, de defeitos de execução do mesmo.

Havendo condições que possibilitem a formação das pilhas, galvânicas, e desde que a condutibilidade elétrica do concreto o permita, haverá um transporte metálico do ânodo para o cátodo. Tal processo conduz à formação de óxidos de ferro a certa distância da interface metal-concreto. Não há, no caso, a formação de camada protetora de óxidos que dificulte o prosseguimento da corrosão. Essa é a razão de se considerar a corrosão eletroquímica mais perigosa do que a oxidação química.

Os concretos preparados com cimentos ordinários apresentam pH aproximado de 12 a 12,5, condição favorável à conservação das armaduras por insuficiência de voltagem desenvolvida nas pilhas galvânicas eventualmente formadas. Nessa situação, a mais comum nas estruturas de concreto, a armadura de aço se encontra passiva. Todavia, o pH do concreto pode baixar a limites da ordem de 7 a 8, em consequência, por exemplo, de percolação sistemática de água que arrasta a portlandita presente ($CaOH_2$), tornando as condições favoráveis à ocorrência de corrosão eletroquímica. Mais uma vez é salientada a qualidade do concreto como fator essencial na inibição da corrosão nos seus diferentes aspectos.

Do ponto de vista prático, a corrosão das armaduras é evitada quando a permeabilidade delas é baixa e quando a sua camada de recobrimento é relativamente grande (5 cm de espessura realizam proteção plena) e a abertura das fissuras é inferior a 0,4 mm, bem como quando a dosagem do concreto é cuidadosa no estabelecimento de reserva alcalina a partir da incorporação de níveis previamente mensurados de cimentos, já que o hidróxido de cálcio que protege a armadura provém de reações químicas a partir de compostos dos cimentos Portland comuns.

Quando, em meio agressivo, se tem necessidade de diminuir a espessura da camada protetora das armaduras, deve-se proceder à sua impermeabilização superficial protetora. Essa proteção pode ser feita mediante aplicação de silicatos, fluorsilicatos, borrachas, polivinil e silicones, entre outros materiais.

e) Agentes biológicos

O ataque biológico do concreto ocorre em diversas situações nas quais estejam presentes umidade, nutrientes orgânicos, fungos e bactérias ativas. Isso acontece nas instalações industriais de processamento de alimentos e outros produtos orgânicos, em tanques e pavimentos de concreto. É fato conhecido o ataque que sofre o concreto em presença de resíduos de laticínios e matadouros, obrigando a frequentes reparações e até mesmo reconstruções.

Os microrganismos promovem a síntese de ácidos que, por sua vez, dissolvem a cal do concreto, prosseguindo a deterioração até a completa destruição por desagregação. Várias são as espécies de microrganismos já identificados, estando o assunto desenvolvido na literatura especializada. Constitui defesa a esse gênero de ataque a utilização de cimentos com adição de nanopartículas no concreto ou a sua proteção pelos meios usuais de impermeabilização.

f) Condutibilidade elétrica

A condutibilidade elétrica nos concretos parece não oferecer, no momento, interesse apreciável.

Pode-se dizer, contudo, que ela é extremamente variável com a composição e, sobretudo, com a umidade. Para concretos comuns com 300 kg de cimento por metro cúbico, a resistência elétrica varia entre 10^4 e 10^7 ohms/cm^2, entre as idades de 1 dia e 800 dias, respectivamente. Após esse período, uma umidificação dos corpos de prova conduzirá a resistência ao valor inicial de 10^4 ohms/cm^2. Para efeito de comparação, a resistividade da ardósia é 10^{11} ohms/cm^2 e a do mármore é 10^9 ohms/cm^2. O concreto é, portanto, um mau condutor de eletricidade, não chegando, porém, a ser um isolante.

g) Materiais radioativos

Nas instalações que operam processos físicos acompanhados de produção de radiações e partículas elementares de alta energia, aparelhos de raios X, laboratórios de pesquisa nuclear, pilhas atômicas e indústrias correlatas, sempre se faz necessário construir anteparos e invólucros capazes de absorvê-las para atender principalmente à segurança do elemento humano, reduzindo o risco dos efeitos maléficos consequentes. A absorção das radiações ocorre por dissipação de energia durante seu percurso pelo volume ocupado pelo material, que é dimensionado em função de diversos parâmetros segundo as leis físicas que regulam o fenômeno. O chumbo sempre foi o material utilizado para essa finalidade. Dado, porém, seu elevado preço, procurou-se substituí-lo por outros mais econômicos, abrindo um campo de utilização para o concreto, material que se mostrou capaz de resolver satisfatoriamente tais problemas.

Os concretos para esse fim são, de preferência, aqueles que, utilizando agregados de alta densidade, resultam em misturas também pesadas. De fato, a espessura das paredes de isolamento é, em geral, inversamente proporcional à densidade do concreto. O seu conteúdo de água, quimicamente ligada, contribui também de maneira importante na dissipação da energia e consequente isolamento aos efeitos maléficos das radiações. De modo geral, pode-se dizer que os concretos de massa específica próxima de 4,0 tf/m^3 absorvem duas vezes mais as radiações do que os concretos usuais.

Uma das propriedades mais importantes na caracterização de um concreto apropriado para blindagem aos efeitos radioativos é o seu comportamento em temperaturas elevadas. Com o progresso na utilização da energia nuclear, esses elementos são submetidos a temperaturas cada vez mais elevadas. Como já visto, o concreto sofre com a elevação da temperatura, inicialmente uma perda de água livre que, do ponto de vista de capacidade de absorção

236 Capítulo 9

radioativa, é inconveniente, e a seguir está sujeito, por várias causas, a fissuração, também indesejável. Sua utilização nesse novo campo de aplicação vai depender, em grande parte, das melhorias que possa alcançar sua capacidade de resistência a elevações de temperatura.

h) Adesão

A adesão em superfícies de concreto endurecido é um problema que ocorre na aplicação de revestimentos, pinturas, reparações e aplicação de sistemas de impermeabilização. De modo geral, as superfícies limpas de concreto são apropriadas a receber satisfatoriamente revestimentos e pinturas. E tal fato ocorre como consequência de acabamento superficial mais ou menos poroso, resultado dos processos de fabricação do produto.

É sabido que um dos fatores mais importantes no sucesso da ligação superficial é o grau das irregularidades presentes. Os concretos realizados com forma de madeira bruta se ligam com mais facilidade aos revestimentos do que os realizados com formas de madeira aparelhada, formas metálicas e plásticas, pois estas últimas conferem à superfície um acabamento bastante liso. Também a tendência na elevação de resistência mecânica dos concretos utilizados estruturalmente, por exemplo, em edifícios altos e obras de arte com valores de 40 a 60 MPa ou mais, vem ocasionando diminuição no volume de poros por conta da alta compacidade desses concretos, o que traz problemas de aderência aos revestimentos argamassados comuns. O nível de porosidade do substrato tem influência fundamental na ancoragem do acabamento, sendo que substratos menos porosos (concretos de menor porosidade por menor relação a/c, por exemplo) possuem menor capacidade de receber acabamentos com boa adesão, e vice-versa.

A ligação de concreto novo com concreto velho, essencial nos trabalhos de reparações e acertos, resulta, em geral, em uma união fraca. Isso se deve, em primeiro lugar, à ação da retração que ocorre no endurecimento do concreto novo e que promove movimentação relativa na superfície de união, comprometendo o êxito da ligação. A dilatação diferenciada, mais atuante no volume de concreto novo, geralmente mais próximo da superfície exposta, é também responsável por movimentação relativa na superfície de união. Em regra, esses reparos se destacam em tempo mais ou menos longo.

Para resolver essas dificuldades, é recomendado o emprego de certas resinas à base de látex acrílico ou látex de estireno-butadieno que constituem uma ponte de aderência, integrando o concreto novo à base existente. Outra possibilidade é a utilização de adesivos à base de resina epóxi, que se têm provado altamente satisfatórios na solução desse problema. Observa-se que a diferença de coeficientes de dilatação dos revestimentos aplicados com relação ao concreto de suporte é sempre o fator mais responsável pela ocorrência de descolamento. É mais ou menos frequente o descolamento de revestimentos de pisos, principalmente de material cerâmico aplicado diretamente sobre lajes de concreto. O material cerâmico normalmente dilata menos do que o concreto, ficando sujeito a tensões elevadas de compressão ao longo de sua superfície quando a temperatura diminui. Nessas condições, qualquer ponto fraco de ligação permite a ocorrência do descolamento, que se manifesta em uma área relativamente grande por inchamento repentino da superfície, que se destaca assumindo uma forma convexa.

i) Propriedades acústicas

O estudo das propriedades acústicas do concreto alcança progressiva importância com respeito a dois aspectos fundamentais: como material de construção de edifícios, seu comportamento sonoro desempenha importante papel na reflexão e reverberação de sons e ruídos ou como isolante ou amortecedor dos mesmos. E, em segundo lugar, o desenvolvimento recente de métodos não destrutivos de qualificação de concretos baseados na determinação de velocidade de propagação de sons e ultrassons veio despertar enorme interesse nesse campo.

Do ponto de vista de tratamento acústico nos edifícios, o concreto usual, estrutural, responde pela propagação das ondas sonoras em proporção relativamente modesta. De fato, a física das construções mostra serem fatores mais importantes nesse problema o comportamento nas paredes de divisões e as aberturas, situando-se esses fatores no complexo do projeto como um todo. O coeficiente de amortecimento desse material estrutural na propagação direta dos ruídos de impacto é muito pequeno. Por isso mesmo, as divisões suportadas por essa estrutura ficam excitadas em quase toda a extensão do edifício, constituindo o melhor fator de defesa a tais inconvenientes a massa dos elementos, que contribui proporcionalmente para o amortecimento desejado.

Com respeito aos sons propagados por via aérea, as paredes e pisos de concreto desempenham papel importante, contribuindo de maneira apreciável para absorção e consequente redução dos níveis energéticos de vibrações sonoras.

A absorção do som por superfícies, paredes e tetos, principalmente, se processa pela dissipação de energia trazida pelas ondas sonoras incidentes por movimentação de ar contido nos poros do material. Segue daí que esse coeficiente de absorção será, evidentemente, maior nos materiais mais porosos. Com respeito ao concreto, oferecem maior coeficiente de absorção os concretos cavernosos, nos quais o agregado miúdo é eliminado, e os concretos com agregados leves (porosos).

Velocidade do som

A velocidade de propagação do som no concreto tem sido objeto de ensaios que visam a determinar a sua qualidade. É sabido da física que a velocidade de propagação do som em um meio elástico é determinada quando se conhecem o valor do coeficiente de elasticidade e o da densidade do meio.

O fenômeno é de análise bastante complexa, sendo governado por relações relativamente simples quando a forma da onda é considerada plana, o que é lícito supor quando a fonte se encontra bastante distanciada. Nessa situação, a análise do fenômeno em uma única direção, no caso de uma peça longa, conduz à seguinte relação:

$$V = \sqrt{\frac{E_g}{w}}$$

em que V é a velocidade do som (cm/s); E é o coeficiente de elasticidade (kg/cm^2); g é a aceleração da gravidade (cm/s^2); e w é a densidade (kg/m^3).

Quando se trata de um meio de duas dimensões, uma placa, torna-se necessário introduzir um fator corretivo dependente do coeficiente de Poisson:

$$V = \sqrt{\frac{E_g}{w}\left(1-\sigma^2\right)}$$

em que σ é o coeficiente de Poisson.

De modo análogo, em um meio de três dimensões, como uma peça volumosa, a fórmula a ser utilizada é a seguinte:

$$V = \sqrt{\frac{E_g}{w} \cdot \frac{1-\sigma}{\left(1+\sigma\right)\left(1-2\sigma\right)}}$$

Essas expressões valem para qualquer meio elástico e, em particular, são perfeitamente aplicáveis ao concreto. Nesse material, a velocidade de propagação do som atinge valores entre 2500 e 4000 m/s, nos casos mais comuns. O valor da velocidade do som nas peças de concreto cai quando o material é defeituoso. Fissuras e trincas de qualquer origem, interpostas na trajetória do som, e outras deteriorações são fatores que afetam o valor da velocidade, diminuindo-a. Por outro lado, a armadura presente na trajetória tem influência inversa, ou seja, aumenta a velocidade do som. Os ensaios mostraram que essa influência das armaduras deixa de ser perceptível quando a distância delas à direção principal de propagação da onda é superior a 5 cm.

A medição de velocidade de propagação do som no concreto é realizada mediante aparelho eletrônico de alta precisão, de uso muito fácil e cômodo. Revela esse método uma enorme potencialidade no estudo da qualificação dos concretos. Já foi dito que a auscultação dinâmica é o meio mais prático no exame das estruturas atingidas pelo fogo. A auscultação dinâmica oferece também recurso no exame das características dos concretos mediante ensaios não destrutivos, tratados com maior detalhamento no Capítulo 11.

BIBLIOGRAFIA

ASSOCIAÇÃO BRASILEIRA DE NORMAS TÉCNICAS. *NBR 5738:* Concreto – procedimento para moldagem e cura de corpos de prova. Rio de Janeiro: ABNT, 2015.

ASSOCIAÇÃO BRASILEIRA DE NORMAS TÉCNICAS. *NBR 5739:* Concreto – ensaio de compressão de corpos de prova cilíndricos. Rio de Janeiro: ABNT, 2018.

ASSOCIAÇÃO BRASILEIRA DE NORMAS TÉCNICAS. *NBR 6118:* Projeto de estruturas de concreto – procedimento. Rio de Janeiro: ABNT, 2014.

ASSOCIAÇÃO BRASILEIRA DE NORMAS TÉCNICAS. *NBR 7215:* Cimento Portland – determinação da resistência à compressão de corpos de prova cilíndricos. Rio de Janeiro: ABNT, 2019.

ASSOCIAÇÃO BRASILEIRA DE NORMAS TÉCNICAS. *NBR 7222:* Concreto e argamassa – determinação da resistência à tração por compressão diametral de corpos de prova cilíndricos. Rio de Janeiro: ABNT, 2011.

ASSOCIAÇÃO BRASILEIRA DE NORMAS TÉCNICAS. *NBR 8522:* Concreto endurecido – determinação dos módulos de elasticidade e de deformação. Rio de Janeiro: ABNT, 2021.

ASSOCIAÇÃO BRASILEIRA DE NORMAS TÉCNICAS. *NBR 8953:* Concreto para fins estruturais – classificação pela massa específica, por grupos de resistência e consistência. Rio de Janeiro: ABNT, 2015.

ASSOCIAÇÃO BRASILEIRA DE NORMAS TÉCNICAS. *NBR 9778:* Argamassa e concreto endurecidos – determinação da absorção de água, índice de vazios e massa específica. Rio de Janeiro: ABNT, 2005.

ASSOCIAÇÃO BRASILEIRA DE NORMAS TÉCNI-CAS. *NBR 9833:* Concreto fresco – determinação da massa específica, do rendimento e do teor de ar pelo método gravimétrico. Rio de Janeiro: ABNT, 2008.

ASSOCIAÇÃO BRASILEIRA DE NORMAS TÉCNI-CAS. *NBR 10786:* Concreto endurecido – determinação do coeficiente de permeabilidade à água. Rio de Janeiro: ABNT, 2013.

ASSOCIAÇÃO BRASILEIRA DE NORMAS TÉCNI-CAS. *NBR 12142:* Concreto – determinação da resistência à tração na flexão de corpos de prova prismáticos. Rio de Janeiro: ABNT, 2010.

ASSOCIAÇÃO BRASILEIRA DE NORMAS TÉCNI-CAS. *NBR 12655:* Concreto de cimento Portland – preparo, controle, recebimento e aceitação – procedimento. Rio de Janeiro: ABNT, 2022.

ASSOCIAÇÃO BRASILEIRA DE NORMAS TÉCNI-CAS. *NBR 12815:* Concreto endurecido – determinação do coeficiente de dilatação térmica linear – método de ensaio. Rio de Janeiro: ABNT, 2012.

ASSOCIAÇÃO BRASILEIRA DE NORMAS TÉCNI-CAS. *NBR 12818:* Concreto – determinação da difusividade térmica – método de ensaio. Rio de Janeiro: ABNT, 2012.

ASSOCIAÇÃO BRASILEIRA DE NORMAS TÉCNI-CAS. *NBR 12820:* Concreto endurecido – determinação da condutividade térmica – método de ensaio. Rio de Janeiro: ABNT, 2012.

ASSOCIAÇÃO BRASILEIRA DE NORMAS TÉCNICAS. *NBR 16974:* Agregado graúdo – ensaio de abrasão Los Angeles. Rio de Janeiro: ABNT, 2022.

COUTINHO, A. de S. *Fabrico e propriedades do betão.* Lisboa: LNEC, 2006.

ISAIA, G. C. *Concreto*: ciência e tecnologia. São Paulo: Ibracon, 2011.

MEHTA, P. K.; MONTEIRO, P. J. M. *Concreto*: microestrutura, propriedades e materiais. 3. ed. São Paulo: Ibracon, 2008.

NEVILLE, A. M. *Properties of concrete.* 5. ed. San Francisco: Prentice Hall, Pearson, 2012.

NEVILLE, A. M. *Propriedades do concreto.* São Paulo: Pini, 1997.

PETRUCCI, E. *Concreto de cimento Portland.* 13. ed. São Paulo: Globo, 1995.

ROSSIGNOLO, J. A. *Concreto leve estrutural*: produção, propriedades, microestrutura e aplicações. São Paulo: Pini, 2009.

WASHA, G. W. *Workability.* 4. ed. New York: McGraw-Hill, 1998. Cap. 5: Concrete construction handbook.

10

MICROESTRUTURA DO CONCRETO

Prof. Dr. Vladimir Antonio Paulon

10.1 Introdução, 240
10.2 Micro e Macroestrutura do Concreto, 240
10.3 Aplicações das Técnicas de Microscopia, 248

10.1 INTRODUÇÃO

O concreto moderno, executado com cimento Portland (patenteado por Joseph Aspdin, em 1824), teve várias fases distintas ao longo de sua evolução técnica. Sua primeira utilização como estrutura foi na construção de barcos por Joseph-Louis Lambot, em 1860. A partir daí, e com a descoberta de que, com inclusão de barras de aço na massa, haveria a possibilidade de uma boa resistência à tração, teve início a utilização do material concreto armado para a execução de estruturas como pontes, edifícios e outras obras que exigiam resistências à compressão e tração. No fim do século XVIII e início do século XX, foram executadas várias obras em concreto armado, geralmente prédios e pontes. O material também começou a ser utilizado para a execução de barragens na forma de concreto de massa ciclópico.

No Brasil, foram construídas, por exemplo, a barragem de Ilha dos Pombos (1924), na divisa entre Rio de Janeiro e Minas Gerais, e o Edifício Riachuelo (por volta de 1914), em São Paulo, estruturado em concreto armado, porém com fundação de estacas de madeira.

Mas o marco para construções de concreto foi a Barragem de Hoover, nos Estados Unidos, quando, pela primeira vez, houve o uso efetivo de aditivos para a mistura e foi efetuado o estudo de temperatura do concreto utilizando-se o pós-resfriamento por meio de canalizações no interior da massa.

A partir daí, ocorreu certa estagnação no desenvolvimento de concreto, a não ser pelo uso bastante discreto de aditivos plastificantes, na década de 1960. As resistências utilizadas eram da ordem de 15 MPa e a relação água/cimento mínima era de 0,45. Com o aparecimento dos aditivos superplastificantes, foi possível aumentar a resistência para 25 MPa, porém com cuidados extremos.

Os estudos da microscopia do concreto e seu desenvolvimento, na década de 1970, proporcionaram o conhecimento de sua estrutura interna com detalhes. Esse conhecimento, aliado à descoberta e uso de aditivos e adições mais eficientes, permitiram reduzir a relação água/cimento a níveis de até 0,28 e alcançar resistências do concreto da ordem 150 MPa, podendo, hoje, atingir níveis bem mais elevados.

O uso de concretos de alta resistência tornou-se uma realidade nas décadas de 1980 e 1990, período em que a construção de arranha-céus com estruturas esbeltas, com previsão de durabilidade do concreto superior a 200 anos, substituiu as construções metálicas.

10.2 MICRO E MACROESTRUTURA DO CONCRETO

Em um sólido, entende-se por microestrutura o tipo, a quantidade, o tamanho, a forma e a distribuição de suas fases. Tome-se, por exemplo, o granito com as

FIGURA 10.1 Edifício Martinelli, em São Paulo. Foto: Vladimir Antonio Paulon.

FIGURA 10.2 Edifício Riachuelo, em São Paulo. Foto: Vladimir Antonio Paulon.

fases quartzo, feldspato e mica. Essas fases podem ser perfeitamente distintas em vários exemplos de granito. Podem-se ter diferentes tipos de quartzo, feldspato e mica, que, por sua vez, podem diferir em tamanho, em forma e, então, se distribuir de maneiras diferentes na massa.

No concreto, a olho nu, são visualizadas duas fases: fase pedra (areia e agregados graúdos) e fase pasta de cimento, também chamada matriz (constituída de aglomerantes, água e ar).

As duas fases não são homogeneamente distribuídas nem são homogêneas entre si. Por exemplo, a pasta de cimento hidratada, em algumas regiões, se apresenta tão densa como o agregado, enquanto em outras, se mostra altamente porosa. Por outro lado, em face da distribuição desigual da água, em algumas regiões a pasta apresenta-se mais porosa do que em outras.

Visto sob a luz do microscópio, o concreto evidencia uma terceira fase, uma zona de transição entre a fase pedra e a fase pasta de cimento. Essa importante fase é responsável pela resistência e durabilidade do material.

É importante ressaltar que cada fase é multifase, ou seja, o agregado pode ter muitos minerais, fissuras e vazios. Assim, a pasta de cimento pode apresentar uma distribuição heterogênea de diferentes tipos de fases sólidas, de poros e de microfissuras.

Além disso, as fases do concreto não são estáveis e podem variar:

- com o tempo: a idade do concreto permite que ele apresente características diferentes de porosidade, zona de transição, resistência mecânica;
- com a umidade ambiental: as características do concreto variam dependendo da quantidade de umidade (daí a necessidade da cura úmida ou pouca capacidade de perda da umidade interna);
- com a temperatura: temperaturas muito baixas alteram ou evitam o crescimento da resistência e muito altas podem levar ao aparecimento da etringita tardia, causadora de problemas de durabilidade.

10.2.1 Fase Agregado

O agregado é um material geralmente inerte, sem forma ou volume definido, cujas dimensões e propriedades o tornam adequado para o uso em concretos. São responsáveis pela resistência mecânica, pela massa específica, pelo módulo de deformação e pela estabilidade de volume dos concretos.

A importância da resistência mecânica do agregado é relativa, dependendo de suas características

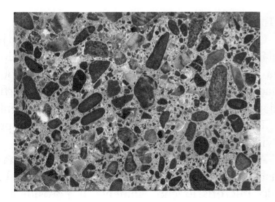

FIGURA 10.3 Seção polida de concreto. Fonte: Mehta; Monteiro (2005).

FIGURA 10.4 Concreto visualizado no microscópio. Fonte: cortesia de Patricia Hommerding Pedrozo.

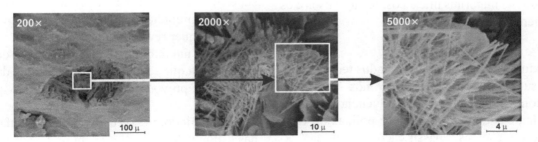

FIGURA 10.5 Microestrutura da pasta hidratada de cimento. Fonte: Mehta; Monteiro (2005).

FIGURA 10.6 As três fases da microestrutura do concreto. Fonte: cortesia de Silvia Regina Vieira.

químicas (reatividade com a pasta e reatividade com álcalis) e físicas (tamanho e forma).

10.2.1.1 Influência na durabilidade do concreto

No que diz respeito à durabilidade do concreto, o agregado desempenha uma função importante e, nesse contexto, a petrografia nos auxilia para verificar os minerais que podem ser deletérios. Têm-se, por exemplo, minerais que são reativos aos álcalis e que desencadeiam a reação álcali-agregado (RAA), e os que causam as reações com sulfatos e sulfetos (ataque por sulfatos internos). Em ambos os casos, podem-se ter alterações significativas nas propriedades do material e até levar à ruína da estrutura.

Outros aspectos dos agregados relacionados com a durabilidade do concreto referem-se às substâncias nocivas contidas no material. No agregado miúdo (dimensão dos grãos entre 150 μm e 4,75 mm), essas substâncias são torrões de argila ou materiais finos, materiais carbonosos, materiais pulverulentos e impurezas orgânicas. Já no agregado graúdo (> 4,75 mm), os materiais friáveis, carbonosos e pulverulentos constituem as substâncias impróprias. Após o exame petrográfico também devem ser considerados como inadequados os materiais micáceos, ferruginosos e os argilominerais expansivos.

a) Textura superficial do agregado

A textura superficial dos agregados tem influência em suas propriedades. Tanto nos agregados miúdos como graúdos (onde a influência é maior), as superfícies podem se apresentar polidas ou opacas, lisas ou ásperas, classificações baseadas no grau de polimento das superfícies da partícula e que dependem da dureza, da granulação e características da rocha-mãe.

Sua influência é grande tanto no estado fresco como no estado endurecido do concreto. No estado fresco, a superfície lisa exige menos água para uma mesma trabalhabilidade, enquanto a superfície rugosa melhora a aderência mecânica entre o agregado e a pasta de cimento. No concreto endurecido, diminui a zona de transição em face de conter menos água aderente junto à pedra e, consequentemente, diminui a relação água/cimento da pasta.

b) Forma do grão

A forma do grão dos agregados afeta as propriedades do concreto, no sentido de que partículas mais angulosas exigem maior quantidade de água para a trabalhabilidade requerida, o que acarreta maior relação água/cimento.

A forma dos grãos depende dos planos de clivagem da rocha-mãe e do tipo de britador utilizado, os quais afetam a esfericidade.

Entre os agregados utilizados no Brasil, as melhores formas são as da argila expandida e do cascalho de fundo de rio ou de cavas; o granito pode apresentar a forma cúbica, bastante boa; já o basalto e calcário resultam em formas tendendo a lamelar, que são consideradas piores. Mas a forma pode ser bastante melhorada dependendo do tipo de britador utilizado.

c) Tamanho e forma do agregado

Quanto maior for o tamanho e a proporção de partículas alongadas/achatadas, maior será o acúmulo de água nas superfícies em torno do agregado e sob as armaduras. Além disso, a água que sobe à superfície e ali se deposita cria canalículos na pasta de cimento.

Trata-se do fenômeno da exsudação, que pode ser visualizado na Figura 10.7.

A água causa um enfraquecimento da zona de transição por aumentar a relação água/cimento, causando microfissuração, aumenta a porosidade da pasta em sua subida, além de se depositar também na superfície das armaduras, no caso do concreto armado, diminuindo a aderência. Ao se depositar na superfície, cria uma nata de cimento de baixa resistência que prejudica a aderência de uma nova camada ou de qualquer revestimento.

Existe um fator positivo no fenômeno da exsudação. A água que se deposita na superfície da camada concretada provoca uma cura úmida nas primeiras horas.

Resumindo: maior tamanho e partículas achatadas e alongadas → maior acúmulo de água na superfície das partículas e armaduras → maior acúmulo

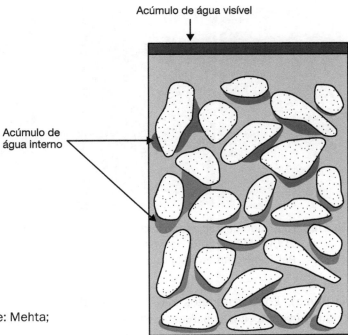

FIGURA 10.7 Água de exsudação. Fonte: Mehta; Monteiro (2005).

de água na superfície das partículas pelo fenômeno da exsudação → prejudicam a zona de transição nos agregados e armaduras → prejudicam a camada superficial → prejudicam a impermeabilidade → ajudam na cura das primeiras horas.

Na execução das obras de concreto, a água de exsudação provoca um efeito parede, se dirigindo às formas e causando bolhas de péssimo efeito estético.

d) Resistência dos agregados

Para os concretos tradicionais ($f_{ck} < 45$ MPa), os agregados não são um fator limitante da resistência e das propriedades do concreto endurecido, por apresentarem resistência maior que a da pasta de cimento. Já nos concretos de alta resistência ($f_{ck} > 45$ MPa), deve ser considerada uma boa resistência dos agregados, bem como o módulo de elasticidade da rocha.

10.2.2 Fase Pasta de Cimento Hidratada

A pasta de cimento hidratada compõe-se de sólidos, que são os aglomerantes (cimentos, pozolanas e escórias), de vazios (bolhas de ar), eventuais aditivos e água.

Em geral, suas características estão vinculadas à origem de seus constituintes, quais sejam: o tipo e a composição mineralógica e química das matérias-primas da fabricação do cimento (calcário e argila), da microestrutura do cimento e da produção do concreto.

Os aglomerantes têm como compostos o C_3S (alita), o C_2S (belita), o C_3A (celita) a C_4AF (ferrita) e pequenas quantidades de CaO, MgO e sulfatos alcalinos. A partir desses compostos, após a hidratação, têm-se os componentes da pasta, ou sólidos, que serão vistos a seguir.

10.2.2.1 Sólidos na pasta de cimento hidratada

Por meio do microscópio eletrônico de varredura, é possível examinar os tipos, as quantidades e as características das quatro principais fases da pasta de cimento hidratada:

a) Silicato de cálcio hidratado (CH ou CSH)

É a fase mais importante, compondo um volume sólido de 50 a 60 %, e determina as principais propriedades da pasta de cimento, como resistência mecânica. É formado pelos compostos C_2S e C_3S.

A quantidade de CH produzida após a hidratação depende muito da qualidade das matérias-primas utilizadas na produção do clínquer.

b) Hidróxido de cálcio [Ca(OH)₂ ou portlandita]

Constitui 20 a 25 % do volume de sólidos na pasta de cimento hidratada. Não interfere na resistência mecânica e pode ser dissolvido pela água, resultando em sulfoaluminato de cálcio hidratado, causador de manchas brancas no concreto. A quantidade de $Ca(OH)_2$ varia conforme o espaço disponível, temperatura de hidratação e impurezas do sistema

FIGURA 10.8 Hidróxido de cálcio ampliado 2000× MEV. Fonte: cortesia de Patricia Hommerding Pedrozo.

FIGURA 10.9 Hidróxido de cálcio ampliado 1000× MEV. Fonte: cortesia de Patricia Hommerding Pedrozo.

(matéria-prima). Poucos minutos após a adição de água ao cimento começam a aparecer cristais aciculares de trissulfoaluminato de cálcio hidratado, conhecido como etringita. Mais tarde, em questão de horas, formam-se grandes cristais prismáticos e pequenos cristais fibrosos, que começam a preencher os espaços ocupados pelos vazios. O tamanho dos cristais de Ca(OH)$_2$ vai depender da quantidade de espaços vazios. O Ca(OH)$_2$ é o principal responsável pelo pH da pasta, não contribui para a resistência mecânica e é solúvel, tendo baixa resistência química.

c) Sulfoaluminato de cálcio

Ocupam de 15 a 20 % do volume sólido da pasta de cimento. É o responsável pelo ataque ao concreto por sulfato, razão pela qual deve ser limitado em obras vulneráveis a esse tipo de agressão. É formado por C_3A e C_4AF.

d) Grãos de clínquer não hidratados

Na microestrutura das pastas de cimento hidratadas encontram-se grãos de clínquer não hidratados, em razão da falta de espaço para a cristalização, porém as partículas maiores tornam-se menores com o tempo de hidratação.

10.2.2.2 Vazios na pasta de cimento hidratada

Os vazios da pasta de cimento hidratada podem ser interlamelares no CSH, capilares, ar incorporado e ar aprisionado. Exercem importante influência nas propriedades da pasta e, consequentemente, nas argamassas e concretos.

Mehta e Monteiro (2005) fazem uma interessante avaliação comparativa das faixas de tamanho, conforme ilustração na Figura 10.12.

a) Espaço interlamelar no CSH

Corresponde por 28 % da porosidade do CSH e apresenta tamanho muito pequeno para influenciar na resistência ou na permeabilidade, mas, sob certas condições de remoção, pode contribuir para a retração de secagem e fluência do concreto.

b) Vazios capilares

São os espaços não preenchidos pelos componentes sólidos da pasta de cimento hidratada. Estima-se que 1 cm^3 de cimento hidratado requer um espaço de 2 cm^3 para a acomodação do total dos produtos da hidratação. Os espaços não ocupados são vazios capilares. Seus tamanhos são muito variáveis, dependendo da relação água/cimento. Por exemplo, uma pasta bem hidratada, com baixo teor a/c, tem poros capilares na ordem de 10 a 50 ηm (nanômetros), enquanto uma pasta nas primeiras idades, com alto teor de a/c, tem poros com tamanho da ordem de 3 a 5 μm (micrômetros). Em resumo, dependendo das condições de hidratação e da relação água/cimento, o concreto pode apresentar espaços ocupados por produtos da hidratação e melhorar suas propriedades, ou, nesses espaços, pode ter água, piorando as condições de resistência, impermeabilidade, retração de secagem e fluência.

Os vazios capilares têm uma influência muito grande na resistência, na impermeabilidade, na retração por secagem e na fluência do concreto.

Nas Figuras 10.13 e 10.14, ilustra-se a distribuição dos poros capilares em amostras de pastas de cimento hidratadas, ensaiadas por técnica de intrusão de mercúrio.

c) Ar incorporado

São vazios geralmente esféricos, intencionalmente introduzidos nos concretos por aditivos, com

FIGURA 10.10 Etringita em poro. Fonte: cortesia de Silvia Regina Vieira.

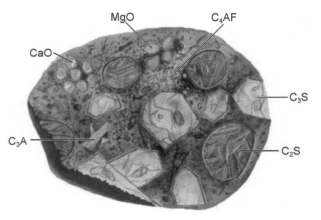

FIGURA 10.11 Corte transversal de um grão de cimento. Fonte: Bishop et al., apud Kirchheim (2008).

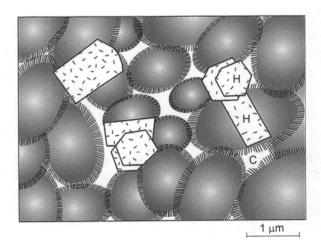

FIGURA 10.12 Pasta de cimento hidratada. Fonte: Mehta; Monteiro (2005).

a finalidade de melhorar certas propriedades, como plasticidade em concretos pobres, ou evitar os problemas gerados por ciclos de gelo e degelo. Seu tamanho está na faixa de 50 a 200 µm, e sua influência em diminuir a resistência mecânica é compensada pela diminuição na relação água/cimento.

d) Ar aprisionado

São os maiores vazios da pasta de cimento hidratada, da ordem de 3 mm, irregularmente distribuídos na pasta, causados pelo mau adensamento do concreto. Causam uma diminuição da resistência e aumento da permeabilidade, mas não influem, assim como o ar incorporado, na retração de secagem ou na fluência.

10.2.2.3 Água na pasta de cimento hidratada

A pasta de cimento hidratada não tratada pode reter grande quantidade de água, de acordo com o grau de umidade presente e a porosidade.

Pode ser classificada em função da dificuldade de remoção como:

a) Água capilar

A água presente nos capilares da pasta de cimento pode ser dividida em duas categorias, dependendo do tamanho dos vazios: a água livre, presente nos vazios maiores que 50 µm (> 0,05 mm), e a água retida por tensão capilar, em vazios entre 5 e 50 µm (< 0,05 mm). A remoção da água livre não causa prejuízos volumétricos ao concreto, enquanto a água retida por tensão capilar acarreta retração no sistema.

b) Água adsorvida

São moléculas de água que se concentram junto à superfície do sólido, na pasta de cimento hidratada, adsorvidas pelas forças de atração. Conforme o modelo de Feldman-Sereda, pode haver até seis camadas moleculares de água, da ordem de 6 Å (ångström).

A perda desse tipo de água causa uma retração significava da pasta de cimento, dependendo, naturalmente, da umidade ambiente.

c) Água interlamelar

É a água retida entre as camadas de CSH. Para sua perda, é necessário que haja forte secagem e,

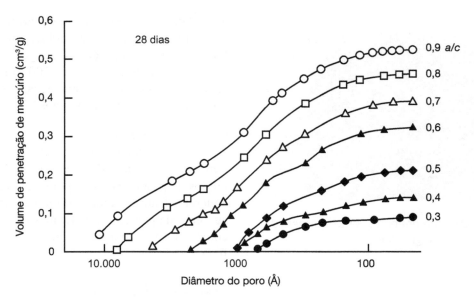

FIGURA 10.13 Distribuição do tamanho dos poros em pastas de cimento hidratadas em função da relação água/cimento. Fonte: Mehta; Monteiro (2005).

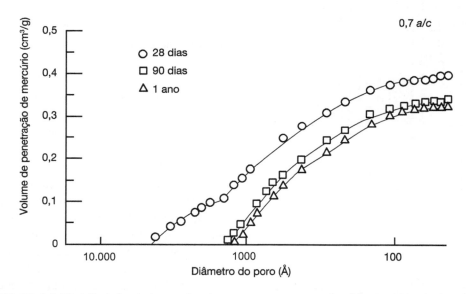

FIGURA 10.14 Distribuição do tamanho dos poros em pastas de cimento hidratadas com a idade. Fonte: Mehta; Monteiro (2005).

quando isso sucede, a estrutura do CSH se retrai sensivelmente.

d) Água quimicamente combinada

Trata-se da água associada aos produtos de hidratação do cimento. Para sua perda, é necessário que a pasta esteja sujeita a condições de elevadas temperaturas. Por exemplo, em casos de incêndio, com temperaturas superiores a 600 °C, os hidratos se decompõem e o material perde suas propriedades principais, como módulo de elasticidade e resistência mecânica.

10.2.2.4 Resistência × porosidade na pasta de cimento hidratada

Durante a hidratação dos cristais de CSH, os sulfoaluminatos de cálcio hidratados e os aluminatos de cálcio hidratados possuem forte capacidade de adesividade, o que permite que se forme uma forte aderência entre si, com o hidróxido de cálcio, com os grãos anidros e com os agregados, tanto graúdos como miúdos. Essa aderência é função das forças de Van der Waals.

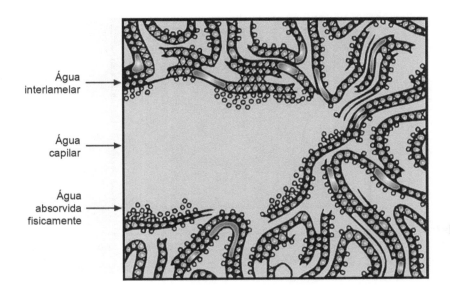

FIGURA 10.15 Tipos de água associados ao CSH. Fonte: Mehta; Monteiro (2005).

No que diz respeito à resistência, permeabilidade e durabilidade da pasta de cimento hidratada, dois fatores são importantes: a quantidade de água e de cimento, traduzida em termos da relação entre a quantidade de água e a quantidade de cimento (relação água/cimento), e a idade.

A importância da relação água/cimento pode ser estabelecida tanto em termos de microestrutura, como de efeitos produzidos sobre a resistência mecânica, permeabilidade e durabilidade da pasta e do concreto. Maior relação água/cimento gera maior porosidade e existe uma relação inversa entre porosidade e resistência da pasta, conforme a relação estabelecida por Powers (1958).[1]

Quanto à idade, verifica-se que a microestrutura varia desde o primeiro contato do cimento com a água, com mudanças rápidas nas primeiras horas e lentas após as primeiras semanas, embora seja contínua por anos. Essa variação tem como consequência a diminuição de poros.

Resumindo, a porosidade e, como consequência, a resistência mecânica são influenciadas diretamente pelo tamanho dos vazios capilares e das microfissuras presentes. A redução progressiva da porosidade capilar se torna possível com:

- aumento do grau de hidratação (idade);
- redução da relação água/cimento.

É importante ressaltar que determinada pasta de cimento ou concreto, em hidratação sob condições específicas, gera não uma simples microestrutura, mas um conjunto de sucessivas microestruturas, com diferentes estágios de desenvolvimento.

10.2.2.5 Estabilidade dimensional

Em condições de saturação, ou seja, a 100 % de umidade (situação de imersão), a pasta de cimento, ou o concreto, mantém sua estabilidade dimensional. Fora dessa situação ideal, sempre mais provável, o material perde a água que está associada à microestrutura e se retrai. A água livre nos poros maiores que 50 μm pode se evaporar sem que haja variação dimensional, porém, ao se verificar o prosseguimento da secagem, a água dos produtos da hidratação, localizada nos pequenos capilares, e a água adsorvida são perdidas e o material retrai. As consequências dessa retração se traduzem por fissuração e alteração na deformação por fluência.

10.2.2.6 Durabilidade

Da porosidade da pasta dependerá a facilidade com a qual os fluidos tendem a penetrar no concreto, uma vez que uma pasta de baixa permeabilidade acarretará um concreto também de baixa permeabilidade. Quanto mais agressivo for o fluido, maior e mais rápido será o ataque ao concreto.

Os fatores determinantes da permeabilidade das pastas de cimento são tamanho dos poros e continuidade entre os poros capilares.

A porosidade interlamelar CSH e pequenos capilares sem ligação não afetam a porosidade da pasta.

---

[1] Powers demonstrou que existe uma relação exponencial do tipo $f_c = ax^3$ entre a resistência à compressão f_c e a relação sólidos-espaço (x), em que a é uma constante igual a 234 MPa.

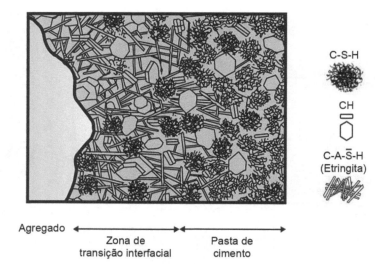

FIGURA 10.16 Zona de transição pasta-agregado. Fonte: Mehta; Monteiro (2005).

10.2.3 Fase Interface Pasta-Agregado (Zona de Transição)

Sob o ponto de vista da microestrutura do concreto, a região entre a pasta de cimento e o agregado merece especial atenção por possuir características especiais que diferem da pasta fora da influência do agregado. Essa região, denominada zona de transição, que também existe entre a pasta e a armadura ou fibras, tem uma espessura de cerca de 50 µm e exerce grande influência nas características do concreto, como resistência mecânica, permeabilidade e durabilidade.

Durante o assentamento do concreto (após o adensamento), a água de amassamento tende a subir para a superfície e se acumular em torno das partículas de agregado, em maior quantidade quando apresentam formas alongadas, achatadas e grandes. Esse acúmulo de água em torno dos agregados aumenta a relação água/cimento nessas regiões. Em razão do excesso de água, os cristais de $CA(OH)_2$ encontram mais espaço para se desenvolver e tornam-se relativamente grandes, alinhados com o eixo perpendicular à interface. Por não terem resistência, esse alinhamento de $CA(OH)_2$ favorece a ocorrência de microfissuração e, unindo-se a microfissurações de zonas de transição próximas, pode ocasionar a fissuração no concreto.

Até o desenvolvimento da microscopia acreditava-se que o concreto era um material de duas fases: fase pasta de cimento e fase agregado, e que a ruptura acontecia entre a pasta e o agregado por falha de aderência. Constatou-se depois que a parte frágil do concreto é a zona de transição pasta-agregado, na qual realmente se dá a ruptura, e este conhecimento levou a estudos no sentido de melhoria dessa região, permitindo aumentar em muito a resistência do material.

Entretanto, deve-se mencionar a existência de uma resistência de aderência entre pasta e agregado, o que se deve a uma reação química entre os dois materiais, a qual vai depender do tipo de agregado utilizado, que tanto pode melhorar como piorar as condições.

Se, por um lado, existe um tipo de reação entre o agregado e a pasta tida como benéfica, também se pode ter reações consideradas maléficas, tais como as reações expansivas de certos agregados (reação álcali-agregado).

10.3 APLICAÇÕES DAS TÉCNICAS DE MICROSCOPIA

10.3.1 Generalidades

Por muitas décadas, o concreto, do ponto de vista macroscópico, foi considerado um material de duas fases: agregados e pasta de cimento. Somente a partir dos estudos de Farran, que datam da década de 1960, começou-se a estudar esse material sob o ponto de vista da microscopia, verificando-se a existência de uma terceira fase (zona de transição entre a pasta e o agregado), mais fraca em termos de resistência mecânica, principalmente junto aos agregados graúdos.

Sob a luz da microscopia, tornou-se possível um melhor conhecimento da estrutura da pasta, principalmente no que diz respeito à porosidade, cuja influência é fundamental para as propriedades do concreto e de sua durabilidade.

Em virtude dos estudos do concreto sob esse novo prisma da microscopia, tornou-se possível a execução de concretos de alta resistência e elevado desempenho, principalmente, durabilidade, o que permite estimar tempos de vida útil bem maiores para as estruturas.

O conhecimento da zona de transição como região frágil do concreto permitiu avaliar e controlar a relação água/cimento, e estudar as implicações de adições e do tamanho do agregado como fatores de influência. Na zona de transição, que se pode considerar uma região de aderência, atualmente distinguem-se uma resistência mecânica e uma aderência química, esta última ainda pouco estudada, porém comprovada.

Os estudos da microscopia do concreto não somente foram de suma importância para o melhor conhecimento e consequente desenvolvimento do material, como permitiram pesquisas sobre problemas a ele ligados, como a reação álcali-agregado, ataques por elementos agressivos e, sobretudo, maior conhecimento dos mecanismos mecânicos ligados à permeabilidade.

No estudo de materiais cimentícios, três tipos de microscopia são usados:

- microscopia ótica (MO);
- microscopia eletrônica de varredura (MEV);
- microscopia eletrônica de transmissão (MET).

Utilizam-se ainda:

- microanálise e difração de raios X para verificação das propriedades químicas e mineralógicas das amostras;
- ressonância nuclear magnética para determinação do conteúdo e pureza da amostra.

Para estudos mais aprofundados, em nível de nano, se utiliza a luz síncrotron, que permite o exame em amostras sem nenhum tratamento prévio, em condições normais de temperatura e pressão.

10.3.2 Aplicações da Microscopia

A microscopia pode ser utilizada para os estudos do clínquer, estudos de materiais para o concreto (cimentos, adições, aditivos), estudos do concreto (porosidade, interfaces), estudos de durabilidade e ataques ao concreto.

10.3.2.1 Microscopia ótica

Por meio da microscopia ótica pode-se observar a mineralogia do clínquer Portland, sendo possível distinguir o CaO, C_2S, C_3S e C_4AF e também a cal livre (CaO), periclásio, MgO.

Na observação do C_3S (alita), é possível verificar a dimensão média e a forma dos cristais, as

bordas dos cristais, a formação da belita secundária e as microfissurações.

No C_3S, as feições observadas são: a forma e a dimensão média dos cristais, a distribuição dos cristais, a forma e a dimensão das zonas.

Na observação do que se denomina *fase intersticial* ($C_3A + C_4AF$), verifica-se o grau de cristalização do C_3A e C_4AF, a forma dos cristais de C_3A e a predominância de um ou outro.

10.3.2.2 Microscopia eletrônica

O microscópio eletrônico de varredura (MEV) é um equipamento capaz de produzir imagens de alta ampliação (até 300 mil vezes).

O EDX (*energy dispersive x-ray detector*) é um acessório essencial no estudo de caracterização microscópica de materiais.

O uso conjunto do EDX com o MEV é de grande importância na caracterização petrográfica e estudo petrológico nas geociências. Enquanto o MEV proporciona nítidas imagens (ainda que virtuais), o EDX possibilita sua imediata identificação. Além da identificação do mineral, o equipamento ainda permite o mapeamento da distribuição de elementos químicos por minerais, gerando mapas composicionais de elementos desejados.

Com a microscopia eletrônica, é possível realizar o estudo da hidratação do cimento. Nas Figuras 10.17 e 10.18, mostram-se as formações de hidróxido de cálcio e etringita de uma pasta de cimento.

Também permite observar adições como na Figura 10.19, que mostra o caso de um concreto com adição de 30 % de cinzas volantes.

10.3.3 Deteriorações do Concreto

O concreto é um material que está sujeito a deteriorações, seja por ataques internos ou externos, o que leva a reações envolvendo formação de produtos expansivos e, consequentemente, ao aumento das tensões. Essas reações expansivas causam fissuras e empipocamento, tendo por consequência a perda de massa, queda de resistência e de módulo de elasticidade, podendo conduzir a uma completa desintegração do material.

Os principais processos de deterioração dos concretos – de natureza física, química, eletroquímica ou biológica – podem ser diagnosticados pelo uso da microscopia eletrônica, desde que as técnicas utilizadas sejam adequadas.

FIGURA 10.17 Hidróxido de cálcio. Fonte: cortesia de Silvia Regina Vieira.

FIGURA 10.18 Etringita. Fonte: cortesia de Silvia Regina Vieira.

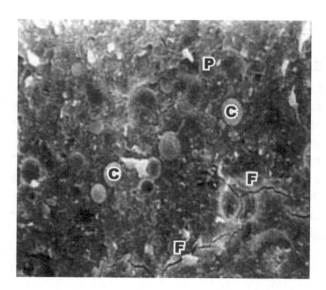

FIGURA 10.19 Adição de cinzas volantes. Fonte: cortesia de Silvia Regina Vieira.

10.3.3.1 Concreto submetido ao fogo

A microscopia eletrônica de varredura (MEV) permite reconhecer modificações minerais e textuais de concretos submetidos a temperaturas muito elevadas. A microestrutura tem aspecto não coeso, friável, muito porosa, na qual raramente se identificam os produtos hidratados do cimento Portland. Em casos de incêndio, o estudo de uma estrutura permite identificar as áreas ou estruturas que poderão ser aproveitadas, recuperadas ou mesmo destruídas.

10.3.3.2 Ataque por sulfatos

O ataque poderá ser externo, causado por sulfatos oriundos de sulfetos contidos nos agregados do concreto. A microscopia ótica permite um diagnóstico do ataque, detectando a presença dos produtos que estão causando a deterioração do concreto. As estruturas apresentam como sintoma as fissuras em mapa, eflorescências brancas, desagregação do concreto e deslocamentos estruturais. Examinados os concretos sob microscopia ótica, verificam-se manchas de ferrugem, bordas brancas ao redor dos agregados e baixa aderência entre a pasta e o agregado.

10.3.3.3 Reação álcali-agregado

A reação álcali-agregado tem agredido barragens, pistas de aeroportos, pontes e fundações no Brasil, constituindo um sério problema. Para que um concreto seja afetado, basta o uso de agregados reativos, cimento, adições ou mesmo agregados com certo teor de álcalis e água suficiente para formação de gel. Infelizmente, alguns agregados brasileiros apresentam reatividade e várias obras têm sido comprometidas por esse tipo de reação.

As estruturas, uma vez iniciada a reação, deverão ser mantidas sob constante observação e recuperadas sempre que necessário.

A microscopia ótica e a microscopia eletrônica de varredura permitem não só determinar a existência da reação expansiva, mas também acompanhar o fenômeno nas obras afetadas.

Com o auxílio do microscópio estereoscópio, tornou-se possível observar fissuras, superfície dos agregados, zonas de interface entre agregado e pasta, eventuais presenças de gel da reação.

A análise ao microscópio de luz transmitida possibilita tanto a observação de bordas dos agregados, poros e vazios da massa, características estas que, nos agregados, denotam reatividade, quanto a identificação de gel ou de produtos cristalizados.

BIBLIOGRAFIA

HASPARICK, N. P.; GONÇALVES, I. N.; VEIGA, F. N. Reação álcali-agregado: a utilização da técnica de microscopia de varredura na identificação de seus produtos. *In*: CONGRESSO IBEROAMERICANO DE PATOLOGIA DAS CONSTRUÇÕES. *Anais...* v. 1. Porto Alegre: UFRGS/CPGEC, 1997, p. 655-662.

ISAIA, G. C. *Concreto*: ciência e tecnologia. São Paulo: Ibracon, 2011. v. 1.

KIRCHHEIM, A. P. *Aluminatos tricálcico cúbico e ortorrômbico*: análise da hidratação *in situ* e produtos formados. Tese (Doutorado) – UFRGS, Porto Alegre, 2008.

MEHTA, P. K.; MONTEIRO, P. J. M. *Concrete*: microstructure, properties and materials. 3. ed. New York: McGraw-Hill, 2005.

PAULON, V. A. *Estudos da zona de transição entre a pasta de cimento e o agregado*. 190 p. Tese (Doutorado) – Escola Politécnica da Universidade de São Paulo, São Paulo, 1991.

POWERS, T. C. Structure and physical properties of hardened Portland cement paste. *Journal of the American Ceramic Society*, v. 41, n. 1, p. 1-6, jan. 1958.

11

ENSAIOS NÃO DESTRUTIVOS DO CONCRETO

Prof. Eng.º Claudio Michael Wolle •
Eng.º Dirceu Franco de Almeida •
Prof. Dr. Antonio Alberto Nepomuceno

11.1 Introdução, 253
11.2 Métodos de Ensaio, 253

11.1 INTRODUÇÃO

Dentro da construção civil, com a utilização do concreto em larga escala, surgiram projetos e soluções estruturais baseadas nas características desse material, as quais permitem cada vez mais a exequibilidade de estruturas arrojadas, dando maior liberdade aos arquitetos e engenheiros.

À medida que as propriedades dos materiais são desenvolvidas, a concretização de obras monumentais se torna uma realidade, mas se exige cada vez mais um maior controle tanto dos projetos como da produção das estruturas para garantir as suas segurança e durabilidade.

Com isso, aumenta a responsabilidade dos laboratórios no controle tecnológico do concreto para conseguir alcançar, em todas as etapas do processo de produção, as propriedades estabelecidas. Quando os resultados obtidos não atendem as propriedades especificadas no projeto estrutural, muitas vezes são necessários ensaios posteriores, na própria obra, que podem ser classificados como não destrutivos. Esses ensaios permitem a inspeção de materiais mediante a verificação de suas condições internas ou superficiais, sem a destruição da peça que está sendo examinada.

Além de proporcionar um melhor nível do controle tecnológico, esses ensaios também são empregados em outras situações, como paralisação da obra por tempo indeterminado, modificações no projeto, acréscimo de um pavimento tipo, influência de altas temperaturas (incêndio) ou, ainda, quando ocorre um processo de deterioração por diversas causas.

Com o avanço da tecnologia e o surgimento de diversos aparelhos, várias pesquisas estão sendo produzidas, tanto no exterior como no Brasil, para viabilizar a melhoria do controle das propriedades e características dos materiais, mas os resultados encontrados nem sempre são coincidentes em face das propriedades variáveis dos materiais constituintes do concreto. Por isso, é importante que cada vez mais sejam desenvolvidas pesquisas com os materiais regionais para aumentar a confiabilidade desses ensaios não destrutivos.

Embora existam vários tipos de ensaios não destrutivos para avaliar propriedades específicas para armaduras, neste capítulo somente serão detalhados aqueles mais utilizados no Brasil no que se refere às características do concreto, quais sejam: avaliação da dureza superficial, método ultrassônico e penetração de pinos. Ensaios de arrancamento e de maturidade, por exemplo, também considerados não destrutivos e pesquisados no Brasil (Evangelista, 2002), não serão aqui abordados por apresentarem maior dificuldade de implementação.

11.2 MÉTODOS DE ENSAIO

11.2.1 Método da Medição da Dureza Superficial

Esse método baseia-se na análise do choque entre dois corpos, em que um está fixo e o outro em movimento. Uma massa é impactada sobre um corpo rígido e parte da energia produzida é usada para deformar a sua superfície e outra para a reflexão desta massa. Assim, pode-se medir o diâmetro da deformação produzida na superfície analisada ou o rebote da massa.

No caso do concreto, pode-se utilizar os dois tipos de métodos para obtenção de resultados, mas o mais empregado é o último, que utiliza o esclerômetro de reflexão de Schmidt, desenvolvido pelo engenheiro Ernest Schmidt, na Suíça. O esclerômetro de Gaede, atualmente pouco utilizado, é empregado para medir a deformação permanente na superfície do concreto por uma esfera de 10 mm.

No Brasil, a ABNT NBR 7584:2012 estabelece o procedimento de ensaio para o uso de esclerômetros. Essa norma limita a utilização do esclerômetro para: verificar a homogeneidade do concreto, comparar as características do concreto de elementos da estrutura, quando se tem um referencial, e estimar a resistência à compressão do concreto, desde que feita por meio de uma curva de correlação obtida para concreto produzido com materiais locais.

Segundo a ABNT NBR 7584:2012, existem diversos tipos de esclerômetros, com várias energias de percussão em função da sensibilidade dos elementos a serem estudados e do maior ou menor grau de precisão desejado:

- com energia de percussão de 30 N · m, usado em concreto massa;
- com energia de percussão de 2,25 N · m, usado em estruturas usuais de edifícios;
- com energia de percussão de 0,9 N · m, para concretos de baixa resistência;
- com energia de percussão de 0,75 N · m, adequado para concretos de pequenas dimensões e sensíveis a golpes.

Na Figura 11.1, mostra-se o esquema do esclerômetro de reflexão Schmidt.

11.2.1.1 Sequência para o uso do esclerômetro, de acordo com a ABNT NBR 7584:2012

1) Escolhe-se uma superfície, previamente polida com uma pedra de carborundum, isenta de

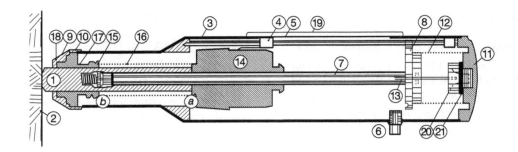

FIGURA 11.1 Esquema do esclerômetro Schmidt: um martelo (14), que desliza ao longo da barra (7) sob a ação de uma mola (16); uma barra de percussão (1), que se põe em contato com a superfície do concreto (2); e um indicador da reflexão (4), que desliza ao longo de uma barra indicadora (5) e marca a distância de reflexão em unidades convencionais sobre uma escala graduada (19). Todo esse sistema está centrado no interior do esclerômetro por meio do disco (8). Carrega-se o aparelho prendendo o martelo (14), por meio da garra (13), ao disco (8), o qual é empurrado pela mola (12).

ninhos de pedra e poeira, e risca-se um reticulado de aproximadamente 20 × 20 cm, procedendo-se às leituras dentro do reticulado [veja a Fig. 11.2(c)].

2) Apoiando-se levemente sobre a barra 1, liberta-se o botão (trava 6). Após o destravamento do botão, a barra 1 sai inteiramente do aparelho, sendo o martelo, 14, preso pela garra 8.
3) Empurra-se uniforme e lentamente a barra 1 na direção normal à superfície do concreto até o martelo libertar-se, ocasionando o choque e consequente reflexão.
4) Lê-se o valor do recuo registrado pelo cursor na escala graduada. Aliviando o aparelho, a barra volta à posição inicial.
5) Devem ser obtidos no mínimo 16 impactos por área de ensaio.
6) A distância mínima entre cada ponto deve ser de 30 mm.
7) Para a determinação do índice esclerométrico, considera-se a média aritmética das observações após a eliminação de ±10 % sobre a média dos resultados obtidos nos diversos pontos.

Para a transformação das leituras em resistências mecânicas do concreto, deve-se utilizar uma curva de correlação previamente elaborada com os materiais do concreto objeto de estudo.

Antes de iniciar os ensaios, deve-se aferir o esclerômetro por meio de uma bigorna padrão. Convém notar que a calibragem do aparelho se torna muito importante em face especialmente da alteração das características da mola com o uso e o desgaste dos diversos elementos do esclerômetro.

O coeficiente de correção (k) do índice esclerométrico deve ser obtido pela seguinte expressão:

$$k = \frac{nIE_{\text{nom}}}{\sum_{i=1}^{n} IE_i} \quad (11.1)$$

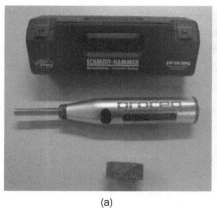

(a) (b) (c)

FIGURA 11.2 (a) Esclerômetro; (b) calibração do esclerômetro na bigorna; (c) delimitação da região de esclerometria em vigas (Samaniego, 2014).

em que k é o coeficiente de correção do índice esclerométrico; n é o número de impactos na bigorna de aço; IE_{nom} é o índice esclerométrico nominal do aparelho na bigorna de aço, fornecido pelo fabricante: e IE_i é o índice esclerométrico obtido em cada impacto do esclerômetro na bigorna de aço.

11.2.1.2 Fatores que podem influenciar o ensaio esclerométrico

De acordo com Mehta e Monteiro (2008), os seguintes parâmetros influenciam nos resultados:

- *Dosagem do concreto*: embora o tipo de cimento Portland tenha pouca influência no índice de reflexão (ou esclerométrico), o tipo e a quantidade do agregado desempenham um papel preponderante no resultado. Ainda que este último aspecto não se configure uma limitação importante se o objetivo for avaliar a uniformidade do concreto, ele se torna um fator crítico se o objetivo for obter uma curva de correlação entre o índice esclerométrico e a resistência. As curvas de correlação devem ser feitas para cada tipo de agregado.
- *Idade e tipo de cura*: as relações existentes entre o índice esclerométrico e a resistência não são constantes ao longo do tempo. Quando se emprega cura com temperatura elevada, deve-se utilizar uma curva de calibração específica.
- *Uniformidade da superfície*: o ensaio requer uma superfície lisa e bem compactada. Infelizmente, é difícil determinar eventuais desvios em relação a essas condições. Por isso, o método não deve ser utilizado em superfícies irregulares ou com agregado exposto.
- *Condição de umidade*: quanto maior for a umidade da superfície, menor será o índice esclerométrico obtido, afetando a curva de correlação entre o índice esclerométrico e a resistência. Com a superfície úmida, a resistência pode ser subestimada em até 20 %.
- *Carbonatação superficial*: o carbonato de cálcio é um produto rígido proveniente da carbonatação superficial que se deposita nos poros do concreto, reduzindo a porosidade e, consequentemente, a dureza superficial, o que pode aumentar o índice esclerométrico. Em estruturas mais antigas, que normalmente apresentam o concreto superficial carbonatado, o índice esclerométrico é aumentado.
- *Rigidez do elemento*: a rigidez da peça a ser submetida ao ensaio deve ser elevada o suficiente para evitar vibrações durante o impacto da massa. Qualquer vibração reduzirá o índice

esclerométrico, fazendo com que a resistência obtida não seja confiável.

- *Localização do êmbolo*: caso o impacto ocorra sobre um agregado rígido ou barra de armadura, o resultado obtido mostra-se elevado e incorreto. Caso o êmbolo seja projetado sobre um vazio ou sobre um agregado mole, o valor do índice esclerométrico será muito baixo. Por isso, a ABNT NBR 7584:2012 estabelece que os resultados acima e abaixo de 10 % em relação à média devem ser desprezados e uma nova média deve ser recalculada.

Tendo em vista que o choque deve ser normal à superfície, a inclinação influi no índice determinado por causa da ação da gravidade sobre a massa. Assim, há necessidade de se fazer uma correção da leitura, conforme a inclinação da direção do choque sobre a horizontal. Essa correção é feita de acordo com as indicações do fabricante do equipamento.

Vários pesquisadores têm realizado trabalhos visando buscar curvas de correlação entre o índice esclerométrico e a resistência à compressão (Evangelista, 2002; Pinto *et al.*, 2004; Machado, 2005; Joffily, 2010; Palacios, 2012; Samaniego, 2013). Nesses trabalhos, as curvas de correlação foram elaboradas utilizando-se corpos de prova moldados em laboratório com um controle de todo o processo de produção, obtendo-se boas correlações. No entanto, Samaniego (2014), trabalhando com concreto produzido com materiais regionais em 15 obras no Distrito Federal e fazendo a esclerometria nas próprias obras, obteve curvas com baixos coeficientes de correlação (r^2). O fato de terem sido utilizados corpos de prova moldados pelas empresas responsáveis pelo controle tecnológico indica que há influência do processo de produção, isto é, esse ensaio, mesmo sendo bem simples e barato, deve ser empregado com cautela e por profissionais experientes que saibam correlacionar o índice esclerométrico com a resistência.

11.2.2 Métodos de Propagação de Ondas de Tensão

Esses métodos baseiam-se na propagação de ondas em meios sólidos. As ondas mais usadas têm frequências que variam entre 20 e 150 kHz (Mehta; Monteiro, 2008). A maneira como uma onda se reflete e refrata por um sólido fornece informações sobre as características internas no material. Assim, é possível verificar, por meio do comportamento das ondas, a existência de regiões do material com diferentes propriedades que podem significar um comportamento inadequado quando o material é colocado em serviço.

São conhecidos três tipos básicos de ondas de tensão (veja as Figs. 11.3 a 11.5):

a) Onda longitudinal (ou de compressão)

O movimento ocorre na mesma direção da propagação.

b) Onda transversal (cisalhante)

Com velocidade de propagação inferior à da onda longitudinal, apresenta movimento das partículas perpendicular à direção de propagação.

c) Onda de superfície (ondas Rayleigh e ondas Love)

Consiste em vibrações longitudinais e transversais.

As ondas longitudinais são as mais utilizadas, por serem as mais facilmente geradas.

Entre os principais métodos de ensaio que usam a propagação de ondas de tensão, destacam-se a medida de velocidade de pulso ultrassônico, o da frequência de ressonância, o do impacto (ecoimpacto) e o da emissão acústica. A medida de velocidade de pulso ultrassônico é a mais utilizada no Brasil, tanto para correlacionar com a resistência à compressão do concreto, para avaliar falhas em seu interior, bem como para determinar o seu módulo de elasticidade dinâmico. O ecoimpacto já começa a ser pesquisado no Brasil para avaliar espessura e fissuração de pavimentos de concreto e lajes (Andrade, 2007; Perez *et al.*, 2011) e já é empregado com maior frequência no exterior, onde já é normatizado (ASTM C 1383, 2004). A emissão acústica é utilizada para acompanhar a fissuração no processo de fratura, mas ainda demanda mais pesquisas (Mehta; Monteiro, 2008).

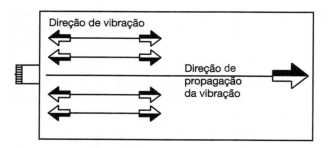

FIGURA 11.3 Propagação de onda longitudinal.

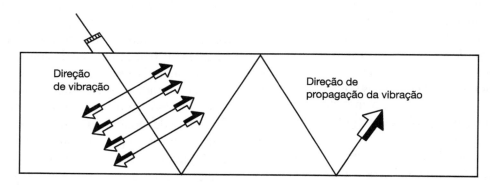

FIGURA 11.4 Propagação de onda transversal.

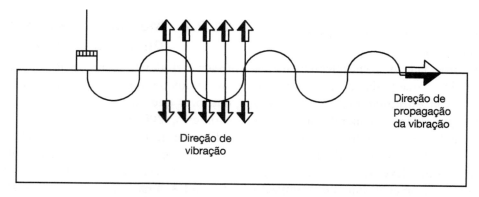

FIGURA 11.5 Propagação de onda de superfície.

A seguir, serão apresentados com mais detalhes os ensaios de medida de velocidade de pulso ultrassônico e de frequência de ressonância, esta última empregada especialmente para a determinação do módulo de elasticidade dinâmico.

11.2.2.1 Método da frequência de ressonância

Esse método consiste em procurar a frequência fundamental de vibração longitudinal de um corpo de prova, que se apoia, no centro, em um suporte de borracha, uma unidade excitadora em uma extremidade e uma receptora na outra extremidade. O excitador é ativado por oscilador de frequência variável e dentro de um intervalo de 10 a 10.000 Hz. As vibrações que se propagam pelo corpo de prova são recebidas pelo receptor e sua amplitude é medida por um indicador adequado. A frequência de excitação é variada até que se obtenha a ressonância fundamental (isto é, a menor frequência) do corpo de prova (Neville, 1997).

Tal método apresenta o inconveniente de não se poder ensaiar o material na própria estrutura, pois o ensaio é executado em corpos de prova de forma definida (cilindro ou prisma) em laboratório, mas mesmo assim, por ser um ensaio não destrutivo, é importante quando se quer avaliar as mudanças do material ao longo do tempo.

A determinação do módulo de elasticidade dinâmico dos concretos a partir da medida da frequência de ressonância (longitudinal ou transversal) de peças de concreto é normatizada pela norma norte-americana ASTM C215-08. O módulo de elasticidade (E) pode ser calculado pela Equação (11.2).

$$E = CMn^2 \qquad (11.2)$$

em que E é o módulo de elasticidade dinâmico (em pascal); M é a massa do corpo de prova (kg); n é a frequência fundamental (transversal ou longitudinal), em hertz; e C pode assumir os seguintes valores:

a) quando se utiliza frequência de ressonância transversal:

para cilindros com diâmetro d (em m): $1,6067\dfrac{L^3 T}{d^4}$

para prismas com arestas a e b (em m): $0,9464\dfrac{L^3 T}{ba^3}$

b) quando se utiliza frequência de ressonância longitudinal:

para cilindros com diâmetro d (em m): $5,093\dfrac{L}{d^2}$

para prismas com arestas a e b (em m): $4,0\dfrac{L}{ba}$

em que L é o comprimento do corpo de prova (em m); a é a dimensão do prisma na direção de oscilação (em m); e T é o fator de correção, tabelado pela ASTM C215-08 em função do raio de giração, do comprimento L e do coeficiente de Poisson.

11.2.2.2 Método de velocidade de propagação por pulso ultrassônico

Esse método consiste em medir o tempo de percurso de ondas longitudinais produzidas por energia mecânica gerada de forma contínua ou intermitentemente, em frequências maiores que 20 kHz, que se propagam em meios sólidos, líquidos ou gasosos, a uma velocidade determinada, por meio de compressão e rarefação das partículas do meio. Os ensaios realizados com pulso ultrassônico têm obtido destaque crescente dentre os testes não destrutivos, para a determinação de várias propriedades dos concretos, especialmente módulo de elasticidade dinâmico, módulo de elasticidade estático (secante ou tangente), resistência à compressão e resistência à tração.

Tratando-se de testes não destrutivos, apresentam largas possibilidades de aplicação no estudo da patologia do concreto e no controle de sua qualidade. Podem ser úteis na investigação de falhas de concretagem, de trincas ou fissuras e da resistência do concreto como uma verificação adicional de controle de estruturas já prontas.

Esses ensaios não devem substituir os ensaios tradicionais, como de compressão simples, compressão diametral e outros. No entanto, constituem subsídio valioso no estudo das estruturas *in situ*, concomitantemente com outros ensaios não destrutivos (por exemplo, o esclerômetro de reflexão, o ensaio de arrancamento e o ensaio de penetração de pinos, entre outros), quando se deseja avaliar a resistência do concreto.

O fato de o método não ser destrutivo nem introduzir modificações no material permite acompanhar a evolução de cada peça nas diferentes idades; no caso de deterioração, pode-se também monitorar o seu avanço.

A ABNT NBR 8802:2019 estabelece os procedimentos para realização do ensaio e preconiza que o método do ultrassom é adequado para: (a) verificação da homogeneidade do concreto; (b) detecção de eventuais falhas internas de concretagem, profundidade de fissuras e outras imperfeições; (c) monitoramento de variações no concreto, ao longo do tempo, decorrentes de agressividade do meio (ataque químico) principalmente pela ação de sulfatos. A mesma norma apresenta o esquema do aparelho e o procedimento para medidas da velocidade de onda longitudinal.

Pesquisadores têm desenvolvido estudos visando obter correlações entre os resultados dos ensaios ultrassônicos e características dos concretos, como módulo de elasticidade dinâmico, módulo de elasticidade estático (secante ou tangente), resistência à compressão, resistência à tração. Essas correlações, no entanto, têm que ser aplicadas apenas para concretos executados com os mesmos materiais e com as mesmas características, já que diversos fatores influenciam a medida da velocidade de pulso ultrassônico, conforme se verá na Seção 11.2.2.2.2.

Os equipamentos são constituídos de um gerador de pulsos ultrassônicos, um amplificador e transdutores para emissão e recepção, além de um circuito medidor de tempo para medida de pulsos ultrassônicos. Os transdutores devem estar perfeitamente acoplados na superfície do concreto por meio de vaselina, silicone ou graxa.

O tempo de propagação das ondas ultrassônicas no concreto pode ser medido por três métodos, conforme ilustram os croquis a seguir (Figs. 11.6 a 11.8).

A transmissão direta, além de avaliar a homogeneidade do concreto, permite detectar falhas internas por deficiência de compactação ou existência de concreto desagregado.

A transmissão indireta permite determinar as profundidades das trincas.

A transmissão semidireta é utilizada quando não há acesso a uma das faces do elemento de concreto.

Na Figura 11.9, mostra-se o equipamento sendo utilizado com medida direta em corpo de prova cilíndrico de concreto.

O equipamento mede o tempo de percurso (t) do pulso ultrassônico do transmissor até o receptor. Conhecendo-se a distância (L) entre eles, se calcula a velocidade de propagação (V):

$$V = \frac{L}{t} \qquad (11.3)$$

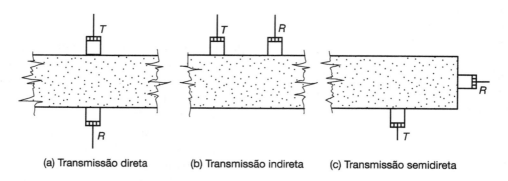

FIGURA 11.6 Esquema de posicionamento dos transdutores.

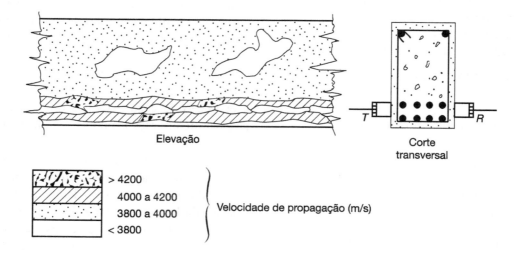

FIGURA 11.7 Interferência da armadura na avaliação da velocidade de propagação do pulso ultrassônico no concreto.

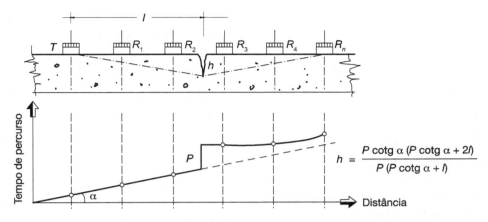

FIGURA 11.8 Esquema de medição para estimativa de profundidade de fissuras no concreto.

FIGURA 11.9 Medida da velocidade de ultrassom em um corpo de prova cilíndrico (Palacios, 2012).

11.2.2.2.1 Avaliação das características do concreto usando os métodos de velocidade de pulsos ultrassônicos

a) Módulo de elasticidade dinâmico

A determinação do módulo de elasticidade dinâmico a partir da velocidade de propagação dos impulsos ultrassônicos no concreto é de mais largo âmbito de aplicação. Segundo a ASTM C597 (2009), a velocidade de pulso ultrassônico se relaciona com o módulo de elasticidade dinâmico, de acordo com a seguinte expressão:

$$V = \sqrt{\frac{Ed(1-\mu)}{\rho(1+\mu)(1-2\mu)}} \quad (11.4)$$

em que ρ é a massa específica do concreto e μ é o coeficiente de Poisson dinâmico.

Essa expressão, segundo a ASTM C597 (2009), não é a mais adequada para determinação do módulo de elasticidade dinâmico em razão da dificuldade de se definir o coeficiente de Poisson dinâmico. Por isso, a referida norma recomenda que ele seja determinado por meio da frequência de ressonância, conforme se mostrou na Seção 11.2.2.1. No entanto, Neville (1997) observa que a variação do coeficiente de Poisson entre 0,16 e 0,25 corresponde a uma variação de apenas 11 % no valor do módulo.

No Brasil, Benetti (2012) avaliou o módulo de elasticidade dinâmico de concretos executados com agregado graúdo de concreto reciclado, utilizando a velocidade de pulsos ultrassônicos, e obteve resultados muito próximos aos da norma britânica BS 1881:Part 203 (BSI, 1986).

b) Módulo de elasticidade estático

No Brasil, alguns pesquisadores têm procurado relacionar a velocidade de pulso ultrassônico com o módulo de elasticidade estático. Essa correlação é interessante porque pode-se usar os mesmos corpos de prova para avaliar a velocidade de pulsos ao longo do tempo quando o processo de hidratação se desenvolve. Rodrigues (2003), empregando agregado de granito e micaxisto e vários tipos de medida de deformação, encontrou a expressão

$$E = 6 \times 10^{-12} V^{3,4917} \quad (11.5)$$

quando utilizou resistência elétrica do tipo *strain gauge* para medir as deformações. Para cada tipo de medida de deformação, foram obtidas também equações de correlação de potência entre o módulo de elasticidade e a velocidade de pulso ultrassônico.

Machado (2005), trabalhando com concretos que variaram de 14 a 62 MPa, encontrou, para uma utilização restrita às faixas de variação das grandezas

260 Capítulo 11

envolvidas, ou seja, V variando entre 3,7 e 4,7 km/s e E variando entre 18 e 35 GPa, a expressão:

$$E = 7,7224V^2 - 48,97V + 94,24 \qquad (11.6)$$

Whitehurst (1966) apresenta um estudo bastante vasto sobre as correlações entre os módulos de elasticidade dinâmicos e estáticos (secante a 25 e 50 % do carregamento máximo), citando experiências de um grande número de pesquisadores.

A maioria dos pesquisadores concluiu que, quando se utiliza o método de medição da frequência de ressonância, os módulos estáticos e dinâmicos se equivalem. Quando a determinação se dá por meio do ensaio de velocidade de propagação do pulso ultrassônico, Borges (1954) afirma que a variação é muito pequena, enquanto para Whitehurst (1966) o módulo dinâmico é aproximadamente 8 a 16 % maior que o estático.

Swamy (1971) cita que, para valores baixos e médios, o módulo dinâmico é cerca de 7000 MPa maior que o estático, ao passo que, para valores mais altos, os dois módulos tendem a um mesmo valor. Esse pesquisador, no entanto, refere-se apenas ao módulo dinâmico obtido por ensaio de ressonância, e não por ensaio de velocidade de propagação de pulso ultrassônico.

c) Avaliação da resistência à compressão do concreto

Várias são as curvas de correlação entre a velocidade de pulsos ultrassônicos e a resistência à compressão do concreto obtidas por pesquisadores, tanto no exterior quanto no Brasil. No entanto, é importante mais uma vez observar que essas correlações somente são válidas quando aplicadas aos mesmos materiais e quando se consideram os fatores que influenciam nas medidas de velocidade dos pulsos e que são enumeradas na Seção 11.2.2.2.2.

Bauer *et al.* (1971, 1973) realizaram, no Laboratório L. A. Falcão Bauer – Centro Tecnológico da Construção, uma pesquisa para obtenção de uma correlação entre velocidade de propagação e resistência à compressão em corpos de prova cilíndricos de concreto, oriundos de várias obras de São Paulo e redondezas, com características bastante variáveis quanto ao traço, consumo e resistências, porém constituídos sempre por cimentos e agregados de uso corrente na região. As expressões obtidas para representar a correlação entre a resistência e a velocidade de pulsos ultrassônicos, medida com um aparelho de fabricação alemã (Dr. Leihfeldtound GmbH) e em corpos de prova cilíndricos (15 × 30 cm) submetidos à cura em câmara úmida, foram:

Para velocidade medida na mesma direção em que foi concretada a peça:

$$f_c = 1,571 \cdot 10^{-31} \cdot V^{9,191} \qquad (11.7)$$

Para velocidade medida transversalmente à direção em que foi concretada a peça:

$$f_c = 2,341 \cdot 10^{-27} \cdot V^{8,008} \qquad (11.8)$$

em que f_c é a resistência à compressão e V é a velocidade de propagação de pulso ultrassônico.

A correlação foi estabelecida com dados de ensaio cujas resistências variam de 5 a 62 MPa e não admitem extrapolação, a não ser bastante limitada. Para ensaios em que forem medidas velocidades de propagação abaixo de 3300 m/s [para Eq. (11.7)] ou abaixo de 3500 m/s [para Eq. (11.8)] e velocidades acima de 4400 m/s [para Eq. (11.7)] ou 4700 m/s [para Eq. (11.8)], mesmo para concretos habituais e do tipo utilizado para os ensaios da referida pesquisa (cimento Portland comum, brita de granito e areia de origem fluvial, lavada), as Equações (11.7) e (11.8) são inadequadas, devendo-se estabelecer experimentalmente outras equações.

Sem levar em conta a possível distribuição dos resultados em faixas mais restritas, selecionando-se os ensaios de acordo com os vários fatores que influem na velocidade de propagação do impulso ultrassônico, com as devidas correções, obteve-se, considerando-se todos os resultados de ensaio com concreto do tipo antes descrito, um intervalo de confiança de 90 % ou mais, com desvio inferior a 35 %, e de 75 % ou mais, com desvio inferior a 25 %.

Uma análise da correlação entre as duas variáveis em estudo revelou um coeficiente de correlação (r^2) de 0,82 para distribuição dos pontos experimentais.

Quando se deseja avaliar apenas a qualidade do concreto, a classificação da Tabela 11.1, de acordo com Whitehurst (1966), serve como referência.

TABELA 11.1 Classificação da qualidade do concreto em função da velocidade de propagação do pulso ultrassônico

Velocidade de propagação (m/s)	Condições do concreto
Superior a 4500	Excelente
3500 a 4500	Boa
3000 a 3500	Regular (duvidosa)
2000 a 3000	Geralmente ruim
Inferior a 2000	Ruim

11.2.2.2.2 Fatores que influenciam a velocidade de propagação e seus efeitos nos ensaios

O valor medido da velocidade de propagação das ondas ultrassônicas no concreto é influenciado por um grande número de variáveis e em vários graus de intensidade. Além da idade e das características elastomecânicas, a velocidade de propagação do som no concreto é determinada por muitos outros fatores:

a) Idade do concreto

A velocidade de propagação é, naturalmente, determinada pela idade do concreto, em razão do grau de hidratação do cimento, que altera a porosidade ao longo do tempo, especialmente nas primeiras idades. Por isso, a velocidade de propagação de pulsos ultrassônicos, assim como a resistência, tende assintoticamente a um valor limite, já que a velocidade de hidratação, que é maior nas menores idades, diminui ao longo do tempo. Assim, é aconselhável que a avaliação de estruturas utilizando o equipamento de ultrassom seja feita estando o concreto já com certa idade, de modo a não se refletir sobre os resultados uma possível discrepância em função da baixa idade (inferior a 10 dias).

b) Massa específica do concreto

Em geral, tem-se verificado um aumento da velocidade de propagação dos pulsos ultrassônicos, quando são testados concretos mais densos.

No entanto, quando se utilizam os mesmos materiais, a variação na massa específica do concreto em razão apenas da alteração do traço do concreto não afeta a velocidade de propagação em escala diferente daquela em que afeta a sua resistência mecânica.

Assim, para concretos confeccionados com os mesmos materiais, não se consegue verificar influência importante das variações da massa específica do concreto sobre a correlação velocidade-resistência.

Grande é a variação da velocidade quando se ensaiam concretos cuja diferença na massa específica provém da utilização de agregados diferentes (com diferentes massas específicas).

c) Tipo, massa específica e outras características dos agregados

Quando os concretos são confeccionados com os agregados graúdos usuais (britas de granito, gnaisse ou basalto ou seixo rolado), sabe-se que a resistência à compressão do concreto é determinada pela argamassa, visto que a resistência própria do agregado graúdo é (para agregados de boa qualidade) muito superior à resistência do concreto, para os concretos usuais. Para os concretos de alto desempenho, com elevada resistência da argamassa, a resistência do agregado passa a ser determinante também na resistência do concreto.

Em ensaios realizados com corpos de prova em séries comparativas, confeccionados com a mesma argamassa e diferentes agregados graúdos, Bauer *et al.* (1971) constataram que as velocidades de propagação nos concretos mais pesados (com agregado de maior massa específica) foram sensivelmente maiores, enquanto as resistências à compressão eram próximas. Assim, para corpos de prova de mesma argamassa e confeccionados com uma série de brita de granito e outra com brita de basalto, esses pesquisadores obtiveram os dados constantes na Tabela 11.2.

TABELA 11.2 Influência da massa específica do agregado graúdo na velocidade de pulso do concreto

Tipo de agregado	Massa específica média do concreto (kg/dm³)	Velocidade média (m/s)
Granito	2,36	4190
Basalto	2,48	4430

Esses mesmos pesquisadores realizaram alguns ensaios em outros tipos de concreto que corroboraram os resultados registrados na Tabela 11.2, obtendo-se para concretos com agregado leve (argila expandida) velocidades da ordem de 3400 m/s e, para concretos cujos agregados são pérolas de isopor, velocidades em torno de 2000 m/s.

As velocidades de propagação do ultrassom em blocos ou testemunhos da rocha matriz dos agregados usuais têm sido bastante superiores àquelas medidas nos concretos; por exemplo: basalto (V = 4500 a 5500 m/s), quartzo (V = 6000 m/s) e granito (V = 4300 a 5000 m/s).

Conclui-se, pois, que para tipos diferentes de concreto, devem ser estabelecidas as correlações específicas por meio de dados experimentais, evitando-se utilizar correlações já existentes obtidas com agregados com massa específica muito diferente.

Quanto à dimensão máxima do agregado, Machado (2005) verificou que a velocidade de propagação de pulsos é maior para dimensões máximas maiores. Entretanto, Evangelista (2002) ressaltou que, ao modificar a dimensão máxima, pode alterar-se também a proporção do agregado graúdo no concreto e, assim, a velocidade de propagação de ondas ultrassônicas poderia ser maior ao apresentar-se uma maior quantidade de agregado graúdo, e não pelo fato de este ter maior dimensão máxima.

d) Efeito da umidade e temperatura na peça em ensaio

As condições ambientes em que estão as peças que serão testadas com o aparelhamento ultrassônico parecem ter certa influência sobre a velocidade de propagação do ultrassom. Tanto Facaoaru (1969) quanto Tobio (1968) citam as influências de umidade e de temperatura em que a peça se encontra sobre a velocidade.

- *Umidade.* Os autores que citam a influência da umidade das peças (ou corpos de prova) em ensaio concordam que, em geral, as velocidades de propagação aumentam em corpos de prova mais úmidos, já que a velocidade de propagação de pulsos ultrassônicos é maior na água do que no ar, que está presente em corpos de prova secos.

    Swamy (1971) apresenta em sua pesquisa (medidas dinâmicas por ensaios de ressonância, e não de velocidade de propagação) diversas fórmulas de correlação entre os módulos de elasticidade dinâmicos (dos diversos tipos de ensaios de ressonância) e a resistência à compressão, e, em cada caso, as fórmulas são apresentadas para concreto seco e para concreto úmido. As alterações situam-se entre 3 e 6 % de aumento na velocidade de propagação no concreto úmido.

    Os primeiros ensaios de Bauer *et al.* (1971) realizados em corpos de prova inicialmente mantidos em câmara úmida (temperatura 21 °C, umidade 85 %) e, posteriormente, imersos em água resultaram em aumentos de 0 até 8 % na velocidade de propagação.

- *Temperatura.* Facaoaru (1969) cita ensaios em corpos de prova, tabelando os resultados obtidos para diversas temperaturas. Bauer *et al.* (1971) em seus ensaios restringiram-se às variações de temperatura usuais (entre 15 e 50 °C), das quais concluiu-se que, nesse intervalo, com aumento de temperatura, se dá uma ligeira diminuição na velocidade de propagação (2 a 3 %), enquanto nos ensaios citados por Facaoaru (1969) essas variações são apenas um pouco maiores.

    No entanto, na faixa de variação ambiental de temperatura (de 10 a 35 °C), a variação de velocidade em razão desse fator não é representativa, em confronto com as variações decorrentes do próprio concreto, mesmo em uma só peça ou corpo de prova.

e) Efeito da armadura sobre a velocidade de propagação nos ensaios em concreto armado

A velocidade de propagação do ultrassom é alterada quando se ensaiam peças de concreto armado, em razão da diferença de condições de propagação no concreto e no aço. As velocidades de propagação do ultrassom nos aços são bastante variáveis (desde 4800 até 7000 m/s), sendo que em aços CA-50-A as velocidades situam-se entre 4900 e 5200 m/s.

Devem-se distinguir duas situações de ensaio, a primeira quando as barras se dispõem transversalmente e a segunda quando a disposição é longitudinal em relação à direção de propagação do impulso ultrassônico.

Para ambos os casos, é possível, teoricamente, estabelecer as equações ou correções para se determinar a velocidade real de propagação no concreto. Segundo Bauer *et al.* (1971), essa influência pode ser calculada pelas expressões a seguir em função da disposição geométrica das barras, embora sua aplicabilidade apresente algumas restrições.

FIGURA 11.10 Ensaio de ultrassom em pilar de edifício.

Barras transversais

A Figura 11.11 mostra a disposição dos transdutores em peças que contêm barras transversais à direção da propagação das ondas.

$$(d_f = \Sigma d_{if}) \qquad (11.9)$$

em que L é o comprimento total do percurso e d_f é o comprimento do percurso pelo aço.

$$V = \frac{L - d_f}{t - \dfrac{d_f}{V_f}} \qquad (11.10)$$

ou

$$\sigma = \frac{V_c}{V} = \frac{\left(1 - \dfrac{d_f}{L}\right)}{\left(1 - d_f \cdot \dfrac{V}{L \cdot V_f}\right)} \qquad (11.11)$$

em que V_c é igual à velocidade no concreto, e V_f é a velocidade no aço e V, a velocidade medida ($V = L/t$).

Assim, conhecida a espessura de aço a ser atravessada e a velocidade de propagação no aço (que deve ser ensaiada previamente) e medindo-se o tempo de percurso, ter-se-á, pela aplicação da Equação (11.10), a velocidade de propagação no concreto.

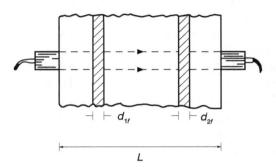

FIGURA 11.11 Barras transversais à propagação de ondas ultrassônicas.

Também pode-se tabelar o fator de correção ($\sigma = V_c/V$) em função de df/L e para vários tipos de concreto (diversos valores de V_c) utilizando a Equação (11.11) (Facaoaru, 1969).

A apresentação dessas equações é mais pelo aspecto didático, mas, como se discutirá no item f, os resultados experimentais não corroboram os resultados teóricos, segundo Bauer *et al.* (1971).

Barras longitudinais

No caso em que não for possível o teste da peça sem se distanciar suficientemente de barras dispostas longitudinalmente à direção de ensaio (por exemplo, estribos, no ensaio de pilares), poder-se-á recorrer à fórmula deduzida na Figura 11.12.

O pulso ultrassônico deverá percorrer:

- *1º caso*: para distância a suficientemente grande, o percurso (1) atravessará somente o concreto; portanto, a velocidade de propagação no concreto será $V = L/t$;

- *2º caso*: para distância a suficientemente pequena, o percurso (2) atravessará parte do concreto e o resto do percurso no aço.

Nesse 2º caso, ter-se-á:

no concreto:

$$d_c = 2\sqrt{a^2 + m^2}$$

e no aço:

$$d_f = L - 2m$$

logo:

$$t = \frac{2\sqrt{a^2 + m^2}}{V_c} + \frac{L - 2m}{V_f}$$

para que t seja mínimo:

$$\frac{dt}{dm} = 0$$

donde resulta:

$$m = \frac{aV_c}{\sqrt{V_f^2 - V_c^2}}$$

Isso dá um tempo de percurso mínimo:

$$t = \frac{L}{V_f} + 2a \cdot \frac{\sqrt{V_f^2 - V_c^2}}{V_c - V_f}$$

e, assim, se poderá escrever a velocidade no concreto como:

$$V_c = V_f \frac{2a}{\sqrt{(tV_f - L)^2 + 4a^2}} \quad (11.12)$$

Desse modo, conhecidas as grandezas L, a, V_f e medido o tempo de propagação t, é possível estimar o valor de V_c a partir da Equação (11.12), contanto que a razão a/L esteja dentro de certo limite, como se segue.

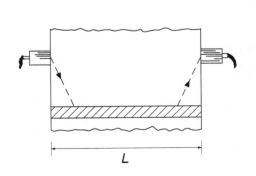
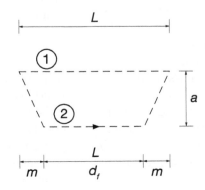

FIGURA 11.12 Disposição das armaduras longitudinais à propagação de ondas ultrassônicas.

Para a relação:

$$\frac{a}{L} \leq \frac{\sqrt{V_f - V_c}}{2\sqrt{V_f + V_c}} \qquad (11.13)$$

pode-se aplicar a Equação (11.12); para valores de *a* maiores que o aqui especificado como limite, o cálculo da velocidade no concreto far-se-á simplesmente por L/t (1º caso).

Para concretos usuais ($V_c = 4000$ m/s, $V_f = 5200$ m/s), o valor limite para *a* será da ordem de $a = 0,18$ L e, para concretos de má qualidade, a influência do aço poderá estender-se até $a = 0,28\ L$.

f) Efeito das armaduras em estruturas reais de concreto armado

Para a aplicação de equações como (11.11) e (11.12), por exemplo, é indispensável o conhecimento perfeito da distribuição da armadura na peça em estudo (planta de armação) e do ensaio de algumas amostras do próprio aço utilizado nas obras, para determinação precisa da grandeza V_f.

Para avaliar a interferência das armaduras, Bauer *et al.* (1971) confeccionaram blocos de concreto armado especialmente moldados para esse fim, e efetuaram ensaios em várias obras, tanto em São Paulo quanto em outros pontos do país. Constataram, a princípio, que barras longitudinalmente dispostas em relação à direção de propagação do pulso ultrassônico interferem de maneira decisiva no comportamento deste. Segundo esses autores, a Equação (11.12) pode ser utilizada, porém é aconselhável que se afastem os cabeçotes de ensaio da armadura longitudinal, obedecendo a relação a/L, procedimento que a prática ensinou como o mais recomendável.

Para o teste em peças em que a armadura está disposta transversalmente à direção de ensaio, notase, no entanto, que na prática não ocorreu o que era previsto teoricamente no item *a*, mas, pelo contrário, os ensaios demonstram um decréscimo na velocidade de propagação quando se ensaiaram essas regiões.

Assim, recomenda-se, além de não utilizar a Equação (11.11), realizar ensaios em regiões menos densamente armadas e, então, comparar as velocidades obtidas nesses pontos com as obtidas atravessando a região que contém as armaduras.

No referido trabalho, observaram-se diminuições de velocidade de até 10 % em vigas fortemente armadas em que o concreto foi bem executado. Observase ainda que, quando ocorre segregação do concreto ou aparecem falhas e ninhos, o que tem maior probabilidade de ocorrer em regiões densamente armadas, os resultados são mais afetados.

Por isso, quando não se conhece a posição exata das armaduras, mas se pode detectá-las por meio do uso do pacômetro (Seção 11.2.5), deve-se evitar a medição da velocidade do pulso ultrassônico na sua proximidade.

g) Efeito da direção de ensaio

A onda ultrassônica apresenta maior ou menor velocidade, conforme a direção de propagação em relação à direção em que foi concretada a peça em ensaio. Atribui-se esse fato à característica que tem todo concreto de formar uma camada superficial de qualidade inferior, com predominância de argamassa e maior porosidade, e que só é atravessada pela onda de ultrassom no teste em que a propagação se dá na direção de concretagem. Isto foi constatado por Bauer *et al.* (1971).

h) Tipo de adensamento

Bauer *et al.* (1971) pesquisaram também a possível influência do tipo de adensamento utilizado na confecção do concreto sobre as medidas da velocidade de propagação da onda ultrassônica, tendo sido moldadas e ensaiadas no laboratório várias séries comparativas de corpos de prova. Isso pode ser importante à medida que os corpos de prova utilizados correntemente em obra para o controle da qualidade do concreto e, portanto, utilizados também para obtenção da curva representada pela Equação (11.7), podem ser adensados por socamento manual [a ABNT NBR 5738:2015 (corrigida em 2016) assim o permite, dependendo do abatimento], enquanto as peças das estruturas são geralmente adensadas por vibração mecânica. Os resultados obtidos por esses pesquisadores indicaram que a variação proveniente do adensamento diferente foi pequena.

i) Efeito da cura

Câmara (2006) constatou que a cura úmida proporciona maior velocidade de propagação de pulso ultrassônico do que a cura feita ao ar, para corpos de prova cilíndricos e prismáticos. As medidas de velocidade foram feitas tanto para medidas com os transdutores em posição direta quanto indireta.

j) Tipo de cimento

O tipo de cimento também influi na velocidade de propagação de pulso ultrassônico à medida que há maior velocidade de hidratação reduzindos vazios. Foi o que constataram Irrigaray e Pinto (2011): para concretos com CP V-ARI-RS, as velocidades de propagação de pulsos obtidas foram maiores quando comparadas com as velocidades medidas em concretos nos quais foi utilizado o cimento CP IV-32.

Evangelista (2002) observou em sua pesquisa que concretos produzidos com cimento CP IV apresentaram velocidades em torno de 5 % maiores do que os concretos em que foi utilizado cimento CP III.

11.2.2.2.3 Detecção de defeitos no concreto utilizando a velocidade de pulso ultrassônico

O uso de equipamento de ultrassom é de extrema utilidade quando há interesse na verificação da homogeneidade do concreto, de eventuais falhas de concretagem internas (ninhos), na determinação de fissuras e outros defeitos, tanto de concretagem quanto decorrentes de acidentes.

A verificação da variação (ou aparente variação) da velocidade de propagação do pulso ultrassônico no concreto poderá indicar a sua heterogeneidade, mas não poderá indicar ou determinar as causas dessa heterogeneidade.

a) Detecção de falhas de concretagem

Com a medição do tempo de propagação do pulso ultrassônico ao longo das seções de uma peça de concreto, podem-se detectar vazios (ninhos, falhas de concretagem) e regiões em que o material se acha segregado.

Nesse sentido, ressalte-se o seguinte:

- em regiões nas quais o concreto apresenta falhas de concretagem (ninhos) ou material segregado, há uma diminuição sensível na velocidade de propagação;
- é difícil e bastante imprecisa a tentativa de determinação das dimensões dos vazios (e/ou volume de vazios) em função do decréscimo de velocidade.

Transcreve-se a seguir o procedimento para a determinação da menor dimensão (a) (Fig. 11.13) da área da falha, projetada transversalmente, a partir da medição dos tempos de percurso na região da falha e em um trecho em que o concreto esteja íntegro, conforme esquema e seguindo o procedimento proposto por Facaoaru (1969).

Note-se que este procedimento supõe que o diâmetro (d) do cabeçote seja menor do que a dimensão (a).

Ter-se-á:

$$\frac{t_2}{t_1} = \sqrt{1 + \frac{(a-d)^2}{L^2}} \qquad (11.14)$$

em que t_1 é o tempo de percurso no concreto ($t_1 = L/V_c$) e t_2 é o tempo de percurso pela falha ($t_2 = S/V_c$).

Observação: a aplicação da Equação (11.14) prevê a existência de falhas relativamente grandes, e a prática tem mostrado que a previsão do tamanho das falhas é muito difícil, já que em uma mesma peça de concreto há variações da velocidade (em geral, menores que 5 %) sem que o concreto apresente falhas. Assim, para que o tempo de percurso fosse alterado de 10 %, uma peça com comprimento de 30 cm necessitaria, no seu interior, de uma cavidade com menor diâmetro transversal, quase 15 cm (adotando-se cabeçotes com $d = 5$ cm).

Essas proposições teóricas não se confirmaram na prática, tanto é que em regiões em que havia apenas falhas locais reduzidas (algum material segregado) e nas quais, pela Equação (11.14), nenhuma alteração deveria ser notada na velocidade, obtiveram-se reduções sensíveis nessa medida, o que demonstra ser o aparelho muito mais eficaz para esse tipo de utilização do que se prevê pelo raciocínio teórico que leva à Equação (11.14).

Segundo Bauer *et al.* (1971), na Figura 11.14 visualiza-se um pilar no qual foi descoberta uma região de grandes dimensões em que o concreto se apresentava segregado. Na estrutura de uma usina termelétrica da qual faz parte esse pilar, os ensaios ultrassônicos, formando um reticulado bastante denso que cobria toda a região suspeita, permitiram detectar várias falhas menores, totalmente encobertas à primeira vista.

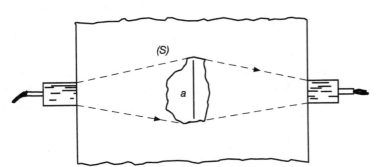

FIGURA 11.13 Esquema de falha no interior do concreto.

FIGURA 11.14 Pilar de uma usina termelétrica no qual foram descobertas várias regiões de concreto segregado, por meio de ensaios com ultrassom (Bauer *et al.*, 1971).

b) Estimativa de profundidade de fissuras

Para se avaliar a profundidade (p) de uma fissura ou trinca no concreto, os cabeçotes devem ser dispostos equidistante e transversalmente a ela (Fig. 11.15).

Sendo t o tempo de percurso do pulso ultrassônico em dois trechos de comprimento x, ter-se-á:

$$2x = V_c t$$

$$t = \frac{2x}{V_c} = \frac{2}{V_c}\sqrt{p^2 + \left(\frac{L}{2}\right)^2} \qquad (11.15)$$

Medindo-se o tempo de percurso do pulso ultrassônico (t_L) em um trecho de comprimento L de concreto íntegro, obter-se-á:

$$p = \frac{L}{2}\sqrt{\left(\frac{t}{t_z}\right)^2 - 1} \qquad (11.16)$$

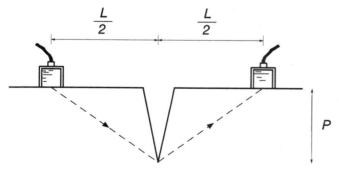

FIGURA 11.15 Esquema de medição de profundidade de fissura usando velocidade de pulso ultrassônico.

Entretanto, caso a fissura esteja preenchida (mesmo parcialmente) com material pulverulento ou com água, ou ainda, se ela for de espessura extremamente pequena, ou apresentar profundidade excessiva, as ondas ultrassônicas não a contornarão, mas a atravessarão, o que invalida uma aproximação pela utilização da Equação (11.15). Uma fissura antiga, em que tenha havido lixiviação, poderá conter carbonato de cálcio precipitado, o que impedirá a determinação de sua profundidade.

Também neste campo, segundo Bauer *et al.* (1971), o raciocínio teórico não é confirmado pela experimentação. Ensaios em blocos especialmente moldados no laboratório, e nos quais se introduziram ranhuras até certa profundidade, permitem concluir que os resultados da Equação (11.15) se mostram, em média, 50 % superiores ao real, e que a detecção só é possível para um distanciamento L dos cabeçotes inferior a um valor limite, compreendido entre 2,00 e 1,50 P. Para distanciamento L maior do que esse valor limite, a medida se comporta como se nenhuma fissura existisse.

A norma britânica BS 1881:Part 203 (BSI, 1986) propõe outro método para diminuir o problema, o qual foi empregado por Medeiros (2007): utilização de várias medidas equidistantes da fissura. O pesquisador trabalhou com corpos de prova moldados com fendas de profundidade conhecida e verificou que a menor distância dos transdutores à fissura que apresentou avaliação mais confiável foi a de 10 cm. No entanto, o pesquisador alerta que, em estruturas reais, a imprecisão para a determinação da profundidade de fissura ainda persiste.

11.2.3 Método de Penetração de Pinos

A técnica foi desenvolvida nos Estados Unidos nos anos 1960, utilizando-se uma pistola para disparar pinos contra uma superfície de concreto e correlacionando a profundidade de penetração com a resistência do concreto. Segundo o ACI 228 (1989), a essência do método envolve a energia cinética inicial do pino e a absorção de energia pelo concreto. O pino penetra no concreto até que sua energia cinética inicial seja totalmente absorvida pelo concreto. Parte da energia é absorvida pela fricção entre o pino e o concreto e transformada em calor, e a outra parte na fratura do concreto. A profundidade da penetração dos pinos é empregada para estimar a resistência do concreto usando-se curvas de calibração. Conhecendo-se o comprimento total do pino, e medindo-se sua parte exposta, obtém-se o seu comprimento cravado. A partir de curvas de correlação, é possível obter a resistência do concreto, que é inversamente proporcional à penetração do pino. O sistema utilizado internacionalmente denomina-se Windsor Probe.

Vieira (1978) fez uma adaptação do método no Brasil, utilizando pistola e pinos da marca Walsywa e, desde então, este sistema vem sendo utilizado por vários pesquisadores (Evangelista, 2002; Machado, 2005; Pinto *et al.*, 2004; Joffily, 2010; Palacios, 2012; Samaniego, 2014), apesar de não haver normatização no Brasil. Este método tem uma vantagem em relação à esclerometria, que é o de avaliar a resistência à compressão por uma resposta do concreto a uma profundidade maior (entre 25 e 75 mm) do que a do método do esclerômetro de reflexão, embora cause pequenos danos à superfície da peça analisada.

De acordo com a BS 1881:Part 203 (BSI, 1986), citada por Evangelista (2002), esse método pode ser empregado em concreto com agregado de dimensão máxima de até 50 mm, em uma superfície lisa ou áspera.

Para realização do ensaio, faz-se necessário acessar apenas uma face da estrutura. Deve-se evitar as barras de aço, no caso do concreto armado. Após as medições, os pinos são retirados e realizadas as correções na superfície de concreto onde ocorrem os pequenos danos.

A estimativa de resistência apresenta acurácia em torno de +15 a +20 %, desde que os corpos de prova sejam moldados, curados e ensaiados sob condições idênticas às em que se estabelecem as curvas de calibração (Malhotra, 1984). Bungey (1989) considera que é possível estimar a resistência no intervalo de confiança de 95 % com acurácia de +20 %, para um conjunto de três penetrações. Segundo Malhotra (1984), o coeficiente de variação dos resultados das penetrações é, em geral, da ordem de 6 a 10 %.

A correlação poderá mudar de acordo com o tipo de cura, tipo e tamanho do agregado e nível de resistência desenvolvido no concreto. As correlações podem ser feitas com a resistência obtida tanto em testemunhos extraídos da estrutura quanto em corpos de prova moldados, contudo, no primeiro caso, se obtém um valor mais próximo da resistência efetiva do concreto. Samaniego (2013) fez correlações entre a profundidade de penetração de pinos e a resistência à compressão de testemunhos extraídos da obra e de testemunhos extraídos de corpos de prova moldados em laboratório com o mesmo concreto. As correlações obtidas foram melhores para os testemunhos extraídos dos corpos de prova moldados em laboratório, indicando que o processo de produção do concreto na obra também influencia no resultado.

A profundidade de penetração de pinos é influenciada também pelo tipo de fôrma utilizada, se aço ou madeira, segundo a ASTM C803 (2017). O acabamento com colher de pedreiro propicia uma camada superficial com maior dureza, e isto pode resultar em valores menores de penetração e também maior dispersão dos resultados. A correlação entre resistência à penetração e resistência à compressão é influenciada pelas características e proporcionamento dos agregados graúdos e miúdos no concreto: maior teor de agregado pode proporcionar uma influência mais importante na penetração (Joffily, 2010).

As curvas de correlação também podem ser influenciadas pelo tipo de equipamento e a variação da carga de pólvora, o que impõe uma aferição da carga de explosivo nos cartuchos. Para concretos com menores resistências, deve-se diminuir a carga de pólvora do cartucho ou mudar a posição do pino dentro da pistola.

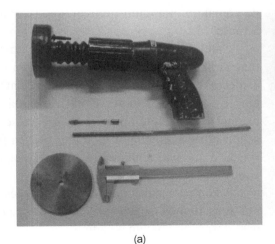
(a)

(b)

FIGURA 11.16 (a) Equipamento utilizado para penetração de pinos; (b) ensaio sendo realizado em obra (Samaniego, 2014).

268 Capítulo 11

Outro aspecto importante no procedimento do ensaio é a distância entre os disparos. A ASTM C803 (2017) limita a distância mínima entre dois pinos em 175 e 100 mm entre o pino e as superfícies laterais.

Machado (2005) encontrou melhores correlações quando combinou vários métodos não destrutivos com a resistência à compressão. Ele encontrou melhor correlação entre o índice esclerométrico, o comprimento cravado dos pinos e a resistência à compressão. As correlações de velocidade de pulso ultrassônico, índice esclerométrico e resistência à compressão apresentaram valores menores de r^2.

11.2.4 Métodos de Inspeção por Imagens

Esses métodos, apesar de não conduzirem à avaliação da resistência do concreto, estão enquadrados como ensaios não destrutivos, pois permitem determinar algumas características tanto do concreto como do aço em estruturas de concreto armado. Entre esses métodos, incluem-se a tomografia computadorizada por raios X ou raios gama (γ), a tomografia por impedância elétrica e a técnica por retroespalhamento de micro-ondas (Mehta; Monteiro, 2008).

A partir desses métodos de inspeção por imagens, é possível detectar várias imperfeições nas estruturas de concreto armado, como trincas internas; inclusões no concreto; a concretagem interrompida e mal reiniciada; armaduras mal colocadas ou de diâmetro diferente do especificado no projeto; luvas de proteção dos cabos de protensão que se deslocaram durante a concretagem; má injeção das luvas de proteção dos cabos de protensão, que podem causar a corrosão e posterior ruptura desses cabos; má aderência do concreto às armaduras; corrosão das armaduras; ruptura dos fios de protensão; esmagamento de luvas de proteção dos cabos de protensão.

Pode-se ainda, por extrapolação dos métodos, fazer a reconstituição das plantas das armaduras de obras antigas; o posicionamento da extração do corpo de prova, a fim de não prejudicar as barras de aço no interior do concreto; a verificação da boa penetração das resinas, seja em uma luva de protensão, seja em fissuras de uma peça de concreto.

11.2.4.1 Utilização da radiação de raios X e raios γ

Analogamente ao exame de raios X a que o corpo humano pode ser submetido, peças estruturais de concreto armado podem ser examinadas internamente. Quando se coloca um material na trajetória da radiação de uma fonte radioativa, parte da radiação é absorvida e parte difundida, dependendo, logicamente, da densidade do material. A intensidade da radiação difundida é medida por um contador de Geiger.

Uma peça de concreto armado pode ser examinada internamente através de um tipo de irradiação que a atravesse e impressione um filme colocado do lado oposto, embora hoje já se use o espectrômetro de raios gama. O equipamento não requer o uso de filmes e permite a obtenção de resultados em tempo real. O uso de um espectrômetro, equipamento capaz de discernir entre raios gama de diferentes comprimentos de onda, tem a vantagem de possibilitar a filtragem eletronicamente da radiação dispersa, melhorando significativamente o contraste das imagens (Mariscotti *et al.*, 2010).

Além da tomografia de raios X para avaliar as características do concreto, se usa também a tomografia de raios γ, que é a mais utilizada atualmente (Mendes, 2010). Essa técnica independe de qualquer fonte de energia elétrica, pois está sempre emitindo irradiações, cuja intensidade varia somente com a atividade da fonte. Levando em consideração tal fato, é necessário que a fonte radioativa seja mantida dentro de cofres especiais. As fontes radioativas mais utilizadas são o irídio 192, de baixa radiação para peças de menor espessura até 30 cm; o cobalto 60, o césio 137 e o selênio 75.

A saída da fonte radioativa do seu bloco de estocagem, durante os períodos de exposição, deve ser obrigatoriamente feita com controle remoto, a uma distância suficiente para limitar a exposição do pessoal envolvido no ensaio. Com essa finalidade, os aparelhos são munidos de um dispositivo de comando, por cabo flexível, que permite operar a fonte.

É importante proteger não somente o operador, mas também outras pessoas que possam estar presentes no canteiro de obra. Para tanto, antes de iniciar a exposição, deve-se balizar uma zona de extensão suficiente, proibindo que esses limites sejam ultrapassados por qualquer pessoa não autorizada e que não tenha em seu poder dosímetro de controle.

A zona controlada deve ter dimensões tais que, nos seus limites, sejam respeitados os equivalentes das dosagens máximas admissíveis para pessoas diretamente ligadas ao trabalho sob irradiação. Essa zona pode ser reduzida pelo emprego de colimadores de urânio, tungstênio ou chumbo (Fig. 11.17).

Ensaios Não Destrutivos do Concreto **269**

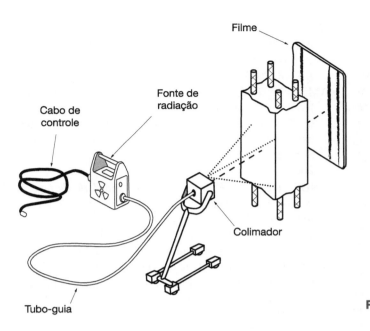

FIGURA 11.17 Esquema da tomografia por raios γ. Fonte: adaptada de Mariscotti *et al.* (2010).

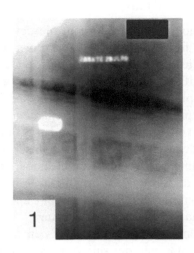

FIGURA 11.18 Exemplo de uma tomografia feita com irídio 192. A parte escura mostra a falha na injeção de uma bainha de protensão de uma ponte, no interior da Argentina. Fonte: Mariscotti *et al.* (2008).

Convém lembrar que, para efetuar a radiografia de uma peça de concreto, é preciso que se tenha acesso às duas faces, pois em uma delas se posiciona a parte emissora e, na outra, o receptor (filme). A fim de posicionar a emissora em qualquer lugar, é preciso ter, fora dos aparelhos, meios que permitam ejetar a fonte. Esses meios, denominados controle remoto, podem ser manuais ou elétricos.

11.2.5 Método Eletromagnético

Consiste em verificar o fluxo magnético por meio da presença da armadura em peças de concreto. O aparelho utilizado, denominado pacômetro, é constituído por dois transformadores cujos enrolamentos primários montados em série são alimentados por uma corrente alternada; os enrolamentos secundários formam também um circuito fechado, com um galvanômetro intercalado. Em um dos transformadores, o entreferro é fixo e, no outro, é a armadura que conduz o fluxo magnético.

Nessas condições, o fluxo varia com a espessura do concreto (recobrimento da armadura) que se interpõe entre os polos do transformador e a massa magnética. A agulha do galvanômetro desvia-se, então, de um ângulo que é função daquela distância.

Com a utilização do pacômetro, é possível fácil e rapidamente: localizar o posicionamento exato da ferragem na extração do corpo de prova, o que permite retirar a amostra sem cortar a ferragem interna existente; obter o desenho das armaduras, e principalmente no final das barras, detectar a existência de ganchos e a sua posição; o afastamento dos estribos etc.

Sendo o fluxo magnético conduzido pela barra da armadura, a agulha do galvanômetro sofrerá maior movimentação à medida que o transformador se aproximar de uma barra paralela ao eixo dos polos do entre ferro.

11.2.6 Método do Comportamento de Peças Estruturais por Meio da Medição das Deformações

Este método consiste na verificação do funcionamento do conjunto concreto-aço na estrutura mediante prova de carga. De acordo com a NBR 9607 (ABNT, 2019), a prova de carga é definida como um conjunto de atividades destinadas a analisar o desempenho de uma estrutura por meio da medição e controle de efeitos causados pela aplicação de ações externas de intensidade e natureza previamente estabelecidas.

Os deslocamentos e deformações devem seguir o estabelecido no projeto, de acordo com as prescrições da ABNT NBR 6118:2014.

As cargas são estipuladas de acordo com a utilização das peças, podendo ser estáticas ou dinâmicas.

11.2.6.1 Determinação das deformações verticais

Os aparelhos de leitura de controle devem ser instalados de forma a medir os efeitos nas seções e os pontos indicados pela previsão teórica. Devem apresentar certificados de calibração válidos, e com precisão e amplitude compatíveis com o especificado no projeto de prova de carga. O carregamento é normalmente feito em etapas e são anotadas as deformações correspondentes. A cada etapa devem ser observados os deslocamentos-limites estabelecidos em projeto, a abertura de fissuras e a estabilização dos deslocamentos; continuidade à etapa seguinte apenas se houver garantia da segurança da estrutura.

Convém notar que este ensaio nem sempre pode ser considerado não destrutivo, pois, se houver execução deficiente, a peça entrará em ruptura antes de atingir a deformação máxima prevista ou apresentará sintomas de ruptura (fissuração). Isso pode ocorrer, por exemplo, no caso de uma marquise cuja ferragem negativa assume a posição positiva durante a concretagem em consequência de uma má execução e, quando submetida à prova de carga, pode haver ruptura em função da deficiência da armadura

11.2.6.2 Determinação das distensões das fibras

As distensões (encurtamentos ou alongamentos) das fibras são obtidas por meio de extensômetros elétricos, do tipo *strain gauge*, colados nos elementos de concreto.

11.2.6.3 Determinação da rotação em pontos da peça estrutural

As rotações de elementos estruturais podem ser medidas por meio de clinômetros de elevada precisão.

As medições de deslocamentos e deformações também podem ser realizadas utilizando-se teodolitos a *laser*.

BIBLIOGRAFIA

AMERICAN SOCIETY FOR TESTING AND MATERIALS. *ASTM C215-08*: Standard test method for fundamental transverse, longitudinal, and torsional resonant frequencies of concrete specimens. Philadelphia: ASTM, 2008.

AMERICAN SOCIETY FOR TESTING AND MATERIALS. *ASTM C597-09:* Standard test method for pulse velocity through concrete. Philadelphia: ASTM, 2009.

AMERICAN SOCIETY FOR TESTING AND MATERIALS. *ASTM C803-17:* Standard test method for penetration resistance of hardened concrete. Philadelphia: ASTM, 2017.

AMERICAN SOCIETY FOR TESTING AND MATERIALS. *ASTM C1383-04*: Test Method for Measuring the P-Wave Speed and the Thickness of Concrete Plates using the Impact-Echo Method, Annual Book of ASTM Standards, ASTM, West Conshohocken, PA, Jun 1, 2004.

ANDRADE, P. B. *Estimativa da profundidade de fendas no concreto através da utilização do ultra-som e eco-impacto.* 168p. Dissertação (Mestrado em Engenharia Civil) Departamento de Engenharia Civil, Universidade Federal de Santa Catarina, Florianópolis, 2007.

ASSOCIAÇÃO BRASILEIRA DE NORMAS TÉCNICAS. *NBR 5738:* Concreto – Procedimento para moldagem e cura de corpos de prova. Rio de Janeiro: ABNT, 2015 (versão corrigida em 2016).

ASSOCIAÇÃO BRASILEIRA DE NORMAS TÉCNICAS. *NBR 6118:* Projeto de estruturas de concreto – Procedimento. Rio de Janeiro: ABNT, 2014.

ASSOCIAÇÃO BRASILEIRA DE NORMAS TÉCNICAS. *NBR 7584:* Concreto endurecido – Avaliação da dureza superficial pelo esclerômetro de reflexão – Método de ensaio. Rio de Janeiro: ABNT, 2012.

ASSOCIAÇÃO BRASILEIRA DE NORMAS TÉCNICAS. *NBR 8802:* Concreto endurecido – Determinação da velocidade de propagação de onda ultra-sônica. Rio de Janeiro: ABNT, 2019.

ASSOCIAÇÃO BRASILEIRA DE NORMAS TÉCNICAS. *NBR 9607:* Prova de carga em estruturas de concreto armado e protendido – Procedimento. Rio de Janeiro: ABNT, 2019.

BAUER, L. A. F.; WOLLE, C. M.; COSTA, R. L. R. Avaliação de características do concreto por ensaios de ultra-som. *Revista Politécnica*, ed. especial 1973, p. 86-96.

BAUER, L. A. F.; WOLLE, C. M.; COSTA, R. L. R. Avaliação de características do concreto por ensaios de ultrassom. *XV Jornada Sul-Americana de Engenharia Estrutural*, Porto Alegre, 1971.

BENETTI, J. K. *Avaliação do módulo de elasticidade dinâmico de concreto produzido com agregado graúdo reciclado de concreto.* 83p. Dissertação (Mestrado em Engenharia Civil) – Universidade do Vale do Rio dos Sinos, Programa de Pós-graduação em Engenharia Civil, 2012.

BORGES, J. F. *A utilização dos ultra-sons para o estudo das propriedades dos materiais.* Lisboa: LNEC, 1954, n. 50.

BRITISH STANDARD INSTITUTION. *BS 1881-Part 203:* Recommendations for measurement of the velocity of ultrasonic pulses in concrete. Londres: BSI, 1986.

BUNGEY, J. H. *The testing of concrete in structures.* 2. ed. Londres: Surrey University Press, 1989.

CÂMARA, E. *Avaliação da resistência à compressão do concreto utilizado usualmente na grande Florianópolis através de métodos de ensaios não destrutivos.* 152p. Dissertação (Mestrado Engenharia Civil) – Universidade Federal de Santa Catarina, Florianópolis, 2006.

EVANGELISTA, A. *Avaliação da resistência do concreto usando diferentes ensaios não destrutivos.* 239p. Tese (Doutorado em Engenharia) – Universidade Federal do Rio de Janeiro, Rio de Janeiro, 2002.

FACAOARU, J. Non-destructive testing of concrete. *Matériaux et constructions.* Paris, 2010:251-267, jul.- ago. 1969.

IRRIGARAY, M. A. P.; PINTO, R. C. A. Efeito do tipo de cimento e tipo de agregado na velocidade de pulsos ultrassônicos e sua correlação com a resistência à compressão. *In:* CONGRESSO BRASILEIRO DO CONCRETO, 53., Florianópolis, Brasil, 2011.

JOFFILY, I. *Avaliação do ensaio de penetração de pino para mensuração indireta da resistência à compressão do concreto,* 155p. Dissertação (Mestrado em Estruturas e Construção Civil) – Universidade de Brasília, Brasília, 2010.

MACHADO, M. *Curvas de correlação para caracterizar concretos usados no Rio de Janeiro por meio de ensaios não destrutivos.* 294f. Dissertação (Mestrado em Engenharia Civil) – Universidade Federal do Rio de Janeiro, Rio de Janeiro, 2005.

MALHOTRA, V. M. In Situ/Nondestructive Testing of Concrete – A Global Review. *In Situ/Nondestructive Testing of Concrete,* Special Publication SP-82. Detroit: American Concrete Institute, 1984, p. 1-16.

MARISCOTTI, M. A. J. *et al.* Desenvolvimento e aplicação da tomografia por raios gama na inspecção de estruturas de engenharia civil. *Reabilitar 2010 – Conservação e reabilitação de estruturas,* LNEC, Lisboa, 2010.

MARISCOTTI, M. A. J. *et al.* Investigations with reinforced concrete tomography. *In: Structural faults & repairs,* 12th International Conference, Edinburgh, 2008.

MEDEIROS, A. *Aplicação do ultrassom na estimativa da profundidade de fendas superficiais e na avaliação da eficácia de injeções em elementos de concreto armado,* 180p. Dissertação (Mestrado em Engenharia Civil) – Universidade Federal de Santa Catarina, Florianópolis, 2007.

MEHTA, P. K.; MONTEIRO, P. J. M. *Concreto:* microestrutura, propriedades e materiais. São Paulo: Ibracon, 2008.

MENDES, R. *Tomografia computadorizada de Raios X como método não destrutivo de análise volumétrica de concreto:* Estudo de caso em testemunho de concreto da Usina Hidroelétrica Mourão, 80p, Dissertação (Mestrado

em Engenharia e Ciência do Materiais) – Universidade Federal do Paraná, Curitiba, 2010.

NEVILLE, A. *Propriedades do concreto.* 2. ed. São Paulo: Pini, 1997.

PALACIOS, M. P. G. *Emprego de ensaios não destrutivos e de extração de testemunhos na avaliação da resistência à compressão do concreto.* 165p. Dissertação (Mestrado em Estruturas e Construção Civil) – Departamento de Engenharia Civil e Ambiental, Universidade de Brasília, Brasília, DF, 2012.

PEREZ, Y. A. G. *et al.* Aplicação do método do eco-impacto para estimativa da espessura de concreto em pavimentos rígidos. *In: ABCR 2011 Associação Brasileira de Concessionárias de Rodovias,* Foz do Iguaçu, 2011, v. 1.

PINTO, R.; PADARATZ, I.; GARGHETT, A. *et al.* Correlações entre técnicas não destrutivas para avaliação da resistência à compressão do concreto. *In:* CONGRESSO BRASILEIRO DO CONCRETO, 46., Ibracon, Florianópolis, 2004, 13p.

RODRIGUES, G. S. S. *Módulo de deformação estático do concreto pelo método ultra-sônico:* estudo da correlação e fatores influentes. 187p. Dissertação (Mestrado em Engenharia Civil) – Universidade Federal de Goiás, Goiânia, 2003.

SAMANIEGO, Y. T. M. *Ensaios não destrutivos para avaliação da resistência do concreto:* estudo de aplicação em obras. 160p. Dissertação (Mestrado em Estruturas e Construção Civil) – Departamento de Engenharia Civil e Ambiental, Universidade de Brasília, Brasília, DF, 2014.

SAMANIEGO, Y. T. M. *et al.* Avaliação da resistência efetiva do concreto mediante ensaios *in loco* – Estudo de caso em Brasília. *Anais do 55º Congresso Brasileiro do Concreto,* Gramado, 2013.

SWAMY, N. Dynamic properties of hardened paste, mortar and concrete. *Matériaux et constructions.* Paris, n. 4, v. 19, p. 13-40, jan.-fev. 1971.

TOBIO, J. M. *El aparato ultrasónico del IETCC:* resistencia del hormigón en estructuras terminadas; medidor ultrasónico portátil. Madri: Instituto Eduardo Torroja, 1968.

VIEIRA, D. P. Método Brasileiro de Penetração de Pinos. *XIX Jornadas Sul-americanas de Engenharia Estrutural,* Santiago, Chile, 1978.

WHITEHURST, F. A. *Evaluation of concrete properties from sonic tests.* Detroit: American Concrete Institute, 1966.

12

ENSAIOS ACELERADOS PARA PREVISÃO DA RESISTÊNCIA DO CONCRETO

Prof. Eng.º Luiz Alfredo Falcão Bauer •
Eng.ª Lucy I. Olivan Birindelli •
Prof. Dr. Bruno Luís Damineli

12.1 Introdução, 273

12.2 Evolução Histórica, 273

12.3 Experiência Brasileira, 273

12.4 Método Adotado, 279

12.5 Aplicação Típica, 281

12.6 Limitações, 286

12.7 Considerações Finais, 286

Anexo A – Equipamentos de Laboratório, 286

Anexo B – Equipamentos para o Canteiro de Obra, 287

12.1 INTRODUÇÃO

A origem dos ensaios de resistência à compressão é remota. A medição da resistência à compressão em concretos sempre esteve relacionada com a idade de 28 dias. Isso porque, embora o crescimento da resistência seja observado claramente até os 360 dias, a resistência obtida aos 28 dias já é, para a maioria dos cimentos mais comuns, a maior parte da resistência final obtida (a partir dessa idade, a taxa de crescimento é muito menor), sendo suficiente para a manutenção da estrutura. Portanto, a mensuração aos 28 dias permitiu a criação de um parâmetro de controle relativamente rápido e confiável para as idades de trabalho do concreto, usualmente períodos acima de um ano.

Até pouco tempo atrás, esse período de espera dos resultados era compatível com os métodos mais lentos das técnicas construtivas e com os materiais empregados, como o uso de cimentos menos finos, nos quais o ganho de resistência é mais lento. Porém, a indústria de concretos evoluiu muito, com a utilização em larga escala de concretos pré-misturados, obras de grande porte (barragens, metrô), utilização de cimentos com resistências iniciais mais elevadas, obras de arte exigindo controle mais rigoroso e soluções cada vez mais rápidas. Em alguns casos, a espera por resultados de resistência apenas após 28 dias não é mais suficiente, o que, aliado ao aumento da velocidade de ganho de resistência de alguns cimentos, permitiu a criação de ensaios de medição acelerados da resistência do concreto.

O desenvolvimento de um método adequado para o conhecimento rápido da resistência do concreto possibilita, entre outros fatos:

- melhoria no controle da produção pelo fornecimento de valores de resistência mais rápidos do que atualmente;
- detecção mais rápida de problemas no concreto, que, portanto, podem ser eliminados e corrigidos de forma muito mais rápida, com grandes ganhos em termos de cronograma e viabilidade econômica final da obra.

Essas possibilidades levaram diversos pesquisadores a desenvolver procedimentos para acelerar a medição da resistência à compressão.

12.2 EVOLUÇÃO HISTÓRICA

Em face da necessidade de um controle mais rápido na produção do concreto, em 1915, Dalziel (1971) começou a estudar a influência da temperatura na resistência do concreto. Concluiu que era possível acelerar as reações de hidratação expondo o concreto à cura em temperaturas elevadas. Com base nisso, relacionou as resistências assim obtidas com as de 28 dias.

Fundamentado nesse conceito, desde 1927 têm sido propostos métodos, porém, foi somente a partir de 1960 que os estudos se intensificaram, e uma série grande de procedimentos foi testada, baseando-se nas seguintes variáveis:

- tempo de cura inicial sob condições normais;
- tipo, temperatura e duração da cura acelerada;
- período para resfriamento ou desaquecimento.

Serão aqui apresentados os métodos de ensaio acelerado resumidos a partir das variáveis aqui enumeradas, salientando-se aqueles que resultaram em normas internacionais.

A seguir, encontra-se nos quadros sinóticos das Tabelas 12.1 a 12.3 a evolução, em ordem cronológica, dos métodos acelerados de resistência à compressão do concreto.

A Tabela 12.4 apresenta com mais detalhes os métodos normatizados pela ASTM C 684:1999 para a determinação acelerada da resistência à compressão do concreto, e a Tabela 12.5 apresenta os métodos mais difundidos nos diversos países para esta determinação.

Com relação à realidade brasileira, com o intuito de desenvolver um método de ensaio para determinação da resistência acelerada, foi formada, em 1981, uma comissão de estudo na ABNT a convite do CB-18 (Comitê Brasileiro de Cimento, Concreto e Agregados). Este método deveria, como pré-requisito, além dos princípios básicos, ser previamente verificado em condições e com materiais nacionais, apresentando resultados compatíveis com o método tradicional.

A comissão realizou dez reuniões e, posteriormente, foi apresentado o primeiro projeto de norma ao CB-18 para homologação. Foi posto em votação de dezembro de 1981 a junho de 1982, e após a aprovação em setembro de 1992, o texto foi enviado para registro no Inmetro, com o número de projeto 18:04.09-001 e título: Concreto – Determinação da resistência acelerada à compressão – Método da água em ebulição. Atualmente, essa é a norma ABNT NBR 8045:1993, em vigor.

12.3 EXPERIÊNCIA BRASILEIRA

Apesar de não se tratar propriamente de ensaio acelerado, em 1944, Epaminondas Mello do Amaral Filho (1945) pesquisou a correlação entre as resistências aos 7 e aos 28 dias, correlação esta expressa como:

TABELA 12.1 Evolução histórica, em ordem cronológica, dos métodos acelerados para medição da resistência à compressão do concreto – Parte 1

País/ano	Pesquisador	Tempo de cura após moldagem (h)	Tipo e temperatura de cura (°C)	Período de cura acelerada (h)	Período de resfriamento (h)	Duração total do ensaio (h)	Observações
EUA 1927	M.S. Gerend	24	Vapor saturado pressão: 0,5 a 0,7 MPa	12 a 15	Variável	48	Primeiro método proposto
EUA 1933	D.G. Patch	1/2	Água em ebulição	6 1/2	1	8	Relação encontrada: 2,9 a 5,6
Inglaterra 1953/1960	I.W.H. King	1/2	t = 93 °C	6	1/2	7	Desvantagens: – equipamento oneroso – mão de obra especializada – manuseio de corpo de prova com menos de um dia ou até antes da pega total
		18		4	1/2	22 1/2	
		24		4	1/2	28 1/2	
Austrália 1956/1961	Akroyd	24	Água em ebulição	3 1/2	1	28 1/2	Resultados satisfatórios: $eq\ y = Ax^B$
Reino Unido 1959/1968	Comitê de Ensaio Acelerado Pres. Prof. King	1/2	Água a 55 °C	24	1/2	25	Coeficiente de variação: 8,5 %
Polônia 1963	Simpósio Internacional por Correspondência (Rilem) Jarocki	12	Água com temperatura variando de 18 a 90 °C em 1 hora	5	4	22	Coeficiente de variação: 7 a 14 %

Ensaios Acelerados para Previsão da Resistência do Concreto **275**

TABELA 12.2 Evolução histórica, em ordem cronológica, dos métodos acelerados para medição da resistência à compressão do concreto — Parte 2

País/ano	Pesquisador	Tempo de cura após molhagem (h)	Tipo e temperatura de cura (°C)	Período de cura acelerada (h)	Período de resfriamento (h)	Duração total de ensaio	Observações
Canadá 1963	Simpósio Internacional por Correspondência (Rilem) Cornwell	1/2	Água a 74 °C	21 1/2	2	24	Coeficiente de variação: 15 a 23%
Finlândia 1963	Simpósio Internacional por Correspondência (Rilem) Vuarineu	1	Ar quente 80 a 85 °C	20	3	28	Precisão igual à que se obteria com ensaios a 7 dias
Bélgica 1963	Simpósio Internacional por Correspondência (Rilem) Dutron	2	Vapor de 20 a 60 °C em 4 h	3h20min 9h40min	9	14h20min 20h40min	Equipamento oneroso
Canadá 1963	Simpósio Internacional por Correspondência (Rilem) Smith e Chojnacki	Após pega inicial (6 a 8 h)	Água em ebulição	16	1	23 a 25	Adotado pela CSA em 1967 e eliminado na revisão
Romênia 1963	Simpósio Internacional por Correspondência (Rilem) Minail	1/2	Água ao vapor 97 a 99 °C	3	1/2	4	Resultados pouco acelerados
Canadá 1963	Simpósio Internacional por Correspondência (Rilem) Malhotra e Zoldners	23	Água em ebulição	3 1/2	2	28 1/2	Método proposto por Akroyd – adotado pela CSA em 1967
Canadá 1963/1967	Smith e Tiede	0	Cura autógena	46	46	47	Adotado pela CSA em 1967

TABELA 12.3 Evolução histórica, em ordem cronológica, dos métodos acelerados para medição da resistência à compressão do concreto – Parte 3

Ano	Entidade	Tempo de cura após moldagem (h)	Tipo de temperatura de cura (°C)	Período de cura acelerada (h)	Período de resfriamento (h)	Duração total de ensaio (h)	Observações
1964/1971	ASTM Programa Interlaboratorial	0	Água a 35 °C	23 1/2	1/2	24	Método da água quente normatizado
		23	Água em ebulição	3 1/2	2	28 1/2	Método de água em ebulição — normatizado
		0	Cura autógena	48	1	49	Método da cura autógena — normatizado
		0	Água: 55 °C 75 °C 90 °C	24	–	24	Não normatizado
1975	Transportation Research Board 13 trabalhos	Variáveis	Água autoclave estufa	Condições variáveis			Conclusão: tendência a usar meio de cura em água e conceito de maturidade × idade recentes (1, 2, 3 e 4d)
1976	ACI Simpósio Internacional	Dezenove trabalhos apresentados: na maioria, aplicações durante a construção de grandes obras utilizando os métodos da ASTM com algumas adequações aos problemas específicos. O método mais usado foi o procedimento B, seguido pelo procedimento A.					Conclusões: – o meio de cura mais adequado é a água – aplicação maior em obras de grande porte – orientação quanto ao tratamento dos resultados estatísticos

TABELA 12.4 Métodos normatizados pela ASTM C684:1999 para determinação acelerada da resistência à compressão do concreto

Método ensaio	Procedimento	Tempo de cura após moldagem (h)	Tipo e temperatura de cura (°C)	Período de cura acelerada (h)	Período de resfriamento (h)	Duração total do ensaio (h)	Observações
ASTM C 684/99[1]	A Método da água quente	0	Água a 35 °C	23 1/2	1/2	24	Vantagens: – baixa temperatura, não há problemas de segurança – equipamento barato Desvantagens: – resistência 24 h – manipulação de corpo de prova na fase tenra de endurecimento
	B Método da água em ebulição	23	Água em ebulição	3 1/2	Mínimo 1	28 1/2	Vantagens: – fácil manter a temperatura – equipamento barato Desvantagens: – precauções contra acidentes em função da temperatura – pequena alteração no turno de trabalho
	C Método do calor autógeno	0	Cura autógena	48	1	49	Desvantagens: – duração de ensaio longa – resultado afetado pela temperatura inicial – resultados variam com o uso de aditivos

[1] Esta norma foi estabelecida pela ASTM em 1971, revisada em 1999 e reaprovada em 2003.

TABELA 12.5 Métodos para determinação acelerada da resistência à compressão do concreto mais difundidos em diversos países

País		Tempo de cura após a moldagem (h)	Tipo e temperatura de cura (°C)	Período de cura acelerada (h)	Período de resfriamento (h)	Duração total do ensaio (h)
Inglaterra		2	Água Início: 18 °C 82 °C em 2 h	14	2	18
França		—	Autoclave $t = 180$ °C Pressão: 14 bars	5	—	5
Suécia		24	Água fervendo	3	1/2	26 1/2
Espanha		—	Vapor e água fervendo	2h15min	Autoclave: 216 °C e 21 ATM durante 2h15min	3 1/2
Noruega		24	Água fervendo	3	1	28
Canadá	Malhotra	23 a 24	Água fervendo	3 1/2	1	28 1/2
	Nasser	—	Autoclave $p = 10{,}5$ MPa $t = 150 \cdot$ C	3	2	5
Dinamarca		24	Água em ebulição	3	1/2 em água à temperatura ambiente	27 1/2
Suíça		—	Termopneumático	—	—	5
Brasil		23 a 24	Água em ebulição	3 1/2	Mínimo 1	28 1/2

$$T_{28} = 1,23(T_7 + 27) \text{ (MPa)} \qquad (12.1)$$

em que T é a resistência à compressão.

Relações análogas a esta foram e têm sido desenvolvidas por diversos laboratórios (IPT, CESP etc.) e para diversas obras.

Porém, apenas em 1969, foi realmente iniciado o primeiro trabalho sobre ensaio acelerado, por Cláudio Wolle e Ricardo Costa (1973). Essa pesquisa foi realizada com o apoio do Fundo de Amparo à Pesquisa do Estado de São Paulo (FAPESP) e do laboratório L. A. Falcão Bauer. O método adotado foi o normatizado pela ASTM C 684 (Método Modificado da Ebulição), com algumas adaptações às condições nacionais.

No período de 1976-1978, Bauer e Olivan deram continuidade a esta pesquisa, com a aplicação do ensaio acelerado ao concreto de cimento Portland de alto-forno. Os resultados obtidos são apresentados a seguir.

Em 1980, a Companhia Paranaense de Energia (COPEL) realizou o controle da qualidade dos concretos da Usina Hidrelétrica de Foz do Areia, utilizando o método de cura acelerada – procedimento B da ASTM C 684 (método da água em ebulição). Foram ensaiados e analisados 840 exemplares. Uma das conclusões do trabalho (Narvaez, 1981) foi que o grau de precisão dado por esse método é considerado satisfatório e compatível com informações encontradas por outros investigadores.

Em setembro de 1980, a Companhia Energética de São Paulo (CESP) apresentou resultados de resistência à compressão de corpos de prova de concreto, curados de duas formas diferentes, possibilitando correlacionar as resistências obtidas pelos processos convencionais e o acelerado com água quente a 35 °C.

Em 1981, Zanfelice realizou um estudo comparativo entre os métodos de ensaio acelerado, propostos de 1929 a 1979, e também mostrou alguns dados de investigações experimentais sobre dois métodos de ensaio acelerado: o método modificado da água em ebulição e um método de água quente a 70 °C. Concluiu que havia necessidade de um método acelerado, porém esse problema não seria de fácil solução, em razão da influência da variabilidade dos materiais nos resultados.

A pesquisa experimental serviu para comprovar que as dificuldades apontadas na literatura são as mesmas encontradas com materiais nacionais. Não existe nenhum método que elimine todas as dificuldades de aceitação, mas sua pesquisa indicou como um método adequado aquele que utiliza água quente como meio de cura acelerada.

Uma empresa de concreto pré-misturado de São Paulo realizou, em caráter experimental, ensaios acelerados de acordo com o método modificado da água em ebulição. De maneira geral, observou-se que os resultados tradicionais aos 28 dias se afastaram pouco, cerca de 3 a 5 MPa, dos resultados estimados a partir da cura acelerada.

Os trabalhos aqui citados constituíram importante fonte de dados para a normatização brasileira, pois correspondem à experiência com materiais e condições nacionais, tornando válida a adoção desse método.

12.4 MÉTODO ADOTADO

12.4.1 Escolha do Método

Desde 1915, conforme mostrado na Seção 12.2, vários métodos, seguindo os mais diferentes procedimentos, foram experimentados. Evidentemente, todos têm restrições e apresentam variações, incluindo o método tradicional. Mesmo assim, utilizando os materiais disponíveis nas regiões próximas aos estudos, uma série de conclusões pôde ser obtida.

De acordo com essas conclusões, podem-se resumir os procedimentos básicos em dois métodos: os que utilizam cura com água a temperaturas elevadas (meio de cura mais homogêneo) e os métodos de cura autógena.

A escolha do método para normatização se ateve aos seguintes fatores:

- equipamentos acessíveis que pudessem ser utilizados tanto em laboratório como em canteiros de obras, localizados em qualquer região do país;
- metodologia compreensível para o nível técnico dos laboratoristas e pessoas ligadas à área no Brasil;
- reprodutibilidade dos resultados;
- resultados disponíveis em tempo hábil para justificar um ensaio acelerado (arbitrado aproximadamente em 48 horas).

Adotou-se o método modificado da água em ebulição, normatizado pela ASTM C 684 (procedimento B – *Boiling water method*) com algumas adaptações, tendo em vista que este é o método de maior utilização mundial cujos resultados são satisfatórios, e é também o método no qual foi baseada a NBR 8045.

Os resultados desses ensaios são comparáveis com os obtidos em outros países, possibilitando intercâmbio de informações e versatilidade no uso.

12.4.2 Descrição do Método Adotado

A seguir, serão descritas, resumidamente, as fases do procedimento utilizado:

1) Dos corpos de prova moldados, no mínimo dois são curados sob as condições requeridas no ensaio acelerado; os demais são curados segundo o método de ensaio ABNT NBR 5738:2015, com o objetivo de correlacionar os resultados entre os dois métodos.
2) Todos os corpos de prova são rompidos, de acordo com a ABNT NBR 5739:2018.
3) As condições de cura acelerada são as indicadas no gráfico da Figura 12.1.

12.4.3 Considerações sobre o Procedimento Adotado

Seguem algumas colocações sobre as diversas fases do método acelerado, visando auxiliar a análise e justificar as características (tempo, temperatura e meio de cura) adotadas.

a) Seleção do tempo da cura inicial (sem tratamento térmico)

Segundo Saul (1951), à medida que aumenta a temperatura do tratamento térmico, é necessário aumentar a duração do tempo de cura inicial (cura sob condição normatizada) para obter resultados aceitáveis.

Conforme Miranov (1966), a dilatação do concreto é função decrescente do tempo da cura inicial sem tratamento térmico, e o tempo de cura inicial mínimo deve ser de 24 horas. Essa dilatação provoca microfissuras prejudiciais à resistência e, portanto, deve ser evitada.

Michel Papadakis (1968) explica a afirmação de Miranov, dividindo esses fenômenos em fenômenos de ordem física e de ordem química.

Os fenômenos de ordem física são ligados à dilatação dos diversos constituintes do concreto sob o efeito da elevação da temperatura. Os diversos constituintes têm coeficientes de dilatação linear diferentes, conforme a Tabela 12.6.

TABELA 12.6 Coeficientes de dilatação linear de alguns constituintes de concretos

Material	Coeficiente de dilatação linear $10^{-6}/°C$
Calcita	11,7
Calcário	12,1
Areia silicosa	8 a 13
Água a 20 °C	210
Água a 60 °C	520
Pasta endurecida	11 a 14

No concreto fresco, a água não está fixada e, em consequência, intervém o fato de ser alto seu coeficiente de dilatação. A elevação da temperatura provoca uma expansão do material que se traduz pelo aparecimento de numerosos poros, cuja presença prejudica posteriormente a resistência à compressão do concreto. Esses poros subsistem após a consolidação da estrutura e fixação da parte de água física ou quimicamente ligada.

O concreto contém sempre determinado volume de ar incorporado que se expande também sob o efeito de uma aplicação de calor, desenvolvendo certa pressão interna. Os poros formados são tanto mais volumosos e numerosos quanto maior for essa quantidade de ar incorporado. Assim, o uso de cura sob temperatura elevada por tempo prolongado pode modificar o volume e a distribuição dos vazios gerados pelo ar incorporado.

Enfim, sob temperaturas mais elevadas, os componentes sólidos podem apresentar dilatações diferentes, função da sua natureza, contribuindo, assim, para desorganizar a estrutura do concreto.

Fenômenos de ordem química provenientes de um aquecimento muito violento do concreto, ainda fresco, aparecem igualmente. Estão ligados à aparição de películas de compostos insolúveis e compactos

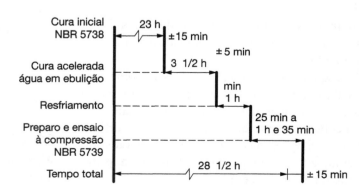

FIGURA 12.1 Condições de cura acelerada adotadas na NBR 8045:1993.

que se opõem à penetração posterior da água, e isolam, de certa forma, alguns grãos de cimento, que, portanto, são parcialmente hidratados e participam muito pouco da resistência do concreto.

Segundo as experiências realizadas por Malhotra *et al.* (1968), os resultados mostram que, em uma faixa de 18 a 28 °C, os valores de resistência à compressão obtidos entre 22 e 25 horas são iguais, e para períodos de cura superiores, a variação média foi de 5,5 MPa.

Finalmente, a necessidade de adaptar o ciclo de tratamento a jornadas normais de trabalho levou à adoção de ±23h15min como período para cura inicial sob condições normatizadas.

b) Seleção do método de cura acelerada

Para se alcançar altas resistências iniciais podem ser seguidos vários caminhos, como: mecanicamente, por intensa agitação da mistura; quimicamente, por meio de aditivos; e fisicamente, por tratamento térmico, com ou sem pressão. Atualmente, o procedimento mais utilizado para alcançar alta resistência inicial consiste em submeter o concreto a elevadas temperaturas durante as primeiras horas. Tratamentos a vapor ou com água quente apresentam resultados semelhantes desde que se evite, em qualquer caso, a evaporação da água do concreto necessária à sua hidratação.

O primeiro tratamento (submissão do concreto a altas temperaturas durante a cura) exige moldes herméticos para evitar a evaporação e, consequentemente, a diminuição da água necessária à hidratação do cimento, e um forno com capacidade calorífica tal que possibilite a introdução de vários corpos sem interferências.

Por outro lado, no segundo método (uso de água quente para cura), o depósito de água quente assegura que a água de amassamento não se evapore.

Foi adotada a alternativa de tratamento em água pela simplicidade do equipamento unida à grande capacidade calorífica desse método, possibilitando seu emprego, também, em canteiros de obra.

c) Seleção da temperatura da cura acelerada

Com base no conceito de maturidade, que permite expressar a resistência do concreto como uma função crescente do produto tempo por temperatura, é preferível escolher uma temperatura elevada que dará como resultado uma alta resistência em poucas horas.

A temperatura de ebulição da água, além de cumprir este requisito, é estável, simplificando, portanto, o equipamento e o controle do procedimento. As variações de temperatura nessa faixa são muito menores do que as produzidas em banhos controlados por elementos termelétricos simples.

Essa temperatura sofre influência do local e pressão ambiente, porém isso não causa grande influência nos resultados, conforme experiência realizada por Malhotra *et al.* (1968).

d) Seleção do modo de elevação da temperatura

Segundo o esquema adotado para a cura acelerada, após o período inicial de cura a temperaturas da ordem de 21 a 23 °C, os corpos de prova são imersos em água à temperatura de ebulição. Com isso, espera-se um choque térmico, que poderia gerar dilatações instantâneas e aumentar o risco de fissuração. Porém, não foi notada nenhuma influência desse procedimento no resultado. Parte disso é explicada pela importância da duração da cura inicial. As dimensões do corpo de prova (em geral, 10 × 20 cm) também diminuem a possibilidade de dilatações internas relevantes durante o choque térmico, já que boa parte do concreto (parte interna do corpo de prova) não sofrerá um choque térmico relevante. O gradiente de temperatura permanece favorável, pois o equilíbrio de temperatura em todo o corpo de prova é rapidamente atingido.

Portanto, não é preciso adotar uma elevação ou resfriamento gradativo da temperatura, o que facilita o ensaio.

e) Determinação do tempo de duração de cura em água em ebulição

Foi adotado o período de 3,5 horas com base nas experiências realizadas no Canadá e pelo comitê da ASTM anteriormente à aprovação do método.

Tem-se observado, a partir de experiências em diversos países e no Brasil, utilizando cimento Portland comum, que, em um período entre três a quatro horas os resultados são satisfatórios, coerentes e estáveis.

f) Determinação do tempo de resfriamento

Adotou-se, no mínimo, uma hora para o resfriamento do corpo de prova. Esse período é suficiente para possibilitar o manuseio dos corpos de prova para capeamento e ensaio, ou, ainda, para corrigir algum defeito, sem alterar a duração total do ciclo.

12.5 APLICAÇÃO TÍPICA

A ABNT NBR 8045:1993 explicita que: "as exigências de conformidade das resistências à compressão nas especificações e normas não são baseadas na resistência acelerada. Os resultados obtidos podem ser correlacionados com a resistência à compressão do concreto obtida a partir das ABNT NBR 5738

282 Capítulo 12

e ABNT NBR 5739, não devendo substituir nem serem confundidos com os das referidas normas". Dessa forma, este ensaio não tem validade normativa para controle de concretos, devendo ser utilizado eventualmente para se dirimir dúvidas momentâneas sobre as características do concreto adquirido ou produzido, com possibilidades de ganhos de cronograma e custos na identificação rápida de eventuais falhas. É importante também recordar que a cura em temperatura elevada, apesar de elevar a resistência em baixas idades, traz diversas modificações microestruturais no concreto, conforme discutido anteriormente, gerando estruturas que trariam problemas de ordem prática a longo prazo. Assim, este ensaio tem como finalidade única apresentar panorama rápido da resistência, e não pode ser utilizado como parâmetro para determinação da resistência de projeto.

A título ilustrativo e orientativo, serão apresentados os cálculos de correlacionamento entre o ensaio acelerado e o ensaio tradicional realizado a diversas idades, desenvolvido para uma usina siderúrgica (Olivan Birindelli, 1982).

Todas as equações e valores enumerados a seguir são válidos para o ensaio acelerado de compressão – método da água em ebulição –, e para os materiais (cimento, agregados e aditivos) utilizados. Se os resultados, por um lado, permitem uma comparação do método de resistência acelerada com o método tradicional (resistência aos 28 dias) e visualização do potencial deste método, por outro, não permitem generalizações, sendo válidos estritamente para o conjunto de materiais estudado neste caso.

É importante notar que o uso de ensaios aceleradores exige uma programação prévia, a fim de que se determinem as curvas de correlação com um número razoável de amostras para os materiais a serem utilizados. A influência do tipo e características do cimento é fator primordial no equacionamento das variáveis, e deve ser mensurada caso a caso.

É utilizada a seguinte aparelhagem para a realização dos ensaios (ABNT NBR 8045:1993):

- equipamento e utensílios para moldagem dos corpos de prova, conforme ABNT NBR 5738:2015;
- fôrmas metálicas cilíndricas para moldagem dos corpos de prova, de acordo com a ABNT NBR 5738:2015. As fôrmas destinadas ao ensaio acelerado são dotadas de tampas de chapa de aço de 6 mm de espessura, parafusadas ao topo superior e providas de alças para facilitar sua retirada da água em ebulição e seu posterior transporte;

- tanque com capacidade para até 12 corpos de prova (Fig. 1, Anexo A), no qual eles fiquem distantes entre si, no mínimo, 100 mm e, no mínimo, a 50 mm das paredes do tanque. A distância mínima entre o topo das fôrmas e o nível da água em ebulição deve ser de, no mínimo, 100 mm, bem como a mesma distância deve ser observada entre o fundo das fôrmas e o fundo do tanque. A tampa do tanque deve ser provida de orifício que garanta o equilíbrio entre as pressões interna e externa;
- suporte dos corpos de prova constituído de grade distando 100 mm do fundo do tanque e de modo a não interferir na circulação da água no interior do tanque;
- termômetro para verificação da temperatura com resolução de 1 °C.

Neste estudo de caso, foi utilizado cimento Portland de alto-forno de uma só marca, que apresentou a seguinte composição básica: 54 % de escória de alto-forno, 43 % de clínquer e 3 % de gesso. Foram usados agregados naturais e artificiais provenientes de diversas fontes.

As dosagens utilizadas foram as de uso corrente, para as diversas estruturas da usina siderúrgica. O fator água-cimento variou de 0,40 a 0,70, e o consumo de cimento de 250 a 450 kg/m^3. Procurou-se abranger uma variação grande de resistências características, com o objetivo de aumentar o intervalo para análise da correlação. Foram empregados aditivos redutores de água e incorporadores de ar.

A Tabela 12.7 apresenta os valores médios de resistência à compressão, desvio-padrão e coeficiente de variação obtidos em estudo de caso que mediu a resistência à compressão de concretos por ensaio de resistência acelerada e ensaio de resistência normal aos 7, 28, 90 e 180 dias. Os resultados foram divididos por faixas, de acordo com os intervalos de resistência acelerada estabelecidos. O total de corpos de prova analisados foi de 760, sendo 152 rompidos em cada idade, a saber: 28,5h, 7, 28, 90 e 180 dias. Cada valor de resistência analisado corresponde à média de dois corpos de prova. As equações de regressão pesquisadas foram do tipo:

$$y = ax + b - \text{reta;}$$

$$y = a\,x^b - \text{curva potencial;}$$

$$y = a\,e^{bx} - \text{curva exponencial.}$$

Foi utilizado o método dos mínimos quadrados para determinação dos coeficientes a e b das equações de regressão.

A Tabela 12.8 apresenta as equações pesquisadas, correlacionando a resistência acelerada com as resistências obtidas aos 7, 28, 90 e 180 dias.

TABELA 12.7 Valores médios de resistência à compressão (x), desvio-padrão (s) e coeficiente de variação (δ) obtidos em estudo de caso que mediu a resistência à compressão de concretos por: (a) ensaio de resistência acelerada; e (b) ensaio de resistência normal aos 7, 28, 90 e 180 dias. Os resultados foram divididos por faixas, de acordo com os intervalos de resistência acelerada estabelecidos

Intervalo de resistência acelerada (MPa)	Grupo nº	Número de corpos de prova por idade	R_{acel}			$R_{7\ dias}$			$R_{28\ dias}$			$R_{90\ dias}$			$R_{180\ dias}$		
			x (MPa)	s (MPa)	δ	x (MPa)	s (MPa)	δ	x (MPa)	s (MPa)	δ	s (MPa)	s (MPa)	δ	x (MPa)	s (MPa)	δ
4,0 a 5,0	1	12	4,8	0,29	0,06	8,1	0,73	0,09	17,4	0,52	0,03	21,3	0,52	0,02	24,3	0,70	0,03
5,1 a 5,5	2	12	5,4	0,08	0,01	9,5	0,55	0,06	17,9	1,01	0,06	22,3	0,93	0,04	24,9	1,17	0,05
5,6 a 6,0	3	20	5,8	0,13	0,02	9,9	0,70	0,07	18,5	0,95	0,05	23,7	1,54	0,06	26,1	1,10	0,04
6,1 a 6,5	4	38	6,3	0,13	0,02	10,6	0,85	0,08	20,2	1,04	0,05	24,6	1,21	0,05	28,2	1,15	0,04
6,6 a 7,0	5	20	6,7	0,09	0,01	10,7	0,66	0,06	20,5	0,87	0,04	24,9	0,74	0,03	28,8	0,83	0,03
7,1 a 7,5	6	18	7,2	0,15	0,02	10,1	0,62	0,06	20,0	1,92	0,10	26,0	1,27	0,05	28,2	1,44	0,05
7,6 a 8,0	7	12	7,8	0,13	0,02	11,7	1,57	0,13	21,5	1,17	0,05	27,6	2,00	0,07	30,1	1,34	0,04
8,1 a 8,5	8	10	8,4	0,15	0,02	12,9	1,88	0,15	24,7	1,25	0,05	29,0	2,16	0,07	33,9	1,21	0,04
9,0 a 11,0	9	10	9,7	0,86	0,09	15,1	0,58	0,04	25,0	0,78	0,03	31,0	1,38	0,04	34,9	0,61	0,02

R_{acel} = resistência à compressão acelerada;
$R_{7\ dias}$ = resistência à compressão aos 7 dias;
$R_{28\ d}$ = resistência à compressão aos 28 dias;
$R_{90\ d}$ = resistência à compressão aos 90 dias;
$R_{180\ d}$ = resistência à compressão aos 180 dias;
x = média das resistências à compressão;
s = desvio-padrão;
δ = coeficiente de variação;
    número de corpos de prova por idade = 152;
    número total de corpos de prova = 760.

284 Capítulo 12

TABELA 12.8 Equações de regressão encontradas para correlacionar a resistência acelerada com as resistências obtidas aos 7, 28, 90 e 180 dias (dados apresentados na Tabela 12.7)

Idade (dias) i	Equações de regressão	Coeficiente de determinação	Coeficiente de correlação	Desvio-padrão sobre a regressão (MPa)	Coeficiente de afastamento
	tipo: $y = ae^{bx}$	R^2	R	S	SV
7	$y = 5{,}142\,e^{0{,}109x}$	0,717	0,847	0.940	0,087
28	$y = 12{,}214\,e^{0{,}075x}$	0,683	0,826	1,344	0,066
90	$y = 15{,}394\,e^{0{,}0\sim3x}$	0,728	0,853	1,491	0,059
180	$y = 17{,}242\,e^{0{,}074x}$	0,775	0,880	1,485	0,052
	tipo: $y = ax^{b}$	R^2	R	S	SV
7	$y = 2{,}543\,X^{0{,}761}$	0,721	0,849	0,933	0,086
28	$y = 7{,}564\,x^{0{,}520}$	0,679	0,824	1,331	0,066
90	$y = 9{,}611\,x^{0{,}508}$	0,736	0,858	1,442	0,057
180	$y = 10{,}737\,X^{0{,}513}$	0,777	0,881	1,441	0,051
	tipo: $y = ax + b$	R^2	R	S	SV
7	$y = 2{,}513x + 1{,}241$	0,738	0,859	0,939	0,086
28	$y = 9{,}737x + 1{,}579$	0,691	0,831	1,323	0,065
90	$y = 12{,}584x + 1{,}884$	0,726	0,852	1,452	0,058
180	$y = 13{,}972x + 2{,}155$	0,779	0,882	1,444	0,051

x = resistência acelerada (MPa);
y = resistência a i dias (MPa).

Para verificação da ajustagem das equações, foram determinados os seguintes parâmetros estatísticos:

Coeficiente de determinação (R^2)

Definido como o valor matemático encontrado entre 0 e 1, que indica até que ponto a equação se ajusta aos dados experimentais. Tanto mais próximo o valor de R^2 estiver de 1, tanto melhor a ajustagem.

Sua formulação matemática é:

$$R^2 = \frac{\left[\sum xyn - \dfrac{\sum x \sum y}{n}\right]^2}{\left[\sum x^2 - \dfrac{(\sum x)^2}{n}\right]\left[\sum y^2 - \dfrac{(\sum y)^2}{n}\right]} \quad (12.2)$$

em que x é a resistência acelerada; y é a resistência a diversas idades; e n é o número de observações.

A Equação (12.2) é válida para equações lineares ou linearizadas.

O coeficiente de determinação (R^2) é a fração de variabilidade total atribuível à existência de regressão linear. O resto ($1 - R^2$) representa a variabilidade residual.

Coeficiente de correlação (R)

Mais precisamente "coeficiente de correlação linear de Pearson", é uma medida da dependência entre as variáveis aleatórias x e y, definida pela raiz quadrada do coeficiente de determinação.

O coeficiente de correlação pode variar de -1 a $+1$. Seu sinal indica o sentido da dependência entre x e y; positivo, quando x e y crescem simultaneamente, e negativo, quando y decresce com o crescimento de x. Seu módulo, por outro lado, indica o grau de dependência. Outrossim, o valor de R não é afetado por transformações das variáveis primitivas x e y em z e z' (40).

Assim, temos:

$R = -1$	dependência total negativa;
$-1 < R < 0$	dependência parcial negativa;
$R = 0$	independência;
$0 < R < +1$	dependência parcial positiva;
$R = +1$	dependência total positiva.

Afastamento-padrão ou desvio-padrão sobre a regressão

Definido como a raiz quadrada positiva da variância em relação à regressão (Leme, 1972).

A estimativa da variância é dada por:

$$S^{-2} = \sum \frac{[y_{i\,obs} - y_{i\,calc}]}{\phi} \quad (12.3)$$

O número de graus de liberdade (ϕ) é o número de valores observados ($y_{i\,obs}$) que se pode fixar arbitrariamente, mantidos os valores calculados.

Com n sendo o número de observações e p o número de coeficientes da equação de regressão, tem-se $\phi = n - p$.

Quanto menores forem seus valores, menor será a dispersão dos resultados em relação à equação de regressão.

Coeficiente de afastamento (SV ou σ)

É o quociente entre o afastamento-padrão e a média dos valores observados. Também deverá se aproximar de zero para indicar melhor ajustagem.

O gráfico da Figura 12.2 apresenta todos os valores experimentais, a curva de regressão ($y = ax + b$) determinada e os limites do intervalo com 95 e 90 % de confiança, para a idade de 28 dias. Gráficos análogos foram feitos para as demais idades.

Algumas observações gerais puderam ser feitas a partir dos cálculos realizados e valores encontrados, das quais se destacam:

1) A análise dos parâmetros estatísticos indicou que as três equações se ajustaram de uma forma aproximadamente igual para o intervalo de resistência considerado.

Como a reta é a expressão mais comumente utilizada por sua simplicidade, foi a escolhida para representar a equação de regressão, no caso do cimento Portland de alto-forno.

2) Os quatros parâmetros estatísticos apresentaram coerência, mostrando a confiabilidade da ajustagem das equações de regressão, podendo os valores previstos serem aceitos dentro dos limites de confiança estabelecidos, que são:

coeficiente médio de determinação:	0,73
coeficiente médio de correlação:	0,86
desvio-padrão médio sobre regressão:	1,29
coeficiente médio de afastamento:	0,07

3) Os parâmetros afastamento-padrão e coeficiente de afastamento encontrados neste estudo foram comparáveis aos calculados por outros pesquisadores.

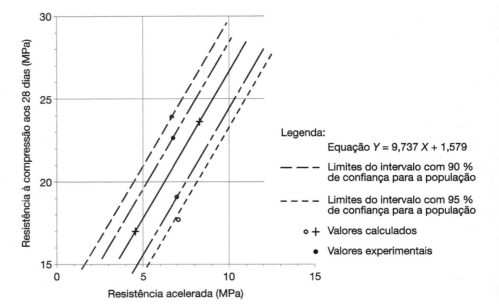

FIGURA 12.2 Relação entre resistências aceleradas e resistências aos 28 dias.

4) Na faixa analisada de resistência à compressão, pode-se desprezar a influência de diferentes tipos de agregados nos resultados do ensaio acelerado.
5) O concreto ensaiado continha aditivo, o que pareceu não afetar os resultados.
6) A previsão das resistências, a partir dos ensaios acelerados, teve aproximadamente o mesmo grau de confiabilidade para todas as idades. Notou-se apenas um ligeiro aumento para a idade de 180 dias.
7) A cura inicial com duração variável entre 23 e 24 h não influiu nos resultados obtidos, confirmando as experiências de Roadway e Lenz, Ramakrisknan e Dietz, Lapinas (American Concrete Institute, 1976) e Malhotra (1968).

12.6 LIMITAÇÕES

As principais limitações apresentadas pelo método são:

- o uso de ensaios acelerados exige uma programação prévia, a fim de que sejam determinadas as curvas de correlação com um número razoável de amostras utilizando materiais de mesmas características do concreto que será controlado, com referência especial ao cimento;
- necessidade de manuseio cuidadoso da água em ebulição, prevendo-se a utilização contínua de luvas e outras medidas necessárias para evitar queimaduras.

12.7 CONSIDERAÇÕES FINAIS

Em face de toda análise dos resultados experimentais com materiais nacionais e de levantamento bibliográfico, chegou-se à conclusão de que os ensaios acelerados pelo método da água em ebulição (ABNT NBR 8045:1993) podem ser utilizados dentro dos limites estabelecidos, considerando diversas procedências e natureza de agregados, emprego de aditivos e cimento de mesmas características. Quando for de interesse o aprimoramento da precisão dos ensaios, recomenda-se que seja estabelecida uma curva de correlação para cada conjunto de traços de concreto que apresente os mesmos materiais. Deverão sempre ser mantidos o tipo e as características do cimento.

ANEXO A EQUIPAMENTOS DE LABORATÓRIO

FIGURA 1 Tanque utilizado para a cura acelerada.

FIGURA 2 Ensaios acelerados.

ANEXO B EQUIPAMENTOS PARA O CANTEIRO DE OBRA

FIGURA 3 Detalhe da realização da cura acelerada no canteiro de obras com manta térmica. Foto: © chhitac.en.alibaba.com.

BIBLIOGRAFIA

AKROYD, T. N. W.; SMITH-GANDER, R. G. *Accelerated curing test cubes*: a practical site procedure. London, 81:153-5, Feb. 1956.

AMARAL FILHO, E. M. *Estudo da previsão da resistência à compressão dos concretos*. Politécnica, v. 1201, p. 345-54, 1945.

AMERICAN CONCRETE INSTITUTE. *International Symposium on Accelerated Strength Testing*, Mexico City, 1976.

AMERICAN SOCIETY FOR TESTING AND MATERIALS. *C 684-99:* Standard test method for making accelerated curing, and testing of concrete compression test specimens. Philadelphia: Annual Book of ASTM Standards, 1999, 10p.

ASSOCIAÇÃO BRASILEIRA DE NORMAS TÉCNICAS. *NBR 5738*: Concreto – Procedimento para moldagem e cura de corpos de prova. Rio de Janeiro: ABNT, 2015 (errata em 2016).

ASSOCIAÇÃO BRASILEIRA DE NORMAS TÉCNICAS. *NBR 5739*: Concreto – Ensaios de compressão de corpos de prova cilíndricos. Rio de Janeiro: ABNT, 2018.

ASSOCIAÇÃO BRASILEIRA DE NORMAS TÉCNICAS. *NBR 8045*: Concreto – Determinação da resistência acelerada à compressão – Método da água em ebulição. Rio de Janeiro: ABNT, 1993.

BAUER, L. A. F.; OLIVAN BIRINDELLI, L. I. Ensaio acelerado para previsão da resistência do concreto: *In*: *Colóquio sobre pré-moldados de concreto*. São Paulo, Instituto Brasileiro de Concreto, fev. 1976.

BAUER, L. A. F.; OLIVAN BIRINDELLI, L. I. Ensaio acelerado de resistência à compressão do concreto. Método de água fervendo. *In*: *IV Encontro Nacional da Construção*, Belo Horizonte, jul. 1978, p. 1-15.

BAUER, L. A. F.; OLIVAN BIRINDELLI, L. I. Use of accelerated test for concrete made with slang cement. *Journal of the American Concrete Institute*, v. 75, n. 10, p. 560, Oct. 1978.

BISAILLON, A. Influence of initial concrete temperature on acelerated. *In*: *ACI Fall Convention*, Mexico, Oct. 1976.

COMPANHIA ENERGÉTICA DE SÃO PAULO. *Ensaio de cura acelerada do concreto*. Introdução do método e correlação com resistências obtidas pelo processo convencional. Relatório CESP C-30/80, 1980.

CONGRÉS INTERNATIONAL DE LA CIDMIE DES CIMENTS. 7. Paris, Septima, 1980, 1980, v. 1, 2 e 3 (Communications).

DALZIEL, J. A. Un ensayo con cilindros de pequeñas dimensiones para la determinación rápida de la calidad del cemento. *Cement Technology*, v. 2, n. 4, jul.-ago. 1971.

DRAPER, N. R.; SMITH, H. *Applied regression analysis*. New York: John Wiley, 1966.

FEDERAL LABORATORY FOR TESTING MATERIALS AND RESEARCH. *A new method for accelerated testing of the strenght development of Portland cements*, Report n. 188, Zurich, Swiss, 1957.

FUSCO, P. B. *Fundamentos estatísticos da segurança das estruturas*. São Paulo: McGraw-Hill do Brasil/Edusp, 1976.

HERRERO NUÑES, E. Ensayos acelerados del hormigón. *Cemento Hormigón*, p. 631-649, jun. 1978.

INSTITUTO ARGENTINO DE RACIONALIZACIÓN DE MATERIALES. *IRAM 1614*: Método de ensayo acelerado para pronosticar la resistencia a la compresión, 1972.

JAROCKI, W. The rapid control of concrete strenght on the basic of specimens cured in hot water. *Rilem Bulletin*, Paris, n. 31, p. 169-175, jun. 1966.

LABORATÓRIO NACIONAL DE ENGENHARIA CIVIL. *Contribuição para o estudo de um ensaio de estimação rápida da resistência de cimento e betões.* Lisboa, 1979.

LEME, R. A. S. *Curso de estatística – elementos.* Rio de Janeiro: Ao Livro Técnico, 1972.

MALHOTRA, V. M. *Maturity concept and the estimation of concrete strength.* Ottawa: Department of Mines and Technical Resources, 1971.

MALHOTRA, V. M. *O passado, o presente e o futuro dos ensaios acelerados de concreto.* São Paulo: Ibracon, 1975.

MALHOTRA, V. M.; BAUSET, R. Rapid estimation of concrete strenght potential for the Hydro-Quebec dams with special reference to modified boiling method. *In*: Commission International des Grands Barrages. *10th International Congress on des Grands Barrages*, Montreal, Q. 39, R. 20, p. 415-438, 1970.

MALHOTRA, V. M.; ZOLDNERS, N. G. Accelerated strength testing of concrete using a boiling method. *In*: Rilem Symposium by Correspondence. Accelerated hardening of concrete with a view to rapid control test. *Rilem Bulletin*, New Series, Paris, n. 31, p. 195-92, jun. 1966.

MALHOTRA, V. M.; ZOLDNERS, N. G. Some field experiences in the use of an accelerated method of estimating 28 day strenght concrete. *Journal of the American Concrete Institute*, p. 424-434, May 1970.

MALHOTRA, V. M.; ZOLDNERS, N. G.; LAPINAS, R. *Ensayo acelerado para determinar la resistencia a la compresión del concreto a los 28 días.* (Informe R 134) Ottawa: Department of Mines and Technical Surveys, 1968.

MIRANOV, S. A. Some generalizations in theory and technology of acceleration of concrete hardening. *In*: *Symposium on Structures of Portland Cement Past and Concrete*, Highway Research Board, SP-90, p. 465-474, 1966.

NARVAEZ, B. M. Controle da qualidade dos concretos da Usina Hidrelétrica de Foz do Areia utilizando o Método de Cura Acelerada. *Revista Técnica do Instituto de Engenharia do Paraná*, n. 21, Curitiba (PR), 1981.

OLIVAN BIRINDELLI, L. I. *Resistência à compressão do concreto de cimento Portland alto-forno.* Ensaio acelerado. Método da água em ebulição. Dissertação (Mestrado) – Escola Politécnica da Universidade de São Paulo, São Paulo, 1982.

OLIVAN BIRINDELLI, L. I.; BAUER, L. A. F. Ensaios acelerados para previsão da resistência do concreto. *Construção Pesada*, p. 82-90, 1977.

PAPADAKIS, M.; VÊNUAT, M. *Fabricación, características y aplicaciones de los diversos tipos de cemento.* Barcelona: Editores Técnicos Associados, 1968.

PHILLEO, R. E. Lunatics, liars, and liability. *Journal of the American Concrete Institute*, p. 181-183, apr. 1976.

SANCHEZ-TREJO, R.; FLORES-CASTRO, L. Experience in the accelerated testing procedure (boiling water method) for the control of concrete during the construction of the tunnel "Emisor Central" in Mexico City. *In*: *International Symposium on Accelerated Strength Testing of Concrete*, Mexico City, Oct. 1976.

SAUL, A. G. A. Principles underlyning the steam curing of concrete at atmospheric pressure. *Magazine of Concrete Research*, London, v. 2, n. 6, p. 127-140, Mar. 1951.

SPIEGEL, M. R.; STEPHENS, L. J. *Theory and problems of statistics.* New York: McGraw-Hill, 2014.

TRANSPORTATION RESEARCH BOARD. *Recent development in accelerated testing and maturity of concrete.* Washington: Transportation Research Record, 1975.

WOLLE, C.; COSTA, R. *Ensaio acelerado para previsão da resistência do concreto.* L. A. Falcão Bauer Controle Tecnológico do Concreto, 1973 (publicação interna).

ZANFELICE, J. C. *Investigação sobre os métodos de ensaio acelerado da resistência do concreto.* Dissertação (Mestrado) – Escola de Engenharia de São Carlos, da Universidade de São Paulo, 1981.

13

CONCRETO EM SITUAÇÃO DE INCÊNDIO

Prof. Eng.º Luiz Alfredo Falcão Bauer •
Prof. Eng.º Roberto José Falcão Bauer •
Prof. Dr. Armando Lopes Moreno Junior

13.1 Introdução, 290

13.2 Resistência Mecânica do Concreto sob Temperaturas Elevadas, 290

13.3 Lascamento do Concreto, 293

13.4 Mudança de Cor no Concreto, 294

13.5 Reforço/Recuperação de Estruturas de Concreto após Incêndio, 295

13.6 Estruturas de Concreto Reforçadas com Fibra de Carbono em Situação de Incêndio, 297

13.7 Considerações Finais, 298

13.1 INTRODUÇÃO

Um incêndio é uma força destrutiva que causa milhares de mortos todos os anos e com prejuízos financeiros que não passam despercebidos. As perdas por incêndios custaram aos países europeus centenas de milhões de dólares durante o ano de 1914. As perdas mais elevadas ocorreram na Alemanha, Reino Unido e França, alcançando um total de 370 milhares de dólares. Na Suécia e Holanda, o custo dos incêndios foi de 25 milhões de dólares em cada país. Na Noruega, Grécia e Dinamarca, 15 milhões de dólares em cada um. Na Itália e Espanha, as perdas foram de 27 milhões e 14 milhões de dólares, respectivamente.

As perdas sociais e econômicas podem ser bem maiores quando a estrutura da edificação entra em colapso durante um incêndio. Evitar essa intensa carga social e econômica é dever de todo projetista de estruturas.

No caso de estruturas em concreto, um estudo do comportamento deste material, e de seus constituintes, perante elevadas temperaturas, é essencial para que se estabeleçam condições de projeto e execução que atendam aos requisitos para a segurança contra o colapso parcial ou total da estrutura.

É notório o bom comportamento do concreto em situação de incêndio. É incombustível, não emite gases tóxicos e sua perda de resistência mecânica mantém-se em níveis aceitáveis. Apesar desse bom comportamento, estruturas de concreto não estão livres de um eventual colapso quando em situação de incêndio. O concreto, quando aquecido, sofre inúmeros fenômenos e processos físico-químicos que podem enfraquecê-lo e/ou danificá-lo; com destaque para a perda de resistência mecânica, para a diminuição de sua aderência com eventual armadura e, até mesmo, para um possível lascamento de camadas superficiais em elementos estruturais executados com este material.

Logicamente, as propriedades térmicas dos materiais constituintes da mistura de concreto interferem no grau de deterioração desse material quando aquecido. Concretos executados com distintos agregados têm comportamento bastante diferenciado em situação de incêndio; tanto que vários códigos normativos em vigor apresentam curvas de decréscimo de resistência mecânica do concreto aquecido em função deste único parâmetro. Aliás, o tipo de agregado graúdo, aliado à permeabilidade da mistura, à taxa de elevação da temperatura com o tempo e ao tamanho do elemento estrutural, são os principais parâmetros que, isolados ou em conjunto, governam um dos mais controversos fenômenos do concreto aquecido: o lascamento explosivo.

Nessa mesma linha de avaliação do comportamento do concreto sob elevadas temperaturas, em projetos de recuperação estrutural pós-incêndio, interessa ao meio técnico informações quanto à recuperação da resistência mecânica desse material com a reidratação, quanto à deterioração do material em eventual procedimento de resfriamento rápido (operação de combate ao incêndio) ou mesmo quanto à provável mudança de cor.

Assim, a seguir, todos estes aspectos citados, inerentes ao comportamento do concreto quando em situação de incêndio, serão apresentados e discutidos.

13.2 RESISTÊNCIA MECÂNICA DO CONCRETO SOB TEMPERATURAS ELEVADAS

A degradação dos materiais constituintes do concreto, pasta e agregado, sob temperaturas elevadas, afeta suas propriedades mecânicas. Resistência à compressão, resistência à tração e módulo de deformação longitudinal são propriedades mecânicas do concreto fortemente afetadas com a elevação da temperatura. Fatores como o tipo de agregado, a temperatura máxima de exposição, o tempo de exposição à temperatura máxima, o teor de umidade, a permeabilidade, dentre outros, com destaque para os dois primeiros, podem interferir na resistência mecânica do concreto quando aquecido. Deve ser destacado o efeito do resfriamento rápido, que ocorre em intervenções de combate ao incêndio, na redução destas propriedades mecânicas e, por outro lado, o incremento dessas mesmas propriedades mecânicas com eventual reidratação do concreto pós-aquecimento.

Tantas são as variáveis envolvidas, que os resultados apresentados por pesquisadores nacionais e internacionais, no intuito de se avaliar o efeito da temperatura na redução das propriedades mecânicas do concreto, são bastante conflitantes. Mesmo para trabalhos de pesquisa com similaridade nos materiais constituintes da mistura de concreto e nas temperaturas máximas de exposição, diferenças da ordem de 50 % nos resultados são observadas. Essas diferenças podem ser explicadas pelo fato de ainda não existir, nacionalmente, um padrão para a execução de ensaios de avaliação dessas propriedades mecânicas do concreto em laboratório. Internacionalmente, são as recomendações da RILEM TC 129-MHT que padronizam esses ensaios. Parâmetros como o tamanho das amostras, o tempo de exposição à temperatura máxima, a taxa de elevação da temperatura com o tempo, a taxa de resfriamento, as tensões atuantes nas amostras durante o ensaio ("histórico de carga"), o teor de umidade da mistura, dentre outros intervenientes, são padronizados nestas recomendações internacionais. Sollero, Moreno e Costa (2021) apresentam resultados de misturas nacionais de concreto avaliadas segundo o citado padrão internacional. Dos resultados disponíveis na literatura consultada, podem-se extrair algumas conclusões, elencadas a seguir.

Quanto à resistência à tração, pode-se afirmar que, para temperaturas até 150 °C, não existe alteração sensível daquela obtida à temperatura ambiente. Para temperaturas superiores a essa, a resistência à tração começa a diminuir, chegando a níveis de decréscimo em torno de 50 a 70 %, a 600 °C.

A resistência à compressão não sofre alteração apreciável até cerca de 250 °C. A 300 °C, apresenta redução de 20 a 30 %, chegando a 40 a 60 %, a 600 °C. Acima desse valor, essa propriedade mecânica é reduzida drasticamente, quase se anulando a 900 °C.

Até 500 °C, a redução do módulo de elasticidade do concreto aquecido tem comportamento similar à redução da resistência à compressão. Para valores superiores de temperatura, essa propriedade mecânica apresenta rápido decréscimo e quase se anula a 700 °C.

Em face de tantas diferenças constatadas nesses resultados, fica difícil estabelecer um padrão com vistas à normatização e, consequentemente, à verificação de estruturas de concreto em situação de incêndio. Nacionalmente, a ABNT NBR 15200:2013 apresenta uma proposta de evolução da resistência à compressão, e do módulo de deformação longitudinal do concreto, com a temperatura, em função somente do tipo de agregado graúdo empregado: agregado silicoso ou calcário (Tab. 13.1).

Os agregados compõem cerca de 70 % do concreto. Propriedades físicas e mecânicas do concreto são, consequentemente, condicionadas ao comportamento térmico deste material.

A composição mineralógica dos agregados conduz a comportamentos diferenciados quanto à condutividade e difusividade térmica do concreto endurecido. Basalto, granito, calcário e quartzo produzem misturas de concreto, nessa ordem, com condutividade e difusividade crescentes.

O aumento de volume dos agregados em função da expansão térmica pode ser prejudicial ao concreto. O dano depende da composição mineralógica, da geometria e tamanho do agregado, da taxa de aquecimento da mistura e de diferenças entre as dilatações térmicas do agregado graúdo e da argamassa. Esses danos podem ser desde pequenas fissuras até eventuais destacamentos ou lascamentos.

Avaliações executadas no Laboratório de Estruturas e Materiais de Construção da FECFAU-Unicamp comprovaram inúmeros resultados nacionais e internacionais de pesquisa. Caso o agregado

TABELA 13.1 Valores das relações $f_{c,\theta}/f_{ck}$ e $E_{c,\theta}/E_c$ para concretos de massa específica normal (2000 a 2800 kg/m³) preparados com agregados predominantemente silicosos e calcários

Temperatura do concreto, θ (°C)	Agregado silicoso		Agregado calcário	
	$f_{c,\theta}/f_{ck}$	$E_{c,\theta}/E_c$	$f_{c,\theta}/f_{ck}$	$E_{c,\theta}/E_c$
1	2	3	4	5
20	1,00	1,00	1,00	1,00
100	1,00	1,00	1,00	1,00
200	0,95	0,90	0,97	0,94
300	0,85	0,72	0,91	0,83
400	0,75	0,56	0,85	0,72
500	0,60	0,36	0,74	0,55
600	0,45	0,20	0,60	0,30
700	0,30	0,09	0,43	0,19
800	0,15	0,02	0,27	0,07
900	0,08	0,01	0,15	0,02
1000	0,04	0,00	0,06	0,00
1100	0,01	0,00	0,02	0,00
1200	0,00	0,00	0,00	0,00

contenha pirita (sulfeto de ferro FeS_2), para temperaturas em torno de 150 °C, a oxidação lenta desse material causa a desintegração do agregado e, da mesma forma, do concreto. Agregados silicosos, contendo grande quantidade de quartzo (SiO_2), como o granito, apresentam um súbito aumento de volume para temperaturas em torno de 550 °C. Os calcários são estáveis até 800 °C, quando sofrem expansões semelhantes às dos silicosos; entretanto, em razão da menor diferença nos coeficientes de dilatação térmica entre a matriz e o agregado, o efeito dessa expansão se mostra menos destrutivo que a dos agregados silicosos.

Sem dúvida, o tipo de agregado constitui um dos fatores mais intervenientes na resistência mecânica residual do concreto sob temperaturas elevadas. Entretanto, outro fator deve ser considerado: o nível de tensão na amostra ensaiada ou o "histórico de carga". A intensidade de fissuração nas amostras é fortemente influenciada pela intensidade de carregamento e condição de ruptura das amostras; ou seja, se as amostras são aquecidas com ou sem carregamento e, na temperatura máxima desejada, são levadas à ruptura enquanto quentes ou depois de resfriadas. Esse parâmetro ainda não está incorporado aos procedimentos nacionais de avaliação das estruturas de concreto em situação de incêndio; entretanto, o mesmo não ocorre com normatizações internacionais semelhantes, que apresentam curvas de decréscimo da resistência mecânica do concreto com a temperatura não só dependentes do tipo de agregado, mas também dependentes do "histórico de carga" (Fig. 13.1).

Pela figura, nota-se que o concreto aquecido sob carga e ensaiado quente conserva uma fração maior da resistência do que o mesmo concreto aquecido sem carga e ensaiado depois de resfriado. O concreto aquecido sem carga, porém ensaiado quente, apresenta valores intermediários em relação aos outros dois procedimentos de ensaio. A diferença nos resultados apresentados evidencia a grande influência do parâmetro "histórico de carga" na evolução da resistência mecânica do concreto em função da temperatura.

Em resumo, no que diz respeito à resistência mecânica do concreto sob elevadas temperaturas, ressalta-se a urgência na padronização dos ensaios em laboratório e a inclusão do parâmetro "histórico de carga" na apresentação dessa evolução em normatização nacional. Essas curvas de evolução da resistência mecânica do concreto em função da temperatura máxima de exposição, para cada agregado graúdo de utilização corrente no território nacional e para cada "histórico de carga", uma vez normatizadas, serão de grande valia aos profissionais de projeto, tanto de estruturas novas de concreto, quanto de recuperação de estruturas danificadas por incêndio.

Resta ressaltar a provável influência do resfriamento rápido e da reidratação do concreto na citada evolução de resistência mecânica desse material sob temperaturas elevadas. Em trabalho nacional de pesquisa, Souza (2005) concluiu que o resfriamento rápido pode incrementar a perda de resistência mecânica com a temperatura em torno de 10 a 15 %, dependendo do tipo de agregado empregado (Fig. 13.2). Por outro lado, nesse mesmo trabalho de pesquisa, Souza (2005) verificou que a reidratação do concreto pode contribuir para a recuperação de parte significativa da resistência mecânica inicial, perdida após o

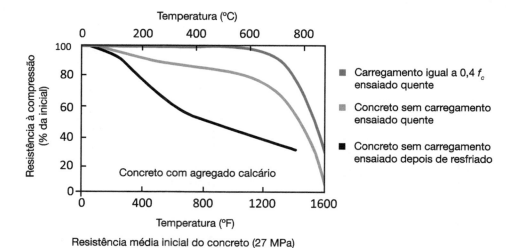

FIGURA 13.1 Resistência à compressão de concreto preparado com agregado calcário. Fonte: adaptada de ACI 216R:80.

aquecimento. Em função do tipo de agregado empregado e da temperatura máxima de exposição, após quatro meses em reidratação, essa recuperação de resistência mecânica do concreto pode alcançar valores de até 90 %.

13.3 LASCAMENTO DO CONCRETO

Outro aspecto a considerar sobre o comportamento do concreto durante um incêndio é a reação da macroestrutura do material na forma de desprendimento em lascas ou "lascamento". A consequente diminuição da seção do elemento estrutural, aliada a eventual exposição da armadura de aço após o lascamento, contribuem para acelerar a ruína da estrutura sob sinistro.

O lascamento pode ocorrer em distintas intensidades, desde pequenos danos superficiais até o destacamento de grandes partes do elemento estrutural. Quando o desprendimento de material ocorre de maneira explosiva, o fenômeno é internacionalmente conhecido como *spalling*.

O fenômeno do lascamento tem início na vaporização da água livre e combinada interna da mistura de concreto aquecida. Os vapores vão sendo produzidos com o incremento da temperatura e, uma vez retidos no interior dos poros, incrementam a pressão interna nestes poros e, consequentemente, incrementam as tensões térmicas no interior do elemento de concreto. Em concretos com baixa permeabilidade, e muito resistentes, as tensões podem atingir grandes magnitudes, fazendo com que a ruptura da matriz aconteça de forma brusca e muito frágil, com fissuração repentina e liberação do vapor contido no interior dos poros de forma rápida e violenta, o que dá um caráter explosivo ao lascamento.

Nacionalmente, muitos foram os testes em pequena escala executados para avaliação do fenômeno do lascamento explosivo do concreto, com divergências na metodologia e, consequentemente, nos resultados obtidos. Na Figura 13.3, ilustra-se o fenômeno obtido em diferentes amostras de concreto ensaiadas por Souza (2010).

As divergências observadas são mais que justificáveis, pois inúmeras são as variáveis envolvidas na ocorrência e na intensidade do fenômeno, quais sejam: a idade do concreto, o teor de umidade, a permeabilidade, o tipo de agregado, o processo de cura, a taxa de elevação de temperatura, o nível de carregamento, restrições à deformação (lateral e axial), dentre outros.

Dos trabalhos nacionais e internacionais sobre o assunto, após décadas de discussões entre os pesquisadores da área, existe o consenso de que o fenômeno do lascamento explosivo é de incidência imprevisível e com grande probabilidade de ocorrência em concretos extremamente densos. Não existe, ainda, um modelo analítico de como prevê-lo. Resta-nos buscar alternativas construtivas de evitá-lo ou de atenuá-lo, caso ocorra. Uma alternativa viável seria o teste prévio, em laboratório, da mistura de concreto a ser empregada na edificação com relação ao lascamento explosivo. Nacionalmente, Souza (2010) apresentou proposta de ensaio para avaliação e quantificação do fenômeno.

Pesquisas voltadas para atenuar e/ou evitar o lascamento explosivo caminham na avaliação do emprego de agregados de baixa condutividade,

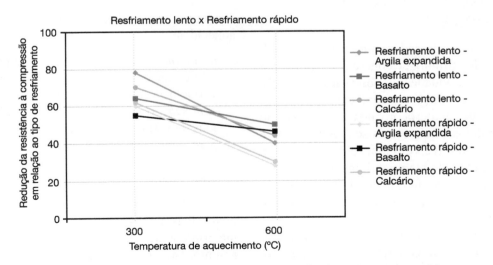

FIGURA 13.2 Redução da resistência à compressão do concreto aquecido e resfriado rapidamente.

FIGURA 13.3 Fenômeno do lascamento explosivo.

adição de fibras à mistura e aplicação de proteção passiva ao elemento estrutural de concreto.

As fibras de polipropileno, por ter baixo ponto de fusão, têm sido empregadas com sucesso na atenuação do fenômeno do lascamento. Durante o aquecimento do concreto, após a fusão das fibras, forma-se uma nova rede de pequenos canais, que incrementam a permeabilidade do concreto e permitem a dissipação dos vapores contidos nos poros do material, diminuindo as tensões internas de tração e, consequentemente, o risco de lascamento explosivo. Nacionalmente, Lima (2005) e Nince (2006) comprovaram essa eficiência da adição de fibras de polipropileno na atenuação do lascamento.

13.4 MUDANÇA DE COR NO CONCRETO

A observação visual é procedimento comum em qualquer avaliação de estrutura de concreto sinistrada por incêndio. Nessa atividade de observação, atenção especial é dada à coloração do concreto.

A mudança de cor que ocorre no concreto exposto a altas temperaturas persiste após seu resfriamento e pode ter nuances variáveis em função da temperatura máxima alcançada pelo material durante o incêndio; constituindo-se em uma ferramenta importante para avaliação preliminar da resistência mecânica residual deste material.

Bessey (1950) foi um dos pioneiros na avaliação das alterações de cor do concreto quando aquecido. Seu trabalho original, mesmo nos dias atuais, ainda é citado quando o assunto é a mudança de cor do concreto com a temperatura. Entretanto, em consulta a resultados nacionais disponíveis sobre o tema, percebe-se que as mudanças de cor no concreto aquecido, relatadas por Bessey, não foram observadas. Em recente pesquisa nacional sobre a mudança de cor de concretos sob aquecimento, Wendt (2006) relata que, visualmente, não foram percebidas diferenças significativas na cor com relação à mistura (a/c) e tipo de agregado quando utilizados.

A justificativa para essas diferenças entre resultados nacionais e internacionais está no tipo de agregado (graúdo e miúdo) empregado em cada uma das misturas de concreto avaliadas. A natureza dos agregados influi decisivamente na coloração pós-aquecimento dos concretos, uma vez que os mesmos constituem grande parte do volume final da mistura.

Do trabalho original de Bessey (1950), têm-se resultados sobre alterações de cor nos agregados aquecidos:

- *areia quartzosa e arenito*: cor original entre amarelo e marrom é alterada para rosa ou marrom-avermelhado entre 250 e 300 °C;
- *calcário*: originalmente branco, altera-se para tons de vermelho (rosa) entre 250 e 400 °C; desaparecendo esta cor avermelhada a 800 °C;
- *basalto e granito*: nenhuma alteração de cor foi observada.

Basaltos e granitos têm emprego comum em nosso País e foram os agregados empregados na maioria dos trabalhos de pesquisa nacionais sobre o assunto; daí a não existência de alterações de cor no concreto aquecido observadas por esses pesquisadores nacionais.

Vale observar que, dependendo da região de extração do agregado, calcários, basaltos ou granitos nem sempre têm uma variação tão previsível de cor quando aquecidos. Pequenas quantidades de óxido de ferro, hidróxidos ou óxidos de ferro hidratados, nestes agregados, podem ser responsáveis por significativas alterações de cor com a evolução da temperatura. Souza (2010), ao submeter o basalto e o calcário a temperaturas próximas de 800 ºC, relata que o primeiro tomou uma coloração escura (marrom com tons de vermelho) e o último uma tonalidade bem mais clara (cinza-claro com tons de amarelo). O mesmo comportamento do calcário foi observado, internacionalmente, por Geogali e Tsakiridis (2004).

Com respeito ao calcário, Souza (2010) ainda relata que, a partir de 800 °C, a alteração de cor observada é sempre seguida por uma expansão volumétrica. Por essa razão, concretos preparados com esse agregado se decompõem quando submetidos a temperaturas em torno de 900 ºC.

Por fim, com respeito à alteração de cor do concreto quando aquecido, resta observar que é imprescindível a padronização dos ensaios de avaliação do fenômeno em nosso País. O tamanho do corpo de prova, a taxa de elevação de temperatura, o tempo de exposição à temperatura máxima de avaliação, dentre outros parâmetros, devem ser padronizados de modo a se iniciar a montagem de um banco de dados nacional sobre o fenômeno da mudança de cor de concretos aquecidos. Afinal, essa é uma importante ferramenta de avaliação visual em projetos de recuperação de estruturas de concreto sinistradas por um incêndio.

13.5 REFORÇO/RECUPERAÇÃO DE ESTRUTURAS DE CONCRETO APÓS INCÊNDIO

Após a ocorrência do incêndio, faz-se necessário avaliar a situação da estrutura. O primeiro, e mais importante passo, é o exame detalhado da mesma por uma equipe técnica, devidamente treinada e experiente, nos campos de:

- tecnologia do concreto e seus constituintes;
- projeto de estruturas de concreto;
- projeto de reforço/reparo de estruturas de concreto.

Essa inspeção, ou exame inicial, tem como objetivo conhecer ou detectar os seguintes itens:

- Qual é o problema.
- Quais são as causas que o produziram.

- Que reservas de resistência restaram.
- O que deve ser recuperado.
- Avaliação da extensão dos danos e quantificação dos reparos/reforços.
- Quais são os métodos de recuperação/reforço que poderão ser utilizados.
- Escolha do método mais adequado em função de fatores como viabilidade técnica, custo, benefícios, tempo de obra etc.

Logicamente, o caminho aqui especificado não é dos mais fáceis. Após a ocorrência de um incêndio em um edifício com estrutura em concreto armado, o aspecto geral, principalmente para o proprietário e leigos, parece indicar que a única decisão a ser tomada é sua demolição e reconstrução.

O custo final da recuperação da edificação pode ser realmente muito elevado. Entretanto, grande parte desse custo final é decorrente do tempo de paralisação da atividade industrial, comercial, bancária ou residencial e eventual mudança provisória de local. Somam-se a esse custo de paralisação das atividades os custos provenientes da eventual perda de estoque e da perda de equipamentos. Os prazos de paralisação são variáveis, em geral, de 6 meses a 2 anos.

O levantamento das perdas e a verificação das necessidades de reparos devem ser realizados o mais rápido possível. O trabalho técnico deve ser preciso, e depende de um criterioso exame da estrutura danificada, elemento por elemento, e de ensaios complementares dos materiais, com vistas ao eventual projeto de reparo e/ou reforço. Deve-se ter uma avaliação dos danos, da magnitude dos mesmos, da influência sobre os outros elementos estruturais e, em definitivo, a resistência mecânica residual da estrutura incendiada.

A primeira fase é a limpeza do entulho e da fuligem e fumaça que escurecem totalmente a estrutura e o próprio ambiente. Em geral, após essa primeira fase, já se nota que o dano estrutural é, na realidade, muito menor do que se estimava.

As estruturas de concreto armado sofrem com o incêndio, porém, é reconhecido, tecnicamente, que sofrem menos do que outros tipos de estrutura que estivessem sob a mesma intensidade do fogo, seja em temperatura ou em duração.

Na realidade, os danos causados pelo fogo em uma estrutura de concreto dependem de dois fatores básicos: a temperatura alcançada no concreto e o tempo de exposição ao fogo no local. Esses fatores darão profundidade atacada, já que o concreto, sendo mau condutor de calor, apresenta um gradiente acentuado de queda da temperatura no seu interior, conforme se pode verificar no gráfico da Figura 13.4.

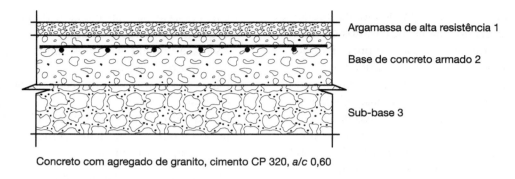
Concreto com agregado de granito, cimento CP 320, a/c 0,60

FIGURA 13.4 Gráfico temperatura máxima × profundidade de concreto.

Em geral, o tempo de duração de um incêndio é curto, quer pelas medidas de prevenção adotadas nas grandes concentrações urbanas, já regulamentadas em lei, quer pela proteção do Corpo de Bombeiros especializado e, até mesmo em algumas cidades, por civis devidamente treinados e organizados em Defesa Civil.

Isso implica baixas temperaturas alcançadas no interior do concreto.

As temperaturas alcançadas no edifício podem ser identificadas pelo exame de vários materiais encontrados, e que ficaram expostos, a partir de seu estado quanto ao aspecto de amolecimento, ou de fusão, conforme a Tabela 13.2.

A partir do exame de equipamento de escritório, como exemplo, composto por vários materiais (plástico, alumínio etc.), pode-se avaliar, com boa aproximação, a temperatura alcançada durante o incêndio.

É em laboratório especializado, com técnicos experientes, que se determina qual a profundidade do ataque ao concreto e a resistência mecânica residual dos materiais. Para o exame do efeito da queda de resistência, em função da temperatura externa e profundidade, são extraídos testemunhos de concreto e os mesmos são ensaiados à compressão simples. Com a posterior consulta aos engenheiros estruturais, pode-se precisar a magnitude dos danos e, consequentemente, os reforços/reparos a serem realizados.

TABELA 13.2 Temperaturas de fusão

	Fusão (°C)
Zinco	419
Níquel	1455
Latão	900
Borracha	100
Cristal (janelas) e vidro	1100 – 1400
(cristal amolecimento)	700
Chumbo	327
Alumínio	660
Bronze	900
Aço	1400
PVC	Temperatura máxima do serviço 65
Plásticos polietileno	Temperatura máxima do serviço 120
Poliuretano	Temperatura máxima do serviço 60
Fios elétricos (cobre)	1083
Prata	960
Estanho	232

13.6 ESTRUTURAS DE CONCRETO REFORÇADAS COM FIBRA DE CARBONO EM SITUAÇÃO DE INCÊNDIO

Com o objetivo de incrementar a resistência e ductilidade das estruturas de concreto, os polímeros reforçados com fibras (FRP) vêm sendo cada vez mais utilizados como reforço estrutural. Em temperatura ambiente, os materiais compósitos de FRP têm se mostrado como uma eficiente técnica de reparo e reforço de estruturas de concreto. Entretanto, sob altas temperaturas, como as alcançadas durante um incêndio, esse comportamento não tem sido tão eficiente.

Os primeiros registros de trabalhos científicos sobre o comportamento de reforços estruturais com FRP em situação de incêndio datam da década de 1970. Aspectos como inflamabilidade da matriz polimérica e suas consequências para as estruturas reforçadas são discutidos nestes trabalhos.

Das fibras mais empregadas no reforço de estruturas pelo sistema FRP, a de carbono é a que apresenta menores reduções de resistência com a temperatura. A fibra de carbono apresenta menos de 5 % de redução de sua resistência mecânica a 500 °C, enquanto a fibra de aramida tem uma redução da ordem de 50 % a esta mesma temperatura. Vale observar que as fibras de carbono podem resistir, facilmente, a temperaturas acima de 1000 °C. Assim, se a eficiência do reforço dependesse somente das propriedades das fibras diante de temperaturas elevadas, estruturas ou elementos reforçados com FRP seriam pouco afetados durante um incêndio.

Entretanto, é na resina (matriz) que reside o problema. Quando a superfície da armadura do FRP alcança temperaturas na faixa dos 60 a 150 °C (para as resinas de uso comum em território nacional), a resina passa de um estado vítreo para um estado "maleável" e deixa de transferir tensões entre as fibras, comprometendo a ligação com o substrato (concreto) e, consequentemente, anulando o reforço.

Com o aumento da temperatura no reforço, já anulado, para valores da ordem de 350 a 400 °C, a matriz (resina) torna-se viscosa e evapora-se, tornando-se suscetível à combustão, com liberação de grande quantidade de densa fumaça escura; o que, também, é um fator que deve ser mais bem avaliado na verificação de estruturas reforçadas com FRP em situação de incêndio.

Nacionalmente, Lima (2001) e Oliveira (2012) apresentaram resultados de pesquisa sobre o comportamento de FRP em situação de incêndio. Dessas pesquisas, o que se conclui é que os FRP são extremamente sensíveis aos efeitos de temperaturas elevadas, com redução considerável da resistência mecânica e rigidez do elemento de concreto reforçado para temperaturas da ordem de 150 a 200 °C; temperaturas essas que podem ser alcançadas rapidamente já nos primeiros minutos de um incêndio; fazendo com que a estrutura dependa, unicamente, de sua resistência ao fogo original, anterior ao reforço (Fig. 13.5). Fato este, vale observar, que justifica a filosofia adotada nos códigos normativos internacionais de dimensionamento de estruturas reforçadas com FRP de não considerar o reforço na verificação da estrutura em situação de incêndio.

Uma solução para o problema citado poderia ser a proteção da estrutura de concreto reforçada com FRP com materiais como a tinta intumescente ou argamassas especiais. Oliveira (2012) avaliou esses dois materiais e concluiu em seu trabalho que nenhum deles é eficiente nesta proteção contra o fogo.

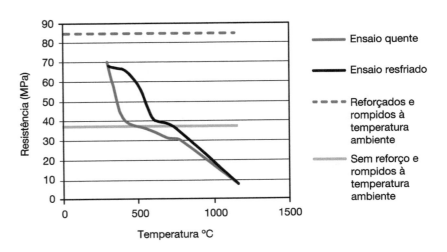

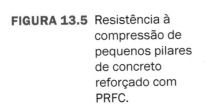

FIGURA 13.5 Resistência à compressão de pequenos pilares de concreto reforçado com PRFC.

13.7 CONSIDERAÇÕES FINAIS

A pesquisa sobre o comportamento do concreto sob temperaturas elevadas no Brasil teve incremento recente de interesse e cada vez mais resultados de pesquisa são adicionados aos divulgados neste capítulo. Os resultados nacionais apresentados são importantes, pois se referem a concretos executados com materiais nacionais e em proporções usuais de nossa indústria da construção.

Em face do caráter recente das pesquisas nacionais sobre o assunto, muitos dos resultados contidos neste capítulo ainda carecem de discussão pelo meio técnico/científico da área e ainda não estão incorporados à normatização brasileira. Recomenda-se, dessa maneira, cautela aos projetistas e tecnologistas em seu emprego.

Por fim, considerando-se o grande interesse nacional recente pelo assunto, espera-se que as informações contidas neste capítulo ajudem a esclarecer e desmistificar muitos dos aspectos de comportamento do concreto sob elevadas temperaturas, que têm gerado, ao longo desses últimos anos, intensa discussão no meio técnico/científico nacional.

BIBLIOGRAFIA

AMERICAN CONCRETE INSTITUTE. *ACI 216R:80:* Guide for determining the fire endurance of concrete elements. New York: ACI, 1996.

ASSOCIAÇÃO BRASILEIRA DE NORMAS TÉCNICAS. *NBR 15200:* Projeto de estruturas de concreto em situação de incêndio – Procedimento. Rio de Janeiro: ABNT, 2013.

BESSEY, G. E. The visible changes in concrete or mortar exposed to high temperature. *In*: Investigations on Building Fires, Part 2. National Building Studies, *Technical Paper*, n. 4, p. 6-18, HMSO, London, 1950.

GEOGALI, B.; TSAKIRIDIS, P. E. Microstructure of fire-damaged concrete: a case study. *Cement & Concrete Composites*, n. 27, p. 255-259, Amsterdam, 2004.

LIMA, R. C. A. *Investigação dos efeitos de temperaturas elevadas em reforços estruturais com tecidos de fibra de carbono.* Porto Alegre: PPGEC/UFRGS, 2001.

LIMA, R. C. A. *Investigação do comportamento de concretos em temperaturas elevadas.* Porto Alegre: PPGEC/UFRGS, 2005.

NINCE, A. A. *Lascamento do concreto exposta a altas temperaturas.* São Paulo: PPGEC/POLI-USP, 2006.

OLIVEIRA, C. R. *Sistemas de proteção para concreto reforçado com CFRP em situação de incêndio.* Campinas, SP: PPGEC/FEC-Unicamp, 2012.

RILEM TC 129-MHT. Test methods for mechanical properties of concrete at high temperatures – Compressive strength for service and accident conditions. *Materials and Structures*, v. 28, p. 410-414, 1995.

RILEM TC 129-MHT. Test methods for mechanical properties of concrete at high temperatures – Tensile strength for service and accident conditions. *Materials and Structures,* v. 33, p. 219-223, may 2000.

RILEM TC 129-MHT. Test methods for mechanical properties of concrete at high temperatures – Modulus of elasticity for service and accident conditions. *Materials and Structures*, v. 37, p. 139-144, mar.2004.

SOLLERO, M. B. S.; MORENO JR, A. L.; COSTA, C. N. Residual mechanical strength of concrete exposed to high temperatures – international standardization and influence of coarse aggregates. *Construction and Building Materials,* v. 287, n. 3, june 2021.

SOUZA, A. A. A. *Influência do tipo de agregado nas propriedades mecânicas do concreto submetido ao fogo.* Campinas, SP: PPGEC/FEC-Unicamp, 2005.

SOUZA, A. A. A. *Procedimento de ensaio para verificação da tendência em laboratório do lascamento do concreto em situação de incêndio.* Campinas, SP: PPGEC/FEC-Unicamp, 2010.

WENDT, S. C. *Análise da mudança de cor em concretos submetidos a altas temperaturas como indicativo de temperaturas alcançadas e da degradação térmica.* Porto Alegre: PPGEC/UFRGS, 2006.

14

MECANISMOS DE DEGRADAÇÃO DO CONCRETO

Eng.º Luiz Ferreira e Silva •
Prof.ª Dra. Maryangela Geimba de Lima •
Prof. Dr. Gibson Rocha Meira

14.1 Introdução, 300
14.2 Ação do Meio Ambiente sobre as Estruturas de Concreto, 300
14.3 Degradação do Concreto em Meio Líquido, 308
14.4 Determinação do Grau de Agressividade do Meio com Presença de Água em Contato com as Estruturas, 311
14.5 Degradação do Concreto devido à Ação de Gases, 314
14.6 Considerações Finais, 314

300 Capítulo 14

14.1 INTRODUÇÃO

A questão da classificação da agressividade da água, que pode estar em contato com as estruturas de concreto, é um assunto que não recebe a atenção necessária nas publicações de normas e especificações, tanto nacionais quanto internacionais.

Reportando às questões nacionais, o tema inclusive teve um retrocesso nos últimos anos, uma vez que a Companhia Ambiental do Estado de São Paulo (CETESB, 1988) deixou de publicar a sua recomendação de classificação de agressividade de águas, para análise de efeitos nas estruturas de concreto. Atualmente, no Brasil, não há nenhuma recomendação ou normalização a respeito, ficando o meio técnico sem referencial nacional.

No que tange às publicações internacionais, pouco mudou em relação à primeira publicação deste livro. O que existe no meio técnico são movimentos buscando melhores classificações, limites e ensaios para avaliação dos parâmetros considerados básicos e referenciais. No entanto, esses grupos de trabalho têm encontrado dificuldades em suas definições, uma vez que se faz necessária a existência de dados históricos, visando ao entendimento dos fenômenos, bem como a velocidade com que eles ocorrem em situações de envelhecimento natural, consideravelmente diferente das condições nos ensaios acelerados em laboratório.

Cabe, então, neste capítulo, uma atualização do que foi publicado na versão anterior e uma complementação, sem que sejam abordados, de forma profunda, mecanismos e limites de parâmetros, visto que ainda existem muitas divergências no meio científico.

Registrando a organização e a atualização do presente texto, cabe anotar que, até a 6ª edição, este capítulo se denominava "Agressividade da Água no Concreto" e contemplava os temas, principalmente, relacionados com lixiviação, expansão e análise de agressividade de águas ao concreto. Com a evolução das temáticas de pesquisa e com a proposta de uma revisão mais ampla, a 7ª edição atualiza a temática, colocando outras questões em evidência, incluindo uma quantidade maior de substâncias e mecanismos.

Antes de ingressar propriamente no tema tratado neste capítulo (mecanismos de degradação do concreto), esse apartado inicia-se abordando a caracterização ambiental e a determinação do grau de agressividade dos ambientes com relação às estruturas de concreto para depois abordar os fenômenos de degradação do concreto em meios líquido e gasoso. Não serão considerados aqui os fenômenos de degradação originados a partir de substâncias incorporadas ao concreto, como é o caso de reações álcali-agregado, mas somente aqueles decorrentes da ação externa do meio. Encaixam-se nessas colocações, além de substâncias dissolvidas em meio aquoso, aquelas que se encontram em solos e gases que, ao estarem em contato com a água, podem se dissolver e atacar as estruturas de concreto.

Como referencial teórico/técnico, cabe salientar o trabalho realizado pelo Comitê 211-PAE da RILEM, *Performance of cement-based materials in aggressive aqueous environments* (RILEM, 2013), que vem desenvolvendo comparações interlaboratoriais visando à parametrização dos processos de degradação relacionados com meio aquoso em contato com os materiais à base de cimento.

14.2 AÇÃO DO MEIO AMBIENTE SOBRE AS ESTRUTURAS DE CONCRETO

Em geral, os estudos sobre durabilidade das estruturas de concreto armado levam em consideração aspectos relativos aos materiais constituintes dessa estrutura (agregados, cimento, aço), à dosagem do concreto (relação água/cimento ou água/aglomerante, uso de aditivos etc.) ou, então, relativos à sua construção (condições de cura, por exemplo). No entanto, faz-se necessário, para o entendimento do comportamento da estrutura, conhecer bem o meio ambiente em que ela estará inserida. Este tem impacto significativo na vida útil de uma estrutura.

O primeiro aspecto a considerar, visando ao entendimento dos processos de degradação, é o que chamamos "dimensões do clima", ou seja, em que escala estamos trabalhando, se no entorno da estrutura ou com dados de estações meteorológicas, por exemplo (Lima, 2011).

14.2.1 Dimensões do Clima nos Estudos de Durabilidade

As questões relativas ao clima dizem respeito à obra como um todo, não somente às estruturas de concreto armado.

Quando se pensa em relacionar a degradação das estruturas com os aspectos relativos ao clima, deve-se considerar como esses estudos serão relacionados. Pode-se relacionar, por exemplo, com os parâmetros médios (como temperatura e umidade relativa média anual). No entanto, as variáveis assim apresentadas pouco podem caracterizar um país de dimensões continentais, com seu amplo território, sujeito a amplas variações climáticas entre cada estado. Assim, é preciso reduzir a escala de estudo, buscando relacionar a estrutura diretamente com seu entorno.

Alguns autores classificam os climas, quando dos estudos de durabilidade, em microclima, mesoclima e macroclima; outros, em clima regional, clima local e clima no entorno da edificação, considerando que essas classificações se referem sempre à proximidade da edificação (Lima; Morelli, 2003). Uma ideia das dimensões dessas classificações pode ser visualizada na Tabela 14.1 (DuraCrete, 1999).

As dimensões apresentadas na Tabela 14.1 podem ser mais bem visualizadas no diagrama da Figura 14.1, observando-se a influência das cidades e do ambiente construído nos referidos climas.

Em geral, os estudos em desenvolvimento utilizam dados oriundos de estações meteorológicas, trabalhando com o macroclima, ou seja, com variáveis de clima em grande escala – por exemplo, a temperatura, considerando-se extensas áreas e grandes períodos de tempo. Isso quer dizer que não se considera o clima no entorno da edificação ou estrutura, ou o microclima. A modelagem realizada com esse tipo de abordagem leva a modelos pouco precisos, uma vez que é o microclima que rege os processos de degradação.

Um exemplo de como esse microclima pode interferir nos processos de degradação pode ser visto na Figura 14.2. A presença de poluentes pode propiciar ambientes bastante distintos entre as peças de uma mesma estrutura.

TABELA 14.1 Dimensões do clima

Clima	Extensão horizontal	Extensão vertical
Macroclima ou clima regional	1-200 km	1 m-100 km
Mesoclima ou clima local	100 m-10 km	0,1 m-1 km
Microclima ou clima no entorno da edificação	0,01 m-100 m	0,01 m-10 m

Fonte: adaptada de DuraCrete (1999).

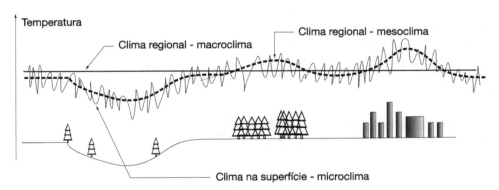

FIGURA 14.1 Dimensões do clima. Fonte: adaptada de DuraCrete (1999).

FIGURA 14.2 Influência do microclima (distintas exposições ao CO_2 da atmosfera) na carbonatação das peças estruturais – as medidas apresentadas são de profundidade de carbonatação, medidas com solução de fenolftaleína (Yazigi; Lima, 2005). Foto: Ricardo Yazigi.

14.2.2 Caracterização dos Diferentes Ambientes em Contato com as Estruturas de Concreto

A ação do meio nas estruturas de concreto pode ser classificada de acordo com o tipo de ambiente no qual as estruturas estão inseridas. É usual estudar dois principais ambientes: o urbano e o marinho. Somados a estes, podem existir ambientes específicos, com a presença de substâncias que os caracterizam, como é o caso dos esgotos. A seguir, serão apresentados esses distintos ambientes e suas principais características.

a) Ambiente urbano

O meio urbano, por suas características de concentração populacional, provoca alterações no meio ambiente original. Essas alterações, quando se estuda a degradação das estruturas de concreto, passa pela ocorrência de chuvas ácidas, deposição de partículas sólidas e lançamento de dióxido de carbono na atmosfera, responsável pela carbonatação dos concretos e a consequente corrosão das armaduras. Além desses aspectos, cabe salientar que o meio urbano ocasiona alterações no regime de ventos, pela formação de corredores de vento, em que se tem alteração nas características de chuva dirigida, especialmente nos centros mais densos. Também se tem alteração nas distribuições de temperaturas, gerando ilhas de calor.

b) Ambiente marinho

De todos os meios ambientes onde as estruturas possam estar inseridas, seguramente o meio ambiente marinho é o que mais foi e está sendo estudado em razão da presença de agentes agressivos com intensa velocidade de ataque. Esses agentes podem ser agrupados em agentes químicos, físicos e biológicos. Normalmente, a ação desses agentes acontece simultaneamente.

A maior parte dos estudos sobre durabilidade de estruturas de concreto em ambiente marinho se concentra nos temas de corrosão de armaduras e, em poucos casos, no ataque por íons sulfato.

A corrosão das armaduras constitui uma das manifestações patológicas mais preocupantes do ponto de vista estrutural e econômico. Na Figura 14.3, nota-se a repetibilidade do ataque em uma mesma região dos pilares e nas zonas de atmosfera (aéreas). A maior intensidade de ataque nessas regiões resulta do acesso da água e do oxigênio, necessário às reações de corrosão. Essa observação também é válida para o ataque por sulfatos, o qual, nesse caso, ocorre na matriz de cimento.

(a)

(b)

FIGURA 14.3 Ataque característico em função da corrosão de armaduras em zona de variação de marés: (a) vista inferior da passarela da plataforma; (b) vista lateral dos pilares. Fotos: Maryangela Geimba de Lima.

Em razão dessas características diferenciadas de ataque, muitos autores e códigos de normalização apresentam o ambiente marinho dividido em diferentes zonas de agressividade, como pode ser visualizado nos dois exemplos a seguir (Fig. 14.4). Essa divisão por zonas se caracteriza pelo distinto acesso de oxigênio, do agente agressivo e de água e umidade.

Assim, cada uma das zonas apresentadas na Figura 14.4 apresenta suas principais características de degradação, conforme especificadas a seguir (Biczok, 1972; López, 1998).

b.1) Zona de atmosfera marinha

Nessa região, a estrutura recebe, apesar de não estar em contato com a água do mar, uma quantidade razoável de sais, capazes de produzir depósitos salinos na superfície do concreto, de onde são transportados para o interior do concreto. Os ventos podem carregar os sais na forma de partículas sólidas ou como gotas de solução salina contendo vários outros constituintes. A quantidade de sais presente vai diminuindo em função da distância do mar, sofrendo influência da velocidade e direção dos ventos predominantes (Meira *et al.*, 2008).

Mecanismos de Degradação do Concreto **303**

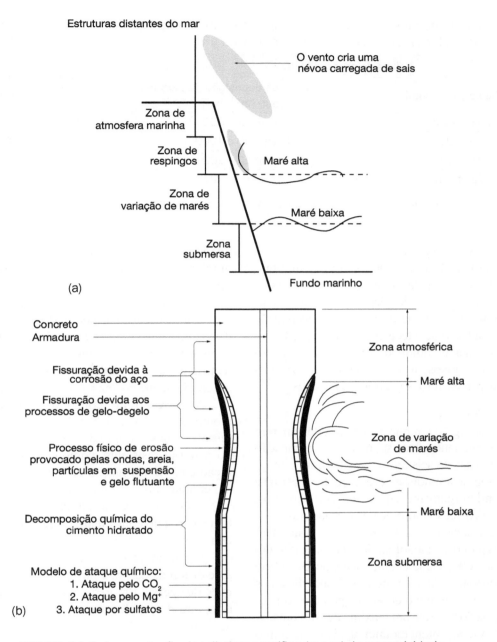

FIGURA 14.4 Apresentação das distintas regiões (zonas) de agressividade às estruturas de concreto armado. Fonte: (a) adaptada de DuraCrete (1999); (b) adaptada de Mehta (1980).

Meira *et al.* (2010) mediram concentrações de cloretos a diferentes distâncias da orla e as apresentaram na Tabela 14.2, concluindo que, a partir de uma taxa média de deposição de cloretos de 10 mg/m²·dia, a ação dos cloretos é bastante minimizada. Para a região de estudo, esse limite se situou em torno de 1 km da orla. Cabe aqui ressaltar que essa distância varia de região para região em função, principalmente, do regime de ventos, mas a referência da taxa média de deposição de cloretos pode ser adotada e extrapolada para todo o litoral brasileiro, verificando-se a que distância corresponde cada nível de agressividade especificado na Tabela 14.2.

Nessa região (zona de atmosfera marinha), o principal mecanismo de degradação presente é a corrosão das armaduras pela ação dos íons cloreto.

b.2) Zona de respingos

É a região na qual ocorre a ação direta do mar, por meio dos respingos que se projetam sobre a estrutura. Os danos mais significativos são produzidos pela corrosão das armaduras desencadeada pelos íons cloreto.

304 Capítulo 14

TABELA 14.2 Faixas de agressividade com base na taxa média de deposição de cloretos em zona de atmosfera marinha e na avaliação de vida útil

Faixas de agressividade		Distâncias aproximadas para a região do estudo (m)
Nível de agressividade	Taxa média de deposição de cloretos [mg/(m² . dia)]	
Muito elevada	Acima de 1000	Não observada na região de estudo
Elevada	Entre 100 e 1000	Até 100
Moderada	Entre 10 e 100	Entre 100 e 1000
Insignificante	Menor que 10	Acima de 1000

Fonte: adaptada de Meira (2004), Meira *et al.* (2010), Meira (2016) e Meira *et al.* (2024).

b.3) Zona de variação de marés

Nessa região, limitada pelos níveis máximo e mínimo alcançados pelas marés, o concreto pode encontrar-se sempre saturado, dependendo das condições climatológicas, e com uma crescente concentração de sais. A degradação acontece em função da ação dos sais agressivos (ataque químico), corrosão de armaduras (presença de cloretos), ação das ondas e outras substâncias em suspensão (erosão) e microrganismos.

b.4) Zona submersa

Trata-se da região em que a estrutura de concreto se encontra permanentemente submersa. A degradação acontece pela ação de sais agressivos (sulfato e magnésio), corrosão de armaduras (presença de cloretos) e pela ação de microrganismos, que, em casos extremos, podem gerar a corrosão biológica das armaduras.

A agressividade de cada uma dessas zonas tem características próprias, que sofrem influência de diferentes fatores, entre eles, a temperatura. Segundo DuraCrete (1999), a temperatura da água próxima à superfície dos oceanos varia de um mínimo de –2 °C (ponto de congelamento da água do mar) até um máximo de aproximadamente 30 °C. A temperatura diminui rapidamente com o aumento da profundidade e estaciona em valores entre 2 e 5 °C, em profundidades de 100 a 1000 m ou mais. Já as condições de temperatura na zona de variação de marés e de respingos são mais difíceis de serem descritas. São condições que sofrem influência da temperatura do ar e da água do mar, das ondas e dos efeitos das marés, junto às diferenças de temperatura entre o ar e a água, podendo expor partes da estrutura a ciclos de molhagem/secagem e calor/frio capazes de destruir o mais forte dos materiais.

14.2.3 Considerações sobre Alguns Ambientes Específicos

a) Esgoto

As tubulações de esgoto, quando executadas em concreto, estão sujeitas a condições bastante específicas de exposição. Uma figura clássica, quando se trata de ambiente no interior de uma tubulação de esgoto, é a apresentada por Helene (1986) (Fig. 14.5).

Nesse tipo de ambiente, destaca-se a degradação provocada pela ação de compostos de enxofre, que atacam tanto a matriz hidratada de cimento quanto as armaduras. Somando-se aos compostos naturais do ambiente, tem-se a ação de inúmeras bactérias, aeróbicas ou anaeróbicas, que podem atacar diretamente o concreto.

A corrosão do concreto acontece, principalmente, em razão da formação de ácido sulfúrico, que dissolve a pasta hidratada e provoca a perda de massa do material resistente, como consequência da fissuração e da desagregação do concreto de cobrimento, em contato direto com o agente agressivo.

A corrosão das armaduras acontece quando se tem a perda do cobrimento protetor e o contato direto com o meio agressivo.

A degradação provocada pelo meio em questão é de difícil detecção, tendo em vista a grande dificuldade de acesso. Em geral, só é notada quando ocorre a ruptura da canalização, provocando, muitas vezes, acidentes e interdições de vias.

b) Ambiente industrial

O meio ambiente industrial tem particularidades específicas, sendo difícil abranger todos os aspectos relativos ao tema. Cabe ressaltar que as indústrias têm microclimas bastante peculiares. Como exemplo, podem-se citar as fábricas de papel e celulose, que, com seus tanques de branqueamento, contaminam com íons cloreto todo o entorno; o ataque nesses casos é superior ao provocado pela pior condição de exposição ao ambiente marinho.

As indústrias também contribuem para a contaminação do meio ambiente em geral, lançando substâncias, como derivados de sulfatos, monóxido e dióxido de carbono. Também contribuem para a formação de chuvas ácidas e para a deposição de partículas (sólidas em suspensão na atmosfera), as quais formam

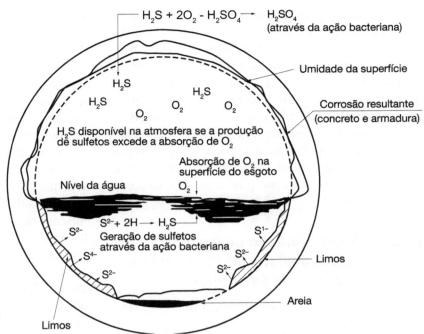

FIGURA 14.5 Ambiente no interior de uma tubulação de esgoto. Fonte: adaptada de Helene (1986).

depósitos que, com a ocorrência de chuvas, provocam a acidificação na superfície do concreto e construções.

c) Outros ambientes

Há outros ambientes agressivos às estruturas de concreto, como depósitos de materiais agressivos e subsolos contaminados. As regiões de porto constituem um exemplo desse tipo de contaminação, com seus galpões de armazenagem de materiais, nos quais são depositados, sem muito critério, substâncias bastante agressivas aos concretos e às armaduras.

Existem também ambientes pouco agressivos e que, por algum escape acidental, provocam degradação, por exemplo, vazamentos de óleo em parques de máquinas. O óleo causa degradação a partir da redução da resistência do concreto.

A norma nacional de projeto e execução de estruturas de concreto apresenta aspectos relacionados com o ambiente em que a estrutura estará inserida. Para ilustrar, segue uma das tabelas da norma ABNT NBR 6118:2014 sobre o tema em questão (Tab. 14.3).

TABELA 14.3 Classes de agressividade ambiental

Classe de agressividade ambiental	Agressividade	Classificação geral do tipo de ambiente para efeito de projeto	Risco de deterioração da estrutura
I	Fraca	Rural	Insignificante
		Submersa	
II	Moderada	Urbana [1] [2]	Pequeno
III	Forte	Marinha [1]	Grande
		Industrial [1] [2]	
IV	Muito forte	Industrial [1] [3]	Elevado
		Respingos de maré	

(1) Pode-se admitir um microclima com uma classe de agressividade mais branda (um nível acima) para ambientes internos secos (salas, dormitórios, banheiros, cozinhas e áreas de serviço de apartamentos residenciais e conjuntos comerciais ou ambientes com concreto revestido com argamassa e pintura).
(2) Pode-se admitir uma classe de agressividade mais branda (um nível acima) em: obras em regiões de clima seco, com umidade relativa do ar menor ou igual a 65 %, partes da estrutura protegidas de chuva em ambientes predominantemente secos, ou regiões em que raramente chove.
(3) Ambientes quimicamente agressivos, tanques industriais, galvanoplastia, branqueamento em indústrias de celulose e papel, armazéns de fertilizantes, indústrias químicas.
Fonte: ABNT NBR 6118:2014.

306 Capítulo 14

Quando comparada às normatizações internacionais (Eurocode, BS e outras), a ABNT NBR 6118:2014 apresenta descrição e quantidade de ambientes bastante reduzidas. No entanto, se comparada à sua versão anterior (ABNT NBR 6118:1980), houve um avanço considerável na temática de classificação de ambientes e especificações relacionadas. Nesse sentido, é importante que o estudo dos ambientes seja ampliado e conduza a uma melhor caracterização e segmentação dos ambientes agressivos, de modo a reproduzir com mais fidedignidade as condições reais de exposição das estruturas.

14.2.4 Determinação do Grau de Agressividade do Meio onde se Inserem as Estruturas

14.2.4.1 Análise de agressividade de águas

Para exame de águas, apresenta-se a seguinte listagem, não exaustiva, de parâmetros que devem ser analisados:

- pH;
- odor;
- dureza;
- permanganato de potássio ($KMnO_4$);
- magnésio (Mg^{2+});
- amônio (NH^{4+});
- sulfatos (SO_4^{2-});
- cloretos (Cl^-);
- anidrido carbônico (CO_2).

O exame do odor e da oxidabilidade permite reconhecer a presença do enxofre, dos sulfetos ou de constituintes oxidáveis. A dureza mostra se a água é ou não pura, além de indicar, indiretamente, a presença de carbonatos. O teor de sulfatos informa sobre um possível ataque pelos sulfatos gerando reações expansivas, fissuração e desagregações no concreto. A presença de cloretos pode ser um indicativo do risco de corrosão para as armaduras, recomendando-se sua proteção conforme preconizado pela normalização nacional pertinente. A presença de magnésio pode desencadear reações expansivas pela presença de magnésio, principalmente quando este está associado a sulfatos, na forma de sulfato de magnésio.

14.2.4.2 Análise de agressividade de solos

Os solos agressivos são reconhecíveis, na maior parte das vezes, pela coloração, que varia do castanho ao castanho-amarelo dos solos normais. Suspeitos são considerados os solos de coloração negra até cinza, especialmente quando apresentam manchas

de ferrugem vermelho-castanho. As camadas de cor cinza-clara até branca, sob os solos vegetais castanho-escuros até negros, indicam um caráter ácido do solo de fundação. Fora disso, deve ser tomada precaução onde, por exemplo, com base nos mapas geológicos ou mapas de tipos de solo, é de se supor que o concreto penetre nas camadas de solo que contenham gesso, anidrita ou sulfatos. Essas afirmações têm embasamento em tabelas de determinação de composição de solos por colorimetria, como as apresentadas por Munsell Soil Color Company (1975). A cor do solo está associada, principalmente, com a presença de óxidos de ferro e matéria orgânica, além de outros fatores, como umidade e distribuição do tamanho de partículas (Fernandez; Schulze, 1992). Por exemplo, quanto maior é a quantidade de matéria orgânica, mais escura é a cor do solo, o que pode indicar fertilidade ou apenas condições desfavoráveis à sua decomposição. Algumas associações de cores e suas características principais estão descritas a seguir, conforme Reichert *et al.* (1993):

- *Cores escuras*: indicam presença de matéria orgânica e estão relacionadas com o horizonte A (horizonte do solo).
- *Colorações avermelhadas*: indicam condições de boa drenagem e aeração do solo. Estão associadas com os diferentes tipos de óxidos de ferro existentes no solo. Quando a quantidade desses óxidos é grande, os solos apresentam-se avermelhados, por exemplo, a terra roxa.
- *Cores amarelas*: podem indicar condições de boa drenagem, mas com regime mais úmido do que os solos de coloração avermelhada. Estão relacionadas com a presença de goethita.
- *Coloração clara*: solos com elevada quantidade de minerais claros (caulinita e quartzo). Pode significar a perda de materiais corantes.
- *Coloração acinzentada*: solos com baixa capacidade de drenagem, isto é, com excesso de água, fazendo com que os óxidos de ferro sejam levados para o lençol freático, o que torna o solo mais claro.
- *Coloração branca a acinzentada*: consequência da presença de minerais de base silicato existentes na fração argila do solo.
- *Solos mosqueados*: manchas amarelas, vermelhas, pretas, em uma matriz ou fundo normalmente acinzentado.

Outro parâmetro que informa sobre a agressividade do solo às estruturas e traz consigo informações sobre teor de umidade é a resistividade do solo. No sentido de caracterizar a corrosividade de solos, o método mais difundido no meio técnico está relacionado com a resistividade elétrica do solo. Uma classificação da corrosividade é apresentada na Tabela 14.4 (Roberge, 1999). O método utilizado para medir essa resistividade é o método dos quatro pontos, ou método Wenner.

Os solos arenosos se encontram nas faixas de resistividade mais alta, enquanto os argilosos estão nas faixas de maior corrosividade. A presença de sais e umidade altera significativamente os valores de resistividade, mudando a possível classificação dos solos.

Outro método de classificação de corrosividade de solos é o índice de Steinrath, que avalia a corrosividade a partir da valoração de propriedades e componentes do solo como pH, teor de umidade e outros (Loureiro *et al.*, 2007). Esse critério atribui índices parciais a cada parâmetro considerado, como mostra a Tabela 14.5. A soma algébrica desses índices parciais é classificada conforme a Tabela 14.6. Ambas as tabelas foram adaptadas de Loureiro *et al.* (2007).

O exame químico dos solos abrange as seguintes determinações:

a) grau de acidez, segundo Baumann-Gully (Roberge, 1999);
b) sulfato em SO^{2-}/kg de solo seco ao ar;
c) sulfeto em S^{2-}/kg de solo seco ao ar.

Por meio dessas análises, serão determinadas as propriedades e combinações mais importantes dos solos, que podem levar a uma atuação química. Nos aterros dos resíduos de produtos industriais e nos solos com um teor de sulfeto maior que 100 mg S^{2-}/kg de solo seco ao ar, acima de 0,01% S^{2-}, é necessária uma avaliação especial por um perito ou um especialista.

TABELA 14.4 Classificação da corrosividade dos solos em função de sua resistividade elétrica

Resistividade do solo (ohm · cm)	Corrosividade
> 20.000	Essencialmente não corrosivo
10.000-20.000	Medianamente corrosivo
5000-10.000	Moderadamente corrosivo
3000-5000	Corrosivo
1000-3000	Altamente corrosivo
< 1000	Extremamente corrosivo

Fonte: Roberge (1999).

TABELA 14.6 Classificação da corrosividade do solo pelo índice de Steinrath

Classificação	Índice
Sem agressividade	0
Pouca agressividade	−1 a −8
Média agressividade	−8 a −10
Alta agressividade	≤ 10

Fonte: Loureiro *et al.* (2007).

TABELA 14.5 Parâmetros para avaliação da corrosividade de solos (índice de Steinrath)

Parâmetros do solo	Índice parcial	Parâmetros do solo	Índice parcial
Resistividade (ohm · cm)	—	**Potencial redox (mV/NHE)**	—
> 12.000	0	> 400	+2
12.000-5000	−1	400-200	0
5000-2000	−2	200-0	−2
< 2000	−4	< 0	−4
pH	—	**Sulfato (14 g/kg)**	—
> 5	0	< 200	0
< 5	−1	200-300	−1
Umidade (%)	—	> 300	−2
< 20	0	**Sulfeto (14 g/kg)**	—
> 20	−1	Ausente	0
Cloreto (14 g/kg)	—	< 0,5	−2
< 100	0	> 0,5	−4
100-1000	−1	—	—
> 1000	−4	—	—

Fonte: Loureiro *et al.* (2007).

308 Capítulo 14

Observações:

1) O grau de agressividade dos solos que estão umedecidos deve ser avaliado segundo os valores-limite indicados na Tabela 14.7. Para a avaliação, é determinante o grau de agressividade, que se reduz com a permeabilidade decrescente do solo.

2) Nos teores de sulfato acima de 3000 mg SO_4^{2-} por quilograma de solo seco ao ar, deve ser empregado cimento de alta resistência a sulfatos.

14.2.4.3 Análise da presença salina em zonas marinhas

Para a análise da presença salina em zonas de marinhas, têm-se dois caminhos: a análise química da água do mar ou de maré com a qual a estrutura tem contato direto ou a análise química de sais coletados, por deposição, em aparatos específicos expostos em zona de atmosfera marinha. Para o primeiro caso, o caminho é a coleta de água diretamente da fonte que se pretende analisar, realizando-se os ensaios apontados na Seção 14.2.4.1. Para o segundo caso, o principal aparato empregado é a vela úmida, que é composto de um frasco Erlenmeyer com água, uma rolha de borracha e um tubo de ensaio envolto por uma gaze cirúrgica, cujas pontas permanecem em contato contínuo com a água presente no Erlenmeyer. Esse aparato fica exposto na atmosfera por 30 dias e, ao final do período, é recolhido e a água presente no frasco é analisada quimicamente para identificação da presença de sais, especialmente a partir da determinação da taxa de deposição média de íons cloreto (Meira *et al.*, 2010).

14.3 DEGRADAÇÃO DO CONCRETO EM MEIO LÍQUIDO

14.3.1 Noção Geral

Os constituintes do cimento endurecido podem reagir quimicamente com diferentes substâncias.

A resistência da pasta de cimento endurecida pode ser reduzida e, no caso mais extremo, sua coesão pode ser prejudicada em razão das reações que acontecem entre a matriz de cimento hidratada e algumas substâncias com características deletérias quando em contato.

Segundo as reações químicas, podem-se distinguir dois tipos de ação:

1) *Dissolução e lixiviação da pasta de cimento endurecida*: em geral, provocada pelas águas puras, pelos ácidos, pelos sais e pelas graxas e óleos.

2) *Expansão*: geralmente provocada pela formação de novos produtos (principalmente, os compostos com sulfatos) com volume maior do que o original na matriz de cimento hidratado.

A ação de cada tipo de substância agressiva ao concreto é abordada a seguir.

14.3.2 Fenômenos Baseados na Dissolução e Lixiviação da Pasta

A dissolução da pasta pode acontecer de algumas formas, especialmente quando o líquido em contato com o concreto apresenta características de concentração iônica significativamente diferentes da pasta cimentícia, como é o caso das águas puras e soluções ácidas.

14.3.2.1 Água pura

Define-se "água pura" como aquela água doce que tem baixos teores de sais dissolvidos. A água potável possui, segundo a Organização Mundial da Saúde (OMS) (sigla em inglês WHO, 2008), em torno de 500 mg de minerais dissolvidos por litro de água. A água pura é aquela que possui teores menores de minerais dissolvidos e sua agressividade será tão maior quanto menor a quantidade de minerais dissolvidos. Essas águas, com baixos teores de materiais dissolvidos, podem atacar concretos superficialmente em razão

TABELA 14.7 Valores-limite para avaliação da agressividade dos solos

	Exame	Intensidade da agressividade	
		Fraca agressividade	Forte agressividade
1	Grau de acidez, segundo Baumann-Gully	Acima de 20	—
2	Sulfato (SO_4^{2-}) em mg/kg de solo seco ao ar	2000 a 5000	Acima de 5000

Fonte: Loureiro *et al.* (2007).

de sua alta capacidade de dissolução. O fenômeno de ataque pela água, nesse caso, se dá por lixiviação.

Na Figura 14.6, ilustra-se o fenômeno de lixiviação em uma estrutura de concreto. As manchas brancas se devem ao processo de lavagem do hidróxido de cálcio que, em contato com o ar, reage com o dióxido de carbono, formando carbonato de cálcio, que apresenta a cor branca.

O poder de dissolução da água, portanto, é tanto maior quanto mais pura ela for, isto é, quanto menos carbonato de cálcio e de magnésio e outros sais ela contém, significando que mais fraca também é sua dureza.

14.3.2.2 Soluções ácidas

A maioria dos ácidos ataca a matriz cimentícia hidratada, em virtude de sua característica alcalina (pH em torno de 12 ou 13).

O ataque ácido acontece, em geral, com formação de sais solúveis de cálcio. A nocividade dos ácidos varia com sua força. Os ácidos minerais fortes, como ácido clorídrico, ácido nítrico, ácido sulfúrico, solubilizam os constituintes da pasta hidratada de cimento com a formação de sais de cálcio, de alumínio e de ferro. Os ácidos fracos, por exemplo, o ácido carbônico, formam sais somente com o hidróxido de cálcio, mas não com a alumina e o óxido de ferro, de sorte que os hidróxidos de ferro e de alumínio subsistem.

O ácido carbônico pode ser encontrado nas águas de fonte e tem um papel importante no ataque ao concreto.

O ácido sulfídrico é um ácido fraco que pode ser encontrado nas águas residuais. Sua ação sobre o concreto não é marcante. Esse ácido pode, entretanto, desprender-se das águas residuais sob a forma de gás e se fixar, acima do nível da água, nas canalizações de concreto mal arejadas, pela água de umidade do concreto ou pelas águas de condensação, e pode, ainda, ser oxidado transformando-se em ácido sulfúrico. As bactérias têm um papel importante na oxidação do ácido sulfídrico. Dessa maneira, fracas quantidades desse ácido nas águas servidas podem conduzir a concentrações relativamente elevadas de ácido sulfúrico sobre a superfície úmida do concreto e ocasionar degradações notáveis. A degradação relatada aqui é a responsável por vários acidentes com tubulações, com ruptura da parte superior da tubulação, causando interrupções de vias e sérios transtornos em cidades.

Entre os ácidos orgânicos, o ácido fórmico, o ácido acético e o ácido lático são os que atacam mais fortemente o concreto. Enquanto os ataques por ácidos fórmico e acético não se apresentam, senão muito raramente, os ataques por ácido lático são muito mais frequentes. Este ácido está sempre presente nas águas residuais das leiterias, formando-se igualmente nos silos de forragem verde e na decomposição de numerosos corpos orgânicos. Na Figura 14.7 são apresentados detalhes de ataque de corpos de prova de concreto, após um ano de exposição, mostrando que o ataque não acontece apenas na superfície; ele se

FIGURA 14.6 Estrutura com lixiviação.
Foto: Maryangela Geimba de Lima.

FIGURA 14.7 Ataque por ácido acético durante um ano. Fotos: Maryangela Geimba de Lima.

propaga na direção do interior do corpo de prova e também provoca a formação de produtos expansivos na superfície. Nesse estudo, o ataque por ácido acético foi renovado semanalmente (Araújo, 2010).

Os ácidos tânicos são ácidos mais fracos que aparecem nas águas residuais dos curtumes. Os fenóis são, igualmente, ácidos mais fracos; sua forma mais simples é o ácido carbólico, encontrado nas águas residuais da indústria química, principalmente nas águas das coquerias, das usinas de gás e das usinas de produtos sintéticos.

Os ácidos húmicos, encontrados nas águas pantanosas, atacam pouco o concreto.

Outra ação de águas ácidas sobre o concreto é a decorrente de chuvas ácidas. Nesse caso, o pH de chuvas pode ser bastante baixo, dependendo das condições de poluição e partículas dissolvidas, provocando dissolução dos produtos hidratados. O aspecto geral de um concreto degradado por chuva ácida é de que a matriz cimentícia foi lavada (retirada) e o agregado exposto. A Figura 14.8 exemplifica esse tipo de ação.

14.3.2.3 Sais

São abordados aqui os sais de magnésio e de amônio, pela sua capacidade de reação com a matriz cimentícia.

Sais de magnésio, por exemplo, sulfato e cloreto de magnésio, dissolvem o hidróxido de cálcio do cimento hidratado, sendo que, entre outros, o hidróxido de magnésio se forma como uma massa mole gelatinosa. Além disso, no caso do sulfato de magnésio, há a produção de um gel de sílica no ataque que se processa sobre o CSH (silicato de cálcio hidratado), fazendo com que o concreto tenha perdas importantes de resistência mecânica. Na Figura 14.9, pode-se observar o ataque desses sais ao concreto,

FIGURA 14.8 Ataque na superfície do concreto por chuva ácida. Foto: Gibson Rocha Meira.

FIGURA 14.9 Pilar de concreto atacado por sais de magnésio. Foto: Maryangela Geimba de Lima.

formando produtos solúveis com características de uma massa gelatinosa na superfície do concreto.

Sais de amônio, exceto o carbonato de amônio, oxalato amoniacal e fluoreto de amônio, dissolvem principalmente o hidróxido de cálcio da pasta de cimento hidratada.

14.3.2.4 Graxas e óleos

Os óleos são classificados, segundo sua composição, em óleos de petróleo, óleo de alcatrão de hulha, entre outros. Esses óleos podem penetrar facilmente no concreto seco. Como no caso de uma impregnação pela água, eles baixam a resistência por amolecimento mecânico. Secando, a resistência se recupera novamente. Um ataque químico não é temível, senão com os óleos e as graxas que contêm ácidos livres ou que, por saponificação, podem formar sais de cálcio com o hidróxido de cálcio do cimento.

O petróleo é geralmente isento de ácidos.

Os óleos de alcatrão de hulha são obtidos por destilação fracionada do alcatrão. Os óleos leves assim obtidos contêm, sobretudo, benzina e seus derivados. Os óleos médios e os óleos pesados contêm, além da naftalina e da benzina, os fenóis que atacam o concreto.

14.3.3 Fenômenos Associados à Expansão do Concreto

Nos fenômenos descritos até aqui, a matriz cimentícia é mais ou menos dissolvida pelas substâncias agressivas. Outras substâncias, no entanto, provocam expansão quando reagem com os componentes hidratados. Exemplos desse tipo de substância são as soluções sulfatadas. Quando da reação com soluções sulfatadas, novos compostos se formam, com volumes diferenciados, provocando expansão do concreto. A natureza dos produtos da reação e sua velocidade de formação dependem da natureza dos íons agressivos, de sua concentração, da temperatura, da pressão e do pH da solução em contato com o concreto.

As soluções de sulfato de cálcio formam, em contato com os constituintes aluminosos dos cimentos endurecidos, o trissulfoaluminato de cálcio hidratado, que existe no estado natural sob o nome de etringita, e que provoca a expansão, a fissuração e a desagregação do concreto.

O ataque pelo sulfato de magnésio provoca, igualmente, a expansão. Quando a solução penetra nas camadas superficiais do concreto, produz uma troca entre o magnésio e o cálcio, gerando gesso e gel de sílica e uma perda significativa de resistência. O magnésio se deposita sob a forma de um composto dificilmente solúvel, enquanto uma solução de sulfato de cálcio puro penetra no concreto e pode formar, com aluminato de cálcio, a etringita, que provoca a expansão. Pode-se dizer que a etringita pode já se formar quando a solução contém de 4 a 8 mg/litro de sulfato de cálcio. Na prática, essas soluções atacam o concreto de fora para dentro, e o dano é consequência da profundidade do ataque.

As águas subterrâneas não encerram, geralmente, sulfato de ferro. Este, porém, pode formar-se pela oxidação ao ar, de minerais sulfurosos do ferro, tais como a marcassita, a magnetita e a pirita, em alguns décimos por cento no solo, podendo levar a concentrações elevadas em sulfatos nas águas subterrâneas e nas águas de infiltração. De acordo com os ensaios realizados por pesquisadores internacionais, a solução fracamente ácida de sulfato de ferro ataca fortemente o concreto.

14.3.4 Ação dos Cloretos

Os íons cloreto penetram no concreto até atingir a armadura, por meio de mecanismos de transporte de massa, por exemplo, a difusão iônica.

Os íons cloreto provocam tantos danos quando se considera o fenômeno de corrosão das armaduras, porque um único íon pode reagir com os íons de ferro em solução durante toda a vida de uma estrutura. Erlin e Hime (1985) apresentam essa afirmação por meio das Equações (14.1) a (14.3).

$$Fe^{++} + 6Cl^- \rightarrow FeCl_6^{-4} \quad (14.1)$$

$$Fe^{3+} + 6Cl^- \rightarrow FeCl_6^{-3} \quad (14.2)$$

A formação dos hidróxidos ocorre, por exemplo, da seguinte maneira:

$$6FeCl^{-3} + 2OH^- \rightarrow Fe(OH)_2 + 6Cl^- \quad (14.3)$$

devolvendo os mesmos seis íons cloreto para a solução.

Segundo Buenfeld et al. (1986), os íons cloreto podem chegar até o concreto de várias formas, entre elas:

- uso de produtos contendo cloretos, como aceleradores de pega à base de cloretos ($CaCl_2$, por exemplo);
- impurezas nos agregados;
- atmosfera marinha.

Uma vez incorporados ao sistema concreto-armadura, os íons cloreto podem ser encontrados no interior do concreto sob três formas:

- quimicamente combinados com os compostos do cimento, formando cloroaluminatos (Kawadkar; Krishnamoorthy, 1981);
- fisicamente adsorvidos na superfície dos poros;
- livres na solução contida nos poros.

As duas últimas condições, quando ocorrem junto às armaduras, são as situações mais críticas. Como consequência da ação dos cloretos tem-se uma corrosão localizada e em profundidade, que pode rapidamente gerar perdas significativas da seção de armadura, como mostra a Figura 14.10.

14.4 DETERMINAÇÃO DO GRAU DE AGRESSIVIDADE DO MEIO COM PRESENÇA DE ÁGUA EM CONTATO COM AS ESTRUTURAS

Uma análise química pode dar informações sobre a natureza e a quantidade das substâncias presentes na água em contato com as estruturas, mostrando, assim,

FIGURA 14.10 Exemplo de ataque da armadura por cloretos. Foto: Gibson Rocha Meira.

312 Capítulo 14

seu potencial de ataque. Os resultados podem servir de base para a escolha de materiais ou características dos concretos.

A ação dos constituintes determinados depende, em primeiro lugar, de sua concentração. É preciso que se façam análises químicas, mesmo que a determinação indique teores muito baixos. Medidas especiais concernentes à construção não são necessárias, a menos que a concentração das substâncias agressivas ultrapasse valores-limite bem definidos.

Outras situações importantes precisam de atenção. Por exemplo, as águas agressivas em movimento são mais perigosas do que as águas estagnadas, porque arrastam os produtos da reação e renovam as substâncias agressivas. A permeabilidade do solo tem, em consequência, um papel importante. Nos solos coesivos, o movimento da água é extremamente fraco, mas, nos solos arenosos, ela pode ser grande.

O atrito mecânico provocado por água corrente rápida e o arrastamento de corpos sólidos geralmente são mais pronunciados se uma pressão muito elevada ou uma temperatura mais elevada agem em conjunto. Quando o nível de água varia, o concreto pode ser temporariamente posto a seco. Os sais dissolvidos que tinham sido anteriormente fixados podem se cristalizar, enfraquecer a estrutura do concreto e, assim, facilitar a penetração de substâncias agressivas.

Essas influências devem ser levadas em consideração quando da fixação dos valores-limite.

Existe divergência no meio técnico quanto ao grau de agressividade de cada teor limite. Diferentes países apresentam diferentes propostas, visando embasar os tomadores de decisão. Neste capítulo, optou-se por, mesmo que sem republicação pela Cetesb, apresentar as tabelas contidas no documento original de 1988, uma vez que compilava normas de vários países, em especial a norma alemã da época. Esses parâmetros são apresentados na Tabela 14.8, contendo uma adaptação da tabela originalmente publicada na recomendação da Cetesb.

O grau de agressividade apresentado na Tabela 14.8 deve ser acrescido ou reduzido de um grau, de acordo com os atenuantes ou agravantes presentes no meio.

Entre os atenuantes, estão aquelas situações em que a água entra em contato com o concreto após 28 dias a contar da data da execução da estrutura; a água agressiva que entra em contato com a estrutura apenas algumas vezes por ano; ou o concreto da estrutura que se encontra envolvido por terreno coesivo (com baixa permeabilidade).

Como condições agravantes, têm-se os casos em que a água está em movimento, quando o nível da água varia provocando ciclos de molhagem e secagem, quando existe pressão hidráulica unilateral, temperaturas da água em contato superiores a 45 °C, ou quando a estrutura possui seção delgada. Essas condições estão sempre relacionadas com um concreto de referência com consumo de 300 kg/m^3 e relação a/c 0,60, que se encontra enterrado em solo

TABELA 14.8 Tipos de agressividade e valores-limite para a avaliação do grau de agressividade de água do mar, salobra, de esgoto ou poluída industrialmente

Grau de agressividade	Água do mar, salobra, de esgoto ou poluída industrialmente			
	Fenômenos de expansão por formação de gipsita e/ou etringita acompanhada de lixiviação			Corrosão de armadura
	SO_4^{2-} (mg/litro)			
	Mg^{2+} < 100 mg/litro NH$_4^+$ < 100 mg/litro		Mg^{2+} > 100 mg/litro	Cl$^-$ (mg/litro)
	Cl$^-$ < 100 mg/litro	Cl$^-$ ≥ 100 mg/litro	NH$_4^+$ ≥ 100 mg/litro	
0 – Nula	< 200	< 250	< 100	—
I – Fraca	200 a 350	250 a 400	100 a 200	—
II – Média	350 a 600	400 a 700	200 a 350	—
III – Forte	600 a 1200	700 a 1500	350 a 600	3000
IV – Muito forte	> 1200	> 1500	> 600	> 3000

Fonte: Cetesb (1988).

ou areia com coeficiente de permeabilidade maior ou igual a 10^{-3} cm/s e com cura inferior a 28 dias, em contato com água em repouso.

O documento (Cetesb, 1988) apresenta classificação para diversos tipos de meios aquosos, incluindo águas puras, duras e outras. A principal restrição é que ele traz informações somente para estruturas em contato com meio aquoso; também não especifica nenhum aspecto do concreto a ser executado, por exemplo, relação *a/c* e cobrimentos (Lima, 2011).

Nas situações em que a estrutura está em contato com solo ou água, é conveniente que se proceda à análise desses meios, para identificar a presença de substâncias deletérias. Com os resultados em mãos, pode-se proceder a análise para tomada de decisão sobre medidas preventivas adequadas.

Mais recentemente, a ABNT NBR 12655:2022 passou a especificar valores referenciais de concentrações de sulfatos para solos e soluções contaminados, determinando requisitos de durabilidade para o concreto (Tab. 14.9). Para cloretos, essa mesma norma também especifica teores máximos admissíveis para o concreto (Tab. 14.10).

14.4.1 Amostragem do Concreto de Estruturas Degradadas

A análise por amostragem de corpos de prova é determinante para a apreciação do grau de agressividade, quando a estrutura já apresenta sintomas de degradação. Por essa razão, ela deve ser efetuada por profissional experiente e por laboratório especializado.

Para efetuar uma análise nestas condições é preciso, antes de tudo, obter uma amostra representativa da água, que não esteja contaminada por outras águas ou substâncias. Também devem ser tomadas precauções para evitar que os testemunhos-alvo da análise não se percam ou sofram alterações quando da extração e transporte da amostra até o laboratório de ensaio.

O anidrido carbônico ou o hidrogênio sulfurado, por exemplo, podem ser perdidos em parte ou em sua totalidade, por amostragens que não sejam bem executadas.

O problema que se coloca por vezes é quanto ao tamanho e à quantidade da amostragem da água. Nesse sentido, deve-se contar sempre com as instruções e recomendações de um especialista.

TABELA 14.9 Requisitos para concretos expostos a meios contendo sulfatos

Condições de exposição em função da agressividade	Sulfato solúvel em água (SO_4^{2-}) presente no solo % em massa	Sulfato solúvel (SO_4^{2-}) presente na água ppm	Máxima relação água/cimento, em massa, para concreto com agregado normal[a]	Mínimo f_{ck} (para concreto com agregado normal ou leve) MPa
Fraca	0,00 a 0,10	Ver Tabela 6 da Norma	Conforme Tabela 2 da Norma	Conforme Tabela 2 da Norma
Moderada [b]	0,10 a 0,20	150 a 1500	0,50	35
Severa [c]	Acima de 0,20	Acima de 1500	0,42	40

[a] Baixa relação água/cimento ou elevada resistência podem ser necessárias para obtenção de baixa permeabilidade do concreto ou proteção contra a corrosão da armadura ou proteção a processos de congelamento e degelo.
[b] A água do mar é considerada para efeito de ataque de sulfatos como condição de agressividade moderada, embora seu conteúdo de SO_4^{2-} seja acima de 1500 ppm, pelo fato de a etringita ser solubilizada na presença de cloretos.
[c] Para condições severas de agressividade, devem ser obrigatoriamente usados cimentos resistentes a sulfatos.
Fonte: ABNT NBR 12655:2022.

TABELA 14.10 Teores máximos de íons cloreto para proteção das armaduras do concreto

Tipo de estrutura	Teor máximo de íons cloreto (Cl^-) no concreto (% sobre a massa de cimento)
Concreto protendido	0,05
Concreto armado exposto a cloretos nas condições de serviço da estrutura	0,15
Concreto armado em condições de exposição não severas (seco ou protegido da umidade nas condições de serviço da estrutura)	0,40
Outros tipos de construção em concreto armado	0,30

Fonte: ABNT NBR 12655:2022.

Além da água em contato com a estrutura, deve-se realizar a coleta adequada de produtos formados, bem como do concreto da estrutura até partes em que não se observe sinais de degradação, permitindo também uma análise do concreto original. Tal análise se faz necessária para determinar se o ataque é resultante somente de agentes externos à massa de concreto.

14.5 DEGRADAÇÃO DO CONCRETO DEVIDO À AÇÃO DE GASES

Gases combustíveis e gases de escapamento das indústrias podem conter ácidos minerais livres, como o ácido sulfúrico, por exemplo; ácidos orgânicos, como ácido acético; ácidos sulfurosos, principalmente contidos nos gases combustíveis; e ácidos sulfídricos. A esse respeito, nos pontos de condensação inferior, podem se formar soluções agressivas. Os componentes gasosos sob precipitações se dissolvem e, sob forma de água, agridem o concreto. As substâncias de escapamento, por exemplo, os sulfatos, podem se dissolver na água de condensação. O gás carbônico concentrado nos gases combustíveis não age atacando diretamente o concreto; pode, porém, fazer com que o concreto venha a ser carbonatado, prejudicando, eventualmente, a proteção contra a corrosão da armadura, conforme se detalha na Seção 14.5.2.

14.5.1 Ação dos Gases em Tubulações de Esgoto

A ação bacteriológica em tubulações de esgoto leva à produção de gás sulfídrico, que, em contato com o oxigênio, gera ácido sulfúrico no ambiente interno dessas tubulações. Como já comentado na Seção 14.3.1, os ácidos provocam a dissolução da pasta e, com isso, a perda de material resistente na massa de concreto. Sendo esse um processo cumulativo ao longo do tempo, há uma perda progressiva da seção resistente de concreto e, portanto, da capacidade portante da tubulação de concreto. Como consequência, as tubulações podem romper, provocando acidentes.

14.5.2 Ação do CO_2 (Carbonatação do Concreto)

O CO_2 presente na atmosfera é responsável pela carbonatação do concreto, que corresponde à reação entre constituintes alcalinos da pasta de cimento e o dióxido de carbono (CO_2) presente na atmosfera. Essas reações levam a um processo químico de neutralização do concreto (redução do pH de valores acima de 12 para valores inferiores a 10). Essa reação também pode ocorrer com o CSH.

As reações características desse processo são:

$$CO_2 + Ca(OH)_2 \xrightarrow{H_2O} CaCO_3 + H_2O \quad (14.4)$$

$$CO_2 + Na,K(OH) \to Na_2,K_2CO_3 + H_2O \quad (14.5)$$

$$H_2CO_3 + CaO \cdot SiO_2 \cdot nH_2O \to CaCO_3 + SiO_2nH_2 \quad (14.6)$$

Como consequência da redução do pH do concreto, tem-se uma grande probabilidade de manifestação do fenômeno de corrosão. Nesse sentido, a carbonatação do concreto constitui-se em um dos principais mecanismos desencadeadores da corrosão de armaduras em estruturas de concreto.

As reações de carbonatação tendem a reduzir sua intensidade com o tempo. Essa atenuação pode ser explicada pela hidratação do cimento e pelo refinamento dos poros provocado pelas próprias reações de carbonatação.

Considerando que o avanço da frente de carbonatação acontece ao longo de toda a superfície exposta do concreto e que esse avanço ocorre praticamente de modo uniforme, há uma tendência de que o processo de corrosão se instale em uma ampla superfície da armadura. A Figura 14.11 exemplifica um processo de corrosão desencadeado pela carbonatação do concreto.

FIGURA 14.11 Estrutura de concreto em ambiente urbano com corrosão de armaduras provocada por carbonatação. Foto: Maryangela Geimba de Lima.

14.6 CONSIDERAÇÕES FINAIS

Além do relatado até aqui, cabe citar que, em geral, as águas básicas não atacam o concreto. Isso, entretanto, não é válido senão para as soluções fracas. Os dados resultantes das experiências de pesquisadores informam que as soluções de bases fortes, como NaOH KOH a 10 %, são totalmente inofensivas, ao passo que as soluções mais concentradas atacam as fases "aluminatos" do cimento.

Outro aspecto importante diz respeito à escolha adequada de materiais quando se tem exposição a agentes agressivos externos. Existem algumas recomendações, apresentadas por especialistas ou associações, como a Associação Brasileira de Cimento Portland (ABCP, 2002), sobre o uso de cimentos específicos para um ou outro ambiente, ou para presença de uma ou outra substância agressiva no ambiente. No entanto, não se tem recomendação de normalização nacional para tanto, ficando as normas nacionais com as questões de recomendação de cobrimentos em função da agressividade ambiental. Nesse sentido, é fundamental que o profissional responsável seja capaz de identificar as características do ambiente agressivo ao qual a estrutura de concreto será exposta e escolher o cimento mais adequado para as condições de agressividade observadas.

Algumas normas nacionais poderiam ser aqui citadas, como referência para determinação de cobrimentos, relação *a/c* e classificação de ambientes. Poderíamos citar como referência a ABNT NBR 6118:2014 e a ABNT NBR 12655:2022, que trazem a classificação de ambientes e propõem requisitos mínimos de durabilidade para as situações relacionadas com a corrosão de armaduras, bem como a ABNT NBR 5737:1992, que traz as especificações para cimentos resistentes a sulfatos. Contudo, a orientação presente nessas normas não substitui a necessidade de conhecimento dos profissionais envolvidos no que concerne à agressividade ambiental, ao comportamento do concreto e às medidas preventivas com relação a possíveis danos à estrutura.

BIBLIOGRAFIA

ARAÚJO, V. C. C. *Análise da influência do ataque por ácido acético na durabilidade do concreto*. 16p. Trabalho de conclusão de curso (Graduação em Engenharia Civil) – Universidade do Vale do Paraíba, 2010.

ASSOCIAÇÃO BRASILEIRA DE CIMENTO PORTLAND. *Guia de utilização do cimento Portland*. 7. ed. São Paulo: ABCP, 2002.

ASSOCIAÇÃO BRASILEIRA DE NORMAS TÉCNICAS. *NBR 5737*: Cimento Portland resistente a sulfatos. Rio de Janeiro: ABNT, 1992.

ASSOCIAÇÃO BRASILEIRA DE NORMAS TÉCNICAS. *NBR 6118*: Projeto de estruturas de concreto – Procedimento. Rio de Janeiro: ABNT, 1980.

ASSOCIAÇÃO BRASILEIRA DE NORMAS TÉCNICAS. *NBR 6118:* Projeto de estruturas de concreto – Procedimento. Rio de Janeiro: ABNT, 2014.

ASSOCIAÇÃO BRASILEIRA DE NORMAS TÉCNICAS. *NBR 12655:* Concreto de Cimento Portland – Preparo, controle, recebimento e aceitação. Rio de Janeiro: ABNT, 2022.

BICZOK, I. *La corrosión del hormigón y su protección ediciones. Bilbao,* Espanha: Urmo, 1972.

BUENFELD, N. R.; NEWMAN, J. B.; PAGE, C. L. The resistivity of mortar immersed in sea-water. *In: Cement and Concrete Research*, v. 16, p. 511-524, 1986.

CENTRO TECNOLÓGICO DE SANEAMENTO BÁSICO. *L1.007:* Caracterização do grau de agressividade do meio aquoso em contato com o concreto. São Paulo: Cetesb, 1988.

DURACRETE. *Models for environmental actions on concrete structures.* The European Union – Brite EuRam III, CUR: mar.1999. 273p.

ERLIN, B.; HIME, W. G. Chloride induced corrosion. *Concrete International*, v. 7, n. 9, p. 23-5, sept. 1985.

FERNANDEZ, R. N.; SCHULZE, D. G. *Munsell colors of soils simulated by mixtures of goethite and hematite with kaolinite.* Zeitschrift. Pflanzenernähr Bodenk, v. 155, p. 473-478, 1992.

HELENE, P. *Corrosão de armaduras no concreto.* São Paulo: Pini, 1986. 47p.

INSTITUT DES TECHNIQUES DE LA CONSTRUCTION DU BÂTIMENT ET DES TRAVAUX PUBLICS. *Note technique 8000.026.* Montpellier: ITCBTP.

KAWADKAR, K. G.; KRISHNAMOORTHY, S. Behaviour of cement under common salt solutions both under hydrostatic and atmospheric pressures. *Cement and Concrete Research*, v. 11, n. 1, p. 103-13, 1981.

LIMA, M. G.; MORELLI, F. Degradação das estruturas de concreto devido à amplitude térmica brasileira. *In*: Simpósio EPUSP sobre Estruturas de Concreto, 5, 7 a 10 jun. 2003, São Paulo. *Anais* [CD Rom] ... São Paulo: EPUSP, 2003.

LIMA, M. G. Ações do meio ambiente sobre as estruturas de concreto. *In*: ISAIA, G. C. (org.). *Concreto:* Ciência e Tecnologia. São Paulo: Ibracon, 2011, v. 1, p. 733-772.

LÓPEZ, S. P. Durabilidad del hormigón en ambiente marino. *Cuadernos Intemac*, n. 31. Madrid: Intemac, 1998. 43p.

LOUREIRO, A.; BRASIL, S.; YOKOYAMA, L. Estudo da corrosividade de solo contaminado por substâncias químicas através de ensaios de perda de massa e índice de Steinrath. *Corrosão e protecção de materiais*, v. 26, n. 4, Lisboa, Portugal, 2007, p. 113.

MEHTA, P. K. Performance of concrete in marine environment. *ACI Publication SP-65*. Detroit: American Concrete Institute, 1980.

MEIRA, G. R. *Agressividade por cloretos em zona de atmosfera marinha frente ao problema da corrosão em estruturas de concreto armado*. 2004. 369 p. Tese (Doutorado em Engenharia Civil). Programa de Pós-graduação em Engenharia Civil, Universidade Federal de Santa Catarina, 2004.

MEIRA, G. R. *Corrosão de armaduras em estruturas de concreto armado*. João Pessoa: IFPB, 2017.

MEIRA, G. R. O aerossol marinho e sua ação sobre as estruturas de concreto. *In: Seminário sobre Estudos da Agressividade do Ar* em Fortaleza/CE. Fortaleza: Inovacon/UFC, nov. 2016.

MEIRA, G. R.; AMORIN JR., N. S.; PRATA, A. L. C.; CARVALHO, C. H.; MAGALHÃES, F. C.; ALMEIDA, F. C. R.; RIBEIRO, D. V.; WALLY, G. B.; PELISSARI, J. P. M.; PINTO, S. A. *Procedimentos de ensaio visando o mapeamento da agressividade ambiental (cloretos, sulfatos e CO_2)*. IBRACON: São Paulo, 2024.

MEIRA, G. R.; ANDRADE, C.; ALONSO, C.; BORBA, J. C.; PADILHA, M. Durability of concrete structures in marine atmospheric zones – the use of chloride deposition rate on the wet candle as an environmental indicator. *Cement and Concrete Composites*, v. 32, p. 427-435, 2010.

MEIRA, G. R.; ANDRADE, C.; ALONSO, C.; PADARATZ, I.; BORBA, J. Modelling sea-salt transport and deposition in marine atmosphere zone – A tool for corrosion studies. *Corrosion Science*, v. 50, p. 2724-2731, 2008.

MUNSELL SOIL COLOR COMPANY. *Munsell soil color charts*. Baltimore, v. 1, 1975.

REICHERT, J. M.; VEIGA, M. da; CABEDA, M. S. V. Índices de estabilidade de agregados e suas relações com características e parâmetros de solo. *Revista Brasileira de Ciência do Solo*, v. 17, n. 2, p. 283-290, maio-ago. 1993.

RILEM. *TC 211-PAE: Final conference on concrete in aggressive aqueous environments – Performance, testing and modelling*. M. G. Alexander, A. Bertron e N. de Belie (Ed.), 2013.

ROBERGE, P. R. *Handbook of corrosion engineering*. New York: McGraw-Hill, 1999.

WORLD HEALTH ORGANIZATION. *Guidelines for drinking-water quality*. 4. ed., v. 1. WHO Library, 2008.

YAZIGI, R.; LIMA, M. G. Avaliação de durabilidade de pontes em concreto armado – estudos de microclima em ambiente urbano. *In: II Congresso Internacional sobre Patologia e Reabilitação de Estruturas* (CINPAR), 2005, Sobral, Ceará.

15

TERAPIA DAS ESTRUTURAS DE CONCRETO

Prof. Eng.º Luiz Alfredo Falcão Bauer •
Prof. Eng.º Roberto José Falcão Bauer •
Prof.ª Dra. Maryangela Geimba de Lima •
Prof. Dr. Gibson Rocha Meira

15.1 Introdução, 318
15.2 Referências Históricas, 319
15.3 Deterioração ou Degradação das Estruturas de Concreto, 320
15.4 Corrosão das Armaduras, 321
15.5 Tratamento de Estruturas com Corrosão de Armaduras, 323
15.6 Tratamento de Fissuras, 326
15.7 Proteção de Estruturas em Meios de Elevada Agressividade, 326
15.8 Modelagem de Vida Útil de Estruturas de Concreto, 327

318 Capítulo 15

15.1 INTRODUÇÃO

Na década de 1980, o tema patologia das construções ganhou força. Inúmeros cursos, conferências, simpósios e reuniões técnicas vêm sendo realizados desde então, inclusive com a publicação de livros nacionais e internacionais, abordando as doenças e o tratamento das construções.

E, assim, virou moda falar, escrever e questionar problemas relacionados com esses assuntos. Ainda bem, pois com a crise atual, redução de investimentos, falta de verbas, volume de contratações de obras e serviços como registrado recentemente, surgiu um novo mercado de trabalho na indústria da construção civil.

Entretanto, o assunto não é novo, e se olharmos a História Antiga, vamos encontrar o Código de Hamurabi, um conjunto de leis criadas na Mesopotâmia, região entre Iraque e Irã, há cerca de 4000 anos. Entre seus 281 artigos sobre regras e punições para eventos da vida cotidiana, pelo menos três tratam do assunto, sendo o mais conhecido o que obriga o construtor, que por erro tiver sua obra mal executada e acidentada, a reconstruí-la por sua conta.

O Código Civil Brasileiro reproduz este artigo, em seu espírito. O Código de Defesa do Consumidor também traz uma luz aos contratantes de obras e serviços, visando preservar a construção e seus donos de erros e eventuais problemas decorrentes de uma construção inadequada.

A questão é: as manifestações patológicas nas construções têm aumentado nos últimos anos? Considerando que a escassez de estatísticas é um mal nacional, não sabemos ao certo. Não há séries históricas de análise de sistemas, materiais e processos semelhantes, em locais semelhantes; os estudos disponíveis na condução de dissertações e teses são isolados, sem continuidade de análise histórica. Embora a tendência seja afirmar que sim, as manifestações patológicas das construções vêm aumentando, é preciso atentar para questões como mudanças nos materiais, nos processos e sistemas de construção, que podem, também, estar impactando, além das questões relacionadas ao clima e ambientais. Ao tema de adequação de materiais, serviços e processos, soma-se a questão das mudanças no meio ambiente, provocadas pelo crescimento desenfreado das cidades e dos parques industriais; esse crescimento lança na atmosfera várias substâncias que são agressivas aos materiais de construção, especialmente ao concreto.

Assim, surge um novo campo de estudo e trabalho, que relaciona as causas, as consequências e, finalmente, se possível, a cura, além dos medicamentos (ou processos e sistemas de proteção preventiva e corretiva).

Entre as causas que interferem no aumento do quadro patológico, cabe citar aquelas relacionadas ao desenvolvimento de nossa surpreendente arquitetura, que levou o nome do Brasil ao cenário internacional, pelo arrojo de suas formas, pela funcionalidade de seus detalhes e pelos prêmios com que foram distinguidos nossos arquitetos exponenciais, em concursos nacionais e internacionais. A este desenvolvimento da arquitetura, paralelamente desenvolveram-se processos mais rápidos e precisos de cálculo estrutural, por meio de computadores e *softwares* dirigidos e desenvolvidos por brilhantes engenheiros estruturalistas. Todos os elementos do projeto arquitetônico podem ser estudados, manipulados, corrigidos, conferindo às estruturas maior "esbeltez", maior precisão, e realimentando a criatividade dos arquitetos.

Por outro lado, e como elementos negativos, tem-se que analisar o aparecimento de novos materiais de construção, como aglomerantes, aditivos, adesivos, argamassas, painéis, plásticos, revestimentos, com eficiência e durabilidade ainda não devidamente comprovadas pelo uso, pelo tempo e pela adequada utilização.

Além disso, a mão de obra qualificada da indústria da construção civil no Brasil está cada vez mais escassa; se ainda tivermos em conta o crescimento exponencial da construção nos últimos anos, tem-se um novo fator que contribui com a qualidade de nossas obras e, como consequência, com os problemas que deverão/poderão surgir.

O desenvolvimento tecnológico tem suas indiscutíveis vantagens, quando adequadamente aplicado, porém pode acarretar inconvenientes graves, quando mal utilizado e sem seu verdadeiro e integral conhecimento. Assim, por exemplo, boa arquitetura e bons cálculos estruturais levam a estruturas esbeltas, que, localizadas em ambiente fortemente agressivo de nossas industrializadas cidades, sem um estudo tecnológico adequado, ocasionam doenças que reduzem sua durabilidade, aumentando seu custo de manutenção. Muito do relatado na década de 1980, quando do início dos estudos maciços sobre o assunto, continua sem solução até os dias de hoje.

Atualmente, a terapia dessas obras é executada com o emprego de técnicas e equipamentos especiais, mas é indispensável não só o acompanhamento de tecnologistas, altamente qualificados para exame e utilização desses equipamentos, mas também, como nos casos clínicos médicos, realização de exames laboratoriais.

Muitos esforços têm sido envidados nos últimos anos, no sentido de regular a execução desses serviços, no entanto, quase nada ainda está concluído.

Sem regulamentação, qualquer um pode proceder a especificações, realizar serviços e, muitas vezes, nesses casos, o preço cobrado fala mais alto. Ocasionalmente, este valor traz consigo a inexperiência e, como consequência, especificações e serviços não exatamente adequados ao necessário para resolver o problema da obra danificada.

Um esforço nacional no que concerne à durabilidade e desempenho é exemplificado pela ABNT NBR 15575:2013, que costuma ser divulgada simplesmente como "norma de desempenho". Esta norma apresenta, entre outros itens, critérios de desempenho com vistas à durabilidade, visando garantir que as obras tenham uma vida útil mínima, atendida por todos os componentes da edificação.

Se pensarmos nos problemas que uma obra pode apresentar, com certeza aqueles que afetam suas estruturas são os mais relevantes, uma vez que trazem consigo consequências de integridade.

O conhecimento dos processos, agentes, mecanismos e meios de proteção do concreto armado – o material mais utilizado para realização de estruturas no Brasil e no mundo – é de extrema importância para identificar e garantir sua vida útil, à medida que, desde a fase de projeto, as estruturas de concreto armado estão sujeitas a uma série de fatores que podem comprometer sua durabilidade e até sua estabilidade.

Dependendo da qualidade e cuidados tomados na fase de projeto, na escolha dos materiais constituintes empregados durante a execução, de sua proteção e manutenção, a probabilidade de que a estrutura venha a apresentar degradação será tanto menor quanto maiores forem os cuidados com a qualidade em cada uma das fases citadas, ou seja, projeto, execução e uso/manutenção.

Na presente edição revisada, houve um arranjo diferenciado para os Capítulos 5 e 15. Na 6ª edição, os temas sobre durabilidade e terapia das estruturas de concreto eram apresentados de forma dispersa. Na edição atual, as temáticas relativas a Mecanismos de Degradação do Concreto foram reunidas no Capítulo 14, ficando as questões relativas à Terapia das Estruturas de Concreto concentradas neste capítulo. Com isso, tem-se uma estrutura mais lógica, na qual os mecanismos são apresentados primeiro; e as técnicas de reparo e terapia, depois.

15.2 REFERÊNCIAS HISTÓRICAS

O Código de Hamurabi, que data de 1800 a.C., reúne em cinco regras básicas a forma encontrada na época para reduzir os acidentes na construção:

- se um construtor fizer uma casa para um homem e não fizer firme, e se seu colapso causar a morte do dono da casa, o construtor deverá morrer;
- se causar a morte do filho do dono da casa, o filho do construtor deverá morrer;
- se causar a morte de um escravo do proprietário da casa, o construtor deverá lhe dar um escravo de igual valor;
- se a propriedade for destruída, ele deverá restaurar o que foi destruído por sua própria conta;
- se o construtor fizer a casa para um homem e não fizer de acordo com as especificações, e uma parede cair, o construtor reconstituirá a parede por sua conta.

Não temos notícia se a aplicação de tal código contribuiu para que os acidentes diminuíssem, mas certamente reduziu o número de maus construtores e eliminou a possibilidade de repetição contínua dos mesmos acidentes.

Os muros de Jericó, ao caírem aos toques de clarins, marcaram o primeiro acidente, na História, produzido por forças sônicas e ultrassônicas.

Assinalamos o recorde de 502 casos de colapsos de estruturas metálicas ferroviárias, no período de 1878 a 1895, descritas por C. F. Stowel, na revista suíça *Schweizerische Bauzeitung* (1894 e 1897).

Em 1919, a American Railway Engineering and Maintenance-of-Way Association (Arema) publicou uma compilação de 25 acidentes de construções de concreto e os classificou em:

- cálculo impróprio;
- erro nos materiais;
- erros de mão de obra;
- carregamento prematuro ou remoção das fôrmas e escoramentos antes do completo endurecimento do concreto;
- insuficiência de fundações;
- incêndios.

Essa associação encerrou seu relatório, enfatizando: "Acreditamos que somente por uma cuidadosa inspeção será possível diminuir o número de acidentes".

Em 1856, Robert Stevenson, presidente do Instituto Britânico de Engenharia, em sua posse, fazia votos para que os acidentes ocorridos durante os últimos anos fossem analisados e divulgados, pois nada seria mais instrutivo aos jovens alunos e profissionais do que o conhecimento dos acidentes e dos meios empregados nos seus reparos.

Os relatos de tais acidentes e dos meios empregados para sanar suas consequências e mesmo

320 Capítulo 15

evitá-las seriam, na realidade, mais valiosos do que os milhares de relatórios autoelogiosos de trabalhos nem sempre bem-sucedidos que as repartições e órgãos empresariais apresentam ao público ou a seus acionistas.

Como referência nacional, cabe ressaltar a ABNT NBR 6118:2014, que, desde a primeira versão de 1960, mostra preocupação com cobrimentos mínimos, de modo a garantir proteção às armaduras. Recentemente, no início dos anos 2000, diferentes ambientes e critérios de proteção a partir do cobrimento e classes de concreto foram incluídos, buscando garantir a vida útil das estruturas de concreto armado. Em 2014, a ABNT NBR 6118 passou por mais uma grande atualização, tratando como concretos de uso em obras correntes aqueles com até 90 MPa de f_{ck}, permitindo, assim, que a norma se adequasse às realidades de mercado; isso também traz benefícios para a garantia da vida útil das estruturas de concreto armado.

15.3 DETERIORAÇÃO OU DEGRADAÇÃO DAS ESTRUTURAS DE CONCRETO

A maioria dos danos apresentados em elementos estruturais de concreto armado tem características evolutivas, ou seja, danos que, em um prazo mais ou menos curto, poderão comprometer sua estabilidade.

A deterioração ou degradação de uma estrutura poderá estar relacionada com as causas a seguir distribuídas:

- Grupo I: Erros de projeto estrutural;
- Grupo II: Emprego de materiais inadequados;
- Grupo III: Erros de execução;
- Grupo IV: Agressividade do meio ambiente.

15.3.1 Grupo I – Erros de Projeto Estrutural

As principais causas de deterioração de estruturas de concreto armado, decorrentes de erros de projeto estrutural, são:

- falta de detalhamento ou detalhes mal especificados;
- cargas ou tensões não levadas em consideração no cálculo estrutural;
- variações bruscas de seção em elementos estruturais;
- falta ou projeto deficiente de drenagem/impermeabilização;

- efeitos da fluência do concreto não levados em consideração;
- especificação inadequada das características dos materiais a serem empregados.

Neste grupo, como consequência, tem-se o surgimento de fissuras que, se não tratadas, podem levar ao colapso da estrutura, dependendo do erro cometido. Outras consequências também podem aparecer, como surgimento de fungos, corrosão das armaduras etc., se os erros não forem adequadamente tratados.

15.3.2 Grupo II – Emprego de Materiais Inadequados

Os materiais deverão ser criteriosamente conhecidos, de acordo com ensaios prévios, de maneira a caracterizá-los, conforme normas e procedimentos relacionados com as características do projeto, utilização e condições ambientais a que os materiais estarão sujeitos, além de realização de controle tecnológico durante a execução da obra.

Enquadram-se aqui, também, as manifestações patológicas decorrentes de reações químicas em razão do uso de materiais não adequados, como no caso do uso de agregados reativos, que podem provocar reação álcali-agregado.

A especificação inadequada dos materiais pode levar anos para ser percebida, como acontece com os agregados reativos, mas sempre traz consequências graves às estruturas. Cabe ficar atento aos sinais apresentados pelas estruturas, sendo essa observação um instrumento importante para o caso de reações lentas.

15.3.3 Grupo III – Erros de Execução

As principais causas de deterioração de estruturas de concreto armado em função de erros de execução são:

- má interpretação das plantas e/ou detalhes, por parte do pessoal de campo;
- adoção de métodos executivos e equipamentos inadequados;
- deslocamento de fôrmas, prumos e alinhamentos, na montagem e execução;
- falta de limpeza das fôrmas;
- descolamento de fôrmas, durante a concretagem, por amarração deficiente, vibração excessiva etc.;
- má colocação da armadura e dos espaçadores;
- desformar antes que o concreto apresente resistência à compressão e módulo de deformação suficientes e necessários;

- não retirada de materiais construtivos nas juntas de dilatação, tais como fôrmas, falta de vedação elástica, ou limpeza;
- recalques diferenciais;
- segregação do concreto;
- retração do concreto;
- vibrações produzidas por tráfego intenso, cravação de estacas, impactos ou explosões nas proximidades da estrutura;
- inadequado conhecimento de engenharia por parte do construtor e/ou desobediência às normas, código e especificações.

Esse tipo de erro acarreta também consequências importantes para as estruturas, sendo fundamentais o controle tecnológico e a fiscalização adequados, para prevenir boa parte dos erros aqui listados.

15.3.4 Grupo IV – Agressividade do Meio Ambiente

Enquadram-se aqui aquelas causas relacionadas com a ação do meio ambiente sobre as estruturas de concreto, que, com o passar do tempo, degradam essas estruturas. Dentre as principais, têm-se:

- ação de águas agressivas, que atacam o concreto;
- corrosão das armaduras;
- ação de agentes presentes na atmosfera ou no entorno das estruturas, em ambientes industriais ou não, que podem provocar a degradação do concreto e/ou das armaduras, como, por exemplo, os íons sulfato.

A agressividade do meio ambiente junto às estruturas de concreto vem sendo alvo de estudos, normas e procedimentos nos últimos anos. Esse aspecto ganhou importância a partir do momento em que os mecanismos começaram a ser entendidos e identificados. Hoje, trabalha-se com modelagem de vida útil, em escala de microclima inclusive, permitindo, assim, que se entendam os mecanismos de degradação das estruturas de concreto armado e, dessa forma, possam ser apresentados modelos de previsão de vida útil mais adequados.

Os principais ambientes e mecanismos relacionados com a temática da degradação das estruturas de concreto estão apresentados no Capítulo 14 desta edição.

Na sequência, são apresentadas as informações sobre a corrosão das armaduras, tendo em vista a importância do possível dano causado e da existência de mecanismos e técnicas específicos para sua terapia.

15.4 CORROSÃO DAS ARMADURAS

O conjunto aço-concreto obteve sucesso por vários motivos, notadamente pela compatibilidade química e física entre os dois. O concreto proporciona uma proteção física ao aço a partir do cobrimento; e uma proteção química a partir do pH elevado (superior a 12), no qual o aço permanece protegido, com a formação de uma camada pouco solúvel, dita camada de passivação. Se esse equilíbrio se quebra, a camada de passivação se rompe e tem início o processo de corrosão das armaduras.

A corrosão das armaduras no interior do concreto é um fenômeno de natureza eletroquímica, que envolve a formação de pilhas eletroquímicas. Helene (1986) afirma que, para a corrosão das armaduras no interior do concreto se desenvolver, são necessários três fatores:

- *eletrólito*, que irá conduzir os íons, gerando uma corrente de natureza iônica e dissolvendo o oxigênio. O eletrólito, no concreto, é constituído, pela solução presente nos poros do concreto;
- *diferença de potencial* entre dois pontos quaisquer da armadura, seja pela diferença de umidade, aeração, concentração salina, tensão no concreto e/ou no aço, impurezas no metal, heterogeneidades inerentes ao concreto, pela carbonatação ou pela presença de íons agressivos. Formam-se, assim, duas regiões distintas, uma região catódica e outra anódica. Qualquer diferença de potencial entre as zonas anódicas e catódicas acarreta o surgimento de corrente elétrica. Dependendo da magnitude dessa corrente e do acesso de oxigênio, poderá ou não ocorrer corrosão;
- *oxigênio*, que, dissolvido na água presente nos poros do concreto, regulará todas as reações catódicas de corrosão.

Existe um quarto fator, que influencia fortemente no início e na velocidade do processo corrosivo. A presença de íons agressivos no eletrólito, como, por exemplo, cloretos ou sulfatos, acentua a manifestação do fenômeno patológico, pois atua diretamente nas reações necessárias ao desenvolvimento do processo, não só porque acentua a diferença de potencial presente sobre a armadura, mas também porque facilita a dissolução da camada de passivação.

Após o início da corrosão, tem-se a fissuração do concreto em razão da característica de expansão apresentada pelos produtos de corrosão, que pode chegar a ser da ordem de seis a dez vezes o volume inicial do ferro. Esse aumento de volume gera tensões internas no concreto, que podem chegar a 15 MPa (Associação Brasileira de Corrosão, 1988). Esse valor de tensão gera

322 Capítulo 15

fissuras, que tendem a acelerar o processo corrosivo. Quando há indicações externas do processo corrosivo, em geral parte da armadura já está comprometida, pois a manifestação nada mais é do que o afloramento do processo corrosivo, a partir do surgimento dos produtos de corrosão (óxidos solúveis) na superfície do concreto (Calegari, 1973). Além das fissuras, outra consequência do processo corrosivo consiste na redução da aderência aço-concreto, em função da natureza expansiva dos produtos de corrosão (Andrade, 1982).

O processo anódico ocorre na superfície do metal, onde há perda de elétrons decorrente das reações de oxidação. As reações principais são (Rogers, 1967):

$$3Fe^{++} + 4H_2O \rightarrow Fe_3O_4 + 8H^+ + 8e^- \quad (15.1)$$

$$Fe \rightarrow Fe^{++} + 2e^- \quad (15.2)$$

O processo catódico é um fenômeno que ocorre na interface entre o metal e o eletrólito e depende da disponibilidade de oxigênio dissolvido e do pH da interface metal-eletrólito. As reações de maior interesse são (Miranda; Basílio, 1987):

$$2H_2O + O_2 + 4e^- \rightarrow 4OH^- \quad (15.3)$$

$$2H^+ + 2e^- \rightarrow H_2 \quad (15.4)$$

15.4.1 Principais Causas de Despassivação das Armaduras

Os principais fatores geradores/aceleradores do processo corrosivo envolvem:

a) Carbonatação do concreto

Resultante da reação entre constituintes do concreto e o dióxido de carbono (CO_2) presente na atmosfera, a carbonatação é um processo químico de neutralização do concreto (redução do pH de valores acima de 12 para valores inferiores a 10). As reações características deste processo são:

$$CO_2 + Ca(OH)_2 \xrightarrow{H_2O} CaCO_3 + H_2O \quad (15.5)$$

$$CO_2 + Na,K(OH) \rightarrow Na_2K_2CO_3 + H_2O \quad (15.6)$$

Essas reações são acompanhadas de uma redução no valor do pH da água do extrato aquoso dos poros do concreto, para valores de pH próximos a 9; assim, tem-se uma grande probabilidade de manifestação do fenômeno de corrosão.

As reações de carbonatação tendem a reduzir sua intensidade com o tempo. Essa estabilização pode ser explicada pela hidratação do cimento e também pela colmatação dos poros provocada pelas próprias reações de carbonatação.

O avanço da frente de carbonatação depende das características do concreto de cobrimento, principalmente daquelas ligadas à porosidade (quantidade, tamanho e conectividade dos poros).

b) Íons agressivos

Os íons cloreto penetram no concreto até atingir a armadura, por meio de mecanismos de transporte de massa, como, por exemplo, a difusão iônica.

Os íons cloreto provocam significativos danos quando se considera o fenômeno de corrosão das armaduras, pois um único íon pode reagir com os íons de ferro em solução durante toda a vida de uma estrutura. Erlin e Hime (1985) apresentam essa afirmação por meio das Equações (15.7) a (15.9).

$$Fe^{++} + 6Cl^- \rightarrow FeCl_6^{-4} \quad (15.7)$$

$$Fe^{3+} + 6Cl^- \rightarrow FeCl_6^{-3} \quad (15.8)$$

Os íons cloreto removem os íons ferrosos das áreas anódicas, formando hidróxidos em uma etapa posterior. A formação dos hidróxidos ocorre, por exemplo, da seguinte maneira:

$$6FeCl^{-3} + 2OH^- \rightarrow Fe(OH)_2 + 6Cl^- \quad (15.9)$$

devolvendo os mesmos seis íons cloreto para a solução, que voltam a agir da mesma maneira.

Segundo Figueiredo (1994), os íons cloreto podem chegar até o concreto de várias formas, entre elas:

- uso de produtos contendo cloretos, como aceleradores de pega à base de cloretos ($CaCl_2$, por exemplo);
- impurezas nos agregados;
- atmosfera marinha.

Uma vez incorporados ao sistema concreto-armadura, os íons cloreto podem ser encontrados no interior do concreto sob três formas:

- quimicamente combinados com os compostos do cimento, formando cloroaluminatos (Kawadkar; Krishnamoorthy, 1981). O íon cloreto reage com o aluminato tricálcico anidro não hidratado, mas não reage com o aluminato tricálcico hidratado. Desta reação resulta o monocloro-aluminato hidratado (sal de Friedel – $C_3A \cdot CaCl_2 \cdot 10\,H_2O$) (Midgley; Illston, 1984);
- fisicamente adsorvidos na superfície dos poros;
- livres na solução contida nos poros.

As duas últimas condições, quando ocorrem junto às armaduras, são as situações mais críticas.

15.5 TRATAMENTO DE ESTRUTURAS COM CORROSÃO DE ARMADURAS

Existem várias maneiras de se reconstituir as condições de serviço de uma peça estrutural, todas elas envolvendo uma sistemática como o diagrama de blocos da Figura 15.1, apresentado pela RILEM (1994).

Após a avaliação das condições de serviço da estrutura danificada, deve-se proceder a escolha, entre as alternativas viáveis economicamente, do material e da técnica adequada para o restabelecimento das condições de estabilidade da estrutura. Tendo em vista os vários sistemas de reparo e de classificação das técnicas e sistemas, optou-se aqui por apresentar a classificação que segue (Helene, 1994):

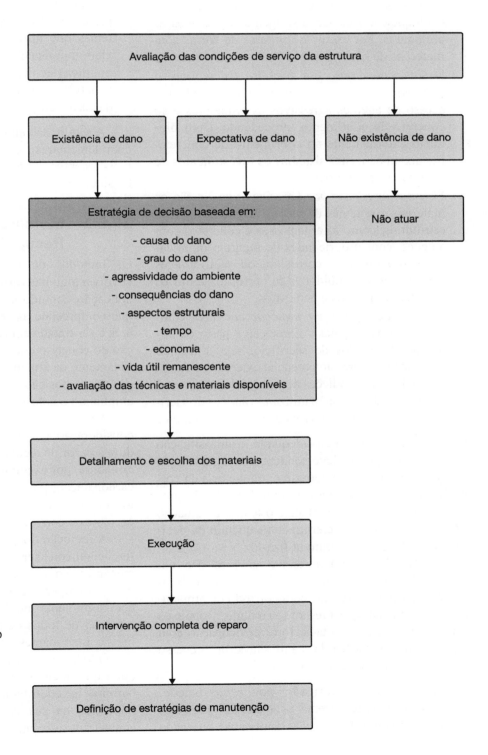

FIGURA 15.1 Diagrama de blocos indicando os passos a serem tomados para uma intervenção de reparo (RILEM, 1994).

324 Capítulo 15

a) *Sistemas de reparo por repassivação da armadura*: enquadram-se aqui aqueles materiais em que o restabelecimento do equilíbrio químico ocorre pela repassivação da armadura, ou seja, reconstituição da peça estrutural com materiais à base de cimento, restabelecendo as condições de pH de modo a propiciar a formação novamente da camada de passivação nas armaduras corroídas.

b) *Sistemas de reparo por barreira física sobre a armadura*: são sistemas que têm como base o bloqueio do acesso dos agentes agressivos às armaduras. Por exemplo, pinturas de barras com materiais de base epóxi.

c) *Sistemas de reparo por barreira física sobre o concreto*: materiais e sistemas que impedem o acesso de agentes agressivos às armaduras e ao concreto de cobrimento, procedendo a um bloqueio externamente ao cobrimento de concreto. Encaixam-se nestes sistemas os revestimentos de argamassas poliméricas.

d) *Sistemas de reparo por barreira química*: são os materiais e sistemas de reconstituição das seções estruturais, como as argamassas e concretos com adições, com propriedades de atuarem quimicamente no processo corrosivo, ou seja, aqueles com adição de inibidores de corrosão, como os nitritos, molibdatos e benzoatos.

e) *Sistemas de reparo por proteção catódica*: compreendem os sistemas de proteção a partir da utilização de ânodos de sacrifício, seja utilizando imposição de corrente/potencial externo, buscando restabelecer as condições de potencial onde o metal está protegido, ou então utilizando ânodos de sacrifício, como pinturas à base de zinco, por exemplo.

Cada sistema é mais adequado a uma situação específica, na qual se deve ponderar o estágio em que se encontra o processo corrosivo, ou a causa da corrosão. Vinculados à causa da manifestação do processo corrosivo, têm-se o teor e o tempo de atuação do agente agressivo, determinantes quando da decisão de qual sistema e como utilizá-lo.

A RILEM (1994) apresenta uma relação um pouco diferenciada quando aborda os sistemas básicos de reparo de estruturas com corrosão de armaduras. Cabe salientar que, mesmo sob o título "Princípios Básicos de Reparo", nota-se forte preocupação com a prevenção (proteção) da manifestação do processo corrosivo. Esses procedimentos são os seguintes:

- proteção contra corrosão por *repassivação*: incluem-se neste sistema os materiais utilizados para reconstituição de seções danificadas, buscando reestabelecer as condições iniciais da estrutura (são os sistemas de reparo de base cimento);
- proteção contra corrosão a partir da *limitação de parâmetros de mistura do concreto*: como relação água/aglomerante e consumo de cimento, por exemplo;
- proteção contra corrosão a partir do *revestimento da armadura*: enquadram-se aqui tanto as pinturas de bloqueio, como as de base epóxi, quanto as pinturas ativas, como as com zinco;
- proteção *eletroquímica*: compreendem os sistemas que utilizam proteção catódica, remoção eletroquímica de cloretos e realcalinização eletroquímica (técnica que restabelece a alcalinidade do concreto, de modo a restaurar as condições antes da carbonatação.

A seguir, são apresentadas algumas informações complementares relativas a sistemas e processos mais recentes, desenvolvidos e utilizados pelo meio técnico.

15.5.1 Métodos Tradicionais de Recuperação de Estruturas

Os métodos de recuperação tradicionais podem envolver algumas variações de materiais e técnicas de aplicação, contudo, eles se pautam em uma sequência que compreende as seguintes ações: delimitação da área a ser tratada em cada elemento estrutural, remoção do concreto contaminado, limpeza da armadura, tratamento da armadura com algum sistema de proteção, recomposição da seção de concreto mantendo ou ampliando o cobrimento existente.

A delimitação da área a ser tratada deve levar em consideração avaliação prévia da condição da armadura a partir de técnicas aplicadas ao concreto e/ou à armadura, por exemplo, medidas de profundidade de carbonatação, profundidade de penetração de cloretos, potencial de corrosão da armadura, densidade de corrente de corrosão nas armaduras.

A remoção do concreto contaminado deve, preferencialmente, ser realizada por meio de ferramenta mecânica, com o cuidado de não danificar o concreto. A limpeza da armadura também deve ser feita com ferramenta mecânica, tendo-se o cuidado para remoção de todos os produtos de corrosão e eventuais contaminantes.

O tratamento da armadura pode ser feito com produtos que atuem por proteção catódica e/ou por efeito barreira, havendo também produtos que incorporem inibidores na sua composição. No primeiro caso, enquadram-se as pinturas ricas em zinco. No segundo, enquadram-se as pinturas que têm como base o bloqueio do acesso dos agentes agressivos às armaduras. Por exemplo, pinturas das barras com materiais de base epóxi. No terceiro caso, incorpora-se ao material de pintura algum tipo de inibidor de corrosão, como os nitritos, molibdatos ou aminoálcool.

A recomposição da seção de concreto, em geral, é feita com materiais de base cimentícia e comercialmente vendidos como grautes ou argamassas estruturais. Esses materiais também podem incorporar inibidores de corrosão na sua composição e representam uma barreira para a entrada de novos agentes agressivos, pois, em geral, são produtos que apresentam baixa porosidade. Quando esses materiais incorporam polímeros na sua composição, tem-se uma argamassa mista, e quando esses materiais são compostos apenas por polímeros, tem-se uma argamassa polimérica.

Nesse contexto, após a avaliação das condições de serviço da estrutura danificada, deve-se ter em mente o processo de escolha, entre as alternativas viáveis econômica e tecnicamente, do material e da técnica adequada para o restabelecimento das condições de estabilidade da estrutura.

15.5.2 Realcalinização do Concreto

A realcalinização do concreto se pauta no restabelecimento dos níveis iniciais de alcalinidade do concreto, o que pode ocorrer de duas formas: a realcalinização química e a realcalinização eletroquímica. A partir da realcalinização, entende-se ser possível a repassivação da armadura, assumindo condição semelhante àquela antes do processo de corrosão.

A realcalinização química propicia o restabelecimento da alcalinidade do concreto a patamares que permitem a recomposição da camada de passivação das armaduras. Ocorre pela aplicação de substâncias alcalinas na superfície da peça estrutural que, por transporte, chegam no nível das armaduras, a partir da eletrólise da água.

A realcalinização eletroquímica tem o mesmo objetivo da realcalinização química, mas é realizada a partir da aplicação de um campo elétrico, que proporciona o transporte de compostos alcalinos da superfície para o interior do concreto, propiciando também a formação de íons hidroxila no entorno das armaduras, a partir da eletrólise da água.

15.5.3 Extração Eletroquímica de Cloretos

A extração eletroquímica de cloretos é uma técnica que também se pauta na aplicação de um campo elétrico externo. A partir da aplicação desse campo, ocorre a eletromigração de íons cloreto do concreto contaminado para a superfície do concreto, reduzindo significativamente a concentração de cloretos na capa de cobrimento, o que, em tese, é condição favorável para que a armadura possa repassivar.

A aplicação dessa técnica tem limitações, como a dificuldade de extrair cloretos que ultrapassaram o nível da armadura, bem como uma eficiência limitada para níveis de contaminação mais elevados.

15.5.4 Proteção Catódica

Os sistemas de proteção catódica compreendem sistemas de proteção a partir da utilização de ânodos de sacrifício, também conhecida como proteção galvânica, e sistemas de proteção por corrente impressa, que impõe um potencial catódico à armadura a partir da aplicação de um campo elétrico externo, conduzindo a armadura a uma condição de cátodo. Essas técnicas são mais utilizadas em ambientes fortemente agressivos, em geral, em ambientes marinhos ou onde há o emprego de sais de degelo.

No caso da proteção catódica por ânodos de sacrifício, elementos de ligas metálicas menos nobres são adicionados à estrutura, em contato direto com a armadura, durante a execução da estrutura, de modo que os ânodos, como ligas metálicas menos nobres, são aqueles que se corroem e a armadura é conduzida à condição de cátodo.

No caso da proteção catódica por corrente impressa, elabora-se um arranjo elétrico externo que permite que a armadura seja artificialmente conduzida para a zona de imunidade, ou seja, ela assume potenciais extremamente negativos, característicos da zona de imunidade, fazendo com que ela desempenhe o papel de cátodo.

15.5.5 Uso de Inibidores de Corrosão

Os inibidores de corrosão são substâncias que, quando em concentração adequada em um sistema de corrosão, têm a propriedade de reduzir a atividade de corrosão sem alterar a concentração do agente agressivo. No entanto, apesar de sua aplicação no concreto, os inibidores de corrosão devem ter uma ação química ou eletroquímica com a armadura. Substâncias que dificultam a entrada de agentes agressivos, ou reduzem a porosidade do concreto, não são classificadas como inibidores de corrosão (Elsener; Büchler; Böhni, 1997).

Os inibidores são, em geral, adicionados à mistura de concreto fresco, mas também há aqueles que são de aplicação superficial, sobre o concreto endurecido. No primeiro caso, esses materiais atuam como prevenção à corrosão e, em geral, são adotados para estruturas submetidas a ambientes de elevada agressividade ambiental. No segundo caso, os inibidores atuam como tratamento preventivo (se ainda não há corrosão) ou como tratamento corretivo, para reduzir um processo de corrosão em andamento. Nos dois casos, os inibidores devem ser capazes de chegar no nível da armadura, em quantidade suficiente para protegê-la da corrosão ou reduzir a velocidade de corrosão de um processo em andamento (Lima, 1996).

Os inibidores são usualmente classificados como: inibidores anódicos, inibidores catódicos ou inibidores mistos, de acordo com a sua atuação, reduzindo as reações anódicas, catódicas ou as duas, respectivamente (Andrade, 1982).

São várias as substâncias que atuam como inibidores de corrosão, podendo agir em propriedades do concreto fresco e/ou endurecido, ressaltando-se, porém, a necessidade de um estudo preliminar, visando avaliar o seu impacto nas propriedades do material (Lima, 1996).

15.5.6 Comentários sobre as Técnicas Apresentadas

Qualquer técnica de recuperação/proteção apresenta influência no período de vida útil da estrutura. O novo comportamento da estrutura vai depender do sistema e de quando este sistema foi utilizado.

Cabe ressaltar que as melhores técnicas de aplicação de cada um desses sistemas de proteção/reparo devem ser recomendadas por técnicos especializados, em conjunto com os fabricantes dos materiais específicos. Eles também fornecem treinamento específico, e a garantia do produto/sistema está atrelada ao fato de o aplicador ter sido capacitado para tal serviço.

Outro aspecto importante a ser introduzido diz respeito ao acompanhamento da estrutura reparada/recuperada, uma vez que a restauração de sua condição de serviço não significa que nada mais precise ser feito. A manutenção da estrutura deve ser realizada regularmente, evitando-se, assim, o ressurgimento da manifestação patológica.

15.6 TRATAMENTO DE FISSURAS

As fissuras em estruturas de concreto armado são, em geral, tratadas de duas formas: colmatação superficial das fissuras ou injeção das fissuras com material de elevada fluidez.

No caso da colmatação superficial das fissuras, emprega-se um material flexível de baixa permeabilidade, que seja capaz de evitar a entrada de agentes agressivos, bem como de absorver eventuais movimentações da fissura, sem o surgimento de novas fissuras no material de reparo que permitiriam a passagem desses agentes.

No caso da injeção de fissuras, faz-se o preenchimento das fissuras com o material apropriado empregando-se uma bomba que permita a injeção do material na pressão recomendada pelo fabricante, seguindo uma sequência de preenchimento dos pontos de fissuração mais baixos para os mais elevados e com o emprego de bicos de injeção que permitam o acoplamento da mangueira de injeção.

Os materiais empregados nesse tipo de tratamento podem ser resinas epoxídicas ou poliuretanos estruturais, sendo as primeiras de amplo uso em áreas protegidas da radiação solar, e as segundas, adequadas para uso em áreas externas.

15.7 PROTEÇÃO DE ESTRUTURAS EM MEIOS DE ELEVADA AGRESSIVIDADE

A agressividade ao concreto armado pode ocorrer em ambientes industriais específicos, ambientes urbanos ou ambientes marinhos. Em cada um deles, podem-se ter distintos níveis de agressividade. No entanto, quando essa agressividade se configura como elevada, faz-se necessária a adoção de sistemas de proteção suplementares, os quais podem ter como foco a armadura, o concreto ou os dois.

No caso do concreto, podem ser adotados recursos que alteram a própria estrutura porosa do concreto e/ou pinturas superficiais, que representam uma película que dificulta a entrada dos agentes agressivos. No caso das armaduras, podem ser adotados sistemas que alteram a superfície das armaduras, como a galvanização ou a pintura epóxi, as armaduras com ligas resistentes à corrosão ou mesmo as armaduras não metálicas.

As seções que se seguem (15.7.1, 15.7.2 e 15.7.3) tratam dessas alternativas no contexto dos ambientes industriais, urbano e marinho.

15.7.1 Proteção de Estruturas em Ambientes Industriais

A proteção de estruturas em ambientes industriais depende da natureza da agressividade presente. Por exemplo, indústrias que operam com produtos ácidos desenvolvem uma agressividade sobre o concreto associada ao tipo de ácido e à sua concentração.

Em se tratando de substâncias que dissolvem a pasta hidratada em profundidade, há que se considerar a proteção da superfície do concreto com películas que impeçam o contato direto da pasta com a substância agressiva, como é o caso das pinturas de base epóxi ou poliuretano. A Figura 15.2 mostra o caso de um tanque de rejeitos industriais em que as paredes de concreto foram protegidas por uma película de alta resistência química.

15.7.2 Proteção de Estruturas em Ambiente Urbano

No ambiente urbano, alguns fenômenos de degradação das estruturas de concreto podem se fazer presentes. O principal deles é a carbonatação do concreto, que leva à corrosão de armaduras.

Neste caso, o meio mais simples e econômico de fazer frente ao citado fenômeno é ter um concreto de cobrimento com características de alcalinidade e porosidade compatíveis com a concentração de CO_2, temperatura e umidade do ambiente, de forma que a velocidade de carbonatação deste concreto seja compatível com a vida útil inicial esperada para estrutura. Nos casos em que o concreto não atende a essa condição, pode-se lançar mão de medidas suplementares de proteção, como as pinturas superficiais.

Entre as pinturas de proteção, têm-se algumas opções, que vão desde os materiais à base de silicone, passando pelos de base acrílica, até os cristalizantes, que atuam na redução de porosidade superficial do concreto. A eficiência desse tratamento depende do tipo de material aplicado.

FIGURA 15.2 Proteção superficial em tanque de efluentes. Foto: Emílio Minoru Takagi.

15.7.3 Proteção de Estruturas em Ambiente Marinho

O ambiente marinho é, em geral, de agressividade bem superior à do ambiente urbano, com consequências de dano mais significativas para a estrutura.

Em ambientes marinhos, nas zonas com agressividade menor, como é o caso da zona de atmosfera marinha, podem ser adotados sistemas de proteção que se pautam na alteração da própria microestrutura do concreto, como no desenvolvimento de dosagens com menor capacidade de transporte de massa ou mesmo o uso dos cristalizantes, que também alteram a microestrutura do concreto, retardando o ingresso de íons cloreto no concreto. O emprego de pinturas de proteção, principalmente como intervenção ao longo da vida útil da estrutura, não está descartado.

Nos ambientes marinhos de maior agressividade, pode-se lançar mão de ferramentas mais contundentes, dependendo do grau de proteção desejado. Nesse sentido, o emprego de concretos de baixíssima porosidade associado a uma capa de cobrimento mais espessa pode ser uma saída técnica e economicamente adequada. Contudo, há situações em que medidas de proteção suplementares são inevitáveis, como o emprego de barras com maior tolerância ao ambiente com cloretos, como é o caso das barras galvanizadas, barras com pintura epóxi e barras não metálicas. Além disso, pode-se lançar mão também da proteção catódica, comentada na Seção 15.5.4.

15.8 MODELAGEM DE VIDA ÚTIL DE ESTRUTURAS DE CONCRETO

A modelagem de vida útil de estruturas de concreto tendo em conta os fenômenos associados à corrosão de armaduras pode envolver modelos matemáticos de previsão que tratem os fenômenos de forma simplificada até modelos que associem uma quantidade significativa de variáveis. Estes são modelos numéricos mais complexos, que demandam um conjunto de parâmetros que nem sempre é de fácil obtenção para um profissional da engenharia no seu dia a dia.

Nesta seção, são abordados apenas os modelos mais simples, tendo o tempo como principal variável. Dentre eles, o Modelo de Tuutti é o mais consagrado na literatura.

Para Tuutti (1982), o fenômeno de corrosão das armaduras no concreto compreende três estágios (Fig. 15.3):

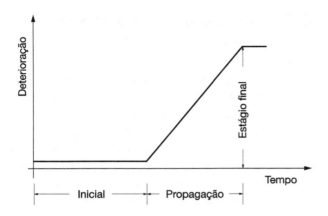

FIGURA 15.3 Modelo esquemático do desenvolvimento da corrosão nas armaduras de estruturas de concreto (Tuutti, 1982).

1) *Iniciação*: período em que o aço ainda não apresenta manifestação do fenômeno de corrosão das armaduras, mas o meio onde o metal está inserido está sofrendo transformações que propiciam a manifestação do fenômeno, por exemplo, penetração de agentes agressivos (íons cloreto e dióxido de carbono). A duração deste estágio depende das características do concreto, como permeabilidade, difusibilidade, porosidade, espessura do cobrimento das armaduras etc.
2) *Propagação*: período em que a armadura imersa no concreto desenvolve as reações de corrosão. Os fatores que controlam este estágio são os relacionados com a cinética da reação, assim como características do concreto que podem influenciar nessa velocidade, como resistividade e heterogeneidades.
3) *Estágio final*: na realidade, não é um período de desenvolvimento do processo, mas uma constatação de que a estrutura apresenta um estágio tal de deterioração que pode ser caracterizado como perda da capacidade portante da estrutura, ou seja, final de vida útil.

Este modelo (Fig. 15.3) é válido para qualquer manifestação patológica que dependa de penetração do agente desencadeador do fenômeno por meio do cobrimento de concreto. É um modelo fenomenológico, mas que traduz as fases de modo a explicar os fenômenos e as diferenças existentes entre as etapas.

Quando se tem o desencadeamento do fenômeno corrosivo, em algum momento da vida útil da estrutura, faz-se necessária uma intervenção, de modo a reparar as condições iniciais, protetoras, da seção de concreto/armadura. Caso não ocorra esta recuperação das condições de serviço, corre-se o risco de se ter um comprometimento estrutural, chegando-se até mesmo à ruína da estrutura (Lima *et al.*, 1995).

Qualquer técnica de recuperação/proteção apresenta influência no período de vida útil da estrutura. O novo comportamento da estrutura vai depender do sistema e de quando este sistema foi utilizado, conforme apresenta a Figura 15.4.

BIBLIOGRAFIA

ANDRADE, C. Corrosión y protección de armaduras. *Informes de la Construcción*, v. 33, n. 339, p. 33-41, mar. 1982.

ASSOCIAÇÃO BRASILEIRA DE CORROSÃO. Corrosão dos metais no concreto. *Corrosão & Proteção*, n. 2, fev. 1988.

ASSOCIAÇÃO BRASILEIRA DE NORMAS TÉCNICAS. *NBR 6118:* Projeto de estruturas de concreto – Procedimento. Rio de Janeiro: ABNT, 2014.

ASSOCIAÇÃO BRASILEIRA DE NORMAS TÉCNICAS. *NBR 15575:* Partes 1 a 6 – Edifícios habitacionais de até cinco pavimentos – Desempenho. Rio de Janeiro: ABNT, 2013.

CALEGARI, D. D. Corrosão eletrolítica nas armaduras de aço dos concretos armado e protendido. *In*: CONFERÊNCIA REGIONAL SUL-AMERICANA SOBRE EDIFÍCIOS ALTOS. Anais... Porto Alegre, 1973, p. 298-305.

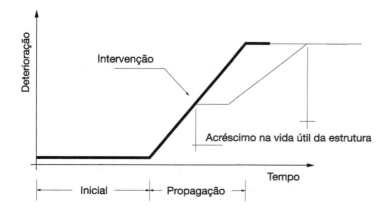

FIGURA 15.4 Alterações no diagrama de vida útil de uma estrutura de concreto quando se consideram o desenvolvimento da corrosão e uma intervenção de recuperação realizada (Lima, 1996).

ELSENER, B.; BÜCHLER, M.; BÖHNI, H. Corrosion inhibitors for steel in concrete. *In*: EUROCORR 1997, Trondheim, Norway, 22-25 sept. 1997. *Proceedings...* p. 469-474.

ERLIN, B.; HIME, W. G. Chloride induced corrosion *Concrete International*, v. 7, n. 9, p. 23-5, Sept. 1985.

FIGUEIREDO, E. J. P. *Avaliação do desempenho de revestimentos para proteção da armadura contra a corrosão através de técnicas eletroquímicas*: Contribuição ao estudo de reparo de estruturas de concreto armado. 1994. 423 p. Tese (Doutorado) – Escola Politécnica da Universidade de São Paulo, São Paulo, 1994.

HELENE, P. R. L. *Corrosão de armaduras no concreto*. São Paulo: Pini, 1986.

HELENE, P. R. L. *Pesquisa para normalização de materiais e sistemas de reparo de estruturas de concreto com corrosão de armaduras*. (Relatório parcial de atividades – Projeto temático Fapesp), São Paulo, 1994.

KAWADKAR, K. G.; KRISHNAMOORTHY, S. Behaviour of cement under common salt solutions both under hydrostatic and atmospheric pressures. *Cement and Concrete Research*, v. 11, n. 1, p. 103-113, 1981.

LIMA, M. G. *Inibidores de corrosão:* Avaliação da eficiência frente à corrosão de armaduras provocada por cloretos. 1996. 163p. Tese (Doutorado) – Escola Politécnica da Universidade de São Paulo, São Paulo, 1996.

LIMA, M. G.; ARVATI FILHO, A.; HELENE, P. Corrosão de armaduras: sistemas de reparo por inibição. *In*: SEMINÁRIO DE CORROSÃO NORTE-NORDESTE. *Anais...*, Fortaleza: Abraco, 1995, p. 1-10.

MIDGLEY, H.; ILLSTON, J. M. The penetration of chlorides into hardened cement pastes. *Cement and Concrete Research*, v. 14, n. 4, p. 546-558, 1984.

MIRANDA, T. R. V.; BASÍLIO, F. A. Alguns aspectos eletroquímicos da corrosão de armaduras em concretos. *Informativo INT*, v. 19, n. 39, p. 21-24, maio/ago. 1987.

RILEM. Draft recommendation for repair strategies for concrete structures damaged by reinforcement corrosion. *Materials and Structures*, v. 27, p. 415-436, 1994.

ROGERS, T. H. *Marine corrosión*. London, 1967.

TUUTTI, K. *Corrosion of steel in concrete*. Stockolm: Swedish Cement and Concrete Research, 1982.

16

ARGAMASSAS NA CONSTRUÇÃO CIVIL

Prof.ª Dra. Renata Monte •
Prof.ª Dra. Mercia Maria Semensato Bottura de Barros •
Prof. Dr. João Fernando Dias

16.1 Introdução, 331
16.2 Definição, 331
16.3 Classificação, 331
16.4 Constituintes das Argamassas, 333
16.5 Características, Propriedades e Ensaios das Argamassas, 336
16.6 Composição, Dosagem e Consumo de Materiais por m³, 342

16.1 INTRODUÇÃO

O material argamassa vem sendo largamente utilizado pela humanidade desde os seus primórdios (Gn 11, 3).

Inicialmente produzido a partir de aglomerantes naturais, como o óleo de origem animal ou vegetal, misturados com areias e argilas locais, aos poucos foi sendo objeto de estudos científicos e hoje, a exemplo do concreto, dispõe de muita literatura científica e tecnológica que aborda seu comportamento para as mais diferentes funções que pode exercer. No âmbito nacional, grande parte da literatura disponível é resultado das edições do Simpósio Brasileiro de Tecnologia das Argamassas (SBTA). Realizado no âmbito da Associação Nacional de Tecnologia do Ambiente Construído (ANTAC) e do seu grupo de trabalho GT Argamassas, o SBTA é o principal evento técnico-científico brasileiro voltado às argamassas para construção civil e aos revestimentos de argamassa.

A argamassa é um material versátil, composto basicamente por aglomerantes inorgânicos, agregados e água, com possibilidade de uso conjunto de aditivos e adições.

É um material que pode ser utilizado em diferentes situações na construção civil, como: assentamento de componentes de alvenaria, revestimentos, assentamento de placas cerâmicas ou placas pétreas, reparos de estruturas, entre outras.

Não obstante toda evolução tecnológica, as argamassas são materiais que ainda guardam resquícios de utilizações empíricas, o que normalmente traz desafios de diversas naturezas como técnico, estético, econômico ou de durabilidade.

Pela sua diversidade de usos e possibilidades de constituição, é possível a obtenção de distintos materiais, todos eles com a denominação "argamassa".

Neste capítulo, serão sintetizadas as principais características, propriedades, formas de obtenção e normas relativas às argamassas inorgânicas.

16.2 DEFINIÇÃO

A ABNT NBR 13281-1 (2023) define a argamassa inorgânica como uma mistura homogênea de um ou mais ligantes inorgânicos, agregado(s) miúdo(s) que atendam a normalização específica e água, podendo conter ou não fibras, adições e/ou aditivos, com características adequadas a sua utilização.

16.3 CLASSIFICAÇÃO

As argamassas têm amplo uso na construção civil sobretudo porque, a partir das suas diferentes composições, dosagem de seus constituintes e formas de preparo, resulta em um material com distintas características e, portanto, diferentes possibilidades de utilização. Assim, para facilitar seu estudo, propõe-se uma classificação que possa organizar esse material por grupos ou famílias que tenham características e propriedades semelhantes. As possibilidades de classificação são muitas. Neste capítulo propõem-se, a seguir, aquelas que sejam mais comuns.

16.3.1 Quanto à Função

A função para a qual uma argamassa será destinada exerce forte influência nos requisitos que são exigidos para o material. Nesta seção, são apresentadas as principais funções que as argamassas podem assumir, sendo também indicadas as normas técnicas que apresentam os requisitos e critérios que a argamassa precisa atender para cada uso.

- **Argamassas para revestimento de paredes e tetos.** O emprego de argamassas para revestir paredes e tetos é uma das principais aplicações desse material. O revestimento de argamassa pode ser constituído por várias camadas, que possuem características e funções bem definidas e, por isso, exigirão argamassas com características e propriedades distintas. Esse conjunto de camadas de argamassa pode estar totalmente acabado como é o caso dos revestimentos decorativos ou podem, ainda, receber diversos tipos de acabamentos como um sistema de pintura ou os revestimentos cerâmicos, entre outros. São exemplos de camadas constituintes do sistema de revestimento de argamassa: chapisco, emboço, reboco, massa única. O chapisco é uma camada de preparo da base (usualmente alvenarias e componentes estruturais de concreto armado) para receber outras camadas do sistema de revestimento. Tem como funções principais uniformizar a absorção da base e potencializar aderência da camada subsequente (ABNT NBR 13529, 2013). Até o momento, não existe norma técnica nacional que especifique as características da argamassa de chapisco. Esse material pode ser industrializado ou produzido em canteiro. Independentemente da forma de sua produção, trata-se usualmente de uma argamassa com elevado teor de cimento, tendo a possibilidade de emprego de diferentes tipos de agregado e aditivos químicos. A ABNT NBR 7200 (1998) menciona apenas a aplicação manual do chapisco e este com consistência fluida. Porém, a aplicação do chapisco com rolo de textura ou projetado mecanicamente, com o material mais consistente, é observada em obras. Além disso, alguns produtos industrializados são disponibilizados no mercado para aplicação com desempenadeira denteada. A ABNT NBR 13281-1 (2023) estabelece os requisitos, critérios e métodos de ensaios para as argamassas inorgânicas destinadas ao revestimento de paredes e tetos, independentemente de sua forma de produção (produzidas em canteiro, industrializadas, usinadas, prontas para uso ou outras alternativas) e de aplicação (manual ou mecanizada). Nessa norma são indicados alguns requisitos como classificatórios e outros apenas como informativos. Para os requisitos classificatórios, a norma propõe critérios para que as argamassas de revestimento sejam classificadas de acordo com o tipo de aplicação, ou seja, para uso como revestimento interno ou externo, para edifícios altos ou baixos. Esses critérios são estabelecidos a partir da necessidade de o material ter propriedades adequadas às exigências de desempenho do revestimento que será com ele produzido. Por sua vez, as argamassas decorativas (pigmentadas), monocamada ou multicamadas, e as argamassas de emboço técnico, para revestimentos com desempenho superior, têm seus requisitos e critérios apresentados na ABNT NBR 16648 (2018).

- **Argamassas para assentamento e fixação de componentes de alvenaria.** A ABNT NBR 13281-2 (2023) apresenta os requisitos, critérios e métodos de ensaios exigíveis para as argamassas destinadas ao assentamento de componentes de alvenaria (blocos e tijolos), com e sem função estrutural, e para as argamassas destinadas à fixação horizontal da alvenaria sem função estrutural.
- **Argamassas para assentamento ou rejuntamento de placas cerâmicas.** Atualmente, o assentamento de placas cerâmicas é mais comumente realizado com argamassa colante industrializada e os requisitos exigidos para esse material são apresentados na ABNT NBR 14081:1 (2012). Para o rejuntamento das placas cerâmicas, podem ser aplicadas argamassas de base cimentícia, cujos requisitos são indicados pela ABNT NBR 14992 (2003). Esses materiais, pelas suas especificidades, são abordados no Capítulo 25.

- **Argamassas para impermeabilização.** O uso de argamassas em sistemas de impermeabilização é bastante comum, seja como camada de proteção mecânica de outros materiais como mantas e membranas, ou como um material impermeabilizante. As argamassas poliméricas de base cimentícia para impermeabilização são contempladas na ABNT NBR 11905 (2015). Essa norma traz os requisitos mínimos exigidos para esse material, produzido industrialmente, considerando seu uso em sistemas de impermeabilização não sujeitos a fissuras dinâmicas e submetidos à ação de água por percolação sob pressão negativa ou positiva. Outra norma que trata de argamassas para impermeabilização é a ABNT NBR 16072 (2012), que estabelece os requisitos para a argamassa impermeável dosada e preparada em canteiros de obra com cimento, areia, aditivo impermeabilizante e água, para uso em fundações, cortinas, subsolos, reservatórios e piscinas sob o solo, poços de elevador e outras estruturas equivalentes não sujeitas à fissuração. As especificidades dos materiais para impermeabilização são tratadas no Capítulo 31.
- **Argamassas para pisos e contrapisos.** A camada de contrapiso é definida pela ABNT NBR 15575:3 (2021) "como o extrato com as funções de regularizar o substrato, proporcionando uma superfície uniforme de apoio, coesa, aderida ou não, e adequada à camada de acabamento, podendo eventualmente servir como camada de embutimento, caimento ou declividade". Não há uma norma técnica específica para as argamassas destinadas à produção de contrapisos. A ABNT NBR 13753 (1996), que versa sobre os revestimentos de piso interno e externo com placas cerâmicas, é a única norma que apresenta prescrições para a argamassa de contrapiso. Nessa norma é indicado o uso de uma argamassa de consistência semisseca (ver Seção 16.3.3), produzida com cimento e areia média úmida, com proporção em volume de uma parte de cimento para seis partes de areia, ou uma argamassa mista de cimento, cal e areia com respectiva proporção em volume de 1:0,25:6. Barros (1991), ao discutir a tecnologia de produção de contrapisos para edifícios habitacionais e comerciais, propõe uma metodologia de dosagem para essas argamassas. Existem outros tipos de argamassa para contrapiso que ainda não dispõem de norma técnica específica, como as argamassas fluidas (usualmente denominadas autonivelantes pelo meio técnico) e de hidratação controlada (também denominadas

argamassas estabilizadas). Há também a ABNT NBR 11801 (2012), que estabelece os requisitos para argamassas de alta resistência mecânica, superior a 40 MPa, para produção de pisos industriais (o Capítulo 29 trata dos pisos industriais revestidos por argamassa de alta resistência).

- **Argamassas para usos específicos.** Algumas das aplicações específicas para as quais podem ser utilizadas argamassas são: proteção mecânica, refratárias, isolantes, grautes, recuperação estrutural, blindagem radiológica (baritada), entre outras. Para esses usos, as argamassas deverão apresentar composição e dosagem adequadas às condições de emprego.

16.3.2 Quanto ao Aglomerante

A natureza, o tipo do aglomerante e o número de aglomerantes utilizados na produção das argamassas também diferencia as suas características e o comportamento resultante de sua aplicação. Nesse sentido, as argamassas podem ser classificadas como:

- **Argamassa aérea**: constituída por aglomerantes aéreos como a cal hidratada ou o gesso.
- **Argamassa hidráulica**: constituída por aglomerantes hidráulicos como o cimento Portland.
- **Argamassa simples**: quando utiliza apenas um tipo de aglomerante. É chamada argamassa de cimento, argamassa de cal ou argamassa de gesso, dependendo do aglomerante utilizado.
- **Argamassa mista**: usualmente constituída porcimento Portland mais cal hidratada (a mistura de cimento com gesso não é adequada, ver Capítulo 3).

16.3.3 Quanto à Consistência ou Fluidez

Na argamassa fresca, os agregados estão imersos em uma pasta (finos mais água) que garante, além da coesão do sistema, a lubrificação e o espaço para a movimentação desses grãos. À medida que se aumenta o volume de pasta, a argamassa escoa com maior facilidade, pela diminuição do contato entre os agregados, e a fluidez do sistema passa a ser governada pela viscosidade da pasta. Ou seja, a consistência ou fluidez da argamassa é influenciada pela relação entre o volume de pasta (finos mais água) e o volume de vazios entre os agregados (estrutura granular), podendo ser classificada como:

- **Argamassa semisseca**: quando o volume de pasta é inferior ao volume de vazios intragranular, com isso há o contato entre os grãos do agregado.

Nesse caso, a argamassa tem aspecto áspero e nos canteiros de obra é usualmente denominada "argamassa farofa" pelo aspecto solto entre os constituintes.

- **Argamassa plástica**: há um equilíbrio entre o volume de pasta e o volume de vazios entre os grãos do agregado, fazendo com que haja mais coesão entre os materiais constituintes.
- **Argamassa fluída**: o volume de pasta supera o volume de vazios granular, fazendo com que os grãos do agregado fiquem dispersos na pasta e afastados entre si.

O volume relativo da pasta e dos vazios influencia na reologia do material (plasticidade e viscosidade) e cada aplicação exige condições reológicas adequadas para sua aplicação.

16.3.4 Quanto à Forma de Produção ou Fornecimento

As argamassas podem ser produzidas e fornecidas de diferentes maneiras, podendo ser classificadas quanto a esse critério como:

- argamassa produzida em canteiro de obra;
- argamassa industrializada ensacada;
- argamassa industrializada ensilada;
- argamassa produzida em usina.

Independentemente da forma de produção ou fornecimento, as argamassas devem apresentar características e propriedades que permitam a sua utilização segundo as funções para as quais foram definidas. Essas características e propriedades são apresentadas na Seção 16.5.

16.4 CONSTITUINTES DAS ARGAMASSAS

A definição das argamassas apresentada na Seção 16.2 indica que são compostas pela mistura homogênea de algumas matérias-primas, como o cimento, a cal e a areia, por exemplo. É importante entender como as características das matérias-primas que podem compor uma argamassa influenciam suas propriedades no estado fresco e também no seu comportamento após endurecida.

16.4.1 Cimento Portland

O cimento Portland é um dos principais constituintes das argamassas. Quando presente, é responsável por conferir as propriedades mecânicas necessárias para as mais variadas aplicações das argamassas.

Pela importância do cimento na construção civil, ele é tratado com mais profundidade no Capítulo 3, destacando-se aqui apenas as suas características que mais influenciam o comportamento das argamassas.

Em geral, não há restrições ao tipo de cimento que será utilizado em argamassas, mas alguns cuidados são indicados para evitar manifestações patológicas que podem ser associadas direta ou indiretamente ao tipo de cimento utilizado.

No caso de argamassa para revestimentos de paredes e tetos, o uso de cimentos muito finos, como o cimento CPV-ARI, pode aumentar o risco de fissuração no revestimento por retração excessiva da argamassa. Também o uso de cimentos com altos teores de adições minerais (CP III ou CP IV) impacta a velocidade de ganho de resistência mecânica. Quando do emprego desses tipos de cimento, o processo de cura das camadas é ainda mais fundamental para evitar que as camadas (chapisco, emboço, massa única, por exemplo) tenham resistência mecânica aquém do exigido. Para as argamassas de chapisco, em especial, recomenda-se que esses dois últimos tipos de cimento não sejam empregados.

16.4.2 Cal Aérea

A cal é um aglomerante muito utilizado na produção de argamassas, especialmente aquelas utilizadas como revestimento e assentamento. Quando comparada ao cimento Portland, tem limitada capacidade de proporcionar ganho de resistência mecânica, sobretudo em idades curtas, por depender do processo de carbonatação do hidróxido de cálcio com o CO_2 do ar, para formar o carbonato de cálcio. Por outro lado, confere melhoria em algumas propriedades das argamassas, como plasticidade, capacidade de retenção de água no estado fresco e capacidade de absorver deformações no estado endurecido. Carasek (1996) observou também que o uso da cal em argamassas para revestimento facilita o preenchimento do substrato, favorecendo a extensão de aderência.

Entretanto, como salientam Bauer e Sousa (2005), o teor excessivo de cal pode influenciar negativamente o desempenho do revestimento, principalmente no risco de surgimento de fissuras. Por isso, a dosagem adequada de argamassas utilizadas em revestimentos e assentamentos, que concilie as vantagens do cimento e da cal, é fundamental para o adequado desempenho do elemento por ela produzido.

O Capítulo 2 dedica-se às características e propriedades mais relevantes das cales para a construção civil.

16.4.3 Gesso

A utilização de argamassas de gesso, incorporando agregado miúdo à pasta de gesso, é menos comum no mercado brasileiro (John; Antunes, 2002) e, por isso, esse assunto não será aprofundado neste capítulo. Não obstante seu reduzido uso em argamassas, o gesso é um material muito utilizado na construção civil, podendo-se citar a produção de revestimentos com pasta de gesso e a fabricação de placas de gesso acartonado como importantes aplicações desse material. Pela sua importância, o gesso é tratado com mais profundidade no Capítulo 2, em que se discutem a composição química, características e propriedades do gesso como material de construção.

16.4.4 Agregados

Os agregados têm um papel muito importante como materiais na construção civil e, particularmente, na produção de concretos e argamassas. Pela sua relevância, o Capítulo 4 é dedicado à discussão ampla do tema. Neste capítulo, são sintetizados apenas alguns aspectos relevantes dos agregados que afetam as propriedades das argamassas de uso corriqueiro na construção civil.

Os agregados utilizados na produção de argamassas podem ser caracterizados como material granular, geralmente inerte. O mais utilizado é classificado como areia, que é um agregado miúdo cujos grãos passam pela peneira de malha 4,75 mm e ficam retidos na malha de 150 μm, devendo atender às especificações da ABNT NBR 7211 (2022).

Principalmente por razões ambientais, econômicas e de disponibilidade local, agregados classificados como siltes ou argilas, e agregados reciclados originados de resíduos de construção e demolição (RCD), podem estar presentes na composição de argamassas. O Capítulo 33 aborda o tema reciclagem de RCD.

Os agregados podem ter diferentes natureza e origem, podem ser naturais ou artificiais, e apresentar composição mineralógica, granulometria e características variadas e, por isto, ter uso bastante diverso.

O agregado é o constituinte das argamassas utilizado em maior volume e, por isso, exerce grande influência nas propriedades no estado fresco e no comportamento do elemento produzido com a argamassa. Sabbatini (1998), referindo-se especificamente a argamassas de assentamento, enfatiza que o agregado utilizado na sua composição tem forte influência em propriedades importantes como trabalhabilidade, capacidade de aderência e resiliência. Por isso, o autor salienta a importância de uma escolha preponderantemente técnica da areia adequada para a confecção de argamassas de assentamento. Essa influência do agregado é observada também nas argamassas de revestimento.

As características da areia mais importantes de serem consideradas quando da composição e dosagem das argamassas são a composição mineralógica e granulométrica, forma e rugosidade superficial dos grãos, a massa unitária e o inchamento (Sabbatini; Baía, 2000). Bauer e Sousa (2005) recomendam que os agregados sejam isentos de matéria orgânica, formações ferruginosas, aglomerados argilosos e outras impurezas que possam causar manifestações patológicas nos revestimentos de argamassa. A natureza do agregado e sua composição granulométrica influenciam a reologia da argamassa e, particularmente, a sua plasticidade. Grãos com formas angulares, lamelares ou rugosas demandam maior teor de pasta para que as argamassas tenham a plasticidade necessária para determinadas aplicações. O maior volume de pasta é usualmente alcançado com aumento no consumo de finos, particularmente, de aglomerantes. Porém, o aumento no consumo de aglomerantes pode alterar diversas propriedades do material no estado endurecido, como a retração e, em consequência, o potencial de fissuração, as características mecânicas e a capacidade de absorver deformações.

A natureza e a granulometria dos agregados também influenciam na massa unitária, que é uma relação entre a massa e o volume dos agregados. Esse é um parâmetro utilizado para as transformações de dosagens em massa para volume e vice-versa. O conhecimento do inchamento do agregado também é importante para as conversões de dosagem massa-volume, sobretudo para as argamassas produzidas em canteiro, em que o uso de agregado úmido é corriqueiro.

16.4.5 Aditivos

Sobretudo em argamassas industrializadas e usinadas, o emprego de aditivos químicos é comum, objetivando economia e obtenção de propriedades especiais. Alguns aditivos também são empregados em argamassas produzidas em canteiro, particularmente aquelas que buscam substituir a cal. Os principais aditivos utilizados nas argamassas, considerando a designação da ABNT NBR 11768-1 (2019), são os incorporadores de ar, os retentores de água, os redutores de água e os controladores de hidratação. O Capítulo 5 traz mais detalhes sobre os aditivos químicos,

mas os principais aditivos utilizados em argamassas serão brevemente discutidos neste capítulo.

- **Incorporadores de ar:** os aditivos incorporadores de ar são muito empregados nas argamassas para revestimentos, por lhes proporcionarem ganho de rendimento e de plasticidade o que melhora a trabalhabilidade. Para o emprego desses aditivos, é importante a avaliação da sua estabilidade, ou seja, da sua capacidade de manter um volume de ar incorporado independente do tempo de mistura e da manipulação do material na aplicação (Monte; Uemoto; Selmo, 2003). É importante também que o teor de ar se mantenha durante certo período de repouso, para não perder precocemente o rendimento e a trabalhabilidade inicialmente obtidos. Além disso, o cuidado na incorporação de aditivos às argamassas é fundamental para que não aconteça uma redução não prevista de resistência mecânica por aumento excessivo do teor de ar. Nas argamassas de hidratação controlada também é comum o uso de aditivos incorporadores de ar, que atuam sobre a sua plasticidade, a qual é uma propriedade fundamental para as etapas de execução do revestimento (Bauer *et al.*, 2015).
- **Retentores de água:** a retenção de água é uma propriedade muito importante das argamassas para algumas aplicações, como o revestimento de paredes e o assentamento de componentes de alvenarias. Essa propriedade pode ser melhorada com ajustes na composição das argamassas, como o emprego da cal hidratada, por exemplo, mas os aditivos retentores de água, geralmente à base de celulose, são uma alternativa bastante utilizada. Esse tipo de aditivo é também fundamental para as argamassas colantes utilizadas para assentamento de placas cerâmicas, assunto abordado no Capítulo 25.
- **Redutores de água:** os aditivos redutores de água, antes denominados plastificantes e superplastificantes a depender da magnitude do efeito gerado, são utilizados para conferir fluidez às argamassas sem prejuízo da resistência mecânica. Estão presentes particularmente nas argamassas fluidas (por vezes denominadas autonivelantes ou autoadensáveis) que podem ser destinadas à produção de contrapisos.
- **Controlador de hidratação:** o aditivo controlador de hidratação tem ganhado mais espaço com o crescimento do mercado das argamassas de hidratação controlada. Essas argamassas são dosadas e misturadas em usinas de concreto, sendo entregues úmidas e prontas para o uso nos canteiros de obras.

336 Capítulo 16

Nessas argamassas, o aditivo atua como um inibidor das reações de hidratação do cimento Portland, mantendo a trabalhabilidade por 36 ou 72 horas dependendo do teor de aditivo empregado (Casali *et al.*, 2020). Após finalizado esse tempo, o cimento Portland retoma seu processo de hidratação.

16.4.6 Fibras

A adição de fibras nas argamassas, particularmente as fibras poliméricas, é uma das soluções que vêm ganhando espaço junto aos projetistas para reduzir o risco de fissuração. O interesse de pesquisadores brasileiros sobre o tema tem trazido ao meio técnico diversas dissertações e artigos científicos que exploram diferentes aspectos relacionados ao tema, como a caracterização mais geral do material apresentada por Cortez (1999), a avaliação reológica que foi discutida por Silva (2006), o efeito sobre a resistência de aderência evidenciado por Monte, Barros e Figueiredo (2012) e o potencial na redução da fissuração por retração restringida demonstrada por Monte, Barros e Figueiredo (2018). As fibras poliméricas foram recentemente normalizadas no Brasil pela ABNT NBR 16942 (2021), resultando maior segurança para a especificação de fibras previamente qualificadas com os requisitos desta norma. Um dos requisitos é a resistência da fibra à ação do meio alcalino, uma garantia da durabilidade do reforço mecânico proporcionado pelas fibras na argamassa. Quando as fibras sofrem degradação por conta do ataque alcalino, a capacidade de reforço sofre redução com o tempo (Salvador; Figueiredo, 2013).

16.5 CARACTERÍSTICAS, PROPRIEDADES E ENSAIOS DAS ARGAMASSAS

Para que as argamassas possam cumprir adequadamente as funções para as quais foram designadas, suas características e propriedades nos estados fresco e endurecido devem atender a determinados níveis de exigência, avaliados segundo ensaios específicos.

Salienta-se que a norma ABNT NBR 13281 (2023), em suas partes 1 (argamassas para revestimentos de paredes e tetos) e 2 (argamassas para assentamento de componentes de alvenaria), determina que as argamassas devem atender integralmente aos requisitos classificatórios e informativos por ela estabelecidos, independentemente da forma de produção (ver Seção 16.3.4) ou aplicação (manual ou mecanizada). No caso das argamassas fornecidas à obra, a referida norma define que o fornecedor deve classificar seu produto e disponibilizar as informações na embalagem e/ou ficha técnica. No caso das argamassas produzidas em canteiro, a norma determina que o responsável (legal e/ou técnico) pela obra deve realizar os ensaios estabelecidos, registrar e manter sob seu domínio os resultados e confirmar o atendimento à classificação para determinada aplicação.

No Quadro 16.1, apresentam-se as principais propriedades a serem avaliadas nas argamassas em estados fresco e endurecido.

16.5.1 Estado Fresco

- **Comportamento reológico**

São diversas as propriedades exigidas de uma argamassa no estado fresco, como indicado no Quadro 16.1, mas pode-se dizer que a mais basilar é o seu comportamento reológico, que pode ser traduzido como a capacidade da argamassa de ser "aplicável" ou "trabalhável". A trabalhabilidade é uma propriedade de avaliação qualitativa, que envolve propriedades como consistência, fluidez, coesão e exsudação, todas presentes no denominado comportamento reológico das argamassas.

As características de trabalhabilidade exigidas de uma argamassa variam, em função do seu emprego.

QUADRO 16.1 Principais propriedades das argamassas no estado fresco e no endurecido

Estado fresco		Estado endurecido	
	Comportamento reológico		Densidade de massa aparente
	Densidade de massa		Propriedades mecânicas
	Teor de ar incorporado		Variação dimensional
	Retenção de água		Aderência potencial
	Adesão inicial		Permeabilidade
	Tempo de uso		Durabilidade

Por exemplo, a trabalhabilidade exigida para uma argamassa de revestimento de paredes e tetos é distinta da trabalhabilidade de uma argamassa de assentamento ou para contrapiso. Ao se produzir um contrapiso, é possível que se trabalhe com uma argamassa de consistência semisseca, sendo ela totalmente trabalhável para essa aplicação. No entanto, não é possível que essa mesma argamassa seja aplicada como revestimento de parede ou para assentamento de componentes de alvenaria.

Sabbatini e Baía (2000), referindo-se especificamente às argamassas para revestimento de paredes e tetos, indicam que uma argamassa é considerada trabalhável quando: se deixa penetrar facilmente pela colher de pedreiro (sem ser fluida); mantém sua coesão ao ser transportada, sem que haja exsudação; não adere à colher ao ser lançada manualmente; possibilita fácil distribuição na superfície, preenchendo todas as reentrâncias da base; e não endurece rapidamente quando aplicada. Por sua vez, uma argamassa com função de assentamento de componentes alvenaria, para ser considerada trabalhável, deve, por exemplo, passar pelo bico de uma bisnaga (quando essa for a técnica de execução definida), ser capaz de sustentar o peso do bloco e ter retenção de água adequada às condições de aplicação e tempo de uso.

Em função do empirismo e da complexidade que envolvem o conceito de trabalhabilidade, buscaram-se procedimentos mais precisos para avaliar as características de aplicabilidade das argamassas e isso vem sendo alcançado com o emprego dos conceitos de Reologia.

A Reologia é a ciência que estuda o fluxo e a deformação da matéria e que avalia as relações entre a tensão de cisalhamento aplicada e a deformação resultante ao longo do tempo (Glatthor; Schweizer, 1994). Por exemplo, o aperto com o dorso da colher de pedreiro e a passagem da argamassa pelo bico de uma bisnaga aplicam uma tensão de cisalhamento na argamassa. Os parâmetros essenciais para avaliar o comportamento reológico são a tensão de escoamento e a viscosidade. A tensão de escoamento é definida como a tensão mínima de cisalhamento para que o material inicie o escoamento, e a viscosidade é a resistência que o material oferece ao escoamento (De Larrard, 1999). John (2003), quando se refere a esses parâmetros para argamassas de revestimento, indica que a tensão de escoamento deve ser relativamente alta para que a argamassa não escorra devido à força de gravidade após a aplicação no substrato e que a viscosidade deve ser a menor possível de modo a diminuir o esforço de espalhamento e adensamento.

Alguns aspectos interferem no comportamento reológico das argamassas, como as características dos materiais constituintes e seu proporcionamento, temperatura e tempo decorrido desde o início da mistura (pois se trata de uma suspensão reativa por conta da hidratação do cimento). Em argamassas de revestimento e assentamento, a presença da cal e de aditivos incorporadores de ar, por exemplo, pode melhorar o comportamento reológico desse material até determinado limite.

A parametrização das propriedades reológicas ou da trabalhabilidade das argamassas tem sido um desafio ao meio técnico. Há muito tempo, o índice de consistência determinado na mesa de consistência (*flow table*) tem sido o método de ensaio adotado para essa caracterização, conforme o procedimento da ABNT NBR 13276 (2016). Esse método foi inicialmente proposto para a padronização da consistência da argamassa de referência para os ensaios de resistência à compressão de cimentos e, apesar de ainda ser adotado com frequência, pode apresentar problemas para a caracterização de argamassas que possuem na composição aditivo incorporador de ar (Cavani; Antunes; John, 1997) ou fibras (Silva, 2006).

Frente a essas limitações, mais recentemente foi proposto o método de ensaio *Squeeze Flow*, normalizado pela ABNT NBR 15839 (2010), que permite uma avaliação mais precisa do comportamento reológico da argamassa no estado fresco. Porém, ainda não há parâmetros que relacionem o comportamento medido no ensaio de *Squeeze Flow* com a trabalhabilidade exigida para determinada aplicação da argamassa. Cardoso (2009) realizou uma avaliação empírica que comparou a percepção de pedreiros quanto à aplicação de argamassas como revestimento e o resultado no ensaio *Squeeze Flow*. O autor identificou que as argamassas que apresentaram maiores deslocamentos no ensaio foram avaliadas como melhores quanto ao espalhamento e a facilidade de aperto no substrato.

▪ Densidade de massa e teor de ar incorporado

A densidade de massa da argamassa no estado fresco é definida como a relação entre a massa de uma dada porção da argamassa e o volume ocupado por essa porção. O teor de ar incorporado na argamassa é a quantidade de ar existente em determinado volume de argamassa. À medida que cresce o teor de ar, a densidade de massa da argamassa diminui. Os procedimentos para determinação da densidade de massa e teor de ar no estado fresco são descritos na ABNT NBR 13278 (2005).

Essas duas propriedades interferem em outras propriedades da argamassa no estado fresco, como o seu comportamento reológico. O teor de ar da argamassa pode ser aumentado com o uso de aditivos incorporadores de ar. Contudo, o uso desses aditivos deve ser muito criterioso, pois um teor elevado de ar pode interferir negativamente nas propriedades da argamassa no estado endurecido, como a resistência mecânica e a resistência de aderência ao substrato.

A ABNT NBR 13281-2 (2023) indica limites para o teor de ar incorporado que é admitido na aplicação das argamassas para o assentamento de componentes de alvenaria de vedação, limitado a 22 %, e estrutural, limitado a 18 %.

▪ Retenção de água

A retenção de água é a propriedade que permite avaliar a capacidade da argamassa fresca de reter a água de amassamento, a qual deverá ser liberada gradativamente para o substrato em função de sua sucção e evitar perda rápida e ou excessiva por evaporação da superfície para o meio ambiente.

Deve-se buscar equacionar a retenção de água da argamassa com as condições de sucção do substrato e com as condições climáticas do meio e, para os casos dos revestimentos, a sua espessura também deve ser considerada nesse equacionamento. O equilíbrio entre essas variáveis é importante para que se mantenha a consistência recomendada à argamassa para as atividades de aplicação e acabamento quando necessário.

A adequada capacidade de retenção de água possibilita, ainda, completa hidratação do cimento e, em consequência, permite que as reações de endurecimento da argamassa se tornem mais gradativas com sucessivo ganho de resistência. A rápida perda de água seja para o substrato, seja para o meio ambiente pode comprometer a hidratação do cimento que, por sua vez, pode comprometer a capacidade de aderência e a resistência mecânica do elemento por ela constituído, como o revestimento e a junta de assentamento. As baixas resistências mecânica e de aderência, por sua vez, podem levar à baixa durabilidade do elemento, comprometendo também a durabilidade do subsistema a ele associado (vedação vertical ou horizontal, por exemplo).

Os fatores influentes na retenção de água são as características e as proporções (dosagem) dos materiais constituintes da argamassa. A presença da cal, com partículas muito finas e com grande área específica, e a presença de aditivos, como os de base celulósica, podem melhorar essa propriedade.

A retenção de água das argamassas para assentamento e revestimento de paredes e tetos é determinada com o método do funil de Büchner (ABNT NBR 13277, 2005).

A ABNT NBR 13281-1 (2023) indica critérios para classificação das argamassas para revestimentos quanto ao requisito de retenção de água. Para argamassas de assentamento de componentes de alvenaria de vedação, a retenção de água deve ser superior a 85 % e para alvenaria estrutural deve ser superior a 80 % (ABNT NBR 13281-2, 2023).

▪ Adesão inicial

A adesão inicial ou aderência da argamassa fresca à base é a propriedade relacionada ao contato inicial da argamassa no substrato, por meio da entrada da pasta nos poros, reentrâncias e saliências, e governará o comportamento do conjunto quanto ao desempenho decorrente da aderência (Cincotto; Silva; Cascudo, 1995).

A adesão inicial depende: das outras propriedades da argamassa no estado fresco; das características da base de aplicação, como a porosidade, a rugosidade e as condições de limpeza; da superfície de contato efetivo entre a argamassa e a base.

Para se obter a adesão inicial adequada, a argamassa deve apresentar características reológicas e retenção de água adequadas à sucção da base e às condições de exposição. No caso dos revestimentos e reparos, a argamassa deve, também, ser comprimida após a sua aplicação, para promover o maior contato com a base, ou seja, potencializar a extensão de aderência. Para a argamassa de assentamento, o contato argamassa-bloco no estado fresco deve ser tal que possibilite a adesão tanto no bloco de baixo como no superior, de tal modo que propicie no estado endurecido um conjunto monolítico e coeso. Nesse caso, a retenção de água da argamassa (discutida na seção anterior) é essencial uma vez que não poderá deixar que toda pasta penetre o bloco de baixo, nada restando para o bloco superior.

Também a base deve apresentar características que potencializem a adesão inicial. Deve estar limpa e sem oleosidade, com rugosidade e porosidade compatíveis com a retenção de água da argamassa. Caso essas condições não sejam atendidas, pode haver problema com a aderência. Por exemplo, a sucção elevada da base associada à baixa retenção de água da argamassa pode resultar em uma entrada muito rápida da pasta nos poros da base, levando à descontinuidade da camada de argamassa sobre a base e consequente ausência da aderência, como ilustra a Figura 16.1.

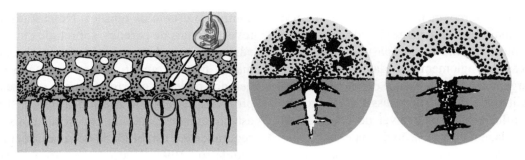

FIGURA 16.1 Ilustração da perda de aderência por conta da descontinuidade da camada de argamassa (Sabbatini; Baía, 2000).

Tempo de uso

A argamassa é um material em que alguns de seus constituintes (aglomerantes e aditivos) reagem quimicamente e, por isso, seu comportamento é alterado ao longo do tempo. Além das reações químicas de hidratação dos aglomerantes e de aditivos específicos (quando presentes), ocorre também a perda de água por evaporação, influenciando o tempo de uso da argamassa. Esse tempo pode ser definido como o intervalo decorrido entre a mistura da argamassa e a sua aplicação, no qual a argamassa mantém inalteradas suas características no estado fresco; caso esse tempo de uso não seja respeitado, as características no estado endurecido podem ser prejudicadas. Sabbatini (1998), tratando de argamassas produzidas em canteiro, comenta que, após a adição do cimento, a argamassa possui um período de uso não superior a três horas e cita outro autor que limita a 2,5 horas.

O avanço técnico-científico do comportamento das argamassas e o desenvolvimento de aditivos têm permitido a inserção de novos produtos no mercado com tempo de uso muito superior a duas ou três horas. Esse é o caso das denominadas argamassas de hidratação controlada. Trata-se de um material dosado em usinas e fornecido em caminhões betoneira, a exemplo do concreto, que tem na composição aditivos controladores de hidratação, para inibir as reações do cimento. Para que as argamassas de hidratação controlada mantenham as características exigidas para as condições de utilização, é recomendado pelo fornecedor que o material seja nivelado no recipiente de armazenamento e que uma lâmina de água de cerca de 2 cm seja cuidadosamente depositada sobre a superfície de toda a argamassa. Quando da sua utilização, respeitado o prazo estabelecido pelo fornecedor, a lâmina de água deve ser prévia e cuidadosamente removida. Em seguida, a argamassa deve ser homogeneizada antes da distribuição para os pontos de aplicação. Bauer *et al.* (2015) indicam que as principais dificuldades no emprego dessas argamassas estão associadas à ausência de referências específicas (formulação, controle e recebimento na obra), risco de futuras manifestações patológicas, e adequação da dosagem quando há modificação dos insumos (tipo de cimento, areia e aditivos).

Encontra-se em consulta nacional a primeira norma brasileira para as argamassas inorgânicas de hidratação controlada. A ABNT NBR 17218, que deve ser publicada em 2025, estabelece as diretrizes para a coleta, transporte, recebimento e homogeneização deste tipo de argamassa para a realização de ensaios.

16.5.2 Estado Endurecido

Densidade de massa aparente

Densidade de massa aparente no estado endurecido das argamassas é a relação entre a sua massa e o volume por ela ocupado. A determinação da densidade de massa da argamassa possibilita a percepção da magnitude da porosidade do material endurecido e, quando é conhecida a densidade real do material, permite o cálculo da sua porosidade total.

A porosidade da argamassa no estado endurecido é influenciada pela granulometria da composição, relação água/materiais sólidos, pela presença ou não de aditivos incorporadores de ar, pela técnica de aplicação do material, e influencia diretamente as propriedades mecânicas, o módulo de elasticidade, a resistência à difusão de vapor de água e a absorção de água por capilaridade da argamassa. A ABNT NBR 13280 (2005) apresenta o método para a determinação da densidade de massa aparente no estado endurecido de argamassas para assentamento e revestimento.

Resistência mecânica

As propriedades de um material associadas à sua capacidade de resistir a esforços mecânicos são denominadas propriedades mecânicas. Para as argamassas, a resistência aos esforços de tração, compressão e cisalhamento é a mais frequentemente medida. As propriedades mecânicas dependem do consumo, natureza e características dos aglomerantes e agregados constituintes da argamassa, e da presença ou não de adições minerais, aditivos e fibras. Além disso, essas propriedades são influenciadas pelo nível de compactação durante a moldagem ou aplicação do material.

A avaliação das propriedades mecânicas das argamassas pode ser realizada em corpos de prova cilíndricos ensaiados à compressão (ABNT NBR 7215, 2019) ou à tração por compressão diametral (ABNT NBR 7222, 2011). Especificamente para argamassas de assentamento e revestimento, a ABNT NBR 13279 (2005) define o uso de corpos de prova prismáticos de 4×4×16 cm para a determinação da resistência à tração na flexão e à compressão.

O formato prismático de 4×4×16 cm é o adotado como referência para a parametrização do comportamento mecânico de argamassas para diversas aplicações. A ABNT NBR 13281-1 (2023) estabelece os critérios para classificação, com caráter informativo, para as argamassas de revestimento de paredes e tetos quanto à resistência à tração na flexão. Para as argamassas utilizadas no assentamento de alvenarias com ou sem função estrutural e fixação horizontal, a ABNT NBR 13281-2 (2023) traz os respectivos critérios de classificação para o requisito de resistência à compressão.

- **Módulo de elasticidade**

Outra importante propriedade mecânica das argamassas e dos elementos com elas produzidos é a sua capacidade de absorver deformações, sejam elas extrínsecas ou intrínsecas ao material aplicado. Essa propriedade é usualmente relacionada ao módulo de elasticidade do material.

A elasticidade expressa a capacidade dos materiais de se deformarem sem ruptura quando sujeitos a solicitações, e de retornar à dimensão inicial quando essas solicitações cessam. Nos casos de materiais não elásticos, como é a argamassa, muitas vezes essa propriedade é denominada resiliência, ou seja, o material tem capacidade de se deformar sem apresentar fissuras visíveis ou prejudiciais à função a que foi destinado, ainda que não retorne à sua dimensão original quando o esforço finda (Sabbatini, 1998).

A capacidade das argamassas de absorver deformação é muito importante para algumas de suas aplicações, como os revestimentos aderidos que trabalham solidários a uma base, gerando um complexo estado de tensões. No caso específico de revestimentos de paredes, sobretudo em fachadas de edifícios, quando a capacidade de absorver deformação não é compatível com o estado de tensões gerado, poderão ocorrer fissuras capazes de comprometer seriamente a estética da construção, sua estanqueidade e até, em condições mais severas, a segurança e a estabilidade do revestimento (Mehta; Monteiro, 1994). Essa capacidade é geralmente correlacionada ao módulo de elasticidade definido pela relação entre a tensão aplicada e a deformação sofrida pelo material.

Existem diferentes métodos de ensaio para se determinar o módulo de elasticidade, classificados como métodos estáticos ou dinâmicos, os quais fornecem resultados distintos. O método estático, por meio de ensaios de compressão axial de cilindros, é normalizado para concreto pela ABNT NBR 8522-1 (2021) e pode ser utilizado também para argamassas (Silva; Barros; Monte, 2008). O módulo de elasticidade dinâmico, por sua vez, é obtido a partir da medição do tempo de propagação de onda ultrassônica pelo corpo de prova produzido a partir do material que se deseja avaliar. A ABNT NBR 15630 (2008) apresenta o método de ensaio para avaliação do módulo de elasticidade dinâmico de argamassas de assentamento e revestimento. Segundo a ABNT NBR 13281-1 (2023), o módulo de elasticidade dinâmico deve ser limitado a 14 GPa para uso em argamassas de revestimento de paredes e tetos. A mesma norma traz critérios mais rigorosos para esta propriedade em função da condição de uso do material (uso interno ou externo; edificações com altura total inferior a 10 metros, entre 10 e 60 metros, ou superiores a 60 metros).

- **Retração**

A retração das argamassas é um mecanismo complexo que tem início logo no seu preparo e continua durante toda a vida útil dos componentes e elementos por ela constituídos. Ainda no estado fresco, ocorre a retração em função da variação na umidade da pasta e, também, pelas reações de hidratação dos aglomerantes (Cincotto; Silva; Cascudo, 1995). No estado endurecido, outros fatores serão somados a esses, como as características e dosagem dos materiais constituintes da argamassa, a porosidade do material endurecido e as condições ambientais de exposição tais como as variações de temperatura e de umidade relativa do ar.

A retração, quando restringida, pode resultar em formação de fissuras na argamassa aplicada e tais fissuras podem vir a ser prejudiciais ao desempenho do respectivo sistema. Por exemplo, as fissuras presentes em uma camada de revestimento de fachada podem permitir percolação da água, comprometendo a estanqueidade da vedação como um todo. Podem ocorrer também prejuízos estéticos ao revestimento.

O processo de retração da argamassa, com possibilidade de surgimento de fissuras no elemento por ela produzido, pode ter início logo na aplicação do material e continuar progressivamente ao longo do tempo. As argamassas com alto teor de cimento são mais suscetíveis ao aparecimento de fissuras prejudiciais tanto durante a secagem como no estado endurecido, porque tendem a apresentar módulo de elasticidade mais elevado, sendo, portanto, mais rígidas. Dependendo do nível de tensões a que estiverem sujeitas, podem inclusive apresentar trincas e possíveis destacamentos da argamassa já no estado endurecido (Sabbatini; Baía, 2000).

Os efeitos danosos da retração podem ser minimizados a partir de adequadas composição e dosagem, corretas espessuras das camadas e técnicas de execução, tais como compactação da camada, respeito aos tempos de sarrafeamento e de desempeno, adequada condição de cura do revestimento e sua posterior proteção por sistemas de pintura adequados.

A ABNT NBR 15261 (2005) estabelece os procedimentos para determinação da variação dimensional (retração ou expansão linear) de argamassas. Os limites para a variação dimensional das argamassas de revestimento são indicados na ABNT NBR 13281-1 (2023) e, para as argamassas de assentamento, na ABNT NBR 13281-2 (2023). Para as argamassas de revestimento, a norma indica que a retração deve ser limitada a 1,20 mm/m para as condições mais favoráveis, que são os revestimentos internos ou externos para edificações de altura total de até 10 metros. Quando o revestimento é aplicado na fachada de edificações superiores a 10 metros e até 60 metros, o critério passa a ser de até 1,10 mm/m. Já quando a edificação tem altura superior a 60 metros, a retração pode ser de, no máximo, 0,90 mm/m.

- **Aderência potencial**

A resistência de aderência é definida pela ABNT NBR 13528-1 (2019) como uma "propriedade do revestimento de resistir às tensões atuantes na superfície ou na interface com o substrato". Essa norma enfatiza que a resistência de aderência não é uma propriedade exclusiva da argamassa, porque depende da interação com o substrato onde está aplicada.

Entende-se então que a resistência de aderência da argamassa ao seu substrato, ou dela como substrato de outro material ou componente, deve ser determinada considerando todas as condições de contorno envolvidas na produção do sistema. Porém, é possível caracterizar a aderência potencial de uma argamassa e essa propriedade é determinada a partir do emprego de um substrato padrão.

A ABNT NBR 15258 (2021) estabelece o método de ensaio para determinação da resistência potencial de aderência à tração da argamassa quando aplicada como revestimento sobre um substrato padrão de concreto. Essa norma estabelece, ainda, procedimentos para se avaliar a resistência superficial da camada produzida com a argamassa. Consta no texto da norma, também, que os resultados obtidos no ensaio não caracterizam o desempenho do sistema que vier a ser produzido com a argamassa avaliada, justamente porque o desempenho do conjunto está sujeito a outras variáveis não consideradas no ensaio.

Além desse ensaio, que busca simular um revestimento de parede ou teto, há também uma proposta que visa avaliar o potencial de resistência de aderência de juntas de argamassa em componentes de alvenaria, ou seja, argamassas de assentamento, a partir de uma avaliação indireta pela resistência à tração na flexão de prismas constituídos pelo assentamento de cinco blocos ou tijolos seguindo as recomendações da ABNT NBR 16868-3 (2020).

- **Permeabilidade**

A permeabilidade tem relação com o potencial de um material em permitir a passagem de fluidos por si. A argamassa é um material poroso que permite a percolação da água, tanto no estado líquido como de vapor. Existem alguns métodos de ensaio para essa avaliação em argamassas, como a ABNT NBR 15259 (2005) e a ABNT NBR 9779 (2012), que determinam a absorção de água por capilaridade. No âmbito internacional, a ISO 15148 (2002), que determina o coeficiente de absorção de água por capilaridade, e a ISO 12572 (2016), que determina o fator de resistência à difusão de vapor de água, são muito utilizadas. Os métodos de ensaio dessas normas ISO estão indicados para avaliação das argamassas decorativas para revestimento na ABNT NBR 16648 (2018).

Os requisitos para classificar as argamassas de revestimento em função do coeficiente de absorção de água por capilaridade e fator de resistência à difusão de vapor de água foram incluídos na ABNT NBR 13281-1 (2023) como requisitos informativos.

Durabilidade

A durabilidade é uma propriedade que pode ser relacionada com o material em si ou com o sistema do qual o material faz parte. E, nesse sentido, pode-se dizer que há materiais de durabilidade quase "infinita", mas que ao serem utilizados de maneira inadequada podem resultar em um sistema de baixa durabilidade.

A argamassa, enquanto material, pode ter grande durabilidade, mas quando considerada como parte de um sistema, este pode ter mais suscetibilidade a deteriorações. Além disso, a durabilidade associada às argamassas aplicadas a um elemento ou sistema não consiste numa única propriedade e, sim, no resultado da ação conjunta de diversas propriedades, dentre as quais destacam-se: resistência de aderência, capacidade de absorver deformações, permeabilidade, entre outras que devem ser compatíveis com diferentes fatores externos, como as ações mecânicas e as condições ambientais.

Essa ação conjunta de fatores intrínsecos e extrínsecos ao sistema governa a capacidade da argamassa aplicada em desempenhar a função para a qual foi especificada, ao longo da vida útil da edificação.

Para que se tenha uma ideia da dimensão dessa propriedade, exemplifica-se aqui com a durabilidade de um revestimento de argamassa em uma fachada de edifício. O revestimento terá potencial de atender à vida útil de projeto preestabelecida no Anexo C da ABNT NBR 15575:1 (2021) que é de 20 anos, desde que propriedades como resistência mecânica (compressão, tração), resistência de aderência, capacidade de absorver deformações (módulo de elasticidade), estanqueidade (permeabilidade) sejam adequadamente equacionadas e obtidas quando da execução do revestimento e, ainda, sejam compatíveis com as condições de exposição.

E todas essas propriedades, como visto anteriormente, dependem de muitos outros fatores, como as características intrínsecas dos materiais que a constituem (aglomerantes, agregados, aditivos e adições) mas também das técnicas de preparo e execução, das condições ambientais durante a execução, das especificações de projeto. Além das características e propriedades do revestimento, as condições ambientais e ações mecânicas a que ele estiver sujeito ao longo de sua vida útil também influenciarão sua durabilidade.

Ainda com foco no revestimento de fachada, é sabido que o desempenho obtido quando do início de sua execução vai declinando ao longo do tempo. Esse fato é comprovado por Temoche Esquivel (2009) que, em seu trabalho, conclui que a degradação da aderência dos revestimentos é agravada pela ocorrência de ciclos de choque térmico e que a quantidade de defeitos (falta de aderência) na interface argamassa-base é um fator crítico. Ou seja, quanto mais defeito de interface, maior será o potencial de queda na resistência de aderência ao longo do tempo para uma mesma condição de choque térmico. E, em consequência, uma queda acentuada na resistência de aderência poderá comprometer a durabilidade do sistema.

Além de fatores intrínsecos à produção inicial do revestimento (características e propriedades) e de fatores extrínsecos (ambientais e ações mecânicas) ao longo de sua vida, também as condições de manutenção desse elemento acabam influenciando a sua durabilidade. Por exemplo, uma fachada com revestimento de argamassa que não receba a repintura periódica poderá ter sua durabilidade comprometida, por conta da possibilidade de penetração de umidade pela ausência da proteção da película do sistema de pintura. A ABNT NBR 5674 (2012) é uma norma de procedimento e trata da importância da gestão e realização de manutenção de edificações. No Capítulo 26, abordam-se os aspectos sobre a inspeção de fachadas.

16.6 COMPOSIÇÃO, DOSAGEM E CONSUMO DE MATERIAIS POR m³

16.6.1 Composição e Dosagem das Argamassas

A composição da argamassa diz respeito aos seus materiais constituintes, (aglomerantes, agregados, aditivos e adições, por exemplo), enquanto a dosagem é referente à proporção relativa dos materiais. No meio técnico, é comum que essa proporção relativa seja denominada "traço".

Para argamassas industrializadas ou usinadas, a composição e a dosagem são atividades intrínsecas a um processo industrial, submetidas aos devidos controles. Nesses casos, as argamassas chegam prontas à obra (usinadas de hidratação controlada) ou semi-prontas (ensacadas ou ensiladas), bastando, neste último caso, a adição de água e mistura.

Por sua vez, no caso das argamassas preparadas em canteiro de obra a partir de insumos básicos, a definição da composição e da dosagem é de responsabilidade do projetista do sistema em que a argamassa será utilizada ou, na ausência do projeto, será do gestor da obra.

A definição de composição e dosagem das argamassas não é uma tarefa simples, pois depende de muitos fatores, como:

- *uso ou função*: revestimento de paredes e tetos (chapisco ou emboço), assentamento de componentes, contrapiso, impermeabilização, entre outros usos indicados na Seção 16.3.1;

- *local e posição de aplicação*: ambiente interno ou externo, posição horizontal (em forro ou piso, em juntas de assentamento), posição vertical. As diferentes características do meio resultam em variação da agressividade ou solicitação do elemento produzido com a argamassa, exigindo dela características e propriedades distintas e, portanto, composição e dosagem adequadas a essas condições;
- *tipo de aplicação*: manual ou mecânica, com diferentes ferramentas. Cada forma de aplicação exige mais de uma característica ou propriedade do que de outra. Por exemplo, a aplicação manual de uma argamassa de revestimento não sofre tanta influência da granulometria da areia utilizada quanto a aplicação por projeção mecânica, que pode ter o bico do projetor entupido com o emprego de areia de granulometria mais grossa;
- *materiais disponíveis*: aglomerantes, agregados e, eventualmente, aditivos.

Um dos principais desafios para se definir a composição e a dosagem das argamassas possivelmente esteja em quantificar as exigências em cada situação de uso e correlacioná-las às propriedades a serem obtidas do material. Para tanto, apoiar-se na normatização disponível e em resultados de experimentações em campo poderá ser um caminho adequado a seguir.

Uma vez que as argamassas industrializadas ou usinadas chegam ao canteiro de obras com sua composição e dosagem predefinidas, o grande desafio concentra-se nas argamassas produzidas integralmente no canteiro, concentrando-se nas discussões que seguem.

A argamassa dosada no canteiro é composta, usualmente, por cimento, cal, areia e água e, em alguns casos, por aditivos e/ou adições. Esses materiais apresentam características que interferem nas propriedades da argamassa, como discutido na Seção 16.4, devendo ser consideradas no momento da definição da composição e dosagem da argamassa para determinada utilização.

Sabbatini e Baía (2000), abordando as argamassas de revestimento de paredes e tetos, resumem os principais aspectos relativos aos materiais constituintes que devem ser considerados na definição da argamassa (Quadro 16.2).

QUADRO 16.2 Principais aspectos a serem considerados na definição da composição e dosagem da argamassa (Sabbatini; Baía, 2000)

Materiais	Aspectos a serem considerados na composição e dosagem
Cimento	▪ Tipo de cimento (características) e classe de resistência ▪ Disponibilidade e custo ▪ Comportamento da argamassa produzida com o cimento
Cal	▪ Tipo de cal (características) ▪ Forma de produção ▪ Massa unitária ▪ Disponibilidade e custo ▪ Comportamento da argamassa produzida com a cal
Areia	▪ Composição mineralógica e granulométrica ▪ Dimensões do agregado ▪ Forma e rugosidade superficial dos grãos ▪ Massa unitária ▪ Inchamento ▪ Comportamento da argamassa produzida com a areia ▪ Manutenção das características da areia
Água	▪ Características dos componentes da água, quando ela não for potável
Aditivos	▪ Uso de aditivos acrescentados à argamassa no momento da mistura ou da argamassa aditivada ▪ Tipo de aditivo (características) ▪ Finalidade ▪ Disponibilidade e custo ▪ Comportamento da argamassa produzida com o aditivo
Adições	▪ Tipo de adição (características) ▪ Finalidade ▪ Comportamento da argamassa produzida com a adição ▪ Disponibilidade, manutenção das características e custo

344 Capítulo 16

São exemplos comuns para expressar a composição e a dosagem relativa das argamassas produzidas em canteiro:

- 1:0,5:4,5; 1:1:6; 1:2:9 (cimento:cal:areia, em volume de areia úmida);
- 1:3; 1:4 (cimento:areia úmida, em volume);
- 1:3 (cal:areia úmida, em volume);
- 1:1:6 (cimento:cal:areia seca, em massa);
- 1:1:6 (1 saco de cimento:1 saco de cal:6 padiolas de 40 litros de areia úmida).

Ao se expressar a composição e a dosagem da argamassa, deve-se fazê-lo detalhando-se completamente as características, estado dos materiais e a forma de medi-los para completar a especificação da dosagem.

As argamassas dosadas em canteiro geralmente partem de algumas proporções clássicas, que guardam relação constante de uma parte de aglomerante (cimento e cal) para três partes de agregado no estado úmido (usualmente areia), todos dosados em volume. Essas proporções de "aglomerantes:agregado" possibilitam a obtenção de argamassas com características adequadas às aplicações mais comuns de assentamento de componentes de alvenaria e revestimentos de paredes e teto.

Sabbatini (1998) indica que, desde que a consistência da argamassa seja mantida constante, as propriedades variam como apresentado no Quadro 16.3.

As argamassas de contrapiso, cuja consistência é semisseca, não guardam essa relação e tampouco levam cal em sua constituição. As composições mais usuais são de cimento e areia com dosagens em volume de materiais secos 1:3, 1:4, 1:5 e 1:6.

Para que cumpram suas funções como previsto em projeto, as argamassas produzidas integralmente em canteiro exigem adequados procedimentos de controle tanto dos materiais básicos quanto de sua dosagem e mistura.

As argamassas industrializadas, por sua vez, por chegarem previamente dosadas, devem ter o foco do controle na sua mistura, respeitando-se as diretrizes do fabricante e condições de utilização.

16.6.2 Consumo de Materiais por m³ de Argamassa Produzida em Canteiro

Nesta seção, exemplifica-se como é possível determinar o consumo de materiais para a produção de 1 m³ de argamassa quando dosada e preparada em canteiro.

São diversos os métodos para o cálculo do consumo de materiais. Utiliza-se o método que considera o volume da argamassa como a soma dos volumes específicos dos materiais da composição. Como exemplo, serão calculados os consumos dos materiais para uma argamassa mista com proporção relativa 1:2:9 (cimento:cal:areia, em volume de areia úmida) e as características apresentados no Quadro 16.4.

Para os cálculos, serão utilizadas as seguintes relações:

QUADRO 16.3 Variação nas propriedades de uma argamassa produzida em canteiro com a alteração da composição relativa de cimento e cal (Sabbatini, 1998)

Propriedade	Aumento na proporção de cal no aglomerante	
Resistência à compressão (E)	Decresce	
Resistência à tração (E)	Decresce	
Capacidade de aderência (E)	Decresce	
Durabilidade (E)	Decresce	Propriedades melhoradas com o maior teor relativo de cimento
Impermeabilidade (E)	Decresce	
Resistência a altas temperaturas (E)	Decresce	
Resistências iniciais (F)	Decresce	
Retração na secagem inicial (F)	Cresce	
Retenção de água (F)	Cresce	
Plasticidade (F)	Cresce	
Trabalhabilidade (F)	Cresce	
Resiliência (E)	Cresce	Propriedades melhoradas com o maior teor relativo de cal
Módulo de elasticidade (E)	Decresce	
Retração na secagem reversível (E)	Decresce	
Custo	Decresce	

Estados: (E) Endurecido; (F) Fresco.

Argamassas na Construção Civil **345**

QUADRO 16.4 Características dos materiais e das argamassas para resolução do exemplo de cálculo do consumo de materiais por m³ de argamassa produzida

---

Características dos materiais

Massa unitária do cimento (δ_{cim}) igual a 1,14 kg/dm³

Massa específica do cimento (γ_{cim}) igual a 3,0 kg/dm³

Massa unitária da cal (δ_{cal}) igual a 0,85 kg/dm³

Massa específica da cal (γ_{cal}) igual a 2,5 kg/dm³

Massa unitária da areia seca (δ_{areia}) igual a 1,38 kg/dm³

Massa específica da areia seca (γ_{areia}) igual a 2,65 kg/dm³

Inchamento da areia (i_{areia}) igual a 1,28

Umidade de areia (h_{areia}) igual a 5 %

Características da argamassa

Umidade da argamassa igual a 23 %

Volume de ar (V_{ar}) incorporado na argamassa final igual a 4 % do volume da argamassa

---

Massa unitária
$$\delta = \frac{massa}{volume\ aparente}$$

Massa específica
$$\gamma = \frac{massa}{volume\ real}$$

Inchamento
$$i = \frac{volume\ aparente\ úmido}{volume\ aparente\ seco}$$

Volume da argamassa (soma dos volumes específicos dos materiais)
$$V_{arg} = V_{cim} + V_{cal} + V_{areia\ seca} + V_{água} + V_{ar}$$

■ **Definição do volume de argamassa produzido por mistura**

$$V_{arg} = V_{cim} + V_{cal} + V_{areia\ seca} + V_{água} + V_{ar}$$

$$V_{arg} = \frac{m_{cim}}{\gamma_{cim}} + \frac{m_{cal}}{\gamma_{cal}} + \frac{m_{areia}}{\gamma_{areia}} + m_{água} + 0,04 V_{arg}$$

Considerando que a densidade da água é igual a 1, tem-se $V_{água} = m_{água}$.

Como a umidade da argamassa é de 23 % em relação à massa de materiais secos, tem-se:

$$m_{água\ total} = 0,23 \times (m_{cim} + m_{cal} + m_{areia\ seca})$$

Para realizar esse cálculo, é necessário antes transformar a proporção relativa de volume (com areia úmida) para massa (com areia seca).

■ **Dosagem em volume com areia úmida 1:2:9**

Transformação da dosagem em volume para massa seca:

$$1 \cdot \delta_{cim} : 2 \cdot \delta_{cal} : \frac{9}{i} \delta_{areia\ seca}$$

$$1 \cdot 1,14 : 2 \cdot 0,85 : \frac{9}{1,28} \cdot 1,38$$

$$1,14:1,70:9,70 \div 1,14$$

$$1:15:8,5 \text{ (massa de materiais secos)}$$

$$m_{água\ total} = 0,23 \times (m_{cim} + m_{cal} + m_{areia\ seca})$$

$$m_{água\ total} = 0,23 \times (1 + 1,5 + 8,5) = 2,53 \text{ kg}$$

Quando da produção da argamassa, o cálculo da quantidade de água a ser adicionada na mistura deverá considerar o volume de água presente na areia. Ou seja, o volume total de água calculado (neste exemplo, 23 % da massa de materiais secos) menos o volume de água contido na areia (neste exemplo, 5 % da massa de areia seca).

■ **Definição do volume de argamassa para 1 kg de cimento**

$$V_{arg} = \frac{m_{cim}}{\gamma_{cim}} + \frac{m_{cal}}{\gamma_{cal}} + \frac{m_{areia\ seca}}{\gamma_{areia}} + m_{água} + 0,04 V_{arg}$$

$$V_{arg} = \left(\frac{m_{cim}}{\gamma_{cim}} + \frac{m_{cal}}{\gamma_{cal}} + \frac{m_{areia\ seca}}{\gamma_{areia}} + m_{água} \right) \times \frac{1}{0,96}$$

$$V_{arg} =$$

$$\left(\frac{1}{3,0} + \frac{1,5}{2,5} + \frac{8,5}{2,65} + (0,23 \times (1 + 1,5 + 8,5)) \right)$$
$$\times \frac{1}{0,96}$$

$$V_{arg} = 6,95 \text{ dm}^3 \text{ por kg de cimento}$$

Se considerarmos o uso de um saco de 50 kg de cimento, produzem-se 348 dm³ de argamassa.

- **Consumo de materiais por m³ de argamassa**

Se 1 kg de cimento produz 6,95 dm³ de argamassa, para produzir 1000 dm³ tem-se:

$$\frac{1000 \times 1 \text{ kg}}{6,95} = 144 \text{ kg de cimento}$$

$$144 \times 1,5 = 216 \text{ kg de cal}$$

$$\frac{144 \times 8,5}{1,38} \times 1,28 = 1,14 \text{ dm}^3 \text{ de areia úmida}$$

BIBLIOGRAFIA

ASSOCIAÇÃO BRASILEIRA DE NORMAS TÉCNICAS. *NBR 5674:* Manutenção de edificações – Requisitos para o sistema de gestão de manutenção. Rio de Janeiro, 2012.

ASSOCIAÇÃO BRASILEIRA DE NORMAS TÉCNICAS. *NBR 7200:* Execução de revestimento de paredes e tetos de argamassas inorgânicas – Procedimento. Rio de Janeiro, 1998.

ASSOCIAÇÃO BRASILEIRA DE NORMAS TÉCNICAS. *NBR 7211:* Agregados para concreto - Requisitos. Rio de Janeiro, 2022.

ASSOCIAÇÃO BRASILEIRA DE NORMAS TÉCNICAS. *NBR 7215:* Cimento Portland – determinação da resistência à compressão de corpos de prova cilíndricos. Rio de Janeiro, 2019.

ASSOCIAÇÃO BRASILEIRA DE NORMAS TÉCNICAS. *NBR 7222:* Concreto e argamassa – Determinação da resistência à tração por compressão diametral de corpos de prova cilíndricos. Rio de Janeiro, 2011.

ASSOCIAÇÃO BRASILEIRA DE NORMAS TÉCNICAS. *NBR 8522:* Concreto endurecido – determinação dos módulos de elasticidade e de deformação – parte 1: módulos estáticos à compressão. Rio de Janeiro, 2021.

ASSOCIAÇÃO BRASILEIRA DE NORMAS TÉCNICAS. *NBR 9778:* Argamassa e concreto endurecidos – Determinação da absorção de água por capilaridade. Rio de Janeiro, 2012.

ASSOCIAÇÃO BRASILEIRA DE NORMAS TÉCNICAS. *NBR 9779:* Argamassa e concreto endurecidos – Determinação da absorção de água por capilaridade. Rio de Janeiro, 2012.

ASSOCIAÇÃO BRASILEIRA DE NORMAS TÉCNICAS. *NBR 11768:* Aditivos químicos para concreto de cimento Portland – Parte 1: Requisitos. Rio de Janeiro, 2019.

ASSOCIAÇÃO BRASILEIRA DE NORMAS TÉCNICAS. *NBR 11801:* Argamassa polimérica industrializada para impermeabilização. Rio de Janeiro, 2012.

ASSOCIAÇÃO BRASILEIRA DE NORMAS TÉCNICAS. *NBR 11905:* Argamassa polimérica industrializada para impermeabilização. Rio de Janeiro, 2015.

ASSOCIAÇÃO BRASILEIRA DE NORMAS TÉCNICAS. *NBR 13276:* Argamassa para assentamento e revestimento de paredes e tetos – Determinação do índice de consistência. Rio de Janeiro, 2016.

ASSOCIAÇÃO BRASILEIRA DE NORMAS TÉCNICAS. *NBR 13277:* Argamassa para assentamento e revestimento de paredes e tetos – Determinação da retenção de água. Rio de Janeiro, 2005.

ASSOCIAÇÃO BRASILEIRA DE NORMAS TÉCNICAS. *NBR 13278:* Argamassa para assentamento e revestimento de paredes e tetos – Determinação da densidade de massa e do teor de ar incorporado. Rio de Janeiro, 2005.

ASSOCIAÇÃO BRASILEIRA DE NORMAS TÉCNICAS. *NBR 13279:* Argamassa para assentamento e revestimento de paredes e tetos – Determinação da resistência à tração na flexão e à compressão. Rio de Janeiro, 2005.

ASSOCIAÇÃO BRASILEIRA DE NORMAS TÉCNICAS. *NBR 13280:* Argamassa para assentamento e revestimento de paredes e tetos – Determinação da densidade de massa aparente no estado endurecido. Rio de Janeiro, 2005.

ASSOCIAÇÃO BRASILEIRA DE NORMAS TÉCNICAS. *NBR 13281:* Argamassas inorgânicas – requisitos e métodos de ensaios. Parte 1 – Argamassas para revestimento de paredes e tetos. Rio de Janeiro, 2023.

ASSOCIAÇÃO BRASILEIRA DE NORMAS TÉCNICAS. *NBR 13281:* Argamassas inorgânicas – requisitos e métodos de ensaios. Parte 2 – Argamassas para assentamento e argamassas para fixação de alvenaria. Rio de Janeiro, 2023.

ASSOCIAÇÃO BRASILEIRA DE NORMAS TÉCNICAS. *NBR 13528: Revestimento de paredes de argamassas inorgânicas – Determinação da resistência de aderência à tração – Parte 1: Requisitos gerais.* Rio de Janeiro, 2019.

ASSOCIAÇÃO BRASILEIRA DE NORMAS TÉCNICAS. *NBR 13529:* Revestimento de paredes e tetos de argamassas inorgânicas – Terminologia. Rio de Janeiro, 2013.

ASSOCIAÇÃO BRASILEIRA DE NORMAS TÉCNICAS. *NBR 13753:* Revestimento de piso interno ou externo com placas cerâmicas e com utilização de argamassa colante – Procedimento. Rio de Janeiro, 1996.

ASSOCIAÇÃO BRASILEIRA DE NORMAS TÉCNICAS. *NBR 14081:* Argamassa colante industrializada para assentamento de placas cerâmicas – Parte 1: Requisitos. Rio de Janeiro, 2012.

ASSOCIAÇÃO BRASILEIRA DE NORMAS TÉCNICAS. *NBR 14992:* A.R. – Argamassa à base de cimento Portland para rejuntamento de placas cerâmicas – Requisitos e métodos de ensaios. Rio de Janeiro, 2003.

ASSOCIAÇÃO BRASILEIRA DE NORMAS TÉCNICAS. *NBR 15258:* Argamassa para assentamento e revestimento de paredes e tetos – Determinação da resistência potencial de aderência à tração. Rio de Janeiro, 2021.

ASSOCIAÇÃO BRASILEIRA DE NORMAS TÉCNICAS. *NBR 15259:* Argamassa para assentamento e revestimento de paredes e tetos – Determinação da absorção de água por capilaridade e do coeficiente de capilaridade. Rio de Janeiro, 2005.

ASSOCIAÇÃO BRASILEIRA DE NORMAS TÉCNICAS. *NBR 15261:* Argamassa para assentamento e revestimento de paredes e tetos – Determinação da variação dimensional (retratação ou expansão linear). Rio de Janeiro, 2005.

ASSOCIAÇÃO BRASILEIRA DE NORMAS TÉCNICAS. *NBR 15575:* Edificações habitacionais – Desempenho – Parte 3: Requisitos para os sistemas de pisos. Rio de Janeiro, 2021.

ASSOCIAÇÃO BRASILEIRA DE NORMAS TÉCNICAS. *NBR 15630:* Argamassa de assentamento e revestimento de paredes e tetos – Determinação do módulo de elasticidade dinâmico através da propagação de onda ultra-sônica. Rio de Janeiro, 2008.

ASSOCIAÇÃO BRASILEIRA DE NORMAS TÉCNICAS. *NBR 15839:* Argamassa de assentamento e revestimento de paredes e tetos – Caracterização reológica pelo método squeeze-flow. Rio de Janeiro, 2010.

ASSOCIAÇÃO BRASILEIRA DE NORMAS TÉCNICAS. *NBR 16072:* Argamassa impermeável. Rio de Janeiro, 2012.

ASSOCIAÇÃO BRASILEIRA DE NORMAS TÉCNICAS. *NBR 16648:* Argamassas inorgânicas decorativas para revestimento de edificações – Requisitos e métodos de ensaios. Rio de Janeiro, 2018.

ASSOCIAÇÃO BRASILEIRA DE NORMAS TÉCNICAS. *NBR 16868:* Alvenaria estrutural – Parte 1: Projeto. Rio de Janeiro, 2020.

ASSOCIAÇÃO BRASILEIRA DE NORMAS TÉCNICAS. *NBR 16868:* Alvenaria estrutural – Parte 3: Métodos de ensaio. Rio de Janeiro, 2020.

ASSOCIAÇÃO BRASILEIRA DE NORMAS TÉCNICAS. *NBR 16942:* Fibras poliméricas para concreto – requisitos e métodos de ensaio. Rio de Janeiro, 2021.

ASSOCIAÇÃO BRASILEIRA DE NORMAS TÉCNICAS. *NBR 17218*: Argamassa inorgânica de hidratação controlada – Coleta, transporte, recebimento e homogeneização do material para a realização de ensaios. Rio de Janeiro, 2025.

BARROS, M. M. S. B. *Tecnologia de produção de contrapisos para edifícios habitacionais e comerciais.* 1991. Dissertação (Mestrado) – Escola Politécnica, Universidade de São Paulo, São Paulo, 1991.

BAUER, E.; REGUFFE, M.; NASCIMENTO, M. L. M.; CALDAS, L. R. Requisitos das argamassas estabilizadas para revestimento. *In*: SIMPÓSIO BRASILEIRO DE TECNOLOGIA DAS ARGAMASSAS, IX., 2015, Porto Alegre. IX SBTA 2015. Porto Alegre: ANTAC, 2015.

BAUER, E.; SOUSA, J. G. G. Materiais constituintes e suas funções. *In*: BAUER, E. (org.). *Revestimentos de argamassa*: características e peculiaridades. Brasília: SINDUSCON-DF, LEM-UnB, 2005, v. 1, p. 25-36.

CARASEK, H. *Aderência de argamassas à base de cimento Portland a substratos porosos*: avaliação dos fatores intervenientes e contribuição ao estudo do mecanismo da ligação. 1996. Tese (Doutorado) – Escola Politécnica da Universidade de São Paulo, São Paulo: 1996.

CARDOSO, F. A. *Método de formulação de argamassas de revestimento baseado em distribuição granulométrica e comportamento reológico.* 2009. Tese (Doutorado) – Escola Politécnica, Universidade de São Paulo, São Paulo, 2009.

CASALI, J. M.; MEES, S.; OLIVEIRA, A. L.; BETIOLI, A. M.; CALÇADA, L. M. Propriedades mecânicas das argamassas estabilizadas: evolução com a idade e o grau de hidratação. *Ambiente Construído*, v. 20, n. 3, p. 263-283, 2020.

CAVANI, G. R.; ANTUNES, R. P. N.; JOHN, V. M. Influência do teor de ar incorporado na trabalhabilidade de argamassas mistas. *In*: SIMPÓSIO BRASILEIRO DE TECNOLOGIA DE ARGAMASSA, II., 1997. *ANAIS [...]*. Salvador/BA. p. 110-119.

CINCOTTO, M. A.; SILVA, M. A. C.; CASCUDO, H. C. *Argamassas de revestimento:* características, propriedades e métodos de ensaio – Publicação IPT 2378 – São Paulo, 1995.

CORTEZ, I. M. M. *Contribuição ao estudo dos sistemas de revestimento à base de argamassa com a incorporação de fibras sintéticas.* 1999. Dissertação (Mestrado) – Faculdade de Tecnologia, Universidade de Brasília, Brasília, 1999.

DE LARRARD, F. *Concrete Mixture proportioning: a scientific approach.* CRC Press, 1999.

GLATTHOR, A.; SCHWEIZER, D. Rheological lab testing of building formulations. *ConChem Conference*, Dusseldorf, 1994.

INTERNATIONAL ORGANIZATION FOR STANDARDIZATION. *ISO 12572*: Hygrothermal performance of building materials and products – Determination of water vapour transmission properties – Cup method. Geneva, 2016.

INTERNATIONAL ORGANIZATION FOR STANDARDIZATION. *ISO 15148:* Hygrothermal performance of building materials and products – Determination of water absorption coefficient by partial immersion. Geneva, 2002.

JOHN, V. M. Repensando o papel da cal nas argamassas. *In*: SIMPÓSIO BRASILEIRO DE TECNOLOGIA DAS ARGAMASSAS, V. Porto Alegre: ANTAC, 2003. v. 1, p. 47-63.

JOHN, V. M.; ANTUNES, R. P. N. Argamassas de gesso. *Ambiente Construído*, Porto Alegre, v. 2, n. 1, p. 29-38, 2002.

MEHTA, K. P.; MONTEIRO, P. J. M. *Concreto* – Estrutura, propriedades e materiais. São Paulo: Pini, 1994.

MONTE, R.; BARROS, M. M. S. B.; FIGUEIREDO, A. D. Avaliação da influência de fibras de polipropileno na resistência de aderência de revestimentos de argamassa. *In*: CONGRESSO PORTUGUÊS DE ARGAMASSAS DE CONSTRUÇÃO: Sob a égide da inovação, 4., 2012, Coimbra, 2012.

MONTE, R.; BARROS, M. M. S. B.; FIGUEIREDO, A. D. Evaluation of early age cracking in rendering mortars with polypropylene fibers. *Ambiente Construído* [Online], v. 18, p. 21-32, 2018.

MONTE, R.; UEMOTO, K. L.; SELMO, S. M. S. Efeitos de aditivos incorporadores de ar nas propriedades de argamassas e revestimentos. *In*: SIMPÓSIO BRASILEIRO DE TECNOLOGIA DE ARGAMASSAS, V., São Paulo. 2003. p. 285-297.

SABBATINI, F. H. *Argamassas de assentamento para paredes de alvenaria resistente*. São Paulo: Associação Brasileira de Cimento Portland – ABCP, 1998 (Boletim Técnico).

SABBATINI, F. H.; BAÍA, L. L. M. *Projeto e execução de revestimentos de argamassa*. São Paulo: O Nome da Rosa Editora, 2000. v. 1.

SALVADOR, R. P.; FIGUEIREDO, A. D. Evaluation of the durability of synthetic macrofibers in cement matrices. *In*: INTERNATIONAL CONFERENCE FIBRE CONCRETE 2013, 7., 2013, Prague. Technology, Design, Application. Prague: Faculty of Civil Engineering CTU in Prague, 2013.

SILVA, F. B.; BARROS, M. M. S. B.; MONTE, R. Determinação do módulo de deformação de argamassas: avaliação dos métodos de ensaio e formatos de corpo-de-prova. *In*: ENCONTRO NACIONAL DE TECNOLOGIA DO AMBIENTE CONSTRUÍDO, XII., 2008, Fortaleza. *ANAIS [...]*, 2008.

SILVA, R. P. *Argamassas com adição de fibras de polipropileno* – estudo do comportamento reológico e mecânico. 2006. Dissertação (Mestrado) – Escola Politécnica, Universidade de São Paulo, São Paulo, 2006.

TEMOCHE ESQUIVEL, J. F. *Avaliação da influência do choque térmico na aderência dos revestimentos de argamassa*. 2009. Tese (Doutorado) – Escola Politécnica, Universidade de São Paulo, São Paulo, 2009.

17

ARTEFATOS DE CIMENTO PORTLAND

Prof. Dr. João Fernando Dias •
Prof. Dr. Ricardo Cruvinel Dornelas •
Eng.º Idário Domingues Fernandes

17.1 Introdução, 350
17.2 Matéria-Prima para a Fabricação de Artefatos de Cimento, 350
17.3 Blocos Vazados de Concreto para Alvenaria, 350
17.4 Peças de Concreto para Pavimentação, 357
17.5 Telhas de Concreto, 359
17.6 Tubos de Concreto, 362
17.7 Bloco de Concreto Celular Autoclavado, 363
17.8 Ladrilho Hidráulico, 365
17.9 Placas Planas de Concreto para Piso, 367
17.10 Placas Cimentícias, 368
17.11 Postes Pré-Moldados de Concreto, Mourões de Concreto Armado, Meio-Fio Pré-Moldado e Granitina, 369

350 Capítulo 17

17.1 INTRODUÇÃO

Muitos produtos confeccionados com cimento Portland são corriqueiramente chamados de artefatos de cimento ou produtos de cimento, ou, ainda, artefatos (produtos) de concreto ou artefatos (produtos) de argamassa. É evidente que existem diferenças entre produtos somente com cimento (pasta) e produtos de concreto (cimento + agregado miúdo + agregado graúdo) e produtos de argamassa (cimento + agregado miúdo), mas na linguagem informal essas denominações são usadas como similares. Neste capítulo serão utilizados os termos artefatos (ou produtos) de concreto e artefatos de cimento indistintamente.

A variedade de produtos existentes no mercado é grande e cada tipo de artefato demanda uma abordagem adequada dos constituintes, dosagem, fabricação e características específicas finais desejadas.

Neste capítulo serão apresentados os principais tipos de artefatos confeccionados com cimento Portland para aplicações na construção civil, abordando aspectos relacionados com as matérias-primas, as características e requisitos gerais, os requisitos específicos e as normas brasileiras pertinentes, com o intuito de facilitar o entendimento e sua aplicação, mas sem a pretensão de dispensar a consulta ao texto normativo.

17.2 MATÉRIA-PRIMA PARA A FABRICAÇÃO DE ARTEFATOS DE CIMENTO

Os artefatos de concreto, em sua grande maioria, são constituídos de concreto (ou argamassa) do tipo seco (concreto levemente umedecido, com baixo teor de água), chamado às vezes de concreto farofa, bem diferente dos concretos plásticos, utilizados na execução de estruturas de concreto armado em geral. A técnica de emprego do concreto seco apresenta a vantagem da desforma imediata, menor consumo de cimento, ganhos de produtividade e menores custos de produção.

Os concretos secos apresentam abatimento zero e, para se obter o melhor adensamento, é necessário utilizar grandes energias, o que se consegue por meio dos equipamentos de moldagem, como máquinas vibroprensas para fabricação de blocos vazados de concreto. Assim, o tipo de máquina e sua regulagem exercem grande influência nas características finais do produto fabricado.

As condições de aplicação de um concreto plástico estudado em laboratório, com os recursos normais utilizados para esse tipo de concreto, não condizem com as do concreto seco usado nas fábricas de artefatos, pois esses dois materiais são muito diferentes. Também influenciam na moldagem dos produtos outras variáveis, como a sua geometria, suas dimensões e o efeito parede.

Constata-se ainda que o concreto seco, para a produção desses artefatos, não segue rigorosamente a lei de Abrams, a qual estabelece a influência da relação água/cimento na resistência à compressão, diferindo, portanto, do concreto de consistência plástica.

Ainda com relação ao consumo de água (relação água/cimento, a/c), segundo Fernandes (2012a), deve-se atentar para o fato de que, em face das condições de moldagem de uma peça em concreto seco, um pequeno aumento na relação a/c às vezes pode resultar em melhor moldagem, propiciando a obtenção de maior compacidade, com reflexos positivos na resistência mecânica do artefato.

O tipo de cimento interfere no consumo e na obtenção da resistência do artefato, ou seja, cimentos de maior resistência (CP 40, cimento ARI) propiciam atingir maiores resistências ou obter economia para a mesma resistência (Fernandes, 2012a).

Os agregados normalmente utilizados na fabricação de artefatos de cimento são a areia, ou pó de pedra, e o pedrisco. As características da distribuição granulométrica da mistura dos agregados influem na facilidade de moldagem, no consumo de cimento para determinada resistência, no consumo de água de amassamento e no acabamento das peças produzidas.

Mais areia fina acarreta maior consumo de cimento para a mesma resistência requerida e acabamento mais liso; por outro lado, mais pedrisco implica maior resistência e acabamento mais rugoso. É necessário, portanto, otimizar as misturas de acordo com o tipo de produto e os objetivos da fábrica (Fernandes, 2012a).

17.3 BLOCOS VAZADOS DE CONCRETO PARA ALVENARIA

O bloco de concreto para alvenaria foi inventado pelos ingleses em 1832, ainda no formato maciço. O elemento vazado, como concebido hoje, com furos para diminuir o peso próprio, foi patenteado pelos ingleses em 1850 (Fernandes, 2012a).

No Brasil, os blocos de concreto passaram a ser utilizados por volta de 1940, com a construção de 2400 residências do conjunto habitacional de Realengo, no Rio de Janeiro. Seu emprego em projetos de alvenaria estrutural teve início no final da década de 1960.

Os blocos de concreto são empregados como elementos de vedação (sem função estrutural) e como elementos componentes da estrutura da alvenaria (com função estrutural), em diversas tipologias construtivas, desde residências populares e de alto padrão, até edifícios comerciais e industriais. Embora a oferta desse produto no mercado tenha se expandido bastante, deve-se atentar para o fato de que nem sempre se encontra bloco de concreto com a qualidade e uniformidade necessárias.

Para a melhoria da qualidade do hábitat e a modernização produtiva, o Ministério das Cidades mantém o PBQP-H (Programa Brasileiro da Qualidade e Produtividade do Habitat). Um dos projetos do PBQP-H, o Sistema de Qualificação de Empresas de Materiais, Componentes e Sistemas Construtivos (SiMac), tem como princípios e objetivos combater a não conformidade técnica de materiais e componentes da construção civil, que resulta em habitações e obras civis de baixa qualidade, baixa produtividade, desperdício e poluição, afetando o cidadão, as empresas, a administração pública e o hábitat urbano.

Nesse sentido atua o Programa Setorial de Qualidade (PSQ) para blocos vazados de concreto no âmbito do PBQP-H.[1]

Considerando a importância de que os blocos de concreto para alvenaria comercializados no País apresentem requisitos mínimos de desempenho e segurança, o Instituto Nacional de Metrologia, Qualidade e Tecnologia (Inmetro) incluiu, nos requisitos aprovados pela Portaria Inmetro nº 658/2012, o disposto no Anexo E da Portaria Inmetro nº 261/2014 quanto aos requisitos de avaliação da conformidade para blocos vazados de concreto para alvenaria. Estes requisitos se aplicam aos blocos vazados de concreto simples para alvenaria utilizados na construção civil, incluindo os blocos inteiros (chamados de blocos predominantes), meio blocos, blocos de amarração L e blocos de amarração T, com os critérios de avaliação disponibilizados no *site* www.inmetro.gov.br. Acesso em: 10 fev. 2025.

17.3.1 Normas Técnicas Relacionadas

O bloco vazado de concreto simples para alvenaria, estrutural ou de vedação, tem seus requisitos específicos, como dimensões e físico-mecânicos, tratados na ABNT NBR 6136:2016 (Blocos vazados de concreto simples para alvenaria – Requisitos).

Os métodos de ensaios aplicáveis aos blocos, prescritos na ABNT NBR 12118:2014 (Blocos vazados de concreto simples para alvenaria – Métodos de ensaio), são os seguintes:

- análise dimensional;
- determinação da absorção de água e da área líquida;
- determinação da resistência à compressão;
- determinação da retração linear por secagem.

Outras normas relacionadas com o assunto são: ABNT NBR 15873:2010 (Coordenação Modular para Edificações); ABNT NBR 16868:2021 Alvenaria Estrutural: parte 1 – Projeto; parte 2 – Execução e Controle de Obras; e parte 3 – Métodos de Ensaio.

Outras informações a respeito da utilização dos blocos vazados de concreto em alvenaria estrutural podem ser consultadas no Capítulo 21 – Alvenaria Estrutural.

17.3.2 Características Gerais dos Blocos Vazados de Concreto para Alvenarias

Os blocos devem ser homogêneos, compactos e com arestas vivas, não devendo apresentar trincas, fraturas ou outros defeitos que possam prejudicar o seu assentamento, resistência, durabilidade e acabamento. Quando forem destinados a receber revestimento, devem apresentar superfície áspera para facilitar a aderência.

Os blocos podem ser produzidos em equipamentos manuais, pneumáticos ou hidráulicos, por meio de prensagem de um microconcreto composto de cimento, areia, pó de pedra, pedrisco, água, adições e aditivos facilitadores de moldagem, com consistência própria para permitir a sua desforma imediatamente após a prensagem.

Na Figura 17.1, ilustram-se o formato e os detalhes da geometria do bloco vazado de concreto (bloco inteiro), conforme a ABNT NBR 6136:2016 e a ABNT NBR 12118:2014.

As definições relacionadas ao elemento modular para alvenarias (bloco vazado de concreto simples) são as seguintes:

a) Bloco vazado de concreto simples

Componente de alvenaria cuja área líquida é igual ou inferior a 75 % da área bruta.

b) Área bruta

Área da seção perpendicular aos eixos dos furos, sem desconto das áreas dos vazios.

---

[1] Disponível em: http://pbqp-h.cidades.gov.br/projetos_simac_psqs2.php?id_psq=60. Acesso em: 11 abr. 2024.

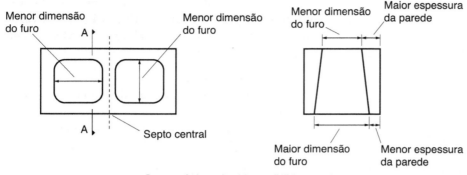

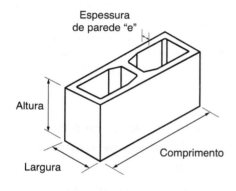

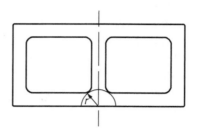

Características dos blocos (NBR 12118)
Vista superior do bloco   **Vista do bloco em corte**

Bloco inteiro em perspectiva   **Ilustração da mísula (r) em vista superior (NBR 6136)**

FIGURA 17.1 Ilustração e detalhes do bloco vazado de concreto para alvenaria.

c) Área líquida
Área média da seção perpendicular aos eixos dos furos, descontadas as áreas médias dos vazios.

d) Dimensões modulares
São o resultado da soma das dimensões nominais com a espessura da junta de assentamento, tomada como um centímetro (ou dez milímetros).

Referem-se a largura, altura e comprimento, cujas medidas atendem ao módulo básico M = 100 mm e seus submódulos, conforme a ABNT NBR 15873:2010, para a execução de alvenarias modulares, tais como: 2M (b) × 2M (h) × 4M (l) correspondendo, por exemplo, a 200 mm × 200 mm × 400 mm.

e) Dimensões nominais
Dimensões comerciais dos blocos indicadas pelos fabricantes, por exemplo: 190 mm (largura b) × 190 mm (altura h) × 390 mm (comprimento l).

f) Tolerâncias
São elas: ± 2 mm para a largura (b), ± 3 mm para a altura (h) e para o comprimento (l), conforme a Tabela 1 da ABNT NBR 6136:2016.

g) Dimensões reais
Dimensões efetivas obtidas ao medir o bloco, por exemplo, ao se medir um bloco obteve-se: 189 mm × 201 mm × 393 mm.

h) Família de blocos
Conjunto de componentes de alvenaria que interagem modularmente entre si e com outros elementos construtivos. Os blocos que compõem a família, segundo suas dimensões, são designados como bloco inteiro (bloco predominante, ilustração na Fig. 17.1). Ilustram-se na Figura 17.2 meio bloco, blocos de amarração L e T (para encontros de paredes), blocos compensadores A e B (para ajustes de modulação) e blocos tipo canaleta (inteira e meia, para moldagem de vergas, cintas). A norma ABNT NBR 6136:2016 indica as famílias de blocos e as dimensões nominais correspondentes.

i) Lote de blocos
Conjunto de blocos com as mesmas características, fabricados sob as mesmas condições e com os mesmos materiais. Um lote deve ser composto de, no máximo, um dia de produção, limitado a 40.000 blocos.

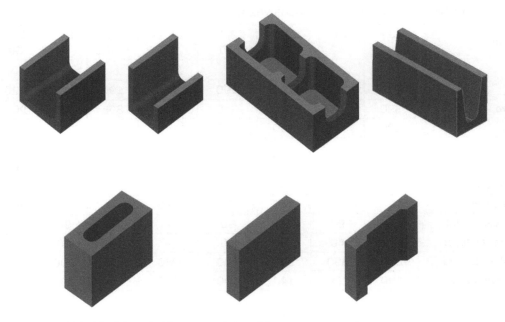

FIGURA 17.2 Modelos de bloco canaleta e bloco compensador.

Cabe ao fabricante documentar as seguintes informações:

- identificação do lote e data de fabricação;
- dimensões nominais, conforme a ABNT NBR 6136:2016;
- resistência característica à compressão (f_{bk});
- classe do bloco, conforme a ABNT NBR 6136:2016.

17.3.3 Famílias de Blocos

O bloco vazado de concreto para alvenaria possui cinco distintas famílias, que são designadas pela largura do seu elemento principal, a saber:

Família 14

A família 14 cm é a mais conhecida e a mais utilizada, onde a peça principal, com dois furos vazados, apresenta 39 cm de comprimento, 19 cm de altura e 14 cm de largura (Fernandes, 2012a).

Os complementos desta família são:

- o bloco de 34 (cm), utilizado no canto das paredes e que corresponde a meio bloco mais uma espessura de 14 cm;
- o bloco de 54 (cm), utilizado em confluências de paredes em "T" e que corresponde a dois e meio blocos mais uma espessura de 14 cm;
- o meio bloco, o bloco canaleta, a meia canaleta e o elemento compensador, todos com altura de 19 cm e largura de 14 cm.

Família 09

A segunda família mais utilizada é a família 09 cm, cujo elemento principal, com dois furos vazados, apresenta comprimento de 39 cm, altura de 19 cm e largura de 9 cm.

Os complementos da família 09 são a canaleta, o meio bloco e a meia canaleta (Fernandes, 2012a).

Família 19

Levando em conta o número de peças comercializadas, a terceira família mais produzida é a família 19, com 39 cm de comprimento, 19 cm de largura e 19 cm de altura.

Os complementos da família 19 são a canaleta, o meio bloco e a meia canaleta (Fernandes, 2012a).

As demais famílias, muito pouco utilizadas, são a de 6,5 cm e a de 12,5 cm de largura, sempre com 19 cm de altura e 39 cm de comprimento.

Na Figura 17.2, ilustram-se alguns modelos de blocos, como o bloco canaleta e o bloco compensador.

As dimensões nominais, de acordo com a ABNT NBR 6136:2016, são apresentadas na Tabela 17.1.

A largura e a espessura mínima das paredes, designadas de acordo com a classe do bloco, são apresentadas na Tabela 17.2, adaptada da ABNT NBR 6136:2016.

TABELA 17.1 Dimensões nominais para os blocos vazados de concreto

Família			20 × 40	15 × 40	15 × 30	12,5 × 40	12,5 × 25	12,25 × 37,5	10 × 40	10 × 30	7,5 × 40
Medida nominal (mm)		Largura	190	140			115		90		65
		Altura	190	190	190	190	190	190	190	190	190
	Comprimento	Inteiro	390	390	290	390	240	365	390	290	390
		Meio	190	190	140	190	115	–	190	140	190
		2/3	–	–	–	–	–	240	–	190	–
		1/3	–	–	–	–	–	115	–	90	–
		Amarração L	–	340	–	–	–	–	–	–	–
		Amarração T	–	540	440	–	365	–	–	290	–
		Compensador A	90	90	–	90	–	–	90	–	90
		Compensador B	40	40	–	40	–	–	40	–	40
		Canaleta inteira	390	390	290	390	240	365	390	290	–
		Meia canaleta	190	190	140	190	115	–	190	140	–

TABELA 17.2 Largura e espessura mínima das paredes dos blocos, por classe

Classe	Largura nominal (mm)	Paredes longitudinais[1] (mm)	Paredes transversais	
			Paredes[1] (mm)	Espessura equivalente[2] (mm/m)
A	190	32	25	188
	140	25	25	188
B	190	32	25	188
	140	25	25	188
C	190	18	18	135
	140	18	18	135
	115	18	18	135
	90	18	18	135
	65	15	15	113

[1] Média das medidas das paredes tomadas no ponto mais estreito.

[2] Soma das espessuras de todas as paredes transversais aos blocos (mm), dividida pelo comprimento nominal do bloco (m).

A norma ABNT NBR 6136:2016 estabelece ainda que a menor dimensão do furo (D_{furo}) para as Classes A e B deve ser maior ou igual a 70 mm para blocos de 140 mm e maior ou igual a 110 mm para blocos de 190 mm. Com relação à mísula (Fig. 17.1), a norma estabelece para as Classes A e B a mísula com raio mínimo de 40 mm; já para a Classe C, o raio mínimo deve ser de 20 mm.

17.3.4 Classificação dos Blocos

É a diferenciação dos blocos segundo o seu uso, podendo ser estrutural e não estrutural, para aplicação acima ou abaixo do nível do solo.

Os blocos vazados de concreto, especificados de acordo com a ABNT NBR 6136:2016, devem atender, quanto ao seu uso, às classes descritas a seguir:

- Classe A – com função estrutural: para uso em elementos de alvenaria acima ou abaixo do nível do solo; deve apresentar resistência característica à compressão (f_{bk}) maior ou igual a 8,0 MPa.

- Classe B – com função estrutural: para uso em elementos de alvenaria somente acima do nível do solo; deve apresentar resistência característica à compressão (f_{bk}) maior ou igual a 4,0 MPa e menor do que 8 MPa.

- Classe C – com ou sem função estrutural: para uso em elementos de alvenaria somente acima do nível do solo; deve apresentar resistência característica à compressão (f_{bk}) maior ou igual a 3,0 MPa.

Blocos da Classe C podem ser utilizados com função estrutural dependendo da sua largura, conforme segue: com largura de 90 mm (M10) para uso em edificações de, no máximo, um pavimento; com largura de 115 mm (M12,5) para edificações de, no máximo, dois pavimentos; e blocos com largura de 140 mm (M15) para edificações de, no máximo, cinco pavimentos.

Na Tabela 17.3, adaptada da norma ABNT NBR 6136:2016, apresentam-se os requisitos físico-mecânicos para os blocos vazados de concreto simples para alvenaria (bloco inteiro ou predominante).

A idade (data) de controle para verificação do atendimento aos requisitos físico-mecânicos pode ser adotada de duas formas:

- a data da entrega dos blocos que compõem o lote (condição 1 da ABNT NBR 6136:2016);

- desde que aceita pelo consumidor, a data de controle pode ser tomada após a data de entrega, mas deve ser, no máximo, aos 28 dias decorridos da data de produção mais recente, dentre os carregamentos que compõem o lote (condição 2 da ABNT NBR 6136:2016).

Para se determinar a resistência à compressão do bloco no que concerne à área bruta, deve-se utilizar o método de ensaio preconizado na ABNT NBR 12118:2014.

A formação da amostra de blocos (bloco inteiro ou predominante) para os ensaios deve seguir o disposto na ABNT NBR 6136:2016, conforme indicado na Tabela 17.4. Caso o bloco predominante não seja o bloco inteiro, o critério pode ser estabelecido entre o comprador e o fornecedor.

Observa-se que a quantidade de blocos para compor a amostra de uma fábrica com desvio-padrão conhecido é menor do que no caso de uma fábrica com desvio-padrão não conhecido; dessa forma, a determinação da resistência característica à compressão estimada ($f_{bk,est}$) deve ser realizada de forma distinta, como discriminado a seguir.

TABELA 17.3 Blocos vazados de concreto – Resistência característica à compressão (f_{bk}), absorção e retração

| Classificação | Classe | f_{bk} (MPa) | Absorção (%) | | | | Retração (%) |
| | | | Agregado normal | | Agregado leve | | |
			Indiv.	Média	Indiv.	Média	
Com função estrutural	A	≥ 8,0	≤ 8,0	≤ 6,0	≤ 16,0	≤ 13,0	≤ 0,065
	B	≥ 4,0 < 8,0	≤ 10,0	≤ 8,0	≤ 16,0	≤ 13,0	≤ 0,065
Com ou sem função estrutural	C	≥ 3,0	≤ 12,0	≤ 10,0	≤ 16,0	≤ 13,0	≤ 0,065

TABELA 17.4 Indicação para formação da amostra de blocos

| Quantidade de blocos do lote | Quantidade de blocos da amostra | | Quantidade mínima de blocos para ensaio dimensional e de resistência à compressão | | Quantidade de blocos para ensaio de absorção e área líquida |
	Para ensaios de prova	Para ensaios de contraprova	Desvio-padrão da fábrica não conhecido	Desvio-padrão da fábrica conhecido	
Até 5000	7 ou 9	7 ou 9	6	4	3
De 5001 a 10.000	8 ou 11	8 ou 11	8	5	3
Acima de 10.000	9 ou 13	9 ou 13	10	6	3

356 Capítulo 17

17.3.5 Valor Estimado da Resistência Característica à Compressão ($f_{bk,est}$)

17.3.5.1 Para desvio-padrão da fábrica não conhecido

Os resultados obtidos nos ensaios dos corpos de prova (de bloco inteiro ou predominante) que compõem a amostra extraída do lote, referidos à área bruta do bloco, devem ser submetidos ao estimador apresentado na Equação (17.1). Cabe considerar a condição discriminada na norma ABNT NBR 6136:2016, para se determinar a resistência característica à compressão estimada, conforme se detalha a seguir.

$$f_{bk,est} = 2 \left[\frac{f_{b(1)} + f_{b(2)} + \ldots + f_{b(i-1)}}{i-1} \right] - f_{bi} \quad (17.1)$$

em que $f_{bk,est}$ é a resistência característica à compressão estimada da amostra (MPa); $f_{b1}, f_{b2}, \ldots, f_{bi}$ são os valores de resistência à compressão individuais de cada corpo de prova, ordenando os valores em ordem crescente; $i = n/2$, se n for par, ou $i = (n-1)/2$, se n for ímpar; e n é a quantidade de blocos da amostra.

Observação: não se deve tomar para $f_{bk,est}$ valor menor do que $Y \times f_{b1}$, e os valores de Y são definidos em função da quantidade de blocos da amostra, conforme dados na Tabela 17.5.

17.3.5.2 Para desvio-padrão da fábrica conhecido

O valor estimado de resistência característica à compressão ($f_{bk,est}$), dos blocos de concreto do lote, referido à área bruta do bloco, deve ser obtido pela aplicação da seguinte expressão:

$$f_{bk,est} = f_{bm} - 1,65 \times S_d \quad (17.2)$$

em que $f_{bk,est}$ é a resistência característica à compressão estimada da amostra (MPa); f_{bm} é a resistência média da amostra (MPa); e S_d é o desvio-padrão do fabricante.

O desvio-padrão do fabricante deve considerar pelo menos 30 corpos de prova, retirados em intervalos regulares da produção, para cada faixa de resistência adotada.

17.3.6 Controle de Qualidade

Os blocos devem ser fabricados e curados por processos que assegurem a obtenção de um concreto suficientemente homogêneo e compacto, de modo a atender a todas as exigências da ABNT NBR 6136:2016.

Os blocos devem ter arestas vivas e não devem apresentar trincas, fraturas ou outros defeitos que possam prejudicar o seu assentamento ou afetar a resistência e a durabilidade da construção. Não é permitido nenhum reparo que oculte defeitos eventualmente existentes no bloco. Esses requisitos podem ser verificados mediante uma inspeção visual.

Cabe ao fabricante identificar os lotes de blocos segundo sua procedência e manipulá-los e transportá-los com as devidas precauções, para não prejudicar sua qualidade. Deve ainda definir a idade de controle e fornecer os blocos com as características físico-mecânicas atendidas na data da entrega (Condição 1 da ABNT NBR 6136:2016), ou nos termos da Condição 2 desta norma, que prescreve que a idade de controle pode ser tomada após a data da entrega e ser, no máximo, aos 28 dias, contados a partir da data de produção mais recente dos carregamentos que compõem o lote de blocos (a aplicação desta Condição 2 fica sujeita à aceitação do comprador).

Cabe ao comprador, por ocasião do pedido de cotação de preços, indicar o local da entrega do produto, bem como a classe, a resistência característica à compressão, as dimensões e outras condições particulares especificadas no projeto.

Para fins de fornecimentos regulares, a unidade de compra é o bloco. A forma ideal de entrega é por paletes ("*pallets*") protegidos.

Quando do recebimento do produto, atentar para as informações contidas na nota fiscal, aspecto visual, indicação de rastreabilidade (identificação dos lotes de procedência dos produtos, data de fabricação e número de identificação do lote de fábrica), além de retirada de amostras para a realização de ensaios de recebimento.

Ao receber os blocos, cabe ao comprador verificar se eles satisfazem simultaneamente:

- Requisitos visuais: para aceitar o lote de blocos, o comprador pode aplicar o disposto na norma ABNT NBR 6136:2016, que estabelece até o

TABELA 17.5 Valor de Y de acordo com a quantidade de blocos da amostra

Quantidade de blocos	6	7	8	9	10	11	12	13	14	15	16	18
Y	0,89	0,91	0,93	0,94	0,96	0,97	0,98	0,99	1,00	1,01	1,02	1,04

máximo de 10 % de peças não conformes com os requisitos em análise, as quais podem ser substituídas em comum acordo entre as partes (fabricante e comprador). Caso a quantidade de peças não conformes supere 10 %, o lote é rejeitado.

- Requisitos dimensionais: todos os blocos da amostra devem atender aos requisitos dimensionais indicados na norma ABNT NBR 6136:2016, na etapa da prova ou contraprova.
- Requisitos de resistência à compressão e absorção de água: todos os blocos da amostra devem atender aos requisitos de resistência à compressão e absorção de água indicados na norma ABNT NBR 6136:2016, na etapa da prova ou contraprova.

Considerando a importância de os blocos vazados de concreto para alvenaria comercializados no País apresentarem requisitos mínimos de desempenho e segurança, o Instituto Nacional de Metrologia, Qualidade e Tecnologia (Inmetro) estabeleceu critérios específicos de avaliação da conformidade com foco na segurança, a partir do mecanismo da certificação voluntária no âmbito do Sistema Brasileiro de Avaliação da Conformidade (SBAC), de modo a atender à Portaria Inmetro nº 261/2014 e o seu Anexo. As etapas do processo de avaliação da conformidade para blocos vazados de concreto para alvenaria abrangem o Modelo de Certificação 4 (exclusivo para micro e pequenas empresas), o 5 (auditoria inicial do sistema de gestão de qualidade do fabricante) e o 7 (definição dos ensaios, amostragem e critérios de aceitação).[2]

17.4 PEÇAS DE CONCRETO PARA PAVIMENTAÇÃO

Os pavimentos intertravados têm sua origem nos pavimentos revestidos com pedras, executados na Mesopotâmia há quase 5000 anos a.C. e muito utilizados pelos romanos desde 2000 a.C. Este tipo de pavimento evoluiu, primeiro, para o uso de pedras talhadas, resultando em pavimentos conhecidos como paralelepípedos. A dificuldade da produção artesanal dessas pedras e a falta de conforto de rolamento impulsionaram o desenvolvimento das peças de concreto pré-fabricadas. Após a Segunda Guerra Mundial, os blocos passaram a ser confeccionados em fábricas com grande capacidade de produção, na Alemanha, tomando grande impulso na década de 1970, quando chegaram ao Brasil (ABCP, 2010a).

Peças de concreto para pavimentação (também conhecidas como *paver*) são destinadas à pavimentação de vias urbanas, pátios de estacionamento e calçadas.

Quando as peças são assentadas sobre camada de base (areia) e travadas entre si por contenção lateral, resultam na calçada, equipamento urbano essencial para a mobilidade urbana.

A calçada de pavimento intertravado para ambientes externos deve levar em consideração os aspectos de uso, tais como: abrasão, tráfego de pedestres, cadeirantes e intempéries. As principais características desse tipo de pavimento, segundo a ABCP (2010a), são:

- superfície antiderrapante: o concreto proporciona segurança aos pedestres, mesmo em condições de piso molhado;
- conforto térmico: a utilização de peças de concreto com pigmentação clara acarreta menor absorção de calor, melhorando o conforto térmico das calçadas;
- liberação ao tráfego: imediata, após a compactação final do pavimento;
- resistência e durabilidade: a elevada resistência do concreto confere grande durabilidade à calçada;
- os produtos à base de cimento podem ser totalmente reciclados e reutilizados na produção de novos materiais;
- diversidade de cores: as peças de concreto podem ser fabricadas com uma ampla variedade de cores e texturas.

O desempenho e a durabilidade do pavimento dependem da qualidade da peça de concreto e do intertravamento entre as peças. Para que se consiga o intertravamento, duas condições são necessárias e indispensáveis: contenção lateral e junta preenchida com areia. Portanto, a execução com a técnica adequada é imprescindível para o bom desempenho do pavimento.

17.4.1 Formatos de Peças

A norma ABNT NBR 9781:2013, dentre os requisitos específicos, indica que as peças de concreto podem ser produzidas em diversos formatos, especificando quatro tipos, como segue.

- Tipo I: peças com formato próximo ao retangular, com relação comprimento/largura igual a dois, que se arranjam entre si os quatro lados e podem ser assentadas em fileiras ou em espinha de peixe.
- Tipo II: peças com formato único, diferente do retangular, que só podem ser assentadas em fileiras.

---

[2] Disponível em: www.inmetro.gov.br. Acesso em: 30 set. 2024.

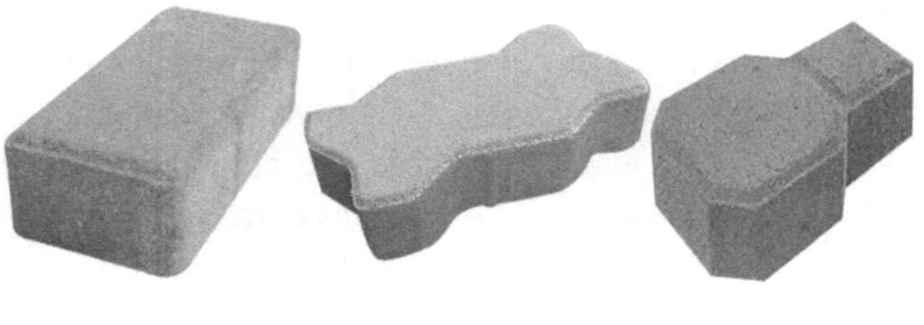

FIGURA 17.3 Formato tipo I (ABCP, 2010a).

- Tipo III: peças com formatos geométricos característicos, como trapézios, hexágonos, triedros etc. com peso superior a 4 kg.
- Tipo IV: conjunto de peças de concreto de diferentes tamanhos, ou uma única peça com juntas falsas, que podem ser utilizadas com um ou mais padrões de assentamento.

No anexo D da norma NBR 9781 constam os diversos formatos de peças de concreto.

Também podem ser produzidas peças especiais para orientação de pedestres, com a finalidade de permitir que pessoas com deficiência visual possam se orientar a partir das percepções táteis, com auxílio de bengala e dos pés. Mais informações sobre esse tipo de peça na Seção 17.8, Ladrilho Hidráulico.

17.4.2 Materiais Empregados na Fabricação das Peças de Concreto para Pavimentação

Para a produção de peças de concreto para pavimentos, em razão da necessidade de manuseio no dia seguinte, é mais indicado o cimento Portland de Alta Resistência Inicial (ARI), embora possam ser utilizados também os cimentos compostos (CP II de Classe 40 MPa). Por apresentarem maior resistência nas primeiras idades, esses tipos de cimento permitem, em menor prazo, o manuseio das peças, diminuindo o índice de quebras na fase de paletização (Fernandes, 2012a).

A diferença está no tamanho máximo dos grãos, que deve ser preferencialmente menor ou igual a ¼ de polegada (6,35 mm) para permitir melhor acabamento superficial das peças e utilização em equipamentos com cavidades de dimensões reduzidas. Resumidamente, as principais características de um bom agregado para *paver* (peça de concreto para pavimentação) são: tipo de rocha, dimensão máxima, formato, rugosidade, limpeza superficial e dureza dos grãos (Fernandes, 2012a).

17.4.3 Normas Técnicas Relacionadas

As normas relacionadas com este tipo de artefato são:

- **a)** ABNT NBR 9781:2013: Peças de Concreto para Pavimentação – Especificação e Métodos de Ensaio.
- **b)** ABNT NBR 9050:2021: Acessibilidade a Edificações, Mobiliário, Espaços e Equipamentos Urbanos.

Na ABNT NBR 9781:2013 são apresentados os principais requisitos para as peças de concreto para pavimentação, quais sejam:

- quanto ao aspecto: devem ser homogêneas, compactas e não podem apresentar trincas e fraturas ou outros defeitos que possam prejudicar o assentamento, o desempenho estrutural ou a estética do pavimento;
- quanto à resistência à compressão: resistência mínima de 35 MPa para tráfego leve com veículos comerciais de linha; e mínima de 50 MPa para tráfego pesado;
- quanto às dimensões: largura mínima de 100 mm, altura mínima de 60 mm e comprimento máximo de 400 mm;

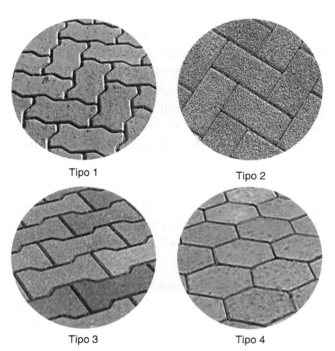

FIGURA 17.4 Exemplos de formatos de peças de concreto (ABCP: 2010a).

- quanto às tolerâncias: são admitidas variações de ± 3 mm para o comprimento, a largura e a espessura.

17.4.4 Processos de Fabricação

Segundo Fernandes (2012a), as peças de concreto para pavimentos podem ser produzidas por, pelo menos, três processos bem distintos, a saber:

a) Processo dormido

É o processo no qual o concreto permanece no molde de um dia para o outro, e como os moldes são de plástico, aço ou fibra, a peça fica com um acabamento superficial extremamente liso, sendo, por isso, preferido para aplicações em áreas domésticas.

Neste processo, o consumo de cimento é mais baixo do que no processo prensado, mas tem como inconvenientes a baixa produtividade e a necessidade de uma base para uma calçada bem executada, uma vez que as peças não proporcionam intertravamento, em razão da superfície lateral lisa e do formato cônico das peças, necessário para possibilitar a desforma da peça depois de o concreto ter endurecido.

b) Processo virado

Também conhecido como batido, esse processo requer um mínimo de investimento em equipamentos: uma betoneira para misturar o concreto, uma mesa vibratória para adensar e um jogo de quatro a seis formas metálicas ou de fibra para serem cheias e imediatamente desformadas, apenas virando o molde de boca para baixo sobre uma superfície plana, lisa e untada com óleo. Também neste método o consumo de cimento é mais baixo do que no método prensado, porque permite empregar duas camadas: uma fina, para acabamentos, e uma grossa, com bastante agregado graúdo, fato que permite reduzir o consumo de cimento.

Os inconvenientes deste processo são o acabamento, prejudicado porque a peça é desformada com o concreto ainda no estado fresco, e a produtividade, que é baixa.

Embora haja certo preconceito sobre esse sistema, vale lembrar que, quando realizado dentro da boa técnica, as peças viradas ou batidas apresentam bom desempenho porque possuem grande quantidade de brita, fato que aumenta a resistência à tração. Além disso, normalmente a peça é sextavada, sendo que a maior área da peça permite menor concentração de carga no solo, diminuindo os efeitos de deformação do pavimento.

c) Processo prensado

É o processo mais usado no mundo e que resulta em melhor desempenho estético do produto aplicado. Também é o que proporciona maiores possibilidades de cores e formatos. Permite maior produtividade e é o que requer maior investimento inicial. Em razão do fato de se trabalhar como concreto semisseco, tipo "farofa", e utilizar agregados mais finos para permitir bom acabamento, constitui o processo que requer maiores cuidados na produção e que apresenta maior possibilidade de patologias, principalmente absorção e desgaste superficial por abrasão, se não forem tomados os devidos cuidados na produção.

Possui textura apropriada para trânsito de veículos e de pedestres, e também pode ser produzido em duas camadas, com a adaptação de um segundo sistema de alimentação na máquina de extrusão.

17.5 TELHAS DE CONCRETO

O registro histórico das telhas de concreto data do século XIX, em meados de 1844, na fábrica de cimento Kroher, na cidade de Staudach na Bavária, Alemanha, 20 anos após o registro de patente do cimento Portland, por Joseph Aspdin, na Inglaterra. Inicialmente, a produção era manual, passando posteriormente para a prensagem em equipamentos e, com a evolução, adotou-se o processo de propulsão, proporcionando maior produtividade e regularidade das peças.

No Brasil, a produção de telhas de concreto teve início em 1976, com a implantação de uma fábrica em São Paulo. Segundo a Associação Nacional de Fabricantes de Telhas Certificadas de Concreto (Anfatecco), existiam, em 2013, 19 fábricas associadas.

O processo de fabricação das telhas também evoluiu no Brasil, e, atualmente, utiliza-se o processo de extrusão, um processo contínuo que permite ganho de velocidade de produção. Houve também evolução com relação aos materiais empregados, uso de pigmentos e aditivos, possibilitando a obtenção de grande variedade de modelos de telhas, com acabamentos e estilos diversos (Fernandes, 2012b).

Uma novidade no mercado é a telha de concreto fotovoltaica (modelo BIG-F10) desenvolvida pela Tégula Solar (empresa que integra o Grupo Eternit).

A telha utiliza os raios solares para gerar energia de maneira limpa e renovável, contribuindo com a redução dos gastos com eletricidade.

Facilmente instalável sobre estruturas de madeira ou metálicas, segue parâmetros e procedimentos muito semelhantes aos executados nos telhados tradicionais e faz composição com a telha modelo BIG do mesmo fabricante.

São produzidas em várias cores; as características e recomendações específicas de instalação devem ser verificadas com o fabricante.

Nas Figuras 17.5(a) e (b) ilustram-se o modelo BIG-F10 na cor cinza pérola e uma vista de um telhado com a composição desta com o modelo BIG (imagens cedidas pela Eternit).

17.5.1 Características Gerais das Telhas de Concreto

Segundo a ABNT NBR 13858-2:2009, telha de concreto é um componente para cobertura com forma essencialmente retangular e perfil geralmente ondulado, composto de cimento, agregado e água, aditivos ou adições, fornecido na cor natural ou colorido pela adição de pigmento. Existem também outros componentes, geralmente de mesma composição das telhas, que têm a função de complementá-las, possibilitando a execução da cobertura projetada.

Em função da profundidade do perfil, as telhas de concreto são classificadas (A, B, C, D ou Plana) de acordo com as cargas mínimas que variam de 1200 a 2400 N.

Conforme essa norma, devem-se obedecer, quanto às dimensões, às seguintes tolerâncias: até 420 mm, tolerância de ± 2 mm; e acima de 420 mm, tolerância de ± 0,5 %.

Essas características compreendem:

a) comprimento e largura nominais;
b) comprimento total;
c) comprimento útil declarado;
d) largura total;
e) largura útil declarada.

No entanto, para as características de sobreposição longitudinal mínima e altura característica do perfil, os valores limites (mm) são estabelecidos e declarados pelo fabricante, devendo obedecer a tolerância de ± 0,5 %.

Em termos de desempenho térmico e impermeabilidade, a Anfatecco ressaltava:

- desempenho térmico: as telhas de concreto com coloração mais clara que as telhas cerâmicas obtêm melhor desempenho térmico, uma vez que a absorção de energia solar será menor, podendo atingir até 5 °C a menos que uma telha cerâmica;
- impermeabilidade: a elevada compacidade da mistura, a aplicação de aditivos hidrofugante e a existência de pingadeiras e câmaras antirretorno evitam qualquer infiltração de água pelas telhas e seus encaixes.

Fernandes (2012b) salienta que, no Brasil, o modelo mais conhecido e utilizado é o Coppo Veneto. Porém, existem produtores que oferecem a telha também nos modelos plana, plana dupla, tradição, Coppo Grécia, duplo S, La Casa, além de outros.

O modelo Coppo Veneto apresenta as características relatadas a seguir. Ressalte-se que é possível também a fabricação do produto, em pedido especial, com cor personalizada, a partir da combinação entre duas ou mais cores de pigmentos (Fernandes, 2012b).

- Dimensões: largura de 33 cm e comprimento de 42 cm
- Cobertura: 10,4 telhas por m^2
- Peso médio: 4,70 kg/peça ou 49,4 kg/m^2
- Absorção: abaixo de 10 %
- Resistência: 240 kgf
- Distância das ripas: 32 cm
- Inclinação mínima: 30 %
- Embalagens: paletizado com 240 peças ou a granel

FIGURA 17.5 (a) Modelo Coppo Veneto e complementos. (b) Telha Fotovoltaica (cortesia da Eternit).

FIGURA 17.6 Modelo Coppo Veneto e complementos.

17.5.2 Materiais Empregados na Fabricação das Telhas de Concreto

Quanto à fabricação, as telhas de concreto devem ser fabricadas a partir do uso de cimento, agregados e água, sendo conformadas por extrusão. No processo de fabricação podem também ser utilizados pigmentos, aditivos ou adições. As peças complementares podem ser fabricadas por compactação ou constituídas por outra matéria-prima diferente da composição dos insumos que compõem a telha de concreto (ABNT NBR 13858-2:2009).

Para a produção de telhas de concreto é fundamental conhecer as características dos materiais empregados e, sobretudo, levar em conta esses dados na fase de definição dos traços.

Há uma enorme diferença, por exemplo, em se utilizar um cimento CP II e um cimento CP V ARI, que, na idade de desforma da telha, pode ter o dobro da resistência do primeiro. O desconhecimento dessas características pode levar a práticas inadequadas, com maior consumo de cimento ou maior índice de quebras e, consequentemente, maior custo de produção. Um bom laboratório pode efetuar um estudo de traços e determinar a diferença de desempenho entre diferentes cimentos de modo a orientar a área comercial na negociação de preço com o fornecedor. Até mesmo um simples teste de ruptura à flexão, realizado no laboratório da fábrica com telhas de cimentos diferentes, pode dar uma boa noção da diferença de desempenho entre eles. Para a produção de telhas, em razão da necessidade de manuseio no dia seguinte, são indicados os cimentos que apresentam maior resistência nas primeiras idades, principalmente um dia, que é a fase de desmolde e paletização das telhas (Fernandes, 2012b).

No caso dos agregados, nem todas as areias empregadas no concreto convencional, sejam elas naturais ou industrializadas, servem para fabricação de telhas. O limitador está na composição dos traços, cuja ordem é de 3,5 a 4 partes de areia para uma parte de cimento, ou seja, o cimento é cerca de 25 a 28 % da areia, enquanto nos concretos convencionais a quantidade de cimento está próxima de 50 % da areia. Com isso, muitas vezes não há pasta suficiente para preencher os vazios da areia e a mistura pode resultar em uma telha porosa, independentemente do desempenho do equipamento de adensamento.

Resumidamente, as principais características para um bom agregado para produção de telhas são a dimensão máxima, que deve ser ≤ 2,4 mm para permitir bom acabamento da testeira da telha; o índice de vazios, que deve ser menor do que oferta de pasta (cimento + água); e a curva granulométrica, que normalmente é obtida com a junção de duas areias, uma média e uma bem fina (Fernandes, 2012b).

17.5.3 Normas Técnicas Relacionadas com Telhas de Concreto

A produção das telhas de concreto deve atender às prescrições das normas técnicas:

a) ABNT NBR 13858-1:1997. Telhas de concreto – Parte 1: Projeto e execução de telhados.

b) ABNT NBR 13858-2:2009. Telhas de concreto – Parte 2: Requisitos e métodos de ensaio. Ressalta-se que esta norma contém oito anexos:
- Anexo A (normativo): Método de ensaio para verificação do empenamento.
- Anexo B (normativo): Método de ensaio para determinação da absorção de água e do peso seco da telha por metro quadrado de área útil.
- Anexo C (normativo): Método de ensaio para verificação da impermeabilidade.
- Anexo D (normativo): Método de ensaio para determinação da carga de ruptura à flexão.
- Anexo E (normativo): Procedimento para determinação do esquadro e análise dimensional.
- Anexo F (normativo): Método de ensaio para determinação do "gap".
- Anexo G (normativo): Método de ensaio para verificação da estanqueidade do painel de telhas.
- Anexo H (informativo): Características dos agregados, dos aditivos e adições.

17.5.4 Controle de Qualidade

As telhas de concreto não devem apresentar defeitos que tragam prejuízos à sua qualidade, como fissuras na superfície exposta às intempéries, bolhas, esfoliações, desagregações e quebras (ABNT NBR 13858-2:2009).

Em relação aos requisitos físicos, a produção das telhas de concreto deve atender aos seguintes parâmetros: empenamento; absorção de água; impermeabilidade; carga de ruptura à flexão; peso das telhas; esquadro; gap (folga entre as faces inferior e superior de duas telhas sobrepostas); e estanqueidade do painel de telhas.

As telhas devem atender aos requisitos físicos durante sua vida útil, prevista de dez anos, desde que cumprido o programa de manutenção que integra as instruções de aplicação, uso e operação. A unidade de compra, para fins de comercialização, é o metro quadrado de cobertura, podendo ser convertida em peças (unidades de telhas) para outros fins (este requisito não se aplica a peças complementares) (ABNT NBR 13858-2:2009).

A telha deve ser transportada preferencialmente paletizada e devidamente protegida pelo filme plástico stretch, amarrada com cinta PET para garantir a integridade do palete. Quando o transporte ocorre a granel, no qual as telhas são colocadas de pé sobre a carroceria, devem estar bem encostadas umas nas outras e com inclinação suficiente para não se deslocarem em caso de aclive do carro transportador. Quando as telhas não são fornecidas em paletes, o empilhamento máximo deverá ser de três fiadas de altura e levemente inclinadas para impedir o desmoronamento (Fernandes, 2012b).

17.6 TUBOS DE CONCRETO

Os tubos pré-moldados em concreto são peças circulares pré-moldadas em concreto, com encaixe tipo macho-fêmea ou ponta e bolsa, podendo ser armados ou não. São utilizados em obras de saneamento básico na condução de drenagem, esgoto sanitário ou efluentes industriais.

Complementando os tubos, têm-se as aduelas de concreto, que são peças retangulares pré-moldadas de concreto, com encaixe macho e fêmea, utilizadas nos sistemas de drenagem pluvial (galerias de águas pluviais) de vias urbanas, rodovias e aeroportos, canalizações de córregos a céu aberto ou fechado, pontes etc. As aduelas devem ter as suas dimensões especificadas, variando-se a base e a altura de 0,50 m.

17.6.1 Características Gerais

Os tubos de concreto são dimensionados conforme a sua necessidade de vazão, especificidade (condução de água pluvial ou esgoto/efluentes) e resistência mecânica necessária (de acordo com a carga que atuará sobre a peça); assim, quanto maior a resistência do produto, maior será o número de sua classificação. A norma ABNT NBR 8890:2020 – Tubos de concreto de seção circular para água pluvial e esgoto sanitário – Requisitos e métodos de ensaios regula seu processo de fabricação e dimensionamento.

Segundo esta norma, os tubos de concreto destinados a esgotamento sanitário devem ter, obrigatoriamente, junta elástica na intersecção das peças e possuir, no mínimo, 2,00 m de comprimento útil. No caso da destinação para águas pluviais, o uso de juntas elásticas é opcional, considerando que a sua utilização garante maior estanqueidade do fluido conduzido no interior do tubo.

Em virtude dos avanços conquistados por fabricantes de tubos de concreto e de equipamentos para produção de tubos, visando à melhoria da qualidade, durabilidade e estanqueidade das juntas, os tubos de concreto continuam sendo uma alternativa que merece ser avaliada pelos projetistas e executores de obras. Isso se justifica, principalmente, em razão da relação custo-benefício, domínio técnico das propriedades do concreto, flexibilidade na produção de tubos de vários diâmetros, facilidade de execução das obras e maior garantia da qualidade da obra (Chama Neto, 2004).

Neste sentido, em 2001, foi criada a Associação Brasileira dos Fabricantes de Tubos de Concreto (ABTC). Com o apoio da Associação Brasileira de Cimento Portland (ABCP), a ABTC passou a enfrentar o grande desafio de reunir as empresas envolvidas direta e indiretamente no setor de sistemas de drenagem e saneamento para discussão de temas relevantes e inerentes, desde o processo produtivo até o atendimento adequado da demanda.

17.6.2 Modelos/Tipos

Os tubos são nomeados de acordo com a sua respectiva classe de resistência, que corresponde a valores mínimos para fissuração e rompimento da peça. Exemplo de nomenclatura de tubos de concreto:

a) Tubos de concreto destinados a águas pluviais
- Com armação: PA 1, PA 2, PA 3, PA 4;
- Sem armação: PS 1 e PS 2.

b) Tubos de concreto destinados a esgotos sanitários
- Com armação: EA 1, EA 2, EA 3, EA 4;
- Sem armação: ES.

17.6.3 Materiais

O processo de fabricação de tubos de concreto se inicia com a adequada seleção dos materiais a serem utilizados e com a realização de ensaios de laboratório para sua caracterização. De preferência, os materiais devem ser armazenados em locais cobertos, de modo que não fiquem expostos a chuvas e contaminações. Posteriormente, esses materiais devem ser depositados nos silos das centrais de concreto, de onde serão transportados para dosagem, mistura e produção do concreto.

17.6.4 Especificação

A ABNT NBR 8890:2020, dentre os requisitos mínimos estabelecidos, aborda aspectos relativos ao concreto, fixando a máxima relação água/cimento, tipo de cimento a ser utilizado, cobrimento mínimo das armaduras e espaçamento entre espiras da armação, tolerâncias nas dimensões e ensaios a serem realizados para controle de qualidade dos tubos.

De maneira geral, as diversas normas internacionais (normas americanas, ASTM C 14/1999 e ASTM C 76/1999; norma inglesa, BS 5911: Part 100:1988; norma japonesa, JIS A 5302/1990; e norma espanhola, UNE 127 010 EX-1995) consideram os mesmos aspectos estabelecidos na norma brasileira. As exigências para a máxima relação a/c, tipos de cimento a serem adotados na fabricação dos tubos e limite máximo do índice de absorção de água do concreto estão muito próximas das estabelecidas na norma brasileira. Com relação aos ensaios de compressão diametral, todas as normas especificam o valor da carga de trinca e ruptura, em função da classe e diâmetro nominal do tubo (Chama Neto, 2004).

17.6.5 Controle de Qualidade

Cabe ao comprador verificar, por inspeção, o atendimento dos valores especificados em norma, retirando de cada lote, de forma aleatória, a quantidade de amostras necessárias e as submetendo aos ensaios de compressão diametral, permeabilidade e estanqueidade, absorção de água e verificação visual e dimensional (Chama Neto, 2004).

17.7 BLOCO DE CONCRETO CELULAR AUTOCLAVADO

O bloco de concreto celular autoclavado (BCCA) é um componente maciço utilizado em paredes externas e internas, em lajes nervuradas, em *shafts*, como enchimento leve e em paredes corta-fogo. Seu uso em alvenaria estrutural é limitado a certas condições, em face de sua resistência à compressão não atingir valores compatíveis com edifícios de grande altura. Na Figura 17.7, ilustra-se uma imagem de bloco de concreto celular.

FIGURA 17.7 Bloco de concreto celular autoclavado.
Foto: cortesia da Precon®.

As matérias-primas utilizadas na sua fabricação são cimento, cal e materiais ricos em sílica. Essa mistura, com a adição de agente expansor (produtos formadores de gases, como pó de alumínio), água e aditivos, é submetida à autoclave por cerca de 12 horas, em temperatura da ordem de 200 °C e pressão de 12 atmosferas, o que torna a mistura sólida definitiva. O resultado é um concreto celular (leve), com células fechadas, aeradas e uniformemente distribuídas.

A massa específica aparente pode variar entre 300 e 650 kg/m³ e, na média, representa aproximadamente um terço da massa específica dos blocos de concreto convencionais (para estes, em torno de 1500 kg/m³).

Apresenta bom desempenho térmico (coeficiente de condutibilidade térmica da ordem de 0,083 kcal/hm °C), elevada estabilidade dimensional com retração por secagem, desde o estado natural até o estado seco, da ordem de 0,103 mm/m. O coeficiente de dilatação térmica gira em torno de $3,8 \times 10^{-6}$/°C e o isolamento acústico de uma parede com 10 cm de espessura, não revestida, em torno de 37 dB.

Pode ser facilmente serrado, furado, escarificado (para passagem de tubulações) e pregado, podendo contribuir para a redução não só do consumo de argamassa de assentamento, mas também do prazo de execução da alvenaria.

17.7.1 Características Gerais

Na ABNT NBR 13438:2021, encontram-se os requisitos mínimos para o recebimento de blocos de concreto celular autoclavado (BCCA).

Esses blocos são classificados de acordo com sua utilização em vedação, estrutural e para preenchimento de lajes. Ainda é possível o tipo especial, com suas características acordadas entre o fabricante e o comprador.

As dimensões nominais dos blocos (espessura × altura × comprimento) devem ser maiores ou iguais a: espessura 75 mm, altura 200 mm e comprimento 200 mm. As tolerâncias admitidas para as dimensões são de ±3 mm.

As classes de resistência à compressão e densidade de massa aparente seca são as indicadas na Tabela 17.6, conforme preconiza a ABNT NBR 13438:2021.

Os blocos não devem apresentar defeitos sistemáticos, como trincas, quebras e superfícies irregulares.

Para a designação, os blocos de concreto celular autoclavado devem conter as seguintes informações: tipo de bloco (bloco de CCA), número da norma técnica correspondente e dimensões nominais. As condições para a inspeção, aceitação ou rejeição são estabelecidas na ABNT NBR 13438:2021.

É conveniente descarregar os blocos de modo que fiquem empilhados na posição vertical e armazená-los sempre em local coberto, ventilado e sobre uma superfície firme, limpa e seca.

17.7.2 Normas Brasileiras

As normas técnicas da ABNT relacionadas com o BCCA são: ABNT NBR 13438:2021 – Bloco de concreto celular autoclavado – Requisitos; ABNT NBR 13440:2021 – Bloco de concreto celular autoclavado – Métodos de ensaio; ABNT NBR 14956-1:2013 – Bloco de concreto celular autoclavado – Execução de alvenaria sem função estrutural – Parte 1: Procedimento com argamassa colante industrializada; ABNT

TABELA 17.6 Resistência à compressão e densidade de massa aparente seca (BCCA)

Classe	Resistência à compressão (seco) (MPa) Média (mínimo)	Resistência à compressão (seco) (MPa) Individual (mínimo)	Densidade aparente seca Média (kg/m³)
C 12	1,2	1,0	≤ 450
C 15	1,5	1,2	≤ 500
C 25	2,5	2,0	≤ 550
C 45	4,5	3,6	≤ 650

Fonte: adaptada da norma ABNT NBR 13438:2021.

NBR 14956-2:2013 – Bloco de concreto celular autoclavado – Execução de alvenaria sem função estrutural – Parte 2: Procedimento com argamassa convencional.

17.8 LADRILHO HIDRÁULICO

Pode-se dizer que o ladrilho hidráulico é "parente" dos mosaicos bizantinos e daqueles desenvolvidos pelos muçulmanos em suas obras arquitetônicas, como os encontrados em Alhambra, na Espanha. Trata-se de um material importante da arquitetura ocidental, muito utilizado na Europa no século XIX, tendo chegado ao Brasil a partir da importação (principalmente, de Portugal). No final do século XIX, começou a ser produzido por imigrantes italianos residentes em São Paulo (a técnica foi trazida para o país por um cônsul suíço), sendo criadas ali as primeiras fábricas para o revestimento (NAX Arquitetura, 2009).

Esse revestimento recebeu o nome de ladrilho hidráulico pelo fato de ser apenas molhado, sem processos de queima. As peças são produzidas, em sua maioria, nas dimensões 20 × 20 cm, em diversas combinações de cores em função de sua técnica de produção artesanal, que permite peças personalizadas.

Um padrão de ladrilho muito utilizado é apresentado na Figura 17.9, com o mapa de São Paulo. Este padrão foi desenvolvido em um concurso promovido pelo então prefeito Faria Lima, em 1966, para escolher o piso-padrão da cidade de São Paulo.

Outro padrão muito utilizado é o ladrilho podotátil, que serve de sinalização tátil. Este recurso auxilia as pessoas portadoras de deficiência visual quanto ao seu posicionamento na área da calçada, atendendo aos requisitos da norma brasileira ABNT NBR 9050:2021.

A sinalização tátil no piso pode ser do tipo de alerta ou direcional, e ambas devem ter cor contrastante com o resto do pavimento. O piso tátil de alerta auxilia a pessoa portadora de deficiência visual quanto ao seu posicionamento na calçada. Deve ser instalado em áreas de rebaixamento de calçada, travessia elevada, canteiro divisor de pistas ou obstáculos suspensos.

O piso direcional forma uma faixa que acompanha o sentido do deslocamento e tem a largura variando entre 25 e 60 cm.

Por serem produzidos um a um, os ladrilhos são vendidos sob encomenda. Este produto necessita de cuidados extras na armazenagem e assentamento: as peças devem ser guardadas sobre paletes face a face e assentadas no estágio final da obra, para evitar que sujem ou quebrem em razão da porosidade do ladrilho. A aplicação em calçadas e áreas públicas dispensa a resina protetora, mas a área também deve estar livre de sujeiras. Normalmente, o assentamento é executado com junta seca, sendo as peças colocadas próximas umas das outras. Caso o cliente opte pela

FIGURA 17.8 Exemplos de ladrilhos.

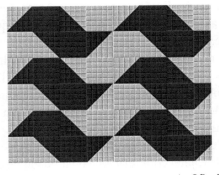

FIGURA 17.9 Ladrilho com o mapa de São Paulo.

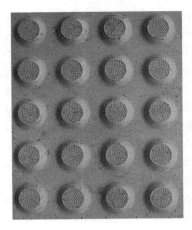

FIGURA 17.10 Ladrilho podotátil. Foto: © ofisser86 | 123rf.com.

366 Capítulo 17

colocação rejuntada, deverá utilizar rejunte especial fornecido pelo fabricante. A partir da escolha do molde, é possível criar as mais diversas cores e paginações: borda, tapetes, contínuos, florais, *patchwork* e acabamento de rodapé. No processo de montagem, o fabricante ou projetista deve fornecer a planta de paginação.

17.8.1 Características Gerais

Ladrilhos hidráulicos são placas de concreto de alta resistência ao desgaste para acabamentos de paredes, pisos internos e externos, contendo uma superfície com textura lisa ou em relevo, colorida ou não, de formato quadrado, retangular ou outra forma geométrica definida. Sua principal característica é a alta resistência a zonas de tráfego intenso, aliando características antiderrapantes e de alta resistência à abrasão, o que os torna indicados para calçadas, passeios públicos, praças, garagens, estacionamentos, rampas para automóveis, ambientes internos, bordas de piscinas etc., oferecendo segurança para as pessoas, mesmo quando molhados (ABCP, 2010b).

Os tipos de ladrilhos hidráulicos são o liso, o decorado e o antiderrapante.

O liso é aplicado em ambientes internos e externos, sendo muito utilizado também em decoração de fachadas. Pode fazer composição com os ladrilhos decorados para conferir o acabamento ao ambiente.

O decorado é utilizado para compor tapetes, bordas e rodapés de ambientes internos e externos.

O antiderrapante é ideal para calçadas, ambiente de passeio público, pátios, bordas de piscinas e áreas molháveis.

Os ladrilhos hidráulicos são fabricados artesanalmente, em moldes de ferro. São feitos com cimento branco, quartzo, diabásio e pó de pedra. Podem ser coloridos, normalmente com até cinco tons, com base em 30 cores de tinta. Os produtos levam o nome de ladrilho hidráulico porque passam cerca de oito horas debaixo de água para a cura. A espessura das peças varia de 2 a 3 cm e o tamanho-padrão é de 20×20 cm, com resistência à tração na flexão de até 5 MPa. Possuem alta durabilidade desde que a instalação e a manutenção sejam feitas de acordo com a orientação do fabricante.

Para atenderem às exigências técnicas, deve-se atentar à norma ABNT NBR 9457:2013 – Ladrilho hidráulico para pavimentação – Especificação e métodos de ensaio.

17.8.2 Pavimento com Ladrilho Hidráulico

A qualidade na execução do pavimento com ladrilho hidráulico está diretamente relacionada com uma série de ações, tais como:

- os ladrilhos hidráulicos devem ser guardados sempre em local coberto e sobre estrados de madeira;
- quando retirar os ladrilhos das caixas para realizar a colocação, coloque-os sempre da mesma forma que eles foram embalados, ou seja, face a face;
- os ladrilhos hidráulicos podem ser assentados com argamassa (uso interno ou externo);
- por serem peças artesanais (prensadas manualmente), é normal que ocorram variações mínimas de espessura (até 1 mm), portanto, é aconselhado assentá-las aplicando argamassa no contrapiso e também no fundo da peça;
- ao aplicar a argamassa, preencher nas pontas do ladrilho para evitar que ocorra trincamento por falta de apoio depois da peça assentada;
- o ladrilho hidráulico sempre é assentado com "junta seca", ou seja, não existe espaçamento a ser dado entre as peças; em alguns casos, pode-se dar um espaçamento mínimo de um a dois milímetros entre as peças;
- nunca bater nas peças com "martelo de borracha" usado normalmente em aplicação de cerâmicas, pois, além de marcar as peças (principalmente, as cores claras), pode fissurá-las ou trincá-las;
- caso, durante aplicação, respingue argamassa sobre os ladrilhos, é aconselhado limpar imediatamente com uma esponja limpa umedecida com água;
- como os ladrilhos hidráulicos são peças muito porosas (quando não estão resinadas), se o local for utilizado como passagem, deve-se protegê-lo com lona plástica e sobre ela plástico-bolha ou papelão. Jamais coloque papelão ou jornal diretamente sobre o piso, pois pode manchar o ladrilho;
- antes de resinar as peças, deve-se verificar se estão secas, limpas e sem pó. Não se deve lavar com ácido muriático, cândida, produtos químicos ou derivados;
- para resinar, deve-se certificar que os ladrilhos estão totalmente secos; utilizar rolo de lã curto, que não solta "fiapos" como os de espuma, em função da ação química da resina, além de não deixar excesso de resina no piso;
- a aplicação da resina deve respeitar a especificação do fabricante, com relação à quantidade de demãos: por exemplo, três demãos com intervalos de oito

horas entre cada uma. As passadas devem ser sempre no mesmo sentido (vai e vem) e não em "cruz"; após a primeira mão de resina e sua secagem, podem-se rejuntar os ladrilhos com pó de rejunte;
- para a manutenção, pode-se passar cera líquida incolor com um rodo a cada 15 dias ou quando perceber que o mesmo está perdendo o brilho. Para limpá-los, utilizar água e sabão neutro.

17.9 PLACAS PLANAS DE CONCRETO PARA PISO

No Brasil, o primeiro registro de um sistema construtivo de calçadas de placas de concreto removíveis foi a proposta de um grupo de empresas e profissionais, liderado pelo arquiteto José Magalhães, constituindo uma das quatro alternativas oferecidas para a votação popular na escolha da nova calçada da avenida Paulista, em São Paulo, em 2002. Em 2005, um grupo de fabricantes começou a desenvolver produtos para a utilização em calçadas. Surgiram então obras emblemáticas, como a reurbanização da rua Amauri e de algumas ruas no bairro da Vila Olímpia, todas na cidade de São Paulo (ABCP, 2010c).

As placas de concreto podem ser fabricadas em diversas cores e texturas, adequando-se a cada tipo de projeto, para aplicação como revestimento do pavimento no sistema aderido (placa fixa) ou flutuante (placa removível).

A placa plana de concreto é produto resultante da mistura de cimento Portland, água, agregados originados de vários tipos de rochas, como basalto, arenito, mármore, quartzo, granito e seixo rolado, eventuais aditivos com ou sem reforço de fibras, telas ou armaduras ativas ou passivas.

17.9.1 Características Gerais

A placa plana de concreto pode ser produzida com uma ou mais camadas de concreto, sendo a camada superior a de revestimento e a camada inferior, a estrutural. Em geral, a placa é constituída de cimento (cinza ou branco estrutural), areia, granilha, aditivos, pigmentos, e pode ou não conter armadura, dependendo da carga solicitada. Pode ser fabricada em vibroprensas, em fôrmas individuais de concretagem ou em pistas de concretagem.

A calçada de placa de concreto para ambientes externos deve levar em consideração os aspectos de uso, tais como: abrasão, tráfego de pedestres, cadeirantes e intempéries.

As principais características desse tipo de piso, segundo a ABCP (2010c), são:
- facilidade de execução: por serem pré-fabricadas, as placas de concreto já chegam prontas para o uso na obra, demandando apenas mão de obra treinada, pois são de fácil instalação;
- facilidade de manutenção: a manutenção pode ser feita retirando-se apenas as placas danificadas;
- conforto de rolamento: a regularidade da superfície das placas e as pequenas espessuras conferem conforto ao caminhar ou no uso de cadeiras de rodas ou carrinhos;
- superfície antiderrapante: proporcionam segurança aos pedestres, mesmo em condições de piso molhado. Devem ser evitadas placas polidas que não atendam a esse requisito;
- conforto térmico: a utilização de placas com cores claras proporciona menor absorção de calor, melhorando o conforto térmico das calçadas;
- rápida liberação de tráfego: para as placas assentadas no sistema aderido, deve-se aguardar a cura por 24 horas. Para as placas assentadas no sistema flutuante, a liberação é imediata;
- resistência e durabilidade: as placas pré-fabricadas apresentam elevada resistência à abrasão e mecânica. A correta especificação da placa depende da elaboração de projeto por profissional qualificado ou indicação do fabricante;
- material reciclável: os produtos à base de cimento podem ser totalmente reciclados e utilizados novamente na produção de novos materiais;
- capacidade de drenagem: as placas pré-fabricadas podem ser produzidas com capacidade drenante,

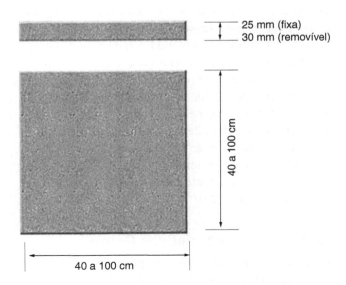

FIGURA 17.11 Formato e dimensões de uma placa plana de concreto.

facilitando a passagem da água. Neste caso, a calçada tem de ter estrutura com base drenante para permitir a infiltração de água de volta ao lençol freático;
- diversidade de cores e texturas: as placas podem ser fabricadas com uma ampla variedade de cores e texturas. Para que as cores sejam duráveis, o importante é optar por pigmentos inorgânicos.

A espessura mínima das placas varia de 25 mm (placa fixa para sistema aderido) a 30 mm (placa removível para sistema flutuante) e a modulação das placas, entre 40 cm × 40 cm e 100 cm × 100 cm.

A resistência mecânica das placas de concreto, quando assentadas sobre camada de apoio, deve respeitar os valores mínimos a seguir:

- resistência característica à flexão: maior ou igual a 3,5 MPa;
- carga característica de ruptura na flexão: maior ou igual a 4,5 kN.

As exigências técnicas detalhadas podem ser consultadas na ABNT NBR 15805:2015 – Placa de concreto para piso – Requisitos e métodos de ensaios.

17.10 PLACAS CIMENTÍCIAS

A utilização das placas cimentícias, que surgiram na década de 1970, se tornou cada vez mais frequente em virtude do crescimento do mercado de construção industrializada (Medeiros; Santos, 2010).

As placas cimentícias são ideais para projetos que exijam versatilidade, rapidez na montagem e um excelente acabamento. São complementos essenciais nos processos de industrialização, tais como *steel frame*. Nesses casos, para a constituição de paredes sólidas, divisórias e mezaninos, permitindo que a obra ganhe criatividade e flexibilidade. Sua utilização agrega valor à obra, especialmente em projetos em que há necessidade ou preocupação em otimizar o espaço físico, tempo e qualidade de acabamento. É uma alternativa rápida, limpa e econômica para construção civil, que pode ser aplicada em áreas internas e externas, além de suprir algumas restrições de outros materiais quanto ao uso em áreas molhadas (Pontes, 2010).

17.10.1 Características Gerais

As placas cimentícias são componentes produzidos industrialmente, com alto padrão de qualidade e prontas para o uso na obra. São desenvolvidas com a tecnologia cimento reforçado com fios sintéticos (CRFS), sem amianto. São produzidas a partir de uma mistura homogênea de cimento, agregados naturais de celulose, reforçada com fios sintéticos de polipropileno. Podem ou não receber tratamento adicional, que confere maior resistência superficial à abrasão, maior impermeabilidade e dispensa o uso de *primer* no preparo para aplicação de revestimentos.

Algumas características da construção convencional podem ser inconvenientes no momento de se optar por um sistema construtivo com necessidades específicas: método executivo artesanal, necessidade de grandes quantidades de água, operação lenta nos transportes verticais e horizontais, baixa produtividade, maior área de canteiro, maior geração de entulho e necessidade de rasgos em paredes para instalações elétricas e hidráulicas. Em contrapartida, a placa cimentícia constitui uma ótima alternativa para construção seca, que tem seu formato de execução visto como linha de montagem. Para projetos que justifiquem uma preocupação com os detalhes, a opção pelas placas permite cronogramas mais bem definidos, mão de obra qualificada, menos geração de entulho, ganho de área útil e menor sobrecarga nas fundações e lajes (Pontes, 2010).

As placas para uso externo, por exemplo, devem apresentar maior resistência, para suportar as variações climáticas, o contato com a umidade e com a insolação direta. No caso de aplicação em fachadas, indicado na Figura 17.12, as solicitações dos ventos e das cargas horizontais também devem ser levadas em consideração (Medeiros; Santos, 2010).

A norma ABNT NBR 15498:2021 – Placa plana cimentícia sem amianto, que vigora desde agosto de 2007, foi a primeira norma nacional a estabelecer os requisitos, métodos de ensaio e as condições de recepção das placas planas cimentícias reforçadas com fibras, fios, filamentos ou telas (Medeiros; Santos, 2010).

FIGURA 17.12 Aplicação de placas cimentícias em fachada. Foto: cortesia da Cia. Cimento Itambé.

17.10.2 Controle de Qualidade

É de grande relevância garantir que profissionais qualificados acompanhem a execução das placas cimentícias, para evitar trincas, destacamentos, folgas e juntas malfeitas que comprometam não apenas a estética, como também o sistema de vedação da parede. Cada aplicação requer cuidados específicos, indicados pelos próprios fabricantes. Caso não se tenha em mente a função que o material deve exercer, pode ocorrer uma indicação de uso inapropriado (Medeiros; Santos, 2010).

Para manter uma boa aparência das placas, devem-se armazená-las em ambiente coberto, ou cobrir com lona plástica, dando preferência aos locais sombreados. O local deve ser plano, firme e de fácil acesso para descarga e manuseio. A altura da pilha das placas não deve ultrapassar 50 cm. Na armazenagem, as placas devem ser apoiadas sobre calços de 8 cm × 8 cm, nivelados e distanciados em, no máximo, 50 cm entre si. As placas devem ser transportadas por, no mínimo, duas pessoas, sempre em pé (no sentido vertical).

17.11 POSTES PRÉ-MOLDADOS DE CONCRETO, MOURÕES DE CONCRETO ARMADO, MEIO-FIO PRÉ-MOLDADO E GRANITINA

Além dos artefatos de cimento Portland já abordados, é importante complementar o estudo com os outros artefatos de grande utilização, tais como os postes pré-moldados de concreto, mourões de concreto armado, placas de concreto, meio-fio pré-moldado e a granitina.

17.11.1 Postes Pré-Moldados de Concreto

No fim do século XIX, teve início a produção de postes de concreto armado e, em 1924, na Bélgica, já se produziam postes de concreto duplo T, com 20 m de altura. No Brasil, a fabricação de postes de concreto iniciou-se em 1940, quando foi fundada a primeira fábrica de postes no país, a Cavan, em Osasco (SP) – pioneira na produção de postes e estruturas de concreto para redes de distribuição, iluminação e linhas de transmissão, tendo produzido mais de dois milhões de metros cúbicos de concreto no país.

FIGURA 17.13 Poste de concreto circular "R". Foto: cortesia da VIBRACOM®.

17.11.1.1 Modelos/tipos

Os postes de concreto circular "R" são postes de seção circular vazada, de conformação tronco-cônica. Sua seção vazada é produzida pelo processo de vibração, com a utilização de mandris metálicos que são retirados durante o processo de cura. Além do uso para iluminação, esses postes também são usados para linhas de distribuição de energia elétrica.

Os postes de seção duplo T têm a forma de "h" e sua conformação é tronco-piramidal. São produtos

FIGURA 17.14 Poste duplo T. Foto: cortesia da Cimentur Artefatos de Cimento.

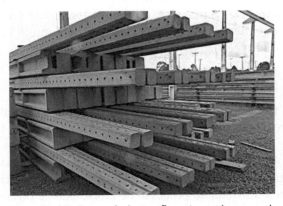

FIGURA 17.15 Poste A de seção retangular vazada. Foto: cortesia da VIBRACOM®.

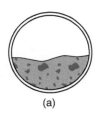 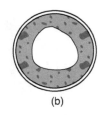 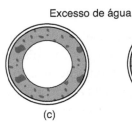 

FIGURA 17.16 Etapas de fabricação do poste de concreto centrifugado: (a) distribuição do concreto; (b) formação da seção vazada; (c) compactação do concreto; (d) expulsão da água por compactação.

com estrutura para linha de transmissão e para rede de distribuição rural e urbana. Existem várias seções de postes duplo T, sendo os mais usados: o tipo D ou leve (carga nominal de 100 até 250 kg) e o tipo B (carga nominal acima de 300 kg).

Os postes de seção retangular vazada (Poste A) têm a seção retangular vazada e conformação troncopiramidal. São usados para iluminação em estádios, portos e aeroportos.

No poste vibrado, o adensamento do concreto é executado por vibração. Para a concretagem, são acoplados vibradores externos de alta frequência aos moldes e/ou vibradores de imersão. Este tipo de poste é o mais empregado no Brasil.

Já os postes de concreto centrifugado são fruto de método específico de centrifugação do concreto para postes de seção circular usados em redes de distribuição de energia. Em países como o Japão, Estados Unidos, Alemanha, Rússia e Itália, o concreto centrifugado é amplamente difundido para fabricação de elementos destinados a ambientes altamente agressivos e, também, em sistemas construtivos que priorizem a segurança. São muitas as vantagens que o processo de centrifugação oferece, dentre elas, produzir espessuras variadas na parede do elemento vazado, seja ele poste, estaca, coluna ou viga. Dessa maneira, o processo beneficia projetos com necessidades estruturais ou de durabilidade muito específicas.

17.11.1.2 Características gerais

Na fabricação dos postes, os componentes (cimento, agregado, água, aço, concreto e aditivo) devem ser verificados conforme suas respectivas normas e também segundo a ABNT NBR 8451-1:2020, configurando um controle sistemático de toda a matéria-prima utilizada no processo de fabricação de postes.

Os postes de concreto armado, projetados para atender a esforços provenientes de sua utilização – esforços de vento, de manuseio e de montagem –, devem atender às especificações técnicas de cada cliente e os requisitos da ABNT NBR 8451-1:2020 – Postes de concreto armado e protendido para redes de distribuição e de transmissão de energia elétrica.

Neste caso, todos os resultados de ensaios preconizados por esta norma devem ser atendidos, tais como: verificação da conformidade do concreto fresco e endurecido; inspeção geral (dimensional, acabamento e identificação); absorção de água; elasticidade (flecha nominal e residual); ruptura; carga vertical; cobrimento de armadura; e retilineidade.

Segundo a norma, os concretos para postes devem atender a três classes de agressividade ambiental:

- Classe ambiental II: CA (concreto armado) 25,0 MPa e CP (concreto protendido) 30,0 MPa.
- Classe ambiental III: CA (concreto armado) 30,0 MPa e CP (concreto protendido) 35,0 MPa.
- Classe ambiental IV: CA (concreto armado) 40,0 MPa e CP (concreto protendido) 40,0 MPa.

Estas são medidas novas para combater as patologias mais comuns em postes de concreto, que são ataques químicos (cloretos, sulfatos), abrasão e RAA (reação álcali-agregado).

Os postes são estocados totalmente apoiados e empilhados apropriadamente para a cura final, permanecendo úmidos por sete dias. O controle de qualidade se processa no recebimento da matéria-prima, na execução da armadura, na verificação dos moldes, na produção, no transporte, lançamento e vibração do concreto, no produto acabado e nos procedimentos de ensaio. O tempo de cura ideal para carregamento dos postes é de 28 dias, porém este tempo pode ser menor, em torno de 14 dias. Os postes com grandes comprimentos para serem transportados e montados devem ser emendados.

17.11.2 Mourões de Concreto

As cercas são construções destinadas a delimitar os perímetros das propriedades, limitar áreas como piquetes, dividir campos, evitar evasão de animais e subdividir os currais e estábulos. Elas devem ser executadas com materiais duráveis e de grande solidez.

Neste contexto, a utilização de mourões de concreto armado como componentes de sustentação e resistência de cercas demonstra inúmeras vantagens com relação às soluções comuns, destacando-se as seguintes, segundo Myrrha e Fernando Filho (1989):

- são incombustíveis e resistentes ao impacto;
- não apodrecem e não estão sujeitos ao ataque de fungos e insetos;
- apresentam excelente aspecto e uniformidade de dimensões;
- a cor clara do concreto torna-os bem visíveis, sendo desnecessária a pintura;
- de fácil construção, podendo ser fabricados no próprio local de uso;
- podem ser usadas as mais variadas seções transversais;
- em caso de mudança nas áreas de interesse, são reaproveitáveis;
- permitem a preservação dos recursos naturais das propriedades.

17.11.2.1 Características gerais

Os mourões convencionais são peças de concreto armado contendo armadura em seu interior para aumentar a sua resistência contra impactos e durante todo o manuseio até que ela seja instalada em sua posição de trabalho.

O mourão convencional é fabricado em dois modelos: mourão ponta reta e mourão ponta virada. Fica a critério do consumidor escolher qual o melhor modelo. O modelo convencional é utilizado em cercas divisórias de terrenos, sendo de fácil aplicação e manuseio, dispensando mão de obra especializada. Já o mourão em V se destaca esteticamente pela beleza.

17.11.2.2 Especificação

Para a fabricação desses produtos, deve-se atentar para os requisitos especificados na norma ABNT NBR 7176:2013 – Mourões de concreto armado para cercas de arame – Requisitos.

Ressalta-se a importância de se preservar o cobrimento mínimo e o afastamento das armaduras, de modo a impedir o ataque de agentes externos agressivos nas peças, os quais podem oxidar as armaduras com consequente fissuração do concreto e perda progressiva de durabilidade do mourão.

17.11.3 Meio-Fio Pré-Moldado de Concreto

Os meios-fios são peças de concreto maciças utilizadas com a finalidade de constituir um obstáculo ou uma separação entre o tráfego de veículo na faixa de rolamento e o trânsito de pedestres nas calçadas.

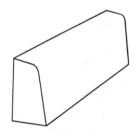

FIGURA 17.18 Formato de um meio-fio.

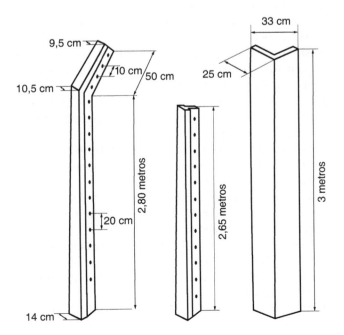

FIGURA 17.17 Mourão de concreto para cerca.

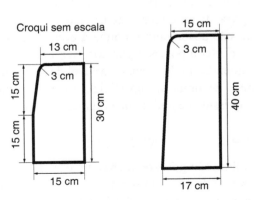

FIGURA 17.19 Croquis dos tipos I e II. Fonte: adaptada de Gil; Sartori; Sylvio Jr. (2008).

Existem normas de órgãos específicos, como as da Prefeitura de São Paulo, quanto às especificações destas peças. Portanto, antes de fabricá-los, devem ser verificadas as exigências técnicas a serem atendidas.

17.11.3.1 Modelos/tipos

É frequente o emprego de dois tipos de meios-fios de concreto, ambos pré-moldados:

- Tipo I: de 30 cm de altura, assente sobre concreto ou concreto rolado;
- Tipo II: de 40 cm de altura, assente diretamente sobre o solo de fundação.

17.11.3.2 Características gerais

Para a fabricação de meios-fios, o concreto deve ter um consumo mínimo de cimento, por metro cúbico de concreto, não inferior a 300 kg, para não comprometer o aspecto e a durabilidade das peças, que estarão sujeitas à ação do tempo e ao choque dos veículos (exposição severa).

O concreto utilizado na fabricação deve ser controlado na própria fábrica, desde os materiais constituintes até o acabamento, e a resistência, que servirá de base ao recebimento, deve ser especificada. O recebimento deve ser efetivado por amostragem, colhendo-se, ao acaso, uma peça para cada 100, que será submetida a exame e ensaios (ABCP, 1989).

17.11.4 Granilite

Chamado de granilite, granitina ou granilha, trata-se de material para a produção de um revestimento de piso, geralmente polido, moldado *in loco*. Sua composição leva grânulos de minerais (mármore, granito, quartzo e calcário, misturados ou não), cimento (comum ou branco) e areia. Utilizado em larga escala, é aplicado após a delimitação das juntas de dilatação (em madeira, metal, plástico ou outro material).

Apresenta elevada resistência à abrasão, é impermeável, não absorvente e imune à ação de óleos e à maioria dos compostos orgânicos. Sua manutenção é relativamente simples, sendo passível de recuperação, por meio de limpeza superficial, preenchimento de trincas e fissuras e polimento (Camargo, 2010).

17.11.4.1 Características gerais

Os granilites são grãos de rochas moídas, derivados de um processo de moagem seletiva por cores e em tamanhos de grãos variados de 8 a 15 mm. Disponíveis em tons naturais ou pigmentados, são disponibilizados em tamanhos variados selecionados na moagem. Os grãos

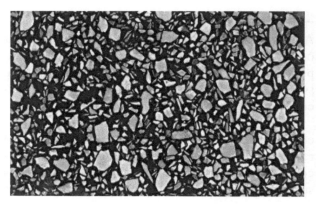

FIGURA 17.20 Granilite 1. Foto: © Maria de Fátima Santos Camargo (Camargo, 2010).

maiores conferem maior resistência à abrasão. Sua resistência mecânica não depende do tamanho dos grânulos, mas sim do tipo do mineral empregado, sendo maior no quartzo e menor no mármore, tendo o granito como intermediário. A abrasão constante pode desgastar a superfície, devendo-se incluir agregados metálicos nos pisos de alto tráfego (Camargo, 2010).

BIBLIOGRAFIA

AKAN, R. *Os segredos para um granilite duradouro*. Casa.com.br, jun. 2009. Disponível em: <https://casa.abril.com.br/materiais-construcao/os-segredos-para-um-granilite-duradouro/>. Acesso em:12 abr. 2024.

AMBROZEWICZ, P. H. L. *SIQ-C*: metodologia de implantação: procedimentos, serviços e materiais. Curitiba: Senai, Departamento Regional do Paraná, 2003.

ASSOCIAÇÃO BRASILEIRA DE CIMENTO PORTLAND (ABCP). *Meio-fio pré-moldado de concreto*. São Paulo: ABCP, 1989.

ASSOCIAÇÃO BRASILEIRA DE CIMENTO PORTLAND (ABCP). *Manual de pavimento intertravado*: passeio público. São Paulo: ABCP, 2010a.

ASSOCIAÇÃO BRASILEIRA DE CIMENTO PORTLAND (ABCP). *Manual de ladrilho hidráulico*: passeio público. São Paulo: ABCP, 2010b.

ASSOCIAÇÃO BRASILEIRA DE CIMENTO PORTLAND (ABCP). *Manual de placas de concreto*: passeio público. São Paulo: ABCP, 2010c.

ASSOCIAÇÃO BRASILEIRA DE NORMAS TÉCNICAS (ABNT). *NBR 5712*: Bloco vazado modular de concreto. Rio de Janeiro: ABNT, 1982.

ASSOCIAÇÃO BRASILEIRA DE NORMAS TÉCNICAS (ABNT). *NBR 6136*: Bloco vazado de concreto simples para alvenaria – Requisitos. Rio de Janeiro: ABNT, 2016.

ASSOCIAÇÃO BRASILEIRA DE NORMAS TÉCNICAS (ABNT). *NBR 7176*: Mourões de concreto armado para cercas de arame – Requisitos. Rio de Janeiro: ABNT, 2013.

ASSOCIAÇÃO BRASILEIRA DE NORMAS TÉCNICAS (ABNT). *NBR 8451-1:* Postes de concreto armado e protendido para redes de distribuição e de transmissão de energia elétrica – Partes 1 a 6. Rio de Janeiro: ABNT, 2020 (em revisão).

ASSOCIAÇÃO BRASILEIRA DE NORMAS TÉCNICAS (ABNT). *NBR 8890:* Tubo de concreto de seção circular para águas pluviais e esgotos sanitários – Requisitos e métodos de ensaios. Rio de Janeiro: ABNT, 2020.

ASSOCIAÇÃO BRASILEIRA DE NORMAS TÉCNICAS (ABNT). *NBR 9050:* Acessibilidade a edificações, mobiliário, espaços e equipamentos urbanos. Rio de Janeiro: ABNT, 2021.

ASSOCIAÇÃO BRASILEIRA DE NORMAS TÉCNICAS (ABNT). *NBR 9457:* Ladrilhos hidráulicos para pavimentação – Especificação e métodos de ensaio. Rio de Janeiro: ABNT, 2013.

ASSOCIAÇÃO BRASILEIRA DE NORMAS TÉCNICAS (ABNT). *NBR 9781:* Peças de concreto para pavimentação – Especificação e métodos de ensaio. Rio de Janeiro: ABNT, 2013.

ASSOCIAÇÃO BRASILEIRA DE NORMAS TÉCNICAS (ABNT). *NBR 12118:* Blocos vazados de concreto simples para alvenaria – Métodos de ensaio. Rio de Janeiro: ABNT, 2014.

ASSOCIAÇÃO BRASILEIRA DE NORMAS TÉCNICAS (ABNT). *NBR 13438:* Blocos de concreto celular autoclavado – Requisitos. Rio de Janeiro: ABNT, 2021.

ASSOCIAÇÃO BRASILEIRA DE NORMAS TÉCNICAS (ABNT). *NBR 13440:* Blocos de concreto celular autoclavado – Métodos de ensaio. Rio de Janeiro: ABNT, 2021.

ASSOCIAÇÃO BRASILEIRA DE NORMAS TÉCNICAS (ABNT). *NBR 13858-1:* Telha de concreto – Parte 1: Projeto e execução de telhados. Rio de Janeiro: ABNT, 1997.

ASSOCIAÇÃO BRASILEIRA DE NORMAS TÉCNICAS (ABNT). *NBR 13858-2:* Telha de concreto – Parte 2: Requisitos e métodos de ensaio. Rio de Janeiro: ABNT, 2009.

ASSOCIAÇÃO BRASILEIRA DE NORMAS TÉCNICAS (ABNT). *NBR 14956-1:* Blocos de concreto celular autoclavado – Execução de alvenaria sem função estrutural – Parte 1: Procedimento com argamassa colante industrializada. Rio de Janeiro: ABNT, 2013.

ASSOCIAÇÃO BRASILEIRA DE NORMAS TÉCNICAS (ABNT). *NBR 14956-2:* Blocos de concreto celular autoclavado – Execução de alvenaria sem função estrutural – Parte 2: Procedimento com argamassa convencional. Rio de Janeiro: ABNT, 2013.

ASSOCIAÇÃO BRASILEIRA DE NORMAS TÉCNICAS (ABNT). *NBR 15498:* Chapas cimentícias reforçadas com fios, fibras, filamentos ou telas – Requisitos e métodos de ensaio. Rio de Janeiro: ABNT, 2021.

ASSOCIAÇÃO BRASILEIRA DE NORMAS TÉCNICAS (ABNT). *NBR 15805:* Pisos elevados de placas de concreto – Requisitos e procedimentos. Rio de Janeiro: ABNT, 2015.

ASSOCIAÇÃO BRASILEIRA DE NORMAS TÉCNICAS (ABNT). *NBR 15873:* Coordenação modular para edificações. Rio de Janeiro: ABNT, 2010.

ASSOCIAÇÃO BRASILEIRA DE NORMAS TÉCNICAS (ABNT). *NBR 16868-1:* Alvenaria Estrutural – Parte 1: Projeto. Rio de Janeiro: ABNT, 2021.

ASSOCIAÇÃO BRASILEIRA DE NORMAS TÉCNICAS (ABNT). *NBR 16868-2:* Alvenaria Estrutural – Parte 2: Execução e Controle de Obras. Rio de Janeiro: ABNT, 2020.

ASSOCIAÇÃO BRASILEIRA DE NORMAS TÉCNICAS (ABNT). *NBR 16868-3:* Alvenaria Estrutural – Parte 3: Métodos de Ensaio. Rio de Janeiro: ABNT, 2020.

CAMARGO, M. F. S. *Pisos à base de cimento*: caracterização, execução e patologias. 2010. Monografia (Especialização em Construção Civil) – Escola de Engenharia da UFMG, Belo Horizonte, 2010.

CHAMA NETO, P. J. *Tubos de concreto:* projeto, dimensionamento, produção e execução de obras. São Paulo: ABTC, 2004.

CIMENTUR. *Poste de concreto duplo T*. Disponível em: http://cimentur.com/produtos/5/postes/13/postes-de-concreto-duplo--t-. Acesso em: 12 abr. 2024.

DECORLIT. *Ecoplac cimentícia Decorlit*: placa cimentícia prensada e impermeabilizada. Manual Técnico. São Paulo: Decorlit, 2013.

FERNANDES, I. D. *Blocos e pavers*: produção e controle de qualidade. 8. ed. Santa Catarina: Treino Assessoria, 2012a.

FERNANDES, I. D. *Telhas de concreto*: produção e controle de qualidade. Santa Catarina: Treino Assessoria, 2012b.

GIL, L. S.; SARTORI, L. H.; SYLVIO JR., F. *Mão na massa 5*: 10 ideias para você lucrar. São Paulo: ABCP, 2008.

LORDSLEEM JÚNIOR, A. C.; PÓVOAS, Y. V.; SOUSA, R. V. R.; SILVA, C. F. C. Blocos de concreto para vedação: estudo da conformidade através de ensaios laboratoriais. *In*: ENCONTRO NACIONAL DE ENGENHARIA DE PRODUÇÃO, XXVIII., A integração de cadeias produtivas com a abordagem da manufatura sustentável. *Anais...* Rio de Janeiro, out. 2008. Disponível em: http://www.abepro.org.br/biblioteca/enegep2008_tn_sto_073_519_12236.pdf. Acesso em: 12 abr. 2024.

MEDEIROS, G.; SANTOS, A. *Placas cimentícias*: com o crescimento da construção civil as placas cimentícias ganham novamente espaço no mercado. 2010. Disponível em: http://www.cimentoitambe.com.br/placas-cimenticias. Acesso em: 12 abr. 2024.

MYRRHA, M. A. L.; FERNANDO FILHO, J. T. *Mourões de concreto armado para cercas*. São Paulo: ABCP, 1989.

NAX ARQUITETURA. *Ladrilho hidráulico, pra que te quero?* Disponível em: http://nax-arquitetura.blogspot.com.br/2009/06/ladrilho-hidraulico-pra-que-te-quero.html. Acesso em: 12 abr. 2024.

PONTES, G. Divisórias e fechamentos com placas cimentícias. *Téchne*, São Paulo, 156, mar. 2010.

18

MATERIAIS CERÂMICOS

Prof. Arq. Enio José Verçosa •
Prof. Dr. João Fernando Dias •
Prof. Eng.º Paulo Sérgio da Silva

18.1 Introdução, 375

18.2 Definição de Cerâmica, 375

18.3 Argilas na Fabricação de Cerâmicas, 376

18.4 Propriedades das Cerâmicas, 378

18.5 Fabricação de Produtos Cerâmicos, 382

18.6 Classificação dos Materiais de Cerâmica para a Construção Civil, 391

18.7 Produtos Cerâmicos para a Construção Civil, 392

18.8 Componentes Cerâmicos, 394

18.9 Placas Cerâmicas para Revestimento, 417

18.1 INTRODUÇÃO

Costuma-se chamar pedras artificiais a uma série de materiais que substituem as pedras em suas aplicações ou têm aparência geral semelhante. Isso não obsta, entretanto, que esses materiais tenham diversas qualidades completamente diferenciadas das apresentadas pelas pedras.

As pedras artificiais pertencem, normalmente, a dois grandes grupos: os materiais de cerâmica e os de cimento.

Dentre os materiais cerâmicos, podem-se citar: os comuns (de cerâmica vermelha, cerâmica branca, cerâmica de revestimento, entre outros), os refratários (materiais refratários conformados, especiais densos, básicos, para uso geral, entre outros) e os abrasivos (grãos abrasivos, abrasivos aglomerados, abrasivos aplicados em lixas, entre outros).

Neste capítulo serão estudados os materiais cerâmicos mais utilizados na construção civil, incluindo-se aqui a cerâmica vermelha, a cerâmica branca e a cerâmica de revestimento, com abordagem desde o histórico, definição, constituição, fabricação, até tipos de produtos e suas características principais, especificações e normas brasileiras relacionadas.

18.1.1 Breve Histórico e Panorama do Setor

A indústria da cerâmica é uma das mais antigas do mundo, em vista da facilidade de fabricação e abundância de matéria-prima – o barro (argilas). Já no Período Neolítico, o homem pré-histórico calafetava as cestas de vime com o barro. Mais tarde, verificou que podia dispensar o vime e fez potes só de barro. Posteriormente, constatou que o calor endurecia o barro, surgindo a cerâmica propriamente dita que, nessa fase da humanidade, foi largamente empregada para os mais diversos fins. Posteriormente, com o uso de barros diversos, provavelmente pelo uso de argilas com mais baixo ponto de fusão, surgiram os vidrados e vitrificados. No ano 4000 a.C., os assírios já obtinham cerâmica vidrada.

Nova etapa da cerâmica começou quando os semitas inventaram o torno de oleiro, que permitiu melhor qualidade, rapidez e acabamento das peças produzidas.

Já no século VII, os chineses fabricavam a porcelana, mas, enquanto isso, no resto do mundo só se fabricava a cerâmica vermelha e amarela, até que, na Inglaterra do século XVIII, surgiu a louça branca. A partir daí, houve grande desenvolvimento dessa indústria, baseada na tecnologia moderna e nos estudos de laboratórios especializados, como o de Sèvres (França), Stoke-on-Trent (Grã-Bretanha), Instituto Max-Planck (Alemanha), Armour Research Foundation, Institutos de Pesquisas Cerâmicas das Universidades de Pensilvânia, Alfred e Ohio (Estados Unidos). Surgiram tipos especiais de fornos, a possibilidade de cerâmica de dimensões exatas, a moldagem a seco, porcelanas de alta resistência etc.

O setor industrial de cerâmica para a construção civil no Brasil apresenta números que dão a dimensão de sua grande importância para o *construbusiness* e, consequentemente, para a economia do País.

Duas associações de classe congregam a maior parte dos produtores de cerâmica brasileiros: a Associação Nacional da Indústria Cerâmica (Anicer),[1] que representa o setor de cerâmica vermelha, e a Associação Nacional dos Fabricantes de Cerâmica para Revestimentos, Louças Sanitárias e Congêneres (Anfacer),[2] que representa nacional e internacionalmente a indústria brasileira de revestimentos cerâmicos.

Segundo a Anicer (2021),[3] o setor da cerâmica vermelha é composto de 5578 empresas (dados do IBGE, 2021); 5,9 bilhões de blocos são produzidos por ano; 2,3 bilhões de telhas são produzidas por ano; representa 4,8 % do macrossetor da construção civil.

Segundo a ANFACER (2024), "o Brasil é um dos principais protagonistas mundiais no mercado de revestimentos cerâmicos e louças sanitárias, sendo o terceiro maior produtor, o terceiro maior mercado consumidor e o sexto no *ranking* das exportações, com vendas para mais de 110 países. O segmento produtivo representa 6 % do PIB da indústria de materiais de construção e é o 2º maior consumidor industrial de gás natural brasileiro".

18.2 DEFINIÇÃO DE CERÂMICA

Denomina-se cerâmica a pedra artificial obtida por processos que iniciam na extração e preparação da matéria-prima, moldagem, secagem e cozedura (sinterização ou queima) de argilas ou de misturas contendo argilas.

---

[1] http://www.anicer.com.br. Acesso em: 27 set. 2024.
[2] http://www.anfacer.com.br. Acesso em: 27 set. 2024.
[3] IBGE – Ano 2021, dados atualizados em 18 de setembro de 2023. Disponível em: https://www.anicer.com.br/anicer/setor/. Acesso em: 11 set. 2024.

A denominação cerâmica compreende todos os materiais inorgânicos, não metálicos, obtidos geralmente após tratamento térmico em temperaturas elevadas.

18.3 ARGILAS NA FABRICAÇÃO DE CERÂMICAS

Argilas são materiais terrosos naturais compostos de silicatos que, misturados com água, adquirem a propriedade de apresentar alta plasticidade quando úmidas e, quando secas, formam torrões dificilmente desagregáveis pela pressão dos dedos.

São constituídas essencialmente de partículas cristalinas extremamente pequenas, formadas por um número restrito de substâncias. Essas substâncias são chamadas argilominerais, que podem apresentar um ou mais argilomineral na sua composição.

Segundo Souza Santos *et al.* (2007), as diferentes argilas, como também cada uma das quatro dezenas de argilominerais, têm nomes específicos. Em razão das dimensões micro ou nanométricas, os microcristais da maioria dos argilominerais só podem ser visualizados por microscopia eletrônica de transmissão (MET) e alguns podem também ser observados por microscopia eletrônica de varredura (MEV).

18.3.1 Argilominerais

Os argilominerais são silicatos hidratados de alumínio, ferro e magnésio, comumente com alguma porcentagem de álcalis e de alcalino-terrosos. Junto com esses elementos básicos vêm sílica, alumina, mica, ferro, cálcio, magnésio, matéria orgânica etc. Como se percebe, estão incluídos os elementos formadores de vidro.

Eles são a mistura de substâncias minerais resultantes da desagregação do feldspato das rochas ígneas, por ação da água e gás carbônico. Como as rochas ígneas e os feldspatos são de diversos tipos, há também vários tipos de argilominerais. Ocorrem, então, depósitos de natureza extremamente variada. Não existem duas jazidas de argila rigorosamente iguais. Às vezes, há diferenças acentuadas até em uma mesma jazida.

Para ilustração, pode-se recorrer à classificação de Grim para os argilominerais, apresentada a seguir. Embora seja uma classificação bastante genérica, que implica subdivisão posterior muito maior, ainda é bastante extensa.

1. Amorfos: grupo das alofanas
2. Cristalinos:

a) de duas camadas
  – Equidimensional: grupo da caulinita
  – Alongada: grupo da aloisita
b) de três camadas
  rede expansiva:
  – Equidimensional: grupos de montomorilonita e da vermiculita
  – Alongada: grupos da saponita e da montronita
  rede não expansiva: grupo da ilita
c) de camadas mistas regulares: grupo da clorita
d) estruturas em cadeia: grupos da atapulgita, da sepiolita e da paligorsquita

18.3.2 Tipos de Depósitos de Argila

As argilas podem ocorrer:

- na superfície das rochas, como resultado de sua decomposição superficial;
- nos veios e trincas das rochas;
- nas camadas sedimentares, depositadas pela ação dos ventos e das chuvas.

As argilas são chamadas residuais, quando o depósito é no próprio local em que houve a decomposição da rocha de origem; e sedimentares, quando o depósito é formado longe do local de origem.

No transporte por água, a argila fica estratificada; no transporte por vento, não fica estratificada, mas porosa; é o chamado loesse. Folhelho é argila estratificada, podendo ser plástico ou duro.

O depósito natural de argila é chamado barreiro. Para sua exploração, é retirada inicialmente a camada superficial, que quase sempre apresenta grande porcentagem de matéria orgânica. Abaixo da camada superficial fica a argila mais pura, aproveitável, que é, então, empregada na indústria cerâmica.

18.3.3 Tipos de Argila

De maneira geral, podem-se ter:

- argilas de cor de cozimento branca: caulins e argilas plásticas;
- argilas refratárias: caulins, argilas refratárias e argilas altamente aluminosas;
- argilas para produtos de grés;
- argilas para materiais cerâmicos estruturais (grupo da cerâmica vermelha), amarelas ou vermelhas.

As argilas podem ser classificadas em gordas e magras, conforme a maior ou menor quantidade de coloides. Por esta razão, as argilas gordas são muito plásticas e, em razão da alumina, deformam-se muito mais no cozimento. As argilas magras, devido ao excesso de sílica, são mais porosas e frágeis.

18.3.4 Composição das Argilas

O caulim é argila (rocha) com amplo predomínio da caulinita, pó branco que constitui a matéria-prima da porcelana. A caulinita é a forma mais pura de argilominerais, mas geralmente está misturada com grãos de areia, óxido de ferro e outros elementos. Conforme sua pureza, é usada para porcelana, louças, azulejos, refratários ou outros materiais.

O nome caulim é de origem chinesa (*kao-liang*: colina elevada). Seco, é untuoso ao tato; umedecida, a caulinita é muito plástica e, ao secar, apresenta alta retração. Pura, é infusível, mas as substâncias estranhas dão-lhe uma pequena fusibilidade, com a formação de algum vidro, o que confere a dureza das cerâmicas.

O óxido de ferro, normalmente nas rochas ígneas, mistura-se geralmente com a caulinita e produz a cor vermelha ou amarelada da maioria das cerâmicas. Em outros casos, forma piritas ou manchas. Ele reduz a propriedade de a argila ser refratária.

A sílica livre (areia) na argila reduz a plasticidade, a retração, o trincamento e facilita a secagem. Diminui a resistência mecânica, mas, paradoxalmente, o pouco que funde no cozimento é que dá o vidrado endurecedor.

A alumina livre, conforme o tipo, pode aumentar ou diminuir o ponto de fusão. Ela reduz a plasticidade e a resistência mecânica, mas também diminui as deformações.

Os álcalis baixam o ponto de fusão e dão porosidade, o que vem facilitar a secagem e o cozimento, mas também reduzem a plasticidade.

O cálcio age como fundente e clareia a cerâmica.

Os sais solúveis são perniciosos, porque podem propiciar o aparecimento de eflorescências de mau aspecto estético, expansões, fissuras e perda de desempenho do componente.

A matéria orgânica, embora dê mais plasticidade, torna a argila mais porosa. É ela que torna a argila escura antes do cozimento, não obstante a cor vermelha reapareça depois da queima, dependendo do teor de ferro que contenha.

A água é elemento integrante das argilas sob três formas:

- água de constituição, também chamada absorvida ou de inchamento, que faz parte da estrutura da molécula;
- água de plasticidade, ou adsorvida, que adere à superfície das partículas coloidais;

- água de capilaridade, também chamada água livre ou de poros, que preenche os poros e vazios.

Portanto, há inúmeros fatores variáveis nas argilas, tanto assim que se pode dizer que não há duas argilas iguais. Em função disso é que se encontram, entre as cerâmicas, materiais tão diferentes como a porcelana fina, os azulejos, os tijolos, o grés cerâmico, os refratários etc. Entre elas, há materiais absolutamente impermeáveis e também filtros. Há leves e pesados, de baixa e de alta resistência mecânica etc.

18.3.5 Propriedades das Argilas

As propriedades mais importantes das argilas são a plasticidade, a retração e o efeito do calor sobre elas.

Nas cerâmicas, o interesse se situa no peso, resistência mecânica, resistência ao desgaste, absorção de água e durabilidade, entre outras mais específicas.

a) Plasticidade

Um corpo plástico é definido como o que pode ser continuamente deformado, sem que sobrevenha a ruptura. Não possui limite de elasticidade e também não pode ser encruado a frio. É esse o caso das argilas molhadas.

Juntando-se água lentamente a uma argila, notam-se duas fases. No início, ela se desagrega facilmente e, no fim, fica mole demais. O ponto em que essas fases se limitam, ou seja, quando a argila não mais se desagrega, mas ainda não é pegajosa, é chamado ponto de maior plasticidade. Esse ponto é variável conforme o tipo de argila; assim, a quantidade de água necessária pode variar de 10 até 50 %.

Na realidade, o que ocorre é que as partículas coloidais sempre têm grande atração, daí a plasticidade, mas essa atração pode ser anulada se a película de água intermediária for excessiva. Nesse caso, então, desaparecem a atração e a plasticidade.

Sabe-se também que as argilas de superfície são mais plásticas que as profundas, que receberam grande pressão. E que há substâncias que aumentam ou diminuem a plasticidade das argilas. Esses fatos são aproveitados para correções na fabricação.

A plasticidade depende, também, do tamanho, formato e comportamento dos grãos e da presença de outras substâncias, além dos argilominerais.

b) Retração

Em um bloco de argila seca, quando exposto ao ar, inicialmente, a velocidade de evaporação da água é igual à que teria uma superfície de água igual à do bloco. Depois, a velocidade de evaporação vai diminuindo, porque as camadas externas, ao secarem, vão recebendo a água das camadas internas por capilaridade, de modo que o conjunto tende a se homogeneizar continuamente. Por isso, as quantidades de água vindas das camadas internas são cada vez menores.

Em todo esse processo, no lugar antes ocupado pela água vão ficando vazios e, consequentemente, o conjunto retrai-se. Essa retração é proporcional ao grau de umidade e varia também com a composição da argila: quanto mais caulinita, maior a retração. No caulim, a retração é da ordem de 3 a 11 %, e nas argilas para tijolos (que são mais magras) varia de 1 a 6 %.

Um efeito negativo da retração é que, por ela não ser absolutamente uniforme, um bloco moldado, por exemplo, pode vir a se deformar.

Todos os fatores que aumentam a plasticidade (o que é bom) também aumentam a retração (o que é ruim).

c) Efeitos do calor sobre as argilas

Aquecendo-se uma argila entre 20 e 150 °C, ocorre a perda da água de capilaridade e amassamento. De 150 a 600 °C, ocorre a perda da água adsorvida ou água de constituição, e a argila vai se enrijecendo. Até essa ordem de temperatura somente ocorre alteração física. Entre 500 e 700 °C, ocorre uma conformação do quartzo, ponto em que ele muda sua estrutura de alfa para beta. Essa transformação proporciona uma expansão que pode fraturar o corpo cerâmico no aquecimento ou no resfriamento, de acordo com a velocidade de aquecimento ou resfriamento. Conforme o processo, esta faixa de temperatura deve empregar ganho e perda de forma mais lenta.

Mas, a partir de 600 °C, começam as alterações químicas, em três estágios. Em um primeiro estágio, há a desidratação química; a água de constituição também é expulsa, resultando no endurecimento e na queima das matérias orgânicas. O segundo estágio é a oxidação; os carbonetos são calcinados e se transformam em óxidos. A partir do terceiro estágio, que se inicia por volta dos 950 °C, há a vitrificação. A sílica de constituição das argilas e a das areias formam uma pequena quantidade de vidro, que aglutina os demais elementos, proporcionando dureza, redução da absorção de água, compacidade e resistência à cerâmica propriamente dita.

A qualidade de um produto cerâmico depende, acima de tudo, da quantidade de vidro formado. É ínfima nos tijolos comuns e grande nas porcelanas.

18.4 PROPRIEDADES DAS CERÂMICAS

É bastante extensa a faixa de variação das propriedades das cerâmicas, dependendo da constituição, do processo de moldagem e da queima. Apresentam-se aqui os conceitos principais e algumas indicações relacionadas com os produtos cerâmicos para a construção civil. Conceituação mais detalhada sobre as propriedades gerais dos materiais é tratada no Capítulo 1 – Introdução ao Estudo dos Materiais de Construção.

Os materiais cerâmicos são constituídos de elementos metálicos e não metálicos. São produzidos em altas temperaturas de fusão, apresentam estabilidade química e resistência à corrosão.

São materiais duros de comportamento mecânico frágil, com baixa tenacidade e ductilidade. Apresentam baixa condutividade térmica e elétrica em razão da ausência de elétrons livres. Normalmente têm boa resistência à compressão, mas resistem pouco à tração.

A absorção de água depende do tipo de matéria-prima, do processo de fabricação, da compactação, do empacotamento das partículas e da queima. Os valores de absorção variam muito de acordo com o tipo de cerâmica: as especificações técnicas indicam valores da ordem de 8 a 25 % para tijolos, blocos e telhas de cerâmica vermelha; para as placas cerâmicas de revestimento, os valores de absorção de água máximos vão desde abaixo de 0,1 até 20 %, dependendo do tipo de produto.

Em relação à densidade, há cerâmicas mais leves do que a água e outras bem mais densas. A densidade da peça seca varia por diversos fatores: tipo de argila, teor de umidade na fabricação, tipo de moldagem, empacotamento das partículas, quantidade de poros. Essa propriedade pode ser utilizada como um parâmetro de controle na fabricação.

A argila expandida é um exemplo de cerâmica leve, em formato granular aproximadamente esférico, obtida pela queima de uma mistura de argila e folhelhos em fornos rotativos, em temperaturas da ordem de 1100 °C. Esse material é produzido em variada distribuição granulométrica (de agregado miúdo e graúdo) para emprego em concretos e argamassas leves e, em cada faixa granulométrica, apresenta densidade variável desde 400 até 850 (massa específica aparente de 400 a 850 kg/m^3).

As cerâmicas vermelhas (grupo em que se enquadram os tijolos, blocos, tubos e telhas) apresentam densidade variável: em tijolos da ordem de 1,6 (massa específica aparente de 1600 kg/m^3), em blocos em torno de 1,8 (massa específica aparente de 1800 kg/m^3) e em telhas da ordem de 1,8 a 2,0 (massa específica aparente de 1800 a 2000 kg/m^3).

As cerâmicas de revestimento (placas cerâmicas) apresentam, em geral, densidade da ordem de 1,5 a 2,0 ou mais (massa específica aparente de 1500 a 2000 kg/m³), variável de acordo com os tipos de argila, tipo de moldagem e teor de umidade de moldagem; já os porcelanatos (esmaltados e não esmaltados) podem apresentar densidade da ordem de 2,4 (2400 kg/m³). A faixa de variação da massa (peso) por metro quadrado de placas cerâmicas gira em torno de 10 a 15 kg para revestimento de parede e 19 a 24 kg para piso.

De forma geral, as propriedades mecânicas dos produtos cerâmicos dependem da composição das argilas e do tipo de processo empregado na fabricação, com grande influência da temperatura de queima (Souza Santos, 1989).

Em geral, os produtos cerâmicos são duros e frágeis (não apresentam deformação plástica), apresentam boa resistência mecânica à compressão, maior do que à flexão (tração); a ruptura é do tipo frágil e se dá por falhas na sua estrutura interna, sofrendo influência negativa de descontinuidades (microfissuras, poros, partículas incrustadas) que reduzem a área resistente e concentram tensões; o aumento na quantidade de poros provoca diminuição no módulo de ruptura e no módulo de elasticidade.

A resistência mecânica depende muito da quantidade de água usada na moldagem. O excesso de água lava as partículas menores, que mais facilmente fundirão para formar o vidrado.

A experiência demonstrou que os produtos cerâmicos são tanto mais resistentes quanto mais homogênea, fina e cerrada for a granulação, e quanto melhor o cozimento, afora a vitrificação na massa cerâmica.

As cerâmicas geralmente são resistentes ao desgaste e à corrosão, e a resistência ao desgaste depende muito da quantidade de vidro formado.

As propriedades térmicas dos materiais cerâmicos, constituintes dos componentes das paredes (tijolos, blocos) e das coberturas (telhas), são a densidade de massa aparente (ρ), condutividade térmica (λ) e calor específico (c).

A condutividade térmica pode ser definida como o fluxo de calor transferido por unidade de espessura e por unidade de gradiente de temperatura (λ), unidade em W/m · K (ou W/m · °C).

A resistência térmica é calculada pela razão inversa entre a espessura do material e sua condutividade térmica, conforme a relação a seguir:

R = e / λ;
R: é a resistência térmica (m²·K/W);
e: é a espessura do material (m);
λ: é a condutividade térmica do material (W/m·K).

A transmitância térmica é definida pelo inverso da resistência térmica, conforme a relação a seguir:

U = 1 / R;
U: é a transmitância térmica (W/m²·K);
R: é a resistência térmica (m²·K/W).

Os valores encontrados na literatura são variados, pois a sua determinação depende de diversos fatores. Como ordem de grandeza pode-se citar que um concreto com agregados naturais apresenta condutividade térmica de 1,75 W/m · K, enquanto um tijolo cerâmico, da ordem de 0,6 W/m · °C (seco) e 0,9 W/m · °C a 1,2 W/m · °C (úmido). Um concreto leve, da ordem de 0,9 W/m · °C (seco) e 1,2 W/m · °C a 1,4 W/m · °C (úmido), ao passo que argamassa mista 1,15 W/m · K e argamassa de gesso 0,70 W/m · K.

A norma NBR ISO 10456:2022, dentre outras informações e procedimentos, fornece os meios (em parte) para avaliar a contribuição dos produtos e sistemas de edifícios para a conservação de energia e para o desempenho energético geral das edificações. Cálculos de transferência de calor e umidade exigem valores de projeto de propriedades térmicas e de umidade para materiais usados na construção. Os valores de projeto podem ser derivados de valores declarados que são baseados em dados medidos sobre o produto em questão. Para materiais para os quais os valores medidos não estão disponíveis, os valores de projeto podem ser obtidos a partir de tabelas. Esta Norma fornece tais informações tabuladas com base na compilação de dados existentes (conforme documentos de referência listados na bibliografia da própria norma).

Constam nesta norma as tabelas 3, 4 e 5 com valores típicos de projeto adequados para uso em cálculos de transferência de calor e umidade na ausência de informações específicas sobre o(s) produto(s) em questão. Ressalta-se na norma que, quando disponíveis, convém que os valores certificados dos fabricantes sejam preferencialmente usados no lugar dos valores tabelados.

A título de exemplificação, cita-se no Quadro 18.1, parte da tabela 3 da NBR ISO 10456:2022, que fornece valores de projeto para condutividade térmica, calor específico e fator de resistência ao vapor de água para materiais comumente utilizados em aplicações de construção. Ressalva a norma que, quando uma série de valores são dados para um material dependendo da densidade, a interpolação linear pode ser utilizada.

380 Capítulo 18

QUADRO 18.1 Valores térmicos de projeto para materiais em aplicações gerais de construção

Grupo ou aplicação do material		Densidade ρ kg/m³	Condutividade térmica de projeto λ W/(m·K)	Calor específico c_p J/(kg·K)
Asfalto		2100	0,70	1000
Betume	Puro	1050	0,17	1000
	Feltro/folha	1100	0,23	1000
Concreto	Densidade média	1800	1,15	1000
		2000	1,35	1000
		2200	1,65	1000
	Densidade alta	2400	2,00	1000
	Armado (com 1 % de aço)	2300	2,3	1000
	Armado (com 2 % de aço)	2400	2,5	1000
Revestimentos de piso	Borracha	1200	0,17	1400
	Plástico	1700	0,25	1400
	Subcamada, borracha celular ou plástico	270	0,10	1400
	Subcamada, feltro	120	0,05	1300
	Subcamada, lã	200	0,06	1300
	Subcamada, cortiça	< 200	0,05	1500
	Azulejos, cortiça	> 400	0,065	1500
	Carpete/piso têxtil	200	0,06	1300
	Linóleo	1200	0,17	1400

Fonte: parte extraída da Tabela 3 da NBR ISO 10456:2022 - Materiais e produtos de construção — Propriedades higrotérmicas — Valores e procedimentos de projeto.

Notas:

o símbolo c_p indica Calor específico a pressão constante.

O Linóleo (ISO 24011), citado na tabela 3 da NBR ISO 10456, é um produto fabricado a partir de matérias-primas naturais, como farinha de madeira, óleo de linhaça, resina de árvore, pigmentos naturais, juta e cal, portanto, com o apelo da sustentabilidade. É encontrado no comércio em mantas e em placas (para pisos de ambientes menores), mas não é fabricado no Brasil. É instalado com adesivos, portanto tem limitações de uso em áreas externas e locais úmidos, como banheiros. Difere dos pisos vinílicos (NBR 14917) que são sintéticos à base de PVC.

Outros valores das propriedades térmicas estão disponíveis no *link* a seguir, como o Anexo Geral V da PORTARIA INMETRO nº 50/ 2013, onde se encontra um catálogo de propriedades térmicas de paredes, coberturas e vidros, com diferentes configurações.

Disponível em: http://www.inmetro.gov.br/consumidor/produtosPBE/regulamentos/AnexoV.pdf. Acesso em 9 jan. 2025.

O coeficiente de condutibilidade térmica aumenta com a cristalinidade e cai com a amorfização da cerâmica. É baixo para os materiais porosos, razão pela qual apresentam aptidão para isolamento térmico (como exemplo a argila expandida granulada, com λ da ordem de 0,16 W/m · K). As cerâmicas têm baixo coeficiente de condutibilidade térmica, já para os metais é elevado, sendo, portanto, estes últimos bons condutores de calor e também de eletricidade. Quanto menor o coeficiente de transmissão térmica, maior a capacidade isolante do elemento construtivo.

O calor específico (*c*), ou capacidade calorífica, pode ser definido como a quantidade de calor necessária para elevar em 1 °C a temperatura de um componente por unidade de massa. Sua unidade é cal/(g · °C) no sistema CGS (sistema de unidades centímetro-grama-segundo), que é mais amplamente adotado atualmente, e joule por quilograma por grau Kelvin no Sistema Internacional (SI); representa a habilidade do material em absorver calor. Quantitativamente, a capacidade calorífica é obtida pela divisão da quantidade de calor (dQ) pela variação de temperatura (dT). O desempenho térmico de subsistemas construtivos (paredes e coberturas) é dependente de vários fatores.

Morishita *et al.* (2010) calcularam, com base na metodologia da ABNT NBR 15220-2:2005, as propriedades térmicas de diversas tipologias de paredes e coberturas (considerando diferentes componentes, dimensões etc.). Os resultados demonstraram variações nas propriedades de transmitância térmica (U), capacidade térmica (CT) e fator de calor solar (FCS) ao se alterar a natureza do material empregado, bem como outras condições do subsistema utilizado.

A ABNT NBR 15220-2 passou por uma atualização importante em 2022, com correção em 2023, que incluiu novos métodos e ajustes, refletindo de maneira mais precisa as condições climáticas brasileiras e as práticas de construção vigentes.

Na ABNT NBR 15220-2:2022, encontram-se os métodos de cálculo da transmitância térmica, da capacidade térmica e do fator solar de elementos e componentes das edificações. Para as paredes e coberturas, a norma define as propriedades térmicas, como a densidade de massa aparente (ρ), a condutividade térmica (λ) e o calor específico (c), conforme indicado nas Tabelas 18.1 e 18.2.

Com relação à expansão térmica dos materiais cerâmicos tradicionais, que são policristalinos polifásicos, em geral, é a média ponderada das fases presentes e também depende da pressão de conformação e da temperatura de queima (Marino; Boschi, 1998).

A expansão térmica é representada pela variação de dimensões ($\Delta l = l_f - l_i)/l_i$, manifestada pela relação entre o coeficiente linear de expansão térmica (α_1) e a variação de temperatura ($\Delta T = T_f - T_i$), a partir da relação:

$$\Delta l / l_i = \alpha_1 \times \Delta T \qquad (18.1)$$

TABELA 18.1 Propriedades térmicas de materiais construtivos em paredes

Material	Propriedade térmica		
	Densidade de massa aparente (ρ)	Condutividade térmica (λ)	Calor específico (c)
	kg/m³	W/m·K	J/kg·K
Argamassa de assentamento	2000	1,15	1,00
Concreto (bloco e parede)	2400	1,75	1,00
Reboco	2000	1,15	1,00
Tijolo cerâmico	1600	0,90	0,92

TABELA 18.2 Propriedades térmicas de materiais construtivos em coberturas

Material	Propriedade térmica		
	Densidade de massa aparente (ρ)	Condutividade térmica (λ)	Calor específico (c)
	kg/m³	W/m·K	J/kg·K
Argamassa de reboco	2000	1,15	1,00
Cerâmica	2000	1,05	0,92
Concreto (laje)	2200	1,75	1,00
Fibrocimento	1900	0,95	0,84
Gesso	750	0,35	0,84
Madeira	600	0,15	1,34
PVC	1300	0,20	0,96
Telha metálica de aço	7800	55	0,46

382 Capítulo 18

Os vidros comuns apresentam coeficiente linear de expansão térmica (α_l) da ordem de $9 \times 10^{-6}/°C$, os vidros Pyrex (com menos CaO e Na$_2$O, e com inclusão de Ba$_2$O$_3$) da ordem de $3 \times 10^{-6}/°C$, e as placas cerâmicas de revestimento apresentam α_l da ordem de $4 \times 10^{-6}/°C$ a $10 \times 10^{-6}/°C$.

A propriedade de resistência ao choque térmico se manifesta em função do aquecimento e resfriamento desiguais, o que gera tensões. As tensões podem ser determinadas conhecendo-se o coeficiente linear de expansão térmica, o módulo de elasticidade do material e a variação de temperatura, com a seguinte relação:

$$\sigma = -E \times \alpha_l \times (T_1 - T_2) \qquad (18.2)$$

Os metais e polímeros se acomodam por deformação plástica, mas nas cerâmicas o fenômeno pode originar fraturas. Podem-se citar como exemplo as placas cerâmicas que podem apresentar defeitos entre o esmalte e o corpo (suporte) da placa cerâmica em função da diferença de temperatura na superfície e no corpo e do comportamento distinto das duas partes.

É possível aumentar a resistência ao choque térmico diminuindo o valor do coeficiente linear de expansão térmica (α_l), o que ocorre também com a existência de poros e fases dúcteis.

O desempenho acústico dos materiais e componentes pode ser avaliado levando-se em consideração a absorção e o isolamento acústicos, este dependente da massa do material empregado; pela lei da massa, dobrando-se a massa por metro quadrado de parede, a perda por transmissão é de 5 dB.

Simplificadamente, uma parede de alvenaria com blocos cerâmicos, revestida em ambos os lados, apresenta um isolamento da ordem de 45 dB; aumentando-se a massa por metro quadrado, seria possível atingir 55 dB, para uma parede dupla com câmara de ar. Ressalta-se que a lei da massa foi desenvolvida para placas finas e, em determinadas situações, é necessário verificar não só a frequência crítica de coincidência para os materiais empregados, mas também quando o índice de redução sonora é determinado pela rigidez e pelo amortecimento da parede (e não somente pela lei da massa).

Alguns valores de isolação acústica de alvenarias de vedação em blocos cerâmicos são encontrados no Código de Práticas nº 1 do IPT (Thomaz *et al.*, 2009). Para uma parede executada com bloco cerâmico com espessura de 9 cm, com furo na horizontal, revestida nas duas faces com argamassa mista (1:2:9, de cimento:cal hidratada:areia média lavada, em

volume), entre outras condições, a isolação acústica indicada é de 42 dB. Para parede com bloco cerâmico com furo na vertical, com 14 cm de espessura e sem revestimento, está indicado 36 dB, e com o mesmo revestimento já citado nas duas faces chega a 40 dB.

18.4.1 Fatores de Desagregação das Cerâmicas

As cerâmicas podem desagregar-se, normalmente como consequência de agentes físicos externos, agentes químicos internos e agentes mecânicos.

Os agentes físicos mais perniciosos são umidade, vegetação e fogo. Os dois primeiros agem pelos poros, e deduz-se daí a importância da porosidade; a porosidade é um índice da qualidade do produto e de sua duração.

O fogo também é altamente prejudicial para a cerâmica comum; esta tem sua resistência à compressão diminuída à medida que aumenta a temperatura. Como os componentes se dilatam desuniformemente, o calor pode facilmente desagregar uma peça.

A cerâmica também se ressente do efeito da gelividade, citado para as pedras.

Os agentes químicos internos também podem ser altamente perniciosos, como, por exemplo, uma cerâmica com sais solúveis. A umidade absorvida do ar pode vir a dissolver esses sais, os quais virão a se cristalizar na superfície, ocasionando o que se chama eflorescência (manchas na superfície); isso, além de causar má aparência, pode até ocasionar o destacamento de um revestimento. Eventualmente, podem ocorrer reações expansivas levando à desagregação.

As cerâmicas também devem ter boa resistência ao choque, pois são solicitadas no transporte e na movimentação para o seu emprego nas obras.

18.5 FABRICAÇÃO DE PRODUTOS CERÂMICOS

Em termos genéricos, as etapas de fabricação dos materiais de cerâmica para a construção civil são empregadas em processos industriais bem definidos, que culminam com a queima e são:

1) extração da matéria-prima (argilas);
2) preparação (tratamento) da matéria-prima (argilas);
3) moldagem (após moldado, o produto encontra-se no estado "verde");

4) secagem (retirada da água do produto no estado "verde");
5) queima (transformação da argila em cerâmica);
6) esfriamento (após o cozimento, o produto obtido passa por resfriamento);
7) inspeção;
8) estocagem;
9) expedição.

Observação: cada tipo de produto cerâmico apresenta uma sequência de processos industriais mais adequados, ressaltando-se que a sequência aqui apresentada é genérica. No caso das placas cerâmicas para revestimento e louças, existem outras etapas específicas.

18.5.1 Extração da Matéria-Prima

Cada tipo de cerâmica requer um tipo próprio de barro (argila). Na escolha do barro, algumas variáveis são importantes, como o teor de argila, a composição granulométrica, a profundidade da barreira, a umidade e diversos outros fatores que influem na produção da cerâmica. Essa é uma das razões da grande variedade de materiais de cerâmica no mercado.

A qualidade do barro deve ser verificada para se analisar, por exemplo, se ele não tem muito carbonato de cálcio ou compostos sulfurosos, os quais originam cerâmica muito fendilhada. Se for muito suja, ou seja, com matérias orgânicas tais como raízes mortas, a cerâmica será muito porosa. Se tiver muita cal, poderá acontecer sua extinção quando receber umidade e, como consequência, ocorrerá expansão que levará à desagregação do revestimento e dos próprios componentes da alvenaria. A formação de vidro, do qual depende a dureza, varia também com a constituição, e assim por diante.

A importância do tipo de barro é tal que muitas vezes as indústrias, mesmo assim, preferem barreiras localizadas a grande distância das fábricas, que são instaladas onde há abundância de energia, transporte e mão de obra.

18.5.2 Preparo da Matéria-Prima

Depois de extraída, a argila deve ser preparada para a fabricação dos produtos cerâmicos, o que ocorre de variadas formas.

Por exemplo, já na própria jazida pode ser feita a seleção em lotes de mesma qualidade (composição, dureza, plasticidade etc.).

Em seguida, busca-se o que se chama apodrecimento da argila. A argila é levada para depósitos ao ar livre, nos quais é revolvida sumariamente e passa por um período de descanso. Tem por finalidade principal a fermentação das partículas orgânicas, que também ficam coloidais, aumentando a plasticidade. O apodrecimento também serve para corrigir o efeito das pressões sobre as argilas. Certas porcelanas sofrem apodrecimento até por vários anos.

Conforme a exigência, também é feita a eliminação de impurezas grosseiras e classificação, o que se consegue por levigação, sedimentação, centrifugação, flotação, aeração etc. Muitas vezes, é necessário fazer a desagregação da argila, por meio de britadores e moinhos.

Segue-se a formação da pasta propriamente dita, que se inicia pela maceração, continua com a correção e termina com o amassamento.

A maceração é feita para se obterem menores partículas, grãos finos e, com isso, maior plasticidade, melhor contato entre os componentes etc. Em processos rudimentares, a argila é colocada em caixas, onde é revolvida por força humana (com pás, picaretas etc.) ou por animais que fazem girar pás no interior da massa. Se não houve eliminação das impurezas antes, é nesta fase que são retirados galhos, pedras ou outros corpos que estejam misturados com a argila; neste caso, as máquinas não são de utilidade nas indústrias rudimentares. Caso já tenha havido a eliminação dessas impurezas, podem-se usar britadores, moinhos, desintegradores e pulverizadores, cada um dos quais correspondendo a certo grau de moagem.

A correção é realizada para dar à argila a constituição que se deseja. Por exemplo, para se obter cerâmica fina, deve-se lavar, deixar sedimentar e depois filtrar, eliminando-se, por esse processo, os grãos graúdos. Em outros casos, é adicionada areia fina, para diminuir a retração e aumentar o rendimento, obtendo-se produtos mais grosseiros. Existem ácidos orgânicos fracos e soluções alcalinas que são empregados para diminuir a plasticidade; há também ácidos e alguns sais que podem aumentá-la.

A argila muito pura retrai-se demais e deforma-se: quanto mais coloides tiver, maior será a retração. Por isso, mistura-se areia, argila já cozida e moída (pó de cerâmica) etc., para baixar a proporção de grãos finos. Em compensação, uma argila muito magra fica com poucos coloides, muito porosa e torna-se quebradiça, absorvendo depois muita umidade. A esta correção chama-se loteamento do barro.

O amassamento serve para preparar a argila para a moldagem, com a qual muitas vezes se confunde ou é simultâneo. Conforme o tipo de barro e o tipo de moldagem, é usada ou não água e o amassamento se dá por processos manuais ou mecânicos.

384 Capítulo 18

De acordo com o estágio de desenvolvimento tecnológico da indústria, são usadas mais ou menos máquinas, para desenvolver algum tipo de tratamento. Há, por exemplo, os desagregadores (servem para quebrar os torrões duros), cilindros (para quebrar pedras), moinhos (para moer) e marombas (cilindros, horizontais ou verticais, no interior dos quais existem pás ou hélices que homogeneízam a mistura e promovem a moldagem).

18.5.3 Moldagem do Produto

É a operação chamada de conformação, que confere a forma desejada à pasta de barro (argila). Há quatro processos básicos de moldagem, de acordo com o conteúdo de água de amassamento:

- moldagem a seco ou semisseco (com 4 a 10 % de água): por prensagem na produção de placas de revestimento, tijolos e telhas de qualidade superior;
- moldagem com pasta plástica consistente (com 20 a 35 % de água): por extrusão por meio de marombas na produção de tijolos, telhas, tubos cerâmicos, refratários;
- moldagem com pasta plástica mole (com 25 a 40 % de água): moldagem artesanal na produção rudimentar de tijolos, vasos e peças decorativas;
- moldagem com pasta fluida (com 30 a 50 % de água): pelo processo de barbotina na produção de peças de formato complexo, como louças para banheiros e porcelanas.

O uso de um ou de outro processo depende do tipo e características da matéria-prima, do formato e características do produto acabado, do tipo de equipamento de moldagem e do tipo de forno a ser empregado.

a) Moldagem com pasta fluida

É o chamado processo de barbotina. A massa de argila é dissolvida em água e a solução vertida em moldes porosos de gesso. Depois da deposição, a água é absorvida e a argila adere às paredes. Quando seca, a peça se retrai e se descola. É o processo usado para porcelanas, louças sanitárias, peças para instalação elétrica e peças de formato complexo.

b) Moldagem com pasta plástica

É o processo mais antigo. A massa de argila, bastante pastosa, é moldada em moldes de madeira ou no torno de oleiro. Há também processos mais modernos que os manuais, mas não resultam em produtos de mesmas características. É usado para vasos, tijolos brutos, pratos, xícaras etc. Um processo manual de fazer tijolos, por exemplo, emprega caixilhos individuais de madeira. A pasta é colocada à mão sobre o molde recoberto de areia. Os produtos ficam com uma camada superficial áspera.

c) Moldagem com pasta plástica consistente

O processo é chamado de extrusão, que consiste em forçar a massa de argila a passar, sob pressão, por um bocal apropriado (matriz), formando um filete uniforme e contínuo no formato desejado. O filete é cortado no comprimento desejado, utilizando-se uma guilhotina que possui arames presos a um esquadro de madeira ou metal, obtendo-se o produto moldado e no estado "verde". Como o processo incorpora muito ar, que se irá dilatar na cozedura, causando o fendilhamento ou até a desagregação da peça, às vezes é acoplada na maromba uma câmara de vácuo. Isso irá diminuir a porosidade. A moldagem por esse processo é a usual para tijolos, tijoletas, blocos, tubos cerâmicos, telhas e refratários.

d) Moldagem a seco

O processo é realizado por prensagem ou compactadoras a rolo. A argila é moldada quando está quase seca e, para adquirir a forma desejada, é submetida a prensas muito potentes. A pressão nas prensas pode variar de 5 a 700 MPa. Este método de moldagem é utilizado para fabricar placas cerâmicas, azulejos, refratários, isoladores elétricos, tijolos e telhas de alta qualidade. Embora ofereça vantagens como simplicidade operacional, produção em massa e redução do tempo de secagem, requer um alto investimento inicial, a substituição frequente das matrizes e está limitado a formatos predeterminados.

Atualmente, com as compactadoras a rolo, não é necessário trocar as matrizes nem ajustar seu tamanho após aquecimento, pois os tamanhos são definidos após a prensagem, onde o equipamento forma um tapete a partir do pó atomizado. Adjacente à compactadora, há outro equipamento automatizado que realiza cortes conforme o tamanho desejado, tudo em movimento.

Os produtos são de qualidade muito boa, pois não há bolhas, e a quantidade de água usada é mínima. E já foi visto que, em igualdade de outras condições, as propriedades mecânicas de uma argila são inversamente proporcionais à quantidade de água usada em sua plastificação. Muitas vezes, neste tipo de moldagem, se faz passar a argila primeiramente por extrusão, formando-se bastões e molda-se a forma definitiva por prensagem. Com isso, melhoram-se a densidade, a porosidade e a resistência mecânica.

Nas Figuras 18.1(a) e (b) ilustram-se partes da etapa de moldagem (conformação) por extrusão, identificação e corte de blocos cerâmicos com furo na horizontal.

18.5.4 Secagem do Produto

A secagem e a queima fazem parte da etapa denominada processamento térmico, que é de fundamental importância para obtenção dos produtos cerâmicos; o tratamento térmico é responsável pelo desenvolvimento das propriedades finais dos produtos.

A secagem também é muito importante porque, após a moldagem, dependendo do tipo utilizado, ainda permanecem de 5 a 35 % de água no produto no estado "verde".

O tijolo maciço comum, por exemplo, conserva cerca de um quilo de água após a moldagem. Se a argila for levada ainda úmida para o forno (no qual a temperatura cresce rapidamente), a umidade interior ficará retida pela crosta externa, aparecendo tensões internas e o consequente fendilhamento. Por isso, se faz a secagem prévia controlada.

Se a secagem não for uniforme, aparecerão distorções nas peças: se for muito rápida, a retração poderá provocar fissuras nas peças; se for muito lenta, a produção tornar-se-á antieconômica.

A secagem pode levar de três a seis semanas para as argilas moles, ou até só uma semana para as argilas rijas, quando feita ao ar, por secagem natural, na qual influi muito a estação do ano.

Outros processos são mais rápidos e permitem maior uniformidade na secagem, como a secagem artificial utilizando-se túnel de secagem.

A secagem resultará em retração das peças e, consequentemente, deformação, se não for bem conduzida. Portanto, é necessário eliminar a água de forma lenta e gradual, em secadores intermitentes ou contínuos, atingindo temperaturas entre 50 e 150 °C (ABCERAM).[4]

Os processos básicos de secagem podem ser assim resumidos:

a) Secagem natural

Comum nas olarias, é um processo demorado e que exige grandes superfícies. É feita em telheiros extensos, ao abrigo do sol e com ventilação controlada. Às vezes, é realizada em galpões quase

---

[4] https://abceram.org.br/processo-de-fabricacao/. Acesso em: 27 set. 2024.

(a)

(b)

FIGURA 18.1 Moldagem de bloco cerâmico com furo na horizontal por extrusão: (a) tipos diversos de boquilha (matriz); (b) extrusão, identificação (marcação) e corte do bloco. Fotos: cortesia de Bernardo Fontes Nogueira.

fechados, de madeira, colocados em torno e acima do forno, do qual aproveitam o calor.

b) Secagem por ar quente e úmido

O produto é posto nos secadores, nos quais recebe ar quente com alto teor de umidade, até que desapareça a água absorvida. Aí então recebe só ar quente, para perder a água de capilaridade. Com isso, as deformações são mínimas.

c) Secadores de túnel

São túneis de alguma extensão, pelos quais se faz passar o calor residual dos fornos (de 40° a 150°). As peças são colocadas em vagonetas (gaiolas), que percorrem lentamente o túnel no sentido da menor para a maior temperatura.

d) Secagem por meio de radiação infravermelha

É pouco usada, em razão do custo e porque só serve para peças delgadas. No entanto, abrevia o tempo de secagem, proporciona alto rendimento e pouca deformação. É usada para peças de precisão.

18.5.5 Queima do Produto

Esta etapa é também conhecida por sinterização, na qual os produtos adquirem suas propriedades finais. As peças, após secagem, são submetidas à queima a temperaturas elevadas, que, para a maioria dos produtos, situa-se entre 800 e 1700 °C, em fornos contínuos ou intermitentes que operam em três fases: (i) aquecimento da temperatura ambiente até a temperatura desejada; (ii) patamar durante certo tempo na temperatura especificada; e (iii) resfriamento até temperaturas inferiores a 200 °C.

Durante esse tratamento, ocorre uma série de transformações em função dos componentes da massa, tais como perda de massa, desenvolvimento de novas fases cristalinas, formação de fase vítrea e a soldagem dos grãos. Portanto, em função do tratamento térmico e das características das diferentes matérias-primas, são obtidos produtos para as mais diversas aplicações (ABCERAM).

A queima é considerada a parte mais importante da fabricação cerâmica, sem a qual não se obtém o produto chamado cerâmico. Durante a queima (ou cozimento; ou sinterização) ocorrem reações químicas as mais diversas; algumas são rápidas, outras exigem tempo; algumas devem completar-se, outras devem ser evitadas; algumas devem ocorrer no início, outras no final. Como se vê, o problema é complexo, à medida que não somente a temperatura alcançada influi, mas também a velocidade de aquecimento, de esfriamento, atmosfera ambiente, tipo de forno, de combustível usado etc.

O ciclo de queima compreendendo as três fases, dependendo do tipo de produto, pode variar de alguns minutos até vários dias. Como a quantidade de combustível necessário é geralmente grande, há interesse em se obter o máximo rendimento.

Os cuidados na queima devem proporcionar uniformidade de calor ao forno, para se obter uniformidade na queima das peças e também atingir as temperaturas adequadas para o produto fabricado.

A queima pode ser executada em fornos contínuos (produção contínua) e em fornos intermitentes (queima-se um lote de cada vez, ou seja, a cada fornada). Os fornos intermitentes podem ser de calor ascendente ou descendente; os fornos contínuos podem ter ou a carga (produtos) ou a zona de fogo móvel.

Os fornos intermitentes apresentam muitos inconvenientes, como o elevado consumo de combustível e de mão de obra e o desgaste da estrutura em razão das variações sucessivas de calor e frio. Apresentam, todavia, a vantagem do mais baixo custo de instalação e facilidade de execução.

18.5.5.1 Tipos de fornos

Apresentam-se a seguir algumas características gerais de diversos tipos de fornos.

a) Forno de meda

É um tipo intermitente, de chama ascendente, bastante rústico e empregado apenas em instalações provisórias para fabricação de tijolos. Não há forno propriamente dito. Os tijolos são empilhados em forma de pirâmide truncada (Fig. 18.2), com 8 a 10 m de lado por 5 a 6 m de altura. São empilhados em cutelo, deixando espaços entre si e formando colunas entre as quais ficam espaços maiores. Nestes últimos, é colocado o combustível. Depois, tudo é coberto com barro e palha, e o fogo é aceso.

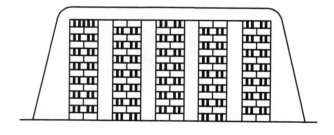

FIGURA 18.2 Forno de meda (em corte).

O controle da temperatura é feito por agulheiros (orifícios) na cobertura, o que vai aumentar a combustão. Para tijolos, o cozimento leva de seis a dez dias, e o arrefecimento consome mais uma semana. Cada fornada pode conter de 50 a 500 milheiros de tijolos. É um processo rudimentar, porque não é possível um controle da uniformidade e estado da combustão; um terço da produção de cada fornada geralmente é perdido, porque há muitas peças malcozidas ou supercozidas.

b) Forno intermitente comum

É o tipo mais encontrado nas pequenas olarias, por ser fácil e barato de construir. Geralmente de forma retangular ou quadrada (às vezes, circular), com lados de 5 m, 10 m ou até mais e altura de 3 a 6 m. Na base ficam as fornalhas formadas por uma ou mais abóbadas em arco, afastadas 15 cm umas das outras. Sob a fornalha situa-se o cinzeiro. Sobre ela o material é empilhado, deixando-se espaços para a passagem do calor e do fumo. O conjunto pode ser coberto com barro e palha, deixando-se também agulheiros para controlar a tiragem ou, como é mais comum, coberto com abóbadas de tijolos reforçadas com cintas de aço. Neste caso, há economia de barro e mão de obra, mas periodicamente a abóbada desaba e deve ser refeita. A Figura 18.3 ilustra exemplos desses fornos. Em qualquer caso, depois de aceso o forno, a porta é lacrada com uma parede de tijolos e argila, e a tiragem é controlada ou por agulheiros, ou por orifícios que comunicam com a chaminé.

No preparo de tijolos, esses fornos cozem, de cada vez, de 25 a 100 milheiros, levando de sete a oito dias para queimar e de quatro a seis dias para arrefecer, dependendo das condições atmosféricas. Em virtude de sua forma retangular, as peças colocadas nos cantos apresentam menor cozimento, o que contribui para uma pequena porcentagem (±10 %) de desperdício. Os combustíveis comumente usados são a lenha e também serragem de madeira.

c) Forno semicontínuo

Os fornos ditos semicontínuos (Fig. 18.4) não passam de dois ou mais fornos intermitentes (geralmente quatro) colocados justapostos. Enquanto um forno está queimado, o outro arrefece, no outro se faz a carga e descarga e o último está secando. Com isso, o calor irradiado por um está sendo aproveitado para os outros, com melhor rendimento do energético empregado.

d) Forno intermitente de chama invertida

Nesses fornos os gases da combustão sobem até a cúpula do forno e, depois, atravessam as peças em cozimento, vindo de cima para baixo. Sua construção é semelhante à dos intermitentes comuns e proporciona maior rendimento por quantidade de combustível empregado, embora ainda só se aproveite 20 % para o cozimento propriamente dito. O restante é gasto nos aquecimentos periódicos das paredes, ou perdido por irradiação, ou levado pelos gases da combustão. As Figuras 18.5 e 18.6 são exemplos desse tipo de forno.

e) Forno de mufla

Às vezes, há interesse em que a chama não entre em contato direto com as peças. Nesses casos, usa-se mufla, ou seja, uma caixa interna ao redor da qual circula o calor [Fig. 18.7(a)]. Se essa necessidade só for eventual, as peças poderão ser colocadas em caixas refratárias nos outros tipos de fornos.

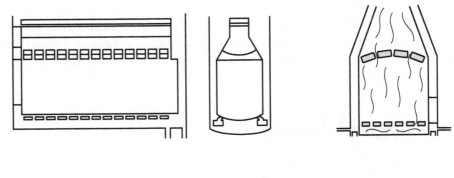

FIGURA 18.3 Ilustração em corte de fornos intermitentes.

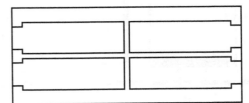

FIGURA 18.4 Planta de forno semicontínuo.

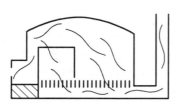 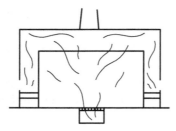

FIGURA 18.5 Forno intermitente de chama invertida.

(a)   (b)

FIGURA 18.6 Forno intermitente: (a) vista da porta de fechamento; (b) vista interna. Fotos: cortesia de Roberto José Falcão Bauer.

f) Forno combinado

Consta de dois fornos sobrepostos [Fig. 18.7(b)], sendo o aquecimento direto no superior e por chama invertida no inferior. É usado quando se faz biscoito (forno superior) e vidrado (forno inferior).

g) Fornos de cuba

Os fornos de cuba são usados no caso de pequena produção. São semelhantes aos intermitentes comuns com abóbada, diferenciando-se no tamanho.

h) Forno de Hoffmann

O forno de Hoffmann (Fig. 18.8), inventado em 1858, é um forno contínuo obtido pela justaposição e entrosamento de diversos fornos intermitentes. É encontrado em algumas grandes olarias do Rio Grande do Sul. Baseia-se em dois princípios: uso de ar quente das câmaras em fogo para ir fazendo o preaquecimento das câmaras seguintes e produção contínua. Resulta em uma economia de 50 % de combustível em relação aos fornos intermitentes.

Geralmente tem a forma oblonga (oval), mas existe também nas formas circular e quadrada. Consta, em linhas gerais, de um túnel dividido em 14 até 24 celas, porém com interligação para a circulação de ar. O número de celas depende do tempo em que o material deve ficar enfornado, e é feito de modo a dar duas cargas por dia. Essas celas, chamadas laboratórios (L), são ligadas a um conduto interno F, denominado câmara de fumo. A ligação é feita por registros, controlados pela parte superior. A câmara de fumo dirige os gases para as chaminés. Cada cela tem cerca de 3 m de largura por

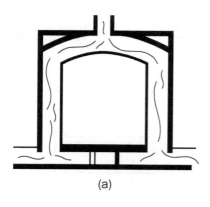 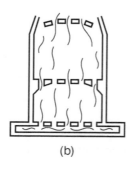

(a)   (b)

FIGURA 18.7 (a) Forno de mufla; (b) Forno combinado.

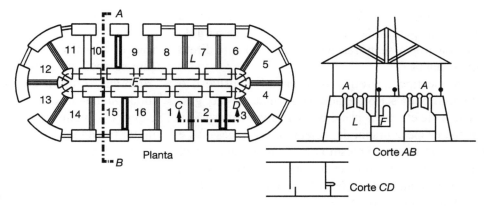

FIGURA 18.8 Forno de Hoffmann.

2 de altura, e possuem agulheiros (*A*) na parte superior. Nesses agulheiros, com tampa, é possível introduzir o combustível e também controlar a uniformidade do fogo. O conjunto é geralmente coberto por um telheiro, muitas vezes usado como câmara de secagem.

Para entender seu funcionamento, suponha-se o fogo queimando nas câmaras 5 e 13. Nessa ocasião, todas as portas das câmaras para o exterior, exceto as de números 1, 2, 9 e 10, devem estar lacradas com tijolo e barro. Todas as câmaras devem estar comunicadas, exceto entre as de números 2 e 3, 10 e 11. Nestas, a passagem do ar é cortada. As câmaras 1 e 9 devem estar sendo carregadas, enquanto as câmaras 2 e 10 devem estar retirando material pronto. O ar entra pela abertura das câmaras 1, 2, 9 e 10, e vai se aquecendo em contato com as peças já cozidas nas câmaras 16, 15 e 14, 8, 7 e 6. Esse aquecimento é resultado do calor que extrai das peças já cozidas, e que, por isso, resfriam. Em 13 e 5, está-se procedendo a combustão, por intermédio da lenha ou carvão introduzido aceso pelos agulheiros. Depois disso, o ar quente resultante da combustão passa pelas câmaras 12 e 11, 4 e 3, das quais transmite seu calor às peças cruas, preaquecendo-as. Nas câmaras 3 e 11, deve estar aberto o registro de ligação com a câmara de fumo, que se encarrega de fazer a tiragem. Terminado o ciclo, lacram-se as portas 1 e 9, abrem-se os registros das celas 4 e 12, abrem-se as portas 3 e 11, fecham-se as comunicações entre as celas 3 com 4 e 11 com 12, abre-se a comunicação das celas 2 com 3 e 10 com 11 e acende-se o fogo nas celas 14 e 6. Fecham-se os registros das celas 3 e 11.

Os fornos são dimensionados para um ciclo por dia, o que corresponderá, como foi dito, a duas cargas diárias.

Cada cela pode receber entre dez e 20 milheiros de tijolos, e o material é queimado com bastante uniformidade. Há, porém, o inconveniente de as paredes sofrerem alternativas de frio e calor, com o consequente desgaste.

O material a cozer é colocado nas celas na forma de medas, deixando-se espaços vazios sob os agulheiros. O combustível usual é a lenha, mas também serve o carvão em pó.

l) Forno túnel

O forno túnel, inventado em 1877, é um forno contínuo bastante superior aos anteriores, por apresentar melhor rendimento térmico e economia de mão de obra, às vezes superior a dois terços.

É um longo túnel (Fig. 18.9), em que a câmara de queima fica aproximadamente no centro. O material é introduzido, sobre vagonetas móveis, em uma extremidade, vai sofrendo um preaquecimento, passa pela zona de fogo e, depois, vai resfriando até sair do túnel.

A movimentação dos carrinhos pode ser feita por correntes, ou, como é o caso comum, eles são empurrados por um êmbolo de velocidade mínima. O comprimento do êmbolo é quase o mesmo de cada vagoneta; toda vez que ele alcança o seu comprimento máximo, é recuado e nova vagoneta é colocada, que vai, por sua vez, empurrar a anterior.

O ar movimenta-se contra a corrente do material. Com isso, arrefece o material de saída e preaquece o material que está entrando. A seção do forno deve ser

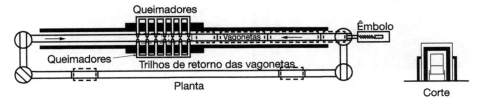

FIGURA 18.9 Forno túnel.

pequena, apenas o suficiente para o material, a fim de diminuir as perdas de calor. Às vezes, na câmara de fogo constroem-se muflas para evitar o contato direto com a chama.

Nesse tipo de forno, o combustível usual é o óleo, mas pode ser projetado para lenha, carvão, gás, eletricidade etc. Seus principais inconvenientes são a elevada despesa inicial de instalação e a necessidade de que seja sempre o mesmo tipo de material a cozer. Quando se deseja mudar o material a ser cozido, devem ser feitas adaptações na velocidade, na chama etc., o que atrasa a produção.

Na Figura 18.10, apresentam-se imagens de um forno utilizado em uma fábrica de blocos cerâmicos.

j) Forno a rolos

Esse tipo de forno é o mais usado nas indústrias de placas cerâmicas. As peças cerâmicas deslocam-se apoiadas sobre rolos metálicos ou cerâmicos "alumina". É utilizado especialmente no processo de monoqueima e seu emprego favorece a utilização de ciclos de queima rápidos (entre 20 e 60 minutos), maior troca térmica e transferência de calor, superior automatização do processo e menor consumo energético (Cadernos de Terminologia, 2011).

A seguir, apresentam-se ilustrações (Fig. 18.11) relacionadas com a fabricação de placas cerâmicas para revestimentos: (a) placas cerâmicas em movimento sobre rolos em direção à entrada do forno;

(a)

(b)

FIGURA 18.10 Forno túnel: (a) entrada do forno; (b) saída do forno.
Fotos: cortesia de Roberto José Falcão Bauer.

(a)

(b)

(c)

(d)

FIGURA 18.11 Forno a rolos: (a) entrada do forno; (b) vista geral do forno; (c) saída do forno. Fotos: cortesia de Roberto José Falcão Bauer; e (d) vista lateral seccionada do forno. Foto: cortesia de João Fernando Dias.

(b) vista geral do forno; (c) placas cerâmicas na saída do forno; (d) vista seccionada da lateral do forno.

18.6 CLASSIFICAÇÃO DOS MATERIAIS DE CERÂMICA PARA A CONSTRUÇÃO CIVIL

Os materiais de cerâmica podem ser classificados de diversas formas, levando em conta o tipo de argila, o tipo de moldagem, o tipo de queima, ou a utilização.

A classificação aqui apresentada indica a diferenciação entre os diversos produtos de cerâmica existentes no mercado. De acordo com as associações de fabricantes de produtos cerâmicos para a construção civil, os segmentos são: de cerâmica vermelha; e de cerâmica de revestimento e louças cerâmicas.

Podem ser encontradas as seguintes denominações para os produtos produzidos a partir de argilas:

- Materiais de argila secos ao sol (ao ar) – adobe: produtos fabricados com argila e simplesmente secos ao sol apresentam resistência mecânica limitada e sofrem com a agressividade do meio, particularmente com a presença de água; portanto, este tipo de produto não é cerâmico.
- Cerâmica vermelha ou estrutural – tijolos, blocos, telhas, tubos: são os produtos básicos para construção; em geral, materiais cerâmicos de baixa vitrificação.
- Materiais cerâmicos de revestimento porosos, semiporosos, grés, porcelanatos (placas cerâmicas) e de louça, materiais de acabamento (louças sanitárias); em geral, materiais cerâmicos de alta vitrificação.
- Refratários: são materiais cerâmicos, naturais ou artificiais, conformados (moldados) ou não, normalmente não metálicos, que retêm a forma física e a identidade química quando submetidos a altas temperaturas (ABNT NBR 8826:2014).
- Abrasivos: neste grupo de produtos para uso industrial encontram-se rolos (lixas fornecidas em rolos), discos (em fibra, *drill*), rebolos (em formato de bloco/tijolo, em bastão/pedra canoa e pastas).

18.6.1 Materiais de Argila Secos ao Sol

Os materiais de argila secos ao sol, embora sejam produzidos com argilas, não são materiais cerâmicos, pois não passam pela etapa da queima. No entanto, constituem um grupo de materiais que ainda tem campo de aplicação, particularmente nas regiões interioranas.

A prática e os ensaios tecnológicos demonstraram que a resistência das argilas simplesmente secas (ou seja, não queimadas) depende da proporção entre os diversos componentes ou de sua composição granulométrica; não depende, pois, da quantidade de caulim somente. A argila que apresenta melhor resistência à compressão é a que tem cerca de 60 % de argilominerais, ficando os 40 % restantes igualmente distribuídos entre silte, areia fina e areia média. As propriedades mecânicas são inversamente proporcionais à quantidade de água utilizada para a mistura.

O adobe é uma técnica antiga que pode ser encontrada em diversas regiões do mundo, sendo uma das primeiras soluções encontradas pelo homem para construção de abrigo. A palavra adobe pode ter sido originada do árabe *atob*, que significa pasta grudenta. Acredita-se que chegou à Europa pelo norte da África.

O adobe é feito de argila simplesmente seca ao ar ou ao sol, sem cozimento, e usado em construções rústicas, na forma de tijolos ou blocos. Foram muito utilizados antigamente, mas com o surgimento dos tijolos queimados em olarias perderam espaço, pois estes podem atingir resistências mais elevadas com maior durabilidade diante da ação da água.

Os tijolos de adobe são produzidos em formas preenchidas manualmente, com argila arenosa, com ou sem adição de cal, ou palha. Podem atingir uma larga faixa de tensões de compressão, desde 0,5 até 4 MPa, dependendo da forma de moldagem, manual ou compactada, mas têm o inconveniente de sofrerem com a presença de umidade, podendo perder resistência e desagregar. Por isso, as paredes executadas com esse material devem ser protegidas da umidade, para que tenham durabilidade.

Em razão da resistência mecânica, a argila também pode ser empregada como material para assentamento de tijolos, ressaltando-se as mesmas vantagens e desvantagens citadas para o adobe.

Os tijolos de adobe guardam o apelo ecológico, em virtude de não serem queimados e, portanto, não exigirem o consumo de energéticos, como no caso dos tijolos de olaria, ou dos blocos cerâmicos.

Podem-se resumir as vantagens em: baixo consumo energético, pois a energia utilizada é principalmente solar; matéria-prima abundante, necessitando eventualmente de preparos e correção; bom comportamento térmico e acústico devido à grande inércia; material incombustível; não necessita de reboco, dependendo do clima; não tóxico; reciclável e reutilizável.

392 Capítulo 18

Algumas desvantagens são: necessitam de grande área de secagem na fabricação; o tempo de secagem é longo e totalmente dependente do clima; limitações técnicas com a resistência mecânica e baixa resistência à água.

18.7 PRODUTOS CERÂMICOS PARA A CONSTRUÇÃO CIVIL

Os produtos cerâmicos são representados no mercado de materiais de construção por uma ampla variedade, conforme a origem, a matéria-prima, o processo de fabricação, e a finalidade a que se presta determinado produto.

Conforme a finalidade, os produtos podem ser agrupados em:

- componentes para alvenaria (alvenaria de vedação e estrutural);
- componentes para cobertura (telhas e complementos);
- componentes para canalizações (tubos cerâmicos ou manilhas);
- produtos para revestimento (de parede interna/ externa e de piso), denominados placas cerâmicas, e compreendem, por exemplo, grés, monoporosas e porcelanatos;
- produtos de acabamento e utilitários, denominados cerâmica branca ou de louça, tais como cantoneiras, cabideiros, louças sanitárias e acessórios;
- produtos especiais, como as cerâmicas refratárias (na construção civil, normalmente usadas para alvenarias) e produtos especiais para indústrias.

18.7.1 Qualidade dos Produtos Cerâmicos

Não obstante toda a evolução experimentada no setor de cerâmica no Brasil, notadamente no campo das cerâmicas de revestimento, no tocante às cerâmicas vermelhas ainda se observam traços de uma indústria conservadora, que necessita de evolução para acompanhar o ritmo de desenvolvimento da construção civil, com enfoque cada vez maior na racionalização, nas normas técnicas, na certificação e na qualidade.

Com o intuito de organizar o setor da construção civil, no que diz respeito à melhoria da qualidade habitacional e modernização produtiva, bem como contribuir para o desenvolvimento sustentável do habitat urbano, foi criado pelo governo federal, em 1998, o Programa Brasileiro da Qualidade e Produtividade do Habitat (PBQP-H), sob a coordenação da Secretaria Nacional de Habitação, do Ministério das Cidades. Este programa, que surgiu a partir de compromissos firmados pelo Brasil na Conferência do Habitat II, em 1996, foi concebido como um instrumento de regulamentação e estímulo ao cumprimento das normas técnicas na produção dos materiais de construção e dos padrões de qualidade.

O PBQP-H teve ainda o objetivo de ampliar o acesso à moradia de qualidade para a população de menor renda, por meio da elevação dos patamares de qualidade, produtividade e sustentabilidade da indústria da construção civil, com o uso de procedimentos ambiental, social e economicamente sustentáveis.

Outra medida foi a instituição do Sistema de Qualificação de Materiais, Componentes e Sistemas Construtivos (SiMaC), no âmbito do PBQP-H, pela Portaria nº 310 do Ministério das Cidades, em 20 de agosto de 2010. O intuito foi elevar e manter em 90 % o percentual médio de conformidade com as normas técnicas dos produtos que compõem a cesta de materiais de construção e o combate à não conformidade técnica intencional.

As associações de fabricantes de produtos cerâmicos participam do PBQP-H, que, em contrapartida, apoia os Programas Setoriais de Qualidade (PSQ) das associações, favorecendo o elo institucional entre agentes financiadores e compradores governamentais, para que venham desempenhar seu poder de compra como indutores do processo de qualidade.

O PSQ tem como um de seus principais objetivos possibilitar que cheguem ao mercado produtos em conformidade com os requisitos técnicos normatizados. Para tanto, estabelece metas e ações que devem ser cumpridas pelas entidades responsáveis por cada PSQ e pelas empresas que aderem ao programa.

Com relação à cerâmica vermelha, podem ser citados:

- PSQ-BC (Programa Setorial de Qualidade para Blocos Cerâmicos), que tem como balizador a ABNT NBR 15270:2023), Partes 1 e 2 (atualizadas em 2023).
- PSQ-TC (Programa Setorial de Qualidade para Telhas Cerâmicas), no qual os produtos devem atender as condições determinadas na ABNT NBR 15310:2009).[5]

Com relação ao Programa Setorial de Qualidade de Placas Cerâmicas para Revestimento (PSQ), as

---

[5] A ABNT NBR 15310:2009 equivale ao conjunto ABNT NBR 15310:2005 mais a Emenda 1 ABNT NBR 15310:2009 de 20/02/2009, confirmada em 18/07/2024.

normas referenciadas são: ABNT NBR ISO 13006: 2020, ABNT NBR ISO 10545 (Partes: 1 a 16) e ABNT NBR 16919:2020 Placas Cerâmicas – Determinação de Coeficiente de Atrito.

Segundo a Anfacer (2024), o PSQ avalia a qualidade de placas cerâmicas para revestimento de diferentes grupos de absorção (AIa, AIb, BIa, BIb, BIIa, BIIb e BIII) de 146 empresas cerâmicas participantes que se constituem em 78 marcas comerciais.

Dentro dessa política de busca da qualidade, a Anicer, em parceria com o Serviço Brasileiro de Apoio às Micro e Pequenas Empresas (Sebrae), criou o projeto "Conheça o seu Produto pela Avaliação da Conformidade", com o objetivo de demonstrar aos empresários do setor a importância da qualidade como verdadeira ferramenta de competitividade e rentabilidade nos negócios, conscientizando-os sobre a relação entre o seu produto e o consumidor. Dessa forma, o programa aproxima as empresas participantes à cultura dos ensaios, os quais agregam qualidade e facilitam a qualificação das mesmas nos Programas Setoriais de Qualidade (PSQ) de produtos de cerâmica vermelha (ANICER, 2013).

No início de 2010, a Anfacer convidou o Laboratório de Ensaios do Centro Cerâmico do Brasil (LabCCB) para atuar como entidade gestora técnica do PSQ de Placas Cerâmicas para Revestimento. Os ensaios dos produtos são realizados no LabCCB ou em outros laboratórios acreditados pelo Inmetro. O Centro Cerâmico do Brasil (CCB) é um organismo de avaliação da conformidade acreditado junto à coordenação geral de acreditação do Inmetro, desde 1996, para a certificação de produtos e de Sistema de Gestão da Qualidade (desde 1998).[6]

Anualmente, as associações dos fabricantes aqui mencionadas emitem relatórios setoriais nos seus respectivos *sites*, indicando as empresas participantes do programa e a situação no período avaliado.

Ciente da importância da coordenação modular para a promoção da compatibilidade dimensional entre elementos e componentes construtivos, o Inmetro publicou, no dia 23 de junho de 2021, a Portaria nº 271 (em que revoga a Portaria nº 558, de 2013), estabelecendo no seu anexo a Regulamentação Técnica para Componentes Cerâmicos para Alvenaria.

Essa Regulamentação Técnica define requisitos dimensionais e de marcação para elementos cerâmicos, incluindo os blocos de vedação, blocos estruturais, bloco inteiro (bloco principal), meio bloco, bloco de amarração L e T, canaletas J e U, tijolos cerâmicos maciços e perfurados, elementos vazados e outros componentes que não possuam forma de paralelepípedo. A Regulamentação Técnica remete às normas brasileiras, tais como: ABNT NBR 7170:1983 e ABNT NBR 8041:1983 (referentes a tijolos maciços cerâmicos, canceladas e substituídas pela ABNT NBR 15270:2023); ABNT NBR 15270:2010 (referente a componentes cerâmicos para alvenaria, cancelada e substituída pela ABNT NBR 15270:2023 – Partes 1 e 2); e ABNT NBR 15873:2010 (referente à coordenação modular para edificações).

A Portaria nº 270 (Inmetro, 2021) estabelece, ainda, prazos de adequação para fabricação, importação e comercialização de componentes cerâmicos e determina que o Inmetro e seus órgãos delegados fiscalizem fábricas, estabelecimentos comerciais, distribuidores e importadores em todo o território nacional, observando prazos e requisitos estabelecidos.

No mercado da construção civil, dispositivos legais exigem dos fabricantes de materiais, componentes e sistemas construtivos a comprovação da qualidade e de atendimento às normas, como a emitida pelo PSQ por meio do atestado de qualificação, para a participação em obras do programa habitacional "Minha Casa Minha Vida", do Governo Federal, e em projetos de engenharia e arquitetura com financiamentos da Caixa Econômica Federal (CEF), como a Resolução nº 735/2013, publicada pelo Conselho Curador do Fundo de Garantia do Tempo de Serviço (FGTS), que exige a qualificação no PSQ de todos os materiais usados em quaisquer imóveis financiados pela Caixa com recursos do FGTS.[7]

Ações como as aqui apresentadas demonstram o esforço dos agentes envolvidos na melhoria da qualidade, combatendo a não conformidade técnica de materiais e componentes da construção civil, que afeta negativamente a qualidade das edificações e traz prejuízos de diversas ordens, desde os consumidores, produtores até o próprio país.

Observa-se, então, a importância dos textos normativos para se atingir a qualidade necessária dos produtos e componentes.

Na sequência, serão apresentados os produtos cerâmicos, suas características principais e as normas técnicas correspondentes.

---

[6] Mais informações podem ser obtidas em: http://www.ccb.org.br. Acesso em: 11 abr. 2024.

[7] Disponível em: https://www.anicer.com.br/revista-anicer/revista-114/qualidade-ceramica/. Acesso em: 11 abr. 2024.

18.8 COMPONENTES CERÂMICOS

Apresenta-se nesta seção uma visão geral das características e referências normativas para os componentes cerâmicos tijolos, blocos e telhas, que são produtos enquadrados no grupo da cerâmica vermelha.

As normas da ABNT, referentes aos tijolos e blocos cerâmicos, foram unificadas e publicadas em 2017, e, posteriormente, revisadas em 2023. As normas unificadas que estão em vigor são:

- ABNT NBR 15270-1:2023: Componentes cerâmicos – Blocos e tijolos para alvenaria – Parte 1: Requisitos.
- ABNT NBR 15270-2:2023: Componentes cerâmicos – Blocos e tijolos para alvenaria – Parte 2: Métodos de ensaios.

A norma em vigor para as telhas cerâmicas é a ABNT NBR 15310:2009 Componentes cerâmicos – Telhas – Terminologia, Requisitos e Métodos de ensaio.

Esta norma está em revisão no ABNT/CB-179/CE 179 000 002 "Telhas Cerâmicas", ainda sem previsão de entrar em consulta pública.

18.8.1 Termos e Definições para Tijolos e Blocos

Seguem alguns termos e definições para tijolos e blocos, dentre outros, que constam da Parte 1, da norma brasileira ABNT NBR 15270-1:2023.

- Bloco: componente de alvenaria com altura superior a 115 mm.
- Tijolo: componente principal com altura de até 115 mm.
- Tijolo maciço: componente que possui todas as faces plenas de material, podendo apresentar rebaixos de fabricação em uma das faces de maior área; neste caso, é denominado tijolo cerâmico maciço com rebaixo. Quando fabricado por extrusão é conhecido como tijolo laminado, aparente ou à vista. Quando fabricado por prensagem é conhecido como tijolo prensado.
- Bloco alveolar: componente de alvenaria cujos vazados são distribuídos em toda a sua face de assentamento.
- Bloco de paredes vazadas: componente de alvenaria com paredes duplas formando vazados menores.
- Blocos de alvenaria racionalizada: componente de alvenaria, participante ou não da estrutura, que possui furos ou vazados prismáticos perpendiculares às faces que os contêm, produzido para ser assentado com furos ou vazados na vertical, com características e propriedades específicas para alvenaria racionalizada.
- Bloco de amarração: componente com características que permitem a amarração das paredes entre si, respeitando a modulação, conforme a ABNT NBR 15873.
- Bloco/tijolo de vedação (VED): componente de alvenaria não participante da estrutura, que possui furos ou vazados prismáticos perpendiculares às faces que os contêm.
- Bloco de fixação superior (BFS): componente de paredes maciças com vazados prismáticos de alvenaria não participantes da estrutura, produzidos para serem assentados com vazados na horizontal da última fiada da parede.
- Bloco ranhurado: componente de alvenaria estrutural de paredes maciças que tem vazados prismáticos, perpendiculares às faces que os contêm, produzidos para serem assentados com vazados na vertical com características e propriedades específicas para alvenaria estrutural, com ranhuras nas paredes internas.
- Bloco estrutural (EST): componente de alvenaria que possui furos ou vazados prismáticos, perpendiculares às faces que os contêm, produzido para ser assentado com furos ou vazados na vertical, com características e propriedades específicas para alvenaria estrutural.

  Observação: as normas brasileiras relacionadas com alvenaria estrutural foram revisadas e publicadas: ABNT NBR 16868-1:2021 – Parte 1: Projetos; ABNT NBR 16868-2:2020 – Parte 2: Execução e controle de obras; e ABNT NBR 16868-3:2020 – Parte 3: Métodos de ensaio. Quando da aprovação do projeto de revisão destas normas ocorreu o cancelamento da ABNT NBR 15812-1:2010 Alvenaria estrutural – Blocos de cerâmico e da ABNT NBR 15961-1:2011 – Alvenaria estrutural – Blocos de concreto.
- Bloco/tijolo cerâmico com paredes maciças: componente de alvenaria cujas paredes externas são maciças e as internas podem ser maciças ou vazadas.
- Bloco/tijolo principal: bloco ou tijolo mais usado na elevação das paredes, pertencente a uma família de blocos ou tijolos cerâmicos, cujo comprimento é um múltiplo do módulo dimensional M menos 1 cm.
- Canaleta: componente de alvenaria sem paredes transversais, com seção em forma de J (utilizada no encontro de laje com alvenaria), ou em forma

de U (permite a construção de cintas de amarração, vergas e contravergas). Com o uso de canaletas dispensa-se a produção de formas para a execução dos respectivos elementos estruturais (vergas, vigas, contravergas).

- Família de blocos/tijolos cerâmicos: conjunto de componentes necessários para a construção das alvenarias e suas amarrações, que tem como característica comum a mesma largura.
- Dimensões efetivas: valores dimensionais reais, medidos diretamente nos blocos ou tijolos, utilizando métodos de ensaios especificados na ABNT NBR 15270-2:2023.
- Dimensões nominais: valores da largura L, altura H e comprimento C, que identificam um bloco ou tijolo, correspondentes a múltiplos e submúltiplos do módulo dimensional $M = 10$ cm menos 1 cm.
- Dimensões modulares: dimensões de largura, altura e comprimento cujas medidas atendem ao módulo básico $M = 10$ cm e seus submódulos, conforme a ABNT NBR 15873:2010 – Coordenação modular para edificações. Por exemplo, $2M \times 2M \times 4M$.
- Módulo dimensional básico M: módulo em que o valor é $M = 10$ cm, podendo ser usados também os submódulos $M/2$ ou $M/4$.
- Parede externa do bloco/tijolo: parede laminar externa do bloco ou tijolo.
- Parede vazada do bloco/tijolo: parede composta por partes laminares e vazadas.
- Septo: parte laminar que divide os vazados do bloco ou perfurações do tijolo.
- Rebarba: material remanescente da operação de corte de um bloco ou tijolo, facilmente removível.

18.8.2 Formatos Típicos de Tijolos e Blocos

Na Figura 18.12, apresentam-se os formatos típicos dos componentes cerâmicos para alvenarias: tijolos maciços, tijolos estruturais perfurados, blocos cerâmicos com furo na horizontal (para alvenaria de vedação) e blocos cerâmicos com furo na vertical (vários). Outros formatos podem ser consultados na ABNT NBR 15270-1:2023, bem como as especificidades de cada tipo.

18.8.3 Tijolo

Também chamado de tijolo maciço de barro cozido, é conhecido popularmente como "tijolinho". Conforme a qualidade da argila e o processo de fabricação, encontram-se no mercado produtos com qualidade bem diversificada. Eles vão desde os de baixa resistência (0,5 MPa) até os de alta resistência (12 MPa); desde os facilmente pulverizáveis até os de massa compacta. Por isso, é difícil estabelecer limites entre a cerâmica comum e a cerâmica de qualidade superior. O construtor deve considerar primordialmente a procedência para ter certeza sobre a qualidade.

No recebimento desses materiais, deve-se ter algum cuidado. Partidas recebidas em obra com grande porcentagem de quebra indicam material fraco: não devem ser aceitas. Ao se percutirem, as peças devem dar o som limpo característico do bom cozimento; o som cavo indica peça crua, e o som muito agudo indica peça supercômica, o que nem sempre é desejável, pois pode haver dificuldade de aderência com a argamassa.

A cor da peça pouco indica. Varia com a argila e o cozimento. O barro calcário dá cor amarela, o barro ferroso a cor vermelha, e a existência de sulfato de cálcio clareia a cor. Se o combustível usado no cozimento tiver muito oxigênio, a cor do material tenderá ao vermelho, mas, se for redutor, rico em óxido de carbono, tenderá para o amarelo. Note-se, todavia, que as cores desmaiadas ou miolos escuros indicam material cru, e as cores muito carregadas indicam excesso de queima.

Como esses materiais têm porosidade alta, apresentam grande absorção de água, e também a sua durabilidade, quando expostos, não alcança a dos materiais de alta prensagem.

a) Fabricação dos tijolos maciços

Historicamente, os tijolos maciços comuns são fabricados por processos rudimentares em olarias. O barro varia com o produto que se quer obter, mas, em geral, não há preocupação com material de qualidade superior. A correção da argila, quando feita, é mínima, porque acarreta uma despesa maior. Procura-se sempre barro sem carbonatos calcários, os quais aumentam a fusibilidade e podem produzir gretas. O barro também deve ser limpo, sem muitos detritos orgânicos, os quais ocasionam porosidade excessiva. Gravetos e pedras, evidentemente, são detritos indesejáveis.

A moldagem se dá com pasta plástica consistente, em máquinas de fieira ou em moldes de madeira. Eventualmente, podem ser fabricados tijolos com moldagem manual, com pasta plástica.

A secagem é realizada em grandes telheiros, que aproveitam o calor do forno. É comum e aconselhável que esses telheiros sejam cercados por tábuas horizontais graduáveis, semelhantes a venezianas, para melhor controle da secagem.

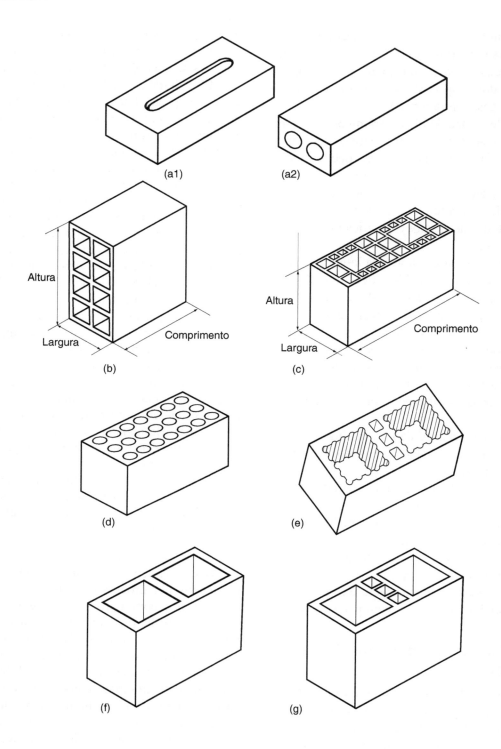

FIGURA 18.12 Ilustração de alguns formatos típicos de componentes de alvenarias (as designações racionalizada, vedação, estrutural estão estabelecidas na NBR 15270-1:2023). (a1) Tijolo maciço com rebaixo; (a2) tijolo sem função estrutural com vazados na horizontal; (b) bloco sem função estrutural com vazados na horizontal; (c) bloco de paredes vazadas; (d) tijolo perfurado com vazados na vertical; (e) bloco ranhurado, com vazados na vertical, com características para alvenaria estrutural; (f) bloco com paredes maciças, com parede interna maciça; (g) bloco com paredes maciças, com parede interna vazada.
*Nota: a NBR 15270-1:2023 apresenta também: bloco alveolar; bloco de alvenaria racionalizada; bloco de amarração; bloco de fixação superior (BFS) como componente de paredes maciças com vazados prismáticos da alvenaria não participante da estrutura, produzido para ser assentado com vazados na horizontal na última fiada da parede, sob o elemento da estrutura; bloco estrutural; canaleta J; e canaleta U.

O cozimento pode ser feito em qualquer dos tipos de fornos antes descritos, mas o usual é o intermitente nas pequenas olarias, e o forno de Hoffmann (ou variantes) nas grandes olarias. A temperatura de cozimento geralmente fica abaixo de 900 °C.

Tijolo maciço com qualidade superior pode ser obtido por moldagem mecânica, em máquinas que aplicam ou não prensagem. Tijolos assim fabricados são eventualmente chamados de tijolos maquinados; são submetidos a alguns controles, queima mais avançada, e apresentam formato mais regular, arestas vivas, com aspecto que os credencia para a utilização em paredes com tijolos à vista (aparelho de assentamento aparente), representando um produto superior aos tijolos comuns.

Ao se pensar na especificação do tijolo maciço cerâmico, é necessário indicar o atendimento às normas brasileiras. Ocorre que nem sempre se encontram no mercado produtos em conformidade com as normas, mais por falta de exigência dos técnicos e consumidores e menos por falta de condições de produzi-los (Neves, 1994; Thomaz, 1995; Dias, 1995).

Se em um projeto a especificação de um componente estiver referenciada às normas brasileiras, deve-se verificar se os requisitos mínimos para o produto são atendidos.

Na prática (sem apoio de laboratório), podem ser adotados, por exemplo, os seguintes procedimentos para a avaliação preliminar dos tijolos maciços:

1) Verificar se existe a marca do fabricante na peça. Uma visita ao local de fabricação também pode fornecer informações importantes quanto aos cuidados e controles que são ou não utilizados pelo fabricante.
2) Formato: se regular ou não.
3) Dimensões (médias, medidas individuais [amostra] e desvio relativo máximo obtido): as dimensões médias indicam qual produto se enquadra na especificação, qual o maior ou qual o menor e, consequentemente, as dimensões que serão usadas para determinar a quantidade de produtos a adquirir. O desvio relativo máximo irá mostrar, dentre os produtos disponíveis, quais os mais uniformes, influindo nas condições de aplicação, na qualidade final dos serviços, no custo, pois poderá demandar mais ou menos tempo, e também na argamassa de assentamento.
4) Resistência: a observação da quantidade de peças quebradas no lote considerado pode ser um indício do nível de resistência, pois os únicos esforços sofridos pelas peças até então são os relacionados com os procedimentos de transporte. Pode-se, ainda, forçar o tijolo contra uma quina viva (por exemplo, de uma bancada) e comparar o esforço necessário para quebrá-lo com o exigido por outras peças.
5) Exame da massa e da queima: as partes quebradas obtidas no teste de impacto na quina permitem o exame visual não só da fratura (seção transversal visível após a quebra), em que se pode observar a presença de materiais indesejáveis (gravetos, pedras), de vazios, mas também da uniformidade da queima (diferença de tonalidade da cor). Ainda com relação à queima, pode-se verificar em que nível ocorreu (ou seja, se foi suficiente para transformar a argila em cerâmica), molhando-se a fratura e macerando-a (friccionando-a com os dedos, por exemplo), e observando se ocorre desagregação da massa, se chega a manchar os dedos, ou, em caso crítico, se a massa do tijolo volta a ser uma pasta de barro, denotando, então, queima insuficiente.

Um ensaio interessante para avaliar o nível de queima é o de perda de massa após fervura. Esse ensaio demonstra relativa importância para avaliar agregados obtidos de solos argilosos calcinados, como demonstrado por Dias (2004).

6) Absorção: pode-se comparar o tempo de absorção de determinada quantidade de água (por exemplo, um copo pequeno) despejada sobre a superfície que receberá a argamassa de assentamento.

Esses procedimentos podem ser executados na própria obra, ou no local de fornecimento dos produtos, exigindo tão somente uma trena graduada, ou um metro de pedreiro, lápis, prancheta de mão e conhecimento técnico por parte do inspetor, permitindo pelo menos uma seleção com alguns critérios que não seja somente o preço.

18.8.4 Bloco

O bloco cerâmico – também conhecido como "tijolão" ou "tijolo baiano", dependendo da região – é o bloco com furos horizontais, classificado, segundo a nomenclatura da ABNT NBR 15270-1:2023, como bloco de vedação (VED). Já os blocos vazados na vertical são os blocos estruturais (EST), no entanto há blocos com vazados na vertical indicados para vedação. A norma indica ainda o bloco BFS, com furos na horizontal, para fixação da alvenaria com o elemento da estrutura.

De forma geral, os blocos são fabricados com matéria-prima (barro) em uma linha de produção bem definida, com preparação da matéria-prima em equipamentos como desagregadores, homogeneizadores e laminadores, consistindo em uma matéria-prima de qualidade superior à utilizada na fabricação dos tijolos comuns. São moldados em marombas saindo da boquilha (matriz) em fieiras contínuas e, então, cortados nos tamanhos desejados quanto ao seu comprimento, já que a largura e a altura são definidas pela boquilha ou matriz.

Ocorre que a variedade de matrizes existentes no mercado é muito grande e, por esta razão, são muitos os tipos de blocos fabricados. Encontram-se variações nas texturas das faces dos blocos, na quantidade e tipo de furos, na espessura das paredes e também nas dimensões, o que acaba limitando o domínio do profissional de engenharia sobre esse tipo de produto.

Na prática, para se fazer uma comparação de produtos similares, pode-se conferir o rendimento por metro quadrado de parede (quantos blocos de mesma largura são necessários por metro quadrado de parede), observar a quantidade de peças quebradas, a uniformidade da cor (relacionada com a uniformidade da massa e da queima) e, finalmente, o teste sonoro, batendo contra o bloco e escutando o som emitido, que deve ser um som firme, como um som metálico, para indicar um bom cozimento.

Mas, para especificar tecnicamente o tipo de bloco nos projetos, memorial descritivo e especificações para determinada obra, deve-se indicar a norma brasileira correspondente a que o bloco deve atender.

18.8.5 Requisitos das Normas Brasileiras – Tijolos e Blocos

As normas para o tijolo cerâmico maciço e para bloco cerâmico foram unificadas e publicadas pela ABNT em 2017 e, posteriormente, revisadas em 2023, como a seguir explicitado:

- ABNT NBR 15270-1:2023: cancela e substitui as ABNT NBR 7170:1983, ABNT NBR 8041:1983 e ABNT NBR 6460:1983;
- ABNT NBR 15270-1:2023, em conjunto com a ABNT NBR 15270-2:2023, cancela e substitui as ABNT NBR 15270-1:2005, ABNT NBR 15270-2:2005 e ABNT NBR 15270-3:2005;
- características sobre modularidade são apresentadas na ABNT NBR 15873:2010 – Coordenação modular para edificações.

A seguir, apresenta-se ampla abordagem a respeito dos aspectos normativos relacionados com os tijolos e blocos cerâmicos, mas recomenda-se a leitura, na íntegra, do texto das normas correspondentes.

18.8.5.1 Requisitos gerais – tijolos e blocos

Dentre os requisitos, destaca-se que os blocos e tijolos devem trazer gravadas, em uma das suas faces externas, a identificação do fabricante (CNPJ, razão social ou nome fantasia), as dimensões nominais ($L \times H \times C$), lote ou data da fabricação, telefone ou dados para atendimento ao cliente e, para os blocos estruturais, devem constar as letras EST.

As classes de comercialização podem ser:

- VED: para uso exclusivo para vedação, VED15 ou VED40;
- BFS: bloco de fixação superior (uso para ligação da alvenaria com o elemento da estrutura);
- EST: para uso estrutural e como vedação racionalizada, podendo ser EST40, EST60, EST80 e outras classes.

As indicações 15, 40 e outras representam a resistência característica mínima do bloco ou tijolo, em quilograma-força por centímetro quadrado, aproximando 1 kgf/cm² igual a 0,1 MPa.

Para as características visuais, exige-se que o bloco ou tijolo não apresente defeitos sistemáticos, como quebras, superfícies irregulares ou deformações que impeçam o seu emprego na função especificada.

Quanto a tijolo ou bloco para uso com aparelho aparente (face à vista ou sem revestimento), as características visuais devem ser especificadas em comum acordo entre fabricante e comprador.

18.8.5.2 Requisitos mínimos – tijolos e blocos

São vários os requisitos mínimos especificados para os tijolos e blocos na ABNT NBR 15270-1:2023, como:

a) Largura mínima
Para alvenaria de vedação, todas as larguras são aplicáveis, mas a largura de 70 mm somente é admitida em funções secundárias (por exemplo, *shaft*, enchimentos) mediante identificação do responsável técnico pelo projeto.

Para uso estrutural, a largura de 90 mm é indicada para um único pavimento, a de 115 mm para até dois pavimentos e, acima de dois pavimentos, a largura de 140 mm.

b) Resistência mínima, absorção de água e geometria

- Bloco ou tijolo de vedação (VED15), com parede vazada e com furos ou vazados horizontais: a resistência mínima (f_b) é 1,5 MPa, a absorção de água de 8 a 25 %, a espessura mínima das paredes externas do bloco e tijolo é de 7 mm e a soma mínima das espessuras das paredes (externas e internas) no mesmo corte transversal é de 20 mm.
- Bloco para alvenaria racionalizada (VED30), com parede vazada e com vazados verticais: a resistência mínima (f_b) é 3,0 MPa, a absorção de água de 8 a 21 %, a espessura mínima das paredes externas do bloco é de 7 mm e as internas 6 mm.
- Tijolo maciço ou perfurado para vedação (VED40): a resistência mínima (f_b) é 4,0 MPa e a absorção de água, de 8 a 25 %.
- Tijolo maciço ou perfurado estrutural (EST): a absorção de água é de 8 a 25 % e a resistência mínima (f_{bk}) depende da classe (EST60, EST80, EST100, EST120 e EST140). Por exemplo, para EST60 é 6,0 MPa, e assim por diante.
- Bloco para alvenaria racionalizada (EST), com parede vazada e com vazados verticais: a absorção de água é de 8 a 21 %. Para a classe EST40, a resistência mínima (f_{bk}) é 4,0 MPa e a espessura mínima das paredes do bloco é 7 mm (externa) e 6 mm (interna). Para as classes EST60, EST80, EST100, EST120 e EST140, a espessura mínima das paredes passa a ser 8 mm (externa) e 7 mm (interna).
- Bloco ou tijolo para alvenaria racionalizada, com parede maciça e com vazados verticais: *são especificadas três classes* – EST40 (espessura mínima das paredes: externa 15 mm e interna 15 mm), EST60 (espessura mínima das paredes: externa 18 mm e interna 18 mm) e EST80 (espessura mínima das paredes: externa 20 mm e interna 20 mm). A absorção de água é de 8 a 21 %.
- Bloco para alvenaria racionalizada, com parede maciça, vazados verticais e parede interna dupla: são especificadas oito classes – EST40 (espessura mínima das paredes: externa 15 mm e interna 8 mm), EST60 (espessura mínima das paredes: externa 18 mm e interna 8 mm), e as demais classes EST80, EST120, EST140, EST160, EST180 e EST200 (espessura mínima das paredes: externa 20 mm e interna 8 mm). A absorção de água é de 8 a 21 %.
- Bloco perfurado ou alveolar para alvenaria: são oito classes – EST40, EST60, EST80, EST120, EST140, EST160, EST180 e EST200, com espessura mínima das paredes externas de 8 mm e índice de vazios menor ou igual a 25 %. Para esse tipo de bloco, a absorção de água varia de 8 a 21 %.

18.8.5.3 Características geométricas – tijolos e blocos

Seguem as características geométricas segundo a norma brasileira unificada em 2017 e revisada em 2023.

a) Dimensões nominais exclusivas para tijolos

São especificadas a partir do módulo dimensional M igual a 100 mm. A partir da largura L igual a 90 (ou seja, igual a M-10) mm, *são* definidos a altura H e o comprimento C do tijolo principal.

Por exemplo:

M × (5/8) M × (2) M resulta em: 90×53×190 e o ½ tijolo com C igual a 90 mm.

M × (2/3) M × (5/2) M resulta em: 90×57×240 e o ½ tijolo com C igual a 115 mm.

b) Dimensões nominais dos blocos

Na ABNT NBR 15270-1:2023, as dimensões nominais dos blocos cerâmicos de vedação (VED) são as inscritas na Tabela 18.4.

As dimensões nominais dos blocos cerâmicos estruturais (EST) e de vedação (VED) para alvenaria racionalizada são as inscritas na Tabela 18.5.

18.8.5.4 Determinação das características – tijolos e blocos

Para efeito de recebimento de tijolos e blocos, que foram adquiridos mediante a especificação da ABNT NBR 15270-1:2023, devem ser determinadas as características geométricas, físicas e mecânicas indicadas no Quadro 18.2, conforme os métodos especificados na ABNT NBR 15270-2:2023.

a) Características geométricas

Nas figuras a seguir, ilustram-se alguns procedimentos para a determinação das características geométricas dos tijolos e blocos, segundo a ABNT NBR 15270-2:2023.

A Figura 18.13 indica as posições para a determinação da largura L, altura H, comprimento C, espessura dos septos e das paredes externas. Ressalte-se que, quando houver ranhuras (frisos), a medição deve ser feita no interior delas.

A seguir, apresentam-se as formas de determinação do desvio em relação ao esquadro (Fig. 18.14) e da planeza das faces dos blocos cerâmicos (Figs. 18.15 e 18.16). O mesmo procedimento deve ser aplicado no caso de tijolos.

400 Capítulo 18

TABELA 18.3 Dimensões nominais exclusivas para tijolos

L (mm)	H (mm)	C (mm)	
		Tijolo principal	½ tijolo
90	53	90 240	90 115
	57		
	65		
	90		
115	53	190 240	90 115
	57		
	65		
	90		
	115	190 240 290	90 115 140
140	53	190 240 290	90 115 140
	57		
	65		
	90	240 290	115 140
	115		

Obs.: os tijolos podem também ser fabricados nos padrões dimensionais dos blocos.

TABELA 18.4 Dimensões nominais de blocos cerâmicos de vedação (VED)

L (cm)	H (cm)	C (cm)	
		Bloco principal	½ bloco
9	9	19	9
		24	11,5
	14	19	9
		24	11,5
		29	14
	19	19	9
		24	11,5
		29	14
		39	19
11,5	11,5	24	11,5
	14		
	19	19	9
		24	11,5
		29	14
		39	19

(continua)

Materiais Cerâmicos **401**

TABELA 18.4 Dimensões nominais de blocos cerâmicos de vedação (VED) (*continuação*)

L (cm)	H (cm)	C (cm)	
		Bloco principal	½ bloco
14	9	24	11,5
		29	14
	19	19	9
		24	11,5
		29	14
		39	19
19	19	19	9
		24	11,5
		29	14
		39	19
24	24	24	11,5
		29	14
		39	19

Obs.: dimensões referenciadas ao módulo M = 10 cm.
Fonte: adaptada da ABNT NBR 15270-1:2023.

TABELA 18.5 Dimensões nominais de blocos cerâmicos estruturais (EST) e de vedação (VED) para alvenaria racionalizada

L	H	C			
		Bloco principal	½ bloco	Bloco L amarração	Bloco T amarração
9,0	11,5	24	11,5	N*	34,0
	19	24	11,5	N*	34,0
		29	14	24,0	39,0
		39	19	29,0	49,0
		59	29	N*	N*
11,5	11,5	24	11,5	N*	36,5
	19	24	11,5	N*	36,5
		29	14	26,5	41,5
		39	19	31,5	51,5
		59	29	N*	N*
14	19	29	14	N*	44
		39	19	34	54
		59	29	N*	N*
19	19	29	14	34	49
		39	19	N*	59
		59	29	N*	N*

Fonte: adaptada da ABNT NBR 15270-1:2023.
N* = não especificado na norma.
Obs.: dimensões referenciadas ao módulo M = 10 cm.

QUADRO 18.2 Características que devem ser determinadas

Características geométricas Método de ensaio do anexo A da ABNT NBR 15270-2:2023	
Blocos VED e EST	**Tijolos**
Espessura dos septos e paredes externas dos blocos	
Medidas das faces (*L*, *H* e *C*) – dimensões efetivas ou reais	
Desvio em relação ao esquadro (*D*)	
Planeza das faces (*F*)	
Área bruta (A_b)	
Área líquida ($A_{líq}$), para blocos estruturais e tijolos perfurados estruturais	
Características físicas **Método de ensaio do anexo B da ABNT NBR 15270-2:2023**	
Massa seca (m_s) e índice de absorção de água (*AA*)	
Característica mecânica – Determinação de resistência à compressão dos componentes com e sem função estrutural **Método de ensaio do anexo C da ABNT NBR 15270-2:2023**	
Resistência à compressão individual (f_b) para blocos e tijolos classe VED e BFS	
Resistência à compressão característica estimada (f_{bk}) para blocos e tijolos classes EST racionalizada conforme ABNT NBR 15270-1:2023, capítulo 5.8	
Determinação do índice de absorção inicial **Método de ensaio do anexo D da ABNT NBR 15270-2:2023**	
Determinação de eflorescência **Método de ensaio do anexo E da ABNT NBR 15270-2:2023**	
Determinação da massa específica aparente **Método de ensaio do anexo F da ABNT NBR 15270-2:2023**	

Fonte: adaptado da ABNT NBR 15270-1:2023.

▪ Desvio com relação ao esquadro

Deve ser medido, empregando-se um esquadro metálico de (90° ± 0,5°) e uma régua metálica com sensibilidade mínima de 0,5 mm (ilustração do desvio em relação ao esquadro em blocos na Fig. 18.14). O mesmo procedimento deve ser aplicado no caso de tijolos.

▪ Planeza das faces (flecha)

Deve ser determinada empregando-se um esquadro metálico de (90° ± 0,5°) e uma régua metálica com sensibilidade mínima de 0,5 mm. (Veja as Figs. 18.15 e 18.16.)

b) Características físicas

Os valores da massa seca (m_s) e do índice de absorção de água (*AA*) devem ser determinados de acordo com os métodos de ensaios prescritos no anexo B da ABNT NBR 15270-2:2023, no qual está discriminado o procedimento de recebimento, preparação, acondicionamento e ensaio dos corpos de prova.

c) Característica mecânica

A resistência à compressão dos tijolos ou blocos de vedação (VED) ou estruturais (EST) deve ser determinada de acordo com os métodos de ensaios prescritos no anexo C da ABNT NBR 15270-2:2023, no qual está discriminado o procedimento de recebimento, preparação, acondicionamento e ensaio dos corpos de prova.

O cálculo da resistência característica à compressão (f_{bk}) dos tijolos e blocos para alvenaria estrutural ou alvenaria racionalizada deve ser feito, segundo a norma ABNT NBR 15270-1:2023, mediante o procedimento apresentado a seguir, utilizando o estimador da Equação (18.3).

$$f_{bk,\text{est}} = 2\left[\frac{f_{b(1)} + f_{b(2)} + \dots f_{b(i-1)}}{i-1}\right] - f_{bi} \quad (18.3)$$

em que $f_{bk,est}$ é a resistência característica estimada da amostra (MPa); $f_{b1}, f_{b2},...,f_{bi}$ são os valores de resistência à compressão individual dos corpos de prova

Materiais Cerâmicos **403**

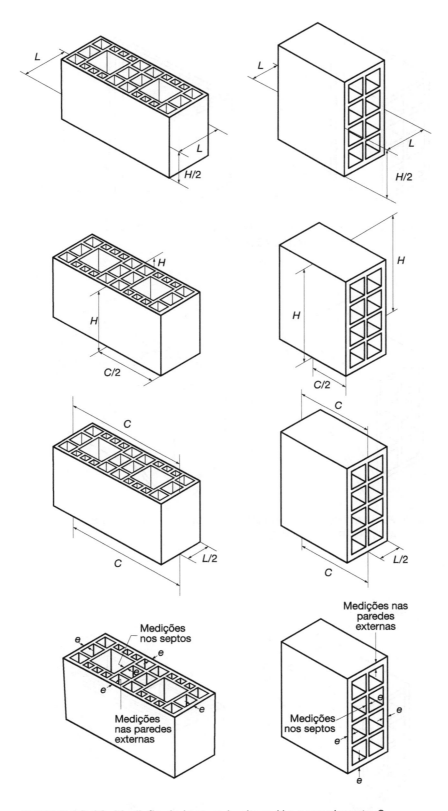

FIGURA 18.13 Medição de largura *L*, altura *H* e comprimento *C*, espessura dos septos e das paredes externas. Fonte: ilustrações adaptadas da norma ABNT NBR 15270:2023.

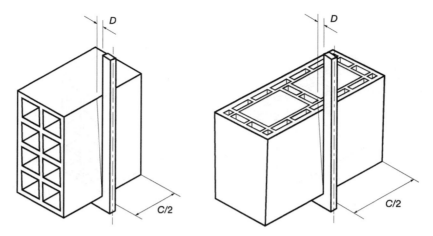

FIGURA 18.14 Desvio com relação ao esquadro. Fonte: adaptada da norma ABNT NBR 15270:2023.

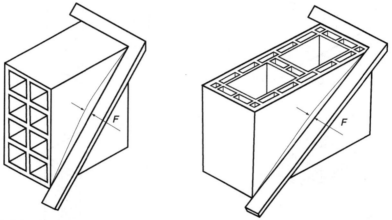

FIGURA 18.15 Planeza das faces (flecha) com desvio *côncavo*. Fonte: adaptada da norma ABNT NBR 15270:2023.

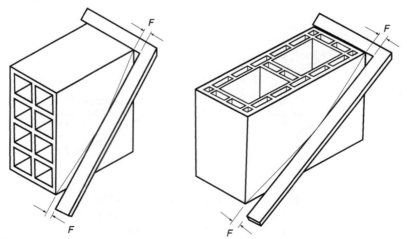

FIGURA 18.16 Planeza das faces (flecha) com desvio *convexo*. Fonte: adaptada da norma ABNT NBR 15270:2023.

da amostra, em ordem crescente dos valores obtidos no ensaio de resistência à compressão; $i = n/2$, se n for par, ou $i = (n - 1)/2$, se n for ímpar; e n é a quantidade de blocos da amostra (recomenda-se adotar $n \geq 13$ blocos).

Para a análise de aceitação ou rejeição do lote de blocos cerâmicos estruturais, com relação à resistência mecânica, deve-se verificar:

- se o valor do $f_{bk,est}$ resultar $\geq f_{bm}$ (*que é a média da resistência à compressão de todos os corpos de prova da amostra*), adota-se neste caso o valor de f_{bm} para a resistência característica do lote (f_{bk});
- se o valor do $f_{bk,est}$ resultar $< \phi \times f_{b1}$ (*que é o menor valor de resistência individual à compressão entre todos os corpos de prova*), adota-se neste caso como resistência característica (f_{bk}) o valor determinado pela expressão $\phi \times f_{b1}$. Os valores de ϕ são fornecidos na Tabela 18.6;
- caso o valor calculado de $f_{bk,est}$ resulte entre os limites mencionados anteriormente, adota-se neste caso o próprio valor do $f_{bk,est}$ calculado pela Equação (18.3).

18.8.5.5 Inspeção e critérios de aceitação – tijolos e blocos

A determinação das características dos tijolos e blocos deve ser realizada em amostras coletadas dos lotes, conforme procedimento de inspeção indicado na ABNT NBR 15270-1:2023. Recomenda-se a leitura e interpretação do texto da norma para sua aplicação em inspeções.

Para se proceder à inspeção, deve ser combinado entre fornecedor e comprador o local de realização das inspeções. Caso não seja combinado, será o próprio local de entrega do produto.

Para a inspeção, devem ser constituídos lotes de fabricação com tijolos ou blocos de mesmo tipo, qualidade, marca e fabricados nas mesmas condições. O lote de fabricação deve ter, no máximo, 250.000 peças e pode ser dividido em lotes de fornecimento de até 100.000 peças (ou fração).

Para tijolos ou blocos estruturais (EST), o lote de recebimento deve possuir, no máximo, 35.000 blocos ou 100.000 tijolos e deve ter a mesma classe e fornecedor.

Deve ser realizada a amostragem (coleta de peças) para a inspeção geral e para a inspeção por ensaios. Recomenda-se que a inspeção por ensaios seja realizada após a inspeção geral.

No caso da inspeção geral, a amostragem é simples para o requisito Identificação e amostragem dupla (1ª e 2ª amostragens) para o requisito Características Visuais (Tab. 18.7).

No caso da inspeção por ensaios, é adotada a amostragem simples (Tab. 18.7) para os ensaios de determinação das características geométricas (L, H, C, espessura das paredes externas, septos, planeza das faces e desvio em relação ao esquadro) e para o ensaio de determinação da resistência mecânica à compressão. Em todos os casos, as amostras devem ser constituídas de 13 peças (corpos de prova).

Já para o ensaio de determinação do índice de absorção de água, a amostra é de seis peças (corpos de prova).

Realizada a amostragem e os ensaios para a determinação das características, os resultados devem ser confrontados com as tolerâncias especificadas na norma brasileira, conforme indicado no Quadro 18.3.

Após confrontar os resultados obtidos nas inspeções com as tolerâncias admitidas (Quadro 18.3), obtém-se o número de unidades (peças) conformes (que atendem a especificação) e o número de unidades (peças) não conformes (que não atendem a especificação). A quantidade de peças não conformes deve ser confrontada com o número

TABELA 18.6 Valor de ϕ em função da quantidade de tijolos ou blocos da amostra

Quantidade	6	7	8	9	10	11	12	13	14	15	16	≥ 18
ϕ	0,89	0,91	0,93	0,94	0,96	0,97	0,98	0,99	1,00	1,01	1,02	1,04

TABELA 18.7 Quantidade de tijolos ou blocos por amostragem

Lotes	Quantidade de tijolos ou blocos	
	1ª amostragem ou amostragem simples	2ª amostragem
1000 – 250.000	13	13

Fonte: adaptada da ABNT NBR 15270-1:2023.

406 Capítulo 18

QUADRO 18.3 Tolerância/critério para tijolos e blocos

Tolerância para as medidas das faces (*L*, *H* e *C*)
Blocos e tijolos VED: individual ±5 mm e, na média, ±3 mm
Blocos e tijolos EST: individual ±3 mm
Tolerância para espessura dos septos e paredes externas [*]
No caso de componentes EST, ver a tabela 2 da ABNT NBR 15270-1:2023, não transcrita nesta publicação
(*) No caso de componentes VED, ver nota de rodapé deste quadro
Tolerância para desvio em relação ao esquadro (*D*)
Desvio máximo de 3 mm
Tolerância para planeza das faces (*F*)
O desvio máximo é de 3 mm
Resistência mínima, absorção de água e geometria
Verificar na Seção 18.8.5.2 Requisitos mínimos – tijolos e blocos

(*) No caso do bloco e tijolo VED, a soma das espessuras das paredes (externas e internas), em um mesmo corte transversal, deve ser calculada a partir da dimensão real de cada parede e septo, devendo a soma ser sempre maior ou igual a 20 mm, sem tolerância para o valor mínimo da soma. Caso o bloco ou tijolo apresente ranhuras, a medição deve ser feita no interior das ranhuras.

Notas:
- Nº de aceitação: caso a quantidade de peças não conformes (que não atendem aos requisitos) seja igual ou menor do que o *número de aceitação*, o Lote está aprovado.
- Nº de rejeição: caso a quantidade de peças não conformes (que não atendem aos requisitos) seja igual ou maior do que o *número de rejeição*, o Lote está reprovado.
- Caso a quantidade de peças não conformes (que não atendem aos requisitos), seja maior do que o número de aceitação e menor do que o número de rejeição, é indicada a 2ª amostragem.
- Se for realizada a 2ª amostragem, o número de peças não conformes da 1ª amostragem deve ser somado ao número de peças não conformes da 2ª amostragem, para ser comparado com o número de aceitação e de rejeição da 2ª amostragem.

de aceitação e o número de rejeição discriminados na ABNT NBR 15270-1:2023, conforme indicado nos Quadros 18.4 a 18.7.

Para a análise de aceitação ou rejeição do lote, com relação à Inspeção Geral (veja a Seção 18.8.5.1), adota-se a amostragem *simples* para a identificação e amostragem *dupla* para as características visuais, devendo-se aplicar o disposto no Quadro 18.4.

Para análise de aceitação ou rejeição do lote, na inspeção por ensaios – características geométricas (dimensões efetivas, planeza das faces, desvio em relação ao esquadro e espessura das paredes externas e septos), propriedades físicas e característica mecânica –, deve-se aplicar o disposto nos Quadros 18.5 a 18.7.

18.8.6 Telhas

As telhas são componentes cerâmicos utilizados na composição dos telhados de edificações e estão enquadradas no grupo da cerâmica vermelha. São fabricadas com argila conformada, por prensagem ou extrusão e queimadas, devendo o produto final atender as condições da ABNT NBR 15310:2009.[8] Componentes cerâmicos – Telhas – Terminologia, requisitos e métodos de ensaio, quer apresentem ou não tratamentos superficiais.

Apresenta-se aqui uma relação das normas brasileiras para as telhas cerâmicas, atualizada de acordo com a ABNT, com os objetivos e alguns dados da especificação correspondente, incluindo-se as canceladas, para não restar dúvidas quanto aos textos normativos atualmente em vigor. Este resumo apresentado não dispensa a leitura do texto completo das normas e sua correta interpretação.

Linha do tempo recente das normas de telhas cerâmicas:

As normas mais antigas foram canceladas e substituídas pela norma ABNT NBR 15310:2005 – Componentes cerâmicos – Telhas – Terminologia, requisitos e métodos de ensaio. Em abril de 2008, foi implantado o Programa Setorial da Qualidade das Telhas Cerâmicas (PSQ-TC), no âmbito do Programa Brasileiro da Qualidade e Produtividade do Habitat (PBQP-H).

A partir de fevereiro de 2009 entrou em vigor a Emenda 1 da ABNT NBR 15310:2005, sendo, portanto, a referência normativa atual em conjunto com a referida norma. Desde então, a norma passou a ser ABNT NBR 15310:2009, na qual são estabelecidos os requisitos dimensionais, físicos e mecânicos exigíveis para as telhas cerâmicas, para a execução de telhados de edificações, bem como seus métodos de ensaio.

Dentre outros temas, a referida norma, no item 3, trata das definições dos termos relacionados com

---

[8] Esta edição da ABNT NBR 15310:2009 equivale ao conjunto ABNT NBR 15310:2005 mais a Emenda 1 ABNT NBR 15310:2009 de 20/02/2009, confirmada em 18/07/2024.

Materiais Cerâmicos **407**

QUADRO 18.4 Aceitação e rejeição na inspeção geral

Quantidade de tijolos ou blocos		Unidades em conformidade			
1ª amostragem	2ª amostragem	1ª amostragem		2ª amostragem	
		Nº de aceitação	Nº de rejeição	Nº de aceitação	Nº de rejeição
13	13	2	5	6	7

Fonte: adaptado da ABNT NBR 15270-1:2023.

QUADRO 18.5 Aceitação e rejeição para as características geométricas(*)

Quantidade de tijolos ou blocos	Unidades (peças) não conformes	
Amostragem simples	Nº de aceitação	Nº de rejeição
13	2	3

(*) Não se aplica ao item "área bruta".
Aplicada individualmente a cada requisito (dimensão efetiva, planeza das faces, desvio em relação ao esquadro e espessura das paredes externas e septos).
Fonte: adaptado da ABNT NBR 15270-1:2023.

QUADRO 18.6 Aceitação e rejeição na inspeção por ensaios – propriedades físicas

Quantidade de blocos ou tijolos	Unidades (peças) não conformes	
Amostragem simples	Nº de aceitação	Nº de rejeição
6	1	2

Fonte: adaptado da ABNT NBR 15270-1:2023.

QUADRO 18.7 Aceitação e rejeição na inspeção por ensaios de blocos e tijolos VED – característica mecânica

Quantidade de blocos ou tijolos	Unidades (peças) não conformes	
Amostragem simples	Nº de aceitação	Nº de rejeição
13	2	3

Fonte: adaptado da ABNT NBR 15270-1:2023.
Para alvenaria sem função estrutural racionalizada e de uso estrutural, a resistência à compressão característica estimada na amostra ensaiada deve ser maior ou igual ao valor especificado para a sua classe.

Nota: a ABNT NBR 15270-2:2023 apresenta ainda, como Requisitos especiais, uma relação de ensaios normativos e informativos, que podem ser realizados a critério do fabricante ou do consumidor para obter informações complementares sobre as propriedades dos blocos, em relação a sua área líquida, índice de absorção inicial (anexo D), eflorescência (anexo E) e massa específica aparente do material (anexo F).

as telhas cerâmicas no que se refere a diversos aspectos (56 termos definidos e aplicáveis às telhas) e, no item 4, dos requisitos gerais que as telhas cerâmicas devem atender.

Um aspecto interessante incluído nesta norma é o relacionado no item 4.7 (Projeto do modelo da telha), que dá liberdade, mas impõe a responsabilidade do fabricante sobre o projeto de modelo de telha com respeito ao atendimento de todos os requisitos gerais e específicos da norma.

A norma apresenta modelos esquemáticos de diversos tipos de telhas, mas compete ao fabricante apresentar o projeto de telha, no qual devem constar os documentos gráficos que permitam o pleno entendimento do modelo projetado, e indicar, no mínimo, as suas características geométricas e dimensionais, a galga mínima, o rendimento médio, a declividade de utilização e a massa seca.

Segundo a ABNT NBR 15310:2009, os Requisitos gerais compreendem:

a) Identificação

A telha deve trazer a identificação do fabricante e outros dados gravados em relevo ou reentrância, com caracteres de, no mínimo, 5 mm de altura, sem que prejudique o seu uso.

Nessa inscrição, deve constar no mínimo o seguinte:

- identificação do fabricante, do município e do estado da federação;
- modelo da telha;
- rendimento médio (R_m) da telha, expresso em telhas por metro quadrado, com uma casa decimal, sendo obrigatória a gravação T/m² (telhas por metro quadrado);
- dimensões (cm) na sequência: largura de fabricação (L) × comprimento de fabricação (C) × posição do pino ou furo de amarração (L_p); esta última exigência é dispensada no caso das telhas especificadas como "capa";
- galga mínima ($G_{mín}$) em centímetros, com uma casa decimal, sendo obrigatória a gravação da grandeza $G_{mín}$;
- gravação de "capa" ou "canal" para as telhas de simples sobreposição.

b) Comercialização

Para a comercialização das telhas é indicado como unidade o metro quadrado de telhado. Recomenda-se explicitar o número de unidades de telhas por metro quadrado de telhado comercializado.

c) Características visuais

É admitido à telha apresentar ocorrências como esfoliações, quebras e rebarbas, desde que não prejudiquem seu desempenho, incluídos eventuais riscos, escoriações e raspagens.

d) Sonoridade

A telha deve apresentar som semelhante ao metálico, quando suspensa por uma extremidade e percutida (batida), conforme ilustração na Figura 18.17.

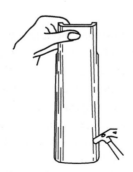

FIGURA 18.17 Teste de sonoridade em telha cerâmica.

e) Características geométricas

Com relação às formas e tipos, as telhas cerâmicas são classificadas em quatro tipos:

- telhas planas de encaixe (telha francesa), conforme a Figura 18.18;
- telhas compostas de encaixe (telha romana), conforme a Figura 18.19;
- telhas simples de sobreposição (colonial, paulista, plan e Piauí), conforme ilustrações na Figura 18.20 (a-d);
- telhas planas de sobreposição, conforme a Figura 18.21.

As telhas planas de encaixe e as compostas de encaixe apresentam, em suas bordas, saliências e reentrâncias que permitem o encaixe (acoplamento) entre elas, quando da execução do telhado (Figs. 18.18 e 18.19).

A telha francesa é conformada por prensagem; possui, além dos encaixes laterais, um ressalto na face inferior para apoio na ripa e outro, denominado orelha de aramar, que serve para eventual fixação à ripa.

A telha romana é conformada também por prensagem, apresentando a capa e o canal interligados (na mesma peça).

As telhas simples de sobreposição (colonial, paulista, plan e Piauí), conforme ilustrações na Figura 18.20 (a-d), são telhas cerâmicas que apresentam uma peça com função de capa e outra peça com função de canal, em formato de meia-cana, fabricadas pelo processo de prensagem, caracterizadas por peças côncavas (canais), que se apoiam sobre as ripas do telhado, e por peças convexas (capas), que, por sua vez, se apoiam nos canais. Em geral, as peças do tipo canal apresentam um ressalto na face inferior, para apoio nas ripas, e as capas, com frequência, possuem reentrâncias com a finalidade de permitir o perfeito acoplamento com os canais; tanto as capas quanto os canais apresentam detalhes (encaixes, apoios etc.) que visam impedir o deslizamento das capas em relação aos canais.

A telha colonial é oriunda das primeiras telhas trazidas para o Brasil pelos portugueses, daí o seu nome; apresenta um único tipo de peça destinada tanto para os canais como para as capas (estas sem reentrâncias).

A paulista apresenta a capa com largura ligeiramente inferior à largura do canal, o que confere ao telhado um efeito plástico bastante diferenciado daquele verificado com o uso da colonial.

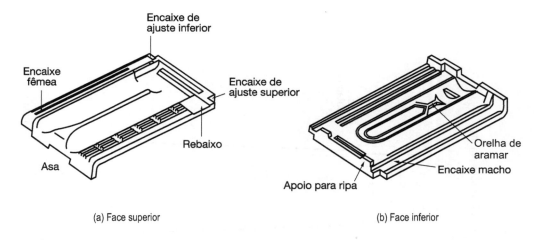

FIGURA 18.18 Telha plana de encaixe (telha francesa).

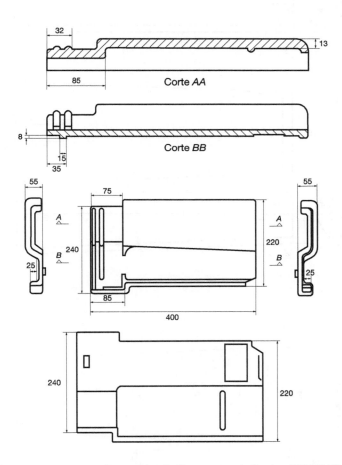

FIGURA 18.19 Telha composta de encaixe (telha romana). Fonte: ABNT NBR 15310:2009.

A plan apresenta as formas acentuadamente retas, o que confere ao telhado características arquitetônicas totalmente distintas daquelas observadas com o uso das telhas curvas.

A telha Piauí é o tipo de telha cerâmica extrudada, capa e canal, modelo recentemente incluído na norma brasileira ABNT NBR 15310:2009.

f) Características dimensionais

As características dimensionais básicas das telhas cerâmicas são:
- largura de fabricação (L);
- comprimento de fabricação (C);
- posição do pino ou furo de amarração (L_p);
- altura do pino (H_p);

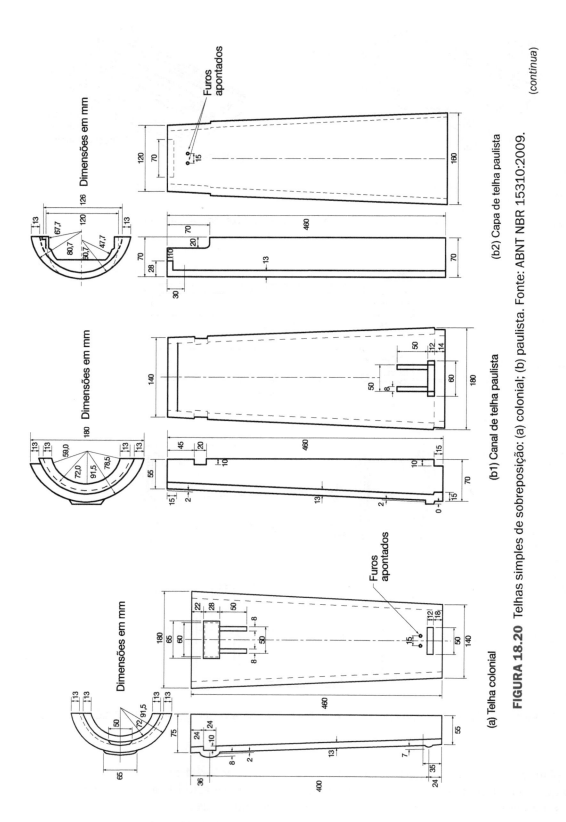

FIGURA 18.20 Telhas simples de sobreposição: (a) colonial; (b) paulista. Fonte: ABNT NBR 15310:2009.

(*continua*)

Materiais Cerâmicos **411**

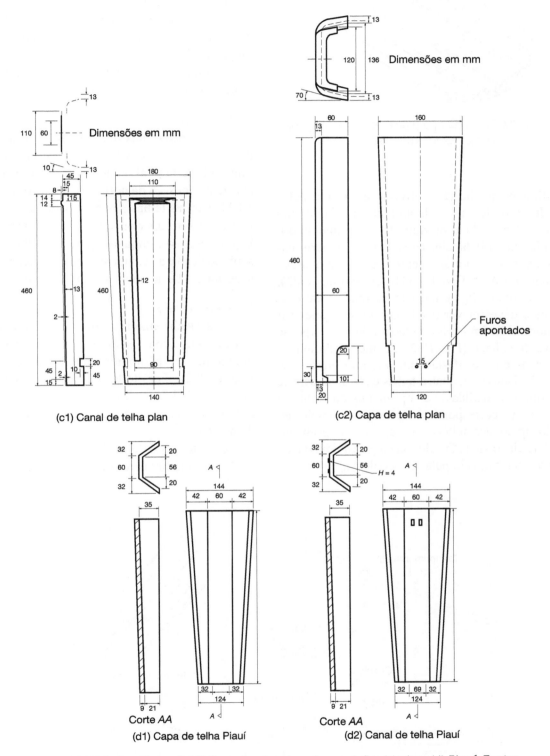

FIGURA 18.20 (*continuação*) Telhas simples de sobreposição: (c) plan; (d) Piauí. Fonte: ABNT NBR 15310:2009.

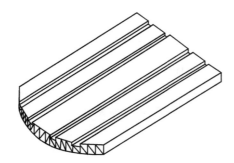

FIGURA 18.21 Telha do tipo plana de sobreposição. Fonte: ABNT NBR 15310:2009.

- rendimento médio (R_m): divisão entre um metro quadrado do telhado pela área útil média de uma telha; a área útil é o produto do comprimento útil pela largura útil da telha (m²). Para sua determinação, deve-se dispor sete telhas conforme o anexo A da norma ABNT NBR 15310:2009 (Fig. 18.22);
- galga mínima ($G_{mín}$): atributo da relação entre as telhas e deve ser verificado conforme o anexo E da norma. Refere-se à montagem de um corpo de prova de telhado (Fig. 18.23), contendo 24 telhas, ajustadas com o afastamento mínimo entre elas, em seis fiadas com quatro telhas cada uma, para se determinar a medida do comprimento total mínimo ($Ct_{mín}$), que corresponde à medida do primeiro ao sexto apoio das telhas, ou seja, o comprimento total de cinco vãos. O valor da galga mínima ($G_{mín}$) então é determinado pela divisão do $Ct_{mín}$ por 5.

A título de exemplo, apresentam-se valores referenciais para o rendimento de telhas por metro quadrado (Publicação IPT 1781 [1988]): francesa = 15 peças; romana = 16 peças; termoplan = 15 peças; colonial = 24 peças; paulista = 26 peças; e plan = 26 peças.

Ressalta-se que o fabricante deve informar o rendimento do seu produto.

g) Retilineidade

É a flecha máxima medida em determinado ponto das bordas das telhas, ou no eixo central, no sentido longitudinal ou no transversal. Este requisito consta no anexo A da norma e está ilustrado na Figura 18.24. Para as telhas planas, o valor da retilineidade não deve ser superior a 1 % do comprimento e da largura efetivos, enquanto para as telhas simples de sobreposição e as compostas de encaixe, não deve ser superior a 1 % do comprimento efetivo.

h) Planaridade

É a flecha máxima medida em um dos vértices de uma telha, estando os outros três apoiados em um mesmo plano horizontal, conforme mostra a Figura 18.24. Para todos os tipos de telhas, o valor da planaridade não deve ser superior a 5 mm. Essas determinações devem seguir os ensaios do anexo A da norma.

Quanto aos Requisitos específicos, a ABNT NBR 15310:2009 determina o seguinte:

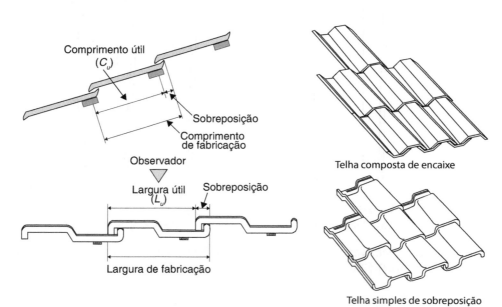

FIGURA 18.22 Esquema para determinação do comprimento útil (C_u)/largura útil (L_u) e rendimento médio da telha (R_m). Fonte: ABNT NBR 15310:2009 – Anexo A.

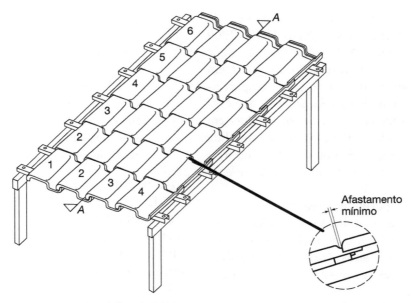

FIGURA 18.23 Esquema para determinação da galga mínima ($G_{mín}$). Fonte: ABNT NBR 15310:2009 – Anexo E.

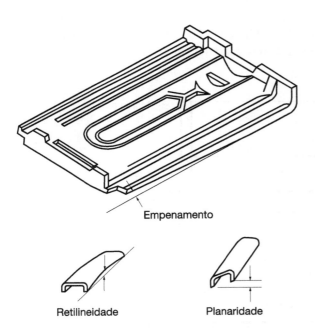

FIGURA 18.24 Esquema para determinação da retilineidade e da planaridade.

a) Massa

A massa da telha seca não deve ser superior a 6 % do valor declarado no projeto do modelo da telha. Este valor deve ser determinado em ensaios, conforme o anexo D da norma.

b) Tolerância dimensional

É admitida uma tolerância de ±2 % para as dimensões de fabricação: largura (L), comprimento (C) e posição do pino ou furo de amarração (L_p). Com relação ao pino de amarração, a altura mínima (H_p) deve ser de 7 mm para as telhas prensadas e de 3 mm para as extrudadas. Para o rendimento médio (R_m), a tolerância admitida é de ±4.

A determinação dimensional deve ser feita de acordo com o anexo A da norma.

c) Absorção de água (AA)

É o quociente entre a massa de água absorvida pelo corpo de prova saturado em água e a massa seca da telha, determinado de acordo com o anexo D da norma. O valor máximo admissível para as telhas é de 20 %.

O índice de absorção de água (AA) pode ser usado como referência para a especificação da telha, dependendo das condições climáticas do local em que será instalada. No anexo H da norma brasileira, estão sugeridos os seguintes limites para a absorção de água: local com clima temperado ou tropical $AA \leq 20\%$; local frio e temperado $\leq 12\%$; e local muito frio e úmido $\leq 7\%$.

Outros ensaios são sugeridos no anexo H da norma para a verificação das seguintes características especiais: potencial de eflorescência, existência de partículas reativas e coração negro, potencial de resistência ao gelo e degelo (gelividade), potencial de resistência à maresia e galga média. Quando a telha apresentar um desempenho satisfatório, nos ensaios elas podem ser utilizadas em qualquer clima.

d) Impermeabilidade

É a capacidade que a telha deve possuir de resistir à passagem da água durante certo período, devendo ser determinada qualitativamente, de acordo com o anexo B da ABNT NBR 15310:2009 (exemplificação na Fig. 18.25). A telha não deve apresentar vazamentos ou formação de gotas em sua face inferior, sendo, porém, tolerado o aparecimento de manchas de umidade. Ressalte-se que essa formação de gotas na face inferior das telhas em função da *permeabilidade* não deve ser confundida com a eventual formação de gotas na face inferior das telhas em razão da *condensação de umidade do ar ambiente*.

Outro dado importante para se garantir a estanqueidade à água dos telhados e a indeslocabilidade das telhas é o ângulo de inclinação (i) ou a declividade (d) dos telhados. Na Tabela 18.8 ilustram-se alguns valores recomendados (Publicação IPT 1781 [1988]).

Notas:

1) Para se especificar a declividade do telhado em projeto, é recomendável que se consulte o fabricante a respeito do valor mínimo e máximo para cada tipo de telha.

2) As declividades indicadas na Tabela 18.8 podem ser superadas, devendo-se, nesse caso, realizar a amarração das telhas à estrutura do telhado com arames resistentes à corrosão (latão, cobre etc.). As telhas devem apresentar furação na "orelha de aramar" ou em pontos apropriados. Já nas telhas de capa e canal, adicionalmente à amarração dos canais deve-se proceder ao emboçamento de algumas capas.

e) Carga de ruptura à flexão

É a carga a que a telha resiste no ensaio de flexão simples (flexão a três pontos) quando submetida à aplicação de uma carga parcialmente distribuída, devendo ser determinada conforme esquemas apresentados no anexo C da norma. As telhas devem apresentar, no mínimo, os valores indicados na Tabela 18.9.

f) Inspeção

Com relação à *inspeção do lote de fornecimento*, a ABNT NBR 15310: 2009 estabelece que as condições de inspeção devem ser previamente combinadas

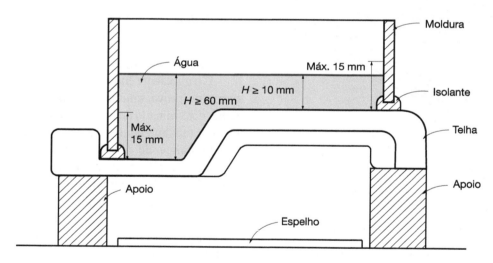

FIGURA 18.25 Esquema para determinação da impermeabilidade. Fonte: ABNT NBR 15310:2009 – Anexo B.

TABELA 18.8 Ângulo de inclinação e declividade de telhados

Tipo de telha	Ângulo de inclinação, i (°)	Declividade, d (%)
Francesa	$18 \leq i \leq 22$	$32 \leq d \leq 40$
Romana e termoplan	$17 \leq i \leq 25$	$30 \leq d \leq 45$
Colonial e paulista	$11 \leq i \leq 14$	$20 \leq d \leq 25$
Plan	$11 \leq i \leq 17$	$20 \leq d \leq 30$

Fonte: IPT (1988).

TABELA 18.9 Tipos de telhas e cargas de ruptura

Tipos de telhas	Exemplos	Cargas N (kgf)
Planas de encaixe	Telhas francesas	1000 (100)
Compostas de encaixe	Telhas romanas	1300 (130)
Simples de sobreposição	Telhas capa e canal colonial Telhas plan Telhas paulista Telhas Piauí	1000 (100)
Planas de sobreposição	Telhas alemã e outras	

Fonte: ABNT NBR 15310:2009.

entre o fornecedor e o comprador, e que todo lote de fabricação deve ser dividido em lotes de fornecimento de até 100.000 telhas ou fração.

Para execução da *inspeção geral*, adota-se dupla amostragem, com cada amostra sendo constituída por 30 telhas extraídas de cada um dos lotes constituídos. Os aspectos considerados nesta inspeção são: identificação, características visuais e sonoridade.

Para aceitar o lote na primeira inspeção, o número de aceitação é dois (até duas peças não conformes, dentre as 30) e o número de rejeição é cinco (cinco ou mais peças não conformes dentre as 30). Caso a quantidade de peças não conformes resulte entre dois e cinco, procede-se à 2ª amostragem com mais 30 peças; neste caso, o número de aceitação passa a ser seis (soma das peças não conformes da 1ª com as da 2ª amostragem) e o de rejeição, sete.

Uma atenuante é apresentada na norma brasileira, isto é, quando o lote for rejeitado nesta inspeção, pode haver acordo entre o comprador e o fabricante no sentido de substituir as peças defeituosas do lote.

Para a inspeção das características dimensionais, retilineidade, planaridade, absorção de água e impermeabilidade, são necessários seis corpos de prova de um único lote, não se admitindo nenhuma peça defeituosa para que o lote seja aceito (número de aceitação igual a zero); portanto, o número de rejeição é um.

Recomenda-se que a inspeção por ensaios, com relação à carga de ruptura à flexão, seja realizada somente após a aprovação na inspeção anterior. Devem constar da 1ª amostragem seis telhas e o número de aceitação é um e o de rejeição é três. Na 2ª amostragem com mais seis telhas, o número de aceitação passa a ser seis e o de rejeição, sete.

18.8.7 Outros Produtos de Cerâmica Vermelha

Encontram-se no mercado diversos outros tipos de produtos cerâmicos com denominações e aplicações diversas, sem referenciais normativos, e alguns deles serão apresentados na sequência.

18.8.7.1 Tijoleiras, ladrilhos e outros produtos

As tijoleiras e ladrilhos são tijolos de pequena espessura, usados em pavimentações e revestimentos. Por isso existem desde os tipos porosos, comuns, até os tipos prensados. Costuma-se chamar tijoleiras quando se trata de cerâmica comum, e ladrilhos quando se trata de cerâmica prensada.

As tijoleiras são fabricadas em diversos formatos, mas os mais usuais são o quadrado e o retangular liso. Há também peças especiais para arremates: peitoris, pingadeiras etc. Geralmente, apresentam 2 cm de espessura.

Os ladrilhos prensados devem ter, na face inferior, rugosidades e saliências para facilitar a fixação com a argamassa. Como são muito vitrificados, não aderem bem. Essa vitrificação é comumente aumentada com uma pintura de silicato ou óxido entre duas cozeduras. Em geral, têm entre 5 e 7 mm de espessura.

Elementos vazados, pingadeiras, plaquetas e tavelas (utilizadas em lajes pré-moldadas, apoiadas nas vigotas de concreto armado) constituem outros tipos de produtos de cerâmica vermelha encontrados no mercado.

Na Figura 18.26 são apresentados alguns tipos usuais, podendo se observar a grande variedade de formas e tamanhos e muitas peças de arremate.

Os ladrilhos de grés, também chamados de litocerâmica, apresentam-se com massa quase

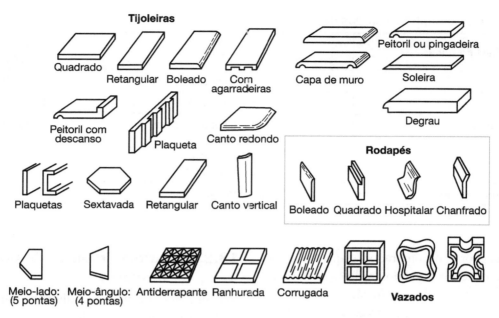

FIGURA 18.26 Formatos de peças cerâmicas.

vitrificada, mais compactos que a cerâmica vermelha e menos brancos que a faiança. Também são feitos com a argila de grés, porém sem o alto teor de ferro das manilhas. Como as jazidas são mais raras, e o material de qualidade superior, neste tipo de ladrilho geralmente é executada a esmaltação na face aparente. Há inúmeras formas, desenhos e cores (Fig. 18.27).

18.8.7.2 Tubos cerâmicos

Também chamados manilhas cerâmicas, são produtos de grés cerâmico fabricados com argila bastante fusível, ou seja, com bastante mica ou até 15 % de óxido de ferro. Isso lhes confere a cor vermelha comum, embora essa cor possa variar desde o branco-acinzentado até o vermelho-carregado. A pasta não pode ser lavada, porque aqueles materiais se dissolveriam e, por isso, há dificuldade em se encontrar barro apropriado, já naturalmente limpo, sem torrões de areia. Como esse barro é muito fusível, é marcante a vitrificação, o que o torna impermeável, mas, por outro lado, origina uma deformação acentuada que produz um grande número de peças de refugo.

Nos tubos de grés, o vidrado é obtido por dois processos: um deles é a imersão, após a primeira cozedura, em um banho de água com areia silicosa fina com zarcão. No recozimento, essa mistura vitrifica-se. Outro processo, mais comum, é lançar sal de cozinha no forno em alta temperatura, que se volatizará formando uma película vidrada de silicato de sódio.

A moldagem dos tubos é realizada em máquinas semelhantes às usadas para os tijolos (extrusão), com fieiras apropriadas. A pasta desce por gravidade até a mesa, na qual existe um molde para o bocal, ou o bocal é feito posteriormente, com moldes de madeira. Na outra extremidade do tubo deve haver ranhuras para aumentar a aderência da argamassa de rejuntamento.

Os tubos podem ser de dois tipos. De *ponta e bolsa* são aqueles que apresentam uma das extremidades como continuidade do corpo cilíndrico, com um alargamento anelar denominado bolsa. A outra extremidade do tubo (normal) é designada ponta. De *ponta e ponta* são aqueles normais (sem bolsa), que podem ser acoplados ao tubo seguinte, mediante o emprego de luvas e anéis de vedação (por exemplo, de neoprene).

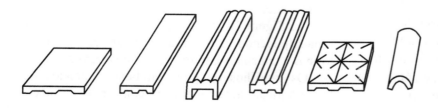

FIGURA 18.27 Formatos de ladrilhos cerâmicos.

Os tubos cerâmicos são especificados na ABNT NBR 5645:1990, que incorpora a Errata de junho de 1991, tendo sido confirmada em 2013. Esta norma fixa as condições exigíveis para aceitação e/ou recebimento de tubos cerâmicos empregados na canalização de águas pluviais, de esgotos sanitários e de despejos industriais, que operam sob a ação da gravidade e, normalmente, sob pressão atmosférica.

18.9 PLACAS CERÂMICAS PARA REVESTIMENTO

As placas cerâmicas são produtos industrializados com a finalidade de sua aplicação em revestimentos cerâmicos.

Define-se como placa cerâmica para revestimento o produto fabricado industrialmente, composto de argila e outras matérias-primas inorgânicas, moldadas, secadas e queimadas, geralmente utilizada para revestir pisos e paredes.

18.9.1 Fabricação

As placas cerâmicas podem ser fabricadas pelo processo de monoqueima, no qual o suporte cerâmico, já com o esmalte e a decoração aplicados, passa por uma única queima. Este processo propicia maior resistência à abrasão superficial, resistência mecânica e química, e absorção de água relativamente baixa (Cadernos de Terminologia, 2011).

Podem-se encontrar no mercado placas de monoqueima porosa (temperaturas de queima da ordem de 950 °C) e monoqueima grés (temperaturas em torno de 1180 e 1300 °C), estas com mais baixa absorção de água e melhor resistência mecânica, e os porcelanatos com temperatura de queima da ordem de 1250 °C.

Podem também ser fabricadas pelo processo de biqueima, no qual o tratamento térmico da peça cerâmica ocorre em duas etapas; primeiramente, queima-se (temperatura da ordem de 950 °C) o suporte cerâmico (biscoito) e, posteriormente, a peça já esmaltada e decorada (850 °C). A primeira etapa tem como objetivo consolidar o suporte, enquanto a segunda estabiliza os esmaltes e as decorações aplicados no suporte queimado. A biqueima pode ser tradicional, lenta-rápida ou rápida (Cadernos de Terminologia, 2011).

As placas cerâmicas podem ser esmaltadas (*glazed* – GL) e não esmaltadas (*unglazed* – UGL), fabricadas por extrusão (A), por prensagem (B), ou outros métodos (C).

A placa cerâmica também pode ser fabricada com aplicação de polimento, sem a camada de esmalte [ilustração da camada de esmalte na Fig. 18.28(a)]. O processo de polimento é o acabamento mecânico sobre a superfície da placa não esmaltada, resultando em uma superfície lisa, com ou sem brilho, sem apresentar o esmalte, constituindo-se na última fase do processo de fabricação da placa polida.

Com relação às placas cerâmicas esmaltadas, os porcelanatos destacam-se por serem fabricados com matérias-primas nobres, com processo de fabricação de alta tecnologia, que permite obter placas com baixíssima absorção de água, alta densificação e baixa porosidade, queima em temperaturas mais elevadas, alta resistência mecânica, alta resistência ao desgaste por abrasão superficial e, nos porcelanatos técnicos, baixíssima expansão por umidade, desde peças de grandes dimensões (área maior do que 2500 cm^2) aos ultraformatos também chamados lastras (área da ordem de 30.000 cm^2).

As normas técnicas relacionadas com as placas cerâmicas clássicas desde a década de 1990 foram as ABNT NBR 13816:1997, a ABNT NBR 13817:1997, a ABNT NBR 13818:1997 e a ABNT NBR 15463:2013; estas foram canceladas e substituídas em 2020 pela ABNT NBR ISO 13006:2020, pela ABNT NBR ISO 10545:2017 (partes de 1 a 16) e pela ABNT NBR 16919:2020 – Determinação de Coeficiente de Atrito, dentro de um alinhamento à normatização mundial. Em 2020, a ABNT NBR ISO 10545:2017 sofreu revisão parcial, passando a estarem vigentes a ABNT NBR ISO 10545:2017 (1, 5, 6, 7, 8, 9, 10, 11, 12, 14) e a ABNT NBR ISO 10545:2020 (2, 3, 4, 13, 15, 16).

18.9.2 Porcelanato

O porcelanato é um tipo de placa cerâmica (chamado tecnicamente de grés porcelanato, embora este termo não seja utilizado no Brasil para não confundir os usuários) composto por minerais rochosos, argilas, feldspatos e outras matérias-primas inorgânicas, com elevado grau de moagem, alto teor de matérias-primas fundentes e alta densificação após queima, resultando em baixa porosidade e elevado desempenho técnico. É considerado um produto nobre para revestimento. De acordo com a ABNT NBR ISO 13006:2020, precisam ser placas totalmente vitrificadas, com coeficiente de absorção de água igual ou inferior a uma fração de massa de 0,5 %, conforme ensaio de absorção de água da ABNT NBR ISO 10545-3:2020 – Placas cerâmicas – Parte 3, pertencente ao grupo BIa ou AIa. Pode ser esmaltado ou não, polido ou natural, retificado ou não retificado. Pode ser classificado como classe A (ou qualidade A), quando 95 % ou mais das peças não apresentarem defeitos visíveis à distância-padrão de observação, conforme a ABNT NBR ISO 10545-2:2020.

Em função do seu acabamento superficial, os porcelanatos podem ser classificados em:

- Porcelanato natural: placa cerâmica não esmaltada, absorção de água menor ou igual a 0,1 %, cuja massa é pigmentada antes do processo de atomização, não recebe polimento; em função do tipo de superfície, pode ocorrer marcação de sujidades com maior facilidade, mas em geral tem maior resistência a manchamento que os técnicos polidos.
- Porcelanato técnico polido: placas cerâmicas não esmaltadas, com absorção de água igual ou inferior a 0,1%, passam por polimento mecânico para alcançar uma superfície com brilho de intensidade variável, conforme o efeito estético desejado. O polimento aumenta o apelo estético, porém geralmente resulta em características superficiais como o conhecido "efeito nuvem" ou embaçamento óptico. Além disso, o polimento pode abrir microporosidades na superfície, o que pode afetar o desempenho em relação ao manchamento. Por esse motivo, é aplicado um selador superficial, conhecido no mercado como *gloss* ou *glossy*, contendo, por exemplo, microesferas de silicone. Essas microesferas fundem-se durante o cozimento e aderem ao porcelanato, proporcionando uma superfície mais brilhante e impermeável, protegendo contra manchas e facilitando a limpeza. Os porcelanatos polidos são mais suscetíveis a manchas do que os porcelanatos esmaltados, devido à microporosidade em sua superfície. Portanto, é crucial especificar corretamente o local de uso, os procedimentos de assentamento, limpeza e manutenção, para evitar o aparecimento de manchas. Recomenda-se consultar e alinhar com o fabricante o grupo de limpeza desejado e a resistência a manchas, conforme especificações da ABNT ISO 10545:2020 – Parte 13 e da ABNT ISO 10545:2017 – Parte 14, respectivamente.
- Porcelanato técnico acetinado (polimatizado): placa cerâmica não esmaltada, absorção de água menor ou igual a 0,1 %, recebe polimento mecânico que é interrompido em determinado momento, de modo a produzir uma superfície acetinada. Suja aparentemente mais do que os polidos porque apresenta textura que facilita a aderência. Pode apresentar variação de brilho em razão do processo de polimento interrompido.
- Porcelanato esmaltado: placas cerâmicas totalmente vitrificadas, absorção de água menor ou igual a uma fração de 0,5 %, acabamento superficial com cobertura esmaltada totalmente impermeável, conforme ABNT NBR ISO 10545:2020 – Parte 3, segundo tabela 1 se estiverem enquadradas no grupo BIa.

As normas vigentes no Brasil ABNT ISO 10545: 2017/2020 e ABNT ISO 13006:2020 não distinguem mais porcelanatos técnicos e esmaltados no quesito classificatório de absorção de água. A ABNT NBR 15463:2013 trazia essa diferenciação, indicando < 0,5 % para os esmaltados e ≤ 0,1 % para os técnicos.

Um fator importante no uso de placas cerâmicas é seu comportamento no quesito "escorregabilidade". As superfícies de placas cerâmicas com relação ao seu coeficiente de atrito são regidas pela ABNT NBR 16919:2020, que cancelou a ABNT NBR 13818:1997. Pisos cerâmicos e porcelanatos com "boa resistência ao escorregamento" apresentam coeficiente de atrito maior ou acima de 0,4, geralmente recebem a aplicação de granilha, sílicas ou tratamentos físico-químicos que conferem à superfície graus de resistência ao escorregamento, apesar de aumentar a dificuldade de limpeza; em rampas e bordas de piscina, os projetistas podem requisitar placas esmaltadas com coeficiente de atrito úmido na casa de 0,7.

Em tempo, segundo o Código de Defesa do Consumidor (CDC), deve-se evitar o uso do termo "antiderrapante", pois configura uma propriedade que o tipo da superfície da placa cerâmica não consegue determinar sozinha, à medida que depende de outros fatores, como: declividade do ambiente, paisagismo e drenagem adjacentes, tipo de solado e a própria antropodinâmica (refere-se a movimentos requeridos pelas diversas atividades humanas).

Em função de seu acabamento lateral, os porcelanatos podem ser classificados em:

- porcelanato retificado: recebe um desbaste lateral, podendo ser técnico ou esmaltado. Apresenta acabamento lateral reto e preciso, permitindo assentamento com juntas bem estreitas (da ordem de 1 mm), mas se deve atender à especificação do fabricante;

- porcelanato não retificado: não recebe um desbaste lateral, também podendo ser técnico ou esmaltado, e mantém a borda "bold" original.

Nota:

O acabamento lateral não retificado, denominado "bold", é aquele em que as bordas são arredondadas e não apresentam a precisão das bordas retificadas. As placas (cerâmicas e porcelanatos) bold necessitam de juntas de assentamento mais largas, de acordo com a indicação do fabricante.

18.9.3 Pastilhas

As pastilhas de porcelana têm similaridade aos porcelanatos na absorção de água igual ou inferior a uma fração de massa de 0,5 %, conforme ensaio de absorção de água da ABNT NBR ISO 10545:2020 – Parte 3 – Placas cerâmicas 3, grupo BIa ou AIa. Compostas de base, suporte ou massa corpórea constituída de minerais rochosos, argilas, feldspatos e outras matérias-primas inorgânicas, com elevado grau de moagem, alto teor de matérias-primas fundentes e alta densificação após queima, resultando em baixa porosidade, o que lhe permite frequentar *patamares mínimos* de valores de EPU (expansão por umidade), conferindo elevado desempenho técnico para áreas expostas, como fachadas e piscinas.

As pastilhas de base cerâmica são placas com coeficiente de absorção de água maior, de fração de massa acima de 0,5 a 6 %, conforme ensaio de absorção de água da ABNT NBR ISO 10545:2020 – Parte 3 – Placas cerâmicas, grupo BIIa ou AIIa. Compostas de base, suporte ou massa corpórea constituída de argilas e outras matérias-primas inorgânicas, com alto grau de moagem, alto teor de matérias-primas fundentes e alta densificação após queima, resultando em média porosidade, o que lhe permite frequentar *patamares baixos a médios* de valores de EPU, conferindo adequado desempenho técnico para áreas expostas, como fachadas e piscinas. As pastilhas cerâmicas, segundo a ABNT NBR 13755:2017, são adequadas para uso em fachadas (externamente), com absorção máxima de 6 %. Já para regiões onde a temperatura pode atingir 0 °C, a absorção máxima não pode ser superior a 3 %.

Tanto as pastilhas de porcelana como as cerâmicas têm área unitária igual ou inferior a 100 cm^2 e com maior lado da peça limitado a 10 cm; são fornecidas em conjuntos de peças ligadas umas às outras (telas com formato em torno do padrão 30 × 30 cm). As pastilhas propriamente ditas são encontradas em tamanhos variados (2×2, 2,5 × 2,5, 5 × 5) e outros, e padronagem diversificada para diferentes acabamentos.

Ressalte-se que a EPU deve ser indicada em projeto e estar limitada ao valor máximo de 0,6 mm/m. Em casos específicos, a EPU de 0,6 mm/m pode ser excessiva; então, recomenda-se o uso de placas com valores inferiores.

Pastilhas de vidro são mosaicos compostos de placas de vidro, uma substância sólida amorfa, que apresenta temperatura de transição vítrea. No dia a dia, o termo refere-se a um material cerâmico transparente, geralmente obtido a partir do resfriamento de uma massa líquida à base de sílica. Para montagens de mosaicos, usam-se, com frequência, placas de vidros comuns decorados ou beneficiados – isto é, vidros lapidados, bisotados, jateados, tonalizados, ou coloridos acidados, laqueados e pintados, nas espessuras de 3 a 4 mm. Para o vidro ficar colorido, faz-se necessária a adição de alguns materiais antes da fundição. São recomendados para ambientes internos e necessitam de argamassas de assentamento autofugantes especiais.

18.9.4 Revestimento Cerâmico

O subsistema revestimento é constituído pelas placas cerâmicas, pela argamassa de assentamento e pelo material de rejuntamento.

Na execução de revestimento de pisos, internos e externos, podem ser utilizadas as placas cerâmicas assentadas sobre a base (superfícies de terraplenos ou lajes) com argamassas convencionais de cimento ou com argamassas colantes, além do material de rejunte (rejuntamento das placas cerâmicas).

Os procedimentos para assentamento de placas cerâmicas de piso, com argamassa colante, são indicados na norma ABNT NBR 13753:1996 – Revestimento de piso interno ou externo com placas cerâmicas e com utilização de argamassa colante – Procedimento.

Os procedimentos para assentamento de placas cerâmicas de paredes internas, com argamassa colante, são indicados na norma ABNT NBR 13754:1996 – Revestimento de paredes internas com placas cerâmicas e com utilização de argamassa colante – Procedimento.

Por sua vez, na ABNT NBR 13755:2017 – Revestimentos cerâmicos de fachadas e paredes externas com utilização de argamassa colante – Projeto, execução, inspeção e aceitação – Procedimento, encontram-se os procedimentos para a execução de revestimento de paredes externas e fachadas com argamassa colante. Esta norma, publicada originalmente também em 1996, sofreu ampla e significativa revisão em 2017.

No Capítulo 25 – Manifestações Patológicas em Revestimentos de Argamassa Inorgânica e Cerâmicos – Recomendações para Projetos/Execução/Manutenção, encontram-se mais informações a respeito desse subsistema da construção.

18.9.5 Placas Cerâmicas – Partes Constituintes

As placas cerâmicas são constituídas por várias camadas, cada qual com sua função específica. Na Figura 18.28 estão ilustradas de forma geral as várias camadas em uma placa cerâmica esmaltada:

- a camada de esmalte, após a queima, forma o vidrado, define a estética da placa cerâmica, e tem como função impermeabilizar, facilitar a limpeza e resistir às ações mecânicas, térmicas e químicas;
- o engobe de cobertura, como camada intermediária entre o suporte e o esmalte, tem a função de ocultar a cor do suporte, eliminar defeitos superficiais, diminuir o aparecimento de manchas de água e impedir reações entre o suporte e o esmalte. Também existe o engobe de tardoz (engobe de muratura ou de proteção), um material refratário (muitas empresas moem o próprio rolo de alumina danificado ou quebrado) aplicado no verso da placa cerâmica com o objetivo de aumentar a vida útil dos rolos e facilitar a movimentação da placa dentro do forno; se houver excesso deste no tardoz da placa, pode haver dificuldade de aderência com a argamassa colante;
- o suporte, também chamado de base ou corpo da placa cerâmica, apresenta espessura maior do que as outras camadas e é a parte responsável pela resistência mecânica;
- o tardoz é o verso da camada de suporte, a face da placa cerâmica que vai ficar em contato com a argamassa colante (de assentamento); tem a função de facilitar a aderência da placa à argamassa de assentamento. Atualmente, com a entrada das compactadoras a rolo, o tardoz dos porcelanatos é liso e deve ser assentado com argamassa colante que proporcione ancoragem química (por exemplo, ACIII).

18.9.6 Placas Cerâmicas – Terminologia

A terminologia definida para as placas cerâmicas para revestimento é apresentada na ABNT NBR ISO 13006:2020 – Placas cerâmicas – Definições, classificação, características e marcação.

Do ponto de vista de sua conformação, são classificadas pela letra A, quando são extrudadas; pela letra B, quando prensadas; e pela letra C, quando moldadas por outros processos.

As placas podem ser esmaltadas (GL) ou não esmaltadas (UGL), seguindo a terminologia mundial da norma ISO 13006. O esmalte é a cobertura vitrificada impermeável (Fig. 18.28).

Com relação às dimensões, são importantes as seguintes definições:

- dimensão: as dimensões são definidas apenas para placas retangulares. Se dimensões de placas não retangulares forem requeridas, são definidas pelo menor retângulo no qual elas se encaixam;
- dimensão nominal: dimensão utilizada para descrever o produto;
- dimensão de trabalho: dimensão da placa especificada pelo fabricante em que a dimensão real deve estar de acordo com os desvios permissíveis especificados;
- dimensão real: dimensão obtida pela medição da face de uma placa, de acordo com a ABNT NBR ISO 10545:2020 – Parte 2;
- dimensão de coordenação: dimensão de trabalho mais a largura da junta;
- dimensão modular: placa e dimensão baseadas nos módulos M, 2 M, 3 M e 5 M e também seus múltiplos ou subdivisões, exceto para placas com área de superfície menor que 9000 mm². Na ISO 21723:2019, em que 1 M = 100 mm, trata-se do

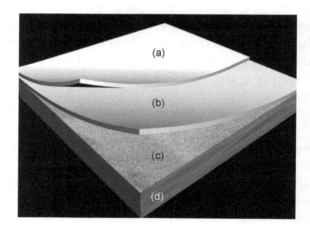

FIGURA 18.28 Camadas em uma placa cerâmica: (a) esmalte ou vidrado (camada superior); (b) engobe (camada intermediária); (c) suporte ou "biscoito" ou base (camada estrutural); (d) tardoz (verso da placa cerâmica). Fonte: adaptada por Roberto José Falcão Bauer.

valor padronizado internacional do módulo básico (M = 100 mm);

- dimensão não modular: dimensão não baseada no módulo M;
- tolerância: diferença entre os limites permissíveis de dimensão;
- espaçador: saliência disposta ao longo das laterais das placas de tal forma que, quando se colocam duas placas juntas, alinhadas, os espaçadores dispostos nos lados adjacentes separam as placas pela distância não inferior à largura da junta requerida;
- placa retificada: placa cerâmica que, após queima, é submetida a um acabamento mecânico preciso das bordas;
- garra cônica: muraturas paralelas que atravessam a superfície do tardoz de algumas placas destinadas à parede externa, as quais têm uma geometria adequada para facilitar a ancoragem entre a placa e a argamassa colante.

Com relação à forma da placa cerâmica, são importantes as seguintes definições com os desvios determinados pela ABNT NBR ISO 13006:2020 e ensaiadas de acordo com a ABNT NBR ISO 10545-2:

- retitude dos lados: desvio da retitude do centro de um lado com relação ao plano da placa (Figura 1 da ABNT NBR ISO 10545-2:2020);
- desvio de ortogonalidade: medida do desvio da perpendicularidade de cada vértice da placa, expresso em milímetros (Figura 3 "a e b" da ABNT NBR ISO 10545-2:2020);
- medida da planaridade da superfície: trata-se das medidas em três posições na superfície das placas. As placas que têm relevo na própria superfície, impedindo a medição, devem ser, sempre que possível, medidas no verso;
- curvatura central: desvio do centro da placa com relação ao plano definido por três dos seus quatro vértices (Figura 4 da ABNT NBR ISO 10545-2:2020);
- curvatura lateral: desvio do centro de um lado da placa com relação ao plano definido por três dos seus quatro vértices (Figura 5 da ABNT NBR ISO 10545-2:2020);
- empeno: desvio do quarto vértice da placa com relação ao plano definido pelos outros três vértices (Figura 6 da ABNT NBR ISO 10545-2:2020);
- trinca: fratura no corpo da placa, visível na superfície, ou no tardoz ou em ambos;

- gretamento: fratura do esmalte com aspecto de fissuras finas ou capilares com formas irregulares;
- falta de esmalte: área sobre a superfície da placa esmaltada que não tem esmalte;
- ondulação: depressão na superfície da placa ou do esmalte;
- furo: orifícios pequenos na superfície da placa esmaltada, geralmente formados pela desgaseificação do suporte no momento da sinterização;
- de vitrificação do esmalte: cristalização do esmalte visualmente aparente;
- pinta ou mancha: área visualmente contrastante na superfície da placa;
- defeito do baixo esmalte: defeito aparente coberto pelo esmalte;
- falha de decoração: defeito aparente na decoração;
- lasca: fragmento desprendido dos lados, vértices ou superfície da placa, muito comum em peças retificadas;
- bolha: pequena bolha na superfície, aberta ou não, resultante da expulsão de gás durante a sinterização;
- borda irregular: irregularidade ao longo da borda da placa;
- rebarba: acúmulo excessivo não usual de esmalte, na forma de um cume ao longo do lado;
- defeito de polimento ou efeito de polimento: inconsistência visual resultante do processo de polimento. Os defeitos de polimento incluem (mas não estão limitados) polimento irregular, refletividade inconsistente, marca abrasiva ou marca de rebolo não totalmente removida no polimento etc. Algumas características ópticas não estão incluídas e são determinadas com equipamento especializado.

18.9.7 Placas Cerâmicas – Características e Classificação

A classificação das placas cerâmicas é tratada na ABNT NBR ISO 13006:2020 – Placas cerâmicas – Definições, classificação, características e marcação. Algumas delas estão indicadas a seguir.

18.9.7.1 Absorção de água (AA)

A absorção de água da placa cerâmica depende da porosidade e se relaciona com o módulo de resistência à flexão e com a resistência mecânica ao impacto (queda de objetos). Pode ser considerada a principal propriedade do corpo (suporte ou biscoito) da placa cerâmica, visto que, quanto mais baixo o valor da absorção de água, mais baixa a porosidade e maior a resistência mecânica.

O ensaio deve ser realizado de acordo com a ABNT NBR ISO 10545:2020 – Parte 3, "Determinação da absorção de água, porosidade aparente, densidade relativa aparente e densidade aparente", norma esta que substituiu a ABNT NBR 13818:1997 – anexo B. A mudança diz respeito à realização do ensaio de absorção de água pelo método a vácuo usando-se um porosímetro, enquanto a norma substituída determinava que o ensaio fosse realizado por meio da fervura das peças por 2 horas.

Para efeito de comparativo na precisão dos resultados, para os produtos porosos a mudança não apresenta diferença significativa, mas para produtos com baixa porosidade o ensaio atual dobra o percentual de absorção. Portanto, para produtos que apresentavam 0,5 % AA com o método da NBR 13818, agora, com a NBR ISO 10545:2020 – Parte 3, este valor vai para 1 % AA, mudando a classe de produto. Logo, para atender precisa de ajuste de formulação.

Na Tabela 18.10, indica-se a classificação dos diversos tipos de placas cerâmicas, conforme o tipo de fabricação (extrudada, prensada), o grupo de absorção de água, a carga de ruptura e o módulo de resistência à flexão.

18.9.7.2 Carga de ruptura

A ABNT NBR ISO 13006:2020 determina o valor mínimo de resistência dos produtos para cada classe de produto. O ensaio deve ser realizado conforme a ABNT NBR ISO 10545:2020 – Parte 4, que determina os procedimentos de ensaio para as peças com espessura abaixo e acima de 7,5 mm. Na Figura 18.29, ilustra-se o aparelho de ensaio à flexão. Os valores

FIGURA 18.29 Aparelho para determinação da carga de ruptura e do módulo de resistência à flexão.

especificados na ABNT NBR ISO 13006:2020 estão indicados na Tabela 18.11.

Quanto mais baixo o valor da absorção de água do suporte (corpo da placa cerâmica, ou biscoito), maior será a resistência mecânica ou a carga de ruptura. A escolha do nível de resistência (carga de ruptura) depende do local de aplicação da placa cerâmica. Em uma residência, por exemplo, na garagem, a resistência deve ser maior, ao passo que nos ambientes internos, como dormitórios e banheiros, pode ser utilizada placa com resistência mais baixa.

Para os porcelanatos (técnico e esmaltado) com espessura (h) menor do que 7,5 mm, a carga de ruptura mínima deve ser igual ou superior a 700 N. Para espessura $\geq$ 7,5 mm, a carga de ruptura deve ser $\geq$ 1300 N (ABNT NBR ISO 13006:2020 – Anexo G).

TABELA 18.10 Tipos de placas e classificação quanto à absorção de água e conformação

Conformação	Grupo I $E_V \leq 3\%$	Grupo II$_a$ $3 < E_V < 6\%$	Grupo II$_b$ $6 < E_V \leq 10\%$	Grupo III $E_V > 10\%$
A Extrudada	Grupo AI$_a$ $E_V \leq 0,5\%$ (ver Anexo M)	Grupo AII$_{a\text{-}1}$[a] (ver Anexo B)	Grupo AII$_{b\text{-}1}$[a] (ver Anexo D)	Grupo AIII (ver Anexo F)
	Grupo AI$_b$ $0,5 < E_V \leq 3\%$ (ver Anexo A)	Grupo AII$_{a\text{-}2}$[a] (ver Anexo C)	Grupo AII$_{b\text{-}2}$[a] (ver Anexo E)	
B Prensada a seco	Grupo BI$_a$ $E_V \leq 0,5\%$ (ver Anexo G)	Grupo BII$_a$ (ver Anexo J)	Grupo BII$_b$ (ver Anexo K)	Grupo BIII[b] (ver Anexo L)
	Grupo BI$_b$ $0,5 < E_V \leq 3\%$ (ver Anexo H)			

[a] Grupos AII$_a$ e AII$_b$ são divididos em dois subgrupos (partes 1 e 2) com diferentes especificações de produto.
[b] Grupo BIII engloba apenas placas esmaltadas. Existe uma baixa quantidade de placas não esmaltadas prensadas a seco com absorção de água superior a 10 % em fração de massa, as quais não estão cobertas por este grupo de produto.
Fonte: ABNT NBR ISO 13006:2020.

Materiais Cerâmicos **423**

TABELA 18.11 Tipos de placas e seu grupo de absorção de água, resistência mecânica à carga de ruptura e o módulo de resistência à flexão

Tipo de fabricação		Grupo e faixa de absorção de água (%)	Carga de ruptura (N)		Módulo de resistência à flexão (MPa)
			$e \geq 7,5$ (mm)	$e < 7,5$ (mm)	
Extrudada A		I: abs ≤ 3	≥ 110	≥ 600	≥ 23
		IIa: 3 < abs < 6	≥ 950	≥ 600	≥ 20
		IIb: 6 < abs < 10	≥ 900		≥ 17,5
		III: abs > 10	≥ 600		≥ 8
Prensada B		Ia: abs ≤ 0,5	≥ 1300	≥ 700	≥ 35
		Ib: 0,5 < abs ≤ 3	≥ 1100	≥ 700	≥ 30
		IIa: 3 < abs ≤ 6	≥ 1100	≥ 600	≥ 22
		IIb: 6 < abs ≤ 10	≥ 800	≥ 500	≥ 18
		III: abs > 10	≥ 600	≥ 200	≥ 15 para e ≥ 7,5 mm ≥ 12 para e < 7,5 mm

Obs.: a ABNT NBR ISO 10545:2020 – Parte 3 estabelece as condições para a determinação da absorção de água, e a ABNT NBR ISO 10545:2020 – Parte 4, para a determinação da carga de ruptura e módulo de resistência à flexão.

Nota: a absorção de água para porcelanato não distingue mais, na Tabela 18.10, como fazia a NBR 15463:2013, a interessante diferenciação que indicava < 0,5 % para os esmaltados e ≤ 0,1 % para os técnicos.

18.9.7.3 Módulo de resistência

O módulo de resistência à flexão é obtido no mesmo ensaio para determinação da carga de ruptura, especificado pela ABNT NBR ISO 13006:2020. O valor do módulo de resistência à flexão pode ser utilizado para avaliar o nível de queima da placa cerâmica, desde que a comparação ocorra dentro do mesmo grupo de absorção de água.

Os ensaios de determinação da carga de ruptura e do módulo de resistência devem ser realizados de acordo com a ABNT NBR ISO 10545-4:2020. Segundo a ABNT NBR ISO 13006:2020, este ensaio não é aplicável para placas com carga de ruptura ≥ 3000 N.

18.9.7.4 Resistência à abrasão superficial para placas esmaltadas e profunda para não esmaltadas

Refere-se à capacidade de resistir ao desgaste causado pelo tráfego de pessoas, contato com sujeiras abrasivas e movimentação de objetos. A classificação das cerâmicas e porcelanatos esmaltados e técnicos é requerida pela ABNT NBR ISO 13006:2020; com esta norma, não há diferença no ensaio entre cerâmicas e porcelanatos esmaltados, ambos devem ser ensaiados conforme a ABNT NBR ISO 10545:2017 – Parte 7.

Para placas não esmaltadas, e isso inclui os porcelanatos técnicos, é realizado o ensaio de abrasão

TABELA 18.12 Nomenclatura comercial das placas cerâmicas para revestimento

Nomenclatura comercial		Absorção de água (%)
Porcelanato	Técnico	abs ≤ 0,1 (média) abs indiv. máx. 0,2
	Esmaltado	abs ≤ 0,5 (média) abs indiv. máx. 0,6
Grés		0,5 < abs ≤ 3
Semigrés		3 < abs ≤ 6
Semiporoso		6 < abs ≤ 10
Poroso		abs > 10

profunda, conforme as determinações prescritas pela ABNT NBR ISO 10545:2017 – Parte 6.

Antes de 2017, as condições de exposição de um piso eram determinadas no anexo D da ABNT NBR 13818:1997, na qual a placa cerâmica era classificada conforme as classes de abrasão PEI.

A metodologia que permite a classificação consiste em submeter a peça cerâmica (amostras extraídas da placa cerâmica) ao ensaio de abrasão superficial em um aparelho chamado abrasímetro (Fig. 18.30). Após submeter o corpo de prova ao ensaio (um corpo de prova para cada estágio ou ciclos de abrasão), ele é examinado visualmente em comparação com três amostras originais extraídas da mesma placa, em condições de exposição determinadas pela ABNT NBR ISO 10545:2020 – Parte 7.

A avaliação da resistência à abrasão profunda de placas não esmaltadas é realizada a partir da medição do comprimento da cavidade produzida na superfície, por meio de um disco de aço giratório, sob determinadas condições e com o uso de material abrasivo. O equipamento de abrasão consiste, essencialmente, em um disco giratório, um funil de armazenamento com um dispositivo de distribuição do material abrasivo, um suporte do corpo de prova e um contrapeso. Segundo a ABNT NBR ISO 13006:2020 para o Grupo B1a, na determinação da resistência à abrasão profunda, o volume removido deve atingir para os prensados o valor máximo de 175 mm³; todos conforme ensaios da ABNT NBR ISO 10545:2017 – Parte 6.

18.9.7.5 Resistência ao gretamento

O gretamento em peças esmaltadas refere-se ao movimento diferencial entre a base e o esmalte, podendo conduzir à formação de trincas na parte esmaltada do corpo cerâmico. Esse defeito resulta de tensões de tração no vidrado, que, ao aumentarem, provocam sistemas de trincas mais finas. Essa situação decorre do desacordo dilatométrico entre a massa e o esmalte, ou seja, das dilatações e retrações nas placas cerâmicas causadas pela variação entre massa e esmalte, gerando tensões internas. Quando essas tensões ultrapassam o limite de resistência do esmalte, ocorre o gretamento. O ideal é que a massa dilate menos que o esmalte.

A tendência ao gretamento é medida submetendo uma placa cerâmica a uma pressão cinco vezes maior que a normal por 2 horas. Esse processo acelerado reproduz a expansão por umidade (EPU) que a placa sofrerá ao longo dos anos, após o assentamento. As normas anteriores, ABNT NBR 15463:2013 e ABNT NBR 13818:1997, estabeleciam que porcelanatos e cerâmicas esmaltadas não deveriam apresentar gretamento. Com a substituição e o cancelamento dessas normas pela ABNT NBR ISO 13006:2020, o ensaio tornou-se obrigatório para todos os materiais esmaltados, conforme a ABNT NBR ISO 10545:2017 – Parte 11. O gretamento de cerâmicas esmaltadas é considerado uma falha quando não se trata de um efeito intencional, de acordo com a ABNT NBR ISO 10545:2020 – Parte 2 – Placas cerâmicas: Determinação das dimensões e qualidade superficial.

18.9.7.6 Resistência ao manchamento

As placas cerâmicas são classificadas quanto à resistência ao manchamento em:

- Classe 5: máxima facilidade de remoção de manchas;
- Classe 4: mancha removível com produto de limpeza fraco;
- Classe 3: mancha removível com produto de limpeza forte;
- Classe 2: mancha removível com ácido clorídrico, hidróxido de potássio e tricloroestileno;
- Classe 1: impossibilidade de remoção da mancha.

De acordo com a ABNT NBR ISO 10545:2017 – Parte 14, o ensaio avalia a capacidade da superfície de reter sujeira sob a ação de produtos penetrantes.

Corpos de prova extraídos da placa cerâmica posicionados para receberem a carga abrasiva através de esferas de aço.

FIGURA 18.30 Aparelho abrasímetro com os corpos de prova posicionados para o ensaio.

A ABNT NBR ISO 13006:2020 estabelece que cerâmicas esmaltadas e porcelanatos esmaltados devem ter resistência ao manchamento igual ou superior à Classe 3. O ensaio é obrigatório apenas para placas esmaltadas, enquanto para placas não esmaltadas, sugere-se consultar o fabricante quanto a possíveis problemas nesse aspecto.

É relevante observar que esse método não abrange alterações temporárias de cor, como a mancha de água em placas esmaltadas, resultante da absorção de água pelo corpo sob o esmalte.

18.9.7.7 Resistência ao ataque de agentes químicos

A determinação da resistência ao ataque de agentes químicos deve ser realizada conforme a ABNT NBR ISO 10545:2020 – Parte 13. No entanto, a ABNT ISO 13006:2020 ressalta a importância de observar o Anexo P, que afirma: "As placas cerâmicas são normalmente resistentes a produtos químicos comuns. O ensaio para altas concentrações de ácidos e álcalis é destinado às placas cerâmicas que podem ser utilizadas em condições potencialmente corrosivas". Assim, é fundamental consultar a classificação fornecida pelo fabricante da placa para verificar se ela é adequada para o local de uso de produtos com essas características.

O Quadro 18.9 apresenta a classificação das placas cerâmicas em relação à resistência ao ataque químico. Após serem submetidas a testes, as placas cerâmicas esmaltadas e não esmaltadas são classificadas nas classes A (alta resistência química), B (média, podendo apresentar leve alteração de aspecto) ou C (baixa, com alteração significativa de aspecto), juntamente com a codificação H (alta) ou L (baixa), que indicam a concentração dos agentes químicos.

18.9.7.8 Expansão por umidade

A expansão por umidade (EPU), ou dilatação higroscópica, refere-se ao aumento das dimensões da placa cerâmica por absorção de umidade (hidratação). Quando as placas cerâmicas absorvem umidade, podem sofrer expansão, o que, se não for devidamente controlado, pode levar a problemas como estufamento, descolamento e até destacamento do revestimento. Todavia, em placas que apresentarem falhas de sinterização (falhas de queima), a umidade é adsorvida pelo corpo cerâmico, resultando na reidratação dos filossilicatos provenientes de uma sinterização ineficiente ou pela presença de argilominerais. Assim, a expansão por umidade está intrinsecamente ligada ao desempenho do processo produtivo, à formulação e ao equilíbrio das fases cristalinas e amorfas que compõem o corpo cerâmico.

A determinação da expansão por umidade é regulamentada pela ABNT NBR ISO 10545:2017 – Parte 10, utilizando o método de fervura.

A norma ABNT NBR ISO 13006:2020, no seu anexo P, observa e estipula, para a ABNT ISO 10545:2017 – Parte 10, que a maioria das placas, tanto esmaltadas quanto não esmaltadas, possui uma expansão por umidade negligenciável, não causando problemas de aplicação quando corretamente instaladas. Contudo, com práticas de fixação insatisfatórias ou em condições climáticas específicas, expansões

QUADRO 18.8 Classificação da placa cerâmica quanto ao desgaste por abrasão superficial

Estágio de abrasão: número de ciclos de desgaste visível	Classe
100	0
150	1
600	2
750, 1500	3
2100, 6000, 12.000	4
> 12.000[1]	5

[1] Corpo de prova deve passar pelo ensaio especificado na ISO 10545-14 para resistência ao manchamento.

Nota: se não houver desgaste visual após 12.000 ciclos, mas as manchas não puderem ser removidas por nenhum dos procedimentos (A, B, C ou D) especificados na ISO 10545-14, a placa deve ser da Classe 4.

Fonte: ABNT NBR ISO 10545:2017 – Parte 7.

QUADRO 18.9 Classificação da placa cerâmica quanto à resistência ao ataque químico

Agentes químicos		Níveis de resistência química		
		Alta (A)	Média (B)	Baixa (C)
Ácidos e álcalis	Alta concentração (H)	HA	HB	HC
	Baixa concentração (L)	LA	LB	LC
Produtos domésticos e de piscinas		A	B	C

por umidade superiores a 0,06 % (0,6 mm/m) podem contribuir para complicações.

De acordo com Falcão Bauer e Rago (2000), a fim de evitar problemas como o descolamento das placas cerâmicas, a expansão por umidade efetiva não deve exceder 0,6 % (0,6 mm/m). Eles também recomendam que a determinação da EPU potencial, alcançada geralmente com tratamento em autoclave a 700 kPa, pode ser mais bem estimada com 1000 kPa para identificar o fenômeno e evitar comprometimentos no desempenho futuro do revestimento cerâmico.

No âmbito técnico, projetos são instados a especificar a expansão por umidade máxima para cada caso. A ABNT NBR 13755:2017, em seu item 4.8, expressa: "a EPU (expansão por umidade), como especificado na ABNT NBR 13818:1997, anexo J, deve ser indicada em projeto e estar limitada ao valor máximo de 0,6 mm/m".

Adicionalmente, a norma alerta que, em situações específicas, a expansão por umidade de 0,6 mm/m pode ser excessiva, sugerindo o uso de placas com valores inferiores. É crucial determinar o valor ideal em mm/m para placas cerâmicas em todos os ambientes, especialmente em fachadas e áreas sujeitas a temperaturas extremas, incluindo níveis negativos. No meio técnico, há uma preferência por considerar uma expansão por umidade máxima de 0,3 % (equivalente a 0,3 mm/m) para placas cerâmicas em fachadas.

É importante observar e compreender a expansão por umidade para cerâmicas pertencentes aos grupos de absorção AIIa, AIIb, AIII, BIIa, BIIb e BIII. Para cerâmicas com absorção menor que 3 %, a expansão por umidade é nula.

Assim, a expansão por umidade está diretamente relacionada com o desempenho do processo produtivo, a formulação e o equilíbrio das fases cristalinas e amorfas que compõem o corpo cerâmico.

18.9.7.9 Expansão térmica linear

A dilatação térmica é o aumento nas dimensões da placa cerâmica, o que pode resultar em defeitos na própria peça, como gretamento, e falhas no revestimento cerâmico, como desplacamento.

No caso do revestimento cerâmico, é crucial verificar as especificações do fabricante quanto às juntas de assentamento e movimentação necessárias para o correto assentamento das placas cerâmicas. O coeficiente de dilatação térmica das placas cerâmicas situa-se na faixa de 4×10^{-6} a 10×10^{-6} °C^{-1}.

A determinação da dilatação térmica é regulamentada pela ABNT NBR ISO 10545 2017 – Parte 8.

No anexo P da norma ABNT NBR ISO 13006: 2020, o ensaio para determinação do coeficiente de expansão térmica linear é especificamente destinado a placas que estão instaladas em condições de elevada variação térmica. A norma prescreve que a maioria das placas cerâmicas apresenta baixos níveis de expansão térmica linear, e esse ensaio é relevante para garantir a adequação das placas em ambientes onde as variações de temperatura são significativas.

18.9.7.10 Condutividade térmica

Os revestimentos cerâmicos apresentam coeficiente de condutividade térmica baixo, de $0,4$ a $0,9$ kcal/m · h · °C, em comparação com outros materiais de revestimento (mármores, granitos, concreto), tendo bom comportamento com relação à transmissão térmica.

18.9.7.11 Resistência ao choque térmico

A resistência ao choque térmico diz respeito à capacidade da placa cerâmica de suportar variações de temperatura sem comprometer sua estrutura, conforme estabelecido pela ABNT NBR ISO 10545:2017 – Parte 9. Segundo a ABNT NBR ISO 13006:2020, todas as placas cerâmicas são capazes de resistir a altas temperaturas. No entanto, o ensaio para determinar a resistência ao choque térmico deve ser aplicado a qualquer placa cerâmica sujeita a mudanças abruptas de temperatura localizadas.

No anexo P da norma ABNT NBR ISO 13006: 2020, o coeficiente de resistência ao choque térmico é abordado por meio do ensaio especificado na norma ABNT NBR ISO 10545-9. Esse ensaio é aplicado a todas as placas cerâmicas que podem ser submetidas a um choque térmico localizado. A norma prescreve que todas as placas cerâmicas suportam altas temperaturas, e o teste é importante para garantir a integridade das placas em condições de variação térmica. A determinação da resistência ao choque térmico de uma placa inteira é submetida a 10 ciclos entre as temperaturas de 15 °C e 145 °C.

18.9.7.12 Resistência ao congelamento

A resistência ao congelamento avalia a capacidade da placa cerâmica de suportar baixas temperaturas. O ensaio submete as placas a ciclos entre +5 °C e –5 °C, expondo todos os lados das placas ao congelamento por, no mínimo, 100 ciclos de gelo-degelo, sem apresentar danos, suportando o aumento de volume da água congelada nos poros.

A determinação dessa propriedade é estabelecida pela ABNT NBR ISO 13006, anexo M. Este ensaio é obrigatório apenas para produtos que serão assentados em ambientes sujeitos a congelamento, não sendo obrigatório para grupos de produtos inadequados para baixas temperaturas.

Para locais sob condições de gelo, o ensaio deve seguir o procedimento estipulado pela ABNT NBR ISO 10545:2017 – Parte 12.

18.9.7.13 Coeficiente de atrito

O coeficiente de atrito representa a resistência ao escorregamento da placa cerâmica para pavimento, esmaltada ou não. Quanto mais alto o valor do coeficiente de atrito, menos escorregadia é a superfície do piso; portanto, as superfícies rugosas e ásperas tendem a apresentar valor alto, e as lisas, valores mais baixos.

É preciso atentar para a necessidade de a superfície do piso apresentar valor condizente com o local e a utilização, a fim de oferecer segurança adequada aos usuários. Locais como áreas externas (planas ou em rampa), escadas e áreas molhadas ou molháveis (boxe de banheiro, área de serviço, calçada externa, escada, entorno de piscina) exigem elevado coeficiente de atrito.

Portanto, o coeficiente de atrito está relacionado com a possibilidade de o usuário escorregar quando se desloca sobre determinado piso, sendo necessário diferenciar locais de alto tráfego e considerar as características dos usuários, como idosos e crianças.

O escorregamento também depende do tipo de calçado que a pessoa utiliza e das condições em que a superfície do piso se encontra. Uma superfície que tenha coeficiente de atrito elevado, mas não passe por manutenção regular, pode apresentar-se suja e escorregadia, principalmente quando molhada, oferecendo, então, risco de escorregamento. Alerta-se que superfícies rugosas são mais difíceis de limpar do que superfícies lisas, portanto, deve-se dedicar atenção à limpeza de superfícies que tenham facilidade para acumular sujeiras.

A determinação do coeficiente de atrito é estabelecida na ABNT NBR 16919:2020 – Placas cerâmicas – Determinação do coeficiente de atrito. A embalagem do produto deve apresentar o local de uso e indicar a classe de abrasão ou local de uso de placas esmaltadas.

Valores referenciais são encontrados na literatura internacional, como os sugeridos pelo Transport Road Research Laboratory,[9] citado por Sichieri e Gastaldini (Gastaldini; Sichieri, 2010).

Os valores indicados relacionam o coeficiente de atrito com o tipo de uso. Para locais secos, o coeficiente de atrito de até 0,4 é suficiente, mas pode ser desaconselhável para áreas externas. Já para locais em que se requer resistência ao escorregamento, deve ser maior ou igual a 0,4 (áreas externas planas e em nível).

BuildDirect[10] é um *site* internacional que, entre outros serviços, oferece informações úteis aos consumidores de placas cerâmicas. Encontram-se, nesse *site*, menções ao coeficiente de atrito, tais como: valor igual ou superior a 0,60 é considerado antiderrapante em superfície molhada; entre 0,50 e 0,59 (molhado), atende aos regulamentos gerais de segurança; e abaixo de 0,50, é questionável ou inadequado para piso que requer segurança ao escorregamento.

No Brasil, há uma tendência no meio técnico em considerar que, para superfícies externas, públicas ou particulares, em aclive/declive, o coeficiente de atrito úmido adequado para oferecer segurança deve estar na casa de 0,4 a 0,7 (estabelecido pela NBR 16919:2020 – Determinação de coeficiente de atrito), ressaltando-se que são superfícies que oferecem maior dificuldade no que concerne à limpabilidade.

18.9.7.14 Chumbo e cádmio

Essa característica refere-se à possibilidade de liberação do chumbo e cádmio em presença de ácido acético (vinagre), particularmente em ambientes em que se guardam e manipulam alimentos. A determinação é estabelecida pela ABNT NBR ISO 10545:2020 – Parte 15.

18.9.7.15 Resistência ao impacto

É a característica relacionada com a resistência à quebra provocada por forte impacto, podendo ser classificada em baixa ou alta resistência ao impacto. Trata-se de uma propriedade importante para locais de circulação de cargas pesadas. O método de ensaio está disponível na ABNT NBR ISO 10545:2017 – Parte 5.

A ABNT NBR ISO 13006:2020, anexo P, descreve que este ensaio é destinado apenas para placas usadas em áreas onde a resistência ao impacto é de particular importância. O requisito normal para instalações com funções leves é um coeficiente de restituição de 0,55. Para aplicações com funções mais pesadas, um maior valor é requerido.

---

[9] Disponível em: http://www.trl.co.uk/. Acesso em: 11 abr. 2024.

[10] Disponível em: http://www.builddirect.com/Porcelain-Tile/Ceramic-Tile-Articles/Skid_Resistance_Scale_for_Tile_Flooring.aspx. Acesso em: 11 abr. 2024.

428 Capítulo 18

18.9.7.16 Diferença de tonalidade

A variação da tonalidade da cor de uma superfície esmaltada ou não, também conhecida como estabilidade, é uma característica essencial. O consumidor pode, eventualmente, ter exigências específicas quanto a essa característica (verifique na ABNT NBR ISO 10545:2020 – Parte 16). A ABNT ISO 13006:2020, anexo P, traz relevante nota sobre o quesito tonalidade: "ABNT NBR ISO 10545-16: este ensaio só é aplicável a placas esmaltadas e não esmaltadas monocolores e é considerado de importância em certas circunstâncias especiais. É para ser usado somente onde as pequenas diferenças de cor entre as placas monocolores são importantes em uma especificação".

Atualmente, os fabricantes descrevem nas embalagens o grau de destonalização. Dependendo do projeto de decoração da placa, pode haver uma variação intencional de tonalidade dentro do mesmo lote.

Nos processos de esmaltação do passado, a serigrafia era utilizada, apresentando diversas limitações, especialmente com relação ao número de telas. Quanto mais colorida a decoração do produto, maior o número de telas, pontos de aplicação e encaixe, o que dificultava a fabricação. Hoje, o processo emprega a impressão digital, permitindo uma ampla variedade de decorações e variações, incluindo alternâncias na decoração entre as placas, nuances e desenhos semelhantes aos encontrados em mármores, madeiras e pedras naturais. O *design* pode ser inspirado em elementos como pedra, madeira, couro, concreto, entre outros. A impressão digital abrange toda a superfície do corpo cerâmico, incluindo superfícies irregulares e relevos.

A metodologia de ensaios proposta pelo instituto norte-americano ANSI A137.1:2022 – Standard Specifications for Ceramic Tiles – introduziu mundialmente o conceito de "destonalização proposital". A ANSI A137.1:2022 apresenta várias classes estéticas – V0, V1, V2, V3 ou V4, conforme a Tabela 18.13 amplamente conhecida hoje no mercado nacional. A letra 'V' indica 'variação', e cada número quantifica o grau de variação de cor e/ou textura – o que um consumidor pode esperar visualmente de um produto específico. Por exemplo, a placa cerâmica porcelanato é definida, de acordo com a ASTM C373, como um revestimento cerâmico que possui uma absorção de água de 0,5 % ou menos. Todavia, atributos estéticos são colocados na embalagem para os revestimentos que atendem a essa estipulação e podem ser obtidos com a ajuda da norma ANSI A137.1:2022.

18.9.7.17 Dimensões, retitude, ortogonalidade, curvatura e empeno

São características geométricas das placas cerâmicas extremamente importantes para garantir a qualidade, a uniformidade, a estética e o desempenho do revestimento cerâmico. A determinação dessas características deve seguir o método descrito na ABNT NBR ISO 10545:2020 – Parte 2, e as tolerâncias admitidas na ABNT NBR ISO 13006:2020.

A dimensão (calibre ou bitola) é a propriedade relacionada com a variação do tamanho da placa cerâmica, que ocorre no processo de fabricação. Uma vez que a variação de bitola constitui um defeito nas placas cerâmicas, na indústria elas são

TABELA 18.13 Variação proposital de tonalidade ou destonalização

		Grau de destonalização	
V1		V1 Aparência Uniforme	Diferenças mínimas entre as peças.
V2		V2 Variação Fraca	Diferenças perceptíveis na textura e no padrão de cores similares.
V3		V3 Variação Moderada	Diferenças de tons nas mesmas cores de uma peça para outra não significativas.
V4		V4 Aleatória	Cores aleatórias e diferentes de uma placa cerâmica para outra, em alguns projetos altera-se a textura superficial simulando o elemento que foi copiado.

agrupadas por bitolas para formar um lote uniforme (Cadernos de Terminologia, 2011). Dessa forma, não é conveniente misturar lotes para a execução de determinado serviço.

Essa característica deve constar na embalagem do produto e é crucial para a definição da espessura da junta de assentamento.

18.9.7.18 Dureza

Está relacionada com a resistência ao risco, e sua determinação se dá por comparação com minerais naturais utilizando a escala de Mohs.

O talco apresenta o valor mais baixo (1 na escala Mohs) e, por ser mole, pode ser riscado com a unha; o diamante, com o valor mais alto (10), risca o vidro com facilidade.

O quartzo apresenta dureza 7, risca o vidro, por isso as areias quartzosas são agressivas às superfícies das placas cerâmicas, pois podem riscá-las. Dessa forma, revestimentos cerâmicos em regiões de praia são suscetíveis ao risco, já que a areia é levada pelo solado dos calçados. De modo semelhante, ambientes com portas para o exterior são mais vulneráveis pela facilidade de se levar areia no solado dos calçados. Nesses ambientes é necessário especificar placa cerâmica com dureza acima de 7.

Deve-se atentar para o fato de que todos os tipos de placas cerâmicas são suscetíveis a riscar, por isso é importante especificar corretamente em função do local de aplicação. As superfícies brilhantes têm mais facilidade de riscar, portanto em locais externos, portas de entrada com acesso externo, corredores e similares é conveniente verificar a especificação adequada da placa cerâmica e utilizar acessórios, como tapete e capacho, que possibilitem limpar e reter a sujeira do solado dos calçados.

O porcelanato polido, os porcelanatos esmaltados e os polidos são suscetíveis a riscos, exigindo proteção durante a etapa de assentamento e a correta manutenção diária.

A determinação da dureza foi estabelecida no anexo V da ABNT NBR 13818:1997. Todavia, essa norma foi cancelada e substituída pelas ABNT NBR ISO 13006 e 10545, que não trouxeram conceituação e ensaios para esta propriedade técnica tão importante. No entanto, é essencial o conhecimento desta característica.

18.9.7.19 Resistência ao fogo

Comparado a outros materiais, o revestimento cerâmico pode ser considerado um material resistente e seguro em caso de incêndio, à medida que não propaga o fogo nem exala vapor ou gás tóxico. A placa cerâmica, quando empregada em um sistema de piso, deve atender a todos os requisitos da ABNT NBR 15575:2013 – Parte 3.

18.9.7.20 Condutividade elétrica

A condutividade elétrica é a grandeza física que mede a capacidade inerente a algum material de transportar cargas elétricas quando sujeito a uma diferença de potencial elétrico. As placas cerâmicas não conduzem a corrente elétrica e, por isso, não acumulam cargas. Muito raramente podem ocorrer choques, sendo adequadas para salas de computadores ou de cirurgias.

18.9.7.21 Higiene

As placas cerâmicas são adequadas para emprego onde são necessários cuidados com a higiene, pela facilidade que oferecem à limpeza e pela dificuldade de acumular sujidades.

18.9.8 Placas de Louça – Azulejos

Os artigos de louça são feitos com o pó de louça, ou seja, uma pasta feita com o pó de argilas brancas (caulim quase puro), dosadas com exatidão, que darão produtos duros, especiais, de granulometria fina e uniforme, com a superfície normalmente vidrada. Há quatro tipos básicos de louça: louça calcária (louça de mesa, louça artística), louça feldspática (azulejos, cerâmica sanitária), louça mista e louça de talco. A característica básica do caulim para os pós de louça deve ser a ausência de ferro.

O grande problema de sua fabricação é o vidrado; geralmente apresenta coeficiente de dilatação diferente do da massa, resultando no trincamento tão comum. Além disso, não ficam muito homogêneos, variando a cor e a espessura do vidrado, dando a impressão de ondulações na superfície. Eles variam muito nas diversas partidas, mesmo quando usadas matérias-primas semelhantes.

O tipo de material para vidrado deve variar de acordo com a temperatura em que será cozida a peça.

O vidrado é aplicado após uma primeira cozedura, seguindo-se, então, o recozimento, quando se transforma em vidro.

Os azulejos são placas de louça, de pouca espessura, vidrados em uma das faces, onde levam corante. A face posterior e as arestas não são vidradas, e até levam saliências para aumentar a fixação das argamassas de assentamento e rejuntamento. Devem ser classificados (loteados) na fábrica, por tamanho e cor, o que não dispensa novo loteamento na obra.

A moldagem é realizada a seco e o cozimento se dá a 1250 °C. O vidrado é feito com uma pintura, geralmente obtida com óxido de chumbo, areia finíssima de grande fusibilidade, calda de argila e, conforme o caso, corante.

O azulejo tradicional tem, usualmente, 15 × 15 cm, mas encontram-se no mercado outras dimensões.

Os filetes e arremates (meio-chanfrados) têm o comprimento usual de 15 cm, precisando-se de 7 para completar o metro linear. No que concerne à superfície, são ditos lisos, achamalotados ou em relevo. Quanto às arestas, são ditos de quinas retas, biseladas ou boleadas. Há muitas peças de arremates no mercado, algumas delas exemplificadas no desenho da Figura 18.31.

18.9.9 Amostragem e Critérios para Aceitação

Os procedimentos de amostragem e os critérios de aceitação e rejeição das placas cerâmicas de revestimento são estabelecidos na ABNT NBR ISO 10545:2017 – Parte 1. Para cada característica a ser analisada, encontram-se as indicações do tamanho da amostra e os números de aceitação e rejeição para a primeira e a segunda amostragem (esta última, quando indicada).

A ABNT NBR ISO 13006:2020 descreve que, para atender à primeira classe, os produtos devem apresentar, no mínimo, 95 % das peças isentas de defeito visível.

18.9.10 Limpeza

A limpeza das superfícies cerâmicas deve ser realizada com o devido cuidado para não danificar a camada de esmalte, sendo contraindicado o uso de produtos químicos de limpeza de base ácida, pois podem atacar definitivamente o esmalte, causando perda do brilho, embaçamento e posterior facilidade de manchamento. Esses produtos agressivos podem também atacar o material de rejunte, degradando o revestimento e expondo o substrato à agressão externa.

A limpeza pós-obra, quando mal executada, pode resultar em prejuízos definitivos à superfície da placa cerâmica e, por esta razão, recomenda-se que a limpeza faça parte do processo de assentamento da placa cerâmica. À medida que se executam o assentamento e o rejuntamento, atendendo aos prazos indicados pelos fabricantes das argamassas colantes e dos rejuntes, deve-se proceder imediatamente à limpeza grossa dos excessos de argamassa e rejuntes, com esponjas e estopa, enquanto oferecem facilidade de remoção; em seguida, a superfície deve ser protegida até a finalização da obra.

Porcelanatos técnicos polidos requerem cuidados minuciosos tanto após a conclusão da obra quanto durante o uso cotidiano. Após a obra, é recomendável lavá-los com detergentes neutros e utilizar fibras macias específicas para essa finalidade. No dia a dia, a limpeza deve ser realizada com detergentes neutros e panos suaves. Após um período prolongado de exposição, é aconselhável realizar uma limpeza técnica, utilizando polimento com discos e talcos específicos, seguida pela reaplicação do selante. Esse processo assemelha-se ao cuidado dispensado aos mármores.

A limpeza de manutenção deve ser feita periodicamente, ou sempre que o caso exigir, evitando-se que se acumule sujeira; no processo de limpeza, devem-se utilizar produtos de limpeza neutros, esponjas macias e panos, levando-se em conta as instruções do fabricante.

Quando o caso requer a remoção de manchas, de acordo com a substância manchante pode-se utilizar um agente específico. Por exemplo: para remoção de ferrugem (causada por pés de cadeiras, mesas metálicas ferrosas), pode-se utilizar água sanitária e saponáceo, com os devidos cuidados para não arranhar a superfície esmaltada; óleo e graxa podem ser removidos com água quente e detergente alcalino; borracha de pneu com saponáceo ou solvente orgânico (aguarrás); tinta com removedor de tinta; além de outros procedimentos que podem ser verificados junto ao próprio fabricante da placa cerâmica.

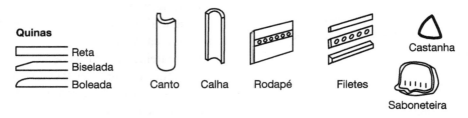

FIGURA 18.31 Formatos de peças de arremate e filetes.

18.9.11 Instruções Gerais para Revestimentos com Placas Cerâmicas

- Ao receber o material, verificar a condição das embalagens; observar se os produtos apresentam danos; conferir a conformidade do produto com a especificação de compra. Estocá-lo e empilhá-lo nas condições e limites propostos pelo seu fabricante.
- Conferir se todas as embalagens têm a mesma identificação antes de iniciar o serviço de assentamento.
- Escolher a argamassa e o rejunte adequados para o tipo de placa de cerâmica/porcelanato, e para o local de aplicação, atendendo a recomendação dos fabricantes.
- Elaborar um projeto de revestimento levando em consideração todas as características dos locais, como dimensões, interferências, sua posição na obra, aberturas e mudanças de plano e de ambiente. O projeto de revestimento deve conter a paginação, a definição das juntas e a especificação dos materiais que serão empregados.
- Designar profissionais treinados para a execução do revestimento é premissa básica, caso contrário o risco de resultado insatisfatório e necessidade de resserviços, com prejuízos diversos, é iminente.
- Mais informações a respeito dos revestimentos cerâmicos podem ser obtidas nos Capítulos 25 e 26.

BIBLIOGRAFIA

ABCERAM. *Associação Brasileira de Cerâmica*. Disponível em: http://www.abceram.org.br/. Acesso em: 12 abr. 2024.

ANFACER. Associação Nacional dos Fabricantes de Cerâmica para Revestimentos, Louças Sanitárias e Congêneres. Disponível em: http://www.anfacer.org.br/. Acesso em: 12 abr. 2024.

ANICER. *Associação Nacional da Indústria Cerâmica*. 2021. Disponível em: http:// www.anicer.com.br/. Acesso em: 12 abr. 2024.

ASSOCIAÇÃO BRASILEIRA DE NORMAS TÉCNICAS. *NBR 5645:* Tubo cerâmico para canalizações – Especificação. Rio de Janeiro: ABNT, 1991.

ASSOCIAÇÃO BRASILEIRA DE NORMAS TÉCNICAS. NBR 8039: Projeto e execução de telhados com telhas cerâmicas tipo francesa – Procedimento. Rio de Janeiro: ABNT, 1983.

ASSOCIAÇÃO BRASILEIRA DE NORMAS TÉCNICAS. *NBR 8826:* Materiais refratários – Terminologia. Rio de Janeiro: ABNT, 2014.

ASSOCIAÇÃO BRASILEIRA DE NORMAS TÉCNICAS. *NBR 9817:* Execução de piso com revestimento cerâmico – Procedimento. Rio de Janeiro: ABNT, 1987.

ASSOCIAÇÃO BRASILEIRA DE NORMAS TÉCNICAS. *NBR 10152:* Níveis de ruído para conforto acústico – Procedimento. Rio de Janeiro: ABNT, 1992.

ASSOCIAÇÃO BRASILEIRA DE NORMAS TÉCNICAS. *NBR 10237:* Materiais refratários – Classificação. Rio de Janeiro: ABNT, 2014.

ASSOCIAÇÃO BRASILEIRA DE NORMAS TÉCNICAS. *NBR ISO 10456*: Materiais e produtos de construção – Propriedades higrotérmicas – Valores e procedimentos de projeto tabulados para determinar valores térmicos declarados e de projeto. Rio de Janeiro: ABNT, 2022.

ASSOCIAÇÃO BRASILEIRA DE NORMAS TÉCNICAS. *NBR ISO 10545:* Placas cerâmicas – Partes 1,5,6,7,8,9,10,11,12,14. Rio de Janeiro: ABNT, 2017.

ASSOCIAÇÃO BRASILEIRA DE NORMAS TÉCNICAS. *NBR ISO 10545:* Placas cerâmicas – Partes 2,3,4,13,15,16. Rio de Janeiro: ABNT, 2020.

ASSOCIAÇÃO BRASILEIRA DE NORMAS TÉCNICAS. *NBR ISO 13006:* Placas cerâmicas – Definições, classificação, características e marcação. Rio de Janeiro: ABNT, 2020.

ASSOCIAÇÃO BRASILEIRA DE NORMAS TÉCNICAS. *NBR 13753:* Revestimento de piso interno ou externo com placas cerâmicas e com utilização de argamassa colante – Procedimento. Rio de Janeiro: ABNT, 1996.

ASSOCIAÇÃO BRASILEIRA DE NORMAS TÉCNICAS. *NBR 13754:* Revestimento de paredes internas com placas cerâmicas e com utilização de argamassa colante – Procedimento. Rio de Janeiro: ABNT, 1996.

ASSOCIAÇÃO BRASILEIRA DE NORMAS TÉCNICAS. *NBR 13755:* Revestimentos cerâmicos de fachadas e paredes externas com utilização de argamassa colante – Projeto, execução, inspeção e aceitação – Procedimento. Rio de Janeiro: ABNT, 2017.

ASSOCIAÇÃO BRASILEIRA DE NORMAS TÉCNICAS. *NBR 13818:* Placas cerâmicas de revestimento – Especificação e métodos de ensaio. Rio de Janeiro: ABNT, 1997.

ASSOCIAÇÃO BRASILEIRA DE NORMAS TÉCNICAS. *NBR 14081-1:* Argamassa colante industrializada para assentamento de placas cerâmicas – Parte 1: Requisitos. Rio de Janeiro: ABNT, 2012.

ASSOCIAÇÃO BRASILEIRA DE NORMAS TÉCNICAS. *NBR 14081-2*: Argamassa colante industrializada para assentamento de placas cerâmicas – Parte 2: Execução do substrato padrão e aplicação da argamassa para ensaios. Rio de Janeiro: ABNT, 2012.

ASSOCIAÇÃO BRASILEIRA DE NORMAS TÉCNICAS. *NBR 14081-3*: Argamassa colante industrializada para assentamento de placas cerâmicas – Parte 3: Determinação do tempo em aberto. Rio de Janeiro: ABNT, 2012.

432 Capítulo 18

ASSOCIAÇÃO BRASILEIRA DE NORMAS TÉCNICAS. *NBR 14081-4*: Argamassa colante industrializada para assentamento de placas cerâmicas – Parte 4: Determinação da resistência de aderência à tração. Rio de Janeiro: ABNT, 2012.

ASSOCIAÇÃO BRASILEIRA DE NORMAS TÉCNICAS. *NBR 14081-5:* Argamassa colante industrializada para assentamento de placas cerâmicas – Parte 5: Determinação do deslizamento. Rio de Janeiro: ABNT, 2012.

ASSOCIAÇÃO BRASILEIRA DE NORMAS TÉCNICAS. *NBR 14208:* Sistemas enterrados para condução de esgotos – Tubos e conexões cerâmicos com junta elástica – Requisitos. Rio de Janeiro: ABNT, 2005.

ASSOCIAÇÃO BRASILEIRA DE NORMAS TÉCNICAS. *NBR 15220-2:* Desempenho térmico de edificações – Parte 2: Componentes e elementos construtivos das edificações. Resistência e Transmitância Térmica – Métodos de Cálculo (ISO 6946:2017, MOD). Rio de Janeiro: ABNT, 2022.

ASSOCIAÇÃO BRASILEIRA DE NORMAS TÉCNICAS. *NBR 15270-1:* Componentes cerâmicos – Blocos e tijolos para alvenaria – Parte 1: Requisitos. Rio de Janeiro: ABNT, 2023.

ASSOCIAÇÃO BRASILEIRA DE NORMAS TÉCNICAS. *NBR 15270-2:* Componentes cerâmicos – Blocos e tijolos para alvenaria – Parte 2: Métodos de ensaios. Rio de Janeiro: ABNT, 2023.

ASSOCIAÇÃO BRASILEIRA DE NORMAS TÉCNICAS. *NBR 15310:* Componentes cerâmicos – Telhas – Terminologia, requisitos e métodos de ensaio. Rio de Janeiro: ABNT, 2009.

ASSOCIAÇÃO BRASILEIRA DE NORMAS TÉCNICAS. *NBR 15873*: Coordenação modular para edificações. Rio de Janeiro: ABNT, 2010.

ASSOCIAÇÃO BRASILEIRA DE NORMAS TÉCNICAS. *NBR 16868-1:* Alvenaria estrutural – Parte 1: Projetos. Rio de Janeiro: ABNT, 2020.

ASSOCIAÇÃO BRASILEIRA DE NORMAS TÉCNICAS. *NBR 16868-2:* Alvenaria estrutural – Parte 2: Execução e controle de obras. Rio de Janeiro: ABNT, 2020.

ASSOCIAÇÃO BRASILEIRA DE NORMAS TÉCNICAS. *NBR 16868-3*: Alvenaria estrutural – Parte 3: Métodos de ensaio. Rio de Janeiro: ABNT, 2020.

ASSOCIAÇÃO BRASILEIRA DE NORMAS TÉCNICAS. *NBR 16919:* Placas Cerâmicas – Determinação do coeficiente de atrito. Rio de Janeiro: ABNT, 2020.

CADERNOS DE TERMINOLOGIA. *Glossário cerâmico,* Cadernos de Terminologia, n. 4, 2011. Disponível em: https://citrat.fflch.usp.br. Acesso em: 27 set. 2024.

DIAS, J. F. Raio X da alvenaria. *Téchne*, São Paulo, nº 18, p. 26-28, set.-out. 1995.

DIAS, J. F. *Avaliação de resíduos da fabricação de telhas cerâmicas para seu emprego em camadas de pavimento de baixo custo.* 2004. 251p. Tese (Doutorado) – Escola Politécnica da Universidade de São Paulo, São Paulo, 2004.

FALCÃO BAUER, R. J.; RAGO, F. Expansão por umidade de placas cerâmicas para revestimento. *Cerâmica Industrial*, São Carlos, v. 5, n. 3, maio/jun. 2000.

GASTALDINI, A. L. G.; SICHIERI, E. P. Materiais cerâmicos para acabamentos e aparelhos. *In*: ISAIA, G. C. (ed.). *Materiais de construção civil e princípios de ciência e engenharia de materiais.* 2. ed. São Paulo: IBRACON, 2010. cap. 19.

INSTITUTO DE PESQUISAS TECNOLÓGICAS DO ESTADO DE SÃO PAULO. *Cobertura com estrutura de madeira e telhados com telhas cerâmicas.* (Publicação n. 1781). São Paulo: IPT, 1988.

INSTITUTO NACIONAL DE METROLOGIA, QUALIDADE E TECNOLOGIA-INMETRO – Portaria INMETRO / ME – número 270- de 23/06/2021. Rio de Janeiro, 2021.

INTERNATIONAL STANDARDIZATION ORGANIZATION. *ISO 21723*: Buildings and civil engineering works – Modular coordination – Module'. Vernier, Geneva, Switzerland, 2019. São Carlos, v. 3, n. 3, maio/jun. 1998.

MARINO, L. F. B.; BOSCHI, A. O. A expansão térmica de materiais cerâmicos Parte II: Efeito das condições de fabricação. *Cerâmica Industrial.*

MINISTÉRIO DAS CIDADES. *Programa Brasileiro da Qualidade e Produtividade do Habitat (PBQP-H).* Disponível em: http://pbqp-h.cidades.gov.br/pbqp_apresentacao.php. Acesso em: 12 abr. 2024.

MORISHITA, C.; SORGATO, M. J.; VERSAGE, R.; TRIANA, M. A. *et al. Catálogo de propriedades térmicas de paredes e coberturas.* Florianópolis: Laboratório de Eficiência Energética em Edificações da Universidade Federal de Santa Catarina, 2010. v. 4.

NEVES, C. Que bloco é esse? *Téchne*. São Paulo: PINI, n. 8, p. 18-20, jan./fev./1994.

SOUZA SANTOS, P. *Ciência e tecnologia de argilas.* São Paulo: Edgard Blücher, 1989. v.1.

SOUZA SANTOS, P.; COELHO, A. C. V.; SOUZA SANTOS, H. Argilas especiais: o que são, caracterização e propriedades. *Química Nova,* São Paulo, v. 30, n. 1, p. 146-152, 2007.

TESTE A TESTE – BLOCOS CERÂMICOS FORA DE FORMA. *Téchne*, São Paulo, n. 10, p. 64-66, maio-jun. 1994.

THE AMERICAN NATIONAL STANDARDS INSTITUTE. *ANSI A137.1*: Standard Specifications For Ceramic Tile. New York, 2022.

THOMAZ, E. Alvenarias de vedação. *Téchne*, São Paulo, PINI, Parte 1: n. 15, p. 52-56, mar.-abr. 1995, Parte 2: n. 16, p. 51-54, maio-jun. 1995.

THOMAZ, E.; MITIDIERI FILHO, C. V.; CLETO, F. R.; CARDOSO, F. F. *Código de práticas nº 1*: alvenaria de vedação em blocos cerâmicos. São Paulo: IPT, 2009.

THOMAZ, E.; HELENE, P. R. L. Qualidade no projeto e na execução de alvenaria estrutural e de alvenarias de vedação em edifícios. *Boletim Técnico da Escola Politécnica da USP*. São Paulo: EPUSP, n. 252, 2000.

19

SOLO-CIMENTO

Prof.ª Eng.ª Moema Ribas Silva •
Prof.ª Dra. Rosa Maria Sposto •
Prof. Dr. Márcio Albuquerque Buson

19.1 Introdução, 434
19.2 Solo-Cimento, 436
19.3 Principais Ensaios Realizados no Solo-Cimento, 437
19.4 Tijolos e Blocos de Solo-Cimento para Alvenaria, 439
19.5 Considerações Finais, 443

19.1 INTRODUÇÃO

Há uma grande controvérsia quanto ao início do uso do solo-cimento em construção civil. Uma das notícias mais antigas que se tem sobre o uso de solo estabilizado para construções data do século III, a muralha da China, na qual foi usada uma mistura de argila e cal, na proporção de 3:7. Naquela época, já se usava essa técnica em fundações de outros tipos de obra.

No entanto, o uso de aglomerantes hidráulicos como estabilizador do solo para construções ocorreu mais tarde, uma vez que esse tipo de aglomerante só foi descoberto por volta de 1800.

Segundo a Cement and Concrete Association, o solo-cimento foi descoberto pelo engenheiro inglês H. E. Brook-Bradley, que aplicou o produto no tratamento de leitos de estradas e pistas para veículos puxados por cavalo, ao sul da Inglaterra.

Para os americanos, o uso do solo-cimento remonta a 1917, uma vez que, por essa época, o engenheiro T. H. Amies utilizava esse material, denominado *soloamies*.

O engenheiro Márcio Rocha Pitta afirma que, em 1915, o engenheiro Bert Reno utilizava uma mistura de conchas marinhas, areia e cimento para a pavimentação de uma rua. Em 1920, o produto foi patenteado, não havendo sido implementado seu estudo, na ocasião, por falta de conhecimentos de Mecânica dos Solos, de maneira que se pudesse prever o comportamento desse novo produto.

Em 1929, o engenheiro americano Ralph Proctor descobria a relação umidade/peso específico aparente na compactação de solos, o que permitia o início do desenvolvimento do solo-cimento para diversos tipos de construções, como: pavimentação, revestimento de canais, diques, reservatórios e barragens de terra, estabilização de taludes, injeções, ladrilhos, tijolos, blocos, painéis e paredes monolíticas.

Os primeiros estudos de solo-cimento em grande escala foram feitos por Moore-Fields e Mill, nos Estados Unidos, em 1932.

Em 1944, a American Society for Testing Materials (ASTM) normalizava os ensaios, sendo seguida por outras entidades, como a American Association of State Highway Officials (AASHO) e a Portland Cement Association (PCA).

Tais estudos foram rapidamente estendidos à Europa, principalmente Alemanha (na construção de aeroportos na época da guerra), Inglaterra e América do Sul (Brasil, Argentina e Colômbia).

No Brasil, em 1945, foi construída a primeira obra em solo-cimento de que se tem notícia, uma casa de bombas para abastecimento das obras do aeroporto em Santarém, no Pará, com 42 m². Também por esse processo foi iniciada a construção do Hospital Adriano Jorge, em 1948, em Manaus.

O Centro de Pesquisas e Desenvolvimento (Ceped), na Bahia, é a entidade brasileira que mais se dedicou à construção e pesquisas do solo-cimento voltadas à execução de paredes monolíticas, além da Associação Brasileira de Cimento Portland (ABCP), responsável pela construção das primeiras habitações no Brasil.

No caso das paredes monolíticas, a execução das fôrmas é o ponto mais difícil da construção, uma vez que elas devem ser suficientemente rígidas para suportarem os esforços da compactação, não mudarem de dimensões e não se romperem. As paredes são erigidas em camadas sequenciais, com a camada inferior suportando a camada superior.

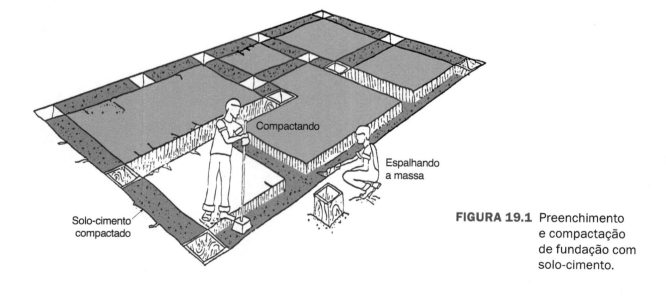

FIGURA 19.1 Preenchimento e compactação de fundação com solo-cimento.

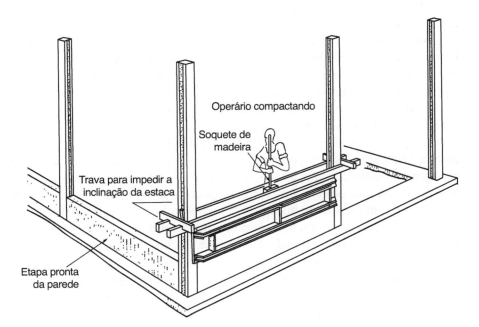

FIGURA 19.2 Construção de paredes monolíticas de solo-cimento.

Em 1978, o Ceped publicou dados de pesquisas realizadas por meio do convênio com o Banco Nacional da Habitação e o governo do Estado da Bahia.

Nesses estudos voltaram a ser examinados os sistemas de fôrmas até então utilizados, com a finalidade de facilitar sua utilização. Foram, então, realizados estudos de diversos sistemas de fôrmas metálicas e de madeira, as quais foram confrontadas levando-se em conta o tempo e a facilidade de construção, obtendo-se melhores resultados para os sistemas denominados G1 e G2 (Fig. 19.3). O primeiro consiste em construir painéis de 3,2 m de comprimento fixados com ganchos metálicos de 1/4" e o segundo, com larguras de 2,18 m ou 2,08 m, fixados com parafusos. Em um e outro método são empregadas guias para alinhamento e prumo.

No sistema G2, as guias são incorporadas às paredes, enquanto no sistema G1, elas são recuperáveis, o que exige reinstalações sucessivas.

Em relação à intensidade de uso do solo-cimento, de acordo com Segantini e Alcântara (2007), essa ocorreu a partir de 1960, com exemplos na pavimentação, em barragens de terra e em tijolos e blocos para alvenaria, entre outros.

Embora o solo-cimento se destaque no uso de pavimentação, a possiblidade de redução de custos

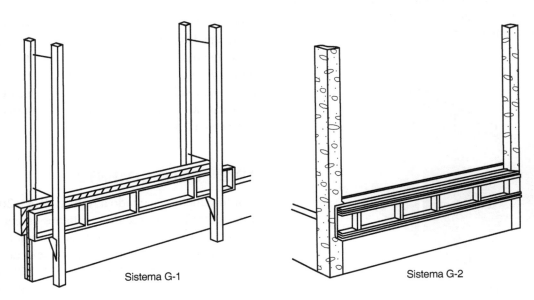

FIGURA 19.3 Sistemas construtivos para moldagem de paredes monolíticas de solo-cimento ensaiadas no Ceped.

em componentes para alvenarias de edificações habitacionais de pequeno e médio portes tem se difundido bastante no Brasil. Na área de habitação, nos últimos anos ressalta-se maior uso do tijolo e do bloco de solo-cimento, em detrimento da parede monolítica; estes são obtidos por meio de uma mistura compactada de solo, cimento Portland, água, aditivos e outros, considerando-se os requisitos da ABNT NBR 10833:2013 para a fabricação destes componentes, incluindo a dosagem da mistura, compactação, moldagem e cura; essa mistura é colocada em formas (moldagem) considerando-se as dimensões finais desses componentes e, em seguida, prensada; a moldagem dos componentes pode ser feita em prensa manual ou hidráulica automatizada, sendo que nesse último caso se tem uma maior garantia quanto à uniformidade de suas dimensões finais e no seu encaixe (caso de blocos intertravados), garantindo um grau maior de industrialização. Após a compactação dos componentes, procede-se a sua desforma, cura, armazenamento e transporte.

Após a aquisição dos tijolos e blocos de solo-cimento na obra, procede-se à elevação da alvenaria, o que pode ser feito por meio de encaixe ou intertravamento destes componentes (Fig. 19.4) ou apenas com argamassa de assentamento, em geral no mesmo traço do bloco ou do tijolo. No Brasil, a técnica de intertravamento de blocos na elevação de alvenaria foi utilizada em habitações de interesse social, entre outros exemplos, em programas habitacionais do governo federal, como o Programa de Difusão de Tecnologia para Construção de Habitação de Baixo Custo (Protech), a partir de 1990, e o Programa Minha Casa Minha Vida (PMCMV), a partir de 2009.

Nos últimos anos, no Brasil, tem se discutido mais veemente a importância de se resgatar tecnologias, como a do solo-cimento, em edificações, em encontros promovidos por universidades de engenharia e arquitetura e em redes temáticas de arquitetura de terra. Temas como materiais e técnicas de construção, história e conservação de patrimônio e sustentabilidade no uso do solo-cimento têm sido discutidos, juntamente com a constatação da necessidade de atualização e preenchimento de lacunas em relação às normas de tijolos e blocos.

Assim, para atender esta demanda, entre 2012 e 2013, as normas de tijolos e blocos de solo-cimento foram revisadas e publicadas pela Associação Brasileira de Normas Técnicas (ABNT), conforme alguns itens destacados a seguir: requisitos para tijolos de solo-cimento e para blocos de solo-cimento sem função estrutural, métodos de ensaio para análise dimensional, determinação da resistência à compressão e da absorção de água para tijolos e para blocos.

Além disso, também foram atualizadas as normas referentes aos principais ensaios necessários à fabricação do solo-cimento e de seus componentes, como: procedimento para fabricação de tijolo e bloco de solo-cimento com utilização de prensa manual e hidráulica; determinação do teor de umidade; e determinação da absorção da água.

Sobre a sustentabilidade, em virtude de sua importância atual, os tijolos e os blocos de solo-cimento têm se destacado pela vantagem da economia de energia na sua fabricação em relação a componentes cerâmicos comuns (tijolos maciços e blocos cerâmicos furados), já que não há necessidade de queima. Exemplos de pesquisas com o uso de resíduos ou a adição de fibras também podem ser apontadas, como as de Neves *et al.* (2001) e de Souza *et al.* (2008), que abordaram o uso de agregados reciclados em tijolo de solo estabilizado com cimento, e a de Buson e Sposto (2007), que tratou do *Krafterra*, produto resultante de bloco de solo-cimento com adição de fibras provenientes de sacos de cimento, utilizadas para melhorar as propriedades físicas e mecânicas do bloco.

19.2 SOLO-CIMENTO

O solo-cimento, segundo a ABNT NBR 12023:2012, é um produto endurecido resultante da cura de uma mistura íntima compactada de solo, cimento e água, em proporções estabelecidas por meio de dosagem executada conforme a ABNT NBR 12253:2012.

Em relação à natureza do solo, os solos mais arenosos são os que se estabilizam com menores quantidades de cimento, sendo necessária a presença de argila na sua composição, com objetivo de proporcionar à

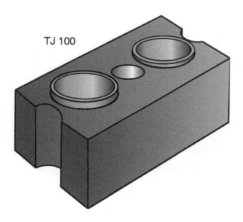

FIGURA 19.4 Tijolo de solo-cimento intertravado, denominado tijolito, desenvolvido pela empresa Andrade Gutierrez S.A. e utilizado no Protech no Brasil.

mistura, quando umedecida e compactada, coesão suficiente para a imediata retirada das fôrmas.

Segundo o Ceped (1999), os solos mais indicados para o solo-cimento são os arenosos, porém, esses solos devem ter um teor mínimo da fração fina, pois a resistência inicial do solo-cimento compactado é resultado da coesão da fração fina compactada. Ainda de acordo com Segantini e Alcântara (2007), a prática tem apontado que solos com teores de silte mais argila inferiores a 20 % não propiciam compactação adequada, sobretudo na confecção de tijolos prensados, dificultando o processo de moldagem.

Além da natureza do solo, vários fatores podem influir nas características do produto final. Entre eles, pode-se citar: teor de cimento, teor de umidade e compactação ou prensagem.

Os cimentos Portland utilizados para solo-cimento podem ser do tipo comum, composto, alto-forno, pozolânico e alta resistência inicial (ARI).

As impurezas que podem aparecer na água de mistura podem ser agressivas ao cimento, por exemplo, sulfatos e matéria orgânica.

As quantidades mais adequadas dos componentes são determinadas em ensaios de laboratório ou ensaios expeditos, de acordo com os tipos de solo e cimento a serem usados.

No estudo do solo-cimento, o primeiro passo é fazer a coleta correta do solo, para a execução de sua classificação em ensaios de laboratório.

A umidade de moldagem, também um fator importante na mistura do solo-cimento, é função do tipo de solo. Segundo Souza *et al.* (2008), os ensaios de compactação visam à obtenção dos valores de umidade ótima e de massa específica aparente seca máxima. O teor de umidade é tão significativo quanto à porcentagem de cimento, pois exerce forte influência nas características de resistência e de absorção de água.

O processo de estabilização do solo por um aglomerante hidráulico pode ser explicado pela hidratação do cimento, na qual há uma mudança da carga elétrica no meio argiloso, a partir da troca de cátions, que promove uma atração entre as partículas, fazendo com que se reúnam, formando partículas maiores, determinando, dessa forma, a perda de plasticidade da mistura. O produto final se caracteriza pela formação de cadeias hexagonais, que isolam, em seu interior, partículas que não chegam a ser aglutinadas, impedindo sua dilatação pela impermeabilidade.

Além do cimento, outros materiais também podem ser utilizados como estabilizantes de solo, como cal, emulsões asfálticas (melhoram a resistência mecânica e desempenho na presença de água) e fibras vegetais.

19.3 PRINCIPAIS ENSAIOS REALIZADOS NO SOLO-CIMENTO

Os ensaios de solo-cimento para tijolos e blocos podem ser realizados em laboratório ou em campo. Os ensaios em campo, denominados expeditos, são algumas vezes úteis em função de sua maior agilidade, sendo mais empregados em situações em que há dificuldade de realização de ensaios em laboratório, por exemplo, no meio rural ou em regiões nas quais não há disponibilidade de laboratórios. Dependendo, porém, do porte e do tipo de edificação, esses ensaios não substituem os de laboratório, ambiente que propicia maior precisão no que concerne às diversas propriedades que devem ser estudadas para seu emprego.

19.3.1 Ensaios Expeditos

As primeiras análises para a seleção do solo em campo podem ser feitas por meio do tato e visualmente. Ensaios preliminares, como o da bola, o do vidro, o do cordão, o da fita e o da caixa, entre outros, também podem ser empregados. Esses ensaios são detalhados em Neves *et al.* (2009).

a) Ensaio da bola

O ensaio da bola indica o tipo de solo em função de sua coesão, e consiste em tomar uma porção de solo seco, juntar água e fazer uma pequena bola com diâmetro de aproximadamente três centímetros. Em seguida, deixa-se a bola cair em queda livre, a uma distância de aproximadamente um metro; examina-se, então, a forma ou o espalhamento da bola, ou seja, se ocorrer com esfarelamento ou desagregação, mostra que o solo é arenoso, porém se ele espalhar-se com maior coesão, indica que o solo é argiloso.

b) Ensaio do vidro

O ensaio do vidro indica as frações de cada componente do solo, e baseia-se no princípio da sedimentação diferenciada de seus constituintes. Consiste em tomar uma porção de solo seco e destorroado e, então, dispô-lo em um vidro transparente até 1/3 de sua altura; em seguida, adiciona-se água até 2/3 de sua altura e uma pitada de sal, que agirá como defloculante. O vidro é fechado com uma tampa e depois agitado. Após este procedimento, ele é colocado em repouso por uma hora, e em seguida, agitado novamente; a partir daí, podem ser feitas as leituras das frações que indicarão o tipo de solo. Por exemplo, o pedregulho e a areia decantam primeiro, por possuírem partículas mais pesadas, seguidos do silte e depois da argila; se o solo contiver matéria orgânica, esta ficará em suspensão na superfície da água. A partir disso, pode-se medir a altura das diversas camadas formadas.

c) Ensaio da caixa

O ensaio da caixa mede a retração linear do solo, que determina indiretamente sua relação volumétrica, sendo indicado especialmente para estudos com blocos de terra compactada (BTC). Esse ensaio consiste em tomar um punhado de solo seco e destorroado, adicionando-se água a seguir, até que a mistura tome uma consistência tal que seja aderido à colher de pedreiro. Em seguida, essa mistura é colocada em uma caixa de dimensões de 8,5 cm × 3,5 cm × 60 cm de largura, altura e comprimento. Esse material é rasado com uma colher de pedreiro e deixado em abrigo de chuva e sol por um período de sete dias. A partir deste período, mede-se a retração do material, que não deve ser maior que 20 mm.

A seguir são apresentados, de forma bastante sumária, alguns dos principais ensaios e procedimentos estabelecidos nas normas brasileiras

19.3.2 Ensaios de Compactação

A ABNT NBR 12023:2012 estabelece métodos para ensaios de compactação, em que é determinada a relação entre o teor de umidade e a massa especifica seca de misturas de solo-cimento, sem reúso do material, quando compactadas com energia normal.

Na Figura 19.6 é apresentada uma curva típica do ensaio de compactação, na qual se observa o valor correspondente à ordenada máxima da curva de compactação em conformidade à massa específica aparente seca máxima, expressa com aproximação de 0,001 g/cm³, e o teor de umidade correspondente, na curva de compactação, expresso com aproximação de 0,1 %.

19.3.3 Moldagem e Cura de Corpos de Prova Cilíndricos

Os corpos de prova para ensaios de solo-cimento são normalizados pela ABNT NBR 12024:2012, que estabelece os procedimentos para a sua moldagem e cura.

Os métodos empregados para a moldagem e cura de solo-cimento variam conforme a granulometria do solo. A aparelhagem utilizada no ensaio é apresentada, de forma esquemática, nas Figuras 19.7(a) e (b).

O procedimento de moldagem consiste na preparação da amostra, adição de cimento Portland, adição de água, moldagem e cura.

19.3.4 Durabilidade por Molhagem e Secagem

Este ensaio é normalizado pela ABNT NBR 13554:2012, que estabelece o método para a

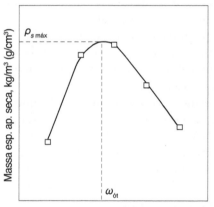

FIGURA 19.6 Curva típica do ensaio de compactação. Fonte: adaptada da ABNT NBR 12023:2012.

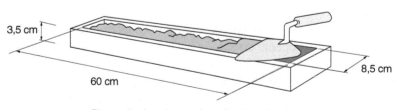

Dimensão da caixa – colocação do material

Medida da retração

FIGURA 19.5 Ensaio da caixa.

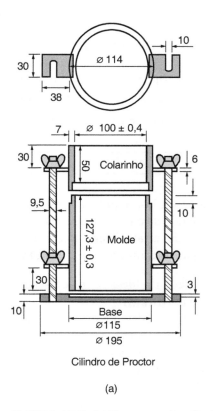
(a)

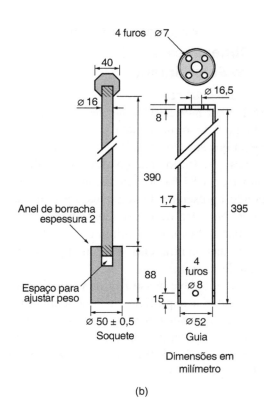
(b)

FIGURA 19.7 (a) Esquema do cilindro de Proctor para moldagem de corpos de prova e (b) esquema do soquete para compactação em solo-cimento. Fonte: adaptada da ABNT NBR 12023:2012.

determinação da perda de massa, variação da umidade e de volume produzidas por ciclos de molhagem e secagem de corpo de prova de solo-cimento.

O ensaio consiste na moldagem de três corpos de prova, de acordo com a ABNT NBR 12024:2012, intitulados nº 1, nº 2 e nº 3, e na identificação da umidade inicial do corpo de prova nº 1. Esse primeiro corpo de prova é utilizado para obter a variação da umidade e a variação de volume durante o ensaio. Os corpos de prova nº 2 e nº 3 são utilizados para indicar a perda de massa durante o ensaio.

Como resultados, têm-se a variação de volume, a variação de umidade e a perda de massa.

19.4 TIJOLOS E BLOCOS DE SOLO-CIMENTO PARA ALVENARIA

A ABNT NBR 8491:2012 e a ABNT NBR 10834:2013 estabelecem requisitos para tijolos e blocos maciços e vazados de solo-cimento para alvenaria. As diferenças entre esses componentes são estabelecidas em função de suas principais características geométricas.

19.4.1 Principais Diferenças entre Tijolo e Bloco Maciço e Vazado de Solo-Cimento

O que diferencia o tijolo do bloco é a dimensão nominal referente à altura H, que deve ser menor (caso do tijolo) ou maior ou igual (caso do bloco) que a largura L, respectivamente ao tijolo e ao bloco.

Os tijolos e blocos podem ser maciços ou vazados, em função de seu volume total e aparente.

19.4.2 Tipos de Tijolo e de Bloco de Solo-Cimento e seus Materiais Constituintes

Considerando-se as definições apresentadas na seção anterior, os componentes de alvenaria de solo-cimento podem ser tijolos maciços, tijolos vazados, blocos maciços e blocos vazados.

Quanto à sua constituição, segundo a ABNT NBR 8491:2012, tijolo ou bloco de solo-cimento é um componente resultante de uma mistura homogênea, compactada e endurecida de solo, cimento Portland, água e, quando for necessário, aditivos ou pigmentos.

19.4.3 Requisitos Referentes às Dimensões de Tijolo e de Bloco de Solo-Cimento

a) Tijolo de solo-cimento

A ABNT NBR 8491:2012 estabelece que um dos requisitos do tijolo de solo-cimento é que a sua altura H deve ser menor que sua largura L [Figs. 19.8(a) e (b)].

Além disso, o tijolo maciço deve ter volume igual ou superior a 85 % do seu volume total aparente, podendo apresentar reentrâncias em uma das faces maiores. No caso de haver reentrâncias, estas devem se situar a 25 mm, no mínimo, a partir das arestas da face das reentrâncias, e ter uma profundidade máxima de 13 mm.

O tijolo vazado deve possuir furos verticais com eixo perpendicular à superfície do assentamento e seu volume total deve ser inferior a 85 % do volume total aparente. A espessura mínima das paredes no seu entorno deve ser de 25 mm e a distância mínima entre dois furos de 50 mm.

As dimensões nominais são as medidas externas dos tijolos, indicadas pelo fabricante (Tab. 19.1).

TABELA 19.1 Tipos e dimensões de tijolos segundo a NBR 8491:2012 (mm)

Tipos	Comprimento	Largura	Altura
A	200	100	50
B	240	120	70

Para os tijolos, a amostra ensaiada, considerando-se o método de ensaio apresentado na ABNT NBR 8492:2012, deve satisfazer a tolerância permitida de 1,00 mm para o comprimento C, largura L e altura H.

b) Dimensões de blocos de solo-cimento sem função estrutural

A ABNT NBR 10834:2013 estabelece que o bloco de solo-cimento deve ter altura H igual ou superior à largura L, podendo ser maciço ou vazado [Figs. 19.9(a) e (b)].

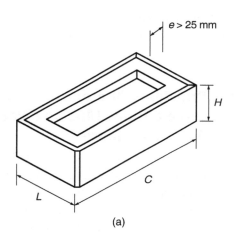

(a)

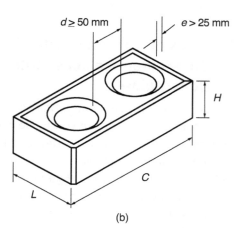

(b)

FIGURA 19.8 (a) Tijolo de solo-cimento maciço e (b) tijolo de solo-cimento vazado.

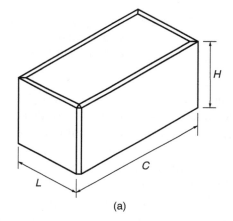

(a)

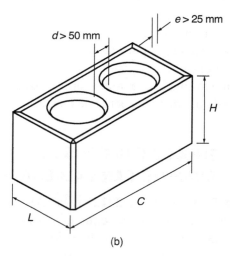

(b)

FIGURA 19.9 (a) Bloco de solo-cimento maciço e (b) bloco de solo-cimento vazado.

No caso dos blocos maciços, seu volume deve ser igual ou superior a 85 % do seu volume aparente, podendo apresentar reentrâncias em uma das faces maiores. Quanto ao bloco vazado, o volume total deve ser inferior a 85 % do volume total aparente e espessura mínima das paredes no seu entorno.

E, no caso dos blocos portadores de reentrâncias, estas devem se situar a 25 mm, no mínimo, a partir das arestas das faces das reentrâncias e ter profundidade máxima de 13 mm.

Os blocos devem atender as dimensões apresentadas na Tabela 19.2.

TABELA 19.2 Tipos e dimensões de blocos de solo-cimento

Tipo	Dimensões nominais (mm)		
	Comprimento	Largura	Altura
A	300	150	150

Para os blocos, as amostras ensaiadas, segundo os métodos de ensaio estabelecidos na ABNT NBR 10836:2013, devem satisfazer a tolerância de um milímetro para o comprimento C, largura L e altura H.

19.4.4 Requisitos Referentes à Resistência à Compressão e à Absorção de Água de Tijolo e Bloco de Solo-Cimento

Esses requisitos são estabelecidos na ABNT NBR 8491:2012 e na ABNT NBR 10834:2013. Os valores estabelecidos para os requisitos são os mesmos, tanto para os tijolos quanto para os blocos de solo-cimento sem função estrutural.

Para a resistência à compressão, a amostra de tijolos ou blocos não deve apresentar a média dos valores menor que 2,0 MPa nem valor individual inferior a 1,7 MPa, com idade mínima de sete dias.

Para a absorção de água, a amostra ensaiada deve apresentar a média dos valores igual ou menor que 20 %, e valores individuais iguais ou menores que 22 %, com idade mínima de sete dias.

Quanto à inspeção, o lote é constituído de, no mínimo, 10 mil tijolos ou blocos, sendo que desse lote devem ser retirados ao acaso dez tijolos ou blocos; primeiramente, estes componentes são submetidos à análise dimensional e, em seguida, sete deles são encaminhados para a determinação da resistência à compressão e três deles para a determinação do índice de absorção. Para fornecimento maior que 10.000 tijolos ou blocos, a amostra representativa mínima é obtida acrescentando-se a quantidade de dez unidades à parte inteira da divisão da quantidade total de tijolos ou blocos por 10.000.

Os ensaios de resistência à compressão e da absorção de água são feitos de acordo com a ABNT NBR 8492:2012 e da ABNT NBR 10836:2013, normas que apresentam os métodos de ensaios, respectivamente, para o caso de tijolo de solo-cimento e bloco de solo-cimento.

19.4.5 Fabricação de Tijolo e de Bloco de Solo-Cimento com Utilização de Prensa Manual ou Hidráulica

19.4.5.1 Requisitos gerais

A ABNT NBR 10833:2013 estabelece os requisitos gerais requeridos para os materiais constituintes do tijolo ou bloco de solo-cimento a ser fabricado em prensa manual ou hidráulica. Essa norma também indica o procedimento de dosagem a ser seguido e os requisitos específicos na fabricação, incluindo mistura, moldagem, cura e armazenamento, e transporte. A seguir, são apresentados, de forma resumida, esses requisitos e procedimentos.

O solo deve atender as seguintes características:

- 100 % de material que passa na peneira com abertura de malha de 4,75 mm, de acordo com a ABNT NBR NM-ISO 3310-1:2011;
- 10 a 50 % de material que passa na peneira com abertura de malha 75 μm, de acordo com a ABNT NBR NM-ISO 3310-1:2010;
- limite de liquidez menor ou igual a 45 %;
- índice de plasticidade menor ou igual a 18 %.

Além disso, o solo não pode conter matéria orgânica em quantidade que prejudique a hidratação do cimento, devendo atender a ABNT NBR 17053:2022.

O cimento deve atender a ABNT NBR 16697: 2018.

A água deve ser isenta de substâncias nocivas à hidratação do cimento.

O uso de aditivos é permitido, desde que os requisitos físicos e mecânicos sejam atendidos.

O solo deve ser caracterizado de acordo com as normas ABNT NBR 6457:2024, ABNT NBR 6459:2017, ABNT NBR 7180:2016 e ABNT NBR 7181:2018.

19.4.5.2 Tipos de prensas

Os requisitos para a fabricação de tijolos e blocos de solo-cimento com utilização de prensa manual ou hidráulica estão normalizados na ABNT NBR 10833:2013.

O tipo de prensa influencia o desempenho final do tijolo ou do bloco, sendo tanto melhor quanto maior a compactação imposta ao solo.

Segundo Assis (2001), a prensa manual Cinva-Ram, desenvolvida em 1950 na Colômbia, foi a primeira a ser utilizada no mundo para fabricação de tijolos de solo-cimento. A partir dela, muitos outros tipos de prensas manuais e mecânicas foram desenvolvidos e utilizados no Brasil e no mundo. Na Figura 19.10 é apresentado um esquema desse tipo de prensa.

No mercado atual, podem ser encontradas prensas manuais e hidráulicas, estas últimas com grau de compactação ou pressão no solo muito maiores que as manuais, resultando em produtos muito resistentes (Barbosa, 2003).

Modelos de prensa para a fabricação de tijolos e blocos de terra compactada (BTC) bastante difundidos no Brasil são as prensas Jarfel Sahara e Eco-Máquinas, que, conforme o equipamento, manual ou hidráulico, podem produzir de 100 a 375 peças/h.

As prensas hidráulicas são projetadas para maior produção e melhor desempenho dos componentes (Fig. 19.11).

19.4.5.3 Procedimento de dosagem, mistura, moldagem, cura, armazenamento e transporte de tijolo e de bloco de solo-cimento

Primeiramente, devem ser preparados três traços de solo-cimento. De cada traço, retiram-se 20 tijolos ou blocos (quantidade mínima) na própria prensa e procede-se a sua cura (realizada nos sete primeiros dias). São retiradas aleatoriamente dez unidades e enviadas a um laboratório técnico especializado na área. A partir dos resultados dos ensaios, escolhe-se o traço mais

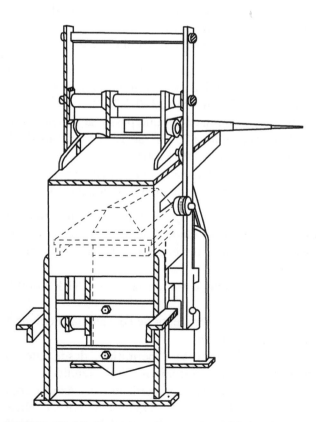

FIGURA 19.10 Esquema de prensa mecânica para tijolos de solo-cimento.

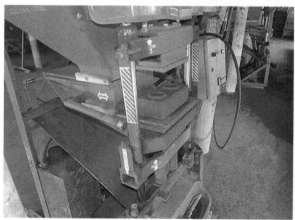

FIGURA 19.11 Prensas hidráulicas. Fonte: © Blaine Alves da Silva.

econômico que atenda aos requisitos físicos-mecânicos estabelecidos em norma.

A mistura pode ser feita manual ou mecanicamente, devendo ser assegurada a sua homogeneidade.

O processo consiste em adicionar cimento ao solo, já destorroado e peneirado, misturando os materiais até obter coloração uniforme; em seguida, procede-se a colocação de água, misturando os materiais até atingir a umidade ideal, a mais próxima possível da umidade ótima de compactação.

A seguir, a mistura é colocada nos moldes das prensas e executa-se a prensagem. Após a prensagem, os tijolos e blocos são empilhados à sombra, sobre uma superfície plana, em altura que não ultrapasse 1,50 m.

E, por fim, a cura consiste no controle da umidade durante os sete primeiros dias.

Para a execução da alvenaria, os tijolos e os blocos devem ter idade mínima de 14 dias, conforme a ABNT NBR 10834:2013.

Após a cura dos tijolos e blocos, recomenda-se o uso de paletes para o seu armazenamento e transporte, por constituir um meio mais racionalizado que proporciona uma menor perda de material nesta fase.

19.5 CONSIDERAÇÕES FINAIS

A utilização do solo-cimento em tijolos e blocos, assim como outras tecnologias, tem vantagens e desvantagens.

Como vantagens, de um modo geral, podem ser citadas:

- economia de energia e recursos materiais em sua fabricação, uma vez que não é necessária a queima;
- aproveitamento de matéria-prima local ou da região (quando houver);
- similaridade com os componentes de vedação de tijolos maciços comuns e blocos cerâmicos, aceitos pela população brasileira em geral;
- facilidade de construção para habitação de interesse social, por meio da fácil transferência da tecnologia para construção e por mutirão.

E como desvantagem, pode ser apontada a existência de uma grande variedade de tipos de solos, o que acarreta a execução periódica de ensaios de caracterização, havendo casos em que o uso do solo-cimento se torna antieconômico.

Observadas as pesquisas já realizadas no Brasil, chega-se à conclusão de que o tijolo e o bloco de solo-cimento são adequados para edificações de pequeno e médio porte em que há solo com bom potencial de uso.

Nesse contexto, é recomendado para uso em habitações construídas por meio de mutirões ou cooperativas habitacionais em locais que não possuem boa capacidade tecnológica para o fornecimento de componentes convencionais para a construção, como blocos cerâmicos ou blocos de concreto.

E, por fim, tendo em vista o atual momento, em que a indústria da construção busca maior sustentabilidade na produção de edificações, o solo-cimento também se apresenta como alternativa de substituição de componentes tanto na alvenaria de vedação, por meio de blocos e tijolos, quanto em outras aplicações, tais como fundações e pavimentação. O uso de resíduos incorporados e a adição de fibras no solo-cimento ainda é incipiente no Brasil, e tem ocorrido mais por meio de algumas pesquisas no meio acadêmico. Porém, é possível observar que o país tem um grande potencial para este fim, considerando-se a grande quantidade de resíduos e fibras gerados pela construção civil. Esses resíduos, com a devida comprovação técnica, podem ser reaproveitados na produção do solo-cimento, minimizando o impacto ambiental negativo resultante de sua disposição em aterros, bem como proporcionando economia de energia decorrente de seu aproveitamento como matéria-prima.

BIBLIOGRAFIA

ASSOCIAÇÃO BRASILEIRA DE CIMENTO PORTLAND (ABCP). *Fabricação de tijolos de solo-cimento com a utilização de prensas manuais*: prática recomendada. São Paulo: ABCP, 1985.

ASSOCIAÇÃO BRASILEIRA DE NORMAS TÉCNICAS (ABNT). *NBR 6457*: Solos – Preparação de amostras para ensaios de compactação, caracterização e determinação do teor de umidade. Rio de Janeiro: ABNT, 2024.

ASSOCIAÇÃO BRASILEIRA DE NORMAS TÉCNICAS (ABNT). *NBR 6459*: Solo – Determinação do limite de liquidez. Rio de Janeiro: ABNT, 2017.

ASSOCIAÇÃO BRASILEIRA DE NORMAS TÉCNICAS (ABNT). *NBR 7180*: Solo – Determinação do limite de plasticidade. Rio de Janeiro: ABNT, 2016.

ASSOCIAÇÃO BRASILEIRA DE NORMAS TÉCNICAS (ABNT). *NBR 7181*: Solo – Análise granulométrica. Rio de Janeiro: ABNT, 2018.

ASSOCIAÇÃO BRASILEIRA DE NORMAS TÉCNICAS (ABNT). *NBR 8491*: Tijolo de solo-cimento – Requisitos. Rio de Janeiro: ABNT, 2012.

ASSOCIAÇÃO BRASILEIRA DE NORMAS TÉCNICAS (ABNT). *NBR 8492:* Tijolo de solo-cimento – Análise dimensional, determinação da resistência à compressão e da absorção de água – Método de ensaio. Rio de Janeiro: ABNT, 2012.

ASSOCIAÇÃO BRASILEIRA DE NORMAS TÉCNICAS (ABNT). *NBR 10833:* Fabricação de tijolo e bloco de solo-cimento com utilização de prensa manual ou hidráulica – Procedimento. Rio de Janeiro: ABNT, 2013.

ASSOCIAÇÃO BRASILEIRA DE NORMAS TÉCNICAS (ABNT). *NBR 10834:* Bloco de solo-cimento sem função estrutural – Requisitos. Rio de Janeiro: ABNT, 2013.

ASSOCIAÇÃO BRASILEIRA DE NORMAS TÉCNICAS (ABNT). *NBR 10836:* Bloco de solo-cimento sem função estrutural – Análise dimensional, determinação da resistência à compressão e da absorção de água – Método de ensaio. Rio de Janeiro: ABNT, 2013.

ASSOCIAÇÃO BRASILEIRA DE NORMAS TÉCNICAS (ABNT). *NBR 12023:* Solo-cimento – Ensaio de compactação. Rio de Janeiro: ABNT, 2012.

ASSOCIAÇÃO BRASILEIRA DE NORMAS TÉCNICAS (ABNT). *NBR 12024:* Solo-cimento – Moldagem e cura de corpos de prova cilíndricos – Procedimento. Rio de Janeiro: ABNT, 2012.

ASSOCIAÇÃO BRASILEIRA DE NORMAS TÉCNICAS (ABNT). *NBR 12253*: Solo-cimento – Dosagem para emprego como camada de pavimento – Procedimento. Rio de Janeiro: ABNT, 2012.

ASSOCIAÇÃO BRASILEIRA DE NORMAS TÉCNICAS (ABNT). *NBR 13554:* Solo-cimento – Ensaio de durabilidade por molhagem e secagem – Método de ensaio. Rio de Janeiro: ABNT, 2012.

ASSOCIAÇÃO BRASILEIRA DE NORMAS TÉCNICAS (ABNT). *NBR 13555:* Solo-cimento – Determinação da absorção de água – Método de ensaio. Rio de Janeiro: ABNT, 2012.

ASSOCIAÇÃO BRASILEIRA DE NORMAS TÉCNICAS (ABNT). *NBR 16097:* Solo – Determinação do teor de umidade – Métodos expeditos de ensaio. Rio de Janeiro: ABNT, 2012.

ASSOCIAÇÃO BRASILEIRA DE NORMAS TÉCNICAS (ABNT). *NBR 16697*: Cimento Portland – Requisitos. Rio de Janeiro: ABNT, 2018.

ASSOCIAÇÃO BRASILEIRA DE NORMAS TÉCNICAS (ABNT). *NBR 17053*: Agregado miúdo – Determinação de impurezas orgânicas. Rio de Janeiro: ABNT, 2022.

ASSOCIAÇÃO BRASILEIRA DE NORMAS TÉCNICAS (ABNT). *NBR NM-ISO 3310-1*: Peneiras de ensaio – Requisitos técnicos e verificação – Parte 1: Peneiras de ensaio com tela de tecido metálico (ISO 3310-1:2000, IDT). Rio de Janeiro: ABNT, 2011.

ASSIS, J. B. S. *Avaliação experimental do comportamento estrutural de paredes não armadas, submetidas à compressão axial, construídas com tijolito.* 188 f. Dissertação (Mestrado em Engenharia de Estruturas) – Universidade Federal de Minas Gerais. Belo Horizonte, 2001.

BARBOSA, N. P. Transferência e aperfeiçoamento da tecnologia construtiva com tijolos prensados de terra crua em comunidades carentes. *In*: *Inovação, gestão da qualidade & produtividade e disseminação do conhecimento na construção habitacional*. Porto Alegre: Antac, 2003, p. 12-39, v. 2. Coletânea *Habitare*.

BUSON, M.; SPOSTO, R. M. Kraftterra. Arquitectura de tierra como posibilidad para el reciclaje de sacos de cemento. *In*: CONGRESSO INTERNACIONAL DE CONSTRUCCIÓN SOSTENIBLE. *Anais...* Sevilha, 2007, p. 63-69.

CENTRO DE PESQUISA E DESENVOLVIMENTO (CEPED). *Manual de construção de solo-cimento.* Camaçari: Convênio Ceped/BNH/ABCP, 1984.

CENTRO DE PESQUISA E DESENVOLVIMENTO (CEPED). *Programa THABA*: manual de construção com solo-cimento. 4. ed. São Paulo: Convênio ABCP/Ceped/BNH/Urbis/Conder/PMC/OEA/Cebrace, 1999.

NEVES, C. M. M. *et al. Seleção de solos e métodos de controle na construção com terra*: práticas de campo. Rede Ibero-americana Proterra, 2009. Disponível em: https://redeterrabrasil.net.br/publicacoes-proterra/. Acesso em: 28 jan. 2024.

NEVES, C. M. M. *et al.* Uso do agregado reciclado em tijolos de solo estabilizado com cimento. *In*: Reciclagem de entulho para a produção de materiais de construção. *Anais...* Salvador, Brasil, 2001, p. 228-261.

SEGANTINI, A. A. S.; ALCÂNTARA, M. A. M. Solocimento e solo-cal. *In*: ISAIA, G. C. *Materiais de construção civil e princípios de ciência e engenharia de materiais*. São Paulo: Ibracon, v. 2, 2007, p. 834-845.

SILVA, A. P. M. *O uso do tijolo de solo-cimento na construção civil.* 77 f. Monografia (Curso de especialização em Construção Civil) – Universidade Federal de Minas Gerais. Belo Horizonte, 2013.

SOUZA, M. I. B.; SEGANTINI, A. A. S.; PEREIRA, J. A. Tijolos prensados de solo-cimento confeccionados com resíduos de concreto. *Revista Brasileira de Engenharia Agrícola e Ambiental*, v. 12, n. 2, 2008, p. 205-212, Campina Grande, PB.

20

VIDROS

Eng.º Newton Soler Saintive •
Eng.º Rafael Bruni •
Prof. Dr. Samuel Marcio Toffoli

20.1 Introdução, 446
20.2 Produção do Vidro Plano, 447
20.3 Vidro na Arquitetura, 449
20.4 Vidros Coloridos, Termorrefletores e Insulados, 450
20.5 Vidros Impressos, 454
20.6 Vidros de Segurança, 456
20.7 Normas Brasileiras, 467
20.8 Corrosão em Vidros, 467
20.9 Armazenamento, 470
20.10 Espelhos, 471
20.11 Tijolo de Vidro, 472
20.12 Fibra de Vidro, 473
20.13 Aplicações Especiais, 475

20.1 INTRODUÇÃO

Não se sabe exatamente a data ou o lugar em que o vidro foi descoberto. Alguns historiadores julgam que o primeiro vidro produzido pelo homem veio da região onde hoje é a Síria, aproximadamente 3000 anos antes de Cristo. Outros apontam o Egito, cerca de 2500 a.C. Sabe-se, com certeza, que em 1400 a.C. os egípcios produziam vasos, enfeites e outros objetos similares em uma fábrica descoberta em Tell el-Amarna. Posteriormente, os romanos, com o auxílio de artesãos egípcios e sírios, produziram vasos, garrafas, jarras e outros objetos de adorno. Também o empregaram como janelas, como se vê nas ruínas de Pompeia. Evidência de envidraçamento de casas também foi encontrada nas ruínas romanas da Inglaterra. As primeiras janelas foram produzidas aproximadamente no primeiro ou segundo século da era cristã.

No século XX, as pesquisas das propriedades físicas e químicas possibilitaram novos tipos de vidros (e, consequentemente, novas indústrias), como os vidros temperados, vidros laminados, fibras de vidro, fibras ópticas e vitrocerâmicas. No espaço, os primeiros esforços do homem na Lua tiveram, como parte essencial, uma área de visão feita de vidro, tanto na cápsula que transportou os astronautas quanto nos visores usados pelos mesmos quando se movimentaram na atmosfera hostil da Lua. Esses vidros requereram sofisticada tecnologia, quer na sua composição, quer nos seus revestimentos de óxidos metálicos protetores. O que dá ao vidro qualidades singulares é a sua estrutura atômica (Fig. 20.1). Nem um líquido nem verdadeiramente um sólido cristalino; ele é um compromisso entre os dois: um líquido super-resfriado. À primeira vista, parece um sólido e tem algumas propriedades como tal (resistência mecânica, módulo de elasticidade etc.), mas, se inspecionada sua estrutura interna com raios X, não achamos o ordenamento regular dos átomos encontrados em outros sólidos. A estrutura é mais parecida com um arranjo aleatório de um líquido, o que ele realmente é, mas um líquido resfriado abaixo de seu ponto de congelamento. Ou seja, é um líquido que ficou com sua viscosidade tão alta, que, para fins práticos, pode ser tratado como um sólido.

O vidro poderia ser feito apenas com sílica (SiO_2), carbonato de sódio, também chamada barrilha (Na_2CO_3), e calor, de acordo com a equação:

$$Na_2CO_3 + SiO_2 \rightarrow Na_2SiO_3 + CO_2 \qquad (20.1)$$

O sódio é um fundente para a sílica e permite que se obtenha o vidro em temperaturas mais baixas. Entretanto, esse vidro seria solúvel em água (seu velho nome é vidro-água). A adição do cálcio torna-o mais estável e insolúvel em água.

A composição química do vidro pouco mudou nesses 5000 anos. O vidro mais usado no mundo, o sodo-cálcico, apresenta uma boa estabilidade química e conta com cerca de 70 % de SiO_2, 15 % de óxido de sódio (Na_2O) e 10 % de óxido de cálcio (CaO), com 5 % de outros óxidos. Na realidade, o sódio e o cálcio

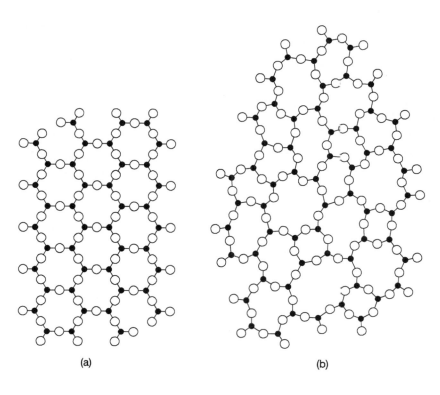

FIGURA 20.1 Estrutura atômica da sílica (SiO_2): (a) na forma cristalina (sólida) e (b) amorfa, como aparece no vidro. Os átomos de silício são as bolas pretas e os de oxigênio, as bolas brancas.

são adicionados como carbonatos e perdem dióxido de carbono (CO_2) durante o aquecimento, formando óxidos de sódio e de cálcio, que ficam ligados à rede de sílica.

O uso do vidro na construção civil praticamente explodiu no século XX, e hoje são comuns grandes áreas envidraçadas que, em alguns casos, abrangem toda a fachada do prédio (fachada cortina).

20.2 PRODUÇÃO DO VIDRO PLANO

No começo do século passado, a fabricação do vidro para vidraças era feita pelo processo do cilindro, um aperfeiçoamento do primitivo sistema do vidro soprado. Por meio de ar comprimido, formava-se um cilindro de cerca de 13 m de comprimento e 1 m de diâmetro, tirado do banho de vidro fundido. Este era posteriormente resfriado, cortado e "alisado". Tratava-se de um processo descontínuo, caro, sendo o produto resultante de baixa qualidade, empregado em janelas, porém inaceitável na fabricação de espelhos, vidros para automóveis e vitrines, que usavam o vidro polido (cristal), muito mais caro. Com o passar dos anos, outros processos foram sendo desenvolvidos, até que se chegou ao processo *float*, o qual tornou obsoletos os outros métodos, e é utilizado até os dias de hoje.

20.2.1 Processos Mais Antigos

Em 1914, foi inventado o processo Fourcault, esquematicamente visto na Figura 20.2. Nesse método, a lâmina de vidro é estirada verticalmente por meio de uma barra de refratário com uma ranhura, denominada *debiteuse*, por onde o vidro sobe em uma torre de 10 a 15 m de altura. A tração na parte superior produz estiramento, e os roletes laterais de amianto auxiliam a ascensão. A espessura da lâmina de vidro é determinada pela temperatura do vidro na câmara (quanto maior a temperatura, menor a espessura), pela velocidade do estiramento e pelo nível de *debiteuse* (quanto mais submersa, mais espessa a lâmina ou mais veloz o estiramento).

O estiramento tem início atirando-se uma lança no vidro fundido e elevando-a verticalmente. A tensão superficial e a viscosidade farão o vidro segui-la, formando uma lâmina de vidro. Diferenças de viscosidade causadas por falta de homogeneidade química e térmica, irregularidades e rachaduras na ranhura da *debiteuse*, variações de temperatura na câmara e nos resfriadores, flutuações na velocidade de estiramento são fatores que se combinam para causar as ondulações características de todos os vidros estirados. O último estágio da produção do vidro é o recozimento, destinado a eliminar as tensões internas que impediriam o corte dos vidros.

O processo Libbey-Owens foi introduzido em 1920. O vidro se estira na forma vertical, mas, a certa altura, a lâmina se curva sobre um rolo dobrador e prossegue na forma horizontal (Fig. 20.3). A contração da lâmina se evita por meio de dois pares de rold nas refrigeradas. Esse processo apresenta vantagens e desvantagens sobre o processo Fourcault: não precisa de *debiteuse*, não apresenta tantas inclusões e defeitos quanto o Fourcault, e é melhor recozido, porque a região do recozimento pode ser maior. A desvantagem é que a superfície não é tão brilhante, em razão do rolo dobrador.

O processo Pittsburgh (Fig. 20.4), introduzido aproximadamente em 1925, pela Pittsburgh Plate Glass Company (PPG), é semelhante ao Fourcault, exceto que a *debiteuse* é substituída por um bloco refratário submerso (*draw-bar*) algumas polegadas abaixo da superfície da massa fundente, e sua função é determinar a linha de origem da lâmina e controlar

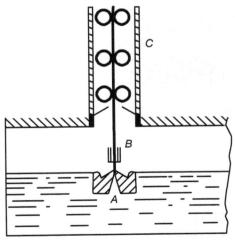

A - Debiteuse
B - Resfriadores da lâmina de vidro
C - Máquina de estirar e recozimento vertical

FIGURA 20.2 Processo Fourcault de produção contínua do vidro estirado.

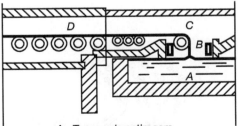

A - Tanque de estiragem
B - Resfriadores do vidro
C - Rolo dobrador
D - Recozimento horizontal

FIGURA 20.3 Processo Libbey-Owens de produção contínua de vidro estirado.

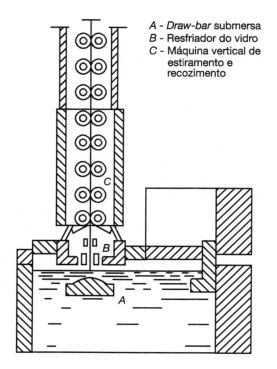

FIGURA 20.4 Processo PPG de produção contínua de vidro estirado.

as correntes de convecção na câmara. A qualidade do vidro assim produzido é superior à do Fourcault.

Também digno de nota era o processo de produção de vidro polido, chamado de cristal. Essa denominação "cristal" não guarda qualquer relação com a estrutura do material, mas trata-se, sim, de um termo comercial. O vidro em questão é totalmente amorfo do ponto de vista de seus átomos, é vidro plano, transparente, com faces polidas, sem distorção de visão quando os objetos são vistos através dele, ou refletidos pela sua superfície em qualquer ângulo.

Inicialmente, esse processo foi usado basicamente para a fabricação de espelhos e na indústria automobilística. Com o passar dos anos, nos países industrializados ele substituiu o vidro estirado em todas as aplicações: construção civil, indústria automobilística, de móveis etc. Sua fabricação era semelhante à do vidro estirado até ter-se uma folha de vidro rígida, já recozida (ou seja, sem tensões térmicas residuais), a qual era então submetida aos estágios adicionais de retífica e polimento, como se vê na Figura 20.5.

20.2.2 Vidro *Float*

Toda a fabricação de vidro plano liso (ou seja, exceto os vidros impressos) é hoje executada a partir do processo denominado *float*. Esse processo foi desenvolvido na década de 1950 por Sir Alastair Pilkington e seu colaborador Kenneth Bickerstaff e, em 1957, colocado em produção pela Pilkington Float Glass Limited, o que permitiu uma grande redução do custo da produção de um vidro plano de alta qualidade.

Observa-se, na Figura 20.6, que o vidro fundido escorre para o banho de flutuação. Sob uma atmosfera neutra composta de N_2 e H_2, com este último gás em pequena porcentagem, apenas para garantir que nunca haja O_2 disponível para oxidar o banho de metal, a fita de vidro flutua (*float*) em um banho de estanho fundido, o que produz uma perfeita planimetria das faces. Note-se que o vidro, com uma densidade de cerca de 2,5 g/cm^3, irá sempre flutuar sobre o metal fundido, o qual apresenta uma densidade de cerca

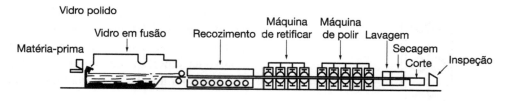

FIGURA 20.5 Vidro polido.

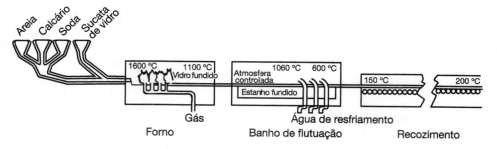

FIGURA 20.6 Processo *float*.

de 7,0 g/cm^3 em seu estado fundido. Ao longo da câmara do *float*, a fita de vidro vai acomodando suas superfícies, que se tornam perfeitamente planas e paralelas em face da ação exclusivamente da gravidade, e vão gradativamente esfriando-se e tornando-se rígidas. Ao final do tanque *float*, o vidro também passa pela etapa de recozimento – resfriamento lento até próximo da temperatura ambiente – de modo a ter suas tensões térmicas residuais aliviadas.

O vidro do tipo *float* substituiu o antigo cristal logo após as novas fábricas de *float* terem entrado em operação. No Brasil, a Cebrace, primeira fábrica de *float*, na cidade paulista de Jacareí, uma *joint-venture* entre os grupos multinacionais Saint-Gobain e Pilkington, começou a funcionar em 1982, provocando substancial redução na produção de vidro estirado, sendo seguida da construção de outros fornos desse tipo. Em 2023, toda a produção de vidro plano (não impresso) no Brasil se dá pelo processo desenvolvido por Sir Pilkington, sendo que o parque industrial de produção de vidro *float* conta com 10 fornos, geograficamente mais concentrados na região Sudeste do Brasil (sete no estado de São Paulo e um no Rio de Janeiro) e mais um forno em Santa Catarina e outro em Pernambuco, com uma capacidade produtiva total de 7530 toneladas por dia. O grupo Pilkington hoje faz parte do grupo japonês NSG – Nippon Sheet Glass Co.

Outro tipo de vidro usado em construções é o vidro impresso, que é translúcido, e no qual geralmente uma das faces é plana e a outra apresenta um desenho produzido por um rolo com a forma desejada. Esse tipo de vidro será tratado em tópico à parte, mais à frente.

20.3 VIDRO NA ARQUITETURA

O material vidro está presente na arquitetura em inúmeras formas. Desde sua aplicação mais conhecida em janelas, na forma de lâminas ou chapas planas ou curvas, até sua utilização como blocos ou até mesmo fibras.

A primeira associação que fazemos quando pensamos no vidro em arquitetura, no entanto, refere-se ao vidro na forma de chapa plana ou curva, de diversas espessuras, utilizado em janelas, portas, divisórias, como elemento decorativo (espelhos, vidros impressos) e mesmo como parte de um sistema construtivo (fachada cortina, fachada pele de vidro e *structural glazing*).[1]

---

[1] N. R.: Sistema de envidraçamento em que os painéis de vidro são colados em quadros, por meio de silicone estrutural, que, por sua vez, são apoiados na estrutura de sustentação da fachada. Nesse sistema, somente o vidro é visível externamente, ficando todos os elementos, estruturais e de fixação, voltados para o interior do edifício.

Há vidros incolores e coloridos. Os principais vidros coloridos utilizados no Brasil são o bronze, o cinza e o verde. Outras cores podem ser obtidas com vidros laminados, que serão abordados mais adiante. Alguns vidros apresentam desenhos ou padrões em sua superfície, sendo conhecidos como vidros impressos ou fantasia.

Pode-se aplicar sobre a superfície dos vidros um filme metálico, conferindo-lhes um aspecto espelhado. Esses vidros são conhecidos como termorrefletores ou espelhados. Mais eficientes que estes em termos de isolamento térmico e acústico, ainda preservando a passagem de luz na faixa do visível, são os vidros duplos ou insulados, sistema de envidraçamento duplo em montagens que utilizam duas chapas de vidro incluindo uma câmara selada de ar de baixa umidade entre os dois vidros. Esses tipos de vidros serão discutidos em detalhes no próximo tópico.

Encontram-se, ainda, vidros com resistência mecânica e características de segurança muito superiores às dos vidros comuns. Esses vidros são conhecidos como vidros de segurança e atendem a diversas aplicações em automóveis, aviões, trens etc. Na construção civil, os vidros de segurança são especialmente indicados para as áreas de maior risco de acidentes.

Mais detalhes sobre os vidros de segurança são apresentados na Seção 20.6.

A norma ABNT NBR 7199:2016 (ver Tab. 20.6) apresenta também as propriedades físicas do vidro comum ou recozido e do vidro temperado:

- módulo de elasticidade: $E = 75.000 \pm 5000$ MPa;
- tensão de ruptura à flexão:
  - para vidro recozido: 40 MPa $\pm$ 5 MPa;
  - para vidro temperado: 180 MPa $\pm$ 20 MPa;
- coeficiente de Poisson: 0,22;
- massa específica: 2500 ± 50 kg/m^3 (= 2,5 g/cm^3);
- dureza: entre 6 e 7 na escala de Mohs;
- índice de refração: ~1,52;
- coeficiente de dilatação linear entre 20 e 220 °C: $\alpha = 9\ °C \times 10^{-6}\ °C^{-1}$;
- coeficiente de condutibilidade térmica a 20 °C: $k = 0,8$ a 1 kcal/m $\cdot$ h $\cdot$ °C (vidro incolor);
- calor específico entre 20 e 100 °C: $C = 0,19$ kcal/kg $\cdot$ °C.

Para cálculo da espessura das chapas de vidro, recomenda-se a utilização da fórmula simplificada de Herzogenrath, para chapas planas retangulares, apoiadas nos quatro lados:

$$e = \frac{a \cdot b}{\sqrt{a^2 + b^2}} \cdot \sqrt{\frac{Pc}{2\sigma}} \qquad (20.2)$$

em que e é a espessura da chapa (cm); a e b são as dimensões dos lados da chapa (cm); Pc é a pressão de cálculo (MPa), tendo em vista a pressão do vento e o peso próprio, conforme item 4.4.1.3 da ABNT NBR 7199:2016; e σ é a tensão admissível de flexão (MPa), conforme item 4.5 da mesma norma.

Ainda segundo essa mesma norma brasileira, as tensões admissíveis de flexão são:

- vidro recozido: $\sigma = 13$ MPa ± 2 MPa;
- vidro temperado: $\sigma = 60$ MPa ± 4 MPa.

Por fim, os tijolos e fibras de vidro são outras formas de vidro utilizadas na arquitetura, prestando-se a uma variedade de aplicações interessantes. Cada um desses tipos de produto será abordado a seguir, sob um título específico.

20.4 VIDROS COLORIDOS, TERMORREFLETORES E INSULADOS

20.4.1 Vidros Coloridos e Termorrefletores

Os vidros coloridos (termoabsorventes), além do aspecto estético, podem reduzir o consumo energético de uma construção.

No passado, os custos iniciais, a aparência e o conforto dos ocupantes eram as únicas considerações na escolha dos vidros para uma construção. Atualmente, porém, procuram-se soluções econômicas, que reduzam o consumo de energia para iluminação e ar condicionado, empregando-se vidros absorventes e termorrefletores. Eles reduzem a energia radiante transmitida pelo Sol, quer refletindo a radiação solar antes de entrar na habitação, quer absorvendo-a no corpo do vidro. Essa energia absorvida é, então, reirradiada pelo vidro, com uma parte dela fluindo para a parte externa da construção.

Os vidros termoabsorventes são produzidos pela introdução de certos óxidos metálicos na massa do vidro, ou seja, entram na formulação do vidro. A presença desses óxidos produz as cores verde, azul, cinza e bronze, e reduzem a transmissão solar, aumentando a absorção do vidro.

Os vidros termorrefletores são fabricados aplicando-se na superfície da chapa de vidro uma camada de metal ou óxido metálico, suficientemente fina para ser transparente. Essa aplicação acontece, geralmente, após a chapa de vidro ser fabricada.

Para entender como funcionam os vidros coloridos e refletores faz-se necessário compreender a energia solar que chega à Terra em forma de ondas eletromagnéticas. A intensidade da radiação do Sol depende do mês, horário e localização na superfície terrestre.

O espectro solar é composto de três partes distintas: ultravioleta, luz ou espectro visível e infravermelho (Fig. 20.7). A energia ultravioleta, de comprimento de onda inferior a 400 nm, representa apenas 2 % da energia solar, mas causa descoloração de tapetes, cortinas, móveis, queimaduras solares etc. A energia ultravioleta é invisível. A outra parte é aquela que percebemos como luz, que compreende comprimentos de onda na faixa aproximada de 400 a 700 nm, e representa 45 % da energia solar. A luz é a porção da energia solar à qual a nossa retina é sensível, aquela que nos permite ver.

A última parte é a energia infravermelha, que compreende comprimentos de onda acima dos 700 nm, responde por 53 % da energia solar, e é invisível. Todas as três partes, quando absorvidas, são convertidas em calor, uma vez que a radiação reemitida é sempre menos energética do que a incidente (ou seja, dá-se em comprimentos de onda maiores), geralmente situando-se na faixa do infravermelho. Assim, em outras palavras, pode-se dizer que a energia solar é 43 % energia luminosa e 100 % energia térmica. A reemissão em comprimentos de onda maiores é o mesmo fenômeno que acontece com os raios solares que atravessam a atmosfera e aquecem o solo e, quando são reemitidos, fazem-no na faixa do infravermelho, que é incapaz de atravessar de volta a atmosfera, sendo, portanto, refletidos de volta à Terra, causando o efeito estufa.

A luz e o calor do sol apresentam-se no mesmo pacote, e o objetivo do projeto de uma construção energicamente eficiente é balancear esses dois fluxos, para reduzir o consumo de energia paga. Isso

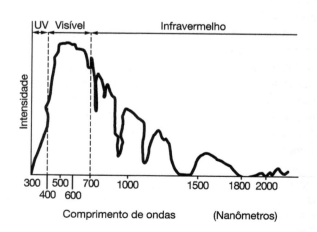

FIGURA 20.7 Distribuição espectral da radiação solar.

significa absorver calor do sol para elevar a temperatura interior nos climas frios, ou bloqueá-la para reduzi-la nos países quentes, como o Brasil.

A escolha do vidro adequado minimizará o consumo de energia elétrica para iluminação e refrigeração (ou aquecimento).

Vejamos os raios solares atingindo uma vidraça: uma parte da energia solar é refletida de ambas as superfícies do vidro. A quantidade de energia refletida depende do ângulo de incidência do Sol e da refletividade do vidro. Outra parte da energia é transmitida diretamente pelo vidro, e o restante é absorvido pelo corpo do vidro e, posteriormente, reirradiada para o interior e o exterior do edifício. Assim, certa quantidade de luz é sempre refletida por cada superfície quando a luz passa de um meio para outro com índices de refração diferentes. Esse fenômeno é descrito pela lei da reflectância de Fresnel, e é função apenas dos valores dos dois índices de refração, não dependendo, inclusive, do ângulo de incidência da luz:

$$R = \left(\frac{n_2 - n_1}{n_2 + n_1} \right)^2 \qquad (20.3)$$

em que R é a reflectância; e n_1 e n_2 são os índices de refração dos dois meios.

Assim, por exemplo, um feixe de luz visível viajando pelo ar ($n_1 = 1,0$), incidindo sobre uma folha de vidro comum (sodo-cálcico) incolor, que apresente índice de refração $n_2 = 1,5$ vai resultar em um valor de R de 0,04, ou seja, 4 %, indicando que cada vez que a luz penetrar no vidro, ou dele sair, 4 % da luz será refletida de volta na interface. Esse é o motivo de não existirem materiais sólidos 100 % transparentes.

A presença de cor no vidro provoca aumento na absorção de luz. A simples observação da Figura 20.8 nos permite concluir que o emprego do vidro polido 6 mm, com coloração bronze e superfície refletiva, permite a passagem de apenas 52 % da energia solar, em comparação ao vidro verde de mesma espessura, que deixa passar 61 %, e o vidro incolor, 83 %.

Vejamos, agora, outros aspectos sobre o espectro visível da energia solar. Há muito, sabe-se que a luz natural pode ter efeitos psicológicos positivos nos ocupantes dos edifícios. Estudos mostram que a característica de alternância da luz natural tem um efeito relaxante nos olhos, que pode provocar reações favoráveis. As janelas permitem aos ocupantes dos edifícios ficarem em contato com o exterior. As construções que incorporam luz natural podem reduzir o consumo de energia, bem como melhorar a qualidade da iluminação.

A luz natural é energia grátis e, utilizada com propriedade, pode reduzir a necessidade da iluminação artificial. Aproximadamente 20 % do consumo total de energia são usados para iluminação. Em um prédio de escritórios, a iluminação artificial pode representar 50 % do consumo total de energia.

Se forem usados vidros coloridos que reduzam o ganho de calor solar, haverá uma redução correspondente na transmissão da luz natural. Isso acarretará um aumento no consumo de energia elétrica para iluminação artificial, e, eventualmente, o consumo de eletricidade poderá ser aumentado.

Por outro lado, nos últimos anos, tem sido disponibilizada no mercado brasileiro uma variedade muito grande de vidros para controle da radiação solar em edificações, tanto de fabricação doméstica, quanto importados. Seus produtores (os mesmos que produzem os vidros *float*) declaram que esses produtos apresentam eficiências bastante elevadas na reflexão de radiação ultravioleta e, principalmente, infravermelha, porém sem comprometer grandemente a transmissão da radiação visível. Assim, afirmam que alguns produtos chegam a atingir 80 % de reflexão da radiação infravermelha (calor), mas ainda permitindo a passagem de 40 % da luz visível.

Alguns desses produtos são chapas de vidros termorrefletores, obtidas a partir de uma camada metálica fina depositada sobre uma chapa de vidro *float* (como já comentado anteriormente). Essa camada pode ser depositada a quente, logo após a conformação da chapa e enquanto ele está ainda quente (processo mais tradicional, chamado pirolítico) ou pode ser obtida por deposição, em temperatura ambiente e em câmara de alto vácuo, a partir do processo *Magnetron Sputter Vacuum Deposition* (MSVD), bem mais complexo, porém mais eficiente, mais flexível e moderno. O processo de *sputtering* pode ser utilizado também na fabricação de espelhos.

Outro sistema de vidros para controle solar explora as opções de se introduzir as camadas termorrefletivas e/ou absorventes por meio de uma folha de polivinil butiral (PVB) especialmente preparada, intercalada entre duas folhas de vidro (é um tipo de vidro laminado, visto mais à frente neste capítulo).

20.4.2 Vidros Duplos ou Insulados

Eficiências energéticas ainda mais altas podem ser obtidas quando se combina algum ou vários desses vidros descritos anteriormente, com o poder de isolamento do ar. Trata-se de um sistema de duplo

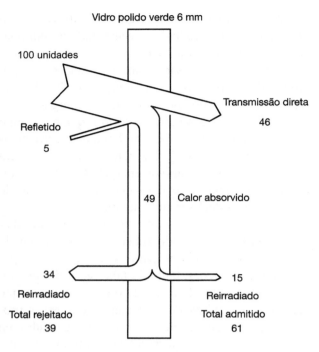
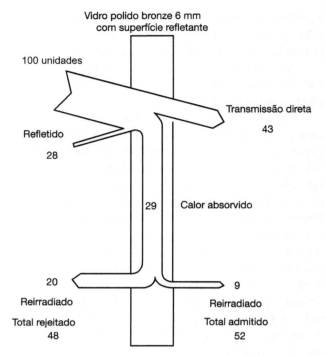
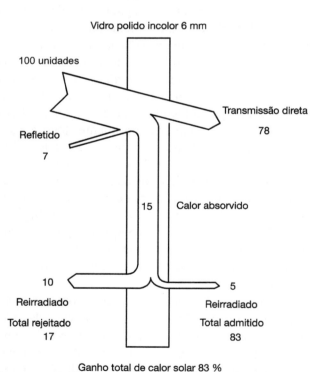

FIGURA 20.8 Balanço energético para vidros sob incidência solar.

envidraçamento chamado de vidros duplos ou insulados, esquematicamente mostrado na Figura 20.9. Esse tipo de montagem apresenta função termoacústica e foi introduzida a partir da patente norte-americana de Thomas D. Stetson, de 1865, a qual propunha manter duas folhas de vidro separadas em sua periferia por cavacos de madeira miúdos ou um emaranhado de cordas, mantendo-as unidas e garantindo o confinamento do espaço de ar por meio de selagem com alcatrão ou betume.

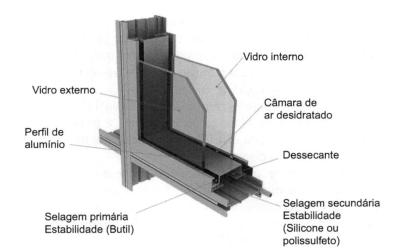

FIGURA 20.9 Componentes estruturais dos vidros insulados ou duplos. Foto: cortesia de Linde Vidros.

São montagens complexas, frequentemente utilizando perfis estruturais de alumínio (ou PVC), que podem utilizar desde duas chapas de vidro comum, frequentemente nas espessuras de 4 e 6 mm, com um espaço de ar confinado, desidratado, entre eles. É possível também utilizar-se de combinações diversas dos outros tipos de vidro apresentados aqui, por exemplo, vidros termorrefletores na parte externa e na parte interna um vidro laminado absorvente, ou mesmo empregar um vidro impresso em uma das chapas, adicionando, assim, privacidade. Alguns fabricantes oferecem também a possibilidade da incorporação de persiana no espaço interno.

São empregados no fechamento de vãos fixos, em janelas, portas, fechamento de salas e ambientes climatizados, coberturas, visores de portas de saunas e em equipamentos de refrigeração. Para garantir o isolamento termoacústico, o sistema possui selagem dupla e ainda conta com a presença de um dissecante na parte interna, para impedir o embaçamento que seria possível pela condensação de vapor de água, caso ele estivesse presente (Fig. 20.9). Os selantes utilizados são adesivos orgânicos, como butil, polissulfetos, poliuretanas, silicones ou poli-isobutileno. Opções para os dissecantes são as peneiras moleculares (sólidos extremamente adsorventes, como as zeólitas) ou a sílica-gel.

As eficiências térmicas atingidas por esse sistema de envidraçamento são extraordinárias, trazendo também o ganho adicional de excelente isolamento acústico. Permitem ter-se fachadas inteiramente de vidro em locais de climas extremos e, ainda assim, sem consumos de energia elétrica (em ar condicionado ou aquecimento, conforme o caso) exorbitantes. Naturalmente, o custo dessas soluções energéticas ainda é compatível com a quantidade de tecnologia empregada em sua concepção e em sua construção, de maneira que seu uso se justifica apenas em edificações de padrão elevado.

Em resumo, diversas são as soluções que devem ser consideradas para as diversas aplicações de vidros em construção civil. Com os dados da construção (localização, insolação, finalidade, cores, tamanho da área envidraçada etc.), é possível selecionar a solução ótima para cada caso. Diversos fabricantes de vidro possuem programas de computador que determinam a solução mais econômica para cada caso em particular. Alguns, inclusive, disponibilizam *on-line*, na internet, simulações preliminares que auxiliam na elaboração de projetos que tenham preocupação com a eficiência energética da edificação.

20.4.3 Tensões Térmicas em Uso

Outro aspecto a ser considerado quando do estudo do envidraçamento de uma construção é o aparecimento de tensões térmicas nos vidros. O vidro normalmente é montado com as bordas cobertas de alguma forma por alvenaria, caixilhos etc. A área do vidro diretamente exposta à radiação solar absorve calor, aumenta sua temperatura e expande (Fig. 20.10).

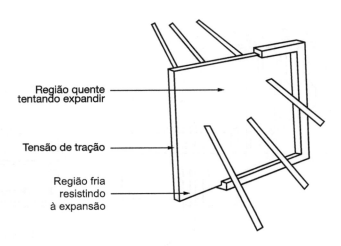

FIGURA 20.10 Geração de tensões.

As bordas do vidro, protegidas da radiação solar, mantêm-se mais frias que a parte central, não protegida. O diferencial de expansão produz tensões que, se ultrapassarem a resistência à tração do vidro, resultarão em fraturas térmicas (Fig. 20.11).

O valor dessas tensões térmicas depende da diferença de temperatura entre as áreas quentes e frias do vidro, e, também, da distribuição do gradiente de temperatura através do vidro.

Qualquer fator que favoreça um aumento na condição centro quente borda fria tende a aumentar as tensões térmicas; locais com irradiação solar intensa, vidros com grande absorção de calor (coloridos), podem agravar o problema.

As condições das bordas de uma chapa de vidro são extremamente importantes. Como as tensões induzidas pelo gradiente de temperatura são localizadas nas bordas, a resistência do vidro depende do estado das mesmas, isto é, da existência ou não de trincas.

Quanto maior a espessura e o tamanho das chapas de vidro, maior a probabilidade de existência de trincas na borda.

A combinação de vidros escuros de grandes dimensões e grossa espessura poderá levar a tensões térmicas que superem a resistência à tração do vidro e provoquem sua quebra. Nesses casos, o fabricante deve ser consultado quando do projeto de envidraçamento.

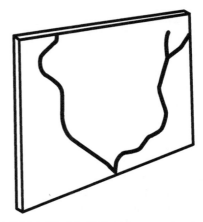

FIGURA 20.11 Típica fratura térmica.

20.5 VIDROS IMPRESSOS

20.5.1 Processo de Fabricação e Características

Este tipo de vidro passou a ser produzido em larga escala a partir de 1890, quando se desenvolveu o processo pelo qual o vidro emerge do forno de fusão e passa entre dois rolos metálicos, um dos quais possui um desenho gravado em sua superfície (Fig. 20.12). Esse desenho é transferido ao vidro, que prossegue para a galeria de recozimento, na qual é resfriado lentamente, até temperaturas próximas à temperatura ambiente e, em seguida, é cortado em dimensões predeterminadas.

A composição química geral do vidro impresso é semelhante à do vidro *float*. Ele é translúcido, com figuras ou desenhos geométricos, em uma ou ambas as faces, difundindo a luz transmitida e proporcionando diferentes graus de privacidade. Alguns tipos e espessuras podem ser temperados, aumentando sua resistência mecânica de três a cinco vezes, ou mesmo laminados.

20.5.2 Tipos

O vidro impresso, também conhecido popularmente como vidro fantasia, é produzido em uma variedade de desenhos e acabamentos. Alguns vidros podem

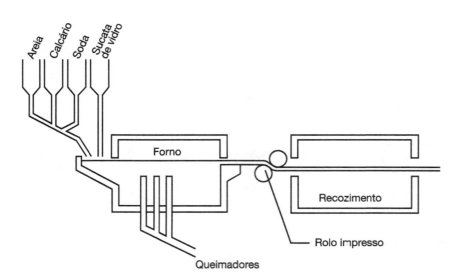

FIGURA 20.12 Fabricação do vidro impresso.

receber um tratamento superficial à base de ácidos, jatos de areia ou esmalte, sendo conhecidos então como gravados e esmaltados.

As Tabelas 20.1 e 20.2 resumem alguns dos tipos principais de vidro impresso e seus acabamentos.

20.5.3 Aplicações

Os vidros impressos gravados e esmaltados são indicados quando se deseja obter luminosidade sem comprometer a privacidade. O tipo de vidro a ser escolhido dependerá do grau e do tipo de privacidade e difusão luminosa que o projeto especifique.

O acabamento escolhido não deve enfraquecer ou tornar o vidro muito frágil para o propósito a que se destina. Facilidade de manutenção e limpeza também devem ser consideradas na escolha do acabamento.

Devem-se consultar fabricantes ou revendedores sobre as dimensões disponíveis nos desenhos desejados e as espessuras escolhidas em função das dimensões dos painéis, da carga de vento e da utilização final.

Exemplos de utilização desses vidros são painéis decorativos, janelas, portas, divisórias, fachadas, coberturas, boxes de banheiro, revestimento de paredes, e na indústria moveleira (mesas, aparadores, estantes, revestimento externo de armários).

TABELA 20.1 Alguns exemplos de vidros impressos

Tipo	Espessura (mm)	Desenho	Acabamento
Canelado	4	Canaletas verticais	Brilhante
Pontilhado	4/6/8/10	Pequenas reentrâncias e saliências superficiais	Texturizado
Martelado	4	Desenhos em alto-relevo de forma circular e ranhurados	Brilhante
Miniboreal	4	Superfície pontilhada	Texturizado
Silésia	4	Losangos	Texturizado
Jacarezinho	4	Pequenos retângulos em alto-relevo	Brilhante
Bolinha	4	Desenho em alto-relevo de forma circular	Brilhante
Opaco	4/6/8/10	Liso	Fosco
Esmaltado	4/6/8/10	Liso	Esmaltado

TABELA 20.2 Descrição dos acabamentos

Tipo	Como é produzido	Vantagens	Desvantagens	Aplicação
Brilhante (a fogo)	Acabamento natural após estirado	Superfície brilhante	—	Ambas as faces
Fosco	Tratado com ácido fluorídrico	Reduz ofuscamento e passagem de luz; aumenta a difusão	Reduz a resistência do vidro a impacto e esforços mecânicos	Em geral em uma face
	Jatos de areia fina e ar comprimido	Aumenta a difusão e reduz a passagem da luz	Difícil de limpar, reduz a transmissão luminosa e torna o vidro muito frágil	Em geral em uma face
Esmaltado	Esmalte vítreo aplicado em uma das faces, posteriormente aquecido e fundido à superfície do vidro	Reduz a transmissão luminosa e proporciona difusão mais uniforme	—	Em geral em uma face
Texturizado	Superfície rugosa impressa em uma das faces	Reduz a transmissão luminosa	—	Somente em uma face

456 Capítulo 20

Existiam, até 2018, apenas dois fabricantes desse tipo de vidro no Brasil: a UBV – União Brasileira de Vidros S.A., localizada na zona sul da cidade de São Paulo, e a Saint-Gobain Glass, com fábrica localizada no município de São Vicente, baixada Santista (litoral do Estado de São Paulo). Atualmente, apenas a Saint-Gobain Glass permanece em atividade, com capacidade produtiva de 180 toneladas de vidro impresso por dia.

20.6 VIDROS DE SEGURANÇA

Na época em que Tibério era imperador romano, entre 23 e 37 d.C., um artesão inventou um tipo maleável de vidro, que poderia ser flexionado, martelado como metal e atirado ao chão sem se quebrar.

O inventor foi levado à presença do imperador e as qualidades notáveis do novo vidro foram demonstradas. Tibério, por motivos desconhecidos, ordenou a morte do inventor no próprio local. Assim, uma das grandes descobertas da humanidade foi perdida por quase 2 mil anos.

Nunca ficaremos sabendo como era esse vidro, mas o vidro de segurança temperado, que se desenvolveu principalmente a partir de 1930, possui quase todas as qualidades do vidro da época de Tibério.

Já em 1905, a primeira patente do vidro de segurança laminado foi concedida a Wood, da Inglaterra, embora Benedictus, na França, já o houvesse inventado.

O vidro de segurança laminado desenvolveu-se em função dos grandes avanços da indústria automobilística e, em menor grau, da indústria do plástico. A enorme demanda por vidros que oferecessem maior segurança aos usuários dos novos modelos de carros estimulou a indústria do vidro a produzir vidros especiais, com características de segurança.

Assim, despontou o vidro laminado, inicialmente com algumas falhas, como descoloramento e enfraquecimento da película plástica. Primeiramente, foi empregado nitrato de celulose e, posteriormente, acetato de celulose. Mais tarde, com o desenvolvimento da indústria dos polímeros, foi possível obter um material que satisfizesse todos os requisitos, resultando no vidro de segurança laminado hoje utilizado, o qual emprega como película intermediária o polivinil butiral (PVB), descrito mais adiante neste capítulo.

Os vidros de segurança começaram a ser empregados nos automóveis na década de 1920. A partir de 1930, na Inglaterra, e de 1934, nos Estados Unidos, os vidros de segurança passaram a ser obrigatórios nos automóveis. Entre 1957 e 1960, o vidro de segurança temperado foi paulatinamente substituindo a maior parte dos vidros laminados utilizados nas janelas laterais dos veículos.

Na construção civil, as normas não são tão rígidas quanto as da indústria automobilística, e foi somente no início da década de 1960 que muitos países passaram a adotar normas de segurança para vidros utilizados em locais de grande risco.

No Brasil, a ABNT NBR 7199:2016 estabelece a obrigatoriedade do uso de vidros de segurança nos seguintes casos:

- balaustradas, parapeitos e sacadas;
- vidraças não verticais sobre passagens;
- claraboias e telhados;
- vitrines;
- vidraças que dão para o exterior, sem proteção adequada.

Esses dois grandes mercados, a indústria automobilística e a indústria de construção civil, impulsionaram a produção de vidros de segurança, bem como o desenvolvimento de técnicas mais avançadas de fabricação.

Mas, afinal, qual a característica básica que diferencia os vidros de segurança dos vidros recozidos comuns? A diferença fundamental é que o vidro de segurança, ao ser fraturado, produz fragmentos menos suscetíveis de causar ferimentos graves do que o vidro recozido em iguais condições.

Os tipos de vidros de segurança são três: o temperado, o laminado e o aramado. Cada um deles apresenta características próprias de fabricação e desempenho, que devem ser consideradas na escolha do tipo de vidro a ser utilizado. A seguir, os vidros de segurança mencionados serão tratados com mais detalhes.

20.6.1 Vidro Temperado

20.6.1.1 Têmpera de vidro

O que é vidro temperado? O vidro temperado tem esse nome por analogia ao aço temperado. Ambos têm sua resistência aumentada pela têmpera, um processo que consiste em aquecer o material a uma temperatura adequada e depois resfriá-lo rapidamente. Aqui termina a analogia, porque a natureza dos fenômenos envolvidos e os efeitos desse tratamento são muito diferentes para os dois materiais. No aço, um novo balanço de dureza e resistência é produzido pela precipitação da fase cristalina martensita. O vidro temperado, por outro lado, permanece um material de uma única fase (continua amorfo). A têmpera no vidro produz um sistema de tensões que aumenta sua resistência, induzindo tensões de compressão na sua superfície e tensões de tração em seu interior. Isso acontece porque o vidro, como a maior parte dos materiais frágeis, quebra por causa do crescimento descontrolado de uma trinca, resultando na característica de que ele apresenta grande resistência à compressão, porém pouca resistência à tração.

Como a fratura geralmente ocorre por um defeito na superfície, que provoca uma concentração de tensões, a pré-compressão da superfície permite uma resistência final muito maior. Nesse aspecto, o vidro temperado pode ser comparado ao concreto protendido, apesar de a natureza e o mecanismo da protensão serem, ainda, radicalmente diferentes. Uma distribuição típica das tensões na espessura de uma peça de vidro temperado é mostrada a seguir. A distribuição é aproximadamente parabólica, sendo a compressão na parte externa compensada pela tração no interior. Como geralmente não existem defeitos na parte interna do vidro, que atuariam como concentradores de tensões, a tração interna não representa problema especial.

Qualquer carga aplicada no vidro temperado, antes de tracionar as camadas externas e provocar o crescimento de uma microtrinca, deverá, primeiramente, neutralizar as tensões de compressão ali introduzidas. A resistência típica do vidro recozido pode ser tomada como 40 MPa (ABNT NBR 7199:2016). A tensão de compressão de um vidro temperado é tipicamente de 100 a 120 MPa. Assim, a resistência efetiva do vidro temperado terá um valor acima de 140-160 MPa. Ou seja, tipicamente, a resistência do vidro temperado é de três a cinco vezes maior do que a resistência do vidro comum recozido.

Ademais, em face da presença das tensões induzidas no vidro temperado, quando este se rompe em qualquer ponto, toda a chapa se quebra instantaneamente em fragmentos pequenos com arestas pouco cortantes e praticamente sem lascas pontiagudas, menos suscetíveis, portanto, de causar ferimentos. É por esse motivo que não se pode perfurar, cortar, retificar ou mesmo lapidar as bordas de uma peça de vidro temperado. Todas essas etapas de preparação e acabamento da peça devem ser feitas antes de ela ter sido submetida ao processo de têmpera.

A têmpera do vidro é obtida da seguinte forma: o vidro é aquecido a uma temperatura próxima ao seu ponto de amolecimento (em torno de 700 °C) e rapidamente resfriado por meio de jatos de ar. Como o vidro é mau condutor de calor, as superfícies externas resfriam-se e contraem-se, enquanto o interior permanece fluido a alta temperatura. À medida que o interior se resfria lentamente, ele tende a se contrair mais do que a superfície, uma vez que sua estrutura teve mais tempo para tentar organizar-se. Porém, como se trata de um único bloco, a maior contração do interior é impedida pelas partes externas que já estão rígidas. Assim, com o resfriamento, a superfície é gradativamente colocada em compressão pelo interior da chapa de vidro. Quando a temperatura se equilibra com o ambiente, fortes tensões de compressão na superfície e de tração na parte interna encontram-se presentes (Fig. 20.13).

A forma das tensões induzidas e os valores máximos de compressão e de tração dependem da temperatura inicial, da velocidade de resfriamento, das propriedades térmicas do vidro usado e da forma do objeto a ser temperado. Vidros muito finos (2-3 mm ou menos) dificilmente são temperados, uma vez que o gradiente de temperatura que se desenvolve entre superfície e interior é muito pequeno. Além do vidro plano ou curvado, o processo de têmpera também é utilizado para reforçar mecanicamente alguns artigos de vidraria de mesa, como alguns tipos de copos, pratos e tigelas de vidro.

No Brasil, a ABNT NBR 14698:2001 (ver Tab. 20.6) especifica os requisitos gerais, métodos de ensaio e cuidados necessários para garantir a segurança, a durabilidade e a qualidade do vidro temperado plano em suas aplicações na construção civil, na indústria moveleira e nos eletrodomésticos da linha branca.

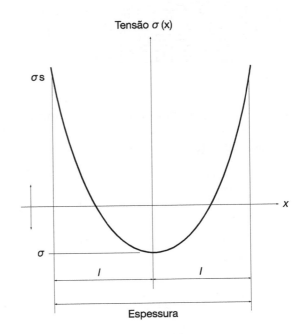

FIGURA 20.13 Tensões induzidas no vidro temperado.

20.6.1.2 Aparência visual dos vidros temperados

Observando-se o vidro temperado em determinados ângulos, pode-se ver um reticulado próprio, causado pela ação das tensões internas sobre a luz (Fig. 20.14). Essas marcas podem ser vistas com mais intensidade com placas de polaroide (filme polarizador de luz) ou com luz solar polarizada, e não devem ser consideradas como um defeito, uma vez que são próprias do vidro temperado.

FIGURA 20.14 Marcas evidenciando a presença de têmpera, que aparecem em vidros temperados, dependendo do ângulo de incidência da luz e do ângulo de visão do observador.

O vidro temperado em fornos verticais possui marcas, pequenas depressões circulares, ao longo de um de seus lados (em geral, o menor), as quais foram causadas pelas pinças que sustentam a peça no processo de têmpera, como se vê no croqui apresentado na Figura 20.15.

A têmpera em fornos verticais é eficiente, permite o processamento de peças grandes, mas deixa as marcas de pinça e está limitada a peças planas. Por isso, hoje é comum também a têmpera de vidros pelo processo horizontal, no qual as placas de vidro são transportadas por rolos rotativos para dentro do forno, no qual são aquecidas e depois trazidas para fora do forno quando recebem os jatos de ar, por cima e por baixo. A homogeneidade de resfriamento ao longo de toda a peça é conseguida a partir de um movimento repetitivo para a frente e para trás dos rolos enquanto o ar está sendo soprado. Desse modo, a presença dos rolos não interfere com a têmpera. Naturalmente esse tipo de processo não deixa marcas de pinça na peça e permite o processamento de peças curvas ou peças de grandes dimensões, mas espessuras finas, não adequadas a serem submetidas à têmpera vertical.

Em razão dessas deformações admissíveis de fabricação (Tab. 20.3), recomenda-se, para o bom funcionamento das peças de vidro temperado em instalações autoportantes (ou seja, quando não são utilizados

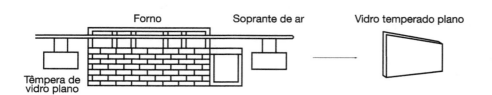

FIGURA 20.15 Têmpera em forno vertical.

TABELA 20.3 Empenanento[1] admissível (mm)

Dimensões (cm)	Espessura (mm)			
	6	7	8	10
< 90	3,2	2,9	2,8	1,6
90 a 120	4,8	4,5	4,3	2,4
120 a 150	6,3	6,0	5,6	3,2
150 a 180	8,0	7,6	7,2	4,0
180 a 210	9,5	8,9	8,3	4,8
210 a 240	12,7	11,9	11,0	6,3
240 a 270	—	—	—	9,5
270 a 300	—	—	—	12,7

[1] N. R.: Empenamento é o afastamento máximo de um ponto da chapa de vidro em relação a um plano vertical. Para medir-se o empenamento, coloca-se a chapa de vidro na posição vertical e mede-se o afastamento máximo em relação a uma régua apoiada nas duas extremidades da peça.

caixilhos), que as seguintes distâncias entre as bordas das chapas de vidro sejam respeitadas (Fig. 20.16):

- entre peças móveis, 2 a 4 mm;
- entre peças móveis e fixas, 3 a 5 mm;
- entre peças móveis e piso, 7 a 8 mm;
- entre peças fixas, 2 a 3 mm.

Para instalações em caixilhos, orienta-se uma folga de 6 mm em cada direção em relação à parte interna do caixilho. No caso de vidros termoabsorventes (coloridos), deve-se dar uma folga de 8 mm (Fig. 20.17).

Recomenda-se que as chapas de vidro de segurança temperado, em função das condições de segurança no manuseio, transporte e fabricação, obedeçam às dimensões máximas de utilização indicadas na Tabela 20.4. Cabe ressaltar que as dimensões máximas dependem mais das instalações de produção existentes do que das condições de trabalho e manuseio.

20.6.1.3 Instalações autoportantes

Nas instalações autoportantes, a montagem e fixação das chapas de vidro temperado são feitas com o uso de ferragens. As ferragens são os elementos de ligação entre vidros, ou vidros e estrutura de sustentação (alvenaria, concreto, madeira, aço, alumínio, entre outras), sendo responsáveis pela transmissão de esforços, fixação e funcionamento de uma instalação autoportante.

As ferragens são peças metálicas (latão, bronze, ferro ou alumínio), adaptadas aos furos e recortes previamente executados nos vidros temperados. Entre essas peças e os vidros, devem-se interpor materiais imputrescíveis, não higroscópicos e que não escoem com o tempo sob pressão (fitas plásticas adesivas, cartões tratados etc.). Quanto maior a área de contato entre vidro e ferragem, mais segura será a instalação e melhor o seu funcionamento, já que haverá melhor transmissão dos esforços, evitando-se concentrações indesejáveis. Há diversos tipos de ferragens: suportes (vidro-vidro, vidro-estrutura), dobradiças de porta, trincos e fechaduras, puxadores, basculantes e projetantes para panelas, rodízios para portas de correr etc.

Apresentam-se, na Figura 20.18, algumas montagens autoportantes comumente encontradas.

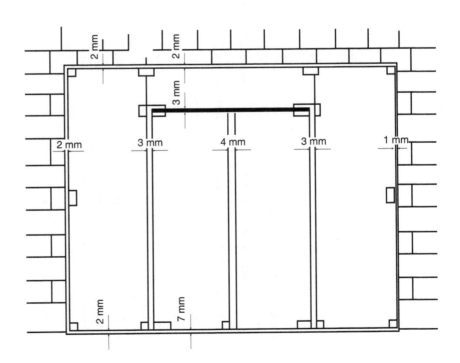

FIGURA 20.16 Folgas em instalações autoportantes.

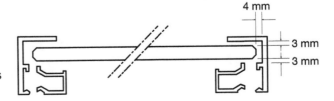

FIGURA 20.17 Folgas para instalações em caixilhos.

TABELA 20.4 Dimensões máximas (mm)

Espessura		Colocação em caixilhos				Colocação autoportante				Vidro esmaltado VF-VL-VI				Relação mínima larg./comp. (Fig. 20.17)
		Comprimento*		Largura$^{(2)}$		Comprimento$^{(1)}$		Largura$^{(2)}$		Col. em caixilho		Col. autoport.		
VF-VL	VI	VF-VL	VI	VF-VL	VI	VF-VL	VI	VF-VL	VI	Comp.$^{(1)}$	Larg.$^{(2)}$	Comp.$^{(1)}$	Larg.$^{(2)}$	
4	4	900	–	500	–	–	–	–	–	–	–	–	–	1/3
5	–	1300	–	850	–	–	–	–	–	–	–	–	–	1/4
6	6	2000	–	1100	–	2000	2000	900	900	2000	1100	2000	900	1/6
8	8	2500	2500	2000	2000	2500	2500	1500	1500	2500	1500	2500	1500	1/8
10	10	3500	3200	2700	2700	3200	3200	2700	2700	3000	2000	3000	2000	1/10
12	–	3500	–	2700	–	3500	–	2700	–	3000	2000	3000	2000	1/10

(1) Comprimento (C): maior dimensão da chapa.
(2) Largura (L): menor dimensão da chapa.
VF = vidro *float*; VL = vidro liso; VI = vidro impresso.
Obs.: as portas não devem ultrapassar 1000 mm × 2200 mm.

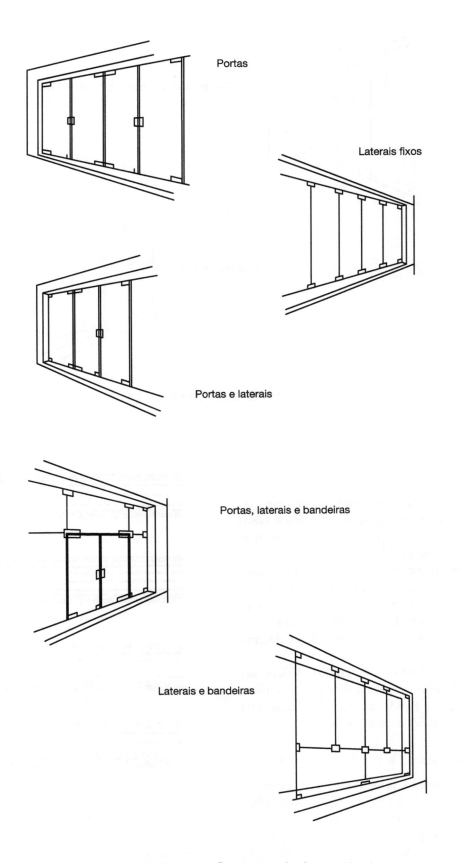

FIGURA 20.18 Instalações autoportantes (*continua*).

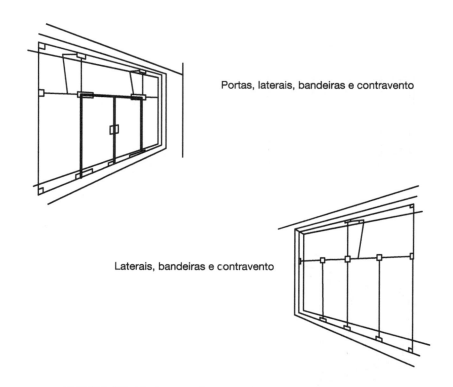

FIGURA 20.18 Instalações autoportantes (*continuação*).

20.6.1.4 Tipos de acabamentos

Os vidros de segurança temperados produzidos no Brasil podem ser lisos ou impressos. Os lisos são o *float* incolor ou colorido. Os vidros impressos temperados também são encontrados no mercado.

É possível realizar opacação leve nos vidros temperados por meio de jatos de areia ou ácido fluorídrico, HF, desde que o polimento atinja, no máximo, 0,3 mm de profundidade. Convém ressaltar que, nesses casos, a resistência do vidro é consideravelmente reduzida.

As bordas dos vidros temperados podem ser simplesmente filetadas ou escantilhadas para aplicação em caixilhos, ou lapidadas, com lapidação reta ou redonda, nas instalações autoportantes.

20.6.1.5 Aplicações e recomendações

Os vidros de segurança temperados são especialmente indicados quando o projeto especificar vidros em locais sujeitos a impactos, choques térmicos ou utilização sob condições adversas, que requeiram resistência mecânica. Assim, além da construção civil, vamos encontrar vidros temperados em automóveis, na construção naval, em visores, eletrodomésticos, luminárias, móveis etc.

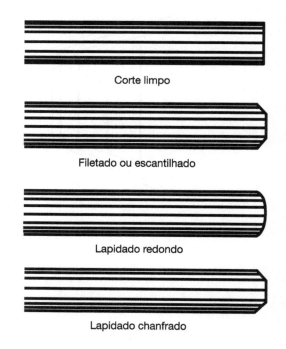

FIGURA 20.19 Bordas dos vidros temperados.

Na construção civil, especificamente, são utilizados em locais em que o projeto arquitetônico requeira o máximo de transparência, com um mínimo, ou mesmo ausência, de estruturas horizontais ou verticais de sustentação. Exemplos de sua aplicação são as fachadas de edifícios, divisórias, portas, boxes para banheiros, vitrines, tampos de mesa etc.

O vidro temperado, apesar de possuir grande resistência mecânica, não suporta impacto de balas.

Como o vidro de segurança temperado não pode sofrer recortes, perfurações ou lapidação, salvo polimento leve, é de suma importância que o projeto leve em conta as dimensões finais dos vãos acabados, condições de nível e prumo, materiais que compõem os vãos onde serão aplicadas as peças de fixação (pedra, mármores, concreto, alvenaria, ladrilho, taco, forro falso etc.) e movimentações de estrutura do edifício.

Devem ser sempre previstos detalhes construtivos que permitam a limpeza periódica e a eventual troca da chapa de vidro, com segurança de trabalho.

20.6.1.6 Têmpera química

A têmpera química, como a têmpera térmica convencional, também induz tensões de compressão nas camadas externas, e de tração nas camadas internas, porém por processos inteiramente diferentes.

A peça de vidro a ser quimicamente temperada, com as dimensões da peça acabada, é imersa em um banho de sais fundidos contendo potássio, a cerca de 400 °C de temperatura, onde ocorre uma troca iônica. O sal mais comumente usado é o nitrato de potássio, KNO_3. Esse sal funde-se a 334 °C, temperatura, portanto, muito abaixo daquela do amolecimento do vidro.

Como o vidro sodo-cálcico (vidro comum) contém muito sódio e pouco ou nenhum potássio e o banho contém abundância de potássio e nenhum sódio, em razão da diferença de potencial químico entre esses dois meios, ocorre uma troca iônica

entre esses dois elementos: o vidro perde íons de sódio para o banho de sal, de maneira que eles são substituídos pelos íons de potássio do banho de sal fundido (Fig. 20.20).

Os íons de potássio, com um raio de 1,33 Å (1 Å = 10^{-10} m), são maiores que os de sódio, que têm um raio de 0,95 Å. Assim, como o vidro encontrase rígido nessa temperatura, a substituição de alguns cátions superficiais por um de maior raio faz com que os átomos superficiais sejam colocados em compressão, os quais, naturalmente, devem ser balanceados por tensões de tração no interior. Como a difusão dos íons de potássio é pequena no vidro, a profundidade da camada onde ocorre a troca de íons é pequena, no máximo chegando a 100 micrômetros de profundidade, e é controlada pelas variações de tempo e de temperatura da operação de troca.

Atualmente, é possível temperar termicamente espessuras de pouco menos de 3 mm. Já para a têmpera química, praticamente não existem limitações de espessura, fato que levou esta técnica a ser adotada no reforço de vidros muito finos, como aqueles empregados em visores de telefones celulares e *tablets*.

A têmpera química tem algumas vantagens sobre a têmpera térmica: é praticamente isenta de distorções, e introduz uma resistência mecânica várias vezes maior do que a obtida pela têmpera térmica: na têmpera química, as tensões de compressão superficiais podem atingir 600 MPa, contra 120 MPa no caso da térmica. As principais desvantagens desse tipo de têmpera são, porém: processo muito mais caro e fratura sem a segurança da têmpera convencional, uma vez que o vidro não se fragmenta em pequenas

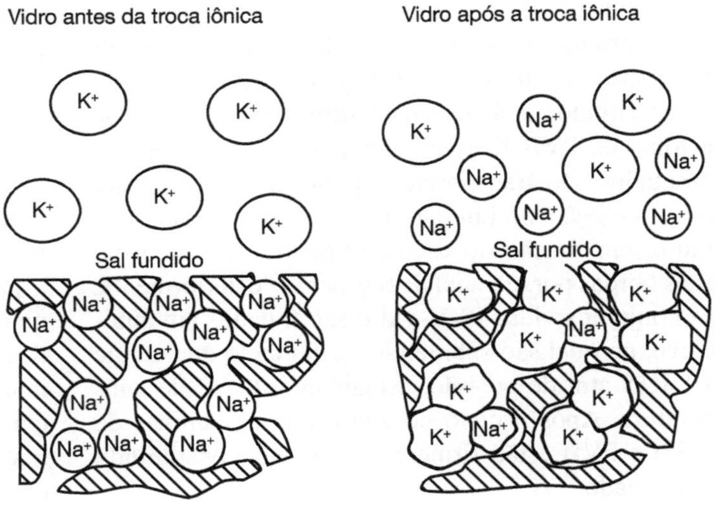

FIGURA 20.20 Troca iônica / têmpera química.

464 Capítulo 20

partículas, sem arestas cortantes, como no caso da têmpera convencional.

O vidro quimicamente temperado é usado onde se exijam vidros com espessuras muito pequenas, abaixo de 3 mm, mas com resistências mecânicas elevadas, maiores inclusive do que aquelas obtidas com a têmpera térmica. Por isso, não é empregado na construção civil, que se utiliza de peças grandes, mas é o processo adotado para aumentar a dureza superficial e a resistência a impactos de peças pequenas de vidro, como, por exemplo, ampolas de autoinjeção de insulina e dos vidros utilizados em visores e *displays* de telefones celulares *touch-screen* e *tablets*.

20.6.2 Laminado

20.6.2.1 Definições e processo de fabricação

O vidro de segurança laminado consiste em duas ou mais lâminas de vidro fortemente interligadas, sob calor e pressão, por uma ou mais camadas geralmente de polivinil butiral (PVB), folha polimérica muito resistente e flexível, ou, em alguns casos particulares, de outro polímero como o policarbonato ou o polietileno tereftalato (PET).

Na produção dos vidros laminados deve-se ter uma sala limpa e bem vedada, com controle rigoroso de temperatura, umidade e quantidade de material particulado em suspensão no ar. O PVB é deixado algum tempo para atingir a umidade dentro dos limites previstos pelo fabricante. Se ele ficar fora desses limites, o laminado produzido terá sérias deficiências: pouca ou excessiva aderência, aparência de embaçamento, pouca resistência à absorção de impactos etc. Em outras palavras, o laminado produzido poderá não ser, realmente, um vidro de segurança.

A produção do vidro laminado abrange as seguintes etapas: as chapas de vidro já cortadas, lavadas e secas são montadas na sala especial, intercalando-se a folha de PVB flexível. Em seguida, os conjuntos montados são transportados para uma estufa, para uma remoção preliminar de ar entre as chapas de vidro, em função do estabelecimento de vácuo em suas bordas por um anel de borracha. Posteriormente, os conjuntos vidro-PVB-vidro são tratados em autoclave, no qual são submetidos a um ciclo que atinge 10 a 15 atm de pressão, a mais de 100 °C de temperatura. Após o ciclo no autoclave, as lâminas de vidro e PVB estão firmemente unidas, constituindo o laminado.

Na verdade, tecnicamente, o polivinil butiral é um terpolímero, ou seja, é obtido pela polimerização de três diferentes monômeros: um do grupo vinil-álcool, outro do grupo vinil-acetato e o terceiro, do grupo vinil-butiral. A presença do grupo vinil-álcool é o que causa a excelente adesão do PVB ao vidro e, portanto, deve estar presente no polímero final com pelo menos 17 a 19 %, em massa, de maneira a garantir a resistência ao rasgo necessária para essa aplicação.

Outro aspecto relevante do PVB é o fato de que o índice de refração desse polímero é muito semelhante ao do vidro comum sodo-cálcico, ou seja, em torno de 1,5. Isso faz com que a luz não sofra desvio quando passa de uma das chapas de vidro para a película de PVB e desta para a outra folha de vidro. Ou seja, em termos de desvio dos raios luminosos, o conjunto comporta-se como uma única folha espessa de vidro.

20.6.2.2 Propriedades

O laminado mais usado consiste em duas lâminas de vidro *float* de 3 mm e uma película de PVB de 0,38 mm ou 0,76 mm.

Em caso de quebra do vidro laminado, os fragmentos ficarão presos à película de polímero, minimizando o risco de lacerações ou queda de vidros. Mesmo após quebrado, o conjunto ainda resiste ao atravessamento de objetos grandes, uma vez que o PVB pode ser distendido em várias vezes sua medida inicial, sem romper-se. Essa é a grande característica do vidro laminado, que o habilita assim a compor fachadas, peças estruturais, escadas (piso e guarda-corpo) e diversas outras aplicações na construção civil, e também o qualifica para ser o tipo de vidro utilizado nos para-brisas de veículos. No Brasil, o Departamento Nacional de Trânsito (Denatran) obriga que todos os veículos automotores que tenham para-brisas empreguem vidros laminados em sua fabricação (nos automóveis, geralmente duas folhas de vidro, uma de 2 mm e outra de 3 mm, e uma película de PVB de 0,76 mm).

Os vidros chamados "à prova de balas", ou vidros balísticos, são aqueles que, além de não deixarem objetos grandes atravessá-los, também impedem a passagem de objetos de pequenas dimensões (e/ou de grandes velocidades). Nesse caso, são fabricados com várias camadas de vidro e várias camadas intercaladas de PVB e/ou policarbonato, resultando em vidros multilaminados, os quais impedem a penetração total de projéteis. Quanto maior o número de camadas de vidro e de polímeros intercalados, e quanto mais espessas forem as chapas de vidro, maior vai ser a capacidade balística do laminado.

Além do aspecto segurança, o vidro laminado apresenta propriedades que o diferenciam dos vidros recozidos ou temperados, encontrando uma série de outras aplicações na construção civil.

Os vidros de segurança laminados são excelentes filtros de raios ultravioleta (UV), reduzindo em 99,6 %, ou mais, a transmissão dessa radiação. O vidro sodo-cálcico, sozinho, já é um bom absorvedor de raios UV, mas permite a passagem de um pouco da radiação UV-A. Entretanto, a presença do PVB completa a absorção praticamente total dos raios ultravioleta, filtrando os comprimentos de onda menores do que cerca de 400 nm.

Outra característica atraente dos vidros laminados é o fato de que a película de polivinil butiral alia-se ao efeito amortecedor das chapas de vidro, de maneira que os vidros de segurança laminados melhoram o desempenho acústico de um envidraçamento. A película de PVB, em função de sua alta flexibilidade, absorve e amortece as vibrações sonoras transmitidas pela lâmina de vidro externa, reduzindo a transmissão sonora para o interior do ambiente. Essa característica torna-se particularmente interessante para as frequências de 1000 a 2000 Hz, nas quais ocorre o fenômeno da "coincidência" para os vidros monolíticos. Nessa faixa de frequência, correspondente aos ruídos de tráfego e aviões, os vidros monolíticos praticamente passam a vibrar na mesma frequência da fonte sonora, permitindo a passagem de grande parte dessas vibrações. A interposição da película de PVB atenua significativamente esse efeito de coincidência e melhora o desempenho do envidraçamento nas frequências mais altas (buzinas de carro, aviões a jato), conforme se vê no diagrama mostrado na Figura 20.21.

20.6.2.3 Aplicações

Conforme apresentado anteriormente, os vidros de segurança laminados podem ser divididos em dois grupos: os laminados simples, compostos de duas lâminas de vidro e uma película de PVB, e os laminados múltiplos, compostos de três ou mais lâminas de vidro e duas ou mais películas de PVB ou outro polímero.

Os laminados simples e múltiplos estão disponíveis em uma variedade de cores e espessuras, podendo-se utilizar películas plásticas de diversas cores, bem como vários tipos de vidros, como os incolores, os coloridos e os termorrefletores.

Os laminados simples são particularmente indicados para locais em que se queira evitar o risco de queda de lascas de vidro ou lacerações, bem como penetração de objetos grandes (objetos de tamanho da ordem de alguns centímetros, aves, ou mesmo pessoas). Com PVB coloridos e/ou vidros termorrefletores, é possível reduzir a carga térmica que penetra no ambiente e, principalmente, os raios ultravioleta, que provocam descoloramento de quadros, cortinas, móveis etc.

Assim, vamos encontrar os laminados simples em automóveis, fachadas de edifícios, paredes divisórias, portas, balaustradas, caixas de escadas, parapeitos ou sacadas, vitrines, claraboias etc.

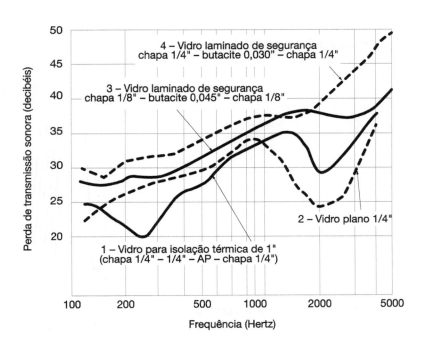

FIGURA 20.21 Atenuação sonora.

Já os laminados múltiplos são recomendados em casos de severas exigências de segurança, como para-brisas e janelas de carros blindados, visores de cabines de vigilância, torres de segurança (vidros resistentes a bala), para-brisas de locomotivas e aeronaves, visores para navios, joalherias, guichês especiais, piscinas, instalações hidráulicas, coberturas, aeroportos etc. Dadas suas características acústicas, são indicados em áreas sujeitas a níveis elevados de ruídos, principalmente de alta frequência, como buzinas de automóveis e aviões a jato.

20.6.2.4 Recomendações

O vidro de segurança laminado requer maiores cuidados de projetos e aplicação do que os vidros recozidos comuns. Alguns procedimentos quanto à aplicação do vidro laminado devem ser observados:

- o vidro laminado deve chegar à obra com as dimensões exatas para aplicação no vão, respeitadas as tolerâncias admissíveis; não se recomenda que sejam cortados na obra, pois essa operação pode causar danos à borda do vidro, o que acarretaria a corrosão ou a irisação das lâminas de vidro (particularmente no caso de vidros coloridos contendo metais em sua superfície), e o possível descolamento da película de PVB;
- a estocagem do material deve ser feita, necessariamente, em local seco e ventilado, em cavaletes apropriados, de tal modo a não danificar as bordas do vidro (Fig. 20.22);
- devem-se remover toda e qualquer saliência do rebaixo do caixilho, bem como toda gordura existente, dando-lhe uma demão de tinta anticorrosiva, quando metálico, e limpando as bordas da chapa, quando impregnadas de graxa;
- a selagem ou vedação das placas de vidro laminado deve ser feita com selantes que não ataquem a película de PVB. Silicones que contenham ácido acético ou selantes à base de polissulfetos e óleo de linhaça não devem ser utilizados;
- deve-se evitar o uso de materiais de limpeza à base de cloro, pois, na presença da água, o cloro se torna um eletrólito de alta condutibilidade elétrica, provocando a corrosão da caixilharia, e consequente aparecimento de erupções de ferrugem, que introduzirão esforços indesejáveis nas chapas de vidro. O álcool doméstico (etanol ou isopropílico) também deve ser evitado na limpeza, pois ataca a película de PVB.

20.6.3 Aramado

20.6.3.1 Processo de fabricação e propriedades

As pesquisas de materiais resistentes ao fogo levaram ao desenvolvimento do vidro de segurança aramado que, em 1899, foi testado e aprovado nos Estados Unidos para essa finalidade.

O processo de fabricação é uma adaptação do processo de fabricação de vidro impresso. Na saída do forno de fusão, junta-se ao vidro fundido uma malha metálica, e o conjunto passa por um par de rolos, de tal modo que a malha fique posicionada aproximadamente no centro do vidro. A seguir, com o vidro já rígido, o conjunto passa à câmara de recozimento, na qual será resfriado lentamente para o alívio das tensões térmicas residuais. Nesse processo, um mecanismo alimenta a malha metálica à mesma velocidade de alimentação da massa de vidro fundido proveniente do forno.

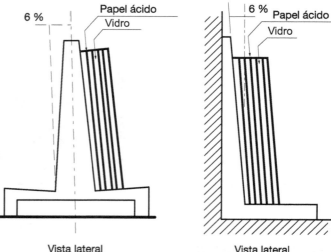

FIGURA 20.22 Armazenamento em cavaletes.

A principal característica desse vidro é sua resistência ao fogo, sendo considerado um material antichama. Ele reduz também o risco de acidentes, pois, caso quebre, não estilhaça, e os fragmentos mantêm-se presos à tela metálica. É resistente à corrosão, não se decompõe, nem enferruja.

20.6.3.2 Tipos e aplicações

No Brasil só se produz o vidro aramado incolor e translúcido, com malha metálica quadrada de $1/2''$ (12,7 mm), embora em outros países do mundo, como nos Estados Unidos, possamos encontrar vidros aramados transparentes, coloridos, com diversos tipos de acabamento superficial e malhas metálicas hexagonais e em forma de losango.

A Tabela 20.5 resume as espessuras e dimensões das chapas de vidro aramado produzidas no Brasil. Existe apenas um fabricante aqui estabelecido. Entretanto, há grande variedade de produtos importados disponíveis no mercado, particularmente destinados às aplicações como corta-fogo e para-chama.

O vidro aramado como material resistente ao fogo pode ser utilizado em portas corta-fogo, janelas, dutos de ventilação vertical e passagens para saídas de incêndio. Classifica-se como RE 60 na ABNT NBR 14925:2019 (ver Tab. 20.6), ou seja, resiste de 60 a 89 minutos de fogo. Para essas aplicações, deverão ser estudados caixilhos, calços e juntas especiais.

O vidro aramado é recomendado, também, em locais sujeitos a impacto e abusos, bem como onde a queda de lascas de vidros represente um risco para os usuários da instalação. Como exemplo, podem ser citados os peitoris, sacadas, divisórias, claraboias e coberturas.

20.6.3.3 Recomendações

Os vãos nos quais serão aplicados os vidros aramados devem ser medidos rigorosamente, antes de sua compra, pois as chapas não aceitam cortes ou furos executados na obra, vindo o material pronto da fábrica para a colocação.

A colocação deve ser executada de modo a não sujeitar o vidro a esforços ocasionados por contrações ou dilatações, resultantes da movimentação dos caixilhos que os guarnecem ou de deformações decorrentes de flechas dos elementos da estrutura.

Para instalações de coberturas, as dimensões máximas do vidro devem ser de 3,00 m × 0,60 m. Para coberturas com mais de 3,00 m de comprimento, as chapas devem ter uma sobreposição mínima de 8 cm.

20.7 NORMAS BRASILEIRAS

A Associação Brasileira de Normas Técnicas (ABNT) possui em seu catálogo pelo menos 37 normas técnicas estabelecendo terminologia, requisitos de produtos, requisitos de montagem e procedimentos de ensaio de produtos e montagens relativos à construção civil. Na Tabela 20.6, listam-se os códigos e títulos dessas normas.

20.8 CORROSÃO EM VIDROS

20.8.1 Reações de Corrosão por Água

Durante os últimos séculos, os vidros adquiriram a reputação de estarem entre os materiais de maior duração entre aqueles usados na construção e nas indústrias. No entanto, a rejeição de vidros causada por corrosão e manchas atinge milhares de metros quadrados todos os anos. É necessário, portanto, saber como ocorre o ataque químico aos vidros, para determinar o melhor meio de evitá-lo.

Sempre que a água ficar em contato com a superfície de um vidro, muitas reações químicas poderão ocorrer, causando erosão ou manchas. A primeira dessas reações começa quase que imediatamente após a água molhar o vidro. Em termos técnicos, a reação inicial na superfície do vidro é caracterizada por um processo de troca de íons, envolvendo íons de sódio no vidro e íons de hidrogênio na água. Em outras palavras, a água tira íons de sódio do vidro sodo-cálcico, solubilizando-os. Esse processo pode ser descrito pela seguinte reação:

$$Si–O^-Na^+ \text{ (vidro)} + H_2O \text{ (solução)}$$
$$\longleftrightarrow Si–O^-H^+ \text{ (vidro)} + NaOH \text{ (solução)}$$

TABELA 20.5 Espessuras e dimensões das chapas de vidro aramado existentes no Brasil

Cor	Incolor	Incolor	Incolor
Espessura (mm)	6	6	6
Dimensões (mm)	2200 × 1710	2400 × 1710	2500 × 1710

468 Capítulo 20

TABELA 20.6 Normas brasileiras de interesse da construção civil, com suas respectivas datas de publicação ou de confirmação

NORMA ABNT	TÍTULO
NBR 6123:1998 (confirmação: 01.11.2019)	(Versão corrigida 2:2013) – Forças devidas ao vento em edificações
NBR 7199:2016 (confirmação: 22.09.2020)	Vidros na construção civil – Projeto, execução e aplicações
NBR 7334:2011 (confirmação: 02.12.2019)	Vidros de segurança – Determinação dos afastamentos quando submetidos à verificação dimensional e suas tolerâncias – Método de ensaio
NBR 9494:2015 (confirmação: 02.12.2019)	Vidros de segurança – Determinação da resistência ao impacto com esfera
NBR 9497:2015 (confirmação: 02.12.2019)	Vidros de segurança – Determinação da separação da imagem secundária
NBR 9498:2015 (confirmação: 02.12.2019)	Vidros de segurança – Método de ensaio de abrasão
NBR 9499:2015 (confirmação: 03.12.2019)	Vidros de segurança – Ensaio de resistência à alta temperatura
NBR 9501:2015 (confirmação: 03.12.2019)	Vidros de segurança – Ensaio de radiação
NBR 9502:2015 (confirmação: 03.12.2019)	Vidros de segurança – Ensaio de resistência à umidade
NBR 9503:2015 (confirmação: 03.12.2019)	Vidros de segurança – Determinação da transmissão luminosa
NBR 9504:2015 (confirmação: 03.12.2019)	Vidros de segurança – Determinação da distorção óptica
NBR 10636-1:2022 (publicação: 12.05.2022)	(Versão corrigida: 2022) Componentes construtivos não estruturais – Ensaio de resistência ao fogo / Parte 1: Paredes e divisórias de compartimentação
NBR 12067:2017 (confirmação: 27.01.2022)	Vidro plano – Determinação da resistência à tração na flexão
NBR 14207:2009 (confirmação: 30.11.2018)	Boxes de banheiro fabricados com vidros de segurança
NBR 14696:2015 (confirmação: 02.12.2019)	Espelhos de prata – Requisitos e métodos de ensaio
NBR 14697:2023 (publicação: 28.02.2023)	Vidro laminado
NBR 14698:2001 (confirmação: 02.12.2019)	Vidro temperado
NBR 14718:2019 (publicação: 30.08.2019)	Esquadrias – Guarda-corpos para edificação – Requisitos, procedimentos e métodos de ensaio
NBR 14899-1:2002 (confirmação: 04.02.2022)	Blocos de vidro para a construção civil / Parte 1: Definições, requisitos e métodos de ensaio
NBR 14925:2019 (publicação: 28.03.2019)	Elementos construtivos envidraçados resistentes ao fogo para compartimentação
NBR 15198:2005 (confirmação: 30.11.2018)	(Versão corrigida: 2005) Espelhos de prata – Beneficiamento e instalação
NBR 15737:2009 (confirmação: 14.01.2022)	Perfis de alumínio e suas ligas com acabamento superficial – Colagem de vidros com selante estrutural

(continua)

Vidros **469**

TABELA 20.6 Normas brasileiras de interesse da construção civil, com suas respectivas datas de publicação ou de confirmação (*continuação*)

NORMA ABNT	TÍTULO
NBR 15919:2011 (confirmação: 14.01.2022)	Perfis de alumínio e suas ligas com acabamento superficial – Colagem de vidros com fita dupla-face estrutural de espuma acrílica para construção civil
NBR 16015:2012 (confirmação: 17.09.2020)	Vidro insulado – Características, requisitos e métodos de ensaio
NBR 16023:2020 (publicação: 23.01.2020)	Vidros revestidos para controle solar – Requisitos, classificação e métodos de ensaio
NBR 16259:2014 (confirmação: 27.11.2018)	(Versão corrigida: 2014) Sistemas de envidraçamento de sacadas – Requisitos e métodos de ensaio
NBR 16673:2018 (publicação: 16.01.2018)	Vidros revestidos para controle solar – Requisitos de processamento e manuseio
NBR 16918:2020 (publicação: 12.11.2020)	Vidro termoendurecido
NBR 16823:2020 (publicação: 11.02.2020)	Qualificação e certificação do vidraceiro – Perfil profissional
NBR NM 293:2004 (confirmação: 25.02.2019)	Terminologia de vidros planos e dos componentes acessórios a sua aplicação
NBR NM 294:2004 (confirmação: 25.02.2019)	Vidro *float*
NBR NM 295:2004 (confirmação: 25.02.2019)	Vidro aramado
NBR NM 297:2004 (confirmação: 25.02.2019)	Vidro impresso
NBR NM 298:2006 (confirmação: 25.02.2019)	Classificação do vidro plano quanto ao impacto
NBR ISO 9050:2022 (publicação: 12.05.2022)	Vidros na construção civil – Determinação da transmissão de luz, transmissão direta solar, transmissão total de energia solar, transmissão ultravioleta e propriedades relacionadas com o vidro
NBR ISO 10077-1:2022 (publicação: 23.11.2022)	Desempenho térmico de janelas, portas e persianas – Cálculo da transmitância térmica / Parte 1: Geral
PR 1010:2021 (publicação: 17.08.2021)	Aplicação e manutenção de vidros na construção civil

Ou seja, a água dissocia-se em H^+ e $(OH)^-$ e a troca de íons se estabelece. Essa reação é o primeiro estágio de corrosão. Se esse primeiro estágio continuar sem interrupção por algum tempo, o pH da solução irá crescendo em face da acumulação de $(OH)^-$ na solução. Eventualmente, o aumento de alcalinidade da solução iniciará outra reação muito mais prejudicial.

Se o pH da solução permanecer menor que 9,0, o estágio 1 predominará. Durante essa fase, a qualidade óptica e a integridade superficial não são afetadas, uma vez que a quantidade de íons sódio localizados exatamente na superfície do vidro é pequena. Desse modo, essa pequena presença de íons sódio que entra em solução, gerando um excesso de grupos hidroxila $(OH)^-$, provoca um aumento pequeno no pH da solução. Por outro lado, se a quantidade de água for bastante reduzida (um filme de água superficial ou uma gotícula de água, por exemplo), o aumento no pH da solução pode ser expressivo. Quando o pH do meio atinge valor maior do que 9, inicia-se outra reação, que é o estágio 2. Nesse ponto, a concentração de íons hidroxila é suficiente para começar o ataque à rede de silicato, quando, então, o vidro começa a ser dissolvido:

Si–O–Si (vidro) + H$_2$O (solução) $\longleftrightarrow$ SiOH (vidro)
+ HO–Si (vidro dissolvido, silicatos
de sódio e de cálcio)

Se a reação ocorrer por algum tempo, o ataque superficial ficará mais aparente e o vidro poderá irisar ou apresentar uma corrosão acentuada. Nesse caso, a qualidade óptica do vidro estará destruída, mesmo que mantida sua integridade mecânica. De acordo com o emprego do vidro, poderão ou não ser aceitas pequenas marcas causadas por essa corrosão. No caso de espelhação, gravação a ácido etc., mesmo pequenas marcas condenarão o vidro.

Irisação é o fenômeno de formação de regiões na superfície do vidro que interferem com a luz incidente, dando o efeito visual de regiões arredondadas e multicoloridas, semelhantes àquelas ocasionadas pela presença de um filme de óleo boiando sobre uma poça de água. É um fenômeno irreversível de corrosão por água.

20.8.2 Condições para Corrosão

É pouco provável a ocorrência de corrosão nos vidros instalados em edifícios, automóveis, aquários etc., porque a quantidade de água em contato com o vidro é muito grande, e mesmo ocorrendo solubilização dos íons sódio superficiais, não haverá aumento do pH da água. Nos vidros instalados, a umidade ou é rapidamente evaporada, ou é diluída. Assim, os valores críticos do pH nunca são atingidos, o estágio 2 não ocorre e o vidro, portanto, não é danificado. Em compensação, as condições para corrosão ocorrem no espaço entre duas chapas adjacentes armazenadas. Sem controle ambiental, esses espaços poderão reter umidade se a temperatura cair abaixo do ponto de orvalho. Se isso acontecer, o estágio 1 de corrosão terá início, seguido pelo estágio 2, se o pH atingir valores iguais ou superiores a 9.

Na armazenagem de vidros, alguns processos são utilizados para evitar-se a corrosão. Um deles consiste em colocar-se um papel de separação entre os vidros, que possui duas finalidades: (i) separar mecanicamente as chapas de vidro, para evitar abrasão ou outro dano mecânico durante o manuseio e transporte; (ii) reduzir o pH da solução, a fim de que o estágio 2 jamais seja atingido. Os papéis devem possuir pH ácido. O papel jornal geralmente possui ácidos orgânicos, com pH típico

de 5, mas há papéis fabricados especialmente para essa aplicação.

Podem-se usar, também, produtos granulados, como pequenas esferas de polimetilmetacrilato (PMMA), altamente resilientes, que proporcionam excelente proteção contra abrasão. O ácido adípico, um ácido orgânico fraco, é misturado às esferas de PMMA em iguais proporções de peso, como uma medida para retardar aumentos de pH, caso o estágio 1 se inicie.

É importante destacar que um separador neutro, não reativo, não se presta para armazenar vidros com segurança, qualquer que seja o período de tempo considerado, a menos que a estocagem seja feita em ambiente controlado.

Os grandes produtores brasileiros de vidro *float* utilizam-se de um processo de controle ambiental em seus armazéns, que consiste basicamente no controle de temperatura da pilha de vidro e do ponto de orvalho do ambiente.

A temperatura da pilha de vidro deverá obedecer à seguinte regra: (Tv – PO) > 5 °C, em que Tv é a temperatura do vidro e PO é o ponto de orvalho. Com isso, procura-se evitar que a umidade do ar se condense sobre a superfície do vidro.

Para atingir esse objetivo, foi projetado um sistema de condicionamento no qual uma caldeira gera água quente que circula por uma rede de trocadores de calor ar-água por todo o armazém. O estoque foi dividido em zonas, controladas por um sistema eletrônico dotado de pirômetro óptico, microprocessador e medidor de umidade e temperatura de bulbo seco. A temperatura do vidro é obtida com o medidor óptico; o monitoramento das propriedades psicrométricas permite a determinação do ponto de orvalho. O microprocessador compara, então, essas duas temperaturas, segundo o critério descrito, decidindo pelo acionamento ou não do sistema.

20.9 ARMAZENAMENTO

Além da proteção contra a corrosão, os seguintes cuidados devem ser tomados para a proteção dos vidros armazenados:

- as chapas de vidro devem ser armazenadas, conforme a Tabela 20.7, em pilhas apoiadas em material que não lhes danifique as bordas (madeira, borracha, feltro), com uma inclinação de 6 a 8 % em relação à vertical;
- as pilhas devem ser cobertas de maneira não estanque, permitindo ventilação, evitando, porém, infiltração de poeira entre as chapas.

TABELA 20.7 Condições de armazenamento para chapas de vidro, de acordo com sua classe e espessura nominal

Vidro recozido (mm) Espessura nominal	Máximo de chapas por pilha
2,2	100
3,0	65
4,0	50
5,0	40
6,0	30
8,0	25
10,0	20
12,0	18
15,0	15
19,0	10
Vidro temperado (mm) Espessura nominal	**Máximo de chapas por pilha**
3,0	80
4,0	70
5,0	60
6,0	50
8,0	35
10,0	25
12,0	20
Vidro composto	**Máximo de chapas por pilha**
Qualquer espessura	15

20.10 ESPELHOS

20.10.1 História e Processo de Fabricação

Em tempos antigos, os espelhos consistiam em metais polidos, geralmente o bronze. Alguns espelhos de vidro revestidos de estanho e prata também foram encontrados. Na Idade Média, embora o processo de revestimento do vidro com finas camadas metálicas fosse conhecido, predominavam, quase que exclusivamente, os espelhos de metais polidos como o aço, a prata ou o ouro. Alguns espelhos de vidro foram fabricados em Nuremberg, em 1373, e pequenos espelhos produzidos antes de 1500. A fabricação de espelhos como conhecemos hoje teve início em Veneza. Em 1507, dois cidadãos de Murano obtiveram o privilégio exclusivo de produzir espelhos por um período de 20 anos. Em 1564, os fabricantes de espelhos de Veneza se uniram formando uma associação e, pouco tempo depois, os espelhos de vidro passaram a substituir os espelhos metálicos.

A princípio, os espelhos eram fabricados soprando-se um cilindro de vidro, cortando-o longitudinalmente ao meio e alisando-o sobre uma superfície de pedra. O vidro era, em seguida, polido cuidadosamente. Ao lado, em uma superfície plana, uma lâmina de estanho polido era colocada sobre uma manta e despejava-se mercúrio sobre ela, aplicando-se, posteriormente, uma folha de papel sobre o mercúrio. Em seguida, o vidro polido era cuidadosamente assentado sobre o conjunto, retirando-se antes a folha de papel, a fim de que uma superfície limpa de mercúrio entrasse em contato com o vidro. Pesos eram colocados sobre o vidro, e o excesso de mercúrio, eliminado, fazendo com que um amálgama (liga líquida) de estanho e mercúrio aderisse à superfície do vidro.

Em 1665, o ministro de finanças da França, Jean-Baptiste Colbert, trouxe diversos operários fabricantes de espelhos em Veneza para trabalhar em Paris, fundando a empresa estatal Manufacture Royale de Glaces de Miroirs (Fábrica Real de Vidros-Espelho), destinada a fabricar os espelhos para o Palácio de Versalhes. No fim do século XVIII, essa empresa tornou-se Saint-Gobain Vidros, grupo industrial de importância mundial no setor até os dias de hoje.

Todos os espelhos eram fabricados utilizando o processo anteriormente descrito, até que Liebig, em 1835, descobriu o processo químico de revestimento de vidros com prata.

Atualmente, a espelhação é um processo pelo qual compostos prata-amônia são quimicamente reduzidos à prata metálica (Fig. 20.23). A maioria dos espelhos é fabricada desse modo. Muitos são produzidos por processos automáticos, nos quais o vidro limpo passa no interior de uma câmara, na qual soluções, convenientemente preparadas na forma de *spray*, depositam-se diretamente sobre o vidro, promovendo a redução dos íons de prata e seu ancoramento à chapa de vidro. A película de prata pode ser protegida por uma camada de verniz, laca ou tinta. Para uma proteção quase permanente, uma camada de cobre eletrodepositado pode ser aplicada.

Linhas de produção mais modernas e sofisticadas, com base na deposição de camadas metálicas pelo processo de *sputtering*, também são hoje largamente empregadas. Por esse processo, diversos metais podem ser eficientemente depositados, seja na forma de camada única, seja na deposição de múltiplas camadas de metais diferentes, como cromo, prata, cobre e alumínio. Espelhos fabricados com camada de alumínio estão disponíveis no mercado,

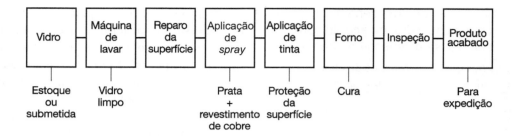

FIGURA 20.23 Processo automático de espelhação.

como uma alternativa mais barata à da prata, apesar de as características refletivas dos dois metais serem um pouco diferentes.

Uma superfície metálica espelhada pode ser aplicada sobre vidros pelo processo de pintura à base de compostos metálicos organossulfúricos e óleo de lavanda. Aplica-se, em seguida, um leve aquecimento que decompõe as substâncias, eliminando o óleo de lavanda e produzindo um acabamento metálico espelhado.

20.10.2 Tipos de Aplicações

A qualidade do espelho depende do tipo de vidro utilizado. Assim, o espelho produzido hoje utiliza chapas de vidros *float*, em virtude do perfeito paralelismo de suas faces. Quaisquer ondulações e defeitos superficiais, resultantes do processo de fabricação, irão provocar distorções nas imagens refletidas pelo espelho.

Podem-se produzir espelhos utilizando-se vidros incolores ou coloridos, com filmes metálicos opacos ou transparentes. Encontram-se espelhos a partir da espessura de 2 mm.

Um tipo interessante de vidro espelhado são os chamados "vidros espiões": são espelhos com transmissão luminosa de 5 a 11 % e refletância de 45 a 55 %, na face espelhada.

O filme metálico é uma liga de cromo, aplicada por evaporação em semivácuo. Quando instalado entre dois ambientes, um com grande luminosidade (para o qual está voltada a face refletiva), e o outro com pequena luminosidade (face oposta), esse tipo de espelho comporta-se como um vidro transparente, para o observador localizado no ambiente com pequena luminosidade. Para o observador no outro ambiente, sua aparência é a de um espelho convencional.

Esse tipo de espelho é utilizado, principalmente, em locais em que a observação e a pesquisa devem ser desenvolvidas, sem que o observador seja percebido. Assim, vamos encontrá-los em estabelecimentos penais, hospitais psiquiátricos, entre outros.

O conceito do "vidro espião" levou ao uso desse tipo de vidro na arquitetura para refletir o calor solar e, ao mesmo tempo, reduzir o ofuscamento, sem sacrificar a transparência. A utilização do "vidro espião" em fachadas de edifícios promoveu o desenvolvimento do vidro termorrefletor.

20.11 TIJOLO DE VIDRO

20.11.1 História e Processo de Fabricação

O tijolo de vidro é um material arquitetônico desenvolvido em 1929, tendo sido produzido pela primeira vez em 1933. Também são chamados de blocos de vidro.

O processo de fabricação é simples, em princípio, porém altamente complexo na prática.

Primeiro, duas peças de vidro retangulares ou quadradas, em forma de prato, com desenhos ou padrões, são fabricadas. Essas duas metades são unidas por fusão a altas temperaturas, retirando-se e desidratando-se o ar no espaço entre os vidros, de modo a ter-se vácuo parcial entre as peças. Finalmente, as bordas são revestidas de plástico, para proporcionar melhor vedação.

20.11.2 Tipos e Aplicações

Os tijolos de vidro podem ser transparentes ou translúcidos, com ou sem inserção de fibra de vidro, texturizados com diversos padrões e desenhos, coloridos ou esmaltados.

Também existem no mercado outras tipologias de produtos de vidro para aplicações dessa mesma natureza. Trata-se dos elementos vazados ou ventilados em diversos formatos (do tipo cobogó) e das telhas de vidro em diversos formatos e tamanhos.

O assentamento dos tijolos se faz com argamassa à base de quatro partes de cal hidratada, três partes de areia e uma parte de cimento comum. Ao se iniciar o assentamento, deve-se conferir o nível e o prumo da primeira peça. Em seguida, os tijolos são assentados, observando-se uma junta de um centímetro entre eles. Deve-se observar, também, uma distância de um centímetro entre os tijolos e as paredes laterais. São colocados, nas juntas de cada peça, dois separadores para manter uma boa simetria. As peças devem ser limpas antes que a massa seque. Os separadores são retirados após a massa seca. Em seguida, faz-se o rejuntamento com cimento branco.

Podem-se erguer paredes com até 2,50 m de altura, sem necessidade de vergalhões horizontais de sustentação. Acima desse limite, é necessário estruturar o painel.

20.11.3 Recomendações

As paredes de tijolos de vidro não podem estar sujeitas às cargas da construção, exceto seu peso próprio.

As dimensões dos painéis devem ser analisadas, levando-se em conta a altura admissível e a necessidade de vergalhões horizontais de sustentação.

Não se recomenda a instalação de tijolos de vidro em locais sujeitos a impactos.

20.12 FIBRA DE VIDRO

20.12.1 História e Processo de Fabricação

As primeiras fibras de vidro eram fabricadas derretendo-se a extremidade de uma vareta de vidro e fazendo com que as gotas de vidro derretido fluíssem para um disco rotativo, no qual as fibras eram enroladas.

Em 1713, Réaumur apresentou à Academia de Ciência de Paris o vidro têxtil. Em 1893, Edward Drummond Libbey produziu fibras de vidro e as teceu com seda, produzindo um vestido. Em 1929, Friedrich Rosengarth e Fritz Hager patentearam o processo pelo qual o vidro fundido fluía para o centro de um disco cerâmico rotativo com ranhuras radiais. Pela ação da força centrífuga, os filetes de vidro fundido eram expelidos das extremidades do disco, formando as fibras. Esse tipo de vidro é conhecido como vidro fiado ou tecido. Já em 1938, Russell Games Slayter depositou a primeira patente considerando a produção de lã de vidro.

Durante os anos da Grande Depressão americana, no fim dos anos 1920 e início da década de 1930, duas grandes fabricantes de vidro americanas, a Owens-Illinois e a Corning Glass Works, procuravam expandir seus mercados, desenvolvendo novos produtos. Esse esforço incluía a pesquisa e o desenvolvimento de processos satisfatórios, do ponto de vista técnico e econômico-financeiro, para a produção de fibras de vidro.

Em 1938, essas duas empresas decidiram unir seus esforços, fundindo-se em uma única empresa, a Owens-Corning Fiberglass Corporation. Dessa união, surgiram, em primeiro lugar, os processos de fabricação industrial de lã de vidro e, posteriormente, os de fibras têxteis. A fibra com que foram produzidas as lãs de vidro apresentou, além de ótimo isolamento térmico, boas propriedades de isolamento elétrico. Por esse motivo, os vidros utilizados na fabricação desses produtos são denominados vidro elétrico ou tipo "E" (*E-glass*).

Essa propriedade é conseguida por meio do uso de uma composição de vidro diferente daquela empregada nos vidros destinados à construção civil ou a embalagens (sodo-cálcico). Trata-se de vidros da família dos alumino-borossilicatos, que são também vidros silicatos (com base em sílica, SiO_2), mas contendo teores apreciáveis de boro (B_2O_3), 8 a 13 %, alumina (Al_2O_3), 12 a 16 %, e cálcio (CaO), 16 a 25 %, mas praticamente não tendo óxidos alcalinos em sua composição (Na_2O ou K_2O). A ausência de óxidos alcalinos e a presença da alumina garantem a baixa condutividade elétrica, enquanto a presença de boro e cálcio compensam a ação fundente dos alcalinos e conferem a curva de viscosidade adequada para o processo de fibragem.

Existem, no mercado, outras composições de vidros com base em vidros borossilicatos para a fabricação de fibras, mas a do tipo E é a mais comumente utilizada. Como exemplo, podemos citar as fibras do tipo S (*stiff*), as quais contêm mais sílica em sua composição, e que são recomendadas onde elevadas resistência à tração e rigidez são requeridas, como os compósitos de base epóxi para construção civil e fabricação de componentes aeronáuticos, enquanto as fibras fabricadas com *C-glass* são recomendadas para aplicações que requerem elevada resistência química das fibras.

A lã de vidro é produzida despejando-se o vidro fundido no centro de um disco de platina horizontal que gira em alta rotação, o que faz com que o vidro líquido seja arremessado para a periferia do disco, onde estão localizados pequenos furos ou orifícios (Fig. 20.24). À medida que os filetes de vidro fundido escoam pelos orifícios, eles são atingidos por jatos de ar ou vapor de alta pressão, de cima para baixo, fazendo com que um produto, um emaranhado de fibras de diversas dimensões,

474 Capítulo 20

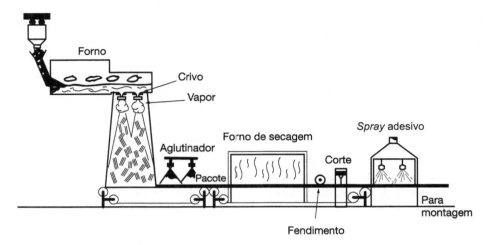

FIGURA 20.24 Processo do filtro de ar.

com aspecto de lã, seja produzido. É um processo muito semelhante, em princípio, ao da fabricação de algodão doce. A temperatura do vidro, a dimensão dos orifícios e a pressão dos jatos condicionam o tipo de fibra fabricada. Elas podem ser longas ou curtas, finas ou grossas.

Em seguida, as fibras passam por uma campânula que controla suas dimensões e espessuras. A lã de vidro é, então, compactada horizontalmente em chapas ou placas rígidas a partir de um processo mecânico de assentamento das fibras, e a ação de um ligante orgânico que cura em estufa à baixa temperatura.

Por outro lado, as fibras têxteis, contínuas, são produzidas por dois outros processos. Para a produção em pequena escala (Figs. 20.25 e 20.26), pequenas esferas de vidro, de aproximadamente 15 mm de diâmetro, são fundidas e fluem por pequenos orifícios com embuchamento em liga de platina,

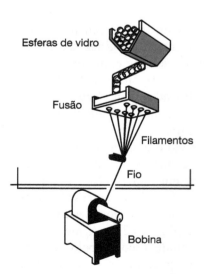

FIGURA 20.25 Processo contínuo de produção de fibras têxteis.

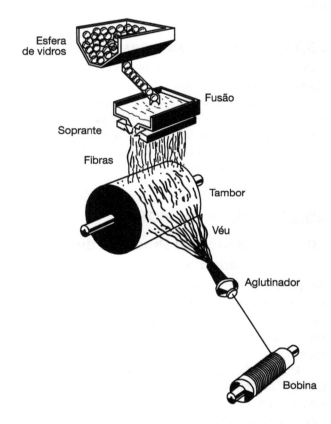

FIGURA 20.26 Processo contínuo com exemplo de uso de tambor.

formando-se fibras de 4 a 20 μm de diâmetro, a uma velocidade que pode chegar a 1500 m/min. Em seguida, uma camada protetora à base de material orgânico é aplicada – processo denominado encimagem – e os filamentos são aglutinados em um único cordão antes de serem enrolados em bobinas.

Já para a produção dessas fibras em escala industrial, utiliza-se um forno vidreiro de princípio de funcionamento semelhante aos dos fornos destinados a outros tipos de produtos de vidro, no qual ocorrem, inicialmente, a fusão de matérias-primas vidreiras e, a seguir, a homogeneização da massa fundida. O vidro líquido e homogêneo é então despejado sobre pratos estáticos, perfurados por baixo, contendo milhares de furos (até cerca de 6000) com as dimensões de 0,75 a 2 mm. Filetes de vidro fluem pelos orifícios do prato, sendo então diretamente puxados para baixo e enrolados em uma variedade de formas: fios individuais, em feixes, em *rovings* etc.

Em virtude dos diâmetros diminutos e pelo fato de estarem em contato com o ar ambiente, as fibras que saem dos pratos resfriam-se rapidamente, recebendo a seguir uma camada polimérica de proteção (encimagem), com a finalidade de evitar danos por abrasão e ataque químico pela água.

20.12.2 Propriedades e Aplicações

A fibra de vidro é um material incombustível, não absorvente e quimicamente estável. É resistente ao ataque de insetos, roedores e fungos.

Em face de as fibras serem produzidas sem contato com qualquer outro material durante o seu resfriamento e de logo receberem a camada de encimagem, as condições de sua superfície são preservadas, conferindo-lhes uma superfície com pouquíssimos defeitos e isenta do contato com água, durante e depois de sua fabricação. Assim, essas fibras demonstram resistências mecânicas mais próximas do que se esperaria obter de vidros que não apresentam microtrincas, riscos ou defeitos superficiais. Ou seja, resistências mecânicas compatíveis com a energia necessária para o rompimento das ligações químicas da rede de sílica. Assim, essas fibras podem chegar a resistir a trações de até 3445 MPa, ou seja, aproximadamente 20 vezes mais do que a do vidro temperado.

A lã de vidro possui densidade média de 24,03 kg/m^3, cerca de 100 vezes menor do que a dos vidros soda-cal.

As fibras, quer na forma de lã, quer na forma de filamentos contínuos, são utilizadas em uma infinidade de aplicações: na indústria têxtil, para a produção de tecidos; na eletricidade, como material isolante, revestindo cabos e fios; na indústria química, como filtro e como isolante térmico; reforçando uma matriz polimérica, formando o *fiberglass*; e em quaisquer outras aplicações em que um material incombustível, que não encolha ou estique, e que apresente excelentes propriedades de isolamento térmico seja indicado.

A lã de vidro encontra inúmeras aplicações na construção civil como isolante térmico e acústico. As Tabelas 20.8 e 20.9 resumem as principais características da lã de vidro utilizada com essas finalidades.

20.12.3 Recomendações

Na utilização de lã de vidro como isolante acústico, especialistas na área devem ser consultados, a fim de que o tipo correto, a espessura, bem como o material de revestimento mais adequado sejam empregados.

Como isolante térmico, é importante conhecer as variações de temperatura locais, a fim de que o tipo e a espessura do material a ser empregado sejam os ideais. Especialistas em ar condicionado devem ser consultados.

As fibras ou lã de vidro não devem ser instaladas em locais em que a temperatura supere 260 °C. Apesar de a fibra em si permanecer inalterada até acima de 700 °C, os compostos utilizados em sua consolidação na forma de placas ou rolos ou em sua encimagem são orgânicos e, portanto, começam a degradar-se ou decompor-se a uma temperatura acima de 200 a 250 °C.

20.13 APLICAÇÕES ESPECIAIS

Apesar de o vidro já desempenhar um papel importante no conceito, conforto, qualidade e projeto de edificações há vários séculos, esse intrigante tipo de material não parou de evoluir. Muito pelo contrário. Além de ter sua qualidade melhorada e de agora dispor de uma enorme variedade de produtos, diversos produtos e aplicações novas têm sido desenvolvidos ao longo dos últimos anos, os quais devem se tornar mais acessíveis e cada vez mais utilizados, à medida que a melhora na tecnologia de fabricação e a economia de escala permitam que seus preços se tornem acessíveis ao grande público. A seguir vão ser destacadas algumas delas.

20.13.1 Vidro Eletrocromático

Trata-se de um vidro para uso em janelas ou divisórias, que possui habilidade de tornar-se desde completamente incolor e transparente, até fosco ou colorido, por meio do acionamento de um controle elétrico externo. Na verdade, esse tipo de vidro é uma complexa montagem de folhas de vidro externas com folhas de polímeros contendo filme LCD, a exemplo de *displays* de calculadoras e monitores.

476 Capítulo 20

TABELA 20.8 Lã de vidro como isolante acústico

Tipos	Espessura (mm)	Densidade (kg/m³)	Coeficiente de absorção sonora 250-400 Hz	Aplicações
Plana (manta resiliente)	12,7	8,01	0,14-0,73	*Principal:* mantas para isolamento acústico aplicadas em materiais perfurados
		12,02	—	
		16,02	0,16-0,78	
		24,03	—	
		32,04	—	
	19,5	24,03	—	*Outras:* isolamento acústico para equipamentos, dutos, tubos
		32,04	—	
		16,02	—	
	25,4	8,01	0,25-0,76	
		16,02	0,30-0,80	
		12,02	—	
		24,03	—	
		32,04	—	
	38,10	12,02	—	
		16,02	—	
	50,8	50,03	—	
Plana (manta semirrígida)	12,7	24,03	0,54-0,75	
		48,06	0,47-0,81	
		24,03	0,61-0,83	
		48,06	0,66-0,85	
Placas	31,75	3,10	0,83-0,89	Forros

TABELA 20.9 Lã de vidro como isolante térmico

Tipos	Espessura (mm)	Condutividade térmica (W/m² °C)	Aplicações
Rolos	88,9	0,511	*Principal:* paredes externas, divisórias, forros
	92,1	0,437	
	101,6	0,420	
	127,0	0,403	*Outras:* pisos, galerias de serviço
	152,4	0,301	
	165,1	0,290	
Placas	88,9	0,511	
	92,1	0,437	
	101,6	0,420	
	127,0	0,403	
	152,4	0,301	
	165,1	0,290	

(continua)

TABELA 20.9 Lã de vidro como isolante térmico (*continuação*)

Tipos	Espessura (mm)	Condutividade térmica (W/m² °C)	Aplicações
Rolos com filme de alumínio em uma das faces	88,9 101,6 152,4	0,511 0,414 0,283	*Principal:* paredes externas, coberturas, forros
Placas com filme de alumínio em uma das faces	88,9 101,6 152,4	0,511 0,414 0,283	*Outras:* divisórias, pisos e galerias de serviço
Peletes	101,6	0,341	*Principal:* forros *Outras:* para preenchimento em espaços pequenos ou orifícios

Ao se acionar uma tensão elétrica externa, as moléculas de cristal líquido do LCD alinham-se, permitindo que a luz ultrapasse o laminado sem alterações. Ao se desligar a fonte externa, as moléculas voltam a embaralhar-se, dispersando o espectro luminoso incidente, conferindo então translucidez ou cor ao laminado.

Consegue-se, com esse tipo de produto, um controle da quantidade de luz incidente (o efeito de uma cortina) e também um controle sobre a privacidade. Ele já tem sido aplicado comercialmente em fachadas e em janelas e divisórias de complexos de escritórios.

Utilizando outra técnica, já está disponível para compra no Brasil o produto denominado SageGlass, lançado internacionalmente em 2005 pela SAGE Electrochromics (posteriormente adquirida pelo Grupo Saint-Gobain), que também é um vidro eletrocromático, mas que se baseia em outro princípio de funcionamento: trata-se de uma chapa de vidro recoberta com várias camadas finas, as quais pouco interferem na transparência do vidro. Entretanto, quando uma pequena tensão elétrica (menos de 5 V DC) é aplicada a essas camadas, íons de lítio e elétrons transferem-se de uma camada superficial para outra, conferindo ao conjunto uma tonalidade escura. Ao reverter-se a polaridade da tensão aplicada, o vidro volta a tornar-se claro.

20.13.2 Vidro para Controle Solar

Trata-se de um tipo de vidro termorrefletor mais moderno e mais eficiente. São chapas de vidro sobre as quais depositam-se multicamadas, por *sputtering*, nas quais geralmente tem-se um filme de prata (Ag) como o principal refletor de radiação infravermelha, no que é ajudado por diversas outras camadas dielétricas, de variadas espessuras e composições, como de óxido de estanho (SnO), óxido de titânio (TiO_2) e o composto transparente, semicondutor e bom refletor de infravermelho, denominado ITO (*indium-tin oxide*), ou seja, óxido de índio dopado com estanho. As camadas depositadas são muito finas e, com isso, deixam boa parte da luz visível passar inalterada, enquanto a radiação infravermelha é seletivamente refletida pelas várias camadas depositadas.

Assim, são sistemas complexos multicamadas, os quais, sem sacrificar em demasia a transmissão da luz visível (reduzindo, assim, a necessidade de iluminação artificial), apresentam alta eficiência na reflexão de calor, mantendo o calor para o lado de fora, nos dias muito quentes, ou refletindo o calor para o lado de dentro da edificação, nos dias muito frios, com a consequente economia também na climatização dos ambientes internos.

A maior parte dos grandes fabricantes de vidro no Brasil já dispõe de linhas de fabricação nacionais desses tipos de vidro, que estão disponíveis em uma grande gama de cores e brilhos. Não há restrições para o seu uso. Entretanto, os vidros de controle solar são significativamente mais caros do que o vidro comum, sendo especialmente indicados para aplicações em que seja necessário reduzir a entrada de calor, como fachadas prediais, envidraçamento de sacadas, portas e janelas, telhados, coberturas, marquises e claraboias.

20.13.3 Vidro para Células Solares

O desenvolvimento de células fotovoltaicas para a transformação eficiente da energia luminosa em energia elétrica tem sido grandemente alavancada nos últimos anos. Hoje, já são comuns no mercado brasileiro diversas configurações de painéis solares contendo células solares fotovoltaicas com base em silício.

478 Capítulo 20

Apesar de a eficiência na conversão de energia ainda ser limitada (inferior a 20 %), as gerações mais recentes de materiais alternativos ao silício monocristalino, como o silício amorfo, o GaAs e as perovskitas, têm-se mostrado promissoras.

Os painéis solares são protegidos por placas de vidros planos. A inércia química do vidro, sua elevada transparência e grande durabilidade fazem dele um excelente candidato ao desempenho dessa função. Além disso, esses vidros devem apresentar características especiais de maneira a não prejudicar a eficiência da cela. Para tanto, são utilizados vidros "extraclaros", ou seja, vidros que possuem ultra-baixos teores de óxidos de metais de transição em sua composição, como o ferro e o cromo, os quais absorvem alguns comprimentos de onda na faixa do visível. A eficiência de transmissão luminosa desses vidros pode atingir 91,8 % (lembrar que não existem materiais sólidos 100 % transparentes).

Outra característica importante que esses vidros devem apresentar diz respeito à sua superfície externa: gravações na superfície da folha de vidro, na forma de rugosidade (de profundidades de até 15 μm) ou na impressão superficial de diminutos cones, ajudam a fazer com que a luz refletida pela primeira vez na superfície do vidro seja refletida de modo aleatório, não especular, de maneira que, em vez de refletir-se e perder-se, ela reincida sobre outra parte da superfície do vidro, melhorando a eficiência global de penetração da luz no vidro quando comparada a uma folha de vidro lisa, disponibilizando, assim, mais luz para a célula fotovoltaica.

20.13.4   Vidro Autolimpante

Os vidros autolimpantes foram introduzidos comercialmente em 2001, pela Pilkington. A partir daí, outras grandes empresas produtoras de vidro lançaram produtos similares. Trata-se de um vidro que apresenta a característica de manter sua superfície livre de sujeiras. O produto da primeira denomina-se "Pilkington Activ", enquanto o produto da Saint-Gobain é chamado "SGG Bioclean".

Esse fenômeno é conseguido a partir da deposição de uma camada invisível, nanométrica (~15 nm), de óxido de titânio, TiO_2, na superfície do vidro. O TiO_2 possui ação fotocatalítica: a radiação ultravioleta do Sol provoca transições eletrônicas do átomo de titânio, que, por sua vez, degradam as moléculas e partículas de sujeira depositadas na superfície do vidro. Essa é a primeira etapa do fenômeno, chamada "fotocatalítica".

A segunda etapa é a chamada "hidrofílica", uma vez que a superfície do vidro, em geral hidrofóbica, torna-se hidrofílica com a quebra da sujeira (em geral hidrofóbica). Desse modo, ao atingir o vidro, a água da chuva, no lugar de formar gotículas sobre a superfície do vidro, denotando o comportamento hidrofóbico da superfície, espalha-se extensivamente pela superfície do vidro (comportamento hidrofílico), levando embora a sujeira já degradada.

BIBLIOGRAFIA

BRITISH STANDARDS INSTITUTION. *BS 6262:* Code of practice for glazing for buildings. BSI, 1982.

DRAKE JR., L. E. How solar control glass products are made and how they perform. *Glass Digest*, jun. 15, 1982.

DUFFER, P. F. How to Prevent Glass Corrosion. *Glass Digest*, nov. 15, 1986.

EMSLEY, J. Glass: past elegant, future thin. *New Scientist*, 8 dec. 1983.

GARDON, R. *Glass – Science and technology.* Editado por D. R. Uhlmann e N. J. K. Reidl, v. 5, cap. 5. New York: Academic Press, 1990.

GRANQUIST, C-G. The smart window? *American Window Industries*, aug. 1987.

HORNBOSTEL, C. *Construction materials, types, uses and applications, glass and glazing.* New York: John Wiley & Sons, Inc., 1978.

KELLMAN, C. Chemically strengthened glass is developing a market. *Glass Digest*, apr. 15, 1985.

MONSANTO COMPANY. *Laminated architectural glass specification guide*, St. Louis, Missouri, 1988.

PEREZ, A. R. *Tecnologia de edificações.* São Paulo: Pini-IPT, 1985.

PILKINGTON, L. A. B. *The float glass process – Review lecture.* London: The Royal Society of London, 1969.

SWANSON, J. G. Switchable glass – New technology nears market. *Glass Digest*, jul. 15, 1987.

TOOLEY, F. V. *The Handbook of Glass Manufacture.* V. I and II. New York: Books for Industry, 1974.

ZACHARIASEN, W. H. The atomic arrangement in glass. *Journal of the American Chemical Society*, v. 54, p. 3841, 1932.

Catálogos e informações técnicas das empresas

Cebrace Vidros

Pilkington Brasil

AGC

Vivix

Ibravir

Nadir Figueiredo

Eastman

Kuraray

21

ALVENARIA ESTRUTURAL

Prof. Eng.º Roberto José Falcão Bauer •
Prof. Eng.º Mauricio Marques Resende

21.1 Introdução, 480
21.2 Componentes da Alvenaria Estrutural, 480
21.3 Elemento de Alvenaria – Prisma, 483
21.4 Projeto Estrutural, 484
21.5 Execução e Controle de Obras em Alvenaria Estrutural, 485
21.6 Manifestações Patológicas, 488

480 Capítulo 21

21.1 INTRODUÇÃO

A alvenaria estrutural é um sistema construtivo em que a estrutura e a vedação do edifício são executadas simultaneamente. O sistema dispensa o uso de pilares e vigas, ficando a cargo dos blocos estruturais a função portante da estrutura. Nesse sistema, o subsistema parede não tem apenas a função de vedação; ela desempenha também o papel de estrutura da edificação.

A utilização da alvenaria estrutural como solução construtiva racionalizada no Brasil ocorre desde a década de 1960, mas somente no fim da década de 1970 foi formada a primeira comissão técnica de estudo para a elaboração de uma norma técnica brasileira sobre esse sistema construtivo. Como resultados do trabalho dessa comissão técnica foram publicadas, na década de 1980, normas técnicas de metodologias de ensaio de determinação da resistência à compressão de prismas e de paredes de blocos de concreto, bem como normas técnicas de cálculo, execução e controle de obras de alvenaria estrutural em blocos de concreto. Com o desenvolvimento dos materiais e da metodologia de cálculo, tornou-se necessária a publicação de novas normas técnicas que abordassem os dois principais tipos de blocos utilizados para a construção da alvenaria estrutural no Brasil, cerâmico e de concreto. Atualmente, o projeto e execução e controle de obras em alvenaria estrutural são padronizados pelas seguintes normas técnicas brasileiras da ABNT:

- NBR 16868-1: Alvenaria estrutural – Parte 1: Projetos.
- NBR 16868-2: Alvenaria estrutural – Parte 2: Execução e controle de obras.
- NBR 16868-3: Alvenaria estrutural – Parte 3: Métodos de ensaios.

A preferência pela utilização da alvenaria estrutural ocorre em função de apresentar técnica de execução simplificada, menor diversidade de materiais empregados, número reduzido de especializações de mão de obra empregada e de interferências entre os diversos subsistemas do edifício no cronograma executivo da obra (estrutura e alvenaria são executadas conjuntamente). Entretanto, esse sistema construtivo apresenta algumas restrições, como a necessidade de pequenos a médios vãos, de limitação com relação a alterações da arquitetura do edifício (somente algumas paredes, quando previsto em projeto, podem ser removidas) e da altura do edifício em função da limitação da resistência à compressão do bloco.

Este capítulo aborda os componentes das alvenarias estruturais constituídos por blocos vazados de concreto, blocos cerâmicos, argamassa e graute. Trata-se dos aspectos gerais relacionados ao projeto estrutural, à execução e controle de obras, e finalmente as manifestações patológicas que podem ocorrer neste sistema em função de erros de projeto e de execução.

21.2 COMPONENTES DA ALVENARIA ESTRUTURAL

A alvenaria estrutural não armada é constituída por blocos unidos entre si por juntas de argamassa. Dessa forma, suas características e desempenho estão intimamente relacionados com as seguintes variáveis:

- propriedades físicas e mecânicas de seus componentes (bloco, argamassa e graute);
- qualidade de execução da alvenaria (aspectos geométricos, dimensionais, como espessura efetiva, altura efetiva, esbeltez, vínculos, excentricidade do carregamento).

Com relação aos componentes, é dever do projetista conceber e dimensionar o projeto da alvenaria estrutural em função das solicitações a que os edifícios estarão submetidos, especificando as características físicas (por exemplo, absorção de água, regularidade geométrica, retenção de água) e mecânicas (por exemplo, resistência à compressão) que cada componente deverá apresentar de modo a atender às exigências de projeto e às especificações mínimas das normas técnicas a ele relacionadas.

21.2.1 Blocos

Os blocos são as unidades fundamentais da alvenaria, representando até 95 % do volume desse subsistema alvenaria. Dessa forma, os blocos determinam grande parte das características da alvenaria: a resistência à compressão, a estabilidade dimensional, a resistência ao fogo, o isolamento térmico e acústico. Os blocos podem ser fabricados com diferentes tipos de materiais, sendo os blocos de concreto e cerâmicos os mais utilizados para alvenaria estrutural.

Os blocos vazados de concreto são aqueles produzidos da mistura de cimento Portland com agregados inertes, com ou sem aditivos, moldados em prensas vibradoras. Conforme a ABNT NBR 6136:2016, os blocos de concreto com função estrutural podem ser classificados em:

- *Classe A*: com função estrutural, para uso em elementos de alvenaria acima ou abaixo do nível do solo. Estes blocos devem possuir resistência característica à compressão (f_{bk}) igual ou superior a 8 MPa, absorção de água média igual ou inferior a 8 %, quando confeccionados com agregados normais, e retração de secagem igual ou inferior a 0,065 %.

- *Classe B*: com função estrutural, para uso em elementos de alvenaria acima do nível do solo. Estes blocos devem possuir resistência característica à compressão (f_{bk}) igual ou superior a 4 MPa e inferior a 8 MPa, absorção de água média igual ou inferior a 9 %, quando confeccionados com agregados normais, e retração de secagem igual ou inferior a 0,065 %.
- *Classe C*: com ou sem função estrutural, para uso em elementos de alvenaria acima do nível do solo. Esses blocos devem possuir resistência característica à compressão (f_{bk}) igual ou superior a 3 MPa, absorção de água média igual ou inferior a 10 %, quando confeccionados com agregados normais, e retração de secagem igual ou inferior a 0,065 %.

Com relação aos aspectos dimensionais, os blocos de concreto podem ser fabricados com as dimensões apresentadas, de forma resumida e adaptada da ABNT NBR 6136:2016, na Tabela 21.1. Esta norma especifica que os blocos de concreto com função estrutural pertencentes à Classe C e com largura de 90 mm só podem ser utilizados em edificações de, no máximo, um pavimento. Quanto aos blocos de concreto com função estrutural da Classe C de resistência à compressão e com largura igual a 115 mm, a mesma norma restringe o uso somente para edificações com, no máximo, dois pavimentos. E para blocos de largura de 140 mm ou de 190 mm, a mesma norma restringe a utilização de blocos classe C para edificações com até cinco pavimentos. Mais detalhes a respeito desses componentes podem ser encontrados no Capítulo 17.

Já os blocos cerâmicos são aqueles obtidos pela queima em altas temperaturas (> 800 °C) de argilas, moldados por extrusão, podendo apresentar furos na vertical ou na horizontal. Os blocos cerâmicos especificados para a utilização em alvenaria estrutural, conforme a ABNT NBR 15270-1:2023, possuem furos na vertical, podendo ter suas paredes vazadas ou maciças. Esta norma especifica que os blocos cerâmicos com função estrutural devem ter resistência característica à compressão (f_{bk}) superior a 3 MPa, absorção de água entre 8 e 22 %, bem como devem ser fabricados conforme as dimensões apresentadas na Tabela 21.2. Mais detalhes a respeito desses componentes podem ser encontrados no Capítulo 18.

TABELA 21.2 Dimensões de fabricação dos blocos cerâmicos estruturais

Dimensões de fabricação (cm)			
Largura (*L*)	Altura (*H*)	Comprimento	
		Bloco inteiro	Meio bloco
11,5	11,5	24	11,5
	19,0	24	11,5
		29	14
		39	19
14,0	19,0	29	14
		39	19
19,0	19,0	29	14
		39	19

Obs.: as tolerâncias permitidas nas dimensões dos blocos são de ±5,0 mm para medidas individuais e de ±3,0 mm para a média das medidas.
Fonte: adaptada da ABNT NBR 15270-1:2023.

TABELA 21.1 Dimensões reais dos blocos de concreto

Módulo	M-20	M-15		M-12,5			M-10			M-7,5
Amarração	1/2	1/2	1/2	1/2	1/2	1/3	1/2	1/2	1/3	1/2
Linha	20×40	15×40	15×30	12,5×40	12,5×25	12,5×37,5	10×40	10×30	10×30	7,5×40
Largura (mm)	190	140	140	115	115	115	90	90	90	65
Altura (mm)	190	190	190	190	190	190	190	190	190	190
Comprimento inteiro (mm)	390	390	290	390	240	365	390	190	290	390
Comprimento meio (mm)	190	190	140	190	115	—	190	90	—	190

Obs.: as tolerâncias permitidas nas dimensões dos blocos são de ±2,0 mm para a largura e de ±3,0 mm para a altura e para o comprimento.
Fonte: adaptada da ABNT NBR 6136:2016.

21.2.2 Argamassa

A argamassa de assentamento é o componente das alvenarias com funções básicas de solidarizar os blocos, transmitir e uniformizar as tensões entre os blocos e absorver as deformações da alvenaria. Para exercer essas funções ela deve apresentar trabalhabilidade adequada, retenção de água, aderência com os blocos e resistência à compressão. Assim, deve-se utilizar uma argamassa que atenda a esses requisitos, podendo ser uma argamassa industrializada ou dosada em obra com areia e cimento, ou areia, cimento e cal.

Durante a dosagem da argamassa ou definição da argamassa industrializada, devem-se verificar, principalmente, duas propriedades do estado fresco da argamassa – trabalhabilidade e retenção de água. A trabalhabilidade está relacionada com a facilidade de aplicação da argamassa pelo pedreiro. Uma argamassa com boa trabalhabilidade tem consistência suficiente para ser aplicada facilmente, possibilitando uma maior extensão de aderência. Por ser uma propriedade subjetiva, ela é determinada de forma indireta por meio do ensaio de consistência especificado pela ABNT NBR 13276:2016. Já a retenção de água é uma propriedade importante, uma vez que permite a hidratação do cimento presente na argamassa, ao controlar a transferência de água da argamassa não utilizada na hidratação do cimento para o bloco, o que possibilitará a aderência da argamassa no bloco. A capacidade de retenção de água está diretamente relacionada com a superfície específica dos componentes da argamassa, ou seja, quanto maior a área superficial, maior será a capacidade de retenção de água. Por isso, ao adicionar cal na argamassa, aumenta-se a retenção de água, uma vez que a cal tem uma área superficial maior que a do cimento. Deve-se atentar que, ao incorporar mais material fino na argamassa, aumenta-se a probabilidade de fissuração por retração. Dessa forma, a adição de cal na argamassa deve ser realizada com muito cuidado.

No que se refere às propriedades do estado endurecido, para o caso da argamassa de assentamento de alvenaria estrutural, pode-se ressaltar a aderência argamassa-bloco e a resistência à compressão. Uma boa aderência entre a argamassa e o bloco garante confinamento da argamassa e ruptura da alvenaria por tração lateral do bloco (Parsekian et al., 2014). A aderência argamassa-bloco depende da combinação das características da argamassa e do bloco, sendo obtida por meio da penetração e encunhamento da argamassa no bloco. A água cedida pela argamassa para o bloco penetra nos poros do bloco e, após a cristalização da argamassa, forma pequenas cunhas que resultam na aderência. Portanto, observa-se que a aderência argamassa-bloco depende da trabalhabilidade, da retenção de água da argamassa, da porcentagem de aglomerantes, da absorção inicial e textura do bloco e das condições ambientais (temperatura e umidade relativa do ar). Para verificar a resistência de aderência argamassa-bloco, realiza-se o ensaio de tração na flexão de prismas constituídos de cinco blocos sobrepostos, conforme especificado no item 9 da ABNT NBR 16868-3:2020. A Figura 21.1 apresenta um esquema do ensaio de aderência argamassa-bloco.

A resistência à compressão da argamassa de assentamento dependerá da resistência à compressão especificada pelo projetista. Essa resistência está relacionada com a resistência à compressão do bloco e da alvenaria. Não se deve utilizar um traço muito fraco (resistência à compressão inferior a 1,5 MPa), pois pode prejudicar a resistência da alvenaria, nem se deve utilizar um traço muito forte, em função da probabilidade do aumento da retração (surgimento de fissuras). Conforme Parsekian et al. (2014), a resistência média à compressão da argamassa (f_a) deve ser próxima ao valor da resistência característica à compressão do bloco (f_{bk}) e nunca menor que 0,70 vez a resistência característica à compressão do bloco (f_{bk}) nem menor do que 4 MPa. Segundo esses autores, nesta faixa de resistência, a argamassa será mais deformável que o bloco.

A resistência à compressão da argamassa deve ser determinada utilizando a metodologia de ensaio especificada pela norma ABNT NBR 13279:2005, que utiliza corpos de prova cúbicos com 40 mm de

FIGURA 21.1 Representação do ensaio de aderência argamassa-bloco. Foto: © Maurício Marques Resende.

aresta. Nesse ensaio, o material está livre para se deformar lateralmente. O resultado do ensaio indicará, portanto, a resistência à compressão de uma argamassa submetida à tensão em uma única direção (Parsekian; Soares, 2011). Entretanto, a argamassa na junta entre dois blocos está submetida a um estado triplo de tensões: compressão vertical (carga aplicada) e duas compressões laterais (as forças de restrição à deformação lateral exercida pelo bloco na argamassa, a aderência bloco-argamassa que vai garantir essa restrição). Nessa situação, a resistência à compressão da argamassa da junta é superior à resistência obtida no ensaio do corpo de prova isolado. Nota-se, portanto, que a resistência à compressão de uma parede não é diretamente proporcional à resistência à compressão da argamassa. Mais informações sobre argamassas podem ser encontradas no Capítulo 16.

21.2.3 Graute

O graute é um microconcreto com elevada fluidez utilizado para preenchimento de espaços vazios de blocos com a finalidade de solidarizar as armaduras à alvenaria ou aumentar a capacidade resistente da alvenaria. O aumento da resistência da parede proporcionado pelo graute está diretamente relacionado com o aumento de área líquida proporcionada pelo grauteamento, porém a eficiência do graute pode variar de 60 a 100 %. Conforme Parsekian *et al.* (2014), a recomendação é especificar a resistência característica mínima à compressão do graute (f_{gk}) em 15 MPa e aproximadamente igual a duas vezes à resistência característica à compressão do bloco (f_{bk}). Especificar graute com resistência característica à compressão (f_{gk}) muito superior à resistência à compressão do bloco não reflete um maior aumento da resistência à compressão. Esses autores advertem que, para blocos de resistência muito elevada, essa relação pode ser reduzida, mantendo-se a resistência característica à compressão do graute igual a 30 MPa. Parsekian e Soares (2011) sugerem que a resistência da parede grauteada seja prevista a partir de resultados de ensaios de prismas cheios ou pela adoção da eficiência do graute igual a 60 % e traço com resistência à compressão próxima ao do bloco na área líquida.

21.3 ELEMENTO DE ALVENARIA – PRISMA

O elemento de alvenaria é constituído basicamente por blocos ou tijolos unidos entre si por juntas de argamassa, formando um conjunto rígido e coeso. Tem função de absorver e transmitir ao solo, ou à estrutura de transição, todos os esforços a que o edifício possa ser submetido. Possui as seguintes propriedades:

- resistência à compressão;
- deformação por fluência igual à deformação elástica inicial;
- módulo de deformação e coeficiente de Poisson;
- coeficiente de Poisson igual a 0,15;
- movimentação térmica;
- movimentação higroscópica;
- fluência.

Entre essas propriedades, destaca-se a resistência à compressão da alvenaria, uma vez que está diretamente relacionada com a estabilidade do edifício. A determinação da resistência à compressão da alvenaria pode ser determinada por meio de ensaio em escala real com a parede inteira. Esse ensaio é normalizado pela ABNT NBR 16868-3:2020. Entretanto, por ser um ensaio de difícil realização e de elevado custo, utiliza-se o ensaio de resistência à compressão do prisma como melhor parâmetro para a verificação da resistência à compressão da alvenaria.

O prisma é um elemento de alvenaria composto por dois blocos principais sobrepostos e uma junta de assentamento de argamassa, podendo ser preenchido com graute (prisma cheio) ou não (prisma oco). Segundo o item 6 da ABNT NBR 16868-3:2020, na preparação do prisma deve-se dispor a argamassa em toda a face horizontal do bloco (e não apenas nas laterais), incluindo todos os septos laterais e transversais. Esse procedimento deve ser realizado mesmo se a obra optar pelo assentamento do bloco com disposição da argamassa apenas nas laterais.

Parsekian e Soares (2011) enfatizam que, quanto maior e mais perto do elemento parede é o corpo de prova ensaiado, menor será a resistência à compressão obtida no ensaio, porém mais próximo do real será o resultado. Desta forma, os resultados de ensaios de resistência à compressão de blocos são superiores aos de prismas ocos, que, por sua vez, são maiores que os de pequenas paredes, que, por sua vez, apresentam resultados maiores que os de parede inteira.

Entretanto, para utilizar os resultados de resistência à compressão do prisma para dimensionamento ou controle da resistência à compressão das paredes é necessário que exista uma correlação entre esses resultados. Segundo Gomes (1974), a correlação entre a relação resistência de parede/resistência de prisma é aproximadamente igual a 0,70. Essa relação se mantém em diferentes tipos de alvenaria, sendo

484 Capítulo 21

esse valor adotado pelas normas brasileiras de alvenaria estrutural.

A resistência à compressão simples da alvenaria f_k deve ser determinada com base no ensaio de paredes (ABNT NBR 16868-3:2020) ou ser estimada como 70 % da resistência característica de compressão simples de prisma f_{pk}. As resistências características de paredes ou prismas devem ser determinadas de acordo com as especificações da ABNT NBR 16868-1:2020. Prescreve ainda a citada norma que, se as juntas horizontais tiverem argamassamento parcial (apenas sobre as paredes longitudinais dos blocos) e se a resistência for determinada com base no ensaio de prisma ou pequena parede, moldados com a argamassa aplicada em toda a área líquida dos blocos, a resistência característica à compressão simples da alvenaria deve ser corrigida pelo fator 0,80.

Analisando a compressão de uma alvenaria, pode-se observar que existe na região de contato entre a unidade de alvenaria e a junta de assentamento em argamassa um esforço de tração transversal. Isso se deve ao fato de a argamassa ser mais deformável que a unidade, tendendo a se deformar transversalmente mais que a unidade de alvenaria. Como esses dois materiais estão unidos solidariamente, são forçados a se deformarem igualmente em suas interfaces, causando esforços de compressão transversal na base e no topo das juntas e esforços de tração transversal de valores iguais, nas faces superiores e inferiores dos blocos (Parsekian; Soares, 2011). Portanto, pode-se afirmar que a resistência à compressão da alvenaria é influenciada por diversos fatores, tais como: tipo de argamassa, tipo de bloco (material, forma, resistência), tipo de assentamento (em toda a face do bloco ou apenas nas laterais), qualidade da mão de obra e nível de grauteamento.

Com relação ao tipo de argamassa, verifica-se que, ao se aumentar a resistência à compressão da argamassa da junta, normalmente não há um aumento significativo na resistência à compressão da alvenaria, em razão de o módulo de elasticidade da alvenaria não ser proporcional a sua resistência à compressão. Com relação ao tipo de bloco, conforme Parsekian e Soares (2011), existe uma correlação entre a resistência do prisma e do bloco que, segundo esses autores, varia de 0,3 a 0,5. Quanto maior for a resistência do bloco, maior será a resistência à compressão da alvenaria. Com relação ao tipo de assentamento, pode-se afirmar que a resistência da parede construída com argamassa apenas nas laterais é menor do que a resistência de uma parede construída com argamassa sobre toda a área do bloco. Já com relação à qualidade da mão de obra, verifica-se que, quanto maior a espessura da junta de argamassa, menor será a resistência à compressão da parede, entretanto, juntas de espessuras muito pequenas devem ser evitadas, uma vez que é necessário ter uma acomodação das deformações e correção de pequenos defeitos nas dimensões dos blocos. Dessa forma, as normas brasileiras de alvenaria estrutural especificam que a espessura das juntas deve ser igual a (10 ± 3) mm.

Para finalizar, é importante apresentar a tabela elaborada por Parsekian (2012), que especifica a resistência à compressão dos componentes da alvenaria (bloco, argamassa e graute), bem como a resistência à compressão dos prismas para alvenaria estrutural em blocos de concreto.

21.4 PROJETO ESTRUTURAL

Uma estrutura de alvenaria estrutural deve ser projetada de modo a atender às especificações da ABNT

TABELA 21.3 Parâmetros para projeto

f_{bk} (MPa)	f_a (MPa)	f_{gk} (MPa)	f_{pk}/f_{bk} (MPa)	f_{pk} (MPa)	f_{pk*}/f_{pk} (MPa)	f_{pk*} (MPa)
3,0	4,0	15,0	0,80	2,40	2,00	4,80
4,0	4,0	15,0	0,80	3,20	2,00	6,40
6,0	6,0	15,0	0,80	4,80	1,75	8,40
8,0	6,0	20,0	0,80	6,40	1,75	11,20
10,0	8,0	20,0	0,75	7,50	1,75	13,13
12,0	8,0	25,0	0,75	9,00	1,60	14,40
14,0	12,0	25,0	0,70	9,80	1,60	15,68
16,0	12,0	30,0	0,70	11,20	1,60	17,92
18,0	14,0	30,0	0,70	12,60	1,60	20,16
20,0	14,0	30,0	0,70	14,00	1,60	22,40

Fonte: adaptada de Parsekian (2012).

NBR 16868-1:2020. De forma geral, a alvenaria estrutural deve ser dimensionada de modo que:

- esteja apta a receber todas as influências ambientais e ações que sobre ela produzam efeitos significativos, tanto na sua construção quanto durante a sua vida útil;
- resista a ações excepcionais, como explosões e impactos, sem apresentar danos desproporcionais às suas causas.

O projeto de uma estrutura de alvenaria deve ser elaborado adotando-se:

- sistema estrutural adequado à função desejada para a edificação;
- ações compatíveis e representativas;
- dimensionamento e verificação de todos os elementos estruturais presentes;
- especificação de materiais apropriados e de acordo com os dimensionamentos efetuados;
- procedimentos de controle para projeto.

Para tanto, o projeto de estrutura em alvenaria deve ser constituído por desenhos técnicos e especificações. Os desenhos técnicos devem conter as plantas das fiadas diferenciadas, exceto na altura das aberturas, e as elevações de todas as paredes. Em casos especiais de elementos longos repetitivos (como muros, por exemplo), plantas e elevações podem ser representadas parcialmente. As especificações devem conter as resistências características à compressão das alvenarias, dos grautes, dos blocos, dos prismas e da argamassa de assentamento, bem como a categoria, classe e bitola dos aços a serem adotados.

Além disso, o projeto de alvenaria estrutural deve aproveitar a coordenação modular proporcionada pela unidade básica, o bloco. A coordenação modular consiste no ajuste de todas as dimensões da obra, horizontais e verticais, como múltiplo da dimensão básica da unidade, cujo objetivo principal é o de evitar cortes e desperdícios na fase de execução. Nessa fase, devem ser previstos todos os encontros de paredes, aberturas, posições com graute e armaduras, ligação laje/parede, caixas de passagem, colocação de pré-moldados e instalações em geral. A escolha da coordenação modular deve ocorrer de modo que o módulo a ser adotado seja aquele que se adapte melhor a uma arquitetura preestabelecida ou que propicie uma concepção arquitetônica mais harmônica.

No caso de se adotar módulo de 15 cm, as dimensões internas dos ambientes em planta devem ser múltiplas de 15, por exemplo, 60 cm, 1,20 m, 2,10 m etc. Se o módulo utilizado foi 20 cm, as dimensões internas devem ser múltiplas de 20, por exemplo, 60 cm, 1,20 m, 1,40 m, 2,80 m etc. No caso da modulação vertical, o procedimento é mais simples. Deve-se ajustar a distância do piso ao teto para que seja múltiplo do módulo vertical a ser adotado, normalmente a altura nominal do bloco (20 cm). Ainda na fase da coordenação modular deve-se atentar para a formação de juntas verticais a prumo, que devem ser evitadas sempre que possível, uma vez que é senso comum que elas podem representar pontos de fraqueza e de surgimento de patologias, comumente na forma de fissuras.

Para a otimização da coordenação modular faz-se necessária coordenação entre as diversas especialidades. A compatibilização entre os projetos de arquitetura, estrutura e instalações é essencial para obras em alvenaria estrutural, cabendo ao empreendedor, como articulador das reuniões, disponibilizar as informações necessárias sobre o projeto e repassá-las aos projetistas.

21.5 EXECUÇÃO E CONTROLE DE OBRAS EM ALVENARIA ESTRUTURAL

A execução e o controle de obras de alvenaria estrutural devem atender às especificações da ABNT NBR 16868-2:2020 e seguir rigorosamente os projetos executivos. Para isso, deve ser estabelecido um plano de controle de qualidade que evidencie:

- os responsáveis pela execução do controle e circulação das informações, pelo tratamento e resolução das não conformidades, pela forma de registro e arquivamento das informações;
- os procedimentos específicos de recebimento e armazenamento dos materiais;
- a caracterização prévia dos materiais e elementos;
- o controle sistemático da resistência à compressão dos blocos, da argamassa, do graute e dos prismas;
- o controle da resistência à tração e qualidade do aço;
- o controle de produção da argamassa e do graute;
- o controle da locação e elevação das paredes;
- o controle da execução do grauteamento;
- o controle da aceitação da alvenaria.

O controle de obras de alvenaria estrutural tem início durante a qualificação dos fornecedores e aquisição dos materiais. Antes de começar a execução da alvenaria estrutural deve-se realizar uma caracterização dos blocos, da argamassa de assentamento, do graute e dos prismas.

486 Capítulo 21

21.5.1 Caracterização Prévia

Em princípio, o executor da obra deve qualificar os fornecedores dos componentes da alvenaria (bloco, argamassa e graute) por meio da verificação de certificação de seus produtos ou pela análise da capacidade e qualidade de fabricação e, ainda, pela realização de ensaios destes componentes verificando se os resultados obtidos atendem as especificações do projeto. A ABNT NBR 16868-2:2020 especifica que essa caracterização prévia dos materiais deve ser realizada por meio de ensaio de resistência à compressão dos materiais (blocos, argamassa e grautes), conforme amostragens e métodos especificados pelas normas de cada material:

- bloco cerâmico: ABNT NBR 15270-1:2023;
- bloco de concreto: ABNT NBR 12118:2014;
- argamassa de assentamento: ABNT NBR 13279:2005;
- graute: ABNT NBR 5739:2018.

Além dos ensaios dos componentes, a ABNT NBR 16868-2:2020 especifica a caracterização prévia do elemento de alvenaria por meio da realização de ensaio de resistência à compressão em, pelo menos, 12 exemplares de prisma oco e 12 exemplares de prisma cheio (nesse caso, somente para as obras que apresentarem blocos grauteados). A partir dos resultados obtidos na caracterização prévia dos prismas, deve-se determinar a resistência característica do prisma utilizando o estimador da Equação (21.1).

$$f_{ek,est} = 2 \frac{f_{e1} + f_{e2} + f_{e3} + \ldots + f_{e(i-1)}}{i-1} - f_{ei} \qquad (21.1)$$

em que $i = n/2$, se n for par, e $i = (n-1)/2$, se n for ímpar.

O valor de f_{ek} não deve ser inferior a $\emptyset \times f_{e1}$ (veja o valor de $\emptyset$ na Tabela 21.4) nem superior a $0,85 \times f_{em}$.

Na expressão, $f_{ek,est}$ é a resistência característica estimada da amostra (MPa); $f_{e1}, f_{e2}, \ldots, f_{ei}$ são os valores da resistência à compressão individual dos corpos de prova da amostra, ordenados crescentemente; e f_{em} é a média de todos os resultados da amostra.

Para ensaios com n maior ou igual a 20, a resistência característica deve ser calculada por:

$$f_{ek,est} = f_{em} - 1,65 \times S_n \qquad (21.2)$$

em que S_n é o desvio-padrão da amostra e n é o número de corpos de prova da amostra.

21.5.2 Controle durante a Construção

O controle de recebimento e de aceitação dos materiais e da alvenaria é o conjunto de operações que, corrigindo distorções no processo, permite ao produtor manter a qualidade do produto dentro de padrões preestabelecidos. Para isso, deve ser feito o controle sistemático da resistência do bloco, da argamassa, do graute e do prisma.

O controle da resistência à compressão do bloco deve ser feito no recebimento, por meio de relatório de ensaio do fabricante ou por envio de amostras para ensaios em laboratório acreditado pelo Instituto Nacional de Metrologia, Qualidade e Tecnologia (Inmetro). Para o caso de blocos de concreto, a ABNT NBR 6136:2016 determina que cabe ao fabricante controlar todo o lote de fabricação, constituído de, no máximo, um dia de produção ou 40.000 blocos (o que for menor). O número de exemplares da amostra depende do tamanho do lote. Considerando fabricante com desvio-padrão desconhecido, a amostra deve ter o seguinte tamanho:

- 9 exemplares, para lotes de até 5000 blocos;
- 11 exemplares, para lotes entre 5000 e 10.000 blocos;
- 13 exemplares, para lotes acima de 10.000 blocos.

Com relação ao controle de qualidade dos blocos cerâmicos, a ABNT NBR 15270-1:2023 determina que o lote de produção deve ter o tamanho máximo de 100.000 unidades, e para cada lote devem ser realizados os ensaios especificados pela NBR 15270-1:2023, em amostra constituída por 13 exemplares.

TABELA 21.4 Valores de Ø em função do número de elementos

Nº de elementos	3	4	5	6	7	8	9	10	11	12	13	14	15	16 e 17	18 e 19
Ø	0,80	0,84	0,87	0,89	0,91	0,93	0,94	0,96	0,97	0,98	0,99	1,00	1,01	1,02	1,04

Fonte: adaptada da ABNT NBR 16868-1:2020.

O controle de resistência à compressão das argamassas e dos grautes pode ser feito durante o recebimento (no caso de argamassa e graute industrializados) ou durante a produção, por meio de moldagem de seis corpos de prova para cada lote de produção. O lote de produção de argamassa e/ou graute deve ser o menor dentro dos seguintes números:

- 500 m² de área construída em planta (por pavimento);
- dois pavimentos;
- argamassa e/ou graute fabricados com matéria-prima de mesma procedência, mesma dosagem e mesmo processo de preparo.

Para a aceitação da argamassa, a resistência média deve ser igual ou superior à resistência especificada no projeto. Para a aceitação do graute, a resistência característica, calculada conforme a Equação (21.1), deve ser igual ou superior à resistência especificada no projeto.

Já o controle da resistência à compressão da alvenaria deve ser realizado por meio do controle da resistência à compressão dos prismas. Os ensaios de prismas podem ser prescindidos para o caso de pequenas construções, quando a resistência do bloco for muito superior ao cálculo da resistência de prisma de projeto. Parsekian *et al.* (2014) ressaltam que, eventualmente, para casas e sobrados pode ser interessante aumentar a resistência do bloco para que não seja necessário o ensaio de prisma.

Para os edifícios multipavimentos, os ensaios de prismas devem ser realizados para cada pavimento de cada edificação, uma vez que constitui um lote para coleta de amostras. O número de amostras de cada lote é constituído de, no mínimo, 12 prismas, sendo seis para prova e seis para eventual contraprova. Para a construção de um empreendimento composto de edifícios idênticos e construídos ao mesmo tempo, pode-se otimizar o controle de produção dos prismas. Nesse caso, o primeiro edifício é controlado de forma independente, usualmente amostrando 12 prismas por pavimento, conforme explicado anteriormente. Para os demais edifícios, do segundo em diante, pode-se aproveitar o resultado dos ensaios de um pavimento com mesmo tipo de bloco para determinar a necessidade de se realizar ensaios de prismas para os pavimentos de mesmo tipo de bloco dos demais edifícios. A Tabela 21.5 apresenta as condições para determinar o número de ensaios subsequentes a partir de resultados anteriores para a alvenaria estrutural com blocos e concreto. A Tabela 21.6 mostra essas condições para a alvenaria estrutural com blocos cerâmicos.

A resistência característica à compressão estimada deve ser calculada conforme a Equação (21.1) e, para a aprovação do lote, o valor calculado deve ser igual ou superior à resistência especificada no projeto. Se o valor da resistência característica dos prismas do pavimento resultar menor que a resistência característica de projeto para o pavimento, devem ser realizados os ensaios com os prismas de contraprova.

No caso de não atendimento a esses critérios, devem ser adotadas as seguintes ações corretivas:

- revisar o projeto para determinar se a estrutura, no todo ou em parte, pode ser considerada aceita, considerando os valores obtidos nos ensaios;
- determinar as restrições de uso da estrutura;
- providenciar o projeto de reforço;
- decidir pela demolição parcial ou total.

TABELA 21.5 Condição para determinar o número de ensaios de prismas a partir de resultados anteriores – controle otimizado em alvenaria estrutural de bloco de concreto

Condição	Coeficiente de variação (%)	$F_{pk, projeto}/F_{pk, estimado}$			
		≤ 0,35	> 0,35 ≤ 0,50	> 0,50 ≤ 0,75	> 0,75
A	> 15	6	6	6	6
B	≤ 15 e > 10	0	2	4	6
C	< 10	0	0	0	0

Para pavimentos com especificação de resistência característica de bloco maior ou igual a 12 MPa, deve-se sempre considerar no mínimo a condição B.

488 Capítulo 21

TABELA 21.6 Condição para determinar o número de ensaios de prismas a partir de resultados anteriores – controle otimizado em alvenaria estrutural em bloco cerâmico

Coeficiente de variação (%)	$F_{pk, projeto}/F_{pk, estimado}$				
	≤ 0,15	> 0,15 ≤ 0,30	> 0,30 ≤ 0,50	> 0,50 ≤ 0,75	> 0,75
> 25	6	6	6	6	6
≤ 25 e ≥ 20	0	2	4	6	6
< 20 e ≥ 15	0	2	2	2	4
< 15 ≥ 10	0	0	2	2	2
< 10	0	0	0	0	0

Para edificações com mais de cinco pavimentos, o coeficiente de variação deve ser sempre considerado no mínimo igual a 15 %.

21.5.3 Produção da Alvenaria

Além do controle da resistência dos materiais e da alvenaria, devem ser controlados os seguintes aspectos da alvenaria:

a) Locação das paredes
- Variação do nível da superfície do pavimento não pode ultrapassar ±10 mm em relação ao plano especificado;
- espessura da junta horizontal de argamassa deve estar compreendida entre 5 e 20 mm, admitindo-se espessuras de até 30 mm em trechos de comprimentos inferiores a 50 cm.

b) Elevação e respaldos
- Espessura das juntas verticais e horizontais devem ter espessuras de (10±3) mm;
- desalinhamento das juntas horizontais não deve ultrapassar 2 mm/m nem ser inferior a 10 mm;
- alinhamento das juntas verticais não deve ultrapassar 2 mm/m nem ser inferior a 10 mm;
- desaprumo máximo das paredes e pilares do pavimento não pode superar 10 mm e deve atender o limite de 2 mm/m; na altura total do prédio, o desaprumo máximo admitido é de 25 mm;
- descontinuidade vertical de pilares e paredes de um pavimento para outro pode ser no máximo de 5 mm; no caso das alvenarias periféricas, a tolerância do desalinhamento em relação à laje é de 5 mm;
- desnivelamento da fiada de respaldo não deve ultrapassar o valor de 10 mm.

21.6 MANIFESTAÇÕES PATOLÓGICAS

As anomalias mais comuns que podem ocorrer em alvenarias estruturais estão relacionadas a seguir.

21.6.1 Fissuras

As fissuras ocupam o primeiro lugar na sintomatologia em alvenarias estruturais. As causas da fissuração nem sempre são de fácil determinação, entretanto, seu conhecimento é de vital importância para a definição do tratamento adequado com vistas à recuperação.

A configuração da fissura, abertura, espaçamento e, se possível, a época em que a mesma ocorreu (após anos, semanas ou mesmo algumas horas da execução) podem servir como elementos para diagnosticar a(s) causa(s) que a(s) produziu(ram).

Considerando-se as diferentes propriedades mecânicas e elásticas dos constituintes da alvenaria e em função das solicitações atuantes, as fissuras poderão ocorrer nas juntas de assentamento (argamassa de assentamento, vertical ou horizontal) ou seccionar os componentes da alvenaria (blocos).

A seguir, estão relacionados outros fatores que podem influenciar o comportamento das alvenarias:

- *bloco*: dimensões, aspecto com relação à porosidade e ao acabamento superficial;
- *argamassa de assentamento*: consumo de aglomerantes, retenção de água e retração;
- *alvenarias*: geometria do edifício, esbeltez, eventual presença de armaduras, existência de paredes de contraventamento;
- *fundações*: recalques diferenciais;
- *movimentações*: higroscópicas e térmicas.

O Quadro 21.1 apresenta um resumo das diferentes configurações das fissuras em alvenaria estrutural.

QUADRO 21.1 Principais tipologias e prováveis causas de fissuras verticais

Configuração da fissura	Ilustração	Prováveis causas
Fissuras verticais		Resistência à tração do bloco é superior à resistência à tração da argamassa.
		Resistência à tração do bloco é igual ou inferior à resistência à tração da argamassa.
		Sob ação de cargas uniformemente distribuídas, em função principalmente da deformação transversal da argamassa de assentamento e da eventual fissuração de blocos ou tijolos por flexão local, as paredes em trechos contínuos apresentarão fissuras tipicamente verticais.
		Sendo constituídas de materiais porosos, o comportamento das alvenarias será influenciado pelas movimentações higroscópicas desses materiais. A expansão das alvenarias por higroscopicidade ocorrerá com maior intensidade nas regiões da obra mais sujeitas à ação da umidade, por exemplo, cantos desabrigados, platibandas, base das paredes etc.

(continua)

490 Capítulo 21

QUADRO 21.1 Principais tipologias e prováveis causas de fissuras verticais (*continuação*)

Configuração da fissura	Ilustração	Prováveis causas
Fissuras inclinadas		Em trechos com a presença de aberturas, haverá considerável concentração de tensões no contorno dos vãos. No caso da inexistência ou subdimensionamento de vergas e contravergas, as fissuras se desenvolverão a partir dos vértices das aberturas.
		Em razão das cargas verticais concentradas, sempre que não houver uma correta distribuição dos esforços nos coxins ou outros elementos, poderão ocorrer esmagamentos localizados e formação de fissuras a partir do ponto de transmissão da carga.
		Recalques diferenciados, provenientes, por exemplo, de falhas de projeto, rebaixamento do lençol, falta de homogeneidade do solo ao longo da construção, compactação diferenciada de aterros e influência de fundações vizinhas provocarão fissuras inclinadas em direção ao ponto no qual ocorreu o maior recalque.

(*continua*)

Alvenaria Estrutural **491**

QUADRO 21.1 Principais tipologias e prováveis causas de fissuras verticais (*continuação*)

Configuração da fissura	Ilustração	Prováveis causas
Fissuras horizontais		As fissuras horizontais nas alvenarias, causadas por sobrecargas verticais atuando axialmente no plano da parede, não são frequentes; poderão ocorrer, entretanto, pelo esmagamento da argamassa das juntas de assentamento. Essas fissuras, contudo, são mais comuns em paredes submetidas à flexocompressão.
		Em alvenarias pouco carregadas, a expansão diferenciada entre fiadas de blocos pode provocar, por exemplo, a ocorrência de fissuras horizontais na base das paredes.
		Na retração por secagem de grandes lajes de concreto armado sujeitas à forte insolação, poderá ocorrer fissuração em função do encurtamento da laje, que provocará uma rotação nas fiadas de blocos próximos à laje.
		Em razão de movimentações térmicas, surgirão fissuras idênticas àquelas relatadas para a movimentação higroscópica e retração por secagem. Estas serão mais intensas nas lajes de cobertura, podendo ser evitadas com um cintamento muito rígido ou um sistema de apoio deslizante.

21.6.2 Eflorescências

A eflorescência é decorrente de depósitos salinos, principalmente de sais de metais alcalinos (sódio e potássio) e alcalinoterrosos (cálcio e magnésio) na superfície de alvenarias, provenientes da migração de sais solúveis nos materiais e componentes da alvenaria. As eflorescências podem alterar a aparência da superfície sobre a qual se depositam e, em determinados casos, seus sais constituintes podem ser agressivos, causando desagregação profunda, como no caso dos compostos expansivos.

Para a ocorrência da eflorescência, devem existir, concomitantemente, três condições:

- existência de teor de sais solúveis nos materiais ou componentes;
- presença de água;
- pressão hidrostática necessária para que a solução migre para a superfície.

Desse modo, para se evitar a ocorrência da eflorescência deve-se eliminar uma dessas três condições, sendo, portanto, necessário identificar a origem de cada uma delas.

Com relação à origem dos sais, no Quadro 21.2 apresenta-se uma relação da natureza química dos sais solúveis e suas prováveis fontes.

QUADRO 21.2 Natureza química das eflorescências

Composição química	Fonte provável	Solubilidade em água
Carbonato de cálcio	Carbonatação da cal lixiviada da argamassa ou concreto	Pouco solúvel
Carbonato de magnésio	Carbonatação da cal lixiviada da argamassa de cal não carbonatada	Pouco solúvel
Carbonato de potássio	Carbonatação dos hidróxidos alcalinos de cimentos com elevado teor de álcalis	Muito solúvel
Carbonato de sódio	Carbonatação dos hidróxidos alcalinos de cimentos com elevado teor de álcalis	Muito solúvel
Hidróxido de cálcio	Cal liberada na hidratação do cimento	Solúvel
Sulfato de magnésio	Água de amassamento	Solúvel
Sulfato de cálcio	Água de amassamento	Parcialmente solúvel
Sulfato de potássio	Agregados, água de amassamento	Muito solúvel
Sulfato de sódio	Agregados, água de amassamento	Muito solúvel
Cloreto de cálcio	Água de amassamento, limpeza com ácido muriático	Muito solúvel
Cloreto de magnésio	Água de amassamento	Muito solúvel
Cloreto de alumínio	Limpeza com ácido muriático	Solúvel
Cloreto de ferro	Limpeza com ácido muriático	Solúvel

Com relação à segunda condição para a existência de eflorescência, observa-se que a água pode ser proveniente da umidade do solo; da água de chuva, acumulada antes da cobertura da obra, ou infiltrada por meio das alvenarias, aberturas ou fissuras; de vazamentos de tubulações de água, esgoto, águas pluviais; da água utilizada na limpeza e de uso constante em determinados locais.

Por fim, com relação à pressão hidrostática, verifica-se que o transporte de água por meio dos materiais e a consequente cristalização dos sais solúveis na superfície ocorrem por capilaridade, infiltração em trincas e fissuras, percolação sob o efeito da gravidade, percolação sob pressão por vazamentos de tubulações de água ou de vapor, pela condensação de vapor de água dentro das paredes, ou pelo efeito combinado de duas ou mais dessas causas.

BIBLIOGRAFIA

ASSOCIAÇÃO BRASILEIRA DA CONSTRUÇÃO INDUSTRIALIZADA (ABCI). *Manual técnico da alvenaria*. (Patologia, Ércio Thomaz, p. 97, 117.) São Paulo: ABCI, 1990.

ASSOCIAÇÃO BRASILEIRA DE NORMAS TÉCNICAS. *NBR 5739:* Concreto – Ensaios de compressão de corpos de prova cilíndricos. Rio de Janeiro: ABNT, 2018.

ASSOCIAÇÃO BRASILEIRA DE NORMAS TÉCNICAS. *NBR 6136:* Blocos vazados de concreto simples para alvenaria – Requisitos. Rio de Janeiro: ABNT, 2016.

ASSOCIAÇÃO BRASILEIRA DE NORMAS TÉCNICAS. *NBR 12118:* Blocos vazados de concreto simples para alvenaria – Métodos de ensaio. Rio de Janeiro: ABNT, 2014.

ASSOCIAÇÃO BRASILEIRA DE NORMAS TÉCNICAS. *NBR 13276:* Argamassa para assentamento e revestimento de paredes e tetos – Preparo da mistura e determinação do índice de consistência. Rio de Janeiro: ABNT, 2016.

ASSOCIAÇÃO BRASILEIRA DE NORMAS TÉCNICAS. *NBR 13279:* Argamassa para assentamento e revestimento de paredes e tetos – Determinação da resistência à tração na flexão e à compressão. Rio de Janeiro: ABNT, 2005.

ASSOCIAÇÃO BRASILEIRA DE NORMAS TÉCNICAS. *NBR 15270-1*: Componentes cerâmicos - Blocos e tijolos para alvenaria – Parte 1: Requisitos. Rio de Janeiro: ABNT, 2023.

ASSOCIAÇÃO BRASILEIRA DE NORMAS TÉCNICAS. *NBR 15270-2*: Componentes cerâmicos – Blocos e tijolos para alvenaria – Parte 2: Métodos de ensaio. Rio de Janeiro: ABNT, 2023.

ASSOCIAÇÃO BRASILEIRA DE NORMAS TÉCNICAS. *NBR 15961-2:* Alvenaria estrutural – Blocos cerâmicos – Parte 2: Execução e controle de obras. Rio de Janeiro: ABNT, 2011.

ASSOCIAÇÃO BRASILEIRA DE NORMAS TÉCNICAS. *NBR 16868-1*: Alvenaria estrutural – Parte 1: Projeto. Rio de Janeiro, 2020.

ASSOCIAÇÃO BRASILEIRA DE NORMAS TÉCNICAS. *NBR 16868-2:* Alvenaria estrutural – Parte 2: Execução e controle de obras. Rio de Janeiro, 2020.

ASSOCIAÇÃO BRASILEIRA DE NORMAS TÉCNICAS. *NBR 16868-3*: Alvenaria estrutural – Parte 3: Métodos de ensaio. Rio de Janeiro, 2020.

CINCOTTO, M. A. *Patologia das argamassas de revestimento*: Análise e recomendações. São Paulo: IPT, 1983. (Série Monográfica 8.)

FALCÃO BAUER, L. A. *Controle total da qualidade ou falência da indústria da construção civil*. São Paulo, 1990.

FALCÃO BAUER, L. A. *Materiais de construção*. 5. ed. Rio de Janeiro: LTC, 1994, p. 929.

GOMES, N. S. *A resistência das paredes de alvenaria*. Dissertação (Mestrado). Escola Politécnica da Universidade de São Paulo, 1974.

HEVEG, K. Engenharia e poder nacional. *In*: 38ª Reunião do Ibracon, Ribeirão Preto, São Paulo. *Anais...* São Paulo, 1996.

HIRSCHFELD, H. *A construção civil e a qualidade*. São Paulo: Atlas, 1996.

OHASHI, E. A. M. *Sistema de informação para coordenação de projetos de alvenaria estrutural*. 122p. Dissertação (Mestrado) – Escola Politécnica da Universidade de São Paulo, São Paulo, 2001.

PARSEKIAN, G. A. *Parâmetros de projeto de alvenaria estrutural com blocos de concreto*. São Carlos: EdUFSCar, 2012.

PARSEKIAN, G. A.; SOARES, M. M. *Alvenaria estrutural em blocos cerâmicos*: projetos, execução e controle. São Paulo: O Nome da Rosa, 2011.

PARSEKIAN, G. A.; CANATO, R. L.; FORTES, E. S. Especificação e controle de alvenarias em blocos de concreto. *Concreto e Construções*, São Paulo, ano XLI, 73, jan.-mar. 2014, p. 80-86.

THOMAZ, E. *Trincas em edifícios*: causa, prevenção e recuperação. São Paulo: IPT/Epusp/Pini, 1990.

22

METAIS

Prof. Arq. Enio José Verçosa •
Prof. Dr. Eduvaldo Paulo Sichieri

22.1 Obtenção, 495
22.2 Constituição, 499
22.3 Ligas, 501
22.4 Propriedades Importantes e Ensaios, 503
22.5 Estudo Particular do Alumínio, 511
22.6 Estudo Particular do Chumbo e do Estanho, 514
22.7 Estudo Particular do Cobre e do Zinco, 515
22.8 Ferragens, 517
22.9 Algumas Normas da ABNT, 522

Neste capítulo, serão estudadas as generalidades dos metais produzidos e utilizados pela indústria metalúrgica e aqueles comumente usados na construção civil.

A indústria metalúrgica é uma atividade de base e abrangente, produzindo vários tipos de metais e seus produtos, a partir dos minérios correspondentes, como alumínio, chumbo, estanho, cobre e zinco.

Já a indústria siderúrgica é a que produz ferro, suas ligas e seus produtos, a partir do minério de ferro. Por sua especificidade, o ferro e o aço serão tratados no Capítulo 32 – Produtos Siderúrgicos.

Ambas, metalúrgica e siderúrgica, são indústrias de base que produzem barras, fios e chapas, que, posteriormente, serão utilizados pela indústria em geral e, especialmente, como tratado aqui, pela indústria da construção civil.

22.1 OBTENÇÃO

22.1.1 Conceito de Metal

Os metais são elementos químicos que têm facilidade em perder elétrons para formar cátions metálicos, podendo, assim, realizar **ligações iônicas** e as **ligações metálicas** que originam suas matrizes cristalinas.

A **ligação iônica** ocorre entre metais e não metais, como oxigênio, carbono, fósforo, enxofre etc. Nesta reação química, o metal perde elétrons (oxidação) e o elemento não metálico ganhará esses elétrons (redução). Ocorre, portanto, uma reação de oxidação/redução.

A **ligação metálica** ocorre entre os átomos de um único elemento metálico formando reticulados cristalinos [Fig. 22.1(a)]. As ligas intermetálicas ocorrem a partir da solubilização do elemento de menor teor dentro da matriz cristalina formada pelos átomos do elemento em maior teor, conforme mostrado na Figura 22.2. É a chamada solução sólida substitucional.

Na ligação metálica, os elétrons presentes na camada de valência dos átomos do metal se desprendem desse orbital, fazendo com que o átomo do metal fique deficiente de elétrons, tornando-se um cátion. Esses elétrons provenientes do metal passam a rodear os cátions, formando uma nuvem de elétrons que tem a capacidade de se mover pelo retículo cristalino [Fig. 22.1(b)]. Por isso, os metais são bons condutores de eletricidade. Da mesma maneira, como os átomos não ficam presos entre si por uma ligação covalente, os metais têm boa condutibilidade térmica, são capazes de sofrer deformações sem se romper, são dúcteis e, como formam reticulado cristalino, apresentam equivalentes resistências tanto à compressão quanto à tração.

Características gerais dos metais:

- são sólidos em temperatura ambiente, com exceção do mercúrio;
- apresentam alto brilho;
- fundem em altas temperaturas;
- com exceção do ouro, que é dourado, e do cobre, que é avermelhado, apresentam cor prateada;
- os metais constituídos de um único elemento formam sempre reticulados cristalinos.

As propriedades físicas dos metais são, portanto, justificadas pela ligação metálica:

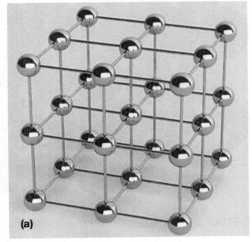
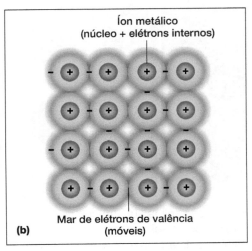

FIGURA 22.1 Esquemas do (a) retículo cristalino e da (b) nuvem de elétrons de valência.

a) Plasticidade (capacidade de sofrer deformações sem se romper)

Os átomos do retículo cristalino podem migrar para uma nova posição por meio de uma força externa sem que haja ruptura. Assim, podemos produzir lâminas, chapas grossas e finas, perfis laminados etc.

b) Condutibilidade elétrica e térmica

De modo geral, os metais são bons condutores de corrente elétrica e calor. Quando um metal qualquer está em contato com uma fonte de calor, os cátions têm grande liberdade para vibrar, conduzindo, assim, o calor. No caso de ser submetido a uma diferença de potencial elétrica, as nuvens de elétrons migram para o polo positivo, conduzindo a eletricidade.

c) Ductilidade

A capacidade de o metal se deformar sem romper é chamada ductilidade. Podemos deformá-lo para dar formas diversas e produzir fios.

22.1.2 Ligas

Como foi dito anteriormente, os metais não fazem ligação química com outros elementos metálicos diferentes. Porém, eles não são normalmente empregados puros, mas fazendo parte de ligas.

As **ligas intermetálicas** são soluções sólidas em que outro elemento metálico (soluto) é dissolvido na matriz metálica originária (solvente) por meio da fusão. Durante o processo de resfriamento, o soluto irá ocupar o lugar do metal original (solvente) da matriz durante o resfriamento. Essa substituição é possível graças aos tamanhos similares entre os átomos dos metais. Porém, como os elementos metálicos têm tamanhos diferentes, esse átomo que "substitui" o átomo original irá provocar distorções na rede cristalina. As distorções ocorrerão se o átomo adicionado for menor (como na Fig. 22.2) ou maior. Essa distorção na rede cristalina provoca tensões internas no cristal, aumentando sua resistência mecânica. As ligas intermetálicas são, portanto, **soluções sólidas substitucionais** com resistência mecânica maior do que o metal puro.

Nas adições durante a fusão de **elementos de liga não metálicos**, os átomos adicionados são muito menores que os átomos da matriz metálica. Nesse caso, durante o resfriamento, o elemento químico adicionado com tamanho muito menor do que os átomos da matriz somente poderá ocupar os interstícios da rede cristalina. A solução sólida assim formada é chamada **solução sólida intersticial**, conforme a Figura 22.3. É o que ocorre, por exemplo, com parte do carbono adicionado ao ferro para formar o aço.

Tanto no caso das soluções sólidas substitucionais quanto nas soluções sólidas intersticiais há um limite para a dissolução do elemento químico adicionado na matriz cristalina do metal. Esse limite é chamado **limite de solubilidade substitucional** ou **limite solubilidade sólida intersticial**.

O limite de solubilidade sólida intersticial se dá quando não existem mais interstícios disponíveis para serem ocupados pelo elemento não metálico adicionado, por exemplo, dissolução do açúcar na água. Ao adicionarmos açúcar à água, observa-se que o produto vai sendo dissolvido até determinado teor, a partir do qual o açúcar não é mais dissolvido na água

FIGURA 22.2 Na solução sólida substitucional, os átomos do soluto (com tamanho diferente do átomo da matriz) ocupam o lugar de átomos do solvente (matriz).

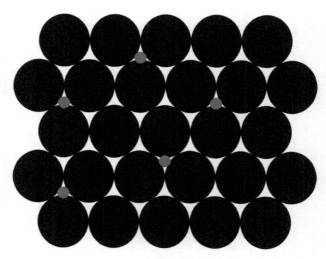

FIGURA 22.3 Esquema da solução sólida intersticial. No aço, parte do carbono ocupa os interstícios da rede cristalina.

e precipita saturado de água no fundo do copo. Esse teor é chamado limite de solubilidade. Da mesma maneira, normalmente o elemento não metálico em excesso irá formar um composto metal/não metal que irá se **precipitar nos contornos de grãos da matriz**.

Aqui, devemos lembrar que a microestrutura cristalina dos metais após solidificação é formada por inúmeros cristais que crescem de maneira independente, uns em direção aos outros. Ao se encontrarem, há uma descontinuidade da rede cristalina, formando os chamados "contornos de grãos", cuja carência de átomos favorece a aglomeração de elementos químicos estranhos à matriz.

O aumento da temperatura aumenta o limite de solubilidade.

Nas soluções substitucionais, quando atingido o limite de solubilidade, ocorrerá a formação de novos reticulados cristalinos, ou uma nova fase cristalina. Uma estrutura cristalina cúbica de corpo centrado, por exemplo, pode se distorcer tanto que pode se precipitar como tetragonal de corpo centrado. **Esses fenômenos ocorrem por difusão na matriz cristalina. A formação dessas novas fases cristalinas sempre se iniciam nos contornos de grãos** e se difundem para o interior destes. Adições de elementos de liga metálicos podem, portanto, provocar precipitações de novas fases cristalinas, que, somadas às distorções provocadas pelos átomos que permaneceram em solução substitucional no reticulado cristalino, de uma maneira geral, produzirão ligas com maiores resistências mecânicas.

As "fases cristalinas" mais comuns são aquelas cujos reticulados cristalinos assumem as formas cúbicas, cúbicas de corpo centrado, cúbicas de face centrada e tetragonal de corpo centrado (Fig. 22.4).

22.1.3 Minério

Os metais aparecem na natureza em estado livre ou, mais comumente, como compostos. Em geral, para serem explorados economicamente, devem estar concentrados em jazidas.

Chama-se jazida a uma massa de substâncias minerais ou fósseis, existentes na superfície ou no interior da Terra, que venham a ser ou sejam valiosas para a mineração.

Mina é a jazida na extensão concedida pelo governo. Toda a mineração é controlada pelo Código de Minas, sob a supervisão da Divisão de Fomento da Produção Mineral, do Ministério de Minas e Energia.

Seja no estado livre, seja na forma de compostos, dificilmente as substâncias portadoras são encontradas puras, como acontece com as pepitas de ouro ou prata. Em conjunto com as substâncias portadoras geralmente estão impurezas, genericamente chamadas gangas. A essa mistura de metal, compostos de metal e impurezas é que se chama minério: é o modo como o metal se encontra naturalmente.

A partir do minério, a obtenção de um metal passa por duas fases distintas: a mineração e a metalurgia.

Mineração é a extração do minério, normalmente compreendendo duas etapas: a colheita do minério e a sua concentração. Já a metalurgia, tem por finalidade obter o metal puro, a partir do composto portador.

22.1.4 Mineração

De acordo com o modo como se apresenta a jazida, a colheita pode ser feita a céu aberto ou ser subterrânea.

A concentração tem por finalidade separar os minérios utilizáveis dos economicamente pobres e eliminar a ganga que não faz parte da sua constituição

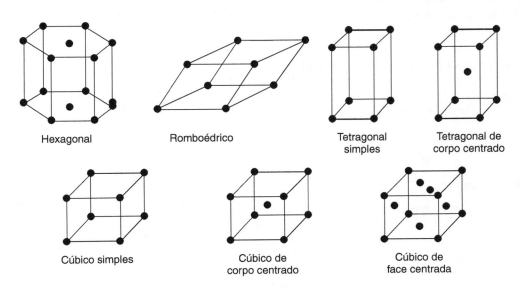

FIGURA 22.4 Estruturas cristalinas.

(areia, argila, organismos etc.). É uma purificação do minério, que pode ser executada por processos mecânicos ou químicos.

Entre os processos mecânicos, estão a fragmentação ou trituração (o minério é quebrado em pedaços menores), classificação (são separadas as pedras inúteis), levigação (o minério é posto em água corrente; como o metal é normalmente mais pesado que a ganga, afunda; a ganga é recolhida na superfície), flotação (quando a ganga é mais pesada que o minério, são misturados com óleo e água, e depois recebem uma insuflação de ar; forma-se uma espuma rica em minério, que é colhida na superfície, enquanto a ganga se deposita no fundo), separação magnética (o ímã, ao passar sobre os pedaços, atrai o metal e deixa as impurezas), lavagem simples etc.

Os processos químicos transformam os minérios em substâncias facilmente recuperáveis e eliminam a ganga. Entre eles, temos a ustulação (aquecimento do minério sob forte jato de ar) e a calcinação (sob fogo direto).

22.1.5 Metalurgia

O metal puro é extraído do minério por um dos seguintes processos: redução, precipitação química ou eletrólise.

O processo de redução mais comum é feito com carbono ou óxido de carbono a altas temperaturas, em fornos, do qual resulta o metal puro ou quase puro, em estado de fusão.

O processo de precipitação simples usa alguma reação simples, da qual resulta o metal puro.

O processo eletrolítico só pode ser empregado em minérios que possam ser dissolvidos na água. A eletrólise é usada também para purificação (refinação) de metais obtidos por alguns dos processos anteriores.

22.1.6 Sinopse de Obtenção dos Metais

Com base no que foi exposto anteriormente, pode-se organizar o Quadro 22.1.

22.1.7 Principais Minérios e Ocorrências dos Metais Não Siderúrgicos

22.1.7.1 Alumínio

O alumínio constitui um dos elementos mais abundantes na crosta terrestre; mas, geralmente, é encontrado em forma tal que sua extração não é economicamente recomendável. É o caso, por exemplo, das argilas, das quais o alumínio é parte integrante, mas em proporção tal que não compensa a extração.

O minério normalmente explorado é a bauxita, óxido, que se apresenta em duas formas: $O_2Al_2(HO)_3$ ou $Al_2(HO)_3$. O metal puro é deles extraído por eletrólise.

O Brasil é o sexto maior produtor mundial de alumínio primário, precedido pela China, pela Rússia, pelo Canadá e pelos Estados Unidos. Além de abrigar a terceira maior jazida de bauxita do planeta, o Brasil também é grande produtor de alumina e hidróxido de alumina.

No mercado interno, a maior parte da aplicação do alumínio e seus produtos destina-se aos segmentos de embalagens e transportes, de acordo com a Associação Brasileira de Alumínio (Abal). Na sequência, vêm os segmentos de eletricidade, construção civil, bens de consumo, máquinas e equipamentos. A produção de semimanufaturados de alumínio no país está concentrada na região Sudeste (Minas Gerais, São Paulo e Rio de Janeiro).

QUADRO 22.1 Sinopse de obtenção dos metais

Obtenção dos metais		Colheita	Céu aberto Subterrânea	A ferro A fogo
	Mineração		Processos mecânicos	Trituração Classificação Levigação Flotação Separação magnética Lavagem etc.
	Concentração		Processos químicos	Ustulação Calcinação
	Metalurgia	Redução Precipitação química Eletrólise		

22.1.7.2 Chumbo

O principal minério de chumbo é a galena, sulfeto, de fórmula PbS. O metal puro é extraído por fundição redutora.

Os principais produtores mundiais são: China, Estados Unidos, Austrália, Peru, México, Canadá, Índia, Bolívia e Polônia.

O Brasil, que não é autossuficiente em chumbo, dispõe de minas deste minério em São Paulo, Paraná, Bahia, Minas Gerais e Rio Grande do Sul.

22.1.7.3 Cobre

O cobre é obtido a partir de diversos minérios: calcosina Cu_2S (sulfato), cuprita Cu_2O (óxido), calcopirita $CU_2S\text{-}Fe_2S_3$ (sulfato), malaquita e azurita (carbonatos). O metal puro é extraído por calcinação e fusão.

Seus maiores produtores são: Chile, Indonésia, Peru, Austrália, Argentina e Canadá. No Brasil, há ocorrências importantes no Pará, Alagoas, Rio Grande do Sul (Caçapava, Camaquã, Seival e Bagé), Bahia e Goiás.

O Brasil é o 10º maior produtor mundial de cobre e espera para breve uma balança comercial positiva no comércio desse metal.

22.1.7.4 Estanho

Seu minério é a cassiterita SnO_2, dióxido, ou eventualmente, em forma livre, piritas.

Seus maiores produtores mundiais são: China, Indonésia, Peru, Bolívia, República Democrática do Congo e Brasil.

Os principais estados brasileiros produtores de estanho são Amazonas e Rondônia, com cerca de 43 e 35 %, respectivamente.

22.1.7.5 Zinco

O zinco é obtido a partir de seus minérios: blenda ZnS (sulfato), calamina (silicato) e smithsonita (carbonato). Inicialmente, se aquece o minério para separá-lo das impurezas. Depois, ele segue para fornos especiais, nos quais o metal puro, por ser muito volátil, se sublima e é recolhido.

Os maiores produtores mundiais são: China, Austrália, Peru, Canadá e Estados Unidos, enquanto o Brasil detém apenas cerca de 1,2 % das reservas mundiais.

22.2 CONSTITUIÇÃO

22.2.1 Cristalização

Todas as substâncias são formadas de átomos. Sabe-se que esses átomos giram e vibram com velocidades maiores ou menores, conforme maiores ou menores sejam as temperaturas dessas substâncias. Essa atividade atômica manifesta-se, então, pela coesão, levando as substâncias aos estados gasoso, líquido, pastoso ou sólido. O agrupamento de átomos forma a molécula.

Nos corpos sólidos, que é o caso dos metais no estado normal, os átomos podem agrupar-se de maneira ordenada, quando se têm os corpos cristalinos, ou de maneira desordenada, como no caso dos corpos amorfos.

Todos os metais têm estrutura cristalina no estado sólido.

Os corpos amorfos são isotrópicos, isto é, suas propriedades físicas e mecânicas não dependem de direção.

Os corpos cristalinos são anisotrópicos: as propriedades variam com a orientação dos cristais. Mas, como há muitos cristais, distribuídos desuniformemente, os metais apresentam uma "falsa isotropia". Quanto menores os grãos, maior a falta de orientação e, portanto, maior a falsa isotropia.

As deformações a frio, nos metais, tendem a orientar os grãos, aumentando a anisotropia.

22.2.2 Exame Cristalográfico

É possível determinar a estrutura cristalina de um metal com a análise de seu espectro aos raios X. Os raios X mostram os planos de cristalização, o que permite medir o seu afastamento e também localizar os nós, nos quais estão os átomos. Com isso, tem-se a constante reticular.

Os metais comuns apresentam uma estrutura em rede cúbica de faces centradas (Fig. 22.5), composta por 14 átomos.

Há exceções. Para os alcalinos e alcalinoterrosos, e para o ferro na temperatura de forja, a disposição é a de cubo centrado (Fig. 22.6), com nove átomos.

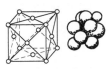

FIGURA 22.5 Rede cúbica de faces centradas.

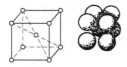

FIGURA 22.6 Cubo centrado.

E há ainda, em certos estados alotrópicos, a rede hexagonal compacta, com os cristais nos vértices de um prisma hexagonal, mais um no centro de cada topo, e mais três átomos presos no interior do conjunto (Fig. 22.7).

22.2.3 Formação dos Grãos

Os átomos se reúnem formando os cristais, que são as moléculas dos metais. Essas moléculas são pequeníssimas, não visíveis. Agrupam-se entre si, formando os grãos ou dendritas (do grego, *dendron* = árvore), que, em certos casos, são visíveis a olho nu.

Seja um metal em fusão, que depositamos em um recipiente à temperatura normal (Fig. 22.8). Em razão de as correntes de esfriamento (tendência a estabelecer-se o equilíbrio térmico entre o conteúdo e o continente) terem direção perpendicular à superfície de contato, em uma primeira etapa os primeiros grãos que se resfriam formam agulhas no sentido normal à parede [Fig. 22.8(a)]. Por terem esfriado, essas agulhas geram novas correntes de esfriamento, agora perpendiculares a si, e aparecem ramificações, como se vê na Figura 22.8(b). As novas ramificações irão sucessivamente formando outras, de maneira a dar uma aparência geral de árvore [Fig. 22.8(c)], até que cada dendrita encontra as ramificações da dendrita vizinha e não há mais metal a solidificar [Fig. 22.8(d)]. Entre as dendritas, se estabelece uma separação, facilmente visível, chamada filme ou película intercristalina, de muita importância na resistência do metal.

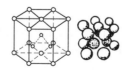

FIGURA 22.7 Rede hexagonal compacta.

Em função das correntes citadas, o corte de uma peça fundida (por exemplo, um lingote) apresentará as zonas gerais que se veem na Figura 22.9. Há uma camada externa de grãos dispostos irregularmente, mas muito finos e achatados e geralmente de menor coesão com a massa; é a casca de fundição, facilmente destacável. Essa camada se forma instantaneamente ao contato do metal quente com a lingoteira fria e, então, os grãos se desenvolvem tão rapidamente que não há tempo de se desenvolverem ou entrelaçarem. Segue-se uma zona intermediária, em que os grãos têm direção geral orientada perpendicularmente à superfície. Essa tendência é menor à medida que se aproxima do centro, onde a disposição já é completamente irregular.

A observação desse fenômeno explica o fato de que as quinas, em metais, são mais fracas e, portanto, devem ser evitadas. Em uma quina reta [Fig. 22.10(a)], há uma bissetriz geral, em que a

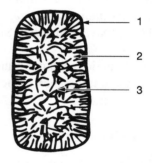

FIGURA 22.9 Formação irregular das dendritas em um lingote após solidificação.

(a)   (b)

FIGURA 22.10 Esquema de crescimento das dendritas em moldes com cantos vivos e arredondados.

FIGURA 22.8 Formação e crescimento da dendrita.

tendência é um filme intercristalino contínuo, sem o entrelaçamento necessário à coesão. Uma forma com quinas arredondadas, como na Figura 22.10(b), constituiria melhor solução.

Convém registrar também que a obtenção de granulações finas depende da velocidade de esfriamento e do estado de agitação do metal fundido. O resfriamento lento ou calmo produz dendritas maiores. Ora, quanto menores os grãos, menor a falsa isotropia, e, por isso, a granulação fina é preferível à granulação graúda; há maior homogeneidade.

22.2.4 Filme Intercristalino

O filme intercristalino não é ausência de matéria. É uma fina película que, tendo sido solicitada simultaneamente pelas duas dendritas vizinhas, se solidificou de forma amorfa, não cristalina. Em geral, o filme tem constituição química diferente, e nele se localizam as impurezas e as substâncias estranhas.

Em consequência da cristalização amorfa, o filme intercristalino geralmente tem, na temperatura ordinária, maior coesão que as dendritas. Nessas condições, a ruptura de um metal se dá por meio dos cristais. Porém, à medida que aumenta a temperatura, o filme perde rapidamente suas propriedades mecânicas – o que não acontece com os cristais, pois são mais estáveis –, e então ocorre a ruptura.

22.3 LIGAS

Em geral, os metais não são empregados puros, mas fazendo parte de ligas.

Liga é a mistura, de aspecto metálico e homogêneo, de um ou mais metais entre si ou com outros elementos. Deve ter constituição cristalina e comportamento como metal.

As ligas, geralmente, têm propriedades mecânicas e tecnológicas melhores que as dos metais puros.

As ligas podem classificar-se em: misturas mecânicas, soluções sólidas ou compostos químicos.

Diz-se que há mistura mecânica quando os cristais dos metais componentes estão simplesmente misturados, por exemplo, a liga estanho-chumbo na solda de funileiro.

Quando ocorre interligação dos cristais durante a solidificação, há o que se chama solução sólida. Elas podem ser soluções sólidas substitucionais, quando os átomos do metal dissolvido ocupam o lugar do átomo da matriz que é o solvente, ou soluções sólidas intersticiais, quando um pequeno átomo de um não metal ocupa os vazios da rede cristalina do metal. O exemplo típico é o aço, em que o átomo pequeno do carbono ocupa os vazios do cristal de ferro.

Há também casos em que os dois metais formam um composto químico diverso, como a liga de cobre e zinco.

Os processos gerais de obtenção das ligas são: fusão, pressão, eletrólise, aglutinação e metalurgia associada.

22.3.1 Diagramas de Equilíbrio

À medida que se aquece um metal, vai aumentando a vibração dos átomos e a atividade orbital, até que chega a um ponto em que começa a fusão [Fig. 22.11(a)]. Enquanto toda a massa não está fundida, a temperatura permanece constante; depois da fusão total, a temperatura recomeça a ascensão.

A temperatura também permanece constante quando há esfriamento: a temperatura permanece estável durante a solidificação [Fig. 22.11(b)].

Normalmente, porém, a temperatura de solidificação fica abaixo da temperatura de fusão: é o fenômeno da sobrefusão [Fig. 22.11(c)]. Em alguns casos, ainda, é preciso que se chegue a temperaturas menores e, quando iniciada a solidificação, a temperatura do metal sobe para um patamar em que permanece constante durante a transformação [Fig. 22.11(d)].

Sabe-se que os patamares do diagrama de esfriamento ou aquecimento correspondem aos momentos em que há formação de tipos diferentes de cristais. No caso do ferro puro (Fig. 22.12), por exemplo, há vários patamares que correspondem a diversas formações de cristais.

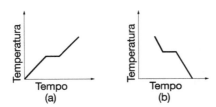
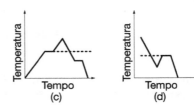

FIGURA 22.11 Esquemas de diagramas de fusão e solidificação de metais puros.

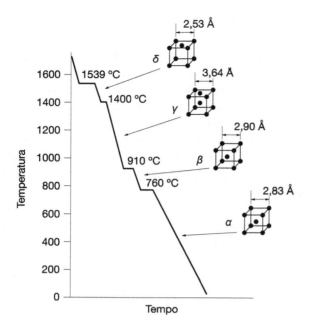

FIGURA 22.12 Formação de diferentes reticulados cristalinos durante a solidificação do ferro puro.

Ao se tomar uma liga de dois metais e ao se traçarem os diagramas de esfriamento para as diversas composições, obtém-se um sistema de curvas que pode, por exemplo, ser igual ao da Figura 22.13, para a liga chumbo-antimônio.

Os pontos de deflexão e patamares correspondem à formação de cristais e estados distintos.

Ao se representar no eixo vertical a temperatura e no horizontal a porcentagem de um dos metais componentes, ter-se-á o diagrama de equilíbrio da liga (Fig. 22.14).

Há quatro tipos fundamentais de diagramas de equilíbrio [Fig. 22.15(a)]. A experiência demonstrou que as propriedades mecânicas e físicas se relacionam intimamente com esses diagramas. Na Figura 22.15(b), aparecem as curvas típicas da resistência à ruptura e da dureza para os respectivos diagramas.

Como se vê, podem-se ali escolher as propriedades desejadas e saber, então, a composição da liga que as tenha.

O ponto 0 da Figura 22.14, em que as linhas de sólidos e líquidos coincidem, é chamado ponto

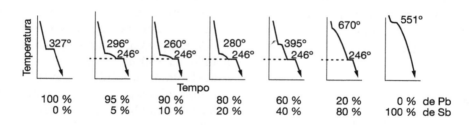

FIGURA 22.13 Exemplos de diagramas de solidificação de diferentes ligas de chumbo-antimônio.

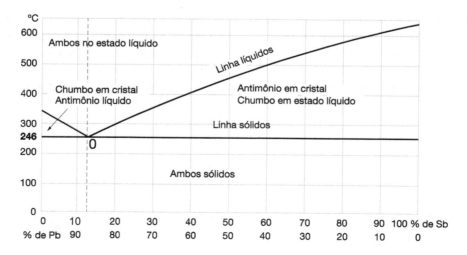

FIGURA 22.14 Diagrama de equilíbrio para ligas chumbo-antimônio.

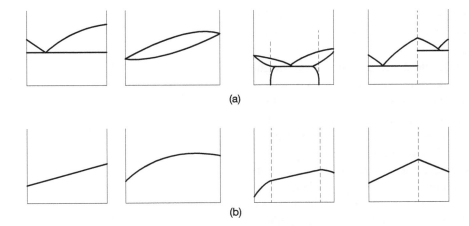

FIGURA 22.15 Exemplos de diagramas de equilíbrio (a) e curvas típicas da resistência à ruptura e da dureza para os respectivos diagramas (b).

eutético. É um ponto de particular importância. As composições que lhe ficam à esquerda (menos de 13 % de antimônio) são chamadas hipoeutéticas, enquanto as que ficam à direita, hipereutéticas.

22.3.2 Obtenção das Ligas

O processo mais simples de obtenção de ligas é o de fusão. Consiste em misturar os componentes fundidos na proporção desejada. Pode ser também a mistura de um metal infusível, pulverizado, com outro metal no estado de fusão.

Mas há ligas em que esses processos não são aplicáveis, ou porque antes da solidificação há separação, ou porque os pontos de solidificação são muito diferentes, ou porque há decantação rápida.

No caso de metais que se misturam bem a altas temperaturas e mal a temperaturas baixas, formam-se, na solidificação, dois tipos de cristais, em que os menores enchem os espaços dos maiores. É um caso normal, visto que apenas na liga eutética a solidificação é simultânea.

Ora, é bastante comum que, nos casos não eutéticos, a liga resultante tenha maior porcentagem nas camadas externas do metal que se solidifica primeiro. É a segregação, liquação ou distribuição desuniforme.

Quando isso ocorre, são usados outros processos de formação de ligas. No processo de pressão, os dois metais são pulverizados, misturados e martelados, até formarem um corpo único. O processo de aglutinação é semelhante, mas a ligação é assegurada por um cimento qualquer. O processo de eletrólise é bastante conhecido. Na metalurgia associada se purifica minério já composto dos metais de que se quer fazer a liga ou a mistura de seus minérios.

22.4 PROPRIEDADES IMPORTANTES E ENSAIOS

Para o emprego na construção civil, as propriedades que interessam são: aparência, densidade, resistência à tração e compressão, dureza, dilatação e condutibilidade térmica, condutibilidade elétrica, duração, resistência ao choque, à fadiga e à oxidação.

22.4.1 Aparência

Todos os metais comuns são sólidos à temperatura ambiente, com exceção do mercúrio, que é líquido. A porosidade não é aparente. Apresentam brilho característico, que pode ser aumentado por polimento ou tratamentos químicos.

22.4.2 Massa Específica

A massa específica μ dos metais comuns varia entre 2,56 e 11,45 g/cm^3 (a platina alcança 21,30) à temperatura ordinária. Essa massa específica depende muito das ligas utilizadas.

A massa específica para os metais é sempre calculada a partir de uma quantidade de metal em determinado volume, sem vazios, ou seja, maciço, bastando dividir o peso de um bloco pelo seu volume maciço. Cada substância tem sua correspondente massa específica.

O cálculo da densidade é feito da mesma maneira, porém considerando os vazios, ou partes ocas, que uma substância ocupa em um volume.

22.4.3 Dilatação e Condutibilidade Térmica

O coeficiente de dilatação dos metais situa-se entre 0,10 e 0,030 mm/m/°C. Como comparação, pode ser citado o vidro, que tem o coeficiente de 0,008 mm/m/°C, e o concreto armado, com um coeficiente de 0,01 mm/m/°C.

A ordem decrescente começa com o zinco, segue com o chumbo, estanho, cobre, ferro e termina com o aço.

A condutibilidade térmica situa-se entre 1,006 e 0,080 caloria grama/s/cm^2/cm/°C. A prata é o mais condutor, seguida do cobre, alumínio, zinco, bronze, ferro, estanho, níquel, aço e chumbo.

Esses coeficientes, assim como todas as demais propriedades, dependem muito da liga utilizada.

A determinação da dilatação térmica linear é feita pelo método da ABNT NBR 6637:2013, que, embora específico para materiais refratários, é aplicável para metais. Trata-se de um dilatômetro especial, aplicado a um corpo de prova cilíndrico, e colocado em um forno. O aparelho tem medidores para a temperatura e comprimento. Com esses valores é fácil traçar a linha de dilatação ou calcular o coeficiente.

22.4.4 Condutibilidade Elétrica

Os metais são muito bons condutores de eletricidade. O cobre, por exemplo, tem sido usado tradicionalmente na transmissão de energia elétrica, e recentemente, por questões econômicas, vem sendo substituído pelo alumínio.

22.4.5 Resistência à Tração

Esta é uma das propriedades mais importantes na construção.

Quando se submete uma barra do metal à tração axial, aparecem tensões internas. A tensão de tração é obtida dividindo-se a força aplicada pela área inicial da seção transversal. Essa tensão determina o aumento do comprimento da barra, o que é chamado deformação.

Chama-se alongamento a expressão:

$$\frac{L - L_0}{L_0} 100\ \% \qquad (22.1)$$

em que L_0 é a base de medida marcada no corpo de prova antes do ensaio, e L, a distância entre essas marcas, após a ruptura e uma vez reajustadas as duas partes da barra rompida da melhor maneira possível.

O alongamento determina, no corpo de prova, uma redução da seção variável ao longo do comprimento. A seção que sofre maior redução será também a que terá maior tensão, o que determinará ainda maior diminuição da seção naquele local. Formar-se-á uma estricção (Fig. 22.16) e a zona de menor área é chamada seção estricta.

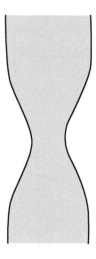

FIGURA 22.16 Esquema da redução de área do corpo de prova (estricção) durante a deformação plástica.

A densidade da estricção é dada, em porcentagem, por:

$$\frac{S_0 - S}{S_0}, \qquad (22.2)$$

em que S_0 é a seção inicial do corpo de prova e S, a área de seção estricta.

Levando-se a um sistema de coordenadas as tensões e as deformações, tem-se o diagrama tensão-deformação. Os metais apresentam dois tipos de diagramas para a tração.

Em alguns metais, particularmente os aços doces, o diagrama tem a forma da Figura 22.17. Há um período inicial (de 0 a p) em que as deformações são diretamente proporcionais às tensões – período elástico – e o valor p é o limite de proporcionalidade. Dividindo-se este pela deformação da unidade de comprimento, obtém-se o módulo de elasticidade.

Aumentando-se a tensão, chega-se a um valor e, a partir do qual começa a haver grandes deformações, mesmo que a carga estacione ou até diminua. O valor e chama-se limite de escoamento. Neste período, as deformações se tornam permanentes, o que não ocorria no período anterior. Nessa zona, forma-se uma espécie de patamar, que é o escoamento (trecho entre o limite de escoamento e o ponto A).

Segue-se um revigoramento; a linha torna-se uniforme, mas curva. Nesse trecho, alcança-se a tensão σ mais alta do ensaio: é o limite de resistência. Na realidade, não é que a tensão tenha aumentado, mas houve estricção e a seção diminuiu; mesmo que a carga aplicada seja a mesma ou menor, a tensão

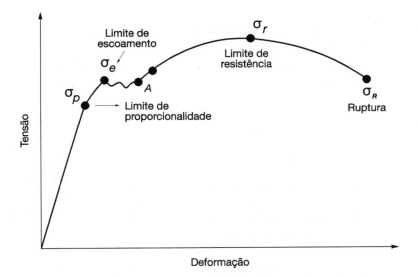

FIGURA 22.17 Exemplo das regiões em um diagrama tensão × deformação. Nesse exemplo, utilizamos como simbologia para tensão a letra grega σ. Na Engenharia Civil, utiliza-se a letra *f* como símbolo da tensão.

realmente aumenta, porque a seção diminui. No gráfico, parece aumentar porque não é levada em conta a estricção. Finalmente, em σ_R o metal se rompe; é a tensão de ruptura, que tem pequeno valor prático, pois normalmente é inferior à tensão máxima.

Na maioria dos metais, entretanto, o diagrama tem a forma da Figura 22.18. Nota-se aí o trecho elástico OA, mas não aparece o escoamento. Convencionou-se, então, adotar para ele um valor chamado limite *n*, obtido do seguinte modo: estabelece-se uma deformação porcentual *n* % e traça-se uma paralela à inclinação do período elástico. Essa reta vai cortar a curva em *n*. A reta é traçada a *n* % de deformação. O valor *n* adotado normalmente é 0,2 % para os aços, e entre 0,1 e 0,5 % para os outros metais (ou seja, com as notações 0,2 ou 0,1 a 0,5). É também o limite de elasticidade, até o qual as deformações não são permanentes.

22.4.6 Ensaio de Tração

De acordo com ABNT NBR ISO 6892-1:2024, a forma do corpo de prova varia conforme se trate de barras ou de material usinado de seção circular, de chapas, arames ou tubos. As medidas são normalmente com base no valor L_0 inicial, chamado base de medida, que é o trecho a ser submetido ao ensaio. Esse valor deve ser igual a 5,65 S_0, sendo S_0 a área da seção transversal do corpo de prova. Aplicando-se a fórmula para uma barra de seção circular, encontra-se que $L_0 = 5D$. Os corpos de prova devem ter as formas apresentadas nas Figuras 22.19 a 22.23.

Para chapas com espessura superior a 5 mm, do tipo *CD*, há uma tabela que fornece os valores da espessura e largura do corpo de prova e do valor da base de medida (há figuras indicando as demais medidas).

No caso de arames de até 6 mm de diâmetro, a base de medida será 250 mm.

Em tubos de pequeno diâmetro, a base de medida terá 50 mm. Se o diâmetro for grande, serão extraídas tiras para ensaio, formando-se corpos de prova iguais a algum dos anteriores (barras, chapas).

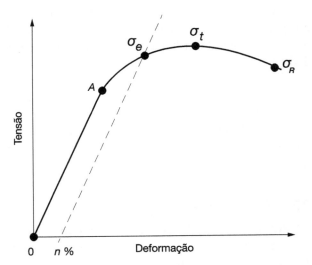

FIGURA 22.18 Para metais com tensão de escoamento não claramente definido, utiliza-se uma porcentagem da deformação como referência para sua determinação. Traça-se uma linha paralela à deformação elástica. A tensão de escoamento σ_e é então encontrada. O valor de *n* normalmente adotado para aços é 0,2.

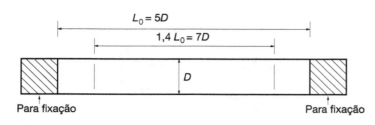

FIGURA 22.19 Para barras de seção circular.

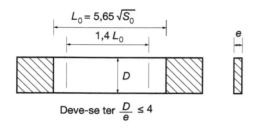

FIGURA 22.20 Para barras de seção retangular.

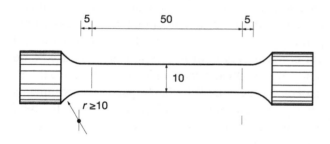

FIGURA 22.21 Corpo de prova usinado, normal, de seção circular, do tipo A.

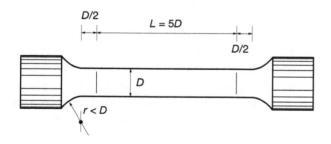

FIGURA 22.22 Corpo de prova usinado, de seção circular, proporcional ao normal, do tipo AD. Serão usados, de preferência, corpos de prova D = 8 ou 6 mm (A8 ou A6).

Preparado, o corpo de prova é levado a uma máquina de ensaios que permita tração axial, com aplicação dos esforços progressivamente e sem golpes (a velocidade recomendada é de 1 kg/mm²/s). Essa máquina deve ter dispositivos que permitam a medida dos esforços, comando e regulagem. No corpo de prova é colocado o extensômetro para permitir a leitura da deformação.

O ensaio tem por finalidade determinar o limite de escoamento, o limite n, o alongamento e a estricção.

22.4.7 Resistência ao Choque

A resistência ao choque é a resistência que o metal opõe à ruptura na ação de uma carga considerada instantânea. O ensaio é realizado pelo aparelho chamado pêndulo de Charpy (Fig. 22.24). O corpo de prova deve ter a forma ali indicada.

O corpo de prova é posicionado de modo que o entalhe fique oposto à superfície que recebe o choque.

Se Q for o peso do pêndulo, H, a altura inicial e o pêndulo se elevar, depois de romper o corpo de prova, até uma altura h, a resistência ao choque será dada por

$$\frac{Q(H-h)}{S} \text{ kgm/cm}^2. \qquad (22.3)$$

Normalmente esses aparelhos já têm mostrador que indica diretamente o valor $Q(H-h)$ = força de ruptura.

22.4.8 Dureza

Constitui outra das propriedades importantes para o emprego dos metais, que podem ser extremamente duros, ou relativamente moles.

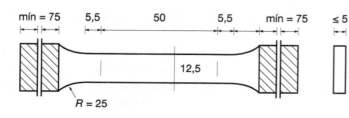

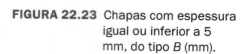

FIGURA 22.23 Chapas com espessura igual ou inferior a 5 mm, do tipo B (mm).

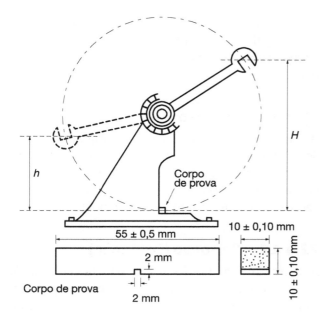

FIGURA 22.24 Esquema de uma máquina para ensaio de impacto (choque).

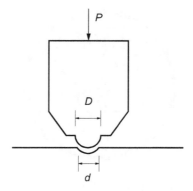

FIGURA 22.25 Esquema da impressão de uma esfera em um ensaio de dureza.

No Brasil, a ABNT adota, para os metais, a dureza Brinell.

O aparelho Brinell (Fig. 22.25) consta, essencialmente, de uma prensa com uma esfera de aço temperado, de diâmetro D, que se faz penetrar no metal em ensaio com uma carga estabelecida P. Sob o efeito da força, a esfera imprime uma marca de diâmetro d. O tempo de duração do ensaio deve ser de 10 segundos para metais duros e de 30 segundos, para metais brandos.

O número de dureza Brinell é representado por H, precedido do índice correspondente ao diâmetro da esfera e seguido do índice correspondente à carga. Esse número é calculado por:

$$H_B = \frac{2P}{D(\pi D - D^2 - d^2)}. \qquad (22.4)$$

O diâmetro da esfera a utilizar e a carga são dados em função da espessura do corpo de prova e do material que será ensaiado, de acordo com a Tabela 22.1.

Além da dureza Brinell, há outros processos para medir a dureza dos metais, não normalizados no Brasil: dureza Rockwell, dureza Vickers e microdureza.

A dureza Rockwell é obtida de maneira semelhante à Brinell, mas o cálculo é em função da penetração.

A dureza Vickers é mais apropriada para o capeamento superficial e há coincidência com o número Brinell até o número 450.

A microdureza é para camadas de pequena espessura ou peças muito pequenas.

22.4.9 Fadiga

Conforme o metal, a resistência à fadiga pode ser bastante baixa.

A ruptura por fadiga é a que ocorre quando o metal é solicitado repetidas vezes por cargas menores ou em sentidos variados. O exemplo típico é o do arame, que consegue romper simplesmente torcendo-se para um e outro lado repetidas vezes.

A causa dessa ruptura é a desagregação progressiva da coesão entre os cristais, que vai diminuindo a seção resistente, até chegar ao limite (Fig. 22.26).

Existem diversos tipos de processos para medir a resistência à fadiga, conforme se trate de tração, flexão etc., ou de barras, lâminas, blocos etc., de maneira

TABELA 22.1 O diâmetro da esfera a utilizar e a carga para medir dureza são dados em função da espessura do corpo de prova e do material que será ensaiado

Espessura do corpo de prova (mm)	Diâmetro D da esfera (mm)	Carga (kg)			
		O diâmetro da esfera deve ser tal que o diâmetro da impressão fique entre 0,3 e 0,6 D			
		30 D^2 para aço e ferro	10 D^2 para cobre duro, latão, bronze	5 D^2 para metais brandos	2,5 D^2 para metais mais brandos
6	10	3000,0	1000,0	500,0	250,0
6-3	5	750,0	250,0	125,0	62,5
3	2,5	178,5	62,5	31,2	15,6

FIGURA 22.26 Esquema do aspecto da desagregação entre os cristais em um ensaio de fadiga.

que cada caso requer a escolha de ensaio adequado. Como exemplos, podemos citar Máquinas Piezoelétricas para Ensaios de VHCF (*Very High Cycle Fadigue*) e Máquinas de Flexão Rotativa.

22.4.10 Ensaio de Dobramento

Há dois tipos de ensaio de dobramento: o dobramento simples e o dobramento alternado.

O ensaio de dobramento simples, também muito importante, não tem relação com a fadiga. Tem por finalidade verificar a capacidade do metal em ser dobrado até determinado ângulo, sem se romper. Nesse ensaio, regulado pela ABNT NBR ISO 7438:2022, o metal (barra ou chapa) é dobrado em torno de um pino cilíndrico de diâmetro definido até as duas pontas ficarem paralelas. É o dobramento de 180°. A amostra não deverá fissurar nem se romper. Trata-se de um ensaio de verificação (Fig. 22.27).

No ensaio de dobramento alternado, não normalizado, a amostra, sujeita a um torno, é levada a dobramentos alternados em um ângulo de 90° para cada lado até a fissuração ou ruptura. A máquina de ensaios deve aplicar os esforços progressivamente, sem golpes, e permitir regular a velocidade de aplicação. É um ensaio para observar em campo se uma zona tracionada de um corpo de prova irá sofrer trincas ou descontinuidade (Fig. 22.28).

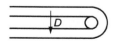

FIGURA 22.27 Dobramento simples.

FIGURA 22.28 Dobramento alternado.

Os corpos de prova podem ter seção circular ou retangular, mas constante. As arestas deverão ser arredondadas, com raio de curvatura igual ou superior a 1 mm.

22.4.11 Duração

A duração de um metal depende, primordialmente, de sua resistência e proteção contra a corrosão, mas também está vinculada a outros fatores, como: resistência à fadiga, esforços que recebe, ação do fogo, variações de temperatura a que é submetido etc.

22.4.12 Corrosão (Oxidação)

A corrosão é a transformação não intencional de um metal, a partir de suas superfícies expostas, em compostos não aderentes, solúveis ou dispersíveis no ambiente em que o metal se encontra. Quase todos os metais apresentam corrosão, mas há exceções, como o ouro e a platina.

Tome-se o ferro como exemplo. Na atmosfera ambiente, ele sofre reações químicas que dão, como produto, o $Fe_2O_3(H_2O)_n$, óxido férrico hidratado, comumente chamado ferrugem. A ferrugem não tem grande adesão nem grande coesão, soltando-se facilmente na forma de pó ou escamas, e tem maior volume que o ferro original. É a corrosão.

Há dois tipos de corrosão: a corrosão química e a corrosão eletroquímica. Em qualquer caso, o metal doa elétrons a alguma substância oxidante existente no meio ambiente (O, H, H_2O, H_2S etc.), formando óxidos, hidróxidos, sais etc. Mas, na corrosão química, os elétrons perdidos pelo metal se combinam no mesmo lugar em que são produzidos, e na corrosão eletroquímica os elementos são liberados em um local e captados em outro; há um circuito galvânico.

22.4.13 Corrosão Química

Seja um metal exposto ao ar. Conforme o metal e a temperatura, pode ocorrer que o metal perca elétrons, transformando-se em cationte: $M - e = M^+$; esses elétrons são perdidos em favor do oxigênio, que se transforma em anionte: $O + e = O^-$. Antes da transformação, o metal e o oxigênio não reagiam; agora, a reação é imediata, porque O^- e M^+ se combinam, formando óxidos.

Por exemplo, o cobre, ao ar livre e temperatura elevada (ou com o passar do tempo), combina-se com o oxigênio do ar, formando película de óxido cuproso vermelho e óxido cúprico negro. O aço bem polido não apresenta corrosão ao ar seco, na temperatura normal, mas, se a temperatura se eleva, formam-se óxidos diversos, com características de cor, consistência, aderência etc., que variam de composto para composto. Também o alumínio, imediatamente após a laminação, é recoberto por uma película finíssima de óxido, formando uma camada aderente, que impede o prosseguimento da reação ao corpo do metal, protegendo-o.

22.4.14 Corrosão Eletroquímica

Já a corrosão eletroquímica, normalmente mais perniciosa porque as camadas formadas não impedem o prosseguimento das reações, é mais complexa.

A corrosão eletroquímica é um fenômeno da mesma natureza do que se processa nas pilhas. Consiste em um movimento de eletricidade entre áreas de potencial elétrico diferente, sempre que existir um meio condutor externo e um contato (curto-circuito) interno. A solução condutora externa pode ser a própria umidade atmosférica, de modo que é quase impossível eliminá-la.

Todas as substâncias entre si já têm um potencial de oxidação diferente. Eis o potencial de alguns elementos puros, tomando-se para zero o do hidrogênio:

Íon metálico	Potencial
Li^+	+2,96
básico	**(anódico)**
K^+	+ 2,92
Ca^{2+}	+ 2,90
Na^+	+ 2,71
Mg^{2+}	+ 2,40
Al^{3+}	+ 1,70
Zn^{2+}	+ 0,76
Cr^{2+}	+ 0,56
Fe^{2+}	+ 0,44
Ni^{2+}	+ 0,23
Sn^{2+}	+ 0,14
Pb^{2+}	+ 0,12
Fe^{3+}	+ 0,045
H^+	0,000 **(referência)**
Cu^{2+}	– 0,34
Cu^+	– 0,47
Ag^+	– 0,80
Pt^{++}	– 0,86
Au^+	– 1,50
nobre	**(catódico)**

O sinal não significa valor positivo ou negativo, mas sua posição com relação ao elemento que foi estabelecido como zero.

Normalmente, quando dois metais ficam em contato, o de maior potencial tende a corroer o de menor potencial. A reação é tanto mais rápida quanto maior a diferença, e também mais acentuada quanto mais baixos os seus valores.

Seja um rebite de cobre em uma chapa de zinco puro, em um meio de ácido sulfúrico diluído. Em razão da elevada diferença de potencial entre Zn e Cu, do curto-circuito estabelecido pelo contato dos dois metais e do meio condutor externo, estabelece-se uma corrente eletrolítica. O zinco perde elétrons: $Zn - 2e = Zn^{++}$. O zinco liberado, então, reage com o H_2SO_4, elemento solúvel que se deposita sobre o zinco, e que é a sua corrosão. O cobre não se corrói, porque recebe o H que sobrou da reação e o liberta para o ar livre.

Por esta razão, deve-se evitar prender folhas ou telhas de alumínio com grampos de ferro. A corrosão é rápida, em função da grande diferença de potencial elétrico e dos baixos valores que ambos apresentam.

A diferença de potencial pode ocorrer até nos casos em que não ocorra contato de metais diferentes. Seja uma chapa de ferro com um ponto com uma forte amassadura (encruamento) e sobre a qual haja também uma gota ou película de água (Fig. 22.29). Em função do amassamento, também se formam zonas de potencial diferente: a zona comprimida fica com potencial mais alto e torna-se anódica (cede elétrons). Nessa zona, $Fe - 2e = Fe^{++}$. Na zona catódica, forma-se HO, e os elementos assim liberados reagem, dando $Fe(HO)_2$. Pela ação do oxigênio do ar, o hidróxido ferroso se transforma em hidróxido férrico e, finalmente, em ferrugem, $Fe_2O_3(HO)_n$.

A diferença de potencial pode ocorrer:

- nos locais em que metais diferentes estejam em contato;
- nas ligas, caso exista grande quantidade de cristais de composição diversa em contato; por isso, geralmente as ligas são mais suscetíveis que os metais puros, o que não impede que elas possam se tornar ótimos neutralizantes de corrente;
- quando existem impurezas no metal, pois são formados inúmeros pontos que podem originar corrosão;
- entre zonas em que o metal sofre ou sofreu tensões diferentes, como, por exemplo, no caso da rebitagem (a zona ao redor dos rebites é geralmente mais atacada) e também de chapas dobradas (as arestas são muito atacáveis); diferença no polimento também está neste caso;

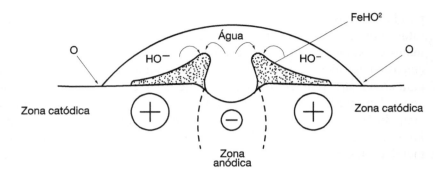

FIGURA 22.29 Abaixo de uma gota d'água ou de uma sujeira úmida é formada uma região anódica. A região externa se torna catódica, causando corrosão.

- peças em contato com meio ambiente diferente: a tendência à oxidação em ornatos é que as diferentes zonas ficam sujeitas a condições diversas de aeração, umidade, eletricidade ambiental etc. Outros exemplos que podem causar oxidação são areia levemente ácida sobre um metal, peças metálicas apoiadas sobre a água, metais enterrados, com zonas de umidade diferente etc.;
- em pontos nos quais o capeamento protetor está rompido, porque causa grande desequilíbrio de potencial com o resto estável e, assim, a tendência à corrosão torna-se muito forte;
- em locais com corrente elétrica próxima ou mesmo quando o metal é atravessado por correntes;
- quando o metal, além de já ter condições ótimas para corrosão, ainda sofre grandes tensões; é a *stress-corrosion*, de efeito geralmente devastador.

22.4.15 Proteção contra a Corrosão

É difícil a eliminação total da corrosão, porque normalmente os óxidos formados são mais estáveis que o metal puro. Logo, a tendência natural do metal é voltar a óxido, tanto assim que os minérios quase não incluem metais naturalmente puros. Podem-se, no entanto, procurar retardadores da oxidação.

Alguns métodos de proteção contra a corrosão são apresentados a seguir:

a) Escolha do metal ou liga adequada no meio em que vai atuar

Pode ser usado um metal que forme imediatamente uma camada de óxido protetora aderente e inibidora de corrosão. É o caso do alumínio, do chumbo (escurece logo, mas o ataque cessa), do cobre e do zinco em atmosferas normais. Também se podem adotar certas ligas, como a de aço-cromo-níquel (inoxidável) ou os aços cromo-cobre (patináveis), que formam óxidos protetores de boa estabilidade à corrosão.

b) Meio não corrosivo em que o metal vai atuar

Por exemplo, o ferro ao ar puro, mesmo úmido, não se oxida, mas bastam pequenos traços de SO_2 existentes nas atmosferas urbanas industriais para que haja reação. Eliminando-se esses traços, conseguir-se-á estabilidade. Outro exemplo é o ar marítimo, repleto de cloro, um elemento químico altamente corrosivo.

c) Recobrimento do metal

Revestir o metal com um óxido ou sal insolúvel e resistente impede a troca eletrolítica. Um exemplo é a anodização do alumínio, em que a camada de óxido protetor é muito aumentada, e a fosfatização, usada para ferro, zinco ou outros metais.

d) Capeamento metálico

Neste procedimento, o metal é recoberto por fina camada, não porosa, de outro metal. Nesse caso, pode-se usar proteção anódica ou proteção catódica. Na proteção anódica, usa-se metal de potencial elétrico mais elevado que o metal que se quer proteger. É o caso do recobrimento do aço por zinco. Nesse caso, o zinco irá se desgastar protegendo a matriz de aço. Mesmo descontinuidades não o atacarão, mas a camada protetora deve ser renovada periodicamente. Na proteção catódica, o metal de revestimento tem potencial elétrico mais baixo que o metal base. É o caso da niquelagem do ferro, em que qualquer fissura ou falha na niquelação irá causar rápida corrosão do aço.

Há diversas maneiras de fazer o capeamento: eletrólise, cementação na camada superficial, pulverização do recobrimento fundido, imersão no recobrimento fundido (chapeamento).

e) Proteção catódica

Consiste em transformar a estrutura que se quer proteger em cátodo, adicionando um ânodo conveniente. É uma solução que apresenta grandes dificuldades em projetar.

f) Adoção de cuidados especiais na construção

Não deixar em contato metais de potencial diferente e observar as tensões diferenciais, uniformidade no ambiente etc.

g) Pintura superficial com tintas apropriadas

O estudo da corrosão e das medidas protetoras é bem mais complexo do que se pensa. Camadas protetoras eficientes, em alguns casos, podem vir a se tornar ativadoras das reações, em outros. Ou, também, atmosferas oxidantes dentro de determinadas proporções podem vir a se tornar inibidoras da corrosão quando o teor aumenta.

Aqui, só se deu uma visão geral, tendo em vista que, em razão de sua importância, o fenômeno está sendo objeto de contínuos estudos. Diz-se até que a quarta parte da produção mundial do ferro destina-se a cobrir os estragos causados pela corrosão.

22.5 ESTUDO PARTICULAR DO ALUMÍNIO

O alumínio é um metal muito leve. Tem massa específica entre 2,56 e 2,67 kgf/dm^3, com módulo de elasticidade de 7000 kgf/mm^2 e ruptura à tração entre 8 e 14 kgf/mm^2. Quando temperado, a ruptura à tração pode ir até 50 kgf/mm^2. Como se vê, são boas propriedades mecânicas.

A têmpera, na hora da fabricação, é um fator primordial da qualidade das peças.

É de difícil soldagem, e, quando se consegue soldar, perde 50 % de suas propriedades mecânicas, pois destempera. Para superar esse inconveniente, foram desenvolvidas colas sintéticas especiais, mas que perdem a resistência a temperaturas elevadas e não têm boa coesão na tração. Dureza Brinell do alumínio: 20.

O alumínio se funde entre 650 e 660 °C e tem excelente condutibilidade elétrica e térmica. Forma ligas importantes com diversos metais, nas quais se podem conseguir variegadas propriedades. O duralumínio, por exemplo, é uma liga de alumínio, cobre e magnésio, de grande resistência mecânica e leveza.

É um metal de cor cinza-claro, que aceita coloração de determinadas condições.

Ao ar livre, cobre-se imediatamente de uma camada de óxido, mas essa oxidação é impermeável e protege o núcleo, embora diminuindo a beleza.

Diante dessas qualidades particulares, das quais sobressaem a leveza, estabilidade, beleza e condutibilidade, o alumínio é um metal de amplo emprego na construção. Entre os metais, só perde em importância para o ferro, motivo pelo qual será examinado com mais cuidado.

22.5.1 Laminados e Extrudados

Normalmente o alumínio é usado em construção na forma de laminados e extrudados.

Os laminados são lâminas ou chapas, conforme tenham menos ou mais de 6 mm de espessura. Na realidade, existem dois tipos: os esticados, que são mais polidos, e os laminados propriamente ditos, mais toscos.

As chapas podem ser lisas, sem aplicação de película protetora, ou lavradas (laminadas a quente), conforme ilustrado nas Figuras 22.30 a 22.33.

FIGURA 22.30 Exemplo de chapas de alumínio lavradas.

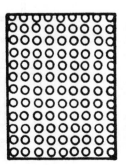

FIGURA 22.31 Outros exemplos de chapas de alumínio lavradas.

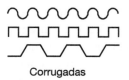
Corrugadas

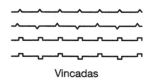
Vincadas

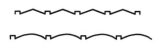
Vincadas e corrugadas

FIGURA 22.32 Chapas de alumínio lavradas.

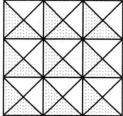
Estampadas

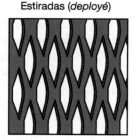
Estiradas (*deployé*)

FIGURA 22.33 Chapas de alumínio lavradas.

Os perfis de alumínio extrudados são de três tipos: sólidos, quando totalmente abertos (Fig. 22.34), tubulares, quando totalmente fechados (Fig. 22.35), e semitubulares, no caso intermediário (Fig. 22.36). Também podem ser fabricados em forma de fios, barras redondas, quadradas ou chatas.

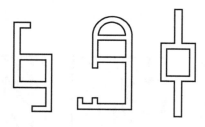

FIGURA 22.34 Perfis de alumínio extrudados sólidos.

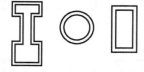

FIGURA 22.35 Perfis de alumínio extrudados tubulares.

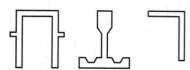

FIGURA 22.36 Perfis de alumínio extrudados semitubulares.

22.5.2 Ligas

Quanto mais puro o alumínio, maior a resistência à corrosão e menor a resistência mecânica.

Ligado ao magnésio, ou ao magnésio e silício, aumenta mais a resistência à corrosão, mas a resistência mecânica continua pequena. Ligado ao cobre-magnésio, aumenta a resistência mecânica, mas permanece a resistência inicial à corrosão (por exemplo, duralumínio). Ligado ao zinco-magnésio, tem elevada resistência mecânica e ótima resistência à corrosão; é quando apresenta as melhores condições.

O bronze de alumínio é uma liga muito maleável, com 90 a 95 % de cobre e 10 a 5 % de alumínio.

22.5.3 Acabamento das Superfícies

O acabamento das superfícies de alumínio não tem, normalmente, função protetora, porque para isso basta a camada natural de óxido. Na verdade, o acabamento é mais embelezador que protetor.

São adotados os seguintes tratamentos superficiais: acabamento mecânico, limpeza, tratamento químico, polimento, anodização, eletrodeposição e pintura.

22.5.4 Acabamentos Mecânicos

São processos para alterar a textura ou polimento liso iniciais, como os acabamentos martelado, mate, raiado ou acetinado.

O acabamento martelado é executado por processos mecânicos ou manuais, enquanto o polimento é realizado com abrasivos. Conforme o grau, é chamado de polimento propriamente dito, lustro ou coloração.

O acabamento mate é obtido com jatos de areia, e o acetinado e raiado são modalidades das técnicas anteriores, com disposições especiais.

22.5.5 Limpeza

Trata-se de lavagem simples, ou desengorduramento, ou, por vezes, de limpeza química, com a finalidade de tirar manchas do metal.

22.5.6 Tratamentos Químicos de Proteção

Servem para aumentar a camada de óxido, ou para base de pintura. Consistem em imersão em soluções, como a de carbonato de sódio e cromato de potássio.

22.5.7 Polimento Químico

Tem a finalidade de aumentar a reflexão e o brilho. É obrigatório antes da anodização. Caso esta não venha a ser feita, a superfície deverá ser protegida, senão perderá rapidamente o polimento. Este polimento pode ser químico ou eletroquímico. O mais usual é um banho em solução de ácido fosfórico, ácido nítrico, ácido sulfúrico e ácido acético juntos. Forma-se uma reação eletroquímica que ataca somente os pontos altos da superfície, tornando-a plana.

22.5.8 Anodização

A anodização é um modo de conferir maior proteção que a camada natural de óxido, aumentando também a reflexão e o brilho e a resistência aos ataques químicos, como o resultante do cimento. Depois de polido, o metal sofre eletrólise, funcionando como ânodo. É imerso em um meio ácido, oxálico, bórico ou fosfórico. Conforme o ácido, será a qualidade. Depois da anodização, as superfícies ficam porosas, e é preciso selá-las em um banho de água quente. No caso de se desejar colorir, deve-se fazer a pintura antes do banho de selagem ou usar eletrólitos especiais. A anodização pode ser fosca ou brilhante (alto ou baixo brilho).

22.5.9 Pintura

A pintura pode ser direta, desde que seja feito um tratamento prévio com ácido fosfórico, o qual dá fosfato de alumínio, insolúvel e que aceita tingimento. A pintura deve ser iniciada com um "primer" de cromato de zinco ou tinta de alumínio.

A pintura também pode ser obtida do modo que se viu na anodização e no tratamento químico de proteção.

22.5.10 Eletrodeposição

A eletrodeposição não tem por finalidade apenas proteger, mas principalmente dar acabamento a uma peça. Cromo, níquel, cobre e zinco podem ser aplicados diretamente no metal a ser protegido/embelezado. Prata, latão, ouro etc. devem ser aplicados como segunda camada.

22.5.11 Emprego do Alumínio

Como já foi visto, o alumínio é um metal de muitas qualidades e usos. Na construção, é usado em transmissão de energia elétrica, coberturas, revestimentos, esquadrias, guarnições, elementos de ligação etc.

É preciso ter cuidado no seu uso, pois é muito eletrolítico: não deve ficar em contato direto com ferro ou aço, em especial, ou com outros metais. Os elementos de conexão devem ser de alumínio também, ou, se não for possível, de aço zincado ou cadmiado, para formar uma película isolante.

Em qualquer dos usos, deve-se cuidar para que as dobragens feitas no local tenham grande raio, de modo a evitar o fendilhamento do alumínio. É preferível que elas já sejam fundidas com a forma apropriada.

Na transmissão de energia elétrica, seu uso está se introduzindo agora no Brasil, embora já seja muito comum em outros países. É utilizado na forma de fios e cabos, que apresentam, sobre os de cobre, maior leveza, permitindo maior afastamento entre postes e suportes. É também mais barato. Tem o inconveniente de ser menos maleável para efeitos de dobramento.

É ótimo material para ponteiras de para-raios.

Em coberturas, é usado na forma de chapas onduladas para telhados e lâminas para impermeabilização.

As chapas onduladas são fabricadas nas espessuras a seguir relacionadas com os respectivos pesos: 0,5 mm − 1,50 kg/m^2; 0,6 mm − 1,80 kg/m^2; 0,7 mm − 2,15 kg/m^2; e 0,8 mm − 2,45 kg/m^2.

As lâminas para impermeabilização, ou papel de alumínio, são ligas muito finas, podendo ser lisas ou corrugadas. As lisas têm 0,05 mm de espessura e pesam 0,167 kg/m^2. A corrugação tem por fim aumentar a aderência ao impermeabilizante e compensar efeitos de dilatação.

O alumínio é muito empregado em esquadrias. As diversas firmas fabricantes já têm perfis padronizados, com os quais compõem a forma desejada pelo projetista. Como o alumínio não deve entrar em contato com o reboco, deve ser feito um contramarco de ferro cadmiado ou zincado.

O alumínio também é muito usado em ferragens.

Bastante conhecido é seu emprego em persianas esmaltadas a fogo e em montantes, travessas e outros elementos de ligação em painéis pré-fabricados.

É usado na forma de chapas para revestimento e separação de superfícies.

Há também inúmeras aplicações do alumínio em peças de remates da construção, como cantoneiras, tiras, barras etc.

O alumínio moído também pode ser disperso em veículo oleoso, dando tintas de alumínio, de boa resistência e proteção.

22.6 ESTUDO PARTICULAR DO CHUMBO E DO ESTANHO

22.6.1 Chumbo

O chumbo é um metal cinza-azulado, muito maleável e macio, mas pouco dúctil.

Funde-se a 327 °C. Tem massa específica entre 11,20 e 11,45 kg/dm^3 e módulo de elasticidade de cerca de 2000 kgf/mm^2. A ruptura à tração se dá aos 3,5 kgf/m^2 e à compressão, perto dos 5 kgf/mm^2. A condutibilidade térmica é relativamente baixa.

Dificilmente é vendido puro; encontra-se sempre com alguma liga. Exposto ao ar, cobre-se de uma camada de hidrocarbonato de chumbo, substância tóxica. Tem alta resistência elétrica e seu número de dureza Brinell é 4,6.

22.6.1.1 Emprego do chumbo

O chumbo já foi empregado em tubos e artefatos para canalizações, em arremates, coberturas, absorventes de choque e na indústria de tintas. Como é tóxico, teve sua utilização limitada a situações especiais.

As chapas planas de chumbo são numeradas de 1 a 22 (6,7 a 56,43 kg/m^2) e vendidas em rolos de comprimento variável e largura de 2,20 m. É usual o revendedor retalhá-las em rolos de menor largura, para a venda a varejo.

Os tubos para canalização (Tab. 22.2) são vendidos normalmente nas bitolas a seguir indicadas, em que se mostram também os pesos por metro, usuais nos diferentes serviços. As bitolas indicadas são as mais comuns, porém existem outras. Os pesos são médios, porque é difícil a uniformidade.

As caixas (raios), quando de chumbo, devem ser feitas de chapa de mais de 2 mm de espessura (chapa 5 ou maior), ou seja, com mais de 20 kg/m^2.

O emprego do chumbo em canalizações para água corrente deve se limitar a pequenas extensões, em função do carbonato de chumbo hidratado tóxico. Quando a água tiver estado muito tempo parada na canalização, recomenda-se não usá-la imediatamente, e sim depois de deixar correr a coluna que ficou na canalização de chumbo.

Em coberturas, é usado em impermeabilizações, na forma de chapas finas, soldadas entre si para tornar a superfície estanque.

Tempos atrás, também era bastante generalizado o uso de ornatos e remates de chumbo em coberturas metálicas, mas esse emprego está desaparecendo.

Em virtude de sua maciez, o chumbo em barras ou chapas de maior espessura é usado como absorvente de choque ou vibração no apoio de máquinas, pontes etc., embora o cobre seja preferido, porque apresenta maior resistência à compressão.

Os sais de chumbo tiveram preferência na indústria de tintas, porque proporcionavam ótimo cobrimento e durabilidade. Como são tóxicos, não são mais utilizados.

22.6.2 Estanho

Na indústria da construção, o estanho, raramente usado na sua forma pura, é muito empregado para formar ligas ou para proteção superficial de outros metais, em função de sua estabilidade.

Tem massa específica entre 7,29 e 7,5 kg/dm^3, dureza Brinell entre 5 e 10, cor branca-acinzentada brilhante, e é muito maleável. Sua resistência à tração é de 3 a 4 kgf/mm^2, à compressão é de 11 kgf/mm^2, e o módulo de elasticidade de 4000 kgf/mm^2. Funde-se a 232 °C, e não se oxida facilmente.

Eventualmente, é usado como substituto do chumbo, nas suas aplicações. A condutibilidade térmica é quase igual à do ferro. O coeficiente de dilatação térmica é $\alpha = 0,0022942$ mm/m/°C.

O estanho é classificado pela ABNT NBR 6315:2016. É comercializado com cerca de 99,99 %

TABELA 22.2 Bitolas e pesos médios de tubos de chumbo

Bitola		Peso (kg/m)	
Em polegadas	Em milímetros	Tipo pesado	Tipo leve
3/8	10	0,944	0,570
1/2	13	1,410	0,798
3/4	20	3,029	1,902
1	25	4,045	2,670
1 e 1/4	32	5,365	3,370
1 e 1/2	40	7,814	4,790
2	50	13,400	5,050
2 e 1/2	64	17,910	7,250

de pureza para ser utilizado mais comumente, hoje em dia, como ânodo no banho eletrolítico de estanho para fins decorativos ou técnicos.

22.6.3   Solda de Encanador

O chumbo e o estanho facilmente formam liga. Conforme a proporção, essa liga tem diversos nomes.

A mais comum é a solda de encanador. Essa solda tem sua melhor proporção para os trabalhos comuns quando é de 2/3 de chumbo para 1/3 de estanho (2:1). Nessas condições, funde-se a 240 °C e é muito resistente. Em outras proporções, ou é mais quebradiça, ou menos ligante.

Em proporções adequadas, a liga chumbo-estanho é usada em fusíveis de segurança.

22.7   ESTUDO PARTICULAR DO COBRE E DO ZINCO

22.7.1   Cobre

É um metal de cor avermelhada, muito dúctil e maleável, embora duro e tenaz. Pode ser reduzido a lâminas e fios extremamente finos.

Ao ar, é coberto rapidamente por uma camada de óxido e carbonato, formando o azinhavre, muito venenoso, mas que protege o núcleo do metal, dando-lhe duração quase indefinida. Funde-se na faixa de 1050 a 1200 °C, tem massa específica entre 8,6 e 8,96 kg/dm^3, e rompe-se à tração entre 20 e 60 kgf/mm^2. À compressão, rompe-se entre 40 e 50 kgf/mm^2. Tem módulo de elasticidade entre 10.000 e 13.000 kgf/mm^2. Possui grande condutibilidade térmica e elétrica, e dureza Brinell 35.

O cobre pode ser obtido, a partir de seus minérios, por via seca (calcopirita, calcosina) ou úmida (cuprita).

A metalurgia por via seca inclui: (i) a concentração, por flotação; (ii) a tostação, para eliminar enxofre e impurezas; (iii) a fusão, em fornos refletores de grande extensão e pequena altura, com temperatura superior a 1100 °C; (iv) a separação do cobre quase puro, feita em cilindros conversores em que há grande insuflação de ar; e (v) a refinação em fornos de revérbero (99,5 a 99,7 % de pureza) ou eletrólise (99,98 % de pureza).

A metalurgia por via úmida é realizada reduzindo-se o metal a pó, seguindo-se depois forte jato de água, que separa a ganga. O minério é, então, lavado com ácido sulfúrico, formando sulfato de cobre, de onde o metal é separado por eletrólise ou reação química.

22.7.1.1   Emprego do cobre

O cobre é largamente empregado em instalações elétricas como condutor. É também usado em instalações de água, esgotos, gás, pluviais, coberturas, forrações, ornatos etc.

Recomenda-se, sempre, que as canalizações de gás liquefeito sejam de cobre, porque resistem melhor quimicamente e são mais fáceis de soldar que as de aço galvanizado.

Pela mesma razão, o cobre é bastante empregado em redes de esgoto e pluviais. As caixas e ralos de cobre são muito mais resistentes que as de chumbo. Do mesmo modo, as calhas de cobre são bem superiores às de zinco ou galvanizado.

Em coberturas, pode ser usado para impermeabilização de terraços ou na forma de telhas.

É também empregado em paredes divisórias, como elemento vedante, altamente decorativo, e na manufatura de ornatos diversos.

22.7.1.2   Fios e cabos elétricos

Na transmissão de energia elétrica são usados fios e cabos de alumínio ou de cobre. Na instalação domiciliar, quase sempre se utiliza apenas o cobre, por ser mais flexível.

A variedade de condutores é muito grande, e aqui só serão apresentados alguns tipos básicos, com a finalidade de orientar o engenheiro não especializado para eventuais emergências.

O cobre eletrolítico, utilizado nos condutores, não é absolutamente puro. A ele são adicionadas substâncias diversas, com o fim de diminuir a formação de óxido cuproso, o qual, diminuindo a seção, reduz a condutibilidade. Essas substâncias não ultrapassam, no entanto, 0,1 % do total. A presença de maior quantidade de impurezas diminui bruscamente a condutibilidade elétrica. O cobre eletrolítico tem massa específica de 8,96 g/cm^3.

Geralmente, nos fios e cabos, o cobre é capeado por uma camada delgada de estanho, para evitar a oxidação.

Para efeitos de consulta, seguem alguns exemplos de dados sobre as bitolas e o uso indicado para fios de cobre (Tab. 22.3).

É preciso distinguir entre fios e cabos. Os fios são condutores de um só elemento; já os cabos são formados de diversos fios, enrolados entre si.

22.7.1.3   Alguns tipos de fios e cabos

- *Fios e cabos nus.* Sem cobrimento, são empregados em linhas aéreas de transmissão de energia, circuitos aéreos de comunicação telefônica ou telegráfica.

TABELA 22.3 Bitolas de fios de cobre e indicação de usos

Bitola (mm²)	Indicação para circuitos com corrente máxima (A)
1,5	15,5
2,5	21,0
4,0	28,0
6,0	36,0
10,0	50,0
16,0	Fios de poste (rede de rua)

Nota: cabos de 10 mm² são utilizados normalmente para chuveiros, e os de 16 mm², para as entradas das residências até o quadro de distribuição.

- *Fios de contato.* São fios nus, que podem ser redondos, ranhurados ou em formato de 8. São usados como linha aérea para bondes, tróleis, trens elétricos. Para linhas mais solicitadas, estão disponíveis fios de contato de bronze.
- *Fios flexíveis.* Cada fio compõe-se de um cordel flexível de cobre, envolvido por uma espiral de seda ou algodão, e depois isolado com uma camada de borracha vulcanizada. Quando duplos ou triplos, são torcidos entre si. São denominados cordões *FS.*
- *Fios e cabos RCT.* O condutor de cobre estanhado é isolado por uma camada de borracha vulcanizada, depois coberto com uma ou duas (RCT-1 ou RCT-2) tranças de algodão, impregnadas de massa isolante à prova de tempo. A esse grupo pertencem os fios Vulcon.
- *Fios CCC.* São os fios com capa de chumbo. Cada condutor leva um isolamento reforçado de borracha vulcanizada. Se duplo ou triplo, as borrachas têm cores diferentes. O conjunto é recoberto com capa de chumbo. Se triplo, entre a borracha e a capa há um enchimento de papel-celulose e fita de algodão embebida em borracha.
- *Cabos RF.* Nesse tipo, os condutores de cobre nu são torcidos entre si e cobertos com papel impregnado. Depois, são envolvidos por uma capa de chumbo e outra de juta. A seguir, levam uma fita de ferro em espiral, para dar resistência mecânica, e a camada final de juta alcatroada.
- *Cabos RCFT.* Os condutores de cobre estanhado são isolados com duas camadas de borracha vulcanizada, fita isolante e trança de algodão impregnado, à prova de tempo.
- *Cabos WP (water-proof).* São condutores cobertos com duas (WP-2 ou WP-3) tranças de algodão impregnadas com massa preta à prova de umidade.

- *Fios e cabos plásticos.* São empregados em substituição aos fios anteriores, mas o isolamento é feito com plásticos. Em vista da variedade de tipos básicos e de plásticos que podem ser empregados, pode-se imaginar a quantidade de tipos que existem. Citamos o Pirastic, do tipo flexível, e os Plastiflex, do tipo correspondente ao RCT.
- *Fios com alma de aço.* Nesse caso, o cobre reveste um fio ou cabo de aço. Com isso, se consegue muito maior resistência mecânica.
- *Cabos concêntricos.* Nesse caso, a alma é um condutor de cobre estanhado, depois coberto com um isolamento adequado. A seguir, vai uma coroa de fios de cobre torcidos e novo isolamento. Os dois condutores (alma e coroa) formam um único cabo; qualquer tentativa de ligação fora das extremidades causará um curto-circuito.
- CA – Cabos de alumínio.
- CAA – Cabos de alumínio com alma de aço.

22.7.2 Bronze

O bronze é uma liga de 85 a 95 % de cobre e 15 a 5 % de estanho. Tem grande dureza e massa específica entre 7,8 e 9,2 kg/dm³.

É usado na construção de ferragens e ornatos. É de difícil oxidação, muito duro, mas bastante flexível. Muitas vezes, a liga tem também zinco ou chumbo, e a cor varia do vermelho-amarelado até quase o branco.

Seus valores mecânicos são: módulo de elasticidade, 6 a 10 kgf/mm²; limite de resistência à tração, 15 a 40 kgf/mm²; à compressão, 50 kgf/mm². Funde-se entre 900 e 950 °C. Tem alta condutibilidade térmica.

22.7.3 Zinco

É um metal cinza-azulado, que se funde a 400 a 420 °C. Em pouco tempo de exposição ao ar cobre-se de uma camada de óxido, que o protege. É bem mais pesado que o ferro (densidade de 7 a 7,2) e quatro vezes mais tenaz. Sua resistência à tração é de 16 kgf/mm², embora o limite de elasticidade para essa solicitação seja apenas de 2,5 kgf/mm². O módulo de elasticidade é de 9500 kgf/mm². Tem baixa resistência elétrica, e sua dureza Brinell é entre 30 e 40.

É muito atacável pelos ácidos. Assim, embora resistente à corrosão eletroquímica, as calhas, ornatos e telhas desse metal devem apresentar caimento uniforme, pois as bacias nas quais se deposita água de chuva podem trazer acidez.

Tem condutibilidade térmica de 110 W/mK e coeficiente de dilatação térmica linear de $35{,}0 \times 10^{-6} \times C^{-1}$.

Para efeito de comparação, a condutibilidade térmica do aço SAE 1020 é de 52 W/mK e sua expansão térmica é de $14,0 \times 10^{-6} \times C^{-1}$.

22.7.3.1 Aplicações do zinco

Na construção, o zinco é usado, principalmente, na forma de chapas lisas ou onduladas, para coberturas e revestimentos, em calhas e tubos condutores de fluidos. É ainda mais empregado como composto (alvaiade, pinturas) e ligas.

As chapas lisas têm, geralmente, 2,00 m de comprimento e larguras de 0,50; 0,65; 0,80; 1,00 m. São numeradas de 1 a 26 (0,05 a 2,68 mm), de acordo com a bitola própria ZG (*zinc gauge*). Alerta-se para o fato de que está muito generalizado o erro de se confundir telhas de zinco com as telhas de aço galvanizado.

O peso de algumas bitolas de chapas de zinco, em kg/m^2, é apresentado na Tabela 22.4.

Em geral, as telhas são feitas de chapa 14, e as calhas, de chapa 12.

22.7.4 Latão

O latão é uma liga de cobre e zinco, que já teve grande uso e importância na construção. A proporção é variável, podendo ir de 95 % de Cu por 5 % de Zn até 60 % de Cu por 40 % de Zn. Em geral, é usada a liga de 67 de Cu 33 % de Zn. Apresenta cor amarela, é muito dúctil e maleável a quente. Dificilmente se oxida e é muito resistente. Mais estável ao ar que o cobre, pode adquirir belo polimento.

Tem massa específica de 8,2 a 8,9 kg/cm^3 e sua carga de ruptura à tração fica entre 2 e 8 MPa, mas o limite de elasticidade é apenas de 5 a 12 kgf/mm^2. A ruptura à compressão fica entre 50 e 90 kgf/mm^2, dependendo da composição. A frio, tem grande dureza e resistência ao desgaste. É muito empregado em ferragens: torneiras, tubos, fechaduras, ornatos etc. Tem módulo de elasticidade de 6500 a 10.000 kgf/mm^2. A Figura 22.37 mostra a relação entre a resistência à ruptura e a porcentagem dos elementos constituintes.

Os latões com chumbo (1 a 3 %) são fáceis de trabalhar; com estanho (1 %), possuem alta resistência à água do mar; com níquel, têm elevada resistência mecânica.

22.8 FERRAGENS

Nesta seção serão examinados dois grandes grupos de artefatos utilizados na construção predial: as ferragens de esquadrias e os metais sanitários. Esses artigos são tratados em especial, em função de seu grande emprego, variedade e importância.

22.8.1 Ferragens para Esquadrias

As ferragens mais comuns para esquadrias são os fechos, fechaduras, dobradiças e puxadores.

Os fechos são dispositivos em que uma barra metálica liga duas partes móveis, deixando-as solidárias.

Se, para movimentar esses fechos, for necessária a utilização de uma ferramenta especial, a chave, ter-se-á uma fechadura.

Para que as peças se tornem móveis em redor de um eixo, usam-se as dobradiças.

Aos acessórios que servem para fazer movimentar essas peças dá-se o nome de puxadores.

TABELA 22.4 Peso de algumas chapas de zinco

mm	Chapa	Lisa (kg/m²)	Ondulada (kg/m²)
0,50	10	3,50	-
0,58	11	4,05	-
0,66	12	4,60	-
0,74	13	5,20	-
0,82	14	5,75	6,76
0,94	15	6,75	7,83
1,08	16	7,55	8,90

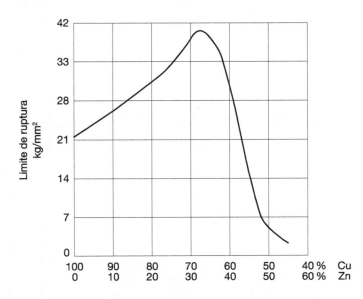

FIGURA 22.37 Comportamento mecânico das ligas de cobre-zinco, em função de suas porcentagens em peso.

Todos esses artigos devem ter algumas qualidades em comum: resistência mecânica elevada, resistência à oxidação, facilidade de manufatura, resistência ao desgaste, relativa leveza e facilidade de manuseio. Entre os metais, essas qualidades se encontram mais bem proporcionadas no latão. Daí a preferência por essa liga nas ferragens, de tal modo que se pode dizer que, quanto mais peças de latão tiver a fechadura, melhor será sua qualidade. É principalmente nas partes móveis que o latão deve dominar, para evitar que a ferrugem e o desgaste venham a emperrar as peças.

22.8.1.1 Fechos

Os fechos são dispositivos usados para manter fechados painéis que podem ser abertos. Há dois tipos básicos: os de girar e os de correr.

Entre os de girar estão os ganchos [Fig. 22.38(a)], as carrancas [Fig. 22.38(b)], que servem para prender os tampos de janelas, os fixadores de porta, as borboletas para janelas de guilhotina, fecho pega-ladrão com trinca e corrente etc.

Entre os de correr, existem as tranquetas de fio chato [Fig. 22.39(b)] ou de fio redondo [Fig. 22.39(a)], os cremonas internos ou de embutir [Fig. 22.39(c)] e o chamado fecho paulista [Fig. 22.39(d)].

Como se vê, todos esses fechos podem ser movimentados diretamente, sem dispositivo especial.

22.8.1.2 Fechaduras

As fechaduras têm, como partes essenciais, o trinco e a lingueta. O trinco mantém a porta apenas fechada; é um fecho simples. A lingueta mantém a porta fechada e travada.

Há três tipos básicos de fechaduras:

a) Fechadura de cilindro

Dos três, essa é a que apresenta maior segurança. Um sistema de pinos mantém o cilindro imóvel (Fig. 22.40) quando a chave não está no lugar. Ao se mover, o cilindro libera ou movimenta a lingueta.

Há três variedades de cilindros (Fig. 22.41): cilindro de encaixe, cilindro de rosca e cilindro monobloco. A segurança é maior para os últimos.

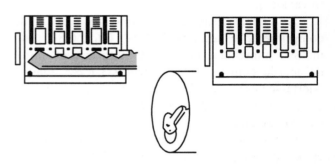

FIGURA 22.40 Fechadura de cilindro com pinos móveis.

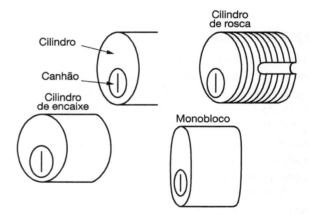

FIGURA 22.41 Tipos de cilindro.

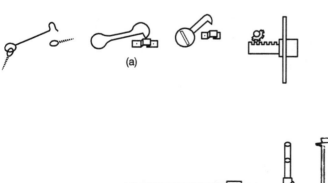

FIGURA 22.38 Fechos de girar, tipo (a) ganchos e (b) carrancas.

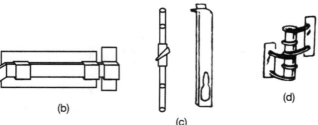

FIGURA 22.39 Tipos de fechos de correr.

b) Fechadura de segurança (ou de gorges)

A segurança é intermediária entre as fechaduras de cilindro e as normais. Nesse tipo, as chaves têm ranhuras longitudinais que fazem movimentar pinos (gorges) para soltar a lingueta. Logo, para haver movimento, a chave deve coincidir com a forma da entrada de chave e com a disposição dos gorges (Fig. 22.42).

c) Fechaduras normais

São as de menor segurança. Basta haver coincidência com a entrada de chave e no comprimento da placa para que se movimente a lingueta (Fig. 22.43).

Na Figura 22.44, estão os nomes das diversas peças de uma fechadura.

As fechaduras podem ser de uma ou de duas voltas de chave; as últimas ostentam maior segurança.

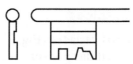

FIGURA 22.42 Fechadura de segurança intermediária.

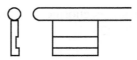

FIGURA 22.43 Fechadura de segurança baixa.

Elas podem ser de diversos tipos, combinando as características antes mencionadas, conforme se pode ver na Figura 22.45.

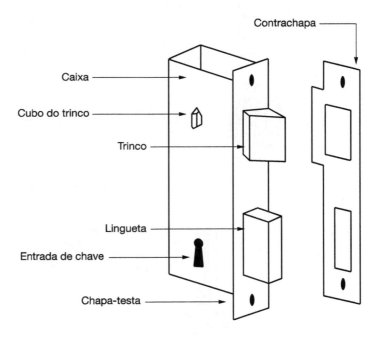

FIGURA 22.44 Nomenclatura dos diversos itens que compõem uma fechadura.

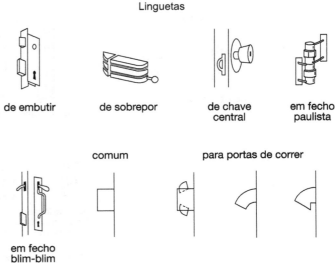

FIGURA 22.45 Exemplos de tipos de fechadura.

22.8.1.3 Dobradiças

Também são de tipos variados (Fig. 22.46). As dobradiças comuns são pedidas por sua medida em polegadas, abertas.

22.8.1.4 Puxadores e acessórios

Entre esses, então, é enorme a variedade. Alguns estão na Figura 22.47.

22.8.1.5 Mestria

Chama-se mestria à possibilidade de uma fechadura ser aberta por chaves diferentes. Nesse aspecto, podem-se encontrar em um edifício:

- todas as chaves diferentes: não há mestria;
- todas as chaves iguais; também não se considera mestria;
- todas as fechaduras precisam de chave diferente, mas todas as chaves abrem a porta de entrada;
- mestria simples: uma chave para cada fechadura, mas, também, uma chave-mestra abre todas as portas;
- grã-mestria: cada fechadura tem sua chave própria, mas existe uma chave-mestra que abre todas as portas do pavimento, não abrindo as de outro pavimento. Além disso, existe uma chave grã-mestra que abre todas as portas.

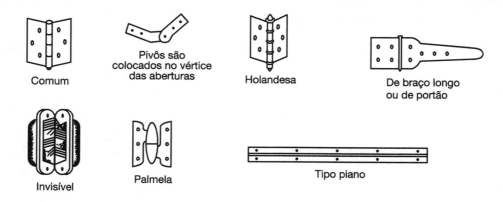

FIGURA 22.46 Exemplos de dobradiça.

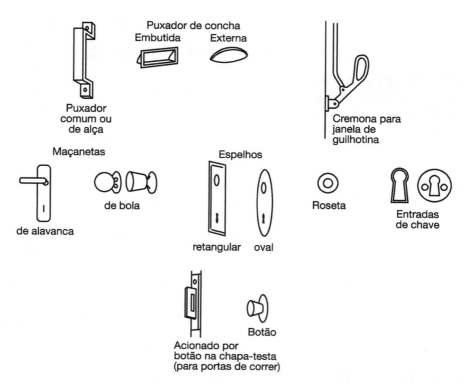

FIGURA 22.47 Exemplos de puxadores.

22.8.2 Algumas Considerações de Ordem Geral

Na compra de ferragens, deve-se atentar para a segurança desejada, a qualidade do material, a espessura da esquadria e a direção da abertura.

Como se viu antes, há fechos de maior ou de menor segurança. É evidente que, de um modo geral, à maior segurança corresponda o maior preço.

Deve-se também cuidar para que o material empregado seja durável, de boa aparência e acabamento. Em zonas marítimas, por exemplo, recomenda-se que até as dobradiças sejam de latão.

Ao especificar uma fechadura de embutir, deve-se observar para que sua espessura seja, no mínimo, um centímetro menor que a espessura da porta, e para que a largura das dobradiças não seja maior que a da esquadria.

Em alguns casos, as ferragens têm lado de colocação. Há fechaduras que só servem para portas de abrir à direita ou à esquerda, senão a entrada de chave ficará para o lado errado. Para indicar se uma porta é de abrir à direita ou à esquerda, é preciso colocar-se em frente à mesma, do lado onde não aparecem as dobradiças (Fig. 22.48).

22.8.3 Metais Sanitários

Entre os metais utilizados em redes de água e esgotos, predominam as válvulas, nas suas diferentes modalidades.

Na realidade, é preciso distinguir entre válvula e torneira. As válvulas são instaladas no caminho da rede e servem para a retirada do fluido.

Ambas são normalmente feitas de latão, ou com corpo de bronze e partes essenciais de latão. Acima de uma polegada e meia são produzidas em aço galvanizado, mas com as partes essenciais sempre de latão. Há também torneiras de plástico, que têm demonstrado boas qualidades.

22.8.3.1 Válvulas

Há três tipos básicos de válvulas: de gaveta, de prato (chamadas comumente tipo globo) e de retenção.

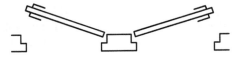

FIGURA 22.48 Na figura, observamos as situações de portas abrindo à direita (lado esquerdo da figura) e à esquerda (lado direito da figura).

Nas válvulas de gaveta (Fig. 22.49), um septo se introduz entre dois encostos de latão, vedando a passagem da corrente. Nesse caso, a perda de carga é mínima.

As válvulas de prato são mais estanques que as anteriores, mas apresentam grande perda de pressão na rede. São do tipo reta e de canto, representadas esquematicamente nas Figuras 22.50(a) e (b).

As válvulas de retenção só permitem a passagem da água em um sentido. Na Figura 22.51, quando a água vem de B para A, a pressão comprime a válvula e fecha a passagem.

22.8.3.2 Torneiras

Em princípio, são empregados dois tipos de torneiras. A Figura 22.52 mostra o tipo comum, que é a torneira com válvula de prato, geralmente chamada de tipo globo. Na figura está a nomenclatura das partes constituintes.

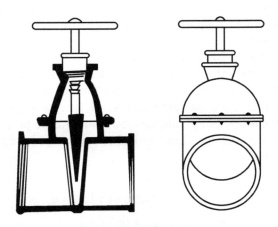

FIGURA 22.49 Válvulas de gaveta.

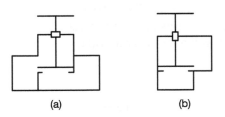

FIGURA 22.50 Válvulas de prato (a) reta e de (b) canto.

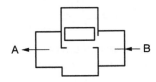

FIGURA 22.51 Válvulas de retenção.

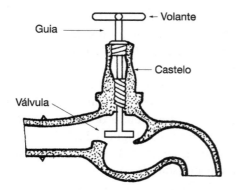

FIGURA 22.52 Torneira comum com válvula de prato.

A torneira do tipo Crê é uma variante, em que a válvula fica solidária com a cabeça. Quando se move uma alavanca lateral, a torneira desce, abrindo a passagem para a água.

O outro tipo de torneira é a de macho (Fig. 22.53), em que há um corpo central com uma passagem transversal. Quando há coincidência dessa passagem com a canalização, a água corre. Ao torcer a cruzeta, fecha-se a passagem.

Dentro desses dois esquemas fundamentais, há muitos outros tipos de torneiras: as isoladas, as misturadoras, as de acionar com o cotovelo ou com o pé etc. É preciso também lembrar que há torneiras com entrada de água horizontal (torneiras de parede) e com entrada de água vertical (torneiras de bancada ou de lavatório).

22.8.3.3 Outros metais sanitários

Além das torneiras, há uma infinidade de acessórios de metal usados nas instalações sanitárias. O projetista deve especificá-los com o máximo cuidado, porque os menores detalhes são importantes, levando, por vezes, à aquisição de materiais que não servem para a aparelhagem já adquirida.

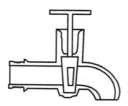

FIGURA 22.53 Torneira comum com macho. O macho contém um furo que abre ou fecha a passagem da água, conforme a torneira é girada.

22.9 ALGUMAS NORMAS DA ABNT

ASSOCIAÇÃO BRASILEIRA DE NORMAS TÉCNICAS. *NBR 5019:* Produtos e ligas de cobre – Terminologia. Rio de Janeiro: ABNT, 2001.

ASSOCIAÇÃO BRASILEIRA DE NORMAS TÉCNICAS. *NBR 5020:* Tubos de cobre sem costura para uso geral – Requisitos. Rio de Janeiro: ABNT, 2003.

ASSOCIAÇÃO BRASILEIRA DE NORMAS TÉCNICAS. *NBR 6157* (esta norma está cancelada e não possui substituta)*:* Materiais metálicos – Determinação da resistência ao impacto em corpos de prova entalhados simplesmente apoiados. Rio de Janeiro: ABNT, 1988.

ASSOCIAÇÃO BRASILEIRA DE NORMAS TÉCNICAS. *NBR 6186* (esta norma está cancelada e não possui substituta)*:* Chapa e tira de ligas cobre-zinco e cobre-zinco-chumbo. Rio de Janeiro: ABNT, 2012.

ASSOCIAÇÃO BRASILEIRA DE NORMAS TÉCNICAS. *NBR 6315*: Lingotes, barras, anodos e verguinhas de estanho – Especificação. Rio de Janeiro: ABNT, 2016.

ASSOCIAÇÃO BRASILEIRA DE NORMAS TÉCNICAS. *NBR 6323:* Galvanização de produtos de aço ou ferro fundido – Especificação. Rio de Janeiro: ABNT, 2007.

ASSOCIAÇÃO BRASILEIRA DE NORMAS TÉCNICAS. *NBR 6599:* Alumínio e suas ligas – Processos e produtos – Terminologia. Rio de Janeiro: ABNT, 2013.

ASSOCIAÇÃO BRASILEIRA DE NORMAS TÉCNICAS. *NBR 6637:* Materiais refratários conformados – Determinação da dilatação térmica linear reversível. Rio de Janeiro: ABNT, 2013.

ASSOCIAÇÃO BRASILEIRA DE NORMAS TÉCNICAS. *NBR 6999:* Alumínio e suas ligas – Produtos laminados – Tolerâncias dimensionais. Rio de Janeiro: ABNT, 2006.

ASSOCIAÇÃO BRASILEIRA DE NORMAS TÉCNICAS. *NBR 7008-1: C*hapas e bobinas de aço revestidas com zinco ou liga zinco-ferro pelo processo contínuo de imersão a quente – Parte 1: Requisitos. Rio de Janeiro: ABNT, 2012.

ASSOCIAÇÃO BRASILEIRA DE NORMAS TÉCNICAS. *NBR 7008-2:* Chapas e bobinas de aço revestidas com zinco ou liga zinco-ferro pelo processo contínuo de imersão a quente – Parte 2: Aços de qualidade comercial e para estampagem. Rio de Janeiro: ABNT, 2012.

ASSOCIAÇÃO BRASILEIRA DE NORMAS TÉCNICAS. *NBR 7008-3: C*hapas e bobinas de aço revestidas com zinco ou liga zinco-ferro pelo processo contínuo de imersão a quente – Parte 3: Aços estruturais. Rio de Janeiro: ABNT, 2012.

ASSOCIAÇÃO BRASILEIRA DE NORMAS TÉCNICAS. *NBR 7008-4:* Chapas e bobinas de aço revestidas com zinco ou liga zinco-ferro pelo processo contínuo de imersão a quente – Parte 4: Açosendurecíveis em estufa. Rio de Janeiro: ABNT, 2012.

ASSOCIAÇÃO BRASILEIRA DE NORMAS TÉCNICAS. *NBR 7008-5:* Chapas e bobinas de aço revestidas com zinco ou liga zinco-ferro pelo processo contínuo de imersão a quente – Parte 5. Aços refosforados. Rio de Janeiro: ABNT, 2012.

ASSOCIAÇÃO BRASILEIRA DE NORMAS TÉCNICAS. *NBR 7013:* Chapas e bobinas de aço revestidas pelo processo contínuo de imersão a quente – Requisitos gerais. Rio de Janeiro: ABNT, 2013.

ASSOCIAÇÃO BRASILEIRA DE NORMAS TÉCNICAS. *NBR 7556:* Alumínio e suas ligas – Chapas – Requisitos. Rio de Janeiro: ABNT, 2006.

ASSOCIAÇÃO BRASILEIRA DE NORMAS TÉCNICAS. *NBR 7823.* Alumínio e suas ligas – Chapas – Propriedades mecânicas. Rio de Janeiro: ABNT, 2015.

ASSOCIAÇÃO BRASILEIRA DE NORMAS TÉCNICAS. *NBR 8117:* Alumínio e suas ligas – Arames, barras, perfis e tubos extrudados – Requisitos. Rio de Janeiro: ABNT, 2011.

ASSOCIAÇÃO BRASILEIRA DE NORMAS TÉC-NICAS. *NBR 8117:* Alumínio e suas ligas – Arames, barras, perfis e tubos extrudados – Requisitos. Rio de Janeiro: ABNT, 2011.

ASSOCIAÇÃO BRASILEIRA DE NORMAS TÉCNI-CAS. *NBR 8481:* Folhas-de-fiandres – Determinação do revestimento de estanho pelo método coulomé-trico (eletrolítico) – Método de ensaio. Rio de Janeiro: ABNT, 2008.

ASSOCIAÇÃO BRASILEIRA DE NORMAS TÉCNI-CAS. *NBR 10249:* Folhas-de-fiandres – Determinação da camada de estanho pelo método gravimétrico. Rio de Janeiro: ABNT, 2008.

AASSOCIAÇÃO BRASILEIRA DE NORMAS TÉCNICAS. *NBR 10821-1:* Esquadrias externas para edificações – Parte 1: Terminologia. Rio de Janeiro: ABNT, 2017.

ASSOCIAÇÃO BRASILEIRA DE NORMAS TÉCNICAS. *NBR 10821-2:* Esquadrias externas para edificações – Parte 2: Requisitos e classificação. Rio de Janeiro: ABNT, 2017.

ASSOCIAÇÃO BRASILEIRA DE NORMAS TÉCNICAS. *NBR 10821-3:* Esquadrias externas para edificações – Parte 3: Métodos de ensaio. Rio de Janeiro: ABNT, 2017.

ASSOCIAÇÃO BRASILEIRA DE NORMAS TÉCNICAS. *NBR 10821-4:* Esquadrias externas para edificações – Parte 4: Requisitos adicionais de desempenho. Rio de Janeiro: ABNT, 2017.

ASSOCIAÇÃO BRASILEIRA DE NORMAS TÉCNICAS. *NBR 10821-5:* Esquadrias externas para edificações – Parte 5: Instalação e manutenção. Rio de Janeiro: ABNT, 2017.

ASSOCIAÇÃO BRASILEIRA DE NORMAS TÉCNICAS. *NBR 14330:* Anteligas de alumínio – Composição quí-mica e código de cores. Rio de Janeiro: ABNT, 2008.

ASSOCIAÇÃO BRASILEIRA DE NORMAS TÉCNICAS. *NBR 15345.* Instalação predial de tubos e conexões de cobre e ligas de cobre – Procedimento. Rio de Janeiro: ABNT, 2013.

ASSOCIAÇÃO BRASILEIRA DE NORMAS TÉCNICAS. *NBR 15489:* Soldas e fiuxos para união de tubos e cone-xões de cobre e ligas de cobre – Especificação. Rio de Janeiro: ABNT, 2007.

ASSOCIAÇÃO BRASILEIRA DE NORMAS TÉCNICAS. *NBR 15757:* Tubos e conexões de cobre – Métodos de ensaio. Rio de Janeiro: ABNT, 2009.

ASSOCIAÇÃO BRASILEIRA DE NORMAS TÉC-NICAS. *NBR 16284* (norma em revisão)*:* Bobinas e chapas de aço bifásico revestidas com zinco. Rio de Janeiro: ABNT, 2014.

ASSOCIAÇÃO BRASILEIRA DE NORMAS TÉCNICAS. *NBR 16316:* Superfícies de cobre antimicrobiano – Requisi-tos e métodos todos de ensaio. Rio de Janeiro: ABNT, 2014.

SSOCIAÇÃO BRASILEIRA DE NORMAS TÉCNICAS. *NBR ISO 148-1* (cancela e substitui a *NM 281-1:2003*): Materiais metálicos – Parte 1: Ensaio de impacto por pêndulo Charpy. Rio de Janeiro: ABNT, 2013.

ASSOCIAÇÃO BRASILEIRA DE NORMAS TÉCNICAS. *NBR ISO 148-2* (cancela e substitui a *NM 281-2:2003*): Materiais metálicos – Ensaio de impacto por pêndulo Charpy – Parte 2: Verificação de máquinas de ensaio. Rio de Janeiro: ABNT, 2013.

ASSOCIAÇÃO BRASILEIRA DE NORMAS TÉCNICAS. *NBR ISO 209:* Alumínio e suas ligas – Composição quí-mica. Rio de Janeiro: ABNT, 2010.

ASSOCIAÇÃO BRASILEIRA DE NORMAS TÉCNI-CAS. *NBR ISO 6892-1*: Materiais metálicos – Ensaio de tração. Parte 1: Método de ensaio em temperatura ambiente. Rio de Janeiro: ABNT, 2024.

ASSOCIAÇÃO BRASILEIRA DE NORMAS TÉCNI-CAS. *NBR ISO 7438*: Materiais metálicos – Ensaio de dobramento. Rio de Janeiro: ABNT, 2022.

ASSOCIAÇÃO BRASILEIRA DE NORMAS TÉCNI-CAS. *NBR NM 281-1:* Materiais metálicos – Parte 1: Ensaio de impacto por pêndulo Charpy. Rio de Janeiro: ABNT, 2003.

ASSOCIAÇÃO BRASILEIRA DE NORMAS TÉCNI-CAS. *NBR NM 281-2:* Materiais metálicos – Parte 2: Calibração de máquinas de ensaios de impacto por pên-dulo Charpy. Rio de Janeiro: ABNT, 2003.

BIBLIOGRAFIA

BRASIL MINERAL. Disponível em: http://www.brasil-mineral.com.br. Acesso em: 11 abr. 2024.

BRIMELOW, E. I. *Aluminio en la construcción.* Bilbao, Espanha: Urmo, 1957.

GRINTER, L. E. *Design of modern steel structures.* New York: Macmillan, 1941.

PETRUCCI, E. *Materiais de construção.* Porto Alegre: Globo, 1975, p. 203-261.

REINER, M. *Building materials.* Amsterdã: Nort-Hol-land, 1954, p. 125-188.

23

TINTAS E SISTEMAS DE PINTURA

Prof.ª Dra. Kai Loh •
Eng.º Ian Paslar Bertozzo •
Prof. Dr. Aluizio Caldas e Silva •
Prof. Eng.º Gilberto Della Nina

23.1 Introdução, 525

23.2 Composição da Tinta, 525

23.3 Mecanismos de Formação de Filme, 528

23.4 Proporcionamento dos Componentes da Tinta, 530

23.5 Processo de Fabricação da Tinta, 531

23.6 Sistemas de Pintura, 534

23.7 Especificação do Sistema de Pintura, 538

23.8 Condições Gerais para Execução de Pinturas, 540

23.9 Desempenho dos Sistemas de Pintura, 542

23.10 Impacto Ambiental das Tintas, 547

23.11 Normatização e Programa de Qualidade de Tintas
Imobiliárias, 549

23.12 Considerações Finais, 549

23.1 INTRODUÇÃO

23.1.1 Definições Empregadas, Abordagem do Tema e Estrutura do Capítulo

Tinta é um produto composto de pigmentos dispersos em uma resina apropriada que, quando aplicado, forma um filme sólido uniforme, fosco ou brilhante.

Este capítulo trata, inicialmente, sobre tópicos relacionados com as tintas como material de construção: seus constituintes básicos; mecanismos da formação de filme; processo de fabricação.

Em seguida, abordam-se os sistemas de pintura na construção civil. Enquanto na primeira parte do capítulo o texto terá um sentido mais voltado à química do material, na parte final serão apresentadas as aplicações das tintas e dos vernizes na construção civil, ou seja, os sistemas de pintura, dando enfoque a: (a) seus constituintes, ferramentas utilizadas e processos executivos; (b) seu desempenho/durabilidade/patologias e normalização vigente; e (c) questões ambientais correlatas ao uso das tintas.

23.1.2 Aplicações e Importância de seu Emprego na Construção Civil

As tintas têm ocupado um espaço cada vez maior como material de acabamento de superfícies externas e internas das edificações, por ser de fácil aplicação, grande variedade de efeitos estéticos, proteção às superfícies e facilidade de manutenção. O sistema de pintura constitui uma barreira ao ingresso de agentes agressivos, minimiza o contato das superfícies com o meio ambiente, protegendo e contribuindo para a longevidade do substrato (revestimentos argamassados, concreto etc.).

Os principais empregos das tintas e vernizes são em pinturas industriais e na construção civil, mas, por se tratar de um texto voltado especificamente a esse setor, serão abordadas apenas as tintas para edificações não industriais, também chamadas "tintas imobiliárias". Na construção civil, essas tintas podem ser empregadas sobre superfícies de madeira, alvenarias, concreto e metais.

Por ser a parcela mais visível de uma edificação, a pintura é de elevada relevância, valorizando a edificação. Embora seja a última etapa da obra, é uma atividade que deve ser planejada desde a fase de elaboração do projeto, não devendo ser tratada isoladamente, mas como parte de um sistema integrado.

Dentre outras funções importantes das tintas, pode-se destacar uma questão arquitetônica relevante: a aplicação funcional das cores nos ambientes.

Os exemplos a seguir mostram como as cores podem influenciar na percepção humana:

- cores diferentes despertam emoções diferentes;
- *cores quentes*: vermelho, laranja;
- *cores frias*: verde, azul-claro;
- *cores têm peso e dimensão*: cores escuras, mais pesadas; cores claras, mais leves;
- *cores escuras*: transmitem sensação de menor dimensão, enquanto as cores claras aparentam maior amplitude.

23.2 COMPOSIÇÃO DA TINTA

A tinta é um material que se apresenta na forma de uma mistura líquida constituída de resina (aglutinante), pigmentos, cargas e solventes. Quando aplicada sobre uma superfície ela forma um filme que, quando seco, tem função decorativa ou de proteção da superfície.

Atualmente, existem tintas multifuncionais que, além das duas funções básicas, exercem outras funções, por exemplo:

- reflexão ou difusão da luz;
- conferem condições de higiene adequada, que estão associadas à facilidade de limpeza e à ação fungicida e bactericida;
- usadas para demarcação e sinalização viária;
- conferem barreira contra o aumento da temperatura no caso de incêndio, as chamadas intumescentes;
- as que reduzem a inflamabilidade e combustão dos substratos que recobrem, retardando a propagação do incêndio, chamadas de ignífugas;
- as de sinalização, para demarcação de piso e acessibilidade;
- as antiderrapantes, contra escorregamentos;
- as termoacústicas.

23.2.1 Constituintes Básicos das Tintas

De modo geral, as tintas são constituídas dos seguintes componentes: resina ou polímero, pigmento, solvente e aditivos, incluindo os biocidas. Esses componentes normalmente estão presentes nas tintas, mas o que difere um tipo de tinta do outro é a formulação, isto é, o tipo de resina e a proporção dos outros componentes. A Figura 23.1 ilustra a composição básica das tintas. Nem sempre a tinta é constituída desses quatro componentes. Um exemplo simples é o **verniz**, que forma uma película transparente, podendo ou não apresentar baixíssimos teores de pigmentos/corantes e cargas. Comumente é aplicado para dar proteção, brilho e ressaltar a textura e cor natural das madeiras.

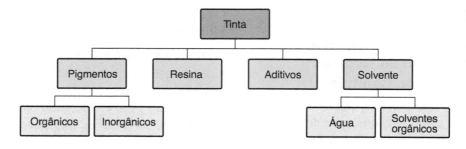

FIGURA 23.1 Composição básica das tintas.

23.2.2 Resinas

É a fração não volátil da tinta, por isso também chamada *veículo não volátil*. Ela é o aglutinante das partículas de pigmento, sendo o agente formador de filme. A composição da resina tem elevada importância nas propriedades da película, apesar de esta ser modificada pelo tipo e teor de pigmento presente. O desempenho da pintura, ao longo do tempo e quando exposta ao meio ambiente, interno ou externo, é dado pela resistência da resina aos agentes presentes nesses meios e pela seleção correta dos pigmentos, aditivos e outros constituintes da formulação. As principais funções da resina são:

- propriedades mecânicas, como a tração e elasticidade;
- resistência ao intemperismo natural, como a radiação UV, água, poluentes;
- resistência química, como a alcalinidade da argamassa;
- aderência e outras.

No passado, as resinas eram obtidas a partir de compostos naturais, vegetais ou animais, mas, hoje, são provenientes da indústria petroquímica, obtendo-se polímeros com durabilidade e propriedades muito superiores às antigas. As resinas podem ser naturais ou sintéticas e formar soluções ou dispersões aquosas. A composição da resina é fundamental para a determinação das propriedades da película, apesar de esta ser modificada pelos outros constituintes da tinta. Na indústria da construção civil, as resinas mais usadas são à base de polímeros e copolímeros de acetato de vinila (PVA), polímeros acrílicos variados e, ainda, os esmaltes sintéticos e os bicomponentes, como a epóxi e a poliuretana.

23.2.2.1 Emulsões aquosas

São dispersões aquosas à base de polímeros e copolímeros de PVA e de resinas acrílicas. Ambas as resinas estão na forma de dispersões aquosas de partículas de dimensões submicrométricas destes polímeros sintéticos. No mercado são chamadas tintas látex, em face do aspecto semelhante ao látex extraído das seringueiras, tendo como solvente a água. Os polímeros e copolímeros presentes na sua composição estão na forma de emulsão e não solução, como nas tintas de base de solvente, que são os esmaltes sintéticos.

23.2.2.2 Esmaltes sintéticos

São à base de óleos vegetais (linhaça, soja ou tungue) que, combinados com resina alquídica, podem formar tintas pigmentadas e vernizes. O nome *esmalte* deriva do fato de esse tipo de tinta conferir um acabamento muito brilhante, bem similar aos esmaltes vítreos, apesar de sua composição, propriedades e processo de produção serem muito diferentes. Hoje, os esmaltes sintéticos podem ser de base solvente ou de base aquosa, e são chamados no mercado de *tinta alquídica* ou *tinta a óleo*. Esse tipo de tinta também é encontrado no mercado modificado com outras resinas, como poliuretano ou silicone.

23.2.2.3 Tintas bicomponentes

São produtos fornecidos em duas embalagens, sendo uma com o componente A, base pigmentada, e a outra com o componente B, chamado agente de cura ou endurecedor. Os dois componentes quando misturados reagem, convertendo a película líquida em sólida. As resinas típicas são a epóxi ou a poliuretana, e os produtos estão disponíveis como tintas pigmentadas e vernizes. Esse tipo de tinta tem elevada resistência ao ataque químico e abrasão. Essas resinas, quando combinadas a outras do tipo alquídico, já não apresentam resistência a agentes químicos e a abrasão tão elevada.

23.2.2.4 Resinas em solução

São tintas ou vernizes que curam por simples evaporação do solvente, quando exposto ao ar, cuja resina está dissolvida no seu interior. As resinas mais comuns são: nitrocelulose, betume e borracha clorada.

23.2.3 Pigmentos e Cargas

Os pigmentos podem ser orgânicos ou inorgânicos e servem para dar cores e encobrir o substrato. Os orgânicos são substâncias corantes com elevado poder de tingimento e mais brilhantes do que os inorgânicos, no entanto, com menor poder de cobertura, isto é, baixo poder de encobrir o substrato. Geralmente apresentam menor opacidade, maior custo e maior suscetibilidade aos agentes do meio ambiente, como alcalinidade e resistência à radiação solar do que os inorgânicos. Os pigmentos orgânicos mais comuns são: as ftalocianinas (azuis e verdes), quinacridonas (violeta e vermelha), perilenos (vermelhos), toluidina (vermelha) e aril amídicos (amarelos).

Já os pigmentos *inorgânicos*, que podem ser naturais ou sintéticos, são constituídos por partículas finamente divididas, com dimensões entre 0,1 e 5 μm, e são praticamente insolúveis no meio em que estão dispersos, diferenciando os tipos de tinta líquida. Essa classe está subdividida em *pigmentos ativos* e *inertes*, também chamados carga. Os ativos, geralmente os de cor branca, são adicionados à tinta para dar cor, cobertura ou opacidade, consistência, durabilidade e resistência à radiação solar. Além desses pigmentos funcionais, existem as *cargas* (ou *extenders*), consideradas inertes em função do baixo índice de refração. Apresentam custo bem inferior aos pigmentos ativos e servem para dar resistência à abrasão, por exemplo, o óxido de alumínio, que é frequentemente usado para essa finalidade. Nas tintas látex, é muito comum a presença de calcita (carbonato de cálcio) e dolomito (carbonato de cálcio e magnésio), provenientes de calcários ou de precipitados de natureza amorfa, mais fina e branca. Também é comum o emprego do talco, que são os silicatos de magnésio ($3MgO_4SiO_2H_2O$), e o caulim, que são os silicatos de alumínio hidratado ($Al_2O_{32}SiO_{22}H_2O$), ambos com índices de reflexão inferiores aos supracitados.

23.2.3.1 Pigmentos inorgânicos brancos

Os pigmentos brancos apresentam elevado índice de refração, por isso o seu elevado poder de reflexão da luz. A tinta com alto teor de pigmento branco ativo resulta em película com elevado poder de cobertura, isto é, com maior capacidade de encobrir o substrato no qual foi aplicado, que depende basicamente da capacidade dos pigmentos presentes na tinta de refletir ou absorver a luz.

O dióxido de titânio (TiO_2) é fundamental nas tintas de cor mais clara. Esse óxido existe na forma de três estruturas cristalinas; o rutilo é a estrutura mais importante em virtude do elevado índice de refração de 2,71, e o anatásio é o menos usado e com menor índice de refração, de 2,53. O óxido de zinco (ZnO), embora de menor poder de cobertura e custo inferior, também é bastante usado como pigmento de tintas brancas, com índice de refração de 2,08.

Geralmente, os pigmentos inorgânicos de cor branca têm elevado poder de reflexão, mas existem pigmentos coloridos inorgânicos complexos (sigla em inglês, CICP) e cargas (esferas cerâmicas e de vidro) que, apesar de não possuírem poder de reflexão na região do infravermelho tão elevado quanto os pigmentos de cor branca, podem possuir reflexão superior aos pigmentos coloridos de cores equivalentes. Esses pigmentos são usados em formulações de tintas designadas "frias" (Loh *et al.*, 2009; 2010).

23.2.3.2 Pigmentos inorgânicos coloridos

Podem ser naturais ou sintéticos e são constituídos pelos seguintes grupos principais:

- *Óxidos de ferro*: dependendo do seu grau de oxidação, podem ser de cor amarela, vermelha ou marrom. Esses pigmentos possuem baixo custo, boa estabilidade e não são tóxicos.
- *Cromatos*: geralmente de cores amarelo-claro até o laranja; esses pigmentos podem ser na base de cromo e chumbo, que, em razão de problemas com meio ambiente e saúde do trabalhador, tendem a ser substituídos por pigmentos orgânicos e inorgânicos menos tóxicos.
- *Pigmentos anticorrosivos*: usados nas tintas para a proteção dos metais. Alguns exemplos são: o cromato de zinco [$4ZnO \cdot K_2O \cdot 4CrO_3 \cdot 3H_2O$] de cor amarela, o zarcão [Pb_3O_4] tóxico por conter o chumbo, o fosfato de zinco [$Zn_3(PO_4)_2 \cdot 2H_2O$] de cor branca e não tóxico, o silicato de cálcio não tóxico, o zinco metálico de cor cinza-clara, e o óxido de ferro [Fe_2O_3] de cor vermelha, que não tem propriedades anticorrosivas. Há pigmentos de formas lamelares como a mica, o talco, o alumínio, o óxido de ferro micáceo, que estabelecem uma barreira de entrada de agentes do meio ambiente, como a água.

23.2.4 Solventes

Chamados veículos voláteis, porque deixam de fazer parte da pintura após a sua evaporação. A água é o solvente de tintas de base aquosa, como as emulsões de base vinílica e acrílica. Os solventes orgânicos fazem parte da composição das tintas de base solvente, e têm o objetivo de separar as partículas de resina, de pigmentos e de outros constituintes das tintas. Além disso, influem na secagem da tinta, conferem viscosidade adequada para a sua aplicação, nivelamento, espessura e aspecto estético da pintura. O teor de solvente nas tintas de base solvente geralmente é corrigido de acordo com a necessidade, momentos antes da aplicação para auxiliar a aplicação, conforme a rugosidade, porosidade e capacidade de absorção do substrato. Os solventes utilizados nas tintas podem ser de diferentes naturezas químicas, sendo os mais comuns: os hidrocarbonetos alifáticos, presentes em aguarrás, os hidrocarbonetos aromáticos, como o xileno e o tolueno, e os oxigenados, como os álcoois isopropílico, butílico e etílico, acetatos, éteres e cetonas, sendo o mais comum o metiletilcetona (sigla em inglês, MEK).

23.2.5 Aditivos

São substâncias adicionadas em pequenas proporções na tinta, geralmente em teores de 0,1 a 2 %, que proporcionam funções específicas. Conforme o tipo, podem modificar determinadas características da tinta. A seguir estão listados os principais tipos de aditivos com suas respectivas funções:

- *Agentes reológicos* estão presentes em tintas em emulsão e sintéticas, e são adicionados para modificar a reologia da tinta, isto é, auxiliam no nivelamento, redução de escorrimento, sedimentação, espalhamento, respingo, dispersantes e umectantes etc.
- *Agentes coalescentes* têm função de auxiliar na formação de filme contínuo durante a secagem de tintas em emulsão.
- *Biocidas* têm ação contra microrganismos biológicos, como os fungicidas, bactericidas, algicidas, resultando no aumento da resistência a fungos, bactérias e algas.
- *Fotoiniciadores* estão presentes em tintas que curam pela exposição à radiação UV e servem para a formação de radicais livres para iniciar a cura da tinta.
- *Inibidores de corrosão* conferem à pintura propriedades anticorrosivas.
- *Secantes* auxiliam na secagem oxidativa de resinas alquídicas e tintas a óleo.

23.3 MECANISMOS DE FORMAÇÃO DE FILME

Normalmente, a película é obtida pela eliminação do solvente das camadas de pintura úmida, com consequente solidificação da resina. As tintas à base de emulsões aquosas, isto é, os sistemas aquosos secam (curam) em poucas horas, enquanto nos sistemas de base solvente a cura é bem mais lenta e, muitas vezes, as tintas são catalisadas por meio de secantes organometálicos complexos. Geralmente chamamos de cura quando há necessidade de um agente externo para a película obter as propriedades desejadas. A película formada após a secagem é opaca, dura e muito brilhante, podendo ser novamente dissolvida por esse solvente.

Os três principais mecanismos de formação de filme de tintas para a construção civil são: por polimerização em emulsão, por oxidação em caso de óleos e resinas alquídicas, em que a cura é obtida pela reação com o oxigênio do ar, e por agente catalisador, como as resinas isocianatos e amínicas, nas tintas à base de poliuretana e epoxídica. Muitas vezes, as tintas estão secas, mas ainda não estão suficientemente curadas. A maioria das tintas do mercado cura em sete dias, em condições normais de temperatura e umidade relativa. A seguir estão discutidos esses mecanismos de secagem.

23.3.1 Tintas Látex Acrílica e Vinílica

Nesse tipo de tinta, as partículas poliméricas, que estão dispersas no meio aquoso e durante a secagem, formam um filme a partir do processo conhecido como coalescência, que é um processo físico, não químico. Diferentemente das tintas de base solvente, o látex é uma suspensão heterogênea, descontínua, na qual as partículas de polímero estão dispersas em meio aquoso (Uemoto, 1998). A água é eliminada por evaporação e, por absorção pelo substrato, as partículas tendem a se juntar. Na Figura 23.2 estão ilustrados os vários estágios de formação do filme de tinta látex.

23.3.2 Óleos e Resinas Alquídicas

São obtidas a partir de fontes renováveis, como óleos vegetais e plantas oleaginosas, como linhaça, soja e tungue, e de graxas de origem animal, como as de peixes. A resina alquídica é um polímero obtido pela esterificação de poliácidos e ácidos graxos com poliálcoois; 90 % dos esmaltes sintéticos são à base de solventes orgânicos e somente uma pequena parcela tem base aquosa.

O mecanismo de formação da película se inicia pela evaporação do solvente, resultando em maior aproximação e interação entre os componentes poliméricos. Há formação de duplas ligações nas moléculas que compõem as resinas presentes na tinta, que ocorre com ou sem auxílio de secantes. A dupla

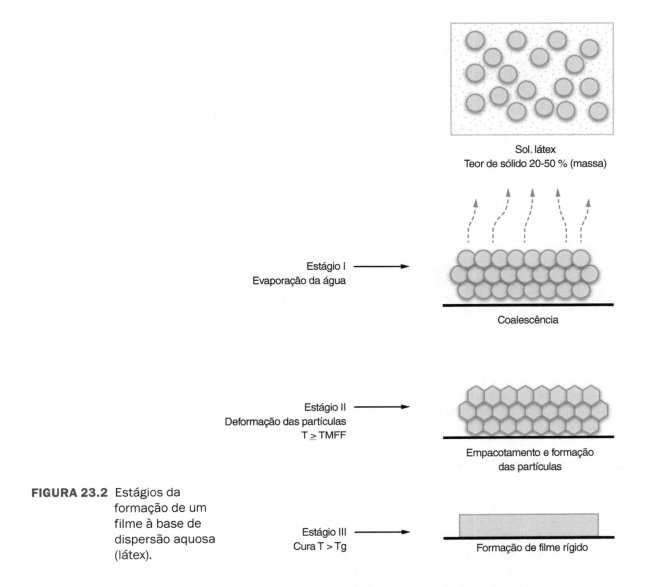

FIGURA 23.2 Estágios da formação de um filme à base de dispersão aquosa (látex).

ligação presente na cadeia do ácido graxo pode ser oxidada de várias formas, dependendo do agente e das condições da reação. A reação de oxidação com o oxigênio do ar é a base da transformação em esmalte ou em tinta a óleo de secagem oxidativa.

A oxidação pode ocorrer espontaneamente, mas de forma lenta, ou catalisada por secantes. Os secantes de sais de ácidos orgânicos com metais, como o cobalto e o manganês, que são secantes primários, constituídos de metais de transição e reagem por oxirredução. Os de cálcio, chumbo e zinco são secantes secundários, não catalisam a reação de oxidação; apenas ativam os secantes primários, tornando a secagem mais efetiva. A velocidade de oxidação depende de uma série de fatores, como a quantidade e o tipo de insaturações, isto é, cujas moléculas têm ligações duplas ou triplas, presença de duplas conjugadas, arranjo geométrico de átomos no espaço (isômeros cis e trans), temperatura e umidade.

Fatores como condições ambientais e radiação ultravioleta também contribuem para esse tipo de reação, que, em determinados casos, fazem parte da decomposição da pintura. A velocidade de decomposição é muito mais lenta do que a de secagem e depende de uma série de fatores, como pigmentação, pontos da macromolécula suscetíveis à oxidação etc.

Um dos principais problemas da pintura de base alquídica é o amarelecimento, que ocorre principalmente quando não está exposta à luz. Quanto mais insaturado for o óleo ou maior a quantidade de duplas conjugadas, maior a tendência ao amarelecimento. A combinação inadequada de secantes ou exposição a ambientes muito úmidos e com presença de agentes químicos também favorece o amarelecimento. Na Figura 23.3 estão ilustrados os vários estágios de formação do filme de tinta de esmalte sintético.

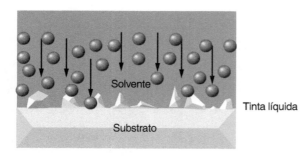

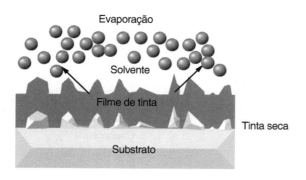

FIGURA 23.3 Mecanismo da formação de filme de tinta à base de solvente com secagem oxidativa (esmalte sintético).

23.3.3 Resina Epóxi e Bicomponentes

Estão presentes em tintas que curam por polimerização catalítica e se apresentam em duas embalagens separadas. Essas tintas polimerizam por meio de uma reação química iniciada pela mistura da resina, o componente A, com o endurecedor, também chamado *catalisador*, que é o componente B, ingrediente que inicia e acelera a reação química. Quando curado, forma uma película dura. O excesso de componente B torna o filme duro e quebradiço; o excesso da resina torna o filme mole e pegajoso. Os dois componentes devem ser muito bem misturados para formar um líquido viscoso uniforme, cujo tempo de vida útil é de aproximadamente 30 minutos. Esse período geralmente é chamado *pot life* e é definido como o período no qual os dois componentes misturados podem ser "usáveis" (manuseados). O componente A pode ser uma resina epóxi ou uma poliuretana e o componente B, mais comum, à base de poliaminas, poliamidas e isocianato alifático.

A tinta epóxi é formada por um grupo epóxi constituído por um átomo de oxigênio ligado a dois átomos de carbono. As resinas epóxi mais frequentes são produtos de uma reação entre epicloridrina e bisfenol A. A Figura 23.4 ilustra o mecanismo de formação da resina epóxi.

As resinas de poliuretano são obtidas pela condensação de poliálcoois com isocianatos. A tinta à base dessa resina também é fornecida em duas embalagens, uma contendo a resina poli-hidroxilada e a outra, o agente de cura à base de poli-isocianato aromático, alifático ou cicloalifático (Fazenda, 2009). A Figura 23.5 ilustra o mecanismo de formação de ligações cruzadas (*crosslinking*) da tinta poliuretânica.

23.4 PROPORCIONAMENTO DOS COMPONENTES DA TINTA

Tem elevada importância nas propriedades das películas de tinta e o seu conhecimento permite estimar algumas propriedades da pintura, como porosidade e

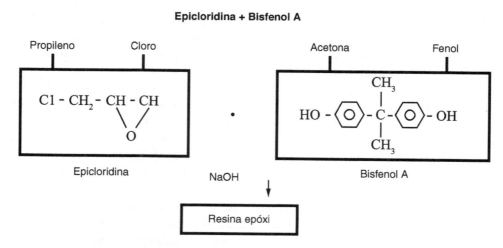

FIGURA 23.4 Moléculas formadoras do filme da tinta epóxi.

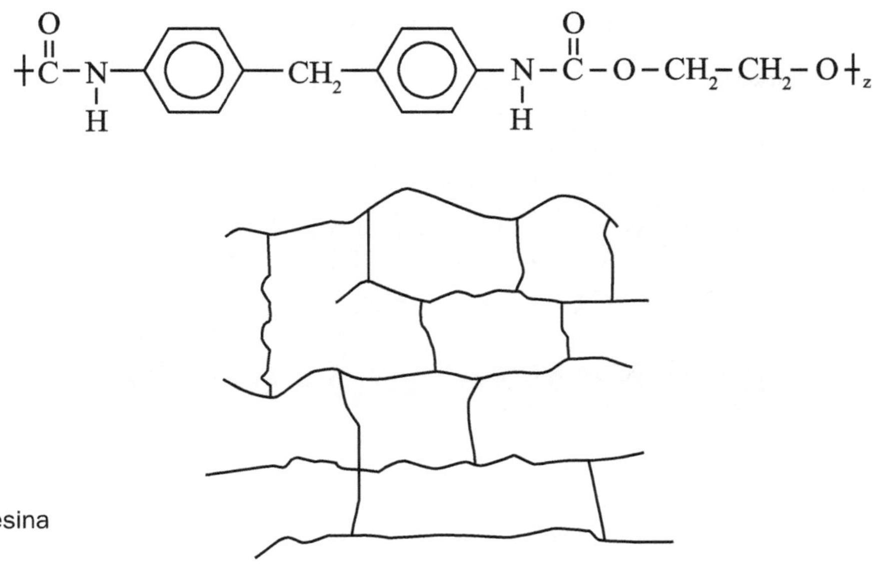

$$+\!\!\overset{\displaystyle O}{\underset{\displaystyle H}{\overset{\|}{C}}}\!-\!\!\overset{}{\underset{\displaystyle H}{N}}\!-\!\!\boxed{}\!\!-CH_2-\!\!\boxed{}\!\!-\!\!\overset{}{\underset{\displaystyle H}{N}}\!-\!\!\overset{\displaystyle O}{\overset{\|}{C}}\!-O-CH_2-CH_2-O\!+_z$$

FIGURA 23.5 Molécula de resina poliuretânica.

durabilidade da película, mas para uma previsão mais correta do comportamento, há necessidade da realização de ensaios de desempenho.

Um dos parâmetros mais utilizados para descrever o proporcionamento dos componentes da tinta é a fração volumétrica de pigmentos (ou carga), denominada internacionalmente PVC (sigla em inglês de *pigment volume concentration*), conforme a equação a seguir:

$$PVC = \frac{V_p}{V_p + V_r} \times 100 \qquad (23.1)$$

em que:

V_p = volume de pigmento;

V_r = volume da película de resina seca.

O PVC da tinta é fator que influi diretamente na porosidade da pintura, resultando em diferenças na porosidade e permeabilidade à água líquida/vapor, na coesão entre partículas de carga e pigmentos, no grau de proteção ao substrato, na resistência à tração/alongamento, resistência à abrasão, na aderência, no brilho etc. As tintas foscas possuem PVC elevado, enquanto uma tinta semibrilho tem PVC baixo (Uemoto, 1998).

Uma tinta de alto PVC tem elevada porosidade e acabamento fosco, ao passo que uma de baixo PVC tem baixa porosidade, baixa permeabilidade e acabamento brilhante. O formulador químico usa o PVC para indicar a proporção relativa do pigmento com relação à resina, no entanto, uma mudança na finura dos pigmentos e cargas pode alterar o PVC sem alterar seus teores, em massa. A Tabela 23.1 apresenta formulações de tintas com os graus de brilho associadas aos valores de PVC correspondentes, e as Figuras 23.6 e 23.7 ilustram o aspecto de película de PVC alto e PVC baixo e sua influência na permeabilidade e porosidade da película.

23.5 PROCESSO DE FABRICAÇÃO DA TINTA

De modo geral, as tintas mais usadas na construção civil são produzidas conforme as operações básicas detalhadas a seguir:

1) *Controle de qualidade de matérias-primas:* liberação das matérias-primas aprovadas para a área produtiva.
2) *Pesagem das matérias-primas:* de acordo com a quantidade determinada pela formulação e a quantidade a ser produzida.
3) *Pré-mistura e dispersão:* as matérias-primas, como água, aditivos, cargas e pigmentos, são misturadas em recipientes de dimensões conforme a necessidade, para obtenção de material mais homogêneo.

TABELA 23.1 Grau de brilho das tintas associadas ao PVC, em %

Grau de brilho	PVC (%)
Brilhante	10-15
Semibrilho	15-30
Acetinado	30-35
Fosco	35-45

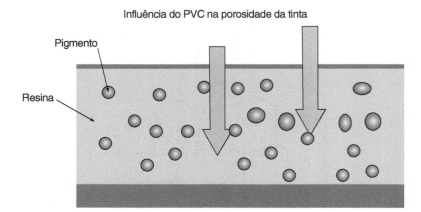

FIGURA 23.6 Película de baixo PVC e baixa permeabilidade/porosidade.

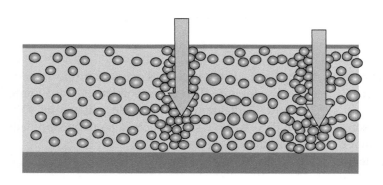

FIGURA 23.7 Película de alto PVC e alta permeabilidade/porosidade.

4) *Moagem da pré-mistura:* o material obtido na pré-mistura é submetido à moagem em moinhos (rolos, de areia ou de bolas), nos quais são desagregados os pigmentos e as cargas em partículas com maior finura.
5) *Completagem:* onde é realizado o ajuste dos constituintes para a obtenção dos produtos de acordo com as características desejadas. Nessa etapa, são adicionadas as matérias-primas restantes determinadas pela formulação, como resinas, aditivos secantes, antipele, solventes etc., sempre sob agitação. O acerto de cor da mistura conforme o padrão também é realizado nessa etapa.
6) *Controle de qualidade do produto final:* é feito o acerto final, etapa em que são realizados ensaios de rápida execução, como: viscosidade, teor de sólidos, massa específica, cobertura e pH, cujas propriedades são consideradas importantes para o material. A tinta é liberada se estiver dentro dos padrões especificados.
7) *Enlatamento e embalagem:* a tinta é colocada na embalagem e distribuída ao mercado.

A Figura 23.8 ilustra o processo de fabricação das tintas.

23.5.1 Embalagem das Tintas e Massas

É grande a variedade de embalagens disponíveis no mercado consumidor para as tintas e massas. Em geral, encontram-se em latas metálicas, latas/baldes de plástico, tubos metálicos (tinta *spray*), barricas e sacos.

As tintas são encontradas em galões de 3,2 a 3,6 litros, latas de 900 mL até 18 (ou 20) litros. As massas e texturas em latas ou baldes variam de 3,7 a 28 kg.

Na embalagem devem constar as seguintes informações: nome do produto, nome do fabricante, quantidade, tipo de acabamento, tipo de solvente, tipo de superfície a ser aplicado, modo de preparo e aplicação, diluição, tempo de secagem entre demãos, rendimento médio por demão, prazo de validade, número do lote e referências às normas técnicas brasileiras. Um exemplo de embalagem de uma tinta pode ser visto na Figura 23.9.

A Associação Brasileira dos Fabricantes de Tintas (Abrafati) criou um programa de qualidade (PSQ) no qual se verifica se os fabricantes seguem a ABNT NBR 15079:2021 – Tintas para construção civil.

Do ponto de vista da sustentabilidade, a Abrafati protagoniza, desde 2010, diversas ações em logística reversa sobre as embalagens de produtos para pintura

Tintas e Sistemas de Pintura **533**

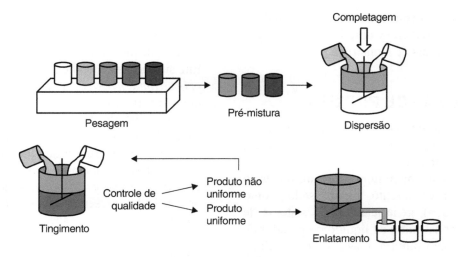

FIGURA 23.8 Processo de fabricação das tintas. Fonte: adaptada de Silva (2005).

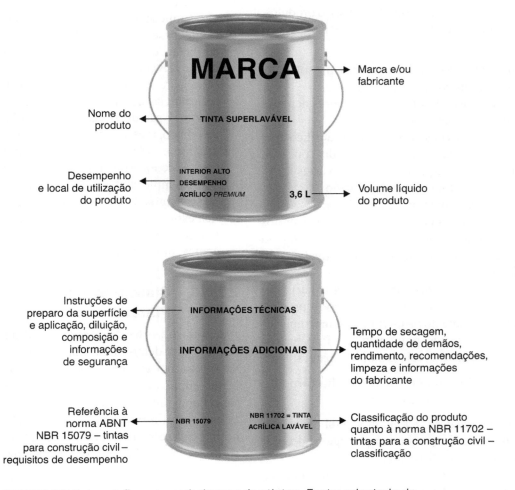

FIGURA 23.9 Inscrições nas embalagens das tintas. Fonte: adaptada de https://construindocasas.com.br/blog/materiais/tintas-e-texturas/. Acesso em: 10 jan. 2023.

534 Capítulo 23

imobiliária.[1] Veja a conceituação sobre "sustentabilidade na construção civil" no Capítulo 1 – Introdução ao Estudo dos Materiais de Construção.

23.6 SISTEMAS DE PINTURA

Um sistema de pintura não compreende apenas a tinta, e sim um conjunto de todos os produtos a serem aplicados sobre o substrato.

Por exemplo, em uma pintura sobre um substrato mineral poroso (revestimento argamassado, como o reboco ou emboço), genericamente, o sistema de pintura pode ser constituído de líquido preparador de parede ou fundo para pintura, massa corrida e tinta. Em outros casos, como no de pinturas sobre substratos de madeira ou metálico, o sistema de pintura, além da tinta, também é composto de preparadores de superfícies para garantir a aderência da tinta (fundo ou *primer*), e inibidores de corrosão para minimizar ou impedir o aparecimento de ferrugem.

Portanto, a pintura não é apenas a tinta de acabamento, mas um sistema constituído de vários produtos. Os mais usados em pinturas de edifícios residenciais ou comerciais são:

- tintas pigmentadas, de base aquosa ou solvente, mono ou bicomponente;
- fundos seladores e líquidos preparadores de paredes base água e base solvente;
- texturas para paredes (revestimento acrílico texturizado) aplicadas com rolo (rolada) ou com desempenadeira (raspada), incluindo vários tipos, como liso, grafiato, ranhurado, riscado;
- vernizes, *stains* e massas para madeira;
- materiais auxiliares para preparação de substratos metálicos, como *primer* anticorrosivo, fundo para galvanizados, zarcão, massa para nivelamento (corrida, a óleo);
- complementos: agentes para limpeza (tíner), solventes (aguarrás), liqui-base, liqui-brilho, corantes, sela trinca, tratamentos superficiais hidrorrepelentes (silicone), selantes (poliuretânico – PU), resinas protetoras (acrílicas), resinas antiderrapantes.

Cada um dos produtos tem uma **função** definida, conforme detalhado a seguir;

- *Tinta de acabamento:* é a parte visível nas pinturas e tem como função básica proteger e decorar as superfícies das edificações.
- *Fundo:* é um produto destinado principalmente para a primeira demão ou mais demãos sobre superfícies novas. Em alvenarias de argamassa de cimento e cal, o *fundo selador* serve para reduzir e/ou uniformizar a absorção dessas superfícies. Em superfícies metálicas ferrosas, é indicado o *primer anticorrosivo*, cuja composição inclui pigmentos anticorrosivos para inibir a corrosão desse tipo de substrato. Em superfícies de aço galvanizado, chapas zincadas, alumínio etc., é indicado o *washprimer*, um fundo que promove a aderência da tinta nesses substratos lisos e sem porosidade.
- *Fundo preparador de paredes:* auxilia a coesão de partículas presentes em substratos sem resistência mecânica e é especialmente recomendado para a aplicação sobre superfícies pouco firmes, por exemplo: argamassa pobre, sobre caiação em repinturas com tinta látex e superfícies de gesso com pulverulência.
- *Massa:* é um produto pastoso, altamente inerte, que serve para corrigir pequenas imperfeições da superfície a ser pintada, para melhorar o aspecto do acabamento da pintura. Os produtos de base vinílica (massa corrida PVA) são recomendados para aplicações em ambiente interno, enquanto os de base acrílica (massas acrílicas) são para ambiente externo ou ambientes sujeitos à umidade. Devem ser aplicados em camadas muito finas para evitar o aparecimento de fissuras ou reentrâncias durante a sua secagem ao ar.
- *Texturas*: são utilizadas para texturizar superfícies de reboco, massa acrílica e repintura sobre PVA ou acrílico e possuem excelente impermeabilidade, efeito decorativo e alta resistência às intempéries. Um exemplo de textura é a Lamato, formulada a partir de grãos de quartzo à base de emulsão acrílica estirenada, pigmentos ativos (não metálicos), hidrocarbonetos alifáticos, espessantes, coalescentes, biocidas não metálicos e água.

23.6.1 Classificação dos Sistemas de Pintura

A natureza e o teor de resina presente na formulação é o que determina a maioria das características das tintas, por exemplo, tempo de secagem, grau de brilho, modo de aplicação, durabilidade e compatibilidade com tintas de outra natureza. Os produtos mais comuns para a pintura de edifícios são encontrados no mercado com base no tipo de resina usada na sua formulação, conforme descrito a seguir:

- *Sistemas acrílicos:* tinta látex acrílica, tinta texturizada acrílica, fundo selador acrílico pigmentado, massa acrílica, grafiato e fundo (líquido) preparador de paredes.

---

[1] Disponível em: https://abrafati.com.br/. Acesso em: 11 set. 2024.

Tintas e Sistemas de Pintura **535**

- *Sistemas vinílicos:* tinta látex vinílica, fundo selador vinílico e massa corrida.
- *Sistemas alquídicos:* esmalte sintético alquídico, fundo selador pigmentado, fundo anticorrosivo com cromato, fundo anticorrosivo com fosfato, massa a óleo e tinta a óleo.
- Tinta à base de cimento.
- *Cal hidratada para pintura:* caiação.
- *Silicones:* produto de tratamento de superfícies. O silano-siloxano é um derivado que atua como repelente à água.
- *Vernizes:* verniz sintético alquídico, verniz sintético alquídico com filtro solar, verniz poliuretânico, fundo selador nitrocelulósico.

As tintas usuais do mercado são encontradas na forma de emulsão quando são de base aquosa, ou na forma de solução quando de base solvente. As tintas relacionadas, quando aplicadas sobre uma superfície, formam uma barreira de proteção contra os agentes do meio ambiente. Esse material, no estado como é fornecido ou após a sua diluição, quando aplicado sobre uma superfície adequadamente preparada deve resultar em uma película sólida, contínua, uniforme e aderente após a cura. A película formada deve ser resistente ao meio ambiente, além de não apresentar alteração no aspecto, já que tem finalidade de proteção da superfície contra a ação do intemperismo e dos agentes nocivos do meio e de decoração do ambiente. A penetração dos agentes agressivos pela pintura está relacionada com a sua porosidade e microestrutura, que, por sua vez, dependem de sua formulação, isto é, principalmente do teor e da estrutura química dos polímeros e do teor e morfologia dos pigmentos. A obtenção de tinta que resulte em pintura com propriedades e custo desejado é um fator de elevada complexidade, pois envolve o uso de um grande número de matérias-primas.

Os silicones são repelentes à agua, conhecidos como produtos de tratamento de superfícies. São incolores, não alteram o aspecto da superfície, são produtos hidrófobos, repelem a água, inclusive água contendo sais dissolvidos, como a maresia, facilitam a limpeza e a conservação das superfícies.

Os produtos em pó, como a caiação e as tintas à base de cimento, são dissolvidos em água pouco antes da aplicação. Na Tabela 23.2, estão relacionados os principais tipos de tintas, suas características, aplicações e usos.

TABELA 23.2 Características das principais tintas imobiliárias

Aglomerantes orgânicos e inorgânicos	Características	Produto	Aplicação e uso
Resina à base de copolímeros acrílicos ou estireno acrílico	Dispersão aquosa; baixo COV;[2] secagem rápida se comparada a tintas base solvente; constituída por pigmentos, cargas e aditivos, variando de acordo com o produto.	Tinta látex acrílica	Recomendada para aplicação sobre superfícies internas/externas de base porosa. Secagem por volta de 4 h.
		Fundo selador acrílico pigmentado	Recomendado para reduzir e uniformizar a absorção de superfícies internas/externas muito porosas como revestimentos de argamassa. Permite aplicação de acabamento no mesmo dia.
		Fundo (líquido) preparador de paredes	Recomendado para aumentar a coesão de superfícies friáveis e uniformizar ou reduzir a absorção de superfícies porosas, com maior eficácia do que fundo selador. Permite aplicação de acabamento no mesmo dia.
		Massa acrílica	Recomendada para uniformizar, nivelar e corrigir imperfeições de superfícies internas/externas de base porosa. Permite lixar e aplicar tinta de acabamento no mesmo dia.
Resina à base de polímeros vinílicos (poliacetato de vinila ou PVAc)		Tinta látex vinílico	Recomendada para aplicação sobre superfícies internas de base porosa. Secagem por volta de 4 h.
		Fundo selador vinílico	Recomendado para reduzir e uniformizar a absorção de superfícies internas muito porosas. Permite aplicação de tinta de acabamento no mesmo dia.
		Massa corrida	Recomendada para uniformizar, nivelar e corrigir imperfeições de superfícies internas de base porosa. Permite lixar e aplicar tinta de acabamento no mesmo dia.

[2]COV é a sigla de Compostos Orgânicos Voláteis, que serão posteriormente explicados.

(continua)

536 Capítulo 23

TABELA 23.2 Características das principais tintas imobiliárias (*continuação*)

Aglomerantes orgânicos e inorgânicos	Características	Produto	Aplicação e uso
Resina alquídica à base de óleo vegetal semissecativo	Solução alquídica, proveniente de poliésteres, resultantes de reações entre poliálcoois e ácidos graxos ou óleos; apresenta pigmentos orgânicos e inorgânicos, cargas minerais inertes, hidrocarbonetos alifáticos, secantes organometálicos, dependendo do produto; alto COV; a película forma-se por secagem oxidativa durante exposição ao ar.	Esmalte sintético alquídico	Recomendado para superfícies internas/externas de metal, madeira, cerâmicas não vidradas e alvenaria. Secagem lenta, com intervalo entre demãos de aproximadamente 10 h.
		Fundo selador pigmentado	Recomendado para uniformizar, nivelar e corrigir pequenas imperfeições de superfícies de madeira e seus derivados, e aplicação posterior de tinta de acabamento pigmentado.
		Fundo anticorrosivo universal	Recomendado para inibir a corrosão de substratos metálicos ferrosos (ferro e aço); o grau de proteção varia conforme resina e pigmento, como o zarcão, que apresenta cor alaranjada. Aplicação em superfícies de ferro a aço, sem pintura antiga.
		Massa a óleo	Recomendada para nivelar e corrigir imperfeições superficiais de substratos de madeira em interiores e exteriores.
		Tinta a óleo	Recomendada para a aplicação sobre superfícies internas de metal ferroso, madeira e alvenaria. Intervalo entre demãos é de aproximadamente 10 h.
		Verniz alquídico	Recomendado para a aplicação sobre superfícies internas de madeira; seu uso em exteriores deve atender as especificações do fabricante do produto; o produto não contém pigmentos, mostrando os nós e veios da madeira; há produtos que têm filtro solar em sua composição. Intervalo entre demãos é de aproximadamente 10 h.
Resina epóxi	O filme é formado após a mistura de dois componentes, em embalagens separadas, pouco antes da utilização. Alto COV, a película é a mais resistente a ataques químicos/umidade; substrato requer condições especiais de preparação e limpeza.	Tinta epóxi	Recomendada para ambientes internos em substratos de base porosa, cerâmica, madeira e metal. Intervalo entre demãos é de aproximadamente 24 h; a película amarela quando exposta a luz solar.
		Verniz epóxi	Idem tinta epóxi.
Resina poliuretânica		Tinta poliuretânica	Recomendada para ambientes internos/externos em substratos de base porosa, cerâmica, madeira e metal. Intervalo entre demãos é de aproximadamente 24 h.
		Verniz poliuretânico	Idem tinta poliuretânica, mas recomendado para aplicação somente em substratos de madeira.
Produtos organossilícicos	Constituídos por produtos organossilícicos, como solaxanos e siliconatos e solventes aromáticos; não vedam os poros, mas repelem a água, permitindo o respiro do substrato; não alteram a cor e o aspecto original da superfície; existem produtos de base aquosa.	Silicone	Recomendado para aplicação sobre superfícies de baixa e elevada porosidade, como tijolo à vista, cerâmica, pastilhas não vidradas, concreto aparente, telhas, pedras naturais.

(*continua*)

Tintas e Sistemas de Pintura **537**

TABELA 23.2 Características das principais tintas imobiliárias (*continuação*)

Aglomerantes orgânicos e inorgânicos	Características	Produto	Aplicação e uso
Cimento branco	Não libera COV. Pode ou não conter pigmentos coloridos, sais higroscópicos; a camada de pintura é porosa e se forma por reação de hidratação do cimento com água e com CO_2 do ar. A tinta de base cimentícia perde aplicabilidade após 3 a 4 h.	Argamassa decorativa	Aplicação sobre substratos externos/internos de base porosa de argamassas e tijolos cerâmicos, mesmo quando úmidos/frescos.
Cal hidratada	Não libera COV. Pode ou não conter pigmentos coloridos, sais higroscópicos; a camada de pintura de cal é mais porosa do que com tintas de base cimentícia e se forma por reação de hidratação da cal com água e CO_2 do ar.	Cal hidratada para pintura	

23.6.2 Cálculo de Quantitativos para um Serviço de Pintura

Apesar de no Brasil serem empregadas as unidades volumétricas do Sistema Internacional de Medidas (SI) como medida-padrão, ao comprar as tintas, comumente, os fornecedores apresentam os produtos em volume relacionado com uma medida oriunda do sistema imperial, o *galão*.

Existe uma relação que pode ser adotada para conversão entre a unidade *galão* do sistema imperial (gal) e o *metro cúbico* (m^3), unidade utilizada no SI.

É grande a variedade de embalagens encontradas no mercado consumidor, para as tintas e massas. As mais comuns estão indicadas na Tabela 23.3.

Para dimensionar a quantidade necessária de tinta a ser aplicada em um ambiente, deve-se calcular o somatório da área das paredes a serem pintadas pela simples multiplicação do comprimento a ser pintado vezes a altura de cada uma das paredes.

Em seguida, deverá ser subtraído o somatório das áreas de todas as aberturas e esquadrias que não serão pintadas, por exemplo, as áreas de portas e janelas.

Após isso, obtém-se a quantidade necessária aplicando a equação a seguir:

$$\text{Quantidade de tinta necessária (l)} = \frac{\text{área total a ser pintada } (m^2) \times \text{número de demãos}}{\text{rendimento do galão } (l/m^2)}$$

em que:

número de demãos = quantidade de películas de tinta que serão aplicadas uma sobre a outra que está relacionada com a espessura final da película de tinta seca;

rendimento = informação obtida na especificação do fornecedor que relaciona a quantidade de tinta necessária para cobrir determinada área.

$$\text{Rendimento} = \frac{\text{quantidade de volume (galão ou litro)}}{\text{área a ser pintada } (m^2)}$$

TABELA 23.3 Embalagens das tintas

Unidade	Equivalente
240 mL	1/16 galão
910 mL	1/4 galão
1 galão (gal)	3,6 litros (L)
1 lata (l)	5 galões ou 18 litros

538 Capítulo 23

23.7 ESPECIFICAÇÃO DO SISTEMA DE PINTURA

Apesar de ser a última etapa em uma obra, a pintura deve ser considerada desde o início do projeto do edifício. Os principais fatores que determinam a escolha do sistema de pintura são apresentados a seguir.

23.7.1 Características do Meio Ambiente

a) Grau de agressividade do meio

Além da agressividade, deve ser levado em conta o tipo de uso, se individual ou coletivo, e as características das superfícies, se de madeira, alvenaria ou ferrosa etc. A Tabela 23.4 mostra um exemplo de classificação do meio ambiente em função do seu grau de agressividade com base na norma BS 6150:1991.

O meio ambiente é subdividido em ambiente interno e externo, com diferentes graus de exposição. O ambiente interno deve ser caracterizado conforme o tipo de ocupação, como área seca ou úmida, área com elevado tráfego de pedestres (como corredores de escola), e o externo caracterizado conforme o grau de agressividade atmosférica e condições climáticas, como região com umidade elevada e próximo à orla marítima ou industrial.

Frequentemente, mais de um sistema de pintura pode estar dentro das exigências quanto ao grau de agressividade do meio ambiente. Nesse caso, a seleção deve ser realizada levando-se em conta o custo, a durabilidade desejada, a frequência de manutenção dessa superfície, o efeito estético pretendido, a influência da cor no conforto térmico e a manutenção dessa propriedade.

23.7.2 Características do Substrato

As superfícies/substratos mais comuns nas edificações são: alvenarias revestidas com argamassa de cimento e/ou cal, concreto, madeira e metais ferrosos e não ferrosos. Cada uma dessas superfícies possui características, próprias de sua natureza, as quais influem no desempenho da tinta aplicada. Os sistemas de pintura do mercado não são compatíveis com todos os tipos de superfícies e, portanto, devem ser especificados levando-se em conta as características de cada um dos tipos de substratos.

23.7.2.1 Substratos minerais porosos

São constituídos por materiais à base de cimento ou cal, como: argamassa de cimento, de cal, mista, reboco, massa fina, concreto, alvenaria etc. Esses substratos, quando recém-executados, apresentam

TABELA 23.4 Classificação do meio ambiente

Grau de exposição	Ambiente externo	Ambiente interno	Tipos de tinta
Suave	Local afastado da orla marítima, mais de 10 km, não industrial e regime de chuva média.	Seco, bem ventilado, edifício residencial, comercial e industrial; com condensação suave e ocasional; superfícies sujeitas a sujidades, abrasão e manuseio suave.	A maioria das tintas convencionais para pintura de edifícios é adequada, por exemplo, látex e esmalte sintético.
Moderado	Local próximo à orla, entre 3 e 10 km da orla, industrial com agressividade e com poluição atmosférica moderada.	Condensação com frequência moderada, como cozinhas, banheiros, lavabos; locais sujeitos à poluição atmosférica e ambiente industrial suaves.	A maioria das tintas convencionais para pintura de edifícios é adequada, por exemplo, látex exterior e esmalte sintético.
Severo	Local sujeito à névoa salina, dentro da orla marítima, até 3 km, não industrial; local em área industrial com poluição atmosférica intensa.	Ambiente industrial e/ou com umidade e condensação intensos.	Para substratos metálicos, devem ser usadas tintas na linha industrial e, para substratos não metálicos, é esperada uma durabilidade inferior com relação a outros ambientes.

umidade e alcalinidade elevadas, condições impróprias para aplicação de tintas que formam um filme contínuo de baixa permeabilidade.

Quando frescos, contêm elevado teor de água e sais solubilizados que durante a sua secagem podem migrar para a superfície, formando depósitos de sais brancos. A aplicação do sistema de pintura nessas condições pode levar à alteração de cor, ataque alcalino, eflorescências (depósito de sais brancos pulverulentos sob a película de pintura) etc. Esses substratos apresentam elevada porosidade e rugosidade, as quais podem ser niveladas com auxílio de massa niveladora. Já as tintas de base inorgânica, como de cal e/ou cimento, podem ser aplicadas nessas superfícies mesmo quando úmidas e mal curadas.

23.7.2.2 Substratos de madeira e seus derivados

Apresentam grande diversidade de características (mecânicas, físicas, densidade, higroscopia, cor, durabilidade etc.), as quais determinam os seus usos. A madeira é absorvente, possui baixa estabilidade dimensional, suas dimensões variam em função do teor de umidade do meio ambiente. O fenômeno é reversível resultando em movimentos alternados em função das variações atmosféricas. A madeira quando úmida não é adequada para aplicação de pintura. Durante a exposição ao ambiente, perde umidade e retrai, levando ao aparecimento de tensões entre a película e a superfície da madeira, resultando em perda da aderência. Além disso, quando excessivamente úmida, impede a penetração das tintas, não permitindo boa aderência, além de ocorrer a formação de bolhas sob a película de pintura.

Quando muito seca, a madeira também não é adequada para aplicação de tinta, pois absorve umidade do ambiente e incha, ocorrendo o aparecimento de tensões entre a película e a superfície da madeira e resultando em perda de aderência e fissuração. A proteção mais adequada para madeiras são produtos que não formam filme e hidrorrepelentes, que podem conter também fungicidas e serem transparentes ou de cor imitando madeiras, usualmente conhecidos por *stains*.

23.7.2.3 Substratos metálicos ferrosos e não ferrosos

Os metais como o ferro, o alumínio ou o aço, apesar de serem impermeáveis à umidade e aos gases presentes ao seu redor, são suscetíveis à corrosão por esses agentes. Quando expostos ao meio ambiente sem proteção revertem à forma de óxidos, pela combinação do metal com oxigênio e umidade da atmosfera. A resistência à corrosão de superfícies metálicas, ferrosas ou não, depende da sua composição química, processo de fabricação e grau de agressividade do meio ambiente no qual são expostos esses tipos de superfície.

A corrosão em atmosfera industrial ou marítima é mais severa do que em atmosfera rural ou urbana. Em atmosferas não agressivas, somente ocorre corrosão significativa quando a umidade relativa é superior a 70 %; já em atmosferas industriais ou marítimas pode ocorrer corrosão mesmo quando a umidade relativa for inferior a 70 %. A resistência à corrosão também é influenciada pelo microclima ao redor da superfície (orientação, grau de exposição, fluxo do ar, frequência e intensidade de condensação). Os sistemas de pintura nesses tipos de substrato são compostos por tinta de fundo, intermediária e de acabamento. A compatibilidade entre as camadas é fundamental para que não ocorram problemas de falta de aderência e enrugamento.

Recomenda-se a aplicação de pinturas nas superfícies metálicas ferrosas (ferro e aço) somente quando isentas de contaminações, de produtos de corrosão (ferrugem) e de carepas de laminação, e, além disso, protegidas com tinta de fundo anticorrosiva (*primer*). O grau mínimo de limpeza da superfície varia conforme o tipo de tinta a ser aplicado e condições de exposição. As superfícies metálicas expostas a atmosferas industriais, marítimas ou de umidade elevada devem ser preparadas com jateamento abrasivo grau "comercial"; isso significa que, mesmo após o jateamento, a superfície ainda pode apresentar manchas e pequenos resíduos decorrentes da ferrugem, carepa e tinta, mas sem resíduos de óleo e graxa.

Em caso de superfícies metálicas expostas a atmosferas corrosivas, industrial ou marinha, devem ser tomados cuidados especiais quanto à limpeza da superfície. Os contaminantes (sais ou compostos de enxofre) depositados sobre a superfície aumentam a suscetibilidade desses à corrosão.

Recomenda-se que o intervalo de tempo entre a preparação da superfície e aplicação de tinta de fundo seja o menor possível, por ser muito crítico. O mesmo ocorre entre a aplicação de fundo anticorrosivo e a tinta de acabamento. Somente as tintas de fundo, anticorrosivas à base de resina epóxi, ricas em zinco, permitem maior tempo de exposição, aproximadamente 6 meses.

Superfícies metálicas, expostas em atmosfera poluída em contato com agentes químicos na forma gasosa, líquida ou sólida, devem ser protegidas com tintas da linha industrial, por exemplo: borracha clorada, poliuretana, resina epóxi, resinas vinílicas etc. As superfícies não ferrosas também degradam formando óxidos de baixa visibilidade, e a remoção dessa camada de óxidos junto a contaminantes é de elevada importância. Nas superfícies de alumínio, aço carbono ou aço galvanizado, geralmente aplica-se o *primer* epóxi ou poliuretana-epóxi. O aço inoxidável (liga de ferro e cromo) raramente é pintado, a não ser por razões estéticas ou para sinalização. Pelo fato de a superfície ser muito lisa, há risco de descolamento, o que leva à baixa resistência de aderência.

23.8 CONDIÇÕES GERAIS PARA EXECUÇÃO DE PINTURAS

Os problemas em pintura geralmente são ocasionados por uma combinação de fatores e não unicamente pela qualidade dos produtos aplicados. As principais causas de falhas na pintura ocorrem por problemas com o substrato, como a presença de umidade ou a sua baixa resistência mecânica, preparação inadequada, falta de preparação do substrato, especificação incorreta da tinta, condições inadequadas para a aplicação dos produtos ou má qualidade dos produtos.

De modo geral, **a pintura deve ser sempre realizada conforme a recomendação do fabricante**, embora boa parte das falhas nesse tipo de acabamento seja causada por problemas previamente existentes nas superfícies. São ressaltadas a seguir algumas informações e/ou recomendações relevantes sobre as condições necessárias aos substratos para o recebimento das pinturas e as condições do meio ambiente durante a execução da pintura. Essas informações normalmente não constam no manual dos fabricantes de tinta.

23.8.1 Substratos Minerais Porosos

23.8.1.1 Pintura em substratos minerais porosos recém-executados

A pintura deve ser sempre realizada em substrato seco, sem sinais de umidade, coeso e firme, sem sinais de fissuras, além disso, estar uniforme, desempenado, sem sujeira ou poeira, sem eflorescências e/ou calcinação ou partículas soltas, estar isento de óleo, gorduras ou graxas e microrganismos biológicos, como mofo, fungos, algas, liquens etc. As superfícies à base de cimento e/ou cal recém-executadas devem estar curadas por pelo menos 30 dias.

23.8.1.2 Repintura

A pintura antiga deve apresentar as mesmas características exigidas para as superfícies novas, isto é, estar seca, firme e sem sinais de deterioração. A pintura antiga também não deve apresentar imperfeições, como bolhas, calcinação, crostas, descascamentos, imperfeições etc. Em caso de pintura antiga muito lisa e brilhante, essa superfície deve ser lixada para obtenção de certa rugosidade. Em superfícies caiadas, que é uma pintura pouco coesa, a repintura com outro tipo de tinta requer a eliminação total da caiação e uso de fundo preparador de paredes.

23.8.1.3 Limpeza da superfície

- As sujeiras, poeiras, materiais soltos, de modo geral, são removidos por escovação e, eventualmente, com auxílio de jatos de água. Em caso de superfícies de ambientes externos, de limpeza difícil, pode-se empregar raspagem com espátula, escova de fios de aço.
- Graxa, óleo e outros contaminantes gordurosos podem ser removidos com sabão e detergente, seguido de lavagem com água e deixando-se secar a superfície. Desaconselha-se, nesse caso, o uso de solventes.
- Eflorescências e calcinações podem ser removidas por meio de escovação da superfície seca, empregando-se escova de cerdas macias.
- Bolor e outros microrganismos devem ser removidos esfregando-se a superfície com escova de fios duros e solução de hipoclorito de sódio, com 4 a 6 % de cloro ativo. A solução pode ser também constituída por água sanitária ou produtos bactericidas, diluída com água na proporção de 1:1. Se necessário, deixar a solução agir durante certo período, aproximadamente uma hora e, em seguida, enxaguar com água em abundância.

23.8.1.4 Correção das falhas do substrato

- Eliminar infiltrações de água decorrentes de canos furados, telhas quebradas, calhas entupidas etc. Após a correção dos problemas, deixar secar bem a superfície.
- Reparar imperfeições como trincas, fissuras, saliências e reentrâncias antes da aplicação da pintura. As imperfeições de grandes dimensões e

profundidade devem ser reparadas com argamassa de revestimento na textura semelhante à superfície a ser pintada e, preferencialmente, 30 dias antes da pintura. As imperfeições de dimensões pequenas devem ser reparadas com massa niveladora, de característica compatível com a tinta de acabamento. A massa deve ser aplicada com desempenadeira de aço ou espátula, até o nivelamento desejado. Deixar secar durante algumas horas e lixar com lixa de granulação adequada.

23.8.1.5 Tratamentos superficiais nos substratos

- Em superfícies de elevada porosidade (absorção de água maior do que 15 %) é recomendada a aplicação prévia de fundos seladores com características compatíveis com a tinta de acabamento ou a própria tinta de acabamento diluída em água ou solvente na proporção 1:1.
- Em superfícies de baixa resistência mecânica, como reboco magro (fraco) e com pouco cimento, aplicar fundo (líquido) preparador de superfícies, com rolo ou pincel, na diluição indicada na embalagem do produto. A resistência mecânica da superfície pode ser verificada esfregando-a sob certa pressão dos dedos, sendo considerada baixa quando não há coesão entre os grãos de areia. Quando a argamassa é friável sob pressão dos dedos, esta deve ser refeita.

23.8.1.6 Preparação de superfícies lisas

- Superfícies muito lisas, quase polidas, e pulverulentas, como de gesso e artefatos de gesso, não permitem boa aderência da pintura. As tintas devem ser aplicadas sobre superfícies previamente tratadas com fundo (líquido) preparador de superfície.
- A diluição do fundo é fundamental para seu desempenho, portanto, recomenda-se observar com atenção a diluição indicada pelo fabricante.

23.8.2 Substratos de Madeira

- A madeira deve estar envelhecida e seca, com teor de umidade em equilíbrio com o ambiente. Deve estar limpa, sem sujeira, poeira e depósito superficiais, como resina exsudada ou sais solúveis provenientes de tratamento preservante. Não apresentar farpas e resíduos de serragem, óleos, gorduras ou graxas, agentes de degradação biológica, como: bolores, fungos e insetos (cupins, brocas).

- Não apresentar a camada superficial degradada pela ação do intemperismo, como da radiação solar e da umidade.

23.8.3 Substratos Metálicos Ferrosos e Não Ferrosos

Deve estar seca isenta de materiais soltos ou contaminações, como óleo, graxa, ferrugem e carepas de laminação. Não deve apresentar contaminações causadas pela exposição a atmosferas agressivas do tipo industrial ou marítima, ou em virtude do contato com produtos químicos agressivos. Deve estar isenta de água depositada por condensação e devidamente protegida com tinta de fundo anticorrosiva.

23.8.4 Condições Ambientais para Execução da Pintura

- A execução do sistema de pintura deve ser realizada à temperatura ambiente entre 10 e 40 °C, umidade relativa do ar inferior a 80 %, a menos que o fabricante do produto estabeleça outras condições de aplicação. Na aplicação de tintas bicomponentes, como à base de resina epóxi ou outros tipos similares, observar com maior rigor o efeito da temperatura. Quanto maior for a temperatura, menor será o tempo de vida útil da tinta resultante da mistura dos componentes A e B (A+B).
- As superfícies externas devem ser pintadas na ausência de ventos fortes, partículas em suspensão na atmosfera, chuvas, umidade superficial ou excessiva do ar, como neblina ou condensação de vapor. O mesmo cuidado deve ser mantido em todas as demãos do sistema de pintura.
- As superfícies internas devem ser pintadas quando não há condensação de vapor na superfície e em condições climáticas que permitam que portas e janelas fiquem abertas.
- A execução do sistema de pintura deve ser realizada preferencialmente nas estações do ano menos chuvosas, em paredes sem incidência direta do Sol e sem condensação de umidade.
- As superfícies expostas em ambientes com elevada poluição atmosférica devem ser muito bem limpas antes da aplicação da pintura, e o intervalo de aplicação entre demãos deve ser o menor possível.
- A aplicação do sistema de pintura deve ser realizada em ambiente com boa iluminação e ventilação, e em caso de a iluminação natural ser insuficiente, esta pode ser substituída por iluminação incandescente ou fria. Em caso de pintura de cores escuras ou ausência de contraste de cores, entre demãos, o nível de iluminação deve ser aumentado.

23.8.5 Ferramentas e Acessórios para Execução de Sistemas de Pintura

A execução de pinturas é realizada com emprego de alguns equipamentos, ferramentas e acessórios, como os a seguir citados.

- *Pincéis*: os maiores são utilizados na pintura de superfícies planas e grandes (portas lisas) e os menores para cantos e emendas. Medidas expressas em polegadas, de ½" a 4".
- *Rolos*: podem ser de lã de carneiro ou acrílicas, de espuma ou espuma rígida. Os de lã são indicados para pintura de paredes com látex, e os de espuma para pinturas com tinta a óleo, esmalte ou verniz. De espuma rígida são para aplicação de acabamentos texturáveis.
- *Espátulas*: para remoção de tintas velhas e para aplicação de massas. Há vários tipos e tamanhos.
- *Desempenadeira*: mais utilizada na aplicação de massa corrida e argamassa em áreas.
- *Revólver*: utilizado na aplicação de tintas a óleo, esmaltes e vernizes.
- *Bandeja*: chamada de caçamba de espuma. Facilitam a molhagem do rolo de pintura.
- *Lixas*: utilizadas para unificar a superfície e aumentar a aderência da tinta. Existem lixas para madeira, lixa ferro para massa e lixa d'água.

23.9 DESEMPENHO DOS SISTEMAS DE PINTURA

23.9.1 Conceitos Gerais sobre a Metodologia de Avaliação de Desempenho

A avaliação da qualidade de um elemento, componente ou sistema de construção pode ser realizada com o emprego da metodologia de avaliação de desempenho. O conceito de **desempenho** (tradução livre de *performance*, em inglês) significa **comportamento em utilização** e vem sendo estudado no mundo há mais de 40 anos (Blachere *apud* Borges, 2008). O desempenho de um produto está relacionado com as propriedades que permitem que um **elemento, sistema** ou **componente** cumpra sua função quando sujeito a determinadas influências ou durante sua vida útil (Mitidieri Filho, 1998).

Veja mais sobre o tema Sistemas de Qualidade e Desempenho das Edificações no Capítulo 30.

A seguir, alguns conceitos relativos à metodologia de avaliação de desempenho:

- *Componente*: unidade integrante de determinado sistema da edificação, com forma definida e destinada a atender funções específicas.
- *Elemento*: parte de um sistema com funções específicas. Geralmente, é composto por um conjunto de componentes, por exemplo, parede de vedação em alvenaria.
- *Sistema*: maior parte funcional do edifício. Conjunto de elementos e componentes destinados a atender a uma macrofunção que o define, por exemplo, sistema de pintura.
- *Patologia*: defeitos que um elemento/componente/sistema apresente. Ocorre quando determinado componente ou sistema apresenta comportamento abaixo do esperado pelo usuário.
- *Durabilidade*: capacidade que um sistema tem de manter seu desempenho acima de níveis mínimos especificados, de maneira a atender às exigências dos usuários, nas diferentes situações de utilização.
- *Requisitos de desempenho*: condições que expressam **qualitativamente** os atributos que o edifício habitacional e seus sistemas devem possuir, a fim de que possam satisfazer às exigências do usuário.
- *Critérios de desempenho*: especificações **quantitativas** dos requisitos de desempenho, expressos em termos de quantidades mensuráveis, a fim de que possam ser objetivamente determinados.
- *Método de avaliação*: métodos que permitem a **avaliação** clara do cumprimento dos requisitos e critérios de desempenho.

23.9.2 Requisitos e Critérios de Desempenho de Sistema de Pintura

Os principais fatores que influenciam o desempenho de um sistema de pintura são: qualidade da tinta, preparo adequado do substrato e controle da aplicação, incluindo qualidade da mão de obra. Uma tinta de boa qualidade deve apresentar algumas caraterísticas:

- facilidade de aplicação;
- estabilidade de cor;
- conservação da aparência;
- bom rendimento;
- poder de cobertura;
- durabilidade e resistência às intempéries, quando submetida à interação com o meio ambiente;
- é desejável que a tinta tenha uma baixa emissão de odor.

No tocante à durabilidade, as condições de exposição devem ser levadas em consideração, pois podem causar nos sistemas de pintura a perda de desempenho pelas seguintes ações ambientais/biológicas:

- *fotodegradação*: efeito da incidência da luz, especialmente o espectro das ondas ultravioletas (UVA), que é a principal responsável pela iniciação do processo de degradação;
- *degradação química, mecânica e térmica*: causadas pela movimentação em face da variação térmica conjugada com o efeito da umidade;
- *biodegradação*: degradação causada pelo ataque de agentes microbiológicos.

A Tabela 23.5 apresenta os requisitos e critérios de desempenho que as tintas devem apresentar em função do tipo de aplicação.

Algumas tintas possuem características adicionais, como:

- *laváveis*: acabamento acetinado, resistência elevada à limpeza, sendo ideal para ambientes com grande tráfego de pessoas;
- *sem odor*: perdem o odor em até três horas após a aplicação.

23.9.3 Durabilidade

O envelhecimento pode ser definido como um processo de degradação de materiais, resultado de efeitos combinados de radiação solar, calor, oxigênio, água, agentes biológicos e outros fatores atmosféricos, como os gases e os poluentes. As tintas geralmente contêm em sua formulação materiais de natureza orgânica, como polímeros, os quais são suscetíveis à ação do meio ambiente, resultando no envelhecimento da película. Não só os polímeros presentes nas tintas são afetados, mas também outros constituintes, como os pigmentos e um grande número de aditivos com diferentes funções, como os plastificantes e os biocidas, podem ser lixiviados pela água da chuva.

O conhecimento da durabilidade da tinta a ser aplicada em um edifício é de extrema importância, principalmente na fachada, já que esse produto, além de proteger as superfícies de diferentes materiais, componentes e elementos de construção, ainda é usado para fins decorativos. Os ensaios de envelhecimento natural e acelerado são ferramentas para obtenção de dados para estimar a durabilidade das pinturas expostas às diferentes condições de agressividade ambientais. Esses ensaios devem ser cuidadosamente planejados para que os resultados obtidos possam ser correlacionados e utilizados na previsão da vida útil da pintura em questão.

Uma série de fatores deve ser considerada no planejamento e condução desses ensaios; as correlações entre causa e efeito, entre o intemperismo (natural ou acelerado) e o material. Resultados obtidos por técnicas distintas devem ser analisados com rigor para garantir a confiabilidade dos resultados. Muitas vezes, os resultados de ensaios de intemperismo ainda não são suficientes para a previsão da vida útil, nesse caso devem ser complementados com avaliações em edifícios experimentais (protótipos) e inspeção em edifícios em uso, com o material aplicado.

A durabilidade não é uma propriedade inerente ao material, mas resultado da interação do material com o meio ambiente que o cerca, incluindo aspectos de microclima. Assim, um mesmo material apresenta funções *desempenho × tempo* diferentes para condições de exposição distintas (John; Sato, 2006). Na Figura 23.10, estão apresentadas fotografias de painéis pintados, expostos em estações de envelhecimento natural, simultaneamente em Belém (latitude: 1º 28' S; longitude: 48º 27' W) e em São Paulo (latitude 23º 34' S; longitude 46º 27' W). As fotos mostram influência do clima na durabilidade da pintura. Pode-se observar a diferença no aspecto após três anos de exposição (Uemoto *et al.*, 2007).

TABELA 23.5 Requisitos e critérios de desempenho de tintas

Interiores	Exteriores
Resistência a manchas	Retenção da cor
Resistência à abrasão	Resistência ao mofo
Resistência ao amarelamento	Resistência a algas
Resistência à limpeza alcalina	Resistência à formação de bolhas
Resistência ao polimento	Resistência à sujeira
Resistência de aderência	Resistência ao descascamento
	Resistência à alcalinidade

Exposição em Belém (PA)   Exposição em São Paulo (SP)

FIGURA 23.10 Aspecto de painéis pintados após três anos de exposição.

A degradação da película de pintura nem sempre é considerada defeito, a menos que ocorra logo após a sua aplicação ou após alguns meses. Uma pintura aplicada em fachada de edifício, localizado em cidades de grande porte e semi-industrial que apresentar pequenas alterações em sua aparência após 10 anos de exposição, tem durabilidade bastante satisfatória, principalmente se localizada em clima tropical.

23.9.4 Problemas na Pintura

Conforme discutido anteriormente, a pintura tem como uma das principais funções proteger o substrato de intempéries. Essa proteção pode ser longa ou curta, dependendo do tipo de tinta, da preparação do substrato, da agressividade do ambiente, entre outros fatores.

Os problemas na pintura, usualmente, ocorrem na interface da película com o substrato ou na própria película, tendo como principais causas: seleção inadequada da tinta, preparação inadequada da superfície ou sua ausência, diluição excessiva da tinta ou baixa qualidade do produto. Também é bastante comum a ocorrência de fissuras na parede ou a desagregação da pintura junto com o substrato, causadas por problemas do próprio substrato, como sua baixa resistência mecânica, ser friável, instável e fora dos padrões de resistência de argamassa ou reboco. Além disso, há casos de problemas na pintura decorrentes de projetos não adequados, em que as superfícies pintadas ficam muito expostas à incidência de água proveniente da chuva ou de outro tipo de molhagem, por exemplo, superfície de madeira pintada com verniz e exposta em local de elevada incidência de água (Fig. 23.11).

Na sequência, estão relacionados os principais problemas, sendo os mais comuns em substratos de alvenaria. Vale ressaltar que a degradação da pintura nem sempre é considerada uma patologia, pois ela pode ser antiga e apresentar um bom aspecto em ambientes não agressivos, ultrapassando seu prazo recomendado para repintura, que, em ambientes de moderada agressividade, é de cinco anos. As principais causas para a ocorrência de falhas são as seguintes:

- *Umidade ou água*: pode ter como origem a água usada na construção ou adquirida por meio de defeitos na estrutura ou, ainda, aquela produzida pela condensação. O fator que mais influi na

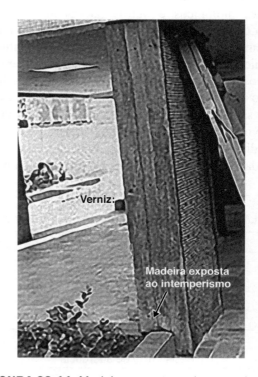

FIGURA 23.11 Madeira exposta ao intemperismo.

aplicação da pintura é a secagem da base. A secagem muitas vezes requer um tempo excessivamente longo e inaceitável para a obra. A aplicação de revestimento em superfícies com condições inadequadas, por exemplo, mal curada ou com existência de umidade, gera desenvolvimento de fungos, descolamentos, manchamentos, degradação da pintura etc.

- *Presença de sais e álcalis*: materiais de construção, como o concreto, a argamassa e o tijolo cerâmico, contêm sais solúveis que, em contato com a umidade ascendente do solo, após a secagem, ou a própria umidade do material mal curado, depositam-se sobre a pintura executada formando sais esbranquiçados, chamados eflorescência. Esses sais solúveis estão sempre presentes no interior da alvenaria e não vêm à superfície caso essa esteja seca, por isso, a necessidade de a aplicação ser realizada sempre sobre superfícies secas e devidamente curadas.
- *Superfícies em condições inadequadas para a pintura*: argamassa fresca ou sem coesão, com calcinação, pintura antiga deteriorada, superfícies com deposição de materiais pulverulentos ou contaminados de sujeira, óleo, graxa, bolor etc. nunca devem ser pintadas sem o devido tratamento, como posteriormente será abordado. Caso contrário, a película de tinta poderá apresentar má coesão com o substrato, formação de bolhas, desagregação, entre outras falhas.
- *Condições meteorológicas inadequadas para a aplicação da tinta*: aplicação de pintura em ambiente de temperatura e umidade relativa muito elevada ou baixa e ocorrência de ventos fortes. A secagem, tanto de tintas de base água como de base solvente, é retardada por temperaturas muito baixas, umidade relativa alta e má ventilação, o que acarreta má aderência no substrato ou enrugamentos.
- *Seleção inadequada da tinta*: exposição da pintura a condições muito agressivas com relação à qualidade normal do produto ou por incompatibilidade com o substrato. A tinta muitas vezes não consegue atender à exigência requerida para aquela condição de aplicação ou de exposição, não aderindo ao substrato ou formando após algum período calcinações, que é a presença de sais brancos na película, exigindo a escolha de outro tipo de material de acabamento.
- *Má qualidade da tinta*: algumas vezes, a falha da pintura é causada pela má qualidade do produto, o que é evidenciado ou pelo seu baixo

teor de cobertura, isto é, a aplicação da tinta não "esconde" o substrato adequadamente; ou pela baixa durabilidade da pintura, nesse caso pode haver presença de calcinação e/ou de pouca aderência ao substrato (considerando que o substrato esteja em condições ideais para a pintura).

Em geral, os problemas listados são facilmente reparados, no entanto, há casos mais difíceis de serem solucionados tendo em vista do uso de componentes na fachada que facilitam a ocorrência de fungos e outros organismos biológicos.

23.9.5 Problemas de Condensação de Umidade em Fachadas de Edifícios

É frequente o desenvolvimento de fungos sobre superfícies de fachadas de edifícios pintadas com tintas látex acrílicas ou PVA (emulsões aquosas). O crescimento de microrganismos em fachadas compromete prematuramente sua estética e gera a necessidade de repinturas de seus revestimentos com frequência muito acima do usual. A seguir são apresentados dois estudos de casos em que houve desenvolvimento de fungos e de outros microrganismos biológicos.

A presença de microrganismos está associada à condensação de umidade intermitente na superfície da fachada de edifícios. Os dois materiais mais usados como revestimento externo de fachadas no Brasil são as argamassas e pinturas obtidas pela aplicação de tintas látex acrílicas ou PVA. Ambos os materiais, apesar de não serem impermeáveis, são adequados para decoração e proteção de substratos de porosos contra a penetração de água.

A Figura 23.12 mostra um prédio no qual houve penetração de água na fachada, executada com blocos vazados e pintados com tintas látex. A dificuldade de difusão da massa de água absorvida na região dos vazios nos blocos permitiu acúmulo de água nessa região (Fig. 23.13). Em determinadas faixas de temperatura e umidade, essa retenção de água proporcionou condições ideais para a proliferação de microrganismos (Uemoto, 2007). A remoção dos microrganismos pode ser feita por meio de lavagem com hidrojateamento e, após a secagem, aplicação da tinta, em período seco.

A Figura 23.14 mostra um prédio com fachada executada em concreto e material isolante à base de poliestireno expandido. Mesmo durante as noites de verão, em que as temperaturas mínimas diárias do ar exterior não são muito baixas, pode ocorrer

FIGURA 23.12 Fachada de blocos com problemas de desenvolvimento de microrganismos.

FIGURA 23.14 Fachada em concreto e poliestireno expandido com problemas de desenvolvimento de microrganismos.

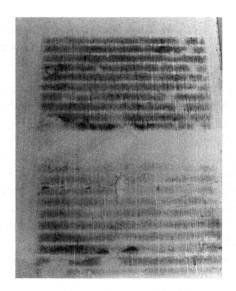

FIGURA 23.13 Detalhe dos blocos na fachada do prédio da Figura 23.12.

condensação na superfície externa da fachada nas regiões com isolante térmico. A água condensada permanece na superfície durante um tempo maior ou menor em função da orientação solar da fachada e da velocidade e direção do vento incidente sobre esse elemento de vedação. O tempo de permanência da água em fachadas com orientação sul é superior ao que ocorre na orientação norte. Pelo fato de receberem quantidade menor de radiação solar, então, a taxa de evaporação da água condensada é menor, favorecendo o desenvolvimento de microrganismos (Sato et al., 2002).

A Figura 23.15 mostra a fachada de um prédio revestido de argamassa com pintura e com sinais de fissuras de retração. A Figura 23.17 evidencia

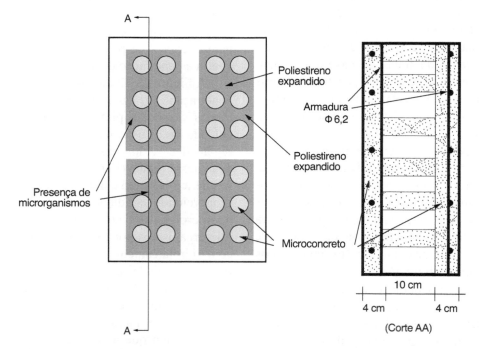

FIGURA 23.15 Detalhes do elemento de vedação externa do prédio da Figura 23.14.

detalhe da Figura 23.16, em que pode se observar a presença de fissura na argamassa e sinais de massa niveladora descolando, e que resultou na ruptura da película de pintura.

Na Figura 23.18, observa-se uma superfície que recebeu uma pintura impermeável. A presença de bolhas é resultado da presença de umidade nessa superfície. A Figura 23.19 mostra a pintura da parede com sinais de eflorescência em função da existência de umidade ascendente proveniente do solo.

Nota: mais informações sobre fachadas podem ser obtidas no Capítulo 26 – Inspeção de Fachadas.

23.10 IMPACTO AMBIENTAL DAS TINTAS

Há algum tempo, alguns tipos de tinta indicados para a proteção de metais apresentavam em sua formulação metais pesados, na forma de pigmentos coloridos, que eram potencialmente tóxicos. Além dessas substâncias, as tintas ainda contêm biocidas, que são aditivos com função de preservar a tinta, na forma líquida ou de película seca, contra a ação de agentes biológicos, como as bactérias, os fungos e as algas.

Hoje, uma das principais linhas de pesquisa nas indústrias de tinta tem sido o desenvolvimento de produtos de menor impacto ambiental, em especial quanto à emissão de solventes à atmosfera. Para a redução dessas emissões, estão sendo realizadas mudanças significativas na formulação das tintas, na sua produção e na forma de aplicação. Novas tecnologias vêm sendo desenvolvidas, como: a produção de tintas de baixo odor, com elevado teor de sólidos, a redução da quantidade de solventes aromáticos na sua composição ou mesmo a sua eliminação, a reformulação dos solventes normalmente empregados, o uso de solventes oxigenados, além do emprego de novos tipos de coalescentes, a produção de tintas em pó e a substituição de produtos de base solvente por emulsões aquosas.

No uso de produtos para a pintura, recomenda-se sempre selecionar aqueles que possuem, na

FIGURA 23.16 Fachada de argamassa com pintura com sinais de fissuras de retração.

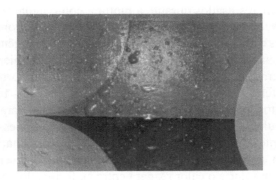

FIGURA 23.18 Superfície pintada com esmalte sintético. As bolhas são causadas pela presença de umidade na superfície da parede.

FIGURA 23.17 A mesma fachada da Figura 23.16 mostrando a região com fissuração na base e na pintura.

FIGURA 23.19 Parede com sinais de eflorescência em razão da existência de umidade ascendente proveniente do solo.

548 Capítulo 23

formulação, menor teor de componentes nocivos à saúde ou ao meio ambiente. A seguir, estão discutidos os efeitos das duas principais fontes de impacto ambiental.

23.10.1 Compostos Orgânicos Voláteis

As tintas, quando líquidas, geralmente emitem Compostos Orgânicos Voláteis – COV (VOC, em inglês), que, conforme definido pela ASTM D 3960-05 (ASTM, 2005), é qualquer composto orgânico que participa de reações fotoquímicas na atmosfera. Já a Diretiva 2004/42/CE (Diario Oficial de La Unión Europea, 2004, p. L143/89) define o COV como qualquer composto orgânico que tenha ponto de ebulição inicial menor ou igual a 250 °C a uma pressão-padrão de 101,3 kPa. Esses compostos não só contribuem para a poluição atmosférica, como também afetam a saúde e a produtividade do trabalhador durante a fase de construção do edifício, reduzem a qualidade do ar presente no interior da obra, prejudicando o conforto e a saúde dos moradores. As tintas que mais emitem COV são aquelas de base solvente, como a tinta a óleo, o esmalte sintético e os produtos auxiliares usados durante a pintura, como aguarrás e tíner, que emitem à atmosfera hidrocarbonetos aromáticos e alifáticos, hidrocarbonetos contendo halogênio, cetonas, ésteres, álcoois, os quais, em meio ambiente externo, contribuem para a formação do ozônio troposférico (*smog* fotoquímico). Esses compostos têm efeitos prejudiciais à saúde, principalmente para a população que faz parte de grupos vulneráveis a esses agentes. Os hidrocarbonetos (COVs), em combinação com os óxidos de nitrogênio, a radiação UV presente na luz solar e o calor reagem entre si, formando compostos oxidantes, como o ozônio troposférico, responsáveis pela formação da névoa fotoquímica urbana (Uemoto *et al.*, 2006).

A emissão dos COVs se inicia na fase final de construção, principalmente durante as operações de pintura e secagem, e nas primeiras idades de ocupação. As substâncias emitidas afetam a saúde do trabalhador, resultando em problemas de saúde ocupacional e prejuízos na sua produtividade. As emissões ainda podem ocorrer durante todo o período de ocupação do edifício, em função das manutenções periódicas, em muitos casos bastante frequentes, principalmente em ambientes públicos, escolas, escritórios etc. Os estudos mostraram que a emissão contínua de COV em ambiente interno pode levar à ocorrência de problemas característicos de Síndrome de Edifícios Doentes (SED). Hoje, no desenvolvimento de novos produtos de construção, já estão sendo considerados os possíveis impactos a serem causados pela emissão de COVs, na saúde e no conforto dos ocupantes dos edifícios, objetivando, sempre, a obtenção de produtos mais saudáveis (Uemoto *et al.*, 2006).

No Brasil, ainda não há um limite fixo para a emissão desses gases, mas o adotado pela UE Diretiva 2004/42/CE é de 75 g/L para tintas látex, 400 g/L para esmaltes e 500 g/L para vernizes. O mercado brasileiro está direcionando para o uso de produtos com menor geração de COV, de origem natural, em substituição dos aromáticos por solventes oxigenados como as cetonas, sendo o mais comum o metiletilcetona (MEK).

23.10.2 Pigmentos à Base de Metais Pesados

A presença de pigmentos potencialmente tóxicos em tintas de secagem ao ar e em fundos preparadores (*primer*) pode ser proveniente da adição de aditivos secativos; do uso de pigmentos coloridos, geralmente nas cores vermelha, amarela, laranja e verde, em diferentes tons; ou ainda provenientes da adição de pigmentos anticorrosivos em fundos preparadores usados para a inibição do processo de corrosão de superfícies metálicas ferrosas.

Os elementos considerados nocivos à saúde mais citados na literatura são: antimônio, cádmio, cromo hexavalente, chumbo e mercúrio. A presença deles pode causar problemas de saúde ocupacional aos trabalhadores durante a construção dos edifícios (na fase de aplicação da pintura), durante a ocupação pelos usuários do edifício, bem como no material de descarte e entulhos (resíduo) da construção civil.

Estudos realizados mostram que, ainda hoje, os esmaltes sintéticos coloridos do mercado, nas cores vermelhas, amarelas e verdes, os esmaltes sintéticos e fundos com ação anticorrosiva podem conter metais pesados, como chumbo e cromo. Esses elementos potencialmente tóxicos podem ser lixiviados das pinturas pela ação de soluções ácidas, com pH próximo das águas das chuvas ácidas presentes em cidades grandes, semi-industriais, como São Paulo (Uemoto *et al.*, 2006).

23.10.3 Biocidas

As tintas em emulsão podem conter até 50 % de água em sua formulação e, por isso, são suscetíveis ao crescimento de bactérias contaminantes da água. Além disso, outras matérias-primas presentes nesse material também são fontes de contaminação. As tintas são preservadas com biocidas, tanto na forma líquida como na película seca, em razão do crescimento de fungos. No Brasil, a indústria de tintas imobiliárias é um dos segmentos que mais consome biocidas, sendo os mais comuns os compostos à base de 5-cloro-2-metil-4-isotiazolin-3-ona e 2-metil-4-isotiazolin-3-ona (MIT) e para os fungos os mais comuns são carbendazim (BCM), iodo propinil butil carbamato (IPBC), octilisotiazolinona (OIT), entre outros.

A preservação da pintura é um mecanismo complexo, pois a durabilidade da eficiência dos biocidas depende das condições climáticas e da biodiversidade do local em que estão expostas. Os biocidas presentes na pintura podem ser lixiviados pela chuva ou por água de lavagens, acarretando a perda de proteção contra os microrganismos após algum tempo de exposição.

Os biocidas para serem efetivos devem ser solúveis, portanto, lixiviáveis pela ação da água, resultando em impacto ao meio ambiente. Os biocidas lixiviados podem atingir águas superficiais e profundas, sendo encontrados em efluentes, sistemas de tratamento de água, entre outros. Pelo fato de os biocidas serem tóxicos para seres vivos e plantas, nas últimas décadas têm sido concentrados esforços para prevenir a presença desse tipo de poluente ao meio ambiente.

Hoje, uma das principais linhas de pesquisa nas indústrias de tinta é o desenvolvimento de produtos de menor impacto ambiental, em especial quanto à emissão de solventes na atmosfera. Para a redução dessas emissões, estão sendo realizadas mudanças significativas na formulação das tintas, na sua produção e na forma de aplicação. No uso de produtos para a pintura, recomenda-se sempre selecionar aqueles que possuem, na formulação, menor teor de componentes nocivos à saúde e ao meio ambiente.

23.11 NORMATIZAÇÃO E PROGRAMA DE QUALIDADE DE TINTAS IMOBILIÁRIAS

O aumento do mercado imobiliário brasileiro, nas últimas décadas, acarretou um aquecimento generalizado em todas as etapas da construção civil. Para se adequar a essa nova conjuntura e a fim de cumprir os compromissos firmados pela assinatura da Carta de Istambul (Conferência do Habitat II/1996), o governo federal, em 1998, instituiu o que, hoje, vem a ser o Programa Brasileiro de Qualidade e Produtividade do Habitat (PBQP-H), sob tutela do Ministério das Cidades.

Esse programa tem o intuito de reduzir o déficit habitacional brasileiro, proporcionar um ambiente de igual competitividade em âmbito nacional e aumentar a qualidade dos produtos da construção civil. O programa é um instrumento para organizar o setor da construção civil com base na melhoria da qualidade do habitat e na modernização da produção. Essas ações são estabelecidas de acordo com a necessidade de cada setor, em parceria com representantes setoriais e entidades governamentais, por meio de Programas Setoriais de Qualidade (PSQ). O PSQ é firmado entre empresas do ramo, organizadas pelo agente setorial, assegurando ao consumidor final conformidade com os requisitos mínimos impostos pelo programa.

O Programa Setorial de Qualidade das tintas imobiliárias participante do PBQP-H foi instituído pela Abrafati. Trimestralmente, amostras de tinta de todos os participantes do programa e de alguns não participantes são recolhidas para análise em laboratório especializado e determinado pelo grupo. Esses testes ocorrem de acordo com normas da Associação Brasileira de Normas Técnicas (ABNT), e seus resultados são divulgados em relatórios setoriais.

Os relatórios divulgam um rol das empresas qualificadas e das empresas não conformes de acordo com o cumprimento das normas técnicas, além de números e estatísticas do setor. A qualificação é atingida pela conformidade mínima à respectiva norma. As normas são ensaios de desempenho laboratorial que simulam condições de uso, determinando se os produtos avaliados atendem às especificações acordadas no Programa. Cada produto é avaliado segundo uma série específica de normas, e os produtos avaliados são: tintas látex, massas niveladoras, esmaltes e vernizes conforme a Tabela 23.6.

23.12 CONSIDERAÇÕES FINAIS

O sucesso da pintura depende do cuidado com que são tomadas as decisões, que se iniciam desde a fase da concepção da obra até a pintura propriamente dita. Uma boa pintura, com certeza, valoriza a obra, e dentro de um mercado competitivo, torna-se uma obrigação dos profissionais da construção fazer um serviço bem planejado, sem retrabalho, com o mínimo de desperdício de materiais e mão de obra. É dentro desse espírito que deve ser enquadrada a pintura. Assim, especificar, executar e controlar o sistema de pintura deve contribuir significativamente para a qualidade, a durabilidade e o desenvolvimento sustentável da construção civil.

550 Capítulo 23

TABELA 23.6 Normatização brasileira relativa às tintas imobiliárias

Normas da ABNT vigentes – Tintas imobiliárias	
NBR 15311:2022	Tintas para construção civil: Método para avaliação de desempenho de tintas para edificações não industriais – Determinação do tempo de secagem de tintas e vernizes por medida instrumental
NBR 15821:2022	Tintas para construção civil – Método para avaliação de desempenho de tintas para edificações não industriais – Determinação do grau de resistência de tintas, vernizes e complementos, em emulsão na embalagem ao ataque de microrganismos
NBR 12105:2022	Tintas para construção civil – Determinação da consistência de tintas usando o viscosímetro Stormer digital
NBR 11702:2021	Tintas para construção civil – Tintas, vernizes, texturas e complementos para edificações não industriais – Classificação e requisitos
NBR 15079-1:2021	Tintas para construção civil – Requisitos mínimos de desempenho Parte 1: Tinta látex fosca nas cores claras
NBR 15079-2:2021	Tintas para construção civil – Requisitos mínimos de desempenho Parte 2: Tintas látex semiacetinada, acetinada e semibrilho nas cores claras
NBR 14941:2020	Tintas para construção civil – Método para avaliação de desempenho de tintas para edificações não industriais – Determinação da resistência de tintas, vernizes e complementos ao crescimento de fungos em placas de Petri com lixiviação
NBR 14942:2019	Tintas para construção civil – Método para avaliação de desempenho de tintas para edificações não industriais – Determinação do poder de cobertura de tinta seca
NBR 16211:2019	Tintas para construção civil – Verniz brilhante à base de solvente monocomponente – Requisitos de desempenho de tintas para edificações não industriais
NBR 14940:2018	Tintas para construção civil – Método para avaliação de desempenho de tintas para edificações não industriais – Determinação da resistência à abrasão úmida
NBR 15303:2018	Tintas para construção civil – Método para avaliação de desempenho de tintas para edificações não industriais – Determinação da absorção de água de massa niveladora
NBR 14943:2018	Tintas para construção civil – Método para avaliação de desempenho de tintas para edificações não industriais – Determinação do poder de cobertura de tinta úmida
NBR 14944:2017	Tintas para construção civil – Determinação da porosidade em película de tinta para avaliação de desempenho de tintas para edificações não industriais
NBR 14945:2017	Tintas para construção civil – Método comparativo do grau de craqueamento para avaliação do desempenho de tintas para edificações não industriais
NBR 14946:2017	Tintas para construção civil – Avaliação de desempenho de tintas para edificações não industriais – Determinação da dureza König
NBR 15382:2017	Tintas para construção civil – Determinação da massa específica de tintas para edificações não industriais
NBR 16445:2016	Tintas para construção civil – Método para avaliação de desempenho de tintas para edificações não industriais – Detecção de bactérias redutoras de sulfato em tintas, vernizes e complementos
NBR 15299:2015	Tintas para construção civil – Método para avaliação de desempenho de tintas para edificações não industriais – Determinação de brilho
NBR 15494:2015	Tintas para construção civil – Requisitos de desempenho de tintas para edificações não industriais – Tinta brilhante à base de solvente com secagem oxidativa
NBR 15380:2015	Tintas para construção civil – Método para avaliação de desempenho de tintas para edificações não industriais – Resistência à radiação UV e à condensação de água pelo ensaio acelerado
NBR 16388:2015	Tintas para construção civil – Método de ensaio de tintas para edificações não industriais – Determinação do teor de compostos orgânicos voláteis (COV) por cromatografia e gravimetria

(continua)

Tintas e Sistemas de Pintura **551**

TABELA 23.6 Normatização brasileira relativa às tintas imobiliárias (*continuação*)

Normas da ABNT vigentes – Tintas imobiliárias	
NBR 16407:2015	Tintas para construção civil – Método para avaliação de desempenho de tintas para edificações não industriais – Determinação do teor de chumbo
NBR 15313:2013	Tintas para construção civil – Procedimento básico para lavagem, preparo e esterilização de materiais utilizados em análises microbiológicas
NBR 13245:2011	Tintas para construção civil – Execução de pinturas em edificações não industriais – Preparação de superfície
NBR 15821:2010	Tintas para construção civil – Método para avaliação de desempenho de tintas para edificações não industriais – Determinação do grau de resistência de tintas, vernizes e complementos, em emulsão na embalagem ao ataque de microrganismos
NBR 15458:2007	Tintas para construção civil – Método para avaliação de desempenho de tintas para edificações não industriais – Avaliação microbiológica de tintas, vernizes, complementos, matérias-primas e instalações
NBR 15381:2006	Tintas para construção civil – Edificações não industriais – Determinação do grau de empolamento
NBR 15348:2006	Tintas para construção civil – Massa niveladora monocomponentes à base de dispersão aquosa para alvenaria – Requisitos
NBR 15078:2004 Errata 1:2005	Tintas para construção civil – Método para avaliação de desempenho de tintas para edificações não industriais – Determinação da resistência à abrasão úmida sem pasta abrasiva
NBR 15302:2005	Tintas para construção civil – Método para avaliação de desempenho de tintas para edificações não industriais – Determinação do grau de calcinação
NBR 15304:2005	Tintas para construção civil – Método para avaliação de desempenho de tintas para edificações não industriais – Avaliação de manchamento por água
NBR 15312:2005	Tintas para construção civil – Método para avaliação de desempenho de tintas para edificações não industriais – Determinação da resistência à abrasão de massa niveladora
NBR 15314:2005	Tintas para construção civil – Método para avaliação de desempenho de tintas para edificações não industriais – Determinação do poder de cobertura em película de tinta seca obtida por extensão
NBR 15315:2005	Tintas para construção civil – Método de ensaio de tintas para edificações não industriais – Determinação do teor de sólidos
NBR 15077:2004	Tintas para construção civil – Método para avaliação de desempenho de tintas para edificações não industriais – Determinação da cor e da diferença de cor por medida instrumental
NBR 15078:2004 Versão corrigida: 2006	Tintas para construção civil – Método para avaliação de desempenho de tintas para edificações não industriais – Determinação da resistência à abrasão úmida sem pasta abrasiva

BIBLIOGRAFIA

ASSOCIAÇÃO BRASILEIRA DE NORMAS TÉCNICAS (ABNT). *NBR 15079*: Tintas para construção civil – Requisitos mínimos de desempenho. São Paulo, 2021.

ASSOCIAÇÃO BRASILEIRA DOS FABRICANTES DE TINTAS (ABRAFATI). *Cartilha de Mudanças Normativas*. Programa setorial da qualidade tintas imobiliárias: tintas de qualidade, 2020.

ASSOCIAÇÃO BRASILEIRA DOS FABRICANTES DE TINTAS (ABRAFATI). *Manual de aplicação, uso, limpeza e manutenção de tintas imobiliárias*, 2020.

ASSOCIAÇÃO BRASILEIRA DOS FABRICANTES DE TINTAS (ABRAFATI). *Tintas e vernizes*: ciência e tecnologia. 3. ed. Jorge M. R. Fazenda (coord.). São Paulo: Edgard Blücher, 2009.

BASF (divisão de tintas e vernizes imobiliários). *Manual de produtos e aplicações Suvinil*, 2019.

BORGES, C. A. M. *O conceito de desempenho de edificações e sua importância para o setor da construção civil no Brasil.* Dissertação (mestrado). Universidade de São Paulo (USP). São Paulo, 2008.

BRITISH STANDARDS INSTITUTION (BSI). *BS 6150:* Code of practice for painting of buildings. London: BSI, 1991.

CUNHA, E. H. da. *Patologias em pinturas.* Disc. Construção civil II. 2023. Disponível em: https://docente.ifrn.edu.br/valtencirgomes/disciplinas/construcao-civil-ii-1/pintura-apresentacao. Acesso em: 11 abr. 2024.

DIÁRIO OFICIAL DE LA UNION EUROPEA. *Servicio de publicacion de la union europea.* 2003.

FAZENDA, J. M. R. *Tintas:* ciência e tecnologia. 4. ed. São Paulo: Blücher, 2009. 1124p.

IBRATEX TINTAS E TEXTURAS. *Textura Lamato.* 2023. Disponível em: https://www.ibratex.com.br/produto-etiqueta/lamato/. Acesso em: 11 set. 2024.

IKEMATSU, P. *Estudo da refletância e sua influência no comportamento térmico de tintas refletivas e convencionais de cores correspondentes.* 2007. Dissertação (Mestrado) – Escola Politécnica da Universidade de São Paulo, São Paulo, 2007.

LOH, K.; SATO, N. M. N.; JOHN, V. M. Estimating thermal performance of cool colored paints. *Energy and Buildings,* v. 42, p. 17-22, 2010.

LOH, K.; SATO, N. M. N.; JOHN, V. M. *Estimating thermal performance of white cool paints on fibre cement roof.* Healthy Buildings 2009. v. 1 Sep. 13-17, Syracuse, New York.

JOHN, V. M.; SATO, N. M. N. Metodologia para previsão da vida útil de tintas para a construção civil. *In: Construção e meio ambiente.* Edição 1. PEREIRA, F. O. R.; SATTLER, M. A. (eds.). 2006. p. 20-57 (Coletânea Habitare), v. 7.

MITIDIERI FILHO, C. V. *Avaliação de desempenho de componentes e elementos construtivos inovadores destinados a habitações:* proposições específicas à avaliação do desempenho estrutural. 1998. Tese (Doutorado) – Universidade de São Paulo, São Paulo, 1998.

ONU. *Declaração de Istambul sobre Assentamentos Humanos.* 1996. Disponível em: <http://pfdc.pgr.mpf.mp.br/atuacao-e-conteudos-de-apoio/legislacao/moradia-adequada/declaracoes/declaracao-de-istambul-sobre-assentamentos-humanos>. Acesso em: 15 nov. 2017.

PAINT TESTING MANUAL. *Physical and chemical examination of paints, varnishes, lacquers, and colors.* 13. ed. ASTM Special Technical Publication 500, G. G. Sward (ed.), 1972.

POLITO, G. *Principais sistemas de pinturas e suas patologias.* 2006. 66f. Apostila do Departamento de Engenharia de Materiais e Construção. Escola de Engenharia, Universidade Federal de Minas Gerais, Belo Horizonte/MG. Disponível em: https://www.academia.edu/39366684/Universidade_Federal_de_Minas_Gerais_Principais_Sistemas_de_Pinturas_e_suas_Patologias. Acesso em: 11 abr. 2024.

SATO, N. M. N.; UEMOTO, K. L.; SHIRAKAWA, M. A.; SAHADE, R. F. Condensação de vapor de água e desenvolvimento de microrganismos em fachada de edifícios: estudo de caso. *IX Encontro Nacional de Tecnologia do Ambiente Construído* (ENTAC), Foz do Iguaçu, 7 a 10 de maio de 2002.

SILVA, J. M. *Caracterização de tintas látex para construção civil:* diagnóstico do mercado do Estado de São Paulo. 2005. 199p. Dissertação (Mestrado) – Escola Politécnica da Universidade de São Paulo, São Paulo, 2005.

UEMOTO, K. L.; SATO, N. M. N.; JOHN, V. M. Influência do sistema argamassa/pintura nos fenômenos de transporte de água em revestimentos de argamassa. *Simpósio Brasileiro de Tecnologia das Argamassas –* VII SBTA 2007, Recife, 1 a 4 de maio de 2007.

UEMOTO, K. L.; IKEMATSU, P.; AGOPYAN, V. Impacto ambiental das tintas imobiliárias. *In: Construção e Meio Ambiente* Edição 1. PEREIRA, F. O. R.; SATTLER, M. A. (eds.). 2006. p. 58-95. v. 7. (Coletânea Habitare.)

UEMOTO, K. L. *Influência da formulação das tintas de base acrílica como barreira contra a penetração de agentes agressivos nos concretos.* 1998. 178p. Tese (Doutorado) – Escola Politécnica da Universidade de São Paulo, São Paulo, 1998.

UEMOTO, K. L. *Projeto, execução e inspeção de pinturas.* São Paulo: O nome da Rosa, 2002. 101p. (Coleção primeiros passos no canteiro de obras.)

UEMOTO, K. L. Tintas na construção civil. *In:* ISAIA, G. C. (org.). *Materiais de construção civil e princípios de ciência e engenharia de materiais.* São Paulo: Ibracon, 2007. p. 1465-1504. v. 2.

UEMOTO, K. L.; IKEMATSU, P.; AGOPYAN, V. Impacto ambiental das tintas imobiliárias. *In: Construção e meio ambiente.* Porto Alegre: Antac, 2006. v. 7.

24

POLÍMEROS

Eng.º Dr. Antonio Rodolfo Jr.

24.1 Introdução, 554

24.2 Breve Histórico, 554

24.3 Conceitos Básicos sobre Características
dos Polímeros, 555

24.4 Principais Polímeros, 558

24.5 Principais Propriedades dos Materiais Poliméricos, 558

24.6 Pesquisa e Desenvolvimento, 561

24.7 Principais Polímeros Utilizados na Construção Civil, 561

24.8 Reciclagem dos Materiais Plásticos, 568

24.1 INTRODUÇÃO

A utilização de materiais poliméricos na indústria da construção civil é uma tendência crescente no Brasil. No passado, as aplicações de materiais poliméricos nessa indústria, em substituição a materiais tradicionais como metais, madeira, cerâmica, dentre outros, apresentavam-se como uma possibilidade limitada eventualmente pelo desconhecimento, por parte dos especificadores, de suas particularidades de projeto e aplicação, porém, cada vez mais sua presença é crescente, mesmo em aplicações estruturais.

Dados da Associação Brasileira da Indústria do Plástico (Abiplast, 2024) dão conta que, das mais de 7,6 milhões de toneladas de plásticos consumidas no Brasil no ano de 2021, cerca de 24 % foram destinados a aplicações diretamente ligadas à construção civil, já fazendo deste o segundo setor de maior consumo de resinas termoplásticas no Brasil, à frente inclusive do setor de embalagens com cerca de 22 % do total de consumo de resinas.

A ideia deste capítulo é oferecer uma visão geral sobre materiais poliméricos. Tal como na edição anterior, não se pretende realizar um estudo aprofundado nem apresentar, excetuando-se onde estritamente necessário, aspectos como fórmulas e expressões químicas, estruturas moleculares, processos especificamente industriais e outros mais, que, embora de interesse para químicos e estudiosos do assunto, não possuem valor prático imediato para engenheiros e arquitetos. Procura-se, isso sim, realizar um apanhado geral objetivo dos métodos, processos, materiais e aplicações com que pode contar o técnico em construção nesse campo tão fascinante.

Para o leitor interessado, apresenta-se ao final deste capítulo uma série de publicações com maior nível de aprofundamento acerca da relação entre estrutura e propriedade dos polímeros, bem como sua ciência (Billmeyer, 1984; Agnelli, 2000; Andrade *et al.*, 2001; Mano, 2003; Mano; Mendes, 2004; Wiebeck; Harada, 2005; Ackelrud, 2006; Rodolfo Jr.; Tsukamoto, 2018; Shackelford, 2008; Fazenda, 2009; Canevarolo Jr., 2013; 2024; Callister Jr., 2012; Osswald; Menges, 2012).

24.2 BREVE HISTÓRICO

A História do Homem sempre esteve intimamente ligada com os materiais de uso no seu dia a dia. Diferentes tipos de materiais tiveram destaque em diversas eras da evolução do Homem, tanto que essas eras, normalmente, fazem menção aos materiais em uso, como Idade da Pedra, Idade do Bronze, Idade do Ferro etc. Materiais poliméricos, na forma de gomas e resinas, sempre tiveram uso no dia a dia do Homem desde tempos imemoriáveis. Porém, a partir da segunda metade do século XIX, diversos materiais baseados em polímeros naturais ou artificiais (polímeros naturais quimicamente modificados) foram desenvolvidos, em geral, com o objetivo de substituir materiais tradicionais. O primeiro material plástico desenvolvido dessa maneira foi uma modificação do polímero natural celulose com ácido nítrico (nitrocelulose) e cânfora, por Alexander Parkes, na

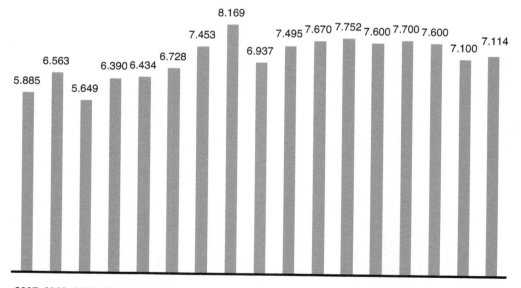

FIGURA 24.1 Demanda anual de resinas termoplásticas no Brasil, segundo a Abiplast (2024).

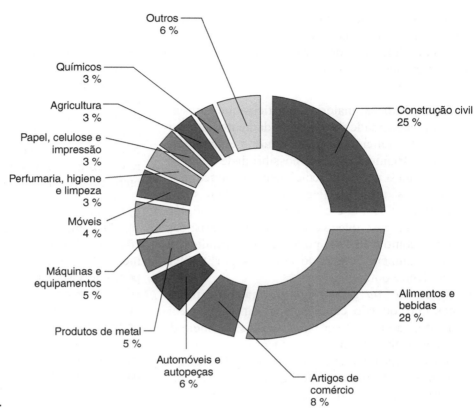

FIGURA 24.2 Segmentação do consumo de resinas termoplásticas no Brasil, segundo a Abiplast (2024).

Inglaterra dos anos 1850. Esse material foi designado "*parkesine*" pelo seu inventor, ou "marfim sintético", e utilizado inicialmente como uma tentativa de tornar tecidos à prova d´água. Parkes patenteou seu invento em 1862, porém não conseguiu viabilizar economicamente seu uso. Essa patente foi adquirida por John Hyatt, nos Estados Unidos, que aprimorou o processo de produção desse material para produção de bolas de bilhar, designando inicialmente o produto como "*xylonite*", contudo, posteriormente registrou a consagrada marca "*celluloid*" (celuloide), até hoje empregada. O celuloide nada mais é do que a modificação da celulose, um polímero natural, pela reação química com ácido nítrico, que resulta em um polímero artificial conhecido como nitrato de celulose; para facilitar seu amolecimento e moldagem, esse polímero, acrescido de cânfora, constitui-se no que se chama celuloide.

O primeiro polímero sintético, ou seja, obtido diretamente de um processo de síntese química, foi a baquelite, desenvolvida por Leo Baekeland em 1909 a partir da reação entre o fenol e o formaldeído. O início do século XX foi marcado com o que se pode chamar o início da "Idade do Plástico", uma vez que diversas resinas sintéticas, como PVC, poliestireno, polipropileno, poliuretanos, poliamidas, dentre outras, foram desenvolvidas a partir de processos de síntese química e tiveram suas produções em escala industrial iniciadas. A utilização do PVC na construção civil, na forma de tubos, data da virada da década de 1930 para a década de 1940.

24.3 CONCEITOS BÁSICOS SOBRE CARACTERÍSTICAS DOS POLÍMEROS

Antes de discutir aspectos ligados à tecnologia de aplicação dos polímeros na construção civil, vale apresentar alguns conceitos básicos sobre ciência de polímeros.

a) Polímeros

Segundo Agnelli (2000), polímeros são materiais de origem natural, artificial (polímeros naturais modificados) ou sintética, de natureza orgânica ou inorgânica, constituídos por muitas macromoléculas, sendo que cada uma dessas macromoléculas possui uma estrutura interna em que há a repetição de pequenas unidades (meros). A palavra polímero vem do grego, significando *poli* (muitas) e *meros* (partes, unidades de repetição).

Quanto à forma final de utilização, os polímeros podem ser divididos em plásticos, fibras poliméricas, borrachas (ou elastômeros), espumas, tintas e adesivos.

O termo plástico é também derivado do grego, cujo significado é "moldável". Os plásticos podem ser subdivididos em duas categorias, segundo seu comportamento tecnológico diante das condições de processamento:

- *Termoplásticos*: materiais plásticos que apresentam a capacidade de ser repetidamente amolecidos pelo aumento de temperatura e endurecidos pelo resfriamento. A essa possibilidade de reversão se dá o nome de reciclagem mecânica, portanto, os termoplásticos são recicláveis por natureza. O PVC é considerado um termoplástico, uma vez que exibe essas características, assim como o PE, PP, poliestireno expandido ou EPS (também conhecido como Isopor®), PET, PS, dentre outros.
- *Termofixos ou termorrígidos*: materiais plásticos que, quando curados, com ou sem aquecimento, não podem ser reamolecidos por meio de um aquecimento posterior. O processo de cura consiste em uma série de reações químicas que promovem a formação de ligações químicas primárias (ligações covalentes) entre as macromoléculas da resina termofixa, mediante o uso de calor, pressão, radiação ou catalisadores, tornando-a rígida, insolúvel e infusível. As resinas de fenol-formaldeído, melamina-formaldeído, epóxi, poliéster instaturado (*fiberglass*), dentre outros, são exemplos de materiais plásticos termofixos.

Podemos considerar como plástico os materiais artificiais formados pela combinação do carbono com oxigênio, hidrogênio, nitrogênio e outros elementos orgânicos ou inorgânicos, que, embora sólidos no seu estado final, em alguma fase de sua fabricação apresentam-se sob a condição de líquidos, podendo, então, ser moldados nas formas desejadas (Manrich, 2013).

É importante destacar o termo artificiais, pois, senão, poderíamos considerar os metais, o vidro, as cerâmicas e outros materiais como plásticos, pois também são passíveis de moldagem em determinada fase de sua fabricação.

b) Monômeros

Monômeros são as matérias-primas utilizadas para obtenção de cada polímero. O monômero é uma molécula simples, pelo menos bifuncional, ou seja, capaz de reagir por pelo menos duas de suas terminações, que, em condições adequadas, origina a unidade de repetição (mero) das muitas cadeias poliméricas que formam o polímero. Por exemplo, o monômero utilizado na polimerização do poliestireno é o estireno, assim como no caso do polipropileno o monômero é o propeno.

c) Polimerização

Denomina-se polimerização o conjunto de reações químicas que levam monômeros a formar polímeros. Os principais processos de polimerização, do ponto de vista tecnológico, podem ser diferenciados em polimerização em cadeia (baseada na reação de monômeros com duplas ligações carbono-carbono) e polimerização em etapas (envolvendo, na sua maioria, reações entre monômeros com grupos funcionais reativos, com ou sem a formação de subprodutos de baixo peso molecular). Exemplos de polímeros obtidos por processos de polimerização em cadeia e etapa são, respectivamente, o PVC e as poliamidas.

d) Homopolímeros e copolímeros

Homopolímeros são polímeros cujas macromoléculas são formadas por um único tipo de unidade de repetição (mero). Os copolímeros, por sua vez, são polímeros cujas macromoléculas são formadas pela repetição de dois ou mais tipos de meros. Quanto à formação das macromoléculas, os copolímeros podem ser subdivididos em aleatórios (randômicos ou estatísticos), alternados, em bloco e enxertados (ou graftizados). Exemplos de homopolímeros e copolímeros são, respectivamente, o PVC e o ABS (copolímero de acrolonitrila, butadieno e estireno).

e) Peso molecular e demais parâmetros relacionados

O peso molecular é talvez um dos aspectos mais fundamentais da estrutura dos polímeros, uma vez que se relaciona diretamente com o tamanho das

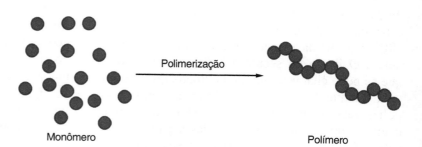

FIGURA 24.3 Esquema simplificado do processo de polimerização.

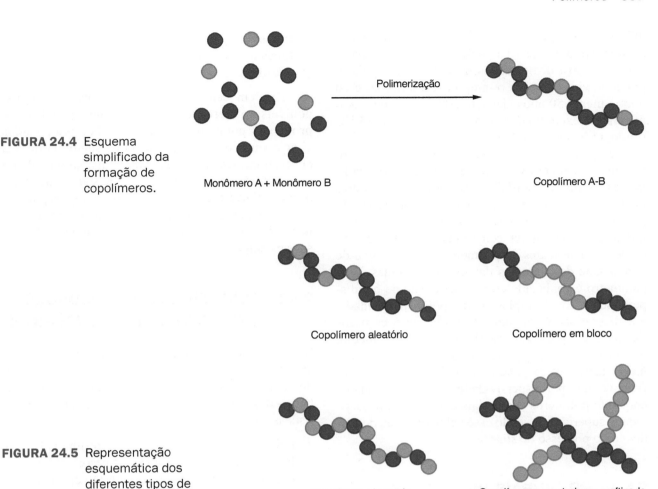

FIGURA 24.4 Esquema simplificado da formação de copolímeros.

FIGURA 24.5 Representação esquemática dos diferentes tipos de copolímeros.

macromoléculas. Quanto maior o peso molecular de um polímero, ou seja, quanto maiores suas macromoléculas, melhores suas propriedades mecânicas, porém maior a dificuldade de processamento em função da maior viscosidade do polímero quando no estado fundido.

A natureza dos polímeros em serem formados a partir de longas cadeias moleculares determina outro aspecto importante de sua utilização tecnológica, corriqueiramente ignorado pela maior parte dos projetistas em muitas situações. Enquanto materiais, como os metais e as cerâmicas, apresentam um comportamento fundamentalmente elástico quando submetidos a tensões, dentro de seus limites de utilização, os materiais poliméricos, sem exceção, apresentam um comportamento híbrido entre o elástico e o viscoso, denominado viscoelástico, mesmo nas temperaturas normais de uso.

Dessa maneira, em razão de sua natureza viscoelástica, os materiais poliméricos, quando submetidos a tensões, sofrem deformações que são parte instantâneas (elásticas) e parte retardadas ou dependentes do tempo (viscosas), as quais, se não consideradas no projeto dos produtos, podem trazer efeitos indesejados. Pode-se até mesmo creditar a esse comportamento viscoelástico parte dos problemas ocorridos com os materiais plásticos no começo de sua utilização, o que acabou por prejudicar a imagem dessa classe de materiais quanto ao seu desempenho. Porém, desde que consideradas as possíveis deformações viscosas na aplicação do produto, o desempenho dos materiais poliméricos é absolutamente adequado.

Normalmente, o projeto de produtos que envolvam prazos de vida útil elevados sob tensões ou deformações faz uso de dados de ensaio de fluência (deformação crescente sob tensão constante) ou relaxação de tensões (redução da tensão sob deformação constante). Por exemplo, um tubo plástico, para ter sua espessura de parede determinada para atender determinada pressão a ser submetido, depende de avaliações prévias do material a partir de um ensaio específico de fluência denominado curva de regressão, no qual amostras de tubos são submetidas a diferentes níveis de tensão na parede e os tempos para ruptura, variando de 10 a 10.000 horas, são determinados. A partir desses dados, é possível extrapolar o prazo de vida útil para o tempo necessário, no caso normalmente 50 anos (Janson, 2003). A Figura 24.6 mostra um exemplo de curva de regressão para PVC rígido, utilizado em tubos.

O grau de polimerização expressa o número de unidades repetitivas que formam a cadeia polimérica, sempre abordado em termos de valores médios, uma vez que o processo de polimerização produz macromoléculas de tamanho variado. Um parâmetro importante a ser considerado é a distribuição de pesos moleculares do polímero, ou seja, o grau de diversidade de tamanhos das macromoléculas. Esse parâmetro é conhecido como coeficiente de polidispersividade ou, simplesmente, polidispersividade, e é determinado por meio da razão entre os pesos moleculares ponderal médio e numérico médio. Polímeros monodispersos ideais, ou seja, com um único tamanho de macromolécula, possuem coeficiente de polidispersividade igual à unidade, enquanto polímeros comerciais exibem polidispersividade superior a 1, sendo esse valor variável, dependendo do processo de síntese.

24.4 PRINCIPAIS POLÍMEROS

Os polímeros podem ser subdivididos, em termos de sua aplicação tecnológica, nas seguintes classificações:

- plásticos (termoplásticos e termofixos);
- elastômeros;
- fibras;
- tintas e vernizes;
- adesivos.

Existem centenas de tipos de polímeros disponíveis no mercado, o que faria qualquer lista de principais polímeros incompleta. Por isso, vamos citar apenas os mais conhecidos, seguidos de sua abreviatura. Designações comerciais, na medida do possível, são evitadas por conta de seu caráter temporal. O Quadro 24.1 apresenta os principais polímeros, sua denominação comercial (quando estritamente necessário para bom entendimento do leitor), além de suas principais aplicações gerais.

24.5 PRINCIPAIS PROPRIEDADES DOS MATERIAIS POLIMÉRICOS

Apesar de cada polímero, individualmente, apresentar características muito específicas que os diferenciam dos demais, é possível apresentar como principais vantagens dos materiais poliméricos as seguintes características comuns:

- reduzido peso específico, o que resulta em excelente relação resistência *versus* peso;
- excelentes propriedades de isolação elétrica;
- possibilidade de coloração como parte integrante do material;
- baixo custo;
- facilidade de adaptação à produção em massa a partir de processos industrializados;
- imunidade à corrosão e durabilidade.

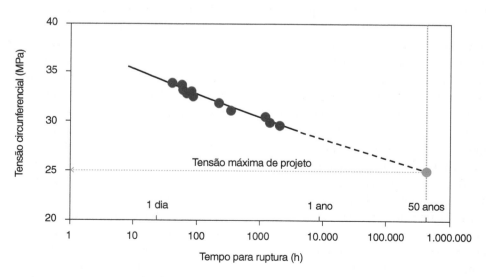

FIGURA 24.6 Exemplo de curva de regressão para o PVC rígido utilizado em tubos, avaliada a 20 °C.

Polímeros **559**

QUADRO 24.1 Principais plásticos e elastômeros, e suas aplicações mais importantes

Polímero	Abreviatura	Principais aplicações
Termoplásticos		
Policloreto de vinila	PVC	Tubos, conexões, perfis, telhas, pisos, mangueiras, laminados
Polietileno de baixa densidade	PEBD ou LDPE	Filmes, embalagens
Polietileno de baixa densidade linear	PEBDL ou LLDPE	Filmes, embalagens
Polietileno de alta densidade	PEAD ou HDPE	Filmes, frascos, caixas-d'água
Polietileno de ultra-alto peso molecular (Utec®)	PEUAPM ou UHMWPE	Placas e tarugos para usinagem de peças técnicas
Polipropileno	PP	Peças técnicas, fibras, filmes
Poliestireno	PS	Peças de uso geral, utilidades domésticas
Poliamidas (náilons)	PA 6, PA 6.6, PA 6.10, PA 10, PA 11, PA 12, dentre outras	Peças técnicas em geral, carenagens de equipamentos eletroeletrônicos, engrenagens, eixos, fibras, filmes, mangueiras
Polietileno tereftalato	PET	Frascos, filmes, fibras
Polibutileno tereftalato	PBT	Peças técnicas, em geral
Policarbonato	PVC	Placas, chapas, peças técnicas, em geral
Poliacetato de vinila	PVA	Emulsões, tintas, agentes modificadores de concreto
Poliálcool vinílico	PVOH	Agentes modificadores de concreto
Polimetilmetacrilato (acrílico)	PMMA	Chapas, tarugos, peças técnicas em geral
Polioximetileno (poliacetal)	POM	Peças técnicas em geral, engrenagens, eixos, mancais
Politetrafluoretileno (Teflon®)	PTFE	Placas e tarugos para usinagem de peças técnicas, revestimentos de peças metálicas
Copolímero etileno-acetato de vinila	EVA	Calçados, adesivos
Copolímero acrilonitrila-butadieno-estireno	ABS	Peças técnicas, em geral
Copolímero acrilonitrila-estireno	SAN	Peças técnicas, em geral
Elastômeros termoplásticos baseados em copolímeros em bloco de estireno-butadieno-estireno, estireno-etileno-butadieno-estireno, estireno-isopreno-estireno, dentre outros	SBS SEBS SIS	Adesivos, mantas de impermeabilização, mangueiras, perfis flexíveis
Termofixos		
Fenol-formaldeído (baquelite)	F	Peças técnicas diversas, dispositivos elétricos
Ureia-formaldeído	UF	Aglomerante em compensados e MDF/HDF, revestimentos
Melamina-formaldeído	MF	Revestimentos, peças em geral
Resinas alquídicas		Tintas e vernizes
Resinas de poliéster insaturado (fiberglass)	UP, PRFV	Domos, piscinas, painéis, caixas-d'água, perfis estruturais, peças técnicas
Resinas epóxi	EP	Peças técnicas

(continua)

560 Capítulo 24

QUADRO 24.1 Principais plásticos e elastômeros, e suas aplicações mais importantes (*continuação*)

Polímero	Abreviatura	Principais aplicações
Elastômeros		
Borracha natural ou poli-isopreno	NR	Gaxetas, vedações, luvas, pneumáticos
Policloropreno (Neoprene®)	CR	Gaxetas, vedações especiais
Poli(isobutileno-isopreno) (borracha butílica)	IIR	Câmaras de ar
Copolímero estireno-butadieno	SBR	Mangueiras, perfis flexíveis, gaxetas, vedações
Copolímero acrilonitrila-butadieno (borracha nitrílica)	NBR	Mangueiras, perfis flexíveis, gaxetas, vedações
Poliuretanos termoplásticos	TPU	Rodízios, amortecedores, gaxetas, vedações, fitas, amortecedores
Polidimetilsiloxano (silicone)	PDMS	Gaxetas, vedações
Polietileno clorossulfonado (Hypalon®)	CSPE	Gaxetas, vedações especiais

Quanto às desvantagens, não é possível generalizá-las para todos os tipos de materiais poliméricos, mas são, em comparação com materiais metálicos e cerâmicos, a menor resistência mecânica, o maior coeficiente de dilatação térmica, maiores deformações sob carga (fluência), menor módulo de rigidez, menor resistência ao calor e, quando não devidamente aditivado, menor resistência ao intemperismo, notadamente à radiação ultravioleta.

A construção civil, de maneira geral, tem avançado no sentido da industrialização. Já não cabe mais hoje, em boa parte das situações, a construção artesanal, arcaica. E o plástico vem em muitas situações colaborar para essa industrialização e ganho de produtividade. Por exemplo, sistemas construtivos mais eficientes, como o sistema construtivo concreto PVC, no qual perfis de PVC fazem o papel de forma e acabamento para paredes de concreto em casas térreas, sobrados, hospitais, creches, escolas etc.

Poços de visita utilizados em saneamento, feitos em polietileno rotomoldado, evitam tanto a necessidade de uma obra civil abaixo da terra, como entregam uma solução mais eficiente, com menos infiltração e maior facilidade de limpeza das redes de esgoto.

Placas estruturadas e blocos de poliestireno expandido (EPS ou Isopor®), por sua vez, permitem a fabricação de lajes com baixo coeficiente de transmissão de calor, contribuindo para o conforto térmico das edificações.

Em outras situações, o plástico contribui de maneira expressiva na redução do peso das construções, por exemplo, as lajes com formação de vazios, que permitem a produção de lajes mais leves, proporcionando o aumento de vãos com ausência de vigas;

as fibras de polipropileno para reforço de concreto, em substituição à fibra metálica ou telas metálicas; e as microfibras de polipropileno, em substituição ao amianto nas telhas fibrocimento. O emprego de materiais plásticos na construção civil também é facilitado

QUADRO 24.2 Outros polímeros de importância comercial classificados por aplicação tecnológica

Fibras
Poliamida (náilon)
Polietileno tereftalato (poliéster)
Polipropileno (PP)
Poliacetato de vinila (PVA)
Polietileno de ultra-alto peso molecular (PEUAPM ou UHMWPE)
Poliaramida (Kevlar®)
Tintas e vernizes
Poliacetato de vinila (PVA ou vinílica)
Epóxi
Alquídicas
Poliésteres
Poliuretanos mono e bicomponentes
Adesivos
Diversos elastômeros não vulcanizados/reticulados
Cianoacrilatos (Super Bonder®)
Epóxi (Araldite®)
Poliuretanos
Polidimetilsiloxano (silicone)

pela sua fácil reprodutibilidade e normalização, parque transformador moderno e boa oferta de laboratórios e profissionais especializados. Além disso, suas características físicas permitem agregar propriedades especialmente desejadas nesse setor, como baixa reatividade e elevada resistência química (importante em sistemas de coleta de esgoto, armazenamento e adução de água, por exemplo), leveza (redução de peso e emissões nas construções), elevada durabilidade e propriedades mecânicas balanceadas (menor manutenção).

Polímeros diversos são também utilizados na construção civil como aditivos modificadores de diversas propriedades de materiais tradicionalmente utilizados nessa indústria. Por exemplo, diversos tipos de poliálcool vinílico (PVOH) são largamente utilizados na formulação de concretos, notadamente como modificadores de reologia ou de consistência. Vários elastômeros, como copolímeros acrilonitrila-butadieno (NBR ou borracha nitrílica), ou mesmo copolímeros em bloco de estireno-butadieno-estireno (SBS), têm conquistado participação como modificadores de asfalto.

24.6 PESQUISA E DESENVOLVIMENTO

As pesquisas efetuadas pela indústria de materiais poliméricos destinam-se principalmente à melhoria das qualidades físico-mecânicas, a fim de que o material possa se tornar ainda mais competitivo, tanto em preço como em qualidade, quando comparado com os materiais tradicionais utilizados na indústria da construção.

Busca-se, principalmente, a melhoria de propriedades como resistência à temperatura, aumento do módulo de rigidez e da resistência mecânica, tenacificação e modificação de propriedades como resistência ao intemperismo (radiação ultravioleta, principalmente), além de flamabilidade.

A facilidade de formulação e processamento dos materiais poliméricos, aliada a diversas possibilidades de rotas de síntese e arquitetura molecular, permite que as propriedades dos materiais poliméricos sejam modificadas em um amplo espectro de valores. Por exemplo, por meio da incorporação de reforços particulados ou na forma de fibras podem-se produzir os chamados compósitos poliméricos, os quais exibem, em geral, maior rigidez, resistência mecânica e à temperatura do que polímeros puros. Por exemplo, é amplamente conhecida a tecnologia de reforço de resinas de poliéster insaturado com fibras de vidro em diversas configurações (fibras curtas ou contínuas, mantas, tecidos etc.), dando origem ao material conhecido comumente como *fiberglass*.

Polímeros de elevada fragilidade (reduzida resistência ao impacto) podem ser tenacificados tanto por rotas de síntese (por exemplo, por copolimerização) como por rotas de misturas de polímeros denominadas blendas poliméricas. Um exemplo dessa técnica pode ser observado em perfis para esquadrias de PVC: a resistência ao impacto pode ser modificada com a incorporação de elastômeros acrílicos à formulação do composto de PVC.

Já o campo dos aditivos para polímeros é um universo imenso a ser explorado. Aditivos tão diversos, como absorvedores de ultravioleta, retardantes de chama, lubrificantes, pigmentos etc., podem ser facilmente incorporados aos materiais poliméricos, modificando suas propriedades completamente. Vale aqui citar o exemplo dos absorvedores de ultravioleta (UV), pois os polímeros, salvo raras exceções (como o polimetilmetacrilato ou PMMA), são sensíveis à exposição à radiação UV, uma vez que a energia contida na mesma é da mesma magnitude da energia das ligações carbono-carbono, carbono-oxigênio, carbono-hidrogênio etc. presentes na arquitetura das macromoléculas. O polipropileno, por exemplo, não possui boa resistência à exposição à radiação UV quando puro; entretanto, com a incorporação de absorvedores de UV e outros tipos de protetores, como antioxidantes, além de pigmentos adequados, o polipropileno é amplamente utilizado em aplicações externas, como móveis de jardim ou mesmo assentos de estádios, nos quais são demandadas durabilidades superiores a 20 anos.

24.7 PRINCIPAIS POLÍMEROS UTILIZADOS NA CONSTRUÇÃO CIVIL

Nesta seção, sintetizaremos as informações acerca dos plásticos mais comumente empregados em construção, principalmente os de maior visibilidade no Brasil.

24.7.1 Plásticos de Uso Geral

a) Policloreto de vinila (PVC)

O PVC é certamente o plástico de maior número de utilizações na construção civil. Isso se deve, principalmente, à sua ótima relação custo/benefício, além do excelente balanço entre rigidez e resistência mecânica. Além disso, em função da

562 Capítulo 24

presença do cloro em sua constituição, é um polímero inerentemente de baixíssima inflamabilidade, sendo esse fator importantíssimo, principalmente na construção civil. Cerca de 70 % do total de PVC consumido no mundo é destinado a aplicações diretamente ligadas à construção civil.

O PVC é obtido a partir de 57 % de insumos provenientes do sal marinho ou da terra (salgema – recurso praticamente inesgotável na natureza), e somente 43 % de insumos provenientes de fontes não renováveis, como o petróleo e o gás natural. Estima-se que somente 0,25 % do suprimento mundial de gás e petróleo são consumidos na produção do PVC. Vale ressaltar que existe tecnologia disponível para a substituição dos derivados de petróleo e gás pelos de álcool vegetal (cana-de-açúcar e outros).

A presença do átomo de cloro em sua estrutura molecular torna o PVC um polímero naturalmente resistente à propagação de chamas, contribuindo para aplicações nas quais o retardamento à chama é uma característica desejada, como em fios e cabos elétricos, eletrodutos e forros/revestimentos residenciais. Além disso, o elevado teor de cloro presente na estrutura molecular do PVC torna sua molécula polar, o que aumenta sua afinidade e permite sua mistura com uma gama de aditivos muito maior que a de qualquer outro termoplástico, possibilitando a preparação de formulações com propriedades e características perfeitamente adequadas a cada aplicação. O átomo de cloro atua ainda como um marcador nos produtos de PVC, permitindo a separação automatizada dos resíduos de produtos produzidos com esse material de outros plásticos em meio ao lixo sólido urbano, facilitando, assim, sua separação para reciclagem.

O PVC é um plástico 100 % reciclável e é reciclado. A indústria de reciclagem existe já há algumas décadas no Brasil e uma pesquisa anual realizada pelo Instituto Brasileiro do PVC mostra que ela tem crescido (Instituto Brasileiro do PVC, 2018). Dados de 2017 revelam que o índice de reciclagem do PVC pós-consumo no Brasil foi de 15 %, valor significativo levando-se em conta que o PVC, apesar de estar entre os três plásticos mais produzidos no mundo, é o plástico que menos aparece no lixo urbano. Isso ocorre porque, conforme já citado, cerca de 70 % da resina é aplicada na construção civil, ou seja, aplicações de longa duração, com vida útil superior a 15 anos, como tubos e conexões, pisos, esquadrias, janelas, entre outras, e muitos dos produtos ultrapassam os 50 anos de uso. Apenas 12 % do PVC são destinados às aplicações de curta vida útil, ou seja, de 0 a 2 anos. Os 24 % restantes são aplicados em produtos de vida útil entre dois e 15 anos.

O PVC é obtido por meio da polimerização do cloreto de vinila. Esse monômero é obtido por diversas rotas, sendo a principal a partir da reação do eteno com o cloro. Outras rotas, como a reação de acetileno com cloreto de hidrogênio, hoje são praticamente restritas a plantas de produção na China, em razão do seu elevado impacto ambiental.

Principais aplicações

A principal aplicação do PVC na construção civil é na fabricação de tubulações de água, esgoto e eletricidade. Possui inúmeras vantagens sobre canalizações metálicas, como baixo preço, facilidade de manuseio, imunidade à corrosão, durabilidade, economia de mão de obra, dentre outras. Peças de arremate, como sifões, válvulas, conexões etc., completam a linha de fabricação. Tubos de PVC são utilizados tanto em instalações prediais quanto em infraestrutura.

Outra aplicação na qual o PVC destaca-se é na isolação fios e cabos elétricos. As excelentes propriedades elétricas do PVC, flexibilidade mediante incorporação de aditivos e, principalmente, baixíssima inflamabilidade, tornam esse plástico o principal material em fios e cabos elétricos na construção civil.

Diversos tipos de perfis de PVC, como forros, canaletas, acabamentos etc., são utilizados na construção civil de maneira ampla no Brasil. Dentre os perfis, existem ainda as esquadrias de PVC, bastante valorizadas no setor quando se deseja durabilidade e conforto térmico/acústico nas edificações, porém ainda com baixa penetração no mercado brasileiro, ao contrário de países desenvolvidos em que a participação de mercado chega a cerca de 60 % (Alemanha, Inglaterra), ou mesmo 80 % (França).

Membranas ou laminados flexíveis de PVC são amplamente utilizados na construção civil, seja na forma de geomembranas para contenção ou remediação de solos, ou mesmo na forma de cobertura tensionada. A elevada durabilidade do PVC, aliada à elevada resistência à perfuração, tornam o PVC uma importante solução nessas aplicações.

Mais recentemente, duas novas aplicações do PVC estão em desenvolvimento no mercado brasileiro. Uma delas é conhecida como "sistema construtivo concreto PVC", no qual perfis de PVC preenchidos com concreto e reforços metálicos são utilizados na montagem de paredes de casas, creches, hospitais etc. Essa tecnologia permite a construção de habitações de interesse social em menos de uma semana, elevando a produtividade na obra e reduzindo drasticamente seu desperdício, uma vez que o nível de industrialização do sistema é elevado.

FIGURA 24.7 Execução de habitação de interesse social utilizando o sistema construtivo concreto PVC. Foto: © Antonio Rodolfo Jr.

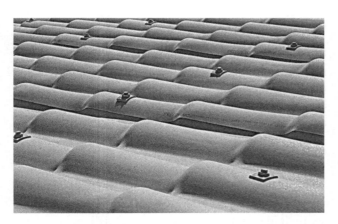

FIGURA 24.8 Detalhe de telhado coberto com telhas de PVC, mostrando sistema de fixação. Foto: cortesia da Precon®.

Outra aplicação que começa a ganhar destaque são as telhas translúcidas e opacas de PVC. No caso das telhas opacas, sua principal vantagem resulta do reduzido peso das placas de telhas, as quais permitem a redução da necessidade de reforço na estrutura do telhado, sem abrir mão do acabamento.

b) Polietilenos

Os polietilenos constituem uma ampla classe de materiais poliméricos. A partir de diversas tecnologias de polimerização do eteno, são obtidas diferentes arquiteturas moleculares, que resultam em produtos que variam do chamado polietileno de baixa densidade (PEBD ou LDPE), mais flexível, até polietilenos de alta densidade (PEAD ou HDPE), mais rígidos. Também constitui um dos materiais mais utilizados, pelo seu baixo custo e facilidade de ser trabalhado.

Existe uma classe de polietileno de elevadíssimo peso molecular, ou seja, cadeias extremamente longas, denominados polietilenos de ultra-alto peso molecular (PEUAPM ou UHMWPE). Esses polietilenos apresentam elevadíssima resistência mecânica e à abrasão, além de inércia química, como principais atributos.

Principais aplicações

Os polietilenos são utilizados em uma ampla gama de produtos na construção civil. Membranas de polietileno são amplamente utilizadas em contenção de solos; os polietilenos são empregados também na fabricação de tubos para infraestrutura e, quando reticulados, dão origem ao chamado PEX, para uso em tubos para condução de água quente, ou XLPE, utilizado na isolação de cabos elétricos especiais. Nos últimos anos, o processo de rotomoldagem ganhou muito destaque, sendo os polietilenos os principais materiais moldados por essa técnica. Por meio da rotomoldagem são produzidas caixas-d'água e outros tipos de reservatórios, abertos ou fechados, cisternas, poços de visita etc. Filmes de polietileno, principalmente expandido, possuem larga aplicação na preparação de pisos, contribuindo com isolamento acústico. Os polietilenos de alta densidade apresentam também ampla utilização em tubulações para gás, em virtude da fácil e rápida instalação com o mínimo de juntas, além de elevada resistência à fissuração e propagação de trincas.

Os polietilenos de ultra-alto peso molecular são amplamente utilizados na forma de fibras de elevadíssima resistência mecânica em cordas, tecidos, coletes etc., além da forma de placas e tarugos para usinagem de peças em que se deseja baixo coeficiente de atrito e elevadíssima resistência à abrasão, como em revestimentos de formas de concretagem, caçambas etc.

FIGURA 24.9 Instalação de poço de visita rotomoldado em polietileno. Foto: © Jorge Alexandre Oliveira Alves da Silva.

FIGURA 24.10 Reservatórios de grande porte em polietileno rotomoldado. Foto: © Alexandre de Castro.

c) Polipropileno (PP)

A utilização do polipropileno na construção é crescente. Esse polímero versátil é obtido a partir da polimerização do propeno em meio a catalisadores especiais, os quais permitem o desenho de uma arquitetura molecular específica, que resulta em polímeros com excelente balanço de rigidez e resistência à temperatura para diversas aplicações. Pode ainda ser copolimerizado, dando origem a alternativas como copolímeros heterofásicos, de elevada resistência ao impacto pela incorporação de uma segunda fase borrachosa, ou copolímeros randômicos (PP-R), cuja principal característica é a transparência aliada à boa resistência à temperatura.

Principais aplicações

O polipropileno apresenta diversas aplicações na construção civil. Desde tipos variados de peças moldadas, como formas nervuradas, passando por tubos para condução de água quente, o polipropileno vem se destacando nesse segmento da indústria.

Na forma de fibras soltas ou microfibras, tem uso em concreto projetado, de pavimentos e estruturas, argamassas de fachadas prediais, tubos de concreto e elementos pré-moldados em concreto, pois reduzem o índice de fissuras provocadas pela retração e assentamento. Já na forma de microfibras, reduzem a fissuração plástica, aumentam a tenacidade do concreto e a segurança em relação à fragmentação explosiva no caso de incêndios. Podem ser aplicadas em pisos de concreto (industriais, comerciais, residenciais e viários), revestimento de túneis e estruturas de contenção ou estruturas pré-fabricadas.

Fibras aglomeradas na forma de geotêxteis têm ampla aplicação em sistemas drenantes em obras rodoviárias, ambientais e campos esportivos, no recapeamento asfáltico na forma de camada antipropagação de trincas, na separação de solos e estabilização de subleito, reforços de aterros apoiados sobre solos com baixa capacidade de suporte e em muros de arrimo e taludes íngremes, geoformas e diques contínuos, proteção mecânica de geomembranas em canais de concreto e em obras ambientais.

d) Poliestireno (PS)

O poliestireno é um material de largo emprego na construção civil. Obtido a partir da polimerização do estireno, oferece peças moldadas e perfis com superfícies brilhantes e polidas. Apesar de seu baixo custo, resiste pouco ao calor e é frágil em razão de sua pouca flexibilidade.

Principais aplicações

O PS é muito utilizado em aparelhos de iluminação mais econômicos. Existe um tipo mais aperfeiçoado, que é o poliestireno de alto impacto (PSAI ou HIPS), com o qual são feitos diversos acessórios sanitários, em geral de menor custo.

e) Poliestireno expandido (EPS)

Fabricado no Brasil desde meados dos anos 1960, o EPS é um plástico inerte, atóxico, além de versátil, higiênico e 100 % reciclável. É uma espuma semirrígida, mais conhecido no Brasil pela marca Isopor®, obtida pela expansão da resina PS durante sua polimerização por meio de um agente químico. Apresenta-se sob a forma de esferas, que são comprimidas dentro de um molde fechado e, por intermédio de aplicação de calor, sofrem expansão formando a peça ou blocos. Sua principal característica é a elevada capacidade de isolação térmica. Um aspecto desse material que não pode ser negligenciado é sua elevada flamabilidade e geração de fumaça densa e escura quando em combustão.

Principais aplicações

Sendo extremamente leve, é um material facílimo de ser trabalhado. Proporciona ótimos resultados quando aplicado em pisos flutuantes, sanduíches em painéis para paredes divisórias, decoração, forros, isolamento acústico e isolamento térmico, cada vez mais presente em enchimento de lajes, telhas, sistemas construtivos, concreto leve, estabilização de solos (Geofoam), entre outras.

Um dos pontos fortes do EPS refere-se à redução do consumo energético propiciado por suas propriedades e características técnicas. A aplicação do EPS em projetos construtivos e arquitetônicos permite uma economia de energia que pode chegar a 30 %. Além da baixa condutividade térmica, baixo peso, resistência ao envelhecimento, absorção de choques, resistência à compressão e absorção de água, o EPS é um material versátil e de fácil manuseio, o que garante uma economia de cerca de 20 % no prazo de construção, além de apresentar uma redução de 6 a 8 % no custo total do projeto.

24.7.2 Plásticos de Engenharia

a) Poliamidas

A classe das poliamidas é das mais versáteis dentre os plásticos conhecidos como de engenharia, por apresentarem resistência mecânica e térmica superiores às dos plásticos ditos de uso geral. As poliamidas são obtidas pela polimerização de diferentes tipos de monômeros, em reações normalmente de condensação entre diácidos e diaminas. O número de átomos de carbono nas cadeias do diácido e da diamina é que atribui a designação da poliamida; por exemplo, a poliamida obtida da condensação de ácido adípico (seis átomos de carbono) com hexametileno diamina (seis átomos de carbono) dá origem à chamada poliamida 6.6.

Principais aplicações

As poliamidas apresentam uma gama de aplicações bastante ampla. Em virtude do excelente balanço de resistência mecânica e térmica, as poliamidas são muito empregadas em buchas para fixação, cordas e tecidos de engenharia, carcaças de diversos equipamentos elétricos, carcaças de disjuntores e outros dispositivos de proteção, dobradiças para fixação de portas, dentre muitas outras aplicações. As poliamidas são, muitas vezes, reforçadas com fibras de vidro ou microesferas de vidro, dentre outros reforços, dando origem a materiais compósitos com rigidez e resistência a temperaturas ainda mais elevadas.

b) Poliésteres

Duas classes importantes de poliésteres são amplamente utilizadas em construção civil, a saber, os poliésteres termoplásticos e os poliésteres termofixos, também conhecidos como poliésteres insaturados ou *fiberglass*.

b.1) Poliésteres termoplásticos

Os poliésteres termoplásticos são obtidos pela polimerização de um diácido com um diálcool. O tipo mais empregado de diácido é o ácido tereftálico (PTA), enquanto o tipo de diálcool utilizado pode variar amplamente, sendo os dois de maior aplicação comercial o etileno glicol, que dá origem ao polietileno tereftalato (PET), e o butileno glicol, que dá origem ao polibutileno tereftalato (PBT).

Principais aplicações

Além da ampla aplicação do PET em fibras e garrafas, em função da elevada resistência mecânica aliada à baixa barreira à permeação de gases, o PET encontra aplicação em fibras e fios para cordas e outros tecidos de engenharia. Já o PBT é considerado um termoplástico de engenharia de elevadas propriedades mecânicas e térmicas e, muitas vezes, é reforçado com fibras de vidro e outros reforços, como as poliamidas. Suas aplicações principais são em conectores elétricos, carcaças de equipamentos elétricos diversos etc.

b.2) Poliésteres termofixos (fiberglass)

O *fiberglass* é constituído pela combinação de fibras de vidro embebidas em uma resina de poliéster insaturada, a qual é líquida antes de sofrer o processo de reticulação. As resinas de poliéster insaturado são obtidas de maneira semelhante às resinas termoplásticas, porém apresentam em sua estrutura insaturações ou duplas ligações carbono-carbono, as quais, na presença de um monômero de ligação, aceleradores e catalisadores, sofrem ao longo do processo de moldagem reações de formação de ligações cruzadas entre suas cadeias, tornando-se termofixas.

Monômeros de ligação normalmente empregados são o estireno, o alfametil estireno e o metil metacrilato. O estireno é empregado em formulações tradicionais de resinas de poliéster insaturado, enquanto o alfametil estireno é opção quando se deseja maior resistência à temperatura. O metil metacrilato confere à formulação maior resistência ao ultravioleta.

Principais aplicações

Convenientemente projetado, forma uma estrutura semelhante ao concreto armado, em que a resina é o cimento e as fibras de vidro, as barras de ferro. É material considerado tão nobre quanto o aço inoxidável. Sua resistência é superior à da chapa de aço, quando cuidadosamente calculada sua forma, porcentagem e disposição das fibras de vidro a serem combinadas com as resinas. Na construção, seu emprego estende-se largamente, seja para usos estruturais, painéis de vedação, paredes divisórias ou equipamento.

Sua principal vantagem é a facilidade com que se adapta aos processos de industrialização, sendo, portanto, de grande valor para o ramo da pré-fabricação. Aplicações como banheiras, domos, painéis diversos, escadas, treliças podem ser realizadas em *fiberglass*, com vantagens como a leveza, durabilidade e imunidade à corrosão. Também apresenta amplas possibilidades de emprego como fôrmas para concreto, principalmente nos casos em que há repetição de um elemento, pela possibilidade de reaproveitamento e de obtenção de superfícies de ótimo acabamento.

Mais recentemente, aplicações estruturais importantes têm se destacado na construção civil, a partir do uso de perfis de poliéster reforçado com fibra de vidro produzidos pelo processo de pultrusão. Nesse processo, filamentos contínuos de fibra de vidro são embebidos em resina poliéster e essa mistura é forçada a passar por um molde, formando um perfil com praticamente a seção transversal que se desejar. A resistência mecânica desses perfis é elevadíssima, notadamente por conta do módulo de rigidez decorrente da utilização das fibras de vidro contínuas.

c) Policarbonatos (PC)

Os policarbonatos são uma família de polímeros obtidos pela combinação de monômeros que resultam em uma estrutura molecular de elevadíssima rigidez. O tipo mais comum de policarbonato é obtido pela polimerização de bisfenol A com fosgênio, resultando em um polímero transparente de altíssima resistência ao impacto, rigidez e resistência à temperatura.

Principais aplicações

O PC, em função de sua transparência, é amplamente utilizado na construção civil na forma de painéis e telhas. Blocos vazados ou imitando vidro são também fabricados em PC, com a vantagem da elevada resistência ao impacto. Chapas grossas de policarbonato podem ser utilizadas em substituição ao vidro em proteção balística. Além disso, pela combinação de transparência com resistência ao calor, é muito utilizado em painéis elétricos, hidrômetros etc.

d) Acrílicos

O termo acrílico é a denominação comumente empregada para o polímero obtido pela polimerização do metil metacrilato. O polímero assim obtido, denominado polimetilmetacrilato (PMMA), apresenta como característica a elevadíssima transparência e brilho e, por conta de sua estrutura molecular, uma resistência à radiação UV incomparável dentre os plásticos. São plásticos nobres, de qualidades óticas e aparência semelhantes ao mais fino vidro.

Principais aplicações

Em função da elevada transparência e brilho, o PMMA é amplamente utilizado em aplicações com papel decorativo na construção civil, como no revestimento de banheiras, aparelhos de iluminação, paredes divisórias, domos, tapa-vistas e em substituição ao vidro.

e) Poliacetais

Existem diversos tipos de resinas termoplásticas, denominadas poliacetais, sendo os tipos principais os chamados homopolímero e copolímero. Em ambos os casos, o constituinte principal é o formaldeído, dando origem ao polímero denominado polioximetileno (POM). Além de elevada resistência mecânica e térmica, a principal característica dos poliacetais consiste na excelente resistência ao atrito, aliada à autolubricidade. Além do mais, possui elevadíssima estabilidade dimensional e resistência à fadiga.

Principais aplicações

Em função de suas características, os poliacetais são amplamente empregados em aplicações nas quais se deseja peças com elevada durabilidade diante de esforços repetitivos, como em buchas, mancais, eixos, engrenagens, trilhos, rodízios etc.

24.7.3 Outros Polímeros Diversos

a) Polímeros em tintas e vernizes

Essas resinas são largamente utilizadas pela indústria de tintas e vernizes. Uma tinta é composta

FIGURA 24.11 Banheira termoformada a partir de chapas de acrílico com injeção de recheio de poliuretano. Foto: cortesia de Stamplas Artefatos de Plásticos Ltda.

de dois elementos: o pigmento (que lhe dá a cor) e o veículo (o meio dispersante dos pigmentos).

Ao pigmento deve ser adicionada uma "liga" (*binder*) que proporcione uma formação uniforme da película colorida. Essa liga é obtida das mais diversas fontes, porém as resinas sintéticas há muito tempo superaram em uso as resinas naturais pelas suas qualidades superiores e facilidade de obtenção.

Uma grande variedade de produtos é apresentada com base em resinas sintéticas: tintas em emulsão, nas quais partículas finíssimas do polímero obtido pela polimerização em meio aquoso constituem o que comumente chama-se látex, e tintas em solução, nas quais o polímero encontra-se solubilizado em um solvente adequado, como vernizes e outros tipos de esmaltes.

A resina sintética mais empregada em tintas é o poliacetato de vinila (PVA), também conhecida como tintas vinílicas. As tintas em emulsão ou látex podem ser também obtidas a partir de monômeros acrílicos, para situações nas quais se deseja um maior nível de resistência ao intemperismo.

Esmaltes e vernizes podem ser obtidos a partir de diversos polímeros, sendo os principais os pertencentes às famílias das resinas alquídicas, epóxi, poliuretanos, dentre outros.

b) Resinas epóxi

As resinas epóxi pertencem a uma ampla família de possibilidades de polímeros termofixos. A depender das características dos monômeros empregados na formação da resina base, que se apresenta na forma de líquido viscoso, podem ser obtidas resinas epóxi de variada resistência mecânica, térmica ou mesmo ao intemperismo. As resinas epóxi são normalmente apresentadas em sistemas bicomponente, nos quais um pré-polímero epóxi é reticulado na presença de uma amina, normalmente poliamina amidas, as quais promovem, mesmo a frio, a abertura dos anéis epóxi presentes na resina, promovendo sua reticulação.

As principais características das resinas epóxi, de maneira geral, são a elevada resistência mecânica e térmica. De forma semelhante às resinas poliéster insaturado, podem ser utilizadas como impregnante de fibras ou tecidos de vidro, formando compósitos de elevadíssima resistência mecânica.

Principais aplicações

As resinas epóxi são empregadas na construção civil com as seguintes finalidades principais:

- *Adesivos*: sistemas bicomponente são de fácil utilização, com tempos diversos de reticulação a depender da finalidade. Ao final do processo de reticulação, apresentam resistência química, alta capacidade de adesão e resistência final muito elevada.
- *Selante*: para uso em todos os materiais de construção, possuindo durabilidade e elasticidade muito maiores do que as dos materiais de uso convencional, como betume e outros termoplásticos.
- *Revestimentos*: oferecem excelente resistência à abrasão; são recomendadas especialmente para preservação de paredes de reservatórios em contato com agentes químicos agressivos, ou mesmo em pisos especiais.
- *Pavimentação*: empregadas como antiderrapantes em locais em que não se deseja um acréscimo substancial de peso na estrutura, como em pontes, por exemplo.

c) Hypalon e neoprene

São elastômeros sintéticos utilizados principalmente em impermeabilizações, apresentando qualidades excepcionais de resistência à ação do ozônio, das intempéries, da luz solar e do calor, não alterando suas condições de elasticidade e aderência sob condições das mais diversas.

O revestimento é aplicado por meio de rolo, pincel ou pulverização sobre vários tipos de superfícies, vulcanizando ao ar livre e transformando-se em uma película impermeável e elástica.

Possuem ainda outras aplicações como gaxetas, para vedação de paredes de vidro e esquadrias. Usados em estruturas como aparelho de apoio, em juntas de expansão e como base antivibratória.

d) Silicones

Pertencem à família das resinas sintéticas e são obtidos a partir da sílica que, por meio de reações químicas diversas, dá origem a compostos denominados silanos, os quais são polimerizados em silicones, sendo o mais comum o polidimetilsiloxano, um polímero de estrutura de cadeias lineares na forma de líquido viscoso, que pode ser reticulado na presença de agentes químicos adequados, como peróxidos. Os silicones também podem ser obtidos na forma de polímeros de cadeias ramificadas, as quais dão origem às resinas utilizadas como base em adesivos e selantes.

Adesivos e selantes são normalmente produzidos pela modificação da cadeia principal do silicone com grupos funcionais, os quais podem ser reativos na presença de moléculas simples, por exemplo, água. Adesivos à base de silicone de uso convencional são reticulados na presença de água, sendo dois os tipos

568 Capítulo 24

de reticulação normalmente encontrados: cura ácida ou acética, pela liberação de ácido acético durante o processo de reticulação, ou cura neutra. Silicones de cura acética são amplamente utilizados como adesivos para superfícies não porosas, vitrificadas (como vidro ou azulejos), ou em metais pouco sensíveis à corrosão. Já os tipos neutros, de maior custo, são empregados na adesão de plásticos, madeiras, metais ferrosos, superfícies porosas etc.

Os silicones possuem um campo de aplicação limitado na construção, sendo especificamente indicados para a proteção de superfícies sujeitas às intempéries. É interessante saber que os silicones não realizam uma vedação mecânica da superfície em que são aplicados. O material que constitui a superfície continua com seus poros livres para "respirar" e pode, até mesmo, absorver água, dependendo da pressão com que ela for impelida contra a superfície. O que acontece, realmente, é que a aplicação do silicone confere ao material de construção uma tensão superficial sensivelmente menor que a da água. Esta, sem ter sua tensão superficial rompida, escorre sobre a superfície sem encharcá-la. Essa aplicação protetora é denominada tecnicamente "hidrofugação".

24.8 RECICLAGEM DOS MATERIAIS PLÁSTICOS

A durabilidade dos plásticos é uma das características mais importantes desse material, uma vez que, para inúmeras aplicações, é imprescindível ser resistente e durável, principalmente nas aplicações da construção civil. Uma característica marcante dos plásticos e benéfica ao meio ambiente é a sua reciclabilidade.

Os materiais plásticos são produtos 100 % recicláveis, e, inclusive, na Resolução nº 307 do Conselho Nacional do Meio Ambiente (Conama), que estabelece diretrizes e procedimentos para a gestão dos resíduos da construção civil, os plásticos são classificados no grupo B (resíduos recicláveis). Segundo pesquisa realizada pela Plastivida – Instituto Sócio Ambiental dos Plásticos (2013), o índice de reciclagem dos plásticos em 2012 foi de 21 %, número significativo levando-se em conta que o índice de reciclagem de plásticos na Europa foi de 25 % no mesmo ano, e que no Brasil não há estrutura bem desenvolvida de coleta seletiva. Dados da Abiplast (2024) informam que, em 2023, foram consumidos no Brasil mais de 1,3 milhão de toneladas de resinas termoplásticas pós-consumo, correspondendo a um índice de reciclagem mecânica de cerca de 25,6 %, similar aos países desenvolvidos.

Atualmente, as aplicações dos produtos plásticos reciclados, em diversos setores, são bastante diversificadas no Brasil. Outro ponto a se considerar é que cada vez mais o produto reciclado plástico conta com maior valor agregado, sendo destinado a segmentos com maior exigência técnica e de qualidade, o que resulta em maior valor comercial no mercado. Os produtos feitos de plásticos reciclados são utilizados pela indústria automotiva, construção civil, moda, calçados, entre outras.

Os plásticos possuem um poder energético 20 % superior ao da gasolina e, se forem usados como combustível, podem ser recuperados como tal em caldeiras que geram vapor para geração de energia elétrica ou no aquecimento em processos industriais, com consequente redução da exploração de recursos naturais utilizados para esses fins. Na produção de cimento, por exemplo, os resíduos plásticos podem ser coprocessados com outros combustíveis.

É notável, entretanto, a rápida evolução que os processos de reciclagem avançada (ou química) observada nos anos recentes já demonstram; em breve, processos de reciclagem de resíduos plásticos misturados serão realizados por meio da desconstrução das moléculas ao final da vida útil, de forma a obter hidrocarbonetos e outras espécies químicas que serão recicladas diretamente nas plantas petroquímicas, gerando polímeros virgens com propriedades renovadas e especificações totalmente controladas (Hundertmark, 2018). Com certeza, esse é um tema a ser acompanhado por toda a indústria, com resultados que serão definitivamente transformadores em termos de circularidade.

BIBLIOGRAFIA

ASSOCIAÇÃO BRASILEIRA DA INDÚSTRIA DO PLÁSTICO (ABIPLAST). *Preview 2023*. As indústrias de transformação e reciclagem de plástico no Brasil. São Paulo: Abiplast, 2024. Disponível em: https://www.abiplast.org.br/wp-content/uploads/2024/08/Preview-2023Abiplast_Web.pdf. Acesso em: 24 set. 2024.

ACKELRUD, L. *Fundamentos da ciência dos polímeros*. Barueri: Manole, 2006.

AGNELLI, J. A. M. *Introdução a materiais poliméricos*. São Carlos: Núcleo de Reologia e Processamento de Polímeros, Departamento de Engenharia de Materiais, Universidade Federal de São Carlos, 2000.

ANDRADE, C. T. *et al. Dicionário de polímeros*. Rio de Janeiro: Interciência, 2001.

BILLMEYER JR., F. W. *Textbook of polymer science*. 3. ed. New York: John Wiley & Sons, 1984.

CALLISTER JR., W. D. *Ciência e engenharia de materiais*: uma introdução. 8. ed. Rio de Janeiro: LTC, 2012.

CANEVAROLO JR., S. V. *Ciência dos polímeros*. Um texto básico para tecnólogos e engenheiros. 4. ed. São Paulo: Artliber, 2024.

CANEVAROLO JR., S. V. Polímeros. *In*: LEIVA, D. R.; RODRIGUES, J. A. (Ed.). *Engenharia de materiais para todos*. São Carlos: Edufscar, 2013.

FAZENDA, J. M. R. *Tintas*: ciência e tecnologia. São Paulo: Edgard Blücher, 2009.

HUNDERTMARK, T. *et al. How plastics-waste recycling could transform the chemical industry*. Houston: McKinsey & Company, 2018.

INSTITUTO BRASILEIRO DO PVC. *Monitoramento dos índices de reciclagem mecânica de PVC no Brasil*. São Paulo: Instituto Brasileiro do PVC/Maxiquim, 2018.

JANSON, L. E. *Plastics pipes for water supply and sewage disposal*. 4. ed. Sweden: Stenungsund-Borealis, 2003.

MANO, E. B. *Polímeros como materiais de engenharia*. São Paulo: Edgard Blücher, 2003.

MANO, E. B.; MENDES, L. C. *Introdução a polímeros*. 2. ed. São Paulo: Edgard Blücher, 2004.

MANRICH, S. *Processamento de termoplásticos*. 2. ed. São Paulo: Artliber, 2013.

OSSWALD, T. A.; MENGES, G. *Materials science of polymers for engineers*. 3. ed. Munich: Carl Hanser Verlag, 2012.

PLASTIVIDA – INSTITUTO SÓCIO AMBIENTAL DOS PLÁSTICOS. *Monitoramento dos índices de reciclagem mecânica de plástico no Brasil 2013. Ano-base 2012*. São Paulo: Plastivida, 2013. Disponível em: http://www.plastivida.org.br/images/temas/Apresentacao_IRMP_2012.pdf. Acesso em: 12 abr. 2024.

RODOLFO JR., A.; TSUKAMOTO, C. T. (Org.). *Tecnologia do PVC*. 3. ed. São Paulo: Olhares, 2018.

SHACKELFORD, J. F. *Ciência dos materiais*. 6. ed. São Paulo: Pearson Education, 2008.

WIEBECK, H.; HARADA, J. *Plásticos de engenharia*. Tecnologia e aplicações. São Paulo: Artliber, 2005.

25

MANIFESTAÇÕES PATOLÓGICAS EM REVESTIMENTOS DE ARGAMASSA INORGÂNICA E CERÂMICOS – RECOMENDAÇÕES PARA PROJETOS/ EXECUÇÃO/MANUTENÇÃO

Prof. Eng.º Roberto José Falcão Bauer •
Eng.ª Fabiola Rago Beltrame •
Prof. Dr. Antônio Neves de Carvalho Júnior

25.1 Introdução, 571
25.2 Falhas em Revestimentos, 571
25.3 Recomendações nas Fases de Projeto, Execução e
Manutenção dos Revestimentos, 594

25.1 INTRODUÇÃO

Por diversas vezes o Centro Tecnológico Falcão Bauer tem sido solicitado para analisar casos de anomalias em revestimentos. Em muitas situações, as causas são várias, porém, em determinado momento, uma delas, embora de pequena importância isoladamente, se torna preponderante e, atuando no limite, ocasiona o caso patológico.

As falhas que ocorrem nos revestimentos podem ser causadas por deficiências de projeto; por desconhecimento das características dos materiais empregados e/ou emprego de materiais inadequados; por erros de execução, seja por deficiência de mão de obra, desconhecimento ou não observância de normas técnicas e por problemas de manutenção.

Neste capítulo serão analisadas, na primeira parte, várias anomalias de revestimentos que vêm sendo diagnosticadas pelo Centro Tecnológico Falcão Bauer nos últimos anos.

25.2 FALHAS EM REVESTIMENTOS

25.2.1 Descolamentos

Os revestimentos podem apresentar uma série de patologias prejudiciais ao seu bom funcionamento no que se refere a aspectos estéticos, bem como em relação às funções de proteção e isolamento.

Entre os problemas mais comumente encontrados pelo Centro Tecnológico Falcão Bauer figuram os descolamentos. A seguir, serão tratados alguns aspectos dessa patologia.

25.2.1.1 Descolamentos em revestimentos de argamassa

Os descolamentos ocorrem de modo a separar uma ou mais camadas dos revestimentos argamassados e apresentam extensão que varia desde áreas restritas até dimensões que abrangem a totalidade de uma alvenaria. Podem se manifestar com empolamento em placas ou com pulverulência.

Entre os principais fatores causadores de descolamentos nas argamassas de cal estão as expansões, em razão do uso de produtos não hidratados devidamente, da hidratação incompleta da cal extinta e da má qualidade da cal.

Argamassas mistas com excesso de cimento na composição também poderão apresentar problemas de descolamento em função da elevada rigidez.

a) Descolamento por empolamento

A cal constitui o material que está diretamente envolvido com esse tipo de patologia; portanto, tal anomalia ocorre nas camadas com maior proporção de cal.

Geralmente o reboco se destaca do emboço, formando bolhas cujo diâmetro aumenta progressivamente.

A cal livre, ou seja, a cal não hidratada, existente no revestimento de argamassa por ocasião de sua execução, irá se extinguir depois de aplicada, aumentando de volume e, consequentemente, causando expansão.

A instabilidade de volume também pode ser atribuída à presença de óxido de magnésio não hidratado. A hidratação desse óxido é muito lenta e, se não tiverem sido tomados os devidos cuidados, poderá ocorrer meses após a execução da argamassa, produzindo expansão e empolando o revestimento.

Nem sempre as cales dolomíticas são expansivas; isso depende de determinadas circunstâncias, como temperatura de calcinação, velocidade de resfriamento, tipo de cristalização, entre outros fatores.

No caso de argamassas mistas, o fenômeno da expansão aumenta consideravelmente, em razão de causas mecânicas, principalmente porque as argamassas contendo cimento Portland são muito mais rígidas e, nesse caso, a expansão causa desagregação da argamassa, enquanto em argamassas menos rígidas parte da expansão é passível de acomodação.

O óxido de cálcio presente na cal é avaliado no ensaio de estabilidade. A superfície da pasta endurecida submetida a ensaio não deverá apresentar cavidades ou protuberâncias após 5 horas de cura sob vapor d'água.

A existência de óxido de magnésio não hidratado é determinada pela expansibilidade de corpos de prova de argamassa mista de cimento e cal, após autoclavagem.

O limite proposto pela norma ABNT NBR 7175:2003 para o teor de óxidos livres na cal utilizada em construção civil corresponde a 10 % para CH-I e 15 % para a CH-II e CH-III.

b) Descolamento em placas

As placas do revestimento de argamassa que se descolam geralmente são o reboco e o emboço, e a ruptura ocorre na ligação entre essas camadas e a base (alvenaria).

A placa pode se apresentar endurecida, quebrando com dificuldade, ou então quebradiça, partindo-se com certa facilidade. Em ambos os casos, o som produzido quando a superfície é submetida à percussão é cavo.

As causas dessa anomalia geralmente estão relacionadas com a falta de aderência das camadas de revestimento à base. Um chapisco executado com areia fina compromete a aderência à base, à medida que constitui uma camada de maior espessura, visando obter superfície com rugosidade adequada e, consequentemente, gerando tensões em razão da retração da argamassa.

Sabe-se que a aderência é obtida pela penetração da nata de aglomerante nos poros da base e endurecimento subsequente, e pelo efeito da ancoragem mecânica da argamassa nas reentrâncias e saliências macroscópicas da base.

Para que se obtenha boa aderência dos revestimentos, os poros da base devem estar abertos; assim a superfície sobre a qual será aplicada a outra camada de revestimento não pode ser muito alisada (camurçada), bastando que seja sarrafeada para tornar-se áspera.

Caso a base seja de concreto liso, a superfície deve ser preparada conforme as recomendações da ABNT NBR 7200:1998 e, se necessário, utilizado chapisco aditivado sobre a superfície, que pode ser previamente apicoada e escovada. Argamassas aplicadas com espessura superior à recomendada por essa norma irão criar esforços, podendo comprometer a aderência do revestimento.

Constatamos, em várias obras com descolamentos de revestimento, espessuras de emboço de até 10 cm. Segundo a norma aqui referida, quando necessário, podem ser utilizados meios especiais para garantir a aderência, como a aplicação de telas ou outros dispositivos fixados à base, quando esta não merecer confiabilidade quanto à aderência.

Quando a espessura do revestimento for superior a 4 cm, recomenda-se a utilização de telas galvanizadas eletrossoldadas de malha de uma polegada e fio de 1,24 mm de diâmetro fixadas com pinos à base, cravados com pistola apropriada, com espaçamentos de 50 cm nas duas direções.

Argamassas de cimento e areia, ricas em aglomerantes, com espessuras excessivas, são passíveis de apresentar problemas, uma vez que gerarão, pela retração natural, tensões elevadas de tração entre a base e o revestimento, podendo ocorrer descolamentos.

Outro fato gerador de tensões corresponde às grandes variações de temperatura, que podem gerar tensões de cisalhamento na interface argamassa-base capazes de provocar o descolamento do revestimento.

Uma preparação adequada da base fornecerá as condições necessárias para a criação da ligação mecânica.

Não havendo água suficiente para a hidratação das partículas de cimento que se localizam junto à face de contato da argamassa com a base, em virtude do poder de sucção de água pela alvenaria ou concreto, a aderência fica comprometida. Nesse caso, recomenda-se umedecer a base antes da aplicação de cada camada de revestimento.

Observa-se, ainda, que a condição da aderência é também influenciada pela plasticidade da argamassa, uma vez que esta propriedade está diretamente ligada com a capacidade de estabelecer a extensão de aderência, ou seja, da argamassa molhar (tocar) a base e se moldar entre as saliências e reentrâncias dessa base, onde ocorrerá a migração de pasta de aglomerante para os poros da base (ver condições distintas na Fig. 25.1).

Devem-se verificar problemas na base, como deficiência de limpeza para eliminação de pó e resíduos em bases de concreto, a presença de agentes desmoldantes, chapiscos executados com areia fina, ou até a ausência da camada de chapisco em determinados casos.

De acordo com a ABNT NBR 7200:1998 e outras experiências práticas, recomendam-se, em geral, os seguintes cuidados no preparo da base que receberá o revestimento em argamassa:

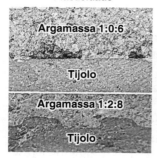
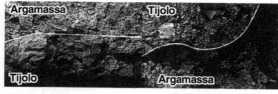

Fotomicrografias da interface argamassa-tijolo dos traços 4 – 1:2:10 (A) e traço 1 – 1:0:6 (B).
Vista de perfil sem o destacamento de argamassa. IER.

FIGURA 25.1 Imagens da extensão de aderência (Polito, 2008).

- remoção da base de materiais pulverulentos (pó, barro e fuligem), escovando a parede com vassoura de piaçava seguida, se necessário, de lavagem;
- remoção de fungos (bolor) e microrganismos, com a utilização de solução de hipoclorito de sódio (4 a 6 % de cloro), seguida de lavagem da região com bastante água;
- eliminação de substâncias gordurosas e eflorescências, com uma solução de 5 a 10 % de ácido muriático diluído em água, seguida de lavagem da área com água em abundância;
- em se tratando da base de concreto, deve-se remover completamente a película desmoldante, caso esta tenha sido utilizada. Limpar a superfície da estrutura de concreto, com escova de aço, detergente neutro e água à alta pressão. Além disso, todos os pregos e arames que porventura tenham sido deixados pelas formas devem ser retirados ou cortados e tratados com zarcão de boa qualidade;
- antes de qualquer procedimento de limpeza com produtos químicos, a base deverá ser completamente saturada com água e lavada com água em abundância, após aplicação, para sua completa remoção.

c) Descolamento com pulverulência ou argamassa friável

Os sinais de pulverulência observados com mais frequência são a desagregação e consequente esfarelamento da argamassa ao ser pressionada manualmente. A argamassa se torna friável, ocorrendo descolamento com pulverulência.

Em revestimentos argamassados que recebem pintura, compostos de emboço e reboco, observa-se que a anomalia ocorre geralmente no reboco.

Com a desagregação da camada de reboco, no caso de revestimentos que receberam pintura, a película de tinta se destaca com facilidade, carregando partículas de reboco no seu verso. Em casos de massa única, geralmente a camada se esfarela como um todo.

Uma das principais causas do problema corresponde ao tempo insuficiente de carbonatação da cal existente na argamassa, principalmente quando se aplica pintura sobre o revestimento em intervalo inferior a 30 dias.

Após a aplicação da argamassa, ocorrem a secagem e o endurecimento. A água de mistura se evapora e, a seguir, pela ação do anidrido carbônico do ar, a água de hidratação é liberada regenerando o carbonato de cálcio, a partir da seguinte reação:

Carbonatação

$$Ca\,(OH)_2 + CO_2 \rightarrow Ca\,CO_3 + H_2O \text{ argamassa}$$
$$\text{endurecida}$$
$$\text{(carbonato de cálcio)}$$

Assim, por ser o endurecimento resultante da carbonatação da cal, a resistência da argamassa é função de condições adequadas à penetração do CO_2 do ar por toda a espessura da camada.

Argamassas pobres, ainda que apresentem porosidade favorável à carbonatação, não possuem resistência suficiente para garantir sua aderência à base.

No caso de argamassas que contenham aglomerantes hidráulicos, uma situação que contribui para a friabilidade é a falta de molhagem da base, por ocasião da aplicação da argamassa, causando perda da água de amassamento, necessária para que ocorra a perfeita hidratação do aglomerante hidráulico.

A friabilidade também ocorre quando a proporção água/massa semipronta utilizada é superior à recomendada pelo fabricante, ou quando se utiliza o material após o prazo máximo de estocagem.

Uma argamassa deverá ser utilizada antes que decorra intervalo de tempo superior ao prazo de início de pega do cimento empregado, que é da ordem de 2,5 horas. Muitas vezes, as argamassas mistas com cimento são preparadas de modo inadequado e deixadas em repouso, "curtindo", antes de sua aplicação, como se fossem argamassas de cal e areia, comprometendo a porção aglomerante hidráulica.

O Centro Tecnológico Falcão Bauer já pôde verificar o emprego de argamassas com gesso e cimento em revestimentos de cantos de fachadas, jardineiras e em determinados pontos das fachadas, nas quais o guincho de serviço estava montado. O guincho é desmontado após a execução do revestimento externo, restando somente essa área a ser executada.

Esse tipo de argamassa geralmente é utilizado pensando-se nas vantagens quanto ao endurecimento rápido e, consequentemente, na redução do tempo de execução. Entretanto, deve-se alertar quanto à formação de etringita,[1] que leva a um aumento de volume da argamassa, gerando trincas no revestimento e conferindo características de friabilidade à argamassa.

---

[1] O aluminato tricálcico do clínquer Portland (C_3A), ao reagir com o gesso ($CaSO_4 \cdot \frac{1}{2}H_2O$) colocado com a pretensa função de acelerar a pega do cimento e com a água de amassamento da argamassa, promove excessiva formação do trissulfoaluminato de cálcio hidratado (etringita) com consequente expansibilidade e desagregação do material.

574 Capítulo 25

25.2.1.2 Descolamentos em revestimentos cerâmicos

As causas mais comuns das anomalias em revestimento cerâmico, detectadas nas inspeções realizadas pelo Centro Tecnológico Falcão Bauer, são a inexistência ou a deficiência de projeto, a ausência de juntas de movimentação, o desconhecimento das características das argamassas, das placas cerâmicas e dos materiais para juntas que estão sendo usados. Além disso, são comuns a utilização de materiais inadequados, a existência de erros de execução em todas as etapas do revestimento, o desconhecimento ou a não observância das normas técnicas e as falhas na manutenção.

Nos itens subsequentes serão discutidos pontos para a execução adequada de um revestimento cerâmico, a fim de minimizar os problemas patológicos observados ultimamente em cada uma das etapas do revestimento.

a) Preparo de base

Ao se iniciar a execução do revestimento cerâmico, devem ser verificadas algumas condições da base que receberá esse revestimento, para evitar futuras patologias nos revestimentos cerâmicos. Alguns pontos são levantados a seguir:

- a estrutura e a alvenaria devem estar totalmente executadas, a fim de minimizar as tensões de deformações imediatas, recalques admissíveis das fundações, retrações da argamassa de assentamento das alvenarias, entre outras;
- a argamassa de regularização (emboço) deve atender as especificações da ABNT NBR 7200:1998 e, quanto à espessura, as recomendações da ABNT NBR 13749:2013, em que a espessura deve estar compreendida entre 20 e 30 mm; caso ocorram valores superiores de espessura, em função do desaprumo da edificação, deve-se realizar mais de uma camada com aplicação de tela entre elas. Já a norma ABNT NBR 13755:2017[2] estabelece que a espessura total de argamassa deve estar entre 20 e 80 mm, e a espessura máxima de uma única camada não deve ser superior a 50 mm e a mínima não deve ser inferior a 20 mm, explicitando ainda em uma nota que as espessuras das camadas podem ser diferentes das citadas pelas ABNT NBR 7200:1998 e ABNT NBR 13749:2013;

- a argamassa de regularização não deve, em hipótese alguma, conter cimento e gesso, pois isso poderia resultar em uma reação expansiva quando em contato com a água;
- a argamassa de regularização deve estar pronta, no mínimo 14 dias antes do início da execução do revestimento cerâmico (esse prazo será estendido para 30 dias, caso seja utilizado o aglomerante cal);
- a argamassa de regularização deve ser realizada empregando-se a proporção adequada de seus constituintes ou, se industrializada, ser preparada conforme orientações da embalagem, inclusive na quantidade de água adicionada e no tempo de mistura recomendado. Deve-se verificar, antes do início da execução do revestimento cerâmico, se a argamassa da base não se encontra friável ou com som cavo, quando realizada percussão;
- a superfície da argamassa de regularização deve estar limpa, isenta de materiais que possam comprometer a aderência, sem trincas, no esquadro, com planeza e com acabamento sarrafeado áspero;
- a temperatura da argamassa de regularização deverá ser superior a +5 °C e inferior a +30 °C;
- recomenda-se um pré-umedecimento da superfície (sem saturação) em locais sujeitos à insolação e vento;
- de acordo com a ABNT NBR 13755:2017, a argamassa de regularização (emboço) deve apresentar resistência superficial de acordo com o apresentado na Tabela 25.1;

---

[2] A norma NBR 13755 da ABNT foi revisada em 2017.

TABELA 25.1 Requisitos e critérios de aceitação do emboço quanto à resistência de aderência superficial

Ensaio	Amostragem mínima	Resultado do ensaio (MPa)	Comentários
Resistência de aderência superficial	12 CP a cada 2000 m²	Pelo menos oito CP ≥ 0,5	Aprovado
		$0,3 \leq$ oito CP $< 0,5$	Consultar o responsável pelo projeto
		Menos de oito CP ≥ 0,3	Reprovado

Fonte: adaptada da norma ABNT NBR 13755.

- a argamassa de regularização deve apresentar resistência de aderência à tração superior a 0,3 MPa (pelo menos oito resultados em uma série de 12 CPs ensaiados).

b) Argamassa colante

Muitas patologias podem ter origem na qualidade dos materiais empregados, sendo a qualidade da argamassa colante um fator importante para um bom desempenho do revestimento cerâmico.

As argamassas colantes, também chamadas argamassas adesivas, são produtos industrializados vendidos em embalagens apropriadas, na forma de pó, formadas basicamente por uma mistura de cimento Portland, agregados minerais e aditivos dosados industrialmente, às quais deve ser acrescentada apenas água, formando uma pasta viscosa, plástica e aderente, para ser utilizada no assentamento de placas cerâmicas de revestimento pelo método de camada fina.

Em geral, o emprego da argamassa colante traz benefícios diversos, como: uniformidade da mistura, menos etapas e maior agilidade de produção da argamassa em canteiro, menor consumo de argamassa comparativamente com o assentamento com argamassa convencional, maior facilidade de aplicação e menor desperdício de materiais.

Ao misturar o produto anidro com a água de amassamento, forma-se um sistema de três fases (sólido granulado – líquido – ar). Os aditivos presentes no material produzem uma dispersão coloidal que, pelas características de atividade superficial, tende a interpor-se entre as partículas de cimento, lubrificando o contato entre as partículas sólidas e, como consequência, modificando a plasticidade da argamassa. Dessa maior plasticidade e da atividade superficial do aditivo depende, em geral, a aderência inicial do produto.

Dependendo do tipo de aditivo empregado pelo fabricante na mistura, para que a argamassa colante adquira as propriedades mínimas de aderência, tanto inicial como final, é necessário que transcorra um tempo de espera mínimo a partir da mistura do produto anidro com a água de amassamento, para que ocorram as reações dos constituintes ativos do material, principalmente a passagem dos polímeros orgânicos, a dissolução coloidal e as primeiras etapas da hidratação do cimento. Esse tempo de repouso sempre deve estar indicado na embalagem da argamassa colante e, em geral, é de 15 minutos.

A argamassa colante, após a sua mistura com a água, tem uma vida útil limitada na masseira, condicionada principalmente à pega do cimento, para emprego em, no máximo, 2 horas e 30 minutos, mantendo-se a masseira protegida de sol, chuva e vento. Após o endurecimento da argamassa na masseira, jamais se deve adicionar água para melhorar sua consistência, pois a argamassa já não terá um desempenho adequado.

O tempo em aberto da argamassa é outra propriedade importante que se refere ao intervalo de tempo no qual, uma vez estendida sobre a base, uma camada de argamassa consegue manter sua propriedade adesiva para o assentamento da placa cerâmica.

Após estender a argamassa sobre a base, ocorre refluxo paulatino para a superfície do material de parte dos aditivos orgânicos, conjuntamente com as bolhas de ar incorporado. Esse fato pode ser observado pela formação de uma película superficial de cor esbranquiçada e de pequena espessura. Esse intervalo de tempo depende da composição do produto e tem grande influência na durabilidade do revestimento. A formação da película faz com que se alterem as forças de coesão inicial da argamassa, reduzindo seu poder total de aderência e, com isso, o tempo em aberto da argamassa colante.

As argamassas colantes devem atender a ABNT NBR 14081:2012 (Parte 1 – Requisitos), que especifica valores de resistência de aderência para ensaios de laboratório, com diferentes tipos de cura, tempo em aberto avaliado após 28 dias e resistência ao deslizamento. De acordo com a supracitada norma, a designação para argamassas colantes é a indicada a seguir:

- **Argamassa colante industrializada – Tipo I (AC – I):**
  Argamassa que atende aos requisitos da tabela a seguir e com características de resistência às solicitações mecânicas e termo-higrométricas típicas de revestimentos internos, com exceção daqueles aplicados em saunas, churrasqueiras, estufas e outros revestimentos especiais.

- **Argamassa colante industrializada – Tipo II (AC – II):**
  Argamassa colante industrializada com características de adesividade que permitem absorver os esforços existentes em revestimentos de pisos e paredes internos e externos sujeitos a ciclos de variação termo-higrométrica e à ação do vento.

576 Capítulo 25

- **Argamassa colante industrializada – Tipo III (AC – III):**

Argamassa colante industrializada que apresenta aderência superior em relação às argamassas dos tipos I e II.

- **Argamassa colante industrializada com tempo em aberto estendido (E):**

Argamassa colante industrializada dos tipos I, II e III, com tempo em aberto estendido.

- **Argamassa colante industrializada com deslizamento reduzido (D):**

Argamassa colante industrializada dos tipos I, II e III, com deslizamento reduzido.

Os valores especificados pela norma aqui mencionada são apresentados na Tabela 25.2. As propriedades opcionais para as argamassas colantes são apresentadas na Tabela 25.3.

Antes do preparo da argamassa colante, deve-se sempre consultar a embalagem, verificando, principalmente, a quantidade de água a ser acrescentada para seu preparo e se o prazo de validade ainda está sendo atendido.

c) Placas cerâmicas

Entre as causas que podem contribuir para o descolamento dos revestimentos cerâmicos está a expansão por umidade (EPU). Este fenômeno é provocado por adsorção de água, na forma líquida ou de vapor, adsorção essa que, ao contrário da simples absorção de água, retida apenas nos poros do material, provoca modificações na sua própria estrutura, com aumento de volume.

Logo após o processo de queima, e durante meses e anos após a fabricação, ocorrerá a reidratação por adsorção de água em forma de vapor, de umidade natural e do meio ambiente no qual a placa cerâmica for assentada. A reidratação por adsorção de água provoca um aumento das moléculas dos minerais, expandindo o corpo cerâmico.

A EPU, também chamada *dilatação higroscópica*, é, portanto, o aumento de tamanho da placa cerâmica na presença de umidade.

Quando da aplicação do revestimento, uma pequena parte da expansão já ocorreu, e o restante ocorrerá com o revestimento já assentado. O tempo de estocagem da placa cerâmica também pode influenciar, uma vez que grande parte da expansão por umidade pode ter ocorrido no período de estocagem, resultando em pequena expansão por umidade a ocorrer após o assentamento.

Para a avaliação da expansão por umidade ocorrida e a ocorrer, devem ser observadas as seguintes definições:

- expansão por umidade ocorrida: remoção da água adsorvida (comprimento do corpo de prova no momento da determinação, em relação ao comprimento após requeima em mufla);
- expansão por umidade efetiva: processos que aceleram a reidratação total do produto cerâmico, que iria ocorrer durante anos (comprimento do corpo de prova após o ensaio acelerado em relação ao comprimento após requeima em mufla).

TABELA 25.2 Especificação mínima para cada tipo de argamassa colante

Requisito		Método de ensaio	Unidade	Critério		
				ACI	ACII	ACIII
Tempo em aberto		ABNT NBR 14081-3:2012	min	≥ 15	≥ 20	≥ 20
Resistência de aderência à tração aos 28 dias, em função do tipo de cura	Cura normal	ABNT NBR 14081-4:2012	MPa	≥ 0,5 ≥ 0,5	≥ 0,5	≥ 1,0
	Cura submersa				≥ 0,5	≥ 1,0
	Cura em estufa				≥ 0,5	≥ 1,0

Fonte: adaptada da norma ABNT NBR 14081-1.

TABELA 25.3 Propriedades opcionais para argamassas colantes

Requisito	Método de ensaio	Critério
Tempo em aberto estendido (*E*)	ABNT NBR 14081-3:2012	Argamassa do tipo I, II ou III, com tempo em aberto estendido no mínimo 10 min além do especificado como propriedade fundamental
Deslizamento reduzido (*D*)	ABNT NBR 14081-1:2012	Argamassa do tipo I, II ou III, com deslizamento menor ou igual a 2 mm

Fonte: adaptada da norma ABNT NBR 14081-1.

O limite da expansão por umidade efetiva, visando evitar problemas de descolamentos das placas cerâmicas, ainda que não especificado, é recomendado no anexo A da norma ABNT NBR ISO 10545-10:2017 como menor ou igual a 0,06 % (ou 0,6 mm/m), especialmente quando as placas são assentadas diretamente sobre substratos de concreto com tempo de cura inadequado e com práticas de instalação insatisfatórias e em certas condições climáticas. Já a norma ABNT NBR 13755:2017 especifica 0,6 mm/m como o valor máximo admissível da EPU para placas cerâmicas a serem utilizadas em fachadas.

Embora nos últimos anos a preocupação com a expansão por umidade por parte dos fabricantes tenha se consolidado e grande parte das placas cerâmicas estejam atendendo a esse parâmetro, o método especificado na norma ABNT NBR ISO 10545-10:2017, método da fervura durante 24 horas, atualmente em vigor no Brasil, não representa realmente a EPU potencial da placa cerâmica. Portanto, podemos com isso estar aprovando lotes de placas cerâmicas que apresentam, no tratamento de fervura, valores abaixo de 0,6 mm/m e que, ao longo dos anos, poderão apresentar valores de EPU maiores, e vir a comprometer o desempenho do revestimento cerâmico.

Para evitar o uso de placas com potencial de EPU nas fachadas, onde o risco de patologias aumenta, o Centro Cerâmico do Brasil (CCB), ao certificar as placas cerâmicas para fachada, estabelece um limite de EPU de 0,6 mm/m pelo método da autoclave, muito mais eficiente em relação ao que irá ocorrer na realidade.

As placas cerâmicas geralmente apresentam uma espécie de pó branco no tardoz, também chamado engobe (necessário durante o processo de produção). Se este pó estiver muito pulverulento e for facilmente removível ao se passar a mão, deve ser removido por processo de lavagem e escovação e, depois, secagem da peça, pois, se entrar em contato com a argamassa colante, pode prejudicar a aderência.

Quando são empregadas placas não esmaltadas, que receberão aplicação de algum produto em sua superfície, deve-se tomar cuidado para evitar a contaminação da face de assentamento e das laterais com os produtos de acabamento, que podem prejudicar a aderência na argamassa colante. Mais detalhes sobre a caracterização e propriedades das placas cerâmicas podem ser encontrados no Capítulo 18.

d) Juntas de movimentação

As patologias no revestimento cerâmico podem estar relacionadas com as juntas de movimentação e dessolidarização.

As juntas de movimentação são juntas intermediárias, normalmente mais largas do que as de assentamento, projetadas para aliviar tensões geradas por movimentação da parede e do próprio revestimento em função das variações de temperatura e umidade ou da deformação lenta do concreto da estrutura revestida.

A ausência ou a aplicação incorreta de juntas de movimentação tem levado a um grande número de patologias. Entre as principais causas, estão:

- falta ou falhas no projeto de revestimento, no qual devem estar indicados o local de execução das juntas, bem como o fator de forma adequado para a obra e o produto em questão, definindo profundidade e largura das juntas;
- falha na aplicação ou aplicação sobre uma base ou argamassa deteriorada, o que não resultará em um sistema eficiente, ou aplicação sem a consulta ao fabricante do selante, ocorrendo formação de bolhas e, muitas vezes, até adesão do selante ao fundo da junta, o que faz com que a junta perca sua função de deformabilidade;
- falta de desempenho adequado do material de enchimento e do selante, que pode enrijecer e craquear ao longo do tempo ou até provocar manchas nas placas cerâmicas;
- ausência de manutenção preventiva, para o reparo ou troca dos selantes.

Internacionalmente, existem algumas recomendações para a realização das juntas de movimentação, listadas a seguir.

- a Sociedade Francesa de Cerâmica recomenda a execução, em revestimentos externos, de juntas de movimentação, no máximo a cada 6 m e 32 m^2;
- as especificações norte-americanas para cerâmica indicam, para revestimentos externos, juntas de 12 mm a cada 5 m, no máximo, as quais devem ser executadas até a argamassa de emboço;
- trabalhos australianos sugerem a execução de juntas de movimentação a distâncias adequadas para absorver todas as expansões e deformações diferenciais, com abertura superior a 12 mm, a cada 6 m. Conforme esses trabalhos, as juntas deverão ser executadas de modo que o efeito diferencial dos movimentos da estrutura e alvenaria, no revestimento, seja minimizado.

No Brasil, foi publicada pela ABNT, em 1996, uma série de normas que especificam o procedimento para o revestimento de paredes externas e fachadas, paredes internas e pisos internos e externos com placas cerâmicas e com utilização de argamassa colante (ABNT NBR 13755, NBR 13754 e NBR 13753).

A norma ABNT NBR 13755:2017, para paredes externas e fachadas, recomenda a execução de juntas de movimentação horizontais espaçadas no máximo a cada 3 m ou a cada pé-direito, na região de encunhamento da alvenaria, e a execução de juntas verticais de movimentação espaçadas no máximo a cada 6 m.

A ABNT NBR 13754:1996, para paredes internas, recomenda a execução de juntas de movimentação horizontais e verticais em paredes com área igual ou maior que 32 m² ou sempre que uma das dimensões do revestimento for igual ou maior que 8 m. Em locais expostos à insolação e/ou umidade, as juntas de movimentação devem ser executadas em paredes com área igual ou maior que 24 m² ou sempre que uma das dimensões do revestimento for igual ou maior que 6 m.

Em ambos os casos, recomendam-se também juntas de dessolidarização nos cantos verticais, nas mudanças de direção do plano do revestimento, no encontro da área revestida com pisos e forros, colunas, vigas ou com outros tipos de revestimentos, bem como onde houver mudança de materiais que compõem a estrutura-suporte de concreto para alvenaria.

Já a ABNT NBR 13753:1996, para pisos internos e externos, prevê a seguinte utilização de juntas:

- Juntas de movimentação
  - Em interiores, sempre que a área do piso for maior que 32 m² ou sempre que uma das dimensões for maior que 8 m.
  - Em exteriores, sempre que a área do piso for maior que 20 m² ou sempre que uma das dimensões for maior que 4 m.
  - Onde há mudanças de materiais que compõem a base, nas bases de grandes dimensões e sujeitas à flexão e nas regiões em que ocorrem momentos fletores máximos positivos ou negativos.
- Juntas de dessolidarização
  - No perímetro da área revestida e no encontro com colunas, vigas e saliências ou com outros tipos de revestimentos.

As juntas de movimentação devem ser aprofundadas até a superfície da alvenaria, preenchidas com materiais deformáveis específicos para essa finalidade e, a seguir, vedadas com selantes flexíveis, também específicos.

A largura do selante elastomérico que compõe as juntas, conforme mostrado na Figura 25.2, deve ser dimensionada em função das movimentações previstas para a alvenaria e da deformabilidade admissível do selante, respeitando o coeficiente de fôrma, especificado pelo fabricante do selante e constante no projeto de revestimento.

É importante lembrar que, quando houver juntas de movimentação ou mesmo juntas estruturais, estas devem ser respeitadas em posição e largura em todas as camadas que constituem o revestimento, de modo a proporcionar correspondência entre elas.

e) Juntas de assentamento

São constatadas algumas patologias no revestimento cerâmico em razão da infiltração de água por deficiência de calafetação das juntas de assentamento, permitindo acesso de água na argamassa de assentamento e no corpo da placa cerâmica, gerando

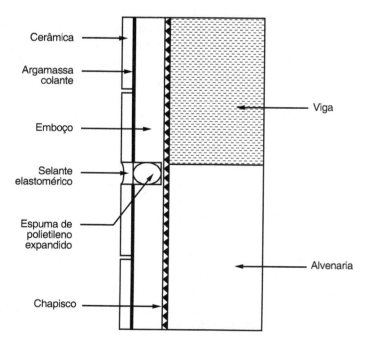

FIGURA 25.2 Junta de movimentação com material de enchimento e selante (Carvalho Jr., 2012).

esforços nelas por dilatação e contração por absorção de água, além da possibilidade de formação de vapor de água e eflorescências localizadas no revestimento.

No assentamento das placas cerâmicas devemse manter, entre as mesmas, juntas com largura suficiente para que haja perfeita infiltração da argamassa de rejuntamento, conforme preconizado pela ABNT NBR 13754:1996 e pela ABNT NBR 13755:2017, com as funções de:

- compensar a variação de bitola das placas cerâmicas, facilitando o alinhamento;
- atender a estética, harmonizando o tamanho das placas e as dimensões, do pano a revestir com a largura das juntas entre as placas cerâmicas;
- oferecer um relativo poder de acomodação às movimentações da alvenaria e da própria argamassa de assentamento e das placas cerâmicas;
- minimizar a infiltração de água e outros agentes deletérios;
- permitir a difusão de parte do vapor de água;
- facilitar a troca de placas cerâmicas.

Conforme as dimensões das placas cerâmicas, são especificadas as dimensões mínimas das juntas de assentamento nas embalagens dos produtos cerâmicos, embora a ABNT NBR 13755:2017 recomende para paredes externas e fachadas uma dimensão mínima de 5 mm, desde que esta largura e a elasticidade do material de rejuntamento atendam, pelo menos, as deformações decorrentes da variação térmica a que está submetido o revestimento mais aquelas resultantes da expansão por umidade das placas cerâmicas.

Antes de iniciar o rejuntamento, deve ser verificado se não existe som cavo ao longo de todo o revestimento cerâmico. Caso ocorra, a área deverá ser substituída. As juntas devem ser limpas de resíduos e poeiras, e umedecidas. O rejuntamento só deve ter início após 3 dias do assentamento.

f) Argamassa para rejuntamento

Como observado anteriormente, são constatadas patologias no revestimento cerâmico em face da infiltração de água por deficiência de calafetação das juntas de assentamento; essa deficiência pode ser originada pela má execução ou pela má qualidade do material de rejuntamento.

De acordo com a norma ABNT NBR 14992:2003, a argamassa para rejuntamento é classificada como tipo I ou II, conforme condições descritas a seguir, e deve atender os seguintes requisitos mínimos, conforme a Tabela 25.4:

- Argamassa para rejuntamento tipo I

Uso em ambientes internos e externos, nas seguintes condições:

- aplicação restrita aos locais de trânsito de pedestres/transeuntes, não intenso;
- aplicação restrita às placas cerâmicas com absorção de água acima de 3 %;
- aplicação em ambientes externos, piso ou parede, desde que não excedam 20 e 18 m², respectivamente, limite a partir do qual são exigidas as juntas de movimentação, segundo a ABNT NBR 13753:1996 e a ABNT NBR 13755:2017.

- Argamassa para rejuntamento tipo II

Uso em ambientes internos e externos, nas seguintes condições:

- todas as condições do tipo I;
- aplicação em locais de trânsito intenso de pedestres/transeuntes;
- aplicação restrita às placas cerâmicas com absorção de água inferior a 3 %;
- aplicação em ambientes externos, piso ou parede, de qualquer dimensão, ou sempre que se exijam as juntas de movimentação;
- ambientes internos e externos com presença de água estancada (piscinas, espelhos de água etc.).

TABELA 25.4 Tipos de argamassas para rejuntamento e requisitos mínimos

Anexos	Propriedade	Unidade	Idade do ensaio	Tipo I	Tipo II
B	Retenção de água	mm	10 min	< 75	< 65
C	Variação dimensional	mm/m	7 dias	< 12,00	< 12,00
D	Resistência à compressão	MPa	14 dias	> 8,0	> 10,0
E	Resistência à tração na flexão	MPa	7 dias	> 2,0	> 3,0
F	Absorção de água por capilaridade aos 300 min	g/cm²	28 dias	< 0,60	< 0,30
G	Permeabilidade aos 240 min	cm³	28 dias	< 2,0	< 1,0

Fonte: adaptada da norma ABNT NBR 14992.

Para ambientes agressivos química ou mecanicamente, ambientes com temperaturas acima de 70 °C ou abaixo de 0 °C (estufas ou câmaras frigoríficas) e outros tipos de revestimento, deve-se consultar o fabricante para que possa ser esclarecido qual o produto adequado.

Antes do preparo da argamassa para rejuntamento, recomenda-se sempre consultar a embalagem, verificando, principalmente, a quantidade de água a ser acrescentada para seu preparo e se o prazo de validade ainda está sendo atendido.

g) Deficiências na execução

Além da qualidade dos materiais, vários cuidados devem ser tomados no assentamento para que não ocorram patologias no revestimento cerâmico.

Antes da definição das técnicas de assentamento, é importante analisar os tipos de base, argamassa e placas cerâmicas que serão utilizados. As placas cerâmicas, por exemplo, podem ser prensadas ou extrudadas, sendo diferenciadas por apresentar no tardoz reentrâncias ou saliências. As placas cerâmicas extrudadas e algumas fabricadas por prensagem apresentam saliências no tardoz que, se forem maiores do que um milímetro, devem ser preenchidas com argamassa colante antes do assentamento sobre a argamassa estendida em cordões sobre a base. Esse procedimento é chamado método da dupla camada (uma camada de argamassa na placa e outra na base). O consumo de argamassa colante aumenta, mas, em consequência, se o trabalho for bem executado, a aderência à base obtida também é maior.

A desempenadeira denteada também deve ser verificada com certa frequência, pois o desgaste dos dentes compromete a altura do cordão de assentamento e, consequentemente, a aderência do revestimento cerâmico.

Cuidados especiais devem ser tomados para que o operário não estenda a argamassa em grandes áreas, levando em consideração que o tempo decorrido desde o assentamento da primeira placa até a última não seja superior ao tempo útil, ou seja, ao tempo em aberto do produto. Esse tempo na obra é função das condições locais de temperatura, insolação, umidade e ventilação.

Uma verificação prática na obra pode ser realizada escolhendo-se uma área de um metro quadrado do pano a ser revestido. Sobre a área deve-se estender a argamassa colante e, posteriormente, assentar pedaços da placa cerâmica a ser empregada com dimensões de 10×10 cm a cada 5 minutos, até que não seja mais possível a aderência inicial. Em seguida, retirar uma a uma e, então, verificar a partir de qual intervalo de tempo havia menos do que 50 % de argamassa impregnada no tardoz da placa. O tempo em aberto prático para aquela condição é um intervalo de 5 minutos menor que o registrado.

As placas devem ser assentadas sobre os cordões de argamassa colante ligeiramente fora da posição, em seguida devem ser pressionadas e arrastadas até a posição final. Elas deverão ser batidas uma a uma, com um martelo de borracha, até que sejam posicionadas adequadamente, obedecendo ao espaçamento entre as peças.

Imediatamente após o assentamento, recomenda-se remover aleatoriamente algumas placas e verificar se o tardoz encontra-se impregnado com argamassa colante.

A ABNT NBR 13755:2017 apresenta critérios para avaliação visual do preenchimento do tardoz, conforme apresentado na Tabela 25.5.

Após 28 dias do assentamento do revestimento cerâmico, pode ser realizado o ensaio de determinação da resistência de aderência à tração, conforme os anexos das normas ABNT NBR 13753 e ABNT NBR 13754:1996. De cada seis determinações, pelo menos quatro devem apresentar resistência de aderência

TABELA 25.5 Critérios para avaliação visual do preenchimento do tardoz

Amostragem	Área do pano	Critério (% de preenchimento do tardoz)	Comentários
1ª amostragem Duas placas	40 m²	Duas placas ≥ 90 %	Pano aprovado
		Uma ou mais placas < 90 %	Realizar 2ª amostragem
2ª amostragem Quatro placas	40 m²	Pelo menos três placas ≥ 90 %	Pano aprovado
		Pelo menos três placas ≥ 80 %	Pano aprovado com ressalvas Retreinar equipes de produção
		Demais situações	Pano reprovado

Fonte: adaptada da norma ABNT NBR 13755.

Manifestações Patológicas em Revestimentos de Argamassa Inorgânica e Cerâmicos **581**

maior ou igual a 0,3 MPa (3,0 kgf/cm^2). Já a edição da última versão da ABNT NBR 13775, em 2017, prevê que a resistência de aderência deve atender ao especificado na Tabela 25.6.

25.2.2 Fissuras

25.2.2.1 Fissuras em revestimentos de argamassa

Nas argamassas de revestimento a incidência de fissuras, sem que haja movimentação e/ou fissuração da base (estrutura em concreto, alvenaria), ocorre em razão de fatores relativos à execução do revestimento argamassado, solicitações higrotérmicas e, principalmente, por retração hidráulica da argamassa.

A fissuração é função de fatores intrínsecos, como o consumo de cimento, o teor de finos, a quantidade de água de amassamento, e de outros fatores que podem ou não contribuir na fissuração, como a resistência de aderência à base, o número e a espessura das camadas, o intervalo de tempo decorrido entre a aplicação de uma e outra camada, a perda de água de amassamento por sucção da base ou pela ação de agentes atmosféricos.

O agregado deve apresentar granulometria contínua e teor de finos adequado. O excesso de finos acarreta maior consumo de água de amassamento, gerando maior retração por secagem.

As condições ambientais e a capacidade de retenção de água da argamassa fresca podem regular a perda da umidade do revestimento para a base durante as fases de endurecimento e desenvolvimento inicial de resistência. Assim, a falta e/ou deficiência de molhagem da base antes da aplicação de cada camada de revestimento pode resultar em um processo gerador de fissuras.

Em regiões muito quentes, com umidade relativa do ar baixa, ensolaradas e com ventos, é preferível utilizar primer específico (também úmido, para evitar a aplicação do emboço sobre primer seco), a confiar na molhagem abundante da base. Em tais condições,

a deficiência ou falta de cura do revestimento é também uma das causas geradoras de fissuração.

As fissuras de retração hidráulica, em geral, não são visíveis, a não ser que sejam molhadas e a água, penetrando por capilaridade, assinale sua trajetória.

Umidificações sucessivas podem gerar mudança de tonalidade, permitindo visualização das fissuras, inclusive com o paramento seco. A água de cal sai pelas fissuras formando carbonato de cálcio de cor esbranquiçada ou escurecimento das mesmas por deposição de fuligem.

A abertura das fissuras é proporcional à espessura da camada do revestimento fissurado. O revestimento deve ser o menos espesso possível; caso as irregularidades da superfície ou a impermeabilidade exijam determinada espessura, se faz necessário aplicar o revestimento em camadas.

Nas argamassas bem proporcionadas, as ligações internas são menos resistentes e as tensões podem ser dissipadas na forma de microfissuras, à medida que ocorrem nas microscópicas interfaces entre os grãos do agregado e a pasta aglomerante.

Nas argamassas ricas em aglomerantes, com maior limite de resistência, as tensões se acumulam e a ruptura ocorre com o aparecimento de fissuras macroscópicas.

A aplicação de uma camada de emboço excessivamente rico em cimento ocasionará um revestimento sem a necessária elasticidade, não acompanhando eventuais movimentações da base, fissurando-se.

A incidência de fissuras será tanto maior quanto maiores forem a resistência à tração e o módulo de deformação da argamassa; assim, as argamassas de revestimento deverão apresentar teores consideráveis de cal, sendo comum o emprego dos traços 1:1:6; 1:2:8; 1:2:9; e 1:3:12 (cimento, cal hidratada e areia, em volume úmido).

No caso de revestimentos com múltiplas camadas, o módulo de deformação da argamassa de cada camada deverá ir diminuindo gradativamente de dentro para fora; portanto, o consumo de cimento deverá diminuir no mesmo sentido.

TABELA 25.6 Requisitos e critérios de aceitação do revestimento cerâmico assentado

Ensaio	Amostragem mínima	Resultado do ensaio (MPa)	Comentários
Resistência de aderência das placas ao emboço	12 CP a cada 2000 m^2	Pelo menos oito CP $\geq$ 0,5	Aprovado
		0,3 $\leq$ oito CP < 0,5	Consultar o responsável pelo projeto
		Menos de oito CP $\geq$ 0,3	Reprovado

Fonte: adaptada da norma ABNT NBR 13755.

582 Capítulo 25

Uma camada de revestimento aplicada entre camadas de menor teor de aglomerante gerará deficiência de aderência, podendo ocorrer fissuras na última camada do revestimento.

A técnica de execução é um fator importante, à medida que está relacionada com o teor de umidade remanescente no revestimento e no grau de adensamento alcançado.

São fatores que estão diretamente relacionados com a base (sua natureza, sua espessura e seu estado), com o revestimento (sua granulometria, o aglomerante empregado e sua dosagem, e a espessura) e com as condições atmosféricas. A experiência do operário é fundamental, uma vez que ele deve conhecer o momento ideal, no qual a argamassa ainda conserva uma pequena plasticidade superficial para as operações de sarrafeamento, de modo que eventuais fissuras sejam fechadas, e as tensões potenciais de tração causadas pela retração antes da pega sejam anuladas.

Pode ocorrer de o revestimento ter boa aderência à base; porém, caso esta apresente menor resistência, poderão ocorrer fissuras e posterior destacamento do revestimento. Quanto maior é a aderência do revestimento, mais próximas e finas serão as fissuras; é, portanto, primordial uma boa aderência.

Quando se verificam as características de uma fissura no revestimento, como extensão e abertura, é essencial observar se a mesma coincide com uma fissura na base (alvenaria ou estrutura). Geralmente, nesses casos, a configuração da fissura é distinta da mapeada, atribuindo-se outras causas para a manifestação patológica.

Inúmeras outras causas podem gerar fissuras em um revestimento, mas, apesar da patologia também se manifestar no revestimento argamassado, tem sua origem relacionada com outros elementos da edificação.

Vários problemas têm contribuído para a ocorrência de fissuras, mas alguns deles são particularmente encontrados com frequência nas inspeções técnicas realizadas pelo Centro Tecnológico Falcão Bauer nos últimos anos, destacando-se aqueles relativos ao cobrimento deficiente da armadura, às deficiências de encunhamento da alvenaria, à deformação lenta do concreto, entre outros fatores.

25.2.2.2 Fissuras relacionadas com o cobrimento deficiente do concreto

Nas regiões em que o concreto não recobre ou recobre deficientemente a armadura, ocorre o contato da barra de aço com o ar e a umidade, causando oxidação. O volume de óxido produzido pela corrosão é de três a dez vezes superior ao volume original do aço da armadura, gerando fortes tensões no concreto (valores podendo superar 15 MPa, conforme Cascudo, 1997) e a sua ruptura por tração, permitindo a penetração de agentes agressivos e a carbonatação do concreto.

Como sintoma inicial, surgem fissuras seguindo as linhas das armaduras principais, inclusive as dos estribos. Às vezes, podem aparecer manchas de óxido nas fissuras, realçando o processo corrosivo.

A corrosão das armaduras pode ser evitada desde que se tomem medidas preventivas, como evitar o contato da armadura com água que contenha oxigênio dissolvido ou com água em presença de oxigênio.

O melhor procedimento para evitar o processo de corrosão consiste em envolver as barras em uma massa de concreto compacto com espessura adequada. Sabe-se que, em um concreto mais compacto, com menos poros, a penetração dos agentes agressivos será dificultada, de modo que a estabilidade e a durabilidade ocorram.

A ABNT NBR 6118:2014 indica os valores apresentados nas Tabelas 25.7 e 25.8, respectivamente, para as classes de agressividade ambiental e os cobrimentos especificados para essas classes.

O responsável pelo projeto estrutural, de posse de dados relativos ao ambiente em que será construída a estrutura, pode considerar classificação mais agressiva que a estabelecida na Tabela 25.7.

Para concretos de classe de resistência superior ao mínimo exigido, os cobrimentos definidos na Tabela 25.8 podem ser reduzidos em até 5 mm.

25.2.2.3 Fissuras relacionadas com a deficiência de encunhamento da alvenaria

As estruturas, bem como as alvenarias internas e de vedação em edificações, apresentam deformabilidade que lhes permite certo grau de distorção, sem que sejam alcançados os limites de resistência dos materiais que as constituem.

Caso ocorram esforços que ultrapassem a resistência à tração, à compressão ou ao esforço cortante dos materiais, ocorrerá em alguns locais o aparecimento de fissuras ou trincas. Se a heterogeneidade da resistência ocorrer no perímetro do painel de alvenaria e sendo as juntas o plano de debilidade, aparecerão fissuras no encontro da alvenaria com a viga ou pilar.

Manifestações Patológicas em Revestimentos de Argamassa Inorgânica e Cerâmicos **583**

TABELA 25.7 Classes de agressividade ambiental (CAA)

Classe de agressividade ambiental	Agressividade	Classificação geral do tipo de ambiente para efeito de projeto	Risco de deterioração da estrutura
I	Fraca	Rural	Insignificante
		Submersa	
II	Moderada	Urbana[a, b]	Pequeno
III	Forte	Marinha[a]	Grande
		Industrial[a, b]	
IV	Muito forte	Industrial[a, c]	Elevado
		Respingos de maré	

[a]Pode-se admitir um microclima com uma classe de agressividade mais branda (uma classe acima) para ambientes internos secos (salas, dormitórios, banheiros, cozinhas e áreas de serviço de apartamentos residenciais e conjuntos comerciais ou ambientes com concreto revestido com argamassa e pintura).
[b]Pode-se admitir uma classe de agressividade mais branda (uma classe acima) em obras em regiões de clima seco, com umidade média relativa do ar menor ou igual a 65 %, partes da estrutura protegidas de chuva em ambientes predominantemente secos ou regiões onde raramente chove.
[c]Ambientes quimicamente agressivos, tanques industriais, galvanoplastia, branqueamento em indústrias de celulose e papel, armazéns de fertilizantes, indústrias químicas.
Fonte: adaptada da norma ABNT NBR 6118.

TABELA 25.8 Correspondência entre as classes de agressividade ambiental e o cobrimento nominal

Tipo de estrutura	Componente ou elemento	Classe de agressividade ambiental (Tabela 25.7)			
		I	II	III	IV[c]
		Cobrimento nominal (mm)			
Concreto armado	Laje[b]	20	25	35	45
	Viga/pilar	25	30	40	50
	Elementos estruturais em contato com o solo[d]	30		40	50
Concreto protendido[a]	Laje	25	30	40	50
	Viga/pilar	30	35	45	55

[a]Cobrimento nominal da bainha ou dos fios, cabos e cordoalhas. O cobrimento da armadura passiva deve respeitar os cobrimentos para concreto armado.
[b]Para a face superior de lajes e vigas que serão revestidas com argamassa de contrapiso, com revestimentos finais secos do tipo carpete e madeira, com argamassa de revestimento e acabamento, como pisos de elevado desempenho, pisos cerâmicos, pisos asfálticos e outros.
[c]Nas superfícies expostas a ambientes agressivos, como reservatórios, estações de tratamento de água e esgoto, condutos de esgoto, canaletas de efluentes e outras obras em ambientes química e intensamente agressivos, devem ser atendidos os cobrimentos da classe de agressividade IV.
[d]No trecho dos pilares em contato com o solo junto aos elementos de fundação, a armadura deve ter cobrimento nominal ≥ 45 mm.
Fonte: adaptada da norma ABNT NBR 6118.

A utilização de tijolos maciços cerâmicos, não atendendo a respectiva norma técnica da ABNT, principalmente quanto à resistência à compressão, tem ocasionado deficiências no encunhamento de alvenarias, como a quebra do tijolo ao se realizar o serviço. Com o objetivo de evitar a quebra, utiliza-se argamassa em excesso em torno do tijolo de encunhamento. Esse procedimento ocasiona retração da argamassa, com consequente fissuração no revestimento.

A utilização de blocos vazados de concreto simples para alvenaria sem função estrutural ainda verdes, ou seja, não curados, ocasionará retração na alvenaria.

O emprego de blocos com resistência à compressão inferior ao valor mínimo estabelecido pela ABNT NBR 6136:2016, sem atender a mínima qualidade especificada, contribuirá para o aparecimento de problemas.

584 Capítulo 25

No caso de construções modulares, blocos com dimensões que não atendam às tolerâncias permitidas em normas contribuirão para o encunhamento deficiente.

Devem ser tomadas algumas medidas quanto à execução do encunhamento, que deve ser realizado após um período mínimo de 15 a 30 dias, aproximadamente, para que a argamassa de assentamento da alvenaria possa retrair.

Alvenarias encunhadas antes da aplicação de sobrecargas nas lajes vizinhas a esta, como em lajes de periferia que receberão lâmina de terra de jardinagem e piscinas, irão apresentar problemas.

O encunhamento da alvenaria somente deve ser realizado após os dois pavimentos imediatamente superiores estarem com as alvenarias levantadas.

A aplicação de chapisco nas laterais dos pilares e fundos de viga não deve ser executada com areia fina. Devem-se prever também ferros de amarração e, no caso das construções modulares, prever espaçamento suficiente para o encunhamento.

Se a argamassa de assentamento da alvenaria apresentar resistência mecânica inferior à dos elementos da alvenaria (blocos cerâmicos, blocos vazados de concreto simples), e a alvenaria venha a ser solicitada, poderão ocorrer fissuras na argamassa de assentamento.

Outra opção de encunhamento seria a utilização de argamassas com aditivo expansor ou, ainda, o emprego de espuma de poliuretano; para esses casos, é preciso seguir atentamente as especificações dos fabricantes desses produtos.

25.2.2.4 Fissuras relacionadas com a deformação lenta do concreto

A deformação lenta do concreto pode estar relacionada com a origem de fissuras no revestimento.

Alguns fatores, como a utilização de seções distintas de concreto e aço em pilares vizinhos de um mesmo pavimento, modificações na composição do concreto entre pavimentos, o uso de concretos ricos em cimento para lançamentos bombeáveis, a granulometria e o tamanho máximo dos agregados utilizados, o tipo e a finura do cimento e as condições de umidade relativa do ar durante as concretagens, contribuem para a deformação lenta do concreto. Observa-se que somente depois de cerca de 5 anos após o lançamento da estrutura é que cessam os efeitos da deformação lenta do concreto.

25.2.2.5 Fissuras relacionadas com a argamassa de assentamento

A presença de argilominerais montmoriloníticos[3] na argamassa de assentamento constitui uma causa geradora do aparecimento de fissuras no revestimento, assim como a expansão da argamassa de assentamento, em face da hidratação retardada do óxido de magnésio ou de cálcio, ou de reações expansivas cimento-sulfatos.

25.2.2.6 Fissuras relacionadas com ausência de vergas e contravergas

A não utilização de vergas e contravergas nas janelas, ou a utilização deficiente, contribui para o surgimento de fissuras nos revestimentos.

As vergas e contravergas deverão avançar de 30 a 40 cm após o vão das janelas, e ter altura mínima de 10 cm, a fim de neutralizar a concentração de tensões nos cantos delas.

Caso os vãos sejam relativamente próximos e na mesma altura, recomenda-se uma única verga sobre todos eles.

Em conjunto com vergas e contravergas, a utilização de telas de poliéster auxilia no combate a essas fissurações (Fig. 25.3). Essa tela pode ser aplicada com argamassa colante ACIII ou resinas específicas.

25.2.2.7 Fissuras relacionadas com outros fatores

Alguns procedimentos construtivos, como a falta de ferro de amarração ou deficiência no chumbamento dos mesmos, entre laterais dos pilares e alvenaria, podem causar fissuras.

Alvenarias executadas sobre balanços e lajes de terraços, com fissuras decorrentes de deslocamento dos ferros negativos durante a construção, ou sobrecargas de paredes, peitoris e jardineiras, correspondem a um procedimento gerador de fissuras no revestimento.

A laje de cobertura dos edifícios, além da impermeabilização, deverá receber isolação térmica eficiente, para minimizar a diferença de temperatura entre a face superior e a inferior da laje. A ausência dessa isolação favorece a formação de fissuras,

---

[3] Argilominerais montmoriloníticos são passíveis de reações expansivas. São filossilicatos com estruturas em camadas lamelares, entre as quais se situam os cátions hidratados. As camadas sucessivas estão ligadas frouxamente entre si e a água pode penetrar, chegando a separá-las totalmente. O fenômeno é reversível, pois, por secagem, o cristal volta à dimensão inicial.

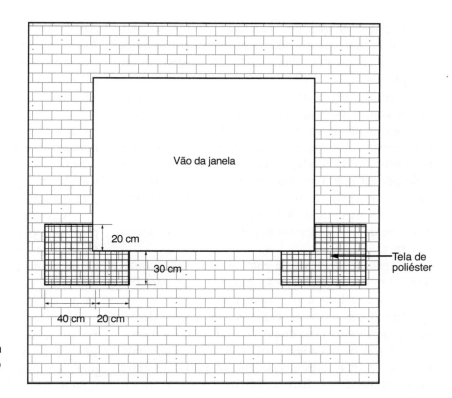

FIGURA 25.3 Detalhe genérico do reforço de quina de janela (Carvalho Jr., 2005).

não somente na laje, como também nas alvenarias dos últimos andares, provocada pela constante movimentação por dilatação dos elementos de concreto da última laje exposta ao Sol.

Sugere-se a utilização, no revestimento dos últimos andares e nas junções estrutura/alvenaria, de uma tela em toda a extensão, visando minimizar a fissuração (Fig. 25.4).

Em pavimentos térreos, nos quais a água do terreno pode subir por capilaridade pela alvenaria, poderão ocorrer fissuras próximas ao piso, provocadas pelo inchamento da alvenaria e argamassa, em virtude do contato constante com a água. É conveniente, portanto, somente iniciar a alvenaria sobre camada de concreto ou argamassa hidrófuga, evitando o contato direto com o solo.

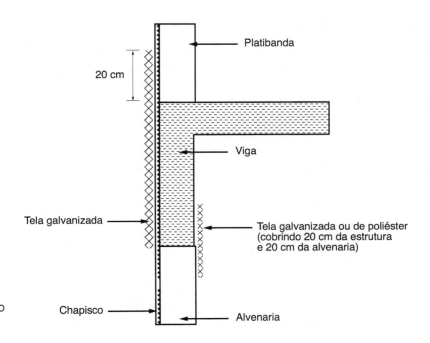

FIGURA 25.4 Reforço com tela no último andar da edificação (Carvalho Jr., 2005).

586 Capítulo 25

Quando ocorre um recalque diferencial em uma edificação, as alvenarias apresentarão fissuras e trincas inclinadas obedecendo às isostáticas de compressão.

Geralmente, as trincas, ao seguirem as isostáticas de compressão, apontam ou dirigem-se aos pontos rígidos da fundação (regiões do terreno menos deformáveis, sapatas mais bem apoiadas etc.). Ante uma situação de fundação deficiente, entra em jogo a rigidez estrutural, redistribuindo as cargas nas fundações e concentrando-se nos pontos relativamente firmes. As isostáticas de compressão consistem em um feixe de retas que passam pelo ponto de aplicação da carga.

Execução de revestimento argamassado contínuo sobre juntas de dilatação da estrutura gerará fissura e desprendimento da argamassa.

Em alguns casos específicos, nos quais a deformação do suporte (laje de piso do subsolo) for menor que a deformação da laje e vigas superiores, a parede existente entre as mesmas poderá comportar-se como viga, resultando em fissuras verticais e, nas extremidades superiores dos panos de alvenaria, em fissuras inclinadas.

Falhas e/ou deficiências na impermeabilização de lajes, em rodapés de alvenarias ou em platibandas poderão gerar fissuras e/ou trincas horizontais na argamassa de revestimento.

Platibandas executadas sem pilaretes, ou com número insuficiente deles, irão gerar, ao longo do tempo, desligamento da laje ou viga de bordo e, consequentemente, fissuras na argamassa de revestimento, com infiltração de água e demais patologias.

25.2.3 Vesículas

As vesículas surgem, geralmente, no reboco e são causadas por uma série de fatores, como a existência de pedras de cal não completamente extintas, matérias orgânicas contidas nos agregados, torrões de argila dispersos na argamassa, ou outras impurezas, como mica, pirita e torrões ferruginosos.

As vesículas decorrentes dos problemas apresentados pela cal hidratada ocorrem em pequenos pontos localizados no revestimento, vão inchando progressivamente e acabam destacando a pintura e deixando o reboco aparente.

As vesículas podem apresentar no seu interior um ponto branco. O fenômeno ocorre de modo acentuado após a aplicação do revestimento e, em alguns casos, em um prazo de 3 meses. Isso se dá quando o óxido de cálcio livre presente na cal se hidrata, e em razão da existência de grãos maiores na cal, não há possibilidade de a argamassa absorver a expansão. Assim, se houver óxido de cálcio livre na forma de grãos grossos, a expansão não poderá ser absorvida pelos vazios da argamassa, ocorrendo a formação de vesículas.

Outro problema é a união entre a pasta de cimento e o agregado ficar debilitada, ocorrendo inibição da pega, pela inclusão na areia de matérias orgânicas como húmus, partículas de madeira, carvão e outros produtos vegetais e animais de distintas procedências.

A contaminação pode ocorrer durante o transporte do agregado. É comum a utilização de veículos que tenham transportado anteriormente outros produtos, como farinhas, açúcares e carvão. Também é possível a contaminação pelo contato com produtos gasosos e óleos minerais.

Torrões de argila dispersos na argamassa manifestam aumento de volume quando úmidos e, por secagem, voltam à dimensão inicial. A argamassa junto ao torrão se dilata e se contrai em função do grau de umidade, desagregando-se gradativamente e originando o aparecimento de vesículas.

Certos materiais contendo compostos de ferro podem provocar variações de volume por oxidação, com consequente destruição da argamassa.

Alguns tipos de pirita podem sofrer oxidação e se hidratar, formando compostos de ácido sulfúrico até o ponto em que muitos desses minerais se desagregam.

Em muitas obras, a má disposição do local de estocagem da areia acarreta contaminações por pontas de arame recozido e serragem, contribuindo, posteriormente, para a formação de vesículas.

25.2.4 Manchas

As manchas podem se apresentar com colorações diferenciadas, como marrom, verde e preta, entre outras, conforme a causa.

Os revestimentos frequentemente estão sujeitos à ação da umidade e de microrganismo, os quais provocam o surgimento de algas e mofo, e o consequente aparecimento de manchas pretas ou verdes.

As manchas marrons, geralmente, ocorrem em razão da ferrugem.

25.2.5 Eflorescências

A eflorescência é decorrente de depósitos salinos, principalmente de sais de metais alcalinos (sódio e potássio) e alcalinoterrosos (cálcio e magnésio), na superfície de alvenarias, provenientes da migração de sais solúveis presentes nos materiais e/ou componentes da alvenaria.

As eflorescências podem alterar a aparência da superfície sobre a qual se depositam e, em determinados casos, seus sais constituintes podem ser agressivos, causando desagregação profunda, como no caso dos compostos expansivos.

25.2.5.1 Condições para o aparecimento de eflorescências

Na Tabela 25.9 estão indicados os sais mais comuns em eflorescências, fontes prováveis do seu aparecimento e a sua solubilidade em água.

A eflorescência é causada por três fatores de igual importância: o teor de sais solúveis existentes nos materiais ou componentes, a presença de água e a pressão hidrostática necessária para que a solução migre para a superfície. As três condições devem existir concomitantemente, pois, caso uma delas seja eliminada, não ocorrerá o fenômeno.

Os sais solúveis podem ser provenientes dos materiais e/ou componentes das alvenarias ou revestimentos.

Os sais solúveis do cimento agem como fonte de eflorescência. Cimentos que contenham elevado teor de álcalis (Na_2O e K_2O) na sua hidratação podem transformar-se em carbonato de sódio e potássio, muito solúveis em água.

A água de amassamento e os agregados também podem contribuir para a ocorrência das eflorescências. Caso a água ou areia utilizada seja proveniente de regiões próximas ao mar, pode conter em sua composição cloretos e sulfatos de metais alcalinoterrosos.

Blocos vazados de concreto, eventualmente, podem ser a causa de eflorescências, caso os materiais constituintes contenham sais solúveis, que podem ser provenientes do próprio aglomerante (cimento Portland), dos agregados conforme seu processo de fabricação ou até de aditivos à base de cloretos.

No caso dos tijolos e materiais cerâmicos, as possíveis fontes de sais são as matérias-primas

TABELA 25.9 Natureza química das eflorescências

Composição química	Fonte provável	Solubilidade em água
Carbonato de cálcio	Carbonatação da cal lixiviada da argamassa ou concreto e de argamassa de cal não carbonatada	Pouco solúvel
Carbonato de magnésio	Carbonatação da cal lixiviada de argamassa de cal não carbonatada	Pouco solúvel
Carbonato de potássio	Carbonatação dos hidróxidos alcalinos de cimentos com elevado teor de álcalis	Muito solúvel
Carbonato de sódio	Carbonatação dos hidróxidos alcalinos de cimentos com elevado teor de álcalis	Muito solúvel
Hidróxido de cálcio	Cal liberada na hidratação do cimento	Solúvel
Sulfato de cálcio desidratado	Hidratação do sulfato de cálcio do tijolo	Parcialmente solúvel
Sulfato de magnésio	Tijolo, água de amassamento	Solúvel
Sulfato de cálcio	Tijolo, água de amassamento	Parcialmente solúvel
Sulfato de potássio	Reação tijolo-cimento, agregados, água de amassamento	Muito solúvel
Sulfato de sódio	Reação tijolo-cimento, agregados, água de amassamento	Muito solúvel
Cloreto de cálcio	Água de amassamento	Muito solúvel
Cloreto de magnésio	Água de amassamento	Muito solúvel
Nitrato de potássio	Solo adubado ou contaminado	Muito solúvel
Nitrato de sódio	Solo adubado ou contaminado	Muito solúvel
Nitrato de amônia	Solo adubado ou contaminado	Muito solúvel
Cloreto de alumínio	Limpeza com ácido muriático	Solúvel
Cloreto de ferro	Limpeza com ácido muriático	Solúvel

cerâmicas, a água usada na fabricação e a reação de componentes da massa com óxido de enxofre do combustível, durante a secagem e o início da queima.

Caso a queima dos produtos cerâmicos seja realizada em temperatura adequada, os sulfatos são eliminados. Os sulfatos alcalinos e de magnésio são eliminados em temperatura acima de 950 °C, e os de cálcio em temperatura de 1050 °C.

Outra situação possível é a reação entre o cimento da argamassa que contém hidróxidos alcalinos e os tijolos (sulfato de cálcio), resultando em sulfatos de sódio e de potássio.

Existem outros fatores que contribuem para a formação de eflorescências à medida que fornecem sais solúveis. Nitratos de sódio, potássio e amônio, muito solúveis em água, podem ser encontrados em solos adubados ou contaminados industrialmente.

Devem ser redobrados os cuidados em edificações situadas em terrenos ácidos, já que a acidez aumenta a solubilização dos sais alcalinos.

O anidrido sulforoso, gás residual da queima de combustíveis, pode se transformar, em contato com a chuva, em ácido sulfúrico, o qual reage com os compostos do tijolo e da argamassa para formar sais solúveis.

O segundo fator necessário para que ocorram eflorescências corresponde à presença de água. A água, em geral, é proveniente da umidade do solo; da água de chuva, acumulada antes da cobertura da obra ou infiltrada pelas alvenarias, aberturas ou fissuras; de vazamentos de tubulações de água, esgoto, águas pluviais; da água utilizada na limpeza e de uso constante em determinados locais.

O terceiro e último fator que deve coexistir com os outros fatores para a ocorrência das eflorescências refere-se à pressão hidrostática necessária para a migração da solução para a superfície.

O transporte de água pelos materiais e a consequente cristalização dos sais solúveis na superfície ocorrem por capilaridade, infiltração em trincas e fissuras, percolação sob o efeito da gravidade, percolação sob pressão por vazamentos de tubulações de água ou de vapor, pela condensação de vapor d'água dentro de paredes, ou pelo efeito combinado de duas ou mais dessas causas.

25.2.5.2 Eflorescências provenientes da limpeza de revestimentos cerâmicos com ácido

Após a execução de revestimentos em fachadas, é usual proceder à limpeza com solução ácida, visando eliminar resíduos de argamassa. O procedimento de lavagem deve ser o mais homogêneo possível para todas as superfícies a serem tratadas.

O procedimento recomendado estabelece, inicialmente, a saturação do revestimento com água em abundância, a fim de evitar penetração profunda do ácido, seguida de limpeza com uma solução de ácido muriático em concentração de até 10 % e, finalmente, a lavagem com água em abundância. Se necessário, escovação da superfície do revestimento, visando eliminar a solução ácida e a retirada dos compostos formados na reação química com a argamassa de rejuntamento.

Caso não seja procedida prévia saturação com água do revestimento, poderá haver penetração profunda da solução ácida, gerando formação de grande quantidade de eflorescências, pois o ácido muriático em contato com o cimento do rejuntamento formará cloretos muito solúveis em água.

As reações químicas ocorridas durante o processo de limpeza das fachadas com a solução ácida formam uma série de compostos, gerando deposições sobre a superfície.

O cimento Portland é constituído principalmente por quatro compostos, que, reagindo com a solução do ácido muriático, formarão compostos de reação química, em sua maioria de cor branca e solúveis em água.

As equações químicas a seguir mostram os produtos formados.

$$C_3S + HCl \rightarrow CaCl_2 + SiO_2$$
$$C_2S + HCl \rightarrow CaCl_2 + SiO_2$$
$$C_3A + HCl \rightarrow CaCl_2 + AlCl_3$$
$$C_4AF + HCl \rightarrow CaCl_2 + AlCl_3 + FeCl_3$$

- O cloreto de cálcio ($CaCl_2$), de cor branca, é muito solúvel em água.
- O cloreto de alumínio ($AlCl_3$), de cor branca, é solúvel em água.
- O cloreto de ferro ($FeCl_3$) é solúvel em água e apresenta tonalidade verde-amarelada.
- O dióxido de silício (SiO_2) é branco e insolúvel, dando a impressão de minúsculos grãos de areia.

Caso as eflorescências ocorram em alvenarias externas de edificações recém-terminadas, o melhor é deixar que desapareçam por si mesmas. Em primeiro lugar, porque as reações ainda não estão terminadas; em segundo, porque, sendo os sais solúveis em água, a eflorescência tende a desaparecer após um período mais ou menos prolongado com a ação da chuva.

A eliminação mais rápida é realizada com a remoção dos sais depositados na superfície do revestimento, com uma escova de fios de aço a seco, seguida de lavagem com água em abundância com escovação. A água deve penetrar na alvenaria e dissolver os sais existentes.

25.2.6 Falhas Relacionadas com a Umidade

Entre as manifestações mais comuns referentes aos problemas de umidade em edificações encontram-se manchas de umidade, corrosão, bolor, fungos, algas, liquens, eflorescências, descolamentos de revestimentos, friabilidade da argamassa por dissolução de compostos com propriedades cimentícias, fissuras e mudança de coloração dos revestimentos.

Há uma série de mecanismos que podem gerar umidade nos materiais de construção, sendo os mais importantes os relacionados a seguir:

- absorção capilar de água;
- absorção de águas de infiltração ou de fluxo superficial de água;
- absorção higroscópica de água;
- absorção de água por condensação capilar;
- absorção de água por condensação.

Nos fenômenos de absorção capilar e por infiltração ou fluxo superficial de água, a umidade chega aos materiais de construção na forma líquida; nos demais casos, a umidade é absorvida na fase gasosa.

25.2.6.1 Absorção capilar de água

Os materiais de construção absorvem água na forma capilar quando estão em contato direto com a umidade. Isso ocorre geralmente nas fachadas e em regiões que se encontram em contato com o terreno e sem impermeabilização.

A água é transportada pelos capilares segundo as leis da física, sendo importantes a velocidade de absorção capilar e a altura de elevação.

A altura de elevação capilar será maior quanto menor for o raio do capilar; a velocidade de absorção segue a relação direta, ou seja, quanto maior o raio do capilar, maior será a velocidade de absorção de água.

Caso a água seja absorvida permanentemente pelo material de construção em região em contato direto com o terreno, e não seja eliminada por ventilação, será transportada paulatinamente para cima, pelo sistema capilar. Este é o mecanismo típico de umidade ascendente.

25.2.6.2 Águas de infiltração ou de fluxo superficial

Se o local que está em contato com o terreno não tiver impermeabilização vertical eficaz, ocorrerá absorção de água, pela terra úmida com o material de construção absorvente, que poderá se intensificar, desde que a umidade seja submetida a certa pressão, como no caso de fluxo de água em piso com desnível.

Nesses casos, deverá ser adotada a impermeabilização vertical e, se necessário, a drenagem.

25.2.6.3 Formação de água de condensação

A determinada temperatura, o ar não pode conter mais que uma quantidade de vapor d'água inferior ou igual a um máximo, denominado peso de vapor saturante. Esse peso é, por exemplo, de 20 g/kg de ar a 25 °C.

Caso o peso de vapor seja menor, o ar estará úmido, porém não saturado. Esse estado é caracterizado pelo grau higrométrico, igual à relação entre o peso de vapor contido no ar e o peso de vapor saturante.

Por exemplo, para o ar a 25 °C contendo 12 gramas de vapor d'água por quilo de ar, o grau higrotérmico é de 60 %.

$$12/20 \times 100 = 60\,\%$$

A diferença entre o peso de vapor saturante e o peso de vapor contido no ar, ou seja, $20 - 12 = 8$ g/kg de ar, representa o poder dessecante do ar. O poder dessecante do ar e, consequentemente, a velocidade de evaporação são mais elevados quando o ar é mais quente e seco, este último indicando que o grau higrométrico é menor.

Caso uma massa de ar a 25 °C, com grau higrométrico de 60 %, apresente um abaixamento da temperatura sem modificação do peso de vapor, gerará maior umidade (grau higrotérmico). Por exemplo, a 20 °C, o grau higrotérmico é de aproximadamente 80 %; a 17 °C, resulta 100 %, ou seja, ar saturado.

Para uma temperatura menor, o peso de vapor não poderá exceder o peso de vapor saturante, o que fará o vapor d'água condensar-se.

A temperatura de 17 °C é denominada ponto de orvalho, correspondente à temperatura de 25 °C e a um grau higrotérmico de 60 %.

A condensação irá acompanhada de desprendimento de calor.

A condensação de um litro de água desprende aproximadamente 0,6 kcal.

590 Capítulo 25

Deve-se levar em consideração que a temperatura do ar e a temperatura das paredes de um edifício podem ser muito distintas. Especialmente em platibandas e cantos dos edifícios, de acordo com a proteção térmica existente, ocorrerá uma baixa considerável da temperatura.

Efetivamente, pode ser possível que a temperatura do ar seja de aproximadamente 20 °C, e nas paredes exteriores seja de 15 ou 16 °C.

Nos cantos do edifício, pode-se chegar, inclusive, a temperaturas mais baixas, da ordem dos 12 °C. Caso a umidade do ar seja de 60 a 70 %, nos setores com temperatura de 12 °C, obrigatoriamente, ocorrerá condensação de água, em função da umidade relativa do ar mais elevada causada pela queda da temperatura. Nesses casos, deve-se consultar um especialista, visando melhorar a proteção térmica da parede do prédio.

25.2.6.4 Absorção higroscópica de água e condensação capilar

Em ambos os mecanismos, a água é absorvida na forma gasosa.

Na condensação capilar, a pressão de vapor de saturação da água diminui, ou seja, ocorre umidade de condensação abaixo do ponto de orvalho.

Quanto menores forem os poros do material de construção, mais alta será a quantidade de umidade produzida por condensação capilar. Além do tamanho dos poros, o mecanismo depende, principalmente, da umidade relativa do ar. Quanto maior for a umidade relativa, maiores serão os espaços dos poros do material de construção que poderão ser ocupados pela condensação capilar.

Um ambiente com umidade relativa do ar em torno de 70 % produz nos materiais de construção uma quantidade de umidade por condensação capilar, valor este denominado "umidade de construção prática" ou "umidade de equilíbrio". Normalmente, nos materiais não são encontrados teores de umidade menores que a "umidade de equilíbrio".

Caso o material de construção contenha sais, a umidade de equilíbrio pode variar consideravelmente. No mecanismo de absorção higroscópica da umidade, desencadeado pelo ar, grau e tipo de salinização, a água pode ser absorvida na forma higroscópica durante o tempo necessário até alcançar a umidade de saturação. Naturalmente, a absorção higroscópica da umidade desempenha papel especial nas partes da edificação que se apresentam salinizadas por umidade ascendente. Os locais subterrâneos e o térreo são os mais afetados por esse fenômeno.

Faz-se necessário conhecer exatamente os mecanismos individuais de umedecimento, ou seja, as causas das anomalias, para poder eliminá-los eficazmente.

Para o diagnóstico das anomalias deve-se verificar, especialmente, o grau de umidade e a existência de sais. Em seguida, é necessário determinar o grau de umidade dos materiais componentes, tomando-se o cuidado de manter constante a umidade relativa do ar das amostras até o ensaio, pois sua variação pode alterar os teores de umidade higroscópica e de condensação capilar.

Posteriormente, deve-se determinar a absorção máxima de água por imersão. Com esse resultado, é possível determinar o grau de umedecimento, relacionando o teor de umidade com a absorção máxima de umidade.

Para a determinação da absorção higroscópica da umidade devem-se extrair amostras do material de construção, secá-las e, em seguida, mantê-las armazenadas em ambiente com umidade relativa do ar correspondente ao valor médio de umidade do ar do local de retirada da amostra.

Após 3 a 4 semanas de medição, obtém-se a umidade higroscópica de equilíbrio. Conhecida a proporção da umidade higroscópica com relação à umidade total, e determinando-se a influência da formação de água de condensação, pode-se deduzir a parte correspondente à umidade ascendente real nesse momento.

A título de exemplo, cita-se um edifício antigo que, inicialmente, não tinha sido impermeabilizado e sofreu umedecimento paulatino de maneira ascendente, além de penetração lateral. Sobre o nível do terreno a água evaporou, permitindo ao longo do tempo a sedimentação de sais na região. A partir de determinadas concentrações, os sais puderam reter água na forma higroscópica. As regiões da edificação com umidade foram se deslocando lentamente para cima, produzindo atualmente um quadro visível de danos. Após anos, a salinização atingiu elevada concentração, à qual pode ser atribuída atualmente a causa determinante da anomalia. Portanto, uma vez no passado, a causa geradora foi a umidade ascendente na parede, porém, hoje, o fator determinante é a absorção higroscópica de umidade.

Além da umidade, deverão ser determinados e analisados os compostos solúveis em água nos materiais de construção, e analisados os sais existentes, que possam ser agressivos. Em geral, nesses casos, têm importância os teores de cloretos, sulfatos e nitratos.

Não só os dados químicos e físicos devem ser levados em consideração na restauração ou tratamento da anomalia, mas também a avaliação das condições de contorno.

Deve-se avaliar especialmente a influência de água subterrânea, de fluxos superficiais de ladeiras e de águas provenientes de infiltrações. Também não se deve esquecer de avaliar e eliminar defeitos de construção, como, por exemplo, caimentos, prumadas e ralos, para águas pluviais e/ou de lavagem que, muitas vezes, podem ser deficientes, ou estar rompidos ou entupidos.

25.2.6.5 Medidas protetoras

As medidas de proteção contra a umidade na construção deverão ser adequadas ao tipo de mecanismo gerador. A seguir, iremos citar alguns dos procedimentos adotados na Europa.

a) Umidade ascendente em paredes
- Impermeabilização horizontal, combinando com impermeabilização vertical das paredes exteriores, se for o caso;
- procedimento de injeções de produtos químicos por perfurações na parede, com função de reduzir o diâmetro dos capilares e com efeito hidrorrepelente.

b) Impermeabilização vertical-drenagem
Para eliminação de água do terreno por saturação do solo em contato com vigas baldrames e paredes da edificação e de fluxo superficial de água.

c) Umidade por condensação
- Melhorar a ventilação do local;
- isolamento térmico eficiente, impedindo a formação de pontes térmicas.

25.2.7 Manchas de Fachadas por Contaminação Atmosférica

Nas médias e grandes cidades é muito comum o recobrimento dos revestimentos externos de edificações por pó, fuligem e partículas contaminantes.

O principal responsável por esse fenômeno é a poluição atmosférica, que pode ser classificada em poluentes naturais ou biológicos, e resíduos provenientes de indústrias.

Os poluentes naturais incluem compostos de substâncias minerais, vegetais e animais. Os resíduos químicos e industriais são provenientes de três grandes fatores de emissão: as indústrias de fabricação de produtos semimanufaturados ou matériasprimas; a combustão industrial ou doméstica de todas as espécies de combustíveis, sejam sólidos, líquidos ou gasosos; e a emissão proveniente da combustão dos motores de veículos, especialmente os movidos a diesel.

25.2.7.1 Partículas contaminantes

Setenta por cento da contaminação atmosférica são constituídos por partículas com diâmetro compreendido entre 1 e 5 μm (1 μm = 10^{-3} mm), 27 % de tamanho superior, e 3 % inferior a 1 μm; quase a totalidade dessas partículas se depositará por via seca em 2 ou 3 dias.

Com o vento, a difusão turbulenta afeta fundamentalmente as partículas na faixa intermediária, que irá influir decisivamente no manchamento das superfícies verticais e protegidas.

As partículas estarão afetadas pelo choque inercial, ocorrendo deposição sempre que a energia do rebote não superar a força de adesão ao substrato. A possibilidade de que isso ocorra é inversamente proporcional ao tamanho da partícula e à perpendicularidade da direção do choque.

A adesão das partículas contaminantes pode acontecer por vários processos, segundo a natureza do material de substrato e as condições ambientais.

Pode ocorrer desde um mero apoio sobre a microplataforma e, nesse caso, a partícula pode ser facilmente varrida por um simples vento, até uma verdadeira aglutinação, que pode tornar impossível sua eliminação a não ser exclusivamente por meios de limpeza mecânica.

25.2.7.2 Fatores que influenciam o manchamento

a) Agentes climáticos
- Vento
Dependendo da velocidade e da direção, o vento pode atuar como dispersante dos poluentes, desde que em direção favorável.

Entretanto, com vento incidente de menor intensidade e turbilhonamentos rasantes, e em zonas de remanso da edificação (partes mais abrigadas), haverá deposição de partículas. A pátina nessas partes irá aumentando lentamente, caso a ação do vento não seja reforçada pela lavagem ocasionada pela chuva.

- Chuva direta
A chuva incide principalmente na parte superior da fachada, bem como nos bordos laterais, caso não haja obstáculos à sua frente, independentemente de sua intensidade.

Nas partes inferiores das fachadas, as trajetórias da chuva são quase paralelas, ou seja, verticais, portanto dificultando a lavagem dos paramentos verticais pela água de chuva direta.

- Chuva escorrida

A chuva direta incidente na fachada ricocheteia para o exterior, ou normalmente permanece na superfície do revestimento, sendo em parte succionada por capilaridade e absorvida por tensão superficial. Após saturação e sobre certas circunstâncias, a água restante começa a deslizar na fachada.

A chuva escorre em forma de fina lâmina ou película, sensível às irregularidades do paramento, e com baixa velocidade, sendo absorvida pelo material de revestimento e pela camada de sujeira depositada.

A água produz uma leve erosão físico-química sobre o material, estabelecendo caminhos preferenciais. O efeito principal em relação à poluição é o de lavagem ou arraste parcial ou total das partículas de sujeira depositadas. Outra consequência é a redistribuição da sujeira, depositando-se conforme vai sendo absorvida sobre as trajetórias preferenciais.

- Temperatura e vapor d'água

Em geral, a temperatura decresce regularmente em função da altitude, o que produz um movimento ascensional das camadas quentes de ar inferiores em relação às superiores, mais frias. É essa corrente ascensional que dispersa os poluentes.

A exceção ocorre nas situações em que acontecem fenômenos de inversão térmica, que impedem a ação de dispersão dos poluentes, quando os efluentes vertem massas gasosas debaixo da camada de inversão.

A ocorrência de umidade relativa elevada ou de nevoeiro conduz a um incremento notável de deposição e adesão de partículas, e, portanto, de manchamento dos materiais porosos pouco expostos à ação da água e do vento.

b) Materiais de revestimento
- Tipos

Os tipos de materiais se classificam, de maneira geral, em *pétreos naturais*, incluindo as rochas mais frequentes, calcário, arenito, granito e mármore; *pétreos conglomerados*, abrangendo os concretos, independentemente do processo de fabricação, e as argamassas de revestimentos; e *pétreos cerâmicos*, como os tijolos e os revestimentos cerâmicos.

- Porosidade

A influência da porosidade no manchamento de fachadas intervém diretamente na formação da lâmina de água (lavagem indireta) e na redistribuição da sujeira. Na formação da pátina de sujeira contribui a penetração das partículas nos poros capilares, colmatando-se ou aderindo na superfície e, assim, reforçando a deposição de sujeira.

- Textura superficial
  - Cor

    A intensidade com que se visualizam as lesões nas fachadas é diretamente proporcional ao contraste de cor e tonalidade entre os materiais de revestimento e a pátina de sujeira.
  - Dureza

    A dureza intervém passivamente no processo de manchamento, pois, segundo o balanço das energias de incidência e rebote, assim como o tamanho das partículas, ocorrerá o rebote das mesmas ao exterior ou ficarão aderidas à superfície do material.

c) Formas de fachada

Um dos aspectos mais importantes é a inclinação dos planos. No caso de superfícies horizontais, haverá deposição de partículas por gravidade, e, dependendo do acesso e da quantidade de água de chuva direta que pode alcançar esses planos, haverá maior formação de manchas isoladas de sujeira, inclusive deposição de água de chuva.

Todos os elementos que compõem o relevo geral da fachada, que possam criar descontinuidades sobre a superfície do paramento, constituirão fontes de acúmulo de sujeiras e, sob certas condições, de água de chuva direta.

Exemplos desses elementos são as irregularidades ornamentais da fachada, como estrias e relevos, sobressalentes ou rebaixadas; juntas de tijolos, de montagem, ou funcionais; terraço; varanda; decorativos ou de drenagem como cornijas, gárgulas ou prumadas externas de águas pluviais.

25.2.8 Contaminação Ambiental por Substâncias Agressivas

A estabilidade dos materiais de construção está relacionada com a absorção de água e, principalmente, com a captação de substâncias agressivas. Estas últimas se dividem genericamente em dois grupos: salinas e gasosas.

Os sais são incorporados ao material em conjunto com a água absorvida por capilaridade, e as substâncias gasosas podem penetrar dissolvidas na água de chuva ou na forma de gases por difusão.

As principais substâncias gasosas são compostas por gases ácidos que se encontram na atmosfera, basicamente os óxidos de enxofre e de nitrogênio.

O concreto armado é afetado também pelo dióxido de carbono, que provoca a redução da alcalinidade do concreto ao longo do tempo.

No que se refere aos danos, em princípio, é indiferente se as substâncias gasosas penetraram no material junto com a água de chuva, por absorção capilar, ou mediante difusão, pois ambos os casos conduzirão à formação de sais dentro do material de construção. Seus aglomerantes são transformados em sais solúveis, conforme esquema que se segue:

Aglomerante alcalino + ácido → Sal + água

As substâncias agressivas salinas penetram no material de construção por meio da absorção capilar.

As maneiras mais usuais de captação direta dos sais pelos materiais de construção ocorrem nas regiões de respingo ou névoa de água, ou em partes não impermeabilizadas da construção que se encontram em contato com o terreno.

Um tipo de contaminação ambiental muito comum nos centros urbanos é a formação de chuva ácida, conforme as seguintes equações:

$$H_2O + SO_2 \rightarrow H_2SO_4$$

Dióxido de enxofre resultante da queima de combustíveis (indústrias, residências e veículos) e água de chuva formam o ácido sulfúrico:

$$H_2SO_4 + CaCO_3 \rightarrow CaSO_4 + H_2O$$

O ácido sulfúrico reage com o carbonato de cálcio (rochas calcárias, mármore, concreto e argamassas endurecidas) formando o gesso.

25.2.8.1 Danos decorrentes de absorção de água e substâncias agressivas

a) Corrosão mecânica

Os sais solúveis ocorrem nos materiais a partir de diferentes mecanismos de captação; por exemplo, sais aspergidos pelo ar, sobre o piso ou sobre as matérias-primas.

Entre os sais agressivos, os principais são os sulfatos solúveis, os cloretos e os nitratos. A água ao evaporar faz com que os sais se cristalizem nos poros e, como consequência, a concentração de sais vai aumentando paulatinamente.

Os danos são decorrentes da cristalização e da formação de hidratos. Essas variações de origem física e química produzem, pelo aumento de volume, pressões expansivas elevadas, as quais acabam por destruir a estrutura porosa do material.

Essas pressões entre 20 e 200 MPa superam a resistência da maioria dos materiais de construção de origem mineral.

b) Corrosão química

Os gases ácidos de queima dos combustíveis orgânicos provocam a destruição dos aglomerantes nos materiais de construção de origem mineral.

O caso clássico é constituído pelos aglomerantes calcários não solúveis (carbonato de cálcio) que são transformados em gesso solúvel (sulfato de cálcio). A troca química dos aglomerantes, a redistribuição dos mesmos, é de fundamental importância no processo de deterioração.

Os componentes do gesso solúvel vão se concentrando lentamente na superfície do material de construção, formando incrustações agressivas e produzindo erosão e deterioração superficial.

A corrosão pela ação de cloretos é muito importante em estruturas de concreto armado.

A partir de concentrações de aproximadamente 0,4 % da massa de cimento, os íons cloreto dentro do concreto provocam o processo de corrosão da armadura. As consequências desse processo destrutivo envolvem a ruptura do concreto de cobrimento da armadura.

c) Corrosão biológica

Superfícies úmidas de materiais de construção são atacadas com frequência por microrganismos de origem botânica e animal. Trata-se principalmente de bactérias, mofos, algas e liquens, que possuem metabolismo ativo.

As superfícies afetadas são mantidas permanentemente úmidas pelos microrganismos, e por precipitação de produtos metabólicos podem chegar, inclusive, a gerar uma salinização adicional do material.

A corrosão biológica dos materiais de construção de origem mineral é agravada por danos provocados por água de condensação.

d) Perda de isolamento térmico por umedecimento

O material de construção molhado ou umedecido tem sua capacidade isolante térmica reduzida, ocorrendo condensações de vapor d'água que geram maior grau de umidade. Consequentemente, a isolação térmica diminui, aumentando a condensação.

O material úmido constitui um campo de cultivo ideal para os microrganismos.

25.3 RECOMENDAÇÕES NAS FASES DE PROJETO, EXECUÇÃO E MANUTENÇÃO DOS REVESTIMENTOS

25.3.1 Recomendações na Fase de Projeto

O desempenho dos materiais e sistemas de revestimento de uma edificação está relacionado diretamente com o projeto.

Nas fases de anteprojeto e projeto deverá ser definida e especificada a qualidade desejada do revestimento levando-se em consideração as exigências funcionais de estética, estabilidade, permeabilidade à água, durabilidade e manutenção.

As exigências estéticas estão relacionadas com o acabamento compatível com o padrão da edificação, previamente julgado pelo usuário.

A estabilidade refere-se à aderência e à capacidade de absorver deformações compatíveis às tensões normais e tangenciais atuantes no revestimento e na interface com a base, advindas das deformações das alvenarias e das condições climáticas às quais o revestimento estará exposto.

O sistema de revestimento deve garantir determinadas características de impermeabilidade à água, por meio da própria argamassa, caso seja aditivada, ou pelo material de acabamento final (pintura, revestimento em pedra, cerâmico etc.). Os revestimentos devem apresentar, ainda, características de durabilidade quanto à conservação da cor, brilho, textura, e integridade do material de revestimento no que concerne às condições de exposição, utilização e aplicação de produtos de limpeza.

O custo de manutenção deve ser baixo, sendo previstas em projeto condições de acesso, caso seja necessária a realização de serviços de limpeza e eventual execução de reparos localizados no próprio revestimento ou em outros materiais ou componentes que façam parte da fachada.

25.3.1.1 Escolha dos materiais de revestimento

Na fase de projeto é necessário escolher materiais adequados às condições de uso, exposição e agressividade do meio, levando-se em consideração as várias exigências funcionais.

Assim, a escolha dos materiais de revestimento requer premissas como o conhecimento dos materiais e sistemas de revestimento, suas características, cuidados e detalhes executivos e eventuais deficiências

(projetista); a caracterização das condições de uso, exposição e agressividade do meio (projetista/usuário); e as especificações das exigências funcionais (usuário/projetista).

Devem ser elaborados desenhos, contendo esquemas e detalhes construtivos (projetista), cadernos de encargos e de manutenção.

Os cadernos de encargos devem incluir especificações técnicas dos materiais e sistemas de revestimento a serem utilizados, bem como procedimentos de execução (projetista).

Nos cadernos de manutenção devem ser especificados os cuidados e procedimentos, de modo que a manutenção a ser realizada pelo usuário seja adequada aos revestimentos.

Deverá ser feita uma análise das condições regionais, locais e do terreno em que será executada a edificação, quanto às condições de exposição e agressividade do meio, de modo a selecionar e especificar os materiais de revestimento mais apropriados às solicitações a que estarão submetidos.

As condições de exposição e agressividade do meio deverão ser identificadas na fase do projeto. Na relação a seguir estão indicados os principais aspectos a serem analisados em cada uma das condições previamente apresentadas.

- Condições regionais
  - índice pluviométrico;
  - condições ambientais (temperaturas média, máxima e mínima anual, velocidade do vento, umidade relativa);
  - fontes de contaminação do ar da região e seu encaminhamento pelas correntes de ar.
- Condições locais
  - construção da edificação em área urbana industrial ou rural (deposição de fuligem, pó e poluentes lançados na atmosfera);
  - fluxo e tipo de veículos em rodovias e/ou vias públicas próximas ao empreendimento (liberação de monóxido de carbono, enxofre, vibrações etc.);
  - condições higrométricas do local (próximo a represas, matas etc.);
  - local sujeito ou não a inundações;
  - edificação sujeita ou não à maresia.
- Condições do terreno
  - nível do lençol de água em relação à cota do terreno;
  - contaminação do solo quanto à existência de sais solúveis, que possam causar deterioração da estrutura e/ou da argamassa, ou provocar eflorescências;

Manifestações Patológicas em Revestimentos de Argamassa Inorgânica e Cerâmicos **595**

- presença de vegetação ao lado da edificação modificando as condições de ventilação e umidade (árvores, arbustos, jardineiras, floreiras);
- presença de microrganismos e animais.

■ Condições de edificação
  - gráfico de insolação relacionado com a orientação das fachadas da edificação;
  - incidência de chuva, turbulência e insolação em relação às edificações existentes no entorno;
  - altura da edificação, que poderá expor as fachadas (revestimentos e caixilhos) a condições específicas de exposição a chuvas sob pressão de vento;
  - contato com produtos químicos agressivos e/ou durante o processo de fabricação desses produtos, no caso de indústrias.

A escolha do tipo de argamassa dependerá da aparência final desejada e da compatibilidade da argamassa com o acabamento decorativo proposto.

Após a escolha dos materiais e sistemas de revestimentos a serem utilizados na edificação, deverá ser elaborada uma relação de especificações técnicas quanto à qualificação dos constituintes, materiais e/ou sistemas de revestimentos a serem utilizados. Os materiais não normalizados deverão ter sua qualidade definida.

Também deverão ser relacionados os procedimentos de execução das bases e preparação das superfícies que receberão os materiais de revestimento, incluindo critérios de inspeção, e os procedimentos de execução no que diz respeito aos materiais de revestimento e seus critérios de inspeção e aceitação.

Deverão ser elaborados desenhos contendo esquemas e detalhes construtivos.

Esta documentação se faz necessária para a fixação das medidas de controle, visando assegurar a inclusão dos requisitos estipulados em projeto nas etapas relacionadas a seguir:

■ aquisição de materiais, equipamentos e serviços;
■ verificações da conformidade dos materiais, equipamentos e serviços de modo a assegurar o cumprimento das especificações;
■ controle de manuseio, transporte e armazenamento dos materiais, para evitar contaminações, danos, deteriorações ou perdas;
■ controle da execução, verificando a conformidade dos serviços, por meio de planos, especificações, procedimentos e instruções pertinentes, juntamente com listas de verificação.

Cabe salientar que, de acordo com a ABNT NBR 15575-1:2021, a vida útil de projeto e as garantias dos sistemas, elementos, componentes e instalações deverão atender aos requisitos relativos aos revestimentos em argamassa e revestimentos cerâmicos apresentados nas Tabelas 25.10 a 25.13.

Segundo a norma ABNT NBR 15575-1:2021, a *vida útil* é o período de tempo em que um edifício e/ou seus sistemas se prestam às atividades para as quais foram projetados e construídos, com atendimento dos níveis de desempenho previstos na NBR 15575-1:2021, considerando a periodicidade e a correta execução dos processos de manutenção especificados no respectivo manual de uso, operação e manutenção (a vida útil não pode ser confundida com prazo de garantia legal ou contratual). A *vida útil de projeto* (VUP) é o período estimado de tempo para o qual um sistema é projetado, a fim de atender aos requisitos de desempenho estabelecidos na NBR 15575-1:2021, considerando o atendimento

TABELA 25.10 Vida útil de projeto (VUP) mínima e superior*

Sistema	VUP (anos)		
	Mínimo	Intermediário	Superior
Estrutura	≥ 50	≥ 63	≥ 75
Pisos internos	≥ 13	≥ 17	≥ 20
Vedação vertical externa	≥ 40	≥ 50	≥ 60
Vedação vertical interna	≥ 20	≥ 25	≥ 30
Cobertura	≥ 20	≥ 25	≥ 30
Hidrossanitário	≥ 20	≥ 25	≥ 30

* Considerando periodicidade e processos de manutenção segundo a ABNT NBR 5674 e especificados no respectivo manual de uso, operação e manutenção entregue ao usuário elaborado em atendimento à ABNT NBR 14037.
Fonte: adaptada da norma ABNT NBR 15575-1.

596 Capítulo 25

TABELA 25.11 Exemplos de VUP

Parte da edificação	Exemplos	VUP (anos)		
		Mínimo	Intermediário	Superior
Estrutura principal	Fundações, elementos estruturais (pilares, vigas, lajes e outros), paredes estruturais, estruturas periféricas, contenções e arrimos.	≥ 50	≥ 63	≥ 75
Estruturas auxiliares	Muros divisórios, estruturas de escadas externas.	≥ 20	≥ 25	≥ 30
Vedação externa	Paredes de vedação externa, painéis de fachada, fachada-cortina.	≥ 40	≥ 50	≥ 60
Vedação interna	Paredes e divisórias leves internas, escadas internas, guarda-corpos.	≥ 20	≥ 25	≥ 30
Cobertura	Estrutura da cobertura e coletores de águas pluviais embutidos. Telhamento. Calhas de beiral e coletores de águas pluviais aparentes, subcoberturas facilmente substituíveis. Rufos, calhas internas e demais complementos (de ventilação, iluminação, vedação).	≥ 20 ≥ 13 ≥ 4 ≥ 8	≥ 25 ≥ 17 ≥ 5 ≥ 10	≥ 30 ≥ 20 ≥ 6 ≥ 12
Revestimento interno aderido	Revestimento de piso, parede e teto: de argamassa, de gesso, cerâmicos, pétreos, de tacos e assoalhos e sintéticos.	≥ 13	≥ 17	≥ 20
Revestimento interno não aderido	Revestimento de piso: têxteis, laminados ou elevados; lambris; forros falsos.	≥ 8	≥ 10	≥ 12
Revestimento de fachada aderido e não aderido	Revestimento, molduras, componentes decorativos, cobre-muros.	≥ 20	≥ 25	≥ 30
Piso externo	Pétreo, cimentados de concreto e cerâmico.	≥ 13	≥ 17	≥ 20
Pintura	Pinturas internas e papel de parede. Pinturas de fachada e pinturas e revestimentos sintéticos texturizados.	≥ 3 ≥ 8	≥ 4 ≥ 10	≥ 5 ≥ 12

Fonte: adaptada da norma ABNT NBR 15575-1.

TABELA 25.12 Prazos de garantia recomendados

Sistemas, elementos, componentes e instalações	Prazos de garantia recomendados			
	1 ano	2 anos	3 anos	5 anos
Instalações hidráulicas e gás coletores/ramais/louças/caixas de descarga/bancadas/metais sanitários/sifões/ligações flexíveis/válvulas/registros/ralos/tanques	Equipamentos	—	Instalação	—
Impermeabilização	—	—	—	Estanqueidade
Esquadrias de madeira	Empenamento Descolamento Fixação	—	—	—

(continua)

Manifestações Patológicas em Revestimentos de Argamassa Inorgânica e Cerâmicos **597**

TABELA 25.12 Prazos de garantia recomendados (*continuação*)

Sistemas, elementos, componentes e instalações	Prazos de garantia recomendados			
	1 ano	2 anos	3 anos	5 anos
Esquadrias de aço	Fixação Oxidação	—	—	—
Esquadrias de alumínio e de PVC	Partes móveis (inclusive recolhedores de palhetas, motores e conjuntos elétricos de acionamento)	Borrachas, escovas, articulações, fechos e roldanas	—	Perfis de alumínio, fixadores e revestimentos em painel de alumínio
Fechaduras e ferragens em geral	Funcionamento Acabamento	—	—	—
Revestimentos de paredes, pisos e tetos internos e externos em argamassa/gesso liso/componentes de gesso para *drywall*	—	Fissuras	Estanqueidade de fachadas e pisos em áreas molhadas	Má aderência do revestimento e dos componentes do sistema
Revestimentos de paredes, pisos e tetos em azulejo/cerâmica/pastilhas	—	Revestimentos soltos, gretados, desgaste excessivo	Estanqueidade de fachadas e pisos em áreas molhadas	—
Revestimentos de paredes, pisos e tetos em pedras naturais (mármore, granito e outros)	—	Revestimentos soltos, gretados, desgaste excessivo	Estanqueidade de fachadas e pisos em áreas molhadas	—
Pisos de madeira – tacos; assoalhos e *decks*	Empenamento, trincas na madeira e destacamento	—	—	—
Piso cimentado, piso acabado em concreto, contrapiso	—	Destacamentos, fissuras, desgaste excessivo	Estanqueidade de pisos em áreas molhadas	—
Revestimentos especiais (fórmica, plástico, têxteis, pisos elevados, materiais compostos de alumínio)	—	Aderência	—	—
Forros de gesso	Fissuras por acomodação dos elementos estruturais e de vedação.	—	—	—
Forros de madeira	Empenamento, trincas na madeira e destacamento.	—	—	—

(*continua*)

598 Capítulo 25

TABELA 25.12 Prazos de garantia recomendados (*continuação*)

Sistemas, elementos, componentes e instalações	Prazos de garantia recomendados			
	1 ano	2 anos	3 anos	5 anos
Pintura/verniz (interna/externa)	–	Empolamento, descascamento, esfarelamento, alteração de cor ou deterioração de acabamento.	–	–
Selantes, componentes de juntas e rejuntamentos	Aderência	–	–	–
Vidros	Fixação	–	–	–

Obs.: recomenda-se que quaisquer falhas perceptíveis visualmente, como riscos, lascas, trincas em vidros etc., sejam explicitadas no termo de entrega.
Fonte: adaptada da norma ABNT NBR 15575-1.

TABELA 25.13 Controle de deposição de partículas nas fachadas

Textura dos materiais	Redução da rugosidade quando: ■ a visualização da deposição irá ser muito evidente; ■ a exposição irá ser alta e a proteção escassa; ■ a exposição é boa, nas partes não afetadas; ■ está prevista deposição acelerada; ■ não está prevista manutenção periódica.
Textura e disposição da fachada	Os relevos exclusivamente decorativos devem ser evitados, independentemente do grau de exposição. Planos inclinados para fora da fachada (para baixo) só são recomendáveis caso possam estar submetidos à lavagem total. Deve-se estudar a continuidade dos planos supracitados com os imediatamente inferiores, de modo a evitar escorridos de sujeira e deposições.

aos requisitos das normas aplicáveis, o estágio do conhecimento no momento do projeto e supondo o atendimento da periodicidade e correta execução dos processos de manutenção especificados no respectivo manual de uso, operação e manutenção (a VUP não pode ser confundida com o tempo de vida útil, a durabilidade e o prazo de garantia legal ou contratual).

25.3.1.2 Detalhes de projeto

Na fase de projeto devem ser adotados determinados cuidados de modo a minimizar as falhas dos revestimentos.

As chuvas, sob pressão do vento ou não, provocam a formação de lâminas de água que irão escorrer sobre as fachadas; portanto, para garantir a estanqueidade e minimizar a deterioração do revestimento, deverão ser adotados alguns detalhes construtivos, como pingadeiras, molduras, cimalhas, peitoris e frisos, visando dissipar concentrações de água.

A geometria das fachadas deverá ser estudada de modo a evitar que o fluxo de água se dirija para pontos vulneráveis, como juntas e caixilhos, permitindo que o próprio fluxo de água faça a limpeza do paramento e evite a deposição de fuligem e empoçamento de água.

As prumadas externas de águas pluviais, em tubo de PVC, galvanizado ou zinco, em geral são fixadas na alvenaria.

Caso a superfície da parede apresente irregularidades, o que é normal, a prumada e a alvenaria se tocarão em certos locais, e a sujeira, como pó e folhas, se acumulará formando deposições que reterão na alvenaria umidade proveniente de água de chuva.

Pode ser que não ocorram infiltrações, se a alvenaria estiver em uma fachada ensolarada. Porém, como pode não ser possível detectar a tempo as infiltrações, poderão ocorrer problemas sérios antes que se perceba a causa.

A utilização de espaçadores entre o parafuso de fixação e a prumada evitará possíveis pontos de contato e, portanto, o acúmulo de sujeira e umidade.

Deve-se evitar que os parafusos de fixação sejam introduzidos diretamente nas argamassas de assentamento dos blocos, a fim de impedir que ocorram preferenciais de penetração de umidade.

É fundamental prever verificações periódicas do estado da tubulação, quanto a eventuais entupimentos, perfurações, corrosão e estado da pintura, se for o caso.

A elaboração de projeto de isolamento térmica e impermeabilização das lajes é essencial para que se obtenha desempenho satisfatório das alvenarias e, consequentemente, dos revestimentos, evitando, dessa maneira, a ocorrência de trincas em alvenarias e de infiltrações de água pelas fissuras do revestimento, ou por deficiência da impermeabilização.

A ocorrência de ponte térmica (parte de fachada que oferece menor resistência térmica) gera condensações, e se não houver queda de temperatura abaixo do ponto de orvalho, a diferença de temperatura entre diferentes partes faz com que as correntes de convexão sejam maiores nas superfícies mais frias, gerando deposição de poeira e fuligem rapidamente nesses locais. Esse fenômeno é particularmente notado em terraços e platibandas com elementos vazados, em que as nervuras se apresentam mais limpas e próximas a cantos formados pela interseção de paredes.

Na medida do possível, é conveniente evitar as pontes térmicas ou compensá-las com isolamento complementar.

É conveniente que sejam evitados detalhes que favoreçam o acúmulo de água. Assim, não devem ser utilizadas seções em U desprovidas de pontos de drenagem em sistemas de captação de água pluvial de coberturas.

As superfícies horizontais devem ter inclinação de pelo menos 1 %. Esse caimento será previsto de modo que a água verta para o exterior da obra. Além disso, deverão ser tomados cuidados especiais de manutenção, a fim de que os pontos de drenagem não fiquem obstruídos, fazendo com que a água de telhados e balcões verta distante da obra.

Os ralos e respectivos condutos de captação de água devem ser dimensionados corretamente, evitando vazamentos e encharcamentos de platibandas.

Os caixilhos podem constituir um ponto vulnerável às infiltrações de água, à medida que possam apresentar problemas de estanqueidade.

As janelas devem ser submetidas a ensaio, a fim de serem detectados eventuais pontos suscetíveis a infiltrações de água. Nesse caso, deve-se proceder às devidas correções no projeto, de modo que se obtenha perfeita vedação, evitando-se, assim, a penetração de água, que poderá gerar quadros patológicos na argamassa de revestimento.

Os ensaios de desempenho quanto à estanqueidade ao ar e à água e quanto à resistência à carga de vento devem ser realizados conforme metodologia específica, segundo a ABNT NBR 10821:2017.

O ensaio visa simular condições de exposição a chuvas com vento, e ao vento simplesmente, com a aplicação de pressões equivalentes a velocidades de vento determinadas seguindo as isopletas de vento, específicas para cada região.

Constam nas Tabelas 25.13 a 25.15 algumas das recomendações elaboradas pelo arquiteto Francisco

TABELA 25.14 Controle para eliminação e redistribuição de deposição de partículas nas fachadas

Fachadas abrigadas (sem lavagem) Aceitáveis, salvo: • com revestimentos calcários em ambientes sulfurosos; • com texturas profundas dos materiais ou da fachada;	• caso apresentem componentes contendo sais sensíveis à lavagem diferencial. Fachadas submetidas à ação do vento e da chuva: • controle de água de chuva direta.
Fator de exposição [1]	Sempre é preferível exposição elevada. O grau de exposição pode ser indiferente, caso a proteção seja elevada. Em edifício desprotegido, a exposição pode ser muito variável, conforme a orientação das fachadas.
Fator de proteção [2]	É aconselhável o menor fator de proteção possível. Distintos níveis de proteção em uma mesma fachada são perigosos. A proteção total atua como uma exposição muito baixa.

[1] Fator de exposição: parâmetro que avalia a ação da chuva e do vento. É obtido pela soma dos produtos da velocidade do vento pela quantidade de chuva precipitada, para cada direção considerada.

[2] Fator de proteção: parâmetro que avalia as condições atenuantes da ação da chuva e do vento, em relação a cada fachada considerada da edificação. Está relacionado com o perfil do terreno, morfologia urbanística, proteção de edificações vizinhas, da rua e da própria condição de proteção das fachadas.

600 Capítulo 25

TABELA 25.15 Controle do grau de manifestação/percepção da deposição. Controle da aparência com o uso de materiais

Textura	Não se deve utilizar a textura isoladamente, a não ser em combinação com cores e outros fatores. A textura rugosa deve ser evitada, salvo com garantias de lavagem abundante ou com cores fortes. A textura dos agregados aparentes ou que imitam tijolos ou concreto é adequada, caso seja colorida.
Cor	É adequada nos bordos com absorção de água escorrida ou em outras áreas de lavagem irregular (parapeitos planos ou com diversas inclinações, curvaturas etc.) Cores com intensidades intermediárias são preferíveis às de tonalidades quentes. Quanto mais escura a cor do material, maior capacidade terá de dissimulação. São preferíveis as cores não lisas, com desenhos, marcas, decorações etc., que favorecem mais a dissimulação da pátina de poluição.
Combinação e modulação de materiais	É recomendável a combinação de materiais porque a diversidade de texturas e colorações contribui para dissimular a irregularidade da sujeira. Como critério geral, juntas profundas, peças pequenas, diferença de cor ou tom entre peças e junta, coloração escura para as peças. São utilizáveis as juntas de modulação de materiais, principalmente as profundas. As funcionais ou de montagem de grandes peças são pouco úteis e, às vezes, perigosas.
Imposta	A determinada distância (preferencialmente um ou dois por andar), com sacada suficiente, porém dotada de vertedor e pingadeiras para evitar escorrimento.
Relevos decorativos	Adequados, caso sejam pouco destacados e homogeneamente distribuídos no paramento. São desaconselháveis os isolados ou muito sobressalentes ou profundos.
Estriados	São mais adequados em forma de estrias, preferencialmente verticais e distribuídas a pequenas ou médias distâncias.

Javier León Vallejo, da Universidad de Valladolid, Espanha (Vallejo, 1990), quanto aos cuidados na fase de projeto visando minimizar a deposição de poluentes e o consequente manchamento de fachadas.

25.3.2 Recomendações na Fase de Execução

A adequada execução dos serviços de revestimento necessita de elaboração prévia de cadernos de encargos, contendo normas, especificações técnicas e procedimentos.

Os cadernos de encargos facilitam o controle do recebimento, estocagem, manuseio e transporte dos materiais, além do próprio controle da execução, tendo em vista que se verifica a conformidade dos serviços, por meio de listas de verificação adotadas como registro.

A qualificação e o treinamento dos operários são muito importantes na fase de execução. Os operários devem conhecer com clareza as atividades que irão desenvolver e ter suas respectivas responsabilidades definidas.

É fundamental, também, que se disponha de equipamentos e ferramentas adequadas para o bom andamento da execução.

25.3.2.1 Execução de revestimentos de argamassa

A constituição do revestimento de argamassa depende de alguns requisitos, assim como sua capacidade de absorção, da aspereza da superfície externa da base do emboço e até do clima local.

A resistência da argamassa deve diminuir de dentro para fora, isto é, do emboço para o reboco, e essa resistência nunca deve ser interrompida, como no caso de duas camadas mais resistentes estarem separadas por uma menos resistente.

Na preparação da argamassa e na execução do revestimento devem ser consideradas algumas recomendações.

a) Preparo das superfícies

A superfície da base para as diversas argamassas deverá apresentar as seguintes características:

- ser regular, para que a argamassa seja aplicada em espessura uniforme;
- apresentar-se limpa, livre de pó, materiais soltos, graxas, óleos ou resíduos orgânicos (desmoldante);
- as eflorescências deverão ser totalmente removidas antes da aplicação da argamassa;

ser áspera, mas quando demasiadamente lisa deverá ser escarificada e/ou coberta com uma aplicação de argamassa de chapisco.

Se a base do revestimento apresentar elevada absorção, deverá ser suficientemente pré-umedecida. Cabe também ser aplicada argamassa de chapisco, caso seja parcial ou totalmente não absorvente, bem como quando não se apresentar suficientemente áspera ou constituir-se de materiais de graus de absorção diferentes.

Superfícies impróprias, como, por exemplo, madeira ou ferro, deverão ser cobertas com um suporte de revestimento (tela de arame galvanizado etc.).

Caso seja empregado chapisco, a camada deverá ser uniforme, em pequena espessura, e com acabamento áspero. O revestimento só poderá ser aplicado quando o chapisco apresentar endurecimento tal que não possa ser removido com a mão, o que requer, para argamassas de cimento e areia, no mínimo três dias para aplicação do emboço, conforme a ABNT NBR 7200:1998. Para climas quentes e secos, com temperatura acima de 30 °C, este prazo pode ser reduzido para dois dias.

b) Preparação da argamassa

Durante a preparação da argamassa, na mistura do aglomerante e de eventuais aditivos, devem ser tomados alguns cuidados especiais.

As argamassas em estado de endurecimento e que contenham aglomerantes hidráulicos ou gesso não se tornam novamente trabalháveis mediante novas adições de água.

O gesso para construção não deve ser misturado com cimento em face da formação de produto expansivo (etringita), conforme comentado anteriormente neste capítulo.

c) Execução da camada de emboço

Após o correto posicionamento das taliscas e a execução das guias com argamassa mista de cimento e cal para emboço, é executada a camada de emboço.

O desempeno é realizado com régua apoiada sobre as guias, movimentada da direita para a esquerda e vice-versa, e de baixo para cima.

Em dias muito quentes, principalmente em locais expostos ao Sol, os revestimentos devem ser mantidos úmidos por pelo menos 48 horas após a aplicação.

d) Execução da camada de reboco

A execução da camada de reboco deve se iniciar após a colocação de guarnições e rodapés.

O reboco deverá apresentar textura específica de acordo com os requisitos de preparo de base exigidos pelos fabricantes dos revestimentos a serem aplicados sobre este (pinturas ou texturas). Para tanto, deve ser sarrafeado após sua aplicação sobre a alvenaria (respeitando-se o tempo de formação da aderência entre argamassa e a base, conhecido na obra comumente pelo tempo para a argamassa "puxar") e, posteriormente, desempenado com desempenadeira de madeira, observando-se também o tempo ideal para esse desempenamento, que corresponde ao tempo em que a argamassa sarrafeada não apresente mais plasticidade, o que pode ser verificado pela pressão com a ponta dos dedos e a avaliação de seu comportamento rígido (a argamassa não afunda). Em seguida, proceder-se-á também ao feltramento (aplicação de espuma de poliuretano em movimentos circulares sobre a superfície desempenada) com o objetivo de se conseguir uma superfície mais lisa possível. O reboco deverá ser executado de modo a garantir as condições de planeza adequadas à aplicação do revestimento final.

25.3.2.2 Revestimentos cerâmicos

No assentamento de revestimentos cerâmicos em pisos (internos e externos) e paredes (internas e externas) deverão ser obedecidas as recomendações constantes nas normas da ABNT NBR 13753, 13754 e 13755. Alguns cuidados nesses assentamentos são descritos a seguir:

- A Associação Nacional dos Fabricantes de Cerâmica para Revestimentos (Anfacer) recomenda, para revestimentos cerâmicos em fachadas, que as peças apresentem as seguintes características:

  - cerâmica com absorção ≤ 6 %;
  - cerâmica com garras no tardoz;
  - cerâmica com dilatação higroscópica ≤ 0,6 mm/m (≤ 0,06 %);
  - assentamento com argamassas elásticas;
  - rejunte impermeável e elástico.

- As peças não necessitam ser umedecidas antes do assentamento com argamassa adesiva à base de cimento, mas devem ser mantidas à sombra, em local bem ventilado.
- As peças cerâmicas devem estar limpas, isentas de materiais estranhos.
- A argamassa adesiva à base de cimento deve ser preparada em pequenas quantidades, suficientes para serem utilizadas por um período máximo indicado pelo fabricante, em recipiente limpo e protegido contra o Sol e a umidade.
- A argamassa deve ser empregada, no máximo, até 2,5 horas após seu preparo, ou conforme

recomendação do fabricante, sendo impedida a adição complementar de água ou de outros produtos nesse período.

- A argamassa deve ser aplicada sobre a superfície com o lado liso da desempenadeira, formando uma camada uniforme de 3 a 4 mm, sobre uma área não superior a 1 m², sendo a seguir aplicada a desempenadeira com o lado dentado sobre a camada de argamassa, formando sulcos que facilitarão o nivelamento e a fixação dos azulejos.
- Devem ser formados cordões com cerca de 4 mm, alternados com estrias vazias; assim, quando o azulejo é pressionado, os cordões se espalham formando uma camada contínua de argamassa com cerca de 2 mm.
- A peça cerâmica, seca e limpa, deve ser aplicada sobre a argamassa, devendo ser deslizada um pouco até alcançar a posição de assentamento, sendo em seguida comprimida manualmente ou com aplicação de pequenos impactos com ferramenta não contundente. As peças cerâmicas assentadas nas paredes deverão ser batidas uma a uma, até que estejam posicionadas adequadamente, nunca deixando uma peça sem bater. Recomenda-se a limpeza da peça cerâmica em um prazo inferior a 1 hora. Essa limpeza deverá ser feita com esponja de poliuretano limpa e úmida, seguida de secagem com estopa igualmente limpa.
- O rejuntamento (preferencialmente industrializado, por possuir características de impermeabilidade, lavabilidade, ligeira elasticidade e resistência ao crescimento de fungos) deverá ser realizado com desempenadeira emborrachada após 72 horas do assentamento das peças. Antes dessa operação deverá ser realizado ensaio à percussão das peças cerâmicas, limpeza e umedecimento das juntas. Recomenda-se que a limpeza do material de rejuntamento sobre a face do revestimento cerâmico seja feita após 15 minutos, com pano limpo e úmido e, após mais 15 minutos, finalizar a limpeza com pano seco.

25.3.3 Recomendações na Fase de Manutenção

O desempenho de um revestimento está diretamente relacionado com a vida útil dos materiais que o constituem, de acordo com as condições de uso, exposição e agressividade do meio. Portanto, faz-se necessária a elaboração de um manual de uso, operação e manutenção.

O manual deverá relacionar todos os revestimentos existentes na edificação, e para cada tipo e áreas comuns deverão ser abordados os itens relacionados a seguir:

- especificação técnica dos materiais empregados;
- condições normais de uso e eventuais restrições;
- procedimentos de limpeza, especificando periodicidade e produtos adequados;
- periodicidade recomendada para execução de pinturas;
- procedimentos para execução de eventuais reparos, localizados no próprio revestimento ou em outros materiais que façam parte do revestimento, como caixilhos;
- procedimentos para execução de eventuais instalações que venham a ser realizadas pelo usuário após a entrega da obra, como a fixação dos chumbadores para antenas e outros equipamentos, que possam danificar a impermeabilização, tubulações embutidas e/ou o próprio revestimento, por meio de plantas e detalhes que se fizerem necessários.

Em relação à manutenibilidade do edifício e de seus sistemas, a ABNT NBR 15575-1:2021 definiu claramente as responsabilidades dos agentes envolvidos, cabendo ao construtor ou incorporador a elaboração do manual de uso, operação e manutenção, ou documento similar, de acordo com a ABNT NBR 14037:2011 e, sob a responsabilidade do usuário ou seu preposto, realizar a manutenção de acordo com o estabelecido na ABNT NBR 5674:2012 e no supracitado manual.

Outras informações sobre revestimentos estão no Capítulo 26 – Inspeção de Fachadas; sobre argamassas, no Capítulo 16 – Argamassas na Construção Civil; e sobre placas cerâmicas, no Capítulo 18 – Materiais Cerâmicos.

BIBLIOGRAFIA

ASSOCIAÇÃO BRASILEIRA DE NORMAS TÉCNICAS. *NBR 5674:* Manutenção de edificações – Requisitos para o sistema de gestão de manutenção. Rio de Janeiro: ABNT, 2012.

ASSOCIAÇÃO BRASILEIRA DE NORMAS TÉCNICAS. *NBR 6118:* Projeto de estruturas de concreto – Procedimento. Rio de Janeiro: ABNT, 2014.

ASSOCIAÇÃO BRASILEIRA DE NORMAS TÉCNICAS. *NBR 6136:* Blocos vazados de concreto simples para alvenaria – Requisitos. Rio de Janeiro: ABNT, 2016.

ASSOCIAÇÃO BRASILEIRA DE NORMAS TÉCNICAS. *NBR 7175:* Cal hidratada para argamassas – Requisitos. Rio de Janeiro: ABNT, 2003.

ASSOCIAÇÃO BRASILEIRA DE NORMAS TÉCNICAS. *NBR 7200:* Revestimento de paredes e tetos com argamassas – Materiais, preparo, aplicação e manutenção – Procedimento. Rio de Janeiro: ABNT, 1998.

ASSOCIAÇÃO BRASILEIRA DE NORMAS TÉCNICAS. *NBR 8214:* Assentamento de azulejos – Procedimentos. Rio de Janeiro: ABNT, 1983.

ASSOCIAÇÃO BRASILEIRA DE NORMAS TÉCNICAS. *NBR 8545:* Execução de alvenaria sem junção estrutural de tijolos maciços e blocos cerâmicos. Rio de Janeiro: ABNT, 1984.

ASSOCIAÇÃO BRASILEIRA DE NORMAS TÉCNICAS. *NBR ISO 10545:* Placas cerâmicas – Parte 1: Amostragem e critérios para aceitação. Rio de Janeiro: ABNT, 2020.

ASSOCIAÇÃO BRASILEIRA DE NORMAS TÉCNICAS. *NBR ISO 10545:* Placas cerâmicas – Parte 2: Determinação das dimensões e qualidade superficial. Rio de Janeiro: ABNT, 2020.

ASSOCIAÇÃO BRASILEIRA DE NORMAS TÉCNICAS. *NBR ISO 10545:* Placas cerâmicas – Parte 3: Determinação da absorção de água, porosidade aparente, densidade relativa aparente e densidade aparente. Rio de Janeiro: ABNT, 2020.

ASSOCIAÇÃO BRASILEIRA DE NORMAS TÉCNICAS. *NBR ISO 10545:* Placas cerâmicas – Parte 4: Determinação da carga de ruptura e módulo de resistência à flexão. Rio de Janeiro: ABNT, 2020.

ASSOCIAÇÃO BRASILEIRA DE NORMAS TÉCNICAS. *NBR ISO 10545:* Placas cerâmicas – Parte 5: Determinação da resistência ao impacto pela medição do coeficiente de restituição. Rio de Janeiro: ABNT, 2017.

ASSOCIAÇÃO BRASILEIRA DE NORMAS TÉCNICAS. *NBR ISO 10545:* Placas cerâmicas – Parte 6: Determinação da resistência à abrasão profunda para placas não esmaltadas. Rio de Janeiro: ABNT, 2017.

ASSOCIAÇÃO BRASILEIRA DE NORMAS TÉCNICAS. *NBR ISO 10545:* Placas cerâmicas – Parte 7: Determinação da resistência à abrasão superficial para placas esmaltadas. Rio de Janeiro: ABNT, 2017.

ASSOCIAÇÃO BRASILEIRA DE NORMAS TÉCNICAS. *NBR ISO 10545:* Placas cerâmicas – Parte 8: Determinação da expansão térmica linear. Rio de Janeiro: ABNT, 2017.

ASSOCIAÇÃO BRASILEIRA DE NORMAS TÉCNICAS. *NBR ISO 1045:* Placas Cerâmicas – Parte 10: Determinação da expansão por umidade. Rio de Janeiro: ABNT, 2017.

ASSOCIAÇÃO BRASILEIRA DE NORMAS TÉCNICAS. *NBR ISO 10545:* Placas cerâmicas – Parte 11: Determinação da resistência ao gretamento de placas esmaltadas. Rio de Janeiro: ABNT, 2017.

ASSOCIAÇÃO BRASILEIRA DE NORMAS TÉCNICAS. *NBR ISO 10545:* Placas cerâmicas – Parte 12: Determinação da resistência ao congelamento. Rio de Janeiro: ABNT, 2017.

ASSOCIAÇÃO BRASILEIRA DE NORMAS TÉCNICAS. *NBR ISO 10545:* Placas cerâmicas – Parte 13:

Determinação da resistência química. Rio de Janeiro: ABNT, 2020.

ASSOCIAÇÃO BRASILEIRA DE NORMAS TÉCNICAS. *NBR ISO 10545:* Placas cerâmicas – Parte 14: Determinação da resistência ao manchamento. Rio de Janeiro: ABNT, 2017.

ASSOCIAÇÃO BRASILEIRA DE NORMAS TÉCNICAS. *NBR ISO 10545:* Placas cerâmicas – Parte 15: Determinação de cádmio e chumbo presentes nas placas cerâmicas esmaltadas. Rio de Janeiro: ABNT, 2020.

ASSOCIAÇÃO BRASILEIRA DE NORMAS TÉCNICAS. *NBR ISO 10545:* Placas cerâmicas – Parte 16: Determinação de pequenas diferenças de cor. Rio de Janeiro: ABNT, 2020.

ASSOCIAÇÃO BRASILEIRA DE NORMAS TÉCNICAS. *NBR 10821:* Esquadrias externas para edificações – Parte 3: Métodos de ensaio. Rio de Janeiro: ABNT, 2017.

ASSOCIAÇÃO BRASILEIRA DE NORMAS TÉCNICAS. *NBR ISO 13006:* Placas cerâmicas – Definições, classificação, características e marcação. Rio de Janeiro: ABNT, 2020.

ASSOCIAÇÃO BRASILEIRA DE NORMAS TÉCNICAS. *NBR 13749:* Revestimento de paredes e tetos de argamassas inorgânicas – Especificação. Rio de Janeiro: ABNT, 2013.

ASSOCIAÇÃO BRASILEIRA DE NORMAS TÉCNICAS. *NBR 13753:* Revestimento de pisos internos e externos com placas cerâmicas e com utilização de argamassa colante – Procedimento. Rio de Janeiro: ABNT, 1996.

ASSOCIAÇÃO BRASILEIRA DE NORMAS TÉCNICAS. *NBR 13754:* Revestimento de paredes internas com placas cerâmicas e com utilização de argamassa colante. Rio de Janeiro: ABNT, 1996.

ASSOCIAÇÃO BRASILEIRA DE NORMAS TÉCNICAS. *NBR 13755:* Revestimento de paredes externas e fachadas com placas cerâmicas e com utilização de argamassa colante – Procedimento. Rio de Janeiro: ABNT, 2017.

ASSOCIAÇÃO BRASILEIRA DE NORMAS TÉCNICAS. *NBR 14037:* Diretrizes para elaboração de manuais de uso, operação e manutenção das edificações – Requisitos para elaboração e apresentação de conteúdos. Rio de Janeiro: ABNT, 2011.

ASSOCIAÇÃO BRASILEIRA DE NORMAS TÉCNICAS. *NBR 14081:* Argamassa colante industrializada para assentamento de placas cerâmicas – Parte 1: Requisitos. Rio de Janeiro: ABNT, 2012.

ASSOCIAÇÃO BRASILEIRA DE NORMAS TÉCNICAS. *NBR 14081:* Argamassa colante industrializada para assentamento de placas cerâmicas – Parte 2: Execução do substrato-padrão e aplicação da argamassa para ensaios. Rio de Janeiro: ABNT, 2015.

ASSOCIAÇÃO BRASILEIRA DE NORMAS TÉCNICAS. *NBR 14081:* Argamassa colante industrializada para assentamento de placas cerâmicas – Parte 3: Determinação do tempo em aberto. Rio de Janeiro: ABNT, 2012.

ASSOCIAÇÃO BRASILEIRA DE NORMAS TÉCNICAS. *NBR 14081:* Argamassa colante industrializada para assentamento de placas cerâmicas – Parte 4: Determinação da resistência de aderência à tração. Rio de Janeiro: ABNT, 2012.

ASSOCIAÇÃO BRASILEIRA DE NORMAS TÉCNICAS. *NBR 14081:* Argamassa colante industrializada para assentamento de placas cerâmicas – Parte 5: Determinação do deslizamento. Rio de Janeiro: ABNT, 2012.

ASSOCIAÇÃO BRASILEIRA DE NORMAS TÉCNICAS. *NBR 14086:* Argamassa colante industrializada para assentamento de placas cerâmicas – Determinação da densidade de massa aparente. Rio de Janeiro: ABNT, 2004.

ASSOCIAÇÃO BRASILEIRA DE NORMAS TÉCNICAS. *NBR 14992: A. R.* – Argamassa à base de cimento Portland para rejuntamento de placas cerâmicas – Requisitos e métodos de ensaio. Rio de Janeiro: ABNT, 2003.

ASSOCIAÇÃO BRASILEIRA DE NORMAS TÉCNICAS. *NBR 15575-1:* Edificações habitacionais – Desempenho – Parte 1: Requisitos Gerais. Rio de Janeiro: ABNT, 2021.

ASSOCIAÇÃO BRASILEIRA DE NORMAS TÉCNICAS. *NBR 15825:* Qualificação de pessoas para a construção civil – Perfil profissional do assentador e do rejuntador de placas cerâmicas e porcelanato para revestimentos. Rio de Janeiro: ABNT, 2010.

ASSOCIAÇÃO BRASILEIRA DE NORMAS TÉCNICAS. *NBR 15961:* Alvenaria estrutural – Blocos de concreto – Parte 1: Projeto. Rio de Janeiro: ABNT, 2011.

ASSOCIAÇÃO BRASILEIRA DE NORMAS TÉCNICAS. *NBR 16919:* Placas cerâmicas – Determinação do coeficiente de atrito. Rio de Janeiro: ABNT, 2020.

BAUER, H. Como solucionar, no projeto, problemas de durabilidade de fachadas. *In: 12º Simpósio de Aplicação de Tecnologia do Concreto*, São Paulo, 1989.

BAUER, L. A. F.; BAUER, R. I. F. *Estruturas de concreto – Patologia* (Boletim Bauer nº 36). São Paulo: Centro Tecnológico Falcão Bauer, 1991.

BAUER, R. J. F. Argamassas friáveis de revestimento – Proposta de tratamento. São Paulo: *Construção*, n. 2266, dez. 1991, p. 29-30.

BAUER, R. J. F. Eflorescências. São Paulo: *Construção*, n. 2270, ago. 1991, p. 31-32.

BAUER, R. J. F. Falhas em Revestimento – Parte I. São Paulo: *Construção,* n. 2246, fev. 1991, p. 19-20.

BAUER, R. J. F. Falhas em Revestimento – Parte II. São Paulo: *Construção*, n. 2250, mar. 1991, p. 23-24.

BAUER, R. J. F. *Falhas em revestimentos, suas causas e sua prevenção.* São Paulo: Centro Tecnológico Falcão Bauer, 1987.

BAUER, R. J. F. Falhas em Revestimento – Parte III. São Paulo: *Construção*, n. 2257, 13 mai. 1991, p. 21-22.

BAUER, R. J. F. Patologia de Revestimento. São Paulo: *Construção,* n. 2274, set. 1991, p. 35-36.

BAUER, R. J. F. Recomendações quanto à execução de revestimentos cerâmicos em fachadas. São Paulo: *Construção*, n. 2262, jun. 1991, p. 25-26.

BAUER, R. J. F.; ALVES, R. R. Recomendações quanto ao assentamento de azulejos. São Paulo: *Construção*, n. 2179, nov. 1989, p. 23-24.

CARVALHO JR., A. N. *Avaliação da aderência dos revestimentos argamassados:* uma contribuição à identificação do sistema de aderência mecânico. 331 p. Tese (Doutorado em Engenharia Metalúrgica e de Minas) – Universidade Federal de Minas Gerais (UFMG), 2005.

CARVALHO JR., A. N. *Técnicas de revestimento.* Apostila do Curso de Especialização em Construção Civil. 3. ed. Belo Horizonte: DEMC-EE/UFMG, 2012.

CASCUDO, O. *O controle da corrosão de armaduras em concreto – inspeção e técnicas eletroquímicas.* Goiânia: Ed. UFG, 1997.

CASTRO, E. K. Argamassas semipreparadas. *In: Seminário Sobre Argamassas*, São Paulo: Ibracon, 22-26 jul.1985.

CENTRO TECNOLÓGICO FALCÃO BAUER. *Relatórios de inspeção*, 1980-1993.

CINCOTTO, M. A. *Danos de revestimento decorrentes da qualidade da cal hidratada* (Nota Técnica nº 64), São Paulo: Associação Brasileira dos Produtores de Cal (ABPC), 1973.

CINCOTTO, M. A. *Patologia das argamassas de revestimento – Análise e recomendações.* (Monografia nº 8) – Instituto de Pesquisas Tecnológicas, São Paulo, 1983.

FALCÃO BAUER, R. J.; RAGO, F. Expansão por umidade de placas cerâmicas para revestimento. *Revista Cerâmica Industrial.* ABC, v. 5, n. 3, São Paulo, maio- jun. 2000.

MESEGUER, A. G. *Controle e garantia da qualidade na construção.* São Paulo: Sinduscon/Projeto, 1991.

MOLINARI, G. *Algumas recomendações para evitar deslocamentos de argamassa de cal em alvenarias de tijolos* (Boletim nº 7), São Paulo: Associação Brasileira dos Produtores de Cal (ABPC), 1973.

PEREZ, A. R. *Umidade nas edificações.* Dissertação (mestrado) – Escola Politécnica da Universidade de São Paulo, São Paulo, 1986.

PETRUCCI, E. G. R. *Concreto de cimento Portland.* Porto Alegre: Globo, 1978.

PIRONDI, Z. *Manual prático da impermeabilização e de isolação térmica.* 2. ed. São Paulo: Pini/IBI, 1988.

POLITO, G. *Avaliação quantitativa e qualitativa da introdução de cal hidratada nas argamassas e sua influência no desempenho e na morfologia.* 182 p. Dissertação (Mestrado em Engenharia Civil) – Universidade Federal de Minas Gerais (UFMG), 2008.

RIPPER, E. *Como evitar erros na construção.* 2. ed. São Paulo: Pini, 1986.

SABBATINI, F. H. A comercialização de sistemas de revestimentos cerâmicos no Brasil: oportunidades e barreiras. *Revista Cerâmica Industrial*. ABC, São Paulo, mar.-abr. 2004, v. 9, n. 2, p.18-22.

SABBATINI, F. H. Tecnologia de execução de revestimentos de argamassas. *In*: SIMPÓSIO DE APLICAÇÃO DA TECNOLOGIA DO CONCRETO, 13., São Paulo, 1990.

THOMAZ, E. *Trincas em edifícios:* causas, prevenção e recuperação. Dissertação (Mestrado). São Paulo – Escola Politécnica da Universidade de São Paulo, São Paulo, 1986.

UEMOTO, K. L. *Patologia*: danos causados por eflorescências. São Paulo: Pini/IPT, 1988.

VALLEJO, F. J. L. Ensuciamiento de fachadas pétreas por la contaminación atmosférica. El caso de la ciudad de Valladolid, España. *Informes de la Construcción*, v. 41, n. 405, p. 45-72, enero-febrero 1990.

26

INSPEÇÃO DE FACHADAS

M.Sc. Matheus Leoni Martins Nascimento •
Prof. Eng.° Paulo Sérgio da Silva •
M.Sc. Renato Freua Sahade

26.1 Introdução, 607
26.2 Conceitos e Definições, 611
26.3 Inspeção Predial de Fachadas, 623
26.4 Importância da Manutenção na Vida Útil das Fachadas, 632
26.5 Conclusão, 636

26.1 INTRODUÇÃO

Parecia fácil falar sobre inspeção de fachadas. Há pelo menos 30 anos, estes autores vêm fazendo isso de forma sistemática e automática. Sahade (2005), em sua dissertação de mestrado, chegou a criar um gabarito que se esperava, em futuro próximo, servir de base de dados para um *software* de forma a "facilitar" ou direcionar as inspeções de fachadas.

Percebe-se o quanto o tema tem sido objeto de muitos outros estudos no Brasil (Bauer *et al.*, 2020, 2021; Pereira *et al.*, 2020) e no mundo (Adamopoulos, 2021; De Brito, 2021; De Brito; Pereira; Silvestre, 2020), os quais têm criado, além de *diretrizes* e metodologias para inspeção de fachadas (Guideline for condition assessment of the building envelope, 2014), por meio de um banco de dados (um tipo de *big data* das fachadas) e análises probabilísticas, formas de *predizer* com alta precisão, quando se darão os primeiros sinais de degradação dos revestimentos e quando devem ser tomadas as devidas providências para que as manutenções preventivas sejam iniciadas. E, ainda, pode-se retroceder no diagnóstico, usando o processo na ordem inversa para, através dos sinais e sintomas, poder detectar exatamente *quando o problema se instalou* e *qual foi o agente causador*.

Recentemente, uma pequena brincadeira, por vezes criticada, é verdade, pelos mais puristas, chamada nas redes sociais de *#mapeamentosindecifraveis*, "viralizou" de tal forma que se tornou um *banco de imagens* de fachadas sendo inspecionadas e demarcadas de forma *grotesca* durante a sua inspeção. Uma vez detectada a bizarrice, fotografa-se e "marca-se" nos "*stories*" do aplicativo Instagram® com a *hashtag* mencionada. Criou-se, assim, um verdadeiro arquivo de "artes rupestres" e "hieróglifos" que, se traduzidos por não menos que Erich von Däniken,[1] comprovariam que sua tese estaria correta: "Eram os deuses astronautas?" (Fig. 26.1). Lógico que quem as fez deve saber o que significam. Mas, a pergunta que fazem sempre: "não será aberta uma 'comissão de norma' de inspeção de fachadas para se criar um

---
[1] Erich Anton Peter von Däniken é um teórico da conspiração, escritor e arqueólogo suíço e um dos fundadores do AAS RA (Archaeology, Astronautics and SETI Research Association) mundialmente conhecido por escrever o livro *Eram os deuses astronautas?*.

FIGURA 26.1 Imagens colhidas dos *stories* do Instagram® #mapeamentosindecifraveis.

critério científico ou uma maneira 'correta' para se demarcar uma fachada durante a sua inspeção?".

A técnica do "bate-choco" é antiga. Os engenheiros Luís Alfredo Falcão Bauer e Maria Aparecida de Azevedo Noronha, nos idos de 1990, na tradução do livro *Ao pé do muro* (L'Hermite, 1977), utilizaram pela primeira vez o termo "pipocamento"[2] em se tratando do *"inchamento local ou generalizado do revestimento, provocando bolsas ou barrigas. (...). Identificadas pelo som emitido ao aplicar-se uma pancada".* Ou seja, já falavam do teste de percussão e do som cavo emitido por um instrumento rijo.

Em seguida, após a identificação desses locais com *pipocamentos*, apontavam-se em desenhos previamente elaborados das fachadas – estas em elevações devidamente "abertas" para que cada virada de projeção pudesse ser vista no plano do papel – todas as falhas ou anomalias que fossem identificadas, além dos "pipocos", como fissuras, armaduras expostas e corroídas, empolamentos, vesículas, entre outras manifestações patológicas que serão abordadas mais adiante.

Em 1987, no *Boletim Bauer* nº 05, o Engº Roberto F. Bauer, falando sobre "Falhas em Revestimento" e, na sequência, em 1989, a saudosa profª Dra. Maria Alba Cincotto (Cincotto, 1988), falavam sobre as principais manifestações patológicas que acometem os revestimentos argamassados. Mais adiante, em 1996, nas normas da ABNT, em suas primeiras versões da NBR 13749, atualmente na versão 2013 (ABNT, 2013), e da NBR 13755, atualmente na versão 2017 (ABNT, 2017), passa a constar oficialmente o teste à percussão para a avaliação da aderência dos revestimentos de argamassa e cerâmico com a base por meio dos *"ensaios de percussão, realizados por meio de impactos leves, não contundentes, com martelo de madeira ou outro material rijo"*, assim como se anexam à NBR 13749 as principais anomalias associadas a esse tipo de revestimento argamassado – Anexo A desta norma.

É nesse mesmo fim de década (1997) que também é publicada a norma para placas cerâmicas NBR 13818, com os principais ensaios e requisitos mínimos classificatórios e de desempenho para esse tipo de revestimento, que posteriormente foi substituída pela série de normas NBR ISO 10545, Partes 1 a 14 (NBR ISO, 2017), partes 15 e 16 (NBR ISO, 2020), NBR 16919 (ABNT, 2020) e NBR ISO 13006 (ABNT, 2020). Já com o início de um novo século,

os anos 2000, este vem acompanhado de uma grande evolução tecnológica e, consequentemente, novos materiais e tecnologias são incorporados às fachadas das edificações. E, com isso, *novos problemas e novos desafios e insustentáveis patologias.*

Felizmente, novas técnicas de inspeção também surgem como aliadas às tradicionais, como as termografias de infravermelho, os Veículos Autônomos Não Tripulados (VANTs) ou simplesmente *drones*, os escâneres a *laser*, as câmeras digitais, os equipamentos de ultrassom entre outros que vêm para diminuir as falhas humanas nas inspeções à percussão e nas inspeções visuais e tornar o trabalho mais técnico, ágil e preciso.

26.1.1 Importância do Tema

As fachadas, assim como a pele no corpo humano, têm a *função* de resistir às solicitações tanto do meio interno quanto do meio externo a que estão expostas. A Figura 26.2 ilustra as solicitações que atuam sobre os elementos de vedação e seus revestimentos.

Os revestimentos, em conjunto com os elementos de vedação, como se observa na Figura 26.3, são responsáveis por quase 45 % dos custos médios envolvidos em uma construção. Estes ainda auxiliam no isolamento térmico em até 30 %, no desempenho acústico em até 50 % e na estanqueidade aos gases e à água de 70 a 100 % (Carasek, 2010, p. 901).

Em relação às questões estéticas, as argamassas contribuem para a regularização das superfícies de forma a receberem outros sistemas de revestimento como os cerâmicos, as pinturas, podendo até ser consideradas como acabamento final, no caso dos revestimentos decorativos monocamadas (RDM). Na Figura 26.4, as principais camadas de um revestimento externo.

A importância das reformas de fachadas, seja para trazê-las à situação original ou para modernizá-las (*retrofit*), não está tão somente na valorização do imóvel. Estudos apontam de 10 a 30% de valorização do patrimônio (5 ideias de fachadas que valorizam seu imóvel, 2021; Aparência importa no valor do imóvel?, 2018; Queiroz, 2018).

Entretanto, com a falta de cuidado, principalmente na produção, no recebimento e na manutenção das fachadas, podem-se criar situações de risco desde a degradação precoce do bem até acidentes com ou sem vítimas fatais, conforme imagem da Figura 26.5. De qualquer maneira, o prejuízo é alto.

Há muito tempo, os problemas de fachada têm sido objeto de avaliação e estudo em diversos países e se destacam, uma vez que:

---

[2] Do inglês *popping.*

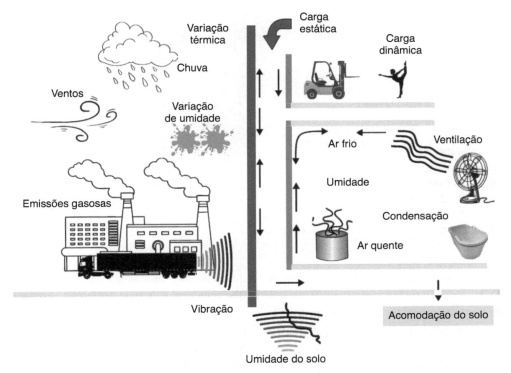

FIGURA 26.2 Solicitações impostas às superfícies das edificações. Fonte: adaptada de Cincotto *et al.* (1995).

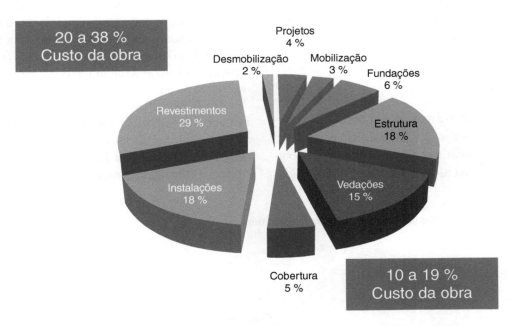

FIGURA 26.3 Percentual médio do orçamento correspondente a cada etapa da obra. Fonte: Qual percentual médio do orçamento corresponde a cada etapa da obra. UOL Universa, [s.d.].

- são os que mais chamam a atenção e geram preocupação nos usuários do ponto de vista de conforto, salubridade e satisfação psicológica dentro da habitação (Duarte, 1988; Dal Molin, 1988);

- reduzem a durabilidade dos revestimentos e da própria parede e diminuem a vida útil das edificações, já que afetam a capacidade de impermeabilização ao permitirem infiltrações de água e de

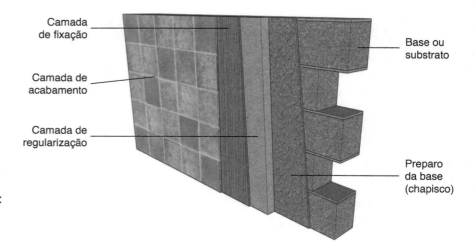

FIGURA 26.4 Etapas de um revestimento aderido externo de fachada. Fonte: cortesia de Max Junginger.

outros agentes e a fixação de microrganismos (Veiga, 2003);
- do ponto de vista econômico, originam gastos de recuperação e geram prejuízos incalculáveis entre a construtora e o usuário, entre outros, o desgaste moral, financeiro e de imagem (Sahade, 2005).

Dessa forma, justifica-se a importância que a correta inspeção das fachadas representa no estudo da vida útil e do desempenho de uma edificação desde o seu recebimento até as etapas de manutenção preventiva e, por conseguinte, na diminuição das manifestações patológicas incidentes sobre as edificações.

26.1.2 Objetivo

O objetivo deste capítulo é mostrar a importância da correta elaboração de uma inspeção de fachadas por meio das tradicionais técnicas ainda muito utilizadas e abordar de maneira sucinta as novas técnicas e tecnologias de apoio às técnicas tradicionais, as suas vantagens e desvantagens e as suas principais utilizações.

Na Seção 26.2, são tratados os conceitos e definições utilizados neste capítulo, relativos à inspeção de fachadas, bem como os principais conceitos referentes aos termos a serem empregados no decorrer deste estudo, como desempenho, vida útil, durabilidade, degradação e manifestações patológicas em fachadas.

Na Seção 26.3, mostram-se as etapas de uma boa investigação de fachadas, os equipamentos e técnicas ainda em uso, as etapas, as metodologias e os procedimentos da boa inspeção. Faz-se uma breve descrição das técnicas de Ensaios Não Destrutivos (END), com ênfase nas câmeras termográficas em uso, e dos ensaios destrutivos – a importância das janelas de inspeção.

Na Seção 26.4, fala-se sobre a importância da inspeção de fachadas como instrumento de preservação da vida útil das mesmas, bem como do seu diagnóstico para poder bem tratá-las (terapia) e das principais técnicas de manutenção.

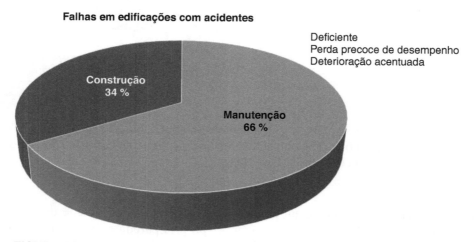

FIGURA 26.5 Acidentes prediais e a incidência de falhas e anomalias em edificações. Fonte: Inspeção Predial: a Saúde dos Edifícios (2015).

Por fim, na Seção 26.5, "Conclusão", aborda-se o estado da arte atual das inspeções de fachada e sobre os novos trabalhos que estão em andamento, as novidades para esta área tão ativa e empolgante: a engenharia de revestimentos de fachadas.

26.2 CONCEITOS E DEFINIÇÕES

Inspeção predial é o ato contínuo de realizar procedimentos e documentá-los durante todo o ciclo de vida dos elementos de uma edificação. A sua periodicidade é definida em cronograma pelos projetistas em face das características físico-químicas de seus elementos expostos a agentes degradantes ao longo de sua linha do tempo.

De acordo com De Brito *et al.* (2020), define-se:

> As etapas de **construção, operação e manutenção e fim de vida** compõem o **ciclo de vida das edificações**. A fase de operação e manutenção, que compreende vida útil dos edifícios, pode estar associada a mais da metade do seu ciclo de vida e custos. Diante dessa importância, é fundamental planejar a manutenção para otimizar custos e manter níveis de desempenho aceitáveis dos edifícios, adiando o fim de sua vida.

Desta citação, pode-se completar a conceituação de Inspeção Predial, como *o ato prático de planejar a manutenção* para otimizar custos e manter níveis de desempenho aceitáveis para a edificação.

O **ciclo da vida** é um conceito conhecido por todos e consiste em que tudo que nasce, cresce e morre. Pode-se acrescentar que muito do que nasce não é por acaso, mas por sonho ou evolução de seus progenitores. Dessa forma, ocorrem com as edificações. Elas são projetadas, implantadas, construídas e ocupadas e servirão às pessoas para se viver ou se trabalhar. Todavia, tanto as plantas quanto os animais, as pessoas e suas edificações não são *ad aeternum* e requerem ser nutridas e cuidadas para prolongar a duração de seu ciclo de vida.

Construção é o ato prático de executar os projetos dentro de suas especificações, realizando toda uma gama de procedimentos de maneira harmônica entre tecnologia e sustentabilidade de uma edificação. Ela ocorre no período que se conhece como Obra.

Obra é o ato de fazer.

Operação e manutenção são os atos práticos uma vez entregue a obra, simultaneamente à ocupação dos usuários, da utilização, da preservação e da realização dos serviços de limpeza, conservação e reposições periódicas de itens não manteníveis.

Operação e manutenção são, portanto, os atos *coirmãos* de usar e cuidar.

Fim de vida de uma edificação é o ponto onde os sistemas ficam inservíveis e impróprios para permitirem que os usuários exerçam com conforto, prazer e segurança as suas atividades humanas. Todavia, ao contrário dos seres naturais, uma edificação pode ser por vontade e competência do homem, levada a um patamar de sobrevida, são *ad aeternum* por procedimentos de restauro, preservação e tecnologia.

Logo, a **inspeção predial** é o ato contínuo e constante que deve estar presente ao longo de todo o ciclo da vida de uma edificação. Desde a fase de projeto e construção até a fase de ocupação, uso e manutenção de "cuidar", com olhar clínico, por meio de pessoas capacitadas.

Sir Isaac Newton, em sua terceira Lei, conceituou que: "a toda ação corresponde uma reação, de mesmo módulo, mesma direção e de sentidos opostos". Logo, toda inspeção resultará em uma manutenção de igual força e intensidade. Isto mesmo, **inspeção é ação. Manutenção é reação.** São atos práticos, distintos, que determinarão quão boa, segura e longa será nossa existência em nossas edificações. Mas exigem investimentos financeiros para garantir os desempenhos mínimos almejados.

A fachada de uma edificação compõe todos os elementos e sistemas que a envolvem, primordialmente as estruturas e as vedações, destinadas a resistir às agressões externas e a garantir níveis mínimos de conforto para os ocupantes.

Todavia, em conjunto com a solidez da edificação, há o protagonismo de riscos aos usuários por desprendimento de seus elementos. Logo, investir bem em inspeção é estratégico para a gestão predial de uma edificação. É preciso buscar relatórios com base em metodologia e em ferramentas que garantam uma profunda e eficaz coleta e análise de informações. Seus diagnósticos devem ser personalizados com uma estrutura de informação sólida, clara e ampla.

26.2.1 Desempenho, Durabilidade e Vida Útil das Fachadas

Desempenho, durabilidade e vida útil são termos fundamentais para nortear os procedimentos de inspeção.

O ciclo da vida útil das fachadas de muitas edificações ficou comprometido por meio do equívoco gerado pelas gestões prediais ao "compreenderem" como o "período de garantia" de "manutenção zero". Ledo engano, como todo engenheiro ou arquiteto sabe, uma vez que é justamente nesses primeiros anos após "fim da fase da obra" que ocorrerão os assentamentos estruturais, as retrações das estruturas de concreto e dos revestimentos argamassados, os que justamente incidem sobre as fachadas e requerem inspeções bem detalhadas com diagnósticos e imediatos procedimentos de manutenções corretivas.

É justamente nesse período inicial que toda fachada certamente apresentará as manifestações oriundas desses fenômenos espontâneos do sistema construtivo, como as pequenas fissuras em rejuntamentos e revestimentos de argamassa aderidos, as acomodações de juntas de controle de deformações e outros. E é a inspeção predial que poderá detectá-los e diagnosticá-los se são endógenos, isto é, por uma questão de vícios oriundos da deficiência nos projetos ou na execução, ou exógenos por vícios gerados pela ocupação ou uso inadequado do sistema. Um exemplo clássico são, na fase de ocupação, as instalações das redes de proteção de segurança ao redor das esquadrias, que causam graves danos de estanqueidade das fachadas.

Desempenho é um conceito que fica muito claro ao ouvirmos sua tradução inglesa *perfomance*. Significa que os diversos sistemas construtivos da fachada cumprem, ao serem inspecionados, adequadamente as suas funções e obrigações. De acordo com a NBR 15575 (ABNT, 2024), desempenho é o comportamento em uso de uma edificação e de seus sistemas.

Todo material componente do sistema de fachada tem uma expectativa de vida útil sob dadas condições ambientais e sob condições de uso e manutenção previamente especificados em um manual elaborado pela executora da edificação. Justamente a extensão de tempo, conhecida por vida útil, é o conceito de **durabilidade** (ABNT, 2024).

Todo o material exposto aos seus **agentes degradantes** tem suas características físicas e químicas alteradas diuturnamente pela ação destes. Isso é inexorável. Todavia, materiais de construção bem especificados e que recebam as manutenções adequadas podem ter seus ciclos de vida útil otimizados e ampliados.

Nos sistemas de fachada, destacam-se fatores como resistência à fotodegradação por raios ultravioleta, à ação da umidade, ao choque térmico, à acidificação e salinização, à biodeterioração e ao intemperismo antropogênico.

A **fotodegradação**, protagonizada pela luz ultravioleta da radiação do Sol, é forte o suficiente para quebrar até ligações covalentes em polímeros orgânicos, causando amarelecimento e fragilização degenerativa. O ciclo de fotodegradação causa, também, reações de oxidação que, somadas às variações de temperaturas e à ação da umidade, nas quais ocorre a ruptura das ligações covalentes, resultam em redução da integridade mecânica, fissuramento, desprendimentos, descoloração, perda de brilho e outros efeitos.

A permissividade à absorção da umidade no sistema construtivo das fachadas gera mecanismo de dano nos materiais com baixa hidrofobicidade. Por meio desse agente natural, afeta-se diretamente tanto as interfaces como as matrizes. As densidades distintas dos constituintes dos elementos influenciam na difusão de água e na sua solubilidade no interior dos corpos. Esse comportamento higroscópico dispara mecanismos de expansão de umidade de corpos cerâmicos e rochas, por exemplo, e a dissolução de sais de ligações cimentícias, gerando os fenômenos de eflorescências.

Os ciclos de resfriamento e aquecimento, sobretudo quando curtos, transmitem aos sistemas, por esse fenômeno conhecido como choques térmicos, alterações de esforços de compressão e tração, provocando prejuízos às ligações aderidas e à própria microestrutura dos materiais. As variações dimensionais lineares, quando em temperaturas extremas, causam graves riscos de determinar o fim de vida útil de um material ou sistema. Por exemplo, as temperaturas negativas tendem ao congelamento da água contida nos poros dos materiais, gerando tensões de expansão e tração, levando-os ao fissuramento. Já as altas temperaturas, além do envelhecimento precoce, geram tensões de expansão nos materiais aderidos que, ao excederem o seu limite de serviço ou as resistências de tração, descolam-se de sua base.

A acidificação das umidades das superfícies pela deposição das emissões de dióxido de carbono (CO_2) que são lançadas na atmosfera também impactam na sua vida útil. Esse fenômeno reduz o pH da umidade depositada. A água pode se apresentar em três classificações: ácida (se o pH for inferior a 7); neutra (se o pH for equivalente a 7); ou alcalina (se o pH for superior a 7).

O efeito dos sais marinhos, conhecidos por *salt spray*, atua com poder de corrosão de elementos metálicos expostos nas fachadas, bem como os óxidos ferrosos das rochas naturais causando degradação química.

Em muitas fachadas vê-se a formação de biofilmes de musgos, fungos e líquens. Edificações próximas a estuários, mangues, lagos e orla estão sujeitas a se tornarem anteparo para os microrganismos levados pelos ventos. Justamente as atividades naturais, sobretudo os próprios dejetos desses organismos vivos, causam modificações indesejáveis sobre o ponto de vista estético e funcional das superfícies.

Já nas superfícies das fachadas revestidas com rochas naturais pode ocorrer o intemperismo antropogênico. Fenômeno degradante relativo à poluição ambiental, exerce forte impacto sobre o estado de preservação das rochas. Quando aplicadas em fachadas urbanas voltadas à orla marítima, são submetidas a condições graves de intemperismo devido à exposição da rocha à ação do sal marinho e aos poluentes da atmosfera. As principais manifestações patológicas que devem ser mapeadas nestas superfícies são: crostas negras, crostas de sal, crostas orgânicas (por líquens, incrustações em fluxo de carbonato de cálcio e eflorescências). Com o aumento dos processos de intemperismo, os blocos são erodidos e começam a apresentar cavidades.

Isto posto, pode-se ampliar o conceito de durabilidade como a "mensuração em anos de vida, horas de uso ou até ciclos operacionais da capacidade dos materiais de construção que compõem uma edificação ou seus sistemas, de preservar as suas características funcionais, sem a necessidade de manutenção ou reparações aos agentes degradantes", sob condições de uso e manutenção.

O Professor Daniel Véras Ribeiro comentou certa ocasião que "a durabilidade começa na prancheta do arquiteto". O detalhamento e a especificação funcional dos elementos dos sistemas que comporão as fachadas e a especificação de materiais resilientes, hidrofóbicos e flexíveis prenunciam um desempenho à gama de esforços oriundos das deformações dos primeiros anos. "Nesta linha", acrescenta-se à frase de Véras, "a durabilidade se consolida na elaboração do plano de manutenção no início da gestão predial, isto é, imediatamente após o início da ocupação".

Na contramão disso, vê-se nos últimos anos justamente que, nesses dois pontos cardeais, os projetos sem detalhamentos adequados e a ausência de planos de manutenção preventivos são uma triste retórica nas edificações brasileiras. Somam-se a eles as falhas executivas, o agravamento das questões climáticas para criar um cenário preocupante com o pífio desempenho e, consequentemente, a perda da durabilidade das fachadas.

Vida Útil de Projeto (VUP): conceito trazido pela ABNT NBR 15575 na versão de 2013, vinha em clara proposição de pautar procedimentos de projeto, execução, garantias e recomendações de manutenção para que todos os sistemas de uma edificação durem com bom desempenho. Para tal, a VUP é definida em projeto e pode, de fato, ser atendida caso se façam as manutenções propostas pelo manual de uso, operação e manutenção (ABNT 14037:2024).

Em 2020, foi publicada a NBR 16747, a norma de Inspeção Predial. Segundo essa norma, o objetivo da inspeção predial é apurar as causas de anomalias, manifestações patológicas e falhas de manutenção mais significativas (ou seja, aquelas que comprometem o desempenho da edificação), sendo depois classificadas as suas respectivas importâncias, assim como a indicação das ações necessárias para assegurar a conservação da edificação.[3]

26.2.2 Agentes de Degradação das Fachadas

As fachadas são as primeiras a receberem a ação direta de agentes de degradação em uma edificação e, por isso, destacam-se por serem **uma das principais responsáveis** pelo desempenho de uma construção (Silva, 2014). *Analogamente, pode-se comparar as fachadas ao que a pele representa aos seres humanos*, por serem uma barreira direta à penetração de agentes nocivos ao edifício.

As ações que causam a deterioração de uma ou mais propriedades de componentes do edifício e prejudicam seu desempenho são consideradas degradação (BS ISO 15686-2, 2012) e entender tais fenômenos em sua completude é uma tarefa complexa. De acordo com Bauer, Souza e Mota (2021), nesta área é necessária a compreensão de três assuntos principais: o tipo de ação imposta (i), a sua duração (ii) e a sensibilidade à ação (iii). Em termos práticos, para a ação (i) é necessária a compreensão de quais são os agentes envolvidos na degradação. Já para (ii) pode-se ter, por exemplo, ações permanentes, cíclicas ou pontuais. E, para (iii), destaca-se a importância não somente dos materiais, elementos e componentes envolvidos; mas também do meio em que estão inseridos e se tal sistema foi completamente concebido e executado para resistir às ações deste meio.

De acordo com a BS ISO 15686-1 (ISO, 2011), os agentes de degradação podem ser classificados pela sua origem quanto à natureza, sendo os provenientes da atmosfera e do solo (externos) ou aqueles que têm origem na ocupação ou projeto (internos). Quanto à natureza, os de origem interna ou externa podem ser classificados em agentes mecânicos, eletromagnéticos, térmicos, químicos e biológicos (Quadro 26.1).

---

[3] Disponível em: https://fernandesgrossi.com.br/laudo-deinspecaopredial/. Acesso em: 31 jan. 2024.

614 Capítulo 26

QUADRO 26.1 Natureza dos agentes de degradação (ISO 6241: 1894 apud BS ISO 15686-1, 2011)

Natureza	Classe
Agentes mecânicos	Gravidade, esforços e deformações impostas ou restringidas, energia cinética, vibrações e ruídos
Agentes eletromagnéticos	Radiação, eletricidade e magnetismo
Agentes térmicos	Níveis extremos ou variações muito rápidas de temperatura
Agentes químicos	Água e solventes, agentes oxidantes, agentes redutores, ácidos, bases, sais e quimicamente neutros
Agentes biológicos	Vegetais, microrganismos e animais

Conforme cita Souza (2019), há de se destacar que existem vários fatores de degradação que afetam os edifícios, e que tais fatores podem ser divididos em duas categorias: aqueles relacionados com a durabilidade do sistema (qualidade dos componentes, nível de projeto, nível de execução e frequência de manutenção) e aqueles relacionados com a agressividade do meio ambiente (ambiente interno, ambiente externo e condições de uso).

Quando se fala de fachadas, a NBR 15575 (ABNT, 2021) define que as mesmas fazem parte dos Sistemas de Vedações Verticais Externos (SVVE) e diversos podem ser os agentes degradantes, dentre os quais podem destacar-se os climáticos: radiação solar, vento, chuva dirigida, umidade, neve e outros (Bauer, 1987; Flores-Colen; Brito; Freitas, 2010; Jorne, 2010; Souza, 2019).

A radiação tem influência direta sobre o sistema de revestimentos, tendo em vista que as parcelas da radiação global (direta, difusa e refletida) incidem em uma fachada e trazem consequências em seu aquecimento/arrefecimento. A parcela direta é aquela que incide diretamente na superfície (radiação extraterrestre), já a difusa sofre dispersão devido às nuvens do céu e a refletida é representada pela parcela que sofre reflexões em superfícies adjacentes (Zanoni, 2015).

A água pode apresentar-se no estado de vapor na própria atmosfera e compor a umidade atmosférica e até mesmo sob a forma de precipitação/chuva (estado líquido). Quando não controlada, em limites inadequados ou com sistema não concebido/projetado para receber sua incidência, pode ser o principal agente de degradação das fachadas e causar problemas diretos a sua utilização e à saúde dos usuários (Perez, 1986).

Já os ventos também exercem ação na durabilidade das fachadas pela sua influência em termos de carregamentos e deformações impostas, deposição de partículas e ação da chuva dirigida (combinação de vento e água). Na ação da chuva dirigida, as fachadas de um edifício recebem a incidência direta de água e o entendimento da ação dos ventos em épocas chuvosas torna-se uma tarefa importante para a compreensão da degradação causada por esse fenômeno. Nesse aspecto salienta-se a importância da utilização de revestimentos que sejam capazes de resistir à ação da água e, ao mesmo tempo, a inserção de detalhes que retirem a umidade da fachada, como: frisos, pingadeiras, molduras, cimalhas, peitoris e outros (Thomaz, 1989).

Associando-se a ação dos agentes anteriores e outros, fica evidente que as fachadas passam ciclicamente por variações de ações que induzem também as variações de temperatura. A variação diária na temperatura dos revestimentos de fachada, somada ainda aos efeitos da umidade, causa fenômenos cíclicos de expansão e retração, que ao longo do tempo resultam em efeitos de fadiga nas ligações e camadas do sistema (Faustino, 1997; Saraiva, 1998).

Várias são as pesquisas que de alguma maneira estudaram estes e outros agentes separadamente. Mas o grande fato é que, em uma fachada, as ações são sinérgicas e, por isso, o entendimento de tais fenômenos quando associados é de suma importância para que haja uma correlação com os padrões de degradação e as manifestações patológicas existentes. Neste sentido, por exemplo, torna-se importante a compreensão do comportamento higrotérmico dos edifícios, que reflete um conjunto de fenômenos de natureza térmica e relacionados com a umidade, que trazem influência direta nos comportamentos que as edificações têm quando estão sujeitas às variações climáticas e condicionadas por suas envolventes (Henriques, 2011; Nascimento, 2016).

26.2.3 Principais Manifestações e suas Identificações na Inspeção de Fachadas

Não é o objetivo deste capítulo do livro detalhar as manifestações patológicas em revestimentos, mas, de forma clara e objetiva, apresentar as principais manifestações e sugerir ou recomendar uma forma de nomenclatura onde torne claro ao fiscal de fachadas e ao executor que acompanharão e executarão posteriormente as obras ali apontadas, respectivamente, os locais onde essas manifestações foram identificadas, quais são e suas extensões. Outras informações estão no Capítulo 16 – Argamassas na Construção Civil e no Capítulo 25 – Manifestações patológicas em revestimentos de argamassa inorgânica e cerâmicos.

De acordo com Cincotto (1988), os danos nem sempre aparecem em toda a edificação. Concentram-se em pontos onde o fenômeno se originou. Daí a importância que se dá a identificar as causas (diagnóstico) e a extensão do dano, para depois se decidir sobre as próximas etapas (análises, ensaios, testes) e as soluções a se adotar (terapia).

Quando se pretende inspecionar uma fachada, espera-se identificar de maneira detalhada pelo menos uma porcentagem significativa dos problemas ali existentes. Nem sempre estes são visíveis a olho nu e, com certeza, técnicas de extrapolação de inspeção de uma fachada para outra recaem em erros e riscos que podem ser fatais.

Como exemplo, um dos autores deste capítulo, Renato Sahade, no início de sua carreira como avaliador de fachadas, em um de seus trabalhos, de modo incipiente, ao se tentar criar uma forma de avaliação das fachadas por meio de simples "binóculos", criou um parâmetro com base em sua pouca experiência, acreditando que estufamentos, imbricamentos, fissuras ou outros sinais seriam mais que suficientes para avaliar o descolamento do revestimento. Uma vez analisada visualmente a fachada e todas as imagens devidamente fotografadas e indicadas em elevações, procedeu-se à execução das obras com base nessas imagens. Durante tal ação, qual não foram o susto e o prejuízo quando a equipe, instalada em uma plataforma elevatória (balancim), ao se posicionar em um pavimento imediatamente inferior, presenciou o pavimento superior, em toda a sua extensão, se descolar e vir sobre a equipe, atingindo carros e a cobertura de entrada do edifício em análise no pavimento térreo. "Sorte" que não passava ninguém naquela hora, pois seria fatal! E "sorte" a equipe estar devidamente equipada com seus EPIs.

Nos parece óbvio que cada elevação de uma fachada tem uma situação de exposição, teve um lote de material diferente e foi executada em período e por uma equipe diferentes, mas vemos muitos relatórios de inspeção com base em simples extrapolação de porcentagens de danos de uma elevação para outra, incorrendo em riscos tanto financeiros quanto de vidas, como o exemplo apresentado anteriormente.

As fachadas podem ser classificadas de acordo com a forma de produção como:

- revestimentos aderidos (argamassados pintados ou cerâmicos) – Figura 26.6;
- painéis pré-fabricados de concreto, placas de EPS e/ou cimentícios que podem ou não contar com revestimentos aderidos – Figura 26.7;
- fachadas ventiladas em placas cerâmicas, concreto polímero e painéis de fibrocimento, cujo sistema construtivo, composto por painéis independentes, é fixado em uma subestrutura de alumínio e esta, fixada à estrutura e à vedação, criando uma câmara ventilada interior (*cavity wall insulation* de 10 a 16 cm de vão) – Figura 26.8.

Independentemente do sistema adotado de fachada, estudos indicam que os principais fenômenos patológicos estão ligados à infiltração (umidade), fissuras e descolamentos (som cavo sob percussão e perda de aderência) (Materials and materials, 2013; Varella et al., 2017). Estes devem atender à norma 15575 em sua parte 4 (NBR 15575-4: Edificações habitacionais – Desempenho – Parte 4: Requisitos para os sistemas de vedações verticais internas e externas – SVVIE, 2021):

> Ocorrência de fissuras, descolamentos entre placas de revestimento e outros seccionamentos do gênero são considerados **toleráveis** desde que não sejam detectáveis a olho nu por um observador posicionado a 1,00 m da superfície do elemento em análise (...);

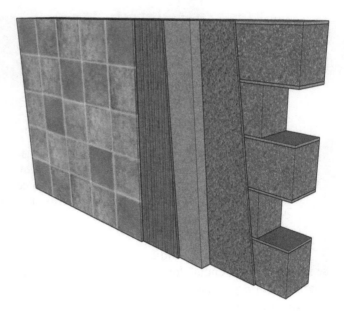

FIGURA 26.6 Exemplo de revestimento aderido.
Fonte: cortesia de Max Junginger.

FIGURA 26.7 Exemplos de painéis pré-fabricados: à esquerda, painel pré-fabricado: *steel frame* + placas cimentícias + EIFS.[4] À direita, painéis pré-fabricados de concreto armado. Fontes: (esquerda) STO Brasil. Disponível em: https://stobrasil.com.br/produtos/paineis-pre-fabricados/. Acesso em: 27 ago. 2022. (direita) Stone Pré-Fabricados Arquitetônicos. Disponível em: http://www.stone.ind.br/a-stone.shtml. Acesso em: 27 ago. 2022.

FIGURA 26.8 Sistema de fachadas não aderidas: fachada ventilada.

Descolamentos de revestimentos localizados, detectáveis visualmente ou por exame de percussão (som cavo), desde que não impliquem descontinuidades ou risco de projeção de material, não ultrapassando área individual de 0,10 m² ou área total correspondente a 5 % do pano de fachada em análise.

A NBR 13749:2013 indica a obrigatoriedade de se avaliar a aderência dos revestimentos acabados aderidos em argamassa por meio do ensaio de percussão, por meio de *impactos leves, não contundentes (sem ponta), com martelo de madeira ou outro instrumento rijo*. Cabe ao inspetor da fachada fazer constar em seu relatório de inspeção os fenômenos patológicos observados no Anexo A desta norma, sendo os principais:

---

[4] *External Insulation Finished System*: sistemas de revestimento de edifícios sem carga que fornecem às paredes externas uma superfície acabada, resistente à água e isolada em um sistema integrado de material compósito formando um sanduíche de EPS + argamassa de baixa espessura e altamente polimérica (*base coat*) estruturada com tela de fibra de vidro e revestimento em textura. Disponível em: https://en.wikipedia.org/wiki/Exterior_insulation_finishing_system. Acesso em: 27 ago. 2022.

- fissuras mapeadas – Figura 26.9;
- fissuras geométricas – Figura 26.10;
- pulverulência – Figuras 26.11 e 26.12;
- expansão e descolamento do revestimento – Figura 26.13.

Além destas citadas e evidenciadas pelas imagens, a ABNT NBR 13749 ainda cita as vesículas e empolas, cuja observação é menos frequente.

Bauer, Souza e Mota (2021) comentam que as anomalias de fachadas argamassadas são associadas com a degradação de agentes climáticos e estes possuem ação sinérgica, ou seja, agem de maneira

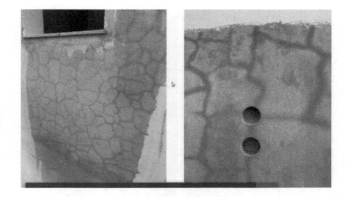

FIGURA 26.9 Exemplos de fissuras mapeadas.

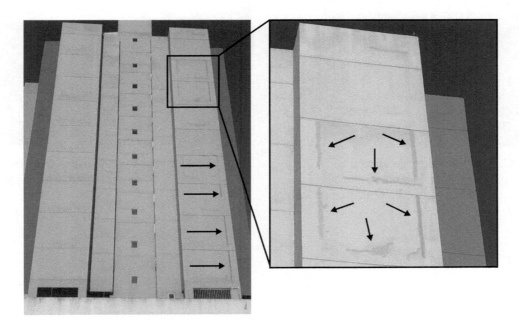

FIGURA 26.10 Exemplos de fissuras geométricas.

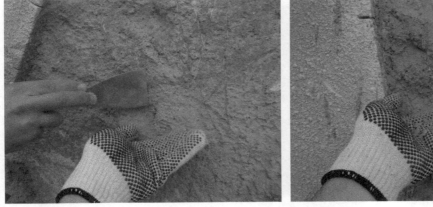 

FIGURA 26.11 Exemplos de revestimento com desagregação e pulverulência (camada de chapisco).

FIGURA 26.12 Exemplo de revestimento com desagregação e pulverulência (revestimento com presença de saibro).

FIGURA 26.13 Exemplo de expansão e descolamento de revestimento argamassado.

combinada. O Quadro 26.2 apresenta os principais mecanismos, agentes principais e coadjuvantes no desenvolvimento das anomalias e em sua propagação.

Já para os revestimentos cerâmicos de fachada, de acordo com Antunes (2010), as principais manifestações patológicas são:

- fissuras – Figuras 26.14 e 26.15;
- descolamentos – Figuras 26.16 e 26.17;
- eflorescências – Figura 26.18;
- falhas nas juntas – Figuras 26.19 e 26.20;
- falhas de rejunte – Figuras 26.21 e 26.22;
- falhas de vedação – Figura 26.23.

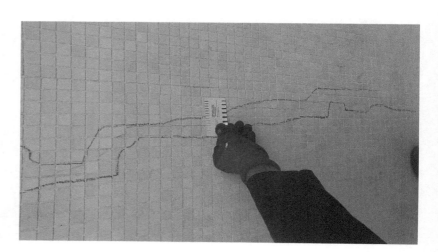

FIGURA 26.14 Exemplo de fissura em revestimento.

QUADRO 26.2 Mecanismos, agentes de degradação e propagação das anomalias de fachadas argamassadas

Anomalia	Mecanismos	Agentes principais	Agentes coadjuvantes	Propagação
Deslocamento	Deformação e assentamento da base (alvenária)	Esforços e deformações da estrutura e da alvenaria (M) radiação solar (E), temperatura (T)	Chuva dirigida (Q), incidência de vento (secagem) (M)	Incrementos de deformação e fissuração na base (alvenaria)
	Cristalização de sais da alvenaria	Água (chuva dirigida) (Q) temperatura (secagem) (T) cristalização (Q)	Radiação solar (temperaturas) (E, T)	Ciclos de umidificadores e secagem
	Retração da argamassa	Transporte de água (secagem) (Q), esforços de tração (M)	Radiação solar (temperatura) (E, T), incidência de vento (secagem) (M)	Variações de temperatura (amplitude) decorrentes da radiação solar
Fissura	Retração da argamassa	Transporte de água (secagem) (Q), esforços de tração (M)	Radiação solar (temperatura) (E, T), incidência de vento (secagem) (M), chuva dirigida (Q)	Temperaturas decorrentes da radiação solar (secagem), ciclos de umidificação e secagem
	Deformação diferencial da base (alvenaria) e entre camadas de revestimento	Esforços e deformações da estrutura e da alvenaria (M), radiação solar (E), temperatura (T)	Chuva dirigida (Q)	Esforços de tração cíclicos originados pela restrição de deformações térmica ou mecânica
	Concentração de esforços	Esforços e deformações da estrutura e da alvenaria (M)	Radiação solar (temperaturas) (E, T)	Incrementos de deformação na base, umidificaçao e secagem
	Cristalização de sais da argamassa ou da alvenaria	Água (chuva, ascensional) (Q), temperatura (T), cristalização (Q)	Radiação solar (temperaturas) (E, T)	Ciclos de umidificação e secagem
Pulverulência	Perda de coesão ou desagregação superficial dos constituintes da argamassa	Esforços internos de expansão na argamassa (M)	Chuva dirigida, umidade ascensional (Q), cristalização de sais (Q), microrganismos (B)	Ciclos de umidificação e secagem, umidade ascensional
Eflorescência	Cristalização superficial de sais da argamassa ou da alvenaria	Sais (Q), Água e transporte de água (Q), temperatura (secagem) (T), cristalização (Q)	Radiação solar, temperatura (E, T)	Ciclos de umidificação e secagem
Manchas	Molhagem não uniforme do revestimento	Chuva dirigida (Q)	Radiação solar (temperaturas) (E, T), chuva dirigida (Q)	Ciclos de umidificação e secagem
	Desenvolvimento de microrganismos biológicos	Microrganismos (B), água (Q), pH (Q), temperatura (T), umidade relativa (Q), radiação solar (luz) (E)	Radiação solar (temperaturas) (E, T), chuva dirigida (Q)	Umidade, proliferação das colônias de microrganismos propagado para o interior da camada fissuras
	Acúmulo de sujeiras	Incidência de vento (M), chuva dirigida (Q), chuva ácida (Q)	Temperaturas (secagem) (T), água (escorrimentos e deslocamentos) (Q), dissolução de compostos (Q)	Poluentes atmosféricos, ataque superficial da argamassa (ácidos bases, agentes oxidantes e redentores)

(continua)

QUADRO 26.2 Mecanismos, agentes de degradação e propagação das anomalias de fachadas argamassadas (*continuação*)

Anomalia	Mecanismos	Agentes principais	Agentes coadjuvantes	Propagação
Deslocamento da pintura	Perda de aderência por degradação e enrijecimento da película	Radiação solar UV (E), temperatura (T)	Chuva dirigida (Q)	Incidência cumulativa da radiação solar com incremento da fissuração e deslocamento
	Ingresso de água no substrato por fissuras e perda de aderência e pulverulência	Temperatura (secagem) (T), água (chuva dirigida, umidade) (Q)	Cristalização de sais (Q)	Ciclos de umidificação e secagem
Fissura da pintura	Degradação polimérica com enrijecimento da película	Radiação solar UV (E), temperatura (T)	Chuva dirigida (Q)	Incidência cumulativa da radiação solar, incremento da fissuração
	Deformação excessiva do substrato excedendo elasticidade da pintura	Esforços e deformações da estrutura (M), radiação solar (E), temperatura (T)	Chuva dirigida (Q)	Esforços de tração cíclicos pela restrição de deformações de natureza térmica ou mecânica
Bolha ou pintura	Infiltrações de água de substrato de argamassa	Água (Q), temperatura (secagem) (T)	Chuva dirigida (Q)	Baixa permeabilidade ao vapor d'água, ciclos de umidificação e secagem
	Base contaminada por sais	Sais (Q), água e transporte de água (Q), temperatura (secagem) (T), cristalização (Q)	Radiação solar (temperaturas) (E, T), chuva dirigida (Q), umidade ascensional (Q)	Ciclos de umidificação e secagem

Nota: agentes mecânicos (M), eletromagnéticos (E), térmicos (T), químicos (Q), biológicos (B).

Fonte: adaptado de Bauer, Souza e Mota (2021).

Inspeção de Fachadas **621**

FIGURA 26.15 Exemplo de fissura em revestimento.

FIGURA 26.16 Exemplo de descolamentos.

FIGURA 26.17 Exemplo de descolamentos.

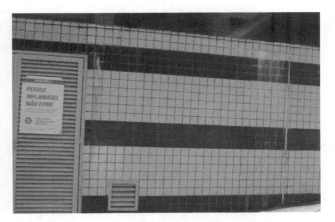

FIGURA 26.18 Exemplo de eflorescências.

FIGURA 26.19 Exemplos de anomalia em juntas – aspectos executivos.

FIGURA 26.20 Exemplo de anomalia em juntas – falha de material.

FIGURA 26.21 Exemplo de falhas de rejunte.

FIGURA 26.22 Exemplo de falhas de rejunte (com crescimento de vegetação).

FIGURA 26.23 Falha de vedação – falhas em esquadrias.

26.3 INSPEÇÃO PREDIAL DE FACHADAS

Conforme já mencionado ao longo deste capítulo, a ABNT NBR 16747 (ABNT, 2020) define a inspeção predial como o "processo de avaliação das condições técnicas, de uso, operação, manutenção e funcionalidade da edificação e de seus sistemas e subsistemas construtivos, de forma sistêmica e predominantemente sensorial, considerando os requisitos dos usuários". Tal norma propõe as diretrizes, conceitos, terminologias e procedimentos para esse tipo de trabalho.

Mas o fato é que, durante uma inspeção predial proposta pela NBR 16747, no geral a fachada é inspecionada apenas de maneira visual com fotos em câmeras de alta resolução ou até mesmo drones, pela própria proposição da norma em tratar os sistemas sensorialmente ou de forma organoléptica. E sempre há algumas indagações, como: até que ponto deve-se extrapolar o que a norma de inspeção propõe? O que seria exatamente o sensorial? Será que basta a inspeção visual, ou deve-se extrapolar para a esfera dos outros "sentidos"? Deve-se fazer ou não ensaios? Qual a periodicidade para uma inspeção especializada da fachada?

Considerando que as fachadas fazem parte de um sistema específico de uma edificação, a própria norma supracitada define as inspeções especializadas como o "processo que visa avaliar as condições técnicas, de uso, operação, manutenção e funcionalidade de um sistema ou subsistema específico, normalmente desencadeado pela inspeção predial, de forma a complementar ou aprofundar o diagnóstico" (ABNT, 2020).

De maneira direta e didática, a inspeção predial total pode ser comparada com um *check-up* geral do edifício, ou seja, um exame clínico geral, e, com base nesta análise, pode ser recomendada a contratação de uma inspeção especializada para que se possa aprofundar e refinar o diagnóstico.

624 Capítulo 26

Em comparação com a Medicina, têm-se então os clínicos gerais das edificações e também profissionais que se dedicam ao entendimento de sistemas e ou subsistemas específicos (que podem ser fachadas, estruturas, sistemas mecânicos, elétricos e outros). Ou seja, aventurar-se na inspeção de um sistema específico, como uma fachada, sem o conhecimento prévio, estudo e experiência nesse tipo de trabalho pode ser algo perigoso para a classe profissional de engenheiros, arquitetos e técnicos da área e, talvez, muitos dos mapeamentos indecifráveis e/ou absurdos vistos na Seção 26.1 poderiam ser evitados nas fachadas das edificações. Mas, mesmo que se tenha especialistas na área, caberá a um profissional técnico avaliar se uma fachada possui sintomas que justifiquem uma inspeção especializada.

Existem pelo mundo exemplos positivos, como o de Singapura, país asiático que instituiu um regime de inspeções periódicas de fachadas que entrou em vigor no primeiro semestre de 2022. Entre as principais medidas, destaca-se a necessidade de inspeções específicas para as fachadas, aplicadas nas construções acima de 13 m e que devem ser realizadas a cada 7 anos para edifícios acima de 20 anos (BCA, 2022). Além do mais, o *site* da *Construction and Building Authority* (conselho estatutário do Ministério de Desenvolvimento Nacional) possui uma lista de empresas acreditadas para realizarem as inspeções, para que os usuários das edificações possam então contratá-las.

26.3.1 Metodologia de Inspeção

Não existem normas e/ou documentos oficiais que estabeleçam metodologias a serem seguidas durante os trabalhos de inspeção de fachadas. De modo geral, ao longo dos últimos anos foram propostos métodos de mensuração de degradação para fachadas de diferentes tipos de revestimentos, sendo pioneiro o trabalho de Sousa (2008), que aplicou um índice de severidade para revestimentos cerâmicos e avaliou a degradação considerando a ponderação das anomalias encontradas com a área total. Tal metodologia foi posteriormente aplicada em outros trabalhos: revestimentos argamassados (Gaspar, 2009), cerâmicos (Bordalo *et al.*, 2010), pétreos (Silva; Brito; Gaspar, 2011) e fachadas pintadas (Chai *et al.*, 2014), sendo todos trabalhos portugueses que desenvolveram métodos e comparativos que possibilitaram se estabelecerem rotinas para o desenvolvimento das inspeções de fachada.

No Brasil, adaptações de metodologias semelhantes também foram desenvolvidas por meio dos trabalhos na Universidade de Brasília (UnB) de Antunes (2010), Silva (2014), Souza (2016), Pinheiro (2016) e Piazzarollo (2019), que desenvolveram o Método de Mensuração da Degradação (MMD). Tal método consiste em procedimentos que envolvem inspeção, mapeamento e quantificação da degradação em revestimentos de fachadas (Silva, 2014).

A compreensão da degradação de um edifício torna-se cada vez mais confiável quando há quantidade e qualidade de informações levantadas. Ao mesmo tempo, pode auxiliar no correto diagnóstico a aplicação de diferentes ensaios, como: ensaio de percussão, termografia por infravermelho, drone, realização de ensaios de resistência de aderência à tração, janelas de inspeção e outros (Souza, 2019). A utilização de técnicas não destrutivas deve ser priorizada, mas há casos em que análises destrutivas precisam ser feitas para o correto diagnóstico das causas das manifestações patológicas observadas e, com isso, diagnósticos, prognósticos e terapias mais precisos.

Os autores, ao longo dos anos, têm aplicado em suas inspeções técnicas a seguinte metodologia, que tem se mostrado adequada:

- **etapa 1: Anamnese e vistoria prévia** – Observação de sinais (semiologia) e definição de plano de ação;
- **etapa 2: Realização da inspeção** – utilização de ensaios específicos (percussão, resistência de aderência à tração, termografia por infravermelho, drone, janelas de inspeção, pacometria e outros);
- **etapa 3: Análise técnica** – consiste na mensuração dos quantitativos obtidos e análise de todos os ensaios realizados. Por meio da análise técnica, podem ser indicados outros ensaios específicos e ou inspeções específicas para aprofundamento do diagnóstico;
- **etapa 4: Diagnóstico e prognóstico** – definição da causa, origem e mecanismo dos problemas encontrados e entendimento de sua evolução e criticidade;
- **etapa 5: Prescrição da terapia** – tratamento para correção dos problemas encontrados;
- **etapa 6: Emissão do laudo de inspeção predial de fachada**.

Apesar da lista de possíveis etapas a serem seguidas, é importante deixar claro que não existe uma "receita de bolo" quando o assunto são as fachadas, tendo em vista que os caminhos, ensaios e ações a serem tomadas irão depender de cada fachada estudada. Mais uma vez, com analogia à Medicina, cada paciente é único e a análise a ser feita dependerá de diversos aspectos conforme já mencionados durante este capítulo. O que se procura aqui com tais procedimentos é fornecer um caminho geral a ser seguido para melhoria contínua dentro das inspeções de fachadas, porém variações irão existir. Além do mais, nem todos os possíveis ensaios são abordados neste capítulo e, a partir da análise inicial com os principais ensaios aqui listados, outros mais específicos podem ser necessários, como: módulo de deformação de argamassa, reconstituição de traço, análise de microestrutura, termogravimetria e difração de raios X (DRX), entre outros.

Dentre os ensaios citados, destaca-se o de percussão e, nas imagens da Figura 26.24, podem-se observar exemplos de equipes de rapel em fase de execução dos ensaios de percussão e alguns exemplos de martelos e plataformas utilizados nesse tipo de inspeção.

A equipe deve ser devidamente treinada de modo a saber interpretar uma elevação de fachada, "escutar" um som cavo, identificar as fissuras e os fenômenos patológicos. Pelos *QR Codes* da Figura 26.25, pode-se compreender e ouvir claramente o som cavo presente em um revestimento durante a análise de problemas de fachadas através da utilização do martelo tipo pena em dois vídeos distintos.

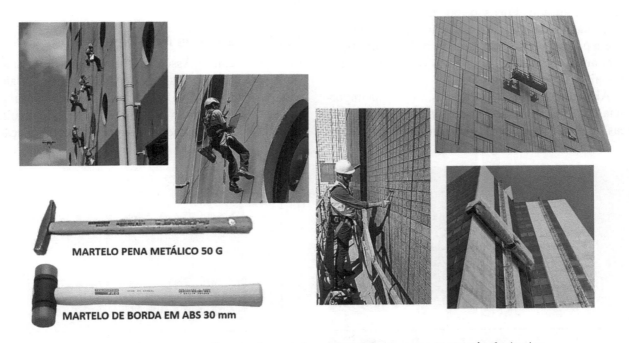

FIGURA 26.24 Ensaio de percussão: rapel, martelos e plataformas para acesso às fachadas.

uqr.to/1udiv

uqr.to/1udiw

FIGURA 26.25 *QR Codes* remetendo a exemplos de ensaio de percussão. Para ler o *QR Code*, basta que você baixe em seu celular, *smartphone* ou *tablet* um aplicativo para leitura de *QR Code* (em alguns aparelhos, a própria câmera reconhece automaticamente).

Após sua identificação, as anomalias devem ser registradas na fachada por meio de giz de cera, fitas adesivas ou outra forma de identificação sempre em forma poligonal, evitando-se figuras aleatórias. Estas, uma vez identificadas, serão fotografadas e transportadas às folhas de elevação (projetos) constantes nas mãos da equipe em campo. Essa etapa é fundamental para se avaliar a extensão dos danos e identificar as principais anomalias (Figs. 26.26 e 26.27).

Com tais levantamentos, é possível obter-se um quantitativo de áreas degradadas por fachadas, panos específicos, tipos de revestimentos etc. (Fig. 26.28). Importante mencionar que tais quantitativos serão o grande norte para os tratamentos a serem realizados, mas a metodologia de tratamento dependerá das causas, origens e mecanismos de cada problema encontrado. Por isso, por mais que se tenha determinada área total de desplacamento, por exemplo, ela poderá ser desmembrada em diferentes tipos de tratamentos a serem indicados dentro da área a ser analisada.

Além das observações externas, é de suma importância que o inspetor de fachadas também analise as áreas internas da edificação. Afinal, os problemas existentes externamente também deixam sinais e sintomas na parte interna. É comum observarem-se fissuras, infiltrações e outros sinais provenientes de problemas das fachadas em unidades residenciais ou comerciais internas. Nesse sentido, a coleta de tais informações e correlações com os fenômenos observados externamente é de fundamental importância para o correto diagnóstico das causas dos problemas observados. Nas Figuras 26.29 a 26.31, podem ser vistos exemplos práticos em áreas internas de edifícios.

Uma vez concluídas as etapas de tomadas de informação em campo, são realizadas as imagens e definidos os testes e ensaios qualitativos não destrutivos e destrutivos para que se consiga traçar a melhor terapia necessária para o tratamento das anomalias detectadas.

26.3.2 Ensaios Não Destrutivos

De acordo com a Associação Brasileira de Ensaios Não Destrutivos e Inspeção (ABENDI), os ensaios não destrutivos (END) são técnicas utilizadas na inspeção de materiais e equipamentos sem danificá-los, sendo executados nas etapas de fabricação,

FIGURA 26.26 Exemplo de identificação na fachada da edificação.

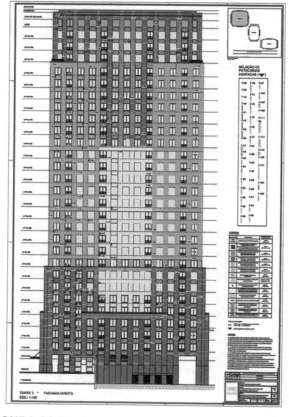

FIGURA 26.27 Exemplo de elevações de fachada contendo o mapeamento de anomalias encontradas.

	FF	FLD	FP	FLE	COB	AIT 1FF	AIT 2FLD	AIT 2FP	Totais (m²)
Área total de revestimento – ATT (m²)	257,3	2192,5	621	2153,6	292,15	452,4	372,8	150,45	6492,20
Área com som cavo – ACV (m²)	35,8	386,85	314,75	196,25	110,8	68,7	25,4	9,55	1148,10
Relação ACV/ ATT (%)	14 %	18 %	51 %	9 %	38 %	15 %	7 %	6 %	**18 %**

FIGURA 26.28 Relação de áreas de anomalias levantadas em campo.

FIGURA 26.29 Exemplos de manifestações patológicas observadas internamente em unidades privativas (provenientes das fachadas).

uqr.to/1udix

FIGURA 26.31 *QR Code* contendo um exemplo de observação de problema pela parte interna de uma edificação.

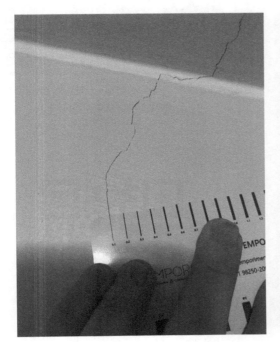

FIGURA 26.30 Exemplos de manifestações patológicas observadas internamente em unidades privativas (provenientes das fachadas).

construção, montagem e manutenção. A ABENDI ainda destaca que os seguintes itens devem ser considerados como fundamentais para os ensaios: treinamento, qualificação e certificação de pessoal, calibração de equipamentos (para aqueles em que é aplicável) e utilização de procedimentos com base em normas ou critérios de aceitação predefinidos.

Um dos principais ensaios não destrutivos utilizados para o diagnóstico de fachadas é a termografia por infravermelho (Figs. 26.32 e 26.33), que consiste em uma técnica utilizando câmeras que coletam a radiação infravermelha emitida pela superfície e a convertem em sinais elétricos, criando imagens térmicas do campo de temperatura (Barreira; Freitas, 2007). De acordo com Andrade (2020), a termografia está apoiada fundamentalmente em quatro pilares, sendo eles: a tecnologia utilizada, o conhecimento de aspectos teóricos da técnica, a definição de procedimentos de aplicação e inspeção e o profissional termografista. É importante destacar que nem todas as câmeras disponíveis no mercado são adequadas para inspeção de fachadas, tendo em vista que a câmera deverá possuir características adequadas para tal finalidade.

De acordo com Nascimento (2016), é importante destacar-se que o conhecimento correto da técnica é de suma importância, principalmente no que diz respeito à correção dos parâmetros utilizados na termografia (emissividade, temperatura refletida, distância do objeto de análise e outros). Caso a inspeção seja executada com parâmetros incorretos, os resultados podem divergir completamente da realidade, o que altera significativamente a análise e pode "mascarar" problemas existentes. Nas Figuras 26.34 e 26.35, é possível observar-se exemplo de aplicação da termografia por infravermelho na identificação de locais de posicionamento de elementos estruturais e no diagnóstico de problemas de fachadas.

Os drones ou veículos aéreos não tripulados (VANTs) são ferramentas que auxiliam na coleta de imagens e vídeos das fachadas (Fig. 26.36). Com tais equipamentos, é possível observar-se com bastante proximidade os problemas existentes, tendo em vista as altas resoluções de câmeras disponíveis

FIGURA 26.32 Exemplo de aplicação da termografia.
Fonte: Suljo | iStockPhoto.

FIGURA 26.34 Termografia utilizada para o diagnóstico de fissuras.

FIGURA 26.33 Exemplo de aplicação da termografia.
Fonte: ivansmuk| iStockPhoto.

uqr.to/1udiy

FIGURA 26.35 QR Code para um exemplo de aplicação da termografia.

atualmente. Com os drones e *softwares* específicos, também é possível a realização de coletas de imagens e transposição para nuvens de pontos, com geração de modelos 3D (Fig. 26.37) e, posteriormente, ortoimagens das fachadas estudadas, que são imagens em que se eliminam as incorreções devidas à inclinação da câmera (ângulo de aquisição de imagens com câmeras convencionais diretamente do solo em frente à fachada estudada).

Já existem disponíveis no mercado, além disso, câmeras térmicas acopladas a drones que também oferecem excelentes resoluções térmicas adequadas para análises de fachadas (Fig. 26.38). De acordo com Andrade (2020), a grande vantagem na utilização de tal técnica associada aos drones é que a utilização dos VANTs viabiliza questões relacionadas com acessibilidade, otimização de aplicações, segurança no processo de inspeção e eliminação de fatores que influenciam na obtenção de imagens térmicas precisas, como distância e ângulo de observação das fachadas. A comparação de imagens obtidas com drone e termografia e ensaio de percussão mostra que em vários casos a técnica é capaz de captar áreas com problemas de maneira não invasiva, porém a termografia ainda é uma técnica complementar e a tecnologia existente atualmente não é capaz de substituir na totalidade o ensaio de percussão, por exemplo.

Outras técnicas de ensaios não destrutivos também podem ser utilizadas, como pacometria para a identificação do posicionamento de elementos estruturais, ou mesmo existência e transpasse correto de vergas e contravergas (Figs. 26.39 e 26.40).

Durante as observações, ensaios simples também auxiliam no entendimento de problemas existentes, como a resistência ao risco que avalia qualitativamente a camada superficial das argamassas ou, até mesmo, o simples fato de lançar água sobre o revestimento para a observação de fissuras. Tais observações podem ser vistas pelo vídeo disponibilizado por meio do *QR Code* da Figura 26.41.

Outras informações podem ser encontradas no Capítulo 11 – Ensaios Não Destrutivos do Concreto.

FIGURA 26.36 Exemplo de drone. Fonte: akiyoko| iStockPhoto.

uqr.to/1udiz

FIGURA 26.38 *QR Code* para um exemplo de inspeção utilizando drone com termografia.

FIGURA 26.37 Exemplo de modelo 3D de uma fachada e aproximação de imagem de área com revestimento sem aderência – imagens obtidas com drone.

FIGURA 26.39 Exemplo de utilização de pacometria para verificação de posicionamento de elemento estrutural: viga.

FIGURA 26.40 Exemplo de utilização de pacometria para verificação de existência de contraverga abaixo da janela.

uqr.to/1udj0

FIGURA 26.41 *QR Code* remetendo a um exemplo de ensaio prático de resistência superficial do revestimento.

26.3.3 Ensaios Destrutivos (Janelas de Inspeção e Resistência de Aderência)

Mesmo com a existência de tecnologias que permitam o diagnóstico de maneira não destrutiva, em muitos casos é necessária a realização de aberturas (pequenas ou maiores) nas fachadas para o correto diagnóstico. As janelas de inspeção (Figs. 26.42 a 26.45) são excelentes ferramentas que permitem a visualização de continuidade de fissuras entre as camadas, possibilitam a medição da espessura dos revestimentos ou até mesmo a investigação detalhada de juntas de movimentação. Com relação à medição de espessura, é importante salientar que, a partir das normas ABNT NBR 13749:2013 e NBR 13755:2017, têm-se as espessuras recomendadas para sistemas de revestimentos argamassados e cerâmicos, respectivamente. A primeira norma recomenda que, para revestimentos argamassados externos, a espessura deve ser de 20 a 30 mm, já a segunda menciona que espessuras aceitáveis para a camada argamassada no sistema de revestimento cerâmico devem estar entre 20 e 80 mm, com recomendações especiais de reforço com tela metálica eletrossoldada e galvanização mínima de 150 g/m² em situações em que o sistema ultrapasse os 50 mm.

Outro ensaio destrutivo e de fundamental importância para o correto diagnóstico é o ensaio de resistência de aderência à tração. Nesse ponto, é importante dizer que existem três normas que trazem diretrizes para tais ensaios. Em geral, as três normas descrevem os ensaios como forma de controle e recebimento de fachadas para obras novas e, quando se fala de laudo de fachadas, não há uma referência normativa que descreva ensaios ou áreas a serem levadas em consideração para a distribuição de tais análises. Para inspeções e diagnósticos, a distribuição dos ensaios dependerá do edifício e de problemas a serem estudados. As respectivas normas e os aspectos relativos às possíveis áreas recomendadas e valores de referência são indicados a seguir:

- **ABNT NBR 13528 partes 1 a 3**: descreve os procedimentos de ensaio de resistência de aderência à tração no substrato e superficial para revestimentos argamassados.
- **ABNT NBR 13749:2013**, entre outras coisas, recomenda os valores de ensaios de resistência de aderência à tração para revestimentos argamassados, sendo o valor de 0,3 MPa recomendado para sistemas de fachada (externos). Tal valor refere-se ao ensaio listado anteriormente pela NBR 13528. Como recomendação de área, tal norma cita que o ensaio deve ser realizado em pontos escolhidos aleatoriamente

Inspeção de Fachadas **631**

FIGURA 26.42 Janela de inspeção feita com serra copo para observação de continuidade da fissura proveniente da alvenaria.

FIGURA 26.44 Janela de inspeção para medição da espessura do emboço.

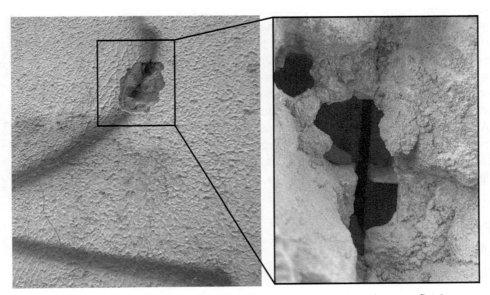

FIGURA 26.43 Janela de inspeção feita com serra copo para observação de continuidade da fissura proveniente da alvenaria.

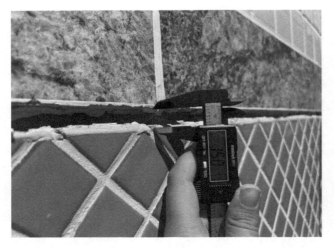

FIGURA 26.45 Janela de inspeção para verificação de junta de movimentação.

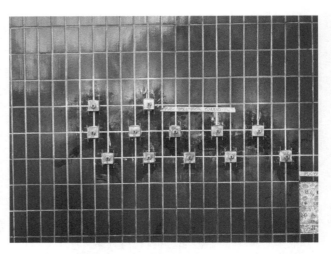

FIGURA 26.46 Exemplos de aplicação dos ensaios de resistência de aderência à tração. Do lado esquerdo, para o revestimento cerâmico, e do lado direito, o de resistência de aderência superficial, ambos previstos pela ABNT NBR 13755:2017.

sempre que a fiscalização julgar necessário, a cada 100 m² ou menos da área suspeita.

- **ABNT NBR 13755:2017**, entre outras coisas, descreve os métodos de ensaio de resistência de aderência à tração superficial (emboço) e da camada cerâmica trazendo como valores de referência 0,5 MPa, para ambos os ensaios. Importante mencionar que a norma cita que, caso os valores estejam acima de 0,3 MPa, poderão ser considerados como aprovados a critério do projetista.

Esses ensaios listados possuem variações em suas execuções em termos de padrão dos corpos de prova e preparação do local para colagem das pastilhas. De todo modo, a lógica geral parte do mesmo princípio, que consiste na colagem de chapas metálicas (circulares para revestimento argamassado com Ø 50 mm ou quadrada para revestimento cerâmico, 100 × 100 mm) no sistema de revestimento e aplicação de esforço de tração até a ruptura da parte do revestimento a ser testada. Devem ser feitos 12 corpos de prova por ensaio e as normas consideram como aprovado o resultado caso pelo menos oito deles ultrapassem os valores de referência que foram mencionados. Além dos valores de referência, deve-se dar especial atenção também ao local de ruptura, que traz informações preciosas sobre o sistema de revestimento estudado. As Figuras 26.46 e 26.47 ilustram tais ensaios.

26.4 IMPORTÂNCIA DA MANUTENÇÃO NA VIDA ÚTIL DAS FACHADAS

Na Seção 26.2, apresentou-se o ciclo da vida das edificações, imediatamente após a etapa da construção,

FIGURA 26.47 Ensaio de resistência de aderência à tração.

conhecida como obra, na qual se inicia sob a responsabilidade do usuário e da gestão predial, denominada etapa de **manutenção**.

As recomendações para a elaboração do manual são descritas na NBR 14037:2024 – Diretrizes para elaboração de manuais de uso, operação e manutenção das edificações – Requisitos para elaboração e apresentação dos conteúdos.

Por sua vez, compete ao usuário e/ou responsável pela gestão predial em habitações coletivas, indústrias ou comércio, segundo a NBR 5674:1999 – Revisada em 2024, os atos de elaboração de um plano de manutenção, sua realização e registro.

Em breve relato, diz a norma:

8.2 O proprietário de uma edificação ou o condomínio deve fazer cumprir e prover os recursos para o programa de manutenção preventiva das áreas comuns.

8.4 No caso de propriedade condominial, os condôminos respondem individualmente pela manutenção das partes autônomas e solidariamente pelo conjunto da edificação, de forma a atender ao manual de uso, operação e manutenção de sua edificação.

Prosseguindo na leitura normativa, vê-se que a norma permite ao proprietário terceirizar ou ser assistido por profissional habilitado:

8.5 O proprietário ou o síndico pode delegar a gestão da manutenção da edificação à empresa ou profissional contratado.

A partir desse ponto, quem assume a fundamental responsabilidade dentro do ciclo de vida de uma edificação, na fase de uso e operação, deve atender aos requisitos normativos.

8.6 A empresa ou o profissional deve responder pela gestão do sistema de manutenção da edificação, ficando sob sua incumbência:

a) assessorar o proprietário ou o síndico nas decisões que envolvam a manutenção da edificação, inclusive sugerir a adaptação do sistema de manutenção e planejamento anual das atividades, conforme indicado nas Seções 4 e 5;

b) providenciar e manter atualizados os documentos e registros da edificação e fornecer documentos que comprovem a realização dos serviços de manutenção, como contratos, notas fiscais, garantias, certificados etc.;

c) implementar e realizar as verificações ou inspeções previstas no programa de manutenção preventiva;

d) elaborar as previsões orçamentárias;

e) supervisionar a realização dos serviços de acordo com as Normas Brasileiras, projetos e orientações do manual de uso, operação e manutenção da edificação que atenda à ABNT NBR 14037;

f) orçar os serviços de manutenção;

g) assessorar o proprietário ou o síndico na contratação de serviços de terceiros para a realização da manutenção da edificação;

h) estabelecer e implementar uma gestão do sistema dos serviços de manutenção, conforme esta Norma;

i) orientar os usuários sobre o uso adequado da edificação em conformidade com o estabelecido no manual de uso, operação e manutenção da edificação;

j) orientar os usuários para situações emergenciais, em conformidade com o manual de uso, operação e manutenção da edificação.

Esses 12 requisitos da versão da norma de 1999 estão replicados na revisão de 2024 no seu Capítulo 8. Fez-se questão de transcrevê-los na versão original para destacar a importância desses atos e, sobretudo, a "cultura" sobre o tema que, infelizmente, é a de "não realizar manutenções sistemáticas". A revisão de 2024 da NBR 5674 começa colocando que a cultura do mercado é de se pensar que o processo da construção está limitado ao momento da entrega da edificação, assim que entra em uso.

O texto normativo prossegue e qualifica que as edificações são o suporte físico para a realização direta ou indireta de todas as atividades humanas. Logo, o seu valor social é fundamental. Distingue o produto "edificação" de outros pelo fato de ela atender os seus usuários por longos anos, mantendo condições adequadas ao uso a que se destinam, resistindo aos agentes ambientais que alteram suas características técnicas iniciais.

Por fim, explicita que é inviável, do ponto de vista econômico, e inaceitável, do ponto de vista ambiental, considerar as edificações como produtos descartáveis, passíveis de serem substituídos por outros. Esta visão displicente do tipo "não cuido, não mantenho, pois, depois, jogo fora e compro outro" é uma afronta à sociedade, inclusive aos princípios de sustentabilidade e emissão de gases, aludindo ao ato de desconstruir para construir.

Outras informações sobre sustentabilidade estão no Capítulo 1 – Introdução ao Estudo dos Materiais de Construção.

Justamente são as fachadas – Sistemas de Vedação Vertical Externo (SVVE) – das edificações e todos os seus componentes que sofrem, de forma direta ou indireta, graves alterações de características técnicas, principalmente de materiais manuteníveis como as pinturas, os rejuntes e os selantes. Quando manifestas as anomalias patológicas, estas expõem os usuários ao risco físico elevado.

Por esses motivos, a manutenção predial é a reação à ação da inspeção realizada. Ela é peça fundamental para cumprir e prolongar o tempo de vida de uma edificação.

634 Capítulo 26

Os custos das edificações são relevantes e não podem ser negligenciados. A manutenção não pode ser feita de modo improvisado, esporádico e casual. Ela deve ser feita como um serviço técnico perfeitamente programável e com investimento na preservação do valor patrimonial. Assim determina a Norma Brasileira de Manutenção NBR 5674. Como as normas técnicas têm força de lei, conforme compreendem os juristas, que se cumpra a lei.

26.4.1 Tipos de Manutenções para as Fachadas

Quando a Engenharia se posta a discorrer sobre suas dores, a patologia recorre à Medicina. Para bem classificar as manutenções, do ponto de vista das fachadas, permita-se flertar com a Engenharia Eletromecânica.

Os sistemas construtivos das fachadas, sobretudo os aderidos, que praticamente perfazem a totalidade pelo nosso país, sofrem os esforços das movimentações, pressões e sucções provocados pelos ventos, pelas degradações das chuvas ácidas e emissões gasosas, pelas variações dimensionais higrotérmicas e outros tantos agentes vorazes e incansáveis. Os seus sistemas de aderência e vedação se comportam ativos, por que não dizer *reativos*, a esses estímulos.

Fazendo analogia da fachada com uma máquina eletromecânica, pode-se afirmar que o erro estratégico do ponto certo de intervenções de manutenções, o que os americanos chamam de *"time"*, apresenta-se no seguinte cenário: os seus componentes ativos se mantêm disponíveis e confiáveis, mas se periodicamente por meio de inspeções você não os monitorar, haverá então um custo altíssimo quando chegarem a níveis de confiabilidade e disponibilidade baixa.

Logo, fachadas sem inspeção e manutenção, ao longo dos anos, as levam a um nível de confiança e disponibilidade técnica de seus mecanismos fundamentais, outrora ativos de aderência e vedação, ao ponto de se tornarem inservíveis. Isto é gravíssimo.

Recorrendo humildemente aos ensinamentos das engenharias coirmãs, consulte-se a ABNT NBR 5462:1994 e procure-se aprender não só os tipos de manutenção, mas principalmente as suas estratégias; sim, estabelecer de fato um plano de manutenção para manter as "máquinas-fachadas" ativas, disponíveis e confiáveis.

A ABNT NBR 5462 (ABNT, 1994) trata dos principais conceitos e terminologias que rodeiam a confiabilidade e a manutenibilidade e apresenta diversos tipos de manutenção. Suas citações não são usuais nos postulados da Engenharia Civil.

Ela apresenta vários tipos de classificações. Foram escolhidas, para correlacionar com o tema de fachadas, três delas: a preventiva, a corretiva e a preditiva.

Esta norma traz no seu item 2.8.7 a sua definição de **Manutenção Preventiva** como:

> Toda manutenção efetuada em intervalos predeterminados, ou de acordo com critérios prescritos, destinada a reduzir a probabilidade de falha ou a degradação do funcionamento de um item.

A manutenção **preventiva** é realizada de acordo com o **Plano de Manutenção** e **sempre precedida por uma inspeção**.

Por sua vez, no seu item 2.8.8, conceitua a **Manutenção Corretiva**:

> Manutenção ocorrida após uma pane destinada a recolocar um item a executar a função requerida. Na eletromecânica, se ela for Corretiva Reativa custa sete vezes mais que a preventiva. Se for Corretiva Programada, um pouco menos: cinco vezes a mais.[5]

Todavia, chama muito a atenção o seu item 2.8.9 conceitos de **Manutenção Preditiva**. A manutenção preditiva também é conhecida como manutenção sob condição ou manutenção com base no estado do equipamento. É fundamentada na tentativa de definir o estado futuro de um equipamento ou sistema, por meio dos dados coletados ao longo do tempo por uma instrumentação específica, verificando e analisando a tendência de variáveis do equipamento. Esses dados coletados, por meio de medições em campo, prevenindo falhas por meio do monitoramento dos parâmetros principais. Em 2009, a professora portuguesa Inês Flores-Colen também já trazia tal conceito aplicado ao caso das fachadas em sua tese de doutorado intitulada "**Metodologia de avaliação do desempenho em serviço de fachadas rebocadas na óptica da manutenção preditiva**".

As fachadas das edificações se comportam, diuturnamente, como "vestes" que, envolvendo as vedações e estruturas, protege-as, evitando assim as infiltrações que, por ser um sistema vedado, mantêm um certo grau de segurança e confiança por meio de suas aderências e fixações. Em caso de falhas originadas por deterioração e degradação, quando

---

[5] Informação disponível em: https://engeteles.com.br/tipos-de-manutencao/. Acesso em: 02 set. 2024.

negligenciadas as inspeções, proporcionará graves prejuízos e riscos aos usuários.

A Norma de Manutenção Predial, a ABNT NBR 5674:2024, posterior àquela publicação, trouxe o conceito de **inspeção – manutenções preventivas**. Inclusive, apresenta uma sugestão de **periodicidade a cada 3 anos** de inspeção predial, caso a edificação em questão não tivesse esta instrução em seu próprio manual, conforme se observa no Quadro 26.3.

Assim, para as edificações, compreende-se como o ato de provisionar recursos e realizar a inspeção predial, para verificação do estado de serviço de todos os componentes das fachadas, a realização da Inspeção Predial, que deve ser realizada por empresas capacitadas e por profissionais habilitados e especializados. Com a publicação da ABNT NBR 16747:2020, importantes requisitos de inspeção física e sensorial foram acrescentados, para que os relatórios classifiquem as manifestações detectadas em endógenas, exógenas ou naturais.

Todavia, a cultura de mercado, infelizmente, tem insistido em se comportar de maneira displicente e

QUADRO 26.3 Exemplos de modelo não restritivos para a elaboração do programa de manutenção preventiva de uma edificação hipotética, ABNT NBR 5674:2024

Periodicidade	Sistema	Elemento/componente	Atividade	Responsável
A cada ano	Rejuntamento e vedações		Verificar sua integridade e reconstituir os rejuntamentos internos e externos dos pisos, paredes, peitoris, soleiras, ralos, peças sanitárias, bordas de banheiras, chaminés, grelhas de ventilação e outros elementos	Equipe de manutenção local/empresa capacitada
	Revestimentos de parede, piso e teto	Paredes externas/fachadas e muros	Verificar a integridade e reconstituir, onde necessário	Equipe de manutenção local/empresa especializada
	Esquadrias em geral		Verificar falhas de vedação, fixação das esquadrias, guarda-corpos, e reconstituir sua integridade, onde necessário	Equipe de manutenção local/empresa especializada
			Efetuar limpeza geral das esquadrias, incluindo os drenos, reapertar parafusos aparentes, regular freio e lubrificação. Observar a tipologia e a complexidade das esquadrias, os projetos e instruções dos fornecedores	
	Vidros e seus sistemas de fixação		Verificar a presença de fissuras, falhas na vedação e fixação nos caixilhos e reconstituir sua integridade, onde necessário	Equipe de manutenção local/empresa especializada
A cada dois anos	Esquadrias e elementos de madeira		Verificar e, se necessário, pintar, encerar, envernizar ou executar tratamento recomendado pelo fornecedor	Equipe de manutenção local/empresa especializada
	Esquadrias e elementos de ferro		Verificar e, se necessário, pintar ou executar tratamento específico recomendado pelo fornecedor	Equipe de manutenção local/empresa especializada
A cada três anos	Fachada		Efetuar lavagem, verificar os elementos e, se necessário, solicitar inspeção. Atender às prescrições do relatório ou laudo de inspeção	Equipe de manutenção local/empresa capacitada/empresa especializada

636 Capítulo 26

imprudente: **não inspecionar = manifestação patológica = correção pontual corretiva**. Provas reais dessa afirmação são as inspeções intempestivas ocorridas somente prestes a vencer o quinto ano da edificação, que geram relatórios notoriamente unilaterais, visando atribuir grau endógeno a qualquer manifestação apontada, sem ter qualquer apresentação de atendimento mínimo ao citado no Quadro 26.3.

Esse comportamento vicioso compromete o **ciclo de vida das edificações**, assim conduzidas pelos seus gestores. Consequentemente, para as fachadas, além de abreviar o ciclo de vida, tem-se a elevação de custos para a realização das manutenções pontuais e corretivas. Quando não, têm-se conjuntamente os sinistros que podem vitimizar pessoas ao redor, comprometer a saúde, o conforto e, no mínimo, levar à desvalorização do patrimônio de seus ocupantes.

Conclui-se, como apresentado no início deste capítulo pelos já citados professores portugueses, que é fundamental **planejar a manutenção** para otimizar custos e manter níveis de desempenho aceitáveis dos edifícios, adiando o fim de sua vida (De Brito; Pereira; Silvestre, 2020).

No caso do descumprimento dos ritos e dos registros de inspeção predial, cabe a seus gestores o rigor da lei pelo seu descumprimento.

Por fim, deve-se destacar que a NBR 5674 determina aos gestores que o sistema de manutenção empregado em suas edificações deve possuir uma estrutura de documentação e registro de informações permanentemente atualizado para propiciar economia na realização dos serviços de manutenção, reduzir a incerteza no projeto e execução dos serviços de manutenção e auxiliar no planejamento de serviços futuros.

26.4.2 Novo Patamar para a Durabilidade e Sustentabilidade das Fachadas: Manutenção Preditiva

Observou-se na seção anterior que na indústria eletromecânica têm-se, para os equipamentos fundamentais de uma unidade de produção, os cuidados de monitoramento avançado com a melhor tecnologia disponível.

Certamente, as fachadas de uma edificação são um dos seus sistemas mais importantes e vitais. Pelo menos o mais exposto e, logo, o mais sensível a todas as degradações externas e envelhecimento precoce de seus componentes.

Dessa forma, em tempos nos quais a alta tecnologia de detecção de informações se torna cada vez mais acessível, as Inspeções prediais devem acompanhar e atender aos requisitos de análise sensorial da NBR 16747 (ABNT, 2020), com muito mais objetivo do que somente o ensaio de auscultação por percussão de "bate-choco". Por meio de escâneres, técnicas de inspeção como as termografias de infravermelho, os veículos autônomos não tripulados (VANTS – ou drones), os equipamentos de ressonância para prospecção de módulos de deformação *in situ*, entre outros recursos, podem-se diagnosticar com precisão o estágio físico-químico dos componentes, as condições de estanqueidade e de aderência e, com isso, elaborar um relatório atualizado informando quando, com o quê e com que valor precisarão ser realizadas as intervenções programadas para provisionamento dos recursos.

Essas informações podem alimentar modelos digitais da edificação, gerados de modernas plataformas amplamente em uso para que registros de manutenção fiquem acessíveis para serem acompanhados em cada data de intervenção.

Certamente, com sistemas elaborados preditivos, encontrar-se-á a retomada do caminho para garantir a durabilidade dos materiais envolvidos no sistema de fachadas.

Por fim, buscar a sustentabilidade, com o simples ato de prolongar os ciclos de vida de serviço das edificações, reduzindo os custos ambientais de destinação dos bota-foras de materiais inservíveis, descolados ou demolidos, bem como as emissões para produção de novos materiais para reposição.

26.5 CONCLUSÃO

Não existem regras para as inspeções de fachadas, mas há muito se estuda sobre procedimentos mais adequados para se quantificar e classificar as formas e tipos de degradação. Nota-se que muitos trabalhos utilizam-se de uma sequência, onde parte-se da avaliação visual, aumentando-se o grau de inspeção por meio de imagens, testes *in situ*, janelas de inspeção e ensaios destrutivos e não destrutivos, de modo que o resultado final sempre será o diagnóstico mais assertivo de forma a gerar documentos com os procedimentos mais adequados de tratamento.

A experiência do inspetor é fundamental nesse tipo de trabalho e os autores procuraram apresentar, de maneira simples e organizada, as principais manifestações patológicas e danos em fachadas e os procedimentos desde os atuais até os mais inovadores possíveis para inspecioná-las.

Procurou-se chamar a atenção para a importância da manutenção preditiva, termo já consagrado em trabalhos internacionais, advindo das engenharias mecânica e elétrica, em que se procura valorizar o funcionamento do item inspecionado, reduzindo assim as probabilidades de falha ou degradação.

Espera-se que este capítulo, escrito por profissionais de mercado que mitigam diariamente os problemas com a inspeção de sistemas de fachadas, desperte tanto no meio acadêmico, nos projetistas e construtores, quanto entre os gestores das edificações, a visão completa de como se comportam os seus componentes, elementos e sistemas ao longo do seu ciclo de vida.

Têm-se certamente os parâmetros regionais, como os métodos de construção, os códigos de construção, as economias, mas os requisitos de desempenho minimamente aceitáveis já estão definidos e são de 40 anos pela NBR 15575 (ABNT, 2024).

Obviamente que as condições climáticas e ambientais mais adversas aumentam os desafios. Deseja-se que a cultura da gestão predial passe a ser: **inspeção sensorial periódica = manutenções preventivas = manutenções preditivas**. Com essas ações, somadas às obras bem planejadas e bem executadas, certamente cumprir-se-á o objetivo de propiciar o desempenho e a durabilidade aos sistemas de fachadas.

E, a partir do momento em que as inspeções são realizadas, elas geram demandas de manutenção e obras que também não podem ser esquecidas. A execução dos serviços de ação periódica, sejam preditivas ou preventivas e também as reativas (corretivas), devem ser fiscalizadas por profissionais qualificados e capacitados para tal. De nada adianta um bom laudo de inspeção predial de fachada e boas recomendações de manutenção e correções, se a partir destas não houver um apreço e detalhamento das ações a serem executadas a curto, médio e longo prazos.

26.5.1 Sugestões de Temas para Trabalhos Futuros

Como sugestões para evolução dos temas descritos, estes autores trazem:

- manutenções em sistemas de fachadas ventiladas e não aderidas;
- nanotecnologia na manutenção e na proteção predial.

BIBLIOGRAFIA

5 IDEIAS DE FACHADAS QUE VALORIZAM SEU IMÓVEL. Imóveis – Estadão. Disponível em: https://imoveis.estadao.com.br/decoracao-reforma-e-construcao/5-ideias-de-fachadas-que-valorizam-seu-imovel/. Acesso em: 5 fev. 2023.

ADAMOPOULOS, E. Learning-based classification of multispectral images for deterioration mapping of historic structures. *Journal of Building Pathology and Rehabilitation*, v. 6, n. 1, 1 Dec. 2021.

ANDRADE, R. P. *Uso da termografia infravermelha embarcada em drone como ferramenta para a inspeção de patologias em revestimentos aderidos de fachada.* 2020. Dissertação (Mestrado) – Escola Politécnica da Universidade de São Paulo. Departamento de Engenharia Civil – USP, São Paulo, 2020.

ANTUNES, G. R. *Estudo de manifestações patológicas em revestimento de fachada em Brasília*: sistematização da incidência de casos. 2010. Dissertação (Mestrado) – Universidade Federal de Brasília, Brasília, 2010.

APARÊNCIA IMPORTA NO VALOR DO IMÓVEL? Disponível em: https://duplique.com.br/noticia/aparencia-importa-no-valor-do-imovel-. Acesso em: 17 mai. 2023.

ASSOCIAÇÃO BRASILEIRA DE ENSAIOS NÃO DESTRUTIVOS E INSPEÇÃO (ABENDI). Ensaios não destrutivos e inspeção. Disponível em: http://www.abendi.org.br/abendi/default.aspx?mn=709&c=17&s=&friendly=. Acesso em: 12 ago. 2022.

ASSOCIAÇÃO BRASILEIRA DE NORMAS TÉCNICAS (ABNT). *NBR 5462*: Confiabilidade e mantenabilidade. Rio de Janeiro: ABNT, 1994.

ASSOCIAÇÃO BRASILEIRA DE NORMAS TÉCNICAS (ABNT). *NBR 5674*: Manutenção de edificações – Requisitos para o sistema de gestão de manutenção. Rio de Janeiro: ABNT, 2024.

ASSOCIAÇÃO BRASILEIRA DE NORMAS TÉCNICAS (ABNT). *NBR ISO 10545 – 1 a 14*: Placas cerâmicas. Rio de Janeiro: ABNT, 2017.

ASSOCIAÇÃO BRASILEIRA DE NORMAS TÉCNICAS (ABNT). *NBR ISO 10545 – 15 a 16*: Placas cerâmicas. Rio de Janeiro: ABNT, 2020.

ASSOCIAÇÃO BRASILEIRA DE NORMAS TÉCNICAS (ABNT). *NBR ISO 13006*: Placas cerâmicas – Definições, classificação, características e marcação. Rio de Janeiro: ABNT, 2020.

ASSOCIAÇÃO BRASILEIRA DE NORMAS TÉCNICAS (ABNT). *NBR 13749*: Revestimento de paredes e tetos de argamassas inorgânicas – Especificação. Rio de Janeiro: ABNT, 2013.

ASSOCIAÇÃO BRASILEIRA DE NORMAS TÉCNICAS (ABNT). *NBR 13755*: Revestimentos cerâmicos de fachadas e paredes externas com utilização de argamassa colante – Projeto, execução, inspeção e aceitação – Procedimento. Rio de Janeiro: ABNT, 2017.

ASSOCIAÇÃO BRASILEIRA DE NORMAS TÉCNICAS (ABNT). *NBR 14037*: Diretrizes para elaboração de manuais de uso, operação e manutenção das edificações – Requisitos para elaboração e apresentação dos conteúdos. Rio de Janeiro: ABNT, 2024.

ASSOCIAÇÃO BRASILEIRA DE NORMAS TÉCNICAS (ABNT). *NBR 15575-1*: Edificações Habitacionais

– Desempenho. Requisitos Gerais. Rio de Janeiro: ABNT, 2024.

ASSOCIAÇÃO BRASILEIRA DE NORMAS TÉCNICAS (ABNT). *NBR 15575-4*: Edificações habitacionais – Desempenho – Parte 4: Requisitos para os sistemas de vedações verticais internas e externas – SVVIE. Rio de Janeiro: ABNT, 2021.

ASSOCIAÇÃO BRASILEIRA DE NORMAS TÉCNICAS (ABNT). *NBR 16747*: Inspeção predial – Diretrizes, conceitos, terminologia e procedimento. Rio de Janeiro: ABNT, 2020.

ASSOCIAÇÃO BRASILEIRA DE NORMAS TÉCNICAS (ABNT). *NBR 16919*: Placas cerâmicas – Determinação do coeficiente de atrito. Rio de Janeiro: ABNT, 2020.

BARREIRA, E.; FREITAS, V. P. Evaluation of building materials using infrared thermography. *Construction and Building Materials*, v. 21, n. 1, p. 218-224, 2007.

BAUER, E. Resistência a penetração da chuva em fachadas de alvenaria de materiais cerâmicos – uma análise de desempenho. 1987. Dissertação (Mestrado) – Universidade Federal do Rio Grande do Sul, Porto Alegre, 1987.

BAUER, E.; MILHOMEM, P. M.; AIDAR, L. A. G. Evaluating the damage degree of cracking in facades using infrared thermography. *Journal of Civil Structural Health Monitoring*, v. 8, n. 3, p. 517-528, 2018.

BAUER, E.; PIAZZAROLLO, C. B.; SOUZA, J. S.; SANTOS, D. G. Relative importance of pathologies in the severity of facade degradation. *Journal of Building Pathology and Rehabilitation*, v. 5, n. 1, 7 Dec. 2020.

BAUER, E.; SOUZA, J. S; MOTA, L. M. G. Degradação de fachadas revestidas em argamassas nos edifícios de Brasília, Brasil. *Ambiente Construído*, v. 21, n. 4, p. 23-43, 2 ago. 2021.

BORDALO, R.; BRITO, J.; GASPAR, P. L.; SILVA, A. Abordagem a um modelo de previsão da vida útil de revestimentos cerâmicos aderentes. *Teoria e Prática na Engenharia Civil*, p. 55-69, 2010.

BRITISH STANDARD INSTITUTION. *BS ISO 15686-1*: Buildings and constructed assets – Service life planning. Part 1: General principles and framework. London, 2011.

BRITISH STANDARD INSTITUTION. *BS ISO 15686-2*: Buildings and constructed assets – Service life planning. Part 2: Service life prediction procedures. London, 2012.

BUILDING AND CONSTRUCTION AUTHORITY (BCA). *Periodic Facade Inspection (PFI)*. Disponível em: https://www1.bca. gov.sg/regulatory-info/building-control/periodic-fa%- C3%A7ade-inspection-pfi. Acesso em: 12 ago. 2022.

CARASEK, H. Materiais de construção civil e princípios de ciência e engenharia de materiais. *In*: ISAIA, G. C. (org.). *Argamassas*. 2. ed. São Paulo: IBRACON, 2010, v. 2, p. 893-944.

CHAI, C.; BRITO, J.; GASPAR, P. L.; SILVA, A. Predicting the service life of exterior wall painting: techno-economic analysis of alternative maintenance strategies. *Journal of Construction Engineering and Management*, v. 140, n. 3, 2014.

CINCOTTO, M. A. Patologia das argamassas de revestimento: análise e recomendações. *In*: *Tecnologia de edificações*. São Paulo: PINI, 1988. p. 549-554.

CINCOTTO, M. A.; SILVA, M. A. C.; CASCUDO, H. C. *Argamassas de revestimento*: características, propriedades e métodos de ensaio. São Paulo: Instituto de Pesquisas Tecnológicas, 1995. Boletim técnico n. 68.

DAL MOLIN, D. C. C. Fissuras em concreto armado com incidência significativa no estado do RGS: suas causas e medidas de prevenção. *In*: SEMINÁRIO SOBRE MANUTENÇÃO DE EDIFÍCIOS. *Anais...* Porto Alegre: CPGEC/UFRGS, set. 1988. p. 155-165.

DE BRITO, J. *New trends on building pathology*. CIB W086-Building Pathology NEW TRENDS ON BUILDING PATHOLOGY CIB-W086 BUILDING PATHOLOGY. [s.l: s.n.], 2021.

DE BRITO, J.; PEREIRA, C.; SILVESTRE, J. D. *Expert knowledge-based inspection systems inspection, diagnosis, and repair of the building envelope*. [s.l: s.n.], 2020.

DUARTE, R. B. Correção de fissuras em alvenaria. *In*: SEMINÁRIO SOBRE MANUTENÇÃO DE EDIFÍCIOS. *Anais...* Porto Alegre: CPGEC/UFRGS, set. 1988. p. 87-98.

FACHADA DE EDIFÍCIO DESABA SOBRE CARROS E LOCAL É INTERDITADO EM FORTALEZA G1. Disponível em: https://g1.globo.com/ce/ceara/noticia/2019/11/18/parte-de-fachada-de-predio-cai-e-faz-buraco-em-teto-de-garagem-atingindo-carros-em-fortaleza.ghtml. Acesso em: 5 fev. 2023.

FACHADA VENTILADA: 4 modelos que vão deixar seu projeto mais sustentável. Disponível em: https://www.vivadecora.com.br/pro/fachada-ventilada/. Acesso em: 5 fev. 2023.

FAUSTINO, J. J. P. *Análise de soluções construtivas face à difusão de vapor*: importância da composição e do clima. 1997. Dissertação (Mestrado) – Faculdade de Engenharia da Universidade do Porto, Porto, 1997.

FLORES-COLEN, I.; BRITO, J.; FREITAS, V. Discussion of criteria for prioritization of predictive maintenance of building façades: survey of 30 experts. *Journal of Performance of Constructed Facilities*, v. 24, n. 4, p. 337-344, 2010.

G1. *Reboco de creche cai e mata criança no ABC* – notícias em São Paulo. Disponível em: https://g1.globo.com/sao-paulo/noticia/2011/12/reboco-de-creche-cai-e-mata-crianca-no-abc-diz-prefeitura.html. Acesso em: 5 fev. 2023.

GASPAR, P. *Vida útil das construções*: desenvolvimento de uma metodologia para a estimativa da durabilidade de elementos da construção. Aplicação a rebocos de edifícios correntes. 2009. Tese (Doutorado) – Engenharia

Civil, Instituto Superior Técnico, Universidade Técnica de Lisboa, Lisboa, 2009.

GUIDELINE for condition assessment of the building envelope. *ASC Standard*, n. 30-0, p. 1–52, 2014.

HENRIQUES, F. M. A. *Comportamento higrotérmico de edifícios*. Lisboa: Universidade Nova de Lisboa, 2011.

INSPEÇÃO PREDIAL "A SAÚDE DOS EDIFÍCIOS". Câmara de Inspeção Predial do IBAPE/SP. 2. ed. 2015. Disponível em: https://www.ibape-sp.org.br/adm/upload/uploads/1541781803-Cartilha-Inspecao_Predial_a_Saude_dos_Edificios.pdf.

JORNE, F. J. F. *Análise do comportamento higrotérmico de soluções construtivas de paredes em regime variável*. 2010. Dissertação (Mestrado) – Universidade Nova de Lisboa, Lisboa, 2010.

JOVEM ATINGIDA POR REBOCO DE VARANDA SEGUE EM ESTADO GRAVE. MH – Geral. Disponível em: https://www.meiahora.com.br/geral/2019/03/5625527-jovem-atingida-por-reboco-de-varanda-segue-em-estado-grave.html#foto=1. Acesso em: 5 fev. 2023.

L'HERMITE, R. *Ao pé do muro*. 2. ed. São Paulo: SENAI Editora, 1977.

MANUTENÇÃO DE EDIFÍCIOS. *Anais...* Porto Alegre: CPGEC/UFRGS, set. 1988. p. 87-98.

MATERIALS AND MATERIAIS: Artigo técnico AT 18 – Vida útil e patologias de fachada. 2013. Disponível em: http://materialsandmateriais.blogspot.com/2013/06/artigo-tecnico-at-18-vida-util-e.html. Acesso em: 6 ago. 2022.

NASCIMENTO, M. L. M. *Aplicação da simulação higrotérmica na investigação da degradação de fachadas de edifícios*. 2016. Dissertação (Mestrado) – Departamento de Engenharia Civil e Ambiental, Universidade de Brasília, Brasília, 2016.

PEREIRA, C.; SILVA, A.; BRITO, J. Urgency of repair of building elements: prediction and influencing factors in façade renders. *Construction and Building Materials*, v. 249, 20 jul. 2020.

PEREZ, A. R. *Umidade nas edificações*. 1986. Dissertação (Mestrado) – Escola Politécnica da Universidade de São Paulo. São Paulo, 1986.

PIAZZAROLLO, C. B. *Estudo da evolução e da gravidade da degradação nas diferentes zonas componentes da fachada*. 2019. Dissertação (Mestrado) – Departamento de Engenharia Civil e Ambiental, Universidade de Brasília, Brasília, 2019.

PINHEIRO, P. I. S. *Aplicação do método de mensuração da degradação (MMD) ao estudo das fachadas de edifícios em Brasília*. 2016. Trabalho de Conclusão de Curso (Graduação) – Universidade de Brasília, Brasília, 2016.

QUAL PERCENTUAL MÉDIO DO ORÇAMENTO CORRESPONDE A CADA ETAPA DA OBRA. UOL Universa, 28 nov. 2016. Disponível em: https://www.uol.com.br/universa/listas/qual-percentual-medio-do-orcamento-corresponde-a-cada-etapa-da-obra.htm. Acesso em: 28 jul. 2022.

QUEIROZ, L. F. DE. *Condomínio em foco*: questões do dia a dia. 2. ed. [s.l.]: Bonijuris, 2018.

SAHADE, R. F. *Avaliação de sistemas de recuperação de fissuras em alvenaria de vedação*. 2005. Dissertação (Mestrado) – Instituto de Pesquisas Tecnológicas do Estado de São Paulo – IPT, São Paulo, 2005.

SARAIVA, A. G. *Contribuição ao estudo de tensões de natureza térmica em sistemas de revestimento cerâmico de fachada*. 1998. Dissertação (Mestrado) – Universidade de Brasília, Brasília, 1998.

SILVA, A. F. F.; BRITO, J.; GASPAR, P. L. Service life prediction model applied to natural stone wall claddings (directly adhered to the substrate). *Construction and Building Materials*, v. 25, n. 9, p. 3674-3684, 2011.

SILVA, M. N. B. *Avaliação quantitativa da degradação e vida útil de revestimentos de fachada*: aplicação ao caso de Brasília/DF. 2014. Tese (Doutorado) – Universidade de Brasília, Brasília, 2014.

SILVA, W. F. Patologias de revestimento externo. *Revista Científica Multidisciplinar Núcleo do Conhecimento*. Disponível em: https://www.nucleodoconhecimento.com.br/engenharia-civil/patologias-de-revestimento. Acesso em: 28 jul. 2022.

SOUSA, R. D. B. *Previsão da vida útil dos revestimentos cerâmicos aderentes em fachadas*. 2008. Dissertação (Mestrado) – Instituto Superior Técnico, Universidade Técnica de Lisboa, Lisboa, 2008.

SOUZA, J. S. *Evolução da degradação de fachadas*: efeito dos agentes de degradação e dos elementos constituintes. 2016. Dissertação (Mestrado) – Departamento de Engenharia Civil e Ambiental, Universidade de Brasília, Brasília, 2016.

SOUZA, J. S. *Impacto dos fatores de degradação sobre a vida útil de fachadas de edifícios*. 2019. Tese (Doutorado) – Departamento de Engenharia Civil e Ambiental, Universidade de Brasília, Brasília, 2019.

THOMAZ, E. *Trincas em edifícios*: causas, prevenção e recuperação. São Paulo: Pini, EPUSP, IPT, 1989.

VARELLA, L.; SAHADE, R.; SABARÁ, E.; OLIVEIRA, L. A. Incidência de descolamento em revestimentos cerâmicos aderidos em fachadas: uma contribuição para o projeto e a produção. *In*: WORKSHOP DE TECNOLOGIA DE PROCESSOS E SISTEMAS CONSTRUTIVOS. *Anais...* Galoá, 15 ago. 2017.

VEIGA, M. R. Comportamento de argamassas de revestimento de paredes. *In*: SIMPÓSIO BRASILEIRO DE TECNOLOGIA DAS ARGAMASSAS, V., 2003, São Paulo. *Anais...*, São Paulo: EPUSP-PCC/ANTAC. 2003, v.1, p. 63-93.

ZANONI, V. A. G. *Influência dos agentes climáticos de degradação no comportamento higrotérmico de fachadas em Brasília*. 2015. Tese (Doutorado) – Universidade de Brasília, Brasília, 2015.

27

MATERIAIS E MISTURAS ASFÁLTICAS PARA PAVIMENTAÇÃO

Prof. Dr. Rodrigo Pires Leandro •
Prof.ª Dra. Liedi Légi Bariani Bernucci

27.1 Ligantes Asfálticos, 641

27.2 Agregados para Misturas Asfálticas, 649

27.3 Camadas dos Pavimentos sob o Contexto Estrutural e Funcional, 654

27.4 Revestimentos Asfálticos, 655

27.5 Métodos de Dosagem de Misturas Asfálticas a Quente, 661

27.6 Usinagem e Execução de Misturas Asfálticas, 662

27.7 Ensaios Mecânicos em Misturas Asfálticas, 663

Os ligantes asfálticos são utilizados como materiais de impermeabilização há milênios. Esses produtos são, na atualidade, resultantes da destilação do petróleo, mas podem ser retirados e beneficiados a partir de lagos naturais ou, ainda, de rochas que os contêm. Atualmente, muitas pesquisas vêm sendo realizadas para substituição dos ligantes asfálticos de petróleo por bioligantes, de fontes renováveis vegetais ou mesmo animais. A difusão da utilização de ligantes asfálticos vem do fato de ser um material termoviscoelástico, que se altera de estado (de viscosidade) com o efeito do calor, podendo ser facilmente moldável ou adicionado a outros materiais quando aquecido, tornando-se bastante resistente na temperatura ambiente.

Em razão da diminuição da viscosidade com o aumento de temperatura, os ligantes asfálticos são capazes de envolver agregados e partículas, recobrindo-as completamente graças à adesão, protegendo-as do ataque da água. Caso não haja uma boa adesão entre os agregados e os ligantes asfálticos, devem ser adicionados produtos como a cal ou aditivos líquidos químicos para melhoria da adesividade. A ligação entre as diversas partículas se dá graças à coesão ou à aderência do ligante, ou mesmo entre os másticos (ligantes asfálticos e fíleres). Esse conjunto de partículas recobertas e ligadas entre si por ligante asfáltico é chamado mistura asfáltica.

As misturas asfálticas são utilizadas para comporem revestimentos de pavimentos e camadas de bases asfálticas, após sua distribuição na pista e sua densificação ou compressão. Ao perder temperatura, as misturas asfálticas tornam-se mais resistentes e menos deformáveis, pois a viscosidade do ligante asfáltico aumenta expressivamente.

As camadas asfálticas, utilizadas como revestimento de pavimentos, devem garantir condição de conforto e segurança para os usuários e exercem a função de impermeabilização do pavimento e de resistência ao tráfego de veículos. Essas camadas são empregadas em diferentes tipos de soluções de pavimentação, desde baixo volume de tráfego até tráfego intenso e pesado. A maior parte dos pavimentos rodoviários e viários urbanos brasileiros é constituída por estruturas com revestimentos asfálticos.

27.1 LIGANTES ASFÁLTICOS

O asfalto utilizado em pavimentação é um ligante betuminoso resultante da destilação do petróleo que apresenta propriedades adesivas e comportamento termoviscoelástico, além de ser impermeável à água e quimicamente pouco reativo. Contudo, é suscetível ao envelhecimento por oxidação lenta pelo contato com o ar e a água. O uso de asfaltos em pavimentação justifica-se por proporcionar forte união dos agregados, permitindo flexibilidade controlável, atuar como impermeabilizante e ser durável à ação da maioria dos ácidos, dos álcalis e dos sais (Bernucci et al., 2022).

27.1.1 Processos de Produção

27.1.1.1 Origem do petróleo

De maneira simplificada, pode-se definir o petróleo como uma substância oleosa, inflamável, menos densa que a água e com cor característica variando entre o negro e o castanho-claro (Szklo; Uller; Bonfá, 2012). Esse material é oriundo de substâncias de natureza orgânica, principalmente plânctons e outros seres minúsculos, que foram soterrados por convulsão da natureza e que sofreram decomposição pela ação do tempo, bactérias, calor e pressão (Scafi, 2005).

A composição química do petróleo é caracterizada basicamente pela mistura de hidrocarbonetos e impurezas. Os hidrocarbonetos são compostos orgânicos formados por carbono e hidrogênio e podem ser predominantemente parafínicos, naftênicos ou aromáticos (Szklo; Uller; Bonfá, 2012).

As impurezas podem ser divididas em oleofílicas e oleofóbicas. As primeiras são dissolvidas no óleo (ou parte integrante dele) e as segundas são águas, sais, argilas, areias e sedimentos. As impurezas oleofílicas dividem-se, de acordo com Szklo, Uller e Bonfá (2012), em compostos sulfurados, nitrogenados, oxigenados, organometálicos, resinas e asfaltenos. Estes últimos podem ser definidos como aglomerados de compostos polares e polarizáveis, formados em consequência de associações intermoleculares, e são constituídos de hidrocarbonetos naftênicos condensados e de cadeias saturadas curtas.

Os principais grupos componentes dos óleos são os hidrocarbonetos saturados, os aromáticos, as resinas e os asfaltenos. Segundo Leite (1999), os CAPs (cimento asfáltico de petróleo) com maior quantidade de asfaltenos são ligantes mais duros ou mais viscosos à temperatura ambiente. Dependendo da proporção de compostos de hidrocarbonetos na sua composição, o petróleo se mostra mais adequado para a produção de um ou outro derivado (Szklo; Uller; Bonfá, 2012). Assim, os óleos obtidos de diferentes reservatórios possuem características diferentes, dando origem, após sua destilação, a asfaltos com composições químicas em diferentes proporções que têm influência no comportamento físico e mecânico das misturas asfálticas.

27.1.1.2 Refino do petróleo para obtenção de asfaltos

O refino de petróleo constitui a separação, via processos físico-químicos, desde insumo em frações de derivados que são processados em unidades de separação e conversão, até a obtenção dos produtos finais. Esses produtos dividem-se em combustíveis, não combustíveis acabados e intermediários. Os produtos combustíveis são a gasolina, o óleo combustível, o GLP, o querosene e os óleos residuais, enquanto os produtos acabados são os solventes, os lubrificantes, as graxas, o coque e o asfalto. Constituem os produtos intermediários a nafta, o etano, o propano, o butano, o etileno, o propileno, os butilenos e os butadienos (Szklo; Uller; Bonfá, 2012).

Conforme estes mesmos autores, a composição da carga na refinaria pode variar significativamente, constituindo sistemas complexos com múltiplas operações que dependem das propriedades do insumo (ou da mistura de insumos) e dos produtos desejados.

Uma das mais importantes operações na refinaria é a destilação inicial do petróleo, com a subsequente separação das frações de corte. A destilação envolve aquecimento, vaporização, fracionamento, condensação e resfriamento. A sequência de destilação atmosférica e de destilação a vácuo constitui a base do refino. O processo de dessalgação normalmente antecede essas duas etapas (Szklo; Uller; Bonfá, 2012).

O objetivo do processo de dessalgação consiste na remoção de sais corrosivos e de água, além de compostos organometálicos e sólidos suspensos que desativam os catalisadores usados nas operações de refino. Após esse processo, o óleo é preaquecido e segue para a coluna de destilação vertical à pressão atmosférica, na qual grande parte da carga se vaporiza e se fraciona em diferentes cortes, cada um deles correspondendo a uma diferente temperatura de condensação.

As frações leves se condensam e são coletadas no topo da coluna, enquanto as pesadas são coletadas no fundo e seguem para a torre de vácuo, que realiza a destilação dessas frações. A aplicação de vácuo é simplesmente uma forma de reduzir os pontos de ebulição das frações pesadas e permitir a separação a temperaturas menores, sem decomposição de hidrocarbonetos e formação de coque, além de aumentar a vida útil dos equipamentos envolvidos no processo. Os produtos do vácuo são o gasóleo leve, o gasóleo pesado e o resíduo de vácuo.

Uma vez que o processo de refino ocorre em colunas de destilação, em que o asfalto é o último produto a ser obtido (resíduo de vácuo), esse, por vezes, é denominado "resíduo" do petróleo, embora, de acordo com Bernucci *et al.* (2022), esse termo não se associe de forma alguma a um material sem características adequadas ao uso.

Leite (1999) esclarece que, para petróleos de base asfáltica, faz-se necessário apenas um estágio de destilação a vácuo, dando origem a cimentos asfálticos de petróleo com consistência adequada para a pavimentação. Para petróleos leves, são necessários dois estágios de destilação (resíduo e vácuo), nos quais as condições de pressão e temperatura definem as especificações para uso em pavimentação. O processo de destilação em um estágio é caracterizado pela carga de petróleo asfáltico com destilação apenas por torre de vácuo. Já no processo em dois estágios, o óleo passa antes por destilação na torre de pressão atmosférica, seguindo o resíduo para a torre de vácuo.

Especificamente, quanto ao asfalto resultante do processo, o seu aquecimento a temperaturas elevadas (superiores a 150 °C), mesmo por tempos relativamente curtos (menos que um minuto, como ocorre na usinagem), pode causar um envelhecimento elevado desde que haja presença de ar e uma espessura muito fina de asfalto. Portanto, quanto maior a temperatura, o tempo de aquecimento e menor a espessura de película asfáltica, maior será o envelhecimento do ligante (Bernucci *et al.*, 2022).

27.1.2 Tipos, Caracterização e Especificações de Ligantes Asfálticos

De modo geral, os ligantes asfálticos comumente utilizados em obras de pavimentação podem ser divididos em: cimento asfáltico de petróleo (CAP), asfalto diluído (ADP ou recortado), emulsão asfáltica (EAP), asfalto modificado por polímeros (AMP) ou por borracha de pneus (AMB). Nesse contexto, o CAP é a base de todos os outros e apresenta comportamento termoviscoelástico. Essa característica manifesta-se no comportamento mecânico do revestimento asfáltico, sendo suscetível à temperatura de serviço, à velocidade, ao tempo e à intensidade e frequência de carregamento. A seguir, são apresentadas as principais características e especificações para esses tipos de ligantes.

a) Cimento asfáltico de petróleo (CAP)

Os CAPs são constituídos por 90 a 95 % de hidrocarbonetos e de 5 a 10 % de heteroátomos (oxigênio, enxofre e metais). Esses materiais são caraterizados, ainda, por se apresentarem como semissólidos à temperatura baixa, viscoelásticos à temperatura ambiente e líquidos à temperatura alta (Bernucci *et al.*, 2022).

Quando o asfalto obtido a partir do refino do petróleo se enquadra em determinada classificação em função de suas propriedades físicas é denominado CAP (cimento asfáltico de petróleo), seguido de um identificador numérico que indica sua classe (faixa de penetração, viscosidade, entre outras características). Atualmente, os CAPs brasileiros são classificados pela penetração em: 30-45, 50-70, 85-100 e 150-200.

Até 2005, os CAPs nacionais eram especificados por viscosidade absoluta ou por penetração. Por viscosidade, os asfaltos eram divididos em CAP 7, CAP 20 e CAP 40, sendo os números associados ao início da faixa de viscosidade de cada classe. Em 2005, foi publicada e aprovada pela Agência Nacional do Petróleo, Gás Natural e Biocombustíveis (ANP) uma nova especificação de CAP em substituição àquelas vigentes até aquele momento – Resolução nº 19, de 11 de julho de 2005. A nova especificação baseia-se na penetração e em ensaios físicos empíricos. A Tabela 27.1 apresenta a especificação dos CAPs nacionais vigente no país.

A penetração retida da Tabela 27.1 é a relação entre a penetração após o efeito do calor e do ar em estufa RTFOT e a penetração original, antes do ensaio do efeito do calor e do ar. O índice de suscetibilidade térmica, por sua vez, indica a sensibilidade dos ligantes à variação de temperatura. Pfeiffer propôs um procedimento para determinar o índice de suscetibilidade térmica a partir do ponto de amolecimento (PA) do CAP e de sua penetração a 25 °C, incluindo-se a hipótese de que a penetração do CAP, no seu ponto de amolecimento, é de 800 (0,1 mm).

Assim, determina-se a penetração a 25 °C, o PA, e então traça-se o gráfico com os valores de temperatura em abscissas e os valores de penetração em escala logarítmica em ordenadas (Fig. 27.1). Com a Figura 27.1 e a Equação (27.1), pode-se determinar o coeficiente angular da reta. Para o cálculo do índice de suscetibilidade térmica, ou índice de penetração (IP), emprega-se a relação empírica representada pela Equação (27.2) e que resulta na Equação (27.3).

$$\operatorname{tg}\alpha = \frac{\log 800 - \log P}{PA - 25} \quad (27.1)$$

$$IP = \frac{20 - 500(\operatorname{tg}\alpha)}{1 + 50(\operatorname{tg}\alpha)} \quad (27.2)$$

$$IP = \frac{500 \log P + 20\, PA - 1951}{120 - 50 \log P + PA} \quad (27.3)$$

b) Asfaltos modificados por polímeros (AMP)

A modificação dos asfaltos por polímeros teve início nos anos 1970 com o propósito de melhorar as características dos CAPs, como: aumentar a coesão, reduzir a suscetibilidade térmica, reduzir a fluência, aumentar a resistência à deformação permanente e à fadiga, garantir adesividade e resistência ao envelhecimento. A modificação de asfaltos se mostra atrativa diante do crescente volume de veículos comerciais e do peso por eixo, de condições de tráfego pesado canalizado, além de regiões que apresentem condições adversas de clima.

Porém, nem todo CAP quando modificado por polímeros apresenta estabilidade à estocagem e nem

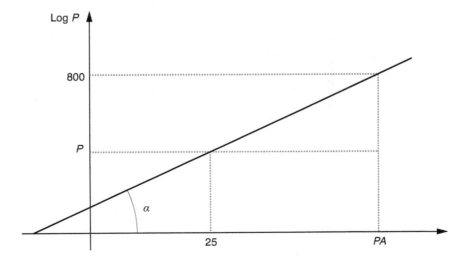

FIGURA 27.1 Exemplo de gráfico de penetração em função do ponto de amolecimento.

TABELA 27.1 Especificação brasileira de CAPs (ANP, 2005)

Característica	Unidade	Limites				Métodos	
		CAP 30-45	CAP 50-70	CAP 85-100	CAP 150-200	ABNT NBR	ASTM/D
Penetração (100 g, 5 s, 25 °C)	0,1 mm	30-45	50-70	85-100	150-200	6576	5
Ponto de amolecimento mínimo	°C	52	46	43	37	6560	36
Viscosidade Saybolt-Furol							
a 135 °C, mín.	s	192	141	110	80	14950	E 102
a 150 °C, mín.		90	50	43	36		
a 177 °C, mín.		40-150	30-150	15-60	15-60		
Viscosidade Brookfield							
a 135 °C, mín. (SP 21, 20 rpm, mín.)	cP	374	274	214	115	15184	4402
a 150 °C, mín.		203	112	97	81		
a 177 °C, SP 21		76-285	57-285	28-114	28-114		
Índice de suscetibilidade térmica		(−1,5) a (+0,7)	(−1,5) a (+0,7)	(−1,5) a (+0,7)	(−1,5) a (+0,7)		
Ponto de fulgor, mín.	°C	235	235	235	235	11341	92
Solubilidade em tricloroetileno, mín.	% massa	99,5	99,5	99,5	99,5	14855	2042
Ductilidade a 25 °C, mín.	cm	60	60	100	100	6293	113
Efeito do calor e do ar a 163 °C por 85 min							
Variação em massa, máx.	% massa	0,5	0,5	0,5	0,5		2872
Ductilidade a 25 °C, mín.	cm	10	20	50	50	6293	113
Aumento do ponto de amolecimento, máx.	°C	8	8	8	8	6560	36
Penetração retida, mín.	%	60	55	55	50	NBR 6576	5

todos os polímeros são passíveis de serem incorporados ao CAP. Os asfaltos que melhor se compatibilizam com polímeros são os que apresentam certa aromaticidade. O uso de asfaltos modificados por polímeros pode aumentar a vida de serviço dos pavimentos e reduzir a frequência de intervenções para manutenções. Contudo, o grau de melhoria, modificação e seu custo dependem das necessidades do local em que será aplicado (Bernucci *et al.*, 2022).

Para que a modificação seja viável técnica e economicamente, é necessário que o polímero seja resistente à degradação nas temperaturas usuais de utilização do asfalto, misture-se adequadamente, melhore as características de fluidez do asfalto a altas temperaturas sem que o ligante fique muito viscoso para a misturação e espalhamento e nem tão rígido a baixas temperaturas. Além disso, o asfalto-polímero tem de manter suas propriedades e permanecer estável, física e quimicamente, ao longo de todas as fases (Bernucci *et al.*, 2022).

A Tabela 27.2 apresenta a especificação técnica para asfaltos modificados por polímeros elastoméricos no Brasil, descrita na Resolução ANP nº 32, de 21 de setembro de 2010. O elastômero é caracterizado por ser um material que apresenta capacidade de recuperar rapidamente a sua forma e dimensões ao cessar a solicitação sobre ele. Apesar da necessidade da utilização de diferentes teores de polímero para se atingir cada uma das classes especificadas pela ANP, esta não indica qual deve ser a concentração de polímero com relação ao CAP, nem qual o elastômero (Ceratti; Bernucci; Soares, 2015).

c) *Asfaltos modificados por borracha (AMB)*

A incorporação de borracha de pneus aos ligantes asfálticos representa uma maneira alternativa de se incorporar os benefícios de um polímero e, ao mesmo tempo, reduzir os problemas ambientais oriundos da disposição dos pneus inservíveis. Os métodos para incorporação de borracha triturada de pneus às misturas asfálticas dividem-se em úmido e seco. No processo úmido, a borracha triturada é adicionada ao CAP aquecido, produzindo ligante modificado, e representa geralmente entre 15 e 20 % da massa de ligante e menos de 1,5 % da massa total da mistura (Bernucci *et al.*, 2022). No processo seco, a borracha substitui parte do agregado mineral com

TABELA 27.2 Especificação brasileira de CAPs modificados por polímeros elastoméricos (ANP, 2010)

Característica	Unidade	Limite			Método	
		Tipo				
		55/75-E	60/85-E	65/90-E	ABNT NBR	ASTM/D
Penetração (100 g, 5 s, 25 °C)	0,1 mm	45-70	40-70		6576	5
Ponto de amolecimento, mín.	°C	55	60	65	6560	36
Viscosidade Brookfield						
a 135 °C, *spindle* 21, 20 rpm, máx.	cP		3000		15184	4402
a 150 °C, *spindle* 21, 50 rpm, máx.			2000			
a 177 °C, *spindle* 21, 100 rpm, máx.			1000			
Ponto de fulgor, mín.	°C		235		11341	92
Ensaio de separação de fase, máx.	°C		5		15166	7173
Recuperação elástica a 25 °C, 20 cm, mín.	%	75	85	90	15086	6084
Efeito do calor e do ar (RTFOT) a 163 °C, 85 min						
Variação em massa, máx.[1]	% massa		1,0		15235	2872
Variação do ponto de amolecimento, máx.	°C		–5 a +7		6560	36
Porcentagem de penetração original, mín.	%		60		6576	5
Porcentagem de recuperação elástica original a 25 °C, mín.	%		80		15086	6084

[1] A variação em massa é definida como $\Delta M = \dfrac{M_f - M_i}{M_i} \times 100$, em que M_f é a massa após o ensaio RTFOT e M_i é a massa antes do ensaio RTFOT.

o objetivo de proporcionar elementos elastoméricos sólidos à matriz asfalto-agregado (Faxina, 2006).

Segundo Faxina (2006), é desejável que o ligante asfáltico utilizado no processo úmido contenha concentração relativamente alta de frações leves, o que pode ser obtido pela adição de óleos extensores ou pela seleção de ligantes de menor consistência. Em ambos os casos, é possível compensar o aumento da viscosidade provocado pela adição de borracha, assim como proporcionar óleos aromáticos em quantidade suficiente para promover a reação entre borracha e ligante sem remover componentes essenciais do ligante asfáltico de base.

O ligante modificado pelo processo úmido pode ou não ser estocável. O sistema não estocável, conhecido como *continuous blending* (também denominado *field blend* ou mesmo *just in time*), é produzido com equipamento misturador na própria obra e deve ser aplicado imediatamente em razão de sua instabilidade. O processo requer elevado grau de controle e o resultado é de um revestimento asfáltico de boa qualidade, com desempenho adequado (Camargo, 2016). O sistema estocável é denominado *terminal blending* por ser preparado em um terminal especial (indústria). Nesse caso, a mistura utiliza borracha fina de partículas passantes na peneira nº 40. O ligante modificado produzido dessa forma é estável, relativamente homogêneo e pode ser transportado (Morilha Jr., 2004).

A Resolução ANP nº 390, de 24 de dezembro de 2008, classifica os asfaltos modificados por borracha em AB8 e AB22 em função de suas viscosidades. A Tabela 27.3 mostra a especificação dos CAPs modificados por borracha moída de pneus no Brasil, segundo esta Resolução.

d) Emulsões asfálticas (EAP)

As emulsões asfálticas são constituídas pela dispersão de uma fase asfáltica (50 a 70 % de CAP) em uma fase aquosa, podendo ser classificadas quanto à carga elétrica das partículas e quanto ao tempo de ruptura. A ruptura de uma emulsão asfáltica é o fenômeno que ocorre quando os glóbulos de asfalto da emulsão dispersos em água, em contato com o agregado mineral, sofrem uma ionização por parte deste, dando origem à formação de um composto insolúvel em água que se precipitará sobre o agregado.

Na preparação da emulsão é necessária a incorporação de um produto auxiliar para mantê-la estável. Esse produto, denominado agente emulsionante ou emulsificante, é uma substância que reduz a tensão superficial permitindo que os glóbulos de asfalto permaneçam em suspensão na água por algum tempo e evitando a aproximação entre as partículas e sua posterior coalescência (Bernucci *et al.*, 2022). A Resolução ANP nº 36, de 13 de novembro de 2012, trata da especificação para as emulsões asfálticas para pavimentação e para aquelas modificadas por polímeros elastoméricos. A Tabela 27.4 mostra parte da especificação para as emulsões catiônicas, segundo a ANP (2012). As designações das classes das emulsões são função do tempo de ruptura, do

TABELA 27.3 Especificação técnica de CAPs modificados por borracha de pneus (ANP, 2008)

Característica	Unidade	Limite		Método	
		AB8	AB22	ABNT NBR	ASTM/D
Penetração (100 g, 5 g, 25 °C)	0,1 mm	30-70	30-70	6576	5
Ponto de amolecimento, mín.	°C	50	55	6560	36
Viscosidade Brookfield máx. a 175 °C (*spindle* 2, 20 rpm)	cP	800-2000	2200-4000	15529	2196
Ponto de fulgor, mín.	°C	235	235	11341	92
Estabilidade à estocagem, máx.	°C	9	9	15166	7173
Recuperação elástica a 25 °C, 10 cm, mín.	%	50	55	15086	6084
Variação em massa do RTFOT, máx.	% massa	1	1	15235	2872
Ensaios no resíduo RTFOT					
Variação do ponto de amolecimento, máx.	°C	10	10	6560	36
Porcentagem de penetração original, mín.	%	55	55	6576	5
Porcentagem de recuperação elástica original (25 °C, 10 cm) mín.	%	100	100	15086	6084

TABELA 27.4 Especificação técnica para emulsões asfálticas (ANP, 2012)

Característica	Unidade	Ruptura rápida RR-1C	Ruptura rápida RR-2C	Ruptura média RM-1C	Ruptura média RM-2C	Ruptura lenta RL-1C	Método ABNT NBR	Método ASTM/D
Viscosidade Saybolt-Furol a 25 °C, máx.	s	90	-	-	-	90	14491	244
Viscosidade Saybolt-Furol a 50 °C	s	-	100-400	20-200	100-400	-	14491	244
Sedimentação, máx.	% m/m	5	5	5	5	5	6570	6390
Peneiração (0,84 mm), máx.	% m/m	0,1	0,1	0,1	0,1	0,1	14393	6933
Resistência à água (cobertura), mín.	%	80	80	80	80	80	14249	244
Carga da partícula	-	Positiva	Positiva	Positiva	Positiva	Positiva	6567	244
pH, máx.	-	-	-	-	-	6,5	6299	-
Destilação								
Solvente destilado	% v/v	-	-	0-12	0-12	-	6568	244
Resíduo seco, mín.	% m/m	62	67	62	65	60	14376	6934
Desemulsibilidade								
Mínimo	% m/m	50	50	-	-	-	6569	6936
Máximo	% m/m	-	-	50	50	-		
Mistura com filer silício	%	-	-	-	-	Máx. 2	6302	244
Mistura com cimento	%	-	-	-	-	Máx. 2	6297	244
Ensaio para o resíduo da emulsão obtido pela ABNT NBR 14896								
Penetração a 25 °C (100 g, 5 s)	0,1 mm	40-150	40-150	40-150	40-150	40-150	6576	5
Teor de betume, mín.	%	97	97	97	97	97	14855	2042
Ductilidade a 25 °C, mín.	cm	40	40	40	40	40	6293	113

648 Capítulo 27

teor de asfalto contido na emulsão, da carga iônica e da faixa de viscosidade. Desse modo, uma emulsão RR 1C representa uma emulsão de ruptura rápida (RR), catiônica (C), e o número 1 indica a faixa de viscosidade.

Além das emulsões asfálticas tradicionais, existem as modificadas por polímeros, sendo os mais utilizados os elastoméricos do tipo SBR (borracha de butadieno estireno) e SBS (estireno-butadieno-estireno). Esses polímeros podem estar dispersos na fase aquosa ou dissolvidos no ligante asfáltico emulsionado. Na Tabela 27.5 é apresentada a especificação das emulsões asfálticas modificadas por polímeros elastoméricos, de acordo com a Resolução ANP nº 6, de 2012.

e) Asfalto diluído (ADP)

Os asfaltos diluídos resultam da destilação do CAP por destilados do petróleo que evaporam após a aplicação do produto em campo. Esses ligantes são menos viscosos e podem ser trabalhados a temperaturas mais baixas. No Brasil, são produzidos asfaltos diluídos de cura média e de cura rápida. O termo "cura" refere-se à perda de voláteis e depende da natureza do diluente utilizado. A denominação dos tipos é dada segundo a velocidade de evaporação do solvente.

Nos asfaltos diluídos de cura rápida (CR), o solvente utilizado é a gasolina ou a nafta, e nos de cura média (CM), o solvente é o querosene. Para a denominação final dos tipos de asfaltos diluídos são

TABELA 27.5 Especificação técnica para emulsões asfálticas por polímeros elastoméricos (ANP, 2012)

Característica	Unidade	Limite					Método	
		Ruptura rápida		Ruptura média	Ruptura controlada	Ruptura lenta		
		RR-1C-E	RR-2C-E	RM-1C-E	RC-1C-E	RL-1C-E	ABNT NBR	ASTM / D
Viscosidade Saybolt-Furol a 50 °C	s	70 máx.	100-400	20-200	70 máx.	70 máx.	14491	244
Sedimentação, máx.	% m/m	5	5	5	5	5	6570	6390
Peneiração (0,84 mm), máx.	% m/m	0,1	0,1	0,1	0,1	0,1	14393	6933
Resistência à água (cobertura), mín.[1]							6300	244
Agregado seco	%	80	80	80	80	80	6300	244
Agregado úmido	%	80	80	60	60	60	6300	244
Carga da partícula	–	Positiva	Positiva	Positiva	Positiva	Positiva	6567	244
pH, máx.	–	–	–	–	6,5	6,5	6299	244
Destilação								
Solvente destilado a 360 ºC	% v/v	0-3	0-3	0 a 12	0	0	6568	244
Resíduo seco, mín.	% m/m	62	67	62	62	60	14376	6934
Desemulsibilidade								
Mínimo	% m/m	50	50	–	–	–	6569	6936
Máximo	% m/m	–	–	50	–	–		
Ensaio para o Resíduo da Emulsão Obtido pela NBR 14896								
Penetração a 25 ºC (100 g, 5 s)	0,1 mm	45-150	45-150	45-150	45-150	45-150	6576	5
Ponto de amolecimento, mín.	ºC	50	55	55	55	55	6560	36
Viscosidade Brookfield a 135 ºC, SP21, 20 rpm, mín.	cP	550	600	600	600	600	15184	4402
Recuperação elástica a 25 ºC, 20 cm, mín.	%	65	70	70	70	70	15086	6084

[1] Se não houver envio de amostra ou informação da natureza do agregado pelo consumidor final, o distribuidor deverá indicar a natureza do agregado usado no ensaio no certificado de qualidade.

somados às siglas CR e CM números que representam o início da faixa de viscosidade cinemática de aceitação em cada classe. Desse modo, um ligante CM30 é um asfalto diluído de cura média (CM) cuja faixa de viscosidade a 60 °C começa em 30 cSt (Bernucci et al., 2022). A Tabela 27.6 mostra a especificação para asfaltos diluídos do tipo cura média, segundo a Resolução ANP nº 30, de 9 de outubro de 2007. O principal uso do asfalto diluído é no serviço de imprimação de base de pavimentos asfálticos, em geral, nas taxas de 0,8 a 1,6 litro/m^2 dependendo do tipo de material da base. Contudo, há uma tendência muito forte de redução de seu uso em serviços por penetração em função dos problemas de segurança e meio ambiente decorrentes de uma possível contaminação de solos e do lençol freático pelos diluentes. Este produto vem sendo substituído por emulsão de imprimação que reduzem esse tipo de impacto negativo. Outra questão relevante é que o asfalto diluído não deve ser aplicado sobre bases cimentadas, sendo substituído, nesse caso em particular, por emulsões de imprimação.

27.2 AGREGADOS PARA MISTURAS ASFÁLTICAS

Agregado é um termo genérico para areias, pedregulhos e rochas minerais, em seu estado natural ou britados, considerando-se ainda os materiais artificiais. Pode ser definido como material pétreo sem forma ou volume definidos, geralmente inerte e de dimensões e propriedades adequadas para a produção de concretos e argamassas. Em associação com o ligante asfáltico, deve resultar em estruturas de concreto asfáltico duráveis em sua vida de serviço (Bernucci et al., 2022).

Os agregados, em geral, constituem mais que 94 %, em peso, das misturas asfálticas utilizadas em revestimentos de pavimentos. As partículas de maior tamanho formam o esqueleto da estrutura pétrea e controlam a transferência das cargas provenientes do tráfego e do clima para a camada subjacente (FHWA, 2005).

O desempenho da mistura asfáltica é diretamente afetado pelas propriedades dos materiais constituintes e pela composição do esqueleto pétreo (FHWA, 2005). Quanto aos agregados, a morfologia exerce influência na estabilidade dos concretos asfálticos (Pan; Tutumluer; Carpenter, 2006). Os agregados mais cúbicos, angulares e de textura superficial rugosa auxiliam na redução do potencial de deformação permanente, principalmente quando ligantes menos consistentes são utilizados, ou em climas quentes com tráfego lento e pesado (Stakston; Bahia; Bushek, 2003; Huang et al., 2009). Portanto, o conhecimento das propriedades dos agregados é determinante para o projeto de pavimentos asfálticos (Naidu; Adiseshu, 2013).

TABELA 27.6 Especificação brasileira para asfaltos diluídos de cura média (ANP, 2007)

Característica	Unidade	Limite		Método	
		CM 30	CM 70	ABNT NBR	ASTM/D
No asfalto diluído					
Água, máx.	% vol.	0,2	0,2	14236	95
Viscosidade cinemática a 60 °C	cSt	30-60	70-140	14756	2170
Viscosidade Saybolt-Furol a 25 °C	S	75-150	–	14950	88
Viscosidade Saybolt-Furol a 50 °C	S	–	60-120	14950	88
Ponto de fulgor, mín.	°C	38	38	5765	3143
Destilação até 360 °C (% volume do total destilado)					
225 °C, máx.	% vol.	25	20	14856	402
260 °C	% vol.	40-70	20-60		
316 °C	% vol.	75-93	65-90		
Resíduo a 360 °C, por diferença, mín.	% vol.	50	55	–	–
No resíduo da destilação					
Viscosidade a 60 °C[2]	% vol.	300-1200	300-1200	5847	2171
Betume, mín.[2]	% massa	99	99	14855	2042
Ductilidade a 25 °C, mín.[1][2]	cm	100	100	6293	113

[1] Se a ductilidade obtida a 25 °C for menor que 100 cm, a ductilidade a 15,5 °C deverá ser maior que 100 cm.

[2] Ensaios realizados no resíduo da destilação.

650 Capítulo 27

27.2.1 Classificação dos Agregados

Existe uma variedade de agregados passíveis de utilização em revestimentos asfálticos, porém cada utilização em particular exige agregados com características específicas que podem inviabilizar muitas fontes potenciais. Os agregados para pavimentação podem ser classificados quanto a sua natureza, tamanho e distribuição dos grãos (Bernucci *et al.*, 2022).

a) Natureza

- Natural: podem ser utilizados em pavimentação na forma e tamanho como se encontram na natureza ou, ainda, passar por processamentos como a britagem;
- artificial: são resíduos de processos industriais (escórias de alto-forno), ou fabricados especificamente com o objetivo de alto desempenho (argila expandida);
- reciclado: proveniente do reúso de materiais diversos, como a reciclagem de revestimentos asfálticos e a utilização de resíduos da construção civil.

b) Tamanho

A depender da especificação, os agregados são classificados quanto ao tamanho em:

- graúdo: material com dimensões maiores que 2 mm (peneira nº 10), embora em algumas classificações são considerados graúdos aqueles retidos na peneira nº 4 (4,76 mm);
- miúdo: material passante na peneira nº 10 e retido na nº 200 (0,075 mm) ou, em algumas classificações, passante na nº 4 e retido na nº 200;
- de enchimento ou fíler: material que apresenta 65 % das partículas menores que 0,075 mm (cal, cimento etc.).

O tamanho do agregado pode influenciar o comportamento das misturas asfálticas de diversas maneiras. Agregados com tamanho máximo excessivamente pequeno podem tornar a mistura asfáltica instável. Por outro lado, agregados com tamanho máximo excessivamente grande podem prejudicar a trabalhabilidade e/ou provocar segregação da mistura (Bernucci *et al.*, 2022).

Assim, o Manual de Pavimentação do DNIT (2006) define diâmetro máximo de uma mistura de agregados como a abertura de malha da menor peneira na qual passam, no mínimo, 95 % do material. O diâmetro mínimo é definido para a abertura de malha da maior peneira, na qual passam, no máximo, 5 %. Entretanto, existem variações dessas definições. Por exemplo, a especificação Superpave (Asphalt Institute, 2001) define como tamanho máximo nominal a peneira de abertura de malha imediatamente maior que a da primeira a reter mais que 10 % de material.

c) Distribuição granulométrica

Essa é uma das principais características dos agregados que influencia quase todas as propriedades das misturas asfálticas. Segundo Bernucci *et al.* (2022), a distribuição granulométrica de agregados pode ser de graduação:

- densa: curva granulométrica contínua e bem distribuída;
- aberta: curva granulométrica contínua, porém com insuficiência de material fino (menor que 0,075 mm);
- uniforme: curva granulométrica em que a maioria das partículas apresenta dimensões similares, em uma faixa bastante estreita de variação do tamanho;
- descontínua: descontinuidade em uma das frações, em geral com pequena porcentagem de grãos de tamanhos intermediários.

A distribuição granulométrica representa a distribuição dos tamanhos das partículas expressa em percentual, em peso, do total da amostra. A representação da distribuição por peso ou por volume é, aproximadamente, a mesma quando as massas específicas aparentes dos vários agregados utilizados são muito semelhantes. Para massas específicas significativamente diferentes, a composição granulométrica, a partir da mistura de agregados, deveria ser determinada como um percentual do volume total (Roberts *et al.*, 1996).

Teoricamente, a melhor distribuição granulométrica seria aquela que proporcionasse a maior densidade de empacotamento das partículas, resultando no aumento da estabilidade e em reduzido volume de vazios no agregado mineral (Roberts *et al.*, 1996). Contudo, em se tratando de misturas asfálticas para pavimentação, devem existir vazios suficientes para permitir a incorporação de quantidade adequada de ligante asfáltico, de modo a garantir a durabilidade da mistura e prevenir a ocorrência de exsudação e de deformação permanente no revestimento. Nesse cenário, o volume de vazios no agregado mineral (VAM) é limitado a um valor mínimo.

Em geral, um processo de tentativa e erro é usado para se projetar uma mistura de agregados que atenda ao limite mínimo de VAM e a outros critérios volumétricos. Porém, procedimentos desse tipo não têm indicação clara de como atender os requisitos volumétricos da mistura que garantam o bom desempenho em campo. Então, novos processos surgiram com base na relação entre a distribuição granulométrica e os parâmetros volumétricos (por exemplo, método Bailey-Vavrik, citado em Vavrik, Pine e Carpenter, em 2002, e o método *Dominant Aggregate Size Range*, proposto por Kim, em 2006) e/ou no desempenho das misturas asfálticas (por exemplo, Lei da Potência, em Birgisson e Ruth, 2001).

27.2.2 Propriedades Físicas dos Agregados de Interesse à Pavimentação

A seleção de agregados para utilização na construção rodoviária depende da disponibilidade, do custo e da qualidade. A aceitação de um agregado é definida pela análise de determinadas características, devendo-se proceder previamente à coleta de amostras de maneira adequada (Bernucci *et al.*, 2022). A seguir, são apresentadas resumidamente as principais características desejáveis para os agregados para uso em obras de pavimentação asfáltica.

a) Distribuição granulométrica

A distribuição granulométrica deve assegurar estabilidade da camada de revestimento asfáltico em função do entrosamento entre as partículas e o consequente atrito entre elas. As especificações de norma devem ser atendidas em função do tipo de aplicação do agregado (Bernucci *et al.*, 2022). Em situações de misturas asfálticas elaboradas com asfaltos menos consistentes e submetidas a clima quente, tráfego intenso e pesado, a distribuição granulométrica desempenhará efeito ainda mais significativo no controle da deformação permanente. Contudo, o travamento granular não é suficiente para garantir resistência a esse tipo de deformação, sendo necessária a utilização de agregados com propriedades de forma que melhorem o travamento do esqueleto pétreo (Leandro *et al.*, 2021).

b) Limpeza

A consideração equivocada da condição de limpeza e da quantidade de pó presente nos agregados poderá prejudicar a trabalhabilidade da mistura, influenciar na determinação do teor de asfalto de projeto e no seu comportamento mecânico (Bardini *et al.*, 2012). A limpeza dos agregados pode ser verificada visualmente, porém a análise granulométrica com lavagem é mais eficiente. Para agregados miúdos, pode-se executar o ensaio de equivalente de areia (DNER ME 054:1997), que determina a proporção relativa de materiais do tipo argila ou pó em amostras de agregados.

c) Resistência ao choque e ao desgaste

A resistência ao choque e ao desgaste do agregado está associada à ação do tráfego. A resistência ao choque é avaliada pelo ensaio Treton (DNER ME 399:1999), e a resistência ao desgaste, pelo ensaio de abrasão Los Angeles (DNER ME 035:1998). As especificações normalmente limitam o valor de abrasão Los Angeles (LA) entre 40 e 55 % e a perda ao choque pelo ensaio Treton a 60 % (Bernucci *et al.*, 2022).

Entretanto, com relação à abrasão, tem-se verificado comportamento satisfatório em campo de alguns agregados com valores de LA superiores a 55 %. Desse modo, o DNIT passou a recomendar a execução de outros ensaios para esses agregados: determinação do índice de degradação Washington (DNER ME 397:1999), determinação do índice de degradação após compactação Proctor (DNER ME 398:1999) e determinação da perda ao choque no ensaio Treton (DNER ME 399:1999), determinação do índice de degradação após compactação Marshall com e sem ligante (DNER ME 401:1999).

d) Textura superficial

A textura superficial do agregado influi na trabalhabilidade, na adesividade, na resistência ao cisalhamento das misturas asfálticas e no atrito dos pneus dos veículos com a superfície dos pavimentos. A partir da análise por imagem é possível determinar a textura superficial de agregados graúdos (retidos na peneira de 4,75 mm). A AASHTO TP 81:2012 estabelece uma escala que varia de 0 a 1000, em que um valor menor indica uma textura superficial mais lisa e polida.

e) Absorção

A porosidade do agregado é avaliada por intermédio de ensaios de absorção de água e indica a quantidade de água que um agregado é capaz de absorver. A absorção é expressa em porcentagem da relação entre massa de água absorvida pelo agregado graúdo após 24 h de imersão (DNER ME 081:1998) à temperatura ambiente e a massa inicial de material seco. A absorção de água por um agregado também refletirá a absorção de ligante asfáltico necessário, ou seja, será necessário incorporar quantidade adicional de ligante para compensar a absorção, pois, caso contrário, a mistura asfáltica resultante terá maior volume de vazios que o esperado, dado que parte do ligante ficou absorvida nos vazios superficiais dos agregados (Bernucci *et al.*, 2022).

652 Capítulo 27

f) Adesividade ao ligante asfáltico

A boa adesividade é uma das principais características a se exigir de um agregado para uso em revestimentos asfálticos, pois se deve garantir o não deslocamento da película de asfalto pela ação da água (Bernucci *et al.*, 2022). Em geral, os agregados básicos ou hidrofílicos (calcários e basaltos) têm melhor adesividade do que os ácidos ou hidrofóbicos, como granitos e gnaisses (DNIT, 2006).

Os ensaios para determinação das características de adesividade podem ser divididos em dois grupos: aqueles que avaliam o comportamento de partículas de agregados recobertas por ligante asfáltico e aqueles que avaliam o comportamento de certas propriedades mecânicas de misturas pela ação da água. No método DNER ME 078:1994, a mistura asfáltica não compactada é imersa em água e as partículas cobertas por ligante são avaliadas visualmente. Outro método para esse tipo de avaliação é o Lottman Modificado (AASHTO T 283-07). Nesse método, um conjunto de corpos de prova cilíndricos, com volume de vazios preestabelecido, é submetido à saturação em água e ao posterior congelamento para simular as tensões internas induzidas pelo tráfego. Após o descongelamento, as amostras são submetidas ao ensaio de resistência à tração por compressão diametral (RT'). Esta é relacionada com a resistência à tração por compressão diametral das amostras que não foram submetidas ao processo de condicionamento (saturação e congelamento – RT). A relação RT'/RT indica a perda de resistência por umidade induzida e deve ser maior ou igual a 0,7 (Bernucci *et al.*, 2022). Esse tipo de avaliação do dano por umidade induzida de misturas asfálticas é atualmente previsto pela norma brasileira ABNT NBR 15617:2016.

g) Sanidade

Os agregados podem sofrer processos de desintegração química quando expostos às condições ambientais (Roberts *et al.*, 1996). Essa desintegração é quantificada em um ensaio, que consiste em atacar o agregado com solução saturada de sulfato de sódio ou de magnésio, em cinco ciclos de imersão com duração de 16 a 18 horas, à temperatura de 21 °C, seguidos de secagem em estufa. A perda de massa resultante desse ataque deve ser de, no máximo, 12 % (Bernucci *et al.*, 2022).

h) Forma das partículas

A forma das partículas influi na trabalhabilidade e na resistência ao cisalhamento das misturas asfálticas. Na Figura 27.2, são apresentados os resultados obtidos por Leandro *et al.* (2021) quanto ao percentual de afundamento em trilha de roda, no simulador de tráfego de laboratório, para três condições distintas de agregados de misturas asfálticas densas: (1) agregado granítico, (2) seixo não britado e (3) seixo britado. Nota-se que, mesmo mantendo-se a mesma distribuição granulométrica, a substituição da parcela graúda do agregado granítico pelo seixo não britado e pelo seixo britado resultou em deformações excessivas (maiores que 10 % entre 400 e 3000 ciclos de carga). Desse modo, o engenheiro, além de escolher o melhor arranjo granulométrico, deverá considerar as propriedades de forma dos agregados no projeto de um concreto asfáltico.

Partículas angulares tendem a apresentar melhor intertravamento entre os grãos compactados tanto quanto mais cúbicas forem essas partículas. O DNER ME 424:2020 caracteriza a forma das partículas pela determinação do índice de forma (*f*), que varia entre 0 e 1, em que 1 indica um agregado de ótima cubicidade e 0 caracteriza um agregado lamelar. Para aceitação do agregado quanto à forma, o limite mínimo para *f* é de 0,5.

A forma das partículas também pode ser caracterizada segundo a norma ABNT NBR 7809:2019, norma que estabelece que sejam feitas mensurações por paquímetro de três dimensões das partículas: comprimento *a*, largura *b* e espessura *c*.

Atualmente, vem sendo utilizadas avaliações de forma de agregados por imagens, com diferentes recursos técnicos disponíveis, melhorando a eficiência do processo, a acurácia e a reprodutibilidade. O DNIT ainda especifica o método de determinação das propriedades de forma por meio do processamento digital de imagens (PDI) pela norma DNIT ME 432/2020. A partir da análise da forma dos agregados por imagem digital, pode-se determinar o grau de angularidade dos agregados miúdos e graúdos. Esse parâmetro está relacionado com os ângulos formados nos cantos das partículas do agregado em uma imagem em duas dimensões. Então, o gradiente de angularidade quantifica as mudanças ao longo do contorno da partícula, em que maiores valores indicam uma forma mais angular. De acordo com a DNIT ME 432/2020, valor de angularidade maior que 7,18 indica uma partícula angular. Pode-se também determinar a esfericidade das partículas do agregado graúdo considerando a análise em três dimensões. O índice de esfericidade varia de 0 a maior do que 0,9, sendo que partículas com índice superior a 0,9 são consideradas muito esféricas. No caso de agregados miúdos, analisa-se o parâmetro Form 2D, que varia de 0 até maior do que 15,5. Valor de Form 2D menor do que 0,5 representa uma partícula com forma mais próxima a de um círculo. Quanto à textura, ela pode variar de polida (valores menores que 260) a muito rugosa (valores maiores que 825). A porcentagem de partículas achatadas e alongadas pode ser determinada por meio da norma DNIT ME 429/2020.

No que tange à sistemática Superpave (Asphalt Institute, 2001), as propriedades dos agregados são divididas em duas categorias: de consenso e de origem. As propriedades de origem são aquelas que os órgãos ou agências rodoviárias utilizam para caracterizar uma fonte específica de agregado. Por esse motivo, os limites para aceitação são definidos especificamente para cada região ou local. As propriedades definidas pelo Superpave como de origem são: resistência à abrasão, sanidade e presença de materiais deletérios (SHRP, 1994).

Atualmente, as propriedades, antes definidas de consenso, são agora denominadas propriedades primárias. Segundo o Relatório nº 673 do National Cooperative Highway Research Program – NCHRP (2011), as propriedades primárias são tidas como as mais importantes para o bom desempenho dos revestimentos asfálticos e seus limites estão relacionados com o tráfego e a posição na estrutura do pavimento em que o agregado será utilizado. As propriedades primárias do Superpave são: angularidade do agregado graúdo, angularidade do agregado miúdo, partículas alongadas e achatadas, e teor de argila.

27.2.3 Densidade Relativa dos Agregados

Segundo Bernucci *et al.* (2022), são definidas três designações quanto ao estudo da densidade relativa dos agregados: real (*apparent specific gravity*), aparente (*bulk specific gravity*) e efetiva (*effective specific gravity*).

a) Densidade relativa real (G_{sa})

A densidade relativa real é a relação entre a massa seca (M_s) e o volume real (V_r) do agregado [Eq. (27.4)]. Esse volume considera apenas o volume da partícula e não inclui o volume de quaisquer poros ou capilares.

$$G_{sa} = \frac{M_s}{V_r} \quad (27.4)$$

b) Densidade relativa aparente (G_{sb})

A densidade relativa aparente é determinada pela relação entre a massa seca (M_s) e o volume aparente do agregado (V_{ap}) na condição de superfície saturada [Eq. (27.5)]. Essa condição é obtida em laboratório pela remoção cuidadosa e manual da água da superfície dos agregados com o uso de um tecido absorvente. Nessa determinação, considera-se o material como um todo, sem descontar os vazios, ou seja, considera-se o volume do agregado sólido mais o volume dos poros superficiais contendo água.

$$G_{sb} = \frac{M_s}{V_{ap}} \quad (27.5)$$

c) Densidade relativa efetiva (G_{se})

A densidade relativa efetiva é determinada quando se trabalha com misturas asfálticas cujo teor de ligante seja conhecido. É definida pela relação entre a massa seca da amostra e o volume efetivo do agregado [Eq. (27.6)]. O volume efetivo é constituído pelo volume do agregado sólido e o volume dos poros permeáveis à água que não foram preenchidos pelo

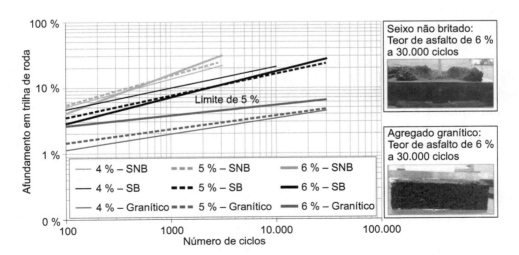

FIGURA 27.2 Percentual de afundamento em trilha de roda para três condições de agregado e mesma distribuição granulométrica: agregado granítico, seixo não britado e seixo britado (Leandro *et al.*, 2021).

654 Capítulo 27

asfalto. Não é comum determinar esse volume diretamente, sendo frequentemente tomado como a média entre a massa específica real e a aparente.

$$G_{se} = \frac{M_s}{V_{ef}} \qquad (27.6)$$

O método de ensaio DNIT ME 413/2021 trata da determinação da densidade relativa de agregados graúdos e define os procedimentos para a obtenção da densidade na condição seca (G_{sa}), na condição de superfície saturada seca (G_{sb}) e da absorção (a), conforme as Equações (27.7) a (27.9). Esses procedimentos consistem na determinação da massa seca A, da massa na condição de superfície saturada seca B e da massa imersa C.

$$G_{sa} = \frac{A}{A - C} \qquad (27.7)$$

$$G_{sb} = \frac{A}{B - C} \qquad (27.8)$$

$$a = \frac{B - A}{A} \times 100 \qquad (27.9)$$

Quanto às densidades do agregado miúdo, a norma DNIT ME 411/2021 estabelece os procedimentos para a determinação da densidade relativa real (G_{sa}), aparente (G_{sb}) e da absorção (a). Para agregados menores que 4,8 mm, faz-se uso do método do picnômetro, procedendo-se do seguinte modo: determinar a massa do picnômetro cheio de água (B), preencher ¼ do picnômetro com água para, em seguida, colocar o agregado miúdo na condição previamente preparada de superfície seca saturada. Anotar o peso do agregado como (B_1). Agitar o picnômetro com o objetivo de eliminar bolhas de ar, ajustar a temperatura para 25 °C e completar o volume do picnômetro com adição de água, anotando o peso do conjunto como (C). Por fim, secar o agregado em estufa e fazer a anotação da massa seca (A). A Equação (27.10) é utilizada para a determinação da densidade relativa real de agregados miúdos e as Equações (27.11) e (27.12) para o cálculo da densidade relativa aparente e da absorção, respectivamente.

$$G_{sa} = \frac{A}{A + B - C} \qquad (27.10)$$

$$G_{sb} = \frac{A}{B_1 + B - C} \qquad (27.11)$$

$$a = 100 \frac{B_1 - A}{A} \qquad (27.12)$$

27.3 CAMADAS DOS PAVIMENTOS SOB O CONTEXTO ESTRUTURAL E FUNCIONAL

Os pavimentos são sistemas de múltiplas camadas, assentes sobre o subleito, sendo que este representa o fim dos serviços de terraplenagem. As camadas são construídas para resistirem aos esforços do tráfego e às variações climáticas, e devem oferecer aos usuários conforto ao rolamento e segurança. Do ponto de vista estrutural, cada camada deve resistir aos esforços e transmiti-los às inferiores de tal maneira que as tensões sejam devidamente suportadas em todas elas, de maneira equilibrada, dependendo da rigidez de cada uma. A seleção dos materiais e o dimensionamento de suas espessuras devem assegurar que não ocorra ruptura precoce por fadiga ou que haja uma camada que seja responsável por acúmulo de deformações permanentes excessivas em função da repetição de cargas.

Do ponto de vista funcional, as superfícies devem ser bem acabadas geometricamente, com baixo nível de irregularidade, de tal maneira que possibilite ao usuário conforto ao rolamento. Quanto mais confortável ao rolamento for o pavimento, menores são os custos operacionais, representados por consumo de combustível, gasto em pneus, peças de reposição e manutenção dos veículos, tempo de viagem etc. A superfície dos pavimentos deve também exibir uma textura que auxilie na aderência pneu-pavimento em dias de chuva. As superfícies mais rugosas colaboram para a frenagem em menores distâncias. Superfícies muito lisas acumulam facilmente uma lâmina de água que pode causar hidroplanagem dos veículos, dependendo da velocidade desenvolvida. Portanto, as camadas de revestimento são importantes para proporcionar conforto e auxiliar com características visando aspectos de segurança em pavimentos molhados. Outra característica importante dos revestimentos é a possibilidade de serem utilizados para reduzir ruído ao rolamento dos pneus, colaborando para o conforto acústico dentro dos veículos e para os lindeiros à via.

Uma vez que a camada de revestimento apresenta diversas funções, tanto estruturais como funcionais, serão discutidas nas seções seguintes alguns dos mais importantes tipos de misturas asfálticas de modo a possibilitar sua seleção dependendo da função e do tipo de projeto de via.

27.4 REVESTIMENTOS ASFÁLTICOS

Os pavimentos asfálticos são aqueles cuja camada de revestimento é constituída por misturas asfálticas usinadas ou por tratamentos asfálticos, cuja escolha depende do tipo de tráfego, volume de veículos, função da via, entre outros fatores. Os revestimentos asfálticos têm sido empregados em diversos tipos de pavimentos, sob diferentes solicitações, desde em vias de baixo volume de tráfego até naquelas de tráfego intenso e pesado, como nas autoestradas, corredores de ônibus, entre outras. Os pavimentos rodoviários e viários urbanos no Brasil, em sua maioria, são asfálticos; por esse motivo, serão descritos os tipos de misturas e tratamentos asfálticos mais usuais. São ainda apresentados alguns tipos de revestimentos que, embora sejam utilizados de modo ainda incipiente no país, ocupam um papel importante na evolução das técnicas de pavimentação.

Os revestimentos asfálticos são soluções que podem ser aplicadas em qualquer região brasileira, pois existem equipamentos e usinas disponíveis, tanto de órgãos públicos como no âmbito privado. Existem não só refinarias de petróleo, possibilitando uma boa distribuição de ligante asfáltico, como também várias empresas que produzem emulsão asfáltica em diversos locais no Brasil para os tratamentos superficiais, imprimações e para misturas asfálticas a frio.

27.4.1 Misturas Usinadas a Quente

A escolha do tipo de mistura asfáltica é função da condição de clima e tráfego em que será utilizada. As misturas asfálticas usinadas, normalmente utilizadas no Brasil na pavimentação, são compostas essencialmente de:

- ligante asfáltico (CAP, ou asfaltos modificados por polímeros ou ainda por borracha);
- agregados e fíler;
- aditivos (como aditivos melhoradores de adesividade agregado/ligante; fibras; aditivos para redução de temperatura de usinagem e compactação – ver Seção 27.4.3, entre outros).

27.4.1.1 Concreto asfáltico

As misturas asfálticas usinadas a quente densas são normalmente constituídas de agregados com graduação contínua e bem graduada, ou seja, coexistem agregados de diversas dimensões, desde a dimensão máxima da mistura (por exemplo, 9,5 mm; 12,5 mm; 19 mm, entre outras) até os agregados considerados na fração areia (menores que 4,76 mm e maiores que 0,075 mm), além dos finos passantes na peneira nº 200 (0,075 mm). A composição e quantidade dos agregados são de tal sorte que as partículas menores buscam preencher os vazios deixados pelas partículas maiores. Essas graduações procuram minimizar o volume de vazios entre partículas, ou seja, buscam a máxima "densidade".

Essas misturas asfálticas usinadas a quente são chamadas comumente de concreto betuminoso usinado a quente (CBUQ) ou concreto asfáltico usinado a quente (CAUQ) – designações para o mesmo material – e constituem camadas intermediárias (camadas entre a base do pavimento e a camada de rolamento) ou propriamente a camada de rolamento dos pavimentos, conhecida popularmente por "capa".

A Figura 27.3(a) mostra as diversas frações utilizadas em uma mistura asfáltica contínua e bem graduada, com dimensão máxima de 19 mm para ilustração. Na Figura 27.3(b) é mostrado um aspecto de um corpo de prova extraído de revestimento desse tipo.

Em virtude do arranjo de partículas com graduação bem graduada, a quantidade requerida de ligante asfáltico para cobrir as partículas e ajudar a preencher os vazios não pode ser muito elevada, pois a mistura necessita contar ainda com vazios com ar em torno de 3 a 5 % após a compactação construtiva e operacional, no caso de camada de rolamento (camada em contato direto com os pneus dos veículos), e, frequentemente, de 4 a 6 % para camadas intermediárias ou de ligação (camada subjacente à de rolamento). Caso não seja deixado certo volume de vazios com ar, as misturas asfálticas deixam de ser estáveis às solicitações do tráfego e, por fluência, deformam-se significativamente. A faixa de teor de asfalto em peso está normalmente entre 4,0 e 6,0 %, dependendo de vários fatores, como distribuição granulométrica, forma e peso específico dos agregados, viscosidade e tipo do ligante e energia de compactação. Para o teor de projeto, a relação betume/vazios está na faixa de 70 a 80 % para camada de rolamento e de 65 a 75 % para camada de ligação, ambas com variações dependendo da especificação e do órgão rodoviário.

Concretos asfálticos densos são as misturas asfálticas usinadas a quente mais utilizadas como revestimentos asfálticos de pavimentos. No entanto, suas propriedades são, em geral, muito sensíveis à variação do teor de ligante. Uma variação positiva, às vezes dentro do admissível em usinas, pode gerar problemas de deformação permanente por fluência e/ou exsudação, com fechamento da macrotextura superficial. De outro lado, a falta de ligante gera enfraquecimento da mistura e de sua resistência à formação de trincas, uma vez que a resistência à tração é bastante afetada e sua vida de fadiga fica muito reduzida.

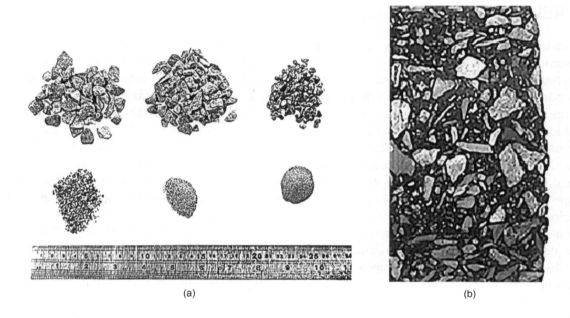

FIGURA 27.3 (a) Diversas frações de agregados e fíler para composição de um concreto asfáltico usinado a quente; (b) corpo de prova de um concreto asfáltico usinado a quente.

27.4.1.2 Misturas asfálticas usinadas a quente descontínuas e abertas

As misturas asfálticas usinadas descontínuas caracterizam-se por apresentarem fração reduzida de tamanho intermediário na formulação granulométrica. Dependendo das misturas, elas podem conter praticamente nenhum fíler – sendo uma graduação aberta, como é o caso da CPA (camada porosa de atrito), ou quantidade de fíler até maior que a dos concretos asfálticos, como é o caso do *stone matrix asphalt* (SMA). Citam-se ainda as misturas descontínuas como o *béton bitumineux très mince* (BBTM), uma variação do SMA, porém com maior volume de vazios com ar, e o *gap graded*, mistura asfáltica descontínua de difusão no Brasil em rodovias de tráfego pesado e intenso. A Figura 27.4 mostra exemplos de distribuições granulométricas de diferentes misturas asfálticas e a Figura 27.5 apresenta exemplos de corpos de prova de misturas do tipo CPA, CA e SMA.

a) Camada porosa de atrito ou revestimento drenante (CPA)

Uma mistura asfáltica do tipo CPA é caracterizada por apresentar grande porcentagem de vazios com ar, não preenchidos. Essas misturas apresentam entre 20 e 30 % de vazios com ar, ou seja, CPA é uma camada de graduação aberta, com os vazios pouco preenchidos.

Em virtude da particularidade granulométrica, a quantidade de ligante geralmente é reduzida, em média, em torno de 3,5 a 4,5 %. A camada de CPA é utilizada como camada de rolamento e conhecido no exterior como revestimento asfáltico drenante, com a finalidade de coleta da água de chuva no interior da mistura e de escoamento da mesma em seu interior até alcançar os drenos laterais.

A camada inferior à CPA deve ser necessariamente impermeabilizada para evitar a entrada de água no interior da estrutura do pavimento. As características importantes desse tipo de mistura são: redução da espessura da lâmina de água na superfície de rolamento graças à sua infiltração nos vazios interligados e do *spray* causado pelo borrifo de água dos pneus dos veículos. Outro fator importante é a redução de ruído ao rolamento, amenizando os problemas ambientais em áreas próximas a vias com esses revestimentos. O aspecto de um corpo de prova extraído de um revestimento drenante, ou CPA, é mostrado na Figura 27.5(a).

Os agregados de uma mistura do tipo CPA devem ser resistentes (Los Angeles menor ou igual a 30 %) para não serem quebrados na compactação, pois eles estão em contato uns com os outros e a tensão nesse contato é elevada durante o processo de densificação.

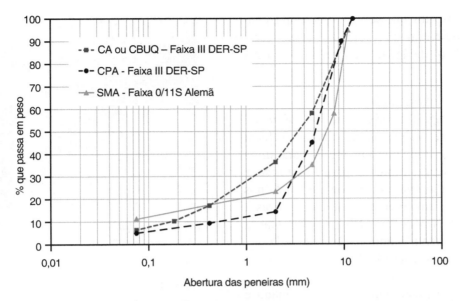

FIGURA 27.4 Exemplos de distribuições granulométricas de diferentes misturas asfálticas a quente.

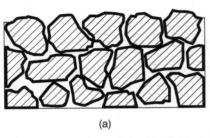

(a)
Camada porosa de atrito de graduação aberta

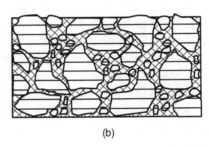

(b)
Concreto asfáltico de graduação densa – faixa C do DNIT

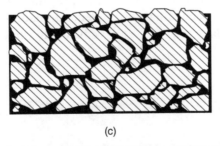

(c)
Stone matrix asphalt – faixa alemã 0/11S de graduação descontínua

FIGURA 27.5 Exemplos de corpos de prova de misturas: (a) camada porosa de atrito (CPA), (b) concreto asfáltico (CA) e (c) *stone matrix asphalt* (SMA).

Para ter um contato efetivo dos agregados, o índice de forma deve ser superior a 0,5. O DNIT exige que as misturas apresentem resistência à tração por compressão diametral de, no mínimo, 0,55 MPa. As camadas de CPA são utilizadas, com frequência, com espessura de 3 a 4 cm e ligantes modificados para preservar a integridade da mistura, reduzindo os problemas de desagregação e aumentando a vida de serviço.

Na Europa, os revestimentos drenantes duram de 6 a 8 anos, devendo sofrer conservação periódica de limpeza para reduzir a colmatação e queda da capacidade permeável. Esses revestimentos também são utilizados como camada superficial de pavimentos permeáveis, pavimentos que servem para armazenar água por tempo determinado e colaborar como reservatórios temporários de água, amortecendo os picos de enchente.

b) Stone matrix asphalt (SMA)

A sigla SMA significa originalmente *Splittmastixasphalt*, conforme designação na Alemanha (local de sua concepção), traduzido em inglês para *stone mastic asphalt* e, posteriormente, para *stone matrix asphalt*, sendo esta última terminologia adotada nos Estados Unidos e, atualmente, também no Brasil. Em português, SMA pode ser traduzido para matriz pétrea asfáltica, porém a denominação pela sigla original internacionaliza a terminologia e gera menos confusão de conceitos e especificações.

O SMA é um revestimento asfáltico usinado a quente, concebido para maximizar o contato entre os agregados graúdos, aumentando a interação grão-grão. A mistura se caracteriza por conter uma elevada porcentagem de agregados graúdos (70 a 80 % retidos na peneira nº 10). Em função desta particular graduação, forma-se elevado volume de vazios entre os agregados graúdos; estes vazios, por sua vez, são preenchidos por um mástique asfáltico, constituído pela mistura da fração areia, fíler, ligante asfáltico e fibras. Portanto, são misturas que tendem a ser impermeáveis e com volume de vazios que varia de 4 a 6 % em pista.

A Figura 27.6 ilustra um corpo de prova de CA e outro de SMA, para comparação de graduações após usinagem. A Figura 27.7 mostra o aspecto final de uma camada de SMA sendo executada.

FIGURA 27.7 *Stone matrix asphalt* (SMA) em execução.

O SMA é uma mistura rica em ligante asfáltico em virtude de sua constituição granulométrica particular, com um consumo de ligante geralmente entre 6 e 7%. Com frequência, é aplicado em espessuras variando entre 1,5 e 7 cm, dependendo da faixa granulométrica. Originalmente, o SMA foi concebido para ser aplicado com apenas 2 cm de espessura para correção de afundamentos em trilhas de rodas. Atualmente, além de ser utilizado como camada de rolamento, tem sido usado como camada intermediária para pavimentos sujeitos a tráfego muito pesado, incluindo pistas de aeroportos. Em razão da graduação e da alta concentração de agregados graúdos, tem-se uma macrotextura superficialmente rugosa, formando pequenos "canais" entre os agregados graúdos, responsáveis por uma eficiente drenabilidade superficial e, em alguns casos, redução de ruído.

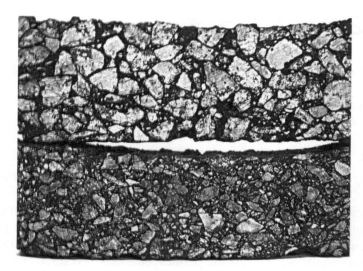

FIGURA 27.6 (a) Corpo de prova de SMA; (b) corpo de prova de concreto asfáltico.

27.4.2 Misturas Asfálticas a Frio

Moreira (2005) define pré-misturado a frio (PMF) como uma mistura de agregados com emulsão asfáltica de petróleo. Segundo Bernucci (2022), o PMF pode ser usado como revestimento de ruas e estradas de baixo volume de tráfego, como camada intermediária e em operações de conservação e manutenção.

Os aspectos funcional, estrutural e hidráulico do PMF variam em função do volume de vazios da mistura e de sua distribuição granulométrica, podendo ser classificados em aberto, semidenso e denso (Santana, 1993).

O PMF aberto é caracterizado por apresentar volume de vazios elevados (22 a 34 %) em função da pequena ou nenhuma quantidade de agregado miúdo e fíler. O semidenso apresenta quantidade intermediária de agregado miúdo e pouco fíler, resultando em uma mistura com volume de vazios entre 15 e 22 %. Por fim, o PMF denso apresenta distribuição granulométrica contínua, dando origem a uma mistura compactada com menor volume de vazios (9 a 15 %).

Para o PMF denso, o uso de emulsões de ruptura lenta pode resultar em resistências mecânicas maiores e mais adequadas para uso como revestimento de pavimentos. Além disso, pode-se fazer uso de emulsões modificadas por polímeros para atender características específicas de clima e de tráfego (Bernucci *et al.*, 2022).

Segundo a Associação Brasileira das Empresas Brasileiras de Asfaltos – ABEDA (2001), as vantagens técnicas do PMF referem-se à utilização de equipamento mais simples de usinagem e aplicação a frio, trabalhabilidade à temperatura ambiente, adesividade a agregados britados de diferentes tipos de rochas, possibilidade de estocagem, baixo consumo energético e reduzida emissão de gases tóxicos.

27.4.3 Misturas Asfálticas Mornas

As misturas asfálticas mornas, ou *warm mix asphalt* (WMA), de acordo com a Federal Highway Administration – FHWA (2008), são produzidas em temperaturas 20 a 30 °C menores que aquelas típicas de misturas asfálticas usinadas a quente.

Segundo Motta (2011), podem-se classificar as misturas asfálticas em função da temperatura utilizada em sua produção. Assim, tem-se quatro grupos distintos: misturas a quente, misturas a frio, misturas semimornas e as misturas mornas.

As misturas a quente são usinadas em temperaturas elevadas e normalmente superiores a 150 °C e as misturas a frio são fabricadas à temperatura ambiente com emulsão asfáltica e sem aquecimento dos agregados. As misturas mornas e semimornas são produzidas em temperaturas intermediárias às das misturas a quente e a frio. A diferença entre as misturas mornas e semimornas é que, para essas últimas, a temperatura final após a usinagem é menor que 100 °C (FHWA, 2008).

Existem variadas técnicas de produção de misturas asfálticas mornas, que podem ser, basicamente, por alteração do processo de usinagem ou por incorporação de aditivos orgânicos (ceras) ou surfactantes. Uns visam à redução da viscosidade do ligante, porém nem sempre esse objetivo é alvo das misturas mornas. Esses aditivos podem ser introduzidos diretamente no ligante asfáltico ou durante o processo de mistura (Motta, 2011).

Independentemente da técnica adotada, em geral, procede-se à diminuição da temperatura dos agregados para que a usinagem ocorra em temperatura reduzida, tendo em vista que a mistura é, com frequência, composta por mais de 94 % de agregados pétreos. Adicionalmente, a redução da temperatura do ligante também se faz interessante tendo em vista a minimização do envelhecimento, principalmente durante o processo de usinagem.

A alteração do processo de usinagem refere-se à adoção de técnicas de espumejo de asfalto. Técnicas desse tipo caracterizam-se pela adição de pequena quantidade de água na mistura para a formação de uma espuma com o asfalto quente (Motta, 2011). Essas tecnologias baseiam-se no fato de que, à pressão atmosférica, quando certo volume de água se torna vapor, esse se expande. Então, quando a água é dispersa no asfalto quente e torna-se vapor resulta em uma expansão que corresponde a uma redução de viscosidade. A quantidade de expansão depende de alguns fatores, como a quantidade de água adicionada e a temperatura do ligante (FHWA, 2008). A introdução de água no processo pode ser feita por utilização de agregados úmidos ou ainda por incorporação de material hidrofílico como as zeólitas (Motta, 2011).

Os processos que utilizam aditivos orgânicos caracterizam-se pela adição desses produtos previamente ao ligante ou durante a usinagem com o objetivo de reduzir a viscosidade do ligante. O tipo de aditivo orgânico deve ser selecionado com cuidado em função da temperatura de seu ponto de amolecimento e da temperatura esperada em serviço com o propósito de se reduzir o risco de afundamentos em trilha de roda e de trincamento por baixas temperaturas (FHWA, 2008). A redução excessiva da viscosidade favorece a deformação permanente da mistura e, por outro lado, a incorporação de grandes quantidades desse tipo de aditivo pode provocar forte enrijecimento da mistura, aumentando a propensão ao trincamento do revestimento (Motta, 2011).

As tecnologias que introduzem aditivos surfactantes baseiam-se na propriedade desse tipo de aditivo agir na interface agregado-ligante de modo a auxiliar no processo de recobrimento do agregado, podendo, ainda, atuar como melhorador de adesividade. Esse tipo de técnica é relativamente simples e pode ser viabilizada sem alteração na planta da usina (Motta, 2011).

A FHWA (2008) afirma que as misturas asfálticas mornas apresentam desempenho igual ou melhor que o de misturas asfálticas a quente, tanto em campo quanto em laboratório. No estudo de Al-Qadi *et al.* (2012), os valores de módulo dinâmico e de resistência à fratura de misturas asfálticas mornas do tipo SMA com adição de um aditivo surfactante foram equivalentes àqueles apresentados pelo SMA a quente. Em campo, o SMA com aditivo surfactante apresentou menores valores de módulo e se mostrou ligeiramente menos resistente ao afundamento em trilha de roda. No Brasil, as misturas mornas de trechos experimentais têm apresentado desempenho similar ao das técnicas a quente (Motta, 2011).

Quanto ao dano por umidade, este se mostra como principal fonte de preocupação, tendo em vista que a utilização de temperaturas menores poderia levar à secagem inadequada dos agregados, prejudicando a adesão ao ligante asfáltico (Mogawer; Austerman; Bahia, 2011). Contudo, Alavi *et al.* (2012) constataram, por meio de ensaios de *bitumen bond strength* (BBS) e de módulo dinâmico, que os aditivos para fabricação de misturas mornas aumentam a resistência ao dano por umidade, compensando qualquer efeito negativo decorrente da menor temperatura de usinagem utilizada.

Quanto aos métodos de dosagem, tem-se verificado que estes não necessitam ser alterados para as misturas mornas e que o teor de ligante de projeto deve ser mantido igual ao da mistura quente. Ressalta-se que o controle da temperatura e a magnitude de sua redução são essenciais para a qualidade final da mistura morna (Motta, 2011).

Os benefícios da utilização das misturas asfálticas mornas tangem aspectos ambientais, de condições de trabalho dos envolvidos no processo de usinagem e de construção de pavimentos asfálticos. Segundo a FHWA (2008), os benefícios ambientais são representados pela redução no consumo de energia e na consequente redução das emissões de CO_2.

Os trabalhadores envolvidos nos processos de usinagem da mistura asfáltica morna e de construção de revestimentos com esse tipo de mistura são expostos a temperaturas mais baixas e a emissões menores de fumos de asfalto que proporcionam um melhor ambiente de trabalho e podem resultar em aumento de produtividade (FHWA, 2008).

Quanto à construção com misturas asfálticas mornas, as vantagens estão relacionadas com a possibilidade de compactação em temperaturas menores e de se poder transportar a mistura por distâncias mais longas sem prejuízo da trabalhabilidade para a compactação adequada. Além disso, é possível liberar a camada compactada mais cedo ao tráfego.

27.4.4 Tratamentos Superficiais

Bernucci *et al.* (2022) definem tratamentos superficiais como aplicações, em pista, de ligantes asfálticos e agregados sem mistura prévia com posterior compactação que promove o recobrimento parcial e a adesão entre agregados e ligantes. As funções desse tipo de revestimento são formar uma camada de rolamento de pequena espessura com alta resistência ao desgaste e antiderrapante, impermeabilizar o pavimento e proporcionar um revestimento de alta flexibilidade que possa acompanhar as deformações relativamente grandes da infraestrutura.

Os tratamentos superficiais podem ser classificados quanto ao número de camadas sucessivas de ligantes e agregados em: tratamentos superficiais simples (TSS), tratamentos superficiais duplos (TSD) e tratamentos superficiais triplos (TST).

O TSS caracteriza-se pela aplicação única de ligante, o qual é recoberto em seguida por uma única camada de agregado. Nesse caso, tem-se a chamada penetração invertida, em que o ligante penetra no agregado de baixo para cima. A aplicação inicial do ligante deve ser feita com carro-tanque provido de barra espargidora, sobre a base imprimada, curada e isenta de material solto. Na sequência, espalha-se o agregado com caminhões basculantes adaptados com dispositivo distribuidor de agregado. Por fim, inicia-se a compactação do agregado sobre o ligante com rolo liso ou pneumático.

Nos tratamentos múltiplos, a primeira aplicação também é a do ligante que penetra de baixo para cima na primeira camada de agregado, enquanto a penetração das camadas seguintes de ligante é tanto invertida como direta.

Atualmente, dispõe-se no Brasil de equipamentos providos de barra distribuidora de agregados e de barra espargidora de emulsão em um mesmo veículo, melhorando a qualidade dos tratamentos superficiais e a homogeneidade na aplicação. A espessura acabada dos tratamentos é da ordem de 5 a 25 mm (ABEDA, 2001; Bernucci *et al.*, 2022). Atualmente, têm-se empregado tratamentos superficiais com ligante asfáltico modificado por borracha de pneu em substituição à emulsão. Os agregados recebem um fraco "banho" de ligante asfáltico convencional para recobri-los, em usina, antes da aplicação em pista pela barra distribuidora. Em geral, são tratamentos duplos e têm tido grande aceitação, incluindo para tráfego médio a pesado (Linhares, 2021).

Segundo Bernucci *et al.* (2022), o termo penetração direta foi introduzido para melhor identificar os tratamentos superficiais, principalmente de acostamentos, executados com emulsões de baixa viscosidade, em que se faz necessário aplicar primeiro o agregado para evitar o escorrimento do ligante. Nesse caso, o agregado deve penetrar substancialmente na camada subjacente durante o processo de compactação de modo a se obter uma ancoragem que compense a falta de ligante por baixo do agregado.

O tratamento superficial convencional deve ser iniciado por uma aplicação de ligante quando não há agulhamento significativo da primeira camada de agregado. Para tamanho de agregado a partir de 25 mm, pode-se iniciar o tratamento por espalhamento de agregado (mesmo sem agulhamento), sem prévio banho de ligante, uma vez que o atrito entre partículas e a inércia de cada uma delas contribuem significativamente para a estabilidade da camada (Bernucci *et al.*, 2022).

Independentemente do tipo de tratamento superficial, esses revestimentos não aumentam de maneira substancial a resistência estrutural do pavimento e não corrigem irregularidades da pista quando aplicados sobre superfícies que apresentem esses defeitos. As capas selantes, os tratamentos superficiais primários, a lama asfáltica e o macadame betuminoso também são considerados tratamentos superficiais.

27.5 MÉTODOS DE DOSAGEM DE MISTURAS ASFÁLTICAS A QUENTE

Os métodos de dosagem de misturas asfálticas são procedimentos pelos quais determina-se, em laboratório, o teor de asfalto que melhor se adeque a determinada graduação de agregados. Esse teor de asfalto deverá resultar em uma mistura asfáltica que seja resistente à formação de trilhas de roda, à fadiga e à desagregação. Embora possa parecer simples, esse processo é um dos mais complexos e pode definir sucesso ou insucesso de obras de pavimentação asfáltica.

A dosagem das misturas asfálticas consiste em saber qual é a proporção de cada um dos materiais que entrará na composição final da mistura usinada. Para as misturas usinadas a quente, existe o método Marshall, da década de 1940, utilizado até hoje no Brasil. Nos Estados Unidos e Canadá, no início da década de 1990, estabeleceu-se um programa de pesquisa denominado *Strategic Highway Research Program* (SHRP), que estudou profundamente o problema da dosagem das misturas asfálticas, com recursos de dezenas de milhões de dólares do governo, para garantir maior sucesso na pavimentação e que teve como um dos produtos a sistemática de dosagem do Superpave. Independentemente do método de dosagem, o volume de vazios ainda é o principal critério de avaliação para a dosagem das misturas e que procura reproduzir, em laboratório, a densificação alcançada em pista após 2 a 3 anos de operação (Peterson *et al.*, 2003).

O método de dosagem Marshall é um procedimento empírico derivado dos resultados do *Waterways Experiment Station* (WES) de 1948. O método é fundamentado na observação do desempenho de campo dos revestimentos asfálticos submetidos às solicitações de aeronaves daquela época, relacionando esse desempenho com os parâmetros volumétricos dos revestimentos asfálticos. No método Marshall, a compactação da mistura em laboratório ocorre por impacto de certo número de golpes de um soquete-padrão. Em função da simplicidade e do baixo custo dos equipamentos, o método se difundiu rapidamente pelo mundo, sendo o mais utilizado no Brasil ainda hoje (Robert; Mohammad; Wang, 2002; Leandro, 2016).

O método Marshall foi utilizado com sucesso até a década de 1980. Contudo, com o aumento do volume do tráfego e do peso dos veículos, muitos pavimentos norte-americanos começaram a apresentar problemas prematuros com afundamentos em trilha de roda. Na maioria dos casos, considerou-se que a densificação obtida na compactação Marshall não era mais representativa daquela de pista. Desse modo, a energia e a forma de compactação não representavam mais a situação que estava ocorrendo em campo, resultando em um excesso de ligante para o novo cenário.

Essa questão foi abordada no SHRP, que resultou no novo procedimento de dosagem Superpave. Nesse caso, a compactação da mistura ocorre em um compactador giratório por aplicação de certo número de giros em função do nível de tráfego.

662 Capítulo 27

A configuração do processo de compactação no Superpave tem a intenção de reproduzir, em laboratório, efeitos de compactação similares à compactação de campo: amassamento e cisalhamento. Esses efeitos de compactação resultam em uma distribuição e estrutura interna da mistura compactada semelhante àquelas que se encontram em pista.

De modo geral, para um mesmo nível de tráfego, o método de dosagem Superpave resulta em um menor teor de asfalto do que aquele obtido no método Marshall (Habib *et al.*, 1998; Marques, 2004; Watson; Brown; Moore, 2005; Asi, 2007; Leandro, 2016). O menor teor de asfalto de projeto é decorrente do maior esforço de compactação produzido na compactação giratória para uma mesma consideração de tráfego do método Marshall (pesado, médio ou leve). Entretanto, deve-se ter consciência de que, para determinado teor de projeto encontrado na dosagem Marshall, haverá uma energia equivalente no Superpave (Nascimento, 2008).

Leandro, em 2016, verificou que a energia necessária na compactação giratória (com moldes de 150 mm de diâmetro) para se obter o mesmo teor de projeto Marshall é cerca de 35 % menor do que aquela recomendada como número de giros de projeto. Dessa maneira, é importante que se tenha em mente que o projeto da mistura asfáltica deve ser elaborado em função das condições de tráfego, clima e dos esforços esperados na futura camada em que a mistura asfáltica será aplicada, ou seja, entender que o projeto da mistura asfáltica deve estar vinculado ao projeto estrutural do pavimento.

Segundo Leandro (2016), essa discussão é importante tendo em vista que, em uma situação de tráfego leve, clima frio e estrutura de pavimento flexível, em que o revestimento asfáltico esteja trabalhando na flexão, se terá pouca propensão ao afundamento em trilha de roda, justificando um maior teor de asfalto na mistura de modo a aumentar a sua durabilidade com relação aos efeitos da fadiga. Por outro lado, em condição de clima quente, tráfego pesado e intenso, em que a camada asfáltica esteja trabalhando apenas à compressão, a principal preocupação passaria a ser os efeitos de deformação permanente e, nesse caso, se justificaria a escolha de um menor teor de asfalto para o projeto da mistura. Por fim, fica evidente que dosar uma mistura asfáltica é mais complexo do que parece inicialmente e exigirá do engenheiro conhecimento das condições de contorno que envolvem a obra: materiais, comportamento mecânico da estrutura em função das caraterísticas do tráfego e clima, a relação entre os projetos estrutural do pavimento e o projeto da mistura asfáltica.

27.6 USINAGEM E EXECUÇÃO DE MISTURAS ASFÁLTICAS

Existem alguns tipos de usinas de asfalto a quente para produzir a mistura dos agregados, fíler, ligante asfáltico e aditivos. A mistura asfáltica deve sair da usina pronta, seguindo o projeto de dosagem estabelecido em laboratório. Para esse fim, são admitidas variações controladas tanto da porcentagem dos materiais pétreos e fíleres quanto do teor de ligante asfáltico.

As usinas são um conjunto de equipamentos que armazenam os diferentes materiais e produtos, em geral em silos, e promovem a secagem da parte pétrea em tambores secadores. Os ligantes são armazenados em tanques aquecidos, com agitadores internos em vários casos, e conectados a bombas que injetam por tubulações o ligante na mistura de agregados e fíleres. As usinas promovem a mistura do ligante ora dentro do tambor secador, ora em misturadores externos ao tambor, de modo a homogeneizar as misturas de agregados, fíleres e ligante, que é a situação mais apropriada. A mistura bem homogeneizada é depositada em pilhas dentro de caminhões basculantes, que são cobertos por lonas para seguirem viagem.

Já em pista, a mistura asfáltica é depositada pelos caminhões basculantes dentro de um equipamento chamado vibroacabadora, que homogeneíza a mistura e a distribui sobre a pista em espessura determinada, aplicando, em geral, uma vibração que já confere certa densificação. Há equipamentos, ainda raramente utilizados no Brasil, denominados Shuttle Buggy®, que recebem a mistura asfáltica dos caminhões, re-homogeneizando-a e distribuindo para a vibroacabadora, reduzindo problemas de segregação de massa, que resultam em texturas diferentes do revestimento asfáltico e mesmo de volume de vazios. A densificação ou compactação é realizada por rolos compactadores, que reduzem o volume de vazios e conferem maior resistência à mistura asfáltica como camada de pavimento.

Para o sucesso das obras de pavimentação asfáltica é fundamental que haja um controle rigoroso da temperatura dos materiais e da mistura em usina e em pista, associado ao controle tecnológico, envolvendo tanto a conferência dos materiais (graduação e teor de ligante da mistura asfáltica, retirada geralmente da vibroacabadora) quanto o estado da camada acabada e já resfriada. Com frequência, os corpos de prova da camada compactada são removidos com extratora, para determinação do grau de compactação e de algumas propriedades especificadas pelo projetista.

Em alguns casos, são estudadas as características de superfície dos revestimentos asfálticos tendo em vista o atrito pneu/pavimento em pistas molhadas e a condição de irregularidade longitudinal. Estas características são essenciais em pistas de pouso e decolagem de aeroportos e em vias e rodovias de tráfego intenso e rápido.

27.7 ENSAIOS MECÂNICOS EM MISTURAS ASFÁLTICAS

Em 2003, iniciaram-se as discussões para o desenvolvimento de um novo método de dimensionamento de pavimentos asfálticos para o país. Em 2014, ocorreu a formalização dessa intenção por meio do Projeto DNIT TED 682/2014 (Franco; Motta, 2020), estabelecendo o convênio entre o DNIT e a UFRJ denominado "Execução de Estudos e Pesquisas para Elaboração de Método Mecanístico-Empírico de Dimensionamento de Pavimentos Asfálticos". O projeto envolveu trechos monitorados desse 2006 pela Rede Temática de Asfalto da Petrobras, ensaios de laboratório de carga repetida e a adaptação do Programa Sispav. Em 2018, foi lançada a primeira versão do novo método chamado MeDINa (Método de Dimensionamento Nacional).

O novo método manteve a determinação do número de solicitação do tráfego em termos de eixo-padrão do antigo método do DNER de 1981 e estabeleceu em 30 % de área trincada como critério de fadiga, variando o grau de confiabilidade em função do nível do tráfego. A análise da deformação permanente foi definida como um critério de dosagem da mistura asfáltica, estabelecendo uma diretriz a ser avaliada por meio do ensaio de carga repetida (*flow number*).

O novo método faz aplicação direta dos conceitos da mecânica dos pavimentos em que são exigidos os ensaios de módulo de resiliência para os materiais de todas as camadas do pavimento, ensaios de resistência à tração por compressão diametral e de fadiga das misturas asfálticas, além dos ensaios de deformação permanente para os materiais geotécnicos. A seguir, são apresentados os principais procedimentos dos ensaios necessários para a utilização do método MeDINa.

27.7.1 Ensaio de Módulo de Resiliência em Misturas Asfálticas

A norma DNIT ME 135/2018 estabelece o procedimento de ensaio de módulo de resiliência em misturas asfálticas, que é realizado com carga que resulte entre 5 e 25 % da resistência à tração por compressão diametral. Os corpos de prova deverão apresentar 101,6 mm ± 3,8 mm de diâmetro e altura entre 35 e 70 mm, sendo condicionados por 4 h à temperatura de 25 °C. O ciclo de carga é de 1 Hz, sendo 0,1 s de aplicação e 0,9 s o tempo de repouso.

Existem duas etapas de ensaio: a primeira de condicionamento, e a segunda, de registro para a determinação do módulo de resiliência. Na etapa de condicionamento, são aplicados 50 ciclos de carga para que, na segunda fase, sejam aplicados mais 15 ciclos, registrando os sinais de carga e deslocamento. Em seguida, a carga inicial é aumentada em 5 %, aplicando-se mais 15 ciclos de carga. Por fim, a carga é aumentada em mais 5 % para mais 15 aplicações de carregamento. O módulo de resiliência e o coeficiente de Poisson são calculados para cada um dos 15 ciclos de carga, considerando os últimos cinco ciclos de cada conjunto. Os resultados médios de cada conjunto de 15 ciclos devem ser comparados entre si e a diferença não deverá ser maior que 5 % com relação à média. O cálculo do resultado do módulo de resiliência é realizado pela utilização da Equação (27.13). Para o cálculo dos deslocamentos e do coeficiente de Poisson, a norma DNIT ME 135/2018 deverá ser consultada. Na Figura 27.8 é mostrado um desenho esquemático do sistema utilizado para a realização do ensaio.

$$MR = \frac{p}{\Delta H \times t}(0,2692 + 0,9976\mu) \qquad (27.13)$$

em que:

MR = módulo de resiliência, em MPa;
p = carga, em N;
ΔH = deslocamento horizontal elástico, em mm;
t = espessura do corpo de prova, em mm;
μ = coeficiente de Poisson.

27.7.2 Ensaio de Fadiga em Misturas Asfálticas

A avaliação da fadiga de misturas asfálticas é realizada na mesma prensa e na mesma frequência de carregamento daquela do ensaio de módulo de resiliência a 25 °C, atendendo às diretrizes da norma DNIT ME 183/2018. Os corpos de prova deverão apresentar dimensões de 100 mm de diâmetro e altura entre 40 e 70 mm, sendo que esses corpos de prova deverão ser moldados com teor de ligante, volume de vazios e energia de projeto. Para cada conjunto de três corpos de prova é aplicado um nível de tensão diferente, sendo necessários quatro níveis entre 5 e 40 % da resistência à tração por compressão diametral.

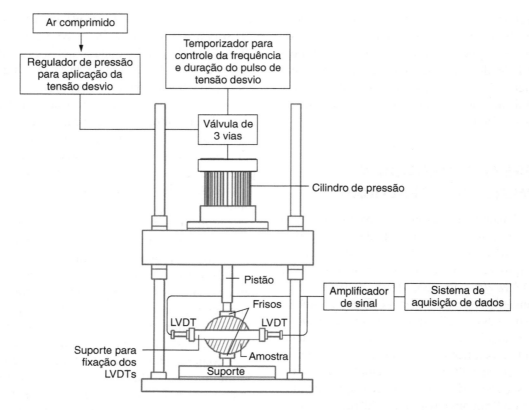

FIGURA 27.8 Desenho esquemático da máquina e da posição do corpo de prova para a realização do ensaio de módulo de resiliência.

O ensaio é feito à tensão controlada, sendo que, inicialmente, são aplicados 5 a 10 ciclos de carga para condicionamento. Em seguida, inicia-se a aquisição de dados para os demais golpes até 60 ciclos. Por fim, pausa-se o ensaio, retira-se a alça com o sensor e o ensaio é reiniciado até a ruptura do corpo de prova. Os modelos de vida de fadiga podem ser determinados por regressão numérica dos resultados experimentais do número de golpes necessários para a ruptura dos corpos de prova em função do nível de tensão de tração aplicado, da deformação de tração ou da diferença de tensões no centro da amostra. As Equações (27.14) a (27.16) são exemplos de modelos de vida em fadiga.

$$N = K_1 \left(\frac{1}{\sigma_t}\right)^{n_1} \quad (27.14)$$

$$N = K_2 \left(\frac{1}{\varepsilon_t}\right)^{n_2} \quad (27.15)$$

$$N = K_3 \left(\frac{1}{\Delta_\sigma}\right)^{n_3} \quad (27.16)$$

em que:

N = número de ciclos para ruptura;
σ_t = tensão cíclica de tração;
Δ_σ = diferença de tensões no centro do corpo de prova;
ε_t = deformação de tração.

27.7.3 Ensaio Uniaxial de Carga Repetida para Determinação da Resistência à Deformação Permanente de Misturas Asfálticas

Os corpos de prova para o ensaio uniaxial de carga repetida deverão ser preparados de acordo com o procedimento do DNIT PRO 178/2018, resultando em altura de 150 ±2,5 mm e diâmetro de 102 ± 2 mm com grau de compactação de 97 ± 0,5 %. O ensaio deverá seguir as diretrizes da norma do DNIT ME 184/2018, que estabelece, inicialmente, que o corpo de prova deverá ser submetido ao condicionamento à temperatura de 60 ± 0,5 °C por 3 horas. Após a fase de condicionamento, são instalados os sensores LVDT (*linear variable differential transformer*), centralizando o conjunto no atuador da máquina de ensaio, sendo que as faces do topo e da base do corpo de prova devem ficar em contato direto com os pratos de carga. O ensaio é iniciado com uma primeira etapa de carregamento em que é aplicada uma carga de compressão de 1,2 ± 0,5 kPa por 60 segundos. Ao fim desse tempo, inicia-se a fase de carregamento cíclico, sendo que cada ciclo corresponde a 0,1 s de aplicação de carga para 0,9 s de repouso.

O ensaio é interrompido com a ocorrência da ruptura do corpo de prova ou ao final de 7200 ciclos. A ruptura é caracterizada pelo atingimento da zona terciária na curva de deformação vertical uniaxial. A zona terciária caracteriza o cisalhamento a volume constante da amostra em que a taxa de deformação plástica aumenta com o tempo. Define-se o número de ciclos em que se obtém o ponto em que a taxa de deformação é mínima como número de fluxo, ou *flow number* (FN). Na Figura 27.9 é mostrado um exemplo de curva obtida como resultado do ensaio uniaxial de carga repetida e na Figura 27.10, uma imagem do conjunto de ensaio. As Equações (27.17) e (27.18) podem ser utilizadas para o cálculo da deformação plástica específica e da taxa de deformação, respectivamente.

$$\varepsilon_{p_i} = \frac{\Delta L_{p_i}}{H_{r_i}} \quad (27.17)$$

$$\frac{\Delta \varepsilon_p}{\Delta N} = \frac{\varepsilon_{p_i} - \varepsilon_{p_{i-1}}}{N_i - N_{i-1}} \quad (27.18)$$

em que:

ε_{p_i} = deformação plástica vertical uniaxial;
ε_p = deformação plástica vertical uniaxial total;
ΔL_{p_i} = deslocamento plástico vertical uniaxial;
H_{r_i} = altura de referência da medida do deslocamento plástico vertical uniaxial;
N = número de ciclo.

27.7.4 Ensaio de Resistência à Tração por Compressão Diametral em Misturas Asfálticas

A norma DNIT ME 136/2018 estabelece o procedimento para a realização do ensaio de resistência à tração por compressão diametral que utiliza corpos de prova moldados com altura entre 3,5 e 6,5 cm e diâmetro de 10 ± 0,2 cm, ou corpos de prova com altura de 5 a 10 cm e diâmetro de 15 ± 0,2 cm. A preparação dos corpos de prova deve ser aquela estabelecida nas normas DNER 043/95 ou DNIT PRO 178/2018. O resultado do ensaio é referência para a definição do carregamento que será utilizado nos ensaios de módulo de resiliência e fadiga.

Antes da realização do ensaio, os corpos de prova deverão ser condicionados à temperatura de 25 ± 0,5 °C por 4 horas. O corpo de prova é posicionado diametralmente no dispositivo de ensaio e este é ajustado entre os pratos de carga da máquina de carregamento, que poderá ser a mesma utilizada nos ensaios de módulo de resiliência e de fadiga. Aplica-se carregamento suficiente para manter a posição do corpo de prova. A carga de compressão do ensaio é aplicada

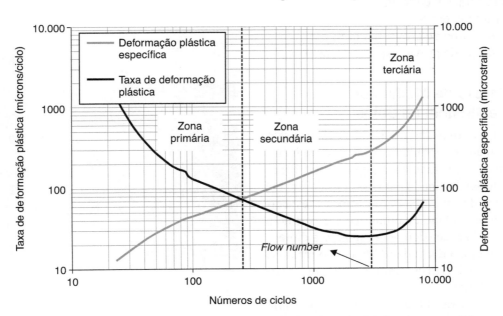

FIGURA 27.9 Exemplo de curvas resultantes do ensaio uniaxial de carga repetida para determinação do *flow number*.

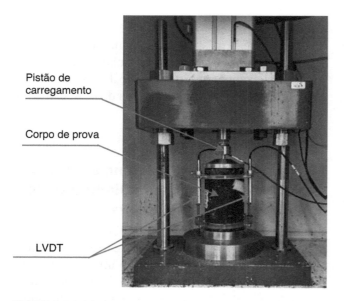

FIGURA 27.10 Imagem de um corpo de prova em uma máquina para realização de ensaio uniaxial de carga repetida. Fonte: adaptada de DNIT ME 184/2018.

progressivamente com velocidade de deslocamento de 0,8 ± 0,1 mm/s até a ocorrência da ruptura da amostra. A resistência à tração é calculada pela utilização da Equação (27.19).

$$\sigma_r = \frac{2F}{\pi DH} \quad (27.19)$$

em que:

σ_r = resistência à tração, em MPa;
F = carga de ruptura, em N;
D = diâmetro de corpo de prova, em mm;
H = altura do corpo de prova (espessura), em mm.

27.7.5 Ensaio de Módulo de Resiliência de Solos

De acordo com a norma DNIT ME134/2018, o ensaio para determinação do módulo de resiliência de materiais geotécnicos é realizado em equipamento triaxial cíclico e o material destinado para esse ensaio é compactado no teor de umidade ótimo e massa específica seca de projeto. O molde cilíndrico é tripartido e pode apresentar duas configurações quanto à dimensão diâmetro-altura, a depender do tamanho máximo nominal do material: (i) 100 mm por 200 mm ou (ii) 150 mm por 300 mm.

O corpo de prova obtido é envolvido por uma membrana de borracha e colocado sobre uma pedra porosa com papel filtro. Os LVDT são presos ao cabeçote superior e apoiados em hastes guia que se estendem até a base ou o terço médio da amostra. O ensaio é realizado na condição drenada e por aplicação de carga vertical cíclica com duração de ciclo de 1 s, sendo 0,1 s de aplicação de carga e 0,9 s de repouso. A tensão horizontal de confinamento é mantida constante durante todo o ensaio.

A primeira etapa do ensaio é referente ao condicionamento da amostra de modo a se eliminar as deformações permanentes por aplicação de 500 repetições de carga para cada um dos pares de tensão desvio ($\sigma_d = \sigma_1 - \sigma_3$) mostrados na Tabela 27.7. Nas Figuras 27.11 e 27.12 são apresentadas a instrumentação de um corpo de prova de solo e a realização do ensaio de módulo de resiliência em equipamento triaxial de carga repetida.

TABELA 27.7 Estado de tensões durante a etapa de condicionamento do corpo de prova no ensaio de módulo de resiliência

Tensão de confinamento σ_3 (MPa)	Tensão desvio $(\sigma_d = \sigma_1 - \sigma_3)^{(1)}$ (MPa)	Relação entre tensões σ_1/σ_3 (MPa)
0,070	0,070	2
0,070	0,210	4
0,105	0,315	4

[1] σ_1 é a tensão vertical cíclica e σ_3 é a tensão horizontal constante.
Fonte: adaptada da norma DNIT ME134/2018.

FIGURA 27.11 Corpo de prova e instrumentação para realização do ensaio de módulo de resiliência de um solo (Sanbonsuge, 2013).

FIGURA 27.12 Corpo de prova de solo durante a realização do ensaio de módulo de resiliência (Sanbonsuge, 2013).

Equações (27.20) a (27.22). As Equações (27.23) a (27.25) podem ser utilizadas para o cálculo da tensão desvio, da deformação resiliente específica e do módulo de resiliência, respectivamente.

$$Mr = K_1 \times \sigma_3^{K_2} \quad (27.20)$$

$$Mr = K_1 \times \sigma_d^{K_2} \quad (27.21)$$

$$Mr = K_1 \times \sigma_3^{K_2} \times \sigma_d^{K_3} \quad (27.22)$$

$$\sigma_d = \frac{P}{A} \quad (27.23)$$

$$\varepsilon_r = \frac{\rho_r}{H_0} \quad (27.24)$$

$$Mr = \frac{\sigma_d}{\varepsilon_r} \quad (27.25)$$

em que:

σ_d = tensão desvio;
σ_3 = tensão de confinamento;
P = carga vertical cíclica aplicada;
A = área do corpo de prova;
ε_r = deformação específica resiliente;
ρ_r = deslocamento resiliente ou recuperável;
H_0 = altura de referência do medidor de deslocamento (LVDT);
K_n = constante de regressão do modelo.

A segunda etapa do ensaio é destinada à determinação do módulo de resiliência por aplicação de 18 pares de tensão (Tab. 27.8). Para cada um desses pares, aplicam-se 10 ciclos de carga e se faz a aquisição de dados de pelo menos cinco repetições para o cálculo do módulo de resiliência, que será a média dessas cinco leituras. Desse modo, existirá um valor médio de módulo de resiliência para cada um dos pares de tensão e estes resultados poderão ser representados por meio de modelos matemáticos obtidos por regressão. Esses modelos podem ser apresentados em função da tensão de confinamento, da tensão desvio ou, ainda, considerando a influência desses dois tipos de tensão, como apresentado nas

TABELA 27.8 Estado de tensões durante a etapa de aquisição de dados para determinação do módulo de resiliência

Tensão de confinamento σ_3 (MPa)	Tensão desvio σ_d (MPa)	Relação entre tensões σ_1/σ_3 (MPa)	Tensão de confinamento σ_3 (MPa)	Tensão desvio σ_d (MPa)	Relação entre tensões σ_1/σ_3 (MPa)
0,020	0,020	2	0,070	0,070	2
	0,040	3		0,140	3
	0,060	4		0,210	4
0,035	0,035	2	0,105	0,105	2
	0,070	3		0,210	3
	0,105	4		0,315	4
0,050	0,050	2	0,140	0,140	2
	0,100	3		0,280	3
	0,150	4		0,420	4

Fonte: adaptada da norma DNIT ME 134/2018.

27.7.6 Ensaio de Deformação Permanente de Solos

O ensaio de deformação permanente é realizado na condição drenada, em equipamento triaxial cíclico (mesmo do ensaio de módulo de resiliência para solos), com carga horizontal constante e vertical cíclica (DNIT IE 179/2018). Os corpos de prova devem ser preparados com dimensões de 100 mm de diâmetro e 200 mm de altura no caso de solos (passante na peneira de abertura de malha de 4,8 mm), ou 150 mm de diâmetro e 300 mm de altura no caso de solos pedregulhosos ou britas. A energia de compactação e as condições de umidade e massa específica seca devem ser aquelas especificadas em projeto.

O corpo de prova compactado é colocado sobre uma pedra porosa com papel filtro e envolto por uma membrana de borracha para ser posicionado na câmara triaxial onde são ajustados o cabeçote e os LVDT. A frequência de carregamento é de 2 Hz, podendo ser utilizada frequência de 1 até 5 Hz.

Na primeira etapa do ensaio, são aplicados 50 ciclos de carga com magnitude de 30 kPa, tanto para a tensão de confinamento como para a tensão desvio. O objetivo dessa etapa inicial é garantir o contato entre o pistão e o cabeçote, sendo que a deformação permanente obtida no fim desses 50 ciclos não deverá ser considerada deformação da amostra.

Em seguida, são aplicados 150.000 ciclos para cada um dos estados de tensão apresentados na Tabela 27.9. Para a determinação do modelo de deformação permanente, são necessários nove corpos de prova, um para cada par de tensão. O cálculo da deformação permanente acumulada é feito pela aplicação da Equação (27.26) e os modelos matemáticos têm a forma apresentada na Equação (27.27).

$$\varepsilon_p = \frac{\delta_p}{H_0} \tag{27.26}$$

$$\varepsilon_p(\%) = \psi_1 \left(\frac{\sigma_3}{\rho_0} \right)^{\psi_2} \left(\frac{\sigma_d}{\rho_0} \right)^{\psi_3} N^{\psi_4} \tag{27.27}$$

em que:

ε_p = deformação específica permanente acumulada;

δ_p = deslocamento permanente acumulado;

H_0 = altura de referência do medidor de deslocamento (LVDT);

ε_p (%) = deformação permanente específica (ε_p^i);

σ_d = tensão desvio;

σ_3 = tensão de confinamento;

ψ_1, ψ_2, ψ_3 e ψ_4 = parâmetros de regressão do modelo.

O comportamento dos materiais geotécnicos quanto à deformação permanente pode ser caracterizado em quatro tipos diferentes, de acordo com a norma DNIT IE 179/2018. O comportamento de Tipo I caracteriza solos com acomodamento plástico, ou *shakedown*, que indica tendência à estabilização da deformação permanente com o número de ciclos de carga. Os materiais do Tipo II também apresentam acomodamento, ou *shakedown*, porém com elevado deslocamento permanente acumulado antes da ocorrência do acomodamento. Materiais com comportamento do Tipo III não apresentam acomodação, continuando a acumular deformação permanente com o número de ciclos. Por fim, no Tipo IV têm-se os materiais que apresentam colapso incremental, ou seja, ocorre ruptura a baixo número de repetições de ciclos de carga. Na Figura 27.13 são apresentadas as formas típicas das curvas de comportamento quanto à deformação permanente dos solos Tipo I ao Tipo IV.

TABELA 27.9 Estados de tensão para a determinação da deformação permanente de solos

Tensão de confinamento σ_3 (kPa)	Tensão desvio σ_d (MPa)	Tensão de confinamento σ_3 (kPa)	Tensão desvio σ_d (MPa)	Tensão de confinamento σ_3 (kPa)	Tensão desvio σ_d (MPa)
	40		80		120
40	80	80	160	120	240
	120		240		360

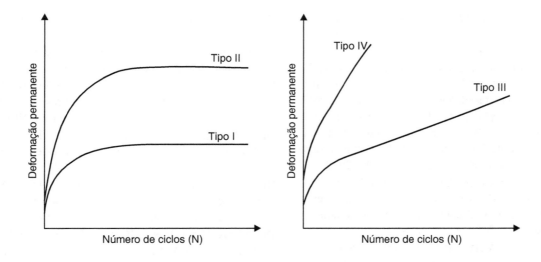

FIGURA 27.13 Desenho esquemático da forma das curvas de comportamento à deformação permanentes dos solos Tipos I a IV.

BIBLIOGRAFIA

AGÊNCIA NACIONAL DO PETRÓLEO, GÁS NATURAL E BIOCOMBUSTÍVEIS (ANP). *Resolução nº 19 (11 jul. 2005): Estabelece as especificações dos cimentos asfálticos de petróleo (CAP), comercializados pelos diversos agentes econômicos em todo o território nacional.* Brasília: ANP, 2005.

AGÊNCIA NACIONAL DO PETRÓLEO, GÁS NATURAL E BIOCOMBUSTÍVEIS (ANP). *Resolução nº 30 (9 out. 2007): Estabelece as especificações dos asfaltos diluídos de petróleo (ADP) – cura rápida e cura média – comercializados pelos diversos agentes econômicos em todo o território nacional.* Brasília: ANP, 2007.

AGÊNCIA NACIONAL DO PETRÓLEO, GÁS NATURAL E BIOCOMBUSTÍVEIS (ANP). *Resolução nº 32 (21 set. 2010): Estabelece as especificações dos cimentos asfálticos de petróleo modificados por polímeros elastoméricos comercializados pelos diversos agentes econômicos em todo o território nacional.* Brasília: ANP, 2010.

AGÊNCIA NACIONAL DO PETRÓLEO, GÁS NATURAL E BIOCOMBUSTÍVEIS (ANP). *Resolução nº 36 (13 nov. 2012): Regulamenta as especificações das emulsões asfálticas para pavimentação e as emulsões asfálticas catiônicas modificadas por polímeros elastoméricos.* Brasília: ANP, 2012.

AGÊNCIA NACIONAL DO PETRÓLEO, GÁS NATURAL E BIOCOMBUSTÍVEIS (ANP). *Resolução nº 39 (24 dez. 2008): Estabelece as especificações dos cimentos asfálticos de petróleo modificados por borracha moída de pneus, designados como asfaltos borracha, comercializados pelos diversos agentes econômicos em todo o território nacional.* Brasília: ANP, 2008.

ALAVI, M. Z. A. *et al.* Evaluating adhesion properties and moisture damage susceptibility of warm-mix asphalts bitumen bond strength and dynamic modulus ratio tests. *Transportation Research Records: Journal of the Transportation Research Board.* Washington D. C., n. 2295, 2012, p. 44-53.

AL-QADI, I. L. *et al.* Short-term performance of plant-mixed warm stone mastic asphalt: laboratory testing and field evaluation. *Transportation Research Records: Journal of the Transportation Research Board.* Washington D. C., n. 2306, 2012, p. 86-94.

AMERICAN SOCIETY FOR TESTING AND MATERIALS (ASTM). *C 127*: standard test method for density, relative density (specific gravity), and absorption of coarse aggregate. USA: ASTM, 2012.

AMERICAN SOCIETY FOR TESTING AND MATERIALS (ASTM). *D 1075*: Standard test method for effect of water on compressive strength of compacted bituminous mixtures. USA: ASTM, 2011.

AMERICAN ASSOCIATION OF STATE HIGHWAY AND TRANSPORTATION OFFICIALS (AASHTO). *TP 81-10:* Standard method of test for determining aggregate shape properties by means of digital image analysis. Washington, D. C.: AASHTO, 2012.

AMERICAN ASSOCIATION OF STATE HIGHWAY AND TRANSPORTATION OFFICIALS (AASHTO). *TP 85-10:* Standard method of test for specific gravity and absorption of coarse aggregate. Washington, D. C.: AASHTO, 2010.

AMERICAN ASSOCIATION OF STATE HIGHWAY AND TRANSPORTATION OFFICIALS (AASHTO). *T 283-07:* Standard method of test for resistance of compacted asphalt mixtures to moisture-induced damage. Washington, D. C.: AASHTO, 2011.

ASI, I. M. *Performance evaluation of SUPERPAVE and Marshall asphalt mix designs to suite Jordan climatic and traffic conditions.* n. 21, 2007, p. 1732-1740.

670 Capítulo 27

ASPHALT INSTITUTE. *Mix design methods for asphalt concrete and other hot-mix types*. 6. ed. Kentucky: Asphalt Institute, 2001.

ASSOCIAÇÃO BRASILEIRA DE NORMAS TÉCNICAS (ABNT). *NBR 6954:* Lastro padrão – Determinação da forma do material. Rio de Janeiro: ABNT, 1989.

ASSOCIAÇÃO BRASILEIRA DE NORMAS TÉCNICAS (ABNT). *NBR 7809*: Agregado graúdo – Determinação do índice de forma pelo método do paquímetro – Método de ensaios. Rio de Janeiro: ABNT, 2019.

ASSOCIAÇÃO BRASILEIRA DE NORMAS TÉCNICAS (ABNT). *NBR 15617*: Misturas asfálticas – Determinação do dano por umidade induzida. Rio de Janeiro: ABNT, 2016.

ASSOCIAÇÃO BRASILEIRA DE NORMAS TÉCNICAS (ABNT). *NM 53:* Agregado graúdo – Determinação de massa específica, massa específica aparente e absorção de água. Rio de Janeiro: ABNT, 2009.

ASSOCIAÇÃO BRASILEIRA DAS EMPRESAS DISTRIBUIDORAS DE ASFALTO (ABEDA). *Manual básico de emulsões asfálticas*: solução para pavimentar sua cidade. Rio de Janeiro: ABEDA, 2001.

BARDINI, V. S. S. *et al.* Influência do fíler mineral no comportamento reológico de mástiques asfálticos. *Revista Transportes*. Rio de Janeiro, n. 4, v. 20, 2012, p. 19-26.

BERNUCCI, L. L. B.; MOTTA L. M. G.; CERATTI, J. A. P.; SOARES, J. B. *Pavimentação asfáltica:* formação básica para engenheiros. ANTT/TRANSBRASILIANA. Petrobras/Abeda, 2022.

BIRGISSON, B.; RUTH, B. E. Development of tentative guidelines for the selection of aggregate gradations for hot-mix asphalt. *In*: WHITE, T. D.; JOHNSON, S. R.; YZENAS, J. J. (ed.). *Aggregate contribution to hot mix asphalt (HA4A) performance*. ASTM STP 1412, 2001, p. 110-127.

CAMARGO, F. F. *Field and laboratory performance evaluation of a field-blended rubber asphalt*. 161f. 2016. Tese (Doutorado) – Escola Politécnica da Universidade de São Paulo, São Paulo, 2016.

CERATTI, J. A. P.; BERNUCCI, L. L. B.; SOARES, J. B. *Utilização de ligantes asfálticos em serviços de pavimentação*. ABEDA, 2015.

DEPARTAMENTO NACIONAL DE ESTRADAS DE RODAGEM (DNER). *Manual de pavimentação*. 3. ed. Rio de Janeiro: DNER, 2006.

DEPARTAMENTO NACIONAL DE INFRAESTRUTURA DE TRANSPORTES (DNIT). *Manual de Pavimentação*. (Publicação IPR 719) 3. ed. Rio de Janeiro: DNIT, 2006.

DEPARTAMENTO NACIONAL DE ESTRADAS DE RODAGEM (DNER). *ME 35*: Agregados – determinação da abrasão "Los Angeles". Rio de Janeiro: DNER, 1998.

DEPARTAMENTO NACIONAL DE ESTRADAS DE RODAGEM (DNER). *ES 31*: Pavimentos flexíveis – concreto asfáltico. Rio de Janeiro: DNER, 2004.

DEPARTAMENTO NACIONAL DE ESTRADAS DE RODAGEM (DNER). *IE 179:* Pavimentação – Solos – Determinação da deformação permanente – instrução de ensaio. Rio de Janeiro: DNIT, 2018.

DEPARTAMENTO NACIONAL DE ESTRADAS DE RODAGEM (DNER). *ME 43:* Misturas betuminosas a quente – ensaio Marshall. Rio de Janeiro: DNER, 1995.

DEPARTAMENTO NACIONAL DE ESTRADAS DE RODAGEM (DNER). *ME 54*: Equivalente de areia. Rio de Janeiro: DNER, 1997.

DEPARTAMENTO NACIONAL DE ESTRADAS DE RODAGEM (DNER). *ME 78*: Agregado graúdo – adesividade a ligante betuminoso. Rio de Janeiro: DNER, 1994.

DEPARTAMENTO NACIONAL DE ESTRADAS DE RODAGEM (DNER). *ME 81*: Agregados – determinação da absorção e da densidade de agregado graúdo. Rio de Janeiro: DNER, 1998.

DEPARTAMENTO NACIONAL DE ESTRADAS DE RODAGEM (DNER). *ME 84*: Agregado miúdo – determinação da densidade real. Rio de Janeiro: DNER, 1995.

DEPARTAMENTO NACIONAL DE ESTRADAS DE RODAGEM (DNER). *ME 86*: Agregado – determinação do índice de forma. Rio de Janeiro: DNER, 1994.

DEPARTAMENTO NACIONAL DE ESTRADAS DE RODAGEM (DNER). *ME 134:* Pavimentação – Solos – Determinação do módulo de resiliência – Método de ensaio. Rio de Janeiro: DNIT, 2018.

DEPARTAMENTO NACIONAL DE ESTRADAS DE RODAGEM (DNER). *ME 135:* Pavimentação asfáltica – Misturas asfálticas determinação do módulo de resiliência – Método de ensaio. Rio de Janeiro: DNIT, 2018.

DEPARTAMENTO NACIONAL DE ESTRADAS DE RODAGEM (DNER). *ME 136:* Pavimentação asfáltica – Misturas asfálticas determinação da resistência à tração por compressão diametral – Método de ensaio. Rio de Janeiro: DNIT, 2018.

DEPARTAMENTO NACIONAL DE ESTRADAS DE RODAGEM (DNER). *PRO 178:* Pavimentação asfáltica – Preparação de corpos de prova para ensaios mecânicos usando o compactador giratório Superpave ou o Marshall – Procedimento. Rio de Janeiro: DNIT, 2018.

DEPARTAMENTO NACIONAL DE ESTRADAS DE RODAGEM (DNER). *ME 183:* Pavimentação asfáltica – Ensaio de fadiga por compressão diametral à tensão controlada – Método de ensaio. Rio de Janeiro: DNIT, 2018.

DEPARTAMENTO NACIONAL DE ESTRADAS DE RODAGEM (DNER). *ME 184:* Pavimentação – Misturas asfálticas – Ensaio uniaxial de carga repetida para determinação da resistência à deformação permanente – Método de ensaio. Rio de Janeiro: DNIT, 2018.

DEPARTAMENTO NACIONAL DE ESTRADAS DE RODAGEM (DNER). *ME 396*: Cimento asfáltico modificado por polímero. Rio de Janeiro: DNER, 1999.

DEPARTAMENTO NACIONAL DE ESTRADAS DE RODAGEM (DNER). *ME 397*: Agregados – determinação do índice de degradação Washington. Rio de Janeiro: DNER, 1999.

DEPARTAMENTO NACIONAL DE ESTRADAS DE RODAGEM (DNER). *ME 398*: Agregados – índice de degradação após compactação Proctor. Rio de Janeiro: DNER, 1999.

DEPARTAMENTO NACIONAL DE ESTRADAS DE RODAGEM (DNER). *ME 399*: Agregados – determinaçáo da perda ao choque no aparelho Treton. Rio de Janeiro: DNER, 1999.

DEPARTAMENTO NACIONAL DE ESTRADAS DE RODAGEM (DNER). *ME 401*: Agregados – determinação do índice de degradação de rochas após compactação Marshall, com ligante e sem ligante. Rio de Janeiro: DNER, 1999.

DEPARTAMENTO NACIONAL DE ESTRADAS DE RODAGEM (DNIT). *ME 424*: Pavimentação asfáltica – Agregado – Determinação do índice de forma com crivos. DNIT, 2020.

DEPARTAMENTO NACIONAL DE ESTRADAS DE RODAGEM (DNIT). *ME 429*: Agregados – Determinação da porcentagem de partículas achatadas e alongadas em agregados graúdos – Método de ensaio. DNIT, 2020.

DEPARTAMENTO NACIONAL DE INFRAESTRUTURA DE TRANSPORTES (DNIT). *ME 432*: Agregados – Determinação das propriedades de forma por meio do Processamento Digital de Imagens (PDI) – Método de ensaio. Brasília: DNIT, 2020.

FAXINA, A. L. *Estudo da viabilidade técnica do uso do resíduo de óleo de xisto como óleo extensor em ligantes asfalto-borracha*. 308 f. 2006. Tese (Doutorado) – Escola de Engenharia de São Carlos, São Paulo, 2006.

FEDERAL HIGHWAY ADMINISTRATION (FHWA). *Investigation of aggregate shape effects on hot mix performance using an image analysis*. (UILU-ENG-2005-2003) Washington, D. C.: FHWA, 2005.

FEDERAL HIGHWAY ADMINISTRATION (FHWA). *Warm-mix asphalt*: European practice. (FHWA-PL-08-007) Washington, D. C.: FHWA, 2008.

FRANCO, F. A. C. R.; MOTTA, L. M. G. *Manual de utilização do programa MeDiNa: apresentação dos programas*. Convênio UFRJ/DNIT, 2020.

HABIB, A. *et al*. Comparison of Superpave and Marshall Mixtures for Low-Volume Roads and Shoulders. *Transportation Research Record*. n. 1609, p. 45-50, 1998.

HUANG, B.; CHEN, X.; SHU, X.; MASAD, E.; MAHMOUD, E. Effects of coarse aggregate angularity and asphalt binder on laboratory-measured permanent deformation properties of HMA. *International Journal of Pavement Engineering*, v. 10, n. 1, p. 19-28, 2009.

KIM, S. *Identification and assessment of the dominant aggregate size range (DASR) of asphalt mixture*. Dissertation (Doctor of Philosophy). University of Florida. Gainesville, 2006.

LEANDRO, R. P. *Avaliação do comportamento mecânico de corpos de prova de misturas asfálticas a quente resultantes de diferentes métodos de compactação*. 2016. 287 f. Tese (Doutorado) – Escola Politécnica da Universidade de São Paulo, São Paulo, 2016.

LEANDRO, R. P.; SAVASINI, K. V.; BERNUCCI, L. L. B.; BRANCO, V. T. C. Influência das propriedades de forma da fração graúda do agregado no controle da deformação permanente de misturas asfálticas densas. *Revista Transportes*, v. 29, n. 2, 2021.

LEITE, L. F. M. *Estudos de preparo e caracterização de asfaltos modificados por polímeros*. 1999. 266 f. Tese (Doutorado) – Instituto de Macromoléculas Professora Eloisa Mano, Universidade Federal do Rio de Janeiro, Rio de Janeiro, 1999.

LINHARES, G. R. *Redução de acidentes rodoviários por derrapagem com emprego de Tratamento Superficial Duplo com Asfalto Modificado por Borracha*. 2021. Dissertação (Mestrado) – Escola Politécnica da Universidade de São Paulo. Departamento de Engenharia de Transportes, São Paulo, 2021.

MARQUES, G. L. O. *Utilização do módulo de resiliência como critério de dosagem de misturas asfálticas; efeito da compactação por impacto e giratória*. 2004. 461 f. Tese (Doutorado) – COPPE, Universidade Federal do Rio de Janeiro, Rio de Janeiro, 2004.

MOGAWER, W. S.; AUSTERMAN, A. J.; BAHIA, H. U. Evaluating the effect of warm-mix asphalt technologies on moisture characteristics of asphalt binders and mixtures. *Transportation Research Records: Journal of the Transportation Research Board*. Washington D.C., n. 22095, 2011, p. 52-60.

MONISMITH, C. L.; FINN, F. N.; VALLERGA, B. A. A comprehensive asphalt concrete mixture design system. *In*: GARTNER JR., W. (Ed.). *Asphalt concrete mix design*: development of a more rational approaches. ASTM STP 1041, 1989.

MOREIRA, H. S. *Comportamento mecânico de misturas asfálticas a frio com diferentes teores de agregado fresado incorporado e diferentes modos de compactação*. 110 f. 2005. Dissertação (Mestrado) – Universidade Federal do Ceará, Ceará, 2005.

MORILHA JR., A. *Estudo sobre a ação de modificadores no envelhecimento dos ligantes asfálticos e nas propriedades mecânicas e de fadiga das misturas asfálticas*. 165 f. 2004. Dissertação (Mestrado) – Universidade Federal de Santa Catarina, Florianópolis, 2004.

MOTTA, R. S. *Estudo de misturas asfálticas mornas em revestimentos de pavimentos para redução de emissão de poluentes e de consumo energético*. 229 f. 2011. Tese (Doutorado) – Escola Politécnica da Universidade de São Paulo, São Paulo, 2011.

672 Capítulo 27

NAIDU, G. P.; ADISESHU, S. Influence do coarse aggregate shape factors on bituminous mixtures. *International Journal of Engineering Research and Applications*, v. 1, 4, 2013, p. 2013-2024.

NASCIMENTO, L. A. H. *Nova abordagem da dosagem de misturas asfálticas densas com uso do compactador giratório e foco na deformação permanente*. 204 f. 2008. Dissertação (Mestrado) – COPPE, Universidade Federal do Rio de Janeiro, Rio de Janeiro, 2008.

NATIONAL COOPERATIVE HIGHWAY RESEARCH PROGRAM (NCHRP). *A manual for design of hot mix asphalt with commentary*. (Report 673) Washington, D. C.: NCHRP, 2011.

PAN, T.; TUTUMLUER, E.; CARPENTER, S. H. Effect of coarse aggregate morphology on permanent deformation behavior of hot mix asphalt. *Journal of Transportation Engineering*, v. 132, n. 7, p. 580-589, 2003.

PETERSON, R. L.; MAHBOUB, K. C.; ANDERSON, R. M.; MASAD, E.; TASHMAN, L. Superpave laboratory compaction versus field compaction. *Transportation Research Records: Journal of the Transportation Research Board*. Washington D. C., n. 1832, p. 201-208, 2003.

ROBERTS, F. L. *et al. Hot mix asphalt materials, mixture design and construction*. 2. ed. Lanham, Maryland: NAPA Research and Education Foundation, 1996.

ROBERTS, F. L.; MOHAMMAD, L. N.; WANG, L. B. History of Hot Mix Asphalt Mixture Design in the United States. *Journal of Materials in Civil Engineering*. n. 4, v. 14, p. 279-293, 2002.

SANBONSUGE, K. *Comportamento mecânico e desempenho em campo de base de solo-cimento*. 135f. 2013. Dissertação (Mestrado) – Poli/USP, São Paulo, 2013.

SANTANA, H. *Manual de pré-misturados a frio*. Rio de Janeiro: IBP/Comissão de Asfalto, 1993.

SCAFI, S. H. F. *Sistema de monitoramento em tempo real de destilações de petróleo e derivados empregando a espectroscopia no infravermelho próximo*. 196 f. 2005. Tese (Doutorado) – Universidade Estadual de Campinas, São Paulo, 2005.

STAKSTON, A. D.; BAHIA, H. U.; BUSHEK, J. J. Effect of fine aggregate angularity on compaction and shearing resistance of asphalt mixtures. *Transportation Research Records: Journal of the Transportation Research Board*. Washington D. C., n. 1789, p. 14-24, 2003.

STRATEGIC HIGHWAY RESEARCH PROGRAM (SHRP). *Level one mix design*: materials selection, compaction, and conditioning. (SHRP-A-408). Washington, D. C.: SHRP, 1994.

SZKLO, A. S.; ULLER, V. C.; BONFÁ, M. H. P. *Fundamentos do refino de petróleo*: tecnologia e economia. 3. ed. Rio de Janeiro: Interciência, 2012.

VAVRIK, W. R.; PINE, W. J.; CARPENTER, S. H. Aggregate blending for asphalt mix design: bailey method. *Transportation Research Records: Journal of the Transportation Research Board*. Washington D. C., n. 1789, p. 146-153, 2002.

WATSON, D. E.; BROWN, E. R.; MOORE, J. Comparison of Superpave and Marshall Mix Performance in Alabama. *Transportation Research Records: Journal of the Transportation Research Board*. Washington D. C., n. 1229, 2005, p. 133-140.

28

MADEIRA COMO MATERIAL DE CONSTRUÇÃO

Prof. Adamastor Agnaldo Uriartt •
Prof. Dr. Francisco Antonio Romero Gesualdo

28.1 Características das Madeiras como Material de
Construção, 674
28.2 Origem e Produção das Madeiras, 675
28.3 Propriedades Físicas e Mecânicas das Madeiras, 684
28.4 Imperfeições Resultantes da Anatomia das Madeiras, 696
28.5 Secagem e Preservação, 698
28.6 Normas Técnicas para o Dimensionamento de
Peças de Madeira, 705
28.7 Madeira Transformada – Engenheirada, 709

28.1 CARACTERÍSTICAS DAS MADEIRAS COMO MATERIAL DE CONSTRUÇÃO

A madeira é um material excepcional que pode ser usado na sua forma natural ou como matéria-prima industrial de múltiplo aproveitamento. Acompanha e sustenta a civilização desde seus primórdios, sendo essencial na construção de abrigos, pontes, embarcações e outros meios de transporte.

Na condição de *material de construção*, a madeira incorpora todo um conjunto de características técnicas, econômicas e estéticas que dificilmente se encontram em outros materiais:

- apresenta alta resistência mecânica a esforços de compressão e, ainda melhor, esforços de tração. Para diversas espécies, é superior ao concreto convencional, com a vantagem de possuir peso próprio reduzido;
- resiste excepcionalmente a choques e esforços dinâmicos: sua resiliência permite absorver impactos que romperiam ou estilhaçariam outros materiais;
- apresenta boas características de isolamento térmico e absorção acústica; seco, é satisfatoriamente dielétrico;
- pode ser trabalhada com ferramentas simples, permitindo a fácil execução de ligações e entalhes;
- tem custo reduzido de produção, pois é gerada pela natureza. O consumo de energia para a sua produção é mínimo. Não causa poluição durante sua produção, ao contrário, sequestra carbono durante o crescimento da árvore;
- é um material renovável;
- é um material que produz uma construção limpa, seca e tem baixa produção de resíduos na obra – não consome água;
- depois de aplicada e convenientemente preservada, perdura em vida útil indefinida à custa de insignificante manutenção;
- em seu estado natural, apresenta uma infinidade de padrões estéticos e decorativos.

Especialmente em aplicações em que o peso pode ser um fator complicador, a madeira torna-se um material altamente atraente pela sua baixa relação peso/resistência. Citam-se os casos consagrados com estas características: fôrmas para concreto, escoramentos, carrocerias de caminhão, paletes, coberturas para grandes vãos etc.

De outro lado, por ser um material natural, sem nenhum processamento industrial, a madeira apresenta vulnerabilidades que precisam ser controladas e consideradas em projetos que utilizam o material, como:

- é sensível à mudança de umidade que provoca variação dimensional: processo de secagem deve ser controlado;
- pode ser afetada por seres vivos, especialmente fungos e cupins: demanda tratamentos de preservação;
- sua anisotropia confere ao material diferentes comportamentos em diferentes direções. Isso pode ser resolvido pelo gerenciamento das posições dos elementos, além da possibilidade de uso de peças com direções de fibras controladas a fim de permitir uma compensação e homogeneidade de suas propriedades;
- suas dimensões são limitadas em função do diâmetro das toras, das ferramentas de desdobro e condições de transporte, quando na sua forma natural. Porém, os processos de produção da *madeira engenheirada* garantem o agrupamento de peças capazes de gerar elementos sem limitações dimensionais a partir das peças lameladas coladas simples ou cruzadas.

A madeira é amplamente utilizada em diferentes setores das necessidades humanas. Não se restringe ao uso estrutural e vai muito além das aplicações em construções civis, com múltiplas possibilidades de aproveitamento como matéria-prima industrial. Por isso, é também empregada como combustível e em processos industriais na produção de papel, tecidos, álcoois, resinas e plásticos. É comum o emprego nos meios de transporte na forma de embarcações e carrocerias, bem como na indústria moveleira, em objetos de decoração, embalagens, substratos etc.

Como material de construção, seu uso poderá ser como elementos de fundações, nas estruturas de paredes e coberturas, como fôrmas e escoramentos nas construções em concreto, em pontes, nas vedações e nos revestimentos. É um material de construção tecnicamente adequado e economicamente competitivo para todas as obras de engenharia, incluindo lastro de vias férreas, galerias, torres, pontes e estruturas de coberturas em grandes vãos, especialmente por apresentar baixo peso e significativa resistência.

Como matéria-prima para outros usos industriais, a madeira pode ser considerada um material bruto que permite o aproveitamento dos sucessivos fragmentos a que pode ser reduzida. Esse fracionamento sucessivo se transforma em subprodutos aproveitáveis por meio de seus constituintes básicos, suas moléculas e compostos químicos.

Toda a madeira de uma árvore, incluindo galhos e parte das raízes, pode ser reduzida a aparas ou flocos que, aglomerados, dão origem a uma variedade de novos materiais. Estes, praticamente homogêneos e isótropos, são fornecidos na forma de chapas e artefatos de madeira transformada.

A produção de *papel* é um importante produto industrial da madeira dentro da cadeia de produção de celulose. Combustíveis líquidos, óleos lubrificantes, solventes, borracha sintética, diversas espécies de plásticos, tintas, vernizes, medicamentos, cosméticos e a indústria têxtil são exemplos do uso da celulose como alternativa ecológica e viável.

Essa condição prioritária da madeira como matéria-prima, importante e essencial continuará sendo perenemente assegurada em abundância e de forma inesgotável, especialmente quando a produção provém de florestas plantadas, em que a matéria-prima fica próxima da unidade fabril e tem a capacidade de recompor áreas devastadas.

A madeira é um material universal, pois pode atender a todas as necessidades humanas, não sendo privilégio de nenhuma região ou país. Diferentes espécies lenhosas adaptam-se desde as zonas tropicais até as fronteiras árticas. Essa fonte renovável, mesmo sendo explorada desde os primórdios da civilização, permanece disponível e em abundância. As florestas podem ser entendidas como áreas cultivadas que podem e devem ser renovadas. Além disso, as florestas naturais, se exploradas por manejo sustentável, também são inesgotáveis. É um grande equívoco pensar que o uso da madeira devasta florestas. Estas somente são devastadas se a exploração tiver a finalidade de sua completa extinção para aproveitamento da terra com finalidades diversas, como para a atividade essencial da pecuária ou para a agricultura, ambas indispensáveis para a nossa sobrevivência. Acredita-se que seja impossível destruir uma floresta natural com o objetivo de simplesmente usar a madeira para desdobro. Deve ser entendido que as florestas naturais não são homogêneas, ou seja, não são formadas apenas por indivíduos adultos, diferentemente de uma floresta plantada. Portanto, retirar exclusivamente os indivíduos prontos para o consumo e manter seu entorno, mesmo que pisoteado pela operação de extração, permitirá a recuperação e o crescimento dos indivíduos mais jovens e garantirá a permanência da fauna e flora. Dentro de algum tempo, a floresta será recomposta. Devastar é remover toda a cobertura vegetal, inclusive com auxílio do fogo, para a limpeza da área. Por isso, não se pode associar o uso da madeira com devastação florestal. De outro lado,

não se podem empregar madeiras provenientes de manejos ilegais que não sejam certificadas.

Mais do que um recurso natural, é preciso lembrar de sua vital função de suporte biológico a todos os seres vivos como abrigo natural.

A madeira é considerada um moderno e competitivo material de construção quando suas vulnerabilidades são mantidas sob controle por meio de processos simples, como:

- execução de *secagem* natural ou artificial, para emprego do material com o mínimo teor de umidade compatível com o ambiente de emprego;
- condução de processos de *preservação* ou tratamento, para prevenir o ataque de agentes de deterioração;
- *transformação* do material, para alteração de sua estrutura fibrosa orientada e produção de peças com maiores e mais adequadas dimensões;
- uso vinculado a projeto desenvolvido por especialista – isto é fundamental.

Agregam-se a tudo isso as novas técnicas da madeira transformada (*engenheirada*), em que se aliam suas insubstituíveis qualidades físicas, mecânicas e ecológicas ao processamento industrial. Dessa junção de qualidades, tem-se a situação atual, com a construção de edifícios de múltiplos pavimentos de alturas consideráveis, equivalentes a 25 andares, empregando-se modernas técnicas para esse especial material de baixo peso e com extremado apelo de sustentabilidade. Esse cenário já é uma realidade em diferentes partes do mundo.

28.2 ORIGEM E PRODUÇÃO DAS MADEIRAS

28.2.1 Classificação das Árvores

A madeira natural é produto direto do *lenho* dos vegetais superiores: árvores e arbustos lenhosos. Todas as suas características como material de construção, principalmente sua heterogeneidade e anisotropia, são decorrentes dessa sua origem de seres vivos e organizados. Para o perfeito conhecimento do material, interessa, portanto, considerar os diferentes tipos de árvores existentes e as alterações no tecido lenhoso que apresentam.

Em termos de botânica, os vegetais superiores pertencem ao ramo das fanerógamas ou espermatófitos: vegetais completos com raízes, caule, copa, folhas, flores e sementes.

Classificam-se as fanerógamas, conforme sua germinação e crescimento, em:

a) Endógenas (germinação interna)

Quando o desenvolvimento transversal do caule se processa de dentro para fora, sendo a parte externa do lenho a mais antiga e mais endurecida. Compreendem essa classe as árvores tropicais ocas, palmeiras e bambus. Ainda é pouco aproveitada na indústria madeireira produtora de materiais de construção.

b) Exógenas (germinação externa)

Têm no crescimento um desenvolvimento transversal do caule, com adição, de fora para dentro, de novas camadas concêntricas de células: os anéis anuais de crescimento. Constituem o grande grupo de árvores aproveitáveis para a produção de madeiras de construção.

As árvores exógenas diferenciam-se, morfológica e anatomicamente, em dois grandes grupos: ginospermas e angiospermas.

- Nas ginospermas, destaca-se a classe importante das *coníferas* ou *resinosas*. As ginospermas não produzem frutos, têm suas sementes (pinhas) descobertas. Vestem-se com folhas perenes em forma de agulha, folhas aciculares e, em geral, têm lenho de madeira branda. Correspondem ao grupo das *softwood*, na classificação internacional. No Brasil, têm-se exemplos como o famoso Pinho-do-Paraná (*Araucaria angustifolia*), explorado a partir de florestas nativas – hoje, com uso proibido pelo risco de extinção –, e os *pinus*, que a cada dia vêm sendo mais utilizados em aplicações estruturais pelas propriedades interessantes de algumas espécies, além da vantagem de produção por meio de floresta plantada.
- As angiospermas ou dicotiledôneas, também designadas frondosas, folhosas (*hardwood*). Formam a maioria das espécies nativas encontradas na região amazônica brasileira. Como exemplos, têm-se ipês, angicos, angelins, maçaranduba e muitas outras espécies convencionais. Nessa categoria também se destacam o gênero *Eucalyptus* e suas diversas espécies: *Eucalyptus grandis*, *Eucalyptus citriodora*, *Eucalyptus tereticornis*, *Eucalyptus urophylla* e muitos outros que são provenientes de florestas plantadas.

Culturalmente, a sociedade ainda reage de forma a considerar que as folhosas são espécies melhores que as coníferas pelo histórico de uso ligado ao fato de as folhosas formarem a maioria das espécies disponíveis no mercado e pelo ciclo econômico da extração de madeiras em que se introduziu a expressão "madeira de lei", época em que não havia madeiras de florestas plantadas. Na época colonial, essas espécies eram protegidas por lei e tinham seu abate controlado pela Coroa Portuguesa. Ainda hoje, essa designação é indevidamente utilizada. Depreende-se que o termo "madeira de lei", embora arraigado na sociedade e indique madeira de boa qualidade, é impróprio para ser usado em especificações técnicas de Engenharia e em contratos de fornecimento de madeira. O adequado para a especificação técnica é definir e discriminar as propriedades efetivas desejadas, mesmo porque muitas coníferas ou madeiras de florestas plantadas têm propriedades totalmente satisfatórias para diferentes aplicações.

Em termos de classificação anatômica, os dois termos designativos usados nos textos normativos apontam para *coníferas* e *folhosas*, como forma de diferenciar a estrutura anatômica distinta entre ambas, para que sejam tratadas com as suas peculiaridades.

28.2.2 Fisiologia e Crescimento das Árvores

Uma árvore é composta de raiz, caule e copa. A raiz ancora a árvore no solo e dele retira água contendo sais minerais dissolvidos: a seiva bruta, necessária ao desenvolvimento do vegetal. Já o tronco, ou caule, sustenta a copa com sua galharia e conduz por capilaridade tanto a seiva bruta, desde a raiz até as folhas da copa, como a seiva elaborada, das folhas para o lenho em crescimento. A copa desdobra-se em ramos, folhas, flores e frutos. Nas folhas, processa-se a transformação da água e sais minerais em compostos orgânicos: a seiva elaborada.

Tomando o tronco como a parte imediatamente útil para a produção de peças de madeira natural, material de construção, sua constituição diversificada será examinada em detalhe.

Conforme ilustrado na Figura 28.1, a seção do tronco de uma árvore permite distinguir, da casca para o miolo, as seguintes partes:

a) Casca

Tem a ação própria de proteger o lenho e ser o veículo da seiva elaborada das folhas para o lenho do tronco. Dois estratos singulares assumem essa dupla incumbência: um estrato externo e epidérmico, formado de tecido morto, denominado *cortiça* ou camada cortical, e outro, interno, formado de tecido vivo, mole e úmido, condutor de seiva elaborada, denominado líber ou floema.

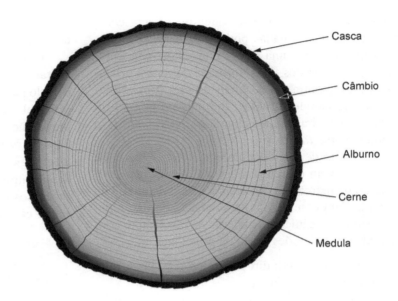

FIGURA 28.1 Corte transversal do caule de uma árvore. Foto: © PeterHermesFurian | iStockphoto.com.

A casca protege os tecidos mais novos da inclemência do ambiente, dos excessos de evaporação e dos agentes de destruição. Racha, cai e é renovada, pois, sendo um tecido morto, não tem crescimento. De modo geral, não apresenta interesse como material de construção: no desdobro do lenho, é quase sempre extraída e rejeitada. Em algumas espécies, como o sobral, o angico-rajado e a corticeira, no entanto, a casca tem um desenvolvimento tão grande que permite a retirada de lâminas espessas. Essas lâminas, que apresentam vantajosas propriedades termoacústicas, têm emprego adequado em processos de isolamento, como revestimentos de paredes e forros, recheios de entrepisos.

Pela outra camada da casca, o líber ou a casca interna desce a seiva que foi elaborada nas folhas a partir de substâncias retiradas do solo e do ar.

Do solo, recolhido pelos absorventes das raízes, provém principalmente a água indispensável. Essa água, contendo em solução compostos minerais, constitui a seiva bruta que sobe por capilaridade pela parte viva do lenho, o alburno, até as folhas da copa.

Nas folhas e em outras partes verdes da copa são absorvidos do ar o anidrido carbônico e o oxigênio. O anidrido carbônico fixa-se nas células clorofiladas das folhas e é transformado em açúcar pela adição da água. A síntese do açúcar realiza-se nos cloroplastos em presença dos raios solares ou de qualquer outra fonte de luz e calor. A reação, conhecida como função clorofiliana ou fotossíntese, é aproximadamente: $6CO_2 + 12H_2O + 647$ cal $= C_6H_{12}O_6$ (monossacarídeo, glicose) $+ 6H_2O$ (transpiração) $+ 6O_2$ (respiração). O excesso de água é eliminado por transpiração e o oxigênio resultante é liberado na atmosfera. O açúcar diluído desce pela casca interna como seiva elaborada e pode ficar armazenado nas células sob forma de amido.

Partindo dos açúcares, as árvores sintetizam todas as substâncias orgânicas que compõem as células lenhosas. Essa transformação ocorre, principalmente, no estrato de tecidos que vem logo a seguir à casca: o câmbio.

b) Câmbio

É parte da seção transversal do caule como uma fina e quase invisível camada de tecidos vivos, situando-se entre a casca e o lenho. É constituído por um tecido de células em permanente transformação: o tecido meristemático.

Tão vitais são para o crescimento da árvore o líber quanto o câmbio. O seccionamento de ambos, acidental ou provocado, ocasiona inevitavelmente a morte do vegetal. Com isso, é possível pensar em um processo de secagem com a árvore em pé, provocado por algum mecanismo de interrupção do processo de movimento da seiva, de forma a causar a sua morte.

No câmbio, acontece a importante transformação dos açúcares e amidos em celulose e lignina, principais constituintes do tecido lenhoso. O crescimento transversal realiza-se pela adição de novas camadas concêntricas e periféricas provenientes dessa transformação no câmbio: os *anéis anuais de crescimento*. Nesses anéis refletem-se as condições de desenvolvimento da árvore: são largos e poucos distintos em essências tropicais de rápido crescimento e apertados e bem configurados nas espécies oriundas de zonas temperadas ou frias. Em cada anel que se acrescenta ano a ano, duas camadas podem se destacar muitas vezes nitidamente: uma de cor mais clara, com células largas de paredes finas, formada durante a primavera-verão, e outra, de cor mais escura, com células estreitas de paredes grossas, formada no outono-inverno. A primeira camada chama-se *lenho inicial* e a segunda, *lenho tardio*.

Os anéis de crescimento registram a idade da árvore e servem de referência para a consideração e o estudo da marcante característica de anisotropia da madeira. Para esse efeito, na avaliação do desempenho físico e mecânico do material, serão sempre consideradas três direções ou eixos principais:

- direção tangencial: direção transversal tangencial aos anéis de crescimento;
- direção radial: direção transversal radial aos anéis de crescimento;
- direção axial: no sentido das fibras, longitudinal ao caule.

Falsos anéis de crescimento ou descolamentos de anéis podem ser provocados por interrupções de crescimento, em razão de estiagens, ataques de pragas ou abalos sofridos pela planta. Constituirão defeitos que provocarão anomalias no comportamento do material.

c) Lenho

É o núcleo de sustentação e resistência da árvore; pela sua parte viva sobe a seiva bruta. Constitui a seção útil do tronco para obtenção, por desdobro e serragem, das peças estruturais de madeira natural ou madeira de obra (madeira serrada).

Em quase todas as espécies, o lenho apresenta-se com duas zonas bem contrastadas: o *alburno* e o *cerne*.

O alburno externo tem cor mais clara do que o cerne, sendo formado de células vivas e atuantes. Além da função resistente, faz-se condutor da seiva bruta, por ascensão capilar, desde as raízes até a copa.

O cerne interior, de cor mais escura que o alburno, é formado de células mortas e esclerosadas. As alterações no alburno vão formando e ampliando o cerne. As alterações progressivas são processos de crescente espessamento das paredes celulares, provocados por sucessivas impregnações de lignina, resinas, taninos e corantes. Em consequência, o cerne tem mais densidade, compacidade, resistência mecânica e, principalmente, mais durabilidade, pois, sendo constituído de tecido morto, sem seiva, amido ou açúcares, não é atrativo aos insetos e outros agentes de deterioração. Sua frequente impregnação por resinas e óleos torna-o tóxico ou repelente aos predadores da madeira.

Contudo, é desaconselhável e antieconômico retirar todo o alburno (branco das árvores) por considerá-lo parte imprestável para a construção; desaconselhável não só do ponto de vista econômico, pois a proporção do alburno varia, conforme a espécie, de 25 a 50 % de lenho, mas também do ponto de vista tecnológico, porque o alburno é a parte que melhor se deixa impregnar por produtos antideteriorantes nos processos de preservação da madeira, além de apresentar características mecânicas satisfatórias.

d) Medula

É o miolo central da seção transversal da tora de madeira. Tem tecido frouxo, mole e esponjoso, muitas vezes já apodrecido. É o vestígio do vegetal jovem, quando ainda constituído de tecido meristemático. Não tem resistência mecânica nem durabilidade; sua presença em peças serradas constitui um defeito.

e) Raios medulares

São desenvolvimentos transversais radiais de células lenhosas cuja função principal é o transporte e armazenamento de nutrientes. Nas seções radiais ou tangenciais de determinadas espécies, aparecem como um "espelhado" de bonito efeito estético e decorativo: carvalho, cedro, louro etc. Sua presença, quando significativa, é vantajosa à medida que realizam uma amarração transversal das fibras, impedindo que "trabalhem" exageradamente diante de variações no teor de umidade.

28.2.3 Estrutura Fibrosa do Lenho

Para sua autossustentação, condução de sucos vitais e armazenamento de reservas nutritivas, o lenho está constituído por uma variedade de células elementares, portanto, apresentando uma estrutura anatômica celular. As dimensões, as formas e os grupamentos dessas células elementares são variáveis conforme sua localização no lenho e a espécie lenhosa.

É indispensável, para um razoável entendimento do comportamento do material, uma visão suficiente da diversificada estrutura fibrosa das espécies lenhosas.

O lenho nas *resinosas* (Fig. 28.2) é composto principalmente por células alongadas de diâmetro quase constante, semelhantes a finos tubos, botanicamente denominadas *traquídeos* ou traqueoides, ou também chamados traqueídes. Desempenham a dupla função de condução da seiva e suporte mecânico.

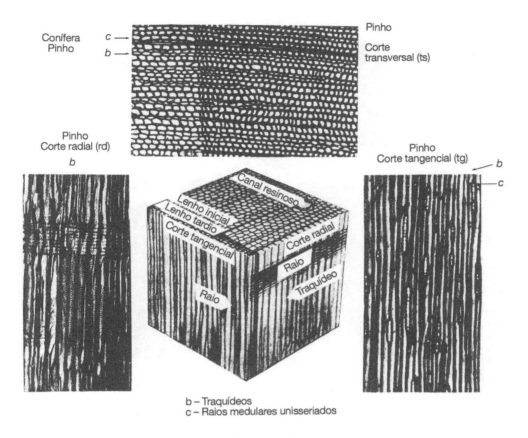

FIGURA 28.2 Estrutura anatômica das resinosas.

Observando-se sob lente de aumento, verifica-se que, além dos tubos longos (traquídeos), existem inúmeras linhas finas e claras desenvolvendo-se na direção radial: são os raios medulares ou raios lenhosos. Servem para conduzir e/ou armazenar substâncias nutrientes no sentido radial do tronco.

As resinosas contêm ainda os chamados *canais resinosos*, que podem ser observados sem equipamentos especiais. Aparecem nas seções transversais do lenho como diminutas aberturas ou pontuações mais escuras, estando normalmente impregnados de óleo e resinas.

O lenho de uma essência *folhosa* (Fig. 28.3) difere do lenho de uma resinosa por conter *vasos lenhosos* ou traqueias que, no exame sob lente de aumento, aparecem em grande número como pequenos furos circulares chamados poros. Em um corte transversal no lenho, os vasos são células bem maiores que os demais elementos fibrosos. Desempenham a função específica de condutores de seiva bruta.

A principal característica anatômica das folhosas são as células fibrosas, as *fibras* propriamente ditas, que compõem, com grande destaque, seu tecido lenhoso. As fibras têm diâmetro menor que os traqueídeos das resinosas e estão dispostas longitudinalmente no caule. Têm grande comprimento, extremidades fechadas e afiladas, diâmetros variados e reduzidos. Em seu conjunto, fortemente aglomerado, constituem o tecido de resistência e sustentação das árvores folhosas.

Os raios medulares nas folhosas são mais desenvolvidos que os seus iguais nas resinosas; muitas vezes podem ser observados sem auxílio de lente de aumento. Conforme a espécie, são muito finos (unisseriados) ou largos (multisseriados). Destacam-se, formando desenhos ou "espelhados" nas superfícies tangenciais ou radiais de peças ou lâminas de madeira. Finalmente, em algumas espécies, tanto de resinosas quanto de folhosas, observa-se, mesmo sem lente de aumento, certo tipo de tecido mais claro que a parte fibrosa do lenho: é o *parênquima* lenhoso. Pode ser abundante ou escasso e, geralmente, ocorre em volta dos vasos lenhosos. As células do parênquima são armazenadoras de reservas nutritivas.

28.2.4 Composição Química das Madeiras

As substâncias básicas na composição química das madeiras são a *holocelulose* e a *lignina*, em

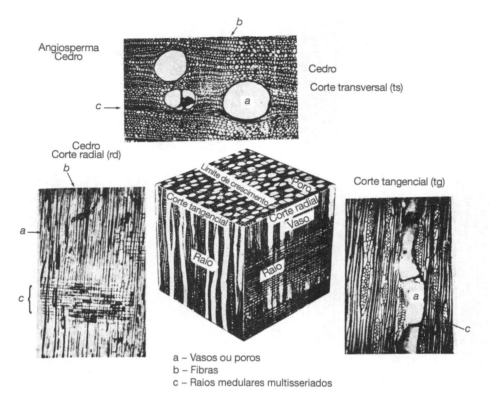

FIGURA 28.3 Estrutura anatômica das folhosas.

proporções aproximadas de 60 e 25 %, respectivamente. Outros constituintes, em bem menores proporções, estão contidos nas cavidades das células ou são produzidos por suas modificações, como óleos, resinas, açúcares, amidos, taninos, substâncias nitrogenadas, sais inorgânicos e ácidos orgânicos.

Pode-se dizer que a madeira, nas paredes das células lenhosas, é quimicamente composta por hidratos de carbono. Estes, protótipos elementares de todas as substâncias orgânicas, são compostos químicos constituídos por carbono, oxigênio e hidrogênio, os dois últimos elementos associados na mesma proporção que ocorre na água. Os mais simples hidratos de carbono são certos açúcares conhecidos como monossacarídeos, glucose, por exemplo. Os mais complexos são os carboidratos polissacarídeos, como a celulose $(C_6H_{10}O_5)n$.

A química da madeira divide a holocelulose em celulose α, celulose β e celulose γ. As duas últimas, pequenas moléculas de polissacarídeos mais pectose, são solúveis em soda cáustica. A celulose α, base estrutural das paredes celulares, é uma substância incolor, elástica, solúvel em ácido sulfúrico e insolúvel em soda cáustica e ácidos fracos ou diluídos.

A lignina compõe-se também de carbono, oxigênio e hidrogênio; está, portanto, intimamente ligada à celulose. Apresenta-se como uma substância impermeável, pouco elástica, de resistência mecânica apreciável e insensível à umidade e às temperaturas habituais.

A lignina é uma resina natural que reveste externamente as células, aglomerando-as em conjunto. Na parte viva do lenho, envolve parcialmente as fibras tubulares de celulose, deixando soluções de continuidade, ditas "pontuações", para passagem de líquidos entre elas.

28.2.5 Identificação Botânica das Espécies Lenhosas

A estrutura anatômica e a constituição do tecido lenhoso, aproximadamente constantes em determinada espécie lenhosa, variam de espécie para espécie. Como consequência direta, o comportamento físico-mecânico do material será aproximadamente constante, em torno de valores médios, em uma espécie, mas variará consideravelmente de espécie para espécie. Dessa consideração decorre a indispensável necessidade de se proceder à perfeita identificação botânica das espécies lenhosas úteis.

Identificar botanicamente uma essência lenhosa significa localizá-la no reino vegetal, determinando sua família, seu gênero e sua espécie.

Três procedimentos complementares conduzem à identificação das espécies lenhosas: a identificação vulgar, a identificação botânica e a identificação botânico-tecnológica.

A *identificação vulgar*, isto é, uma primeira aproximação, prende-se a características notáveis da espécie, como: configuração do tronco e copa, textura da casca, aspecto das flores e frutos, sabor do lenho etc. É realizada por conhecedores com prática adquirida. A espécie fica, então, identificada pelo seu nome vulgar, normalmente relacionado a uma característica predominante. Não tem valor científico: um mesmo nome identifica espécies diferentes (canela, por exemplo) ou a mesma espécie tem, conforme a região, nomes diferentes (pau-ferro, por exemplo). São, no entanto, nomes sugestivos que traduzem um conhecimento íntimo da espécie, assim: açoita-cavalo (resiliência dinâmica elevada), pau-ferro (grande resistência mecânica), pau-marfim (aparência homogênea do lenho) etc.

A *identificação botânica*, uma segunda aproximação, exige confrontações com atlas de herbários, nos quais estão registradas e colecionadas fotografias das espécies em diferentes estágios de crescimento, exemplares de folhas, flores e frutos e sementes. Com a coleta de elementos de identificação, um botânico especializado tem condições de determinar o gênero e a espécie do exemplar. A peroba-rosa fica classificada botanicamente como *Aspidosperma polyneuron*; a peroba de campos, como *Paratecoma peroba*; o pinho-do-paraná (conhecido também por pinho brasileiro), como *Araucaria angustifolia* etc. Observar que o pinho-do-paraná é uma espécie proibida de ser utilizada, tendo em vista sua condição de extinção.

Já a *identificação botânico-tecnológica* é cientificamente exata e baseia-se no estudo comparado da estrutura anatômica do lenho, cuja constituição varia de gênero para gênero e, em muitos casos, de espécie para espécie, ainda que botanicamente afins.

TABELA 28.1 Sinonímia e outros nomes vulgares de espécies lenhosas nacionais

AÇOITA-CAVALO *Luehea divaricata* Tiliáceas	Estribeiro, Ivitingui, Ivitinga, Soita-cavalo	Desde o sul do estado de Minas Gerais até o Rio Grande do Sul.	Móveis, acabamentos de interiores, tornearia, tanoaria, palitos, peças para esportes, fôrmas de sapatos, compensados, implementos agrícolas, postes.
CABRIÚVA-PARDA *Myrocarpus frondosus* Leguminosas	Bálsamo, Óleo, Óleo caburaíba, Óleo-pardo	Região costeira, desde o sul da Bahia até Santa Catarina; comum no Vale do Chapecó, em Santa Catarina, e no Vale do Rio Paraguai.	Móveis, acabamentos de interiores, tábuas e tacos de assoalho, tornearia, marchetaria, construções civis, obras externas.
CANELA-PRETA *Nectandra mollis* Lauráceas	Canela-escura, Canela-parda, Louro-preto	Nas terras altas e vertentes das Serras da Mantiqueira e do Mar, desde o Espírito Santo até Santa Catarina.	Móveis, acabamentos de interiores, dormentes.
CEDRO *Cedrela* spp. Meliáceas	Cedro-rosa, Cedro-branco	Amazônia, sul da Bahia e Santa Catarina, São Paulo, Paraná e Mato Grosso.	Móveis, acabamentos de interiores, caixas de charuto, construção naval.
LOURO-PARDO *Cordia trichotoma* Boragináceas	Louro, Cascudinho, Louro-da-serra	Serra de Paranapiacaba do estado de São Paulo até o Rio Grande do Sul, comum no vale do Chapecó, em Santa Catarina, até o Rio Grande do Sul.	Móveis, acabamentos de interiores, compensados, tabuados, embarcações leves.
PEROBA *Aspidospermapolyneuron* *Apocynaceae*	Sobro, Peroba-amargosa	Paraná, Mato Grosso, Goiás, Minas Gerais, São Paulo, e Vale do Rio Doce e sul da Bahia.	Móveis, esquadrias, tacos de assoalho, carroçarias, construções civis, vigamentos.

(continua)

TABELA 28.1 Sinonímia e outros nomes vulgares de espécies lenhosas nacionais (*continuação*)

PINHO-BRASILEIRO (*) *Araucaria angustifolia* Araucariáceas	Pinho-do-paraná, Araucária	Estados do Paraná e Santa Catarina, nas regiões montanhosas do planalto central e da vertente interior da Serra do Mar. No Rio Grande do Sul, na Zona Serrana fronteiriça a Santa Catarina. Em formações menos densas, é encontrado nas regiões elevadas, acima de 100 m, em São Paulo e Minas Gerais.	Móveis, acabamentos de interiores, compensados, instrumentos musicais, tanoaria, pasta para papel.

(*) Espécie considerada em extinção pelo Ibama.
Fonte: Primo (1968).

28.2.6 Produção das Madeiras

A produção de peças de madeira natural serradas inicia-se com o corte das árvores e desenvolve-se na toragem, falquejamento, desdobro e aparelhamento das peças.

Na exploração bem conduzida de reservas florestais, a operação de corte das árvores é sempre precedida por um levantamento dendrométrico, que esclarece sobre o aproveitamento econômico adequado, avaliação e cubagem dos exemplares a serem abatidos.

Recomenda-se que o *corte*, ou derrubada das árvores, seja realizado durante o inverno. As árvores abatidas nesse período secam lentamente sem rachar ou fendilhar e, por conterem pouca seiva elaborada nos tecidos, tornam-se menos atrativas a fungos e insetos. A resistência da madeira não é afetada pelos aspectos mencionados.

Após o processo de derrubada da árvore e seu transporte em forma de toras, ocorre o *desdobro*, ou desdobramento, como operação final na produção de peças estruturais de madeira bruta. São realizadas nas serrarias com a utilização de serras de fita contínuas ou alternadas (serras de engenho), que podem ter uma só lâmina reforçada (serras americanas ou serras de centro) ou várias lâminas paralelas (serras francesas), dispostas horizontal ou verticalmente. Em geral, a essas serras está adaptado um carro porta-toras para deslocamento gradual e firme da tora contra o fio da serra.

Na Figura 28.4 estão ilustrados os principais tipos de desdobro: (a) desdobro normal (também

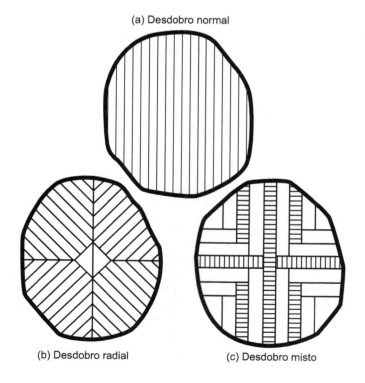

FIGURA 28.4 Tipos de desdobros.

chamado paralelo), quando as pranchas são extraídas paralelamente e cortam os anéis de crescimento ao longo do comprimento da tora; e (b) desdobro radial, quando as pranchas são retiradas ortogonalmente aos anéis de crescimento. Alternativamente, pode ser feito o desdobro misto (c), no qual as pranchas ficam sempre com orientação ortogonal aos anéis de crescimento, o que exigirá maior controle do processo de cortes simultâneos.

Para a produção de peças para a construção civil, o desdobro mais utilizado é o paralelo, pois permite maior aproveitamento da tora e menor custo de produção. No entanto, proporciona pranchas com orientação variada em relação às direções anisotrópicas radial e tangencial, com manifestações diferentes na retratilidade/inchamento (veja as Figs. 28.5 e 28.6).

O desdobro radial produz pranchas de melhor qualidade: na secagem têm menores contrações na largura e, em consequência, menos empenos e rachas; têm maior homogeneidade de superfície e, portanto, resistência uniforme ao longo da peça. Não é usado em larga escala em razão do alto custo e das perdas elevadas que ocasiona. É indicado, no entanto, para a produção de peças destinadas a aplicações especiais, como: construção aeronáutica, fabricação de instrumentos musicais, móveis de estilo etc., quando o custo do material é reduzido quando comparado ao custo total.

Finalmente, uma tora pode ser usada como peça estrutural sem estar completamente desdobrada. Duas alternativas podem, então, ocorrer: ou se pretende uma seção com a maior área possível ou uma peça com o maior momento resistente. No primeiro caso, interessará o maior quadrado inscrito na seção da tora. No segundo, será um retângulo com a menor dimensão igual a 0,57 do diâmetro da tora e altura igual a 0,82. Observe que essa forma de emprego do material garante o melhor aproveitamento da seção bruta, pois não existem desperdícios gerados por cortes de serra durante o desdobro.

A produção de peças de madeira natural termina com o *aparelhamento* das peças. Nessa última operação são obtidas peças nas bitolas comerciais por serragem e resserragem das pranchas, executadas em serra circular ou em serra de fita com um, dois ou três fios de serra.

A nomenclatura e as dimensões da madeira serrada estão fixadas na ABNT NBR 7203:1982 – Madeira serrada e beneficiada.

As peças de madeira serrada podem ainda, para empregos que o exijam, ser aplainadas em duas ou quatro faces. Quando utilizada na construção, deve ter o seu uso baseado em projetos e especificações técnicas detalhadas, para garantir a redução de desperdícios e a eficiência da sua aplicação. Além disso, deve ser adquirida de empresas que comprovem seu Plano de Manejo Florestal Sustentável (PMFS) ou Certificação Florestal. O manejo das florestas é orientado por diversos órgãos, destacando-se o Cerflor, que é uma marca de uso próprio do Programa Brasileiro de Certificação Florestal gerenciado pelo Inmetro, o Forest Stewardship Council (FSC, ou Conselho de Manejo Florestal) e o Sistema de Implementação e Verificação Modular (SIM), um programa oferecido por uma organização não governamental (WWF Brasil) cujo objetivo é orientar empresas a manterem um controle sobre a madeira que consomem, além de determinarem sua origem.

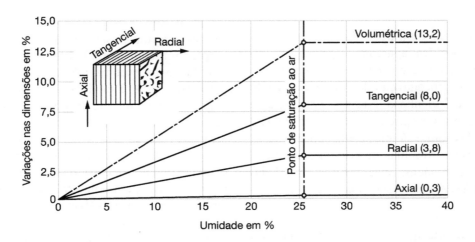

FIGURA 28.5 Exemplo de curvas de retratibilidade volumétrica e linear.

684 Capítulo 28

Tem-se, também, o Sistema Nacional de Informações Florestais (SNIF), que é um órgão com o objetivo de organizar informações sobre as florestas e o setor florestal para subsidiar projetos e políticas que envolvam o uso e a conservação das florestas do Brasil.

28.3 PROPRIEDADES FÍSICAS E MECÂNICAS DAS MADEIRAS

28.3.1 Fatores de Alteração das Propriedades Físicas e Mecânicas

A escolha da madeira de certa espécie lenhosa para determinado emprego somente poderá ser conduzida, com economia e segurança, conhecendo-se os valores representativos que definem seu comportamento físico e sua resistência às solicitações mecânicas.

Esse conhecimento indispensável é adquirido como resultado da realização de ensaios de qualificação sobre amostras de madeira definidas em normas específicas (ver a ABNT NBR 7190-1:2022 para a orientação de caracterização de cada tipo de madeira).

Esses ensaios de qualificação devem, necessariamente, levar em consideração todos os fatores de alteração das características do material, tanto os fatores *naturais*, decorrentes da própria natureza do material, como os *tecnológicos*, decorrentes da técnica de execução dos ensaios.

São fatores naturais de variação:

a) Espécie botânica da madeira

A estrutura anatômica e a constituição do tecido lenhoso, primeiros responsáveis pelo comportamento físico-mecânico do material, variam de espécie para espécie lenhosa. Dessa forma, é necessária a perfeita identificação de suas características botânicas (conífera ou folhosa).

b) Massa específica do material

A massa específica aparente – peso por unidade de volume aparente do material – é um índice da distribuição ou concentração de material existente e resistente no tecido lenhoso. Está tão estreitamente relacionada às demais propriedades do material que é possível avaliá-las com o simples conhecimento dessa sua constante física: fórmulas de correlação, experimentalmente determinadas, relacionam as propriedades do material à sua massa específica aparente.

c) Localização da peça no lenho

O resultado de qualquer ensaio sofrerá alterações conforme o corpo de prova for extraído do cerne, do alburno, próximo às raízes ou próximo à copa. São notáveis as alterações do tecido lenhoso e a massa específica aparente conforme as diferentes zonas do lenho.

d) Presença de defeitos

A presença de defeitos (nós, fendas, fibras torcidas etc.), dependendo de sua distribuição, dimensões e, principalmente, de sua localização, provoca consideráveis anomalias no comportamento físico-mecânico da peça ou corpo de prova.

e) Umidade

A madeira está constituída por fibras de paredes celulósicas hidrófilas. A impregnação de umidade determina profundas alterações nas propriedades do material. Assim, apresentará o máximo de resistência mecânica quando completamente seca, o mínimo quando completamente saturada e valores intermediários para diferentes teores de umidade entre esses dois extremos.

São fatores tecnológicos de variação aqueles que decorrem do procedimento desenvolvido na execução dos ensaios de qualificação: forma e dimensões dos corpos de prova, orientação das solicitações em relação aos anéis de crescimento e velocidade de aplicação das forças nas solicitações mecânicas. Esses fatores dizem respeito à distribuição de tensões internas nas peças, variável conforme sua forma e dimensões, e às respostas anisotrópicas do material decorrentes de sua estrutura fibrosa orientada.

28.3.2 Propriedades Físicas das Madeiras

Nas madeiras, sob o título de características físicas, são normalmente examinadas as propriedades do material que definem o seu comportamento e as alterações que sofre seu estado físico quando ocorrem variações de umidade, de temperatura ou outras em seu ambiente de emprego.

A determinação de valores representativos relativos às diferentes espécies, referentes a essas características, permite classificá-las sob critérios de usos e empregos recomendados. Também é muito útil como orientação na escolha adequada para um emprego específico, pois é evidente que as exigências com respeito à madeira que deve ser empregada em marcenaria ou em construção naval e aeronáutica não serão as mesmas que as estabelecidas para simples postes da rede elétrica. Na construção civil em geral, o conhecimento e a classificação segundo as características físicas permitem um melhor aproveitamento das características positivas de cada espécie

Por isto, é imprescindível conhecer o processo de formação da madeira, seus elementos anatômicos e os aspectos físicos e químicos que afetam as propriedades do material.

28.3.2.1 Umidade

A água, que nas árvores é condição de sobrevivência do vegetal, permanece na madeira extraída sob três estados ou condições: água de constituição, água de impregnação e água livre.

A *água de constituição* está em combinação química com os principais constituintes do material lenhoso. Faz parte de sua constituição e não pode ser eliminada sem destruição do material.

A *água de impregnação* existe na madeira úmida infiltrada ou impregnada nas paredes celulósicas das células lenhosas: as paredes celulósicas são hidrófilas. Essa infiltração de água entre as fibrilas de celulose que estruturam as paredes das células provoca considerável inchamento dessas paredes; o efeito global e somatório é uma notável alteração de volume da peça de madeira. Todo o comportamento físico-mecânico do material fica alterado com a presença ou a variação da água de impregnação.

Quando as paredes das células estão completamente saturadas de água de impregnação, sem que a água extravase para os vazios celulares, diz-se que a madeira atingiu o teor de umidade, denominado *ponto de saturação ao ar*.

Depois de impregnar completamente as paredes das células, a água começa a encher os vazios capilares: está na condição de *água livre*, água de embebição ou água de capilaridade. Nem a presença nem a retirada dessa água livre causam qualquer alteração no estado ou comportamento do material. Quando apenas a água livre é evaporada por secagem, o material terá a umidade correspondente ao ponto de saturação. Esse ponto é variável conforme a espécie e gira em torno de 25 % de umidade (entre 20 e 30 %) (Calil Jr. *et al.*, 2003).

Mantendo-se a contínua secagem da madeira por exposição ao ar, começa a evaporar a água de impregnação. Essa evaporação é provocada pela diferença de duas tensões de vapor de água: a elevada tensão de vapor de água nos tecidos impregnados e a tensão de vapor no ambiente, variável conforme seu grau higrométrico. Quando se equilibram as duas tensões de vapor, cessa a evaporação da umidade da madeira, estabilizando seu peso: diz-se, então, que a madeira atingiu o teor de umidade de *seca ao ar*.

Portanto, a madeira está seca ao ar quando, exposta ao ar durante algum tempo, não apresenta alteração de peso entre duas pesagens sucessivas e brevemente distanciadas. Nessa situação, a madeira tem um teor de umidade entre 12 e 17 %.

O teor de umidade seco ao ar é importante por ser muito frequente nos empregos correntes do material.

Por essa razão, é utilizado como teor de referência na determinação das características do material. Os ensaios para determinação da massa específica e demais características físico-mecânicas do material são realizados nesse estágio de umidade.

No entanto, a fim de que os valores obtidos sejam perfeitamente comparáveis, devem ser corrigidos para um teor constante de umidade. Esse teor de umidade é, convencionalmente, fixado em 12 % na ABNT NBR 7190, como referência, por ser a condição-padrão de umidade da madeira seca ao ar.

No que diz respeito ao teor de umidade, são comuns os seguintes valores:

- madeira verde: com teor de umidade acima do ponto de saturação ao ar, normalmente acima de 25 %;
- madeira semisseca: inferior ao ponto de saturação, acima de 23 %;
- madeira comercialmente seca: entre 18 e 23 %;
- madeira seca ao ar: entre 12 e 18 %;
- madeira dessecada: entre 0 e 12 %;
- madeira completamente seca: com 0 %.

A determinação do teor de umidade U, em corpos de prova destinados a ensaios, é realizada pesando os mesmos na condição de umidade em que se encontram – massa inicial (m_i) e na condição de madeira seca em estufa a $103 \,°C \pm 2 \,°C$ (m_s). A condição de seca em estufa será atingida quando, após duas passagens sucessivas e distanciadas de seis horas, apresentarem variação na massa m_s menor ou igual a 0,5 %. É expressa percentualmente com relação à massa seca por meio da Equação (28.1).

$$U(\%) = \frac{m_i - m_s}{m_s} \times 100 \qquad (28.1)$$

28.3.2.2 Densidade

Nas madeiras, essa constante física é normalmente considerada em termos de *massa específica aparente*, isto é, massa por unidade de volume aparente, sempre referida ao teor de umidade no qual foi determinada – Equação (28.2).

$$\rho_{ap} = \frac{m_{12}}{V_{12}} \qquad (28.2)$$

em que:

ρ_{ap} = massa específica aparente;
m_{12} = massa da amostra com 12 % de umidade;
V_{12} = volume desta amostra.

686 Capítulo 28

Usualmente, a massa é expressa em quilograma e o volume em metros cúbicos. Uma vez que o peso e o volume aparente são alterados pela umidade, a definição de massa específica aparente só tem sentido e pode ser comparável quando referida a um teor constante de umidade, como já comentado; a norma vigente tem como referência o teor de umidade-padrão de 12 %.

A fórmula de correção da massa específica aparente para a umidade de 12 % é dada pela Equação (28.3).

$$\rho_{12} = \rho_U \left[1 - 0,5 \left(\frac{U-12}{100} \right) \right] \qquad (28.3)$$

em que:

ρ_{12} e ρ_U = respectivamente, as densidades na umidade 12 % e na umidade da amostra;
U = umidade da amostra (em porcentagem).

A massa específica aparente é um índice de compacidade da madeira, isto é, traduz a maior ou menor concentração de tecido lenhoso resistente por unidade de volume aparente. É fácil de entender, portanto, que todas as características de resistência mecânica do material sejam diretamente proporcionais a ela. Conhecida a massa específica aparente de determinada espécie lenhosa, suas características mecânicas poderão ser estimadas por fórmulas empíricas de correlação.

A massa específica varia de peça para peça, conforme a localização no lenho do exemplar de origem, e de exemplar para exemplar, segundo as condições regionais de crescimento. A densidade média está na faixa de 350 a 1100 kg/m³ para as coníferas. Para as folhosas, a densidade a 12 % vai de 500 a 1000 kg/m³.

Conforme já mencionado, a massa específica aparente representa a condição de uso e, portanto, é o valor empregado na determinação do peso próprio das estruturas. No entanto, também é possível manipular informações relativas à massa específica básica. Esta representa a relação entre a massa seca e o volume saturado.

28.3.2.3 Estabilidade dimensional da madeira

Para que as peças de madeira possam ser adequadamente empregadas é importante avaliar a propriedade que elas apresentam ao sofrerem alterações de volume e dimensões lineares quando seu teor de umidade varia entre a umidade atual e a condição de seca em estufa (retração), ou do estado seco (umidade zero) até a umidade desejada (inchamento). Esse fenômeno ocorre em consequência da perda ou absorção de água das paredes celulósicas das células do tecido lenhoso.

É apropriado e conveniente considerar essa característica da madeira, para efeitos de qualificação das espécies lenhosas, em termos de *variação volumétrica* e *variação linear*. A variação linear é examinada, ainda, conforme as três direções anisotrópicas principais: tangencial, radial e axial.

A estabilidade dimensional é definida por meio das deformações específicas de retração e inchamento para o material considerado ortótropo. Isto implica caracterizar o material em três direções: radial, tangencial e axial (variação linear).

Além dessas três direções, tem-se a caracterização volumétrica, que indica a variação do todo, simultaneamente para as três direções. Essas determinações são estabelecidas pelas medidas de variações de dimensões obtidas para o corpo de prova na condição de ensaio (com umidade) e seco em estufa (sem água). São valores expressos em porcentagem aplicados às três direções e obtidos a partir da relação genérica apresentada na Equação (28.4).

$$\varepsilon = \left(\frac{L_u - L_s}{L_u} \right) \cdot 100 \qquad (28.4)$$

em que:

ε = deformação específica;
L_u = dimensão da amostra na direção avaliada na sua condição de ensaio;
L_s = dimensão da amostra seca em estufa (sem umidade).

Quando se faz a determinação da variação volumétrica, é utilizada uma expressão similar, e nesse caso, os valores de L_u e L_s correspondem às variações de volumes.

Para exemplificar a alteração de volume na evolução da secagem, são mostradas as curvas da Figura 28.5. São diretamente proporcionais ao teor de umidade até o ponto de saturação ao ar (aproximadamente 25 %), e quase constantes para teores de umidade superiores ao mesmo. Isso reforça a afirmação de que a madeira não sofre variações dimensionais quando sua umidade é superior ao ponto de saturação.

O conhecimento da retratibilidade é importante, pois o mercado pode fornecer madeiras com umidade acima do ponto de saturação, que, quando empregadas na sua condição de trabalho, irão ao longo do tempo perder umidade até atingir a umidade referente à condição de seca ao ar. Nesse processo haverá variações dimensionais que podem gerar problemas às peças e à sua utilização. O caso contrário (inchamento) também pode ocorrer. Por exemplo, uma quadra com piso formado por tacos de madeira aplicados em condições de umidade adequadas (seca ao ar) poderá ganhar umidade em função da absorção de água por falta de impermeabilização da base, ou pela presença de água advinda de chuvas por falta de fechamentos laterais ou de outras condições indevidas. Portanto, conhecer tais propriedades é fundamental para evitar esse tipo de inconveniente.

O conhecimento da retratibilidade volumétrica das espécies lenhosas, além de permitir classificá-las conforme essa característica, orienta a escolha de madeiras para empregos adequados. Veja, por exemplo, a Tabela 28.2.

O índice de retratibilidade permite a classificação das espécies lenhosas de modo semelhante à precedente. Considerando-se madeiras já desdobradas em peças como tábuas, vigas etc., podem ser definidos quatro níveis com diferentes possibilidades de utilização (Tab. 28.3).

Fazendo-se uma comparação entre as retratibilidades, verifica-se que a retratibilidade axial é quase desprezível, que a tangencial é o dobro da radial e que a volumétrica é, aproximadamente, o somatório das anteriores. Isso vale para todas as espécies lenhosas em geral e, em termos médios, podem ser aceitos os valores constantes da Tabela 28.4.

Tal comportamento anisotrópico da retratibilidade linear decorre da existência de dois estratos de células, com desenvolvimento celular bem diferenciado, em cada anel anual de crescimento: o lenho inicial, de primavera-verão, e o lenho tardio, de verão-outono. O lenho tardio, constituído de paredes celulares espessas, tem, relativamente, movimento muito maior com as variações de umidade que o lenho inicial, constituído de fibras de paredes muito mais finas.

No sentido tangencial, os estratos de lenho tardio dominam a retratibilidade linear, atuando como feixes de molas em estiramento e arrastando todo o conjunto.

Na direção radial, as células dos dois estágios de crescimento alternam-se com tanta exatidão que o efeito fica atenuado. É preciso considerar, também, o efeito inibidor na retratibilidade radial dos raios medulares: feixes de células, muito numerosos em certas espécies, como o carvalho e o cedro, que se desenvolvem, com efeito de amarração, no sentido radial do lenho.

Esse anisotrópico comportamento da retratibilidade linear desperta no lenho tensões internas também

TABELA 28.4 Valores médios de retratibilidade das madeiras em geral (%)

Retratibilidade	Verde a 0 %	Verde a 15 %
Linear tangencial	4-14	2-7
Linear radial	2-8	1-4
Linear axial	0,1-0,2	0,05-0,1
Volumétrica	7-21	3-10

TABELA 28.2 Classificação das madeiras conforme sua retratibilidade

Retratibilidade total (%)	Qualificação	Exemplos
15-20	Forte	Toras com grandes fendas de secagem. Devem ser rapidamente desdobradas.
10-15	Média	Toras com fendas médias de secagem. Podem ser conservadas e usadas em forma cilíndrica (galerias de minas, pontaletes). Resinosas, em geral.
5-10	Fraca	Toras com pequenas fendas, aptas para marcenaria e laminados.

TABELA 28.3 Classificação e empregos das madeiras conforme o coeficiente de retratibilidade

Coeficiente de retratibilidade	Qualificação de retratibilidade	Exemplos de utilização
0,75-1,00	Exagerada	Madeiras dificilmente utilizáveis (algumas variedades de eucaliptos)
0,55-0,75	Forte	Madeiras para desdobro radial
0,35-0,55	Média	Madeiras de construção utilizáveis em carpintaria
0,15-0,35	Fraca	Madeiras para marcenaria e laminados

diferenciadas, causadoras de empenos, rachas e fendas de secagem. Mais exatamente, serão defeitos de secagem malconduzida.

Na Figura 28.6, ilustram-se alguns efeitos anisotrópicos da retratibilidade na seção transversal de peças de madeira diversamente situadas em relação aos anéis de crescimento.

Conforme o caso, impõem-se três principais precauções para atenuação dos efeitos de retratibilidade:

- emprego de peças de madeira com teores de umidade compatíveis com o ambiente;
- emprego de desdobro adequado;
- impregnação das peças com óleos e resinas impermeabilizantes.

A primeira precaução decorre da consideração de que a umidade da madeira, por absorção e cessão de água, tende a um equilíbrio com a umidade do ambiente. Experiências de secagem permitem o traçado de curvas de equilíbrio higroscópico que são de grande valia para a indispensável condução escalonada da secagem artificial das madeiras em estufas.

Portanto, para que as retrações e inchamentos não venham a prejudicar o desempenho de peças de serviço – alargamento de juntas entre tacos, empeno em lambris e esquadrias, surgimento de tensões imprevistas em peças de estruturas –, é indispensável que sejam empregadas com o mais seco possível teor de umidade para o ambiente, e mantidas nessa situação com cuidados de proteção e arejamento. Servem como orientação tabelas de teores adequados de umidade, conforme o ambiente de emprego (Tab. 28.5). Na Tabela 28.6 estão mostrados os índices de retratibilidade para algumas espécies de madeira.

A segunda recomendação – o desdobro adequado – é aplicável quando o custo de produção é compatível ao processo de *desdobro radial* e suas variantes. É um processo indicado quando se trata de produção de peças para a indústria aeronáutica e naval, fabricação de móveis e esquadrias de estilo e instrumentos musicais.

28.3.2.4 Condutibilidade elétrica

Bem seca, a madeira é um excelente material isolante de elevada resistividade; quando úmida, é condutora, como a maioria dos materiais que contêm sais minerais.

Suas características isolantes podem ser melhoradas pela impregnação, sob pressão, de resinas, baquelita etc., processos que melhoram também suas características mecânicas.

Para determinado teor de umidade, a resistividade depende da espécie lenhosa, do sentido em relação às fibras e da massa específica. É duas a quatro vezes mais fraca no sentido axial que no sentido transversal, e um pouco mais fraca no radial que no tangencial.

A madeira seca é, geralmente, um bom material isolante para instalações e equipamentos de baixa tensão, mas não se deve esquecer de que a umidificação pode prejudicar sua eficácia, donde a conveniência de pintura e envernizamento das peças como proteção adequada.

Valores médios de resistividade transversal (megaohms/cm) para as madeiras, em geral, variam conforme o teor de umidade (U em %), como, por exemplo: para U igual a 7 %, a resistividade resulta 22.000 megaohms/cm; para 10 %, 600 megaohms/cm; para 15 %, 18 megaohms/cm; e para 25 %, 0,5 megaohm/cm.

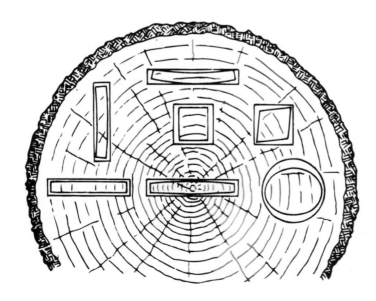

FIGURA 28.6 Efeitos de retratibilidade em peças de madeira.

Madeira como Material de Construção **689**

TABELA 28.5 Teores de umidade no emprego das madeiras

Tipo de construção	(%)	Teor de umidade correspondente	Tipo de secagem a realizar
Construções submersas, pilotis, pontes, açudes etc.	30	Madeira saturada de água acima do ponto de saturação ao ar	–
Construções expostas à umidade, não cobertas e não abrigadas: cimbres, torres, fôrmas e escoramentos etc.	18-23	Madeiras úmidas, ditas "comercialmente secas"	Secagem parcial no canteiro de obras
Construções abrigadas em local coberto, mas largamente aberto, como hangares, entrepostos, telheiro	16-20	Madeiras relativamente secas	Secagem no canteiro ou secagem artificial sumária
Construções em locais fechados e cobertos: carpintaria de telhados e entrepisos	13-17	Madeiras "secas ao ar"	Secagem natural ou artificial até aproximadamente 15 %
Empregos em locais fechados e aquecidos	10-12	Madeiras bem secas	Secagem artificial
Empregos em locais com aquecimento artificial	8-10	Madeiras dessecadas	Secagem artificial

TABELA 28.6 Retratibilidade em espécies lenhosas nacionais

Espécies	Radial (%)	Tangencial (%)	Volumétrica (%)
Açoita-cavalo	3,04	7,29	11,93
Cabriúva	2,75	6,12	10,03
Canela-preta	2,90	7,16	14,51
Cedro	2,96	5,40	11,81
Eucalipto tereticornis	6,46	17,10	23,24
Louro	3,42	7,78	10,30
Pinho	3,50	6,76	13,10
Peroba-rosa	3,70	6,90	12,20

Fonte: ITERS (1965).

A determinação da resistividade permite uma avaliação indireta da umidade do material. Existem no comércio diversos aparelhos que, baseados nessa correspondência, possibilitam uma determinação fácil, rápida e suficientemente precisa do teor de umidade de peças de madeira em depósitos de exportação, usinas de tratamento e instalações de secagem em estufa. Dispõem, em geral, de duas agulhas metálicas solidárias, mas convenientemente distanciadas, que são introduzidas com pouca pressão no topo das peças. Entre as duas agulhas faz-se passar uma fraca corrente elétrica. Um ohmímetro intercalado no circuito está graduado diretamente para o teor de umidade equivalente à resistência elétrica.

28.3.2.5 Condutibilidade térmica

A madeira é, termicamente, um mau condutor: sua estrutura celular aprisiona inúmeras pequenas massas de ar e está composta principalmente de celulose, que é má condutora de calor.

Chama-se *coeficiente de condutibilidade térmica* ou de *transmissão de calor* de um material o número K de quilocalorias que atravessa 1 m² de parede desse material durante uma hora, por metro de espessura e por grau de diferença de temperatura entre as duas faces da parede. Por exemplo, K igual a 0,04 para materiais muito isolantes; 0,1 para madeiras em geral; 0,5 a 1,0 para alvenarias de tijolos; 2 a 3 para pedras naturais; 50 para o aço; e 300 para o cobre.

690 Capítulo 28

Coeficiente de resistência térmica é o inverso do coeficiente de condutibilidade térmica, ou seja, igual a $1/K$.

Para se calcular a resistência térmica de uma parede de vedação, calcula-se separadamente a resistência térmica de cada elemento, considerando-se como tal o espaço de ar aprisionado; soma-se ainda, para cada elemento, um valor fixo chamado de efeito de parede. Esse efeito de parede, que independe da espessura – uma parede muito fina permanece ainda barreira térmica –, tem normalmente o valor de 0,2; um vazio com ar, de 4 a 15 cm, vale 0,18.

Uma parede de bom isolamento térmico supõe quase sempre um vazio de ar. Por exemplo, uma parede dupla de alvenarias de 15 cm, com 4 cm de espaçamento, terá como resistência térmica o valor indicado na Equação (28.5).

$$\frac{1}{K} = 2 \times \frac{0,15}{0,75} + 0,2 + 0,18 = 0,78 \qquad (28.5)$$

Uma parede dupla de madeira com 2,5 cm cada elemento e um espaçamento de 4 cm resultará no valor indicado na Equação (28.6).

$$\frac{1}{K} = 2 \times \frac{0,025}{0,1} + 0,2 + 0,18 = 0,88 \quad (28.6)$$

Conclui-se que as paredes de madeira são excelentes barreiras térmicas, o que justifica as casas nos países frios serem construídas ou revestidas de madeiras.

28.3.2.6 Condutibilidade sonora

O nível sonoro de um ruído é avaliado em decibéis (dB), unidade de intensidade fisiológica do som. O número de decibéis de um som é expresso pela Equação (28.7).

$$i = 10 \ \log \frac{I}{I_o} (\text{dB}), \qquad (28.7)$$

em que i é a intensidade fisiológica do som em decibéis; I, a intensidade física do som; e I_o, a intensidade de som correspondente ao limiar da percepção.

Um relógio e um murmúrio correspondem a 20 dB. Uma rua movimentada equivale a 60 dB, um banco de ensaio de motores, a 120 dB. O nível sonoro cresce segundo uma escala logarítmica: dois ruídos não se somam, superpõem-se; o resultado é apenas mais forte que o mais alto dos dois, o mais fraco torna-se inaudível.

Estreitamente relacionados com as propriedades acústicas dos materiais estão seus empregos como materiais de isolamento acústico e de absorção acústica. As madeiras, em geral, são contraindicadas para isolamento acústico, mas são bons materiais para tratamentos de absorção acústica.

a) Isolamento acústico

A propagação de um som por uma parede determina um enfraquecimento do nível sonoro; esse enfraquecimento é função logarítmica do peso da parede. Varia de 14 dB, aproximadamente, para uma parede de 1 kg/m², até 54 dB, para uma parede de 1 t/m². Os materiais muito leves apresentam um isolamento da ordem de 2,5 dB por centímetro de espessura.

O valor do isolamento acústico dos diferentes materiais é levado em consideração nos projetos de isolamento acústico, conforme normas para isolamento e absorção acústica (exemplos na Tab. 28.7). Fixado o nível de som compatível com o ambiente e conhecido o nível de som exterior, obtém-se, por diferença, a queda de som a realizar-se com paredes e vedações.

A madeira, por ser um material leve, determina apenas uma pequena redução sonora quando em paredes de vedação. Mesmo os tabiques de contraplacados duplos propiciam um mau isolamento acústico; seria preciso encher o vazio com um material isolante.

b) Condicionamento acústico

No interior de um recinto, no qual é emitido um som de determinado nível sonoro, certos elementos atenuam sua intensidade ao refletirem e absorverem uma parte do som, por exemplo, os móveis, os ocupantes e as paredes.

O coeficiente de absorção dos vários materiais envolvidos interessa para o cálculo de condicionamento acústico, procedimento pelo qual se procura garantir em um recinto o tempo ótimo de reverberação e, se for o caso, também a boa distribuição sonora. Por tempo de reverberação entende-se o tempo, em segundos, para que um som deixe de ser ouvido, depois de cessar a emissão na fonte sonora. Na Tabela 28.8 são apresentados alguns exemplos de coeficientes de absorção acústica para alguns materiais.

TABELA 28.7 Valores de isolamento acústico de diversos materiais

Material	Espessura	dB
Alvenaria de tijolo maciço	30 cm	53
Concreto, laje entre pavimentos	–	68
Vidro de janela	1,8-3,8 mm	24
Compensado de madeira	6,5 cm	20
Chapas de fibra de madeira	12 mm	18

TABELA 28.8 Coeficientes de absorção acústica, por m^2 de parede, de alguns materiais, para uma frequência do som de 500 C/s

Materiais	Coeficiente
Alvenaria rebocada	0,025
Chapas acústicas de fibra de madeira	0,64
Concreto simples	0,02
Lambri de madeira	0,06
Piso de madeira	0,09
Piso cimentado	0,012
Cortina leve	0,10

A madeira apresenta-se, portanto, como um excelente material para absorção acústica; o revestimento com madeira das paredes de uma sala determina um enfraquecimento fônico da ordem de 5 dB. Esse efeito depende ainda do tratamento superficial da madeira. Papel de parede e pintura projetada aumentam a absorção do som, enquanto verniz e laca diminuem.

28.3.2.7 Resistência ao fogo

Nas construções, um incêndio nasce, propaga-se e extingue-se, conforme os materiais envolvidos.

A preocupação usual é classificar os materiais conforme sua resistência a temperaturas da ordem de 850 °C, temperaturas que ocorrem no centro de um incêndio. Para que um incêndio se extinga, é preciso que os materiais possam resistir a essas temperaturas, e a madeira, em caso algum, poderá extinguir um incêndio.

A madeira natural, não tratada, prende fogo espontaneamente em temperaturas da ordem de 275 °C – quando há suficiente oxigênio em contato com ela, para que tenha lugar a combustão. Esta é, de início, superficial. Forma-se uma verdadeira cortiça de madeira dura, meio calcinada, sem as primitivas características físico-mecânicas, mas não possuindo mais gases de fácil inflamação.

Mantendo-se a temperatura em torno de 275 °C, o fogo interrompe quando a espessura da madeira calcinada atinge 10 mm, aproximadamente, e uma peça com mais de 25 mm conservará ainda certa solidez. Constata-se, por outro lado, que, em um incêndio normal, a velocidade de combustão da madeira é da ordem de 10 mm a cada 15 minutos.

Aumentando-se a temperatura exterior, a madeira continua a queimar e, em certos casos, alimenta o incêndio. De qualquer maneira, uma viga de madeira maciça, em um incêndio de 1000 a 1100 °C,

mantém sua resistência mecânica praticamente inalterada. Um perfil metálico, ao contrário, tem sua resistência completamente alterada e pode entrar em colapso com temperaturas da ordem de 300 °C – nível de temperatura que realiza no metal, por tratamento térmico, uma completa alteração de sua estrutura e composição metalográfica. Esse fato é levado em consideração na avaliação de taxas de seguro contra fogo e nos regulamentos de procedimentos para extinção de incêndios.

É possível, portanto, classificar as estruturas de madeira em diferentes categorias; as que a 300 °C propagam o incêndio, perdendo rapidamente toda a resistência mecânica, e as que resistem durante certo tempo a temperaturas elevadas. Essas duas categorias diferenciam-se unicamente pelas dimensões mínimas das peças existentes: toda peça com espessura inferior a 20 mm é considerada propagadora de incêndio. Peças com tal dimensão devem ser sistematicamente recusadas; havendo necessidade de mantê-las, devem ser ignifugadas. Uma opção seria promover o seu tratamento superficial com pintura, com tintas ignífugas.

As peças de madeira com mais de 25 mm oferecem menos risco; em todos os casos, porém, onde não houver grande possibilidade de correntes violentas de ar na ativação do incêndio.

As peças com mais de 50 mm de espessura podem ser empregadas normalmente: do ponto de vista de segurança, serão sempre menos perigosas que as metálicas.

Deve-se considerar, além do que foi dito, que a madeira não produz mais do que 800 calorias por quilograma de material, enquanto a maioria dos materiais sintéticos que participam nas construções produz de 1000 a 2000 calorias, como borrachas, plásticos, betuminosos etc.

Existem no comércio diversos produtos que são ignífugos ou retardantes do fogo, à base de fosfatos ou silicatos, para pintura superficial ou impregnação sob pressão.

Mais detalhes, especialmente para o dimensionamento (projeto) da madeira em situação de incêndio, devem ser obtidos em textos normativos específicos e disponibilizados na ABNT NBR 7190-1:2022 e normas correlatas.

28.3.3 Propriedades Mecânicas da Madeira

A capacidade de resistência e rigidez da madeira depende da direção da solicitação com relação às fibras. Isso porque todas as características mecânicas do material estão estreitamente relacionadas não só com a anisotropia da madeira, mas também com sua heterogeneidade, sua capacidade de absorver água, considerando sua variedade, forma de distribuição e concentração de seus principais constituintes celulares, quais sejam: fibras e traqueídes, vasos lenhosos, raios medulares e células parenquimáticas. Cada um desses elementos contribui de maneira diversa para a resistência mecânica do material às diferentes solicitações.

Os feixes de fibras são os principais elementos de resistência mecânica do material.

Quando os vazios das fibras são grandes, as madeiras são moles e pouco resistentes. Quando as fibras são longas, os tecidos são mais ligados e a resistência à flexão é maior. Uma grande concentração de fibras em feixes fortes confere ao lenho compacidade e rigidez, ao passo que, em fraca proporção e repartição regular, originam flexibilidade.

Os vasos lenhosos e canais secretores constituem os principais vazios no tecido lenhoso e, portanto, pontos fracos de resistência mecânica.

Os raios medulares são, também, elementos de enfraquecimento, à medida que formam planos de menor resistência, ao longo dos quais, sob solicitação, podem se desenvolver fendas e deslocamentos transversais de início de rupturas.

As células de parênquimas, pouco rígidas, dão à madeira plasticidade e permitem o jogo dos outros elementos, principalmente durante a secagem.

28.3.3.1 Tração e compressão na direção das fibras – resistência e rigidez

Em serviço, a madeira, cuja estrutura fibrosa em feixes se presta exatamente para esforços de tração axial, raramente rompe por tração pura. Rompe, quase sempre, quando solicitada em tração axial, sob a ação de esforços secundários e parasitas que acompanham a solicitação, resultantes das necessidades de transmissão do esforço por meio de ligações. Essas ligações interrompem as fibras, reduzem a seção resistente e originam na peça solicitações secundárias de compressão normal, cisalhamento ou fendilhamento, às quais o material oferece muito menor resistência.

Na tração axial, as contrações transversais, decorrentes da solicitação, aproximam os feixes de fibras, reforçando, portanto, sua coesão e aderência mútua, exatamente ao contrário do que acontece na compressão axial, em que as tensões internas provocam o afastamento das fibras umas das outras, determinando a ruptura das mesmas por flambagem individual. É por essa razão que a ruptura da madeira

por tração ocorre sob forças mais elevadas (aproximadamente 30 % maior) que sob compressão.

Na prática, estudam-se duas situações especiais – direção axial e direção transversal às fibras – a partir das quais avaliam-se as direções intermediárias.

Do ponto de vista estrutural, a solicitação axial de tração ou de compressão representa uma situação apropriada por produzir tensões igualmente distribuídas em toda a área da seção transversal, uma vez que todas as fibras têm a mesma solicitação. Portanto, a ruptura acontecerá somente quando a máxima tensão permitida é aplicada em todas as fibras simultaneamente, sem pontos de ociosidade. O aproveitamento do material é total. Esses efeitos são similares quando se avaliam as deformações do material, ou seja, a rigidez é igualmente favorecida com essa forma de distribuição de esforços internos. O ideal é que se tenham estruturas nas quais as barras apresentem somente forças axiais de compressão ou tração.

Efeitos adicionais aparecem quando uma barra é solicitada por compressão, especialmente o fenômeno da flambagem. Por isso, a capacidade de uma barra comprimida também depende do seu comprimento, além das dimensões da seção transversal. Para a caracterização da madeira comprimida, a norma brasileira considera ensaios sem perda de estabilidade, seja para corpos de prova isentos de defeitos ou em peças estruturais como estabelecido na ABNT NBR 7190-3:2022 ou ABNT NBR 7190-4:2022, respectivamente. Há que se considerar, quando necessário, a influência de defeitos nas barras conforme prescrito na ABNT NBR 7190-2:2022.

A determinação experimental das forças de ruptura por tração simples exige corpos de prova adequados. Mecanismos especiais precisam ser utilizados para se obter uma forma satisfatória para os cabeços (extremidades longitudinais) dos corpos de prova, a fim de que transmitam integralmente a força sem solicitações secundárias. Empregam-se, normalmente, corpos de prova com a forma ilustrada na Figura 28.7, providos de extremidades com maior seção transversal para garantir a fixação nas garras da máquina de tração e induzir a ruptura na parte central dos corpos de prova onde há menor área.

A rigidez da madeira na direção paralela às fibras é determinada por seu módulo de elasticidade em ensaios semelhantes aos da compressão e representados por E_{c0}. A determinação experimental é feita a partir de ensaios rigorosamente conduzidos de acordo com a norma específica, em que a velocidade, a forma de aplicação de forças e outros detalhes importantes são rigorosamente controlados.

FIGURA 28.7 Corpos de prova para ensaios de tração axial.

28.3.3.2 Resistência à compressão normal e oblíqua às fibras

Submetida a esforços de compressão transversal, normal às fibras, logo após uma fase muito breve de deformações elásticas, a madeira esmaga-se, indefinidamente, sob ações crescentes e ilimitadas ou sofre fendilhamentos consideráveis sob uma força aproximadamente constante. De qualquer modo, torna-se inapta para resistir a outros esforços. É sobre a tensão no limite de proporcionalidade que se calculam as resistências de segurança para esse tipo de solicitação. Varia conforme a orientação da força em relação aos anéis de crescimento: máxima no sentido tangencial, média no radial e mínima quando a 45° em relação a eles.

A resistência das madeiras à compressão normal depende ainda, e consideravelmente, da extensão e distribuição das forças sobre a face carregada da peça em serviço. Será maior e crescente quando ficarem livres margens descarregadas com extensões, medidas no sentido das fibras, iguais ou superiores à metade da extensão do carregamento; de qualquer modo, nunca inferior a 1,5 vez a espessura da peça (Fig. 28.8). As tensões no interior da peça distribuem-se aproximadamente segundo um bulbo de pressões, atingindo uma zona de influência com dimensão maior que a extensão do carregamento.

É uma solicitação mecânica muito frequente nas construções e em estruturas de madeira em geral, que aparece na região de apoios de vigas, entre arruelas e conectores nas ligações, em dormentes pela solicitação dos trilhos etc. O ensaio de compressão normal está indicado na norma brasileira, caracterizado pela aplicação de compressão normal sobre uma face do corpo de prova por meio de uma chapa metálica indeformável. Para determinação do limite de proporcionalidade são registradas as deformações para incrementos sucessivos de força.

Cumpre observar que, frequentemente, a compressão nem é rigorosamente axial nem transversal. Por isso, é necessário conhecer para a compressão oblíqua valores de resistência intermediários aos dos casos extremos. A fórmula geral, chamada fórmula de Hankinson – Equação (28.8) –, permite o cálculo da resistência em qualquer direção intermediária entre 0° (paralela) e 90° (perpendicular), a partir dos valores nessas duas direções. A propósito, variações de ângulos inferiores a 6° podem ser desprezadas. Assim, a expressão será usada para ângulos entre 6° e 84°.

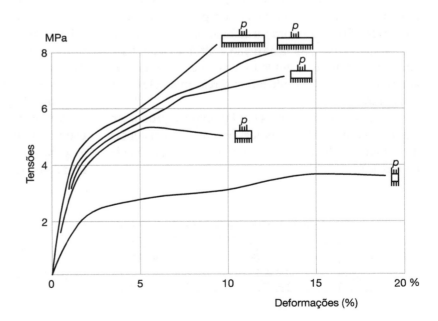

FIGURA 28.8 Compressão normal às fibras, função da distribuição das forças.

$$f_\alpha = \frac{f_0 \times f_{90}}{f_0 \cdot \mathrm{sen}^2\alpha + f_{90} \cdot \cos^2\alpha} \qquad (28.8)$$

em que α é o ângulo de inclinação entre a direção do carregamento e a direção das fibras.

28.3.3.3 Resistência à tração normal às fibras

O tecido lenhoso opõe como resistência, diante de uma solicitação de tração normal, apenas a aderência mútua entre as fibras. Essa aderência é muito fraca e o descolamento não exige esforços consideráveis. É recomendável, na prática, evitar esforços desse gênero nas peças em serviço; quando forem inevitáveis, devem ser previstos dispositivos de reforço, por exemplo, chapas ou estribos metálicos.

Ao contrário das demais características mecânicas, não se altera conforme a massa específica da madeira: a aderência entre as fibras não está relacionada com a densidade do tecido lenhoso; depende da composição química do aglomerante das fibras e da disposição relativa dos elementos celulares.

28.3.3.4 Resistência e rigidez à flexão

Na flexão, dois tipos de solicitações estão presentes em uma peça carregada: compressão nas fibras de intradorso e tração nas de extradorso. O diferente comportamento do material aos dois tipos de solicitação determina, para tensões que ultrapassam o limite de resistência à compressão no bordo comprimido, um início prematuro de rupturas ali localizadas. O resultado é uma redução da seção resistente e uma migração da linha neutra em direção ao bordo tracionado. As peças rompem por ruptura e estilhaçamento das fibras do bordo tracionado, quando a tensão limite de resistência à tração é ultrapassada. Esse comportamento é acentuado nas peças de grande altura de seção que conduzem a forças mais elevadas de ruptura.

Os ensaios conduzidos em laboratório produzem valores representativos indicados por f_M (resistência da madeira à flexão) e E_{M0} (módulo de elasticidade na flexão).

Nos diagramas de distribuição das tensões na seção da peça flexionada, mostrados na Figura 28.9, o diagrama (a) corresponde ao comportamento dos materiais ideais conforme a fórmula estabelecida pela resistência dos materiais; a distribuição real das tensões, por ocasião da ruptura, corresponde ao diagrama (b); em (c), o diagrama (b) aparece retificado. Constata-se, portanto, que em uma peça fletida não se consegue o aproveitamento completo da seção transversal, ou seja, a distribuição de tensões não é uniformemente distribuída. Enquanto as fibras externas são solicitadas por tensões limites, as fibras mais internas mantêm-se com tensões inferiores – em pontos mais centrais onde atingem o valor nulo.

28.3.3.5 Resistência ao fendilhamento

O fendilhamento é uma característica típica de materiais fibrosos como a madeira. Traduz-se por um descolamento ao longo das fibras, provocado por um esforço de tração normal às mesmas e exercido excentricamente em relação à seção considerada. Para efeito de ensaios em corpos de prova, o esforço é aplicado na extremidade de uma peça entalhada, em que, por se tratar da ação de um momento fletor, a resistência depende do braço de alavanca de aplicação da força. Essas condições estão descritas na ABNT NBR 7190-3:2022.

Os resultados são dados pela máxima tensão, dividindo-se a força de ruptura pela seção de fendilhamento. Têm significado apenas convencional, pois dependem da forma e das dimensões do corpo de prova, servindo exclusivamente como índices comparativos da resistência ao fendilhamento entre espécies diferentes.

Caracterizam, no entanto, a fissibilidade das diferentes espécies de madeira, informação interessante quando se trata de utilizá-las em seções compostas ou ligações pregadas.

Assim como a tração normal às fibras, é uma solicitação que deve ser evitada na execução das estruturas de madeira. Pode ser atenuada com a furação prévia nas ligações pregadas, com a colagem ou associação de peças a contrafio e com o emprego correto de conectores, cavilhas e blindagens.

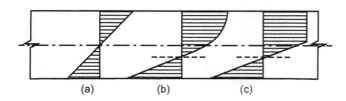

FIGURA 28.9 Provável distribuição de tensões em peças flexionadas para diferentes níveis de carregamento.

28.3.3.6 Resistência ao cisalhamento

Os esforços que provocam o deslizamento de um plano sobre o outro, cisalhamento puro, podem ocorrer nas peças de madeira paralela, oblíqua ou normalmente às fibras.

A resistência é mínima quando o cisalhamento se desenvolve paralelamente às fibras; é o que mais ocorre na prática, e para isso se realizam os ensaios. Está presente nas vigas, nas quais o esforço cortante produz, usualmente em regiões próximas aos apoios, uma solicitação de cisalhamento longitudinal igual ao cisalhamento transversal. Ocorre na maioria dos tipos de ligações, principalmente nas ensambladas ou entalhadas. A resistência ao cisalhamento longitudinal é muito afetada pela presença de defeitos preexistentes, principalmente fendas e fissuras de origem variada.

O cisalhamento normal às fibras praticamente não chega a ocorrer; a ruptura dá-se por esmagamento das fibras que suportam a aplicação da força.

28.3.3.7 Resistência à penetração e ao desgaste: dureza superficial

Dureza superficial é a resistência do material à penetração localizada, à riscagem e ao desgaste.

Qualquer ensaio proposto fornecerá um resultado apenas convencional, pois depende essencialmente do método empregado. A norma atual adota o método Janka, que consiste em medir o esforço necessário para introduzir no topo (sentido axial) dos corpos de prova uma semiesfera de aço, de um centímetro quadrado de seção diametral, até uma profundidade igual ao raio. Em cada corpo de prova são feitas impressões pela penetração da semiesfera em que se mede a força exercida. A relação entre a força e a área da semiesfera indica a dureza característica da espécie lenhosa. É medida na direção paralela às fibras e na direção perpendicular às fibras. A descrição detalhada do ensaio de dureza está na ABNT NBR 7190-3:2022.

Esse ensaio tem os seguintes significados:

- relacionado às demais características mecânicas do material, por meio de fórmulas de correlação, é um índice de qualidade, com todas as conveniências de um ensaio não destrutivo;
- relacionado à resistência ao desgaste, permite selecionar as madeiras de maior dureza superficial para emprego em pavimentação, como tacos ou parquês;
- relacionado à facilidade de afeiçoamento, permite caracterizar as madeiras quanto à trabalhabilidade e adequar ferramentas e máquinas;
- finalmente, as madeiras mais duras são as que opõem mais resistência ao arrancamento de pregos e outros elementos de ligações.

28.3.3.8 Ações de grande duração: fluência

As condições de desempenho de muitas estruturas de madeira antigas, de mais de 100 anos e ainda em serviço, confirmam a grande durabilidade do material e sua capacidade para suportar solicitações de longa duração. A capacidade resistente permanece, apesar de peças de madeira sujeitas a ações prolongadas sofrerem, durante certo tempo, deformações contínuas e progressivas. O material apresenta crescentes deformações provenientes do lento escoamento ou fluência do material, originado pelo prolongado tempo de duração. Esse fenômeno pode ser atribuído a alterações na estrutura íntima do material tensionado e ao gradual deslizamento dos elementos celulares uns em relação aos outros.

Qualquer material, quando solicitado prolongadamente sob tensões superiores às de seu estágio de elasticidade, pode, conforme sua natureza, perder sua elasticidade e tornar-se frágil ou acentuadamente plástico.

Nas madeiras, tudo se passa como se as deformações finais fossem resultantes de uma componente elástica e de uma componente plástica que intervêm em medidas diferentes conforme o tempo de atuação da solicitação. Se esta for aplicada rapidamente e permanecer por curto período, a componente plástica não intervirá e a deformação será predominantemente elástica, o que se traduzirá por maior resistência. Se, pelo contrário, a componente plástica se sobrepuser à componente elástica, a deformação progredirá continuamente, passando a ruptura da madeira a depender da resistência à componente plástica.

No gráfico experimental mostrado na Figura 28.10 de autoria de Lymann Wood, estão relacionadas essas forças em correspondência com o tempo em que atuaram até se produzir a ruptura do corpo de prova. Ao valor de 100 % de resistência corresponde o tempo de atuação do ensaio normal, cerca de 1 minuto.

Como a escala de tempo é logarítmica, a reta obtida traduz uma proporcionalidade das forças de ruptura ao logaritmo do tempo de atuação.

Outra conclusão importante, mostrada pelo gráfico, é que a força de ruptura, ao fim de 27 anos de

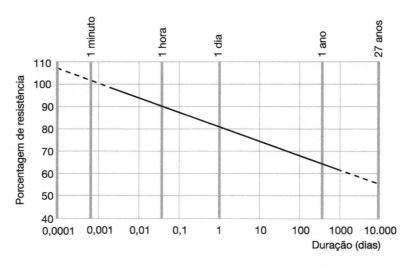

FIGURA 28.10 Ensaios de fluência na flexão, porcentagem da resistência normal em função do tempo de duração do carregamento. Fonte: adaptada de Wood (1951).

atuação, corresponde a 56 % daquela que determinaria a ruptura no ensaio normal. Esse valor já havia sido obtido antes de se concluírem os ensaios conduzidos pelo pesquisador norte-americano; antes que se interpretassem os dados que iam sendo colecionados, a análise de resultados anteriormente obtidos demonstrava que a força de ruptura de uma viga sob a ação de carregamento prolongado era sensivelmente igual à força correspondente ao limite de proporcionalidade do ensaio normal, aproximadamente 9/16 = 0,56 da força de ruptura.

Esse valor deverá, portanto, ser considerado na determinação da resistência de cálculo das estruturas de madeira. Em outras palavras, as peças das estruturas deverão ser dimensionadas para trabalhar no regime de deformações elásticas do material, isto é, com tensões inferiores ao limite de proporcionalidade, a fim de ficarem preservadas de fenômenos de fluência.

O módulo de elasticidade praticamente não é afetado pela duração do carregamento. Entretanto, como as deformações aumentam continuamente, embora muito lentas, torna-se necessário, em certos casos, reduzir a fluência do material a fim de que as deformações não excedam certos limites. Nas vigas sob ação permanente, as flechas podem atingir valores duplos dos iniciais ao fim de alguns anos de serviço. Embora tal fato não comprometa a segurança (permanecendo as tensões de trabalho aquém das de segurança), poderá representar sério inconveniente não só estático como funcional para a estrutura. Nesses casos, equivale a calcular a deformação inicial com uma força permanente dupla da prevista, ou adotar módulo de elasticidade igual à metade do indicado nas tabelas, ou, ainda, usar o recurso da contraflecha.

Todos os efeitos de fluência são acentuados por condições variáveis de temperatura e umidade.

Na prática, o projetista não precisa quantificar esses valores nos projetos, pois os procedimentos indicados na norma brasileira incluem todos esses fatores, garantindo a condição de segurança para estados limites de serviço.

28.4 IMPERFEIÇÕES RESULTANTES DA ANATOMIA DAS MADEIRAS

28.4.1 Principais Defeitos das Madeiras

São considerados como defeitos nas madeiras todas as anomalias em sua integridade e constituição que alteram seu desempenho e suas propriedades físico-mecânicas.

A normalização dos defeitos, ou seja, a definição exata de sua terminologia e padronização, é básica para qualquer preocupação de classificação das madeiras em categorias de qualidade, com finalidades tanto comerciais quanto tecnológicas. Somente com base na sua perfeita identificação, assim como em critérios normalizados para localização, grupamento e dimensionamento dos mesmos, é que poderão ser definidas as especificações de qualidade de madeiras, para efeitos de emprego, controle de qualidade e classificação por categorias.

Na ABNT NBR 7190-2:2022, têm-se os critérios de classificação visual e mecânica de peças estruturais de madeira. Os defeitos considerados na classificação visual de peças de madeira serrada são: presença de medula, presença de nós, inclinação excessiva das fibras, fissuras passantes e não passantes, distorções dimensionais (encurvamento, arqueamento, encanoamento, torcimento e esmoado), ataques biológicos, danos mecânicos ou bolsas de resina. São quantificados os seguintes aspectos: presença de nós, inclinação das fibras, fissuras, encurvamento, encanoamento, arqueamento, torcimento e esmoado (ausência de madeira).

Esses defeitos, conforme as causas de sua ocorrência, podem ser entendidos como:

- defeitos de crescimento: decorrentes de alterações no crescimento e estrutura fibrosa do material;
- defeitos de secagem: em razão de secagem malconduzida;
- defeitos de produção: decorrentes do desdobro e aparelhamento das peças;
- defeitos de ataques biológicos: provocados por agentes de deterioração, como fungos, insetos etc.

28.4.2 Defeitos de Crescimento

Os principais defeitos de crescimento são os nós e os desvios de veio (fibras torcidas).

a) Nós

Resultantes do envolvimento de ramos da árvore primitiva, vivos ou mortos, e efetivados por novas e sucessivas camadas de crescimento do lenho.

Conforme o caso, resultarão nós vivos, quando tiverem continuidade com o tecido lenhoso envolvente, e nós mortos, quando descolados e não aderentes ao tecido lenhoso. Serão ainda denominados nós alterados, viciados, podres e sãos, conforme apresentem ou não alteração e apodrecimento.

É o defeito com mais destaque nas madeiras de obra. Se não for levado em consideração, pode ser o mais prejudicial, causando dificuldades tanto técnicas como administrativas, embora muitas vezes não apresente qualquer inconveniente no emprego estrutural do material. Sob esse ponto de vista, sua influência no desempenho da peça em serviço vai depender de seu tipo, dimensões, localização na peça e solicitação mecânica atuante. De qualquer maneira, os nós frouxos e alterados devem ser proscritos liminarmente de peças com responsabilidade estrutural.

A presença de um nó vivo são (curado), seco e aderente pouco prejudica a resistência da madeira na compressão, no máximo, em 20 %, quando situado a meia altura da peça, sobre uma aresta e com dimensão da ordem de 1/7 da menor dimensão na seção resistente.

Na tração, ao contrário, os nós têm influência considerável, mesmo quando sãos e aderentes, o que é consequência da baixa resistência que o lenho apresenta quando solicitado à tração em uma direção acentuadamente oblíqua em relação ao fio das fibras, como acontece na vizinhança desses defeitos. Nas vigas, sob flexão estática, deve-se cuidar que os nós se situem somente na zona comprimida das peças.

A resistência ao cisalhamento praticamente não é afetada pela presença de nós, podendo até favorecê-la, quando quebram a continuidade das fendas que tendem a reduzi-la. As especificações não impõem redução de suas dimensões na linha média das vigas junto aos apoios, nos quais as tensões tangenciais são máximas.

O que as especificações, geralmente, proíbem são os nós agrupados, por não ser fácil estabelecer um critério de medição somatória que se ajuste à depreciação que causam – pelo menos não são permitidos dois ou mais nós com as dimensões máximas admissíveis.

b) Desvios de veio, fibras torcidas

As madeiras são ditas de veio linheiro, quando o desenvolvimento longitudinal de suas fibras é sensivelmente paralelo ao eixo vertical do tronco. Os desvios de veio são consequência de um crescimento acelerado de fibras periféricas, enquanto permanece estacionário o crescimento interno.

Nas peças estruturais de madeira de obra, o desvio de veio é avaliado pelo afastamento angular das fibras em relação a uma linha paralela ao eixo ou às arestas da peça. Pode resultar ou de operações de serragem, nas quais os planos de corte não são paralelos ao veio da madeira, ou do aproveitamento de toras encurvadas.

As *fibras torcidas*, ou fio torcido, resultam de uma orientação anormal das células lenhosas que, em vez de se disporem paralelas à medula, se distribuem segundo uma espiral em torno dela. Acontece normalmente no lenho próximo das raízes.

Os desvios de veios e as fibras torcidas acentuam e perturbam consideravelmente a já preocupante anisotropia do material. Têm grande importância na seleção do material para estruturas, pois, além de alterar significativamente a resistência das peças, são responsáveis pelos empenos em forma de arco ou hélice, mesmo para pequenas flutuações de umidade, tanto que é muito frequente os dois defeitos ocorrerem associados na mesma peça.

698 Capítulo 28

Em face de variações de umidade, os desvios de fibras provocam tensões internas que têm grandezas proporcionais às dimensões das peças. A redução de resistência em virtude desses dois defeitos será sempre maior em peças estruturais que a determinada em corpos de prova normalizados.

28.4.3 Defeitos de Secagem

Provocados por efeitos de retratibilidade do material, quando perde sua umidade nos processos de secagem natural ou artificial. Compreendem as rachaduras, fendas, fendilhamentos e os empenamentos de abaulamento, arqueamento e encurvamento das peças, descritos a seguir:

- *rachaduras*: aberturas radiais de grande extensão no topo de toras ou peças, produzidas por agentes mecânicos ou más condições de secagem;
- *fendas*: pequenas aberturas radiais do topo das peças resultantes da movimentação ou secagem;
- *fendilhado*: pequenas aberturas ao longo das peças decorrentes da secagem;
- *abaulamento*: empenamento no sentido da largura da peça, expresso pelo comprimento da flecha do arco respectivo;
- *curvatura*: encurvamento longitudinal das peças provocado por operações de secagem ou defeitos de serragem;
- *curvatura lateral*: encurvamento lateral das peças.

As fendas, em geral, como os nós, são defeitos frequentes em peças de madeira, principalmente as radiais, formadas durante o processo de secagem, resultantes das tensões que se introduzem na madeira em função da desigual retração da massa lenhosa. As camadas periféricas que secam mais depressa ficam sujeitas a esforços de tração transversal que tendem a romper a madeira segundo planos radiais. As fendas liberam tanto essas tensões como aquelas de compressão que ocorrem no núcleo interno pelo efeito de cintamento das camadas externas.

Em peças submetidas à tração axial, em que não exista desvio de fibras ou fibras torcidas, as fendas, por se orientarem paralelamente ao eixo das peças, praticamente não têm efeito desfavorável sobre a resistência.

Na compressão axial, podem ocasionar rupturas prematuras, pois separam grupos de fibras onde se concentram as tensões.

No cisalhamento, equivalem a uma redução da seção resistente. Pode-se dizer que esse defeito é o que mais afeta a resistência ao cisalhamento.

É evidente, portanto, que o efeito das fendas sobre a resistência de madeiramentos sujeitos a flexão depende da maior ou menor distância a que se encontram do plano neutro, no qual as tensões de cisalhamento longitudinal são máximas. Quando situadas junto do bordo de compressão ou do bordo de tração, o seu efeito pode ser considerado reduzido ou nulo, a menos que ocorra em zonas de fibras desviadas ou torcidas.

28.4.4 Defeitos por Ataques Biológicos

O ataque de predadores, fungos e insetos causa, muitas vezes, reduções consideráveis na seção resistente de peças estruturais. Tem ainda um efeito de reforço e agravamento dos demais defeitos preexistentes.

Pelo menos dois grandes inconvenientes recomendam sua exclusão em peças destinadas a estruturas: a impossibilidade de estimar, por inspeção visual, seu desenvolvimento e, mesmo quando se tornam medidas de profilaxia adequada, o risco de que um ataque incipiente ou debelado de início possa desenvolver-se no futuro até comprometer a segurança.

A necessidade do tratamento de conservação em peças estruturais, contra o ataque de fungos e insetos, torna-se inevitável, na medida em que é irreversível a tendência para emprego de seções resistentes cada vez mais reduzidas, pela adoção de tensões de segurança mais elevadas e utilização de ligações mais eficientes. Resulta, então, uma margem menor para aceitação de defeitos que se possam agravar com o tempo, como é o caso em questão.

28.5 SECAGEM E PRESERVAÇÃO

28.5.1 Secagem das Madeiras

O emprego das madeiras, com responsabilidade de economia e segurança, exige a obtenção de um grau de umidade nas peças compatível com o ambiente de emprego e o mais reduzido possível.

Esse teor de umidade, que deve ser o de equilíbrio higroscópico da umidade do material, com a provável umidade do ambiente de emprego, representa uma garantia contra o aparecimento de consequências da retratibilidade (empenos e rachaduras) e uma maximização de suas disponibilidades de resistência mecânica.

28.5.1.1 Vantagens da secagem

A secagem do material, portanto, além de necessária, apresenta algumas vantagens, como:

- diminui consideravelmente o peso do material, favorecendo o transporte e o projeto das estruturas;
- a madeira seca torna-se estável, apresentando, na pior das hipóteses, um mínimo de retração em suas dimensões;
- à medida que for sendo eliminada a água de impregnação do tecido lenhoso, a resistência do material aumentará de maneira considerável e progressiva;
- a madeira seca é mais resistente aos agentes de deterioração, principalmente à ação de fungos, que necessitam de teores elevados de umidade para sobreviver;
- os produtos de impregnação nos processos de preservação das madeiras, para atingirem uma penetração satisfatória, exigem determinado estágio de secagem ou, pelo menos, ausência de água livre;
- a madeira precisa estar seca para receber pintura ou envernizamento de proteção.

28.5.1.2 Desenvolvimento da secagem

No tópico referente à umidade nas madeiras foi visto que ela subsiste, no interior do tecido lenhoso, sob a forma de água de constituição, água de impregnação e água livre.

Podem ser subtraídas, por secagem, a água que existe livre nos vazios capilares e a água de impregnação das paredes celulósicas das células.

Logo que a árvore é abatida, a madeira principia a perder seu conteúdo de água livre, de modo mais ou menos rápido e sem sofrer qualquer tipo de retração. A seguir, havendo condições para tal, evapora a água de impregnação, de modo muito mais lento e acompanhado de contrações, até a madeira atingir um teor de umidade em equilíbrio com o ambiente no qual se encontra. A perda gradativa dessas duas frações de umidade tem um desenvolvimento e uma dependência de fatores internos e externos que devem ser levados em consideração em qualquer processo de secagem.

O desenvolvimento da secagem de peças de madeira processa-se por meio de uma evaporação superficial, acompanhada de uma transfusão interna de umidade, do núcleo para a periferia.

A velocidade da evaporação superficial é diretamente proporcional ao gradiente entre a pressão do vapor de água no tecido lenhoso do material (pressão máxima de vapor saturante) e a pressão do vapor de água do ambiente de secagem (função da temperatura e do grau higrométrico).

A velocidade de transfusão da umidade do núcleo para a periferia depende da constituição do tecido lenhoso e das condições da água livre e da água de constituição no mesmo.

Quanto mais traquídeos e vasos condutores contiver o tecido lenhoso, mais rápida será a migração da umidade.

Parte da água livre não é tão livre como se diz. Em algumas espécies, uma fração da mesma adere por adsorção, sob forte tensão superficial, às paredes internas das células. Em outras, a água de impregnação está fortemente aderida às fibrilas de celulose que constituem as paredes das células nas quais se infiltrou, ou mantém-se em suspensão coloidal com as próprias substâncias da madeira.

Um procedimento de secagem está bem conduzido quando se atinge uma perfeita sincronização entre a evaporação superficial e a transfusão interna da umidade.

Quando a evaporação superficial muito rápida não é acompanhada pela difusão, as camadas superficiais, além de se tornarem endurecidas e quase impermeáveis, ficam sujeitas a tensões de retração consideráveis e diferenciadas em relação ao núcleo das peças. Essa retração superficial, impedida ou restringida pelo núcleo incompressível, gera tensões de tração na superfície que conduzem a deformações (empenos) ou rupturas (fendas), isto é, defeitos de uma secagem malconduzida.

A condição de êxito de uma secagem resume-se, portanto, no perfeito controle da velocidade de evaporação superficial, ajustada à espécie lenhosa da madeira e às dimensões das peças.

Nas estufas de secagem, consegue-se esse controle por meio de sucessivas e decrescentes alterações do grau higrométrico ambiente com injeções de vapor. E a marcha da secagem desenvolve-se sob temperaturas crescentes e graus higrométricos decrescentes a partir de 80 %, de modo a se atingir sucessivas e decrescentes situações de equilíbrio higroscópico do material com o ambiente.

28.5.1.3 Secagem natural e em estufas

A secagem *natural* tem como objetivo a redução da umidade de peças de madeira a um valor mínimo compatível com as condições climáticas regionais, no menor tempo possível.

É realizada em pátios junto às serrarias, nos quais as peças de madeira, convenientemente entabicadas, ficam depositadas em pilhas e separadas por ruas orientadas em relação aos ventos predominantes. Como proteção contra chuvas, o material recebe coberturas provisórias.

A secagem natural é mais ativa nas épocas do ano em que a temperatura é mais elevada e a umidade relativa do ar é mais baixa; sua eficiência e velocidade dependem ainda da circulação do vento no interior e entre as pilhas de madeira. É difícil, portanto, predizer tempo e resultados.

Nas épocas apropriadas, em secagem ao tempo e sob a forma de tábuas, a maioria das espécies perde a metade de sua umidade (água livre) em 20 a 30 dias e o restante até atingir o equilíbrio com o ambiente, em um tempo três a cinco vezes maior.

Todos os óbvios inconvenientes da secagem natural, com destaque o prejuízo decorrente da imobilização de um capital considerável e de retorno demorado, são resolvidos pela secagem artificial em estufas, nas quais, se bem conduzida, a marcha de secagem pode ser ultimada em duas ou três semanas.

A secagem *artificial* é conduzida em estufas com temperaturas crescentes e graus higrométricos adequados, conforme a tabela de secagem da espécie lenhosa.

Conhecida a umidade do lote, a estufa é regulada em temperatura e grau higrométrico para um ponto de equilíbrio imediatamente inferior à umidade de origem (veja as tabelas de secagem).

Atingida essa umidade de equilíbrio no material, verificada pela retirada de pequenos corpos de prova, alteram-se as condições para uma nova situação, e assim por diante, até se alcançar o teor de umidade pretendido.

Todas as estufas de secagem, contínuas ou intermitentes, dispõem, indispensavelmente (Fig. 28.11), de:

- uma fonte de aquecimento, normalmente serpentinas com vapor;
- dispositivos de umidificação, como borrifadores de água ou dispersores de vapor;
- circuladores de ar, como ventiladores e exaustores;
- aparelhos para controle de temperatura, como termômetros e psicômetros (termômetros de bulbo seco e úmido).

28.5.2 Preservação das Madeiras

A durabilidade das madeiras é a resistência que apresentam aos agentes de alteração e destruição de seu tecido lenhoso, como fungos, insetos etc.

Configura-se a durabilidade natural nas madeiras como uma característica extremamente relativa, pois depende não somente de fatores decorrentes da própria natureza do material (espécie lenhosa, cerne ou alburno, presença de taninos, óleos e resinas em seus vasos lenhosos), como também de fatores externos, relacionados às condições do ambiente de emprego (umidade, temperatura, arejamento etc.). Pode, no entanto, como para os demais materiais de construção, ser-lhe incorporada vantajosamente por meio de processos adequados de tratamento e preservação. Esses processos terão complexidade e custo proporcionais à vida útil pretendida e às condições ambientais de emprego. Para a avaliação dos riscos de degradação da madeira, devem ser seguidas

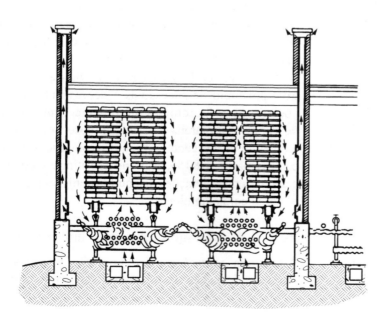

FIGURA 28.11 Estufa de secagem (corte).

as normas ABNT NBR 7190-1:2022 e ABNT NBR 16143:2013, que têm como base o sistema de categorias de uso.

28.5.2.1 Deterioração

A madeira, como material orgânico que é, está sujeita, principalmente, ao ataque de outros organismos vivos que dela necessitam para sua sobrevivência. Dentre estes, destacam-se, por serem os maiores responsáveis por sua degradação, microrganismos, fungos e bactérias, causadores do apodrecimento e ardidura do material.

Seguem, em ordem de nocividade, os insetos, que se alimentam de tecido lenhoso, e os crustáceos e moluscos, que destroem estruturas de madeira imersas em águas salobras.

Devem ser ainda relacionados como agentes de destruição das madeiras o fogo e os agentes meteorológicos, como faíscas, ventos etc.

Ao contrário dos demais materiais convencionais de construção, as madeiras têm boa resistência a substâncias químicas inorgânicas, ácidos, bases e sais, que somente a atacam quando fortemente concentrados e sob ação prolongada.

a) Microrganismos

Os fungos e as bactérias vivem a expensas de outros organismos vivos na condição de parasitas ou saprófitas, porque estão privados da função clorofiliana para absorção do carbono.

Os *fungos* são microrganismos inferiores, aeróbios, unicelulares (ficomicetos) ou pluricelulares, que se reproduzem por esporulação.

Nos fungos pluricelulares, diferenciam-se duas partes: o corpo vegetativo e o corpo frutífero.

As células do corpo vegetativo dispõem-se sob a forma de filamentos (hifa), somente visíveis ao microscópio, que, em seu conjunto, formam uma extensa trama no interior dos tecidos lenhosos: o micélio. Esse é o elemento desorganizador da madeira, à medida que retira o carbono dos carboidratos do tecido lenhoso pela ação de enzimas ou diástases – fermentos solúveis segregados pelos seus filamentos.

O corpo frutífero, também denominado aparelho esporífero, constitui o conjunto dos órgãos reprodutores. Compreende uma massa de filamentos micelianos fortemente entrelaçados: o perídio, normalmente em forma de guarda-sol. Sobre o perídio formam-se, em número considerável, os esporos de reprodução.

Os esporos são pequenas partículas esféricas ou ovoides, de alguns micra de diâmetro, suscetíveis de germinar e formar um novo micélio, quando, espalhados pelo vento, encontram um meio favorável ao seu desenvolvimento. A probabilidade de contaminação é considerável: os esporos são produzidos aos milhares e disseminam-se com facilidade a grandes distâncias.

Os fungos cromógenos (manchadores), geralmente parasitas, vivem à custa da seiva e da albumina existente nas células de reservas nutritivas. Não alteram as condições do lenho, causando apenas manchas superficiais que desvalorizam as peças de madeira destinadas à exportação e marcenaria. O *Ceratostomela pilifera*, por exemplo, é o causador das manchas azuis nas peças de pinho.

Os fungos xilófagos são os daninhos, à medida que destroem as paredes celulares decompondo a celulose (podridão parda) ou a lignina (podridão branca), ou ambas de uma vez. Pertencem a essa classe o *Fungi imperfecti*, o *Polyporus fumosus*, o *Fomes connatus* e o *Coniophora cerebella*, dentre os mais agressivos e resistentes.

As manchas, ardiduras, mofos, bolores e apodrecimentos correspondem às etapas progressivas de contaminação fúngica. Em estágio avançado de apodrecimento, a madeira apresenta-se com acentuada mudança de coloração, aspecto esponjoso, fendilhada, desfazendo-se facilmente em fragmentos, ou seja, com resistência mecânica nula.

De qualquer modo, sejam quais forem, todos os fungos e bactérias necessitam de restritas condições ambientais favoráveis para sobreviver e proliferar: oxigênio atmosférico, temperatura em torno de 20 °C e teores de umidade acima de 20 %. Eliminada qualquer uma dessas exigências vitais, as madeiras têm perenidade assegurada; as peças de madeira submersas ou completamente enterradas em solos impermeáveis (estacas de fundações) duram séculos.

Previne-se o aparecimento de fungos em peças de madeira com o desdobro em épocas apropriadas, com o arejamento efetivo (principalmente no topo das peças apoiadas em alvenarias), pela secagem adequada e, definitivamente, por meio de tratamentos de preservação com impregnação de antifungicidas.

A principal precaução são as fendas superficiais de secagem, que devem sempre ser combatidas, pois reúnem, frequentemente, todas as condições favoráveis ao desenvolvimento dos esporos: oxigênio, temperatura e umidade.

As *bactérias*, micróbios microscópicos, de incidência menor que os fungos, são organismos normalmente unicelulares que se reproduzem por cissiparidade. Ocasionam tumores que hipertrofiam os tecidos vivos das madeiras (bactérias parasitas) ou originam, nos tecidos das madeiras desdobradas, complexos fenômenos de decomposição química por oxidação (saprófitas aeróbias) ou redução (saprófitas anaeróbias). Necessitam das mesmas exigências ambientais dos fungos para sobreviverem e se desenvolverem.

b) Insetos xilófagos

São também grandes destruidores de madeira de obra; suas larvas, durante o desenvolvimento de seu ciclo biológico, alimentam-se da madeira e minam extensas galerias nos tecidos lenhosos. Essas galerias, quando não reduzem perigosamente as seções resistentes das peças em serviço, facilitam a entrada da umidade indispensável ao desenvolvimento de fungos.

Os insetos xilófagos pertencem às ordens *Coleoptera* e *Isoptera.*

Na ordem *Coleoptera*, os mais perniciosos são os insetos dos gêneros *Lictos* e *Anobios* (a ordem compreende ainda os *Cerambicideos*, os *Platybos* e os *Scolytos*); todos, independentemente do gênero e família, vulgarmente confundidos sob o nome de "carunchos". Na ordem *Isoptera*, destacam-se as térmitas ou cupins.

Os *carunchos*, carcomas ou besouros, procuram as madeiras verdes ou em fase de secagem para depósito de seus ovos, principalmente ao longo das cavidades das células cortadas longitudinalmente. Oito dias após a postura nascem as larvas, que começam a escavar o tecido lenhoso como alimento. Esse trabalho das larvas perdura durante o seu desenvolvimento, que pode durar vários meses, até emergirem, como insetos completos, sob a forma de pequenos besouros. É frequente o ataque ser constatado já tarde demais, quando, ao se retirarem, deixam pequenos orifícios visíveis.

As *térmitas*, ou cupins, também denominadas, impropriamente, "formigas brancas", são insetos pequenos ou médios, de corpo mole e alongado, com coloração clara, quase branca. Têm vida social, vivem em aglomerações organizadas, como ninhos, colônias ou "cupinzeiros", em que cada indivíduo tem funções e responsabilidades definidas. As operárias atacam a madeira morta, destroem árvores secas, danificam madeiramentos e móveis; comem todas as substâncias de origem animal e vegetal, como couros, chifres e papel.

Invadem a madeira com o duplo propósito de abrigo e subsistência. Dependem, para seu sustento, da celulose das paredes celulares; os fragmentos são digeridos pelos protozoários intestinais que transformam celulose em açúcar. Encontrando condições favoráveis, madeira branca, umidade e temperatura, desenvolvem-se com espantosa rapidez. Uma rainha fecundada desova um ovo por segundo, 30 milhões por ano, 150 milhões em sua vida.

As condições favoráveis ao ataque de insetos são madeira verde, seivada e úmida, contato com o solo e condições estáveis de temperatura média.

c) Moluscos e crustáceos

Têm como habitat as águas cálidas ou temperadas dos litorais marinhos.

Dos comedores de madeira, destacam-se, entre os moluscos, a espécie *Teredo navalis* e, entre os crustáceos, o gênero *Limnoria.*

Suas presenças foram constatadas ao longo do litoral brasileiro, por exemplo, no Rio Grande do Sul, com relatos da destruição parcial de apoios de escoramentos (rio Mambituba), pilares de pontes de madeira (Arroio Chuí e rio Tramandaí) e estruturas de trapiches e cais (rio São Gonçalo e Porto de Rio Grande).

Os *teredo* são moluscos vermiformes, brancos e moles; têm cabeça bivalve, silicosa e serrilhada, cauda bifurcada e preênsil. Quando se introduzem nas peças de madeira, têm dimensões insignificantes (deixam furos de alfinete). Em pleno desenvolvimento, porém, no interior das peças, abrigados em suas galerias revestidas de concreções calcárias dejectadas, podem atingir dimensões consideráveis de 35 cm de comprimento e 9 mm de diâmetro.

Os crustáceos *limnoria* lembram pequenos mariscos; têm conchas bivalves, serrilhadas nas arestas, que acionam em movimento alternativo para abrir galerias pouco profundas em peças de madeira imersas. Atacam também o concreto, pedras e materiais cerâmicos.

28.5.2.2 Principais processos de preservação

Somente serão considerados tratamentos de preservação de madeiras os processos que, comprovadamente, determinarem uma impregnação nos tecidos lenhosos com um produto preservativo sem ocasionar lesões na estrutura lenhosa nem alterações sensíveis nas características físico-mecânicas do material. Estão excluídos, portanto, todos os procedimentos que envolvem transformação do material, endurecimento com impregnação de resinas e plásticos, simples pinturas com tintas comuns e envernizamentos superficiais.

Os principais *processos de preservação* podem ser classificados, conforme a profundidade da impregnação alcançada, em:

- processos de impregnação superficial;
- processos de impregnação sob pressão reduzida;
- processos de impregnação sob pressão elevada.

No entanto, seja qual for o processo a ser desenvolvido, será sempre mais eficiente e efetivo, quando não mais econômico, se precedido de uma preparação prévia das peças a serem preservadas, procedimento conhecido como *tratamento prévio* do material.

O tratamento prévio das peças consiste, regra geral, em secagem a um teor adequado de umidade, remoção de cascas e cortiças, desseivagem e, em se tratando de peças estruturais, na execução, antes do tratamento, de todos os serviços de resserragem, furações e entalhes que importem em desbaste superficial das peças.

De certo modo, o tratamento prévio pode ser entendido como um processo genérico de preservação, isto é, sua efetivação colabora para o aumento da durabilidade do material.

A secagem antes do tratamento de preservação facilita a impregnação, ao mesmo tempo que previne a posterior formação de fendas. Uma fenda de secagem sempre poderá ultrapassar a profundidade de penetração do preservativo, facilitando a entrada de insetos ou a germinação de esporos fúngicos. Quando realizada em estufas, a temperaturas elevadas, esteriliza as peças portadoras de parasitas e germes de apodrecimento.

O descortiçamento melhora a permeabilidade aos impregnantes e remove o veículo preferencial de muitas espécies de insetos.

A desseivagem é prática antiga de beneficiamento das madeiras. Em muitos países, as toras flutuam em cursos de água durante alguns meses, no transporte da floresta à serraria. Essa prática é excelente, pois a substituição da seiva por água melhora e acelera a secagem posterior, ao mesmo tempo que elimina um dos principais fatores de aparecimento de fungos. A desseivagem pode ser desenvolvida rapidamente com o estufamento sob controle das peças: em vapor de água a temperaturas da ordem de 80 a 90 °C e grau higrométrico ambiente de 100 %. Dura aproximadamente 48 horas por centímetro de espessura das peças. É um procedimento, no entanto, que pode determinar, em algumas espécies, vários inconvenientes, desde alterações de coloração e empenamentos até perdas de resistência, rigidez e tenacidade nas peças tratadas.

Os *processos de impregnação superficial* resumem-se em pinturas superficiais ou imersão das peças em preservativos adequados. São procedimentos econômicos e de circunstância, somente recomendáveis para peças de madeira seca destinadas a ambientes cobertos, protegidos e sujeitos a fracas variações higrométricas, como telhados residenciais, madeiramentos de entrepisos e forros etc.

A imersão, mesmo rápida, em uma solução preservativa (sal de Wolmann diluído em água, a 4 %, por exemplo) será sempre mais efetiva que uma simples pintura superficial. Pode ser conduzida facilmente no canteiro de obra, mergulhando-se as peças em um tanque calafetado construído com tábuas de madeira; ajustado ao tanque, um plano inclinado de tábuas em escamas permitirá o escorrimento das peças e o retorno do excesso de preservativo ao tanque de imersão.

Tanto na pintura quanto na imersão, a impregnação dificilmente ultrapassará 2 a 3 mm de penetração superficial; em todo caso, constitui uma película de proteção suficiente aos ataques de insetos e capaz de resistir a pequenas fendas de secagem.

Nos *processos de impregnação sob pressão reduzida*, a impregnação com penetração mais ou menos profunda, impregnação de todo o alburno, por exemplo, pode ser obtida pelo aproveitamento de pressões naturais, como a pressão atmosférica, a pressão hidráulica, a pressão capilar e a pressão osmótica.

Os processos mais importantes, conhecidos sob denominações as mais diversas, serão apresentados a seguir.

a) Processo de dois banhos ou de banhos quente e frio (processo Shelley)

Um tonel contendo o impregnante em que estão imersas as peças (depositadas geralmente de topo) é aquecido até a temperatura de ebulição da água. Depois do aquecimento (quatro horas), as peças são transferidas rapidamente para outro recipiente contendo o mesmo imunizante frio (20 a 30 min). A penetração é forçada pela pressão atmosférica sobre o vácuo relativo que se formou nos vazios do tecido lenhoso com a evaporação da água e expulsão do ar aquecido.

O processo é bastante efetivo no tratamento de ambos os topos de postes, cruzetas, moirões de cercas e aramados, principalmente se a altura de imersão ultrapassar a linha de afloramento das peças quando enterradas no solo. Nessa zona, na qual estão reunidas

704 Capítulo 28

as condições mais favoráveis ao desenvolvimento de fungos e ataque de insetos, é que se inicia quase sempre o apodrecimento.

b) Processo de substituição da seiva

Indicado para tratamento de postes, moirões e pontaletes roliços, quando ainda verdes.

As peças são colocadas de pé em um recipiente, no qual ficam imersas, até altura conveniente, em uma solução salina concentrada. O imunizante, por pressão capilar e osmose, sobe pelo alburno das peças, substituindo a seiva e a umidade natural do tecido lenhoso à medida que elas evaporam na secagem.

O processo é demorado e depende das condições de tempo que regulam a secagem natural: no verão, em aproximadamente seis semanas, estão convenientemente tratados pontaletes roliços de 15 cm de diâmetro e 3 m de comprimento.

c) Processo de impregnação por osmose

Como o anterior, é também indicado para peças de madeira verde. Consiste na aplicação sobre a superfície das peças, acima e abaixo da linha de afloramento, de uma espessa camada gelatinosa de imunizante fortemente concentrado. A zona tratada recebe uma bandagem de plástico impermeável.

O processo tira partido da pressão osmótica que provoca a mistura de duas soluções salinas de diferentes concentrações, separadas por uma membrana ou parede semipermeável e porosa, por meio da qual se difundem. No processo, a solução salina concentrada é o imunizante e a solução menos concentrada, a seiva mais a umidade da madeira. O tecido *lenhoso* é a membrana semipermeável pela qual se difunde o imunizante. A pressão osmótica é uma pressão considerável: nas células dos vegetais, alcança de 2 a 3 MPa.

Os *processos de impregnação em autoclaves* são os de tratamento de preservação mais eficientes, ajustados a necessidades de produção industrial de postes para redes de transmissão e distribuição de energia elétrica, cruzetas, dormentes de via férrea, mourões e pilares de madeira. Normalmente indicados para peças que deverão ficar imersas, eventualmente sujeitas ao ataque de predadores marinhos.

As peças a tratar são depositadas em autoclaves cilíndricas, de grandes dimensões e perfeita vedação, que dispõem de comandos para manutenção, admissão e retirada de imunizantes líquidos sob pressões variadas.

Dois são os procedimentos clássicos para tratamentos de preservação em autoclaves: o de células cheias e o de células vazias.

De células cheias (processo Bethel)

Na autoclave, carregada com as peças a tratar, é feito inicialmente um vácuo de 70 cm de mercúrio, durante cerca de duas horas. A finalidade é retirar o ar e a umidade do tecido lenhoso. Seguem-se:

- banho preservativo, sob pressão de 10 atmosferas, durante três horas aproximadamente, com temperatura entre 90 e 100 °C;
- vácuo final, à pressão de 30 cm de mercúrio, durante 30 minutos, para retirar o excesso de preservativo.

Esse processo serve tanto para preservativos oleosos como aquosos, estes últimos a frio.

De células vazias (processo Ruepig)

Faz-se uma pressão inicial de três atmosferas, a seco, durante mais ou menos 90 minutos, nas seguintes operações:

- um banho preservativo, à pressão de 10 atmosferas, temperatura de 90 a 100 °C, tempo aproximado de três horas;
- vácuo final para expulsar o preservativo contido nos vazios das células, pela expansão do ar sob pressão ali introduzido no início do processo.

28.5.2.3 Principais produtos de preservação

Os principais produtos imunizantes são sempre produtos tóxicos, de choque ou de contato – fungicidas, inseticidas ou antimoluscos – normalmente diluídos em um solvente penetrante que pode ser a água ou um óleo de baixa viscosidade. Alguns produtos comerciais são polivalentes, somando à sua letalidade propriedades impermeabilizantes, retardantes de fogo e inibidoras de retratibilidade. Suas aplicações devem seguir especificações técnicas e atender rigorosamente à legislação vigente. Mencionam-se a Portaria Interministerial nº 292, de 28 de abril de 1989, e a Instrução Normativa nº 5, de 20 de outubro de 1992, do Ibama.

Para atendimento ao Decreto-lei nº 58.016, de 1966 (e suas alterações), devem apresentar as seguintes características:

- alta toxidez aos organismos xilófagos;
- alto grau de retenção nos tecidos lenhosos;
- alta difusibilidade pelos tecidos lenhosos;
- estabilidade;
- incorrosível para metais e para a própria madeira;
- segurança para os operadores.

Os preservativos podem ser classificados em:

- óleos preservativos: creosoto de destilação da hulha de alcatrão, de óleos ou de madeira;
- soluções salinas hidrossolúveis: à base de cobre, cromo e boro (CCB); à base de cobre e arsênio, em solução amoniacal (ACA); à base de cobre, cromo e arsênio (CCA), como exemplos;
- soluções salinas solúveis em óleo: pentaclorofenol diluído em óleos de baixa viscosidade, por exemplo.

28.6 NORMAS TÉCNICAS PARA O DIMENSIONAMENTO DE PEÇAS DE MADEIRA

28.6.1 Contextualização

A norma associada à caracterização e dimensionamento de peças de madeira é a ABNT NBR 7190 apresentada em sete partes, em que o texto estabelece os critérios normativos para o projeto de estruturas de madeira. Tem por objetivo estabelecer os requisitos para o projeto e a execução de estruturas de madeira, as condições gerais que permitem o dimensionamento dos diferentes tipos de estruturas, os coeficientes e os parâmetros necessários para dimensionar barras com diferentes tipos de solicitações. Também inclui o cálculo de ligações e apresenta definições com respeito às disposições construtivas e à forma correta de execução, bem como procedimentos para o uso da madeira engenheirada.

Essa norma é uma evolução do processo histórico da primeira versão publicada em 1951 com o título de NB-11 – Cálculo e execução de estruturas de madeira. Tinha o método das tensões admissíveis como critério de segurança. Em 1982, passou a ser chamada ABNT NBR 7190 – Cálculo e execução de estruturas de madeira, sem alterações conceituais. Somente na edição de 1997 houve mudanças significativas, sendo atualizada para o conceito do método probabilista de estados limites, para o qual as solicitações e as resistências são ponderadas em função das suas probabilidades de ocorrência, resultando no envolvimento de valores *característicos* – representativos de uma amostra – e os valores *de projeto* – limites de aceitação.

Até 1997 existiam duas normas pertinentes às madeiras. Era a NB-11:1951, que estabelecia as diretrizes para o projeto e execução de estruturas de madeira, enquanto o Método Brasileiro, designado por MB-26, de 1940, com o título *Ensaios físicos e mecânicos de madeiras*, indicava os procedimentos de ensaios para a caracterização física e mecânica das madeiras em corpos de prova extraídos de toras com a finalidade de caracterizar as espécies de madeira. Grande parte das tabelas publicadas com informações de características de madeira tem como referência os procedimentos do MB-26. Foi substituído pela ABNT NBR 6230:1985.

Após a mudança substancial introduzida na ABNT NBR 7190 em 1997, outras alterações foram introduzidas na edição de 2022. Essa nova versão apresenta robustas mudanças, em que deixa de incorporar no seu texto principal os procedimentos para caracterização dos materiais e de suas propriedades. Isto implicou a elaboração de outras seis normas para tratar da caracterização da madeira, agora muito mais abrangente por incluir os produtos da madeira engenheirada (madeira com processo industrial e tecnologia embutida). Por isso, a norma não se limita às estruturas de madeira sólida (serrada ou roliça), mas também abrange esses novos materiais chamados de *madeira engenheirada*, representados pela madeira lamelada colada, a madeira lamelada colada cruzada, os painéis estruturais de madeira e os produtos estruturais à base de madeira. Consequentemente, engloba os elementos estruturais unidos por adesivos, assim como os conectores mecânicos. Nessa norma são também indicados os critérios para o dimensionamento para estados limites de serviço.

A atual edição da ABNT NBR 7190 representa um conjunto de sete normas designadas por Partes, que tratam de diferentes situações de uso e caracterização do material. São elas:

- ABNT NBR 7190-1: Projeto de estruturas de madeira – Parte 1: Critérios de dimensionamento.
- ABNT NBR 7190-2: Projeto de estruturas de madeira – Parte 2: Métodos de ensaio para classificação visual e mecânica de peças estruturais de madeira.
- ABNT NBR 7190-3: Projeto de estruturas de madeira – Parte 3: Métodos de ensaio para corpos de prova isentos de defeitos para madeiras de florestas nativas.
- ABNT NBR 7190-4: Projeto de estruturas de madeira – Parte 4: Métodos de ensaio para caracterização peças estruturais.
- ABNT NBR 7190-5: Projeto de estruturas de madeira – Parte 5: Métodos de ensaio para determinação da resistência e da rigidez de ligações com conectores mecânicos.

- ABNT NBR 7190-6: Projeto de estruturas de madeira – Parte 6: Métodos de ensaio para caracterização de madeira lamelada colada estrutural.
- ABNT NBR 7190-7: Projeto de estruturas de madeira – Parte 7: Métodos de ensaio para caracterização de madeira lamelada colada cruzada estrutural.

Servem de suporte à ABNT NBR 7190 outras normas complementares, dentre elas, as mais importantes são: a ABNT NBR 6120 – Forças para o cálculo de estruturas de edificações, a ABNT NBR 6123 – Forças devidas ao vento em edificações e a ABNT NBR 8681 – Ações e segurança nas estruturas.

28.6.2 Coeficientes de Segurança e Valores de Cálculo

De acordo com os conceitos normativos, o nível de segurança de uma estrutura é analisado em função da população que representa as ações e a resistência (ou rigidez) do material. Os parâmetros são ajustados contrapondo-se ação × resistência para as condições de segurança impostas – Figura 28.12. É como se fosse um embate entre ações e capacidades do material, em que a limitação do material jamais pode ser superada pela solicitação. As solicitações nunca deverão ser superiores às resistências e, por isso, as ações são majoradas e as propriedades do material, minoradas. As ações são estimadas pelo 95º percentil, enquanto as propriedades do material pelo 5º percentil. A região onde as duas curvas se sobrepõem representa a probabilidade de falha, em que uma ação pode superar a resistência. A redução dessa região é sempre o objetivo a ser seguido para aumentar a segurança. No entanto, a segurança total poderá representar inviabilidade prática e econômica e, por essa razão, trabalha-se em uma região de aceitável segurança.

Admite-se que as resistências das madeiras tenham distribuições normais de probabilidades (distribuição de Gauss), em que os resultados se concentram em torno da média, com uma variação simétrica distribuída abaixo e acima da média. O grau de dispersão é definido pelo desvio-padrão, que indica o achatamento (dispersão) da função de distribuição.

Dentre os dois parâmetros (ação e propriedades do material) necessários para o projeto, não se pode interferir na quantificação da ação, especialmente quando se trata da sobrecarga e do vento, pois são fenômenos naturais e variáveis avaliados por suas probabilidades de ocorrência. No entanto, tem-se melhor controle quando se estabelecem os valores das propriedades do material. São obtidos em ensaios de laboratório, nos quais os procedimentos podem ser cautelosamente estabelecidos e a qualidade do experimento, pela execução e amostragem, garantirá resultado preciso e com baixa dispersão. A tendência é que se tenha a classificação de elementos individuais ou por meio de peças estruturais para melhor representatividade.

Na determinação das ações de cálculo, faz-se a ponderação de solicitações por meio de coeficientes aplicados a cada ação pela sua natureza, o que define sua probabilidade de participação na composição. Basicamente, têm-se ações de peso próprio (permanentes, ou não, quando se trata de fôrmas e escoramentos), sobrecargas e ventos. Os dois últimos tipos de ações são considerados ações variáveis por sua forma de ocorrência. Podem ser nulas ou atingir valores extremos (positivos ou negativos),

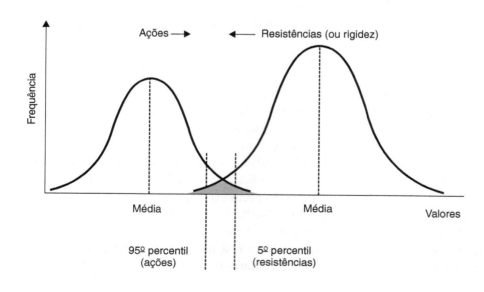

FIGURA 28.12 Distribuição típica de valores para ações × propriedades do material.

como é o caso da ação do vento. Os coeficientes envolvidos nas combinações de ações para a determinação dos valores de cálculo das ações, bem como as formas de combinações das ações para os estados limites últimos são encontrados na ABNT NBR 8681. Além dos casos mencionados, outros tipos de ações poderão existir e devem ser avaliados por suas características específicas.

Na determinação das resistências de cálculo (f_d), empregam-se coeficientes de modificação k_{mod}, que ajustam os efeitos decorrentes da classe de carregamento e da umidade e, também, do coeficiente de minoração das propriedades da madeira (γ_w), resultando na Equação (28.9).

$$f_d = k_{mod} \frac{f_k}{\gamma_w} \qquad (28.9)$$

Esses coeficientes são obtidos a partir de tabelas e definições oferecidas na ABNT NBR 7190-1:2022, em que k_{mod} é o resultado da multiplicação de k_{mod1} e k_{mod2}.

É importante destacar que a umidade de referência para as condições da norma é de 12 %. Por isso, o valor de referência da propriedade do material deve ser transformado para essa condição a partir de expressões fornecidas pelas normas.

A definição das resistências é feita por meio de classes de resistências. No projeto, trabalha-se com esse valor representativo do enquadramento da espécie na faixa de resistência entre classes. Esses valores dependem do tipo de madeira empregada, seja para madeiras de florestas nativas ou para espécies de florestas plantadas. Além disso, dependerá da forma de classificação do material, a partir de corpos de prova de pequenas dimensões ou em ensaios de peças estruturais.

A tabela para caracterização da classe de resistência de espécies de florestas nativas em ensaios de corpos de prova isentos de defeitos baseia-se nos valores de $f_{c0,k}$ (resistência característica na compressão paralela), $f_{v0,k}$ (resistência ao cisalhamento), $E_{c0,m}$ (módulo de elasticidade médio) e densidade a 12 %.

Quando se tem a resistência definida pelo valor médio, é permitido corrigir esse valor (f_m) para o valor característico (f_k) aplicando-se um coeficiente igual a 0,7 (resultado da aplicação de coeficiente de variação das resistências: 18 % para solicitações de compressão paralela às fibras e 28 % para solicitações de cisalhamento) – Equação (28.10).

$$f_k = 0,7 \cdot f_m \qquad (28.10)$$

Em função da estimativa de valores característicos como valor da parte inferior da distribuição normal de resistências pelo 5º percentil, o f_k equivale a $f_{0,05}$.

Outro parâmetro importante é o módulo de elasticidade que está diretamente associado à rigidez. Há que se considerar a dependência da posição das fibras na quantificação desse parâmetro. O valor médio do módulo de elasticidade (E_m) é obtido em ensaio de flexão, na fase de comportamento elástico-linear da relação tensão × deformação, quando o experimento é feito em peças estruturais. No entanto, quando a caracterização é realizada em ensaios de corpos de prova isentos de defeitos, define-se o módulo de elasticidade médio na direção paralela às fibras ($E_{c0,méd}$), ou o módulo de elasticidade médio na direção perpendicular às fibras ($E_{c90,méd}$). Na falta de determinação experimental específica, é permitido estimar o módulo de elasticidade médio na direção perpendicular às fibras pela Equação (28.11).

$$E_{c90,méd} = \frac{E_m}{20} \quad ou \quad E_{c90,méd} = \frac{E_{c0,méd}}{20} \quad (28.11)$$

É também válido estimar o valor característico do módulo de elasticidade (5º percentil) como 70 % do seu valor médio – Equação (28.12).

$$E_{0,05} = 0,7 \cdot E_{c0,méd} \qquad (28.12)$$

No dimensionamento de peças estruturais, empregam-se valores devidamente ajustados para garantir as condições de segurança nos estados limites últimos e estados limites de serviço. Por isto, no projeto de estruturas de madeira, devem ser usados os valores indicados na Tabela 28.9 em função das condições da caracterização do material e do seu emprego.

28.6.3 Ensaios Normalizados para Determinação das Propriedades Características do Material

Todas as propriedades elásticas e mecânicas empregadas no dimensionamento de peças estruturais devem representar a realidade a partir de ensaios em laboratório. Pelas características da madeira – material anisotrópico – essa tarefa deve ser cuidadosa, pois os

708 Capítulo 28

TABELA 28.9 Valores do módulo de elasticidade em projetos de estruturas de madeira de acordo com a ABNT NBR 7190-1:2022

Situação	Tipo de solicitação	Valor
Estados limites últimos	Estabilidade de peças comprimidas e flexocomprimidas	$E_{0,05} = 0{,}7 \cdot E_{c0,\text{méd}}$
	Estabilidade lateral de vigas	$E_{0,\text{ef}} = k_{\text{mod}} \cdot E_{0,\text{méd}}$
Estados limites de serviço	Qualquer	$E_{0,\text{méd}}$

ensaios em laboratório em elementos de dimensões reduzidas ou em peças estruturais precisam reproduzir o comportamento das peças reais apesar de todas as diversidades inerentes ao material. A extração de corpos de prova envolve o estudo de suas dimensões, a posição na amostra, o teor de umidade e a orientação das solicitações com relação às fibras. Durante o experimento, a velocidade de carregamento precisa ser controlada para uma resposta representativa da condição real.

Os procedimentos para a caracterização da madeira devem atender às diretrizes da ABNT NBR 7190-1:2022, na qual estão indicadas as normas (partes) específicas para cada tipo de caracterização. Observa-se que existem três formas básicas para a qualificação das peças de madeira em que se adotam procedimentos diferenciados de acordo com a origem da madeira, distinguindo-se as madeiras de florestas nativas das provenientes de florestas plantadas, bem como a homogeneidade do lote de madeira em que se garante, ou não, com base no conhecimento pregresso das características da espécie. Em função disso, tem-se a definição de parâmetros representativos para o lote ou para cada peça individualmente. Recomenda-se a visualização da Figura 1 da ABNT NBR 7190-1:2022 e a definição dos critérios de *homogeneidade* definidos em 5.7 da mesma norma.

Os ensaios realizados seguindo os procedimentos normativos e em quantidade especificada produzirão respostas distintas. Não se espera que todos os resultados sejam exatamente iguais. Normalmente, há pequena dispersão de repetição de ocorrência (associada ao desvio-padrão) e se concentram em torno do valor médio. A curva de frequência de valores usualmente é considerada uma distribuição normal (ou gaussiana), embora, em alguns casos, são mais bem ajustadas por outros tipos de distribuição, por exemplo, a distribuição de Weibull. Isso permite determinar um valor que represente o conjunto de valores encontrados. Esse valor é designado por *valor característico* e

representará a propriedade do lote. Para se encontrar o valor representativo, aplicam-se conceitos estatísticos para garantir um nível de segurança aceitável. Não se trabalha com uma confiança total, pois isso levaria a situações inviáveis para o dimensionamento, mas se garante que esse valor tenha baixa probabilidade de ser inferior a qualquer outro valor real, dentro da probabilidade estabelecida (é usual adotar 5 % em estruturas).

A norma vigente indica a Equação (28.13) como estimador de cálculo de *valores característicos* (indicado pelo índice k). Nesta equação, n representa o número de ensaios (respostas).

$$x_k = 1{,}1 \cdot \left[2 \cdot \left(\frac{x_1 + x_2 + \ldots + x_{\frac{n}{2}-1}}{\frac{n}{2}-1} \right) - x_{\frac{n}{2}} \right] \quad (28.13)$$

Na Equação (28.13), x_i é um resultado individual do i-ésimo ensaio. Esses valores são colocados em ordem crescente (x_i é o menor valor e x_n é o maior valor). Despreza-se o maior valor quando o número de corpos de prova é ímpar. O estimador considera apenas os $n/2$ menores valores. O valor representativo x_k não deve ser inferior a x_1 nem a 0,7 do valor médio x_m do lote. Há que se considerar a possibilidade de o resultado ser superior a x_m (amostras com baixo desvio-padrão), em razão da multiplicação pelo coeficiente 1,1. Nesse caso, será considerado o valor médio como valor característico.

A umidade de referência é tida pela norma brasileira como 12 %, ou seja, todas as propriedades correspondem a peças com essa umidade. No entanto, quando se executa um ensaio de caracterização é provável que a umidade não seja 12 %. Por isso, os valores resultantes devem ser corrigidos para que a referência de valores seja mantida. A correção depende do tipo de propriedade (densidade, resistência e rigidez), como indicado na Equação (28.14), em que os valores de umidade são usados em porcentagem.

Densidade:
$$\rho_{12} = \rho_U \left[1 - 0,5\left(\frac{U-12}{100} \right) \right]$$

Resistência:
$$f_{12} = f_U \left[1 + \frac{3(U-12)}{100} \right] \quad (28.14)$$

Rigidez:
$$E_{12} = E_U \left[1 + \frac{2(U-12)}{100} \right]$$

Ajustes associados à densidade aparente podem ser feitos utilizando-se o chamado diagrama de Kollmann encontrado em publicações da área.

Além do valor característico como forma de representar a propriedade do lote, também se tem o valor médio $X_{méd}$, definido pela média aritmética dos valores da amostragem. A depender do caso, a ABNT NBR 7190-1:2022 indica a característica elástica ou mecânica como referência.

As madeiras provenientes de florestas nativas, quando caracterizadas em corpos de prova isentos de defeitos, têm como referência os métodos de ensaios definidos na ABNT NBR 7190-3:2022. São estabelecidas as formas de caracterizações completa, mínima e simplificada da madeira serrada. Para a classificação visual e mecânica de peças estruturais, emprega-se a ABNT NBR 7190-2:2022 e a ABNT NBR 7190-4:2022. Além dessas normas, existem a ABNT NBR 7190-6 (MLC) e a ABNT NBR 7190-7 (CLT) para a qualificação de produtos específicos de madeira engenheirada.

Diferentes tipos de ensaios são feitos em função do tipo de caracterização. Os principais ensaios para a determinação das características físicas e mecânicas das madeiras são:

a) umidade (U): usualmente expressa em porcentagem;
b) densidade aparente (ρ_{ap}), determinada com os corpos de prova a 12 % de umidade;
c) estabilidade dimensional representada pelas propriedades de retração e inchamento nas três direções (axial, radial e tangencial à direção das fibras). Portanto, são caracterizados seis valores: $\varepsilon_{r,1}$, $\varepsilon_{r,2}$ e $\varepsilon_{r,3}$ (para a retração) e $\varepsilon_{i,1}$, $\varepsilon_{i,2}$ e $\varepsilon_{i,3}$ (para o inchamento);
d) resistência à compressão paralela às fibras ($f_{c,0}$);
e) rigidez longitudinal – módulo de elasticidade na compressão paralela às fibras (E_{c0});
f) resistência à tração paralela às fibras ($f_{t,0}$);
g) resistência à compressão perpendicular às fibras ($f_{c,90}$);
h) rigidez perpendicular às fibras – módulo de elasticidade na compressão perpendicular às fibras (E_{c90});
i) resistência à tração perpendicular às fibras ($f_{t,90}$);
j) resistência ao cisalhamento paralelo às fibras ($f_{v,0}$);
k) resistência de embutimento paralelo às fibras ($f_{e,0}$) e resistência de embutimento perpendicular às fibras ($f_{e,90}$): aplicável no dimensionamento de ligações;
l) resistência ao fendilhamento paralelo às fibras (f_{S0});
m) resistência à flexão (f_M);
n) rigidez à flexão representada pelo módulo de elasticidade (E_{M0}).

Na execução de um ensaio, devem ser criteriosamente seguidas as prescrições normativas específicas quanto às dimensões dos corpos de prova, a amostragem, a sequência de aplicação de forças, a velocidade de carregamento, a estabilidade, as leituras das informações e a análise dos resultados.

A norma vigente prioriza a classificação a partir de peças estruturais em que é possível incluir os efeitos das possíveis imperfeições do material, garantindo uma caracterização mais global. Isso é relevante para peças provenientes de florestas plantadas, especialmente aquelas com significativa possibilidade de existência de defeitos que afetam a resistência e a rigidez, casos típicos dos *Pinus* spp. e do clone híbrido de *E. urophylla* com *E. grandis*, para os quais a caracterização deve ser feita para peças estruturais, em vez de corpos de prova de pequenas dimensões. Para tanto, a ABNT NBR 7190-2:2022 apresenta os procedimentos necessários para a definição de classe de resistência (menor valor entre as duas classes – mecânica e visual) em ensaios em que se avalia o módulo de elasticidade (E_0), a densidade da madeira e o nível de defeitos constitutivos das peças por inspeção visual.

Do lote analisado será obtido o valor representativo calculado pelo estimador indicado em 28.3.2 ou pelas definições de classes da ABNT NBR 7190-2:2022. O lote será associado a uma classe de resistência (ver Tabela 2 e Tabela 3 da ABNT NBR 7190-1:2022) servindo de referência para o dimensionamento de peças estruturais de madeira.

28.7 MADEIRA TRANSFORMADA – ENGENHEIRADA

28.7.1 As Várias Possibilidades de Uso da Madeira

A madeira, por ser um material proveniente da natureza, apresenta-se em diferentes formas, desde as partes provenientes das raízes até os galhos em variadas dimensões. O desdobro é uma etapa que também produz significativo resíduo. Por isso, é importante encontrar caminhos para o aproveitamento completo do material e sua reestruturação por meio dos denominados processos de transformação das madeiras.

Esses processos de transformação, à medida que reaglomeram fragmentos do lenho original, dão origem aos *tipos de madeira transformada* que se seguem. Tem sido utilizado o termo *madeira engenheirada* como forma de se referir aos produtos da madeira que passam por uma transformação, em que partes de madeira são reagrupadas por processos industriais em que se agrega tecnologia.

São produtos originados pelas seguintes situações:

1) Quando tábuas de baixa espessura e, portanto, com os eventuais defeitos perfeitamente controlados, são simplesmente agrupadas por colagem, de maneira a compor peças com seções variadas, resultando nas *madeiras laminadas* ou *lameladas*.
2) Diversas lâminas finas de madeira, coladas umas sobre as outras, de maneira que as fibras de uma se disponham normalmente às das lâminas vizinhas: *madeira laminada compensada* ou *contraplacados de madeira*.
3) Fragmentos menores de madeira – aparas, maravalhas, virutas –, aglomerados com cimentos minerais ou resinas, sob pressão variada: *madeira aglomerada*.
4) Finalmente, no último estágio de fragmentação mecânica, o tecido lenhoso pode ser reduzido a uma polpa de fibras dispersas. A reaglomeração sob pressão dessas fibras, usando-se resinas como aglomerante, dá origem a um novo material no qual as fibras deixam de ter orientação predominante: são as chapas ou blocos de *madeira reconstituída*.

Há outros produtos que poderiam ainda ser identificados como madeira transformada: madeira comprimida ou densificada, madeiras impregnadas com resinas, plásticos, ou metais de baixo ponto de fusão, briquetes de pó de madeira ou pó de serra etc. Não têm, no entanto, maior interesse como material de construção civil. São usados para fabricação de artefatos, mancais e engrenagens silenciosas.

O importante é que todos os processos de transformação obtêm na prática, ainda que de maneira relativa, os seguintes e valiosos beneficiamentos do material:

- satisfatória homogeneidade de composição e razoável isotropia no comportamento físico e mecânico;
- possibilidades ampliadas de secagem e tratamentos efetivos de preservação e ignifugação, quando o material, antes da aglomeração, está reduzido a lâminas finas ou pequenos fragmentos;
- melhoria, em relação à madeira natural, de determinadas características físicas (retratibilidade, massa específica) ou mecânicas (cisalhamento, fendilhamento etc.), por meio de alternativas nos processos de fabricação;
- fabricação de chapas e blocos com dimensões adequadas à moderna tecnologia de pré-fabricação modulada;
- finalmente, apresentam a grande vantagem econômica de representar um aproveitamento integral de todo material lenhoso contido nas árvores.

O agrupamento de peças serradas de madeira para formar elementos com dimensões maiores, usualmente, é feito por meio de colas, porém pode ser feito por pregos ou cavilhas de madeira. Nesse caso, essas madeiras engenheiradas garantem peças em que teoricamente as dimensões são ilimitadas. São as peças chamadas de MLC (Madeira Lamelada Colada) e CLT (*Cross Laminated Timber* ou Madeira Lamelada Colada Cruzada), descritas adiante.

Como as colas são fundamentais para a maioria desses produtos, é importante conhecer suas características para o adequado emprego das madeiras transformadas, como descrito a seguir.

28.7.2 Colas e Aglomerantes de Madeira

Tradicionalmente, as ligações entre peças de madeira são realizadas a partir de elementos que transmitem os esforços de forma pontual por meio de parafusos, pregos, conectores etc. Nesses casos, têm-se pontos de concentrações de tensões, além de redução de área líquida produzida pelo furo. A ligação ideal, do ponto de vista de resistência, seria, portanto, aquela em que a transmissão dos esforços se fizesse de forma contínua, distribuída e sem redução da seção resistente. Sob muitos aspectos, as colas e os aglomerantes de madeira aproximam-se ou mesmo excedem esse propósito ideal, desde que:

- tenham resistência suficiente aos esforços, principalmente aos de cisalhamento, que se instalam na lâmina de colagem, por não serem coaxiais as lâminas associadas;
- apresentem durabilidade igual ou superior à da madeira envolvida, à ação da umidade, da temperatura e dos microrganismos.

As exigências para efetividade de uma cola ou aglomerante de madeira, como as aqui relacionadas, foram obtidas com o desenvolvimento, a partir de 1930, das resinas sintéticas termoendurecedoras. Elas são, atualmente, valiosas na execução de eficientes ligações em peças estruturais e indispensáveis na produção dos diferentes tipos de madeiras ditas transformadas: laminada colada, contraplacada, aglomerada de aparas e madeira reconstituída.

De maneira geral, os ligantes podem ser classificados em colas de origem natural (animal ou vegetal) e colas ou aglomerantes de resinas sintéticas.

As *colas de origem natural* vêm sendo há muito usadas em serviços de marcenaria. São essencialmente proteínas animais, de ossos, peles, peixe ("colas de carpinteiro") e caseína de leite, ou proteínas vegetais, de soja, amendoim e caroço de algodão. Embora algumas tenham boa resistência mecânica, apresentam sempre fraca durabilidade na presença de umidade e de temperatura.

Continua apresentando interesse a cola de caseína láctea: pó branco resultante, depois de tratado, da coagulação do leite por ácido acético; insolúvel na água, solúvel em água alcalinizada. Ainda continua sendo empregada em ligações, madeira laminada e contraplacados não à prova de água, como decorrência de seu baixo preço associado a facilidades de preparação e aplicação (a frio e pressão reduzida). Tem resistência ao cisalhamento da mesma ordem de grandeza das madeiras resinosas; essa resistência degrada-se com teores de umidade acima de 20 %.

As *resinas sintéticas* apresentam grande resistência mecânica que se mantém inalterável à ação da umidade, temperatura e microrganismos. Exigem, no entanto, maiores cuidados e custos na preparação e aplicação.

São obtidas, regra geral, pela condensação e posterior polimerização de produtos fenólicos pelo aldeído fórmico. Interessam como aglomerantes de madeira as resinas fenólicas termoendurecedoras. As mais importantes, ou mais usadas, são as dos tipos fenol-formol, ureia-formol, resorcina-formol e melamina-formol.

As fenol-formol e melamina-formol são usadas em contraplacados à prova de água e aglomerados de aparas, pois exigem altas temperaturas para polimerização (130 a 260 °C) e grandes pressões de colagem (0,8 a 2 MPa).

As resorcina-formol líquidas vêm parcialmente polimerizadas, podem ser aplicadas à temperatura ambiente ou a 40 a 50 °C, como redução do tempo de colagem.

28.7.3 Madeira Lamelada Colada (MLC)

Lamelas sobrepostas e coladas entre si são utilizadas na produção de peças para execução de estruturas de madeira lamelada colada (Fig. 28.13). Até então, era comum empregar o termo "laminada" em vez de "lamelada", porém, hoje, as normas vigentes adotam essa nova terminologia para designar os elementos constituintes desse produto.

As estruturas de madeira lamelada e colada foram concebidas na Alemanha, em 1905, pelo engenheiro Otto Hetzer, e se tornaram conhecidas em todo o mundo como "estruturas Hetzer". São peças retas ou curvas, de qualquer largura e comprimento, de seção constante ou variável, produzidas já aparelhadas, tratadas e prontas para o uso. O conjunto de peças de pequena espessura, quando sobrepostas, resulta em seções transversais de altura

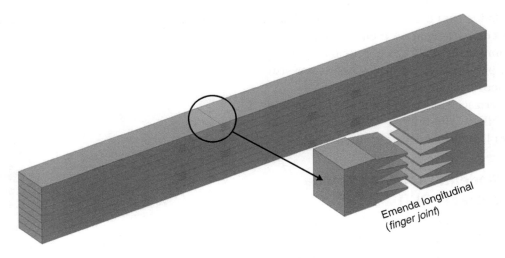

FIGURA 28.13 Madeira lamelada colada e a ligação longitudinal (*finger-joint*).

e formato qualquer para vigas, arcos, pórticos de madeira etc.

Os materiais básicos para a produção de peças e estruturas lameladas coladas são elementos de espessura reduzida, de largura e comprimento variáveis, e as resinas ou colas para madeira. Em função de suas propriedades – significativa resistência (da ordem de 30 MPa) e baixa densidade – é comum a existência de peças lameladas e coladas utilizando-se o *Pinus*.

É uma forma interessante de se conseguir seções transversais maiores a partir de elementos de menores dimensões. No Brasil, pode ser citado o exemplo da cobertura do ginásio poliesportivo na cidade de Lages, em Santa Catarina, construída em forma de cúpula com 78,56 m de diâmetro. As peças principais são vigas lameladas coladas de *Pinus* com 11,5 cm × 36,4 cm. Outro exemplo importante é a cobertura do estádio principal das Olímpiadas do Japão (2021), em que a opção pela madeira, além de suas propriedades estruturais favoráveis, teve um apelo ecológico bem evidente.

Para as emendas longitudinais das lamelas, emprega-se o sistema *finger-joint* (Fig. 28.13) de modo a minorar a ligação de topo entre as partes. O sistema de ranhura confere uma área maior de colagem, bem como uma redução de tensões que significativamente são transformadas em componentes transversais (cisalhamento) apropriados às características das colas.

A produção de peças estruturais de madeira lamelada e colada é uma atividade industrial que envolve operações relativamente simples, embora exija instalações de grande porte. As peças brutas, depois de secas em estufa e eventualmente tratadas, devem ser aplainadas em ambas as faces para eliminar sujeiras acumuladas e salientar defeitos. Depois de passadas em máquinas distribuidoras de cola em ambas as faces, voltam a compor a seção e o comprimento projetados para a peça, que é então colocada sobre a mesa de prensagem. A prensagem das tábuas coladas é comumente praticada por meio de grampos (*sargentos*), parafusos e, em certos casos, por sistemas hidráulicos e pneumáticos.

A caracterização deste tipo de madeira é definida pela ABNT NBR 7190-6:2022 – Métodos de ensaio para madeira lamelada colada estrutural.

28.7.4 Madeira Lamelada Colada Cruzada (CLT)

Esse tipo de produto é representado pela sigla CLT advinda do inglês *Cross Laminated Timber*. É parte da chamada *madeira engenheirada*. Trata-se de painéis de madeira formados por lamelas cruzadas entre si, como mostrado na Figura 28.14. A alternância da posição das fibras em cada camada garante um material com significativa homogeneidade pela compensação de suas propriedades. Sempre terá um número ímpar de camadas, que vai de três a nove.

A caracterização desse tipo de madeira é definida pela ABNT NBR 7190-7:2022 – Métodos de ensaio para madeira lamelada colada cruzada estrutural.

A associação das peças lameladas coladas (MLC) e lameladas cruzadas (CLT) representa um importante marco para o emprego da madeira em edificações de múltiplos pavimentos. Cada vez mais cresce o uso desse tipo de produto em grandes estruturas, especialmente em edifícios de múltiplos pavimentos. Já é comum a construção de edifícios de até 18 pavimentos, como o Brock Commons, na cidade de Vancouver, Canadá. Na Noruega, tem-se o Mjøstårnet, com 18 andares na cidade de Brumunddal, inaugurado em 2019, bem como o The Treet, com 14 pavimentos na cidade de Bergen. O Carbon12 é um edifício residencial com 8 pavimentos em Portland, Estados Unidos. Um edifício em Brisbane na Austrália, com 10 pavimentos e 45 m de altura, abriga um complexo de escritórios. O Origine, com 13 andares em Quebec, no Canadá, foi inaugurado em 2017. O Stadthaus é uma obra icônica, com 9 andares, inaugurado em 2009 em Londres, onde também se tem o Dalston Lane, com 10 andares, inaugurado em 2017. O Sara Cultural Centre em Skellefteå, na Suécia, foi inaugurado em setembro de 2021, com 76 m de altura com 20 andares. O edifício Ascent MKE, em Milwaukee, foi inaugurado em 2022 com 25 pavimentos. Muitos outros com diferentes alturas podem ser vistos ao redor do mundo. O termo principal de busca para conhecer melhor estas fantásticas obras é *mass timber*.

A forma mais comum de união entre as peças CLT é a utilização de colas. No entanto, é possível ter

FIGURA 28.14 Disposição das peças cruzadas nas placas de CLT.

outros tipos de elementos para interligar as lamelas, a fim de caracterizar outros tipos de produtos, como a Madeira Lamelada Pregada (NLT, ou *Nail Laminated Timber*) e a Madeira Lamelada Cavilhada (DLT, ou *Dowel Laminated Timber*). Essa é uma área interessante de estudos científicos tendo em vista o estágio de conhecimento ainda em desenvolvimento.

28.7.5 Madeira Laminada Compensada ou Contraplacados de Madeira

Como arte de marchetaria, a madeira compensada já era conhecida desde a mais remota antiguidade: os mais antigos exemplares encontram-se nas urnas das múmias egípcias de 3500 anos de idade. Os Chippendale e os Hepplewhite foram mestres dessa arte de marcenaria e enfeitavam suas mesas e escrivaninhas com madeira marchetada finamente trabalhada.

A chapa de folheado tornou-se madeira compensada quando a tora de madeira foi montada em um torno mecânico provido de uma faca horizontal. Essa faca, que tem o comprimento da tora, desenrola um lençol contínuo de madeira, como se fora um papel bobinado, o qual, com a espessura de 1,5 mm, terá mais de 180 m em uma tora com 1 metro de diâmetro.

A madeira compensada foi idealizada para equilibrar e restringir as variações dimensionais de retratibilidade da madeira. As lâminas de madeira são dispostas de maneira que as fibras de cada uma sejam perpendiculares às fibras da lâmina seguinte. Como a madeira trabalha no sentido transversal, as duas camadas exteriores limitam a expansão das lâminas internas. Isso diz respeito à retratibilidade, que é a primeira preocupação quando se cogita o emprego do material para marcenaria e decoração.

Tem outras vantagens: o cruzamento das fibras induz ao pensamento de uma razoável homogeneidade de composição. No entanto, essas chapas são sempre formadas por quantidade ímpar do número de lâminas, por isto a resistência e rigidez no sentido transversal e no longitudinal das fibras são diferentes. Procura-se tirar partido das chapas compensadas em empregos estruturais, seja fazendo-as participar em seções compostas (duplo T e viga caixão), seja especificando-as, corretamente, para a execução de paredes duplas resistentes, carrocerias, fôrmas para moldar o concreto e inúmeras aplicações na construção naval e aeronáutica.

A indústria brasileira oferece no mercado chapas com diferentes espessuras, proporcionais à quantidade de lâminas. Além da espessura, existem chapas de qualidade diferenciada em função da espécie de madeira, do tipo de cola e do tratamento das superfícies externas. Existe o compensado comum, o resinado e o plastificado. Especialmente nas aplicações para fôrmas de concreto, entre compensado plastificado permite uma quantidade significativa de reutilizações, desde que devidamente operacionalizado.

O mercado brasileiro oferece chapas de compensado na medida padrão 110 × 220 cm. No entanto, é possível encontrar chapas de 122 × 244 cm, 160 × 220 cm e outras dimensões, de acordo com o fabricante e as características do produto.

Estão associadas à madeira compensada as seguintes normas: ABNT NBR ISO 1096 (Madeira compensada – Classificação), ABNT NBR ISO 1954 (Madeira compensada – Tolerâncias dimensionais), ABNT NBR ISO 2074 (Madeira compensada – Vocabulário), ABNT NBR ISO 2426-1 (Madeira compensada – Classificação pela aparência superficial – Parte 1: Geral), ABNT NBR ISO 2426-2 (Madeira compensada – Classificação pela aparência superficial – Parte 2: Folhosas), ABNT NBR ISO 2426-3 (Madeira compensada – Classificação pela aparência superficial – Parte 3: Coníferas), ABNT NBR ISO 12466-1 (Madeira Compensada – Qualidade de Colagem – Parte 1: Métodos de ensaios) e ABNT ISO 12466-2 (Madeira compensada – Qualidade de colagem – Parte 2: Requisitos).

28.7.6 Madeira Aglomerada

São assim denominadas as chapas e artefatos obtidos pela aglomeração de pequenos fragmentos de madeira: cavacos, aparas, maravalhas, virutas ou flocos.

O aglomerante empregado, a granulometria dos fragmentos e a pressão exercida na compactação dos "colchões" de mistura, durante a fabricação, diferenciam os tipos de chapas aglomeradas e suas características físico-mecânicas finais.

A madeira bruta proveniente de diferentes espécies sob forma de toras, galhos e até parte das raízes é conduzida às descascadeiras, navalhas alternativas ou giratórias, que a reduzem a fragmentos. Os fragmentos passam pelos secadores e, eventualmente, pelos moinhos granulométricos, antes de serem misturados com o aglomerante.

A mistura pronta vai constituir os colchões nas máquinas de formação, cujo peso é controlado e as dimensões ajustadas às gavetas da prensa. Na prensa, os colchões são reduzidos à espessura desejada; a pressão é da ordem de 3,0 MPa e, quando o aglomerante é uma resina fenólica, a temperatura de polimerização fica em torno de 150 °C.

714 Capítulo 28

Depois de estagiarem nas câmaras de cura ou climatização, as chapas recebem um acabamento de lixamento, pintura ou revestimento.

O aglomerante empregado pode ser mineral (cimento Portland, gesso, magnésia sorel) ou resinas sintéticas.

No primeiro caso, as maravalhas recebem um tratamento mineralizador, banho em cloreto de cálcio diluído, por exemplo, para propiciar sua aderência com o cimento; nesse caso, o cloreto de cálcio fica também participando da mistura como acelerador de pega do cimento. Essas chapas mineralizadas recebem os mais variados acabamentos, conforme se destinem a interiores ou uso externo, como impregnação com gesso, argamassas de cal ou cimento, pó de serra com aglomerantes etc. Dependendo de sua densidade, apresentam, além de características físicas de reduzida retratibilidade, isolamento térmico e absorção acústica, uma relativa resistência mecânica, passível de rendimento estrutural.

As chapas de aglomerados à base de resinas fenólicas têm, como as anteriores, emprego preferencial na fabricação de móveis, esquadrias e revestimentos. Especiais cuidados são dedicados ao seu acabamento para que resistam ao desgaste, abrasão, riscos e à ação de agressivos como água fervente, queimaduras de cigarro, solventes e produtos químicos. Recebem revestimentos com chapas melânicas ou fenólicas e impregnações diversas.

28.7.7 Madeira Reconstituída

São assim denominadas as chapas obtidas pela aglomeração das fibras celulósicas (separadas e dispersas) extraídas do lenho das madeiras.

O desfibramento, último estágio de fragmentação física do tecido lenhoso, pode ser conduzido por procedimentos mecânicos ou pelo processo Mason, de explosão. No primeiro procedimento, a matéria-prima (cavacos, sobras de serraria), depois de saturada e amolecida com água fervente, é reduzida, pela passagem em moendas, a uma polpa de fibras dispersas. No processo Mason, os fragmentos de madeira são autoclavados em vapor de água sob alta pressão; o súbito relaxamento da pressão na autoclave ocasiona a expansão (explosão) do vapor contido no tecido lenhoso e seu consequente desfibramento.

A reaglomeração das fibras lavadas, peneiradas e esparramadas é realizada em prensas ou rolos aquecidos, sob largo espectro de pressões.

Os aglomerantes são resinas sintéticas fenólicas ou a própria resina natural da madeira (lignina) remanescente na matéria-prima e preservada, ou mesmo reativada, para atuar como aglomerante.

Na prensagem de chapas de madeira reconstituída, de dimensões e espessuras diversas, alterando-se as condições de pressão e aquecimento, obtêm-se materiais de peso e características contrastantes. As mais leves (desde 160 kg/m^3), ainda denominadas *softboards*, têm aplicação em revestimentos, forros e entrepisos, como materiais de isolamento térmico e absorção acústica. As pesadas (endurecidas ou temperadas), *hardboards* (até 1590 kg/m^3), têm emprego em paredes de vedação, esquadrias, mobiliário e, dependendo de suas características mecânicas, devidamente testadas em ensaios normalizados, em aplicações com função estrutural.

28.7.8 Chapas de OSB

A chapa de madeira OSB (sigla em inglês de *Oriented Strand Board*) é produzida a partir de pequenas partes de madeira (cavacos, lascas, partículas, flocos, tiras) misturadas a resinas em alta temperatura e depois prensadas. Esse tipo de chapa evoluiu a partir de um painel conhecido como *waferboard*, tendo sido introduzida no mercado americano na década de 1970. No Brasil, começou a ser produzida em 2002 e vem ganhando mercado pelas suas características favoráveis para uso na construção civil, na indústria moveleira, na confecção de embalagens, na arquitetura de interiores etc. Uma de suas vantagens com relação ao compensado, por exemplo, é possibilitar a sua fabricação a partir de partes de madeira que poderiam ser descartadas. Isso garante um alto grau de aproveitamento por permitir o uso de toras mais finas, bem como o uso total do seu volume, o que não ocorre na produção de compensado, no qual o miolo central da tora é descartado em razão do sistema de extração das lâminas.

28.7.9 MDF e HDF

No mercado são disponibilizadas as chapas denominadas MDF (*Medium Density Fiberboard*) e HDF (*High Density Fiberboard*), que são painéis de fibra de média e de alta densidade, respectivamente. Enquadram-se na categoria de madeiras reconstituídas, pois são painéis formados por fibras de madeira aglutinadas com resina sintética e compactadas sob pressão e calor. Apresentam boa estabilidade dimensional e acabamento superficial. Suas aplicações estão voltadas para a confecção de armários, pisos, rodapés, portas e painéis de divisórias. São usadas, principalmente, na indústria moveleira por conta de sua capacidade de permitir um bom acabamento. Comumente, *são chapas produzidas em diferentes dimensões*, por exemplo, 1,22 × 2,75 m ou 1,83 × 2,75 m, dentre outras, com espessuras a partir de 3 mm.

BIBLIOGRAFIA

AMERICAN WOOD PROTECTION ASSOCIATION. *Standards, proceedings*. Washington D.C.: AWPA, 1972.

ASSOCIAÇÃO BRASILEIRA DE NORMAS TÉCNICAS. *NBR 7190-(1 a 7):* Projeto de estruturas de madeira. Rio de Janeiro: ABNT, 2022.

ASSOCIAÇÃO BRASILEIRA DE NORMAS TÉCNICAS. *NBR 7203*: Madeira serrada e beneficiada. Rio de Janeiro: ABNT, 1982.

ASSOCIAÇÃO BRASILEIRA DE NORMAS TÉCNICAS. *NBR 8681*: Madeira serrada e beneficiada. Rio de Janeiro: ABNT, 2003.

ASSOCIAÇÃO BRASILEIRA DE NORMAS TÉCNICAS. *NBR 16143*: Preservação de madeiras – Sistema de categorias de uso. Rio de Janeiro: ABNT, 2013.

BROCHARD, F. *Le bois et charpente en bois*. Paris: Eyrolles, 1960.

BROTERO, F. *Secagem da madeira em estufa*. Boletim n. 27. São Paulo: IPT, s/d.

CALIL, C.; LAHR, F. A. R.; DIAS, A. A.; MARTINS, G. C. A. Estruturas de madeira – Projetos, dimensionamento e exemplos de cálculo. Rio de Janeiro: Grupo GEN, 2019.

CALIL JR., C.; LAHR, F. A. R.; DIAS, A. A. *Dimensionamento de elementos estruturais de madeira*. Barueri: Manole, 2003.

CALIL JR., C.; MOLINA, J. C. (ed.). *Coberturas em estruturas de madeira:* exemplos de cálculo. São Paulo: Pini, 2010.

CALLIA, V. *A madeira laminada e colada de pinho-do-paraná nas estruturas*. Boletim n. 47. São Paulo: IPT, s./d.

CANADIAN CLT. *Handbook 2019 Edition*. Volume I. ISBN 978-0-86488-592-0.

FAHERTY, K. F.; WILLIAMSON, T. G. *Wood engineering and construction*. 3. ed. Boston: McGraw Hill, 1999.

FALCÃO BAUER, L. A. *et al. Novas normas brasileiras para madeira compensada especial*. IBDF, 1985.

FONTOURA, P. *Características físico-mecânicas das espécies lenhosas do Sul do Brasil*. Porto Alegre: ITERS, 1965.

FROMENT, G. *Le bois de construction*. Paris: Eyrolles, 1953.

HERZOG, T.; NATTERER, J.; SCHWEITZER, R.; VOLZ, M.; WINTER, W. *Timber Construction Manual*. Munich: Birkhauser, 2004.

INSTITUTO DE PESQUISAS TECNOLÓGICAS. *Estudo das características físico-mecânicas das madeiras*. Boletim n. 8. São Paulo: IPT, s./d.

INSTITUTO DE PESQUISAS TECNOLÓGICAS. *Taxas admissíveis em estruturas de pinho brasileiro*. Boletim n. 42. São Paulo: IPT, s./d.

KARLSEN, G. G. *Wooden structures*. Moscou: Mir Publishers, 1976.

MATEUS, T. *Bases para o dimensionamento de estruturas de madeira*. Lisboa: LNEC, 1961.

MOLITERNO, A. *Caderno de projetos de telhados em estruturas de madeira*. Revisão de Reyolando M. L. R. da Fonseca Brasil. 3. ed. São Paulo: Edgard Blücher, 2009.

PFEIL, W.; PFEIL, M. *Estruturas de madeira*. 6. ed. Rio de Janeiro: LTC, 2003.

PORTEOUS, J.; KERMANI, A. *Structural timber design to Eurocode 5*. New Delhi: Blackwell Publishing, 2007.

PRIMO, B. L. *Madeiras comerciais brasileiras*. Publ. 857. São Paulo: IPT, 1968. 25 p.

RÔS, M. *Madeiras no campo da engenharia*. Zurique: Laboratório Federal de Ensaios de Materiais, 1949.

WOOD, L. W. *Relation of strength of wood to duration of load*. Madison, Wis.: U.S. Dept. of Agriculture, Forest Service, Forest Products Laboratory, 1951. Disponível em: https://archive.org/details/relag00fore/mode/2up. Acesso em: 25 out. 2024.

29

PATOLOGIAS EM PISOS INDUSTRIAIS DE CONCRETO REVESTIDOS POR ARGAMASSA DE ALTA RESISTÊNCIA OU POR REVESTIMENTO DE ALTO DESEMPENHO

Prof. Eng.º Roberto José Falcão Bauer •
Prof. Eng.º Mauricio Marques Resende

29.1 Introdução, 717
29.2 Pisos de Alta Resistência, 717
29.3 Revestimento de Alto Desempenho (RAD), 719
29.4 Principais Patologias em Pisos de Argamassa de Alta Resistência, 723
29.5 Principais Patologias em Revestimentos de Alto Desempenho (RAD), 728
29.6 Diagnóstico das Patologias em Pisos, 730

29.1 INTRODUÇÃO

Este capítulo aborda as principais patologias em pisos industriais de concreto revestidos por argamassa de alta resistência (piso de alta resistência) ou por revestimento de alto desempenho (RAD). Não fazem parte deste capítulo os pavimentos de concreto que, segundo Balbo (2009), são aqueles cuja camada de revestimento é elaborada com concreto que pode ser feito a partir de diversas técnicas de manipulação e elaboração, apresentando particularidades de projeto, execução, operação e manutenção. O dimensionamento, a execução, a manutenção e as principais patologias dos pavimentos de concreto são muito bem explorados por Balbo (2009).

O piso de alta resistência é definido na ABNT NBR 12260:2012 como o revestimento de superfície de pisos, constituído por uma argamassa de alta resistência mecânica, que tem a finalidade principal de uniformizar a dureza superficial do piso, atribuindo-lhe propriedades que garantam sua resistência a esforços mecânicos de abrasão e de impacto.

O revestimento de alto desempenho (RAD) é definido na ABNT NBR 14050:1998 como um revestimento de superfície constituído por produto composto basicamente de aglutinantes à base de resinas epoxídicas, com ou sem solventes, endurecedores e agregados minerais, podendo, de acordo com a classe, conter também pigmentos e cargas minerais.

A análise das patologias apresentadas neste capítulo baseou-se na sintomatologia aparente e verificações comprobatórias para diagnóstico das causas que poderão ser atribuídas a deficiências de projeto, especificação dos materiais, execução, utilização, conservação e a fenômenos imprevisíveis.

29.2 PISOS DE ALTA RESISTÊNCIA

Em função da forma de aplicação do piso de alta resistência, podem-se distinguir dois sistemas: o úmido sobre úmido e o úmido sobre seco.

a) Sistema úmido sobre úmido

Consiste na aplicação da argamassa de alta resistência sobre o concreto ainda plástico, no início da fase de endurecimento. Esse concreto deve apresentar superfície rugosa, isenta de nata e água de exsudação, para garantia da aderência entre as camadas, de forma que a argamassa se incorpore ao concreto da base, formando um bloco monolítico. Na Figura 29.1, apresentam-se as diversas camadas constituintes desse sistema de piso de alta resistência.

b) Sistema úmido sobre seco

Consiste na aplicação da argamassa de alta resistência sobre a base de concreto com idade mínima de sete dias. Antes da aplicação da argamassa de alta resistência sobre essa base de concreto, conforme a ABNT NBR 12260:2012, deve-se:

- realizar uma rigorosa limpeza;
- saturar a base de concreto pelo período mínimo de 24 horas;
- aplicar uma ponte de aderência de argamassa plástica de traço, em volume, 1:1 (cimento:areia média), sendo facultado o uso de adesivos. A aplicação deve ser realizada com auxílio de uma vassoura de pelo duro. Essa ponte de aderência tem por finalidade garantir uma perfeita aderência entre a base de concreto, desde que devidamente preparada e curada, e as demais camadas de argamassa a serem lançadas.

Após esta preparação da base, deve-se executar um contrapiso de correção, de modo a amortecer as tensões internas existentes entre a base de concreto e o piso de alta resistência e, assim, reduzir, principalmente, os efeitos de retração. Conforme a ABNT NBR 12260:2012, a argamassa desse contrapiso deve ter traço em massa de 1:3 (cimento:areia média) e sua espessura ser igual ou maior que o dobro da espessura da camada de argamassa de alta resistência e nunca inferior a 2 cm. Na Figura 29.2, apresentam-se as diversas camadas desse sistema de piso de alta resistência.

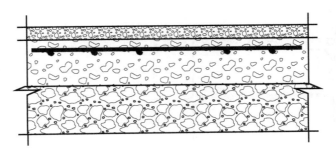

Argamassa de alta resistência
Base do concreto armado
Sub-base

FIGURA 29.1 Piso de alta resistência – úmido sobre úmido.

Além dos cuidados na aplicação da argamassa de alta resistência, é necessário realizar separações regulares, predeterminadas, dividindo o piso em placas. Essas separações são as juntas. Segundo a ABNT NBR 12260:2012, essas juntas devem ser executadas de forma diferente, em função do tipo de sistema de piso de alta resistência.

Para o sistema de piso de alta resistência úmido sobre úmido, a ABNT NBR 12260:2012 especifica que as juntas podem ser executadas pelo processo de moldagem da ranhura com a argamassa ainda fresca ou pelo corte posterior ao endurecimento da argamassa (emprego de disco diamantado, na largura e profundidade indicadas no projeto). Caso seja usado o processo do corte da junta com disco diamantado, o corte deve ser realizado logo que a argamassa tenha resistência tal que não provoque o esborcinamento das bordas das juntas, procurando-se observar um prazo máximo de 48 horas. Por fim, essas juntas devem ser seladas. Para isso, deve-se proceder à limpeza por meio de escovação manual ou utilização de jatos de ar de modo que todo o material depositado nelas seja removido. Após a limpeza, o selante deve ser aplicado a frio e ficar ligeiramente (de 1 a 2 mm) abaixo da superfície do piso. A Figura 29.3 apresenta um croqui da junta para o sistema úmido sobre úmido.

Para o sistema de piso de alta resistência úmido sobre seco, a ABNT NBR 12260:2012 especifica que as juntas devem ser constituídas de perfilados plásticos ou metálicos com formato ou dispositivo tal que impeça sua movimentação no sentido vertical. Essas juntas devem ser assentadas antes da execução do contrapiso de correção. O assentamento dessas juntas deve ser realizado com cordões de argamassa, traço em massa 1:3 (cimento:areia), sobre a superfície preparada do concreto, conforme descrito anteriormente. As faces laterais dos cordões de argamassa devem ser cortadas 5,0 mm abaixo da espessura prevista para o piso de alta resistência. Esse corte deve ocorrer no início do endurecimento da argamassa. Os painéis devem ficar com o formato mais próximo possível de um quadro, com dimensões máximas de 3,5 × 3,5 m. A Figura 29.4 apresenta um croqui desse tipo de junta.

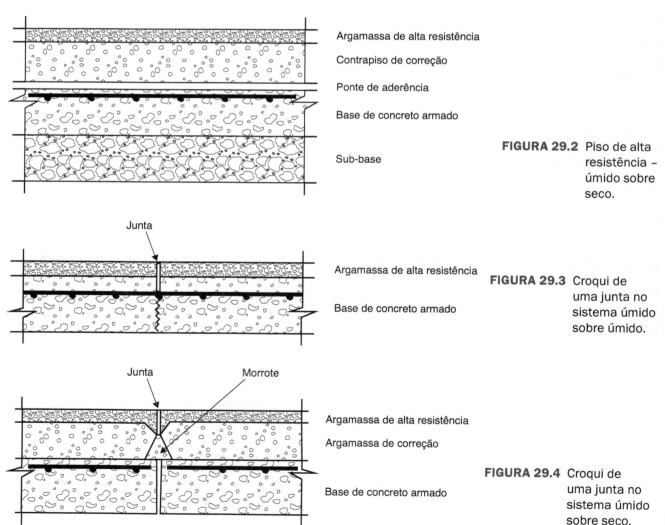

FIGURA 29.2 Piso de alta resistência – úmido sobre seco.

FIGURA 29.3 Croqui de uma junta no sistema úmido sobre úmido.

FIGURA 29.4 Croqui de uma junta no sistema úmido sobre seco.

Imediatamente após o término do acabamento superficial final e antes que a argamassa de alta resistência perca o brilho da água superficial, devem-se iniciar os procedimentos de cura. A ABNT NBR 12260:2012 especifica que a cura inicial seja realizada pela aspersão de um produto químico líquido, capaz de formar película plástica contínua, na taxa mínima de 100 mL/m². Posteriormente, procede-se à cura úmida por meio da colocação de sacos de estopa, de aniagem, de panos de algodão mantidos permanentemente úmidos durante, pelo menos, sete dias, ou até o início do polimento do piso.

O controle de qualidade da argamassa de alta resistência deve ser realizado segundo o critério de amostragem definido na ABNT NBR 12260:2012, realizando os ensaios de resistência à compressão, resistência à tração por compressão diametral e resistência à abrasão. Os lotes de inspeção da argamassa de alta resistência não podem ultrapassar a 10 m³ de argamassa, 100 m² de área revestida e sete dias de serviço. Cada lote é representado por uma amostra de, no mínimo, seis exemplares, sendo os exemplares dos ensaios de resistência à compressão e tração por compressão diametral compostos por dois corpos de prova, enquanto os exemplares para o ensaio de resistência à abrasão compreendem um corpo de prova. Os ensaios de resistência à compressão e de resistência à tração por compressão diametral devem ser realizados em corpos de prova moldados e ensaiados conforme a ABNT NBR 12041:2012, enquanto os ensaios de resistência à abrasão devem ser realizados em corpos de prova moldados e ensaiados segundo a ABNT NBR 12042:2012.

O piso de alta resistência é automaticamente aceito se forem atendidas, concomitantemente, as exigências relacionadas à resistência e ao desgaste por abrasão. Na Tabela 29.1, apresentam-se os requisitos mínimos estabelecidos na ABNT NBR 12260:2012 para a aceitação de piso de alta resistência. Quando o piso de alta resistência não atende todas as condições indicadas na tabela, deve-se proceder à verificação da espessura e do desgaste de abrasão por meio de amostras retiradas no piso já executado e com idade mínima de 28 dias. Caso essas verificações indiquem que as condições de segurança foram atendidas, o piso pode ser aceito e, em caso contrário, deve-se proceder a uma dessas soluções:

- a parte condenada do piso de alta resistência deve ser demolida e reconstruída;
- o piso de alta resistência deve ser reaproveitado, com restrições ao carregamento e ao uso.

29.3 REVESTIMENTO DE ALTO DESEMPENHO (RAD)

O revestimento de alto desempenho (RAD) é um revestimento de superfície constituído por produto composto basicamente de aglutinantes à base de resinas epoxídicas, com ou sem solventes, endurecedores e agregados minerais, podendo, dependendo da classe, conter também pigmentos e cargas minerais (ABNT NBR 14050:1998). Na Figura 29.5, apresentam-se as possíveis camadas constituintes do piso com revestimento de alto desempenho (RAD).

A ABNT NBR 14050:1998 classifica o revestimento de alto desempenho (RAD) em três classes: monolítico, pintura e decorativo monolítico. Cada uma destas classes possui tipos diferentes em função da forma de execução (espatulado, autonivelante), da espessura (baixa e alta espessura) e quantidade de camadas de revestimento (camadas múltiplas), conforme apresentado na Tabela 29.2.

A especificação desse tipo de revestimento deve considerar as propriedades e os requisitos mínimos especificados pela ABNT NBR 14050:1998.

TABELA 29.1 Requisitos mínimos para aceitação de pisos de alta resistência

Propriedade	Requisito da ABNT NBR 12260:2012		
Resistência à tração por compressão diametral (NBR 12041)	$F_{ct,\,est} \geq 4,0$ MPa		
Resistência à compressão (NBR 12041)	$F_{ck,\,est} \geq 40,0$ MPa		
Desgaste por abrasão (NBR 12042)	Desgaste médio	Classe A	$\leq 0,8$ mm
		Classe B	$\leq 1,6$ mm
		Classe C	$\leq 2,4$ mm

Fonte: adaptada da ABNT NBR 12260:2012.

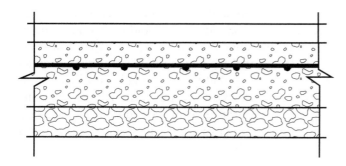

FIGURA 29.5 Revestimento de alto desempenho (RAD).

TABELA 29.2 Classificação dos revestimentos de alto desempenho

Tipo	Classe	Descrição	Espessura (mm)
01	Monolítico	Espatulado	3,00-10,00
02		Autonivelamento	1,50-6,00
03		Camadas múltiplas	1,50-4,00
04	Pintura	Baixa espessura	0,10-0,18
		Alta espessura	> 0,18-1,00
05	Decorativo monolítico	Espatulado	3,00-10,00
		Autonivelamento	1,50-4,00
		Camadas múltiplas	1,50-4,00

Fonte: adaptada da ABNT NBR 14050:1998.

Na Tabela 29.3, apresentam-se algumas das principais propriedades e requisitos mínimos, enquanto no Quadro 29.1, apresenta-se uma árvore de decisão para especificação do tipo de revestimento de alto desempenho (RAD) em função das solicitações a que estará submetido.

A execução de um revestimento de alto desempenho deve ser realizada conforme o tipo de revestimento e as especificações do fabricante e da ABNT NBR 14050:1998. Porém, antes da execução do revestimento de alto desempenho devem-se fazer as seguintes verificações:

- da compatibilidade da resistência mecânica do substrato (laje de concreto ou pavimento) com relação às solicitações mecânicas a que o piso estará submetido;

TABELA 29.3 Propriedades e requisitos mínimos por tipo de revestimento de alto desempenho

Propriedades	Unidade	Tipo de RAD 01	02	03	04	05
Resistência ao impacto – BS 8204	mm	0,30	0,25	0,20	–	Por acordo
Resistência à abrasão, conforme metodologia descrita na NBR 12042 (aplicável em laboratório)	mm	2,30	0,90	1,20	–	Por acordo
Resistência à abrasão, conforme metodologia descrita no anexo A da NBR 14050 (aplicável em laboratório ou em campo)	mm	2,20	0,80	1,10	–	Por acordo
Resistência à tração – ASTM C307	MPa	6,5	8,5	–	–	Por acordo
Resistência à compressão – ASTM C579	MPa	45	40	40	–	Por acordo
Resistência à flexão – ASTM C580	MPa	20	20	25	–	Por acordo
Resistência de aderência – ASTM D4541 (para o tipo 4) ou anexo C da NBR 14050 (para os demais tipos de RAD)	MPa	2,5	2,5	2,5	3,0	Por acordo
Absorção – ASTM C413	%	1,0	0,3	0,25	0,2	Por acordo

Fonte: adaptada da ABNT NBR 14050:1998.

QUADRO 29.1 Árvore de decisão para especificação do tipo de RAD

Critério	Requisitos de desempenho	Monolítico espatulado	Monolítico autonivelante	Monolítico camadas múltiplas	Pintura	Decorativo monolítico
Ação mecânica	Impacto	++	(+)	+	n.a.	(+)
	Abrasão	+	+	+	n.a.	(+)
	Condições de tráfego*	A	L	M	O	L
	Tração	+	+	+	n.a.	+
	Flexão	++	++	++	n.a.	++
	Compressão	++	++	++	n.a.	+
Acabamento superficial	Liso	(+)	+	n.a.	(+)	+
	Rugoso	+	n.a.	+	(+)	(+)
	Antiderrapante	+	n.a.	++	+	+
	Decorativo	(+)	+	(+)	(+)	++
Limpeza	—	(+)	++	(+)	+	+
Superfície de aplicação	Horizontal	+	+	+	+	+
	Vertical	+	n.a.	n.a.	+	n.a.
	Incl. substrato até 1,5	+	+	+	+	+
	Incl. substrato até 5	+	n.a.	+	+	n.a.

*: O = nenhuma, L = leve, M = médio, A = alto.

++: atende bem ao requisito.

+: atende ao requisito.

(+): atende com restrições ao requisito.

n.a.: não se aplica ou não se recomenda.

- da existência de fissuras, trincas e destacamentos no substrato;
- do teor de umidade máximo do substrato para a aplicação do revestimento;
- da existência de umidade ascendente;
- da existência de contaminação no substrato por óleo e/ou graxas;
- da consideração das propriedades elétricas do revestimento;
- da necessidade de resistência ao choque térmico;
- de outras interferências.

Além dessas verificações prévias, é importante proceder ao dimensionamento e posicionamento das juntas. As juntas no revestimento de alto desempenho (RAD) podem ser classificadas em juntas de dilatação, juntas de trabalho e juntas de execução da laje.

As juntas de dilatação devem ser projetadas e executadas em função da solicitação mecânica a que o piso estará submetido. Se o piso estiver submetido a uma solicitação mecânica considerada média (por exemplo, tráfego de pedestres, carrinhos com rodas de borracha), a junta de dilatação deve ser executada conforme a Figura 29.6. Caso o piso esteja submetido a uma solicitação mecânica considerada elevada (por exemplo, carrinhos com rodas metálicas, atrito e impacto nas bordas das juntas), a junta de dilatação deve ser executada de acordo com a Figura 29.7.

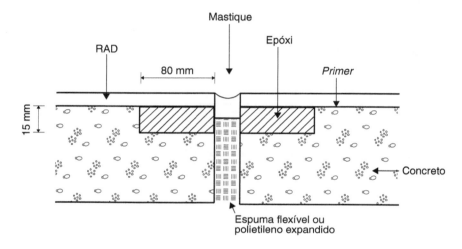

FIGURA 29.6 Junta de dilatação típica para solicitação mecânica média.

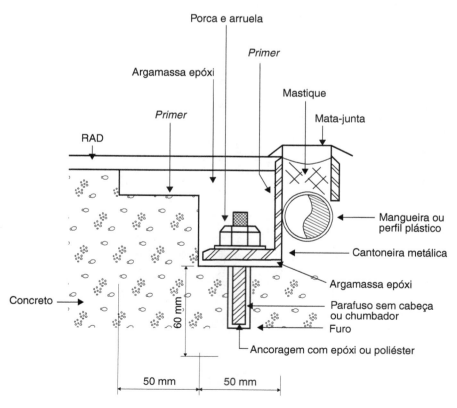

FIGURA 29.7 Junta de dilatação típica para solicitação mecânica elevada.

As juntas de trabalho devem ser executadas quando não for possível interromper a aplicação diária do RAD nas juntas preestabelecidas. Na Figura 29.8, apresenta-se um detalhe típico desse tipo de junta.

As juntas de execução da laje são realizadas quando as lajes não apresentam movimentação. Na Figura 29.9 é mostrado um detalhe típico desse tipo de junta.

29.4 PRINCIPAIS PATOLOGIAS EM PISOS DE ARGAMASSA DE ALTA RESISTÊNCIA

Em face de um efeito anormal, os pisos reagem com diferentes sinais e manifestações, o que permite conhecer a anomalia e, consequentemente, diagnosticar as prováveis causas que a motivaram. A fim de facilitar o estudo das possíveis causas geradoras de patologias em piso de alta resistência, elas podem ser divididas em quatro grupos, a saber:

- falhas de projeto;
- falhas de execução;
- utilização de materiais inadequados;
- utilização e manutenção inadequada do piso.

No Quadro 29.2, relacionam-se as principais causas geradoras de patologias em piso de alta resistência em função do grupo de falha existente.

As anomalias nos pisos de alta resistência manifestam-se por sintomatologias variadas, entre as quais podem-se destacar:

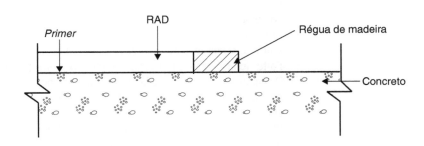

FIGURA 29.8 Configuração típica da junta de trabalho.

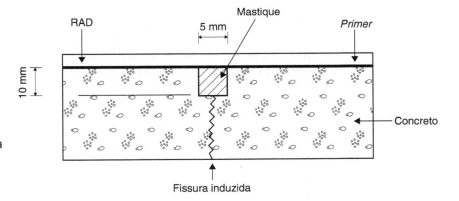

FIGURA 29.9 Configuração típica da junta de execução para laje sem movimento.

QUADRO 29.2 Causas geradoras de patologias em pisos de alta resistência em função do grupo de falha

Grupo	Causas geradoras
Falhas de projeto	- Inexistência de projeto da base de concreto. - Especificação de argamassa de alta resistência incompatível com as solicitações a que o piso estará submetido (tipo e natureza dos agregados). - Especificação da espessura da argamassa de alta resistência incompatível com o uso. - Placas com modulação retangular, favorecendo o surgimento de tensões internas. - Discordância das juntas da argamassa de alta resistência com as existentes na base de concreto.

(continua)

724 Capítulo 29

QUADRO 29.2 Causas geradoras de patologias em pisos de alta resistência em função do grupo de falha (*continuação*)

Grupo	Causas geradoras
Falhas de projeto (*continuação*)	■ Falta de estudo prévio e detalhamento do posicionamento de dutos e tubulações embutidos no piso, podendo gerar redução na espessura do contrapiso de correção. ■ Insuficiência no espaçamento das juntas de dilatação. ■ Ausência de juntas de dessolidarização no encontro com obstáculos verticais. ■ Subdimensionamento da espessura da base de concreto. ■ Material especificado na selagem das juntas incompatível com as solicitações a que o piso estará submetido. ■ Deficiência na caracterização da sub-base. ■ Falta de "Manual do Usuário" contendo informações úteis quanto às condições de uso e conservação do piso, como valores de cargas e solicitações, produtos e procedimentos de limpeza, vida útil dos selantes das juntas e procedimentos para eventual troca deles.
Falhas de execução	■ Utilização de diferentes tipos de cimento, ou inadequados. ■ Falta de controle no preparo das argamassas, resultando em um teor de cimento diferente do recomendado ou excesso de água de amassamento (dosagem inadequada). ■ Preparação inadequada da base de concreto, comprometendo a aderência do contrapiso de correção. ■ Cura deficiente da base. ■ Falta ou apicoamento insuficiente da superfície. ■ Falta de limpeza da base, sem remoção de fragmentos, poeira, óleo etc. ■ Deficiência em razão da falta de encharcamento da base durante, pelo menos, 24 horas. ■ Aplicação do contrapiso de correção antes de decorridos sete dias da concretagem da base de concreto. ■ Excesso de argamassa no morrote de sustentação do perfil da junta, reduzindo a espessura da argamassa de alta resistência sobre o morrote. ■ Deficiência na mistura da argamassa de correção, permitindo a formação de grumos de cimento. ■ Deficiência no preparo e aplicação da argamassa da ponte de aderência. ■ Cura deficiente, ou inexistente, das argamassas aplicadas. ■ Falta de dispositivo eficiente de transmissão de carga entre placas. ■ Atraso no programa de abertura das juntas serradas. ■ Pouca profundidade da ranhura do corte da junta. ■ Mau funcionamento do sistema de transmissão de cargas (desalinhamento das barras de transferência, ocasionando deficiência na movimentação). ■ Insuficiência de suporte da sub-base. ■ Excesso de vibração durante a operação de acabamento do piso, gerando fissuras superficiais. ■ Deficiência na execução das juntas e na aplicação do selante. ■ Deficiência na execução da base, ocorrência de vazios ou ninhos de pedra, devido à deficiência no adensamento.
Utilização de materiais inadequados	■ Emprego de materiais inadequados em função da falta ou deficiência no controle de qualidade, que deve ser executado por meio de fiscalização e ensaios, seja durante a execução, para qualificar os materiais possíveis de serem empregados, seja após a execução, realizando eventuais ensaios de comprovação da qualidade. ■ Emprego de concreto inadequado na base (laje): excesso de argamassa, exsudação elevada, resistências mecânicas inferiores às especificadas.
Utilização e manutenção inadequada do piso	■ Em sua grande maioria, a pisos corretamente dimensionados e executados para determinados valores de carga e solicitações, com o passar dos anos, o usuário — quer por modificações no *layout* de uso ou por mudança de atividade — impõe carregamentos e solicitações excessivas que os tornam deficientes. ■ Não atendimento às restrições de uso, limpeza e conservação do piso, de acordo com o "Manual do Usuário".

29.4.1 Fissuras

As causas de fissuração nem sempre são de fácil determinação. Entretanto, o conhecimento dessas causas e do fato que as produziu é de vital importância para a definição do tratamento adequado para sua recuperação.

A localização das fissuras nas placas, sua configuração, abertura, espaçamento e, se possível, o período em que ocorreram (após anos, semanas ou, mesmo, algumas horas após o término da concretagem) podem servir como elementos para diagnosticar a causa ou causas que as produziram.

É de grande valia a verificação da aderência entre as várias camadas de materiais, principalmente nas áreas em que o piso apresenta fissura. A verificação pode ser realizada mediante percussão de um instrumento metálico não contundente. Nos locais em que houver deficiência de aderência, o som apresentar-se-á cavo.

a) Microfissuras

São consideradas microfissuras aquelas que apresentam abertura inferior a 0,05 mm, sendo visíveis a olho nu, mediante molhagem e secagem superficial do piso. Essas fissuras apresentam-se distribuídas sobre a placa, com configuração indefinida, cortando-se entre si, como um mapa hidrográfico.

As microfissuras têm como principais causas geradoras a retração hidráulica e a retração plástica da argamassa, por falta ou insuficiência do processo de cura inicial, ocorrendo, em consequência de secagem superficial, nas primeiras horas após a aplicação da argamassa de alta resistência. Podem também resultar do excesso de vibração do concreto, gerando uma camada superficial com elevado teor de argamassa.

b) Fissuras paralelas às juntas

- Fissuras paralelas às juntas, cortando várias placas de piso: resultam da discordância entre as juntas de argamassa de alta resistência e as juntas existentes na base de concreto, ou da redução localizada da espessura do contrapiso de correção (em razão da existência de dutos ou tubulações embutidas) ou, ainda, de movimento da estrutura suporte.
- Fissuras paralelas às juntas, restritas a placas isoladas: geralmente decorrentes da menor espessura da argamassa de alta resistência próxima à junta, e/ou de aderência deficiente, localizada entre a argamassa e o morrote de sustentação da junta.

c) Fissuras radiais

Ocorrem geralmente em áreas localizadas, como resultado de um substrato (ou contrapiso de correção) com baixa resistência mecânica ou com vazios, ou da deficiência de adensamento da argamassa de correção ou, ainda, em consequência da falta de aderência entre a camada de alta resistência e a argamassa de correção.

d) Fissuras perpendiculares às juntas

Decorrentes da retração de uma das camadas do piso (base de concreto, contrapiso de correção, ou argamassa de alta resistência).

e) Fissuras de canto

Atribuídas geralmente à retração acentuada, associada a uma perfeita aderência entre as camadas do piso, junto aos cantos das placas. Podem ocorrer também durante o uso, em razão da deficiência de aderência da argamassa de alta resistência junto aos cantos das placas. Caso a fissura atinja toda a espessura da placa (base de concreto), poderá ter como prováveis causas geradoras:

- falta de dispositivo eficiente da transmissão de carga;
- subdimensionamento da base;
- recalque diferencial da placa;
- empenamento da placa;
- carregamentos superiores ao previsto em projeto.

f) Fissuras passantes paralelas ou perpendiculares às juntas

São fissuras que atingem a espessura da base (laje de concreto), podendo ter como prováveis causas geradoras:

- atraso no programa de corte das juntas serradas;
- pouca profundidade da ranhura do corte;
- condições climáticas mais severas que as previstas em projeto;
- insuficiência de suporte da sub-base;
- subdimensionamento da espessura da base;
- fadiga do concreto da base por tráfego intenso e localizado;
- recalque diferencial da base.

29.4.2 Placas Trincadas

Fenômeno entendido como divisão da placa em várias partes, podem ser decorrentes do emprego de concreto de baixa qualidade, subdimensionamento da espessura da placa (base), baixa capacidade de suporte da sub-base, bem como progressão de fissuras paralelas ou perpendiculares às juntas.

726 Capítulo 29

29.4.3 Desnível entre Placas (Degrau nas Juntas)

Ocorre por deslocamento vertical diferenciado permanente de uma placa em relação à adjacente, na região da junta. As principais causas geradoras são:

- perda progressiva de eficiência da junta;
- assentamento da sub-base;
- bombeamento e erosão dos materiais sob a base.

29.4.4 Deficiência na Selagem das Juntas

Caso haja espaço para penetração de material incompressível ou de água na junta, seja por deficiência de selagem ou falta de manutenção, poderão ocorrer as seguintes anomalias:

- penetração de material incompressível;
- quebra das bordas da placa;
- ocorrência de fissuras radiais;
- esborcinamento de juntas;
- penetração de água;
- perda localizada ou generalizada de suporte da sub-base ou subleito;
- bombeamento de finos plásticos da sub-base.

29.4.5 Bombeamento

O bombeamento é a expulsão de finos plásticos, porventura existentes no solo da fundação do pavimento, sob a forma de lama fluida, pelas juntas e trincas da placa, quando da passagem de cargas móveis solicitantes.

O carreamento desses finos ocasionará o deslocamento das placas que cobrem a área afetada, gerando deficiência de suporte, as quais sofrerão tensões de tração superiores às previstas em projeto, o que acelerará o processo de fadiga do piso e sua ruptura precoce.

29.4.6 Placas Bailarinas

São placas com movimentação vertical visível sob a ação do tráfego, principalmente na região das juntas.

As prováveis causas geradoras são as perdas localizada ou generalizada de suporte da fundação, aliadas à existência de juntas ineficientes e à ação de tráfego pesado e canalizado.

29.4.7 Esborcinamento de Juntas

Segundo a norma DNIT 061:2004, o esborcinamento se caracteriza pela quebra das bordas da placa de concreto (quebra em cunha) nas juntas, com o comprimento máximo de 60 cm, não atingindo toda a espessura da placa. Essa quebra permite a ocorrência de infiltrações de água e material incompressível, comprometendo o funcionamento da junta. Esse sintoma é notadamente acentuado nas juntas transversais do tipo abertas por corte, em função de falhas ou má execução do corte e selagem das juntas, sujeitas a tráfego médio e alto.

29.4.8 Esmagamento

Quando um piso de alta resistência apresenta a argamassa ou o substrato com baixa resistência mecânica ou com deficiência de aderência em região próxima às juntas, e sua solicitação for intensa, as placas apresentarão, provavelmente, esmagamento da argamassa de alta resistência.

As causas mais frequentes são:

- emprego de agregado com resistência incompatível com o uso do piso;
- dosagem inadequada, com a consequente baixa resistência mecânica da camada do piso;
- desnível entre as placas;
- falhas de adensamento das camadas do piso;
- uso inadequado e/ou prematuro do piso.

29.4.9 Desgaste

O desgaste do piso de alta resistência, além de provocar desníveis na placa, desprenderá pó, o que poderá inviabilizar a utilização a que se destina a área em questão. O emprego de argamassa de alta resistência composta por agregados de baixa resistência à abrasão ou inadequada às exigências e solicitações de uso previstas resulta em desgaste prematuro.

A aplicação de argamassas com elevada relação água/cimento, bem como a má execução do estucamento e/ou incorreto polimento do piso, podem levar a um desgaste prematuro do aglomerante.

Acabamento inadequado da placa ou incorretamente especificado, por desconhecimento na fase de projeto, do tipo específico de utilização e a natureza dos produtos a serem estocados também podem gerar um quadro de desgaste prematuro do piso.

29.4.10 Desagregação

A desagregação do piso de alta resistência poderá ocorrer por ação de elementos químicos ou por esforços mecânicos ou impactos superiores aos previstos para as características da argamassa de alta resistência.

a) Desagregação por ataque químico

Genericamente, a desagregação por ataque químico consiste na deterioração da argamassa por reações químicas, não propositais, que têm origem na sua superfície, ou por eventuais fissuras existentes, estando excluídas as alterações decorrentes de reações álcali-agregado.

Dos componentes da argamassa, o cimento é o mais vulnerável por sofrer ação corrosiva, o que leva à perda de suas propriedades ligantes. Como a corrosão da argamassa é de natureza química, suas causas fundamentais restringem-se a duas:

- reações com o hidróxido de cálcio proveniente da hidratação dos componentes do cimento;
- reações com sulfato, com o aluminato tricálcico hidratado do cimento ou com a alumina inerte em uma solução saturada de hidróxido de cálcio, dando origem a expansões.

A velocidade do ataque químico está relacionada com a concentração do agente agressivo, a temperatura, a probabilidade de contato com o piso, a permeabilidade da argamassa de alta resistência e o tipo de cimento utilizado.

Em geral, o agente agressivo no estado sólido seco e gasoso seco não ataca o concreto; porém, em contato com umidade ou água, poderá ser agressivo. Não pode ser descartada a possibilidade da ação combinada entre produtos químicos e até a presença de umidade, gerando compostos altamente agressivos.

A melhor medida preventiva contra a desagregação por ataque químico consiste em preparar uma argamassa densa, com cimento adequado ao meio a que estará exposto o piso.

Em meios fortemente agressivos, faz-se necessária a utilização simultânea de proteções que impeçam o contato direto com o piso.

b) Desagregação por ações físicas

Caso o piso de alta resistência venha a receber cargas excessivas, poderá sofrer deformações elevadas, com o aparecimento de fissuras, que poderão cruzar entre si, fazendo com que soltem partes da argamassa de alta resistência.

Eventuais impactos decorrentes de queda de materiais contundentes sobre a superfície do piso poderão provocar sua desagregação.

Os óleos de baixa viscosidade (de origem mineral, vegetal ou animal) são os que penetram mais profundamente na argamassa, atingindo seu interior, exercendo uma ação lubrificante, comprometendo a aderência entre a pasta de cimento e os agregados e desagregando a argamassa.

A agressividade dos óleos depende, também, de sua viscosidade. Quanto maior for a viscosidade, menor será o perigo que representam.

Também os óleos velhos e oxidados exercem ação corrosiva; as gotas de lubrificantes que caem das máquinas acabam por deteriorar os pisos.

29.4.11 Descolamento

O descolamento do piso de alta resistência ocorre em função da deficiência de aderência de uma ou mais camadas de materiais que o compõem. Geralmente, o descolamento ocorre entre a base de concreto e o contrapiso de correção, embora esse fenômeno possa ocorrer em outras interfaces. As causas prováveis dessa anomalia são:

- deficiência na preparação da base de concreto quanto a: aspereza ou rugosidade superficial; limpeza, eliminação de detritos, poeira, óleo etc.;
- aplicação de outra camada sobre a base de concreto antes de, pelo menos, sete dias;
- aplicação de ponte de aderência, sem controle da relação água/cimento;
- ausência de sulcos no morrote de argamassa e de posicionamento da junta entre placas;
- emprego de traço inadequado da ponte de aderência, contrapiso de correção e da argamassa de alta resistência;
- inexistência de cura ou cura deficiente das argamassas supracitadas;
- aplicação de argamassa de correção em espessura superior a 4 cm ou inferior a 2 cm, gerando deficiência de aderência.

29.4.12 Empenamento da Placa

O empenamento da placa é decorrente da retração diferencial da argamassa de alta resistência e do contrapiso de correção, associada a uma deficiência de aderência deste com a base de concreto.

Eventual deficiência na cura do piso e redução da espessura da argamassa de alta resistência nos cantos contribuem para que o fenômeno ocorra com maior intensidade.

29.4.13 Manchas

Em algumas situações, podem ocorrer variações de tonalidade na superfície de placas de piso de alta resistência, sendo, em sua quase totalidade, decorrentes de:

728 Capítulo 29

- variação na quantidade do agregado e de sua granulometria;
- diferentes rugosidades superficiais, em uma mesma placa, resultantes de imperfeições do polimento;
- manchas resultantes do desgaste do agregado e do aglomerante da argamassa de alta resistência;
- diferença de tonalidade por provável contaminação de argila e/ou outros materiais, em razão do emprego de agregados contaminados durante a estocagem, quando da aplicação, no processo de cura, ou na calda de estucamento do piso durante o processo de polimento;
- vibrador com frequência inadequada às dimensões do agregado utilizado na argamassa de alta resistência.

29.5 PRINCIPAIS PATOLOGIAS EM REVESTIMENTOS DE ALTO DESEMPENHO (RAD)

A fim de facilitar o estudo das possíveis causas geradoras de patologias do RAD, podemos dividi-las em quatro grupos, a saber:

- falhas de projeto;
- falhas de execução;
- utilização de materiais inadequados;
- utilização e manutenção inadequada do piso.

No Quadro 29.3, relacionam-se as principais causas geradoras de patologias em revestimento de alto desempenho em função do grupo de falha existente.

QUADRO 29.3 Causas geradoras de patologias em revestimento de alto desempenho em função do grupo de falha

Grupo	Causas geradoras
Falhas de projeto	■ Inexistência de projeto da base de concreto. ■ Subdimensionamento da espessura da base de concreto. ■ Inexistência de sistemas de drenagem ou impermeabilização, para evitar o fenômeno de umidade ascendente na base de concreto. ■ Inexistência ou deficiência de projeto de captação e direcionamento de águas pluviais das coberturas ou de pisos e ruas nas áreas externas e vizinhas à edificação. ■ Especificação do tipo de RAD incompatível com as solicitações a que o piso estará submetido. ■ Não especificação e detalhamento das juntas do RAD com as existentes na base de concreto (juntas que trabalham). ■ Insuficiência no espaçamento das juntas de dilatação. ■ Ausência de juntas de dessolidarização no encontro com obstáculos verticais. ■ Material especificado na selagem das juntas incompatível com as solicitações a que o piso estará submetido. ■ Não especificação do teor de umidade máxima permissível da base de concreto, em função do RAD a ser aplicado. ■ Falta de detalhes executivos das juntas.
Falhas de execução	■ Preparação inadequada da base de concreto, comprometendo a aderência do RAD: cura deficiente da base; falta ou deficiência de limpeza da base, sem remoção de fragmentos, poeira, óleo etc.; execução de vibração do concreto da base, ocasionando camada superficial de argamassa segregada. ■ Emprego de concretos com abatimento superior à faixa especificada, ou dosagem mal proporcionada, ocasionando exsudação elevada e, consequentemente, deficiência de aderência do RAD. ■ Aplicação do RAD sobre base de concreto com teor de umidade superior à especificada pelo fabricante ou em projeto. ■ Insuficiência de suporte do subleito. ■ Falta de dispositivo eficiente de transmissão de carga entre placas. ■ Atraso no programa de abertura das juntas, gerando fissura/trinca na base de concreto. ■ Pouca profundidade da ranhura do corte da junta. ■ Mau funcionamento do sistema de transmissão de cargas (desalinhamento das barras de transferência, ocasionando deficiência de movimentação). ■ Aplicação do RAD direto sobre a junta da base de concreto sujeita à movimentação. ■ Deficiência na execução da base de concreto, com ocorrência de vazios ou ninhos de pedra, por deficiência de adensamento.

(continua)

Patologias em Pisos Industriais de Concreto Revestidos por Argamassa... **729**

QUADRO 29.3 Causas geradoras de patologias em revestimento de alto desempenho em função do grupo de falha (*continuação*)

Grupo	Causas geradoras
Falhas de execução (*continuação*)	■ Deficiência de acabamento da superfície da base de concreto, com ondulações ou depressões, comprometendo o uso do piso. ■ Contaminação superficial da base de concreto com produtos de cura química ou selantes incompatíveis com o RAD. ■ Aplicação do RAD em espessura inferior à especificada. ■ Aplicação do RAD mal proporcionado ou homogeneizado. ■ Aplicação do RAD, tipo autonivelante, sem posterior passagem correta do rolo "quebra-bolhas", deixando ar incorporado no RAD.
Utilização de materiais inadequados	■ Emprego de materiais inadequados em função da falta ou deficiência no controle de qualidade, que deve ser executado por meio de fiscalização e ensaios, seja durante a execução, para qualificar os materiais possíveis de serem empregados, seja após a execução, realizando eventuais ensaios de comprovação da qualidade. ■ Emprego de concreto inadequado na base (laje): excesso de argamassa, exsudação elevada, resistências mecânicas inferiores às especificadas. ■ Deverão ser levadas em consideração as condições de temperatura e umidade relativa quando da aplicação do *primer*, pois, caso o solvente do *primer* ou a água da base não tenham evaporado antes da aplicação do RAD, os mesmos irão ficar entre o *primer* e o RAD, gerando anomalias.
Utilização e manutenção inadequada do piso	■ Modificações no *layout* de uso podem impor carregamentos e solicitações para as quais o revestimento não foi dimensionado, tornando-os deficientes. ■ Não atendimento às restrições de uso, limpeza e conservação do piso, de acordo com o "Manual do Usuário".

As anomalias nos revestimentos de alto desempenho (RAD) manifestam-se por sintomatologias variadas. A seguir, destacam-se algumas.

29.5.1 Fissuras

Quando da preparação da base de concreto para aplicação do RAD, é fundamental conhecer a qual dos tipos pertencem as eventuais fissuras existentes. Denominam-se fissuras vivas aquelas submetidas a movimentos e, especialmente, a mudanças em sua amplitude ou espessura; e fissuras mortas, as estabilizadas, apresentando sempre a mesma amplitude.

As fissuras vivas, que apresentam movimentação, deverão ser observadas e mantidas no RAD. No caso de fissuras mortas, não há inconveniente algum em tratar a base e restabelecer o monolitismo da peça antes da aplicação do RAD.

A localização das fissuras nas placas, sua configuração, abertura, espaçamento e, se possível, o período em que ocorreram (após anos, semanas ou, mesmo, algumas horas do término da concretagem) podem servir como elementos para diagnosticar a causa ou causas que as produziram.

a) Fissuras de canto

Caso a fissura atinja toda a espessura da placa (base de concreto), poderá ter como prováveis causas geradoras:

- falta de dispositivo eficiente de transmissão de carga;
- subdimensionamento da base;
- recalque diferencial da placa;
- carregamentos superiores ao previsto em projeto.

b) Fissuras passantes paralelas ou perpendiculares às juntas

São fissuras que atingem a espessura da base de concreto, podendo ter como prováveis causas geradoras:

- atraso no programa de corte das juntas serradas;
- pouca profundidade da ranhura do corte;
- condições climáticas mais adversas que as previstas em projeto;
- insuficiência de suporte da sub-base;
- subdimensionamento da espessura da base;
- fadiga do concreto da base por tráfego intenso e localizado;
- recalque diferencial da base.

29.5.2 Placas Trincadas

Divisão da placa em várias partes pode ser resultado do emprego de concreto de baixa qualidade, subdimensionamento da espessura da placa (base), baixa capacidade de suporte da sub-base, bem como progressão de fissuras paralelas ou perpendiculares às juntas.

29.5.3 Desnível entre Placas (Degrau nas Juntas)

Ocorre por deslocamento vertical diferenciado permanente de uma placa em relação à adjacente, na região da junta. As principais causas geradoras são:

- perda progressiva de eficiência da junta;
- assentamento da sub-base;
- bombeamento e erosão dos materiais sob a base.

29.5.4 Desgaste

O desgaste prematuro do RAD tem como causas principais:

- emprego de tipo de RAD não compatível com as solicitações de abrasão;
- submeter o revestimento a uso antes do período de cura da resina;
- submeter o revestimento a ataque químico ou exposição à água antes do período de cura da resina;
- contato direto de materiais abrasivos sobre o revestimento (areia etc.);
- não aplicação correta do rolo "quebra-bolhas" em revestimento do tipo autonivelante, não removendo o ar incorporado durante a aplicação;
- uso inadequado ao tipo de RAD por alteração de *layout*.

29.5.5 Desagregação

A desagregação do revestimento poderá ocorrer por ação de elementos químicos ou por esforços mecânicos ou impactos superiores aos previstos quando da seleção do tipo de RAD.

Caso haja contato de líquidos com temperatura acima de 60 °C ou choque térmico, poderá ocorrer desagregação do revestimento ao longo do tempo, ainda que com o uso normal.

A aplicação de RAD mal proporcionado ou misturado (homogeneizado) vai gerar desagregação do revestimento, bem como no tipo autonivelante, se, após o espalhamento do mesmo sobre a base de concreto, não for passado corretamente o rolo "quebra-bolhas" removendo o ar incorporado durante a aplicação.

29.5.6 Empolamento e Descolamento

Uma anomalia frequentemente observada em revestimentos RAD é a formação de pequenos empolamentos em forma de bolhas, podendo até resultar no descolamento do revestimento. As principais causas geradoras de tal anomalia são:

- deficiência na preparação da base de concreto quanto a limpeza, eliminação de detritos, poeira, óleo etc.;
- superfície da base de concreto muito lisa decorrente do desgaste ao longo do tempo, ou qualquer elemento que venha a se interpor entre o RAD e o concreto, comprometendo a aderência;
- aplicação do revestimento antes da evaporação do solvente do *primer*, gerando áreas localizadas de não aderência do revestimento, e, caso haja umidade no concreto, mesmo dentro das especificações, poderá ocorrer saponificação da resina;
- umidade superior à especificada na base de concreto, ocasionando processo osmótico;
- umidade ascendente na base de concreto.

29.5.7 Ataque Químico

É importante caracterizar, na fase de elaboração do projeto, se haverá ataque por substâncias químicas, qual a sua concentração, temperatura, tempo de contato com o RAD, e sua ordem de aplicação. Cada tipo de RAD apresenta desempenho diferenciado conforme o ataque químico.

29.6 DIAGNÓSTICO DAS PATOLOGIAS EM PISOS

Em muitas ocasiões, o sintoma apresentado pode fornecer ao tecnologista o diagnóstico da causa geradora. Em outros casos, porém, o problema é mais complexo, cabendo realizar uma verificação do projeto, das especificações e dos procedimentos adotados durante a execução. Poderá também ser necessário executar ensaios especiais no piso, na base de concreto, no contrapiso de correção, na sub-base e subleito.

Na Figura 29.10, esquematiza-se um roteiro que pode ser utilizado para análise e, consequentemente, determinação da(s) causa(s) geradora(s) de anomalia.

Todas as causas prováveis que possam estar envolvidas na deterioração deverão ser consideradas na análise inicial de um quadro patológico até a

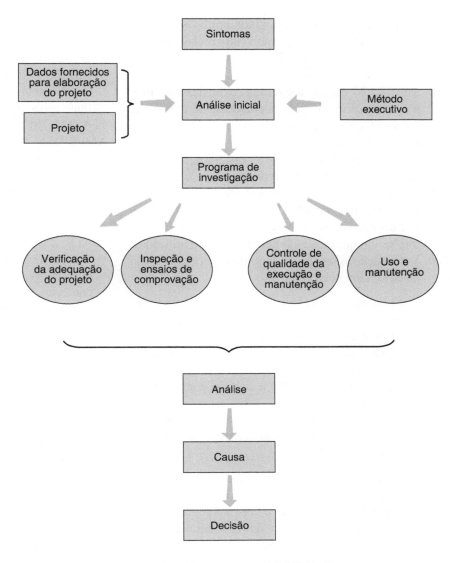

FIGURA 29.10 Roteiro para diagnóstico das patologias em pisos.

determinação daquelas que apresentam relação evidente com o problema.

Faz-se necessária, geralmente, uma pesquisa detalhada do assunto, sendo de grande valia informações relativas ao projeto e execução da obra, como:

a) Informações complementares fornecidas por pessoas que participaram da elaboração do projeto e da execução da obra em questão, no sentido de tentar reconstruir as diversas etapas, no que diz respeito a:

- Quando da especificação do tipo de piso (argamassa de alta resistência ou RAD) eram conhecidas as solicitações a que ele estaria sujeito?
- Foi empregada ponte de aderência? Detalhes dos materiais empregados e da execução.
- Foi empregado *primer*? Detalhes da execução.
- Quais condicionantes definiram o tipo de acabamento do piso?
- Qual o tratamento superficial adotado?
- Em que época do ano foi iniciada a execução do piso e qual o tempo de duração?
- Processo adotado na execução do piso de alta resistência (sistema de aplicação).
- Tipo de cimento utilizado.
- Características do concreto e das argamassas aplicadas: dosagens, preparo, eventuais mudanças de dosagem e de materiais, e resultados de eventuais ensaios procedidos.
- Lançamento, adensamento e tipo de cura adotados.

b) Verificação da compatibilidade entre os parâmetros estabelecidos em projeto (utilização, cargas e tipo de trânsito) e as solicitações reais a que o piso está sendo submetido.

c) Verificação quanto à eventual exposição do piso a agentes químicos, em decorrência de transporte ou armazenamento de tais produtos, bem como de maquinários instalados. Em caso afirmativo, deverão ser identificados os produtos, visto que estes poderão ser agressivos.

d) Verificação dos procedimentos adotados pelo usuário para a manutenção do piso, principalmente no que diz respeito aos produtos químicos e às concentrações em que eles estão sendo ou foram utilizados.

e) Verificação dos procedimentos adotados pelo usuário, com relação ao uso:

- Submeteu o RAD a uso após o período de cura especificado?
- Submeteu o RAD a ataque químico ou exposição à água após o período de cura especificado?
- Ocorreram choques térmicos no revestimento?
- Não submeteu o RAD a contato com líquidos acima de 60 °C?
- Efetuou alguma perfuração no RAD, sem proceder consulta prévia ao departamento técnico do fabricante?

f) Verificação e análise dos resultados de ensaios de desempenho realizados quando da execução do piso.

g) Realizar estudo completo, com mapeamento das fissuras, se existirem, e demais anomalias, as quais também deverão ser pesquisadas quanto à tipicidade de sua formação.

h) Avaliar a argamassa de alta resistência/RAD, o contrapiso de correção (se for o caso), a base de concreto, bem como ações externas, como: erosão da sub-base, e infiltrações que venham a modificar as características do solo ou gerar ascensão de água por capilaridade.

l) Realizar ensaios de comprovação da qualidade do piso em argamassa de alta resistência, como:

- verificação da espessura da argamassa de alta resistência;
- verificação das resistências mecânicas.

BIBLIOGRAFIA

AMERICAN SOCIETY FOR TESTING AND MATERIALS. *ASTM C307:* Standard test method for tensile strength of chemical-resistant mortars, grouts, and monolithic surfacings. Philadelphia: ASTM, 2012.

AMERICAN SOCIETY FOR TESTING AND MATERIALS. *ASTM C413:* Standard test method for absorption of chemical-resistant mortars, grouts, monolithic surfacings, and polymer concretes. Philadelphia: ASTM, 2012.

AMERICAN SOCIETY FOR TESTING AND MATERIALS. *ASTM C579:* Standard test methods for compressive strength of chemical-resistant mortars, grouts, monolithic surfacings, and polymer concretes. Philadelphia: ASTM, 2012.

AMERICAN SOCIETY FOR TESTING AND MATERIALS. *ASTM C580:* Standard test method for flexural strength and modulus of elasticity of chemical-resistant mortars, grouts, monolithic surfacings, and polymer concretes. Philadelphia: ASTM, 2012.

AMERICAN SOCIETY FOR TESTING AND MATERIALS. *ASTM D4541:* Standard test method for pull-off strength of coatings using portable adhesion testers. Philadelphia: ASTM, 2009.

ASSOCIAÇÃO BRASILEIRA DE NORMAS TÉCNICAS. *NBR 12041:* Argamassa de alta resistência mecânica para pisos – Determinação da resistência à compressão simples e tração por compressão diametral. Rio de Janeiro: ABNT, 2012a.

ASSOCIAÇÃO BRASILEIRA DE NORMAS TÉCNICAS. *NBR 12042:* Argamassa de alta resistência mecânica para pisos – Determinação da resistência à compressão simples e tração por compressão diametral. Rio de Janeiro: ABNT, 2012b.

ASSOCIAÇÃO BRASILEIRA DE NORMAS TÉCNICAS. *NBR 12260:* Execução de piso com argamassa de alta resistência mecânica – Procedimento. Rio de Janeiro: ABNT, 2012c.

ASSOCIAÇÃO BRASILEIRA DE NORMAS TÉCNICAS. *NBR 14050:* Sistemas de revestimentos de alto desempenho, à base de resinas epoxídicas e agregados minerais – Projeto, execução e avaliação do desempenho – Procedimento. Rio de Janeiro: ABNT, 1998.

BALBO, J. T. *Pavimentos de concreto.* São Paulo: Oficina de Textos, 2009.

BRITISH STANDARDS INSTITUTION. *BS 8204:* Screeds, bases and in situ floorings – Concrete wearing surfaces – Code of practice. London, 2003.

DEPARTAMENTO NACIONAL DE INFRAESTRUTURA DE TRANSPORTES. *DNIT 061:* Pavimento Rígido – Defeitos – Terminologia. Rio de Janeiro: Ministério dos Transportes, 2004.

30

SISTEMAS DE QUALIDADE E DESEMPENHO DAS EDIFICAÇÕES

Prof. Eng.º Luiz Alfredo Falcão Bauer • Prof. Dr. Ercio Thomaz

30.1 Sistemas da Qualidade, 734
30.2 Desempenho das Edificações, 745

734 Capítulo 30

Este capítulo tem como objetivo indicar parâmetros para que a indústria da construção civil adote a filosofia da Qualidade Total, fator preponderante para a melhoria da qualidade, otimização da produtividade, redução dos custos e, principalmente, aumento do ciclo de vida/durabilidade das edificações. Tem por finalidade também apresentar os principais conceitos relacionados com o desempenho técnico/*performance* das edificações, tomando por base especificações da norma brasileira NBR 15575:2021 – Edificações habitacionais – Desempenho. A despeito de a referida norma ter sido direcionada para habitações, seus preceitos fundamentais podem ser aplicados a diversos outros tipos de obras, como escolas, creches, prédios de escritórios e outros.

30.1 SISTEMAS DA QUALIDADE

30.1.1 Papel da Normalização Técnica na Busca da Qualidade

Os sistemas da qualidade têm sido adotados há bastante tempo em vários ramos da indústria (mecânica, eletrônica, naval, farmacêutica e outros), mas somente nos últimos anos eles vêm sendo implementados na indústria da construção civil brasileira, trazendo melhorias gradativas à qualidade das construções e à produtividade dos serviços, além de significativa redução no número de acidentes no trabalho.

A filosofia e prática da Qualidade Total intensificou-se a partir de 1920, atingindo seu ápice nos anos 1960, quando o Japão, pela sua adoção de forma quase que generalizada, tornou-se em poucos anos a segunda potência industrial do mundo.

Antes de discorrer sobre o tema, há necessidade de firmar alguns conceitos básicos sobre a normalização e a Garantia de Qualidade, já que normas técnicas e qualidade, estando intimamente ligadas, são fundamentais para a produção em condições adequadas de custos, prazos, qualidade e sustentabilidade.

Um dos objetivos básicos da normalização é a produção de bens que satisfaçam ao uso para os quais foram projetados, assegurando ao consumidor que, nas condições normais de utilização e manutenção, o produto apresentará desempenho compatível com as exigências preestabelecidas e com o preço pré-ajustado com o fornecedor. O cumprimento das normas técnicas pelo produtor e a liberdade de escolha do patamar de qualidade pelo consumidor constituem itens básicos da liberdade e da competição legítima da livre iniciativa, vindo a norma de desempenho ABNT NBR 15575:2021 parametrizar de forma bastante

efetiva as relações de consumo atinentes à construção habitacional. Tal conjunto normativo, aliás, com as devidas adaptações, se prestará em futuro próximo a balizar o desempenho de outros diversos tipos de construção.

Sabe-se, por exemplo, da excelência do controle e da garantia da qualidade na indústria aeronáutica, com especificações e controles muito rigorosos, o que redunda em riscos quase que desprezíveis quando se consideram os milhares de pousos e decolagens ocorrendo simultaneamente nas mais diversas partes do mundo. No entanto, desconhece-se que, no Brasil, há um número considerável de normas técnicas voltadas para a construção, mas que nem sempre são seguidas, resultando em prejuízos significativos à qualidade e aos custos, desperdícios de materiais, retrabalhos, considerável geração de entulho e, algumas vezes, durabilidade das obras inferior até mesmo aos prazos de financiamento.

A construção civil representa importante parcela do PIB brasileiro, emprega milhares de trabalhadores em todos os setores que integram sua extensa cadeia produtiva, constrói cidades e a infraestrutura que possibilita ao Brasil situar-se dentre as dez economias mais desenvolvidas do mundo. Entretanto, ainda detemos recordes negativos de produtividade e de qualidade, de obras mal construídas, de obras inacabadas e de gestão precária de recursos, particularmente quando se trata de obras públicas, em que são recorrentes os casos noticiados pela grande imprensa de obras inacabadas, descumprimento de prazos, licitações fraudulentas e superfaturamentos.

Em um ambiente em que tanto se discute a necessidade de reforma fiscal, reforma política, reforma administrativa e outras, secundando a maior e premente necessidade de reforma ética e moral da sociedade como um todo e, especialmente, da classe política brasileira, que vem se mostrando ao longo dos anos em total descompasso com esses valores, precisamos urgentemente de um vigoroso choque de gestão, que atinja todos os setores produtivos e, particularmente, o dinâmico setor da construção civil.

30.1.2 Sistemas da Qualidade e Qualidade Total

O que é a Qualidade? O que é Garantia Total da Qualidade ou Qualidade Total?

A definição mais sintética é a de Juran e Gryna (1991), considerado o "papa" da qualidade. *Qualidade é adequação ao uso.*

Com base nas séries de normas ISO 9000 e ISO 14000, a Qualidade pode ser definida como o conjunto de propriedades de um bem ou serviço que redunde na satisfação das necessidades de seus usuários, com a máxima economia de insumos e energia, com a máxima proteção à saúde e integridade física dos trabalhadores na linha de produção, com a máxima preservação da natureza.

Do ponto de vista estritamente técnico, pode-se dizer que Qualidade é o atendimento de um produto ou serviço à correspondente normalização técnica, pressupondo-se que essa normalização expresse o mais atual estágio do conhecimento e represente a melhor relação custo/benefício.

Modernamente, quando se trata da qualidade, deve-se considerar que é imprescindível primeiramente definir o padrão de qualidade, depois implantar, seguindo-se controle e demonstração. Ou seja, só tem sentido falar em controle após a correta definição da qualidade do produto (considerando-se características técnicas, econômicas e ambientais) e de sua efetiva obtenção na linha de produção. Depois da centragem e controle da qualidade do produto, mediante padrões perfeitamente definidos e aferição por meio de técnicas estatísticas consolidadas, há necessidade também de formas eficientes de registro e demonstração da qualidade atingida, valendo o preceito de que "ao produtor compete a demonstração da qualidade".

No passado, supunha-se que um produto apresentasse qualidade adequada quando repercutisse simplesmente em satisfação dos usuários/consumidores. Na atualidade, as exigências vão muito mais além, incluindo atendimento às necessidades do produtor e dos trabalhadores, além da indispensável proteção à natureza, conforme ilustrado na Figura 30.1.

Os processos de controle da qualidade acompanharam a evolução da industrialização. De maneira simples, para melhor compreensão, é possível colocá-los em estágios separados, ao longo do tempo por períodos de 20 anos.

Na *primeira etapa*, até o início do século XX, a qualidade era estipulada e controlada pelo próprio

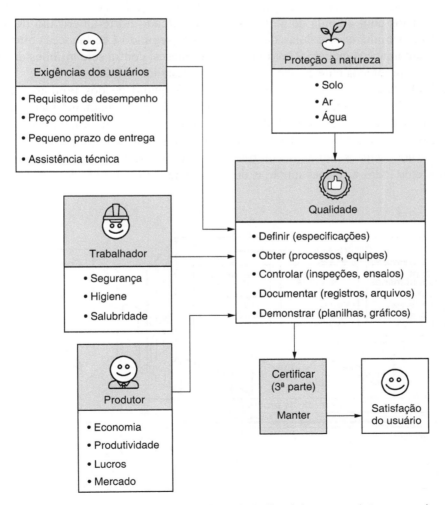

FIGURA 30.1 Aspectos relevantes da Qualidade Total de um produto ou serviço.

artesão, ou seja, se nossos bisavós desejavam um bom produto, procuravam um bom artesão que, pelo orgulho do que fazia, ou conhecia, procurava fazer o melhor possível, melhor que seus concorrentes. Seu nome era a garantia do produto.

Na *segunda etapa*, surgiu a figura do mestre ou supervisor, garantindo que um conjunto de operários qualificados produzisse um bom produto, pela supervisão adequada de um melhor artesão, com sua experiência e, principalmente, sua liderança.

Na *terceira etapa*, apareceu, com a produção fabril e industrial, um grupo de operários semiqualificados, mas com equipamentos, os quais se reportavam a vários mestres, que eram dirigidos por inspetores.

Na *quarta etapa*, produto da Segunda Guerra Mundial, a fabricação foi massificada, passando a produção por controles estatísticos, gráficos de controle, critérios de formação de lotes e de amostragens que representassem estatisticamente a população.

Finalmente, o *quinto* e o último estágio é o da Garantia da Qualidade ou Controle de Qualidade Total (TQC, sigla em inglês), possível de ser atingida mediante projetos gerados com a ajuda de sofisticados *softwares*, projetos simultâneos, células de produção, mecatrônica/automação industrial e outros importantes recursos tecnológicos e de gestão. Dessa forma, a Garantia da Qualidade deve ser representada por um conjunto de medidas orientadas para obter a qualidade e para evitar ou detectar erros em todas as fases do processo produtivo. Envolve essencialmente adequado treinamento dos recursos humanos, controle de todos os insumos e de todas as etapas unitárias de produção, além da demonstração documentada dos controles, conforme mostra a Figura 30.2.

A Garantia Total da Qualidade foi quase que, simultaneamente, introduzida pelos Estados Unidos e pelo Japão, neste último caso como forma de otimizar a produtividade e atingir padrões de qualidade capazes de transformar a pequena ilha em uma das principais potências mundiais em termos de economia e produção industrial.

No Japão, a qualidade é encarada como questão de honra, sendo transmitida de cima para baixo, da vontade dos acionistas e do presidente da empresa para a direção, e desta para as altas gerências e para a linha de produção – é o TQC.

A filosofia foi sabiamente desenvolvida pelos orientais, ao contrário do Ocidente, onde se supunha que a qualidade poderia ser obtida pela formação dos Círculos de Controle da Qualidade (CCQ), em que os operários, reunidos em grupos ao fim da jornada de trabalho, procuravam meios, métodos e especificações para melhorar a qualidade do produto. Ledo engano, pois a indústria japonesa conseguia, com sua Qualidade Total, colocar no mercado norte-americano de automóveis já em 1984 (segundo Lee Iacocca) oito milhões de carros japoneses, contra sete milhões de carros produzidos nos Estados Unidos.

A qualidade dos produtos da indústria seriada foi sendo paulatinamente incrementada com a automação da produção, especificações mais precisas das matérias-primas, equipamentos de ensaio e controles metrológicos, treinamento e constante reciclagem da mão de obra, controle dos processos e das máquinas

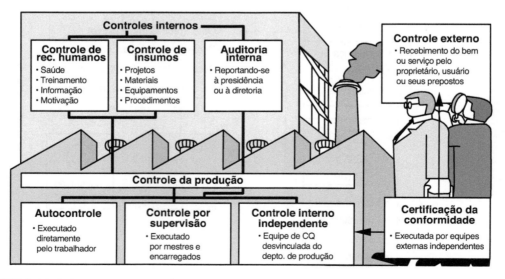

FIGURA 30.2 Controles necessários para atingir a Qualidade Total de um produto ou serviço.

no então chamado "Processo 5M" – matérias-primas, máquinas, mão de obra, métodos e *management* (gerenciamento). No entanto, esse processo de nada valerá se não tiver origem na vontade do presidente da empresa, como nos ensina Akio Morita, então presidente da Sony, em seu livro *Made in Japan*, que responde ao desafio de Lee Iacocca.

Sendo o Japão um país conhecido na década de 1920 como o "país da indústria do celuloide (brinquedos e bolas de pingue-pongue)", estigmatizado pela falta de qualidade de seus produtos, como pôde chegar a ter equipamentos de som e imagem melhores e mais baratos que os alemães, relógios melhores e mais baratos que os suíços, equipamentos eletrônicos e automóveis melhores e mais baratos que os norte-americanos? Somente pela vontade férrea das altas direções das empresas, pelo intenso treinamento da mão de obra e, acima de tudo, pela revolução que se processou no sistema educacional do país.

30.1.3 Sistemas da Qualidade na Construção Civil Brasileira

Relativamente à indústria da construção civil, os mesmos princípios devem ser adotados na busca da Qualidade Total. É evidente que deve haver a necessária adaptação levando em conta as características peculiares a esse importante setor produtivo, ou seja (Fig. 30.3):

- indústria nômade, trabalho ao ar livre, sob sol ou chuva;
- produtos únicos, com necessidades muito complexas, na maioria das vezes;
- produção concentrada (muitos homens em torno do produto em execução);
- interferências/vários processos em paralelo;
- insumos muito variados/cadeia produtiva muito ampla, envolvendo desde a indústria extrativa mais simples até a complexa indústria eletroeletrônica;
- qualificação muitas vezes deficiente/alta rotatividade da mão de obra.

Infelizmente, outra característica da construção civil brasileira, que perdura a despeito dos consideráveis avanços verificados nos últimos anos, é a significativa magnitude dos desperdícios que ocorrem nas obras, das mais diversas modalidades e diferentes origens, conforme ilustrado no Quadro 30.1.

Para melhorar a produtividade e reduzir os desperdícios é necessário se conscientizar de que a Qualidade Total na construção nasce com os projetos e especificações, que constituem mais de 40 % das causas das falhas, segundo levantamento efetuado pelo saudoso professor Álvaro García Meseguer (1991), da Espanha, em mais de dez países europeus, incluindo Bélgica, Grã-Bretanha, Alemanha e Dinamarca. Segundo este levantamento, cujo universo não deve diferir muito da situação brasileira, as causas das falhas decorriam de:

- Projeto, especificações, normas   45 %
- Execução   25 %
- Materiais   20 %
- Utilização   10 %

FIGURA 30.3 Características resumidas da indústria da construção civil.

QUADRO 30.1 Desperdícios típicos na indústria da construção civil

Projetos/Especificações

- **Superdimensionamentos:** fundações, estrutura, arrimos
- **Subdimensionamentos:** patologias, inversão posterior de recursos
- **Consumo excessivo de cimento e outros aglomerantes**
- **Danos à estrutura recém-concretada:** inadequação de planos de decimbramento
- **Incompatibilidades físicas ou químicas entre materiais justapostos**
- **Problemas de construtibilidade:** componentes delgados, altas taxas de armadura
- **Detalhamento falho de projetos:** atrasos, improvisações, desperdícios
- **Coordenação falha entre projetos:** demolições, acréscimo de serviços

Supervisão técnica/Gerenciamento

Entulho visível: quebras, desperdício de argamassas / concretos, locações erradas

Entulho invisível: enchimentos de lajes, engrossamento de revestimentos

Horas ociosas (homens/equipamentos): programações falhas, falta de materiais

Armazenagem, transporte, manuseio ou proteção inadequada de materiais

Baixa produtividade: equipamentos inadequados, falta de treinamento, falhas de gestão

Retrabalho, reparos: falta de planejamento, de treinamento, de supervisão

Acidentes: perdas materiais, comoção, queda geral na produtividade

Atrasos: multas, custos financeiros, improvisações, horas extras

No Brasil, as falhas de projeto aumentam de proporção nas obras públicas, nas quais ocorrem licitações sem a disponibilidade de projetos executivos e quantificações realísticas, o que leva, fora o decantado problema dos superfaturamentos ilícitos, a erros de 50 %, 100 % ou até mais nos orçamentos. Além disso, a Lei nº 8.666, de 21 de junho de 1993, favorece a construtora que oferecer o menor preço, mesmo que seus projetos e especificações sejam deficientes. Como obter qualidade se o erro do orçamento, para menos, é o fator que decide o ganhador? De que vale a Lei nº 8.666, se em quase 40 anos de vigência não conseguiu reduzir em nada a corrupção?

Outro fator de grande importância consiste na falta de aplicação e/ou até desconhecimento de especificações e normas técnicas pelos engenheiros e arquitetos. Dispõe-se de mais de mil normas ABNT/ Inmetro relacionadas com a construção civil, mas há dificuldades em difundi-las para os profissionais e, sobretudo, para os graduandos em engenharia e arquitetura, necessitando de urgente reavaliação da proibição de reproduzi-las.

Ainda são utilizados eletrodutos flexíveis nas lajes e vigas dos edifícios, sem nenhum atendimento à normalização técnica. Persistem também no mercado componentes das instalações hidráulicas que não atendem às normas, blocos cerâmicos e telhas com dimensões diferentes das padronizadas, tintas imobiliárias de segunda linha, vendidas a preços avultados e, por isso mesmo, com qualidade quase sempre pre deficiente.

A indústria da construção não pode continuar a executar metrôs, aeroportos, estradas, pontes e viadutos muitas vezes sem o devido controle. Não pode continuar erguendo milhares e milhares de habitações sem que seja adotada a filosofia da Qualidade Total, que só poderá ser implantada com a plena conscientização de engenheiros e arquitetos, órgãos governamentais e empresários da construção civil. Em um momento em que tanto se exalta a sustentabilidade, a maior contribuição do meio técnico e da classe empresarial à natureza e à sociedade será, sem dúvida nenhuma, o aumento da vida útil dos produtos da construção civil, a drástica redução dos desperdícios e o melhor equacionamento do ciclo de vida desses produtos, desenvolvendo-se, inclusive, processos de reciclagem ou reutilização dos materiais e componentes.

30.1.4 Custos dos Sistemas da Qualidade e Ferramentas de Análise

Qual é o custo da Qualidade Total? É uma pergunta que todos fazem. Para a construção civil não deve representar mais do que 2 ou 3 % do custo total da obra, propiciando, em contrapartida, economia com potencial de atingir 10 % ou mais. Qual é o aumento de custo da construção habitacional em decorrência do atendimento à norma de desempenho ABNT NBR 15575? Outros 3 ou 4 % talvez, repercutindo na maior satisfação dos clientes, redução das reclamações, diminuição dos contenciosos judiciais, melhoria da imagem das empresas e do setor como um todo, melhoria da imagem dos órgãos governamentais, durabilidade mais acentuada das habitações, redução dos custos de operação e manutenção, economia de insumos e de energia com a eliminação ou sensível redução dos consertos e substituições precoces, redução do volume de entulho e outros benefícios. Fica então a pergunta: desempenho adequado e Qualidade Total devem ser encarados como despesas ou como investimentos?

Para que seja atingida a Qualidade Total, devem ser realizados todos os ensaios previstos na normalização técnica, visando-se reduzir o risco a zero? Obviamente que não! Na engenharia busca-se, sobretudo, balancear as exigências técnicas com a disponibilidade econômica, objetivando-se sempre a maximização da relação benefício/custo, preceito fundamental da ciência denominada Engenharia do Valor.

São muitas as causas possíveis de falhas nos diversos materiais e serviços. No entanto, se classificarmos essas causas pela sua frequência de ocorrência, veremos que poucas causas, somadas, perfazem, em geral, cerca de 90 % do total. Assim, se analisarmos em cada serviço ou material as causas de ocorrência de falhas e sua frequência, poderemos determinar os poucos ensaios que, obrigatoriamente, devem ser realizados para reduzir rapidamente os problemas. É a econômica e famosa Lei de Pareto, reproduzida para melhor compreensão no gráfico da Figura 30.4: se colocarmos pequeno esforço no controle de quatro ou cinco causas, ou tipos de defeitos, em cada material ou serviço, poderemos reduzir cerca de 90 % dos problemas.

O gráfico demonstra que as cinco primeiras falhas atingem 90 % do total, merecendo pronta atuação o combate às fissuras superficiais de retração (o que pode ser obtido com readequação da dosagem e/ou do processo de cura), a revisão/reforço do sistema de fôrmas e escoramentos, a readequação do traço e/ou a logística de lançamento para evitar constantes entupimentos da bomba, o controle mais intenso do posicionamento das armaduras, e assim por diante. Dessa forma, seriam atacados os principais problemas que afetam a qualidade inicial e a durabilidade da estrutura de concreto armado, relegando-se para uma segunda fase de controle itens menos importantes (pequenos desbitolamentos de seções, falhas moderadas na locação de nichos e insertos, ocorrências localizadas de ninhos de concretagem etc.).

Para a resolução dos problemas e melhoria contínua dos processos há que se ter conhecimento técnico suficiente e adequada visão do todo, já que os sistemas geralmente funcionam como teias ou redes, nas quais a intervenção localizada em um nó pode refletir em várias posições da grade. Assim, é vital a correta avaliação dos resultados das intervenções adotadas, conforme ilustrado na Figura 30.5.

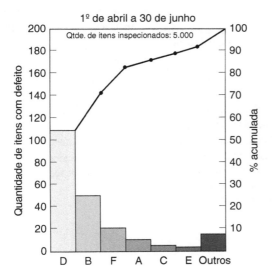

A - Espaçamento irregular das armaduras

B - Abertura das fôrmas durante a concretagem

C - Cobrimento inferior ao especificado

D - Fissuras superficiais de retração

E - Concreto com f_{ck} inferior ao especificado

F - Entupimento do mangote no bombeamento do concreto

FIGURA 30.4 Exemplo de diagrama de Pareto: falhas em serviço de concretagem.

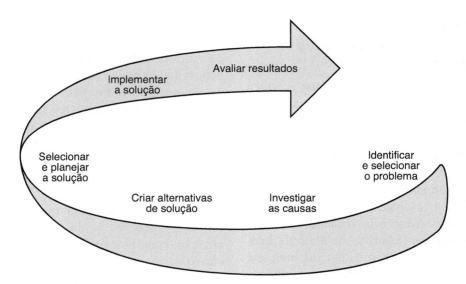

FIGURA 30.5 Análise e melhoria de processos, culminando com a avaliação dos resultados.

Identificado corretamente um problema, as potenciais causas devem ser analisadas exaustivamente, podendo-se recorrer ao auxílio de diversos processos lógicos, dentre eles o famoso diagrama espinha de peixe de Ishikawa, exemplificado na Figura 30.6.

O aprimoramento da qualidade dos bens e serviços não se manifesta de uma hora para outra, requerendo forte conscientização e motivação, seguindo-se de árduos trabalhos de melhoria das matérias-primas, dos produtos e dos processos. Para Deming (1994), um dos "papas" da qualidade, devem ser perseguidos 14 princípios fundamentais, quais sejam:

1) Estabelecer a filosofia da contínua melhoria da qualidade.
2) Adotar a nova filosofia, em todos os níveis.
3) Não se basear nos controles do produto final para atingir a qualidade.
4) Não fechar negócios considerando apenas o fator "preço".

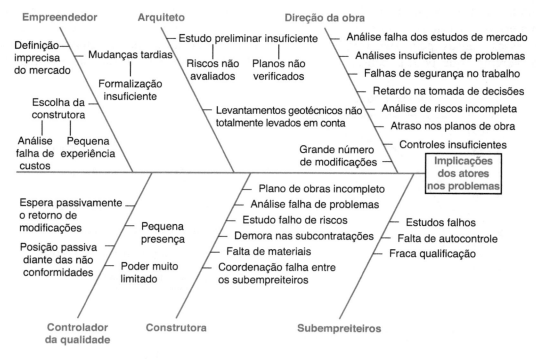

FIGURA 30.6 Diagrama de Ishikawa exemplificando falhas que comprometem a qualidade de uma construção.

5) Melhorar constantemente planejamento, produção e controles.
6) Implantar o continuado treinamento da força de trabalho.
7) Incentivar o desenvolvimento das lideranças.
8) Eliminar o receio dos trabalhadores em exporem suas opiniões.
9) Eliminar a compartimentação entre departamentos/setores da empresa.
10) Eliminar *slogans* e metas de produção para a força de trabalho.
11) Estabelecer metas de produção somente para as gerências/coordenadores.
12) Eliminar prêmios baseados unicamente na produção.
13) Instituir programas de aperfeiçoamento pessoal, em todos os níveis.
14) Motivar a todos para que as transformações possam ser atingidas.

30.1.5 Implantação de Sistema da Qualidade em Empresa Construtora

Para implantação da Qualidade Total em uma empresa de construção, pode-se partir de qualquer modelo, sendo, em geral, obedecidos os modelos propostos pelas normas ISO NBR série 9000, elaboradas pela International Organization for Standardization (ISO), com sede em Genebra, na Suíça, e integrada por mais de 160 países, dentre eles o Brasil. As normas ISO 9000 tratam de Sistemas de Gestão da Qualidade, tendo surgido em 1987 e passado já por diversas revisões, e a partir da revisão de 2015, foi dada bastante ênfase à qualidade na prestação de serviços, ao contrário das primeiras versões, que se concentravam, sobretudo, na produção industrial seriada dos mais diversos produtos (farmacêuticos, alimentícios, siderúrgicos etc.).

De acordo com a referida normalização ISO/ABNT, todas as práticas da qualidade implantadas pela empresa devem estar reunidas em um Manual de Garantia da Qualidade, com conteúdo resumido exemplificado no Quadro 30.2.

Para que seja atingida a Qualidade Total, em que prepondera, principalmente, a vontade política da alta direção da empresa, há necessidade de adequada organização, treinamento e capacitação das pessoas em todos os níveis profissionais, planejamento eficiente e provimento adequado de recursos. São indispensáveis os métodos organizacionais, os procedimentos técnicos, as listas de verificação, os fluxogramas, a organização dos fluxos e os registros das informações, sem, contudo, recorrer-se a processos burocratizados que desmotivam e não levam aos resultados esperados.

Para as construtoras, além de ser essencial o planejamento macro da empresa (segmentos do mercado em que pretende atuar, abertura ou não do capital, planos de investimentos de curto e médio prazos, estoque de terrenos etc.), é também muito importante o planejamento individual de cada obra, envolvendo desde aspectos mercadológicos (pesquisas de mercado, estudos de viabilidade, qualidade e preço do produto etc.)

QUADRO 30.2 Conteúdo do Manual de Garantia da Qualidade, conforme ISO/NBR 9000

Manual de garantia da qualidade

- Apresentação
- Identificação da empresa
- Paginação numerada
- Número e data da edição do Manual
- Seção
- Número e data da revisão (se efetuada)
- Assinaturas dos responsáveis (elaborador, verificador e aprovador)

- Política da qualidade da empresa
- Descrição da organização
- Descrição do sistema da qualidade
- Organograma, competências e responsabilidades do pessoal que gerencia, desempenha e verifica atividades que influem na qualidade
- Descrição das diretrizes relativas aos requisitos das normas ISO 9000
- Lista dos procedimentos adotados
- Descrição detalhada, com fluxograma, dos procedimentos

742 Capítulo 30

até os aspectos técnicos e operacionais, como análise de tecnologias, racionalização dos processos, *layout* evolutivo do canteiro de obras, produção com mão de obra própria e produção terceirizada etc.

Devem ser definidos sistemas de compras, locação de equipamentos e subcontratações em geral, elaboradas instruções para controle de acesso ao canteiro, disposição de almoxarifados e áreas de vivência, procedimentos de produção, procedimentos para recebimento de materiais, controle da qualidade dos materiais e dos serviços. São extremamente importantes as listas de verificação e controle da qualidade dos serviços, incluindo fundações, superestrutura, alvenarias etc.; todavia, nenhuma lista será mais importante que a lista geral de verificação da qualidade do empreendimento, conforme exemplo apresentado na Tabela 30.1.

Um aspecto que deve ser encarado com todo cuidado é a profissionalização dos processos de compras, abandonando-se de vez as "compras pelo menor preço", sem levar em conta aspectos essenciais do desempenho técnico do produto, durabilidade potencial, construtibilidade, assistência pós-venda, facilidade de reposição e outros. As compras, subcontratações, locações, *leasings*, entre outros, devem ser perfeitamente especificadas e conferidas, seguindo geralmente o fluxo exemplificado na Figura 30.7.

Para cada empreendimento deve ser elaborado o projeto da produção/plano de ataque da obra, considerando, dentre outras coisas:

- condições dos acessos, disponibilidade de espaço para instalação do canteiro etc.;
- topografia do terreno, interferências com edificações vizinhas, ruído, poeira etc.;
- forma de construção dos subsolos e das contenções (estacas-prancha, muros de arrimo ou outros);
- tipologia das fundações (blocos, tubulões, estacas cravadas ou escavadas etc.);
- eventual produção de pré-moldados na obra (vergas, contravergas, painéis, escadas);
- modalidade de produção de argamassas (central de argamassa, argamassa em silos com transporte pneumático, ensacada com preparação nos andares etc.);
- forma de aplicação da argamassa nos revestimentos de paredes (aplicação com colher ou projeção com equipamentos apropriados);
- transporte e lançamento de concreto (convencional ou concreto bombeado);
- frentes de concretagem (acesso para os caminhões e para as bombas);

TABELA 30.1 Exemplo de lista geral de verificação para aquilatar a qualidade geral do empreendimento

	Requisitos	Exigências / condicionantes				Alternativa proposta
		Qualid. de vida	Economia	Manutenção	Segurança	
Áreas externas	Estacionamentos					
	Rotas de pedestres					
	Áreas verdes					
	Iluminação pública					
	Recreação infantil					
	Portaria / vigia					
	Acessos deficientes					
	Muros de divisa					
Envelope	Volumetria					
	Paredes - estrut.					
	Paredes - revest.					
	Cobertura					
	Terraços / balcões					
	Caixilharia					
Áreas comuns	Halls / escadarias					
	Elevadores					
	Lixeiras					
	Subsolos					
	Estacionamentos					
Instalações	Reservatórios					
	Instalações hidráulicas					
	Instalações elétricas					
	Instalações de gás					
	Instalações de telefone					

FIGURA 30.7 Exemplo de fluxograma para profissionalização das compras.

- fornecimento das armaduras (convencional ou armaduras pré-montadas);
- fornecimento dos componentes de alvenaria (convencional ou em paletes);
- dimensões e peso dos componentes de alvenaria (fatores ergonômicos que afetarão a produtividade);
- produção das instalações prediais (convencional ou com prévia preparação de *kits* hidráulicos e elétricos).

Para que se atinja a produtividade planejada, além de todos os pontos analisados, faz-se necessário prever medidas concretas para a prevenção de acidentes no trabalho e um bom programa de treinamento dos trabalhadores, em todos os níveis.

O sistema de Gestão da Qualidade deve ter caráter preditivo, tentando sempre prevenir as falhas e, caso ocorram, dando rápida solução para os problemas. Conforme o Quadro 30.3, recomenda-se estabelecer planos de controle diferenciados, em função da gravidade potencial das diferentes falhas. Procurando coibir a elaboração de planilhas muito extensas, evitar o preenchimento de grande número de planilhas e não ficar desperdiçando tempo com processos que se encontram sob total domínio, recomenda-se estabelecer planos flexibilizados de controle, conforme apresentado na Figura 30.8.

Relativamente aos componentes e aos materiais de construção, dentro do preceito fundamental de que "ao produtor compete a demonstração da qualidade", devem ser incentivados os processos de certificação, voluntários ou compulsórios, exemplificando-se no Quadro 30.4 diferentes estratégias de controle em função até do estágio de desenvolvimento dos diferentes setores produtivos.

Finalmente, considerando que a Qualidade Total deve abranger, além da satisfação do cliente, as necessidades do produtor, dos trabalhadores e da natureza, deve-se implementar um *Sistema Integrado de Gestão*, contemplando o gerenciamento harmônico do sistema de gestão/garantia da qualidade do produto, do sistema de gestão/proteção ambiental e do sistema de recursos humanos/proteção à saúde do trabalhador. A implantação conjunta dos vários sistemas de gestão visa, em última instância, produzir com melhor qualidade, menores custos e maior respeito às diferentes formas de vida.

Assim, a filosofia da Qualidade Total deve ir ao encontro do conceito de desenvolvimento sustentável, passando a incluir nas decisões da arquitetura e da engenharia civil aspectos extremamente relevantes como ciclo de vida dos produtos, reúso ou reciclagem de materiais, controle de exploração mineral, desmontes, consumo de água e de energia na produção de materiais, construção e utilização da obra, emissão de poluentes na produção, operação e manutenção da obra etc.

QUADRO 30.3 Hierarquização das falhas e dos controles, com exemplificação de diferentes planos de controle da qualidade dos serviços

Controle da qualidade de serviços

- Controles essenciais (CE): vitais para garantia do desempenho.
- Controles importantes (CI): otimizar qualidade, evitar desperdícios.
- Controles ocasionais (CO): visam otimizar a qualidade dos serviços.

- Falhas críticas (FC): podem afetar a segurança ou a durabilidade da obra, interferir com outros serviços, prejudicar a saúde e segurança no trabalho.
- Falhas graves (FG): podem repercutir em desperdícios ou retrabalhos, comprometer a programação, prejudicar o desempenho da obra acabada.
- Falhas secundárias (FS): podem produzir pequenos desperdícios.

- Plano normal (PN): inspeções semanais, controles essenciais e importantes.
- Plano rigoroso (PR): inspeções com menor periodicidade, controles essenciais, importantes e, eventualmente, ocasionais.
- Plano atenuado (PA): inspeções mais espaçadas, controles essenciais e, eventualmente, controles importantes.

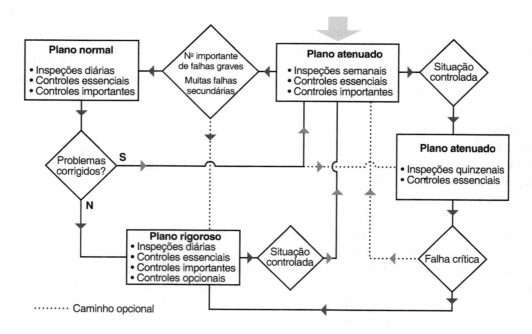

FIGURA 30.8 Flexibilização dos planos de controle da qualidade, em função dos resultados reais que vêm sendo obtidos na obra.

Sistemas de Qualidade e Desempenho das Edificações **745**

QUADRO 30.4 Estratégias sugeridas para o controle da qualidade dos materiais de construção

Materiais e componentes	Estratégias de controle
• Barras e fios de aço para armaduras • Placas cerâmicas para revestimento • Componentes para instalações elétricas • Cimento Portland	• Exigência que o fabricante/fornecedor detenha o processo de certificação da conformidade
• Argamassa industrializada (ensacada ou em silos) • Chapas de madeira compensada • Tubos e conexões (PVC, aço ou cobre) • Cal hidratada • Componentes de alvenaria com função de vedação • Metais e louças sanitárias • Caixilhos de alumínio ou PVC • Reservatórios de água em cimento-amianto	• Exigência que o fornecedor demonstre que opera controle da qualidade na produção • Exigência de apresentação pelo fornecedor de relatórios de ensaios atualizados • Ensaio inicial para aprovação da compra (ensaio de tipo) • Eventuais ensaios de acompanhamento
• Agregados para concretos e argamassas • Tintas e emulsões • Telhas cerâmicas, lajes pré-fabricadas • Portas e janelas em aço ou madeira	• Ensaio inicial para aprovação da compra (ensaio de tipo) • Avaliação sistemática • Controle parcial das características do produto mediante realização de ensaios
• Concreto dosado em central • Concreto dosado na obra • Componentes de alvenaria com função estrutural • Argamassas pré-dosadas, a granel	• Avaliação sistemática • Controle de todas as características do produto mediante ensaios previstos na normalização técnica

30.2 DESEMPENHO DAS EDIFICAÇÕES

30.2.1 Conceituação de Desempenho – Evolução da Normalização no Brasil

O conceito de desempenho (*performance*, em inglês) no que tange à construção habitacional firmou-se em países da Europa logo após a Segunda Guerra Mundial, e visava facilitar o desenvolvimento de sistemas construtivos inovadores que pudessem repor de forma rápida um sem-número de habitações destruídas pelo conflito. As primeiras regras foram traçadas por um grupo de renomadas instituições, como o Centre Scientifique et Technique du Bâtiment – o CSTB francês, o Building Research Establishment – o BRE inglês e vários outras da Itália (ICITE), Bélgica (CSTC), Portugal (LNEC), Espanha (IETcc) e outros países, que inclusive constituiriam a Union Européenne pour L'agrément Technique dans la Construction – UEAtc de onde partiram as primeiras normas de desempenho em direção a diversos outros países da Europa e do mundo, inclusive o Brasil.

Aqui entre nós, os primeiros trabalhos foram realizados pelo Instituto de Pesquisas Tecnológicas do Estado de São Paulo (IPT) sob patrocínio e em estrita colaboração com técnicos do então Banco Nacional da Habitação (BNH), tendo o Instituto elaborado relatório técnico no início de 1981 com os requisitos e critérios de desempenho que, no entendimento dos pesquisadores, deveriam ser aplicados às habitações financiadas pelo BNH. Mesmo com mais de 30 anos de defasagem com relação à adoção da sistemática de avaliação pelos países da Europa e pelos Estados Unidos, e como era de se esperar, o avanço tecnológico foi energicamente torpedeado por muitas construtoras, alguns projetistas, alguns membros das companhias de habitação e até mesmo alguns pesquisadores ou professores da nossa academia.

746 Capítulo 30

Com a implantação abortada, mas se defrontando com inúmeros casos de patologias em boa parte dos seus conjuntos habitacionais, o BNH passou a fazer exigências localizadas com base nas propostas do IPT, conseguindo, assim, pelo menos diminuir ou eliminar os casos mais escabrosos de sistemas construtivos que traziam com eles problemas congênitos de desempenho. Mesma estratégia passou a ser adotada pelos técnicos da Caixa Econômica Federal (CEF), sucessora do BNH na implementação das políticas públicas relacionadas com a habitação, sendo que, em meados da década de 1990, sob patrocínio da CEF e da Financiadora de Estudos e Projetos/Inovação e Pesquisa (Finep), e engajando-se no âmbito do Programa Brasileiro da Qualidade e Produtividade do Habitat (PBPQ-H), o IPT publica os "Critérios Mínimos de Desempenho para Habitações Térreas de Interesse Social".

No início dos anos 2000, com base nos citados documentos elaborados pelo IPT, a CEF e a Finep financiam a elaboração de textos que viriam a representar projetos de normas técnicas para avaliação de sistemas construtivos inovadores para a habitação. Constituída por parte da ABNT a correspondente Comissão de Estudos, após alguns anos de aprimoramentos, as primeiras normas de desempenho ABNT/NBR vieram a ser publicadas em maio de 2008 com caráter probatório de dois anos, ou seja, passariam a ter suas especificações exigidas apenas a partir de maio de 2010.

Vencido o período probatório citado, verificou-se que a sociedade técnica brasileira e o setor produtivo, incluindo profissionais de projeto e de construção, com raríssimas exceções, mal haviam tomado ciência da existência da norma, obrigando a novo adiamento. Dessa forma, após alguns outros aprimoramentos e extensão das exigências para qualquer número de pavimentos (em princípio, a norma destinava-se a edificações de até cinco pavimentos), a ABNT NBR 15575 foi publicada em 19/02/2013 e passou a ter validade oficial a partir de 19/07/2013. No ano de 2021, algumas partes da norma sofreram sua primeira revisão.

30.2.2 Definições

O conceito de desempenho pode ser resumido em poucas palavras: desempenho = comportamento em uso.

Ao contrário das normas prescritivas, que definem uma série de características para determinado material, projeto ou processo, a norma de desempenho estabelece requisitos e critérios gerais para um elemento, componente ou sistema, independentemente da natureza dos materiais, dos elementos de projeto e das características do processo construtivo.

Os termos empregados na ABNT NBR 15575 são definidos como:

- **Componente**: unidade integrante de determinado elemento da edificação, com forma definida e destinada a atender funções específicas (por exemplo, bloco de alvenaria, telha, folha de porta).
- **Elemento**: parte de um sistema com funções específicas. Geralmente é composto por um conjunto de componentes (por exemplo, parede de vedação de alvenaria, painel de vedação pré-fabricado, estrutura de cobertura).
- **Sistema**: maior parte funcional do edifício. Conjunto de elementos e componentes destinados a atender uma macrofunção que o define (por exemplo, fundação, estrutura, pisos, vedações verticais, instalações hidrossanitárias, cobertura).
- **Norma de desempenho**: conjunto de requisitos e critérios estabelecidos para uma edificação habitacional e seus sistemas, com base em requisitos do usuário, independentemente de sua forma ou dos materiais constituintes.
- **Condições de exposição**: conjunto de ações atuantes sobre a edificação habitacional, incluindo cargas gravitacionais, ações externas e ações resultantes da ocupação.
- **Requisitos de desempenho**: condições que expressam qualitativamente os atributos que a edificação habitacional e seus sistemas devem possuir (estrutura, cobertura, sistema de água e de esgotos etc.), a fim de que possam atender às exigências dos usuários.
- **Critérios de desempenho**: especificações quantitativas dos requisitos de desempenho, expressos em termos de quantidades mensuráveis, a fim de que possam ser objetivamente determinados (ou de qualidades que possam ser objetivamente determinadas). Excepcionalmente, os critérios poderão também exibir exigências qualitativas.
- **Especificações de desempenho**: conjunto de requisitos e critérios de desempenho estabelecido para a edificação ou seus sistemas. As especificações de desempenho são uma expressão das funções requeridas da edificação ou de seus sistemas e que correspondem a um uso claramente definido; no caso da ABNT NBR 15575, referem-se a edificações habitacionais.

Em síntese, a avaliação de desempenho procura prever o comportamento potencial da edificação ao longo do tempo, confrontando exigências dos usuários com as condições de exposição (clima no local da obra, solicitações decorrentes do uso e ocupação etc.), valendo-se de requisitos, critérios e métodos de avaliação, conforme ilustrado na Figura 30.9.

30.2.3 Abrangência e Organização da ABNT NBR 15575

A ABNT NBR 15575 aplica-se a edificações habitacionais com qualquer número de pavimentos, geminadas ou isoladas, construídas com qualquer tipo de tecnologia, trazendo em suas respectivas partes as ressalvas necessárias no caso de exigências aplicáveis somente para edificações de até cinco pavimentos. Além de pisos cimentícios, cerâmicos, entre outros, todos os requisitos da ABNT NBR 15575 também se aplicam a pisos elevados, contrapisos flutuantes e outros.

Os requisitos e critérios de desempenho são válidos em nível nacional, devendo, para tanto, considerar as especificidades regionais do Brasil. São considerados três níveis possíveis de desempenho (Mínimo – M, Intermediário – I e Superior – S), tendo o Nível Mínimo caráter obrigatório, e os demais facultativos.

A norma foi organizada em seis partes que conversam entre si, ou seja:

- Parte 1: Requisitos gerais
- Parte 2: Requisitos para os sistemas estruturais
- Parte 3: Requisitos para os sistemas de pisos
- Parte 4: Requisitos para os sistemas de vedações verticais internas e externas
- Parte 5: Requisitos para os sistemas de coberturas
- Parte 6: Requisitos para os sistemas hidrossanitários

Nos itens seguintes será feita breve apresentação do conteúdo e exigências de cada uma dessas partes, incluindo alguns comentários e esclarecimentos por parte do autor do presente capítulo. O tema "instalações elétricas" não é contemplado na ABNT NBR 15575, mesmo porque a ABNT NBR 5410 – Instalações elétricas de baixa tensão já considera os aspectos de desempenho. A Parte 1 da norma considera as interações entre os diversos elementos da construção, por exemplo, o conforto térmico (que depende das paredes, cobertura, janelas etc.), requisitos para implantação da obra, qualidade do ar e outras.

30.2.4 Implantação de Habitações e de Conjuntos Habitacionais

A documentação do empreendimento deve demonstrar perfeito atendimento a todas as posturas municipais, concernentes a recuos, pé-direito, áreas de iluminação e ventilação, dimensões mínimas dos cômodos etc. Relativamente ao gabarito máximo permitido, deve-se demonstrar o atendimento às exigências do Comando Aéreo Regional (Comar). Deve também ser demonstrado o enquadramento a eventuais restrições do terreno com relação à legislação federal, estadual ou municipal.

A norma realça a necessidade de sondagens e de outros meios de investigação do subsolo, sempre em atendimento às normas técnicas aplicáveis. Enfatiza ainda situações com necessidade de estudos de impacto ambiental, eventuais efeitos da construção sobre edifícios e equipamentos vizinhos (risco de provocar recalques em edificações vizinhas, danos a redes públicas etc.).

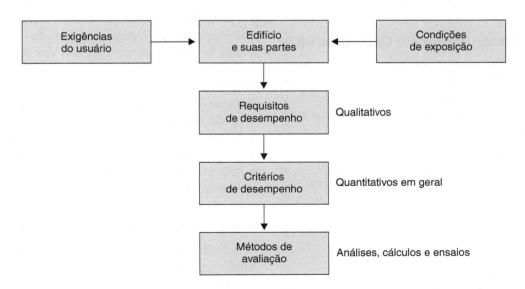

FIGURA 30.9 Síntese do processo de avaliação do desempenho de edificações.

748 Capítulo 30

Recomenda análise de riscos na época do desenvolvimento do projeto, providenciando-se os estudos técnicos necessários e as soluções para eventuais condições que possam afetar o desempenho do empreendimento ou em seu entorno.

O projeto de implantação do empreendimento deve levar em conta o conhecimento dos antecedentes relativos à presença de indústrias, aterros sanitários e outros no local da obra. A eventual necessidade de descontaminação do solo e a de executar extensas contenções, por exemplo, devem obrigatoriamente compor a engenharia financeira do empreendimento. No que se refere ao histórico do local, devem ser consultadas a Prefeitura local, órgãos ambientais, Corpo de Bombeiros, Defesa Civil, Junta Comercial e outros órgãos.

Devem ser providos os levantamentos topográficos, geológicos e geotécnicos necessários, executando-se terraplenagem, taludes, contenções e outras obras de acordo com as normas técnicas aplicáveis.

O projeto de implantação deve apresentar as cotas de situação das edificações no terreno, as cotas de ruas e de vias de acesso, a geometria e forma de tratamento de taludes, a localização e tipologia de contenções etc. Deve ainda, sempre que necessário, fazer referência a projetos complementares de terraplenagem, rebaixamento de lençol freático, drenagem superficial ou profunda, tratamento paisagístico e remediação ambiental, de forma a evitar enchentes, processos de erosão, assoreamento e outros. De acordo com a ABNT NBR 14037,[1] "o manual deve conter informações sobre termos de compensação ambiental, quando houver, ou outras condicionantes ambientais estabelecidas na fase de projeto e obtenção do Auto de Conclusão do Imóvel".

30.2.5 Saúde, Higiene e Qualidade do Ar

O projeto deve atender às exigências da Agência Nacional de Vigilância Sanitária (Anvisa) e do Código Sanitário do estado ou do município onde se localiza a obra. Recomenda-se a presença de ralos em todos os ambientes com "pisos molháveis" e que abriguem instalações hidrossanitárias, ou que recebam água de chuva (banheiros, cozinhas, áreas de serviço e terraços), o que não é explicitamente exigido na ABNT NBR 15575. Pisos frios das áreas de estar não requerem a presença de ralos, devendo o respectivo Manual do Proprietário (áreas privativas e áreas comuns) incluir orientações precisas sobre a forma de conservação e limpeza desses pisos.

Para evitar a proliferação de germes e bactérias, devem ser obedecidas às áreas mínimas de ventilação previstas no Código de Obras, ou na sua inexistência, ao Critério 11.3.1 da ABNT NBR 15575 – Parte 4, sendo que em algumas regiões climáticas as áreas de ventilação devem ser passíveis de serem vedadas durante o período de frio. Sempre que possível, o projeto deve prever ventilação cruzada para os ambientes.

Todos os sistemas prediais deverão ser constituídos por materiais e componentes normalizados (tubos, reservatórios, torneiras, registros, peças sanitárias etc.), devendo ser projetados e implantados de acordo com as respectivas normas da ABNT. O projeto dos sistemas prediais deverá ainda atender integralmente à ABNT NBR 15575 – Parte 6, não devendo haver possibilidade de contaminação da água potável, de retrossifonagem, de retorno de espuma e outras falhas do gênero. Devem ser previstas todas as caixas de gordura e caixas de inspeção necessárias, de forma a facilitar a manutenção dos sistemas ao longo da sua vida útil.

Os equipamentos de aquecimento de água (chuveiros, duchas, aquecedores de passagem ou de acumulação), quando não fizerem parte da entrega da obra, deverão ter corretamente especificadas suas características de desempenho (potência, vazão, blindagem, dispositivos de segurança), de modo que o usuário tenha orientação adequada para a compra. As instalações elétricas deverão ser dimensionadas em função, inclusive, da potência requerida dos equipamentos de aquecimento de água.

As garagens devem ser projetadas em obediência ao Código de Obras do município, adotando-se na sua inexistência o Código de Obras da Cidade de São Paulo, relativamente ao tamanho das vagas, raios de manobra, declividade máxima das rampas etc. Relativamente à exaustão das garagens, em função do número de veículos, por meio de ventilação natural ou forçada, os gases de combustão devem ser convenientemente retirados, mantendo-se as concentrações de monóxido de carbono (CO) abaixo de 39 ppm, de gás sulfídrico (H_2S) abaixo de 8 ppm e as de oxigênio (O_2) acima de 19,5 %.

30.2.6 Adequação Ambiental

A ABNT NBR 15575 estabelece apenas recomendações visando à máxima proteção ambiental, que deve ser traduzida por meio de economia de água e energia, máximo aproveitamento dos recursos naturais,

---

[1] NBR 14037 – Diretrizes para elaboração de manuais de uso, operação e manutenção das edificações – Requisitos para elaboração e apresentação dos conteúdos.

minimização da poluição causada pela construção e ocupação da obra nas suas mais variadas formas (poluição do ar, do solo e da água), mínima geração de resíduos de construção e demolição (RCD). Deve ser obedecida toda a legislação ambiental estabelecida pelo Conama[2] e pelo Ibama, particularmente as resoluções relativas às áreas de preservação permanente (APP) e as normas e procedimentos gerais para o licenciamento ambiental.

No que toca ao emprego da madeira, deve-se prever sempre o emprego de madeira com procedência legal, ou seja, "produtos e subprodutos de madeira de origem nativa, decorrentes de desmatamento autorizado ou de manejo florestal aprovados por órgão ambiental competente, integrante do Sistema Nacional do Meio Ambiente (Sisnama), com autorização de transporte expedida pelo Ibama". Da mesma forma, deve ser procedida a aquisição de areia, pedra britada, pedregulho, pedra moledo, rochas artesanais e outros materiais, com procedência sempre regularizada e devidamente comprovada.

Durante a execução da obra, no que concerne à geração e destinação dos resíduos de construção, deve ser obedecida a Resolução Conama nº 307,[3] de 5 de julho de 2002, sendo que nesse sentido o Sinduscon/SP publicou em 2005 importante guia[4] para gestão dos resíduos da construção. A mesma instituição, em colaboração com órgãos governamentais, encomendou ainda ao IPT orientação para o uso racional da madeira na construção, tendo daí decorrido a publicação IPT nº 2.980.[5]

Deve ser respeitada a área mínima de infiltração de água de chuva no solo, projetando-se devidamente jardins, pisos-grama e outros; o volume do reservatório de águas pluviais deve ser compatível com a área do terreno e com os índices pluviométricos da região da obra. No caso de projeto de reaproveitamento de água de chuva e/ou de águas servidas provenientes dos sistemas hidrossanitários, deve-se tomar todo cuidado no projeto e implantação do sistema para não haver possibilidade de contaminações.

30.2.7 Funcionalidade e Acessibilidade

Os ambientes devem ser projetados de modo a atender às dimensões mínimas e demais disposições previstas no Código de Obras do Município, ou, na sua inexistência, no Código de Obras do Município de São Paulo.[6]

A ABNT NBR 15575 – Parte 1 apresenta recomendações concernentes às dimensões mínimas e organização funcional dos espaços dos cômodos (Anexo F – com caráter informativo). Quanto à acessibilidade de pessoas com necessidades especiais, menciona a obrigatoriedade do atendimento à norma ABNT NBR 9050 – Acessibilidade a edificações, mobiliário, espaços e equipamentos urbanos.

30.2.8 Desempenho Estrutural

Do ponto de vista dos estados limites previstos para a estrutura, os projetos de fundações e de superestrutura devem registrar o pleno atendimento às normas técnicas vigentes, incluindo, além da ABNT NBR 15575 – Parte 2, as normas ABNT NBR 6120 – Cargas para o cálculo de estruturas de edificações, ABNT NBR 8681 – Ações e segurança nas estruturas, ABNT NBR 6123 – Forças devidas ao vento em edificações, ABNT NBR 6122 – Projeto e execução de fundações, ABNT NBR 6118 – Projeto de estruturas de concreto, ABNT NBR 9062 – Projeto e execução de estruturas de concreto pré-moldado, ABNT NBR 8800 – Projeto de estruturas de aço e de estruturas mistas de aço e concreto de edifícios etc.

Os projetos de contenções, fundações e superestrutura devem registrar explicitamente a Vida Útil de Projeto da estrutura (50 anos para o Nível Mínimo de desempenho, 63 anos para o Nível Intermediário ou 75 anos para o Nível Superior). Importante explicitar nos projetos as cargas e a classe de agressividade consideradas para o meio ambiente etc.

---

[2] Recomenda-se consultar "Resoluções do Conama – Resoluções vigentes publicadas entre setembro de 1984 e janeiro de 2012". Disponível em: https://conama.mma.gov.br/images/conteudo/LivroConama.pdf. Acesso em: 12 abr. 2024.

[3] Resolução nº 307, de 5 de julho de 2002 – "Estabelece diretrizes, critérios e procedimentos para a gestão dos resíduos da construção civil" – Alterada pelas Resoluções nº 348/2004, 431/2011 e nº 448/2012. Disponível em: https://conama.mma.gov.br/atos-normativos-sistema. Acesso em: 12 abr. 2024.

[4] Gestão Ambiental de Resíduos da Construção Civil – A experiência do Sinduscon/SP. Disponível em: https://sindusconsp.com.br/download/manual-gestao-ambienta-de-residuos-da-construcao-civil/. Acesso em: 12 abr. 2024.

[5] Instituto de Pesquisas Tecnológicas do Estado de São Paulo – Madeira: Uso Sustentável na Construção Civil. Disponível em: http://aleph.ipt.br/exlibris/aleph/a22_1/apache_media/EEDNCG 3N9H98CFVF4C96C1MGVPVJBA.pdf. Acesso em: 12 abr. 2024.

[6] Código de Obras e Edificações (COE); Lei nº 11.228/1992 – Dispõe sobre as regras gerais e específicas a serem obedecidas no projeto, licenciamento, execução, manutenção e utilização de obras e edificações, dentro dos limites dos imóveis. Disponível em: http://www.prefeitura.sp.gov.br/cidade/secretarias/subprefeituras/upload/pinheiros/arquivos/COE_1253646799.pdf. Acesso em: 12 abr. 2024.

750 Capítulo 30

Aspecto importante tratado na ABNT 15575 são as cargas de ocupação, normalmente não contempladas nas normas de estruturas: impactos de corpo mole e corpo duro, capacidade das paredes suportarem peças suspensas, interações com portas etc.

Para as portas de madeira, há uma norma específica (ABNT NBR 15930 – Portas de madeira para edificações), que prevê diversos ensaios físicos e mecânicos nas folhas de porta e interações com paredes. Batentes fixados com poliuretano (PU) expandido normalmente não atendem às solicitações mecânicas previstas, recomendando-se que, além do PU, sejam utilizados parafusos com buchas, grapas ou outros, em três posições ao longo da altura dos montantes.

No que se refere às janelas de alumínio, estas devem atender às solicitações mecânicas previstas na ABNT NBR 10821:2017 – Esquadrias externas para edificações – Parte 2: Requisitos e classificação. Essas solicitações compreendem sobrepressão uniformemente distribuída (originada pela ação do vento), resistência a esforço torsor, fechamento com presença de obstrução e outros. As janelas devem ainda atender a critérios de estanqueidade à água, isolação acústica e durabilidade, conforme tratado nos itens seguintes.

Janelas fixadas com PU expandido normalmente não atendem às solicitações mecânicas previstas, recomendando-se que, além do PU, sejam utilizados parafusos com buchas, grapas ou outros ao longo das travessas e dos montantes do marco.

Os parapeitos e os guarda-corpos posicionados em terraços, varandas, escadas, rampas e coberturas acessíveis devem atender ao disposto na ABNT NBR 14718 – Guarda-corpos para edificação, relativamente à altura ($\geq$ 1,10 m), distanciamento máximo entre montantes (vão luz $\leq$ 11 cm) e todas as demais disposições previstas, incluindo diversas solicitações mecânicas de cargas estáticas, impactos de corpo mole e outros.

Os guarda-corpos devem ser projetados estruturalmente para suportarem todas as cargas previstas na ABNT NBR 14718. Caso o projeto não inclua demonstração analítica da segurança e estabilidade, devem ser executados ensaios de tipo, reproduzindo fielmente todas as partes e peças do guarda-corpo, bem como suas condições de vinculação. Cuidados especiais são requeridos por guarda-corpos de rampas e estacionamento de veículos, já se tendo notícia de inúmeros acidentes com automóveis se projetando desde sobressolos até a via pública.

Além dos aspectos citados, a ABNT NBR 15575 apresenta exigências para impactos de corpo duro,

resistência requerida para cargas suspensas, ação de cargas concentradas em pisos, atuação de sobrecargas em tubulações e outros. Para sistemas inovadores onde não seja possível a modelagem/equacionamento da resistência, a norma estabelece a realização de ensaios (mínimo de três repetições) e indica formulação para que sejam obtidas as cargas máximas de serviço e as cargas resistentes.

30.2.9 Segurança Contra Incêndio

Relativamente à segurança contra incêndio, há necessidade de projeto específico, contemplando rotas de fuga, distâncias máximas a serem percorridas, controle de fumaça, pressurização de escadas, selagens corta-fogo, prumadas enclausuradas, sistemas de detecção e alarme, extintores etc.

Para os elementos de compartimentação, exige-se na ABNT NBR 15575 tempo requerido de resistência ao fogo (TRRF) de, no mínimo, 30 minutos, exigência que vai sendo majorada com o aumento do porte da obra, ou seja:

- unidades habitacionais assobradadas, isoladas ou geminadas: 30 min;
- edificações multifamiliares até 12 m de altura: 30 min;
- edificações multifamiliares H $\geq$ 12 m e até 23 m: 60 min;
- edificações multifamiliares com H $\geq$ 23 m e até 30 m: 90 min;
- edificações multifamiliares com H $\geq$ 30 m e até 120 m: 120 min;
- edificações multifamiliares com H $\geq$ 120 m: 180 min;
- subsolos: no mínimo igual ao dos entrepisos, $\geq$ 60 min para alturas descendentes até 10 m e $\geq$ 90 min para alturas descendentes maiores que 10 m.

Observação: diversos corpos de bombeiros estaduais não exigem TRRF para casas térreas e para edifícios com altura de até 12 m e que não excedam certas áreas totais construídas (variando a limitação de áreas entre os estados, mas, em geral, 750 m^2).

A determinação do tempo de resistência ao fogo (TRF) é realizada por ensaios em câmaras com curva de crescimento da temperatura normalizada, conforme a Figura 30.10.

Conforme a ABNT NBR 16945:2021, o TRF de um elemento deve ser definido em função da Capacidade Portante (R), da Integridade (E), da Isolação Térmica (I), da Redução da Radiação Térmica (W) e da Ação Mecânica (M). Para cada critério, determina-se um valor de TRF, sendo que critérios adicionais

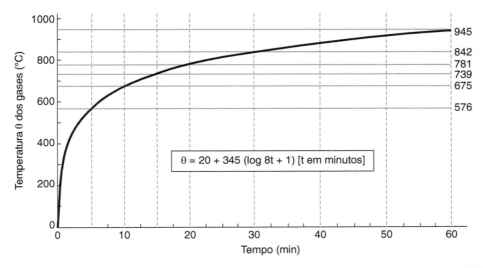

FIGURA 30.10 Curva de crescimento da temperatura para fins da determinação do TRF.

e específicos também podem ser avaliados. O menor dos índices alcançados em cada um desses critérios definirá o TRRF do elemento.

Devem ser atendidas todas as Instruções Técnicas (IT) do Corpo de Bombeiros local e, na sua inexistência, exigências do Corpo de Bombeiros do estado de São Paulo e as normas técnicas ABNT/Inmetro aplicáveis, exemplificando-se a ABNT NBR 5628 – Componentes construtivos estruturais – Determinação da resistência ao fogo, ABNT NBR 9077 – Saídas de emergência em edifícios, ABNT NBR 11742 – Porta corta-fogo para saída de emergência, ABNT NBR 11836 – Detectores automáticos de fumaça para proteção contra incêndio, entre outras.

A norma traz recomendações visando dificultar o princípio de incêndio, ou seja, menciona a necessidade de:

- proteção contra descargas atmosféricas, de acordo com ABNT NBR 5419;
- instalações elétricas projetadas e executadas atendendo a ABNT NBR 5410 (cuidados especiais com curtos-circuitos e sobretensões/emprego de benjamins etc.);
- instalações de gás com projeto/execução obedecendo à ABNT NBR 13523 e ABNT NBR 15526.

Também apresenta exigências relativas à necessidade de se dificultar a propagação do incêndio, ou seja:

- a distância entre edifícios deve atender à condição de isolamento, considerando-se todas as interferências previstas na legislação vigente;
- medidas de proteção, como portas ou selos corta-fogo, devem possibilitar que o edifício seja considerado uma unidade independente;
- sistemas ou elementos de compartimentação que integram os edifícios habitacionais devem atender à ABNT NBR 14432 – Estanqueidade e isolamento.

Quanto às características de reação ao fogo de um material (incombustibilidade, propagação superficial de chamas e geração de fumaça), a norma ABNT NBR 15575 subdivide os materiais em cinco diferentes classes, conforme assinalado na Tabela 30.2.

Materiais pétreos (concretos, argamassas, cerâmicas etc.) são considerados incombustíveis, não necessitando demonstrações. Cuidados são requeridos na especificação de materiais de acabamento, particularmente quando forem considerados produtos de plástico ou madeira. Sempre deve ser solicitado ao fornecedor características de reação ao fogo dos materiais de revestimento e isolantes, incluindo incombustibilidade, propagação de chamas e densidade óptica de fumaça.

Há que se observar o surgimento de diversas normas ABNT/Inmetro depois da publicação da ABNT NBR 15575:2013, sendo bastante relevantes as seguintes:

- *ABNT NBR 16626:2017:* classificação da reação ao fogo de produtos de construção;
- *ABNT NBR 16841:2020:* comportamento ao fogo de telhados e revestimentos de cobertura submetidos a uma fonte de ignição externa;
- *ABNT NBR 16951:2021:* reação ao fogo de sistemas e revestimentos externos de fachadas – Método de ensaio, classificação e aplicação dos resultados de propagação do fogo nas superfícies das fachadas;

TABELA 30.2 Classificação de materiais segundo as características de reação ao fogo

Classe		Método de ensaio		
		ISO 1182	ABNT NBR 9442	ASTM E662
I		Incombustível $\Delta T \leq 30\ °C$; $\Delta m \leq 50\ \%$; $t_f \leq 10\ s$	–	–
II	A	Combustível	Ip ≤ 25	Dm ≤ 450
	B	Combustível	Ip ≤ 25	Dm > 450
III	A	Combustível	25 < Ip ≤ 75	Dm ≤ 450
	B	Combustível	25 < Ip ≤ 75	Dm > 450
IV	A	Combustível	75 < Ip ≤ 150	Dm ≤ 450
	B	Combustível	75 < Ip ≤ 150	Dm > 450
V	A	Combustível	150 < Ip ≤ 400	Dm ≤ 450
	B	Combustível	150 < Ip ≤ 400	Dm > 450
VI		Combustível	Ip > 400	–

Ip = índice de propagação superficial de chama; Dm = densidade específica óptica máxima de fumaça; Δm = variação da massa do corpo de prova; t_f = tempo de flamejamento do corpo de prova; ΔT = variação da temperatura no interior do forno.

- *ABNT NBR 16945:2021:* classificação da resistência ao fogo de elementos construtivos de edificações;
- *ABNT NBR 14925:2019:* elementos construtivos envidraçados resistentes ao fogo para compartimentação.

30.2.10 Segurança no Uso e Operação

A edificação não deve apresentar condições de risco à saúde e à integridade física dos seus ocupantes. Devem ser observadas todas as condições de segurança relativas a guarda-corpos, pisos em geral, escadas e rampas, saídas de emergência, manobras de abertura e fechamento de janelas e portas, segurança na operação de aquecedores de água e outros.

Cuidados especiais devem ser tomados nos acessos a piscinas, casa de máquinas, geradores de energia, cabines de força e outros, que devem ser trancados e chaveados, evitando o acesso de crianças desacompanhadas.

Acessos destinados a pessoas devem ser independentes de acessos de garagens, neste último caso com dispositivos adequados para evitar excesso de velocidade. Garagens, recintos de geradores a óleo diesel e outros não devem permitir concentração significativa de gases tóxicos.

Há ainda diversas outras exigências relativas a *playgrounds* (atendimento às normas ABNT NBR 15859:2010 – Brinquedos infláveis e ABNT NBR 16071:2012 – *Playgrounds* (Partes 1 a 7), fixação de vasos sanitários, tampos de pia e outros, bem como segurança no acesso e operações sobre coberturas.

30.2.11 Conforto Tátil e Antropodinâmico

Sob caminhamento, os pisos não devem apresentar deslocamentos ou vibrações indesejáveis. Há necessidade de exigências para a planicidade da camada de acabamento ou de superfícies regularizadas para a fixação da camada de acabamento das áreas comuns e privativas. Irregularidades abruptas entre tábuas corridas, tacos ou placas de piso contíguas não devem ser superiores a 1 mm. Rampas devem apresentar declividades suaves, não superando, por exemplo, 10 ou 15 %.

A velocidade de elevadores deve ser moderada, com acelerações, desacelerações e paradas suaves, devendo ser atendidas as normas técnicas específicas

(ABNT NBR 5665, NBR 5666, NBR NM 207, NBR 16755 e outras).

Dispositivos de manobra (manoplas e alavancas de metais sanitários, trincos, puxadores, cremonas, fechaduras etc.) devem apresentar dimensões e formatos compatíveis com a anatomia humana, livres de rugosidades, contundências, depressões ou outras irregularidades que possam causar desconforto ou ferimentos. A força e o torque necessários para acionamento desses dispositivos devem estar de acordo com as respectivas normas prescritivas dos componentes (janelas, torneiras etc.) e com a ABNT NBR 15575 – Parte 6.

No caso de edifícios habitacionais ou apartamentos destinados a usuários com necessidades especiais (PNE) e pessoas com mobilidade reduzida (PMR), os dispositivos de manobra, apoios, alças e outros equipamentos devem atender às prescrições da ABNT NBR 9050.

30.2.12 Desempenho Térmico

A ABNT NBR 15575, na sua versão original, não tratava de condicionamento artificial. Todos os critérios de desempenho foram estabelecidos com base em condições naturais de insolação, ventilação e outras.

O desempenho térmico depende de diversas características do local da obra (topografia, temperatura e umidade do ar, direção e velocidade do vento etc.) e da edificação (materiais constituintes, número de pavimentos, dimensões dos cômodos, pé direito, orientação das fachadas, dimensões e tipo de janelas etc.).

Os critérios de desempenho térmico foram estabelecidos com base nas zonas bioclimáticas brasileiras, conforme a Figura 30.11.

O desempenho térmico é tratado na ABNT 15575 – Parte 1 de duas formas:

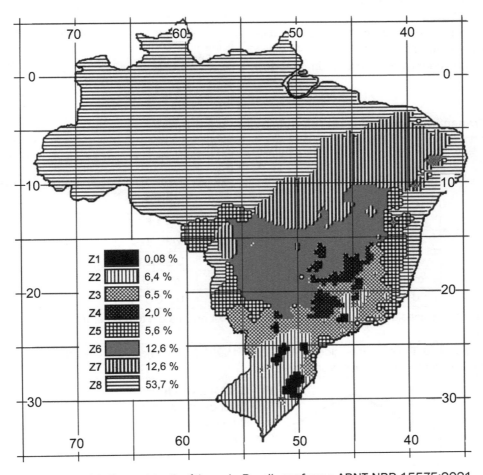

FIGURA 30.11 Zonas bioclimáticas do Brasil, conforme ABNT NBR 15575:2021.

- análise simplificada, considerando para os sistemas verticais de vedações externas (SVVE) os valores de transmitância térmica (U_{par}), capacidade térmica (CT_{par}), percentual de abertura para ventilação ($P_{v,APP}$), percentual de elementos transparentes ($P_{t,APP}$) e área de superfície dos elementos transparentes ($A_{t,APP}$) com relação aos critérios que indicam valores de referência para estes parâmetros. Pelo processo simplificado, as coberturas são avaliadas pela transmitância térmica (U);
- análise completa, que exige simulações em computador.

No primeiro caso (análise simplificada), em função da região bioclimática onde a obra estiver localizada, as paredes devem apresentar característica de U e de CT conforme as Tabelas 30.3 e 30.4, e as coberturas transmitância térmica de acordo com a Tabela 30.5.

A transmitância térmica é a transmissão de calor em unidade de tempo e através da área unitária de um elemento ou componente construtivo calculada conforme a ABNT NBR 15220-2.

A capacidade térmica é a quantidade de calor necessária para variar em uma unidade a temperatura de um sistema em kJ/(m²·K) calculada segundo a ABNT NBR 15220-2.

No que concerne ao desempenho térmico das vedações verticais externas, a ABNT 15575-4 estabelece diversas considerações sobre cada um dos fatores intervenientes, apresentando valores de referência e métodos de cálculo para a capacidade térmica, aberturas de ventilação, elementos transparentes etc. (Tabelas 15 a 18 da ABNT NBR 15575-4).

Caso não seja atendida qualquer uma das disposições apresentadas nas Tabelas 30.3, 30.4 e 30.5, para julgamento do atendimento ou não do sistema

TABELA 30.3 Transmitância térmica de referência para paredes externas

Transmitância térmica U (W/m²·K)		
Zonas 1 e 2	Zonas 3, 4, 5, 6, 7 e 8	
U ≤ 2,7	$\alpha^{(a)}$ ≤ 0,6	$\alpha^{(a)}$ > 0,6
	U ≤ 3,7	U ≤ 2,5

(a) α = absortância à radiação solar da superfície externa da parede.

TABELA 30.4 Capacidade térmica de paredes externas

Capacidade térmica (CT) kJ/m²·K	
Zona 8	Zonas 1, 2, 3, 4, 5, 6 e 7
Sem requisito	≥ 130

TABELA 30.5 Transmitância térmica de referência para coberturas

Transmitância térmica (U) W/m²K					
Zonas 1 e 2	Zonas 3 a 6		Zonas 7 e 8 [(1)]		Nível de desempenho
U ≤ 2,3	$\alpha^{(1)}$ ≤ 0,6	$\alpha^{(1)}$ > 0,6	$\alpha^{(1)}$ ≤ 0,4	$\alpha^{(1)}$ > 0,4	M
	U ≤ 2,3	U ≤ 1,5	U ≤ 2,3 FV	U ≤ 1,5 FV	
U ≤ 1,5	$\alpha^{(1)}$ ≤ 0,6	$\alpha^{(1)}$ > 0,6	$\alpha^{(1)}$ ≤ 0,4	$\alpha^{(1)}$ > 0,4	I
	U ≤ 1,5	U ≤ 1,0	U ≤ 1,5 FV	U ≤ 1,0 FV	
U ≤ 1,0	$\alpha^{(1)}$ ≤ 0,6	$\alpha^{(1)}$ > 0,6	$\alpha^{(1)}$ ≤ 0,4	$\alpha^{(1)}$ > 0,4	S
	U ≤ 1,0	U ≤ 0,5	U ≤ 1,0 FV	U ≤ 0,5 FV	

[(1)] Na zona bioclimática 8 considera-se atendido o critério para coberturas em telhas cerâmicas, mesmo sem a presença do forro.

Nota: o fator de ventilação (FV) é estabelecido na ABNT NBR 15220-3, em função das dimensões das aberturas de ventilação nos beirais, conforme indicações seguintes:

$FV = 1{,}17 - 1{,}07 \cdot h^{-1,04}$

FV = Fator de ventilação;
h = altura da abertura em dois beirais opostos, em centímetros
Obs.: para coberturas sem forro ou com áticos não ventilados, FV = 1.

α = absortância à radiação solar da superfície externa da cobertura.

construtivo às exigências de desempenho térmico haverá necessidade de se partir para a simulação computacional, conforme a Figura 30.12, devendo-se, então, atender a todas as indicações da ABNT NBR 15575-1.

As janelas influem no desempenho térmico dos ambientes, tanto pelas dimensões, natureza do material (PVC, alumínio etc.), como pelo tipo (janelas de abrir, projetantes etc.), presença de folhas tipo veneziana ou janelas integradas (possibilidade de sombreamento pela folha veneziana ou pelo acionamento da persiana).

Trocas significativas de calor ocorrem pelos vidros, podendo variar em função da espessura e do tipo de vidro (comum, absorvente, refletivo etc.). A ABNT NBR 10821-4:2017 – Esquadrias externas – Parte 4: Requisitos adicionais de desempenho, em função da transmitância térmica, fator solar e transmissão visível do conjunto vidro + parte opaca, estabelece classificação térmica para as janelas (Classes A até E, da melhor para a pior), indicando que as janelas devam portar etiqueta identificando sua respectiva classe.

Para as lajes impermeabilizadas das coberturas, e outras lajes expostas ao clima e encabeçando alvenarias, recomenda-se acabamento com cores claras (piso cerâmico, placas de rocha, capa de argamassa ou concreto etc.), dispondo-se entre a camada de acabamento do piso e a impermeabilização camada de isolante térmico (lã de vidro, lã de rocha, EPS ou outro material), de forma que a temperatura do concreto da laje não ultrapasse temperaturas em torno de 30 °C.

Havendo telhado, o desempenho necessário poderá ser atingido com telhas tipo sanduíche e áticos ventilados, recomendando-se solicitar aos potenciais fornecedores dos sistemas de cobertura os dados relativos às suas características térmicas.

No ano de 2021, a norma de desempenho sofreu importante revisão no tocante à avaliação do desempenho térmico, tanto no que se refere aos critérios/parâmetros exigidos quanto no que diz respeito ao processo de avaliação. Assim é que, para os níveis de desempenho "Intermediário" e "Superior", passou-se a admitir o condicionamento artificial, enquanto

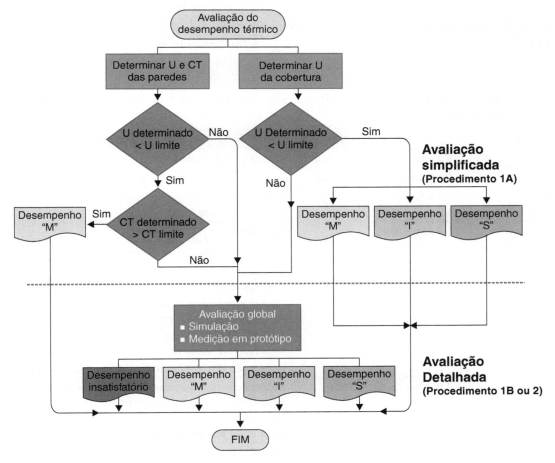

FIGURA 30.12 Fluxograma a ser seguido para a avaliação térmica, conforme ABNT NBR 15575. Fonte: Fúlvio Vittorino, pesquisador do IPT.

756 Capítulo 30

para qualquer nível na simulação os resultados obtidos com o sistema construtivo em avaliação são comparados com o desempenho de um hipotético sistema construtivo de referência, com constituição aparentemente muito próxima a de um sistema com paredes de concreto com espessura de 10 cm e telhado com telhas de fibrocimento com espessura de 6 mm (conforme características físicas indicadas no Quadro 30.5).

Resumidamente, o novo processo que passou a vigorar compreende:

- compara o desempenho térmico anual do sistema construtivo em avaliação com um sistema construtivo de referência;
- o sistema avaliado deve ter desempenho igual ou melhor que o de referência;
- para o Nível Mínimo de desempenho, a habitação é simulada com ventilação natural, e o indicador é a temperatura operativa (em geral, o cálculo da temperatura operativa leva em conta a temperatura radiante média e a temperatura do ar, sendo usada para avaliar conforto térmico humano dependendo da velocidade do ar no ambiente, do isolamento térmico da roupa que está sendo usada e da atividade exercida pelas pessoas que ocupam a habitação);

- para os Níveis Intermediário e Superior, é feita a simulação considerando também a edificação climatizada, e o indicador passa a ser a carga térmica necessária para o resfriamento ou para o aquecimento.

Nesse novo processo as simulações, devem-se considerar para o sistema construtivo de referência as mesmas características do sistema em avaliação (geometria, orientação, entorno), mas com as seguintes diferenças:

- características fixas do sistema construtivo de referência (cores externas, tipo de vidro e área envidraçada, sem elementos de sombreamento);
- sistema construtivo em avaliação com todos os seus materiais característicos, cores externas, tipo de vidro, áreas envidraçadas e eventual presença de elementos de sombreamento.

No Quadro 30.5 são apresentadas as diferenças fundamentais entre os sistemas de avaliação original e aquele adotado na revisão de 2021.

A nova norma estipula que o programa de simulação computacional deve ser capaz de estimar as variações da temperatura operativa, das cargas térmicas de refrigeração e de aquecimento e do uso da ventilação natural na unidade habitacional (UH),

QUADRO 30.5 Parâmetros de avaliação do desempenho térmico – ABNT NBR 15575, versões 2013 e 2021

Itens	Método anterior	Método atual de simulação
Clima	Simulações em **dias** típicos	Simulações em **anos** típicos
Desempenho	Comparação com o **clima**	Comparação com **habitação de preferência**
Ventilação	Taxa **fixa** (1 ou 5 Ren/h)	Taxa **variável** (ventilação natural) – Arquivo de dados climáticos – *site* ABNT
Entorno	Não considera	Considera
Aberturas sombreadas	Permite	Permite somente na **habitação em avaliação**
Ocupação	Não	Sim (padronizada)
Sistema	A critério do construtor	**Referência** com paredes e lajes de 10 cm (massa = 2200 kg/m^3; condutividade = 1,75 W/(m.K), ático, telhas de 6 mm (massa = 1700 kg/m^3; condutividade = 0,65 W/(m.K), isolante na cobertura na 28 (resistência térmica 0,67 m^2.K/W) **Habitação em avaliação** a critério do construtor
Cores	A critério do construtor	**Referência** com paredes em cores médias envelhecidas (absorbância de 0,58) e cobertura em cores envelhecidas (absorbância de 0,65) **Habitação em avaliação** a critério do construtor
Vidro	A critério do construtor	**Referência** com vidro comum na fachada, área 17 % da área de piso (sala e dormitório) **Habitação em avaliação** a critério do construtor

Fonte: Adriana de Brito – pesquisadora IPT.

definidos separadamente em 8760 horas ao longo do ano, considerando as variações horárias de ocupação, de potência de iluminação e de equipamentos.

30.2.13 Desempenho Lumínico

Contando unicamente com iluminação natural, a norma ABNT NBR 15575 estabelece os níveis gerais de iluminância nos diferentes cômodos da habitação (dormitórios, salas de estar, copa-cozinhas e áreas de serviço), mencionando que as simulações devem ser realizadas com emprego do algoritmo apresentado na ABNT NBR 15215-3, atendendo diversas condições relacionadas com o critério estabelecido. Para as dependências citadas, estabelece-se o valor de 60 lux como iluminamento mínimo.

Estabelece ainda o conceito de Fator de Luz Diurna (FLD): parcela da luz difusa proveniente do exterior que atinge o ponto interno de medida, razão percentual entre a iluminância interna no ponto de referência (centro do cômodo, a 0,75 m de altura) e a iluminância externa disponível, sem incidência da radiação direta do Sol. Para as mesmas dependências anteriormente listadas, estabelece-se para o nível Mínimo de desempenho FLD $\geq$ 0,50 %.

Para o sistema de iluminação artificial, são estabelecidos os seguintes valores mínimos de iluminamento:

- *100 lux:* dormitórios, salas de estar, banheiros e áreas de serviço;
- *200 lux:* copa-cozinhas;
- *20 lux:* garagens e estacionamentos descobertos;
- *75 lux:* corredor ou escada interna à unidade, corredor de uso comum (prédios), escadaria de uso comum (prédios), garagens/estacionamentos internos e cobertos.

30.2.14 Desempenho Acústico

A norma ABNT NBR 15575 apresenta parâmetros para ensaios em laboratório e exigências a serem atendidas na obra real (ensaios de campo), adotando os símbolos a seguir:

- $D_{nT,w}$: diferença padronizada de nível ponderada (*weighted standardized level difference*), som aéreo – verificação de campo, método de engenharia;
- $D_{2m,nT,w}$: diferença padronizada de nível ponderada a 2 m (*weighted standardized level difference at 2 m*), sendo as medidas tomadas a 2 metros do elemento que se está analisando – som aéreo – verificação de campo, método simplificado;

- R_w: índice de redução sonora ponderado (*weighted sound reduction index*), som aéreo – ensaio de laboratório, método de precisão;
- $L'_{nT,w}$: nível de pressão sonora de impacto padronizado ponderado (*weighted standardized impact sound pressure level*), ruído de impacto em pisos – verificação de campo.

Inicialmente, deve-se observar que a norma que estabelece os níveis máximos de intensidade sonora nos ambientes de permanência prolongada é a ABNT NBR 10152 – Níveis de ruído para conforto acústico – Procedimento, sendo que a ABNT NBR 15575 apenas oferece parâmetros para o desenvolvimento dos projetos. Na realidade, em termos de acústica, o que vale são as medições na obra acabada e as exigências da ABNT NBR 10152.

Como o desempenho acústico depende da qualidade da execução da obra, do tipo de janela empregado etc., a norma 15575 distingue duas situações:

- *Ensaios de laboratório:* executados em condições ideais, que indicam o desempenho que potencialmente poderia ser atingido;
- *Ensaios de campo:* obtendo-se os valores efetivamente atingidos na obra real.

Nas duas situações, a ABNT 15575 considera apenas os ambientes de permanência prolongada (dormitórios e salas de estar). Além dos entrepisos, as exigências são estabelecidas ainda para a envoltória da edificação (fachadas e cobertura), paredes de geminação entre apartamentos e paredes de separação entre áreas privativas e áreas comuns dos edifícios (escadarias, *halls* e corredores).

No caso de habitações como estúdios, *lofts*, quitinetes e similares, isto é, locais com mais de uma função em um mesmo ambiente, para efeitos do desempenho acústico, o nível de desempenho mais restritivo deve ser atendido. Por exemplo, em um ambiente único utilizado como dormitório e sala, o nível de desempenho mínimo para dormitório deve ser atendido.

Relativamente ao ruído externo, conforme revisão realizada em 2021, são consideradas três situações, que levam a exigências distintas para as fachadas, conforme a Tabela 30.6.

No que concerne à isolação do som aéreo das fachadas (paredes integradas com janelas), considerando os três níveis possíveis de desempenho (Mínimo, Intermediário e Superior), a ABNT NBR 15575:2021 estabelece para os dormitórios as exigências que constam na Tabela 30.7.

758 Capítulo 30

TABELA 30.6 Nível de pressão sonora incidente na fachada do ambiente em análise

Classe de ruído	Localização da habitação	L_{inc} (dB)
I	Habitação localizada distante de fontes de ruído intenso de quaisquer naturezas	≤ 60
II	Habitação localizada em áreas sujeitas a situações de ruído não enquadráveis nas classes I e III	61 a 65
III	Habitação sujeita a ruído intenso de meios de transporte e de outras naturezas, desde que esteja de acordo com a legislação	66 a 70

TABELA 30.7 Valores mínimos da diferença padronizada de nível ponderada, $D_{2m,nT,w}$ da vedação externa de dormitório – ensaios de campo

Classe de ruído	L_{inc} (dB)	$D_{2m,nT,w}$ (dB)	Nível de desempenho
I	≤ 60	≥ 20	M
		≥ 25	I
		≥ 30	S
II	61 a 65	≥ 25	M
		≥ 30	I
		≥ 35	S
III	66 a 70	≥ 30	M
		≥ 35	I
		≥ 40	S

- L_{inc} representa o nível de pressão sonora incidente na fachada do ambiente, simulado ou calculado a partir do L_d (nível de pressão sonora representativo do período diurno) ou L_n (nível de pressão sonora representativo do período noturno), conforme a ABNT NBR 16425-1 ou ABNT NBR 10151. Deve-se utilizar, entre os descritores L_d ou L_n, aquele que apresentar nível mais elevado. O cálculo de L_d e L_n pode ser realizado por simulação computacional, desde que atenda aos requisitos da ISO 17534-1.

- Para as salas, não há exigências para o Nível Mínimo de desempenho, em qualquer uma das classes de ruído externo. Apenas para a classe de ruído III são indicados referenciais (facultativos)

para os níveis Intermediário ($D_{2m,nT,w} \geq 30$ dB) e Superior ($D_{2m,nT,w} \geq 35$ dB) de desempenho.

- Os valores de desempenho de isolamento acústico medidos no campo ($D_{nT,w}$ e $D_{2m,nT,w}$) tipicamente são inferiores aos obtidos em laboratório (R_w), sendo que a diferença entres esses resultados depende das condições de contorno e qualidade da execução em campo da obra. Como valores de referência, a ABNT NBR 15575 indica para R_w os valores da Tabela 30.7, majorados em 5 dB para sistemas leves e 3 dB para sistemas pesados.

A norma ainda estabelece limites mínimos de isolação acústica para paredes de compartimentação entre áreas de uso comum no interior dos edifícios e áreas privativas da edificação e isolação acústica entre salas de apartamentos contíguos separadas por *hall* de entrada, conforme a Tabela 30.8. Na revisão de 2021 não foram inseridas exigências para a isolação acústica entre dormitórios e outros cômodos da mesma unidade habitacional, o que deverá vir a ocorrer em revisões futuras.

Para a avaliação de desempenho acústico de entrepisos, além da isolação para sons aéreos (praticamente os mesmos valores exigidos para paredes), é considerado também o isolamento ao ruído de impacto. Nesse caso, a norma não estabelece a isolação acústica requerida, mas, sim, o nível máximo de intensidade sonora nos dormitórios e salas sob o piso que recebeu a ação do impacto: 80 dB no menor nível de desempenho, limite que cai para 55 dB se houver sobre o dormitório equipamento de uso coletivo (salão de jogos, banheiros e vestiários coletivos ou *home theater*). Os valores especificados são reproduzidos na Tabela 30.9.

A norma ABNT NBR 15575 apresenta ainda alguns balizadores relativamente aos ruídos gerados por equipamentos hidrossanitários, com caráter informativo. Relativamente a problemas mais complexos de acústica, decorrentes de vibrações e ruídos transmitidos por elevadores, bombas de sucção e recalque, insufladores de ar, escadas pressurizadas, unidades HVAC[7] sobre lajes de cobertura, geradores de energia a óleo diesel e outras fontes importantes, recomenda-se a contratação de consultoria acústica específica.

30.2.15 Estanqueidade à Água

Inicialmente, é importante discernir as seguintes definições da ABNT NBR 15575-3:

---

[7] HVAC – *Heating, Ventilation and Air Conditioning.*

Sistemas de Qualidade e Desempenho das Edificações 759

TABELA 30.8 Critério e nível de desempenho mínimo, $D_{nT,w}$, de isolamento a ruído aéreo de vedações internas

Elemento de separação	$D_{nT,w}$ (dB)
Parede entre as unidades habitacionais autônomas (parede de geminação), nas situações em que não haja ambiente dormitório	≥ 40
Parede entre as unidades habitacionais autônomas (parede de geminação), no caso de pelo menos um dos ambientes ser dormitório	≥ 45
Parede cega de dormitórios entre uma unidade habitacional e as áreas comuns de trânsito eventual, como corredores e escadaria nos pavimentos	≥ 40
Parede cega entre uma unidade habitacional e as áreas comuns de trânsito eventual, como corredores e escadaria dos pavimentos, nas situações em que não haja dormitório	≥ 30
Parede cega entre o dormitório ou sala de uma unidade habitacional e as áreas comuns de permanência de pessoas, atividades de lazer e atividades esportivas, como *home theater*, salas de ginástica, salão de festas, salão de jogos, banheiros e vestiários coletivos, cozinhas e lavanderias coletivas	≥ 45
Conjunto de paredes e portas de unidades distintas separadas pelo *hall* ($D_{nT,w}$ obtida entre as unidades), nas situações em que não haja ambiente dormitório	≥ 40
Conjunto de paredes e portas de unidades distintas separadas pelo *hall* ($D_{nT,w}$ obtida entre as unidades), caso pelo menos um dos usos dos ambientes seja dormitório	≥ 45

TABELA 30.9 Isolação a ruídos de impacto de pisos e coberturas acessíveis

Elemento	$L'_{nT,w}$ (dB)	Nível de desempenho
Sistema de piso separando unidades habitacionais autônomas posicionadas em pavimentos distintos	66 a ≤ 80	M
	56 a 65	I
	≤ 55	S
Cobertura acessível ou sistema de piso de áreas de uso coletivo (atividades de lazer e esportivas, como *home theater*, salas de ginástica, salão de festas, salão de jogos, banheiros e vestiários coletivos, cozinhas e lavanderias coletivas) sobre unidades habitacionais autônomas	51 a ≤ 55	M
	46 a 50	I
	≤ 45	S

- *Áreas molhadas:* áreas da edificação cuja condição de uso e exposição pode resultar na formação de lâmina d'água (banheiros com chuveiro, áreas de serviço, áreas descobertas). Nessas áreas, os pisos devem ser perfeitamente estanques, o que recomenda impermeabilização dos pisos de boxe de chuveiro e, eventualmente, de áreas de serviço e de terraços nas fachadas dos edifícios.

- *Áreas molháveis:* áreas da edificação que recebem respingos eventuais, sem formação de lâmina d'água pelo uso normal a que se destina o ambiente (banheiros sem chuveiro, lavabos, cozinhas e sacadas cobertas, normalmente sem necessidade de sistemas de impermeabilização).

A ABNT NBR 15575-1 estabelece que deve ser prevista nos projetos a prevenção de infiltração da água de chuva e da umidade do solo nas habitações, por meio das condições de implantação dos conjuntos habitacionais, de forma a drenar adequadamente a água de chuva incidente em ruas internas, lotes vizinhos ou mesmo no entorno próximo ao conjunto.

A estanqueidade à água das paredes de fachada, janelas e coberturas é função não só dos índices pluviométricos do local da obra, como também da velocidade característica e da direção do vento. Para as janelas, fachadas-cortina e similares, devem ser obedecidas às exigências contidas na ABNT NBR 10821. A avaliação da estanqueidade é feita com os corpos de prova (janelas ou trechos de parede) submetidos durante sete horas à lâmina de água escorrendo a partir do seu topo, com vazão de 3 L/min/m² de parede; para simular a ação do vento, atua simultaneamente uma pressão de ar que varia com a região onde a obra será executada.

Quanto às velocidades do vento, o território brasileiro é subdividido nas cinco regiões representadas na Figura 30.13, e com base nas isopletas ali representadas, com a devida atenuação, é que a norma de desempenho estabelece exigências de estanqueidade à água.

Quanto às fachadas, especial atenção deve ser dada para a seleção das janelas, que devem atender integralmente à norma ABNT NBR 10821:2017, executando-se ensaios de resistência a cargas de vento e de estanqueidade à água com as pressões correspondentes ao vento do local da obra e à altura do edifício.

Importante salientar que o emprego de janelas de qualidade adequada deve ser acompanhado por instalação bem-feita, recomendando-se o total preenchimento com argamassa das folgas entre alvenaria e marco da janela (o que garantirá o desempenho acústico) e no posterior rejuntamento com selante flexível, garantindo a estanqueidade das fachadas.

30.2.16 Durabilidade

A durabilidade das edificações depende de muitos fatores que interferem isolada ou conjuntamente, todos influindo fortemente desde a concepção e projeto até os cuidados mais corriqueiros de limpeza, uso e conservação. Até o advento da ABNT NBR 15575 não havia no país referencial técnico ou jurídico sobre o prazo que deveria durar a estrutura de um

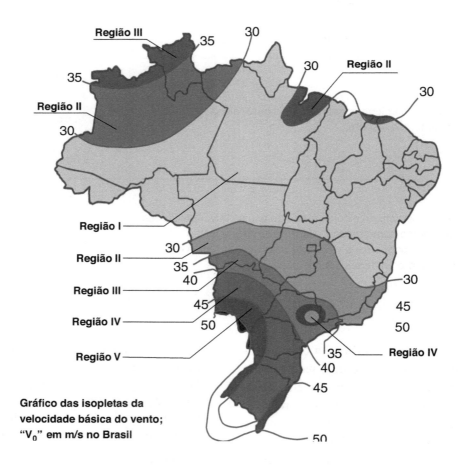

FIGURA 30.13 Mapa de velocidades básicas do vento no Brasil. Fonte: ABNT NBR 6123.

prédio ou de uma simples torneira, transferindo-se muitas vezes para o Judiciário decisões e responsabilidades da engenharia, da arquitetura e da sociedade como um todo.

Na busca cada vez mais crescente da sustentabilidade, ganha importância relevante o ciclo de vida dos produtos. Quanto maior é a sua durabilidade, menor é a exploração de recursos naturais, renováveis ou não, menor o consumo de água e de energia, menor o teor de poluentes gerados nas fábricas e no transporte das matérias-primas e dos produtos.

Por depender de uma série de fenômenos, muitos ainda não perfeitamente explicados pela ciência, não é tarefa simples prever a durabilidade e a vida útil de uma edificação, o que não exime os meios técnico e empresarial da responsabilidade de perseguir as definições necessárias e o aperfeiçoamento dos seus produtos. Por muito tempo, a engenharia baseou suas decisões no tripé prazo + preço + qualidade, considerando no preço quase que exclusivamente o custo inicial. É chegada a hora de desdobrar esse preço nas suas mais diversas vertentes: custos iniciais, custos de operação e manutenção, custos de reparos não previstos, custos de renovação ou desconstrução e custos decorrentes de impactos ambientais, visando-se sempre maximizar a relação benefícios/custos.

A ABNT NBR 15575 define durabilidade como "a capacidade da edificação e de seus sistemas de desempenhar satisfatoriamente suas funções ao longo do tempo, sob condições de uso e manutenção especificadas no Manual de Uso, Operação e Manutenção". Define vida útil (VU) como "período de tempo em que um edifício e/ou seus sistemas se prestam às atividades para as quais foram projetados e construídos, com atendimento dos níveis de desempenho previstos, considerando a periodicidade e a correta execução dos processos de manutenção especificados no respectivo Manual de Uso, Operação e Manutenção".

A vida útil não pode ser confundida com prazo de garantia legal ou contratual, e nem com Vida Útil de Projeto (VUP), definida como "período estimado de tempo para o qual um sistema é projetado a fim de atender aos requisitos de desempenho estabelecidos na norma, considerando o atendimento aos requisitos das normas aplicáveis, o estágio do conhecimento no momento do projeto e supondo o atendimento da periodicidade e correta execução dos processos de manutenção especificados no respectivo Manual de Uso, Operação e Manutenção" (a VUP não pode ser confundida com tempo de vida útil, durabilidade, prazo de garantia legal ou contratual).

Portanto, para que a VUP seja atingida na prática há necessidade de que o nível de desempenho inicial seja superior ao desempenho requerido, e que as manutenções preventivas, previstas no referido Manual sejam efetivamente executadas, conforme representado na Figura 30.14.

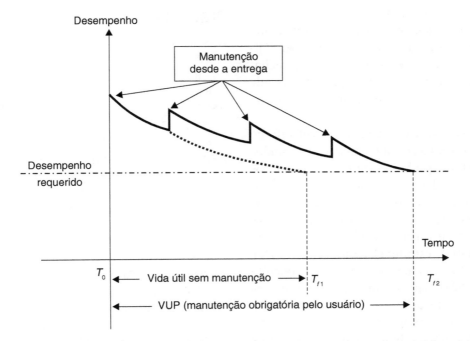

FIGURA 30.14 Vida Útil de Projeto (VUP) e manutenções ao longo da vida útil real.

762 Capítulo 30

TABELA 30.10 Vida Útil de Projeto* de acordo com a norma ABNT NBR 15575 (VUP)

Sistema	VUP mínima em anos
Estrutura	≥ 50
Pisos internos	≥ 13
Vedação vertical externa	≥ 40
Vedação vertical interna	≥ 20
Cobertura	≥ 20
Hidrossanitário	≥ 20

* Considerando periodicidade e processos de manutenção, segundo a ABNT NBR 5674 e especificados no respectivo Manual de Uso, Operação e Manutenção entregue ao usuário, elaborado em atendimento à ABNT NBR 14037.

A norma traz referências de vida útil para diversos elementos e componentes da construção, sendo obrigatórios apenas os limites que constam da Tabela 30.10, que devem ser explicitamente registrados nos projetos específicos de arquitetura, estrutura e sistemas hidrossanitários.

Em caráter informativo, a ABNT NBR 15575 sugere VUP para outros níveis de desempenho (Intermediário e Superior) e para diversos outros elementos e componentes da construção, conforme Anexo C da Parte 1. Com relação aos prazos de garantia, a ABNT NBR 15575-1 remete para a legislação vigente (garantias legais) e para a norma ABNT NBR 17170 – Edificações: Garantias, Prazos recomendados e Diretrizes, norma esta que apresenta prazos de garantia sugeridos, recomendando que os mesmos sejam igualados ou suplantados nos respectivos Manuais de Uso, Operação e Manutenção.

A durabilidade dos edifícios está diretamente relacionada com o grau de estanqueidade a ser conseguido nas coberturas, terraços, subsolos, fachadas, tubulações e outros, já que a quase totalidade das patologias nas edificações tem influência da ação da água.

De uns anos para cá, e com provável reforço decorrente da implantação da Comissão de Estudos da Norma de Desempenho, ocorrida no início dos anos 2000, a durabilidade das estruturas tem ganhado atenção especial nas normas de projeto relacionadas com as estruturas de concreto (ABNT NBR 6118), estruturas de aço ou estruturas mistas aço/concreto (NBR ABNT 8800), estruturas de madeira (ABNT NBR 7190), estruturas pré-moldadas de concreto (ABNT NBR 9062) e outras, o mesmo ocorrendo nas normas relativas à execução.

A durabilidade/vida útil dos materiais e componentes (janelas, portas, bombas, disjuntores, fios e cabos, tintas, revestimentos de pisos e outros)

deve ser informada pelos respectivos fornecedores, que deverão incluir em seus catálogos e manuais técnicos informações completas sobre as características técnicas dos produtos, forma de aplicação, processos de limpeza e manutenção, forma de substituição, itens e épocas de inspeção e substituição, cuidados no descarte do produto substituído, cuidados no uso etc.

Manuais e catálogos devem trazer informações concretas, baseadas na experiência prática do produtor e/ou na avaliação da durabilidade mediante ensaios acelerados de exposição à névoa salina, ozônio, atmosferas ácidas, SO_2, NO_x, ação conjunta da umidade e da radiação ultravioleta (*wheather-o-meter*), ciclos de umedecimento e secagem etc.

BIBLIOGRAFIA

ASSOCIAÇÃO BRASILEIRA DE NORMAS TÉCNICAS. *NBR NM 207*: Elevadores elétricos de passageiros – Requisitos de segurança para construção e instalação. Rio de Janeiro: 1999.

ASSOCIAÇÃO BRASILEIRA DE NORMAS TÉCNICAS. *NBR 5410*: Instalações elétricas de baixa tensão. Rio de Janeiro: 2004.

ASSOCIAÇÃO BRASILEIRA DE NORMAS TÉCNICAS. *NBR 5419*: Proteção contra descargas atmosféricas. Rio de Janeiro: 2015.

ASSOCIAÇÃO BRASILEIRA DE NORMAS TÉCNICAS. *NBR 5628*: Componentes construtivos estruturais – Determinação da resistência ao fogo. Rio de Janeiro: 2001.

ASSOCIAÇÃO BRASILEIRA DE NORMAS TÉCNICAS. *NBR 5665*: Cálculo do tráfego nos elevadores. Rio de Janeiro: 1981.

ASSOCIAÇÃO BRASILEIRA DE NORMAS TÉCNICAS. *NBR 5666*: Elevadores elétricos. Rio de Janeiro: 1981.

ASSOCIAÇÃO BRASILEIRA DE NORMAS TÉCNICAS. *NBR 5674*: Manutenção de edificações – Requisitos para o sistema de gestão de manutenção. Rio de Janeiro: 2012.

ASSOCIAÇÃO BRASILEIRA DE NORMAS TÉCNICAS. *NBR 6118*: Projeto de estruturas de concreto. Rio de Janeiro: 2014.

ASSOCIAÇÃO BRASILEIRA DE NORMAS TÉCNICAS. *NBR 6122*: Projeto e execução de fundações. Rio de Janeiro: 2019.

ASSOCIAÇÃO BRASILEIRA DE NORMAS TÉCNICAS. *NBR 6123*: Forças devidas ao vento em edificações. Rio de Janeiro: 1988.

ASSOCIAÇÃO BRASILEIRA DE NORMAS TÉCNICAS. *NBR 8681*: Ações e segurança nas estruturas. Rio de Janeiro: 2003.

ASSOCIAÇÃO BRASILEIRA DE NORMAS TÉCNICAS. *NBR 8800*: Projeto de estruturas de aço e de estruturas mistas de aço e concreto de edifícios. Rio de Janeiro: 2008.

ASSOCIAÇÃO BRASILEIRA DE NORMAS TÉCNICAS. *NBR 9050*: Acessibilidade a edificações, mobiliário, espaços e equipamentos urbanos. Rio de Janeiro: 2020.

ASSOCIAÇÃO BRASILEIRA DE NORMAS TÉCNICAS. *NBR 9062*: Projeto e execução de estruturas de concreto pré-moldado. Rio de Janeiro: 2006.

ASSOCIAÇÃO BRASILEIRA DE NORMAS TÉCNICAS. *NBR 9077*: Saídas de emergência em edifícios. Rio de Janeiro: 2001.

ASSOCIAÇÃO BRASILEIRA DE NORMAS TÉCNICAS. *NBR 10151*: Acústica - Avaliação do ruído em áreas habitadas, visando o conforto da comunidade – Procedimento. Rio de Janeiro: 2019.

ASSOCIAÇÃO BRASILEIRA DE NORMAS TÉCNICAS. *NBR 10152*: Níveis de ruído para conforto acústico - Procedimento. Rio de Janeiro: 2017.

ASSOCIAÇÃO BRASILEIRA DE NORMAS TÉCNICAS. *NBR 10821*: Esquadrias externas para edificações. Rio de Janeiro: 2017.

ASSOCIAÇÃO BRASILEIRA DE NORMAS TÉCNICAS. *NBR 11742*: Porta corta-fogo para saída de emergência. Rio de Janeiro: 2018.

ASSOCIAÇÃO BRASILEIRA DE NORMAS TÉCNICAS. *NBR 11836*: Detectores automáticos de fumaça para proteção contra incêndio. Rio de Janeiro: 2017.

ASSOCIAÇÃO BRASILEIRA DE NORMAS TÉCNICAS. *NBR 13523*: Central de gás liquefeito de petróleo - GLP. Rio de Janeiro: 1995.

ASSOCIAÇÃO BRASILEIRA DE NORMAS TÉCNICAS. *NBR 14037*: Diretrizes para elaboração de manuais de uso, operação e manutenção das edificações – Requisitos para elaboração e apresentação dos conteúdos. Rio de Janeiro: 2011.

ASSOCIAÇÃO BRASILEIRA DE NORMAS TÉCNICAS. *NBR 14432*: Exigências de resistência ao fogo de elementos construtivos de edificações – Procedimento. Rio de Janeiro: 2021.

ASSOCIAÇÃO BRASILEIRA DE NORMAS TÉCNICAS. *NBR 14718*: Guarda-corpos para edificação. Rio de Janeiro: 2008.

ASSOCIAÇÃO BRASILEIRA DE NORMAS TÉCNICAS. *NBR 14925*: Elementos construtivos envidraçados resistentes ao fogo para compartimentação. Rio de Janeiro: 2019.

ASSOCIAÇÃO BRASILEIRA DE NORMAS TÉCNICAS. *NBR 15215-3*: Iluminação natural – Parte 3: procedimentos para avaliação da iluminação natural em ambientes internos. Rio de Janeiro: 2005.

ASSOCIAÇÃO BRASILEIRA DE NORMAS TÉCNICAS. *NBR 15220-2*: Desempenho térmico de edificações – Parte 2: Métodos de cálculo da transmitância térmica, da capacidade térmica, do atraso térmico e do fator solar de elementos e componentes de edificações. Rio de Janeiro: 2005.

ASSOCIAÇÃO BRASILEIRA DE NORMAS TÉCNICAS. *NBR 15526*: Redes de distribuição interna para gases combustíveis em instalações residenciais – Projeto e execução. Rio de Janeiro: 2007.

ASSOCIAÇÃO BRASILEIRA DE NORMAS TÉCNICAS. *NBR 15575*: Edificações habitacionais – Desempenho. Parte 1-1: Base-padrão de arquivos climáticos para a avaliação do desempenho térmico por meio do procedimento de simulação computacional. Rio de Janeiro: 2021.

ASSOCIAÇÃO BRASILEIRA DE NORMAS TÉCNICAS. *NBR 15859*: Brinquedos infláveis. Rio de Janeiro: 2010.

ASSOCIAÇÃO BRASILEIRA DE NORMAS TÉCNICAS. *NBR 15930*: Portas de madeira para edificações. Rio de Janeiro: 2011.

ASSOCIAÇÃO BRASILEIRA DE NORMAS TÉCNICAS. *NBR 16071*: Playgrounds (Partes 1 a 7). Rio de Janeiro: 2012.

ASSOCIAÇÃO BRASILEIRA DE NORMAS TÉCNICAS. *NBR 16626*: Classificação da reação ao fogo de produtos de construção. Rio de Janeiro: 2017.

ASSOCIAÇÃO BRASILEIRA DE NORMAS TÉCNICAS. *NBR 16755*: Requisitos de segurança para construção e instalação de elevadores – Inspeções e ensaios – Determinação da resistência ao fogo de portas de pavimento de elevadores. Rio de Janeiro: 2019.

ASSOCIAÇÃO BRASILEIRA DE NORMAS TÉCNICAS. *NBR 16841*: Comportamento ao fogo de telhados e revestimentos de cobertura submetidos a uma fonte de ignição externa. Rio de Janeiro: 2020.

ASSOCIAÇÃO BRASILEIRA DE NORMAS TÉCNICAS. *NBR 16945*: Classificação da resistência ao fogo de elementos construtivos de edificações. Rio de Janeiro: 2021

ASSOCIAÇÃO BRASILEIRA DE NORMAS TÉCNICAS. *NBR 16951*: Reação ao fogo de sistemas e revestimentos externos de fachadas – Método de ensaio, classificação e aplicação dos resultados de propagação do fogo nas superfícies das fachadas. Rio de Janeiro: 2021.

764 Capítulo 30

ASSOCIAÇÃO BRASILEIRA DE NORMAS TÉCNICAS. *NBR 16425-1*: Acústica – Medição e avaliação de níveis de pressão sonora provenientes de sistemas de transportes – Parte 1: Aspectos gerais. Rio de Janeiro: 2015.

ASSOCIAÇÃO BRASILEIRA DE NORMAS TÉCNICAS. *NBR 17170*: Edificações: Garantias, Prazos recomendados e Diretrizes. Rio de Janeiro: 2021.

ASSOCIAÇÃO BRASILEIRA DE NORMAS TÉCNICAS. *NBR ISO 17534-1*: Acústica – Software para cálculo de som ao ar livre. Parte 1: Requisitos de qualidade e garantia da qualidade. Rio de Janeiro: 2016.

ASSOCIAÇÃO BRASILEIRA DE NORMAS TÉCNICAS. *NBR ISO 9000:* Sistemas de gestão da qualidade – Fundamentos e vocabulário. Rio de Janeiro: ABNT, 2015.

ASSOCIAÇÃO BRASILEIRA DE NORMAS TÉCNICAS. *NBR ISO 9001:* Sistemas de gestão da qualidade – Requisitos. Rio de Janeiro: ABNT, 2015.

ASSOCIAÇÃO BRASILEIRA DE NORMAS TÉCNICAS. *NBR ISO 9004:* Gestão para o sucesso sustentado de uma organização – Uma abordagem da gestão da qualidade. Rio de Janeiro: ABNT, 2010.

ASSOCIAÇÃO BRASILEIRA DE NORMAS TÉCNICAS. *NBR ISO 10005:* Sistemas de gestão da qualidade - Diretrizes para planos da qualidade. Rio de Janeiro. Rio de Janeiro: ABNT, 2007.

ASSOCIAÇÃO BRASILEIRA DE NORMAS TÉCNICAS. *NBR ISO 10006:* Sistemas de gestão da qualidade – Diretrizes para a gestão da qualidade em empreendimentos. Rio de Janeiro: ABNT, 2006.

ASSOCIAÇÃO BRASILEIRA DE NORMAS TÉCNICAS. *NBR ISO 10013:* Diretrizes para a documentação de sistema de gestão da qualidade. Rio de Janeiro: ABNT, 2003.

ASSOCIAÇÃO BRASILEIRA DE NORMAS TÉCNICAS. *NBR ISO 10014:* Gestão da qualidade – Diretrizes para a percepção de benefícios financeiros e econômicos. Rio de Janeiro: ABNT, 2008.

ASSOCIAÇÃO BRASILEIRA DE NORMAS TÉCNICAS. *NBR ISO 14001:* Sistemas da gestão ambiental – Requisitos com orientações para uso. Rio de Janeiro: ABNT, 2015.

ASSOCIAÇÃO BRASILEIRA DE NORMAS TÉCNICAS. *NBR ISO 14004:* Sistemas da gestão ambiental – Diretrizes gerais sobre princípios, sistemas e técnicas de apoio. Rio de Janeiro: ABNT, 2007.

ASSOCIAÇÃO BRASILEIRA DE NORMAS TÉCNICAS. *NBR 15575:* Edificações Habitacionais – Desempenho (parte 1 a 6). Disponível em: https://www.caubr. gov.br/wp-content/uploads/2015/09/2_guia_normas_final.pdf. Acesso em: 11 set. 2024.

ASSOCIAÇÃO BRASILEIRA DE NORMAS TÉCNICAS. *NBR ISO 19011:* Diretrizes para auditoria de sistemas de gestão. Rio de Janeiro: ABNT, 2012.

BICALHO, F. C. *Sistema de gestão da qualidade para empresas construtoras de pequeno porte.* Dissertação (Mestrado) – Escola de Engenharia da Universidade Federal de Minas Gerais. Belo Horizonte, 2009.

CALEGARE, A. J. de A. *Técnicas de controle de qualidade.* Rio de Janeiro: LTC, 1985.

CONSELHO NACIONAL DO MEIO AMBIENTE (CONAMA). *Resolução nº 307:* Gestão dos resíduos da construção civil. Brasília: Conama, 2002.

DEMING, W. E. The need for change. *The Journal for Quality and Participation*, v. 17, n. 7, p. 30-31, 1994.

FABRICIO, M. M. *Projeto simultâneo da construção de edifícios.* Tese (Doutorado) – Escola Politécnica da Universidade de São Paulo. São Paulo, 2002.

FEIGENBAUM, A. V. *Total quality control.* New York: McGraw-Hill, 1951.

INTERNATIONAL LABOUR ORGANIZATION. *ILO/OSH 2001*: ILO Guidelines on Occupational Safety and Health Management Systems. Genève: ILO, 2001.

ISHIKAWA, K. *CCQ*: princípios gerais do controle de qualidade. São Paulo: IMC Internacional, 1985.

JURAN, J. M.; GRYNA, F. M. *Controle da qualidade – handbook*: conceitos, políticas e filosofia da qualidade. São Paulo: Makron, McGraw-Hill, 1991.

MESEGUER, A. G. *Controle e garantia da qualidade na construção.* São Paulo: Sinduscon, 1991.

OCCUPATIONAL HEALTH AND SAFETY ASSESSMENT SERIES. *OHSAS 18001*: Sistema de gestão de saúde e segurança ocupacional. United Kingdon: BSI, 2007.

PALMER, C. F. *Controle total da qualidade.* São Paulo: Blücher, 1974.

SINDUSCON/SP. *Gestão ambiental de resíduos da construção civil*: a experiência do Sinduscon/SP. São Paulo, 2005.

SOUZA, R. *Metodologia para desenvolvimento e implementação de sistemas de gestão da qualidade em empresas construtoras de pequeno e médio porte.* Tese (Doutorado) – Escola Politécnica da Universidade de São Paulo, São Paulo, 1997.

THOMAZ, E. *Tecnologia, gerenciamento e qualidade na construção.* São Paulo: Pini, 2001.

31

IMPERMEABILIZAÇÃO

Eng.º M.Sc. Marcos Storte

31.1 Introdução, 766
31.2 Conceitos e Definições Relacionados com a
Impermeabilização, 766
31.3 Tipos de Impermeabilização, 768
31.4 Manual de Segurança em Serviços de
Impermeabilização, 775

766 Capítulo 31

31.1 INTRODUÇÃO

As diversas formas de presença ou infiltração de água nos elementos construtivos podem ser responsáveis por grande parte das degradações, com diversas intensidades e com prejuízos à estética, à função e à salubridade, exigindo recursos materiais, financeiros e tempo para solucionar os problemas. Assim é que a utilização de sistemas de impermeabilização das construções representa a proteção dos elementos construtivos para garantir o desempenho adequado, a salubridade e a vida útil desejada.

Sobre o tema materiais de impermeabilização, serão tratados aqui os conceitos e as definições básicos, indicação para projetos, os produtos comuns existentes no mercado, a classificação e aplicação em conformidade com as normas brasileiras.

Para estabelecer conceitos na atividade de impermeabilização, serão abordadas as normas de desempenho, que são estabelecidas buscando atender às exigências dos usuários com relação à impermeabilização ou, de maneira mais ampla, a estanqueidade quanto ao seu comportamento em uso e na prescrição de como os tipos de impermeabilização são aplicados.

A forma de estabelecimento do desempenho é idealizada por meio da definição de requisitos (qualitativos), critérios (quantitativos ou premissas) e métodos de avaliação, os quais sempre permitem a mensuração clara do seu cumprimento.

As normas, assim elaboradas, visam, de um lado, incentivar e balizar o desenvolvimento tecnológico e, de outro, orientar a avaliação da eficiência técnica e econômica das inovações tecnológicas.

Por sua vez, as normas sobre impermeabilização estabelecem requisitos com base no uso consagrado de produtos ou procedimentos, buscando o atendimento das exigências dos usuários de forma indireta.

Nota: é importante ressaltar que as normas citadas seguem uma dinâmica de revisão e que podem ter alterações após a publicação da edição deste livro.

31.2 CONCEITOS E DEFINIÇÕES RELACIONADOS COM A IMPERMEABILIZAÇÃO

Para estabelecer uma visão sistêmica sobre a impermeabilização, serão aqui consideradas as interfaces das normas de impermeabilização de execução e de projeto, em vigor, ABNT NBR 9574 e ABNT NBR 9575, com a norma de desempenho das edificações, a ABNT NBR 15575.

É importante iniciar pela ABNT NBR 15575, publicada em 2013, inclusive considerando as atualizações implementadas em 2021 até abril de 2024. Por ser uma norma que mudou a visão do processo construtivo como um todo, é um chamamento relevante para o uso das normas de impermeabilização, atividade responsável pela estanqueidade das estruturas. Nesse contexto, cabe explicitar algumas definições, apresentadas na sequência.

- *Áreas molhadas*: áreas da edificação cuja condição de uso e exposição poderá resultar na formação de lâmina de água (por exemplo, banheiro com chuveiro, área de serviço e áreas descobertas).
- *Áreas molháveis*: áreas da edificação que recebem respingos de água decorrentes de sua condição de uso e exposição e que não resultem na formação de lâmina de água (por exemplo, banheiro sem chuveiro, cozinhas e sacadas cobertas).
- *Áreas secas*: áreas nas quais, em condições normais de uso e exposição, a utilização direta de água (por exemplo, lavagem com mangueiras, baldes de água etc.) não está prevista nem mesmo durante a operação de limpeza.
- *Impermeabilização do sistema de piso*: conjunto de operações e técnicas construtivas (serviços), composto por uma ou mais camadas, que tem por finalidade proteger as construções contra a ação deletéria de fluidos, vapores e umidade.
- *Durabilidade*: capacidade do edifício, ou de seus sistemas, de desempenhar suas funções ao longo do tempo e sob condições de uso e manutenção especificadas, até um estado limite de utilização.
- *Manutenção*: conjunto de atividades a serem realizadas e respectivos recursos para conservar ou recuperar a capacidade funcional da edificação e de seus sistemas constituintes de atender as necessidades e segurança dos seus usuários.
- *Manutenibilidade*: grau de facilidade de um sistema, elemento ou componente em ser mantido ou recolocado no estado no qual pode executar suas funções requeridas, sob condições de uso especificadas, quando a manutenção é executada sob condições determinadas, procedimentos e meios prescritos.

Veja mais definições e termos no *Guia Prático e Ilustrado de Projeto de Impermeabilização*, com acesso pelo *QR Code* na Figura 31.1, na Seção 31.2.2.

Ainda no âmbito da ABNT NBR 15575, Parte 1, item 4, as exigências dos usuários relativas à segurança são expressas por vários fatores, sendo o primeiro deles a segurança estrutural. Certamente, instalar um processo de deterioração do concreto e corrosão das armaduras, provocado por infiltrações, leva ao comprometimento da segurança estrutural, deixando de atender às exigências do usuário no que concerne à habitabilidade para a qual um dos principais fatores é a estanqueidade.

A estanqueidade pode ser obtida de várias maneiras, mas uma área sujeita ao contato com água, umidade ou molhagem exige uma impermeabilização adequada. O conceito se repete nas exigências do usuário relativas à sustentabilidade quando se fala de durabilidade.

Como se pode ter durabilidade com ausência de estanqueidade em uma estrutura de concreto?

Como se pode atender à sustentabilidade, se for necessário demolir e refazer a mesma área diversas vezes, para manter a estanqueidade, dentro da expectativa de vida útil da edificação?

O objetivo é produzir uma edificação em que a impermeabilização cumpra o seu papel relevante de garantir estanqueidade, pois impacta no uso, na manutenibilidade, na durabilidade, na funcionalidade, nos custos de correções e manutenções, no incremento do desgaste da relação usuário/edificador, na sustentabilidade e respeito ao meio ambiente.

Nessa fase, é importante observar o que consta na ABNT NBR 15575 – Parte 1, item 6.6 – sobre relação entre normas: "Quando uma norma brasileira prescritiva contiver exigências suplementares à presente norma, elas devem ser integralmente cumpridas".

Como aqui o foco é a impermeabilização, serão exploradas as normas prescritivas referentes a esse assunto, observando como se relacionam com a norma de desempenho.

A ABNT NBR 9575 estabelece as exigências e recomendações relativas à seleção e projeto de impermeabilização, para que sejam atendidas as condições mínimas de proteção da construção contra a passagem de fluidos, bem como salubridade, segurança e conforto do usuário, de forma a ser garantida a estanqueidade das partes construtivas que a requeiram.

Essa norma se aplica às edificações e construções em geral, em execução ou sujeitas a acréscimo ou reconstrução, ou ainda àquelas submetidas a pequenas reformas ou reparos. À impermeabilização podem estar integrados, ou não, outros sistemas construtivos que garantam a estanqueidade das partes construtivas, devendo, para tanto, ser observadas normas específicas que atendam a esta finalidade.

Na ABNT NBR 9575, encontram-se várias prescrições e, entre elas, destaca-se a necessidade de elaboração de um projeto de impermeabilização.

31.2.1 Projeto de Impermeabilização

Um projeto de impermeabilização deve conter, necessariamente, plantas de localização e identificação das impermeabilizações; detalhes genéricos e específicos que descrevam graficamente todas as soluções de impermeabilização; memorial descritivo de materiais e camadas de impermeabilização; memorial descritivo de procedimentos de execução; e planilha de quantitativos de materiais e serviços.

Os locais a serem impermeabilizados sofrem com interferências diversas e apresentam áreas críticas, sendo necessário tomar os devidos cuidados com os detalhes construtivos, que precisam ser corretamente planejados e executados. Ressaltam-se, a seguir, alguns aspectos importantes, que devem ser levados em consideração em uma impermeabilização.

- A inclinação do substrato das áreas horizontais deve ser, no mínimo, de 1 % em direção aos coletores de água. Para calhas e áreas internas, é permitido o mínimo de 0,5 %.
- Coletores/tubulações devem ser rigidamente fixados à estrutura. As tubulações externas às paredes devem ser afastadas, entre elas ou dos planos verticais, no mínimo 10 cm.
- Deve ser previsto um rodapé para embutir a impermeabilização a uma altura mínima de 20 cm acima do nível do piso acabado.
- As tubulações de hidráulica, elétrica, gás e outras, que passam paralelamente sobre a laje, devem ser executadas sobre a impermeabilização e nunca sob ela.
- A impermeabilização deve ser executada em todas as áreas sob enchimento. Recomenda-se também executá-la sobre o enchimento.

Veja mais informações de detalhes construtivos com ilustrações no *Guia Prático e Ilustrado de Projeto de Impermeabilização*, com acesso pelo *QR Code* na Figura 31.1, na Seção 31.2.2.

31.2.2 Guia Prático e Ilustrado de Projeto de Impermeabilização

Para uma melhor visualização do passo a passo na elaboração de um projeto de impermeabilização, disponibiliza-se o conteúdo do *Guia Prático e Ilustrado de Projeto de Impermeabilização*, com acesso pelo *QR Code* na Figura 31.1.

No Guia são apresentados os termos e as definições utilizados, os tipos de impermeabilização, as etapas de um projeto, os detalhes construtivos e os serviços

FIGURA 31.1 Guia Prático e Ilustrado de Projeto de Impermeabilização. Fonte: Associação de Engenharia de Impermeabilização.

auxiliares na execução de uma impermeabilização, atendendo às normas vigentes da ABNT.

O *Guia Prático* foi elaborado por consultores, projetistas, aplicadores e fabricantes, associados da Associação de Engenharia de Impermeabilização (AEI).

Neste capítulo, abordamos os tipos de impermeabilização mais utilizados no Brasil, mesclando a classificação estabelecida nas normas da ABNT e o que é praticado pelo mercado.

Para efeito de classificação, ressalta-se que a atual ABNT NBR 9574 ainda indica os tipos de impermeabilização como "rígidos e flexíveis", necessitando ser modificada para se ajustar à classificação da ABNT NBR 9575, que utiliza a classificação "**cimentícios, asfálticos e poliméricos**" (a qual será aqui adotada), mas sem alterar as características de cada tipo ou sistema de impermeabilização.

É importante lembrar que não existe impermeabilização "ruim", e sim impermeabilização adequada às suas necessidades.

Para incrementar o entendimento acerca de cada tipo de impermeabilização, serão incluídas ao longo do texto notas do autor (NA), com considerações baseadas em experiência acumulada na área em questão.

31.3 TIPOS DE IMPERMEABILIZAÇÃO

O item 4 da ABNT NBR 9575 determina, no subitem 4.1, que os tipos de impermeabilização sejam classificados segundo o material constituinte principal (mesmo que existam um ou mais materiais constituintes, em proporção secundária) da camada impermeável, conforme segue:

- **Cimentícios:** a matriz cimento é preponderante e determina a preparação do substrato, a forma de mistura (preparação do produto), a sua aplicação e o desempenho requerido.
- **Asfálticos:** a matriz asfalto é preponderante e determina a preparação do substrato, a forma de mistura (preparação do produto), a sua aplicação e o desempenho requerido.
- **Poliméricos:** a matriz polímeros é preponderante e determina a preparação do substrato, a forma de mistura (preparação do produto), a sua aplicação e o desempenho requerido.

É importante a correta preparação do substrato em função do tipo de impermeabilização. Podemos sintetizar esse procedimento em duas principais e diferentes formas.

Tipo de impermeabilização: cimentícia

De forma geral, o substrato deve se apresentar firme, coeso e homogêneo, limpo, isento de corpos estranhos, restos de fôrmas, pontas de ferragem, restos de produtos desmoldantes ou impregnantes, falhas e ninhos. Elementos transpassantes ao substrato devem ser previamente fixados. O substrato deve estar úmido, porém isento de filme ou jorro de água. Na existência de jorro de água, deve-se promover o tamponamento com cimento e aditivo de pega rápida.

Tipo de impermeabilização: asfáltica e polimérica

De forma geral, o substrato deve se encontrar firme, coeso, seco, regular, com declividade nas áreas horizontais de, no mínimo, 1 % em direção aos coletores de água. Para calhas e áreas internas, é permitido o mínimo de 0,5 %. Cantos devem estar em meia-cana e as arestas arredondadas, limpas, isentas de corpos estranhos, restos de fôrmas, pontas de ferragem, restos de produtos desmoldantes ou impregnantes, falhas e ninhos.

Veja mais sobre a classificação dos tipos de impermeabilização, no *Guia Prático e Ilustrado de Projeto de Impermeabilização*, com acesso pelo *QR Code* na Figura 31.1, na Seção 31.2.2.

31.3.1 Cimentícios

31.3.1.1 Argamassa impermeável (deve atender ao disposto na ABNT NBR 16072) – Norma confirmada em 17/09/2020

- Descrição

Argamassa produzida com aditivo impermeabilizante que reage com o cimento, bloqueando os capilares da estrutura, interrompendo, dessa forma, o desenvolvimento da umidade em áreas em contato com o solo.

- Utilização

Piscina enterrada, subsolo, poço de elevador, alicerce e baldrame, muro de contenção, reboco externo, caixa-d'água enterrada.

NA: é uma impermeabilização rígida, na qual o aditivo é incorporado na massa de cimento e areia, portanto adequado para estruturas não sujeitas a fissuras dinâmicas.

31.3.1.2 Argamassa modificada com polímero (ainda não dispõe de norma brasileira)

- Descrição

Argamassa moldada no local, no qual a camada de impermeabilização é um revestimento produzido a partir de dois componentes, polímero acrílico em emulsão aquosa e cimento Portland.

- Utilização

Subsolo, cortina, poço de elevador, muro de arrimo, baldrame, parede, piso frio em contato com o solo, reservatório de água potável, piscina em concreto enterrada e estruturas sujeitas à infiltração do lençol freático.

NA: é uma impermeabilização rígida, em que o polímero acrílico em emulsão aquosa, sempre seguindo as indicações do fabricante, é incorporado ao cimento na própria obra, portanto, adequado para estruturas não sujeitas a fissuras dinâmicas.

31.3.1.3 Argamassa polimérica (deve atender ao disposto na ABNT NBR 11905) – Norma confirmada em 02/12/2019

- Descrição

Revestimento impermeabilizante, industrializado, bicomponente (A+B), à base de cimentos especiais, aditivos minerais e polímeros de características impermeabilizantes, aderência e resistência mecânica.

- Utilização

Subsolo, cortina, poço de elevador, muro de arrimo, baldrame, parede interna e externa, piso frio em contato com o solo, reservatório de água potável, piscina em concreto enterrada e estrutura sujeita à infiltração do lençol freático. Indicado como

revestimento para ser utilizado antes do assentamento de piso cerâmico, evitando a ação de umidade proveniente do solo.

NA: é uma impermeabilização rígida, em que cimentos especiais, aditivos minerais e polímeros são misturados na indústria, garantindo as mesmas características técnicas em todos os lotes, sendo adequado para estruturas não sujeitas a fissuras dinâmicas.

31.3.1.4 Cimento cristalizante para pressão negativa (ainda não dispõe de norma brasileira)

- Descrição

Tipo de impermeabilização por cristalização para áreas sujeitas à pressão hidrostática negativa proveniente do lençol freático, composto por três produtos: *pó rápido*, material de base cimentícia, minerais e aditivos, com pega rápida; *pó ultrarrápido*, cristalizante ultrarrápido, com início de pega em sete segundos e endurecimento em até 90 segundos, isento de cloretos; e *líquido selador*, à base de silicatos.

- Utilização

Estruturas enterradas em concreto com presença constante de lençol freático, como subsolo, reservatório de água e piscina, túnel, silo, poço de elevador, galeria.

NA: é uma impermeabilização rígida, em que o sistema deve ser aplicado em estruturas de concreto enterradas e sujeitas à ação constante de lençol freático, não suscetíveis a fissuras dinâmicas.

31.3.1.5 Cimento modificado com polímero (deve atender ao disposto na ABNT NBR 11905) – Norma confirmada em 02/12/2019

Veja a Seção 31.3.1.3, pois é outra denominação de mercado que representa a argamassa polimérica.

Veja mais informações sobre os procedimentos de segurança para execução dos serviços dos sistemas de impermeabilização cimentícios, sobre EPI e EPC, trabalho em local confinado e em altura no *Manual de Segurança em Serviços de Impermeabilização*, com acesso pelo *QR Code* na Figura 31.2, na Seção 31.4.

770 Capítulo 31

31.3.2 Asfálticos

31.3.2.1 Asfalto modificado sem adição de polímero – Características de desempenho (deve atender ao disposto na ABNT NBR 9910) – Norma confirmada em 26/05/2022

- Descrição

Cimento asfáltico obtido pela destilação de petróleo, que, no processo de industrialização, adquire propriedades específicas para as exigências de desempenho solicitadas na impermeabilização, como propriedades aglutinantes, flexibilidade e durabilidade. Em temperatura ambiente, possui característica semissólida; sua consistência varia em função da temperatura de aquecimento, podendo ser mais, ou menos, fluido.

- Utilização

Garantir aderência de mantas asfálticas. Em câmara frigorífica, é utilizado para colagem de isopor e barreira de vapor.

NA: é um produto acessório para uma impermeabilização flexível, moldada *in loco*, com aquecimento do asfalto, em que, na aplicação, se deve obedecer às prescrições de segurança estabelecidas na NR-18. É adequada para estruturas sujeitas a fissuras dinâmicas, com algumas limitações, entre elas a necessidade de armadura de reforço, pois o asfalto não tem adição de polímero. Seu uso mais comum é para colagem de mantas asfálticas.

Nota: título também aplicado pela ABNT – Modificadores de asfaltos para impermeabilização sem adição de polímeros – Características de desempenho.

31.3.2.2 Membrana asfáltica para impermeabilização com estruturante aplicada a quente (deve atender ao disposto na ABNT NBR 13724) – Norma confirmada em 21/11/2023

- Descrição

Membranas asfálticas para impermeabilização com estruturante, aplicada a quente, com uma a três armaduras dos seguintes tipos: (a) armadura tecida de poliéster, resinada e termo estabilizada; (b) armadura não tecida de poliéster; (c) armadura não tecida de fibras de vidro.

- Utilização

Áreas externas estruturalmente estáveis, com trânsito de pedestre e trânsito ocasional de veículo leve, exceto área em contato com água potável.

NA: é uma impermeabilização flexível, moldada *in loco*, com aquecimento do asfalto. Na aplicação, deve-se obedecer às prescrições de segurança estabelecidas na NR-18, sendo adequada para estruturas sujeitas a fissuras dinâmicas.

31.3.2.3 Membrana de emulsão asfáltica (deve atender ao disposto na ABNT NBR 9685) – Norma confirmada em 02/12/2019

- Descrição

Membrana impermeabilizante à base de asfalto, composto com cargas minerais neutras, emulsionado em água. Produto que, depois de curado, forma uma membrana asfáltica com elasticidade. Pronto para o uso e para ser aplicado a frio.

- Utilização

Para áreas como terraço, jardineira e floreira, muro de contenção (lado da terra), sauna, câmara frigorífica, calha, marquise, colagem de placa de isolantes acústicos e térmicos, laje de pequena dimensão, piso frio.

NA: é uma impermeabilização flexível, moldada *in loco*, base água, o que atende as prescrições dos selos LEED[1] e AQUA;[2] adequada para estruturas sujeitas a fissuras dinâmicas, com algumas limitações.

31.3.2.4 Membrana de asfalto elastomérico em solução (ainda não dispõe de norma brasileira)

- Descrição

Membrana impermeabilizante à base de asfalto modificado com polímeros elastoméricos, disperso em solventes especiais, com características de elasticidade, flexibilidade e aderência, pronto para o uso e aplicado a frio. Depois de curado, forma uma membrana asfáltica monolítica.

---

[1] LEED (*Leadership in Energy and Environmental Design*) é um sistema internacional de certificação e orientação ambiental para edificações, com o intuito de incentivar a transformação dos projetos, obra e operação das edificações, com foco na sustentabilidade de suas atuações.
[2] AQUA é um processo de Gestão Total do Projeto adaptado à realidade brasileira, para obter a Alta Qualidade Ambiental do Empreendimento de Construção.

- Utilização

Para áreas como terraços, jardineiras e floreiras; muros de contenção (lado da terra); saunas e câmaras frigoríficas; calhas e vigas-calhas; marquises e lajes de cobertura; áreas molháveis, como banheiros e cozinhas, tanto no sistema convencional como *drywall*; impermeabilização de áreas com muitas interferências; proteção anticorrosiva e antioxidante em superfícies metálicas.

NA: é uma impermeabilização flexível, moldada *in loco*, base solvente. Na aplicação, deve-se obedecer às prescrições de segurança estabelecidas na NR-18. É adequada para estruturas sujeitas a fissuras dinâmicas e em áreas com muitas interferências construtivas, tipo arrremates, recortes etc.

31.3.2.5 Manta asfáltica para impermeabilização (deve atender ao disposto na ABNT NBR 9952) – Norma confirmada em 18/04/2024

- Descrição

Manta asfáltica produzida a partir da modificação física do asfalto com ou sem polímeros, estruturada com um não tecido de filamentos contínuos de poliéster previamente estabilizado atendendo aos tipos III e IV, com véu de fibra de vidro atendendo ao tipo II ou com filme de polietileno atendendo ao tipo I, considerando a classificação quanto à resistência à tração e alongamento. A classificação é complementada quanto à flexibilidade à baixa temperatura em tipo A até −10 °C; tipo B até −5 °C; e tipo C até 0 °C. Disponíveis nas espessuras de 3, 4 e 5 mm.

- Utilização

Manta 3 mm: varanda, terraço e laje maciça de pequenas dimensões, laje sob telhado, calha, espelho de água elevado de pequenas dimensões e barrilete.

Manta 4 mm: laje térrea, laje de cobertura, *playground*, laje de estacionamentos, vigas-calhas, reservatório elevado de concreto, piscina elevada, espelho de água elevado, rampa, cortina em contato com o solo (face externa).

Manta 5 mm: lajes pré-moldadas, laje de estacionamento, rampa, heliponto e heliporto, piscina elevada e cortina (face externa).

NA: é uma impermeabilização flexível, pré-fabricada na indústria, garantindo as mesmas características técnicas em todos os lotes. Na aplicação, deve-se obedecer às prescrições de segurança estabelecidas na NR-18; adequada para estruturas sujeitas a fissuras dinâmicas. É o tipo de impermeabilização com maior volume de utilização no país.

31.3.2.6 Fita asfáltica autoadesiva (deve atender ao disposto na ABNT NBR 16411) – Norma confirmada em 25/04/2024

- Descrição

Fitas asfálticas pré-fabricadas autoadesivas, produzidas a partir da modificação física do asfalto com polímeros especiais em dois tipos: com ou sem estruturante interno. A incorporação de polímeros especiais proporciona à massa asfáltica excelente poder de aderência. Pode ter na face exposta uma película aluminizada.

- Utilização

Fitas asfálticas pré-fabricadas autoadesivas com estruturante interno são indicadas para aplicação em laje não transitável de pequena dimensão, cobertura com telhas de fibrocimento, de cerâmica ou metálica, calha de concreto e *sheds*. Já as fitas asfálticas pré-fabricadas autoadesivas, sem estruturante, são indicadas como camada de vedação com função de formar barreira contra a passagem de água de modo pontual e localizada, como reparos em calhas e em telhas.

NA: é uma vedação flexível e autoadesiva, pré-fabricada na indústria, garantindo as mesmas características técnicas em todos os lotes. Sua maior característica, além de ser autoadesiva, disponível em várias larguras, está na baixa espessura, ou seja, até 1,2 mm.

31.3.2.7 Solução e emulsão asfálticas empregadas como material de imprimação na impermeabilização (deve atender ao disposto na ABNT NBR 9686) – Norma confirmada em 02/12/2019

- Descrição

Pintura de imprimação à base de solvente (solução), composta de asfaltos modificados, plastificantes e solventes orgânicos e de água (emulsão), composta de asfaltos modificados e aditivos isentos de solventes.

- Utilização

Para aplicação a frio sobre superfícies de concreto, argamassa, alvenaria e fibra de vidro, para colagem de mantas asfálticas e fitas asfálticas autoadesivas.

772 Capítulo 31

NA: é uma camada que objetiva ser uma interface de ligação, homogeneizando e impregnando o substrato de argamassa e concreto.

Veja mais informações sobre os procedimentos de segurança para execução dos serviços dos sistemas de impermeabilização asfálticos, sobre EPI e EPC, trabalho em local confinado e em altura no *Manual de Segurança em Serviços de Impermeabilização*, com acesso pelo *QR Code* na Figura 31.2, na Seção 31.4.

31.3.3 Poliméricos

31.3.3.1 Membrana epoxídica (ainda não dispõe de norma brasileira)

- Descrição

Membrana de epóxi poliamida, flexibilizado, isento de solvente, bicomponente, com resistência química, impermeável à água e ao vapor.

- Utilização

Proteção e acabamento impermeável anticorrosivo em ambientes agressivos em estrutura de concreto e metálica; pisos sujeitos ao ataque de produtos químicos.

NA: é uma impermeabilização rígida, moldada *in loco*, isenta de água e de solvente, o que atende as prescrições dos selos LEED e AQUA; adequada para estruturas não sujeitas a fissuras dinâmicas. Sua principal característica é a resistência química.

31.3.3.2 Membrana acrílica para impermeabilização – Requisitos mínimos de desempenho (deve atender ao disposto na ABNT NBR 13321) – Norma confirmada em 22/09/2023

- Descrição

Membrana impermeabilizante à base de resina acrílica, pura (que não amarela) ou estirenada, formando sobre as superfícies uma camada impermeável, elástica e flexível, resistente às intempéries. Como a impermeabilização é de cor branca, que reflete os raios solares, pode contribuir para atenuação térmica ao ambiente interno.

- Utilização

Áreas expostas e sem trânsito, tipo: laje, abóbada e *shed*; viga-calha e calhetão pré-fabricado; telha de fibrocimento.

NA: é uma impermeabilização flexível, moldada *in loco*, base água, o que atende as prescrições dos selos LEED e AQUA; adequada para estruturas

sujeitas a fissuras dinâmicas, que fiquem expostas. Por ser na cor branca, auxilia para reflexão dos raios solares, contribuindo para diminuir a temperatura interna na edificação.

31.3.3.3 Membrana elastomérica de estireno-butadieno-*rubber* (S.B.R.) (ainda não dispõe de norma brasileira)

- Descrição

Membrana elastomérica líquida formada por dois componentes, à base de borracha sintética com vulcanização a frio. Uma vez curada, forma uma membrana flexível monolítica e totalmente aderida ao substrato.

- Utilização

Parede estrutural em subsolo, porão em concreto ou alvenaria, muro de arrimo, poço de elevador, floreira e jardim suspenso, laje de piso, estacionamento e cobertura, áreas molhadas com banheiro, cozinha.

NA: é uma impermeabilização flexível, moldada *in loco*, base solvente, adequada para estruturas sujeitas a fissuras dinâmicas, com algumas limitações, entre elas a necessidade de armadura de reforço.

31.3.3.4 Membrana de poliuretano (deve atender ao disposto na ABNT NBR 15487-1) – Norma confirmada em 14/02/2023 – Membrana de poliuretano para impermeabilização – Requisitos mínimos de desempenho

- Descrição

Parte 1 – Lajes e coberturas em geral; traz a definição de membrana, de poliuretano, assim como a diferenciação entre *primer*, *base coat* e *top coat*, além do conceito de monocamada e multicamada.

Parte 2 – Áreas com tráfego de pedestre e veículos – em estudo atualmente.

Parte 3 – Estruturas de contenção de fluidos – entra em estudo após o término da parte 2.

Membrana moldada no local, podendo ser estruturada ou não, nas versões monocomponente, produto à base de poliuretano, composto de um único componente, com processo de cura iniciado pela umidade do ar ou por evaporação do solvente ou poliuretano bicomponente, com processo de cura iniciado pela reação entre dois componentes.

- Utilização

Proteção e acabamento impermeável em lajes e coberturas em geral.

NA: a membrana de poliuretano deve ser homogênea, monolítica e aderida ao substrato, com espessura podendo variar de acordo com a especificação do projeto. O uso de estruturante pode ocorrer incorporando-o na camada impermeabilizante. O estruturante deve ser compatível com a membrana de poliuretano e a avaliação do uso e em quais áreas utilizar deve ser especificada em projeto, de acordo com a ABNT NBR 9575.

31.3.3.5 Membrana de poliuretano modificado com asfalto (deve atender ao disposto na ABNT NBR 15414) – Norma confirmada em 02/12/2019

- Descrição

Membrana de base asfáltica modificada a partir da reação química entre poliol e isocianato, resultando, após aplicação, em uma membrana elastomérica de poliuretano e asfalto. Proporciona um acabamento monolítico, sem emendas, autonivelante e com características de resistência mecânica e ao ataque químico.

- Utilização

Impermeabilização de laje pré-moldada, maciça ou mista; fundação e muro de arrimo; áreas molhadas de banheiro, cozinha e lavanderia, principalmente em parede de gesso e gesso acartonado; tanque de tratamento de esgoto doméstico.

NA: é uma impermeabilização flexível, moldada *in loco*, base solvente, adequada para estruturas sujeitas a fissuras dinâmicas com algumas limitações, entre elas a necessidade de armadura de reforço.

31.3.3.6 Membrana de polímero acrílico com ou sem cimento, para impermeabilização (deve atender ao disposto na ABNT NBR 15885) – Norma confirmada em 25/04/2024

- Descrição

Membrana de polímero acrílico com ou sem cimento, fornecida industrializada e pronta para uso, destinada a impermeabilizar estruturas em contato constante ou eventual com a água.

- Utilização

Reservatório de concreto de água potável elevado, apoiado ou enterrado, piscina de concreto enterrada; áreas molhadas, como banheiro, cozinha e lavanderia.

NA: é uma impermeabilização flexível, moldada *in loco*, base água, o que atende as prescrições dos selos LEED e AQUA. É adequada para estruturas sujeitas a fissuras dinâmicas, em que se deve observar a necessidade de armadura de reforço, e não altera a potabilidade da água.

31.3.3.7 Impermeabilização – mantas de cloreto de polivilina (PVC) (deve atender ao disposto na ABNT NBR 9690) – Norma confirmada em 13/12/2023

- Descrição

Mantas de cloreto de polivinila calandradas ou extrudadas, sem reforços, destinadas à execução de impermeabilização.

- Utilização

Laje com trânsito de pedestre ou de veículo; túnel, canal de irrigação, lagoa, tanque com aplicação diretamente sobre o solo ou sobre base de concreto.

NA: é uma impermeabilização flexível, pré-fabricada na indústria, garantindo as mesmas características técnicas em todos os lotes e adequada para estruturas sujeitas a fissuras dinâmicas, por ser flutuante.

31.3.3.8 Barreiras geossintéticas – Instalação de geomembranas poliméricas (deve atender ao disposto na ABNT NBR 16199-ABNT/CEE-175 Geossintéticos) – Norma confirmada em 25/03/2020

- Descrição

Essa norma de barreiras geossintéticas estabelece os procedimentos para as empresas que executam a instalação de geomembranas poliméricas utilizadas como barreira em dispositivos de estanqueidade em sistemas de revestimento permanente, em obras geotécnicas, hidráulicas e de proteção ambiental, com a finalidade de assegurar a correta execução dos serviços e a qualidade da obra como um todo.

- Utilização

Aterro sanitário e tanque de resíduos sólidos ou de líquidos agressivos; canal de irrigação, lagoa, tanque com aplicação diretamente sobre o solo ou sobre base de concreto ou solo-cimento.

774 Capítulo 31

NA: é uma barreira flexível, pré-fabricada na indústria, garantindo as mesmas características técnicas em todos os lotes e adequada para estruturas sujeitas a fissuras dinâmicas, por ser flutuante. Sua maior aplicação tem sido em aterros sanitários, por suportar a agressão química, e em canais de irrigação.

31.3.3.9 Mantas de etileno-propileno-dieno-monômero (EPDM) para impermeabilização – Especificação (deve atender ao disposto na ABNT NBR 11797) – Norma confirmada em 19/08/2020

- Descrição
  Mantas de EPDM calandradas ou extrudadas, destinadas à execução de impermeabilização.

- Utilização
  Impermeabilização de lajes de concreto e coberturas metálicas ou de madeira; pré-moldadas; baldrames; coberturas verdes e jardins; juntas de telhas pré-moldadas.
  NA: é uma impermeabilização flexível, pré-fabricada na indústria, garantindo as mesmas características técnicas em todos os lotes. Na aplicação, pode necessitar de um berço amortecedor e deve obedecer às prescrições de segurança estabelecidas na NR-18; adequada para estruturas sujeitas a fissuras dinâmicas.

31.3.3.10 Mantas de butil para impermeabilização – Especificação (deve atender ao disposto na ABNT NBR 9299) – Norma confirmada em 22/09/2020

- Descrição
  Mantas de elastômeros calandradas ou extrudadas, destinadas à execução de impermeabilização na construção civil. Esse produto está baseado no copolímero de isabutileno isapreno.

- Utilização
  Impermeabilização de lajes de concreto e coberturas metálicas ou de madeira; pré-moldadas; baldrames; coberturas verdes e jardins; juntas de telhas pré-moldadas.
  NA: é uma impermeabilização flexível, pré-fabricada na indústria, garantindo as mesmas características técnicas em todos os lotes. Na aplicação, pode

necessitar de um berço amortecedor e deve obedecer às prescrições de segurança estabelecidas na NR-18; adequada para estruturas sujeitas a fissuras dinâmicas.

31.3.3.11 Selantes – Construção civil – Produtos para juntas – Classificação e requisitos para selantes (devem atender ao disposto na ABNT NBR ISO 11600) – Norma publicada em 28/04/2021

- Descrição
  Selantes são materiais compostos de polímeros, cargas (ou *fillers*), pigmentos e aditivos modificadores de propriedades.

- Introdução
  A escolha do selante deve ser feita durante a elaboração do projeto de impermeabilização, no planejamento de uma nova construção ou de uma reforma, sendo consideradas as propriedades de cada tipo e composição química, para sua aplicação adequada.
  Existem diversos tipos e classes de selantes usados na construção civil e, neste capítulo, serão abordados aqueles relacionados com os serviços de impermeabilização.
  Temos os de base monocomponente (apresentam facilidade de aplicação) e os bicomponentes (polimerizam por ação de agente endurecedor ou catalisador). São classificados segundo sua composição química, forma de cura e capacidade de suportar movimentações (alongamento).
  As principais propriedades dos selantes são: capacidade de extrusão; módulo de elasticidade; fator de acomodação; dureza *Shore* A; adesão ao substrato; manchamento do substrato; durabilidade perante o intemperismo.

- Utilização
  O principal objetivo dos selantes, na impermeabilização, é o de selar juntas e interfaces, perímetros de tubulações, elementos transpassantes à estrutura, impedindo a penetração de fluidos ou umidade e aumentando a durabilidade da edificação.

- Tipos de selantes disponíveis no mercado
  Existem diferenças na composição de cada selante e a escolha do mais adequado deve ser feita durante a elaboração do projeto de impermeabilização, quando do planejamento de uma nova construção ou de uma reforma.

Base acrílico: resistência às ações do clima, tempo e aos raios ultravioleta; adere sobre superfícies ligeiramente úmidas, de fácil aplicação e manuseio.

Base asfáltico: boa adesão. Não escorre mesmo em temperaturas mais elevadas, tem elasticidade e adere nos mais variados tipos de superfícies.

Base poliuretano: boa resistência às ações do clima, tempo e aos raios ultravioleta; bem como às águas doce, salgada e residuais. Reservatório de concreto de água potável elevado, apoiado ou enterrado, piscina de concreto enterrada; áreas molhadas, como banheiro, cozinha e lavanderia.

Base silicone: boa aderência em vidros, metais, azulejos, cerâmicas, pedras, concreto.

Base silicone híbrido (MS): forte adesividade, flexível, sem cheiro, resistência aos raios UV, secagem sob água, depois de seco pode ser pintado, não contém isocianatos. Aptidão com os mais variados tipos de materiais: rochas, concreto, vidros, espelhos, madeiras.

NA: lembre-se de que existem mais 12 normas ligadas à norma mãe, ABNT NBR ISO 11600, em que devem ser observadas as suas especificidades, e estão listadas na bibliografia.

Segue informação dos tipos de juntas aplicáveis às edificações e com inferência no sistema de impermeabilização.

- Tipos de juntas

Junta de dessolidarização: espaço regular cuja função é subdividir uma área para aliviar tensões provocadas pela movimentação do contrapiso da argamassa de regularização ou do próprio revestimento. Situada em mudanças de planos (quinas de paredes, tanto internas quanto externas) e perímetro das áreas impermeabilizadas.

Junta de movimentação: espaço regular que define as divisões da proteção mecânica em concreto ou argamassa de cimento e areia. Sua função é permitir o alívio de tensões originadas pela movimentação (expansão e retração lineares do contrapiso de proteção mecânica sobre a impermeabilização).

Junta de dilatação estrutural: espaço regular entre os elementos, componentes e conjuntos feitos de peças estruturais ou de diferentes materiais, que deve receber uma calafetação com um selante adequado à cada necessidade. Sua função é aliviar tensões provocadas pela movimentação da estrutura.

Veja mais informações sobre os procedimentos de segurança para execução dos serviços dos sistemas de impermeabilização poliméricos, sobre EPI e EPC, trabalho em local confinado e em altura, no *Manual de Segurança em Serviços de Impermeabilização*, com acesso pelo *QR Code* na Figura 31.2, na Seção 31.4.

31.4 MANUAL DE SEGURANÇA EM SERVIÇOS DE IMPERMEABILIZAÇÃO

Disponibiliza-se o acesso ao *Manual de Segurança em Serviços de Impermeabilização* (*QR Code* na Fig. 31.2), contendo 91 páginas, evidenciando procedimentos, materiais e equipamentos, fichas de verificação de segurança do trabalho, de modo a facilitar sua aplicação no cotidiano da obra e introdução no sistema de gestão das empresas de execução de serviços de impermeabilização para a construção civil.

Por fim, cabe ressaltar que a edição deste Manual foi atualizada a fim de incorporar as mais recentes revisões das normas regulamentadoras, aplicadas ao segmento da impermeabilização. Foi elaborado pela gerência de segurança do trabalho do Serviço Social da Indústria (SESI-RJ), em conjunto com a equipe da Associação de Engenharia de Impermeabilização (AEI) e empresas fabricantes de produtos de impermeabilização, citadas na publicação.

uqr.to/1udj2

FIGURA 31.2 Manual de Segurança em Serviços de Impermeabilização. Fonte: Associação de Engenharia de Impermeabilização [AEI].

BIBLIOGRAFIA

ASSOCIAÇÃO BRASILEIRA DE NORMAS TÉCNICAS. *NBR ISO 6927:* Edifícios e obras de engenharia civil – Selantes – Vocabulário. Rio de Janeiro: ABNT, 2021.

776 Capítulo 31

ASSOCIAÇÃO BRASILEIRA DE NORMAS TÉCNICAS. *NBR ISO 7389:* Construção civil – Produtos para juntas – Determinação da recuperação elástica de selantes. Rio de Janeiro: ABNT, 2021.

ASSOCIAÇÃO BRASILEIRA DE NORMAS TÉCNICAS. *NBR ISO 7390:* Construção civil – Produtos para juntas – Determinação da resistência ao escorrimento de selantes. Rio de Janeiro: ABNT, 2021.

ASSOCIAÇÃO BRASILEIRA DE NORMAS TÉCNICAS. *NBR ISO 8339:* Construção Civil – Selantes – Determinação das Propriedades de Tração (Alongamento na ruptura). Rio de Janeiro: ABNT, 2021.

ASSOCIAÇÃO BRASILEIRA DE NORMAS TÉCNICAS. *NBR ISO 8340:* Construção Civil – Selantes – Determinação de propriedades de manutenção de alongamento. Rio de Janeiro: ABNT, 2021.

ASSOCIAÇÃO BRASILEIRA DE NORMAS TÉCNICAS. *NBR ISO 9046:* Construção Civil – Produtos para juntas – Determinação de propriedades de adesão/coesão de selantes em temperatura constante. Rio de Janeiro: ABNT, 2021.

ASSOCIAÇÃO BRASILEIRA DE NORMAS TÉCNICAS. *NBR ISO 9047:* Construção Civil – Produtos para juntas – Determinação de propriedades de adesão/coesão dos selantes em temperaturas variáveis. Rio de Janeiro: ABNT, 2021.

ASSOCIAÇÃO BRASILEIRA DE NORMAS TÉCNICAS. *NBR 9299:* Mantas de butil para impermeabilização – Especificação. Rio de Janeiro: ABNT, 2020.

ASSOCIAÇÃO BRASILEIRA DE NORMAS TÉCNICAS. *NBR 9574:* Execução de impermeabilização. Rio de Janeiro: ABNT, 2008.

ASSOCIAÇÃO BRASILEIRA DE NORMAS TÉCNICAS. *NBR 9575:* Impermeabilização – Seleção e projeto. Rio de Janeiro: ABNT, 2010.

ASSOCIAÇÃO BRASILEIRA DE NORMAS TÉCNICAS. *NBR 9685:* Emulsão asfáltica para impermeabilização. Rio de Janeiro: ABNT, 2005.

ASSOCIAÇÃO BRASILEIRA DE NORMAS TÉCNICAS. *NBR 9686:* Solução e emulsão asfálticas empregadas como material de imprimação na impermeabilização. Rio de Janeiro: ABNT, 2006.

ASSOCIAÇÃO BRASILEIRA DE NORMAS TÉCNICAS. *NBR 9690:* Impermeabilização – Mantas de cloreto de polivilina (PVC). Rio de Janeiro: ABNT, 2007.

ASSOCIAÇÃO BRASILEIRA DE NORMAS TÉCNICAS. *NBR 9910:* Asfaltos modificados para impermeabilização sem adição de polímeros – Características de desempenho. Rio de Janeiro: ABNT, 2017.

ASSOCIAÇÃO BRASILEIRA DE NORMAS TÉCNICAS. *NBR 9952:* Manta asfáltica para impermeabilização. Rio de Janeiro: ABNT, 2014.

ASSOCIAÇÃO BRASILEIRA DE NORMAS TÉCNICAS. *NBR ISO 10563:* Construção Civil – Selantes – Determinação de mudanças em massa e volume. Rio de Janeiro: ABNT, 2021.

ASSOCIAÇÃO BRASILEIRA DE NORMAS TÉCNICAS. *NBR ISO 10590:* Construção civil – Selantes – Determinação das propriedades de tração de selantes em extensão mantida após imersão em água. Rio de Janeiro: ABNT, 2021.

ASSOCIAÇÃO BRASILEIRA DE NORMAS TÉCNICAS. *NBR ISO 10591:* Construção civil — Produtos para juntas – Determinação das propriedades de adesão/coesão de selantes após imersão em água. Rio de Janeiro: ABNT, 2021.

ASSOCIAÇÃO BRASILEIRA DE NORMAS TÉCNICAS. *NBR ISO 11432: Construção Civil – Selantes – Determinação de resistência à compressão.* Rio de Janeiro: ABNT, 2021.

ASSOCIAÇÃO BRASILEIRA DE NORMAS TÉCNICAS. *NBR ISO 11600*: Construção civil - Produtos para juntas - Classificação e requisitos para selantes. Rio de Janeiro: ABNT, 2021.

ASSOCIAÇÃO BRASILEIRA DE NORMAS TÉCNICAS. *NBR 11797:* Mantas de etileno-propileno-dieno-monômero (EPDM) para impermeabilização – Especificação. Rio de Janeiro: ABNT, 2020.

ASSOCIAÇÃO BRASILEIRA DE NORMAS TÉCNICAS. *NBR 11905:* Argamassa polimérica industrializada para impermeabilização. Rio de Janeiro: ABNT, 2015.

ASSOCIAÇÃO BRASILEIRA DE NORMAS TÉCNICAS. *NBR 13321:* Membrana acrílica para impermeabilização. Rio de Janeiro: ABNT, 2008.

ASSOCIAÇÃO BRASILEIRA DE NORMAS TÉCNICAS. *NBR 13121:* Asfalto elastomérico para impermeabilização. Rio de Janeiro: ABNT, 2009.

ASSOCIAÇÃO BRASILEIRA DE NORMAS TÉCNICAS. *NBR ISO 13640:* Construção civil – Selantes – Especificações para substrato de ensaio. Rio de Janeiro: ABNT, 2021.

ASSOCIAÇÃO BRASILEIRA DE NORMAS TÉCNICAS. *NBR 13724:* Membrana asfáltica para impermeabilização com estrutura aplicada a quente. Rio de Janeiro: ABNT, 2008.

ASSOCIAÇÃO BRASILEIRA DE NORMAS TÉCNICAS. *NBR 15352:* Mantas termoplásticas de polietileno de alta densidade (PEAD) e de polietileno linear (PEBDL) para impermeabilização. Rio de Janeiro: ABNT, 2006.

ASSOCIAÇÃO BRASILEIRA DE NORMAS TÉCNICAS. *NBR 15414:* Membrana de poliuretano com asfalto para impermeabilização. Rio de Janeiro: ABNT, 2006.

ASSOCIAÇÃO BRASILEIRA DE NORMAS TÉCNI-CAS. *NBR 15487:* Membrana de poliuretano para impermeabilização. Rio de Janeiro: ABNT, 2007.

ASSOCIAÇÃO BRASILEIRA DE NORMAS TÉCNI-CAS. *NBR 15487-1*: Membrana de poliuretano para impermeabilização – Requisitos mínimos de desempenho Parte 1: Lajes e coberturas em geral, Rio de Janeiro: ABNT, 2023.

ASSOCIAÇÃO BRASILEIRA DE NORMAS TÉCNI-CAS. *NBR 15575:* Edificações Habitacionais – Desempenho – Parte 1: Requisitos gerais. Rio de Janeiro: ABNT, 2013.

ASSOCIAÇÃO BRASILEIRA DE NORMAS TÉCNI-CAS. *NBR 15885:* Membrana de polímero acrílico com ou sem cimento, para impermeabilização. Rio de Janeiro: ABNT, 2010.

ASSOCIAÇÃO BRASILEIRA DE NORMAS TÉCNI-CAS. *NBR 16072:* Argamassa impermeável. Rio de Janeiro: ABNT, 2012.

ASSOCIAÇÃO BRASILEIRA DE NORMAS TÉC-NICAS. *NBR 16411:* Fita asfáltica autoadesiva. São Paulo: ABNT, 2015.

ASSOCIAÇÃO BRASILEIRA DE NORMAS TÉCNI-CAS. *NBR 16199*: Barreiras geossintéticas – Instalação de geomembranas poliméricas. Rio de Janeiro: ABNT, 2020.

ASSOCIAÇÃO DE ENGENHARIA DE IMPERMEA-BILIZAÇÃO. *Guia Prático e Ilustrado de Projeto de Impermeabilização*. 1. ed. Rio de Janeiro, 2021.

ASSOCIAÇÃO DE ENGENHARIA DE IMPERMEA-BILIZAÇÃO. *Manual de Segurança em Serviços de Impermeabilização*. 2. ed. Rio de Janeiro, 2017.

32

PRODUTOS SIDERÚRGICOS

Prof. Dr. Luiz Antonio de O. B. de Araújo •
Prof. Dr. Eduvaldo Paulo Sichieri

32.1 Definição e Importância, 779
32.2 Obtenção, 779
32.3 Constituição, 786
32.4 Propriedades, 791
32.5 Produtos Siderúrgicos, 793
32.6 Algumas Normas Relativas aos Produtos Siderúrgicos, 806

32.1 DEFINIÇÃO E IMPORTÂNCIA

A metalurgia do ferro recebeu o nome especial de siderurgia, do grego *sideros* (ferro) e *ergo* (trabalho), daí a designação de produtos siderúrgicos para aqueles feitos com ferro e suas ligas.

O ferro é, indiscutivelmente, o metal de maior aplicação na indústria da construção.

Em razão de seu elevado módulo de resistência, permite vencer grandes vãos com peças relativamente delgadas e leves. É usado puro ou em ligas na armação de abóbadas, vigas, pilares, trilhos, esquadrias, coberturas, painéis, condutores, grades etc.; ou por seus compostos, na indústria de tintas; ou para reforçar outros materiais, como é o caso do concreto armado. Por esta razão e para atender às exigências da demanda, seu estudo é muito intenso.

Bastante conhecido até mesmo pelos egípcios e pelos assírios e babilônios, tanto que caracterizou uma idade da Pré-História, foi precedido da mineração do ouro, prata, cobre e bronze. Os povos primitivos da América, por exemplo, já trabalhavam esses metais, mas ainda não tinham chegado ao ferro.

32.2 OBTENÇÃO

32.2.1 Minérios

Os minérios de ferro apresentam-se na forma de carbonatos (siderita), óxidos (magnetita, hematita, limonita) e sulfetos (piritas). A ganga normal é a sílica.

A siderita ou siderose (CO_3Fe) é a combinação de ácido carbônico com ferro. A proporção de ferro é de 30 a 42 %. Tem cor cinza, com matizes amarelos.

A magnetita ou ímã natural (Fe_3O_4) é o minério com propriedades magnéticas, com 45 a 70 % de ferro. Tem grande densidade e cor preta.

A hematita, oligisto ou oca vermelha (Fe_2O_3), no Brasil chamada itabirita (quando estratificada) ou jacutinga (quando pulverulenta), tem de 50 a 60 % de ferro puro e cor escura.

A limonita ou hematita parda ($2Fe_2O_3$, $3H_2O$) possui de 20 a 60 % de ferro, cor parda e com manchas. No Brasil, chama-se tapanhoacanga ou cangol quando aglomera pedaços de hematita.

A pirita (SFe) não é propriamente minério de ferro, mas sim de enxofre, onde o ferro é subproduto.

32.2.2 Produtores

O Brasil é considerado o terceiro maior produtor mundial de minério de ferro. O primeiro é a China, que também é o maior importador e consumidor, ostentando a maior siderúrgica do mundo. O segundo é a Austrália. Do quarto ao décimo estão Canadá, Ucrânia, Índia, Irã, Cazaquistão, Rússia e África do Sul.[1]

O Brasil possui 8,3 % das reservas, a quinta maior do mundo, equivalente a 17 bilhões de toneladas. As reservas do Brasil e da Austrália apresentam o maior teor de ferro contido, da ordem de 60 %. As maiores jazidas brasileiras estão em Minas Gerais, com 61,2 % das reservas nacionais, Mato Grosso do Sul, com 28,1 %, e Pará com 10,4 %.

Existem locais em que o minério cobre centenas de quilômetros quadrados, formando camadas de até 200 m de espessura. Já em 1590, existiam fornos catalães montados no Brasil.

32.2.3 Mineração do Ferro

A extração do minério é geralmente feita a céu aberto, visto que sua ocorrência se dá em grandes massas.

A concentração inicia-se com uma passagem por britadeira, seguida de classificação pelo tamanho. O mineral é lavado com jato de água, para eliminar a argila, terra etc. Como o minério deve entrar no alto-forno com granulometria entre 12 e 25 mm, os pedaços pequenos são submetidos à sintetização ou pelotização, para se aglutinarem em pedaços maiores.

Atualmente, costuma-se misturar, já nesta fase, parte do calcário necessário à formação da escória do alto-forno e, com isso, se obter maior eficiência.

32.2.4 Alto-Forno

O alto-forno (Fig. 32.1) compreende, essencialmente, dois troncos de cone unidos pela base. O superior, ou cuba, é muito mais alto que o inferior, chamado rampa. A zona intermediária é denominada ventre. Abaixo de todos, situam-se a câmara e o cadinho.

A entrada do minério é feita pela parte superior, ou goela. A disposição da goela deve ser tal que não permita perda de gases no carregamento. Na goela, tubos recolhem os gases, que são levados aos regeneradores (três a cinco por alto-forno). Nos regeneradores (ou *coapers*), um terço dos gases é aproveitado para aquecer as câmaras, que depois serão abastecidas de ar frio. Com isso, o oxigênio já entra no alto-forno (pelos algaravizes) à temperatura elevada, o que representa economia de combustível.

As paredes da cuba são duplas: uma interna, de tijolos refratários, de alta resistência e outra, mais

---

[1] Disponível em: https://top10mais.org/top-10-maiores-paises-produtores-de-ferro-do-mundo/. Acesso em: 12 abr. 2024.

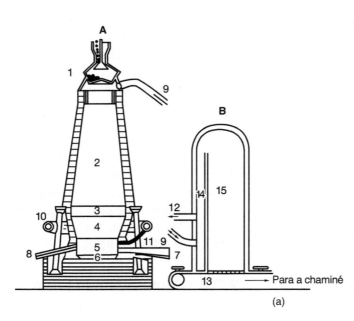

A - Alto-forno
1 - Goela
2 - Cuba
3 - Ventre
4 - Rampa
5 - Câmara
6 - Cadinho
7 - Saída da gusa
8 - Saída da escória
9 - Saída dos gases para os recuperadores
10 - Anel de vento
11 - Algaravizes

B - Regenerador
12 - Saída do ar depois de aquecido
13 - Entrada de ar frio
14 - Câmara de combustão
15 - Câmara de aquecimento

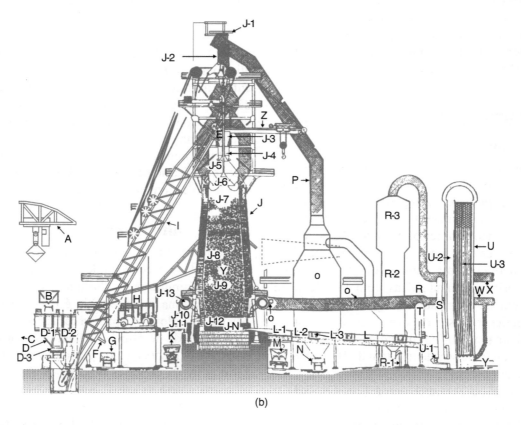

FIGURA 32.1 Alto-forno: (a) esquema simplificado; (b) seção típica de um alto-forno moderno.

externa, de tijolos aluminosos em contato com a carcaça de chapa metálica. As paredes da rampa são de grafite, mas, mesmo assim, no seu interior vão tubos nos quais circula água ou ar para reduzir a temperatura.

A altura útil (da goela à soleira) varia entre 35 (fornos de coque) e 20 m (fornos a carvão vegetal).

O diâmetro usual é de 9 a 13 m. A produção pode alcançar 11.000 t de gusa por dia. Por questões ambientais, os fornos a carvão vegetal não devem mais ser utilizados.

O forno é carregado pela goela e o produto é extraído no cadinho. A escória, sendo mais leve, é retirada por uma abertura superior do cadinho, enquanto o ferro é retirado por uma abertura inferior.

Nos países em que a energia elétrica é mais barata, existem fornos de redução que utilizam eletricidade, mas o mais comum é o uso do coque e, eventualmente, do carvão vegetal, hoje praticamente em desuso. O coque é obtido pela destilação seca do carvão de pedra, ao passo que o carvão vegetal resulta da destilação seca da madeira.

A carga é constituída do combustível, do mineral e dos fundentes, em proporções que devem ser bem calculadas. Os fundentes são substâncias que têm por finalidade tornar mais baixo o ponto de fusão da ganga do minério, permitindo a separação dos óxidos de alumínio, silício e fósforo.

32.2.5 Marcha da Operação

Para o funcionamento do forno, queima-se lenha no seu interior durante duas semanas, de modo a enxugar e aquecer as paredes. Depois, é iniciado o preaquecimento com ar quente, até atingir cerca de 1000 °C, quando, então, inicia-se o carregamento, em camadas de 1 a 1,5 m de altura, com maior proporção de coque que o normal.

Com a temperatura que chega a 1200 °C, há uma redução do minério, dentro da sequência a seguir descrita (Fig. 32.2).

Na goela, o minério perde umidade e, aproximadamente 4 a 5 m mais abaixo, tem início a calcinação dos carbonetos e a redução do Fe_2O_3 para FeO. Na cuba, que é a zona de redução, o óxido de carbono proveniente da combustão reduz o minério a metal:

$$Fe_2O + CO \rightarrow 2FeO + CO_2$$

No início da rampa, completa-se a reação:

$$FeO + CO \rightarrow Fe + CO_2$$

Essa operação é motivada pelo ar quente proveniente dos algaravizes, reagindo com o coque, segundo a reação de Boudouard: $C + O_2 \sim 2CO$. O metal puro continua descendo, e parte carbura-se ao chegar gotejando pela escória até o cadinho na região das ventaneiras, de onde é extraída, periodicamente de quatro a cinco vezes por dia, bem como a sua escória. Essa escória serve para pavimentar estradas, fabricação de cimento e adubos.

32.2.6 Ferro-Gusa

O ferro obtido diretamente do alto-forno é o ferro-gusa, impuro, com teor de carbono entre 3,5 e 5 % em peso. Se deixado solidificar em moldes (ou, primitivamente,

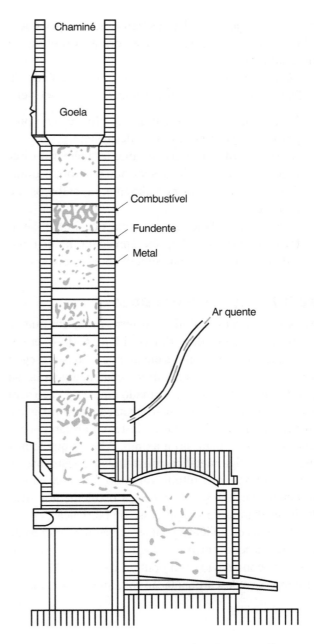

FIGURA 32.2 Esquema da marcha de operações no interior do alto-forno.

em leitos de areia), forma os pães de gusa, que são refundidos em fornos menores, chamados fornos Cubilot, com cerca de 6 m de altura, nos quais sofre nova fundição, refinando-se ainda mais. Após adições de elementos químicos e como resultado dessa segunda fusão, tem-se o ferro fundido, com teores de carbono que variam entre 2 e 6,7 %.

Em razão de sua estrutura heterogênea pouco resistente ao choque e à tração, tanto o ferro-gusa como os ferros fundidos não são dúcteis e, portanto, inviáveis para trabalhos de deformação a frio ou a quente. Por isso, geralmente são empregados em peças sujeitas a baixas tensões, as quais são fabricadas diretamente em sua forma definitiva de material fundido.

Conforme o teor de carbono e a velocidade de resfriamento, ao se solidificar o ferro-gusa pode ser:

- ferro branco duro e quebradiço, utilizado no preparo de peças resistentes ao desgaste;
- ferro cinzento ou grafítico, que também vai diretamente para os moldes, servindo para peças grandes submetidas, principalmente, a esforços de compressão;
- quando inoculado com magnésio, obtém-se o ferro fundido nodular, que apresenta maior tenacidade e características semelhantes às do aço.

32.2.7 Aços e Ferro Doce

Após uma análise química do ferro-gusa, em que se verificam os teores de carbono, silício, fósforo, enxofre, manganês, entre outros elementos, o mesmo segue para uma unidade da siderúrgica chamada aciaria, na qual finalmente será transformado em aço. O aço será por fim o resultado da descarbonatação do ferro-gusa, ou seja, é produzido a partir deste, controlando-se o teor de carbono para, no máximo, 2 %. O que temos então é uma liga metálica constituída basicamente de ferro e carbono, este último variando de 0,008 a aproximadamente 2,0 %, além de certos elementos residuais resultantes de seu processo de fabricação.

Os aços de aplicação comercial contêm menos de 1 % de carbono em peso, enquanto os aços estruturais para construção civil contêm cerca de 0,2 % de carbono. Se a descarbonatação for ainda maior, abaixo de 0,1 %, ter-se-á o aço doce, também chamado ferro Armco.

32.2.8 Obtenção do Aço

O aço também pode ser obtido diretamente do minério, no estado sólido, pela redução direta, que produz o ferro-esponja ou, como já visto, descarbonetando-se o gusa líquido, a partir do sopro de oxigênio (processos LD, OBM etc.), ou, ainda, refundindo-se a sucata em conjunto com o gusa sólido em fornos elétricos a seco, nas chamadas fundições.

32.2.8.1 Fornos de indução

Hoje, é muito comum o emprego de energia elétrica para a obtenção dos aços.

Um tipo de forno de indução é mostrado na Figura 32.3. Consta essencialmente da caçamba de material refratário, ao redor da qual está uma serpentina de cobre de seção retangular. Faz-se passar por essa tubulação uma corrente de alta frequência, que gera correntes induzidas no metal que está na caçamba, fundindo-o. Aí, são adicionadas substâncias corretoras e desoxidantes. Concluída a operação, vaza-se o metal.

32.2.8.2 Fornos a arco

São fornos elétricos bastante difundidos e têm a vantagem de também serem utilizados para a recuperação da sucata (Fig. 32.4).

Constam de caçamba, em cuja tampa se podem encaixar grossos eletrodos de grafite, que podem ascender ou descer. A caçamba também é móvel, pois

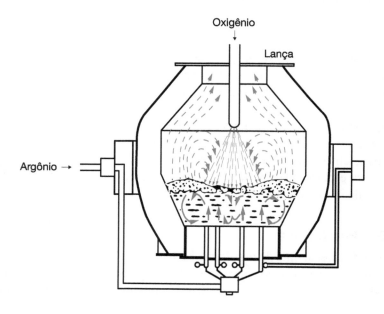

FIGURA 32.3 Diagrama do conversor a oxigênio com sopro combinado.

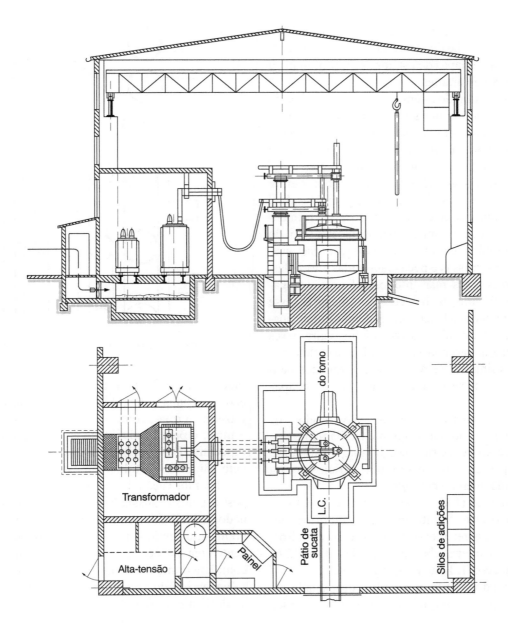

FIGURA 32.4 Forno elétrico.

um macaco hidráulico pode incliná-la para verter o metal fundido. Em geral, a mistura usada é sucata de ferro, ferro fundido, minério de ferro, fundentes, desoxidantes e substâncias para formar a liga. A matéria-prima é justamente a sucata. O ferro fundido serve para carburar, e o minério para desoxidar. Os fundentes são a cal, para o caso de escórias básicas, ou areia, para escórias ácidas. Os desoxidantes são o ferro-silício, o ferro-manganês, o alumínio etc. Conforme a escória do metal (ácida ou básica), o forno será revestido de refratário silicoso ou de magnesita.

A sucata, em conjunto com o fundente, é inserida no forno apagado. A seguir, coloca-se a tampa e ligam-se os eletrodos, os quais, formando o arco voltaico, penetram na carga, que então se funde. Completada a fusão, são adicionados os demais elementos, segundo o resultado das análises das amostras colhidas durante a operação.

32.2.9 Moldagem

Saído do forno, qualquer que seja o tipo, o metal é levado, por caçambas transportadoras, às lingoteiras. A lingoteira é um molde (ferro fundido ou comum nodular) que dá forma de blocos prismáticos ao metal recém-saído do forno.

Conforme o grau de desoxidação na panela, os aços obtidos poderão ser efervescentes, semiacalmados e acalmados.

Os aços efervescentes têm uma bolha de ferro quase puro, o que lhes confere elevada ductilidade, sendo ideais para chapas de estampagem profunda ou para a produção de arames.

Os aços acalmados têm todo o seu oxigênio residual combinado com os elementos desoxidantes adicionados, e por isso, ao solidificarem, têm uma contração elevada (rechupe). São empregados para eixos, árvores de transmissão, ferramentas etc.

Os aços semiacalmados (teor de carbono entre 0,15 e 0,25 %) têm ainda algum oxigênio residual que, ao combinar com o carbono do aço, formam bolhas de CO que ficam aprisionadas no seio do metal, diminuindo a cavidade de contração. São usados para chapas grossas e peças laminadas e forjadas.

Os lingotes apresentam muitos defeitos: segregação, rechupe, fissuras, bolhas etc. Se o metal já fosse levado diretamente aos blocos, esses defeitos iriam aparecer nas peças fabricadas. Levados à lingoteira, esses defeitos vão desaparecer na etapa seguinte, a moldagem.

Logo, os lingotes serão agora empregados para a fabricação das peças desejadas: fios, barras, chapas ou blocos.

Para fios, barras e chapas, são usados os processos de extrusão, laminagem e trefilamento.

No processo de extrusão, o lingote é refundido e forçado a passar, sob pressão, por orifícios com a forma desejada, e então esfriado.

Na laminação (Fig. 32.5), o metal é levado ao rubro e forçado a passar entre cilindros giratórios com espaçamento cada vez menor. Conforme os cilindros, podem-se obter chapas, barras redondas (Fig. 32.6) ou perfis especiais T, L, V, H, I, trilhos etc.

Os laminadores são chamados desbastadores, quando servem para reduzir os lingotes a grandes blocos; de perfis, para fabricar os perfis de construção; de chapas, quando lisos (as chapas podem ser grossas ou finas, conforme tenham mais ou menos de 4 mm); e para produzir tubos com costura ou perfis especiais (Fig. 32.7); oblíquos (Fig. 32.8), que servem para fabricar tubos sem costura.

Na fabricação dos **tubos sem costura**, depois de passar pelos desbastadores, o lingote passa por laminadores inclinados entre si de 3 a 10°, mas que giram no mesmo sentido, a grande velocidade, dando força centrífuga à peça a laminar. Um mandril especial completa o início do furo interno e a força centrífuga se encarrega do resto. Nessa primeira etapa, o tubo ainda fica com paredes espessas, brutas. Vai, então,

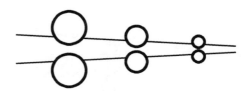

FIGURA 32.5 Esquema de laminação.

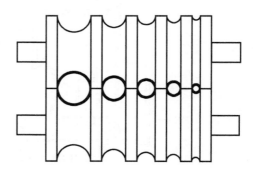

FIGURA 32.6 Cilindros para laminação.

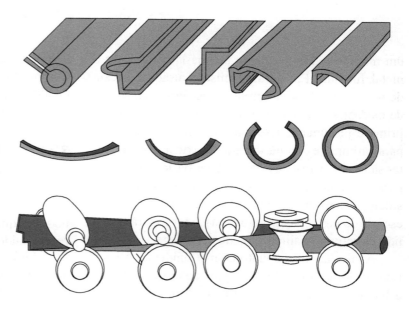

FIGURA 32.7 Esquema de laminadores para produção de perfis especiais e tubos com costura.

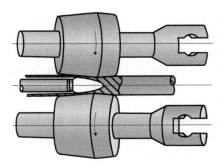

FIGURA 32.8 Laminador oblíquo Mannesmann é o mais utilizado para produzir tubos sem costura.

para uma segunda laminação, em que são obtidos as espessuras e os diâmetros definitivos.

Os **tubos com costura** são feitos com chapas em forma de tiras, que são depois encurvadas em laminadoras apropriadas e soldadas.

No trefilamento ou estiramento, o metal é forçado a passar por orifícios de moldagem. É o processo das fieiras (Fig. 32.9) de arames. O trefilamento tem a vantagem de ser uma deformação a frio, cujos efeitos serão vistos também neste capítulo.

No trefilamento de arames, os fios endurecem rapidamente e têm que ser recozidos a cada passagem. Com isso, o ferro oxida-se bastante, o que se corrige com a decapagem, ou seja, mergulhando-o em um banho com ácido diluído. O estiramento é usado para arames de até 6 mm de diâmetro, tubos de paredes finas etc.

Quando se trata de blocos, os processos são mais especiais. O lingote é levado a martelos-pilão ou prensas hidráulicas para sua conformação.

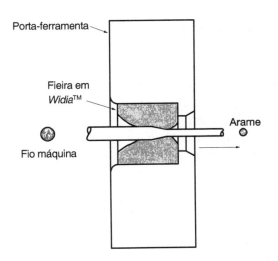

FIGURA 32.9 Esquema de trefiladora a frio.

32.2.10 Fundição

Para a fundição, é feito inicialmente um modelo com a forma da peça desejada, geralmente de madeira. Esse modelo é, então, calcado sobre a terra de fundição em uma caixa, dando o molde.

Verificou-se, a princípio, que a utilização da areia de praia molhada resultava em um molde mais econômico, mas tinha o inconveniente de secar e esboroar rapidamente, antes que o metal tivesse solidificado. Foram, então, adotadas as chamadas areias de fundição, que são misturas de areia, argila, carvão em pó e outras substâncias.

Essa mistura é barata, conserva a forma por causa da argila, e o carvão, ao queimar com o metal incandescente, torna o molde poroso, permitindo a saída dos gases da fundição e evitando deformações.

Além dos moldes de areia de fundição, usam-se, conforme o caso, moldes de refratários, moldes metálicos (coquilhas), de plástico e areia (cascas) para a produção em série.

O dimensionamento dos moldes deve ser bem estudado. Deve-se procurar fazer, tanto quanto possível, paredes de igual espessura, para evitar que as passagens mais finas, ao esfriar mais rapidamente, impeçam o acesso do metal fundido para o restante da peça, e também porque as tensões serão mais uniformes. A fôrma deve ser feita levando-se em conta a contração de volumes ao passar do estado líquido para o sólido. Também precisa ser um pouco maior que a peça desejada, e esta diferença deve ser proporcional à espessura de cada parede.

Deve-se cuidar para que as fôrmas sejam pouco resistentes, quebrando-se ou amolgando-se com a contração do metal, de preferência que o metal se quebre pelo mesmo efeito.

Em princípio, os defeitos serão menores quando as peças forem menos volumosas e o esfriamento mais lento.

Um método interessante de fundição é o centrífugo, usado para tubos de ferro fundido, conforme esquematizado na Figura 32.10. O metal fundido é vertido no interior de um molde, que gira a grande velocidade e recua pouco a pouco.

32.2.11 Forjamento

Além dos processos já descritos, as peças de ferro também podem ser obtidas por forjamento, ou seja, pela ação de martelos ou prensas sobre o metal quente, e por estampado a quente ou a frio. Este último procedimento se caracteriza pela alta exatidão e rendimento.

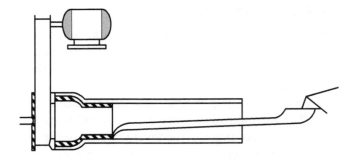

FIGURA 32.10 Esquema de fundição centrífuga.

32.3 CONSTITUIÇÃO

32.3.1 Classificação dos Produtos Siderúrgicos

A classificação tradicional do ferro e suas ligas tem sido pelo teor de carbono:

- aço doce, quando tem na sua composição menos de 0,2 % de carbono;
- aço ao carbono, quando esse teor fica entre 0,2 e 1,7 %;
- ferro fundido, quando esse teor se situa entre 1,7 e 6,7 %.

Posteriormente, se verá que esses limites não foram estabelecidos arbitrariamente, mas que correspondem a distintas propriedades.

Modernamente, porém, essa classificação está sendo abandonada, visto que não é só o teor de carbono que confere as propriedades especiais do ferro e do aço. Este último distingue-se do ferro por ser mais duro, admitir têmpera, ser mais fusível e quebradiço. E isso pode ser obtido tanto pelo teor de carbono como pela adição de outros elementos, como manganês, nióbio, silício etc. O ferro fundido distingue-se do aço doce por não ser forjável.

Assim, hoje, há necessidade de se especificar exatamente o que se deseja dos aços, visto que há muitos modos de classificá-los.

A classificação pode ser feita, por exemplo, em aços efervescentes e acalmados. O aço acalmado é aquele em que houve desoxidação total durante a fabricação; ao sair do forno, desprende poucos gases e não ferve. Entre os dois tipos extremos, há classificações intermediárias, como o semiacalmado e o capeado.

A classificação pode ser feita pela liga, e há o aço-carbono, o aço microligado, o aço de alta resistência e baixa liga, o aço patinável, o aço inoxidável etc. Pode também ser feita pelo processo de fabricação ou pelo processo de moldagem, e, então, se terão os aços do conversor, aço elétrico.

Ainda podem ser adotados outros critérios, como o tratamento sofrido (aços temperados, austenizados, galvanizados etc.) ou os cristais existentes (perlíticos, grafíticos etc.).

Costumam-se adotar, para os produtos siderúrgicos, as classificações ABNT, DIN ou ASTM, que, embora bastante complexas, são bem definidas.

32.3.2 Elementos Constituintes das Ligas de Ferro-Carbono

Dificilmente se consegue ferro puro. Apenas pela eletrólise se obtém ferro com pureza, e mesmo assim, a 99,8 %, mas esse processo não é econômico nem usual.

O ferro sempre tem carbono junto e, conforme esse carbono é distribuído, variam as qualidades da liga. Aços com mesmo teor de carbono podem ter propriedades bastante diferentes em face de tratamentos térmicos e mecânicos.

Além do carbono, há outras substâncias incluídas nas ligas de ferro carbono na fabricação, ou que já constam do minério e não conseguem ser eliminadas. Essas substâncias lhe dão determinadas e variadas propriedades.

O diagrama de equilíbrio das ligas de ferro e carbono (Fig. 32.11) representa, no eixo horizontal, as diversas porcentagens de carbono e, no eixo vertical, as temperaturas de fusão. Ele mostra, consequentemente, as transformações que sofrem os cristais nas diversas temperaturas e dosagens.

Entre esses cristais, encontram-se os de ferro puro, nas formas alotrópicas α, β, γ e δ, grafita, cementita, perlita, austenita, esferoidita, martensita, ledeburita etc.

32.3.3 Cristais

a) Cristais de ferro puro

A forma alotrópica α é chamada ferrita. Os átomos têm distribuição cúbica centrada magnética, existente no ferro entre 0 e 770 °C. Entre 770 e 910 °C, forma-se o ferro β, também cúbico centrado, mas não magnético. No intervalo 910 e 1390 °C, aparece a forma cúbica com cristais centrados nas faces (forma γ). Entre 1390 e 1535 °C, aparece a forma δ, também cúbica centrada nas faces. Nenhuma destas últimas é magnética. Em 1535 °C, o metal funde.

O ferro puro apresenta-se, no exame microscópico, na forma da Figura 32.12. O limite entre os cristais aparece como uma linha mais escura. No conjunto, há uma estrutura homogênea, pouco resistente

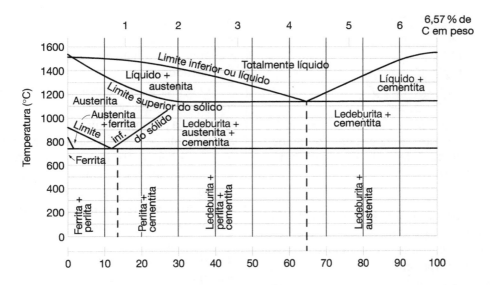

FIGURA 32.11 Diagrama ferro × carbono.

FIGURA 32.12 A microestrutura cristalina do ferro ao se observar no microscópio é granular.

à tração, pouco dura e de alta ductilidade (facilmente estirável). Quando atacada pelo iodo ou ácido pícrico, não apresenta reação.

b) Cementita

À medida que se vai adicionando carbono, o quadro se modifica. O carbono, na forma pura cristalizada, chamada grafita, não fica livre no interior do metal. Ele combina-se durante a solidificação, formando o carboneto de ferro ou cementita, Fe$_3$C. Esta é muito dura, sendo, aliás, o elemento que dá a natureza aos aços. Ela aparece, ao exame microscópico, na forma de lamelas no interior dos cristais de ferrita (Fig. 32.13).

c) Perlita

Continuando-se a carbonetação, mas sem ir ainda a altas temperaturas, verifica-se que cada grão de ferrita só aceita 0,9 % de carbono. O grão, nessas condições, apresenta propriedades particulares e é chamado perlita. Conclui-se daí que um aço cujo conjunto tenha 0,8 % de carbono associado é constituído exclusivamente de perlita (Fig. 32.14). É o chamado aço perlítico ou eutedoide. Abaixo desse teor ficam as ligas hipoeutetoides e, acima, as hipereutetoides.

d) Ledeburita

Ultrapassado o teor de 0,9 % de carbono total, a cementita não encontra mais cristais de ferro para se associar. Permanece livre e vai se depositar no contorno intercristalino (Fig. 32.15). Aos cristais com essa forma dá-se o nome de ledeburita.

e) Carbono puro

Até 1,7 % de carbono (atente-se para a classificação geral) forma-se somente cementita. No entanto, quando esse limite é ultrapassado, o carbono começa a aparecer puro, na forma de cristais

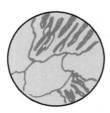

FIGURA 32.13 Aspecto escuro da cementita (Fe$_3$C).

FIGURA 32.14 Ao conjunto branco (ferro α) e preto (Fe$_3$C) de aspecto zebrado dá-se o nome de perlita.

FIGURA 32.15 Na ledeburita, o interior dos grãos é totalmente perlítico e, nos contornos de grãos, é depositado o excesso de carbono na forma de Fe$_3$C.

de grafita misturados aos de ledeburita e perlita (Fig. 32.16). Nesse ponto, deixa-se de ter aço para ter ferro fundido, sendo este o limite até o qual é possível esmagar o aço, por forjamento. Acima de 1,7 %, as propriedades só podem ser alteradas por processos químicos, ou seja, por alteração da constituição.

f) Austenita

Isso tudo ocorre enquanto a liga não é levada acima de 723 °C. Quando isso acontece, a cementita se dissolve no ferro circunvizinho, formando um novo tipo de cristal, a austenita (Fig. 32.17). Posteriormente, vamos entender que este é um cristal importantíssimo (a temperatura de 723 °C é chamada crítica por isso).

32.3.4 Tratamento Térmico dos Metais

O aço pode existir em uma larga variedade de condições, desde o bem macio ao bem duro, e pode ser

FIGURA 32.16 Nos ferros fundidos, o excesso de carbono se precipita na forma de cristais de grafita, misturados à ledeburita e à perlita.

FIGURA 32.17 Aspecto granular da austenita, que, nos aços hipoeutetoides, começa a se formar acima de 723 °C.

mudado de uma para outra condição pelo tratamento térmico. Ele pode ser obtido macio para ser moldado, e depois, por tratamento a quente, ser convenientemente endurecido.

O aço é, essencialmente, uma liga de ferro e carbono, porém suas propriedades não são determinadas apenas pela proporção entre esses elementos, mas, mais especificamente, pela forma como se combinaram.

Tratamento térmico é o conjunto de operações de aquecimento e resfriamento a que são submetidos os aços, nas condições controladas de temperatura, tempo de permanência nesta temperatura, atmosfera e velocidade de esfriamento.

O tratamento térmico é bastante utilizado em aços de alto carbono ou com elementos de liga. Seus principais objetivos estão enumerados a seguir, evidenciando sua importância e necessidade:

- aumentar ou diminuir a dureza;
- aumentar a resistência mecânica;
- melhorar resistência ao desgaste, à corrosão, ao calor;
- modificar propriedades elétricas e magnéticas;
- remover tensões internas, provenientes, por exemplo, de resfriamento desigual. Foi visto que a última etapa para produção do aço acontece na aciaria. Nesse local, o metal (em estado líquido) é vazado em uma lingoteira e, no momento correto, já solidificado, é retirado e esfriado. Quando esse resfriamento é realizado de maneira incorreta, pode-se optar pelo uso de tratamentos térmicos para corrigir prováveis defeitos em sua estrutura, que podem vir a prejudicar seu desempenho;
- melhorar a ductilidade, a trabalhabilidade e as propriedades de corte; tais propriedades são bastante necessárias, por exemplo, dentro do conjunto de etapas que envolvem a fabricação dos produtos em aço.

Assim, depois dos lingotes prontos e cortados em medidas específicas, segue o transporte para outra unidade da siderúrgica denominada laminação, onde eles são reaquecidos para transformação mecânica. É por meio desta etapa de laminação que são produzidos, dentre outros: chapas, perfis, barras e trilhos, sendo interessante que o aço possua as propriedades em questão, as quais muitas vezes são obtidas por meio de tratamentos térmicos.

Os principais parâmetros de influência nos tratamentos térmicos são:

- ***aquecimento:*** geralmente realizado a temperaturas acima da crítica (723 °C), para uma completa "austenização" do aço. Essa austenização é o ponto de partida para as transformações posteriores desejadas, que vão acontecer em função da velocidade de resfriamento;

- **tempo de permanência à temperatura de aquecimento:** deve ser o estritamente necessário para se obter uma temperatura uniforme em toda a seção do aço;
- **velocidade de resfriamento:** parâmetro mais importante, pois é o que efetivamente vai determinar a estrutura e, consequentemente, as propriedades finais desejadas. As siderúrgicas escolhem os meios de resfriamento ainda em função da seção e da forma da peça.

E é o tratamento dito a quente que pode alterar essa distribuição, como explicado resumidamente a seguir.

Veja-se um exemplo. Em um aço com 0,6 % de C, a 800 °C aparece a austenita. Os grãos de austenita crescem, uns à custa dos outros, dando granulação grosseira ou fina, conforme a temperatura alcançada e o tempo que permanecem nessas temperaturas. Se deixado esfriar naturalmente, a 648 °C, forma-se a perlita, que permanece. A perlita tem dureza Brinell 200, mas a sua formação requer algum tempo. Se aquele aço austenítico é passado rapidamente de 800 a 315 °C, sem dar tempo de formar a perlita, surge um novo cristal, a bainita (Fig. 32.18), de dureza Brinell 550. E, se a temperatura baixar rapidamente para 125 °C, sem dar tempo de formar perlita ou bainita, surge ainda outro tipo, a martensita, de dureza Brinell 650 (Fig. 32.19). Além disso, esses novos cristais vão ter dimensões e disposições que dependem daquelas que tinha a austenita.

FIGURA 32.18 Aspecto da bainita.

Registre-se aqui que a austenita, uma vez transformada em perlita, bainita ou martensita, não se reconstrói, porque a perlita não se transforma em bainita ou martensita. Sempre é preciso ir à austenita para se obter outras estruturas.

Porém, seja austenita, perlita, bainita ou martensita, ainda se tem uma estrutura muito quebradiça. É preciso, em certos casos, aços mais maleáveis.

Se, entretanto, levarmos um aço perlítico novamente a altas temperaturas, no esfriamento forma-se uma perlita esferoidal ou coalescida (Fig. 32.20), com a mesma dureza e resistência da perlita, mas muito menos quebradiça. Logo, aqui se tem outro elemento possível: o controle da rigidez, que é diferente do controle da dureza, antes visto.

Seria exaustivo descrever todos os fenômenos que ocorrem quando se leva o ferro ou aço a altas temperaturas e estas são reduzidas com maior ou menor velocidade, mas o essencial é saber que as propriedades iniciais do metal podem ser alteradas fundamentalmente. A esses processos dá-se o nome geral de tratamento a quente dos aços, ou tratamento térmico dos aços.

Os principais tratamentos térmicos são a normalização, o recozimento, a têmpera e o revenido. Há ainda outros, como o tratamento isotérmico e o trabalho mecânico a quente.

32.3.4.1 Normalização

Serve para eliminar as tensões internas que aparecem naturalmente na laminação ou outras formas de moldagem. Resulta em um aço mais macio, menos quebradiço. Leva-se o aço até a temperatura acima da crítica, espera-se a transformação total em austenita e deixa-se esfriar lentamente, ao ar livre.

32.3.4.2 Recozimento

O recozimento é o tratamento térmico mais usual nos produtos para construção. Consiste no reaquecimento do metal até determinada temperatura, na permanência nesta temperatura durante algum tempo e no subsequente resfriamento lento. Resulta na eliminação das tensões que se originaram na fundição e na elevação dos índices tecnológicos do metal.

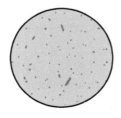

FIGURA 32.19 Aspecto da martensita.

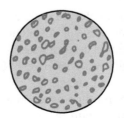

FIGURA 32.20 Perlita esferoidal ou coalescida.

As temperaturas adotadas ficam próximas à crítica, em uma faixa desde pouco acima até pouco abaixo (recozimento subcrítico).

32.3.4.3 Têmpera

A têmpera consiste no aquecimento do metal até a temperatura de formação da austenita, na permanência nesta temperatura durante algum tempo e no subsequente resfriamento brusco. Para resfriar rapidamente, usa-se, de preferência, óleo, água ou salmoura etc.

O resfriamento pode dar origem a diversos tipos de cristais já citados (martensita, bainita etc.). O tipo de cristal formado depende da velocidade de resfriamento. A têmpera aumenta a dureza, o limite de elasticidade, a resistência à tração, mas, em contrapartida, diminui o alongamento e a tenacidade.

32.3.4.4 Revenido

O revenido é semelhante ao recozimento, porém executado em temperaturas abaixo da linha crítica. Tem a finalidade de corrigir defeitos que surgiram durante uma têmpera, como excesso de dureza e tensões internas. O resultado depende da temperatura alcançada e da velocidade de resfriamento ulterior.

32.3.5 Tratamento Termoquímico dos Aços

O tratamento termoquímico tem por objetivo enriquecer a camada superficial do aço com uma capa protetora em que apareçam outros elementos. Estes são: carbono (cementação), nitrogênio (nitretação), carbono e nitrogênio (cianetação), alumínio (aluminização), cromo (cromagem), zincagem (galvanização) etc.

Conforme a substância empregada, ter-se-á aumento da resistência ao desgaste, à corrosão, à abrasão ou outras.

Nesses tratamentos, a substância, ao se ligar com o aço, se dissocia dos seus átomos, que imergem superficialmente no aço aquecido.

A cementação forma uma capa de grande dureza e resistência ao desgaste, enquanto o núcleo permanece mais brando e flexível.

A nitretação eleva a dureza, resistência ao desgaste e à corrosão.

A aluminização eleva a resistência ao calor.

A cromagem eleva a resistência à corrosão, a dureza e a resistência ao desgaste.

A silicictação aumenta a resistência à corrosão química, ao calor e ao desgaste.

A zincagem produz os chamados aços galvanizados, que aumentam a resistência à corrosão atmosférica.

32.3.6 Tratamento a Frio (Encruamento)

O metal é um sólido com cristais de tamanho uniforme. Quando submetido a esforços que tendem a deformá-lo a frio, os grãos tendem a se orientar no sentido da deformação: é o encruamento.

O encruamento altera as propriedades mecânicas. A resistência à tração e a dureza aumentam, mas a ductilidade e o alongamento diminuem, conforme se observa na Figura 32.21.

O encruamento pode ser superficial, como o que ocorre durante a laminação a frio, ou profundo, como o dos aços torcidos para concreto armado. Durante a laminação de chapas ou fios, forma-se uma camada encruada, que facilmente se oxida, e que, em certos casos, deve ser eliminada.

É preciso observar que, se o aço encruado for aquecido (bastam 40 % da temperatura de fusão), os cristais tenderão a se reagrupar e o encruamento, a desaparecer. O encruamento é bastante usado nos aços para a indústria de construção, sendo os aços torcidos para concreto armado sua aplicação mais importante.

32.3.7 Ligas de Ferro

Além do carbono, o ferro pode ser associado com muitas outras substâncias, com alterações pronunciadas nas propriedades. Essas ligas podem ser superficiais ou profundas.

A seguir, citam-se os elementos que podem ser usados para produzir liga com os ferros e aços, seja propositadamente, seja por impurezas no minério.

- O silício (aço-silício) torna o aço mais macio, com grande elasticidade e quase sem perda da resistência, daí sua preferência para molas. Sua proporção deve figurar na faixa de 0,17 a 0,37 %, quando então desoxida o aço.

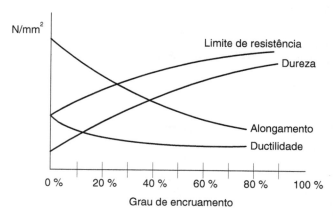

FIGURA 32.21 Variação das propriedades mecânicas em função do grau de encruamento.

- O oxigênio torna o aço mais frágil e, por isso, difícil de trabalhar.
- O nitrogênio torna-o mais duro, porém ainda muito frágil.
- O enxofre é danoso. Forma um eutéctico de baixo ponto de fusão, que se deposita no contorno dos grãos e torna-os frágeis na laminação a quente.
- O fósforo também é danoso. Rebaixa o ponto de fusão. Embora aumente a dureza, diminui tanto a resistência ao choque quanto a plasticidade.
- O enxofre e o fósforo, embora ruins para os aços, os tornam mais fáceis de usinar, diminuindo o desgaste das ferramentas empregadas e tornando mais polidas as superfícies.
- O manganês, na proporção de 0,25 a 1 %, aumenta a resistência aos esforços e ao desgaste e a capacidade de soldagem. Acima de 13 %, no entanto, aumenta tanto a dureza que o aço não pode ser mais trabalhado a frio.
- O cromo, na proporção de 2 a 3 %, confere grande dureza, resistência à ruptura e à oxidação.
- O níquel, em proporção abaixo de 7 %, confere grande elasticidade e resistência ao choque e à flexão. Entre 7 e 15 %, torna o aço muito friável, não sendo recomendado. Acima de 15 %, torna o aço inoxidável.
- O nióbio aumenta a resistência mecânica sem perdas da plasticidade.
- O cobre aumenta a resistência mecânica e, em associação com o cromo, formam os aços patináveis, resistentes à corrosão atmosférica.
- O aço Invar, com 64 % de aço e 36 % de níquel, é uma liga praticamente sem dilatação térmica, sendo, por isso, usado para instrumentos de precisão.
- Aços rápidos é o nome dado às ligas de aço com tungstênio, molibdênio e vanádio, porque sua dureza permanece mesmo a elevadas temperaturas. Por essa razão, são usados em ferramentas de corte rápido, em que a alta velocidade produz calor.
- Relativamente aos aços inoxidáveis, convém estudá-los em separado, após o exame da oxidação, em virtude de sua importância na indústria de construção.

A ABNT classifica os aços para construção mecânica segundo sua composição química a partir da NBR NM 87:2000 de outubro de 2000, segundo critérios da AISI e SAE. Os aços são numerados de acordo com uma tabela dada na norma. Por exemplo, o aço ABNT 5120 deve ter teor de C entre 0,17 e 0,22; de Mn entre 0,70 e 0,90; de Si entre 0,20 e 0,35; de Cr entre 0,70 e 0,90; um máximo de 0,035 de P e um máximo de 0,040 de S.

Para a construção civil, utilizam-se, além da ABNT, os sistemas ASTM e DIN.

32.4 PROPRIEDADES

32.4.1 Considerações Gerais sobre as Propriedades

Até aqui, foi possível perceber a variedade de ligas e constituição, de modos de fabricar, de cristais, de tratamentos etc. Nesse contexto, é lógico afirmar que as propriedades também variam muito. A seguir, apresenta-se um estudo geral, com algum destaque para a oxidação, resistência à fadiga e à tração.

32.4.2 Descrição Geral

Os produtos de ferro-carbono costumam ser metais duros, de cor que variam desde o prateado até o preto, de alto peso e grande resistência mecânica. Normalmente, têm certo brilho e boa condutibilidade térmica.

32.4.3 Ferro Fundido Branco

O ferro-gusa branco é duro e quebradiço. Não se deixa limar, furar, forjar ou laminar. Só pode ser moldado por processos eletrolíticos. Em geral, é impuro, não uniforme. Funde a 1100 °C, mas fica pastoso e impróprio para moldagem. Sua massa específica situa-se entre 7400 e 7840 kg/m^3. Tem coeficiente de ruptura entre 10 e 16 kgf/mm^2 para a tração e entre 60 e 80 kgf/mm^2 para a compressão.

32.4.4 Ferro Fundido Cinzento

O gusa cinzento já é menos duro e quebradiço que o anterior. Deixa-se usinar e serve para ser moldado, embora ainda com dificuldade. Também é impuro e desuniforme, e seus coeficientes pouco diferem do ferro-gusa branco. Funde a 1200 °C e tem massa específica entre 6800 e 7150 kg/m^3.

32.4.5 Aço Comum

É menos dúctil que o ferro fundido, mais maleável, mais duro e mais flexível. Apresenta um aspecto granulado característico. Dificilmente magnetiza-se, mas conserva esse magnetismo adquirido. Ótimo para receber tratamento térmico. Funde na faixa de 1500 a 1600 °C. Sua massa específica oscila em torno de 7650 kg/m³. Seu limite de resistência é bastante variável: 40 a 65 kgf/mm² à tração e 60 a 80 kgf/mm² à compressão.

32.4.6 Ferro Doce

É tenaz, dúctil e maleável. Durante a fabricação, a fusão confere uma textura granulosa, que a laminação transforma em fibrosa e o martelamento em cristalina; por esse motivo, torna-se quebradiço. Embora seja facilmente atraído pelo ímã, e também adquira facilmente o magnetismo sob o efeito da corrente elétrica, não conserva a imantação. Como os aços, pode receber tratamento térmico. Oxida-se mais facilmente que o gusa e o aço. Tem massa específica de 7,84 kgf/dm³ e funde entre 1500 e 1600 °C. Seus limites de resistência situam-se entre 30 e 40 kgf/mm² para a tração e entre 28 e 40 kgf/mm² para a compressão.

32.4.7 Resistência à Tração

A resistência à tração, nos aços, varia muito, conforme o tratamento e a composição.

Convém salientar, nos aços doces com baixo teor de carbono, o diagrama tensão × deformação que apresenta o patamar indicativo do escoamento. Nos outros tipos, esse intervalo não é apreciável (Fig. 32.22).

32.4.8 Resistência à Compressão

Normalmente, é da mesma ordem que a da resistência à tração, mas apresenta alta flambagem, o que torna os aços contraindicados para resistir a esse esforço no caso de peças esbeltas, como barras ou perfis.

O problema da flambagem é importante, pois, quando se toma uma barra de ferro ou aço e a mesma é comprimida pelas extremidades, ela verga com uma carga muito menor, por centímetro quadrado, do que resistiria um bloco de mesmo material. Em suma, embora a resistência à compressão seja elevada, a flambagem não permite a sua utilização total em barras. Para diminuir esse efeito, as barras devem estar presas entre si e em meio que resista à flexão, como no concreto armado.

32.4.9 Resistência ao Desgaste

Ligas especiais produzem aços de alta resistência à abrasão que aumentam muito a vida útil de equipamentos. São utilizados em maquinário industrial, de construção, de mineração, de pavimentação, de pedreiras, de açúcar e álcool, de cimento etc. Esses equipamentos são os misturadores, moinhos, trituradores, escavadeiras, carregadeiras, entre outros.

32.4.10 Resistência ao Impacto (Flexão Dinâmica)

Também depende muito do tipo de aço. Em geral, é alta, mas depende da temperatura. O projetista deve conhecer a temperatura na qual ocorre a mudança de fratura dúctil para frágil. O ensaio Sharpy é o ensaio padronizado. Nele, o corpo de prova padronizado é provido de um entalhe para localizar a sua ruptura e produzir um estado triaxial de tensões, quando ele é submetido a uma flexão por impacto, produzida por um martelo pendular. A energia absorvida pelo corpo de prova é então determinada. Quanto maior for a energia absorvida, mais dúctil é o aço, e, ao contrário, quanto menor for a energia absorvida, mais frágil é o aço. Isso significa que se um aço estiver trabalhando abaixo de sua temperatura de transição dúctil-frágil, irá se romper catastroficamente sem se deformar. Todos os aços apresentam fragilidade em baixas temperaturas e ductilidade em temperaturas mais altas. A determinação da temperatura na qual essa mudança ocorre irá indicar o seu uso. O aumento do teor de carbono e a presença de impurezas, como o enxofre e o silício, contribuem para o aumento da temperatura de transição dúctil-frágil.

FIGURA 32.22 Exemplos de diagramas tensão × deformação de um aço de baixo teor de carbono (doce) e de aços com alto teor de carbono.

32.4.11 Corrosão

O ferro e o aço podem ser muito atacados pela corrosão. Os principais agentes corrosivos naturais são: o gás sulfídrico, a água, os cloretos e os nitratos.

No caso particular de aço para concreto armado, a armadura não é atacada quando o pH do concreto estiver acima de 11,5.

Deve-se ter cuidado com a impermeabilização do concreto para evitar a eflorescência, que causa a diminuição do pH.

Também deve-se ter precaução com o uso de certos aditivos, porque eles podem conter/produzir cloro ou SO_2. O cloreto de cálcio, que já foi muito usado como acelerador de pega, é muito perigoso no concreto armado comum e desastroso no caso de protensão. Sempre que há protensão, a ação corrosiva é mais rápida e acentuada, porque encontra menor força coesiva a vencer.

Por exemplo, na Ponte do Guaíba, localizada nas proximidades de Porto Alegre (RS), 247 dos 252 cabos de aço empregados nos nichos das juntas de protensão romperam-se 10 dias depois de aplicados. Embora tais arames fossem de comprovada qualidade e resistência, o exame mostrou que a causa do acidente foi a corrosão originada por uma substância sulfurosa usada para facilitar o alisamento do concreto. Hoje, existem aditivos para concreto que não atacam a armadura.

Também não se deve utilizar água de amassamento para concretos que contenham cloro.

Devem-se evitar óleos e graxas que desprendem SO_2. Muitas vezes, são usados equivocadamente para evitar a ferrugem, mas fazem exatamente o contrário, acelerando-a.

32.4.12 Fadiga

A fadiga é de particular importância no caso dos aços, visto que pode levar facilmente a acidentes graves. Ela deve ser levada em consideração, principalmente no caso de pontes e peças que recebem vibração transmitida por máquinas, vento ou água.

Sempre que o aço for submetido à fadiga, deve ser adotada uma tensão menor, dada pela resistência dos materiais (fórmulas de Goodman, Gough, Weyrauch, Gerger, entre outras).

32.5 PRODUTOS SIDERÚRGICOS

Existem diversos tipos de produtos siderúrgicos no Brasil.

A seguir é apresentada uma classificação de acordo com o Instituto Brasileiro de Siderurgia (atualmente Instituto Aço Brasil),[2] com base na forma geométrica do produto. Ela fornece também dados com relação às suas medidas-padrão (altura, espessura), métodos de fabricação e tipos de aços no qual são produzidos.

São, portanto, divididos em três grupos:

A) **Produtos semiacabados:** são produtos obtidos a partir do lingotamento contínuo, que serão processados posteriormente por laminação ou forjamento a quente, formando perfis laminados, placas, blocos e tarugos.

B) **Produtos planos:** são obtidos após processo de laminação a quente ou a frio. Caracterizam-se por possuírem a largura extremamente superior à espessura, sendo comercializados na forma de chapas e bobinas em aço-carbono ou especiais. Na sequência, é apresentada uma subdivisão mais específica dos produtos conforme o aço em que são produzidos. As letras entre parênteses são abreviaturas.

B1) em aço-carbono não revestido:

- bobinas grossas (BG) e chapas grossas (CG), com espessuras superiores a 5 mm;
- bobinas laminadas a quente (BQ) e chapas finas laminadas a quente (CFQ);
- bobinas laminadas a frio (BF) e chapas finas laminadas a frio (CFF);

B2) em aço-carbono revestido:

- folhas metálicas (com revestimento em estanho, cromo);
- bobinas e chapas zincadas;

B3) em aços "especiais":

- bobinas e chapas em aço ao silício (chapas elétricas);
- bobinas e chapas em aços inoxidáveis;
- bobinas e chapas em aço ao alto carbono e outros tipos de aços-liga.

C) **Produtos longos:** são também resultantes de processo de laminação, cujas seções transversais têm formato poligonal e seu comprimento é extremamente superior à maior dimensão da seção, sendo produzidos em aço-carbono e especiais.

C1) em aço-carbono:

- perfis leves (h < 75 mm);

---

[2] Em 2009 esse Instituto foi substituído pelo Instituto Aço Brasil. Disponível em: acobrasil.org.br. Acesso em: 25 out. 2024.

- perfis médios (75 mm < h ≤ 150 mm);
- perfis pesados (h > 150 mm);
- trilhos e acessórios ferroviários;
- vergalhões;
- fios-máquina, principalmente para arames;
- barras para construção civil.

C2) em aços ligados especiais:
- fios-máquina para parafusos e outros fins;
- barras de aço para construção mecânica;
- barras em aço ferramenta;
- barras em aços inoxidáveis e para válvulas;
- tubos sem costura.

32.5.1 Aços-Carbono Estruturais

Como já vimos, os aços-carbono são classificados em baixo, médio e alto carbono. Os aços estruturais para a construção civil mais utilizados são:

a) ASTM-A36 – aço muito utilizado na fabricação de perfis soldados.

b) ABNT NBR 6648:2014 – bobinas e chapas grossas de aço-carbono para uso estrutural – Especificação. Também utilizadas na fabricação de perfis soldados.

c) ASTM A572/Gr50 – aço utilizado na fabricação de perfis laminados.

d) ABNT NBR 7007:2016 – aço-carbono e aço micro-ligado para barras e perfis laminados a quente para uso estrutural – Requisitos. Aço semelhante ao A-36, mas para fabricação de perfis laminados.

e) ASTM-A570 – aço utilizado na fabricação de perfis formados a frio.

f) ABNT NBR 6650:2014 – bobinas e chapas finas a quente de aço-carbono para uso estrutural – Especificação. Semelhante ao A-36, mas para fabricação de perfis laminados.

32.5.2 Aços de Alta Resistência e Baixa Liga (ARBL)

A alta resistência mecânica deste tipo de aço é obtida pela adição de pequenas quantidades de elementos de liga (geralmente abaixo de 0,5 % para qualquer adição), em vez de apenas a aplicação de tratamentos térmicos. Os principais elementos de liga utilizados para aumentar a resistência mecânica dos aços são o nióbio (Nb) e o vanádio (V), em teores abaixo de 0,2 %. Tensões de escoamento da ordem de 550 MPa podem ser obtidas em processos de laminação controlada.

A alta resistência permite também a redução da espessura das peças estruturais, entretanto, sua fabricação é mais complexa, e seu preço unitário se torna superior ao aço-carbono comum.

Com relação ao aço-carbono, possui ainda melhor soldabilidade e resistência à corrosão atmosférica. Por serem mais resistentes que os aços-carbono, os aços ARBL podem produzir perfis mais esbeltos e mais leves, proporcionando apreciável redução do peso da estrutura. Como o aço tem seu preço relacionado com o seu peso, um bom projeto poderá compensar o preço mais elevado deste aço-liga, comparativamente ao aço-carbono.

São muito utilizados também na fabricação de barras de aço para protensão e parafusos de alta-tensão (especificação ASTM-A490).

Adições em baixos teores de Cromo (Cr) e Cobre (Cu) proporcionam aos aços ARBL resistência à corrosão atmosférica, além de incremento na tensão de escoamento. Esses aços são chamados de "patináveis", pois desenvolvem um óxido aderente na cor marrom-avermelhada, parecida com uma pátina de pintura. Esse óxido aderente cresce na superfície do aço, conferindo a este um aumento na resistência à corrosão.

Todos esses aços exemplificados são oferecidos pelos fabricantes e tratados termicamente com o tratamento térmico de recozimento. Laminação controlada e tratamentos térmicos podem aumentar a resistência ao escoamento acima de 700 MPa para alguns desses aços, que deve ser conferida nos catálogos dos fabricantes.

32.5.3 Aços Inoxidáveis

Há diversos modos de se obter maior resistência à corrosão, conforme abordado no Capítulo 22 – Metais.

Existe uma grande variedade de aços inoxidáveis produzidos. Cada um apresentando propriedades específicas em função de sua composição química. É a partir dessa composição química, bem como de características metalúrgicas, que estão agrupadas as três famílias dos aços inoxidáveis: austeníticos, ferríticos e martensíticos.

Existem diversos sistemas de classificação pelo mundo. Aqui, será mostrado o padrão reconhecido pela ABNT, que se baseia no sistema de classificação da AISI.

1. Austeníticos: contêm de 18 a 25 % de cromo e 8 a 20 % de níquel e 0,1 % de carbono. O aço inoxidável austenítico mais comum contém 18 % de cromo e 8 % de níquel. Atualmente, essa família de aços inoxidáveis responde por cerca de 70 % do total de aços inoxidáveis produzidos no mundo, principalmente por suas características, como: excelente resistência à

corrosão, alta resistência mecânica, boa solda-bilidade, boa conformabilidade, facilidade de limpeza, durabilidade e baixa condutividade térmica. São recomendados para a construção civil em geral. Fazem parte desse grupo os aços das séries 200 e 300 (classificação AISI), sendo o tipo 304 e os tipos 316 e 316L os mais usados. O aço 304 é mais utilizado para reves-timentos externos de edifícios.

2. Ferríticos: são ligas de ferro-cromo pertencen-tes à serie AISI 400, contendo geralmente de 15 a 30 % de cromo e nenhum níquel. Apre-sentam boa resistência à corrosão em meios menos agressivos, boa ductilidade e razoá-vel soldabilidade. O tipo 430, com tensão de escoamento de, no mínimo, 450 MPa, é geral-mente o mais utilizado nesse grupo de ferrí-ticos; apresenta boa resistência à fadiga térmica, podendo ser submetido a ciclos de variação de temperatura. Também é muito utilizado na construção civil e na arquitetura.

3. Martensíticos: são ligas de ferro-cromo, tam-bém pertencentes à série 400. Contêm de 12 a 17 % de cromo e 0,1 a 1,0 % de carbono. Uma característica dessa família é a de poder atin-gir altas dureza e resistência mecânica (1379 MPa) mediante tratamento térmico, entretanto, não são especificados para uso arquitetônico.

32.5.4 Folha de Flandres

A folha de flandres, vulgarmente chamada lata, é uma chapa fina de aço com as faces cobertas por leve camada de estanho, para não oxidar. É de grande apli-cação, visto apresentar ótima resistência aos agentes químicos, ótima soldabilidade e boa aparência.

É obtida por imersão ou por deposição eletro-lítica. A Companhia Siderúrgica Nacional (CSN) a fabrica em várias espessuras. Parte das folhas de flandres usadas no Brasil é importada. Uma nova fábrica está se erguendo no Rio Grande do Sul. São comercializadas conforme a ABNT NBR 6665:2014.

32.5.5 Chapas Galvanizadas

A chapa galvanizada é uma chapa fina de aço revestida com zinco. É mais resistente que a folha de flandres. A galvanização é feita imergin-do-se a chapa em um banho de zinco fundido ou eletroliticamente.

As chapas galvanizadas podem ser obtidas lisas ou onduladas. São padronizadas pela bitola GSG (*galvanized sheet gauge*), desde o número 10 (3,515 mm de espessura) até o número 30 (0,399 mm de espessura). Quanto maior o número, menos espessa a chapa.

A título de ilustração, as Tabelas 32.1 e 32.2 apresentam as espessuras de algumas bitolas.

32.5.6 Chapas Lisas Pretas

As chapas de aço de baixo carbono lisas, denominadas chapas pretas, podem ser laminadas a quente e a frio.

As chapas laminadas a quente são chamadas *grossas* (espessuras de 5,16 a 75,20 mm), com larguras de 0,61 a 1,22 m e comprimentos de 2,00 a 10,67 m (a chapa xadrez, própria para piso industrial, é deste tipo, com espessuras entre 3,18 e 9,53 mm) e **finas**.

A espessura das chapas finas, bitoladas pela *Manufacturer's Standard Gauge* (MSG), diminui à medida que aumenta o número. São fabricadas nas espessuras entre 4,76 e 1,52 mm (chapa 16).

Apenas as chapas finas são laminadas a frio, nas espessuras de 1,90 (chapa 14 MSG) a 0,31 mm (chapa 30 MSG). São vendidas nos comprimentos de 0,91 a 4,57 m e larguras de 0,61 a 1,600 m, com grande variedade de tipos, conforme as propriedades desejadas. As espessuras-padrão são normalizadas pela ABNT NBR 6665:2014.

32.5.7 Perfis

Os perfis laminados estruturais são obtidos dentro de padrões de laminação, segundo a norma ASTM A6/A6M, mais comumente produzidos no Brasil. Suas alturas variam de 150 a 610 mm e são do tipo I, H, L, T, U (Fig. 32.23).

TABELA 32.1 Dimensões-limite das chapas zincadas (mm)

Dimensões	Zincagem contínua	Zincagem semicontínua	
Espessura	0,30-1,95	0,35-0,43	0,50 a 3,40
Comprimento	915-4780	1830-3000	1830 a 4000
Largura	600-1220	600-1220	600 a 1220

TABELA 32.2 Dimensões-padrão, larguras (mín. e máx.) e massa unitária das chapas zincadas

Espessura-padrão (mm)	Massa (kg/m²)	Largura (mm)			Comprimento (mm)
		Mínima	Máxima	Padrão	
0,30	2,40	600	1000	100	2000
0,35	2,80		1070	1000	e
0,43	3,44		1117	e	3000
0,50	4,00		1220	1200	
0,65	5,20			1000	
0,80	6,40			100	
0,95	7,60			e	
1,11	8,88			1200	
1,25	10,00				
1,55	12,40				
1,95	15,60				
2,30	18,40				
2,70	21,60				
3,40	27,20				

Notas:

a) As espessuras acima constam da norma ABNT NBR 7013:2024 – Chapas e bobinas de aço revestidas pelo processo contínuo de imersão a quente – Requisitos gerais ou EN 10143. Espessuras mais finas do que 0,30 mm poderão ser produzidas, mediante entendimento prévio, no caso de BZC e CZC.

b) As espessuras das chapas zincadas incluem o revestimento de zinco, que tem, aproximadamente, as seguintes espessuras, conforme o tipo:

Tipo de revestimento	Espessura média de Zn (soma das duas faces)
A	0,03 mm
B e C	0,05 mm
D, E e F	0,08 mm
G	0,10 mm

São produzidos de aços ao carbono, aços de alta resistência e baixa liga, aços patináveis etc. São normalmente classificados em finos (até duas polegadas) e grossos. Os perfilados são designados por sua altura em centímetros, mas só esse detalhe não é suficiente para sua caracterização. Os perfis L, por exemplo, podem ser de mesas estreitas ou de mesas largas.

Os perfis laminados estruturais são normalmente fabricados pelas indústrias com uma vasta gama de resistência mecânica e tamanhos. Os comprimentos-padrão são de 6,9 e 12 m.

Os perfis extrudados, muito utilizados em contraventamentos, são aqueles com seções mais complicadas. A extrusão conforma o produto bastante próximo de sua forma final. Isto é obtido por meio de moldes, os quais são pressionados sobre a peça de aço. Podem ser produzidos a frio ou a quente, que é a maioria das peças produzidas. Também são fabricados produtos extrudados na forma de tubos, quadrados e retangulares.

Muitos perfis são produzidos a partir do dobramento a frio de chapas em prensa dobradeira, ou obtidos por perfilagem, em mesa de roletes, a partir de bobinas laminadas a frio ou a quente. São muito utilizados em obras de pequeno porte.

Os perfis estruturais soldados, muito comuns no Brasil, são obtidos a partir de chapas laminadas a quente. Podem ter as mais diversas seções, sendo as mais utilizadas as do tipo I (VS – Viga Soldada; CVS – Coluna/Viga Soldada; CS – Coluna Soldada). Têm limitações na altura dos edifícios produzidos com esse tipo de perfil.

32.5.8 Trilhos e Acessórios

Os tipos de trilhos, cujo perfil está esquematizado na Figura 32.24, são apresentados nas Tabelas 32.3 e 32.4.

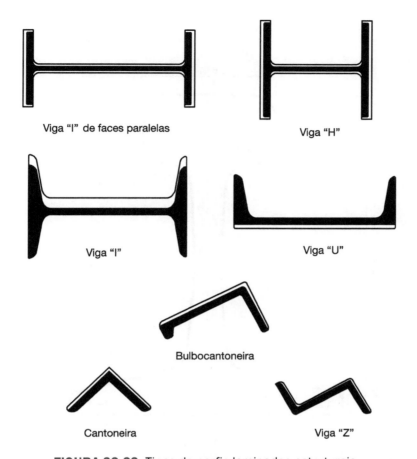

FIGURA 32.23 Tipos de perfis laminados estruturais.

TABELA 32.3 Tipos e massas dos trilhos

Tipo	Massa (kg)	lb/jd	Tipo da seção americana equivalente
TR 37	37,10	74,8	ASCE 7540
TR 45	44,64	90,0	90 RA-A
TR 50	50,35	101,5	100 RE
TR 57	56,90	114,7	115 RE
TR 68	67,56	136,2	136 RE

TABELA 32.4 Composição química dos trilhos de aço-carbono

Tipo de trilho	Qualidade	C	Mn	Si	P Máx.	S Máx.	LR mínimo (N/mm^2)	Alongamento mín. (%)
TR 37	1 A	0,50/0,70	0,60/1,00	0,70/0,35	0,50	0,50	680	10
TR 45	2 A	0,62/0,82	0,60/1,10	0,10/0,35	0,50	0,50	780	9
TR 50 TR 57 TR 68	3 A	0,60/0,80	0,80/1,30	0,10/0,50	0,05	0,05	880	8

Notas:
a) Esta composição é válida para análise de panela.
b) Quando o comparador não especificar a qualidade, devem-se aplicar as indicações desta tabela ao tipo de trilho encomendado. Entretanto, mediante entendimento prévio, as qualidades 1A, 2A e 3A poderão ser especificadas para qualquer tipo de trilho.

798 Capítulo 32

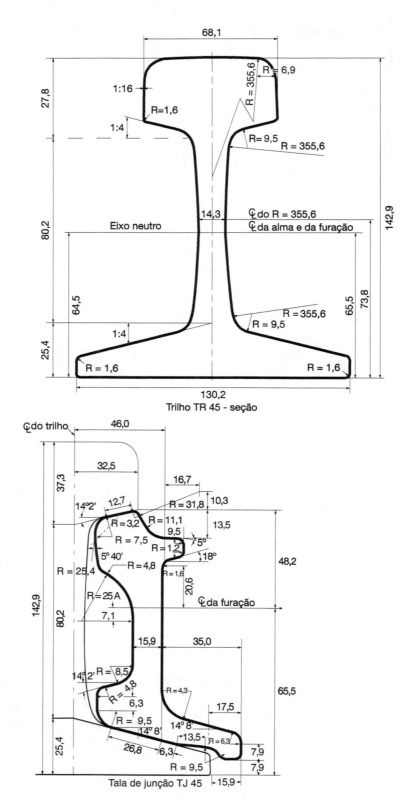

FIGURA 32.24 Esquema do trilho TR 45 e da Junção TJ 45.

São fornecidos já com dois ou três furos em cada extremidade e com o comprimento-padrão de 12 m.

As talas de junção são placas utilizadas para juntar as extremidades dos trilhos (Fig. 32.25). São apropriadas para cada um dos tipos de trilhos mencionados.

As placas de apoio são chapas destinadas a receber os trilhos sobre os dormentes (Fig. 32.26).

32.5.9 Fios e Barras Redondos para Concreto Armado

Este tipo especial é normalizado pela ABNT NBR 7480:2024.

O que determina a classe de um vergalhão e de fios para concreto armado é sua característica mecânica, como resistência à tração e ao escoamento. Os vergalhões são classificados entre CA 25, CA 50, CA 70, e os fios na categoria CA 60 de acordo com o valor característico da resistência ao escoamento, ponto a partir do qual, no ensaio de tração, as deformações plásticas do aço começam a se tornar significativas. Os limites de classificação são categoria CA 25 (escoamento mínimo de 250 MPa), CA 50 (escoamento mínimo de 500 MPa), CA 70 (escoamento mínimo de 700 MPa) e para os fios CA 60 (escoamento mínimo de 600 MPa).

A ABNT NBR 7480:2024 classifica as barras como "os produtos de diâmetro nominal 6,3 mm ou superior, obtidos exclusivamente por laminação a quente sem processo posterior de deformação mecânica. Classificam-se como fios aqueles de diâmetro nominal 10,0 mm ou inferior, obtidos a partir de fio-máquina por trefilação ou laminação a frio".

Pode-se então dizer que:

- barras: são segmentos retos, com comprimento normalmente de 12 m;
- fios: elementos de diâmetro nominal inferior ou igual a 12 mm, fornecidos em rolos de grande comprimento. Observe-se aqui que a norma só admite fios em rolos quando o diâmetro for inferior ou igual a 12 mm;
- barras e fios laminados a quente, com escoamento definido, caracterizado por patamar no diagrama tensão-deformação – são as barras lisas CA25 e os fios CA60;
- barras laminadas a quente com nervuras transversais são as barras CA50, CA70. Os eixos das nervuras transversais oblíquas devem formar, com a direção do eixo da barra, um ângulo entre 45° e 75°, conforme a Figura 32.27. Para diâmetros nominais maiores ou iguais a 10,0 mm, a altura média das nervuras transversais oblíquas deve ser igual ou superior a 4 % do diâmetro nominal, e para diâmetros nominais inferiores a 10,0 mm, essa altura deve ser igual ou superior a 2 % do diâmetro nominal. Todas as barras nervuradas devem apresentar marcas de laminação em relevo indicando o fabricante, a categoria do material e o respectivo diâmetro nominal.

A seguir, são apresentadas as Tabelas B1, B2, B3 e B4 da NBR 7480:2024 (Tabs. 32.5 a 32.8) com os requisitos para barras e fios.

Na Tabela B.1 da ANBT NBR 7480:2024 são apresentadas as características das barras, conforme mostrado na Tabela 32.5.

Na Tabela B.2 da ABNT NBR 7480:2024 são apresentadas as características dos fios, conforme mostrado na Tabela 32.6.

Na Tabela B.3 da ABNT NBR 7480:2024 são apresentados os requisitos mecânicos das barras e fios de aço destinados a armaduras para concreto armado, conforme mostrado na Tabela 32.7.

E na Tabela B.4 da ABNT NBR 7480:2024 são apresentadas as massas máximas dos lotes (t) para inspeção, para lotes não identificados (Tab. 32.8).

O Responsável pelo recebimento e aprovação dos lotes adquiridos de barras e fios, de acordo com a NBR 7480:2024, é o comprador. Logo, todos os ensaios previstos por essa norma, como ensaios visuais, dimensionais, pesagem, ensaios de dobramento, tração, aderência, soldabilidade etc., devem ser realizados em laboratórios idôneos e por equipe treinada.

FIGURA 32.25 Esquema da montagem do trilho com as talas de junção.

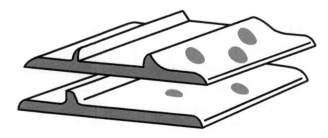

FIGURA 32.26 Esquema das placas de apoio para receber trilhos sobre os dormentes.

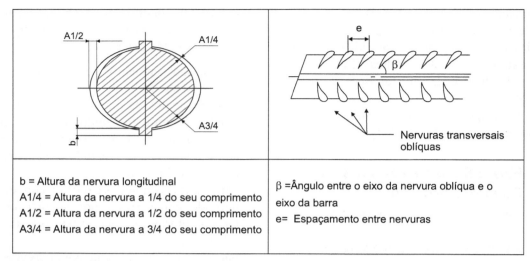

FIGURA 32.27 Exemplo de configuração geométrica com nervuras transversais oblíquas em dois lados da barra e nervuras longitudinais.

TABELA 32.5 Características das barras

Diâmetro nominal mm		Massa e tolerância por unidade de comprimento		Valores nominais	
Série [a]	Barras	Massa nominal [b] kg/m	Máxima variação permitida para massa nominal	Área da seção mm^2	Perímetro mm
Fina	6,3	0,245	± 6 %	31,2	19,8
	8,0	0,395	± 6 %	50,3	25,1
Média	10,0	0,617	± 6 %	78,5	31,4
	12,5	0,963	± 6 %	122,7	39,3
Grossa	16,0	1,578	± 5 %	201,1	50,3
	20,0	2,466	± 5 %	314,2	62,8
Extra grossa	22,0	2,984	± 4 %	380,1	69,1
	25,0	3,853	± 4 %	490,9	78,5
	32,0	6,313	± 4 %	804,2	100,5
	40,0	9,865	± 4 %	1256,6	125,7

[a] Faixa de diâmetros de barras de aço destinados a armaduras para concreto armado.
[b] A densidade linear de massa (em quilogramas por metro) é obtida pelo produto da área da seção nominal em metros quadrados por 7850 kg/m^3.

32.5.10 Aços para Armaduras de Protensão

A ABNT NBR 7483:2021 – Cordoalhas de aço para estruturas de concreto protendido estabelece inicialmente as classificações que se seguem.

a) De acordo com a apresentação

- Barras: elementos fornecidos em segmentos retos, com comprimento normalmente compreendido entre 10 e 12 m;

- Fios: elementos de diâmetro nominal não maior que 12 mm, cujo processo de fabricação permita o fornecimento em rolos com grande comprimento, devendo o diâmetro interno do rolo ser pelo menos igual a 250 vezes o diâmetro do fio. Convém que se atente para esta última condição, que mostra o cuidado em se evitar encruamento imprevisto, o que não consta na sua correspondente ABNT NBR 7480:2024;

Produtos Siderúrgicos 801

TABELA 32.6 Características dos fios

Diâmetro nominal [a] mm		Massa e tolerância por unidade de comprimento		Valores nominais	
Série [b]	Fios	Massa nominal kg/m	Máxima variação permitida para massa nominal	Área da seção mm²	Perímetro mm
Fina	3,4	0,071	± 6 %	9,1	10,7
	3,8	0,089	± 6 %	11,3	11,9
	4,2	0,109	± 6 %	13,9	13,2
Média	4,6	0,130	± 6 %	16,6	14,5
	5,0	0,154	± 6 %	19,6	15,7
	5,5	0,187	± 6 %	23,8	17,3
	6,0	0,222	± 6 %	28,3	18,8
Grossa	6,4	0,253	± 6 %	32,2	20,1
	7,0	0,302	± 6 %	38,5	22,0
	8,0	0,395	± 6 %	50,3	25,1
	9,5	0,558	± 6 %	70,9	29,8
	10,0	0,617	± 6 %	78,5	31,4

[a] Faixa de diâmetros de fios de aço destinados a armaduras para concreto armado.

[b] A densidade linear de massa (em quilogramas por metro) é obtida pelo produto da área da seção nominal em metros quadrados por 7850 kg/m³.

TABELA 32.7 Requisitos mecânicos de barras e fios de aço destinados a armaduras para concreto armado

Categoria do aço	Valores mínimos de tração				Ensaio de dobramento [g]		Ensaio de aderência	
	Resistência característica de escoamento[a] f_{yk} MPa[e]	Limite de resistência[b] f_{st} MPa [e]	Alongamento após ruptura em 10 ϕ [c] A %	Alongamento total na força máxima [d] A_{gt} %	Diâmetro do pino ou cutelo mm		Coeficiente de conformação superficial mínimo η	
					$\phi < 20$	$\phi \geq 20$	$\phi < 10$ rnm	$\phi \geq 10$ mm
CA-25	250	1,20 f_y	18	-	2 ϕ	4 ϕ	1,0	1,0
CA-50	500	1,10 f_y	8	5	3 ϕ	6 ϕ	1,0	1,5
CA-60	600	1,05 f_y [f]	5	-	5 ϕ	-	1,0	1,5
CA-70	700	1,10 f_y	8	5	3 ϕ	6 ϕ	1,0	1,5

[a] Valor característico do limite superior de escoamento f_{yk} obtido a partir do LE ou δ_e da ABNT NBR ISO 6892-1.

[b] O mesmo que resistência convencional à ruptura ou resistência convencional à tração (LR ou δ_t da ABNT NBR ISO 6892-1).

[c] ϕ é o diâmetro nominal, conforme 3.5.

[d] O alongamento deve ser verificado por meio do critério de alongamento após ruptura (A) ou alongamento total na força máxima (A_{gt}).

[e] Para efeitos práticos de aplicação desta Norma, pode-se admitir 1 MPa = 0,1 kgf/mm².

[f] f_{st} mínimo de 660 MPa.

[g] O ensaio de dobramento deve ser feito a 180° conforme a ABNT NBR 17005.

802 Capítulo 32

TABELA 32.8 Massa máxima dos lotes (t) para inspeção, para lotes não identificados

Diâmetro nominal mm		Categoria do aço	
Fios	**Barras**	**CA-25**	**CA-50; CA-60; CA-70**
3,4	–	–	4
3,8	–	–	4
4,2	–	–	4
4,6	–	–	4
5,0	–	–	4
5,5	–	–	5
'6,0	–	–	5
–	6,3	8	5
6,4	–	–	5
7,0	–	–	6
8,0	8,0	10	6
9,5	–	–	6
10,0	10,0	13	8
–	12,5	16	10
–	16,0	20	13
–	20,0	25	16
–	22,0	25	20
–	25,0	25	20
–	32,0	25	25
–	40,0	25	25

■ cordões: agrupamentos de dois ou três fios enrolados em hélice, com eixo longitudinal comum;

■ cordas: agrupamentos de, pelo menos, seis fios enrolados em uma ou mais camadas, em torno de um fio cujo eixo coincida com o eixo longitudinal do conjunto.

b) De acordo com o processo de fabricação e configuração do diagrama tensão x deformação

■ Classe A: laminados a quente, com escoamento definido, caracterizado pelo patamar no diagrama tensão × deformação;

■ Classe B: encruados por deformação a frio, com tensão de escoamento convencionada em uma deformação permanente de 0,2 %;

■ Classe C: temperados, com tensão de escoamento convencionada em uma deformação permanente de 0,2 %.

c) De acordo com as características mecânicas

As barras e fios de aço destinados para armadura de concreto armado devem seguir os requisitos apresentados na Tabela 32.7.

Para identificação, cada barra deverá ter uma das extremidades na extensão aproximada de 10 cm, pintada com as cores distintivas da categoria. No caso de fios, cordões ou cordas fornecidos em rolo, a identificação será feita por etiquetas.

A norma recomenda o seguinte bitolamento para barras e fios:

– barras: 5 – 6 – 8 – 10 – 12 – 16 – 20 – 22 – 25 – 32 e 40 mm;

– fios: 3 – 3,2 – 3,5 – 4 – 4,5 – 5 – 5,5 – 6 – 7 – 8 – 9 – 10 e 12 mm.

32.5.11 Arames e Telas

Os arames são finos fios de ferro laminado, galvanizados ou não. São vendidos em rolos, nas bitolas de 0,2 até 10 mm, normalmente de acordo com as bitolas BWG (*Birmingham Wire Gauge*) e, eventualmente, com as SWG (*Standard Wire Gauge*). Nessas bitolas, bastante semelhantes, à medida que aumenta o número indicativo, diminui o diâmetro. Também é adotada a bitola da fieira de Paris, usada para os pregos. Nessa bitola, à medida que aumenta o número, aumenta o diâmetro.

O arame recozido, ou queimado, é um arame destemperado usado para amarrar as barras de armaduras de concreto armado. É apresentado geralmente nas bitolas 16 BWG (1,65 mm) e 18 BWG (1,24 mm). A segunda é mais fraca, porém mais fácil de trabalhar.

As telas são malhas fortes de arame. São caracterizadas pela bitola do arame usado e pela abertura da malha. Costuma-se chamar tela Otis a tela em que o arame, antes de formar a malha, é ondulado.

32.5.12 Pregos

Os pregos são de diversos tipos. Há os pregos de aço forjado, atualmente pouco usados, e os de arame galvanizado, mais comuns. Há os de cabeça vedante, de chumbo (chamados telheiros) ou galvanizada, que servem para pregar telhas metálicas. Há também os pregos quadrados, torcidos (ou aspirais), com farpas e até os de duas cabeças, que permitem retirada mais fácil, posteriormente.

Os pregos são ditos de carpinteiro ou de marceneiro, conforme tenham cabeça apropriada para embutir ou não (Fig. 32.28).

Os pregos são bitolados por dois números. O primeiro corresponde à bitola do arame na fieira de Paris e o segundo, a uma antiga medida francesa de comprimento (a unidade é 2,255 mm). Esta unidade é a linha, 1/12 de polegada francesa (27,07 mm). Para efeito de orçamento, podem-se tomar, para as bitolas mais comuns, as medidas constantes na Tabela 32.9.

32.5.13 Parafusos

Têm a função de resistir a esforços de tração e/ou cisalhamento.

Geralmente, as ligações feitas em campo utilizam parafusos porque são mais rápidas, simples e econômicas que uma ligação equivalente soldada, além de não necessitar de proteção contra intempéries.

Visando à redução de custos, recomenda-se ainda limitar o número de bitolas. O ideal é empregar somente um diâmetro, embora seja praticamente impossível, principalmente em se tratando de obras grandes. Existem parafusos de aço-carbono comum (como o ASTM A-307) geralmente usado em ligações não estruturais ou secundárias e os de alta resistência (ASTM A-325, ASTM A-490). Esses últimos exigem maiores cuidados com relação às arruelas e ao acabamento das superfícies em contato com as partes ligadas, sendo, portanto, usados em ligações de maior responsabilidade.

Há grande variedade de parafusos para diversos fins (Fig. 32.29). Eles podem ser de aço ao carbono preto ou galvanizados. Podem ser com porca (parafusos franceses) ou de fenda, com cabeça chata ou redonda. Os parafusos de fenda para madeira têm a

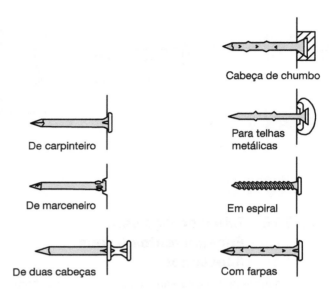

FIGURA 32.28 Tipos de pregos.

ponta cônica; para metal, têm o mesmo diâmetro em toda a extensão. Existem parafusos e ganchos galvanizados apropriados para as telhas e painéis de fibrocimento, que são fabricados com 10, 11 e 20 mm de comprimento, sendo estes últimos para as cumeeiras e espigões. Os ganchos são fabricados em diversos tamanhos e formas.

32.5.14 Rebites

Os rebites também são apresentados em diversas formas e tamanhos e normatizados pela ABNT NBR 9580:2015. Devem ser produzidos com o aço apropriado para os fins a que se destinam.

32.5.15 Tela *Deployé*

A tela para estuque, também chamada tela preta ou tela *deployé*, é vendida nas larguras de 60 cm ou 1 m. É feita de chapa preta, cortada longitudinalmente e estirada, de modo a proporcionar grande aderência às argamassas. É esmaltada para diminuir a oxidação.

TABELA 32.9 Bitolas comuns de pregos

Bitola	Quantidade de pregos por kg	Diâmetro (mm)	Comprimento (cm)
12 × 12	1750	4,8	2,75
13 × 15	1150	2,0	3,44
16 × 24	400	2,7	5,50
17 × 27	266	3,0	6,20
18 × 30	205	3,4	6,90
19 × 39	420	3,9	8,95

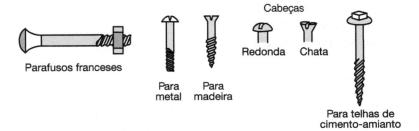

FIGURA 32.29 Tipos de parafusos.

32.5.16 Tubos de Aço para Encanamentos e seus Acessórios

Existem tubos pretos e galvanizados, com e sem costura.

Os tubos pretos sem costura, laminados a quente, são chamados do tipo Mannesmann. Já os tubos de ferro fundido, centrifugado ou não, são usados para encanamentos de esgotos quando de ponta e bolsa, ou de gás, quando de duas pontas lisas.

A Figura 32.30 mostra o desenho das peças mais comuns, com a respectiva denominação.

Os tubos de aço galvanizado são vendidos desde a bitola de 1/8" a 8". Vêm em varas de comprimento variável. Na Figura 32.31 estão algumas peças de conexão, com a sua nomenclatura. Os tubos são produzidos em três classes: normal, reforçada e duplamente reforçada, variando a pressão de trabalho conforme as bitolas. Hoje, quase já não são utilizados.

Chamamos atenção para os *sprinklers*, que são chuveiros alimentados pela rede de água, com um dispositivo que asperge nuvem de água sempre que a temperatura aumenta. Servem para apagar incêndios logo que o calor apareça. O elemento fusível pode ser solda ou uma ampola de líquido altamente expansível sob o efeito da temperatura.

32.5.17 Eletrodutos

Os eletrodutos são canos de aço esmaltados, fabricados em bitolas normatizadas que vão desde 3/8" a 6". São chamados pesados quando têm paredes grossas, e leves, quando suas paredes são finas.

32.5.18 Andaimes Metálicos

Há diversos tipos e marcas de fabricação. Em princípio, constam de tubos de aço que se articulam para permitir os diferentes formatos e comprimentos. Servem também para o cimbramento do concreto, onde, conjugados com compensados à prova d'água, reduzem em muito o consumo de madeira.

FIGURA 32.30 Tipos de conexão ponta e bolsa.

FIGURA 32.31 Peças para conexões rosqueadas.

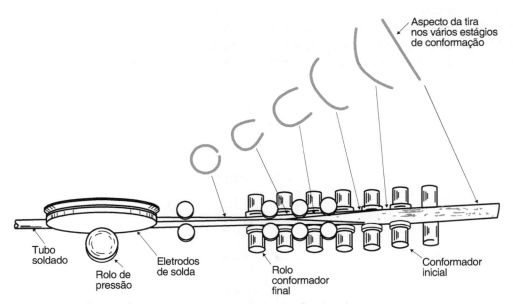

FIGURA 32.32 Esquema de conformação de tubos com costura.

32.5.19 Porta-Paletes Seletivos

A ABNT NBR 15524-1:2007 (parte 1) é a norma brasileira para estruturas ou sistemas de armazenagem tipo porta-paletes seletivos. Ela trata das terminologias dos componentes e acessórios utilizados nas estruturas para armazenamento.

A NBR 15524-2:2007 (parte 2) determina as diretrizes para projeto, cálculo e dimensionamento, materiais utilizados, acabamento e pintura, fixação e ancoragem, determinação de folgas e de corredores operacionais, itens de segurança, amarrações superiores, tolerâncias planimétricas e de deformações nos perfis, dentre outros itens pertinentes. Também determina a frequência de inspeções periódicas a serem realizadas nas estruturas porta-paletes.

32.5.20 *Steel Frame*

O *Light Steel Framing* é um sistema construtivo industrializado, formado por estruturas de perfis de aço galvanizado, e com potencial para ser altamente racionalizado quando o projeto, a mão de obra e a oferta dos produtos envolvidos são bem resolvidos localmente. Seu fechamento é feito por placas, podendo ser cimentícias, de madeira, *drywall* etc. Sua estrutura é composta, basicamente, por fechamento externo, isolantes termoacústicos e fechamento interno.

A ABNT NBR 6355:2012 – Perfis estruturais de aço formados a frio apresenta as definições, termos, requisitos do processo, materiais, chapas, aspectos estruturais etc. para as barras estruturais utilizadas na construção de painéis reticulados.

A utilização desta norma é essencial para o dimensionamento das cargas resistentes conforme a ABNT NBR 14762:2010, pois ela apresenta as determinações de cálculo de acordo com propriedades geométricas dos componentes utilizados no sistema construtivo *Light Steel Framing*, como guias, montantes, cantoneiras, perfis Z e cartolas. Além das prescrições, a norma também apresenta diversas tabelas com os valores das propriedades geométricas já determinadas para os perfis padronizados com larguras de 90, 140 e 200 mm.

Essas propriedades geométricas compreendem o comprimento da alma (bw), comprimento da mesa (bf), comprimento do enrijecedor de alma (D), Figura 32.33, peso por metro linear (kg/m), área (A), espessura (tf), raio interno (ri), momento de inércia no eixo x (Ix), momento de inércia no eixo y (Iy), constante de empenamento (Cw), momento de inércia à torção (J), módulo de resistência elástico (W), raio de giração no eixo x (rx), raio de giração no eixo y (ry), raio de giração polar ($r0$), entre outros.

A diretriz SINAT nº 003, determinada pelo Programa Brasileiro de Qualidade e Produtividade do Habitat (PBQP-H), é a orientação para avaliação técnica de sistemas construtivos em perfis leves de aço conformados a frio, com fechamento em chapas delgadas (sistemas leves tipo *Light Steel Framing*).

32.6 ALGUMAS NORMAS RELATIVAS AOS PRODUTOS SIDERÚRGICOS

ASSOCIAÇÃO BRASILEIRA DE NORMAS TÉCNICAS. *NBR 5580:* Tubos de aço-carbono para usos comuns na condução de fluidos. Rio de Janeiro: ABNT, 2015.

ASSOCIAÇÃO BRASILEIRA DE NORMAS TÉCNICAS. *NBR 5599-2*: Tubos de aço-carbono de precisão – Parte 2:

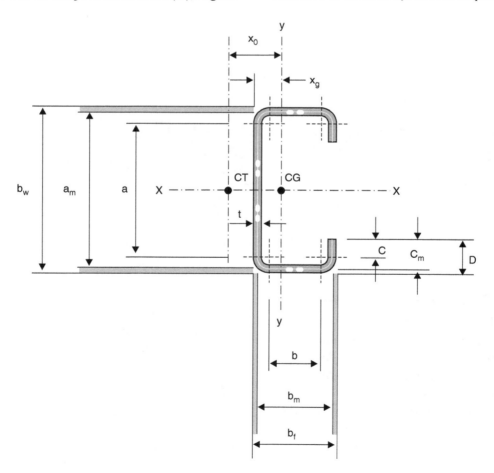

FIGURA 32.33 Esquema das propriedades geométricas de um perfil para *steel-frame*.

Tubos trefilados a frio com solda longitudinal. Rio de Janeiro: ABNT, 2012.

ASSOCIAÇÃO BRASILEIRA DE NORMAS TÉCNICAS. *NBR 5884:* Perfil I estrutural de aço soldado por arco elétrico – Requisitos gerais. Rio de Janeiro: ABNT, 2013.

ASSOCIAÇÃO BRASILEIRA DE NORMAS TÉCNICAS. *NBR 7013*: Chapas e bobinas de aço revestidas pelo processo contínuo de imersão a quente – Requisitos gerais. Rio de Janeiro: ABNT, 2024.

ASSOCIAÇÃO BRASILEIRA DE NORMAS TÉCNICAS. *NBR 8681:* Ações e segurança nas estruturas – Procedimento. Rio de Janeiro: ABNT, 2004.

ASSOCIAÇÃO BRASILEIRA DE NORMAS TÉCNICAS. *NBR 15980:* Perfis laminados de aço para uso estrutural – Dimensões e tolerâncias. Rio de Janeiro: ABNT, 2020.

ASSOCIAÇÃO BRASILEIRA DE NORMAS TÉCNICAS. *NBR 6120:* Carga para o cálculo de estruturas de edificações – Procedimento. Rio de Janeiro: ABNT, 2019.

ASSOCIAÇÃO BRASILEIRA DE NORMAS TÉCNICAS. *NBR 6123:* Forças devidas ao vento em edificações – Procedimento. Rio de Janeiro: ABNT, 2013.

ASSOCIAÇÃO BRASILEIRA DE NORMAS TÉCNICAS. *NBR 6213:* Ferroligas e outras adições metálicas – Codificações. Rio de Janeiro: ABNT, 2014.

ASSOCIAÇÃO BRASILEIRA DE NORMAS TÉCNICAS. *NBR 6215:* Produtos siderúrgicos – Terminologia. Rio de Janeiro: ABNT, 2011.

ASSOCIAÇÃO BRASILEIRA DE NORMAS TÉCNICAS. *NBR 6627:* Pregos comuns e arestas de aço para madeira. Rio de Janeiro: ABNT, 1981.

ASSOCIAÇÃO BRASILEIRA DE NORMAS TÉCNICAS. *NBR 6355:* Perfis estruturais de aço formados a frio – Padronização. Rio de Janeiro: ABNT, 2012.

ASSOCIAÇÃO BRASILEIRA DE NORMAS TÉCNICAS. *NBR 6648:* Bobinas e chapas grossas de aço-carbono para uso estrutural. Rio de Janeiro: ABNT, 2014.

ASSOCIAÇÃO BRASILEIRA DE NORMAS TÉCNICAS. *NBR 6650:* Bobinas e chapas finas a quente de aço-carbono para uso estrutural – Especificação. Rio de Janeiro: *ABNT, 2014.*

ASSOCIAÇÃO BRASILEIRA DE NORMAS TÉCNICAS. *NBR 6665:* Folhas laminadas de aço-carbono revestidas eletroliticamente com estanho ou cromo ou não revestidas – Especificação. Rio de Janeiro: ABNT, 2014.

ASSOCIAÇÃO BRASILEIRA DE NORMAS TÉCNICAS. *NBR 7007:* Aço-carbono e aço microligado para barras e perfis laminados a quente para uso estrutural – Requisitos. Rio de Janeiro: *ABNT, 2016.*

ASSOCIAÇÃO BRASILEIRA DE NORMAS TÉCNICAS. *NBR 7480:* Aço destinado a armaduras para estruturas de concretoarmado – Especificação. Rio de Janeiro: ABNT, 2024.

ASSOCIAÇÃO BRASILEIRA DE NORMAS TÉCNICAS. *NBR 7483:* Cordoalhas de aço para estruturas de concreto protendido – Especificação. Rio de Janeiro: ABNT, 2021 (emenda).

ASSOCIAÇÃO BRASILEIRA DE NORMAS TÉCNICAS. *NBR 8800:* Projeto de estruturas de aço e de estruturas mistas de aço e concreto de edifícios. Rio de Janeiro: ABNT, 2008.

ASSOCIAÇÃO BRASILEIRA DE NORMAS TÉCNICAS. *NBR 9580:* Rebites – Especificação. Rio de Janeiro: ABNT, 2015.

ASSOCIAÇÃO BRASILEIRA DE NORMAS TÉCNICAS. *NBR 14323:* Projeto de estruturas de aço e de estruturas mistas de aço e concreto de edifícios em situação de incêndio – Procedimento. Rio de Janeiro: ABNT, 2013.

ASSOCIAÇÃO BRASILEIRA DE NORMAS TÉCNICAS. *NBR 14432:* Exigências de resistência ao fogo de elementos construtivos – Procedimento. Rio de Janeiro: ABNT, 2001.

ASSOCIAÇÃO BRASILEIRA DE NORMAS TÉCNICAS. *NBR 14762:* Dimensionamento de estruturas de aço constituídas por perfis formados a frio. Rio de Janeiro: ABNT, 2010.

ASSOCIAÇÃO BRASILEIRA DE NORMAS TÉCNICAS. *NBR 15217:* Perfis de aço para sistemas construtivos em chapas de gesso para "drywall" – Requisitos e métodos de ensaio. Rio de Janeiro: ABNT, 2018.

ASSOCIAÇÃO BRASILEIRA DE NORMAS TÉCNICAS. *NBR 15253:* Perfis de aço formados a frio, com revestimento metálico, para painéis reticulados em edificações – Requisitos gerais. Rio de Janeiro: ABNT, 2014.

ASSOCIAÇÃO BRASILEIRA DE NORMAS TÉCNICAS. *NBR 15524-1:* Sistema de armazenagem – Parte 1 – Terminologia. Rio de Janeiro: ABNT, 2007.

ASSOCIAÇÃO BRASILEIRA DE NORMAS TÉCNICAS. *NBR 15524-2:* Sistema de armazenagem – Parte 2 – Diretrizes para o uso de estruturas tipo porta-paletes seletivos. Rio de Janeiro: ABNT, 2007.

ASSOCIAÇÃO BRASILEIRA DE NORMAS TÉCNICAS. *NBR 15980:* Perfis laminados de aço para uso estrutural – Dimensões e tolerâncias. Rio de Janeiro: ABNT, 2011.

ASSOCIAÇÃO BRASILEIRA DE NORMAS TÉCNICAS. *NBR NM 87:* Aço-carbono e ligados para construção mecânica – Designação e composição química. Rio de Janeiro: ABNT, 2000.

ASSOCIAÇÃO BRASILEIRA DE NORMAS TÉCNICAS. *NBR 5599-1:* Tubos de aço, de precisão, sem costura. Rio de Janeiro: ABNT, 2012.

BIBLIOGRAFIA

AMERICAN SOCIETY FOR TESTING AND MATERIALS. *ASTM E23-18* – Standard Test Methods for Notched Bar Impact Testing of Metallic Materials. West Conshohocken: ASTM, 2016. 26 p.

DIETER JR., G. E. *Mechanical metallurgy.* Tokio, Japan: McGraw-Hill, 1976.

HUME-ROTHERY, W. *Estrutura das ligas de ferro.* São Paulo: Edgard Blücher, 1968.

REED-HILL, R. E. *Princípios de metalurgia física.* Rio de Janeiro: Guanabara Dois S. A., 1982.

SOUZA, S. A. *Ensaios mecânicos de materiais metálicos*: fundamentos teóricos e práticos. São Paulo: Edgard Blücher, 17. impressão, 2019.

33

RECICLAGEM DE RESÍDUOS DE CONSTRUÇÃO E DEMOLIÇÃO (RCD)

Prof. Dr. Leonardo Fagundes Rosemback Miranda • Prof. Dr. Sérgio Cirelli Angulo

Este capítulo encontra-se disponível integralmente por meio do QR Code abaixo.

uqr.to/1yan1

34

MATERIAIS INOVADORES NA CONSTRUÇÃO

**Prof. Dr. Sérgio Cirelli Angulo •
Prof. Dr. Antonio Carlos Vieira Coelho**

Este capítulo encontra-se disponível integralmente por meio do QR Code abaixo.

uqr.to/1yan0

35

CONCRETO LEVE

**Prof. Dr. João Adriano Rossignolo •
Ph.D. Gabriela Pitolli Lyra**

Este capítulo encontra-se disponível integralmente por meio do QR Code abaixo.

uqr.to/1yamz

36

CONCEPÇÃO E DURABILIDADE DAS PONTES DE CONCRETO PROTENDIDO

**Prof. Dr. Arquimedes Diógenes Ciloni •
Prof. Eng.º Roberto José Falcão Bauer**

Este capítulo encontra-se disponível integralmente por meio do QR Code abaixo.

uqr.to/1yamy

ÍNDICE ALFABÉTICO

As marcações em negrito correspondem aos Capítulos 33 a 36 (páginas e-1 a e-88) que se encontram na íntegra nos materiais disponibilizados por QR Codes.

A

Abaulamento, 698
ABNT/CB-02, 14
ABNT/CB-18, 14
ABNT NBR, 13
- 5739:2018, 206
- 12655:2022, 205
- 14931:2004, 209, 210
- 15575, 747
- 16889:2020, 206
Absorção, 17, 397, 651
- capilar de água, 589
- de água, 413
- - da placa cerâmica, 421
- higroscópica de água e condensação capilar, 590
Ação
- do CO_2 (carbonatação do concreto), 314
- do meio ambiente sobre as estruturas de concreto, 300
- dos gases em tubulações de esgoto, 314
Aceitação
- automática, 208
- definitiva do concreto, 205
- do concreto fresco, 205
- não automática, 208
Aceleradores, 55
- ação e efeitos dos, 117
- de pega, 55
Acessibilidade, 749
Acessórios, 796
Ácido(s)
- acético, 309

- carbônico, 309
- fórmico, 309
- húmicos, 310
- lático, 309
- sulfídrico, 309
- tânicos, 310
Aço(s), 782, 794
- acalmados, 784
- comum, 791
- de alta resistência e baixa liga, 794
- efervescentes, 784
- inoxidáveis, 794
- para armaduras de protensão, 800
- semiacalmados, 784
Aços-carbono estruturais, 794
Acrílicos, 566
Adensamento, 192, 204, 264
- do concreto, 194
- manual, 193
- mecânico, 193
Adequação ambiental, 748
Aderência potencial, 341
Adesão, 236
- inicial, 338
Adesividade ao ligante asfáltico, 652
Adesivos, 567
Adições minerais, 121, 122, 180
Aditivo(s), 98, 335, 528
- aceleradores para concreto projetado, 119
- classificação, 97
- compatibilidade entre, 101
- controladores de hidratação, 119
- definição, 97
- desempenho esperado dos, 102
- efeitos sobre o
- - concreto, 99, 100
- - desenvolvimento do calor de hidratação, 103
- especiais, 118

- estabilizadores de volume, 120
- expansores, 119
- fatores que afetam o desempenho dos, 102
- incorporador de ar
- - fatores que influenciam na ação do, 110
- - influência sobre o concreto endurecido, 110
- - influência sobre o concreto fresco, 108
- modificadores de viscosidade, 118
- normas técnicas, 97
- para argamassa, 120
- químicos, 180
- redutor(es)
- - à absorção capilar, 119
- - de permeabilidade capilar, 118
- retardadores, 103, 105
- superplastificante, 99-101
Adobe, 391
Adoção de cuidados especiais na construção, 510
Afastamento-padrão ou desvio-padrão sobre a regressão, 285
Agentes
- biológicos, 235
- climáticos, 591
- coalescentes, 528
- de degradação das fachadas, 613
- degradantes, 612
- na deterioração do concreto, 231
- químicos, 234
- reológicos, 528
Aglomerantes de madeira, 710
Agregado(s), 73, 222, 334
- absorção de água, 84
- amostragem, 74
- área superficial, 83
- britados, 71
- caracterização, 76
- classificação dos, 650

814 Índice Alfabético

- contextualização, 68
- distribuição granulométrica, 78, 650
- efeito nos materiais cimentícios, 89
- graúdos, 85
- leves, **e-41**
- manuseio, 74
- massa específica, 86
- natural, 89
- natureza, 650
- para misturas asfálticas, 649
- porosidade intragranular, 84
- porosos, 85, 89
- produção, 69
- propriedades físicas, 651
- reciclados
- - aplicações de, **e-12**
- - em argamassas, **e-14**
- - em concretos, **e-15**
- - em obras geotécnicas, **e-17**
- - especificações de, **e-12**
- - na pavimentação, **e-12**
- tamanho, 650
- tipo, massa específica e outras características dos, 261
- tipos de, 69
- transporte, 73
- umidade e inchamento, 84
- usos, 69
Agressividade
- ao concreto armado, 326
- do meio ambiente, 321
Água, 131-133, 155, 221
Água(s)
- ácidas, 59
- adsorvida, 245
- capilar, 245
- de constituição, 685
- de impregnação, 685
- de infiltração ou de fluxo superficial, 589
- de molhagem dos agregados, 131-133, 155
- do mar, 59
- interlamelar, 245
- livre, 685
- na pasta de cimento hidratada, 245
- pura, 58, 308
- quimicamente combinada, 246
- sulfatada, 59
Alburno, 678
Alimentador vibratório, **e-7**
Alto-forno, 779
Alumina livre, 377
Aluminato, 103
- de cálcio, 51
- tricálcico, 51
Alumínio, 498
- acabamento(s)
- - das superfícies, 512
- - mecânicos, 512
- anodização, 513
- eletrodeposição, 513
- emprego do, 513
- extrudados, 511, 512
- laminados, 511
- lavradas, 511
- ligas, 512
- limpeza, 512
- pintura, 513
- polimento químico, 513
- tratamentos químicos de proteção, 512
Alvenaria estrutural
- argamassa, 482

- blocos, 480
- componentes da, 480
- elemento de, 483
- execução e controle de obras em, 485
- - caracterização prévia, 486
- - controle durante a construção, 486
- graute, 483
- manifestações patológicas, 488
- projeto estrutural, 484
Ambiente(s)
- agressivos às estruturas de concreto, 305
- em contato com as estruturas de concreto, 302
- externo, 538
- industrial, 304
- interno, 538
- marinho, 302
- urbano, 302
Amostragem
- do concreto de estruturas degradadas, 313
- e os critérios de aceitação e rejeição das placas cerâmicas, 430
Ampla ventilação dos espaços fechados, **e-79**
Análise
- da presença salina em zonas marinhas, 308
- de agressividade de águas, 306
- de agressividade de solos, 306
Andaimes metálicos, 804
Anéis anuais de crescimento, 677
Angiospermas, 676
Anodização, 513
Aparelho de Vicat, 55
Apresentação do traço de concreto, 151
Aquisição e uso do gesso, 46
Ar
- aprisionado, 245
- incorporado, 244
Aramado, 466
Arames, 802
Áreas
- molhadas, 759, 766
- molháveis, 759, 766
- secas, 766
Areia, 57
Argamassa(s), 56, 331, 342, 482, 537
- aérea, 333
- características, propriedades e ensaios, 336
- classificação, 331
- colante, 575
- - industrializada, 575
- composição e dosagem das, 342
- constituintes das, 333
- decorativa, 537
- definição, 331
- fluída, 333
- hidráulica, 333
- impermeável, 768
- modificada com polímero, 769
- para assentamento
- - e fixação de componentes de alvenaria, 332
- - ou rejuntamento de placas cerâmicas, 332
- para impermeabilização, 332
- para pisos e contrapisos, 332
- para rejuntamento, 579
- para revestimento de paredes e tetos, 331
- para usos específicos, 333
- plástica, 333
- polimérica, 769
- semisseca, 333
- simples, 333
Argila(s), 376

- composição das, 377
- na fabricação de cerâmicas, 376
- propriedades das, 377
- tipos de, 376
Argilominerais, 376
Armadura, 210
Artefatos de concreto, 350
Árvores
- endógenas, 676
- exógenas, 676
- fisiologia e crescimento das, 676
Asfalto(s)
- diluído, 648
- modificado(s)
- - por borracha, 645
- - por polímeros, 643
- - sem adição de polímero, 770
Ataque
- por sulfatos, 250
- químico em revestimentos de alto desempenho, 730
Atração, 15
Austenita, 788
Avaliação
- da resistência à compressão do concreto, 260
- das características do concreto, 259
- de conformidade, 14
Azulejos, 429

B

Bandeja, 542
Barras
- longitudinais, 263
- transversais, 262
Barreiras geossintéticas, 773
Batido, 359
Betoneira(s), 173
- de mistura forçada, 173
- de queda livre ou de gravidade, 173
Bicomponentes, 530
Biocidas, 528, 548
Biodegradação, 543
Blindagem radiológica, 19
Bloco(s), 398
- alveolar, 394
- cerâmico, 397, 481
- classificação dos, 354
- controle de qualidade, 356
- da classe C, 355
- de alvenaria racionalizada, 394
- de amarração, 394
- de classe A, 354
- de classe B, 354
- de concreto, 481
- - celular autoclavado, 363
- de fixação superior, 394
- de paredes vazadas, 394
- de solo-cimento, 440
- estrutural, 394
- famílias de, 353
- ranhurado, 394
- resistência característica à compressão, 356
- vazados de concreto, 354, 355
- - para alvenaria, 350, 351
- - simples, 351
Bloco/tijolo
- cerâmico com paredes maciças, 394
- de vedação, 394
- principal, 394
Bolha ou pintura, 620
Bombeamento do piso de alta resistência, 726
Britadores, **e-9**
Bronze, 516

Índice Alfabético 815

C

Cabos
- concêntricos, 516
- RCFT, 516
- RF, 516
- WP (*waterproof*), 516

Cádmio, 427

Cal, 22
- aérea, 334
- composição da, 26
- estabilidade da, 28
- etapa de consolidação da, 25
- finura da, 27
- hidratada, 25, 26, 535, 537
- - para pintura, 535, 537
- - propriedades da, 26
- hidráulica, 32
- influência nas propriedades das argamassas, 32
- mercado da, 30
- orientações gerais para aquisição e uso da, 34
- plasticidade da, 28
- requisitos da normalização técnica da, 30
- retenção de água da, 28
- virgem dolomítica, 25

Cálculo
- de quantitativos para um serviço de pintura, 537
- de resistência da dosagem, 206

Calor
- de hidratação, 58
- específico, 220, 380

Camada(s)
- dos pavimentos, 654
- porosa de atrito ou revestimento drenante, 656

Câmbio, 677

Canaleta, 394

Capacidade calorífica, 380

Capeamento metálico, 510

Carbonatação, 25, 314, 322
- do concreto, 314, 322

Carbono puro, 787

Carga(s), 527
- de ruptura, 414, 422
- de ruptura à flexão, 414

Carunchos, 702

Casca, 676

Caulim, 377

Células vazias, 704

Cementita, 787

Cerâmica(s)
- definição de, 375
- propriedades das, 378

Cerâmicos, 11

Cerne, 678

Chapas
- de OSB, 714
- galvanizadas, 795
- lisas pretas, 795

Chumbo, 427, 499, 514

Chuva
- direta, 591
- escorrida, 592

Ciclo de vida, 7, 611, 636
- das edificações, 636

Cimento(s), 57, 222
- aluminosos, 65
- asfáltico de petróleo, 642
- cristalizante para pressão negativa, 769
- modificado com polímero, 769
- Portland
- - armazenamento, 64
- - calor de hidratação, 58

- - classificação, 59
- - constituintes, 51
- - definição, 51
- - estabilidade, 58
- - fabricação, 59
- - massa específica, 52
- - pasta de consistência normal, 54
- - propriedades
- - - físicas, 51
- - - químicas, 57
- - reação álcali-agregado, 59
- - resistência, 56
- - - aos agentes agressivos, 58
- - tempo de pega, 54
- - transporte, 62
- pozolânicos, 65

Classes de agressividade ambiental, 305

Classificação das árvores, 675

Cloreto(s), 311
- de cálcio, 118

Cobre, 499, 515
- emprego do, 515
- fios e cabos elétricos, 515

Coeficiente(s)
- de afastamento, 285
- de atrito, 427
- de condutibilidade térmica, 380, 689
- de correlação, 285
- de determinação, 285
- de dilatação dos metais, 503
- de permeabilidade, 218
- de Poisson, 229
- de resistência térmica, 690
- de segurança e valores de cálculo, 706

Colas, 710
- de origem natural, 711

Coloração(ões)
- acinzentada, 306
- avermelhadas, 306
- branca a acinzentada, 306
- clara, 306

Comitê(s)
- Brasileiro
- - da Construção Civil, 14
- - de Cimento, Concreto e Agregados, 14
- técnicos, 14

Compacidade, 17, 178, 217

Completagem, 532

Componente(s), 542, 746
- cerâmicos, 394

Comportamento
- elástico, 227
- reológico, 336

Composição
- da cal, 26
- das argilas, 377

Compósitos, 11

Compostos
- orgânicos voláteis, 548
- sulfoaluminosos, 120

Compressão do concreto, 208

Concreto(s), 172, 173, 205, 250, 291, **e-40**, **e-45**, **e-46**, **e-56**, **e-72**, **e-73**, **e-76**
- asfáltico, 655
- autoadensáveis, 161, 190
- binário, 136
- breve histórico, **e-40**
- coloridos, 160
- com consumo de cimento C preestabelecido, 136
- consistência, 177
- critérios práticos de dosagem, 129

- de alta resistência, 158
- de alto desempenho, **e-72**
- de ultra-alto desempenho, 164, **e-73**
- desenvolvimento
- - de pesquisas sobre o, 126
- - tecnológico, 201
- deterioração ou degradação das estruturas de, 320
- dosado em central, 174
- dosagem, **e-45**
- e armaduras, **e-76**
- em situação de incêndio, 291
- endurecido, 215
- - durabilidade, 230
- - propriedades
- - - físicas, 216
- - - frente a condições específicas, 233
- - - mecânicas, 224
- grau de agressividade do meio com presença de água em contato com as estruturas, 311
- leve(s), 216
- - estruturais produção dos, **e-45**
- - estruturais propriedades dos, **e-46**
- modelagem de vida útil de estruturas de, 327
- no estado fresco, 172
- - preparo do, 173
- normas e especificações, **e-56**
- pesado ou denso, 216
- preparado em obra, 173
- preparo, transporte e recebimento do, 205
- submerso, 190
- submetido ao fogo, 250
- tempo e temperatura, 181
- terciário, 136
- transporte, 183

Condensação de umidade em fachadas de edifícios, 545

Condicionamento acústico, 690

Condições
- ambientais para execução da pintura, 541
- de exposição, 746

Condutibilidade
- elétrica, 235
- - da madeira, 688
- - dos metais, 496, 504
- sonora, 690
- térmica
- - da madeira, 689
- - dos metais, 496, 504

Condutividade
- elétrica, 429
- térmica, 19, 219, 426

Conforto tátil e antropodinâmico, 752

Coníferas, 676

Consistência, 178, 180, 181

Constituição da matéria, 8

Construção, 5, 611
- civil, 5

Consumo de água por metro cúbico de concreto, 149

Contaminação ambiental por substâncias agressivas, 592

Contornos de grãos da matriz, 497

Contraplacados de madeira, 710, 713

Controlador de hidratação, 335

Controle
- da resistência
- - por amostragem parcial, 207
- - por amostragem total, 207
- de qualidade do produto final, 532
- tecnológico
- - de materiais componentes do concreto, 202
- - do concreto, 201

816 Índice Alfabético

Copolímeros, 556
Cores
- amarelas, 306
- escuras, 306
Correção das falhas do substrato, 540
Corrosão, 18
- biológica, 593
- das armaduras, 321
- de armaduras, 323
- de produtos siderúrgicos, 793
- eletroquímica, 509
- em vidros, 467
- mecânica, 593
- química, 508, 593
Cozimento, 397
Cristais, 786
- de ferro puro, 786
Cristalização, 499
Critério(s)
- de desempenho, 542, 746
- de ordem
- - econômica, 11
- - estética, 11
- - técnica, 11
Cromatos, 527
Cura, 204, 210, 264
- do cimento, 264
- do concreto, 210
Curvatura, 428, 698
- lateral, 698
Custos dos sistemas da qualidade, 739

D

Danos decorrentes de absorção de água e
    substâncias agressivas, 593
Defeitos
- de crescimento, 697
- de secagem, 698
- no concreto, 265
- por ataques biológicos, 698
Deficiência(s)
- na execução, 580
- na selagem das juntas, 726
Deformabilidade, 130
Deformações verticais, 270
Degradação
- do concreto, 301
- - devido à ação de gases, 314
- - em meio líquido, 308
- química, mecânica e térmica, 543
Degrau nas juntas
- do piso de alta resistência, 726
- em revestimentos de alto
    desempenho, 730
Densidade, 15, 16
- da madeira, 685
- de massa
- - aparente, 339
- - e teor de ar incorporado, 337
- relativa
- - aparente, 653
- - dos agregados, 653
- - efetiva, 653
- - real, 653
Depósitos de argila, 376
Desagregação, 726
- em revestimentos de alto
    desempenho, 730
- por ações físicas, 727
- por ataque químico, 727
Descolamento(s), 571
- com pulverulência ou argamassa friável, 573

- do piso de alta resistência, 727
- em placas, 571
- em revestimentos
- - cerâmicos, 574
- - de alto desempenho, 730
- - de argamassa, 571
- por empolamento, 571
Desempenadeira, 542
Desempenho, 611, 612, 746, 753
- acústico, 757
- conceituação de, 745
- das edificações, 745
- do concreto submetido ao fogo, 222
- dos sistemas de pintura, 542
- esperado dos aditivos, 102
- estrutural, 749
- lumínico, 757
- térmico, 753
Desenvolvimento
- da secagem, 699
- de pesquisas sobre o concreto, 126
Desforma, 211
Desgaste
- do piso de alta resistência, 726
- em revestimentos de alto
    desempenho, 730
Deslocamento, 619
- da pintura, 620
Desnível entre placas
- do piso de alta resistência, 726
- em revestimentos de alto
    desempenho, 730
Despassivação das armaduras, 322
Destonalização, 428
Desvios de veio, fibras torcidas, 697
Detalhes de projeto, 598
Detecção de falhas de concretagem, 265
Deterioração(ões), 701
- do concreto, 249
- ou degradação das estruturas de concreto, 320
Determinação
- da rotação em pontos da peça estrutural, 270
- das deformações verticais, 270
- das distensões das fibras, 270
- do consumo
- - de agregado(s)
- - - graúdos, 150
- - - miúdo, 150
- - de cimento, 150
- - do tempo
- - de duração de cura em água em ebulição, 281
- - de resfriamento, 281
Diagnóstico das patologias em pisos, 730
Diagramas de equilíbrio, 501
Dicotiledôneas, 676
Diferença
- de potencial, 321
- de tonalidade, 428
Difusividade, 220
Dilatação
- higroscópica, 576
- térmica, 221
Dimensionamento de peças de madeira, 705
Dimensões, 428
- da peça e espaçamento das
    armaduras, 177
- de tijolo e de bloco de
    solo-cimento, 440
- do clima, 300, 301
- do clima nos estudos de
    durabilidade, 300

- efetivas, 395
- modulares, 395
- nominais, 395
Dióxido de titânio, 527, **e-32**
Dissolução e lixiviação da pasta, 308
Distensões das fibras, 270
Distribuição granulométrica dos agregados,
    78, 651
Divisibilidade, 15
Dobradiças, 520
Dosagem
- do concreto, 205
- preconizada, 142
- - por Vallette, 135
Drywall, 43
Ductibilidade, 18, 496
Durabilidade, 18, 130, 247, 342, 542, 611,
    612, 766
- da tinta, 543
- das edificações, 760
- das pontes, **e-62**, **e-65**, **e-74**
- - de concreto protendido, **e-74**
- - existentes, **e-65**
- do concreto, 208, 242, **e-48**
- - protendido, **e-72**
- dos plásticos, 568
- e sustentabilidade das fachadas, 636
- e vida útil, 7
- por molhagem e secagem, 438
Duração
- de um metal, 508
- do processo de cura, 197
Dureza, 18, 429, 506, 695
- dos metais, 506
- superficial, 695

E

Efeito(s)
- da(s) armadura(s)
- - em estruturas reais de concreto armado,
    264
- - sobre a velocidade de propagação nos
    ensaios em concreto armado, 262
- da direção de ensaio, 264
- da umidade e temperatura na peça em
    ensaio, 262
- do calor sobre as argilas, 378
- dos aditivos retardadores, 103
Eflorescência(s), 491, 492, 586-588, 619
- provenientes da limpeza de revestimentos
    cerâmicos com ácido, 588
Elasticidade, 19
Elementos, 542, 746
- de liga não metálicos, 496
- escritos de um projeto de engenharia, 11
Eletrodeposição, 513
Eletrodutos, 804
Eletrólito, 321
Embalagem das tintas e massas, 532
Empenamento da placa, 727
Empeno, 428
Empolamento em revestimentos de alto
    desempenho, 730
Emprego de materiais inadequados, 320
Emulsões
- aquosas, 526
- asfálticas, 646
Encaminhamento de uma norma, 14
Encruamento, 790
Enlatamento e embalagem, 532
Ensaio(s)
- da bola, 437

Índice Alfabético 817

- da caixa, 438
- de abatimento, 181
- - do tronco de cone, 182
- de compactação, 181, 438
- de consistência – abatimento, 206
- de controle
- - de aceitação, 206
- - de produção, 12
- de deformação permanente
  de solos, 668
- de dobramento, 508
- de escorregamento, 181
- de espalhamento do tronco de Abrams, 183
- de fadiga em misturas asfálticas, 663
- de identificação, 12
- de módulo de resiliência
- - de solos, 666
- - em misturas asfálticas, 663
- de penetração, 181
- de qualificação de materiais, 202
- de recebimento, 12, 202
- de remoldagem, 181
- de resistência
- - à compressão, 206, 273
- - à tração por compressão diametral em
  misturas asfálticas, 665
- de tração dos metais, 505
- destrutivos, 630
- direto, 12
- do vidro, 437
- dos materiais, 12
- esclerométrico, 255
- expeditos, 437
- indireto, 12
- mecânicos em misturas asfálticas, 663
- não destrutivos, 253, 626
- normalizados para determinação das
  propriedades características do material, 707
- uniaxial de carga repetida para determinação
  da resistência à deformação permanente de
  misturas asfálticas, 664
Entidades normalizadoras, 13
Equipamentos
- de transporte, e-8
- e dispositivos de segurança
  do pessoal, e-82
Erros
- de execução, 320
- de projeto estrutural, 320
Esborcinamento de juntas, 726
Esclerômetro, 253, 254
Escolha do tipo de cura, 196
Esgoto, 304
Esmagamento do piso de alta
  resistência, 726
Esmalte(s)
- sintético alquídico, 536
- sintéticos, 526
Espaço interlamelar no CSH, 244
Espátulas, 542
Espécie botânica da madeira, 684
Especificação(ões)
- de desempenho, 746
- de materiais, 12
- do sistema de pintura, 538
- e ensaios dos materiais, 11
Espelhos, 471, 472
Esquema de observação topográfica da obra
  de longo prazo, e-82
Estabilidade
- da cal, 28
- dimensional, 247, 686
- dimensional da madeira, 686

Estado
- endurecido, 339
- fresco, 336
Estanho, 499, 514
Estanqueidade à água, 758
Estimativa de profundidade de fissuras, 266
Estrutura(s)
- amorfas, 10
- cristalinas, 9
- de concreto reforçadas com fibra de carbono
  em situação de incêndio, 297
- fibrosa do lenho, 678
- flutuantes, e-53
Estudo
- de dosagem do concreto, 205
- dos materiais, 8
Etapa de consolidação
- da cal, 25
- do gesso, 40
Exame
- cristalográfico, 499
- da massa e da queima, 397
Execução
- da camada
- - de emboço, 601
- - de reboco, 601
- de pinturas, 540
- de revestimentos de argamassa, 600
- do concreto, 205
Expansão, 223
- do concreto, 310
- por ação de águas e solos, 232
- por umidade, 425
- térmica linear, 426
Exsudação, 53, 179
Extensão, 15
Extração
- da matéria-prima, 383
- de areia, 72
- eletroquímica de cloretos, 325
- em cava seca, 72
- em leito de rio, 72

F

Fabricação
- das telhas de concreto, 361
- de produtos cerâmicos, 382
- de tijolo e de bloco de
  solo-cimento, 441
- dos tijolos maciços, 395
Fachadas, 607, 615
Fadiga
- de produtos siderúrgicos, 793
- do metal, 507
Falhas
- em revestimentos, 571
- relacionadas com a umidade, 589
Família de blocos/tijolos cerâmicos, 395
Fanerógamas, 676
Fase(s)
- agregado, 241
- cristalinas, 497
- de manutenção, 602
- interface pasta-agregado, 248
- pasta de cimento hidratada, 243
Fatores de desagregação das
  cerâmicas, 382
Fechadura(s), 518
- de cilindro, 518
- de segurança (ou de gorges), 519
- normais, 519
Fechos, 518

Fendas, 698
Fendilhado, 698
Fenômenos
- associados à expansão do concreto, 310
- baseados na dissolução e lixiviação
  da pasta, 308
Ferragens, 517
- para esquadrias, 517
Ferramentas
- de análise, 739
- e acessórios para execução de sistemas de
  pintura, 542
Ferro
- aluminato de cálcio, 51
- doce, 782, 792
- fundido
- - branco, 791
- - cinzento, 791
Ferro-gusa, 781
Fibra(s), 336
- de vidro, 473
Filme intercristalino, 501
Fim de vida, 611
Finalidades da normalização, 12
Finura
- da cal, 27
- do cimento Portland, 53
Fios
- CCC, 516
- com alma de aço, 516
- de contato, 516
- e barras redondos para concreto armado, 799
- e cabos
- - nus, 515
- - plásticos, 516
- - RCT, 516
- flexíveis, 516
Fissura(s), 326, 488, 581, 725, 729
- da pintura, 620
- de canto, 725, 729
- em revestimentos de argamassa, 581
- horizontais, 491
- inclinadas, 490
- paralelas às juntas, 725
- passantes paralelas ou perpendiculares às
  juntas, 725, 729
- perpendiculares às juntas, 725
- radiais, 725
- relacionadas com
- - a argamassa de assentamento, 584
- - a deficiência de encunhamento da
  alvenaria, 582
- - a deformação lenta do concreto, 584
- - ausência de vergas e contravergas, 584
- - o cobrimento deficiente do concreto, 582
- - outros fatores, 584
- verticais, 489
Fissuração, 581
Fita asfáltica autoadesiva, 771
Flexão dinâmica, 792
Fluência, 229, 695
Folha de flandres, 795
Folhosas, 676
Forjamento, 785
Forma
- das partículas, 652
- de uma partícula, 80
- do grão, 180, 242
- do grão do agregado, 180
Formação
- de água de condensação, 589
- de lotes, 206
- dos grãos, 500

818 Índice Alfabético

Formatos típicos de tijolos e blocos, 395
Forno(s)
- a arco, 782
- a rolos, 390
- combinado, 388
- de cuba, 388
- de Hoffmann, 388
- de indução, 782
- de meda, 386
- de mufla, 387
- intermitente
- - comum, 387
- - de chama invertida, 387
- semicontínuo, 387
- túnel, 389
Fosfogesso, 38
Fotodegradação, 543, 612
Fotoiniciadores, 528
Fragilidade, 18
Funcionalidade, 749
Fundição, 785
Fundo, 534
- anticorrosivo universal, 536
- preparador de paredes, 534, 535
- selador, 534
- - acrílico pigmentado, 535
- - pigmentado, 536
- - vinílico, 535
Fungos, 701
- cromógenos, 701
- xilófagos, 701

G
Galão, 537
Geossintéticos, **e-17**
Gesso, 334
- aquisição e uso do, 46
- composição química, 39
- de construção, 37
- de Paris, 37
- etapa de consolidação do, 40
- material reciclável, 45
- mercado do, 42
- natureza e obtenção, 36
- outros produtos em, 44
- propriedades para, 41
- rápido, 37
- requisitos da normalização
  técnica de, 41
Ginospermas, 676
Granilite, 372
Granulometria, 180
Grãos de clínquer não hidratados, 244
Graute, 483
Graxas, 310
Gretamento em peças esmaltadas, 424

H
HDF (*high density fiberboard*), 714
Hemidrato, 37
Hidróxido de cálcio, 243
Higiene, 429, 748
Holocelulose, 679
Homopolímeros, 556
Hypalon, 567

I
Idade do concreto, 261
Identificação
- botânica, 681
- - das espécies lenhosas, 680
- botânico-tecnológica, 681
- vulgar, 681

Iluminação dos interiores, **e-80**
Impacto ambiental das tintas, 547
Impenetrabilidade, 15
Imperfeições resultantes da anatomia das
  madeiras, 696
Impermeabilidade da telha seca, 413
Impermeabilização
- asfáltica, 768, 770
- cimentícia, 768
- do sistema de piso, 766
- polimérica, 768, 772
- vertical-drenagem, 591
Implantação
- de habitações e de conjuntos
  habitacionais, 747
- de sistema da qualidade em empresa
  construtora, 741
Impurezas, 641
Incêndio, 290
Incorporadores de ar, 105, 335
Indestrutibilidade, 15
Índice de hidraulicidade de Vicat, 65
Inércia, 15
Inibidores de corrosão, 325, 528
Iniciação, 328
Insetos xilófagos, 702
Inspeção
- de fachadas, 607, 614
- - conceitos, 611
- - definições, 611
- - importância do tema, 608
- - objetivo, 610
- de obras de arte por radares de
  superfície, **e-82**
- predial de fachadas, 611, 623
Íons agressivos, 322
Isolamento acústico, 690
Isolantes de alta eficiência, **e-27**

J
Janelas de inspeção, 630
Jazida, 497
Junta(s)
- de assentamento, 578
- de concretagem, 188
- de dessolidarização, 775
- de dilatação estrutural, 775
- de movimentação, 577, 578, 775

L
Ladrilho(s), 415
- hidráulico, 365
Laminado, 464
- simples, 465
Lançamento do concreto, 185, 190, 204
Lascamento do concreto, 293
Latão, 517
Ledeburita, 787
Lei
- de Abrams, 152
- de Lyse, 152
- de Priszkulnik e Kirilos, 152
Lenho, 678
- inicial, 678
- tardio, 678
Ligação(ões)
- iônicas, 495
- metálicas, 495
Ligantes asfálticos, 641, 642
- processos de produção, 641
- tipos, caracterização e
  especificações, 642

Ligas, 501
- de alumínio, 512
- de ferro, 786, 790
- de ferro-carbono, 786
- intermetálicas, 496
Lignina, 679, 680
Lignossulfonato, 98
Limalha de ferro, 120
Limite
- de solubilidade substitucional, 496
- solubilidade sólida intersticial, 496
Limpeza, 430, 540, 651
- da superfície, 540
- das superfícies cerâmicas, 430
Lingotes, 784
Lixas, 542
Lixiviação por ação de águas puras, 231
Localização da peça no lenho, 684

M
Má qualidade da tinta, 545
Macroestrutura do concreto, 240
Madeira(s), 674
- aglomerada, 710, 713
- composição química das, 679
- lamelada colada, 711
- - cruzada, 712
- laminadas, 710
- - compensada, 713
- origem e produção das, 675
- presença de defeitos, 684
- principais defeitos das, 696
- propriedades
- - físicas das, 684
- - mecânicas da, 684, 691
- reconstituída, 710, 714
- transformada engenheirada, 709
Maleabilidade, 18
Manchamento, 424
Manchas, 586, 591, 619, 727
- de fachadas por contaminação
  atmosférica, 591
- nas placas de piso de alta
  resistência, 727
Manifestações patológicas em revestimentos
  de argamassa inorgânica e cerâmicos, 571
Manilhas cerâmicas, 416
Manta(s)
- asfáltica para impermeabilização, 771
- de butil, 774
- de cloreto de polivilina, 773
- de etileno-propilenodieno-
  monômero, 774
Manutenção(ões), 611, 766
- na vida útil das fachadas, 632
- para as fachadas, 634
- preditiva, 634, 636
- preventivas, 635
Manutenibilidade, 766
Marcha da operação, 781
Massa
- a óleo, 536
- acrílica, 535
- corrida, 535
- da telha seca, 413
- específica, 15, 52
- - aparente, 17
- - cimento Portland, 52
- - da cal, 30
- - da madeira, 684
- - do concreto, 216, 261, **e-46**
- - dos metais, 503
- - real, 16
- unitária, 17
- - da cal, 30

Matéria-prima para a fabricação de artefatos de cimento, 350

Materiais
- autolimpantes, **e-30**
- cerâmicos breve histórico, 375
- cimentante, 122
- com gradação funcional, **e-32**
- compostos, 11
- cristalinos, 10
- de argila secos ao sol, 391
- de cerâmica, 391
- de construção
- - e sustentabilidade, 6
- - evolução histórica dos, 2
- - importância e história dos, 2
- de gradação funcional, **e-33**
- de mudança de fase, **e-26**
- de revestimento, 592
- definição e classificação dos, 10
- especificações e ensaios dos, 11
- filer, 122
- fotocatalíticos, **e-32**
- frios, **e-22**
- inorgânicos com grupos hidroxila superficiais, **e-31**
- inovadores na construção, **e-21**
- pozolânicos, 121
- propriedades gerais dos, 15
- radioativos, 235
- responsivos, **e-22**, **e-24**

MDF (*medium density fiberboard*), 714
Mecanismos de formação de filme, 528
Medidas protetoras, 591
Medula, 678

Meio(s)
- ambiente, 538
- manuais de acesso, **e-81**
- mecânicos de acesso, **e-81**
- não corrosivo em que o metal vai atuar, 510

Meio-fio pré-moldado
- de concreto, 371
- e granitina, 369

Membrana
- acrílica para impermeabilização, 772
- asfáltica para impermeabilização com estruturante aplicada a quente, 770
- de asfalto elastomérico em solução, 770
- de emulsão asfáltica, 770
- de polímero acrílico com ou sem cimento, para impermeabilização, 773
- de poliuretano, 772
- - modificado com asfalto, 773
- elastomérica de estireno-butadieno-*rubber*, 772
- epoxídica, 772

Memorial descritivo, 11

Mercado
- da cal, 30
- do gesso, 42

Mestria, 520

Metais, 10
- aparência, 503
- conceito de, 495
- condutibilidade elétrica, 504
- dilatação e condutibilidade térmica, 503
- ensaio de tração, 505
- massa específica, 503
- não siderúrgicos, 498
- obtenção, 495
- resistência à tração, 504
- sanitários, 521, 522

Metalurgia, 498
- do ferro, 779

Método(s)
- da ABCP, 157
- da frequência de ressonância, 257
- da medição da dureza superficial, 253
- de avaliação, 542
- de dosagem
- - da ABCP, 146
- - de misturas asfálticas a quente, 661
- - do ACI, 136, 156
- - do prof. Ary Torres, 141, 156
- - do SNCF, 133, 155
- - Ibracon, 151
- - Marshall, 661
- - para concretos especiais, 158
- de Gomes, 164
- de inspeção por imagens, 268
- de Okamura e Ozawa, 162
- de penetração de pinos, 266
- de propagação de ondas de tensão, 255
- de Vallette, 156
- de velocidade de propagação por pulso ultrassônico, 257
- do comportamento de peças estruturais por meio da medição das deformações, 269
- eletromagnético, 269
- para avaliação da consistência, 181
- para determinação da resistência à tração do concreto, 227
- tradicionais de recuperação de estruturas, 324

Metodologia de avaliação de desempenho, 542
Microestrutura do concreto, 240
Microfissuras, 725
Microrganismos, 701
Microscopia, 249
- eletrônica, 249
- ótica, 249
Mina, 497
Mineração, 497
- do ferro, 779
Minérios, 497, 498, 779

Mistura(s)
- asfálticas, 649
- - a frio, 659
- - ensaios mecânicos em, 663
- - mornas, 659
- - usinadas a quente descontínuas e abertas, 656
- - usinagem e execução de, 662
- do concreto, 204
- usinadas a quente, 655

Moagem da pré-mistura, 532
Mobilidade, 178
Modelagem de vida útil de estruturas de concreto, 327

Módulo
- de deformação, 229
- - dos concretos, **e-47**
- de elasticidade, 259, 340
- - dinâmico, 259
- - estático, 259
- de resistência, 423
- dimensional básico m, 395
- hidráulico de Michaelis, 65

Moldagem, 384, 438, 783
- a seco, 384
- com pasta
- - fluida, 384
- - plástica, 384
- - - consistente, 384

- do produto, 384
- e cura de corpos de prova cilíndricos, 438

Moluscos e crustáceos, 702
Monômeros, 556
Mourões de concreto, 369, 371
Mudança de cor no concreto, 294

N
Naftaleno, 98
Natureza e obtenção da cal, 22
Neoprene, 567

Norma(s)
- de desempenho, 746
- regulamentadoras, 13
- técnicas, 13

Normalização, 12, 734
- técnica na busca da qualidade, 734

Normatização e programa de qualidade de tintas imobiliárias, 549
Nós, 697

O
17 Objetivos de Desenvolvimento Sustentável (ODS), 4
Objetivos Globais de Desenvolvimento Sustentável (ODS), 4
Obra, 611

Obtenção
- das ligas, 503
- do aço, 782

Óleos, 310, 528, 705
- de alcatrão de hulha, 310
- de petróleo, 310
- e resinas alquídicas, 528
- preservativos, 705

Onda(s)
- de superfície, 256
- longitudinal (ou de compressão), 256
- Love, 256
- Rayleigh, 256
- transversal (cisalhante), 256

Operação, 611
Orgânicos, 10
Organização atômica, 9
Origem do petróleo, 641
Ortogonalidade, 428
Otimização topológica, **e-32**
Oxidação, 508
Óxido de ferro, 377, 527
Oxigênio, 321

P
Painel(éis)
- de gesso acartonado, 42
- de isolamento a vácuo, **e-28**

Parafusos, 803

Parede(s)
- externa do bloco/tijolo, 395
- monolíticas de solo-cimento, 435
- vazada do bloco/tijolo, 395

Partículas contaminantes, 591
Pasta de cimento hidratada, 243
Pastilhas de porcelana, 419

Patologia(s), 542
- das construções, 318
- em pisos industriais de concreto revestidos por argamassa, 717
- em revestimentos de alto desempenho, 728

Pavimentação, 567

820 Índice Alfabético

Pavimento(s)
- com ladrilho hidráulico, 366
- intertravados, 357
Peças de concreto para pavimentação, 357, 358
Pedras artificiais, 375
Pedreiras, 70
Pega do cimento, 54, 55
Pegada ecológica, 4
Peneiras vibratórias, **e-10**
Perda
- de abatimento, 177
- de isolamento térmico por umedecimento, 593
Perfis laminados estruturais, 795
Perlita, 787
Permeabilidade, 17, 217, 341
- da argamassa, 341
Pesagem das matérias-primas, 531
Peso
- específico, 15
- molecular, 556
Pesquisas
- de Abrams, 127
- de Bolomey, 128
- de Feret, 126
- de Fuller, 127
- de Leclerc Du Sablon, 128
- de Lyse, 129
- de Préaudeau e Alexandre, 126
- de Vallette, 129
Petróleo, 641
Picnometria de gás hélio, 87
Picnômetro, 87
- GeoPyc®, 88
Pigmentos, 527, 548
- à base de metais pesados, 548
- anticorrosivos, 527
- inorgânicos
- - brancos, 527
- - coloridos, 527
Pincéis, 542
Pintura
- em substratos minerais porosos recém-executados, 540
- superficial com tintas apropriadas, 511
Pisos
- de alta resistência, 717
- de argamassa de alta resistência, 723
Placas
- bailarinas, 726
- cerâmicas, 417, 420, 421, 576
- - características e classificação, 421
- - para revestimento, 417
- - terminologia, 420
- cimentícias, 368
- de louça, 429
- planas de concreto para piso, 367
- trincadas
- - do piso de alta resistência, 725
- - em revestimentos de alto desempenho, 730
Planaridade, 412
Plano
- de concretagem, 187, 204
- nacional de resíduos sólidos, 6
Plasticidade, 18, 377, 496
- da cal, 28
Plásticos, 556
- de engenharia, 565
- de uso geral, 561
Poliacetais, 566
Poliamidas, 565

Policarbonatos, 566
Policloreto de vinila, 561
Poliésteres, 565
- termofixos (*fiberglass*), 565
- termoplásticos, 565
Poliestireno, 564
- expandido, 564
Polietilenos, 563
Polimento químico, 513
Polimerização, 556
Polímeros, 10, 554, 555, 558, 561, 566
- breve histórico, 554
- características dos, 555
- em tintas e vernizes, 566
- pesquisa e desenvolvimento, 561
- principais, 558
- propriedades dos materiais poliméricos, 558
- utilizados na construção civil, 561
Polipropileno, 564
Pontes
- de concreto protendido, **e-72**
- em alvenaria, **e-66**
- em concreto
- - armado, **e-66**
- - protendido, **e-68**
- metálicas, **e-66**
Ponto de saturação ao ar, 685
Porcelanato, 417
- esmaltado, 418
- não retificado, 419
- natural, 418
- retificado, 418
- técnico
- - acetinado (polimatizado), 418
- - polido, 418
Porosidade, 15, 17, 592
- intergranular, 81
- intragranular, 84
Porta-paletes seletivos, 805
Posição atual do problema, **e-68**
Postes pré-moldados de concreto, 369
Pregos, 802
Prensa manual ou hidráulica, 441
Preparação
- da argamassa, 601
- de superfícies lisas, 541
Preparo
- da matéria-prima, 383
- das superfícies, 600
Presença de sais e álcalis, 545
Preservação das madeiras, 700
Preservativos, 705
Previsão da resistência do concreto, 273
Primer anticorrosivo, 534
Prisma, 483
Problemas na pintura, 544
Processamento das britas, 71
Processo(s)
- de cura
- - do concreto, 195
- - que fornecem água, 197
- - que impedem a saída da água, 197
- de dois banhos ou de banhos quente e frio (processo Shelley), 703
- de fabricação, 359
- - da tinta, 531
- de impregnação por osmose, 704
- de preservação, 702, 703
- de substituição da seiva, 704
- dormido, 359
- prensado, 359
- Ruepig, 704
- virado, 359

Produção
- da alvenaria, 488
- das madeiras, 682
- do vidro plano, 447
Produtores, 779
Produtos
- cerâmicos, 392
- de cerâmica vermelha, 415
- de preservação, 704
- siderúrgicos, 793
- - classificação dos, 786
- - definição e importância, 779
- - obtenção, 779
- - propriedades, 791
Programa(s)
- para qualificação da cal, 34
- setorial da qualidade, 45
Projeto
- de engenharia, 11
- de impermeabilização, 767
Propagação, 328
Propriedades
- acústicas, 19, 236
- acústicas dos materiais, 19
- das argilas, 377
- das cerâmicas, 378
- dos corpos, 15
- dos materiais, 15, 558
- dos materiais poliméricos, 558
- gerais dos materiais, 15
- térmicas, 219
- - e resistência ao fogo, **e-49**
Proteção
- catódica, 325, 510
- contra a corrosão, 510
- de estruturas
- - em ambiente marinho, 327
- - em ambiente urbano, 327
- - em ambientes industriais, 326
- - em meios de elevada agressividade, 326
- eletroquímica, 324
Pulverulência, 619
Puxadores e acessórios, 520

Q
Qualidade
- de vida dos trabalhadores, 8
- do ar, 748
- do concreto, 201
- dos produtos cerâmicos, 392
- e desempenho do produto, 7
- ecoeficiente, 7
- total, 739
Queima do produto, 386

R
Rachaduras, 698
Radiação de raios X e raios γ, 268
Raios medulares, 678
Reação(ões)
- álcali-agregado, 59, 250
- de corrosão por água, 467
Realcalinização do concreto, 325
Rebarba, 395
Rebites, 803
Recebimento do concreto, 205
Reciclagem
- de resíduos de construção e demolição, **e-3**
- - classe A, **e-7**
- dos materiais plásticos, 568

Índice Alfabético **821**

Recobrimento do metal, 510
Recozimento, 789
Redução do consumo de materiais, 8
Redutores
- de água, 98, 335
- de água/plastificantes, 98
- de porosidade e de permeabilidade, 121
Refino do petróleo para obtenção de asfaltos, 642
Reforço/recuperação de estruturas de concreto após incêndio, 295
Rejeição dos lotes, 208
Relação
- agregado/cimento, 181
- água/cimento, 148
Relatório de sustentabilidade, 7
Reologia, 179, 337
Reologia do concreto fresco, 179
Repassivação, 324
Repintura, 540
Requisitos
- da normalização técnica da cal, 30
- da normalização técnica de gesso, 41
- de desempenho, 542, 746
- para aplicação dos materiais, 8
Resíduos
- como matérias-primas, 8
- de construção e demolição (RCD), e-2
- - classe A, e-3
- - classe B, e-4
- - classe C, e-4
- - classe D, e-4
- - classe I, e-4, e-5
- - classe II, e-5
Resiliência, 18
Resina(s), 526
- em solução, 526
- epóxi, 530, 567
Resistência
- à abrasão, 19, 233, 423
- - superficial para placas esmaltadas e profunda para não esmaltadas, 423
- à compressão, 130, 140, 224, 441, 693, 792
- - do concreto, 130, e-46
- - e à absorção de água de tijolo e bloco de solo-cimento, 441
- - normal e oblíqua às fibras, 693
- à penetração e ao desgaste, 695
- a temperaturas elevadas, 221
- à tração, 226, 504, 694, 792
- - dos concretos, e-47
- - dos metais, 504
- - normal às fibras, 694
- - simples, 226
- ao ataque de agentes químicos, 425
- ao calor, 17
- ao choque, 426, 506, 651
- - e ao desgaste, 651
- - térmico, 426
- ao cisalhamento, 695
- ao congelamento, 17, 426
- ao desgaste, 792
- ao fendilhamento, 694
- ao fogo, 17, 429, 691
- ao gretamento, 424
- ao impacto, 427, 792
- ao manchamento, 424
- característica do concreto, 208
- de aderência, 630
- de dosagem, 130
- dos agregados, 243

- e rigidez à flexão, 694
- mecânica, 18, 339
- - do concreto sob temperaturas elevadas, 290
- - dos cimentos, 56
- × porosidade na pasta de cimento hidratada, 246
Retardadores de pega, 55, 102
Retenção de água, 338
- da cal, 28
Retentores de água, 335
Retilineidade, 412
Retitude, 428
Retração, 195, 223, 340
- autógena, 195
- das argamassas, 340
- hidráulica, 195
- plástica, 195
- por secagem e fluência, e-49
- térmica, 195
Revenido, 790
Revestimento(s), 567
- asfálticos, 655
- cerâmico, 419, 601
- da armadura, 324
- de alto desempenho, 719
Revibração do concreto, 190
Revólver, 542
Rolos, 542
Rotação em pontos da peça estrutural, 270

S

Sais, 310
- de amônio, 310
- de magnésio, 310
Sanidade, 652
Saúde, 748
Secadores de túnel, 386
Secagem
- das madeiras, 698
- do material, 699
- do produto, 385
- e preservação, 698
- natural, 385, 699
- - e em estufas, 699
- por ar quente e úmido, 386
- por meio de radiação infravermelha, 386
Secantes, 528
Segregação, 178
Segurança
- contra incêndio, 750
- no uso e operação, 752
Selantes, 567, 774, 775
- base acrílico, 775
- base asfáltico, 775
- base poliuretano, 775
- base silicone, 775
- - híbrido, 775
Seleção
- da temperatura da cura acelerada, 281
- do método de cura acelerada, 281
- do modo de elevação da temperatura, 281
- do tempo da cura inicial, 280
- inadequada da tinta, 545
Separadores magnéticos, e-8
Septo, 395
Silanização, e-31
Sílica livre, 377
Silicato, 103
- bicálcico, 51
- de cálcio hidratado, 243
- tricálcico, 51

Silicones, 535, 567
Sinterização, 386
Sistema(s), 542, 746
- de gestão de obras de arte, e-82
- informatizado de gestão de pontes, e-83
- acrílicos, 534
- alquídicos, 535
- da qualidade, 734, 737
- - e qualidade total, 734
- - na construção civil brasileira, 737
- de fôrmas, 209
- de gestão da qualidade, 743
- de pintura, 534
- de reparo por
- - barreira
- - - física sobre a armadura, 324
- - - física sobre o concreto, 324
- - - química, 324
- - proteção catódica, 324
- - repassivação da armadura, 324
- integrado de gestão, 743
- úmido
- - sobre seco, 717
- - sobre úmido, 717
- vinílicos, 535
Solda de encanador, 515
Sólidos na pasta de cimento hidratada, 243
Solo(s)
- agressivos, 306
- arenosos, 307
- mosqueados, 306
Solo-cimento, 435-437
- ensaios realizados no, 437
Solução(ões)
- ácidas, 309
- de tráfego alternativo, e-84
- e emulsão asfálticas empregadas como material de imprimação na impermeabilização, 771
- salinas
- - hidrossolúveis, 705
- - solúveis em óleo, 705
- sólida(s)
- - intersticial, 496
- - substitucional, 495, 496
Solventes, 527
Steel Frame, 805
Stone matrix asphalt, 658
Substratos, 538
- de madeira, 539, 541
- metálicos ferrosos e não ferrosos, 539, 541
- minerais porosos, 538, 540
Sulfato
- de cálcio, 311
- de magnésio, 311
Sulfoaluminato de cálcio, 244
Super-hidrofobicidade, e-31
Superfícies em condições inadequadas para a pintura, 545
Superplastificantes, 99, 100
Sustentabilidade
- materiais de construção e, 6
- na construção civil, 3

T

Tamanho e forma do agregado, 242
Técnica de *squeeze-flow*, 28
Tela(s), 802
- *Deployé*, 803

822 Índice Alfabético

Telha(s), 406
- composta de encaixe, 409
- de concreto, 359-362
- - fabricação das, 361
- - normas técnicas relacionadas com, 362
Têmpera, 790
- de vidro, 456, 457
- química, 463
Temperatura, 187, 233, 592
- e vapor d'água, 592
Tempo
- de lançamento, 186
- de uso da argamassa, 339
Tenacidade, 18
Tensões térmicas em uso, 453
Teor de água/mistura seca, 180
Térmicas, 702
Termofixos, 556
Termoplásticos, 556
Termorrígidos, 556
Terra armada, **e-17**
Teste de sonoridade em telha
cerâmica, 408
Textura(s), 534
- superficial, 592, 651
- - do agregado, 242
Tijoleiras, 415
Tijolo(s), 394, 395, 398
- de solo-cimento, 436, 440
- - intertravado, 436
- de vidro, 472
- e bloco(s)
- - de solo-cimento, 439
- - inspeção e critérios de aceitação, 405
- - maciço e vazado de solo-cimento, 439
- maciço, 394
Tinta(s)
- a óleo, 536
- bicomponentes, 526
- composição da, 525
- constituintes básicos das, 525
- de acabamento, 534
- epóxi, 536
- imobiliárias, 535, 536
- látex acrílica, 535
- - e vinílica, 528
- látex vinílico, 535
- laváveis, 543
- poliuretânica, 536
- problemas na pintura, 544
- processo de fabricação, 531
- proporcionamento dos componentes da, 530

- sem odor, 543
Tipos
- de cura, 197
- de normas, 13
Tolerâncias dimensionais, 209, 210, 413
Torneira(s), 521
- do tipo Crê, 522
Trabalhabilidade, 129
- dos concretos, 176, 177, **e-46**
Tração e compressão na direção das fibras, 692
Transporte
- do concreto, 204
- inclinado, 185
Tratamento(s)
- a frio, 790
- de estruturas com corrosão de armaduras, 323
- superficiais, 541, 660
- - duplos, 660
- - nos substratos, 541
- - simples, 660
- - triplos, 660
- térmico dos metais, 788
- termoquímico dos aços, 790
Trietanolamina, 118
Trilhos, 796
Tubos
- cerâmicos, 416
- de aço para encanamentos e seus acessórios, 804
- de concreto, 362
- sem costura, 784
Tubulações de esgoto, 304

U

Umidade, 187, 684
- ascendente em paredes, 591
- da madeira, 685
- ou água, 544
- por condensação, 591
- relativa do ar, 187
Usinagem e execução de misturas asfálticas, 662

V

Valor estimado da resistência, 208
Válvulas, 521
Vazios
- capilares, 244
- na pasta de cimento hidratada, 244
Velocidade
- de propagação, 261
- de pulso ultrassônico, 265
- do som, 237
- do vento, 187

Vento, 591
Verniz
- alquídico, 536
- epóxi, 536
- poliuretânico, 536
Vernizes, 535
Vesículas, 586
Vibração, 233
Vibradores
- externos, 194
- internos, 193
Vida útil, 231, 595, 761
- das fachadas, 611
- de projeto (VUP), 595, 596, 761
Vidro(s)
- aplicações especiais, 475
- armazenamento, 470
- autolimpante, 478
- coloridos e termorrefletores, 450
- condições para corrosão, 470
- de segurança, 456, 464-466
- - aramado, 466
- - laminado, 464, 465
- duplos ou insulados, 451
- eletrocromático, 475
- fantasia, 454
- *float*, 448
- impressos, 454, 455
- na arquitetura, 449
- para células solares, 477
- para controle solar, 477
- processos mais antigos, 447
- temperado, 456, 458, 462
Vigência de uma norma, 13
Volume de vazios, 81

W

Washprimer, 534

Z

Zinco, 499, 516, 517
Zona
- de atmosfera marinha, 302
- de respingos, 303
- de transição, 248
- - entre o agregado leve e a matriz de
cimento, **e-50**
- de variação de marés, 304
- submersa, 304